1. 기본 상수

물리량	기호	값*
아보가드로수	N_A	$6.022\,141\,99 \times 10^{23}\ \mathrm{mol}^{-1}$
볼츠만 상수	k	$1.380\,6503 \times 10^{-23}\ \mathrm{J/K}$
전자의 전하량	e	$1.602\,176\,462 \times 10^{-19}\ \mathrm{C}$
자유 공간의 투자율	μ_0	$4\pi \times 10^{-7}\ \mathrm{T \cdot m/A}$
자유 공간의 유전율	ϵ_0	$8.854\,187\,817 \times 10^{-12}\ \mathrm{C^2/(N \cdot m^2)}$
플랑크 상수	h	$6.626\,068\,76 \times 10^{-34}\ \mathrm{J \cdot s}$
전자의 질량	m_e	$9.109\,381\,88 \times 10^{-31}\ \mathrm{kg}$
중성자의 질량	m_n	$1.674\,927\,16 \times 10^{-27}\ \mathrm{kg}$
양성자의 질량	m_p	$1.672\,621\,58 \times 10^{-27}\ \mathrm{kg}$
진공 중에서의 빛의 속도	c	$2.997\,924\,58 \times 10^{8}\ \mathrm{m/s}$
만유 인력 상수	G	$6.673 \times 10^{-11}\ \mathrm{N \cdot m^2/kg^2}$
보편 기체 상수	R	$8.314\,472\ \mathrm{J/(mol \cdot K)}$

*1998년 CODATA의 값임.

2. 유용한 물리 데이터

지구의 중력 가속도	$9.80\ \mathrm{m/s^2} = 32.2\ \mathrm{ft/s^2}$
바다 표면에서의 대기압	$1.013 \times 10^5\ \mathrm{Pa} = 14.70\ \mathrm{lb/in.^2}$
공기의 밀도(0 °C, 1 기압)	$1.29\ \mathrm{kg/m^3}$
공기 중의 소리의 속력(20 °C)	$343\ \mathrm{m/s}$
물	
밀도(4 °C)	$1.000 \times 10^3\ \mathrm{kg/m^3}$
융해열	$3.35 \times 10^5\ \mathrm{J/kg}$
기화열	$2.26 \times 10^6\ \mathrm{J/kg}$
비열	$4186\ \mathrm{J/(kg \cdot C^\circ)}$
지구	
질량	$5.98 \times 10^{24}\ \mathrm{kg}$
반지름(적도)	$6.38 \times 10^6\ \mathrm{m}$
태양으로부터의 평균 거리	$1.50 \times 10^{11}\ \mathrm{m}$
달	
질량	$7.35 \times 10^{22}\ \mathrm{kg}$
반지름(평균)	$1.74 \times 10^6\ \mathrm{m}$
지구로부터의 평균 거리	$3.85 \times 10^8\ \mathrm{m}$
태양	
질량	$1.99 \times 10^{30}\ \mathrm{kg}$
반지름(평균)	$6.96 \times 10^8\ \mathrm{m}$

3. 바꿈인수

길이

1 in. = 2.54 cm

1 ft = 0.3048 m

1 mi = 5280 ft = 1.609 km

1 m = 3.281 ft

1 km = 0.6214 mi

1 angstrom (Å) = 10^{-10} m

질량

1 slug = 14.59 kg

1 kg = 1000 grams = 6.852×10^{-2} slug

1 atomic mass unit (u) = 1.6605×10^{-27} kg

(1 kg은 중력 가속도 32.174 ft/s^{2}에서 2.205 lb의 무게이다.)

시간

1 day = 24 h = 1.44×10^3 min = 8.64×10^4 s

1 yr = 365.24 days = 3.156×10^7 s

속력

1 mi/h = 1.609 km/h = 1.467 ft/s = 0.4470 m/s

1 km/h = 0.6214 mi/h = 0.2778 m/s = 0.9113 ft/s

힘

1 lb = 4.448 N

1 N = 10^5 dynes = 0.2248 lb

일과 에너지

1 J = 0.7376 ft·lb = 10^7 ergs

1 kcal = 4186 J

1 Btu = 1055 J

1 kWh = 3.600×10^6 J

1 eV = 1.602×10^{-19} J

일률

1 hp = 550 ft·lb/s = 745.7 W

1 W = 0.7376 ft·lb/s

압력

1 Pa = 1 N/m^2 = 1.450×10^{-4} lb/in.^{2}

1 lb/in.^{2} = 6.895×10^3 Pa

1 atm = 1.013×10^5 Pa = 1.013 bar = 14.70 lb/in.^{2} = 760 torr

부피

1 liter = 10^{-3} m^3 = 1000 cm^3 = 0.03531 ft^3

1 ft^3 = 0.02832 m^3 = 7.481 U.S. gallons

1 U.S. gallon = 3.785×10^{-3} m^3 = 0.1337 ft^3

각

1 radian = 57.30°

1° = 0.01745 radian

4. 10의 제곱수를 나타내기 위해 사용되는 표준 접두사

접두사	기호	요소
테라	T	10^{12}
기가	G	10^9
메가	M	10^6
킬로	k	10^3
헥토	h	10^2
데카	da	10^1
데시	d	10^{-1}
센티	c	10^{-2}
밀리	m	10^{-3}
마이크로	μ	10^{-6}
나노	n	10^{-9}
피코	p	10^{-12}
펨토	f	10^{-15}

5. 많이 사용되는 수학 공식

원의 넓이 $= \pi r^2$

원둘레 $= 2\pi r$

구의 겉넓이 $= 4\pi r^2$

구의 부피 $= \frac{4}{3}\pi r^3$

피타고라스의 정리 : $h^2 = h_o^2 + h_a^2$

사인 : $\sin\theta = h_o/h$

코사인 : $\cos\theta = h_a/h$

탄젠트 : $\tan\theta = h_o/h_a$

코사인 법칙 : $c^2 = a^2 + b^2 - 2ab\cos\gamma$

사인 법칙 : $a/\sin\alpha = b/\sin\beta = c/\sin\gamma$

근의 공식 :

$ax^2 + bx + c = 0$ 의 근은 $x = (-b \pm \sqrt{b^2 - 4ac})/(2a)$ 이다.

ESSENTIALS OF PHYSICS

CUTNELL & JOHNSON 원저

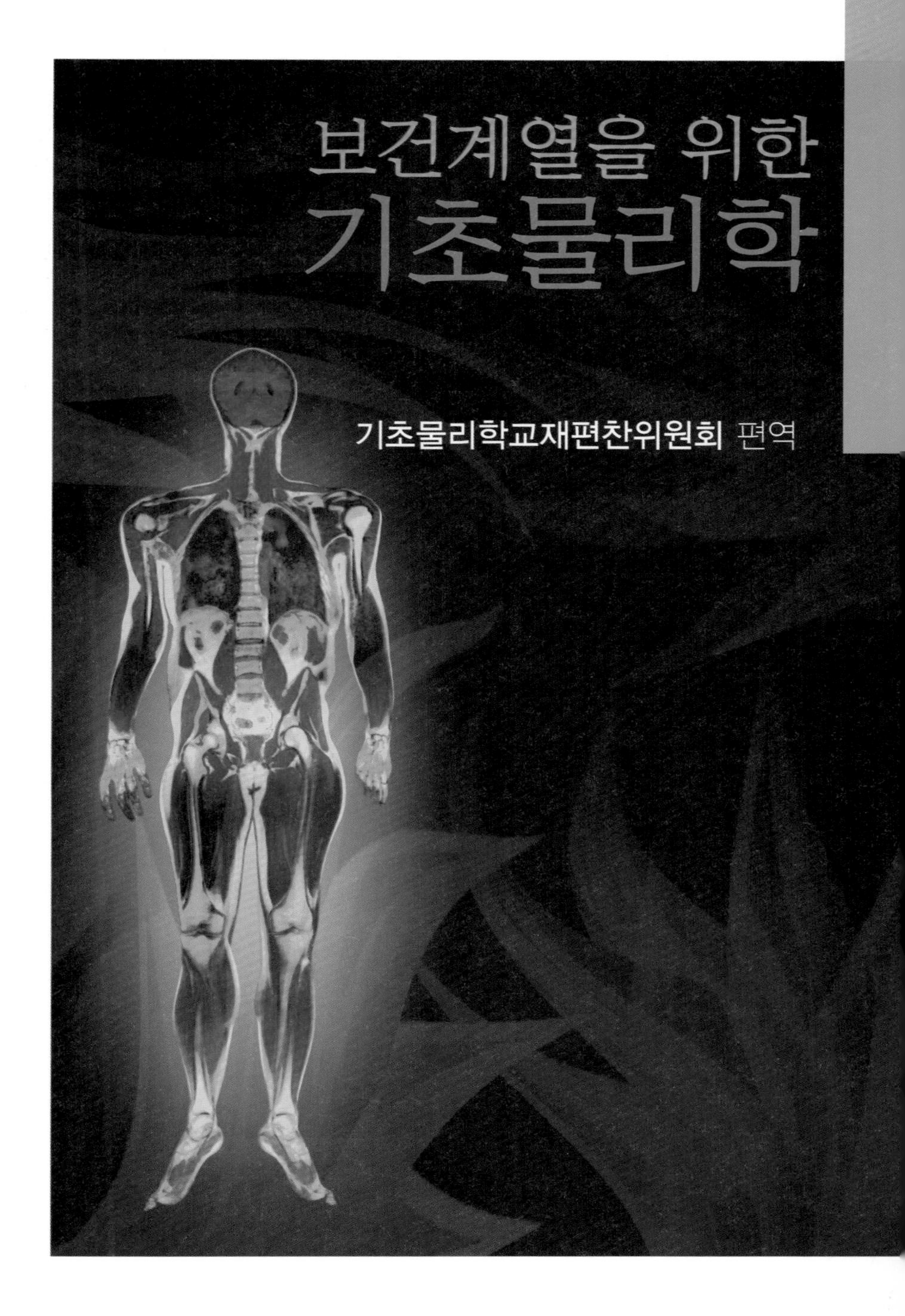

보건계열을 위한 기초물리학

기초물리학교재편찬위원회 편역

ESSENTIALS OF PHYSICS

1ed
John Wiley & Sons, Inc.

Printed in Korea 2007
ISBN 0-471-71398-8

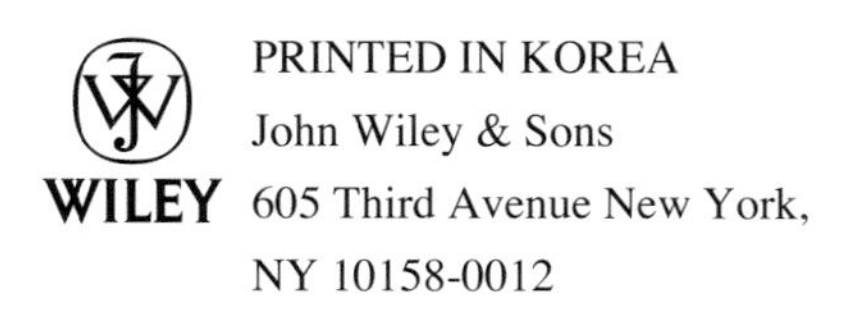

PRINTED IN KOREA
John Wiley & Sons
605 Third Avenue New York,
NY 10158-0012

편역자의 말

이 책은 John D. Cutnell과 Kenneth W. Johnson의 원저인 "Essentials of Physics"를 보건계열 학생들의 커리큘럼에 알맞게 편역한 것이다. 이 책의 원저자들은 그들의 서문에서 이 책의 특징을 잘 밝혀 놓았다. 번역에 참가한 역자들은 이 책을 읽으면서 일관성 있는 물리 법칙들의 특징을 학생들이 잘 이해하도록 하기 위해 노력한 저자들의 열성에 감탄하지 않을 수 없었다. 특히 학생들로 하여금 문제 풀이 능력 이전에 물리학의 원리를 개념적으로 이해할 수 있도록 하고 잘 정돈된 논리를 이끌어 내는 능력을 길러 문제를 잘 풀도록 유도하였다는 점에서 다른 책과는 특별한 차별을 두고 있다. 또한 일상생활에서 자주 볼 수 있는 많은 예들을 넣어 이 책을 읽는 독자들로 하여금 친근감이 가고 읽기에 부담이 없고 또한 가르치는 분들에게는 힘들지 않게 하였다. 특히 이 책은 생물의학, 인체생리학 등에 상당히 많은 첨단 기술과 관련된 내용들이 포함되어 있어 보건계열 학생들에게 매우 적합하다고 생각한다. 원저자들은 학생들의 문제 풀이 능력을 향상키기 위하여 모든 문제 풀이 단계에 잘 설명된 살펴보기 단계를 두어 문제를 풀기 전에 논리적인 사고를 할 수 있도록 유도하였다. 이러한 원저자들의 훌륭한 노력을 우리 실정에 맞게 번역하는 데 번역자들이 혹시나 그들의 의도에서 조금이라도 벗어나지 않았나 하는 걱정이 없지 않다.

보건계열 대학에서 물리학을 공부하는 이유는 전공 과목을 공부하는 데 아주 중요한 위치를 차지한다. 대학 초급학년에서 물리학을 공부하는 것은 자연에 대한 이해의 폭을 넓혀 자연에 대한 경외감을 가지게 하며 아울러 전공 과목을 좀 더 자신 있게 해 준다. 역자들 역시 물리학을 공부하는 학생들이 이 책으로 인해 물리학이 정말 할 만하고 할 수 있고 해야만 되는 재미있는 학문이라는 사실을 알게 되기를 간절히 바란다. 그러한 간절한 소망에 혹시 미흡하게 번역하지 않았나 하는 우려도 없지 않다. 그러한 부분에 대해서는 독자 여러분들께서 좋은 의견을 보내 주시기를 바란다.

이 책의 편집과 교정을 위해 헌신적인 노력을 아끼지 않으신 북스힐 직원들의 노고에 특별한 감사를 드린다.

끝으로 어려운 우리의 실정에도 불구하고 이 책의 번역과 출판을 결정하여 주시고 투자와 노고를 아끼지 않으신 북스힐 조승식 사장께 감사드린다.

2012년 1월
편역자 일동

차례

1장 서론 및 수학적 개념

2장 일차원 운동학

3장 이차원 운동

4장 힘과 뉴턴의 운동 법칙

5장 등속 원운동의 동역학

6장 일과 에너지

7장 충격량과 운동량

8장 회전 운동학

9장 회전 동역학

10장 단조화 운동과 탄성

11장 파동과 소리

12장 선형 중첩의 원리와 간섭 현상

13장 전자기파

14장 빛의 반사: 거울

15장 빛의 굴절: 렌즈와 광학기기

16장 간섭과 빛의 파동성

17장 입자와 파동

18장 원자의 성질

부록

Chapter 01 서론 및 수학적 개념

1.1 물리학의 본질

사람들이 자신들을 둘러싼 물리적인 세계를 설명하고자 하는 노력으로부터 물리학이라는 학문이 태동되어 발전해 왔다. 이러한 노력들이 결실을 맺어 물리학의 법칙들은 행성들의 운동, 라디오와 TV, 파동, 자기장, 레이저 등 다양한 현상들을 설명할 수 있게 되었다.

물리학의 흥미로운 특징은 어느 한 상황에서 얻어진 실험 데이터에 근거하여 다른 상황에서 자연 현상이 어떻게 일어날 것인가를 정확하게 예측하는 능력에 있다. 이러한 예측 능력이 물리학을 현대 기술의 중심에 서도록 하였고 우리들의 일상에 엄청난 영향을 끼쳤다. 로켓과 우주 탐험의 발전은 갈릴레이(1564-1642)와 뉴턴(1642-1727)의 물리 법칙에 그 뿌리를 두고 있다. 수송 산업의 핵심인 엔진의 개발과 공기 역학적 운반체의 설계는 물리학에 주로 의존하고 있다. 전자 산업 및 컴퓨터 산업은 트랜지스터의 발명으로 촉발되었는데 트랜지스터는 고체의 전기적 성질을 설명하는 물리 법칙을 파헤치는 과정에서 발명되었다. 통신은 전자기파를 주로 활용하는데 이 파동의 존재는 맥스웰(1831-1879)의 전자기 이론으로부터 예견되었다. 의료인들은 인체 내부의 영상을 얻기 위해 X선, 초음파, 자기 공명법 등을 이용하는데 이것들의 바탕에 물리학이 있다. 물리학이 현대 기술에 가장 광범위하게 이용되는 예가 레이저이다. 우주 탐사로부터 의학에 이르기까지 널리 이용되는 레이저는 원자 물리의 원리를 바로 이용한 것이다.

물리학은 자연의 근본 원리를 다루는 학문이므로 여러 분야를 전공하는 학생들의 필수 과목이다. 여러분들이 이 환상적인 학문의 세계에 들어오게 된 것을 환영한다. 이제 여러분들은 물리학이라는 눈으로 어떻게 세계를 볼 것인지 그리고 물리학자들이 어떻게 사물을 분석하는지를 배우게 될 것이다. 저자들은 여러분들이 물리학이 이 세계를 이해하는데 중요한 과목이라는 것을 인식하게 되기를 희망한다.

1.2 단위

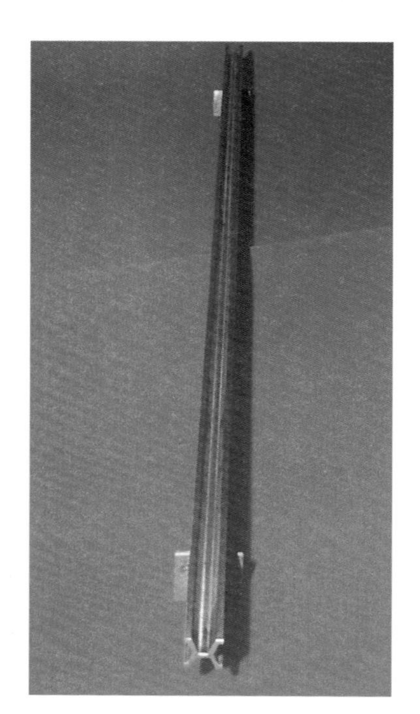

그림 1.1 표준 백금-이리듐 미터 막대

물리 실험은 다양한 양의 측정을 포함하며 더 정확하고 재현성이 있는 측정이 되기 위하여 상당한 노력이 필요하다. 정확성과 재현성을 확보하기 위한 첫 단계는 측정하고자 하는 값의 단위를 정해주는 것이다.

이 책에서는 **SI 단위계**(SI units)를 사용한다. 국제협약으로서 이 단위계는 길이의 단위로 **미터**(m), 질량의 단위로 **킬로그램**(kg), 시간의 단위로 **초**(s)를 사용한다. 그 밖에 두 개의 다른 단위계를 사용하는 경우도 있는데 CGS 단위계는 센티미터(cm), 그램(g), 초(s)를 사용하며 영국공학회에서는 푸트(ft), 슬러그(sl), 초(s)를 각각 사용하기도 한다. 표 1.1은 길이, 질량, 시간에 대한 세 단위계의 단위들을 요약한 것이다.

원래 미터는 북극점과 적도 사이의 지표를 따라 측정된 거리를 표준으로 정의되었다. 더 정확한 기준이 제시될 필요가 대두하여 국제협약에 따라 0 °C 백금-이리듐 합금 막대 위에 정해진 두 점 사이의 거리(그림 1.1 참조)가 미터로 정의되었다. 오늘날에는 더욱 정교한 기준을 확립하기 위하여 빛이 진공 속에서 1/299792458 초 동안 도달하는 거리를 미터로 정의하고 있다. 이 정의는 보편 상수인 빛의 속도가 299792458 m/s로 정의되기 때문이다.

그림 1.2 표준 백금-이리듐 킬로그램 용기가 프랑스 세브레에 있는 국제도량형국에 보관되어 있다.

질량의 단위로써의 킬로그램의 정의도 세월을 거치면서 변화를 겪어왔다. 4장에서 논의되겠지만 한 물체의 질량은 그 물체가 등속으로 운동을 지속하려고 하는 경향성(관성)을 나타낸다. 원래 킬로그램은 물의 어떤 양을 기준으로 정해졌으나 오늘날에는 그림 1.2에 나타난 백금-이리듐 합금의 표준 실린더 용기의 질량으로 정의된다.

길이나 질량의 단위와 마찬가지로 시간의 단위인 초도 원래의 정의와 달라졌다. 원래 초는 지구가 지축을 중심으로 회전하는 평균 시간을 기준으로 하루는 86400 초로 정의되었다. 지구의 자전 운동이 계속 반복

표 1.1 측정 단위

	단위계		
	SI	CGS	BE
길이	미터(m)	센티미터(cm)	푸트(ft)
질량	킬로미터(kg)	그램(g)	슬러그(sl)
시간	초(s)	초(s)	초(s)

되는 자연스러운 것이기 때문이다. 오늘날에도 역시 자연적으로 반복되는 현상으로부터 시간을 정의하는 것은 마찬가지이다. 그림 1.3에 나타난 원자 시계에서 세슘 133이 방출하는 전자기파를 이용하는데 1 초는 9192631770 번의 파동 주기가 나타날 때까지의 시간으로 정의된다.*

나중에 나오게 될 몇몇 단위들과 함께 길이, 질량, 시간의 단위들을 SI 기본(base) 단위라 한다. '기본' 이란 말은 이들 단위들이 여러 물리 법칙과 결합되어 힘이나 에너지 같은 다른 중요한 물리량들의 단위를 정의하는데 이용된다는 뜻이다. 이러한 다른 물리량들의 단위는 '유도(derived) 단위' 라고 부르는데 이것들은 기본 단위들의 결합으로 이루어져 있기 때문이다. 유도 단위들은 앞으로 자주 나오는데 관련된 물리 법칙들과 함께 자연스럽게 따라 나온다.

기본 단위나 유도 단위로 표현되는 어떤 물리량의 값은 매우 큰 값이거나 매우 작은 값을 가질 수도 있다. 이러한 경우 10의 제곱수를 사용하여 이들을 표현하는 것이 편리하다. 표 1.2에는 10의 제곱수를 표현하는 접두사가 요약되어 있다. 예를 들어 1000 혹은 10^3 미터는 1 킬로미터(km)로, 0.001 혹은 10^{-3} 미터는 밀리미터(mm)로 부른다. 마찬가지로 1000 그램과 0.001 그램은 각각 1 킬로그램(kg)과 1 밀리그램(mg)으로 부른다.

그림 1.3 원자 시계 NIST-F1은 세계에서 가장 정확한 시계로 인정받고 있다. 이 시계의 오차는 2000 만 년에 1 초이다.

표 1.2 10의 제곱수를 나타내기 위해 사용되는 표준 접두사[a]

접두사	기호	승수
테라	T	10^{12}
기가	G	10^{9}
메가	M	10^{6}
킬로	k	10^{3}
헥토	h	10^{2}
데카	da	10^{1}
데시	d	10^{-1}
센티	c	10^{-2}
밀리	m	10^{-3}
마이크로	μ	10^{-6}
나노	n	10^{-9}
피코	p	10^{-12}
펨토	f	10^{-15}

[a] 부록 A에는 10의 제곱수와 과학적 표기법에 관한 논의가 있다.

* 파동에 관한 일반적인 논의는 11장, 전자기파에 관한 논의는 13장을 참조하라.

1.3 문제 풀이에서 단위의 역할

단위의 변환

길이처럼 어떠한 물리량도 여러 단위로 측정 가능하므로 하나의 단위에서 다른 단위로 변환하는 방법을 익혀두는 것이 중요하다. 예를 들어 피트는 표준 백금-이리듐 금속 막대 위의 두 지점 사이의 거리를 표시하는데 사용될 수 있다. 1 미터는 3.281 피트이며 이 숫자는 다음의 예제에서 보듯이 미터를 피트로 변환하는데 사용된다.

예제 1.1 | 세계에서 가장 높은 폭포

세계에서 가장 높은 폭포는 베네주엘라에 있는 엔젤 폭포이다. 그 높이는 979.0 미터이다(그림 1.4). 이것을 피트로 나타내어라.

그림 1.4 세계에서 가장 높은 폭포인 베네주엘라의 엔젤폭포

살펴보기 단위를 변환할 때는 먼저 계산에서 단위를 명확하게 써 놓아야 하며 그것을 대수적인 양처럼 다루어야 한다. 특히 방정식을 1로 곱하거나 나누면 그 식이 변하지 않는다는 점을 활용한다.

풀이 3.281 피트 = 1 미터이므로 (3.281 피트)/(1 미터) = 1이다. 이것을 '길이 = 979.0 미터' 의 식에 곱한다.

$$\text{길이} = (979.0\,\cancel{\text{미터}})(1) = (979.0\,\cancel{\text{미터}})\left(\frac{3.281\ \text{피트}}{1\ \cancel{\text{미터}}}\right) = \boxed{3212\ \text{피트}}$$

여기서 미터는 숫자처럼 분자와 분모에서 서로 소거된다. 거꾸로 (1 미터)/(3.281 피트) = 1도 성립한다. 그러나 이 식을 쓰면 미터가 소거되지 않기 때문에 이런 모양의 인수 1을 곱하는 것은 아무런 소득이 없다.
계산기를 사용하면 3212.099 피트라는 값을 얻게 될 것이다. 그러나 미터 값이 979.0으로 유효숫자 4 자리가 사용되었으므로 피트 값도 유효숫자 4 자리로 반올림한 것이다. 그렇기는 하지만 분모에 있는 '1 미터' 는 답을 얻기 위한 유효 숫자에 영향을 주지 않는데 그 이유는 이 수가 바꿈인수의 정의에 의해 정확하게 1 미터이기 때문이다. 유효 숫자에 관해서는 부록 B에 나와 있다.

차원 해석

앞서 보았듯이 물리량들은 수치와 단위로 표시된다. 예를 들면 현 지점에서 가장 근접한 전화기까지의 거리는 8 미터라든지 차의 속력이 25 미터/초로 표시된다. 물리량들은 물리적인 성질에 의해 특정한 단위를 가진다. 거리는 미터, 피트 혹은 마일의 단위로 측정되고 시간 단위로는 표시되지 않는다. 물리학에서 **차원**(dimension)은 어떤 물리량의 물리적 성질과 그것을 표현하는 단위를 나타내는데 사용된다. 거리는 길이의 차원을 가지면 길이 차원은 [L]로 표시한다. 반면 속력은 길이 차원을 시간 차원으로 나눈 [L/T]의 차원을 갖는다. 많은 물리량들은 길이[L], 시간[T], 질량[M]의 차원 같은 기본 차원의 조합으로 표시된다. 나중에 온도와 같은 다른 기본 차원의 물리량을 배우게 되는데 이것은 길이, 시간, 질량이나 또 다른 기본 차원의 조합으로 표시할 수 없다.

차원 해석은 물리량간의 수학적 관계식의 타당성을 차원이 일치하는지를 통해 알아보는데 사용된다. 한 예로써 정지해 있다가 시간 t 후에 속도 v로 가속된 자동차를 생각해 보자. 차가 움직인 거리 x를 계산하고자 하는데 관계식이 $x = \frac{1}{2}vt^2$인지 $x = \frac{1}{2}vt$인지 확신하지 못할 경우 양변의 물리량의 차원을 비교하여 어느 식이 타당한지를 결정할 수 있다. 만일 양변의 차원이 다른 경우 그 관계식은 틀린 것이다. $x = \frac{1}{2}vt^2$의 예를 들어보자. 길이[L], 시간[T], 그리고 속도[L/T] 차원을 가지고 $x = \frac{1}{2}vt^2$에 적용해 보면

$$x = \frac{1}{2}vt^2$$

차원 $$[\mathrm{L}] \stackrel{?}{=} \left[\frac{\mathrm{L}}{\mathrm{T}}\right][\mathrm{T}]^2 = [\mathrm{L}][\mathrm{T}]$$

이다. 여기서 $\frac{1}{2}$은 차원이 없다. 좌변과 우변의 차원이 다르므로 $x = \frac{1}{2}vt^2$ 식은 틀린 것이다. 반면에 $x = \frac{1}{2}vt$에 차원 해석을 적용해 보면

$$x = \frac{1}{2}vt$$

차원 $$[\mathrm{L}] \stackrel{?}{=} \left[\frac{\mathrm{L}}{\mathrm{T}}\right][\mathrm{T}] = [\mathrm{L}]$$

이다. 좌변과 우변의 차원이 같으므로 이 관계식은 차원적으로 타당하다. 만일 우리가 위의 두 관계식 중의 하나가 옳다는 것을 미리 알고 있다면 $x = \frac{1}{2}vt$가 옳은 식이다. 그러나 그러한 선행 지식이 존재하지 않는다면 차원 해석은 올바른 관계식을 결정하는데 도움이 되지 않는다. 단지 차원 해석은 양변의 두 물리량이 어떤 차원을 가지는지 알려줄 뿐이다.

문제 풀이 도움말
최종 결과식에 차원 해석을 함으로써 계산 과정에서 잘못이 있었는지를 알 수 있다.

1.4 삼각법

과학자들은 물리적인 우주가 어떻게 움직이는지를 설명하기 위해 수학을 사용한다. 삼각법은 수학의 중요한 분야 중 하나이다. 이 책에서는 세 가지 삼각 함수가 사용되는데 각 θ의 사인, 코사인, 탄젠트-각각 $\sin\theta$, $\cos\theta$, tan θ로 표시 됨－가 그것들이다. 이 함수들은 그림 1.5의 직각 삼각형 그림에 있는 기호로 표시하면 다음과 같이 정의된다.

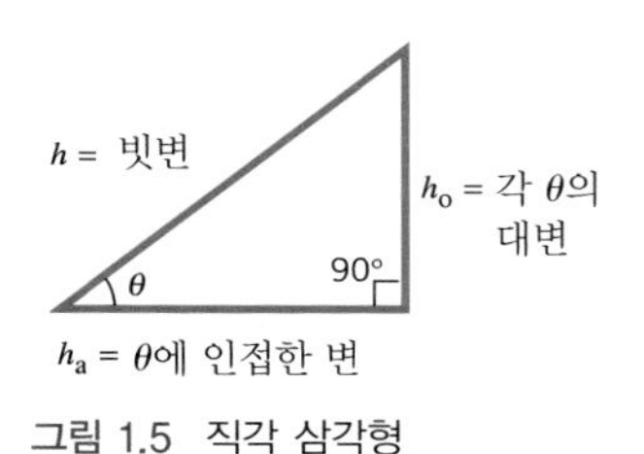

그림 1.5 직각 삼각형

■ **사인, 코사인, 탄젠트**

$$\sin\theta = \frac{h_o}{h} \tag{1.1}$$

$$\cos\theta = \frac{h_a}{h} \tag{1.2}$$

$$\tan\theta = \frac{h_o}{h_a} \tag{1.3}$$

h : 직각 삼각형의 빗변의 길이

h_o: 각 θ의 대변의 길이

h_a: 각 θ에 인접한 변의 길이

한 각의 사인, 코사인, 탄젠트는 단위가 없는 값들이며 직각 삼각형의 두 변의 길이의 비이다. 예제 1.2는 식 1.3의 예를 다루고 있다.

예제 1.2 | 삼각 함수의 이용

맑은 날 어느 고층 건물의 그림자는 67.2 m 이다. 그림 1.6과 같이 태양 광선과 지면의 각도는 θ = 50.0° 이다. 건물의 높이를 구하라.

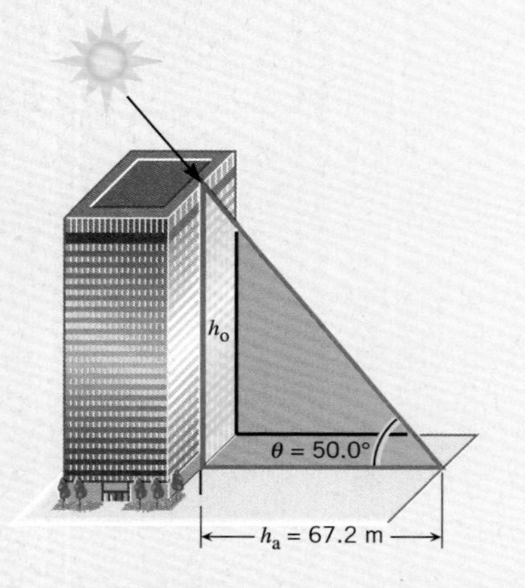

그림 1.6 각 θ의 값으로부터 그림자의 높이 h_a, 삼각법으로부터 건물의 높이 h_o를 구할 수 있다.

살펴보기 건물의 높이를 구하는 것이 문제이므로 그림 1.6에서 색칠한 부분의 삼각형을 살펴보면 높이 h_o이고, 그림자의 길이 h_a는 각 θ에 인접한 변이다. 밑변에 대한 높이의 비가 각 θ의 탄젠트이므로 건물의 높이를 구할 수 있다.

풀이 탄젠트 함수에 각 θ = 50.0° 밑변 h_a = 67.2 m를 대입하면 된다. 즉

$$\tan\theta = \frac{h_o}{h_a} \tag{1.3}$$

$$\begin{aligned} h_o &= h_a \tan\theta = (67.2\text{ m})(\tan 50.0°) \\ &= (67.2\text{ m})(1.19) \\ &= \boxed{80.0\text{ m}} \end{aligned}$$

가 된다. 여기서 탄젠트 50.0°의 값은 계산기를 사용하여 구한다.

위의 예제 1.2와 같은 계산에서 사인, 코사인, 탄젠트 중 어느 것이나 사용될 수 있는데 그것은 삼각형의 어느 변이 알려져 있고 어느 변이 모르는 변인지에 따라 다르다. 그렇지만 삼각형의 어느 변을 h_o로 하고 다른 어느 변을 h_a로 하느냐 하는 문제는 각 θ가 먼저 정해진 다음에야 정할 수 있다.

그림 1.5의 직각 삼각형에서 두 변의 값이 주어지고 각도 θ가 미지수인 경우도 가끔 있다. 이럴 때는 **역삼각 함수**(inverse trigonometric functions)가 중요한 역할을 한다. 식 1.4-1.6은 사인, 코사인, 탄젠트의 역함수이다. 여기서 식 1.4의 경우 'θ는 사인값이 h_o/h인 각이다' 라는 뜻이다.

$$\theta = \sin^{-1}\left(\frac{h_o}{h}\right) \tag{1.4}$$

$$\theta = \cos^{-1}\left(\frac{h_a}{h}\right) \tag{1.5}$$

$$\theta = \tan^{-1}\left(\frac{h_o}{h_a}\right) \tag{1.6}$$

여기서 '−1' 은 함수값의 역수를 취하라는 뜻이 아니다. 예를 들면 $\tan^{-1}(h_0/h_a)$는 $1/\tan(h_0/h_a)$와 같지 않다. 역삼각 함수를 표기하는 다른 방법은 $\sin^{-1}$, con^{-1}, $\tan^{-1}$ 대신에 arc sin, arc cos, arc tan로 표기하는 것이다.

그림 1.5에서 직각은 식 1.1-1.3의 삼각 함수를 정의하는 기준이 된다. 이들 함수들은 항상 하나의 각과 삼각형의 두 변을 포함한다. 물론 직각 삼각형의 세 변만의 관계식이 따로 있다. 그 식이 바로 **피타고라스의 정리**(Pythagorean theorem)라고 하는 것이며 이 책에서 가끔 사용된다.

■ **피타고라스의 정리**

직각 삼각형의 빗변의 길이의 제곱은 다른 두 변의 길이의 제곱의 합이다. 즉

$$h^2 = h_o^2 + h_a^2 \tag{1.7}$$

이다.

1.5 스칼라와 벡터

어느 수영장에 채워진 물의 부피는 50 m³이며, 수영 경기에서 우승 기록이 11.3 초라고 하자. 이러한 경우 수치의 크기만이 중요하다. 다른 말로 하면 얼마나 부피가 큰지 그리고 얼마나 시간이 지났는지가 궁금하다. 50이라는 특정한 수는 물의 부피를 세제곱미터(m³)로 표시해 주고 11.3이라는 수치는 시간을 초로 표시하고 있다. 부피나 시간은 **스칼라양**(scalar quantity)의 한 예이다. 스칼라양은 크기를 나타내는 하나의 수치(단위를 포함한)로 표현되는 물리량이다 스칼라양의 다른 예는 온도(예: 20 °C)나 질량(예: 85 kg)이다.

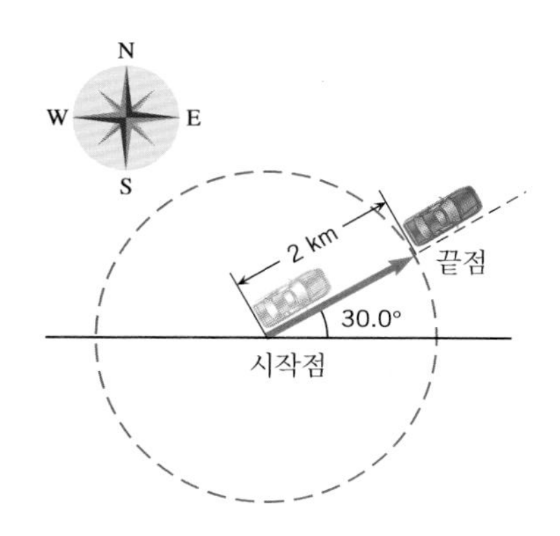

그림 1.7 벡터양은 크기와 방향을 지닌다. 이 그림에서 화살표는 변위 벡터를 나타낸다.

물리학에 등장하는 많은 물리량들이 스칼라양이지만 또 다른 많은 양들은 크기뿐만 아니라 방향을 나타내어야 할 필요성을 갖고 있다. 그림

1.7은 시작점에서 끝점까지 직선으로 2 km이동한 자동차를 나타내고 있다. 이 운동을 표현할 때 '이 자동차가 2 km의 거리를 이동했다' 라고만 말한다면 불완전하다. 이 표현은 중심점이 시작점인 반지름 2 km의 원주상 어느 점이라도 종착지가 될 수 있다. 완전한 표현은 '이 차는 동쪽에서 북쪽으로 30° 기울어진 방향으로 2 km 이동했다' 는 식으로 거리와 방향을 포함해야만 한다. 크기뿐만 아니라 방향을 포함하고 있는 물리량을 **벡터양**(vector quantity)이라고 한다. 방향은 벡터의 중요한 특성이므로 이를 나타내기 위해 화살표를 사용한다. 화살표의 방향은 벡터의 방향을 나타낸다. 그림 1.7의 색칠한 화살표는 변위 벡터(displacement vector)라고 부르는데 이는 차가 시작점에서 어떻게 이동했는지를 보여주기 때문이다. 2장에서 이 벡터양을 자세히 논의할 예정이다.

그림 1.7의 화살표의 길이는 변위 벡터의 크기를 나타낸다. 만일 이 차가 시작점으로부터 2 km 대신에 4 km 이동했다면 화살표는 2 배 길어져야 할 것이다. 편의상 벡터의 화살표의 길이는 그 벡터의 크기에 비례한다.

물리학에는 여러 종류의 중요한 벡터들이 있고 화살표의 길이로 그 벡터의 크기를 표시하는 방법이 이들에게 모두 적용된다. 예를 들어 힘은 벡터이다. 일상용어에서도 힘은 미는 힘이거나 혹은 당기는 힘이다. 이것은 힘이 작용하는 방향이 그 크기 만큼 중요하다는 것을 말한다. 힘의 크기는 SI 단위계에서 뉴턴(N)으로 측정된다. 20 N의 힘을 나타내는 화살표는 10 N의 힘을 나타내는 화살표보다 그 길이가 2 배이다.

스칼라와 벡터의 근본적인 차이는 그 물리량이 방향을 가지느냐 가지지 않느냐이다. 벡터는 방향이 있고 스칼라는 없다. 개념 예제 1.3은 이 구별을 명확하게 해주며 벡터의 방향이 무엇을 의미하는지를 설명한다.

개념 예제 1.3 | 벡터, 스칼라 및 양과 음의 부호의 역할

연중 기온이 한 때는 +20 °C 이고 다른 때는 −20 °C 인 지역이 있다. 온도 앞의 +, − 부호는 이 양이 벡터임을 보여주는가?

살펴보기와 풀이 벡터양은 그 양에 결부된 물리적인 방향, 예를 들면 동쪽, 서쪽 등을 지닌다. 문제는 온도에도 그러한 방향이 있는가 하는 점이다. 특히 온도 앞의 +, − 부호가 이 방향을 가리키는가? 온도계에서 숫자 앞의 부호는 어느 기준점보다 높은가 낮은가를 의미할 뿐이고 동쪽, 서쪽, 기타 물리적 방향과는 아무 관련이 없다. 그래서 온도는 벡터양이 아니라 스칼라양이다. 스칼라양도 음의 값이 될 수 있다. 한 물리량의 값이 양과 음의 값을 가질 수 있다는 것은 이 양이 벡터양이냐 스칼라양이냐 하는 것과는 관계가 없다.

편의상 부피, 시간, 변위, 힘 등의 물리량들은 기호로 표시된다. 이 책에서는 일반적 관습을 따라 벡터양은 굵은 글씨체로 표시하고 스칼라는 이탤릭체로 표시하기로 한다.* 따라서 변위 벡터는 '**A** = 750 m, 동쪽' 이

* 벡터양을 굵은 문자로 표시하지 않을 때는 $\vec{A}$ 처럼 가는 문자 위에 화살표를 붙여서 표기할 수 있다.

라고 쓸 수 있다. 여기서의 **A**는 굵은 글씨체이다. 그러나 방향을 떼어놓고 생각하면 이 벡터의 크기는 스칼라양이다. 따라서 크기는 '$A = 750$ m' 라고 쓴다. 이때 A는 이탤릭체로 표기한다.

1.6 벡터의 덧셈과 뺄셈

덧셈

간혹 한 벡터를 다른 벡터와 더할 필요가 있다. 이때 더하는 과정에서 두 벡터의 크기와 방향을 모두 고려해야만 한다. 가장 간단한 예는 두 벡터가 같은 방향을 향하고 있는 경우, 즉 두 벡터가 그림 1.8처럼 같은 선상에 나란히 있는 경우이다. 한 자동차가 변위 벡터 **A** = (275 m, 동쪽)으로 달리다가 멈춘 후 다시 변위 벡터 **B** = (125 m, 동쪽)으로 달렸다고 하자. 이들 두 벡터는 더해져서 변위 벡터 **R**로 표현될 수 있는데 합한 변위 벡터는 시작점에서 끝점까지를 한 번에 표시한다. 기호 **R**을 사용하는 것은 합한 벡터가 **결과적인 벡터**(합 벡터; resultant vector)이기 때문이다. 첫 번째 벡터의 머리에 두 번째 벡터의 꼬리를 이어 놓으면 전체 변위의 길이가 두 벡터의 크기의 합인 것을 간단히 알 수 있다. 이러한 방식의 벡터 더하기는 두 스칼라양의 합 (2 + 3 = 5)과 같고 두 벡터가 같은 방향일 때 바로 적용될 수 있다. 이러한 경우 합한 벡터의 크기를 구하기 위해 두 벡터의 크기를 더하고 방향은 원래에 두 벡터가 취한 방향이 된다. 즉

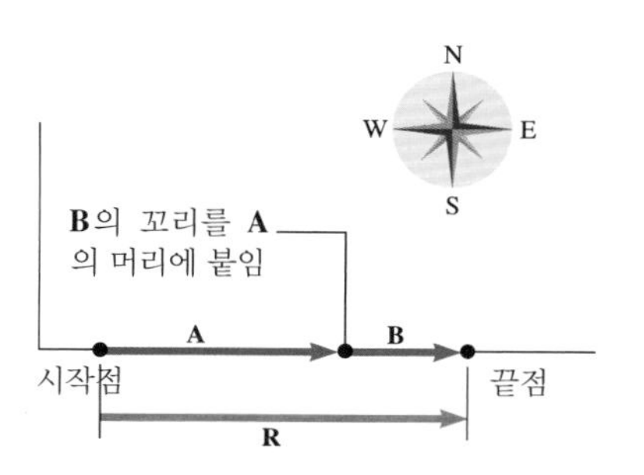

그림 1.8 동일선상에 있는 두 변위 벡터 **A**와 **B**의 합성 변위 벡터는 **R**이다.

$$\mathbf{R} = \mathbf{A} + \mathbf{B}$$
$$\mathbf{R} = (275\,\text{m}, \text{동쪽}) + (125\,\text{m}, \text{동쪽}) = (400\,\text{m}, \text{동쪽})$$

그림 1.9처럼 서로 수직인 벡터들이 더해지는 경우도 흔히 생긴다. 이 그림은 어떤 자동차가 변위 벡터 **A**(275 m, 동쪽)로 진행했다가 다시 변위 벡터 **B**(125 m, 북쪽)로 진행했을 때에 적용된다. 두 벡터를 더하면 합벡터 **R**을 구할 수 있다. 먼저의 경우와 마찬가지로 첫 번째 벡터의 머리에 두 번째 벡터의 꼬리를 두면 합성된 벡터는 첫 번째 벡터의 꼬리에서 시작하여 두 번째 벡터의 머리 지점에서 끝나게 된다. 합한 변위 벡터는 벡터 식

$$\mathbf{R} = \mathbf{A} + \mathbf{B}$$

으로 표시된다. 이 식에서 합은 **R** = 275 m + 125 m 식으로 나타나지 않는다. 이것은 두 벡터가 다른 방향을 가졌기 때문이다. 그 대신 그림 1.9의 삼각형이 직각 삼각형임을 이용하여 피타고라스의 정리를 사용하면 **R**의 크기는

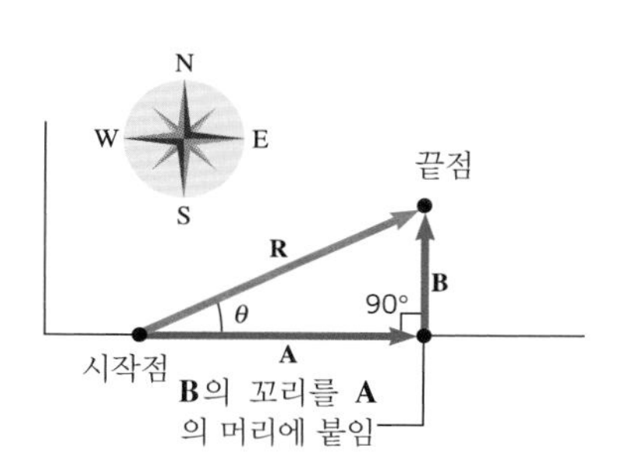

그림 1.9 서로 수직인 변위 벡터 **A**와 **B**의 합 벡터는 **R**이다.

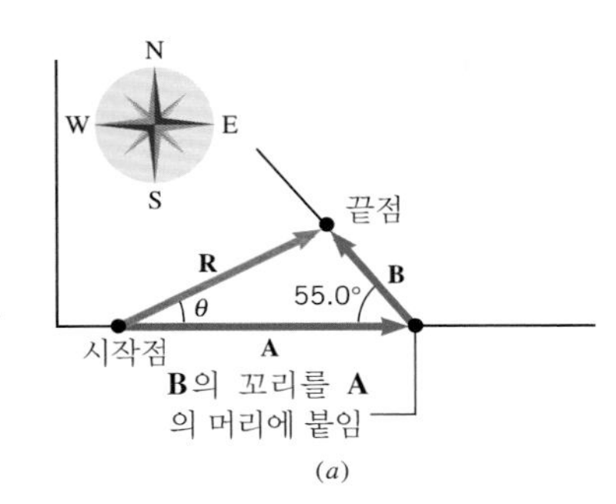

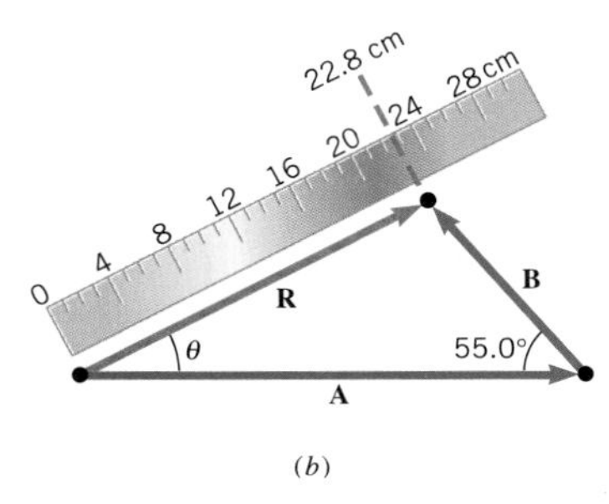

그림 1.10 (a) 변위 벡터 **A**와 **B**는 동일선상에 있지도 않고 수직도 아니지만 그림과 같이 합 벡터 **R**을 만든다. (b) 이 벡터들을 더하는 하나의 방법으로 작도법이 사용된다.

$$R = \sqrt{(275\text{ m})^2 + (125\text{ m})^2} = 302\text{ m}$$

가 된다. 그림 1.9에서 각 θ는 합 벡터의 방향을 말해준다. 직각 삼각형의 세 변의 길이가 주어졌으므로 $\sin\theta$, $\cos\theta$, $\tan\theta$를 이용하면 θ를 구할 수 있다. $\tan\theta = B/A$ 이므로 역함수를 이용하면

$$\theta = \tan^{-1}\left(\frac{B}{A}\right) = \tan^{-1}\left(\frac{125\text{ m}}{275\text{ m}}\right) = 24.4°$$

임을 알 수 있다. 따라서 자동차의 결과적인 변위는 그 크기가 302 m이고 동북쪽 24.4° 방향이 된다. 그림 1.9에서와 같이 차는 시작점에서 끝점까지 직선으로 이동한 것과 같다.

더할 두 벡터가 직각이 아닐 때는 합성된 삼각형은 직각 삼각형이 아니므로 피타고라스의 정리가 적용되지 않는다. 그림 1.10(a)는 이러한 경우를 보여준다. 자동차가 동쪽으로 변위 **A**(크기 275 m)만큼 이동한 후 서북 55.0° 각도로 변위 **B**(크기 125 m)만큼 이동하였다. 이전과 마찬가지로 결과적인 변위 벡터 **R**은 첫 번째 벡터의 시작점에서 두 번째 벡터의 끝점에 이르는 방향을 가진다. 여기서도 벡터 합은

$$\mathbf{R} = \mathbf{A} + \mathbf{B}$$

로 표현된다. 그러나 **R**의 크기는 $R = \sqrt{A^2 + B^2}$이 아니다. 왜냐하면 벡터 **A**와 **B**는 수직이 아니라서 피타고라스의 정리가 적용되지 않기 때문이다.

결과적인 벡터의 크기를 구하기 위해서는 다른 방법을 찾아야 한다. 하나의 방법은 작도법을 이용하는 것이다. 이 방법은 화살표로 이루어진 벡터들의 크기와 각도를 정확하게 그림으로 표시하고 결과적인 변위의 크기를 자로 측정하는 것이다. 그림의 크기와 실제 길이와의 축척을 이용하면 결과적인 벡터의 크기가 구해진다. 그림 1.10(b)에서 화살표의 1 cm는 실제의 길이 10.0 m를 나타낸다. 따라서 그림에서 나타난 **R**의 길이 22.8 cm는 **R**의 실제 크기는 228 m가 된다. R의 방향을 나타내는 각도 θ는 동북쪽으로 $\theta = 26.7°$ 임을 각도기로 측정할 수 있다.

뺄셈

한 벡터를 다른 벡터로부터 뺄 때는 한 벡터에 −1을 곱하면 그 벡터의 크기는 그대로이고 방향은 반대가 된다는 사실을 이용하면 된다. 그러한 계산 방법이 개념 예제 1.4에 잘 나타나 있다.

개념 예제 1.4 | 벡터에 −1 곱하기

다음과 같은 두 벡터를 생각해보자.

1. 한 여자가 사다리 위로 1.2 m 올라가서 변위 벡터 **D**가 윗방향 1.2 m이다(그림 1.11(a)).
2. 한 남자가 정지한 차를 450 N의 힘 **F**로 밀어 동쪽으로 움직였다(그림 1.12(a)).

두 벡터 −**D**와 −**F**의 물리적 의미는 무엇인가?

살펴보기와 풀이 변위 벡터 −**D**는 (−1)**D**이며 **D**와 같은 크기를 지니면서 방향은 반대이다. 따라서 −**D**는 한 여자가 사다리 아래로 1.2 m 이동한 변위가 된다(그림 1.11(b)). 마찬가지로 힘 벡터 −**F**는 **F**와 같은 크기이며 방향은 반대이다. 그 결과 −**F**는 차를 서쪽으로 이동시키는 450 N의 힘을 나타낸다(그림 1.12(b)).

(a)

(b)

그림 1.11 (a) 한 여자가 사다리 위로 1.2 m 올라간 변위 벡터는 **D**이다. (b) 한 여자가 사다리 아래로 1.2 m 내려간 변위 벡터는 −**D**이다.

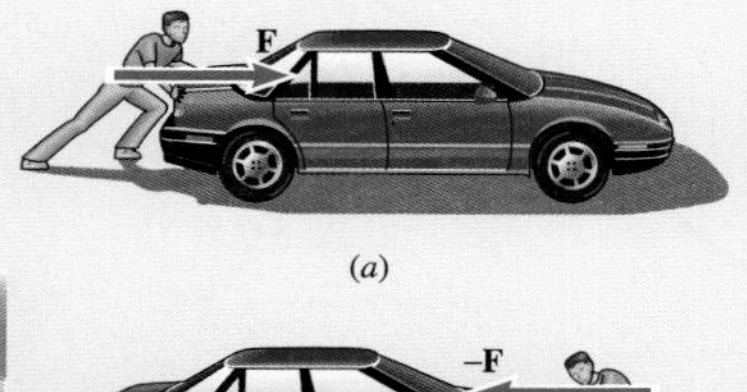

(a)

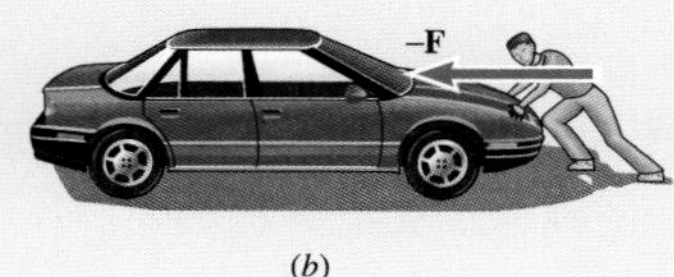

(b)

그림 1.12 (a) 한 남자가 정지한 차를 동쪽으로 450 N의 크기로 미는 힘은 **F**이다. (b) 한 남자가 정지한 차를 서쪽으로 450 N의 크기로 미는 힘은 −**F**이다.

실제로 벡터의 빼셈은 벡터의 덧셈과 똑같이 이루어진다. 그림 1.13(a)의 두 벡터 **A**와 **B**를 생각해보자. 두 벡터를 합하면 벡터 **C**가 된다($\mathbf{C} = \mathbf{A} + \mathbf{B}$). 그러므로 벡터 **A**는 $\mathbf{A} = \mathbf{C} - \mathbf{B}$로 쓸 수 있는데 이것은 벡터 **C**에서 벡터 **B**를 뺀 것이다. 그러나 이 결과를 $\mathbf{A} = \mathbf{C} + (-\mathbf{B})$로도 쓸 수 있다. 즉 그림 1.13(b)에서 보는 대로 **C**와 −**B**를 더한 것이 **A**인 셈이다. 벡터 **C**와 벡터 −**B**를 시작점과 끝점을 연결하면 벡터 **A**가 된다.

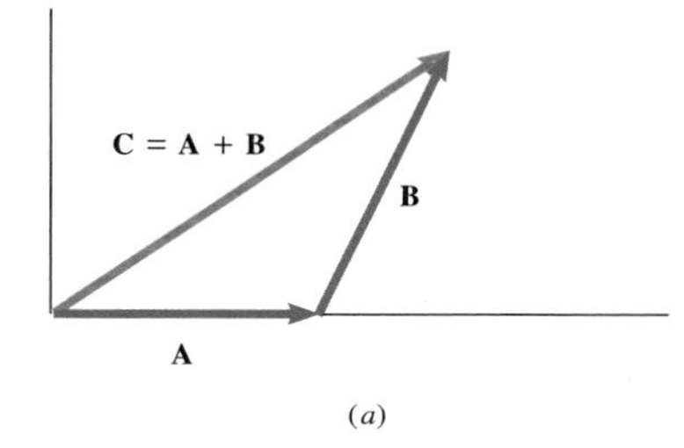

(a)

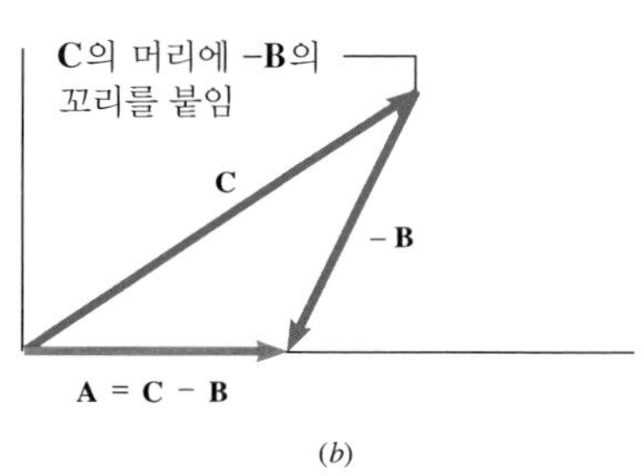

(b)

그림 1.13 (a) $\mathbf{C} = \mathbf{A} + \mathbf{B}$의 방법을 사용한 벡터의 덧셈 (b) $\mathbf{A} = \mathbf{C} - \mathbf{B} = \mathbf{C} + (-\mathbf{B})$의 방법을 사용한 벡터의 빼셈

1.7 벡터 성분

벡터 성분

자동차가 그림 1.14에서처럼 시작점에서 끝점까지 일직선을 따라 변위 벡터 **r**만큼 이동했다고 가정하자. 벡터 **r**의 크기 및 방향은 직선상을 이동한 거리 및 방향을 나타낸다. 그러나 차는 처음 동쪽으로 이동했다가 다시 90° 회전하여 북쪽으로 달려 끝점까지 왔을 수도 있다. 이 경우의 경로를 그림으로 나타내면 두 변위 벡터 **x** 및 **y**와 연관되어 있다. 벡터 **x**와 **y**를 각각 벡터 **r**의 *x* 성분과 *y* 성분이라고 부른다.

물리학에서 벡터의 성분은 중요하며 그림 1.14에 나타난 두 가지의 기본적인 특징을 갖는다. 그 중 하나는 성분들을 합하면 원래의 벡터가 된다는 것이다.

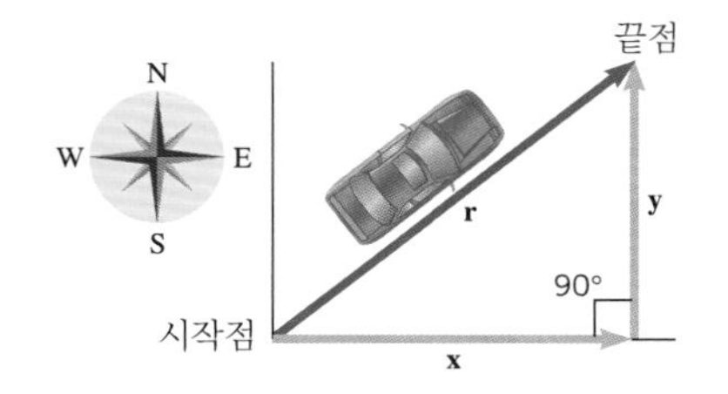

그림 1.14 변위 벡터 **r**과 그것의 벡터 성분 **x**와 **y**

$$\mathbf{r} = \mathbf{x} + \mathbf{y}$$

성분 **x**와 **y**를 벡터적으로 합했을 때 원래의 벡터 **r**과 같은 의미를 지니게 된다. 이것은 차의 끝점이 시작점으로부터 어떻게 이동했는지를 말해준다. 일반적으로 한 벡터의 성분들은 그 벡터 대신에 계산 과정에서 편리하게 사용된다. 벡터 성분의 또 다른 특징은 그림 1.14에 나타나 있는데 성분 벡터 **x**와 **y**는 더해져서 원래의 벡터 **r**을 만들 뿐만 아니라 이들은 서로 수직인 벡터들이다. 이 직교성(수직인 성질)이 나중에 알게 되겠지만 성분 벡터의 유용한 특징이 된다.

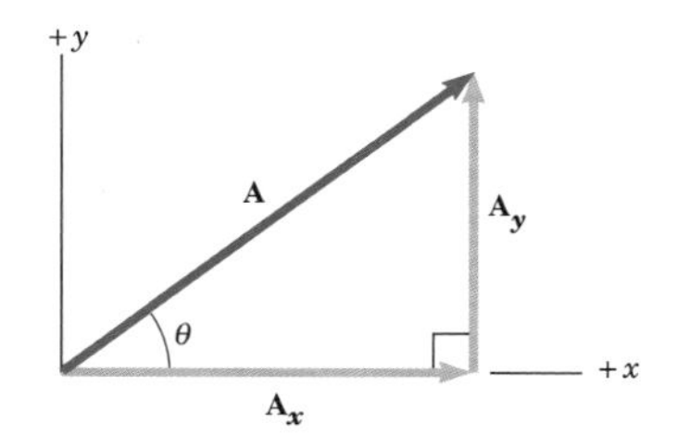

그림 1.15 임의의 벡터 **A**와 **A**의 벡터 성분 $\mathbf{A}_x$, $\mathbf{A}_y$

어떤 형태의 벡터이든지 그것의 성분으로 표현할 수 있다. 그림 1.14와 그림 1.15는 임의의 벡터 **A**와 그것의 벡터 성분 $\mathbf{A}_x$, $\mathbf{A}_y$를 나타낸다. 이 성분들은 우리가 흔히 사용하는 x 축 및 y 축에 평행하게 그려져 있고 서로 수직이다. 그것들은 서로 벡터 합이 되어 원래의 벡터 **A**를 만든다. 즉

$$\mathbf{A} = \mathbf{A}_x + \mathbf{A}_y$$

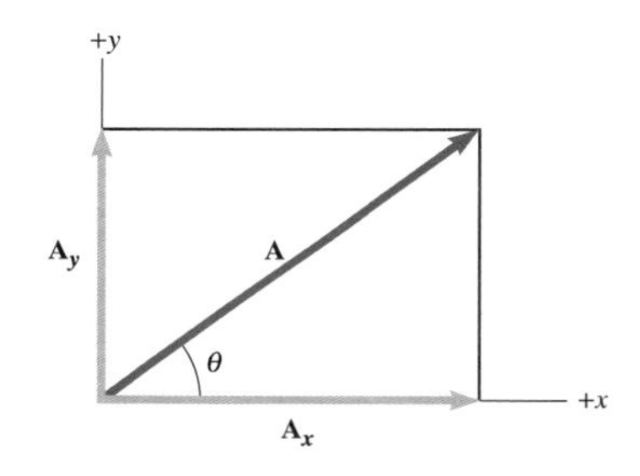

그림 1.16 벡터 **A**와 그 성분 벡터를 그리는 이 방법은 그림 1.15의 방법과 동일한 의미를 갖는다.

이다. 그림 1.15처럼 그림을 그리는 것이 벡터 성분을 나타내는 가장 편리한 방법이 아닐 때도 있다. 그림 1.16은 다른 방법을 나타낸다. 이 방법은 $\mathbf{A}_x$, $\mathbf{A}_y$의 꼬리와 머리를 잇는 구조가 나타나 있지 않지만 $\mathbf{A}_x$와 $\mathbf{A}_y$가 합쳐져서 **A**가 됨을 보여주고 있다.

벡터 성분의 의미를 요약해서 정의하면 다음과 같다.

■ **벡터 성분**

이차원에서 벡터 **A**의 벡터 성분은 서로 수직인 두 벡터 $\mathbf{A}_x$와 $\mathbf{A}_y$이며 이들은 각각 x 축과 y 축에 평행하다. 이 성분 벡터들이 합해져 **A**가 된다. 즉, $\mathbf{A} = \mathbf{A}_x + \mathbf{A}_y$이다.

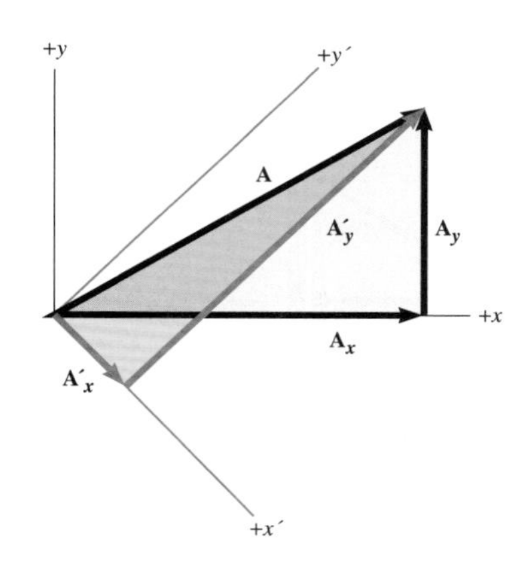

그림 1.17 한 벡터의 성분 벡터들은 사용된 좌표축의 방향에 따라 다르다.

벡터 성분으로 계산된 값들은 기준으로 삼은 좌표축에 대한 그 벡터의 방향에 의존한다. 그림 1.17에는 x, y 축과 그에 대해 시계 방향으로 회전한 x', y' 축에서의 벡터 성분들이 나타나 있다. 벡터 **A**는 x, y 축에서는 $\mathbf{A}_x$와 $\mathbf{A}_y$의 벡터 성분을 가지지만 x', y' 축에서는 $\mathbf{A}_x$, $\mathbf{A}_y$와는 다른 $\mathbf{A}_{x'}$, $\mathbf{A}_{y'}$의 벡터 성분을 가진다. 어떤 좌표축을 선택하는가는 어느 좌표축이 계산하는데 편리한가에 달려 있다.

스칼라 성분

가끔은 벡터 성분 $\mathbf{A}_x$, $\mathbf{A}_y$ 보다는 **스칼라 성분**(scalar components) A_x, A_y로 표현하는 것이 편리할 때가 있다. 스칼라 성분은 양수 혹은 음수이며 다음과 같이 정의된다. 성분 A_x는 $\mathbf{A}_x$와 같은 크기를 지니며 $\mathbf{A}_x$가 x 축 양의 방향이면 양수이고 A_x가 x 축 음의 방향이면 음수가 된다. A_y도 이와 같은 방식으로 정의된다. 아래의 도표는 벡터 성분과 스칼라 성분의 예를 보여준다.

벡터 성분	스칼라 성분	단위 벡터
$\mathbf{A}_x = 8\text{ m}$, x 축 방향	$A_x = +8\text{ m}$	$\mathbf{A}_x = (+8\text{ m})\hat{\mathbf{x}}$
$\mathbf{A}_y = 10\text{ m}$, $-y$ 축 방향	$A_y = -10\text{ m}$	$\mathbf{A}_y = (-10\text{ m})\hat{\mathbf{y}}$

본 교재에서는 별도로 언급된 경우를 제외하고는 '성분' 이라는 용어는 스칼라성분의 의미로 사용하기로 한다.

벡터 성분을 표현하는 또 다른 방법은 **단위 벡터**(unit vector)를 사용하는 방법이다. 단위 벡터란 그 크기가 1이며 차원이 없는 벡터이다. 이것을 다른 벡터와 구분하기 위해 꺾쇠(^) 기호를 사용한다. 따라서 $\hat{\mathbf{x}}$는 x 축 양의 방향을 지니면서 크기가 1인 차원 없는 단위 벡터이며 $\hat{\mathbf{y}}$는 y 축 양의 방향을 지닌 크기가 1인 차원 없는 단위 벡터이다. 이들 단위 벡터는 그림 1.18에 나타나 있다. 임의의 벡터 $\mathbf{A}$의 벡터 성분들은 $\mathbf{A}_x = A_x\hat{\mathbf{x}}$와 $\mathbf{A}_y = A_y\hat{\mathbf{y}}$로 쓸 수 있다. 여기서 A_x와 A_y는 스칼라 성분이다. 벡터 $\mathbf{A}$는 $\mathbf{A} = A_x\hat{\mathbf{x}} + A_y\hat{\mathbf{y}}$으로 쓸 수 있다.

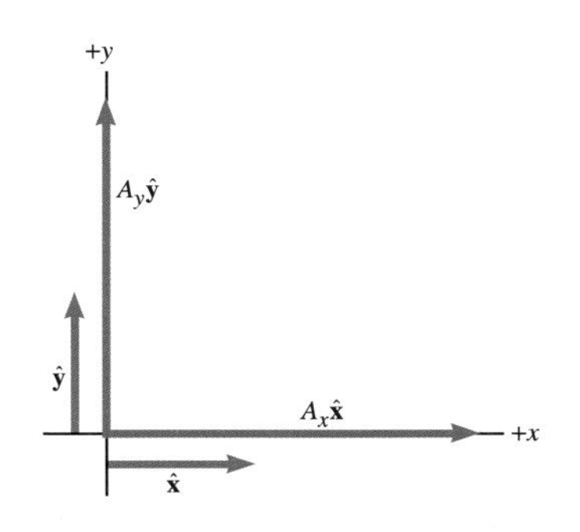

그림 1.18 차원 없는 단위 벡터 $\hat{x}$와 $\hat{y}$는 크기가 1이며 방향은 각각 $+x$와 $+y$의 방향을 향한다. 단위 벡터로 나타낸 벡터 $\mathbf{A}$의 벡터 성분은 $A_x\hat{\mathbf{x}} + A_y\hat{\mathbf{y}}$이다.

벡터를 성분별로 분해하기

어떤 벡터의 크기와 방향이 알려지면, 그 벡터의 성분들을 구할 수 있다. 성분들을 찾는 과정을 벡터를 그 성분별로 분해한다고 말한다. 예제 1.5에는 삼각 함수를 이용하여 이 과정이 수행되는 것이 나타나 있다. 두 벡터 성분들은 수직이므로 원래의 벡터와 함께 직각 삼각형을 이룬다.

문제 풀이 도움말
벡터의 성분을 구하기 위해 두 예각 중 어느 하나를 사용할 수 있으며, 각의 선택은 계산하기 쉬운 것으로 하면 된다.

예제 1.5 | 벡터의 성분 구하기

어느 변위 벡터 $\mathbf{r}$은 크기 $r = 175\text{ m}$이며 그림 1.19에서처럼 x 축과 50° 방향을 향하고 있다. 이 벡터의 x 및 y 성분을 구하라.

살펴보기 벡터 $\mathbf{r}$과 성분 벡터 $\mathbf{x}$ 및 $\mathbf{y}$가 직각 삼각형을 이루고 있음을 근거로 하여 삼각 함수 사인과 코사인(식 1.1과 1.2)을 이용하여 성분을 구하면 된다.

풀이 1 식 1.1과 50.0° 사용하여 y 성분을 구하면

$$y = r\sin\theta = (175\text{ m})(\sin 50.0°) = \boxed{134\text{ m}}$$

가 되고 같은 방법으로 x 성분을 구하면

$$x = r\cos\theta = (175\text{ m})(\cos 50.0°) = \boxed{112\text{ m}}$$

가 얻어진다.

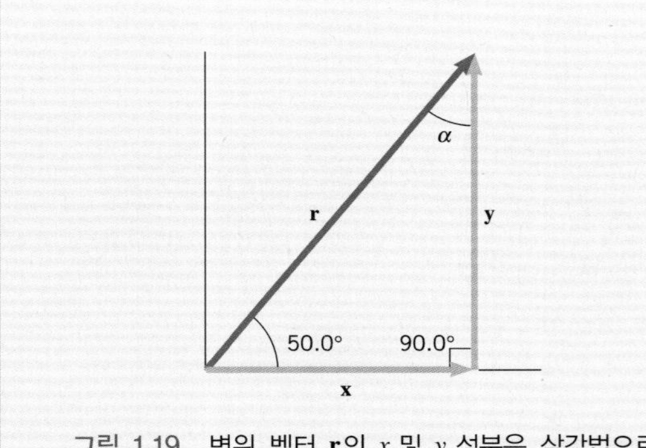

그림 1.19 변위 벡터 **r**의 x 및 y 성분은 삼각법으로 구할 수 있다.

풀이 2 그림 1.19에서 각 α를 이용하면 성분들을 구할 수 있다. $\alpha + 50.0° = 90.0°$ 이므로 $\alpha = 40.0°$ 이다. 따라서

$$\cos\alpha = \frac{y}{r}$$

$$y = r\cos\alpha = (175\ \text{m})(\cos 40.0°) = \boxed{134\ \text{m}}$$

$$\sin\alpha = \frac{x}{r}$$

$$x = r\sin\alpha = (175\ \text{m})(\sin 40.0°) = \boxed{112\ \text{m}}$$

가 된다.

벡터 성분들과 원래의 벡터는 직각 삼각형을 형성하므로 피타고라스의 정리를 사용하여 예제 1.5와 같은 계산의 타당성을 입증할 수 있다. 직각 삼각형의 빗변의 길이

$$r = \sqrt{(112\ \text{m})^2 + (134\ \text{m})^2} = 175\ \text{m}$$

은 원래 제시된 변위 벡터의 크기 175 m와 일치함을 알 수 있다.

> **문제 풀이 도움말**
> 벡터의 성분들을 구한 후 피타고라스의 정리에 대입하여 원래 벡터의 크기가 나오는지 확인하면 된다.

한 벡터의 성분들 중 하나가 0인 경우도 가능하다. 이 경우에도 벡터 자체가 0인 것은 아니다. 그러나 어느 벡터가 0이 되기 위해서는 모든 벡터 성분들이 0이 되어야 한다. 따라서 2차원에서 $\mathbf{A} = 0$은 $\mathbf{A}_x = 0, \mathbf{A}_y = 0$과 동일한 의미를 갖는다. 다시 말하면 만일 $\mathbf{A} = 0$이면 $A_x = 0, A_y = 0$이다.

두 벡터가 동일할 필요 충분 조건은 두 벡터가 같은 크기와 같은 방향을 가지는 것이다. 따라서 한 변위 벡터가 동쪽 방향이고 다른 변위 벡터는 북쪽 방향이라면 그것들은 크기가 480 m로 같다 하더라도 결코 동일한 벡터가 될 수 없다. 벡터 성분으로 표현하면 두 벡터 **A**와 **B**는 두 벡터들의 같은 방향 성분끼리 같아야만 동일하다. 2차원에서 만일 $\mathbf{A} = \mathbf{B}$이면 $\mathbf{A}_x = \mathbf{B}_x, \mathbf{A}_y = \mathbf{B}_y$ 이다. 스칼라 성분으로 표현하면 $A_x = B_x, A_y = B_y$이다.

1.8 성분을 이용한 벡터의 덧셈

한 벡터의 성분들은 여러 벡터들을 더하거나 빼는 편리하고도 정확한 방법을 제공한다. 예를 들면 벡터 **A**와 벡터 **B**를 더한다고 하자. 합 벡터는 $\mathbf{C}(\mathbf{C} = \mathbf{A} + \mathbf{B})$ 이다. 그림 1.20(a)는 **A**와 **B**의 x 및 y 벡터 성분을 이용한 벡터 합을 보여주고 있다. 그림 1.20(b)에는 벡터 **A**와 **B**가 그려져 있지 않다. 그 대신 그것들의 성분들이 나타나 있다. 벡터 성분 $\mathbf{B}_x$는 아래쪽으로 이동하여 벡터 성분 $\mathbf{A}_x$와 나란히 정렬되었다. 마찬가지로 벡터 성분 $\mathbf{A}_y$

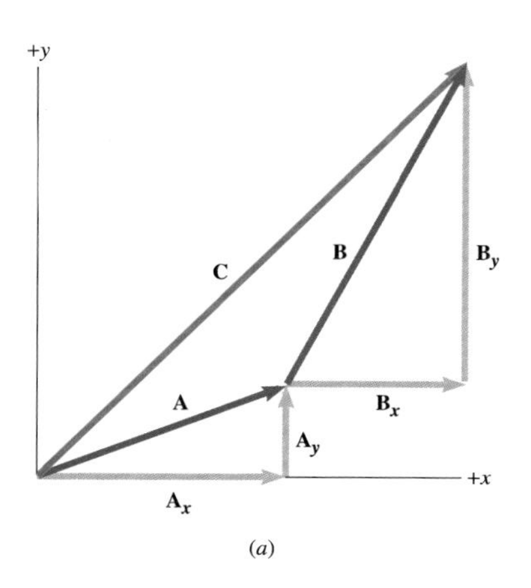

(a)

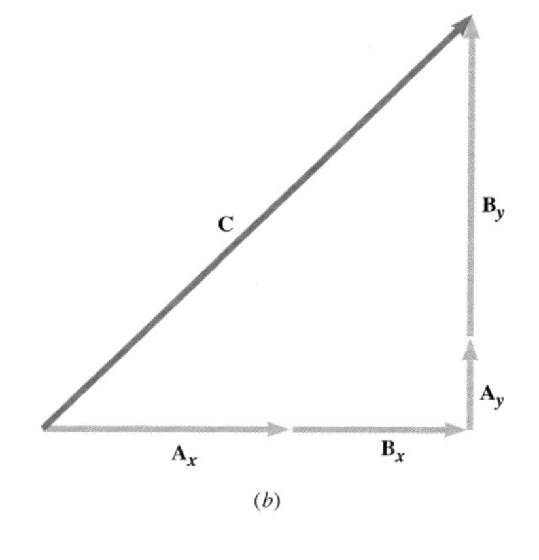

(b)

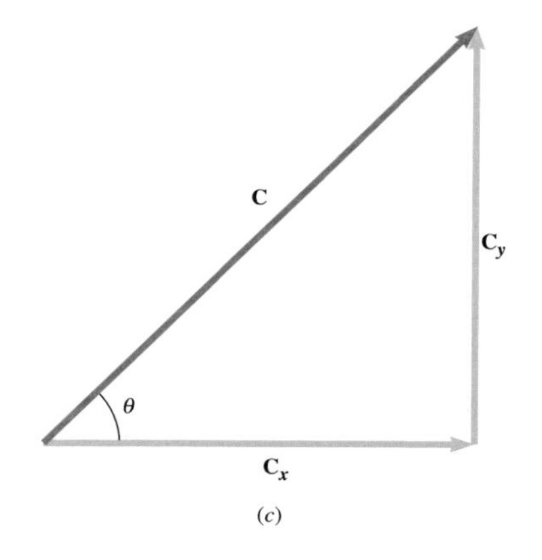

(c)

그림 1.20 (a) 변위 벡터 **A**와 **B**는 합 벡터 **C**를 만든다. **A**와 **B**의 x 및 y 성분들이 표시되어 있다. (b) $\mathbf{C}_x = \mathbf{A}_x + \mathbf{B}_x$, $\mathbf{C}_y = \mathbf{A}_y + \mathbf{B}_y$ 임이 그림으로 나타나 있다. (c) 벡터 **C**와 그 성분들은 직각 삼각형을 이룬다.

도 오른쪽으로 이동하여 벡터 성분 $\mathbf{B}_y$와 정렬했다. x 성분들은 동일선상이 되어 합 벡터 **C**의 x 성분이 된다. 마찬가지로 y 성분들도 동일선상에 위치하여 **C**의 y 성분을 만든다. 스칼라 성분으로 이것을 표현 하면

$$C_x = A_x + B_x \qquad C_y = A_y + B_y$$

이다. 벡터 성분 $\mathbf{C}_x$와 $\mathbf{C}_y$는 합 벡터 **C**와 함께 직각 삼각형을 이룬다(그림 1.20(c)). 따라서 **C**의 크기는 피타고라스의 정리를 이용하면

$$C = \sqrt{C_x^2 + C_y^2}$$

가 된다. **C**가 x 축과 만드는 각 θ는 $\theta = \tan^{-1}(C_y/C_x)$ 로 주어진다. 예제 1.6은 성분을 이용하여 여러 벡터들을 더하는 방법을 나타내고 있다.

예제 1.6 | 성분을 이용한 벡터의 덧셈

어떤 사람이 북동쪽 20.0° 방향으로 145 m 달렸다가 (변위 벡터 **A**) 35.0° 동남쪽으로 105 m 달렸다(변위 벡터 **B**). 이들 두 변위 벡터의 합 벡터의 크기와 방향을 구하라.

살펴보기 그림 1.21(a)에는 y 축이 북쪽이라고 가정한 벡터 **A**와 **B**가 표시되어 있다. 이 벡터들의 성분이 주어져 있지 않으므로 벡터의 크기와 방향으로부터 이 성분들을 구한다. **A**와 **B**의 성분들을 구하여 합 벡터 **C**의 성분들을 구한다. 최종적으로 삼각법과 피타고라스의 정리를 이용하여 **C**의 성분으로부터 **C**의 크기 및 방향을 구한다.

풀이 다음의 표의 처음 두 행에 벡터 **A**와 **B**의 x 및 y 성분을 구하여 나타내었다. $\mathbf{B}_y$는 아래쪽 방향이므로 음의 y 방향으로 그려졌다.

표의 세 번째 행은 합 벡터 **C**의 x 및 y 성분이다. $C_x = A_x + B_x$, $C_y = A_y + B_y$이므로 그림 1.21(b)는 **C**의 벡터 성분들을 표시하고 있다. **C**의 크기는 피타고라스의 정리에 의해서

$$C = \sqrt{C_x^2 + C_y^2} = \sqrt{(135.6\ \text{m})^2 + (76\ \text{m})^2} = \boxed{155\ \text{m}}$$

이고 **C**가 x 축과 이루는 각 θ는

$$\theta = \tan^{-1}\left(\frac{C_y}{C_x}\right) = \tan^{-1}\left(\frac{76\ \text{m}}{135.6\ \text{m}}\right) = \boxed{29°}$$

가 된다.

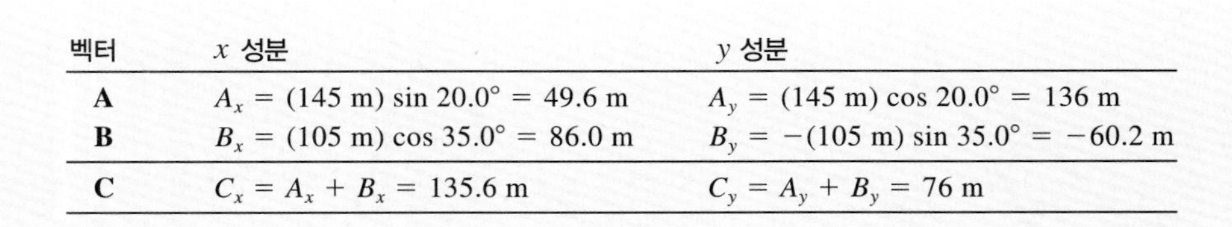

벡터	x 성분	y 성분
A	$A_x = (145\text{ m})\sin 20.0° = 49.6\text{ m}$	$A_y = (145\text{ m})\cos 20.0° = 136\text{ m}$
B	$B_x = (105\text{ m})\cos 35.0° = 86.0\text{ m}$	$B_y = -(105\text{ m})\sin 35.0° = -60.2\text{ m}$
C	$C_x = A_x + B_x = 135.6\text{ m}$	$C_y = A_y + B_y = 76\text{ m}$

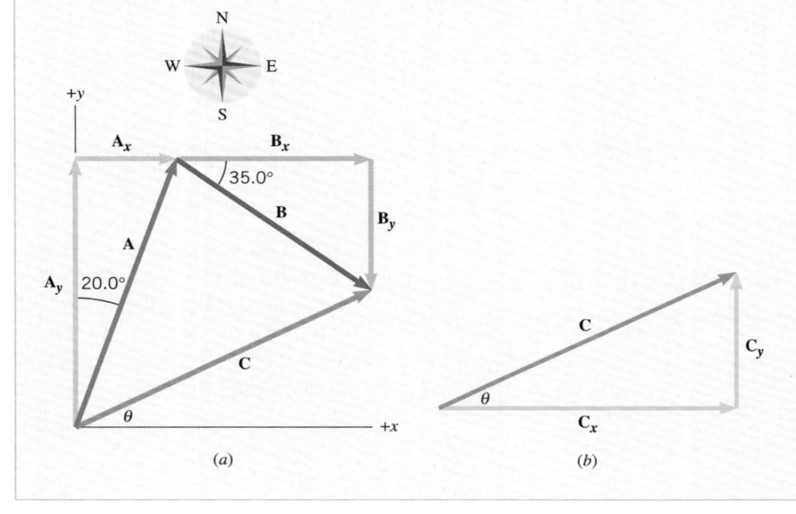

그림 1.21 (a) 변위 벡터 **A**와 **B**는 합 벡터 **C**를 만든다. **A**와 **B**의 벡터 성분들이 나타나 있다. (b) **A**와 **B**의 성분들을 구하면 합 벡터 **C**를 구할 수 있다.

연습 문제

* 표시가 없는 문제들은 풀기 쉬운 문제들이다. * 표시가 한 개 붙어 있는 문제들은 약간 어렵고, 두 개 붙은 문제들은 가장 어렵다.

1.2 단위

1.3 문제 풀이에서 단위의 역할

1(1) 어느 말벌의 질량은 5×10^{-6} 킬로그램(kg)이다. 이것을 그램(g), 밀리그램(mg), 마이크로그램(μg)으로 나타내어라.

2(3) (a) 1 시간 35 분을 초로 나타내면 얼마인가?
(b) 하루를 초로 나타내어라.

3(5) 지금까지 발견된 가장 큰 다이아몬드는 3106 캐럿이다. 1 캐럿은 0.200 그램이다. 1 kg(1000 g)이 2.205 lb임을 이용하여 이 다이아몬드의 무게를 파운드(lb)로 나타내어라.

4(7) 다음은 여러 물리량들의 차원이다. 여기서 [L], [T], 그리고 [M]은 각각 길이, 시간, 질량의 차원을 의미 한다.

	차원		차원
거리 (x)	[L],	가속도 (a)	[L]/[T]^2
시간 (t)	[T],	힘 (F)	[M][L]/[T]^2
질량 (m)	[M],	에너지 (E)	[M][L]^2/[T]^2
속력 (v)	[L]/[T]		

다음 식 중 차원적으로 올바른 것은?

(a) $F = ma$ **(d)** $E = max$
(b) $x = \frac{1}{2}at^3$ **(e)** $v = \sqrt{Fx/m}$
(c) $E = \frac{1}{2}mv$

***5(9)** 바다의 깊이는 가끔 패덤(1 패덤 = 6 피트)으로 측정된다. 해수면 상의 거리는 항해마일(1 항해마일 = 6076 피트)로 측정된다. 가로 세로 높이가 각각 1.20 항해마일, 2.60 항해마일, 16 패덤인 육면체형 해저구간의 부피를 m^3으로 구하라.

1.4 삼각법

6(13) 두 도시 사이에 고속도로를 건설하고자 한다. 한 도시는 다른 도시로부터 남쪽으로 35.0 km, 서쪽

으로 72.0 km 떨어져 있다. 이 두 도시를 잇는 최단 거리의 고속도로를 건설하고자 한다면 그 거리는 얼마인가? 그리고 이 도로와 서쪽이 이루는 각도는?

7(15) 어떤 크리스마스트리의 그림자는 이등변 삼각형이며 삼각형의 꼭대기 각은 30.0° 밑변의 길이가 2.00 m이라면 나무의 높이는 얼마인가?

***8(19)** 각 변이 95, 150, 190 cm인 삼각형의 세 각의 각도를 구하라.

1.6 벡터의 덧셈과 뺄셈

9(21) 힘 벡터 $\mathbf{F}_1$은 동쪽으로 200 N의 크기를 지닌다. 두 번째 힘 $\mathbf{F}_2$가 $\mathbf{F}_1$에 더해졌다. 두 벡터의 합 벡터는 크기가 400 N이고 그 방향이 동쪽 또는 서쪽 선상에 있다. $\mathbf{F}_2$의 크기와 방향을 구하라. 두 가지 답이 존재한다.

10(23) 변위 벡터 **A**는 동쪽으로 2.00 km의 크기를 지닌다. 변위 벡터 **B**는 북쪽으로 3.75 km의 크기이다. 변위 벡터 **C**는 서쪽으로 2.50 km이고, 벡터 **D**는 남쪽으로 3.00 km이다. 이들을 모두 합한 벡터 **A** + **B** + **C** + **D**의 크기와 방향(서쪽을 기준한 각도)을 구하라.

***11(29)** 벡터 **A**는 크기가 12.3이며 서쪽으로 향하고 있다. 벡터 **B**는 북쪽으로 향하고 있다. (a) **A** + **B**가 크기가 15.0이라면 **B**의 크기는 얼마인가? (b) 이때 **A** + **B**의 방향은(서쪽과 이루는 각도) 어떠한가? (c) **A** − **B**가 15.0의 크기를 가진다면 **B**의 크기는 얼마인가? (d) **A** − **B**가 서쪽과 이루는 각도는 얼마인가?

1.7 벡터 성분

12(31) 한 물체의 속력과 움직이는 방향은 속도라는 물리량을 정의한다. 타조가 17.0 m/s의 속력으로 서북쪽 68.0° 방향으로 달리고 있다. 타조의 (a) 북쪽 방향과 (b) 서쪽 방향의 속도 성분을 각각 구하라.

13(33) 여객선이 부산을 출발하여 동북쪽 18.0° 방향으로 155 km 항해하였다. 이 여객선은 북쪽 및 동쪽으로 얼마나 이동하였는가? (즉 변위 벡터의 북쪽 및 동쪽 성분을 각각 구하라.)

14(35) 바닥에 있는 무거운 상자를 끌어당기기 위해 두 개의 밧줄을 상자에 연결하고 한 밧줄에는 서쪽으로 475 N의 힘을 가했고, 다른 밧줄에는 남쪽으로 315 N의 힘을 가했다. 나중에 나오지만 힘은 벡터양이다. 밧줄 하나로 이 두 힘을 합한 것과 같은 효과를 내기 위해서 밧줄에 가해야 하는 힘의 크기와 방향은 어떠한가?

***15(37)** 힘 벡터 **F**의 크기는 82.3 N이다. 이 벡터의 x 성분은 $+x$ 축 방향이며 크기가 74.6 N이다. y 성분은 $+y$ 축 방향을 향한다. (a) **F**의 방향($+x$ 축에 대한)을 구하라. (b) **F**의 y 성분을 구하라.

1.8 성분을 이용한 벡터의 덧셈

16(41) 한 골퍼가 그린 위에서 공을 세 번 만에 홀에 넣어야만 한다. 첫 번째 퍼트에서 공은 동쪽으로 5.0 m 굴러갔다. 두 번째 퍼트에서는 동북 20.0° 각도로 2.1 m 굴러갔다. 세 번째 퍼트는 북쪽으로 0.50 m 굴러가 홀에 들어갔다. 만일 이 골퍼가 첫 번째 퍼트에서 공을 홀에 넣기 위해서는 어떤 변위 벡터가 필요하겠는가? (즉 변위의 크기와 방향을 구하라.)

17(43) 그림과 같이 세 변위 벡터가 합해졌을 때의 합 벡터의 크기와 방향을 성분법으로 구하라. 여기서 각 벡터들의 크기는 A = 5.00 m, B = 5.00 m, C = 4.00 m이다.

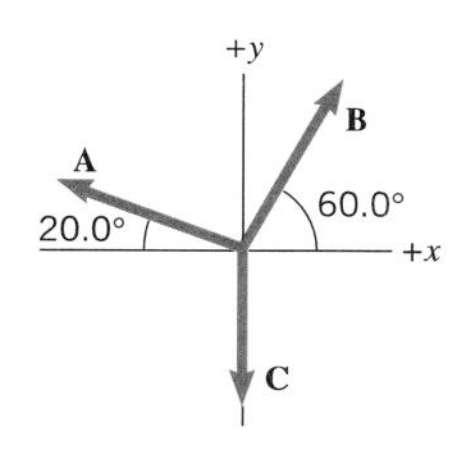

18(45) 야생동물원에서 한 탐험팀이 동북쪽 42° 방향(동쪽 기준)으로 4.8 km 떨어진 연구 캠프로 출발했다. 직선 거리 2.4 km 이동한 다음 인솔자가 나침반을 잘못 보아서 동북쪽 22° 방향으로 이동했음을 알게 되었다. 이 팀이 이 지점에서 연구 캠프에 도달하기 위해 필요한 변위 벡터의 크기와 방향(동쪽을 기준한 각도)을 구하라.

***19(47)** 벡터 **A**는 크기가 6.0이고 동쪽 방향을 향한다. 벡터 **B**는 북쪽을 향하고 있다. (a) 만일 **A** + **B**이 동북쪽 60° 방향(동쪽 기준)이라면 **B**의 크기는 얼마인가? (b) **A** + **B**의 크기를 구하라.

***20(49)** 벡터 **A**는 크기 145이고 서북쪽 35.0° 방향이다.

벡터 **B**는 북동쪽 35.0° 방향(북쪽 기준)이다. 벡터 **C**는 남서쪽 15.0° 방향(남쪽 기준)이다. 이들 벡터들을 합하면 0이 된다고 할 때 성분법을 이용하여 벡터 **B**와 **C**의 크기를 각각 구하라.

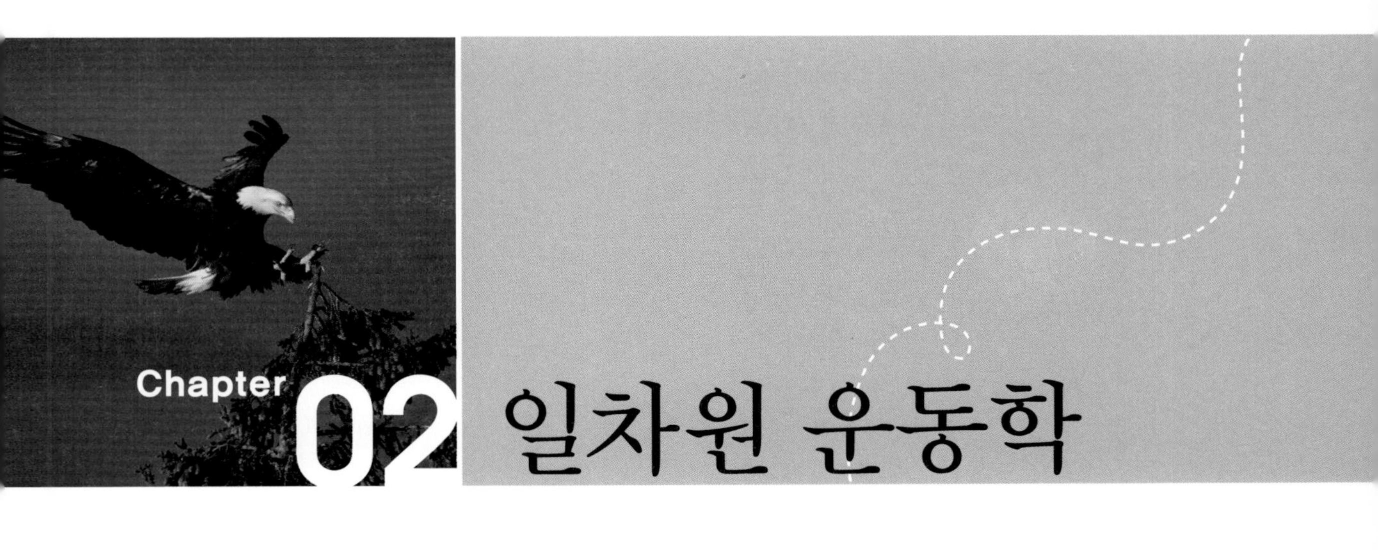

Chapter 02 일차원 운동학

2.1 변위

운동은 두 가지 측면에서 볼 수 있다. 하나는 순수하게 서술적인 것으로서, 운동 그 자체에 대한 것이다. 예를 들면, 운동이 빠른가, 느린가 하는 것이다. 다음으로는 운동을 일으키는, 즉 그 운동 상태를 변하게 하는 요인으로서 힘들을 고려하는 것이다. 작용하는 힘과는 관계없이 운동을 기술하는데 필요한 개념들만을 다루는 것을 **운동학**(kinematics)이라 한다. 이 장에서는 일차원에서의 운동을 통해, 그리고 다음 장에서는 이차원에서의 운동을 통해 운동학의 개념을 다룰 것이다. 힘이 운동에 미치는 영향을 다루는 분야를 **동역학**(dynamics)이라 하는데, 이 분야는 4장에서 다루게 될 것이다. 이러한 운동학과 동역학은 물리학의 한 분야인 **역학**(mechanics)에 속한다. 운동학의 개념을 다루는데 있어서 먼저 변위에 대해서 논의해 보기로 하자.

물체의 운동을 다루기 위해서는 시간에 따른 물체의 위치를 지정해 주어야 한다. 그림 2.1은 일차원 운동에서 있어서 물체의 위치를 어떻게 지정해 주는지를 보여주고 있다. 이 그림에서 자동차의 처음 위치는 벡터 $\mathbf{x_0}$로 표시되어 있다. 벡터 $\mathbf{x_0}$의 길이는 임의로 선정된 원점으로부터 자동차까지의 길이이다. 시간이 얼마 지난 후 자동차는 이동하여 새로운 위치로 가게 되며, 이 위치를 벡터 $\mathbf{x}$로 표시하였다. 자동차의 **변위**(displacement) $\Delta\mathbf{x}$ ('델타 x' 혹은 'x의 변화' 라고 읽는다)는 처음 위치로부터 나중 위치까지 그려진 벡터이다. 변위는 크기(처음과 나중 위치 사이의 거리)와 방향을 가지고 있기 때문에, 1.5절에서 논의된 의미로서의 벡터양

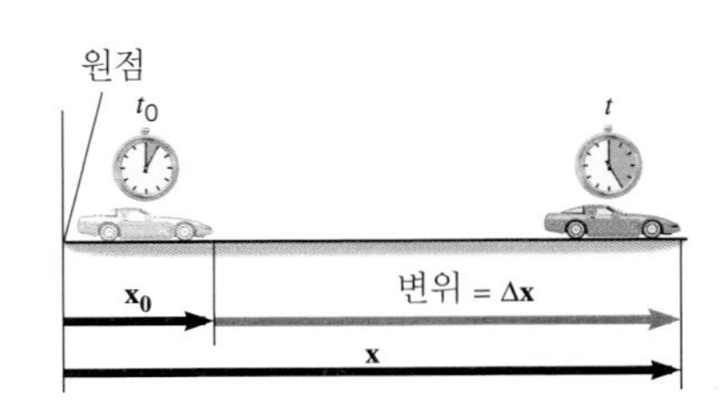

그림 2.1 변위 $\Delta\mathbf{x}$는 처음 위치 $\mathbf{x}_0$로부터 나중 위치 $\mathbf{x}$를 향하는 벡터이다.

이다. 이 그림을 살펴보면 변위는 $\mathbf{x_0}$와 $\mathbf{x}$를 써서 다음과 같은 관계가 있음을 알 수 있다.

$$\mathbf{x_0} + \Delta\mathbf{x} = \mathbf{x} \quad 즉 \quad \Delta\mathbf{x} = \mathbf{x} - \mathbf{x_0}$$

이와 같이 변위 $\Delta\mathbf{x}$는 $\mathbf{x}$와 $\mathbf{x_0}$ 사이의 차이를 뜻하며, 이 차이를 표시하는데 그리스 문자 delta(Δ)를 사용한다. 어떤 변수에서의 변화는 항상 나중 값에서 처음값을 뺀 값이라는 점에 주목하라.

■ **변위**
변위는 물체의 처음 위치로부터 나중 위치를 가리키는 벡터이며, 그 크기는 두 점 사이의 가장 짧은 거리와 같다.
변위의 SI 단위: 미터(m)

변위에 대한 SI 단위는 미터(m)이지만, 센티미터와 인치와 같은 다른 단위도 있다. 센티미터(cm)와 인치(in)사이를 서로 변환할 때 2.54 cm = 1 in의 관계를 사용하면 된다.

앞으로 직선상에서의 운동을 자주 다루게 될 것인데, 그럴 경우에 그 직선상에서 어느 한 방향으로의 변위를 양의 값으로 취하게 되면 그 반대 방향은 음의 값이 된다. 한 예로, 자동차가 동서를 연결하는 어느 한 방향을 따라 달리고 있는데, 정 동쪽 방향을 양의 방향으로 정하자. 그러면 $\Delta\mathbf{x} = +500$ m는 동쪽 방향으로 500 m 움직였다는 것을 의미하며, 역으로 $\Delta\mathbf{x} = -500$ m는 반대 방향인 서쪽으로 500 m 움직였다는 것을 의미한다.

2.2 속력과 속도

평균 속력

운동 중인 물체의 상태를 가장 뚜렷하게 나타내는 것 중의 하나는 그 물체가 얼마나 빨리 움직이고 있느냐 하는 것이다. 만일 자동차가 10초 동안에 200 m를 달렸다면 그 자동차의 평균 속력은 초당 20 m라고 말한다. **평균 속력**(average speed)은 움직인 거리를 그 거리를 움직이는데 걸린 시간으로 나눈 것이다.

$$평균\ 속력 = \frac{거리}{걸린\ 시간} \tag{2.1}$$

식 2.1로부터 거리의 단위를 시간의 단위로 나눈 것, 즉 SI 단위로 하면 초당 미터(m/s)가 평균 속력의 단위임을 알 수 있다. 예제 2.1은 평균 속력 개념이 어떻게 이용되는지를 예시해 주고 있다.

예제 2.1 | 조깅하는 사람이 달린 거리

조깅하는 사람이 2.22 m/s의 평균 속력으로 달린다면, 1.5 시간(5400 s) 동안에 얼마의 거리를 달릴 수 있겠는가?

살펴보기 조깅하는 사람의 평균 속력은 매초당 달리는 평균 거리이다. 그러므로 조깅하는 사람이 달린 거리는 초당 달린 평균 거리와 달린 시간을 곱한 것과 같다.

풀이 달린 거리를 구하기 위해서, 식 2.1로부터 다음과 같이 고쳐 쓸 수 있다.

$$\text{거리} = (\text{평균 속력})(\text{걸린 시간}) = (2.22\ \text{m/s})(5400\ \text{s}) = \boxed{12000\ \text{m}}$$

속력은 물체가 얼마나 빨리 운동하고 있는가를 나타내주는 것이기 때문에 매우 유용한 개념이다. 그렇지만 속력은 물체가 어느 방향으로 운동하고 있는지에 대해서는 아무것도 알려주지 못한다. 물체가 얼마나 빠르게, 그리고 어느 방향으로 운동하고 있는지에 대한 두 가지 사실을 나타내기 위해서는 속도라는 벡터 개념이 필요하다.

평균 속도

그림 2.1에서 자동차의 처음 위치는 시간 t_0일 때 $\mathbf{x_0}$이고, 시간이 조금 지난 t일 때 자동차는 나중 위치 $\mathbf{x}$에 도달한다. 처음과 나중 위치에서의 시간차는 두 지점 사이를 자동차가 달리는데 걸린 시간이다. 이 시간차를 줄여서 Δt ('델타 t' 라 읽는다)로 표기하며, 다음과 같다.

$$\Delta t = \underbrace{t - t_0}_{\text{걸린 시간}}$$

$\Delta\mathbf{x}$가 나중 위치에서 처음 위치를 뺀 것으로 나타낸 것처럼($\Delta\mathbf{x} = \mathbf{x} - \mathbf{x}_0$) Δt도 이와 유사한 방법으로 정의된다. 자동차의 **평균 속도**(average velocity)는 자동차의 변위 $\Delta\mathbf{x}$를 걸린 시간 Δt로 나눈 것이다. 어떤 양의 평균값을 나타낼 때는 그 양을 나타내는 기호 위에 수평으로 선을 그어 넣는 것이 일반적인 관행이다. 그러므로 평균 속도를 식 2.2에서처럼 $\bar{\mathbf{v}}$로 쓴다.

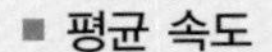

■ **평균 속도**

$$\text{평균 속도} = \frac{\text{거리}}{\text{걸린 시간}}$$

$$\bar{\mathbf{v}} = \frac{\mathbf{x} - \mathbf{x_0}}{t - t_0} = \frac{\Delta\mathbf{x}}{\Delta t} \tag{2.2}$$

평균 속도의 SI 단위: 미터(m)/초(s)

그림 2.2 켈리포니아의 로스앤젤레스 고속도로에서의 교통 상황을 저속 촬영한 이 그림에서, 왼쪽 차선(흰색의 전조등)에서의 자동차의 속도는 오른쪽 차선(빨간색 미등)에서의 자동차의 속도와 반대 방향이다.

식 2.2는 평균 속도의 단위가 길이 단위를 시간 단위로 나눈 것, 즉 SI 단위로 나타내면 초당 미터(m/s)라는 것을 보여주고 있다. 또한 속도는 시간당 킬로미터(km/h) 혹은 시간당 마일(mi/h)과 같은 단위로도 쓸 수 있다.

평균 속도는 식 2.2에서의 변위와 같은 방향을 가리키는 벡터이다. 그림 2.2는 어떤 선을 따라서만 움직이도록 제한되어 있는 자동차의 속도는 그 선을 따라서 어느 한 방향, 혹은 그 반대 방향만을 가지게 된다는 것을 예시해주고 있다. 변위와 관련해서, 두 개의 가능한 방향을 양과 음의 부호를 이용해서 나타낼 수 있다. 만일 변위가 양의 방향을 가리키고 있다면, 평균 속도는 양이다. 역으로 만일 변위가 음의 방향을 가리키고 있다면, 평균 속도는 음이 된다. 예제 2.2는 평균 속도의 이러한 양상을 예시하고 있다.

예제 2.2 | 세계에서 가장 빠른 제트 엔진 자동차

앤디 그린이라는 사람은 1997년 자동차 경주 대회인 *ThrustSSC*에서 341.1 m/s (1228 km/h)라는 세계 기록을 수립했다. 그때의 자동차는 두 개의 제트 엔진으로 추진되는 자동차이었으며, 공식적으로 음속을 초과한 최초의 자동차가 되었다. 이러한 기록을 수립하는데 있어서, 운전자는 바람의 영향을 제거하기 위해 첫 번째는 한쪽 방향으로, 두 번째는 그 반대 방향으로 해서 두 번 주행을 하였다. 그림 2.3(a)는 자동차가 왼쪽으로부터 오른쪽으로 4.740 s동안에 1609 m (1 mile)의 거리를 주행하는 모습이며, 그림 2.3(b)는 4.695 s 동안에 같은 거리를 역방향으로 주행하는 모습이다. 이러한 데이터를 이용해서 각 주행마다 평균 속도를 구하라.

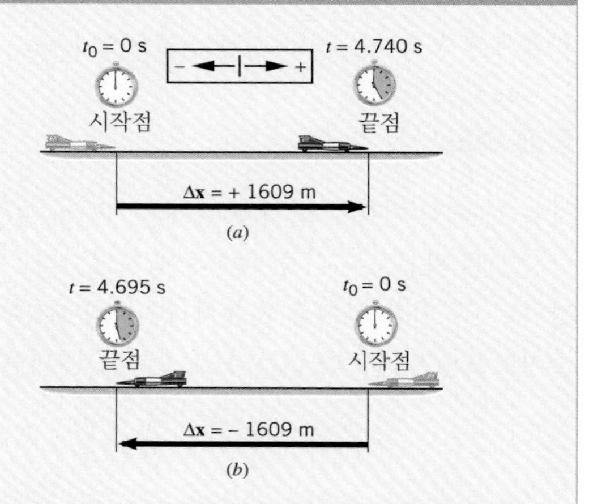

그림 2.3 위쪽 그림에서 상자 속의 화살표는 예제 2.2에서 설명한 바와 같이 자동차의 변위에 대한 양과 음의 방향을 나타내고 있다.

살펴보기 평균 속도는 변위를 걸린 시간으로 나눈 것으로 정의된다. 이 정의로부터, 변위는 주행한 거리와 같지 않다는 것을 알아야 한다. 왜냐하면 변위는 방향을 고려해야 하는데, 거리는 방향을 고려할 필요가 없기 때문이다. 두 번의 주행에서 자동차는 똑같은 1609 m의 거리를 달렸다. 그렇지만, 첫 번째 주행에서 변위는 $\Delta \mathbf{x} = +1609$ m 이고, 두 번째 주행에서는 $\Delta \mathbf{x} = -1609$ m 이다. 여기서 양과 음의 부호는 절대로 필요한 것이다. 왜냐하면 첫 번째 주행에서의 방향은 양의 방향인 오른쪽이고, 두 번째 주행에서는 반대 방향, 즉 음의 방향인 왼쪽이기 때문이다.

풀이 식 2.2에 의해, 평균 속도는

주행 1 $$\bar{\mathbf{v}} = \frac{\Delta \mathbf{x}}{\Delta t} = \frac{+1609\ \text{m}}{4.740\ \text{s}} = \boxed{+339.5\ \text{m/s}}$$

주행 2 $$\bar{\mathbf{v}} = \frac{\Delta \mathbf{x}}{\Delta t} = \frac{-1609\ \text{m}}{4.695\ \text{s}} = \boxed{-342.7\ \text{m/s}}$$

이다. 이 해답에서 양과 음의 부호는 속도 벡터의 방향을 나타낸다. 특히 주행 2에서 음의 부호는 평균 속도의 방향이 그림 2.3(b)에서 왼쪽을 가리키고 있다는 것을 나타내고 있다. 속도의 크기는 339.5 m/s와 342.7 m/s이다. 이 값들의 평균은 341.1 m/s이다.

순간 속도

긴 여행을 하는 동안 평균 속도의 크기가 20 m/s라고 하자. 평균으로서의 이 값은 여행 중의 어느 순간에 당신이 얼마나 빠르게 움직이고 있는지 알려주지는 못한다. 분명히 여행 중 당신의 자동차는 어떤 때는 20 m/s보다 더 빠르게 주행할 때도 있었을 것이고, 또 어떤 때는 20 m/s보다 더 느리게 주행할 때도 있었을 것이다. 자동차의 **순간 속도**(instantaneous velocity) $\mathbf{v}$는 매 순간마다 자동차의 빠르기가 얼마인지, 그리고 어느 쪽 방향으로 주행하고 있는지를 나타낸다. 순간 속도의 크기를 속도계에서는 **순간 속력**(instantaneous speed)으로 숫자와 단위로 표시한다.

여행 중 어느 시점에서의 순간 속도는 자동차가 매우 작은 변위 $\Delta\mathbf{x}$를 움직이는데 걸리는 시간 Δt를 측정함으로서 구할 수 있다. 만일 시간 Δt가 충분히 작다면 측정하는 동안에 순간 속도는 크게 변하지 않을 것이다. 그렇다면, 어떤 시점에서의 순간 속도 $\mathbf{v}$는 그 구간에 걸쳐서 계산되는 평균 속도 $\bar{\mathbf{v}}$와 거의 같을 것이다. 즉 $\mathbf{v} \approx \bar{\mathbf{v}} = \Delta\mathbf{x}/\Delta t$ (Δt가 매우 작을 때)가 된다. 실제로 Δt가 무한히 작아지는 극한에서는, 순간 속도와 평균 속도는 같게 되어서,

$$\mathbf{v} = \lim_{\Delta t \to 0} \frac{\Delta\mathbf{x}}{\Delta t} \tag{2.3}$$

가 된다. 기호 $\lim_{\Delta t \to 0}(\Delta\mathbf{x}/\Delta t)$ 는 Δt가 매우 작아져서 영에 접근해가는 과정에서 $\Delta\mathbf{x}/\Delta t$가 정의된다는 것을 의미한다. Δt의 값이 매우 작아지게 되면, $\Delta\mathbf{x}$도 따라서 매우 작아지게 된다. 그렇지만 $\Delta\mathbf{x}/\Delta t$는 0이 되지 않고, 순간 속도 값으로 접근하게 된다. '순간 속도'라는 말을 간략하게 그냥 속도라는 말로, 그리고 '순간 속력'이라는 말은 속력이라는 말로 쓰기로 하겠다.

운동을 상세히 들여다보면, 속도는 매 순간마다 변한다. 속도가 변해가는 모습을 상세히 기술하기 위해서는 가속도라는 개념이 필요하다.

2.3 가속도

운동하고 있는 물체의 속도는 여러 가지 방법으로 변할 수 있다. 한 예로 운전자가 가속 페달을 밟음으로 인해서 속도가 증가할 수 있다. 혹은 빨간 신호등을 보고 정지하기 위해 브레이크 페달을 밟음으로 인해서 속도가 감소할 수도 있다. 어느 경우에서도 짧은 시간이거나, 긴 시간 동안에 속도의 변화는 일어날 것이다.

물체의 속도가 주어진 시간 동안에 어떻게 변하는지를 설명하기 위

해, 가속도라는 새로운 개념을 도입해 보자. 이 개념은 앞서서 우리가 다루었던 속도와 시간이라는 두 가지 개념에 의해서 결정된다. 특히 가속도의 개념은 속도의 변화가 그 변화가 일어나는 시간과 연관될 때 생긴다.

이륙하는 비행기를 일례로 **평균 가속도**(average acceleration)의 의미를 생각해보자. 그림 2.4는 비행기 속도가 활주로 상에서 어떻게 변하는지를 보여주고 있다. 시간 $\Delta t = t - t_0$가 지나는 동안에 속도가 $\mathbf{v}_0$에서 $\mathbf{v}$로 변한다. 비행기 속도의 변화는 나중 속도에서 처음 속도를 뺀 것과 같으므로, $\Delta\mathbf{v} = \mathbf{v} - \mathbf{v}_0$이다. 평균 가속도 $\bar{\mathbf{a}}$는 걸린 시간동안에 속도의 변화가 얼마나 일어나는지를 측정함으로서 다음과 같이 정의된다.

■ **평균 가속도**

$$평균 가속도 = \frac{속도의 변화}{걸린 시간}$$

$$\bar{\mathbf{a}} = \frac{\mathbf{v} - \mathbf{v}_0}{t - t_0} = \frac{\Delta\mathbf{v}}{\Delta t} \tag{2.4}$$

평균 가속도의 SI 단위: 미터(m)/제곱초(s^2)

평균 가속도 $\bar{\mathbf{a}}$는 속도의 변화 $\Delta\mathbf{v}$와 같은 방향을 가리키는 벡터이다. 운동이 직선상에서 일어날 때는 관습에 따라, 양과 음의 부호가 가속도 벡터의 방향을 나타낸다.

많은 경우 어느 특정한 순간에서의 물체의 가속도를 알 필요가 있다. **순간 가속도**(instantaneous acceleration) $\bar{\mathbf{a}}$는 2.2절에서 순간 속도를 정의한 것과 유사하게 다음과 같이 정의한다.

$$\mathbf{a} = \lim_{\Delta t \to 0} \frac{\Delta\mathbf{v}}{\Delta t} \tag{2.5}$$

식 2.5는 순간 가속도가 평균 가속도의 극한치임을 나타내고 있다. 가속도를 측정하는 동안에 걸린 시간 Δt가 지극히 짧을 때(극한에서 0으로 근접할 때), 평균 가속도와 순간 가속도는 같게 된다. 더욱이 가속도가 일정해서, 어느 순간에서도 똑같은 값을 가지는 경우가 많다. 앞으로는 가속도라는 말을 '순간 가속도' 라는 뜻으로 사용하기로 한다. 예제 2.3은 비행기가 이륙하는 동안의 가속도에 관한 것이다.

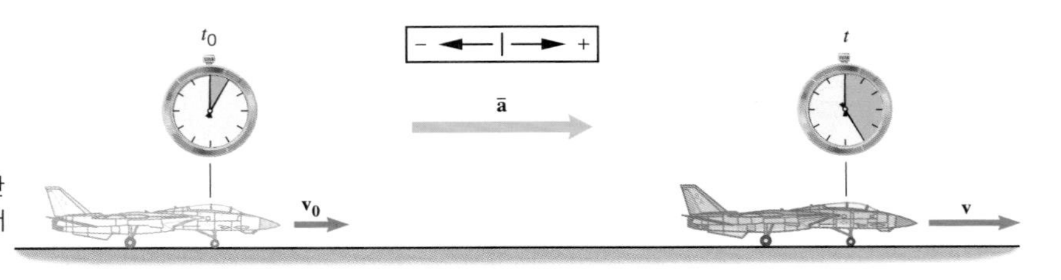

그림 2.4 이륙할 때, 비행기가 시간 $\Delta t = t - t_0$ 동안에 처음 속도 $\mathbf{v}_0$에서 나중 속도 $\mathbf{v}$로 가속된다.

예제 2.3 가속도 및 증가하는 속도

그림 2.4의 비행기가 $t_0 = 0\text{ s}$일 때 정지 상태 ($\mathbf{v}_0 = 0\text{ m/s}$)로부터 출발한다고 가정하자. 비행기는 활주로에서 가속하여 $t = 29\text{ s}$에서 속도가 $\mathbf{v} = +260\text{ km/h}$가 되었다. 여기서 양의 부호는 속도가 오른쪽으로 향하고 있음을 나타낸다. 비행기의 평균 가속도를 구하라.

살펴보기 비행기의 평균 가속도는 속도의 변화를 걸린 시간으로 나눈 것으로서 정의된다. 비행기 속도의 변화는 나중 속도 $\mathbf{v}$에서 처음 속도 $\mathbf{v}_0$를 뺀 것, 즉 $\mathbf{v} - \mathbf{v}_0$이고, 걸린 시간은 나중 시간 t에서 처음 시간 t_0를 뺀 것, 즉 $t - t_0$이다.

풀이 평균 가속도는 식 2.4에 의해서

$$\bar{\mathbf{a}} = \frac{\mathbf{v} - \mathbf{v_0}}{t - t_0} = \frac{260\text{ km/h} - 0\text{ km/h}}{29\text{ s} - 0\text{ s}}$$

$$= \boxed{+9.0\,\frac{\text{km/h}}{\text{s}}}$$

가 된다.

예제 2.3에서 계산된 평균 가속도는 '초당 시간당 9 km' 라고 읽는다. 비행기의 가속도가 일정하다고 하면, $+9.0\,\frac{\text{km/h}}{\text{s}}$ 라는 값은 속도가 매 초당 +9.0 km/h씩 변한다는 것을 의미한다. 즉, 처음 1초 동안에는 속도가 0으로부터 9.0 km/h로 증가하고, 그 다음 1초 동안에는 9.0 km/h에서 18 km/h으로 증가하는 방식으로 변한다는 것이다. 그림 2.5는 처음 2초 동안에 속도가 어떻게 변하는지를 나타내고 있다. 29초가 지난 직후의 속도는 260 km/h이다.

문제 풀이 도움말
어떠한 변수에 대해서도 변화량이란 나중값에서 처음값을 뺀 것이다. 예를 들어 속도의 변화는 Δv $v = v - v_0$이고 시간의 변화는 $\Delta t = t - t_0$이다.

가속도의 단위는 관습상 SI 단위로만 나타낸다. 예제 2.3에서 가속도의 단위를 SI 단위로 나타내려면, 다음과 같이 속도 단위를 km/h에서 m/s로 변환시켜야 한다. 즉,

$$\left(260\,\frac{\text{km}}{\text{h}}\right)\left(\frac{1000\text{ m}}{1\text{ km}}\right)\left(\frac{1\text{ h}}{3600\text{ s}}\right) = 72\,\frac{\text{m}}{\text{s}}$$

이고, 평균 가속도는

$$\bar{\mathbf{a}} = \frac{72\text{ m/s} - 0\text{ m/s}}{29\text{ s} - 0\text{ s}} = +2.5\text{ m/s}^2$$

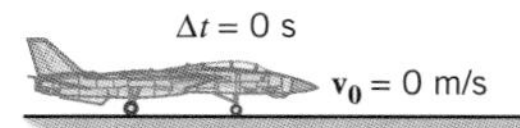

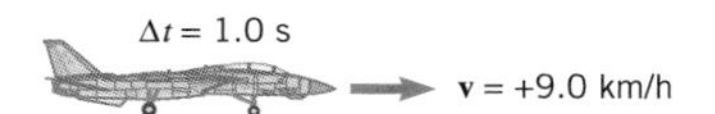

그림 2.5 $+9.0\,\frac{\text{s}}{\text{km/h}}$ 라는 가속도는 비행기의 속도가 매초당 +9.0 km/h씩 변한다는 것을 의미한다. **a**와 **v**에서 '+' 부호는 방향이 오른쪽이라는 것을 의미한다.

이다. 여기서 $2.5\,\frac{\text{m/s}}{\text{s}} = 2.5\,\frac{\text{m}}{\text{s}\cdot\text{s}} = 2.5\,\frac{\text{m}}{\text{s}^2}$라는 관계를 이용하였다. 가속도 $2.5\,\frac{\text{m}}{\text{s}^2}$을 제곱초당 2.5 m라 읽으며, 매초 동안에 속도가 2.5 m/s씩 변한다는 것을 의미한다.

2.4 등가속도 운동에 대한 운동학 방정식

등가속도 운동학에서의 방정식들을 논하는데 있어서, 물체가 $t_0 = 0\,\text{s}$일 때 원점인 $\mathbf{x_0} = 0\,\text{m}$에 위치해 있다고 가정하는 것이 편리하다. 이렇게 가정하면, 변위 $\Delta\mathbf{x} = \mathbf{x} - \mathbf{x_0}$는 $\Delta\mathbf{x} = \mathbf{x}$가 된다. 더욱이, 1차원 운동에서는 앞으로 다룰 방정식들에서 관습상 변위, 속도, 가속도 벡터들을 굵은 글씨체로 쓰지 않고 대신에 양과 음의 부호를 붙여 쓰기로 하겠다.

처음 속도가 $t_0 = 0\,\text{s}$일 때 v_0이고, 시간 t동안에 등가속도 a로 운동하고 있는 물체를 생각하자. 이러한 운동을 완전하게 기술하기 위해서는 시간 t일 때의 나중 속도와 변위를 알아야한다. 나중 속도 v는 식 2.4로부터 직접 구할 수 있다.

$$\bar{a} = a = \frac{v - v_0}{t} \quad \text{즉} \quad v = v_0 + at \qquad \text{(등가속도)} \qquad (2.4)$$

시간 t에서의 변위 x는 평균 속도 $\bar{v}$를 구할 수 있다면 식 2.2로부터 구해진다. 시간이 $t_0 = 0\,\text{s}$일 때 $\mathbf{x_0} = 0\,\text{m}$이라고 가정하면,

$$\bar{v} = \frac{x - x_0}{t - t_0} = \frac{x}{t} \quad \text{즉} \quad x = \bar{v}t \qquad (2.2)$$

이다. 가속도는 일정하기 때문에, 속도는 일정한 비율로 증가한다. 따라서, 평균 속도 $\bar{v}$는 처음 속도와 나중 속도 중간값이 된다. 즉,

$$\bar{v} = \tfrac{1}{2}(v_0 + v) \qquad \text{(등가속도)} \qquad (2.6)$$

이다. 식 2.6은 식 2.4처럼 가속도가 일정할 때만 적용되며, 가속도가 변하게 되면 적용될 수 없다. 시간 t에서의 변위는 다음과 같이 구해진다.

$$x = \bar{v}t = \tfrac{1}{2}(v_0 + v)t \qquad \text{(등가속도)} \qquad (2.7)$$

식 2.4$(v = v_0 + at)$와 2.7 $[x = \frac{1}{2}(v_0 + v)t]$에는 다음과 같이 5개의 운동 변수들이 있다:

1. x = 변위
2. $a = \bar{a}$ = 가속도(일정)
3. v = 시간 t에서의 나중 속도
4. v_0 = 시간 t_0(= 0 s)에서의 처음 속도
5. $t = t_0$(= 0 s) 이후 경과된 시간

이 두 방정식의 각각은 위의 변수들 중 4 개를 포함하고 있어서, 그들 중 3 개를 알게 되면, 나머지 네 번째 변수를 구할 수 있다. 예제 2.4는 식 2.4와 2.7이 물체의 운동을 기술하기 위하여 어떻게 이용되는지를 설명해 주고 있다.

예제 2.4 | 쾌속정의 변위

그림 2.6에서 쾌속정의 가속도는 $+2.0\ \mathrm{m/s^2}$이다. 이 쾌속정의 처음 속도가 $+6.0\ \mathrm{m/s}$라면, 8.0 초 후에 쾌속정의 변위는 얼마인가?

살펴보기 세 개의 알려진 변수값들은 아래 표에 열거되어 있다. 구해야 할 것은 보트의 변위이므로, 변위가 미지의 변수이다. 그래서 표의 변위란에 물음표를 넣었다.

쾌속정 데이터				
x	a	v	v_0	t
?	$+2.0\ \mathrm{m/s^2}$		$+6.0\ \mathrm{m/s}$	8.0 s

나중 속도 v의 값이 결정되면, 쾌속정의 변위는 식 $x = \frac{1}{2}(v_0 + v)t$를 써서 구할 수 있다. 속도가 $v = v_0 + at$에 따라 변하기 때문에, 나중 속도를 구하기 위해서는 주어진 가속도 값을 이용해야 한다.

풀이 나중 속도는

$$v = v_0 + at = 6.0\ \mathrm{m/s} + (2.0\ \mathrm{m/s^2})(8.0\ \mathrm{s}) \quad (2.4)$$
$$= +22\ \mathrm{m/s}$$

이다. 그러므로 쾌속정의 변위는 다음과 같다.

$$x = \tfrac{1}{2}(v_0 + v)t = \tfrac{1}{2}(6.0\ \mathrm{m/s} + 22\ \mathrm{m/s})(8.0\ \mathrm{s}) \quad (2.7)$$
$$= \boxed{+110\ \mathrm{m}}$$

계산기를 사용하면 답이 112 m로 나오겠지만 유효숫자가 2 자리이기 때문에 답을 110 m로 써야 한다.

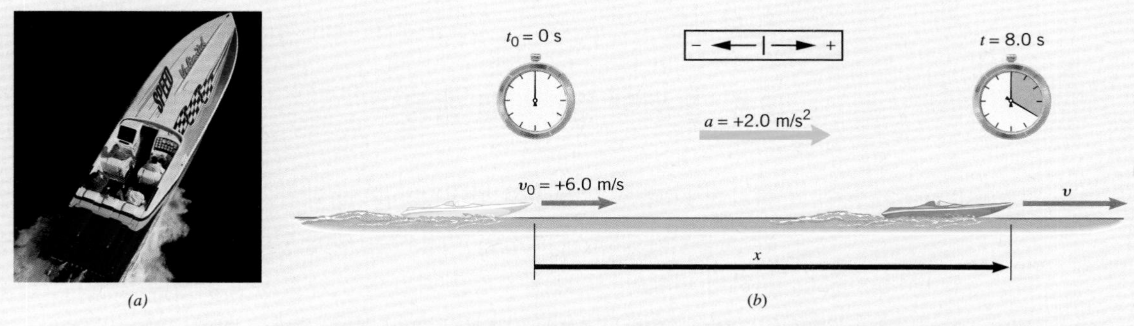

그림 2.6 (a) 가속되고 있는 쾌속정 (b) 쾌속정의 가속도, 속도, 그리고 움직인 시간을 알고 있다면, 쾌속정의 변위 x를 구할 수 있다.

예제 2.4의 해답에는 두 단계가 포함되어 있다. 처음 단계는 나중 속도 v를 구하는 것이고 나중 단계는 변위 x를 구하는 것이다. 그러나 만일 한 번에 변위를 구할 수 있는 식이 있다면 좋을 것이다. 예제 2.4를 이용하여 식 2.4 ($v = v_0 + at$)로 주어지는 나중 속도 v를 식 2.7 [$x = \frac{1}{2}(v_0 + v)t$]에 대입해서 그러한 식을 얻을 수 있다. 즉

$$x = \tfrac{1}{2}(v_0 + v)t = \tfrac{1}{2}(v_0 + \boxed{v_0 + at})t = \tfrac{1}{2}(2v_0t + at^2)$$

$$x = v_0t + \tfrac{1}{2}at^2 \qquad \text{(등가속도)} \qquad (2.8)$$

이다. 여기서 알 수 있는 것은 나중 속도를 구하는 중간 단계 없이 식 2.8로부터 바로 쾌속정의 변위를 구할 수 있다는 것이다. 이 식의 오른쪽에서 첫 번째 항 $(v_0 t)$는 가속도가 0이고 속도가 처음 속도 v_0로 일정할 때의 변위를 나타낸다. 두 번째 항 $(\frac{1}{2}at^2)$은 속도가 처음 속도와는 다른 값으로 변하기(a가 0이 아님) 때문에 생기는 변위이다.

시간 t는 모르지만, a, v, v_0을 알고 있을 때도, 두 단계를 거치지 않고 바로 한 번에 변위 x을 구할 수 있다. 시간 $[t=(v-v_0)/a]$에 대한 식 2.4를 풀고, 그것을 식 2.7$[x=\frac{1}{2}(v_0+v)t]$에 대입하면, 다음과 같이 변위가 구해진다.

$$x = \tfrac{1}{2}(v_0 + v)t = \tfrac{1}{2}(v_0 + v)\boxed{\frac{v - v_0}{a}} = \frac{v^2 - {v_0}^2}{2a}$$

이것을 v^2에 대해 풀면

$$v^2 = v_0^2 + 2ax \qquad (\text{등가속도}) \qquad (2.9)$$

가 얻어진다.

표 2.1에 우리가 지금까지 살펴본 방정식들을 요약하였다. 이 방정식들을 **운동학 방정식**(equations of kinematics)이라 한다. 각각의 식들이 포함하고 있는 4 개의 변수들을 표에서 기호(✓)로 표시하였다. 다음 절에서는 이 운동학 방정식들이 어떻게 응용되는지를 살펴보기로 한다.

2.5 운동학 방정식의 응용

여기에 나와 있는 운동학 방정식들은 일정한 가속도로 운동하는 물체에만 적용된다. 그러나 이들을 이용하는 데에 있어서 생길 수 있는 잘못을 피하기 위해서, 몇 가지 지침을 따르는 것이 도움이 된다.

먼저 편의상 선택된 좌표계의 원점에 대해서 어떤 운동 방향이 양(+)이고 음(−)인지를 결정하라. 이 결정은 여러분이 마음대로 정하면 된다. 그러나 변위, 속도, 가속도들이 벡터들이기 때문에, 방향은 항상 염두에 두어야 한다. 앞으로의 예제에서는, 양과 음의 방향을 문제의 그림 속에서

표 2.1 등가속도 운동의 운동학 방정식

식번호	식	변수				
		x	a	v	v_0	t
(2.4)	$v = v_0 + at$	—	✓	✓	✓	✓
(2.7)	$x = \frac{1}{2}(v_0 + v)t$	✓	—	✓	✓	✓
(2.8)	$x = v_0 t + \frac{1}{2}at^2$	✓	✓	—	✓	✓
(2.9)	$v^2 = {v_0}^2 + 2ax$	✓	✓	✓	✓	—

보게 될 것이다. 어떤 방향을 양으로 선택할 것인지는 문제가 되지 않는다. 그렇지만 일단 선택되면 계산과정 중에는 절대 변경해서는 안 된다.

문제를 풀기 전에 문제의 뜻을 잘 파악함으로서, 문제에서 언급되는 '감가속' 이나 '감가속도' 라는 용어를 정확하게 이해해야 한다. 이들 용어 때문에 빈번히 혼란이 일어난다.

때때로 운동학에 대한 문제에서 가능한 답이 두 개가 나올 수 있는데, 이들 각각의 답은 서로 다른 상황에 해당되는 답이다. 그러한 경우가 다음 예제 2.5에 나와 있다.

역추진 로켓에 의한 가속도에 대한 물리

예제 2.5 | 가속되는 우주선

그림 2.7(a)에서의 우주선은 속도 +3250 m/s로 비행을 하고 있다. 이 우주선에서 갑자기 역추진 로켓이 점화되고, 이어서 10.0 m/s^{2}의 가속도로 우주선의 속도가 느려지기 시작했다. 역추진 로켓이 점화되는 시점을 기준으로 해서 이 우주선이 +215 km의 변위를 일으켰을 때의 우주선의 속도는 얼마인가?

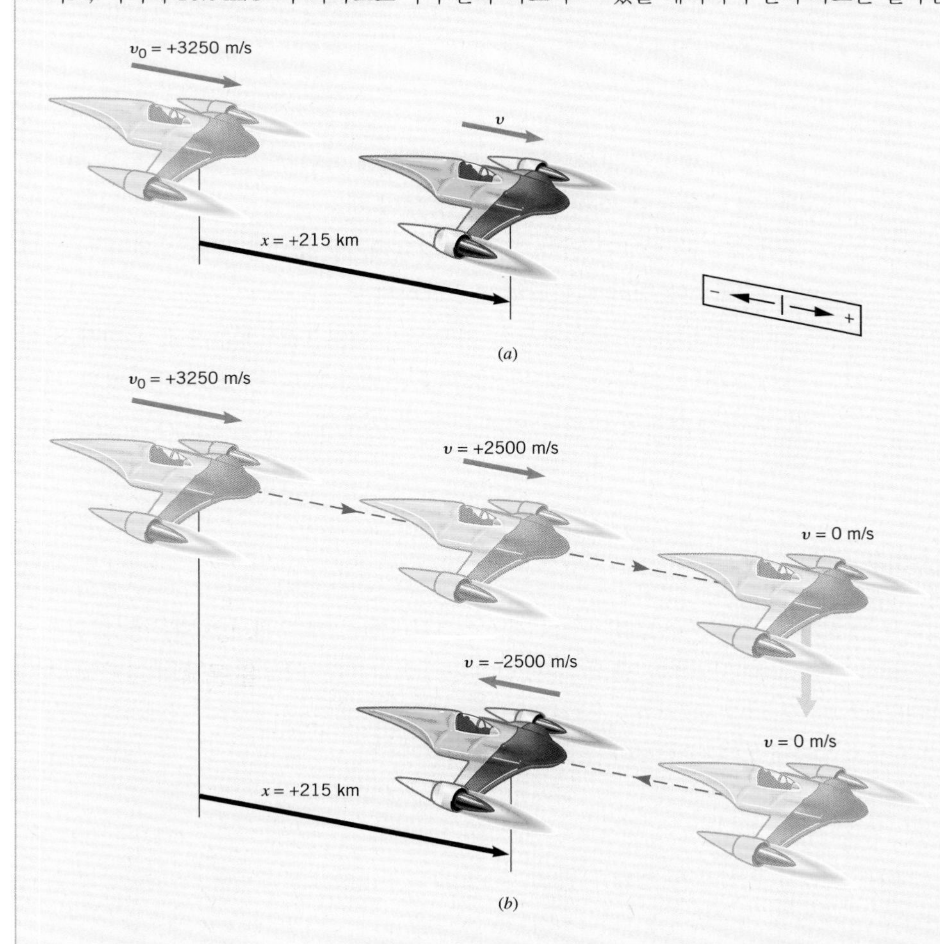

그림 2.7 (a) 가속도가 $a = -10.0\ \text{m/s}^2$이기 때문에, 우주선은 속도가 v_0에서 v로 바뀐다. (b) 역추진을 계속함으로써 우주선의 비행 방향이 바뀐다.

살펴보기 우주선의 속도가 느려지고 있기 때문에, 가속도는 속도와 반대 방향이다. 속도가 그림에서 오른쪽으로 가리키고 있으므로, 가속도는 음의 방향인 왼쪽을 가리키게 된다. 따라서 $a = -10.0\ \mathrm{m/s^2}$ 이다. 알려져 있는 세 개의 변수들을 아래에 나열하였다.

우주선 데이터				
x	a	v	v_0	t
+215 000 m	−10.0 m/s²	?	+3250 m/s	

우주선의 나중 속도 v는 식 2.9가 네 개의 관련된 변수들을 포함하고 있어서, 이 식을 이용하면 계산할 수 있다.

풀이 식 2.9($v^2 = v_0^2 + 2ax$) 로부터,

$$v = \pm\sqrt{v_0^2 + 2ax}$$
$$= \pm\sqrt{(3250\ \mathrm{m/s})^2 + 2(-10.0\ \mathrm{m/s^2})(215\ 000\ \mathrm{m})}$$
$$= \boxed{+2500\ \mathrm{m/s}} \text{ 그리고 } \boxed{-2500\ \mathrm{m/s}}$$

이다. 이 두 개의 답은 같은 변위($x = +215$ km)에 해당되는 답들이지만, 그들 각각은 서로 다른 운동의 결과이다. 답 $v = +2500$ m/s는 그림 2.7(a)의 상황에 대한 것이다. 여기서 우주선은 속력이 $v = 2500$ m/s으로 느려졌지만, 아직은 오른쪽으로 비행하고 있다. 답 $v = -2500$ m/s는 역추진 로켓에 의해 우주선이 아주 짧은 순간 멈추었다가, 이어서 비행 방향이 반대가 되었다는 것을 의미한다. 그래서 우주선은 왼쪽으로 비행하게 되고, 이어서 계속해서 역추진함으로써 속력이 증가하게 되며 어느 시간이 지난 후 우주선의 속도가 $v = -2500$ m/s가 되었다는 것이다. 그림 2.7(b)는 이러한 상황을 보여주고 있다. 이 두 그림에서 우주선의 변위는 똑같지만, 비행 시간은 (a)에서보다 (b)에서가 더 길다.

두 물체의 운동이 상호 관계를 가지게 되면, 두 물체의 운동은 하나의 변수를 공동으로 가지게 된다. 운동들이 상호 관계를 가진다는 사실은 하나의 중요한 정보가 된다. 그러한 경우에, 각 물체에 대해 자세히 아는 데는, 두 변수에 대한 데이터만이 필요하다.

때때로 한 물체의 운동을 가속도가 서로 다른 부분으로 분할해서 다루기도 한다. 그러한 문제들을 풀 때 중요한 것은, 예제 2.6에서처럼, 분할한 한 부분에서의 나중 속도가 다음 부분에서의 처음 속도가 되도록 두는 것이다.

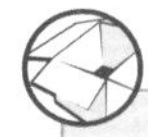

예제 2.6 | 모터사이클 타기

정지 상태로부터 출발하는 한 모터사이클의 가속도가 $+2.6\ \mathrm{m/s^2}$ 이다. 이 모터사이클이 120 m의 거리를 달린 후, 속도가 +12 m/s(그림 2.8 참조)가 될 때까지 $-1.5\ \mathrm{m/s^2}$ 의 가속도로 속도를 낮추었다. 이 모터사이클의 총 변위는 얼마인가?

살펴보기 총 변위는 첫 구간(속도 증가)과 두 번째 구간(속도 감소)의 변위의 합이다. 첫 구간에서의 변위는 +120 m이다. 두 번째 구간에서의 변위는 이 구간에서의 처음 속도를 구할 수 있다면, 다른 두 변수에 대한 값($a = -1.5\ \mathrm{m/s^2}$ 과 $v = +12$ m/s)들을 이미 알고 있으므로, 구할 수 있다. 두 번째 구간에서의 처음 속도는 첫 구간에서의 나중 속도이므로 두 번째 구간에서의 처음 속도를 구할 수 있다.

풀이 모터사이클이 정지 상태($v_0 = 0$ m/s)로부터 출발한다는 사실을 알고 있으면, 아래의 주어진 데이터로부터 첫 구간에서의 나중 속도를 구할 수 있다.

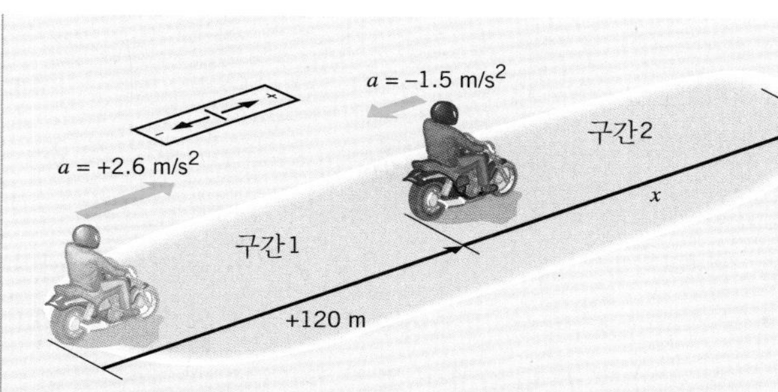

그림 2.8 모터사이클의 주행 구간은 서로 다른 가속도를 가지는 두 구간으로 이루어진다.

구간 1 데이터				
x	a	v	v_0	t
+120 m	+2.6 m/s²	?	0 m/s	

식 2.9 ($v^2 = v_0^2 + 2ax$) 로부터,

$$v = +\sqrt{v_0{}^2 + 2ax}$$

$$= +\sqrt{(0 \text{ m/s})^2 + 2(2.6 \text{ m/s}^2)(120 \text{ m})}$$

$$= +25 \text{ m/s}$$

가 된다. 아래에 열거된 데이터와 함께, +25 m/s를 두 번째 구간에서의 처음 속도로 이용할 수 있다.

구간 2 데이터				
x	a	v	v_0	t
?	−1.5 m/s²	+12 m/s	+25 m/s	

두 번째 구간에서의 변위는 식 $v^2 = v_0{}^2 + 2ax$을 x에 대해서 풀면 구해진다.

$$x = \frac{v^2 - v_0{}^2}{2a} = \frac{(12 \text{ m/s})^2 - (25 \text{ m/s})^2}{2(-1.5 \text{ m/s}^2)}$$

$$= +160 \text{ m}$$

모터사이클의 총 변위는 120 m + 160 m = $\boxed{280 \text{ m}}$이다.

■ 문제 풀이 도움말
표 2.1에서의 방정식에 포함되어 있는 5개의 운동 변수들(x, a, v, v_0, t) 중에서 적어도 3개에 대한 값들은 알고 있어야 이 방정식들을 이용해서 네 번째와 다섯 번째 변수들을 구할 수 있다.

2.6 자유 낙하 물체

중력의 영향으로 물체는 아래로 떨어진다는 것을 알고 있다. 공기의 저항이 없다면, 지상으로부터 같은 위치에 있는 모든 물체는 같은 가속도로 연직 아래로 떨어진다는 사실이 발견되었다. 더욱이 낙하 거리가 지구 반지름에 비해 작다면, 가속도는 낙하하는 동안에 변하지 않고 일정하다. 공기 저항이 무시되고, 가속도가 거의 일정하게 되는 이러한 이상화된 운동을 **자유 낙하**(free-fall)라고 한다. 자유 낙하에서는 가속도가 일정하기 때문에 운동학 방정식들을 이용할 수 있다.

자유 낙하 물체의 가속도를 **중력 가속도**(acceleration due to gravity)라 하며, 크기(어떤 대수 부호도 없이)는 기호 g로 나타낸다. 중력 가속도 g의 방향은 지구 중심을 가리키는 아래쪽 방향이다. 지표면 가까이에서 g는 대략

$$g = 9.80 \text{ m/s}^2 \quad 또는 \quad 32.2 \text{ ft/s}^2$$

이다. 상황이 달리 변하지 않는 한, 앞으로의 계산에서는 g의 값으로 위의 두 값 중 하나를 쓸 것이다. 그렇지만 실제로는 고도가 증가할수록 g는 감소하고 위도에 따라 약간 다르다.

그림 2.9(a)는 종이보다 돌멩이가 더 빨리 떨어진다는 잘 알려진 현상을 보여주고 있다. 공기 저항의 효과는 종이의 낙하 속도를 느리게 하며,

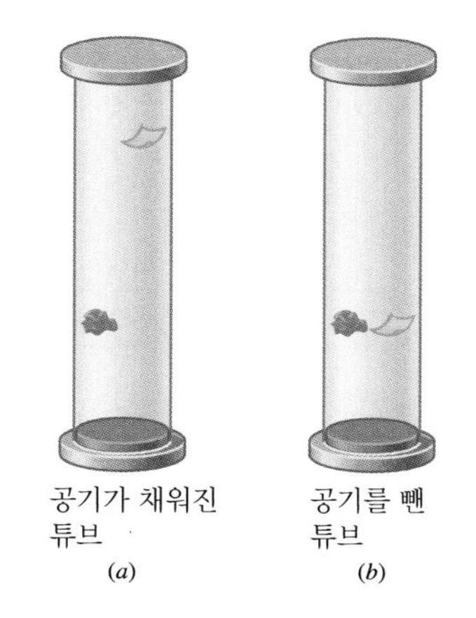

그림 2.9 (a) 공기 저항이 있을 때는 돌멩이의 속도가 종이의 속도보다 빠르다. (b) 공기 저항이 없을 때는 돌멩이의 속도와 종이의 속도는 같다.

그림 2.9(b)에서처럼 튜브에서 공기를 배기시키게 되면, 돌멩이와 종이는 정확하게 같은 중력 가속도를 가지게 된다. 공기 저항이 없을 때는 돌멩이와 종이는 둘 다 자유 낙하 운동을 한다. 운동을 방해하는 공기가 없는 달 표면가까이에서 떨어지는 물체의 운동은 거의 자유 낙하에 가깝다. 달에서의 자유 낙하를 명쾌하게 실증해보인 사람은 데이비드 스콧이라는 우주 비행사인데, 그는 같은 높이에서 해머와 깃털을 동시에 떨어뜨렸다. 둘 다 달의 똑같은 중력 가속도로 낙하하여 같은 시간에 바닥에 떨어졌다. 달 표면 가까이에서의 달의 중력 가속도는 지표면에서의 지구의 중력 가속도의 대략 1/6정도이다.

운동학 방정식들을 자유 낙하 운동에 적용할 때는 운동이 지표면에 수직인 방향으로 혹은 y축 방향을 따라 일어나므로, 변위를 나타내는 기호로 보통 y를 쓴다. 이와 같이 자유 낙하 운동에 대하여 표 2.1에 있는 식들을 사용할 때는 단순히 x를 y로 바꾸어 주면 된다. 이렇게 바꾸어 쓴다고 해서 특별히 다른 의미는 없다. 운동하는 동안에 가속도가 일정하게 유지된다는 조건하에서는, 운동학 방정식들은 수평 방향에서나 수직 방향에서 같은 대수학적 모양을 가진다. 자유 낙하하는 물체에 운동학 방정식들을 어떻게 적용할 것인가에 대하여 예시해주는 몇 가지 예를 살펴보기로 한다.

예제 2.7 | 떨어지는 돌멩이

그림 2.10에서처럼 고층 빌딩의 옥상에서 돌멩이가 정지 상태로부터 떨어진다. 떨어지기 시작해서 3초 후에, 돌멩이의 변위 y는 얼마인가?

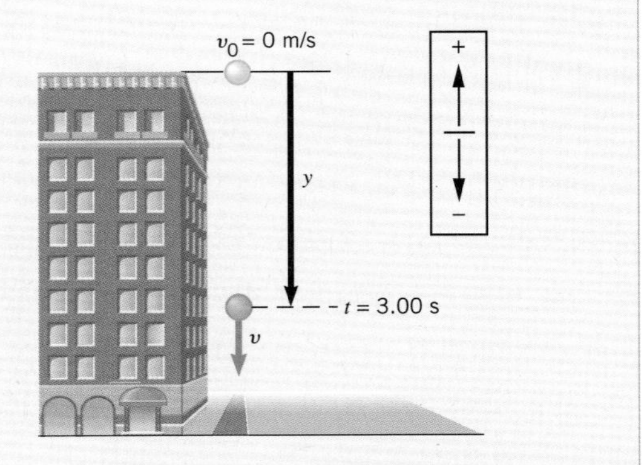

그림 2.10 빌딩의 옥상에서 속도 영으로부터 떨어지기 시작하는 돌멩이가 중력에 의해 아래쪽으로 가속되고 있다.

살펴보기 위쪽 방향을 양의 방향으로 정한다. 알고 있는 세 개의 변수들은 아래의 표에 수록되어 있다. 돌멩이가 정지 상태로부터 떨어지기 시작했으므로 처음 속도 v_0는 영이다. 중력 가속도가 음의 방향이기 때문에 중력 가속도는 음의 값을 갖는다.

돌멩이에 대한 데이터

y	a	v	v_0	t
?	$-9.80\ \text{m/s}^2$		0 m/s	3.00 s

식 2.8은 적절한 변수들을 포함하고 있어서, 문제에 대한 직접적인 해답을 제공해 준다. 위쪽이 양의 방향인데, 돌멩이가 아래쪽으로 움직이고 있으므로 변위 y는 음의 값을 가질 것이라는 것이 예상된다.

풀이 식 2.8을 이용하면,

$$\begin{aligned} y &= v_0 t + \tfrac{1}{2}at^2 \\ &= (0\ \text{m/s})(3.00\ \text{s}) + \tfrac{1}{2}(-9.80\ \text{m/s}^2)(3.00\ \text{s})^2 \\ &= \boxed{-44.1\ \text{m}} \end{aligned}$$

이다. y에 대한 답은 예상한대로 음이다.

중력 가속도는 항상 아래쪽을 가리키는 벡터이다. 이 벡터는 아래쪽으로 자유 낙하하고 있는 물체에 대해서 속력이 어떻게 증가하는지를 나타내 준다. 또한 이 가속도는 중력의 영향 하에서 위로 움직이고 있는 물체에 대해서 속력이 어떻게 감소하는지도 나타내 준다. 이 경우에서는 물체는 위로 움직이다가 결국에 가서는 순간적으로 정지했다가 다시 지표면으로 떨어지게 된다. 예제 2.8과 2.9에서는 운동학 방정식들이 중력의 영향 하에서 위로 움직이고 있는 물체에 어떻게 적용되는지를 보여주고 있다.

문제 풀이 도움말
문제에 '암시되어 있는 데이터'가 중요하다. 한 예로, 예제 2.8에서 동전이 '얼마나 높이 올라갈 수 있는가'라는 구절은 최고 높이를 언급하고 있는 것이다. 이 최고 높이는 연직 방향으로의 속도가 $v = 0$ m/s일 때의 높이이다.

예제 2.8 | 얼마나 높이 올라가나?

풋볼 경기는 관례에 따라 누가 킥오프할 것인지를 결정하기 위하여 동전을 위로 던지는 것으로 시작된다. 심판이 처음 속력 5.00 m/s로 동전을 위로 던져 올렸다. 공기 저항이 없다면, 이 동전은 심판의 손을 떠나 얼마나 더 높이 올라가겠는가?

살펴보기 동전은 그림 2.11에서와 같이 위쪽 방향의 처음 속도를 가지게 된다. 그러나 가속도는 중력에 의해 아래쪽 방향이다. 속도와 가속도가 서로 반대 방향이므로, 동전은 위로 올라감에 따라 속력이 느려져서, 결국에는 동전은 최고 높이에 이르게 되면 속도가 $v = 0$ m/s이 된다. 위쪽 방향을 양의 방향으로 하면, 데이터는 아래와 같이 요약될 수 있다.

동전의 데이터				
y	a	v	v_0	t
?	-9.80 m/s^2	0 m/s	$+5.00$ m/s	

이 데이터를 가지고, 식 2.9($v^2 = v_0^2 + 2ay$)를 이용하면 최고 높이 y를 구할 수 있다.

풀이 식 2.9를 다시 정리해서 이용하면, 동전이 손을 떠나는 위치를 기준으로 해서 올라갈 수 있는 최고 높이를 다음과 같이 구할 수 있다.

$$y = \frac{v^2 - v_0{}^2}{2a} = \frac{(0\ \text{m/s})^2 - (5.00\ \text{m/s})^2}{2(-9.80\ \text{m/s}^2)}$$

$$= \boxed{1.28\ \text{m}}$$

예제 2.9 | 얼마나 오래 공중에 있을 수 있을까?

그림 2.11에서 동전이 손으로부터 떠나기 전의 위치로 다시 돌아오는 동안에 공중에 있는 시간은 얼마인가?

살펴보기 동전이 위로 올라가는 시간 동안에 중력은 동전의 속력을 영으로 낮추도록 하는 요인으로 작용한다. 그렇지만 아래로 내려오는 동안에는 중력이 다시 속력을 증가시키는 요인으로 작용하게 된다. 이와 같이 해서, 동전이 위로 올라가는데 걸린 시간과 내려오는 데 걸린 시간은 같게 된다. 달리 말하면, 공중에 있는 총 시간은 위로 올라가는데 걸린 시간의 두 배와 같다. 위로 올라가는 동안의 동전에 대한 데이터는 예제 2.8에서와 같다. 이 데이터를 가지고 식 2.4

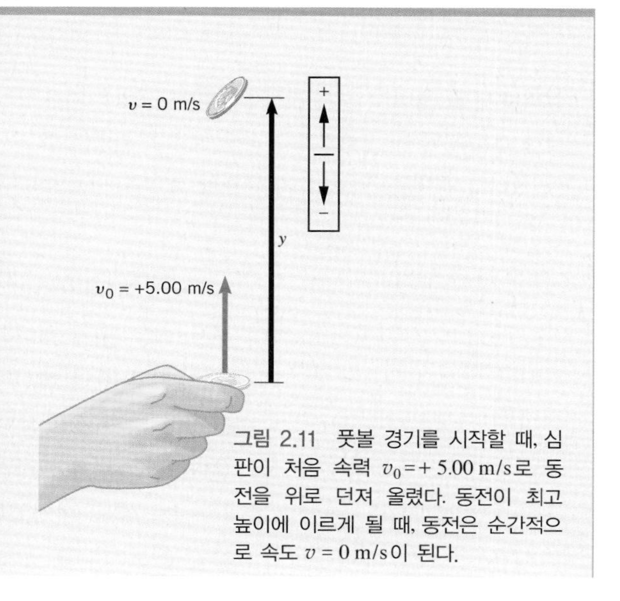

그림 2.11 풋볼 경기를 시작할 때, 심판이 처음 속력 $v_0 = +5.00$ m/s로 동전을 위로 던져 올렸다. 동전이 최고 높이에 이르게 될 때, 동전은 순간적으로 속도 $v = 0$ m/s이 된다.

$(v = v_0 + at)$를 이용하면, 위로 올라가는데 걸린 시간을 구할 수 있다.

풀이 식 2.4를 고쳐 쓰면,

$$t = \frac{v - v_0}{a} = \frac{0\ \text{m/s} - 5.00\ \text{m/s}}{-9.80\ \text{m/s}^2} = 0.510\ \text{s}$$

이 된다. 올라갔다 내려오는데 걸리는 총 시간은 이 값의 두 배, 즉 $\boxed{1.02\ \text{s}}$ 이다.

다른 방법으로도 총 시간을 구할 수 있다. 동전을 위로 던지고 난 후, 그것이 다시 던지기 직전의 위치로 돌아왔을 때의 총 변위는 $y = 0\ \text{m}$이다. 변위에 대한 이 값을 가지고 식 2.8 $(y = v_0 t + \frac{1}{2}at^2)$을 풀면, 올라갔다 내려오는데 걸리는 총 시간을 직접 구할 수 있다.

예제 2.8과 2.9는 '자유 낙하'라는 표현이 반드시 물체가 아래로 떨어지는 것만을 의미하는 것은 아니라는 것을 예시해주고 있다. 자유 낙하하고 있는 물체는 그것이 올라가든지 떨어지든지 상관없이 중력만의 영향을 받고 운동하고 있는 물체를 의미한다. 둘 중 어느 경우에서도, 물체는 중력에 의해서 똑같이 아래로 향하는 가속도를 가진다. 다음의 예제는 이러한 점에 초점을 맞추고 있다.

개념 예제 2.10 | 속도와 가속도의 관계

그림 2.11에서 동전의 운동은 세 부분으로 이루어져 있다. 위로 올라갈 때는 동전의 속도는 위쪽 방향이며 속도의 크기는 감소한다. 최고 높이에 이르렀을 때는 순간적으로 속도가 0이 된다. 아래로 떨어질 때, 동전의 속도는 아래쪽 방향이며 속도의 크기는 증가한다. 공기 저항이 없다면, 동전의 가속도도 속도처럼 운동의 세 부분에 따라 변하겠는가?

살펴보기 및 풀이 공기 저항이 없다면 동전은 자유 낙하 운동을 한다. 그러므로 가속도 벡터는 중력 때문에 생기는 것이며, 항상 같은 크기와 방향을 가진다. 가속도의 크기는 $9.80\ \text{m/s}^2$이고, 방향은 물체가 올라갈 때나 내려올 때나 항상 아래쪽이다. 더욱이, 동전의 순간 속도는 운동 경로의 정상에서는 0이 되니까, 그곳에서 가속도 벡터까지 0이라고 생각해서는 안 된다. 가속도는 속도의 변화율이고, 비록 속도가 운동 경로의 정상에서 어느 순간에 0이 되기는 하지만 그곳에서도 속도는 변하고 있다. 운동 경로의 정상에서도 가속도는 $9.80\ \text{m/s}^2$이고, 그곳에서 정지하고 있는 동안에도 가속도는 아래로 향한다. 이와 같이, 동전의 속도 벡터는 매순간마다 변하지만, 동전의 가속도 벡터는 변하지 않는다.

위로 던져졌지만 궁극적으로는 지면으로 떨어지는 물체의 운동을 다루는 데는 문제 풀이의 관점으로서 대칭성을 고려하면 유용할 것이다. 앞의 예제 2.10의 계산에서 물체가 최고 높이에 도달하는데 걸리는 시간은 그것이 다시 출발점으로 돌아오는데 걸리는 시간과 같다는 의미에서, 자유 낙하 운동에는 시간에 대한 대칭성이 존재한다는 것을 알 수 있다.

속력에도 대칭성이 있다. 그림 2.12는 예제 2.8과 2.9에서 고찰했던 동전을 보여주고 있다. 동전이 손으로부터 위로 출발한 후, 위로 올라가는 동안의 어떤 변위에서의 속력은 내려올 때의 바로 같은 위치에서의 속력과 같다. 한 예로, 처음 속도가 $v_0 = +5.00\,\text{m/s}$라고 가정하면, $y = +1.04\,\text{m}$일 때 식 2.9를 풀면 나중 속도 v에 대한 가능한 값이 다음과 같이 두 개가 된다.

$$v^2 = v_0{}^2 + 2ay = (5.00\,\text{m/s})^2 + 2(-9.80\,\text{m/s}^2)(1.04\,\text{m}) = 4.62\,\text{m}^2/\text{s}^2$$
$$v = \pm 2.15\,\text{m/s}$$

값 $v = +2.15\,\text{m/s}$는 동전이 위로 올라갈 때의 속도이고, $v = -2.15\,\text{m/s}$는 아래로 내려갈 때의 속도이다. 양쪽의 경우에서, 속력은 2.15 m/s로 같다. 뿐만 아니라, 동전이 시작점으로 되돌아 왔을 때의 속력은 5.00 m/s으로서 처음 속력과 같아진다. 속력에 대한 이 대칭성은 올라갈 때 매 초당 9.8 m/s씩 속력이 감소하지만, 내려올 때는 매 초당 속력이 같은 크기 만큼씩 다시 증가하기 때문에 생기는 것이다.

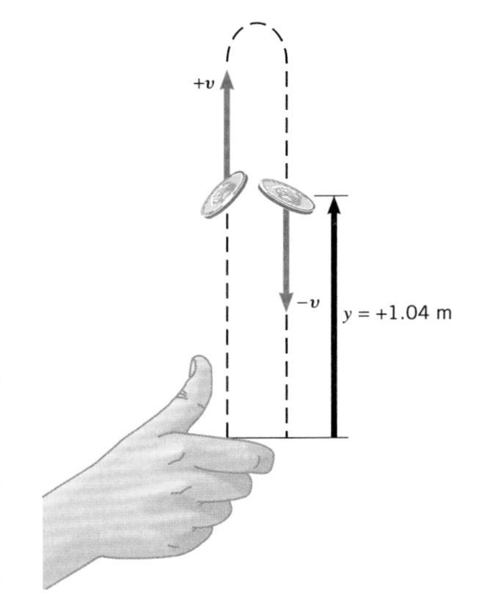

그림 2.12 운동 경로를 따라 주어진 변위에서 위로 향하는 동전의 속력은 아래로 향하는 속력과 같으나, 속도는 서로 반대 방향이다.

2.7 그래프에 의한 속도와 가속도 분석

그래프로 분석하는 방법은 속도와 가속도의 개념을 이해하는데 도움이 된다. 사이클 선수가 일정한 속도 $v = +4\,\text{m/s}$로 자전거를 타고 있다고 하자. 자전거의 위치 x는 그래프의 세로축을 따라 표시하고, 시간은 가로축 선상에 표시하기로 한다. 자전거의 위치가 매초당 4 m씩 증가하므로, t에 대한 x의 그래프는 직선이 된다. 더욱이, 자전거가 $t = 0\,\text{s}$일 때 $x = 0\,\text{m}$에 있는 것으로 하면, 그림 2.13에서처럼 이 직선은 원점을 지나게 된다. 이 직선상의 각 점들은 임의의 특정 시각에서의 자전거의 위치를 나타낸다. 한 예로, $t = 1\,\text{s}$에서의 위치는 4 m이고, $t = 3\,\text{s}$에서의 위치는 12 m이다.

그림 2.13의 그래프를 만들 때, 속도가 +4 m/s라는 사실을 이용하였다. 그렇지만 우리에게 이 그래프는 주어졌지만 속도는 모르고 있었다고 가정하자. 이와 같이 속도를 알지 못하지만 위치 대 시간의 그래프가 주어진다면 어떤 시간 사이에, 예를 들어 1 s와 3 s 사이에 자전거에 어떤 변화가 일어났는지를 살펴보면, 속도를 구할 수 있다. 시간의 변화는 $\Delta t = 2\,\text{s}$이다. 이 시간 동안에 자전거는 +4 m에서 +12 m로 위치에 변화가 일어났으며, 그 차이는 $\Delta x = +8\,\text{m}$이다. 비 $\Delta x/\Delta t$를 그 직선의 기울기(slope)라 한다.

$$\text{기울기} = \frac{\Delta x}{\Delta t} = \frac{+8\,\text{m}}{2\,\text{s}} = +4\,\text{m/s}$$

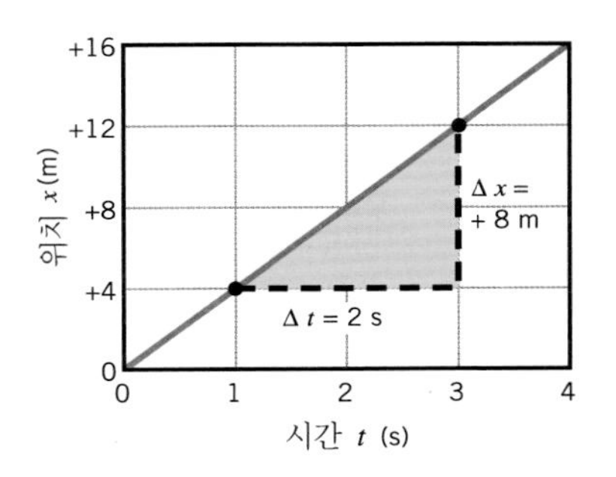

그림 2.13 일정한 속도 $v = \Delta x/\Delta t = +4\,\text{m/s}$로 운동하고 있는 물체에 대한 위치 대 시간의 그래프

이 기울기는 자전거의 속도와 같다. $\Delta x/\Delta t$가 평균 속도의 정의(식 2.2 참조)이기 때문에, 이러한 결과는 우연이 아니다. 이와 같이, 일정한 속도로

운동하고 있는 물체에 대하여 위치 대 시간 그래프에서의 직선의 기울기는 속도가 된다. 위치 대 시간 그래프가 직선이므로, 어떤 시간 구간을 선택해도 속도를 계산할 수 있다. 서로 다른 Δt를 선택하게 되면, Δx도 달라지지만, 속도 $\Delta x / \Delta t$는 변하지 않는다. 다음 예에서 보게 되겠지만, 세상에서 언제나 일정한 속도로 움직이는 물체는 드물다.

예제 2.11 자전거 여행

사이클 선수가 여행의 첫 구간에서는 일정한 속도로 달리다가, 잠시 멈추어 선 동안에는 속도가 0이었고, 돌아오는 구간에서는 다시 어떤 일정한 속도로 주행하였다. 그림 2.14는 앞의 세 구간에 대응하는 위치 대 시간 그래프를 보여주고 있다. 그림에서 표시된 시간과 위치구간을 이용해서, 각 구간에서의 속도를 구하라.

살펴보기 평균 속도 $\overline{v}$는 변위 Δx을 걸린 시간 Δt로 나눈 것으로, $\overline{v} = \Delta x / \Delta t$이다. 변위는 나중 위치에서 처음 위치를 뺀 것인데, 여기서 변위는 구간 1에서는 양의 값이고 구간 3에서는 음의 값이다. 구간 2에서는 정지해 있기 때문에 $\Delta x = 0\ \text{m}$이다. 세 개의 구간 각각에서의 Δx와 Δt을 그림에서 볼 수 있다.

풀이 세 개의 구간 각각에서의 평균 속도는 다음과 같다.

$$\text{구간 1}\quad \overline{v} = \frac{\Delta x}{\Delta t} = \frac{800\ \text{m} - 400\ \text{m}}{400\ \text{s} - 200\ \text{s}} = \frac{+400\ \text{m}}{200\ \text{s}} = \boxed{+2\ \text{m/s}}$$

$$\text{구간 2}\quad \overline{v} = \frac{\Delta x}{\Delta t} = \frac{1200\ \text{m} - 1200\ \text{m}}{1000\ \text{s} - 600\ \text{s}} = \frac{0\ \text{m}}{400\ \text{s}} = \boxed{0\ \text{m/s}}$$

$$\text{구간 3}\quad \overline{v} = \frac{\Delta x}{\Delta t} = \frac{400\ \text{m} - 800\ \text{m}}{1800\ \text{s} - 1400\ \text{s}} = \frac{-400\ \text{m}}{400\ \text{s}} = \boxed{-1\ \text{m/s}}$$

두 번째 구간에서는 속도가 0으로, 자전거가 정지 상태에 있음을 나타내고 있다. 자전거의 변위가 0이므로, 구간 2는 기울기가 0인 수평선이다. 세 번째 구간에서는 그래프에서 보는 바와 같이 400 s 동안에 자전거의 위치가 $x = +800\ \text{m}$에서 $x = +400\ \text{m}$로 감소했으므로 속도가 음이다. 결과적으로, 구간 3에서는 기울기가 음이며, 속도도 음의 값을 갖는다.

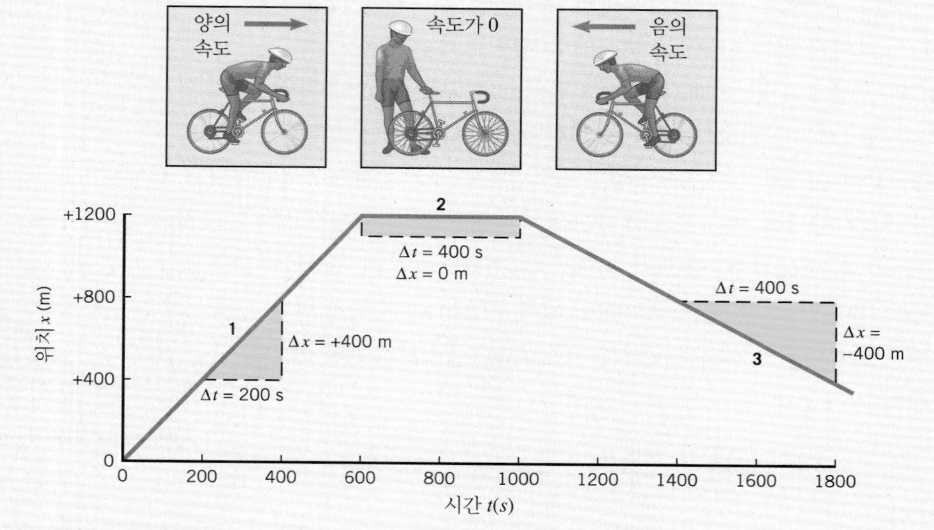

그림 2.14 위치 대 시간 그래프는 세 개의 직선 구간으로 이루어졌으며, 각각의 구간들은 서로 다른 속도를 가진다.

만일 물체가 가속되고 있다면, 속도는 변한다. 속도가 변할 때는, 위치 대 시간의 그래프는 그림 2.15에서처럼, 직선이 아니고 곡선이다. 가속도가 $a = 0.26\,\mathrm{m/s^2}$이고 처음 속도가 $v_0 = 0\,\mathrm{m/s}$이라면, 이 곡선은 식 2.8 $(x = v_0 t + \frac{1}{2}at^2)$을 이용해서 그리면 된다. 어떤 순간에서의 속도는 그 순간에서의 곡선의 기울기를 측정함으로써 구할 수 있다. 곡선상의 임의의 점에서의 기울기는 그 점에서 곡선에 그려진 접선의 기울기로 정의한다. 한 예로, 그림 2.15를 보면 $t = 20.0\,\mathrm{s}$에서 하나의 접선이 그려져 있다. 이 접선의 기울기를 구하기 위하여, 임의로 시간 구간 $\Delta t = 5.0\,\mathrm{s}$을 정해서 하나의 삼각형을 만든다. 이 시간 구간과 관련해서 접선으로부터 x의 변화를 읽으면, $\Delta x = +26\,\mathrm{m}$이다. 그러므로

$$\text{접선의 기울기} = \frac{\Delta x}{\Delta t} = \frac{+26\,\mathrm{m}}{5.0\,\mathrm{s}} = +5.2\,\mathrm{m/s}$$

이다. 접선의 기울기가 순간 속도인데, 이 경우에는 $v = +5.2\,\mathrm{m/s}$이다. 이와 같은 그래프에 의한 결과는 $v_0 = 0\,\mathrm{m/s}$라는 값을 가지고 식 2.4를 이용하면, $v = at = (+0.26\,\mathrm{m/s^2})(20.0\,\mathrm{s}) = +5.2\,\mathrm{m/s}$으로 확인될 수 있다.

가속도의 의미를 이해하는 데는 그래프에 의한 방식도 도움이 된다. 일정한 가속도 $a = +6\,\mathrm{m/s^2}$로 운동하고 있는 물체를 생각하자. 만일 그 물체의 처음 속도가 $v_0 = +5\,\mathrm{m/s}$라면, 어느 시간에서의 속도는 식 2.4에 의해 다음과 같이 된다.

$$v = v_0 + at = 5\,\mathrm{m/s} + (6\,\mathrm{m/s^2})t$$

이 관계는 속도 대 시간 그래프로 그림 2.16과 같이 나타낼 수 있다. 이 속도 대 시간 그래프는 $v_0 = 5\,\mathrm{m/s}$에서 세로축을 교차하는 하나의 직선인데, 이 직선의 기울기는 그림에서 보여주고 있는 데이터를 이용하여 다음과 같이 계산된다.

$$\text{기울기} = \frac{\Delta v}{\Delta t} = \frac{+12\,\mathrm{m/s}}{2\,\mathrm{s}} = +6\,\mathrm{m/s^2}$$

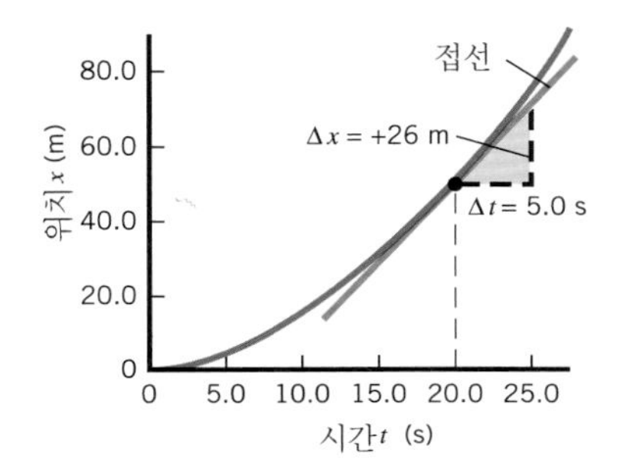

그림 2.15 속도가 변하게 되면, 위치 대 시간 그래프는 곡선이 된다. 어떤 주어진 시간에서 이 곡선에 그려진 접선의 기울기 $\Delta x/\Delta t$는 그 시간에서의 순간 속도이다.

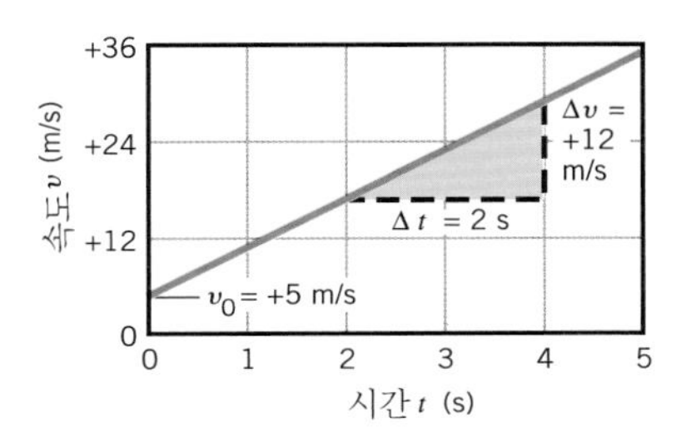

그림 2.16 가속도가 $\Delta v/\Delta t = +6\,\mathrm{m/s^2}$인 물체에 대한 속도 대 시간 그래프이다. 처음 속도는 $t = 0\,\mathrm{s}$일 때, $v_0 = +5\,\mathrm{m/s}$이다.

정의에 의하면, $\Delta v/\Delta t$ 는 가속도(식 2.4)와 같으므로, 속도 대 시간 그래프에서 직선의 기울기는 평균 가속도이다.

연습 문제

2.1 변위

2.2 속력과 속도

1(3) 바다에서 고래가 동쪽으로 6.9 km을 가다가 서쪽 방향으로 돌려서 1.8 km를 이동하였다. 그런 다음에 다시 동쪽 방향으로 돌아서서 3.7 km를 이동하였다. (a) 고래가 움직인 총 거리는 얼마인가? (b) 고래의 변위의 크기는 얼마이고, 방향은 어느 쪽인가?

2(5) 지구가 자전하게 되면, 적도상에 서 있는 사람은 지구 반지름(6.38×10^6 m)과 같은 반지름의 원운동을 하게 된다. 이 사람의 평균 속력은 (a) m/s와 (b) mi/h의 단위로 각각 얼마인가?

3(7) 성난 곰에게 쫓기고 있는 사람이 자동차가 있는 곳을 향하여 곧게 4.0 m/s의 속력으로 달려가고 있다. 자동차는 거리 d만큼 떨어져 있다. 곰은 사람으로부터 26 m 뒤에서 6.0 m/s의 속력으로 쫓아오고 있다. 사람이 안전하게 자동차로 피할 수 있으려면, 자동차가 떨어져 있는 거리 d의 최대값은 얼마이어야 하는가?

2.3 가속도

4(13) 모터사이클이 일정한 가속도 2.5 m/s^{2}로 달리고 있다. 모터사이클의 속도와 가속도는 같은 방향이다. 모터사이클의 속력이 (a) 21 m/s에서 31 m/s, (b) 51 m/s에서 61 m/s로 변하는데 시간이 얼마나 걸리겠는가?

5(15) 달리기 선수가 서쪽으로 3.00 s 동안에 속도가 5.36 m/s가 되도록 가속을 하고 있다. 그 선수의 평균 가속도는 0.640 m/s^{2}이고 방향은 서쪽이다. 그가 가속을 시작했을 시점에서의 속도는 얼마인가?

2.4 등가속도 운동에 대한 운동학 방정식

2.5 운동학 방정식의 응용

6(19) 공을 덩크 슛하려고, 한 선수가 정지 상태로부터 1.5 s 동안에 속력이 6.0 m/s가 되도록 전속력으로 질주하고 있다. 가속도가 일정하다면, 그가 달린 거리는 얼마이겠는가?

7(25) 제트 여객기가 북쪽으로 69 m/s의 속력으로 착륙하고 있다. 일단 여객기가 활주로에 내리고 나서 6.1 m/s로 속력을 줄이기 위해서는 750 m 길이의 활주로가 필요하다. 착륙하는 동안에 여객기의 평균 가속도(크기 및 방향)를 계산하라.

*** 8(33)** 도심지를 지나는 직선도로를 따라, 세 개의 속도 제한 표시판이 있다. 이 속도 제한 표시판들은 차례로 55, 35, 25 mi/h의 순서로 설치되어 있다. 속도 제한을 지키면서 운전자가 이 표시판들이 설치되어 있는 구간을 가장 짧은 시간 t_A에 지나가려면, 첫 번째 표시판과 두 번째 표시판 사이에서는 55 mi/h로, 그리고 두 번째 표시판과 세 번째 표시판 사이에서는 35 mi/h로 주행하여야 한다. 그러나 실제 상황에서는 운전자는 55 mi/h에서 35 mi/h로 일정한 가속도로 감속시키고, 그 다음에도 앞에서와 같이 35 mi/h에서 25 mi/h로 일정한 가속도로 감속시키는 방법으로 주행했다. 이와 같은 방법으로 주행했을 때 걸리는 시간을 t_B라 하면, t_B/t_A는 얼마인가?

**** 9(35)** 길이가 92 m인 열차가 정지 상태로부터 $t = 0$ s에서 일정한 가속도로 출발하였다. 출발하는 바로 이 순간에 이미 열차의 뒤쪽에서 달려오던 한 자동차가 이 열차의 바로 뒤끝에 도달하였다. 이 자동차는 일정한 속도로 주행하고 있으며, $t = 14$ s일 때는 이 자동차는 열차의 바로 앞에 도달하였다. 그렇지만 다시 열차가 자동차를 앞지르기 시작하여 $t = 28$ s에는 다시 자동차가 열차의 뒤끝에 있게 되었다. (a) 자동차의 속도와 (b) 열차의 가속도를 구하라.

2.6 자유 낙하 물체

10(37) 시카고의 시어즈 빌딩 옥상에서 동전 하나를 정지 상태로부터 떨어뜨렸다. 빌딩의 높이는 427 m이다. 공기 저항을 무시했을 때, 동전이 땅에 닿는 순간의 속력을 구하라.

11(41) 한 소녀가 침실 창으로부터 물이 채워진 풍선을 6 m 아래의 땅으로 떨어뜨렸다. 만일 풍선을 정지 상태로부터 떨어뜨렸다면, 이 풍선이 공중에 머무를 수 있는 시간은 얼마인가?

12(43) 같은 종류의 총알을 사용하는 두 개의 총이 벼랑 끝에서 동시에 발포되었다. 이 총들은 총알을 발사했을 때 총알의 처음 속력이 30.0 m/s가 되는 총들이다. 총 A는 연직 상방으로 총알을 발사하였으며, 총알은 위로 올라갔다가 벼랑 아래의 땅으로 떨어지게 된다. 총 B는 총알을 연직 하방으로 발사하였다. 공기 저항을 무시한다면, 총알 B가 땅으로 떨어지고 난 후 얼마의 시간이 지나서 총알 A가 땅으로 떨어지는가?

13(45) 크레인의 케이블이 갑자기 끊어져서 케이블에 매달려 있던 건물 해체용 쇠공이 떨어지고 있다. 쇠공이 땅바닥까지 거리의 절반의 위치까지 떨어지는데 걸리는 시간이 1.2 s이라면, 땅바닥까지 떨어지는데 걸리는 시간은 얼마인가?

*__14(51)__ 빠르게 흐르는 물 위에 통나무가 떠내려가고 있다. 75 m 높이의 다리 위에서 돌멩이를 정지 상태로부터 떨어뜨렸는데, 이 돌멩이가 떠내려 오고 있는 통나무위로 떨어졌다. 통나무가 5.0 m/s의 일정한 속도로 떠내려 오고 있다면, 돌멩이를 떨어뜨리는 순간에 이 통나무는 다리로부터 얼마나 멀리 떨어진 곳에 있었을까?

2.7 그래프에 의한 속도와 가속도 분석

15(57) 마라톤 코스의 첫 10 km구간에서, 한 마라톤 선수가 평균 15.0 km/h의 속도로 달렸다. 다음 15 km 구간에서는 평균 10.0 km/h의 속도로, 그리고 마지막 15 km 구간에서는 평균 5.0 km/h 의 속도로 달렸다. 이 선수의 위치-시간에 대한 그래프를 그려라.

*__16(61)__ 그림에 예시된 위치 대 시간에 대한 그래프에 따라 버스가 주행하고 있다. 이 그래프에서 보여주는 바와 같이 3.5 h동안에 버스의 평균 가속도(km/h^2)는 얼마인가?

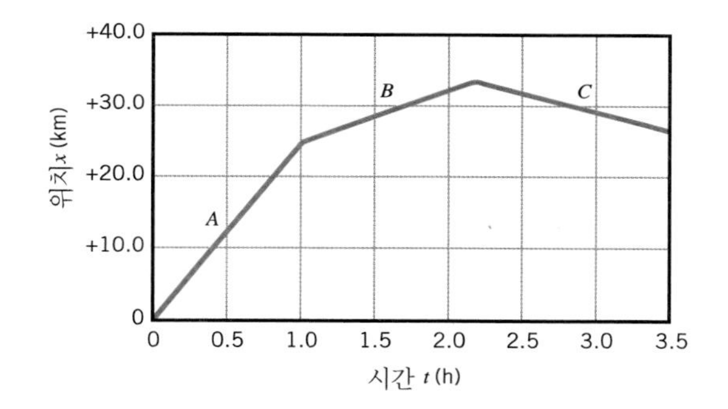

이차원 운동

3.1 변위, 속도 및 가속도

2장에서는 일차원에서 운동하는 물체를 기술하기 위해 변위, 속도 및 가속도의 개념들이 사용되었다. 평면상의 곡선 경로를 따르는 운동도 이와 마찬가지 경우이다. 이러한 이차원 운동도 같은 개념을 사용하여 기술된다. 예를 들면 그랑프리 자동차 경주 대회에서, 코스는 곡선 도로이다. 어떤 경주차의 코스상의 두 다른 위치를 나타내는 모습이 그림 3.1에 나타나 있다. 이들 위치는 좌표계의 원점으로부터 그려진 벡터 $\mathbf{r}$ 과 $\mathbf{r}_0$ 로 표시된다. 자동차의 **변위**(displacement) $\Delta\mathbf{r}$는 시각 t_0 일 때의 처음 위치 $\mathbf{r}_0$ 로부터 시각 t 일 때의 나중 위치 $\mathbf{r}$ 로 그려진 벡터이다. $\Delta\mathbf{r}$의 크기는 두 점 사이의 최단 거리이다. 그림에서 벡터 $\mathbf{r}_0$ 의 머리에서 $\Delta\mathbf{r}$의 꼬리가 있으므로, $\mathbf{r}$ 은 $\mathbf{r}_0$ 와 $\Delta\mathbf{r}$의 벡터 합이다. (벡터와 벡터의 덧셈에 대해 1.5절과 1.6절 참조). 이것은 $\mathbf{r} = \mathbf{r}_0 + \Delta\mathbf{r}$ 즉

$$\text{변위} = \Delta\mathbf{r} = \mathbf{r} - \mathbf{r}_0$$

이다. 여기서 변위는 2장에서와 같이 정의된다. 그러나 변위 벡터는 두 점을 잇는 직선 위 뿐만 아니라 평면 위의 어느 곳에도 있을 수 있다.

두 위치 사이의 자동차의 평균 속도 $\overline{\mathbf{v}}$ 는 식 2.2와 같은 방법으로 변위 $\Delta\mathbf{r} = \mathbf{r} - \mathbf{r}_0$ 를 경과 시간 $\Delta t = t - t_0$ 로 나눔으로써 정의 된다.

$$\overline{\mathbf{v}} = \frac{\mathbf{r} - \mathbf{r_0}}{t - t_0} = \frac{\Delta\mathbf{r}}{\Delta t} \tag{3.1}$$

식 3.1의 양변은 방향이 같아야 하므로 평균 속도 벡터는 변위 벡터와 같은 방향을 갖는다. 어느 한 순간에서의 자동차의 속도를 **순간 속도**(instantaneous velocity) $\mathbf{v}$ 라 한다. Δt가 무한히 작게 되는 극한에서 평균 속도

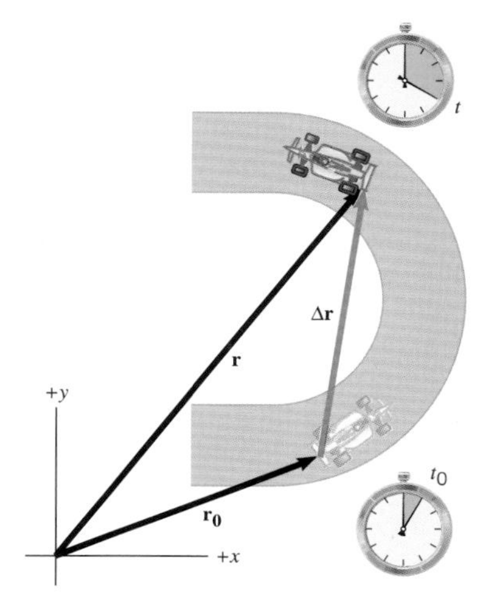

그림 3.1 자동차의 변위 $\Delta\mathbf{r}$ 은 시각 t_0 인 처음 위치에서 시각 t 인 나중 위치로 향하는 벡터이다. $\Delta\mathbf{r}$ 의 크기는 두 점 사이의 최단 거리이다.

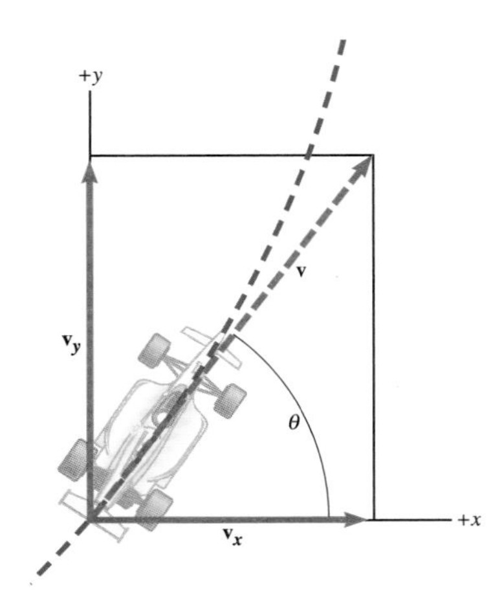

그림 3.2 순간 속도 $\mathbf{v}$와 벡터 성분 $\mathbf{v}_x$와 $\mathbf{v}_y$

는 순간 속도 $\mathbf{v}$와 같게 된다.

$$\mathbf{v} = \lim_{\Delta t \to 0} \frac{\Delta \mathbf{r}}{\Delta t}$$

그림 3.2는 순간 속도 $\mathbf{v}$가 자동차의 경로에 대해 접선임을 나타내고 있다. 또 그림은 속도의 벡터 성분 $\mathbf{v}_x$와 $\mathbf{v}_y$가 x 축과 y 축에 각각 평행함을 나타내고 있다.

평균 가속도(average acceleration) $\bar{\mathbf{a}}$는 일차원 운동에서와 똑같이 속도의 변화 $\Delta\mathbf{v} = \mathbf{v} - \mathbf{v}_0$를 경과 시간 Δt로 나눔으로서 정의된다.

$$\bar{\mathbf{a}} = \frac{\mathbf{v} - \mathbf{v_0}}{t - t_0} = \frac{\Delta \mathbf{v}}{\Delta t} \tag{3.2}$$

평균 가속도 벡터는 속도의 변화와 같은 방향을 갖는다. 경과 시간이 무한히 작게되는 극한에서 평균 가속도는 **순간 가속도**(instantaneous acceleration) $\mathbf{a}$와 같게 된다.

$$\mathbf{a} = \lim_{\Delta t \to 0} \frac{\Delta \mathbf{v}}{\Delta t}$$

이러한 가속도는 x 방향의 벡터 성분 $\mathbf{a}_x$와 y 방향의 벡터 성분 $\mathbf{a}_y$를 가진다.

3.2 이차원에서의 운동학 방정식

변위, 속도 그리고 가속도가 이차원 운동에서 어떻게 적용되는지를 이해하기 위해, 각각 서로 수직인 두 개의 엔진을 장착한 우주선을 생각해 보자. 이 엔진들은 우주선을 움직이는 힘을 생성하며, $t_0 = 0$일 때 우주선은 좌표의 원점에 있어 $\mathbf{r}_0 = 0\,\text{m}$이다. t 시간 후에 우주선의 변위는 $\Delta\mathbf{r} = \mathbf{r} - \mathbf{r}_0 = \mathbf{r}$이다. 변위 $\mathbf{r}$는 각각 x 축과 y 축에 대해 $\mathbf{x}$와 $\mathbf{y}$의 벡터 성분을 갖는다.

그림 3.3에서는 x 축 방향으로 추진하는 엔진만 점화되며, 따라서 우주선은 x 방향으로 가속된다. y 축 방향의 엔진은 꺼져있기 때문에 y 방향의 속도는 0이며, 계속 0을 유지한다. x 방향을 따라 운동하는 우주선은 5 개의 운동 변수 x, a_x, v_x, v_{0x}와 t로 기술된다. 여기서 기호 'x'는 변위, 속도 및 가속도 벡터의 x 성분과 관련되어 있음을 상기하자(벡터 성분에 대해 1.7 및 1.8절 참조). 변수 x, a_x, v_x 및 v_{0x}는 스칼라 성분(또는 간단히 '성분')

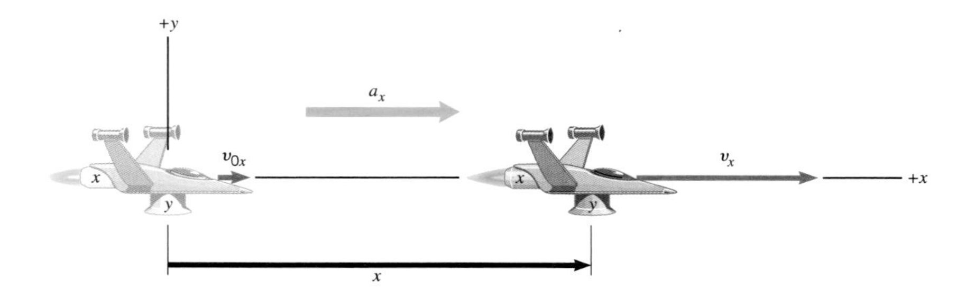

그림 3.3 우주선이 일정 가속도 a_x로 x 축을 따라 나란히 움직인다. y 방향으로는 운동이 없으며, y 축 엔진은 꺼져 있다.

표 3.1 이차원 운동에서 일정 가속도에 대한 운동학 방정식

x 성분	변수	y 성분
x	변위	y
a_x	가속도	a_y
v_x	나중 속도	v_y
v_{0x}	처음 속도	v_{0y}
t	경과 시간	t
$v_x = v_{0x} + a_x t$ (3.3a)		$v_y = v_{0y} + a_y t$ (3.3b)
$x = \frac{1}{2}(v_{0x} + v_x)t$ (3.4a)		$y = \frac{1}{2}(v_{0y} + v_y)t$ (3.4b)
$x = v_{0x}t + \frac{1}{2}a_x t^2$ (3.5a)		$y = v_{0y}t + \frac{1}{2}a_y t^2$ (3.5b)
$v_x^2 = v_{0x}^2 + 2a_x x$ (3.6a)		$v_y^2 = v_{0y}^2 + 2a_y y$ (3.6b)

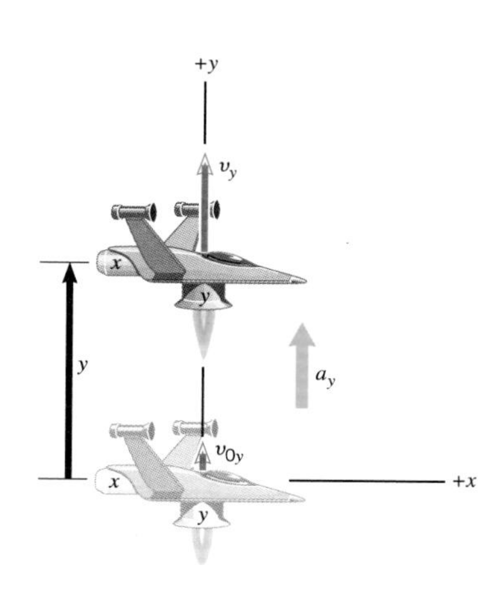

그림 3.4 우주선은 일정한 가속도 a_y로 y축을 따라 나란하게 움직인다. x 방향의 운동은 없으며, x축 엔진은 꺼져 있다.

이다. 1.7절에 논의된 것처럼, 이 성분들은 해당 벡터 성분들이 $+x$축 또는 $-x$축을 가리키는 것에 따라 단위를 가진 양의 값이거나 음의 값이 된다. 만약 우주선이 x축을 따라 일정하게 가속된다면, 운동은 정확히 2장에서 기술한 운동과 같으며, 운동학 방정식은 그대로 이용될 수 있다. 이 방정식들이 표 3.1의 왼쪽 칸에 나타나있다.

그림 3.4는 y축 엔진만 점화되어 있는 것을 제외하면 그림 3.3과 유사하며, 우주선은 y 방향으로 가속된다. 이러한 운동은 운동 변수 y, a_y, v_y, v_{0y} 및 t로 기술할 수 있다. 그리고 만약 가속도가 y 방향으로 일정하면, 이 변수들은 표 3.1의 오른쪽 칸에 표시된 것과 같은 운동학 방정식들로 연관된다. x방향의 대응되는 변수와 같이 y, a_y, v_y 및 v_{0y}도 단위를 포함한 양(+) 또는 음(−)의 값을 가진다.

만약 우주선의 양쪽 엔진이 동시에 점화되면, 그림 3.5와 같이 x 방향 운동과 y 방향 운동이 결합된다. 각 엔진에 의한 추진은 우주선에 대응되는 가속도 성분을 갖게 한다. x축 엔진은 우주선을 x 방향으로 가속시키며 속도의 x 성분에 변화를 일으킨다. 마찬가지로 y축 엔진은 속도의 y 성분에 변화를 일으킨다. 운동의 x 성분은 정확히 y 성분이 없는 것처럼 나타난다는 것을 아는 것이 중요하다. 마찬가지로 운동의 y 성분은 x 성분의 운동이 존재하지 않는 것처럼 나타난다. 바꿔 말하면 x와 y의 운동은 각각 독립적이다.

예제 3.1 | 우주선의 운동

그림 3.5에서 우주선은 x 방향으로 처음 속도 성분이 $v_{0x} = +22$ m/s이고 가속도 성분이 $a_x = +24$ m/s^{2}이다. 이와 유사하게 y 방향으로는 $v_{0y} = +14$ m/s와 $a_y = +12$ m/s^{2}이다. 오른쪽과 윗방향을 양의 방향으로 정하였다. (a) x와 v_x, (b) y와 v_y 그리고 (c) 시각 $t = 7.0$ s에서 우주선의 나중 속도(크기 및 방향)를 구하라.

살펴보기 x 방향과 y 방향의 운동은 각각 일차원 운동으로 나누어서 취급할 수 있다. (a)와 (b)에서 우주선의 위치와 속도 성분을 얻기 위해 이러한 접근법을 따를 것

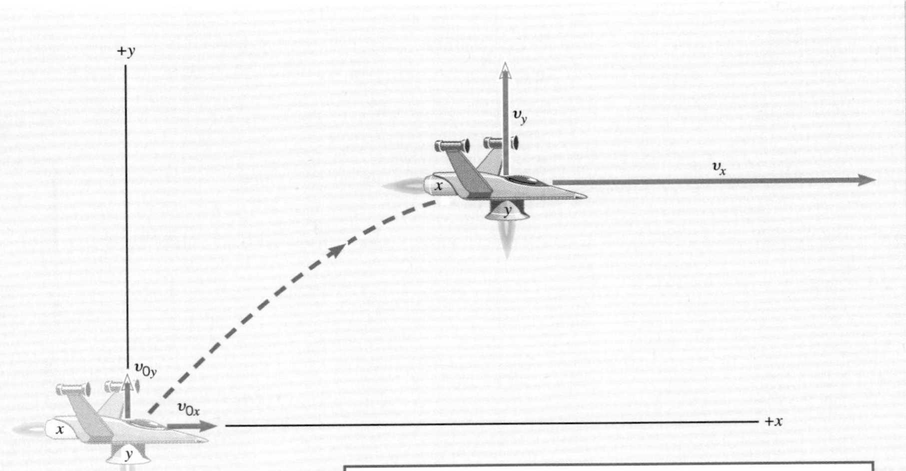

그림 3.5 우주선의 이차원 운동은 독립적인 x 방향 운동과 y 방향 운동의 결합으로 나타낼 수 있다.

> 문제 풀이 도움말
> 운동이 이차원일 때, 시간 변수 t는 x와 y 방향에 대해 모두 같은 값을 가진다.

이다. 그리고 (c)에서 나중 속도를 구하기 위해 속도 성분들을 결합할 것이다.

풀이 (a) x 방향의 운동에 대한 데이터가 아래에 주어져 있다.

x 방향 데이터				
x	a_x	v_x	v_{0x}	t
?	$+24\ \text{m/s}^2$	?	$+22\ \text{m/s}$	7.0 s

우주선의 변위의 x 성분은 식 3.5a를 사용하면 알 수 있다.

$$x = v_{0x} + \tfrac{1}{2}a_x t^2$$
$$= (22\ \text{m/s})(7.0\ \text{s}) + \tfrac{1}{2}(24\ \text{m/s}^2)(7.0\ \text{s})^2$$
$$= \boxed{+740\text{m}}$$

속도 성분 v_x 는 식 3.3a로 계산된다.

$$v_x = v_{0x} + a_x t = (22\ \text{m/s}) + (24\ \text{m/s}^2)(7.0\ \text{s})$$
$$= \boxed{+190\ \text{m/s}}$$

(b) y 방향의 운동에 대한 데이터가 아래에 주어져 있다.

y 방향 데이터				
y	a_y	v_y	v_{0y}	t
?	$+12\ \text{m/s}^2$	?	$+14\ \text{m/s}$	7.0 s

(a)와 같은 방법으로

$$y = \boxed{+390\ \text{m}} \text{와} \quad v_y = \boxed{+98\ \text{m/s}}$$

임을 알 수 있다.

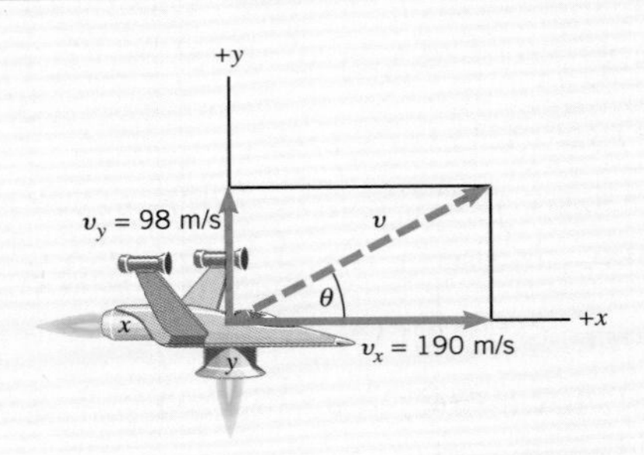

그림 3.6 속도 벡터의 크기는 우주선의 속력을 주며, 각도 θ는 양의 x 방향에 대한 운동 방향을 준다.

(c) 그림 3.6은 우주선의 속도와 성분 v_x 와 v_y 를 나타내고 있다. 속도의 크기 v 는 피타고라스의 정리를 사용하여 구할 수 있다.

$$v = \sqrt{v_x^2 + v_y^2} = \sqrt{(190\ \text{m/s})^2 + (98\ \text{m/s})^2} = \boxed{210\ \text{m/s}}$$

속도 벡터의 방향은 각 θ로 다음과 같이 주어진다.

$$\tan\theta = \frac{v_y}{v_x} \text{ 즉, } \theta = \tan^{-1}\left(\frac{v_y}{v_x}\right)$$
$$= \tan^{-1}\left(\frac{98\ \text{m/s}}{190\ \text{m/s}}\right) = \boxed{27°}$$

7.0s 후에 우주선은 양의 x 축에 대해 27° 각도로 210 m/s 의 속도를 가진다. 그림 3.5에서처럼 우주선은 원점으로부터 오른쪽으로 740 m 와 위쪽으로 390 m 위치에 있다.

3.3 포물선 운동

야구에서 가장 큰 스릴은 홈런이다. 스탠드를 향해 곡선 경로를 그리며 날아가는 공의 운동은 '포물선 운동' 이라 부르는 이차원 운동의 보편적인 예이다. 공기의 저항이 없다고 가정하면 이러한 운동은 잘 설명된다.

예제 3.2 | 낙하하는 구호물품 상자

그림 3.7은 1050 m 의 고도에서 +115 m/s 의 일정한 속도로 수평으로 날고 있는 비행기를 나타내고 있다. 오른쪽과 윗방향을 양의 방향으로 선택한다. 비행기로부터 투하된 '구호물품 상자' 는 곡선 궤적을 따라 지상으로 떨어진다. 공기 저항을 무시하고, 구호물품 상자가 땅에 닿는데 걸리는 시간을 구하라.

살펴보기 구호물품 상자가 땅에 닿는데 걸리는 시간은 1050 m 의 수직 거리를 낙하하는데 걸리는 시간이다. 낙하하는 동안 물체는 오른쪽으로의 이동과 함께 아래쪽으로 떨어지나, 이 두 운동은 독립적이다. 그러므로 수직 운동에만 초점을 맞추면 된다. 물체는 처음에 수평 방향 또는 x 방향으로만 운동하고 y 방향의 운동은 없으므로 v_{0y} = 0 m/s 이다. 그림과 같이 물건이 땅에 닿을 때 변위의 y 성분은 y = − 1050 m 이다. 가속도는 중력에 의한 것이며, a_y = − 9.80 m/s^2 이다. 이러한 데이터를 아래에 요약하였다.

y 방향 데이터				
y	a_y	v_y	v_{0y}	t
−1050 m	−9.80 m/s^2		0 m/s	?

이 데이터와 함께 낙하 시간을 계산하기 위해 식 3.5b ($y = v_{0y}t + \frac{1}{2}a_y t^2$) 를 사용할 수 있다.

풀이 v_{0y} = 0 이므로 식 3.5b는 $y = \frac{1}{2}a_y t^2$ 이 되며

$$t = \sqrt{\frac{2y}{a_y}} = \sqrt{\frac{2(-1050\text{ m})}{-9.80\text{ m/s}^2}} = \boxed{14.6\text{ s}}$$

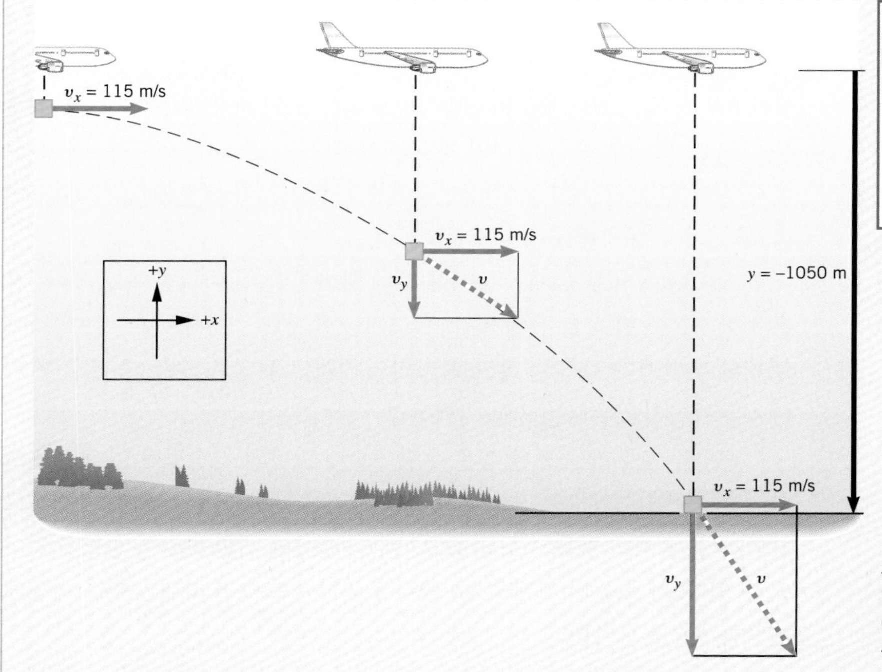

문제 풀이 도움말
변수 y, a_y, v_y 그리고 v_{0y} 는 스칼라 성분들이다. 그러므로 대수 부호 + 또는 −는 반드시 방향을 표시하기 위하여 포함되어야 한다.

그림 3.7 비행기로부터 낙하하는 물체는 예제 3.2와 3.3 에서 논의하는 것과 같이 포물선 운동의 한 예이다.

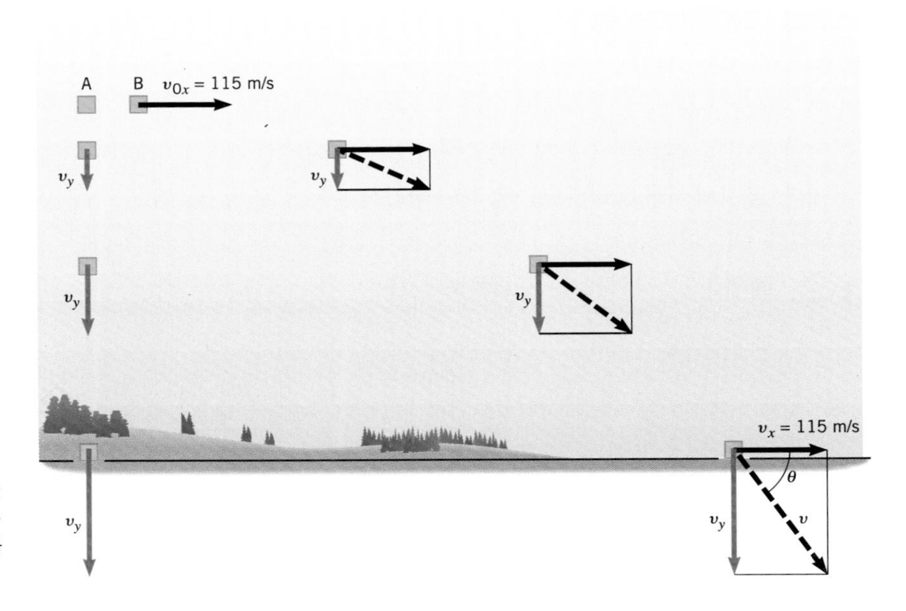

그림 3.8 물체 A와 물체 B는 같은 높이에서 동시에 낙하하며, 그들의 y 변수들(y, a_y 그리고 v_{0y})이 같기 때문에 동시에 땅에 부딪친다.

예제 3.2에서의 자유 낙하하는 물체는 아래로 향하는 수직 방향의 속도가 증가한다. 그러나 속도의 수평 성분은 마지막 내리받이에서도 처음값인 v_{0x} =+ 115 m/s 로 유지된다. 비행기는 +115 m/s 의 일정한 수평 속도로 이동하므로 그 속도는 낙하하는 물체에 그대로 남는다. 비행기 조종사는 그림 3.7의 수직 점선처럼 그 물체가 항상 비행기의 바로 아래쪽에 있음을 보게 된다. 이 결론은 물체가 수평 방향으로 가속되지 않는다는 사실의 직접적인 결과이다. 실제로는 공기의 저항이 물체의 속도를 감소시키며, 그런 경우 물체가 아래로 떨어지는 동안 비행기의 바로 아래에 있지 않는다. 그림 3.8은 같은 높이에서 동시에 투하되는 두 물체를 더욱 명확히 설명하고 있다. 물체 B는 예제 3.2와 같이 수평 방향으로 v_{0x} =+ 115 m/s 의 처음 속도 성분을 가지고 있으며, 그림에 보인 경로를 따른다. 한편 물체 A는 정지된 풍선에서 떨어지며, 곧장 땅을 향하여 수직으로 떨어지기 때문에 v_{0x} = 0 m/s 이다. 두 물체는 동시에 땅에 부딪친다.

그림 3.8에서 두 물체는 동시에 땅에 떨어질 뿐 만 아니라 속도의 y 성분은 떨어지는 동안 모든 점에서 같다. 그러나 물체 B는 물체 A보다 큰 속력으로 땅에 부딪친다. 속력은 속도 벡터의 크기이고, B의 속도는 x 성분을 가지나 A는 가지지 않는다는 것을 기억하라.

포물선 운동의 중요한 점은 수평 또는 x 방향의 가속도가 없다는 것이다. 축구공이나 야구공 같은 물체들은 지면에 대해 어떤 각도로 공중으로 날아간다. 물체의 처음 속도의 값으로부터 운동에 대한 풍부한 정보가 얻어질 수 있다. 예를 들면 예제 3.3은 물체에 의하여 도달된 최대 높이를 어떻게 계산하는가를 보여준다.

예제 3.3 | 킥오프의 높이

그림 3.9와 같이 플레이스킥을 하는 선수가 수평축과 $\theta = 40.0°$ 의 각으로 축구공을 찼다. 공의 처음 속력은 $v_0 = 22$ m/s 이다. 공기의 저항은 무시하고 공이 도달하는 최대 높이 H 를 구하라.

살펴보기 최대 높이는 수평 부분으로부터 분리되어 취급 될 수 있는 운동의 수직 부분의 특성이다. 이 사실을 이용하기 위한 준비로 처음 속도의 수직 성분을 계산하자.

$$v_{0y} = v_0 \sin\theta = +(22 \text{ m/s}) \sin 40.0° = +14 \text{ m/s}$$

속도의 수직 성분 v_y 는 공이 상승하면 감소한다. 최대 높이 H 에서 $v_y = 0$ m/s 이다. 최대 높이는 식 3.6b ($v_y^2 = v_{0y}^2 + 2a_y y$) 에다 다음의 데이터를 사용하여 구한다.

y 방향 데이터				
y	a_y	v_y	v_{0y}	t
H = ?	−9.80 m/s²	0 m/s	+14 m/s	?

풀이 식 3.6b에서

$$y = H = \frac{v_y^2 - v_{0y}^2}{2a_y} = \frac{(0 \text{ m/s})^2 - (14 \text{ m/s})^2}{2(-9.80 \text{ m/s}^2)} = \boxed{+10 \text{ m}}$$

가 된다. 높이 H 는 변수 y 에만 의존되며, 처음 속도 $v_{0y} = +14$ m/s 로 수직으로 던져진 공과 같은 높이에 도달한다.

> **문제 풀이 도움말**
> 물체가 최대 높이에 도달할 때, 물체의 속도의 수직 성분은 0이다($v_y = 0$ m/s). 그러나 속도의 수평 성분은 0이 아니다.

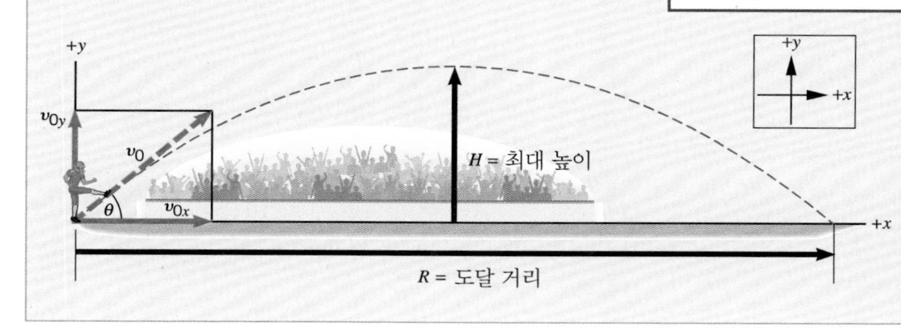

그림 3.9 축구공을 지면에 대해 θ 각도에서 처음 속력 v 로 찼다. 공은 최대 높이 H 와 도달 거리 R 에 도달한다.

그림 3.9에서 공이 공중에 머무는 체공 시간도 계산할 수 있다. 예제 3.4는 이 시간을 계산하는 방법을 보여준다.

예제 3.4 | 킥오프의 체공 시간

그림 3.9에서 설명한 운동의 경우 공기 저항을 무시하고 예제 3.4의 데이터를 이용하여 킥오프와 착지 동안의 체공시간을 구하라.

살펴보기 처음 속도가 주어지면 공의 체공 시간을 결정하는 것은 중력 가속도이다. 그러므로 체공 시간을 구하기 위해서는 공이 공중에 머무는 연직 성분을 살펴보면 된다. 공이 지면에서 출발하고 지면으로 되돌아오기 때문에 y 방향의 변위는 0이다. y 방향의 처음 속도 성분은 예제 3.3 즉

$$v_{0y} = +14 \text{ m/s}$$

와 같아서 데이터를 다음 표와 같이 요약할 수 있다.

y 방향 데이터				
y	a_y	v_y	v_{0y}	t
0 m	−9.80 m/s²		+14 m/s	?

체공 시간은 식 3.5b ($y = v_{0y}t + \frac{1}{2}a_y t^2$) 로부터 구할 수 있다.

풀이 식 3.5b를 사용하면 다음과 같이 된다.

$$0\ \text{m} = (14\ \text{m/s})\,t + \tfrac{1}{2}(-9.80\ \text{m/s}^2)\,t^2$$
$$= [(14\ \text{m/s}) + \tfrac{1}{2}(-9.80\ \text{m/s}^2)\,t]\,t$$

이 식을 풀면 두 개의 해가 나오는데 그 중 하나는

$$(14\ \text{m/s}) + \tfrac{1}{2}(-9.80\ \text{m/s}^2)\,t = 0 \quad \text{즉} \quad t = 2.9\ \text{s}$$

이고 다른 하나는 $t = 0$ s 이다. 여기서 $t = 0$ s 는 공을 찰 때의 시각이므로 우리가 찾고자 하는 풀이는 $\boxed{t = 2.9\ \text{s}}$ 이다.

포물선 운동에서 또 다른 중요한 요소는 도달 거리이다. 그림 3.9에서 보는 것처럼 물체가 발사된 수직 높이와 같은 수직 높이로 되돌아 온다면 도달 거리는 발사 지점과 도달 지점 사이의 직선 거리이다. 예제 3.5에 도달 거리를 구하는 방법을 소개하였다.

예제 3.5 | 킥오프의 도달 거리

그림 3.9에서 본 운동과 예제 3.3와 3.4에서 한 논의에 대해 공기 저항을 무시하고 물체의 도달 거리 R을 구하라.

살펴보기 도달 거리는 운동의 수평 성분과 관련되어 있다. 따라서 출발점은 처음 속도의 수평 성분을 결정하는 것이다.

$$v_{0x} = v_0 \cos\theta = +(22\ \text{m/s})\cos 40.0° = +17\ \text{m/s}$$

예제 3.4에서 구한 체공 시간 $t = 2.9$ s 를 이용하자. x 방향으로의 가속도는 없으므로 v_x 는 일정하며, 도달 거리는 단순히 $v_x = v_{0x}$ 와 시간의 곱이다.

풀이 도달 거리는

$$x = R = v_{0x}t = +(17\ \text{m/s})(2.9\ \text{s}) = \boxed{+49\ \text{m}}$$

이다.

앞 예제에서 도달 거리는 물체가 발사되는 수평각 θ에 의존한다. 공기 저항이 없다면 $\theta = 45°$ 일 때 최대 도달 거리가 된다.

예제에서 나중 위치와 속도를 결정하기 위하여 물체의 처음 위치와 속도에 대한 정보가 사용되었다. 반대로 처음 매개변수들을 구하기 위하여 어떻게 나중 매개변수들을 운동학 방정식에서 사용 할 수 있는가를 예제 3.6은 설명해 준다.

예제 3.6 | 홈런

한 야구 선수가 홈런을 쳐서 왼쪽 수비수 쪽으로 날아가 공이 맞은 지점으로부터 7.5 m 위에 맞았다. 공은 지면에 대해 수평 아랫방향으로 28°를 이루며 36 m/s의 속도로 땅에 닿았다(그림 3.10 참조). 공기 저항을 무시할 때, 공이 배트를 떠나는 처음 속도를 구하라.

살펴보기 처음 속도를 구하기 위하여 처음 속도의 크기(처음 속력 v_0)와 방향(그림에서 각도 θ)을 결정해야 한다. 이들의 양은 다음 식에서 처음 속력의 수평 및 수직 성분(v_{0x} 와 v_{0y})와 관련된다.

$$v_0 = \sqrt{v_{0x}^2 + v_{0y}^2} \qquad \theta = \tan^{-1}\left(\frac{v_{0y}}{v_{0x}}\right)$$

그러므로 운동학 방정식에서 사용하게 될 v_{0x} 와 v_{0y} 를 찾을 필요가 있다.

풀이 공기 저항이 무시되므로, 속도의 수평 성분 v_x 는

운동이 일어나는 동안 상수로 남는다. 따라서

$$v_{0x} = v_x = +(36\ \text{m/s})\cos 28° = +32\ \text{m/s}$$

가 된다. v_{0y} 에 대한 값은 식 3.6b로부터 얻어지며 아래에 데이터가 제시되어있다(양의 방향과 음의 방향에 대해 그림 3.11 참조).

y 방향 데이터				
y	a_y	v_y	v_{0y}	t
+7.5 m	−9.80 m/s²	(−36 sin 28°) m/s	?	

$$v_y^2 = v_{0y}^2 + 2a_y y \quad 즉 \quad v_{0y} = +\sqrt{v_y^2 - 2a_y y}$$

$$v_{0y} = +\sqrt{[(-36\sin 28°)\ \text{m/s}]^2 - 2(-9.80\ \text{m/s}^2)(7.5\ \text{m})} = +21\ \text{m/s}$$

v_{0y} 를 구할 때, 처음 속도의 수직 성분이 그림 3.10에서 양의 방향인 윗방향을 가리키기 때문에 제곱근에 대해 양의 부호를 선택한다. 야구공의 처음 속력 v_0 와 각도 θ 는 다음과 같다.

$$v_0 = \sqrt{v_{0x}^2 + v_{0y}^2} = \sqrt{(32\ \text{m/s})^2 + (21\ \text{m/s})^2} = \boxed{38\ \text{m/s}}$$

$$\theta = \tan^{-1}\left(\frac{v_{0y}}{v_{0x}}\right) = \tan^{-1}\left(\frac{21\ \text{m/s}}{32\ \text{m/s}}\right) = \boxed{33°}$$

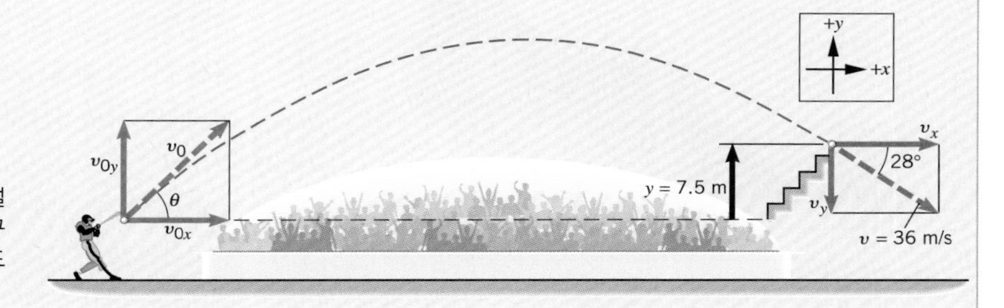

그림 3.10 예제 3.6에서 설명한 것과 같이, 착지시의 야구공의 속도와 위치는 처음 속도를 구하는데 이용된다.

포물선 운동에서 중력에 의한 가속도의 크기는 물체의 경로에 주목할 만한 영향을 준다. 예를 들면, 야구공이나 골프공은 같은 처음 속도로 출발했을 때 지구에서보다 달에서 더 멀리 더 높게 날아간다. 이유는 달의 중력이 지구의 중력의 6분의 1이기 때문이다.

2.6절에서 자유 낙하에 대해 시간과 속력에 관한 특정한 대칭성이 주어짐을 지적하였다. 물체는 수직 방향으로는 자유 낙하하므로 이러한 대칭성은 포물선 운동에서도 발견된다. 특히 (그중에서도) 물체가 최고 높이 H 에 도달하는데 걸리는 시간은 지면에 되돌아오는데 소요된 시간과 같다. 더구나 그림 3.11은 상승할 때 지면보다 높은 어떤 위치에서 물체의 속력 v 는 하강할 때 같은 높이에서의 속력 v 와 같다는 것을 나타내고 있다. 비록 두 속력은 같지만, 다른 방향을 향하므로 속도는 다르다.

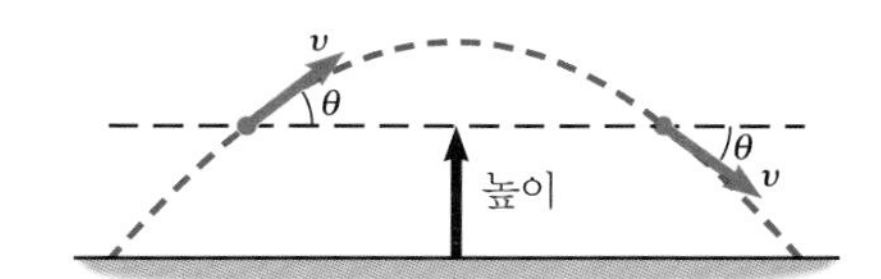

그림 3.11 지면상의 주어진 위치에서의 물체의 속력 v 는 물체가 위쪽으로 향하거나 아래쪽으로 향하거나 같다. 그러나 다른 방향을 향하기 때문에 속도는 다르다.

이 절에 있는 모든 예제들은 물체가 곡선 궤도를 따른다. 일반적으로 가속도가 중력에 의해서만 주어진다면 경로의 모양은 포물선을 나타낸다.

연습 문제

3.1 변위, 속도 및 가속도

1(1) 물개 한마리가 수직으로 750 m까지 잠수한 후 동쪽으로 똑바로 460 m 이동하였다. 그 물개의 변위의 크기는 얼마인가?

2(3) 산악 등반 원정대가 그림과 같이 A와 B로 표시된 두 개의 중간 캠프를 베이스 캠프 위쪽에 설치하였다. 캠프 A와 캠프 B사이의 변위 $\Delta \mathbf{r}$ 의 크기는 얼마인가?

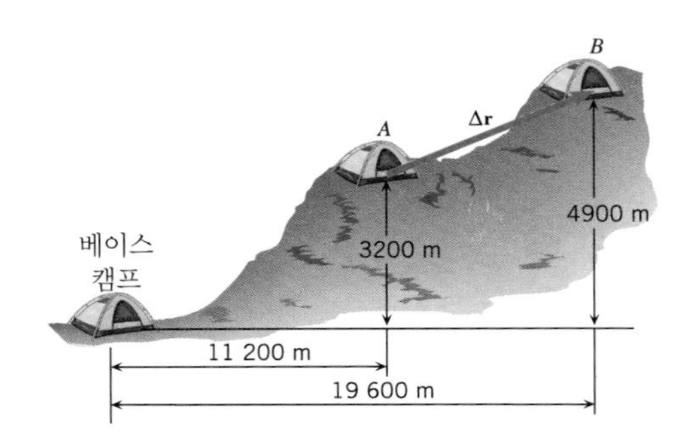

3(5) 제트 여객기가 245 m/s 의 속력으로 날아가고 있다. 비행기 속도의 수직 성분은 40.6 m/s 이다. 비행기 속도의 수평 성분의 크기를 결정하라.

4(7) 돌고래가 수평에 대해 35° 의 각으로 물 밖으로 튀어 오른다. 돌고래의 속도의 수평 성분은 7.7 m이다. 속도의 수직 성분의 크기를 구하라.

5(9) 쇼핑몰에서 손님이 층 사이에 있는 에스컬레이터를 탔다. 손님은 에스컬레이터의 상부에서 오른쪽으로 돌아 상점쪽으로 9.00 m 를 걸었다. 에스컬레이터의 하부로부터 손님의 변위의 크기는 16.0 m 이다. 층사이의 수직 변위는 6.00 m 이다. 수평 면에 대해 에스컬레이터의 경사각은 얼마인가?

3.2 이차원에서의 운동학 방정식

3.3 포물선 운동

6(13) 테니스 공이 28.0 m/s 의 속력으로 라켓으로부터 수평하게 떠났다. 공은 라켓으로부터 수평 거리 19.6 m 에 있는 코트에 닿았다. 라켓으로부터 떠날 때 테니스볼의 높이는 얼마인가?

7(15) 골프공이 처음 속력 11.4 m/s 로 절벽으로부터 수평 방향으로 굴러 떨어졌다. 공은 수직 거리 15.5m 아래에 있는 호수에 떨어졌다. (a) 공이 공중에서 머문 시간은 얼마인가? (b) 공이 수면에 부딪치기 직전의 속력은 얼마인가?

8(17) 다이빙 선수가 수면에서 10.0 m 높이의 플랫폼을 수평 속도 1.2 m/s 로 달렸다. 수면에 닿는 순간의 속력은 얼마인가?

9(21) 소방 호스가 수평과 35.5° 각으로 물줄기를 분사한다. 물은 노즐로부터 25.0 m/s 의 속력으로 분출된다. 물을 포물체와 같이 가정하면 가장 높은 곳의 불을 맞추기 위해 소방 호스는 건물로부터 얼마나 멀리 떨어져 있어야 하는가?

10(25) 독수리가 물고기를 발톱으로 움켜쥔 채 6.0 m/s 의 속력으로 수평하게 날고 있다. 그러나 뜻하지 않게 물고기를 놓쳤다. (a) 물고기의 속력이 2 배가 되기 위해서는 시간이 얼마나 지나야 하는가? (b) 물고기의 속력이 다시 2 배가 되기 위해서 얼마의 시간이 더 필요한가?

11(27) 오토바이가 가능한 많은 버스 위를 지나 점프하기 위한 묘기가 시도 되었다(그림 참조). 도약대는 수평선의 윗방향으로 18.0° 각도로 만들어졌으며, 착지대도 도약대와 같이 동일하게 만들었다. 버스는 나란히 정차되어있으며, 각각의 버스의 폭은 2.74 m 이다. 오토바이 운전자는 33.5 m/s 의 속력으로 도약대를 출발했다. 오토바이 운전자는 최대로 몇 대의 버스를 넘을 수 있는가?

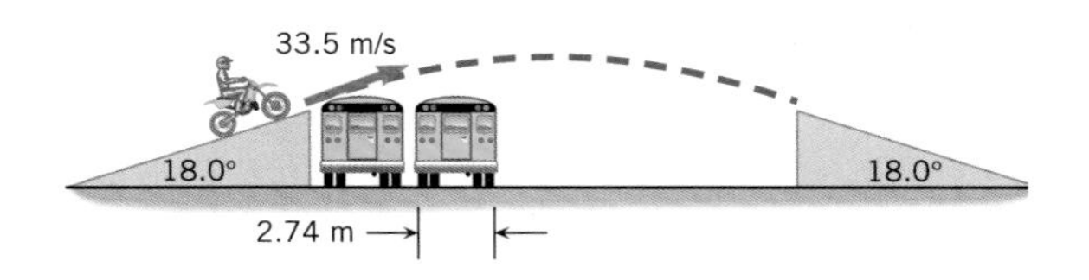

12(29) 열기구가 3.0 m/s 의 속력으로 수직 상승하고 있다. 열기구가 지상으로부터 9.5 m 의 높이에 왔을 때 모래주머니를 열기구 밖으로 놓았다. 모래주머니가

지면에 닿는데 걸리는 시간은 얼마인가?

13(31) 수평하게 거치된 소총으로 과녁을 향하여 발사하였다. 탄환의 총구 속력은 670 m/s 이다. 총신은 과녁의 중앙을 향하고 있으나, 탄환은 표적의 중심에서 0.025 m 아래에 맞았다. 소총의 끝에서 과녁까지의 수평 거리는 얼마인가? 공기의 마찰력을 무시한다.

Chapter 04 힘과 뉴턴의 운동 법칙

4.1 힘과 질량의 개념

그림 4.1의 예에서 보면, 흔히 힘은 밀거나 당기는 것이다. 농구 선수는 공을 밀어서 샷을 한다. 스피드 보트에 부착된 예인 줄에 의해 수상스키어는 당겨진다. 농구공을 움직이게 하거나 수상스키어를 당기는 힘은 두 물체 사이의 물리적 접촉에 의해 작용하므로 **접촉력**(contact force)이라 한다. 그런데 접촉하지 않은 상태에서도 두 물체가 서로에 대해 힘을 가하는 경우가 있다. 이러한 힘들은 **비접촉력**(noncontact force) 혹은 **원격 작용력**(action-at-a-distance force)이라 한다. 스카이다이버가 중력에 의해 지상으로 낙하하는 것은 이러한 비접촉력의 예이다. 지구와 스카이다이버는 직접적으로 접촉을 하지 않지만 지구는 이러한 힘을 스카이다이버에게 가한다. 그림 4.1에서 화살표는 힘을 표시하기 위해 사용되었다. 힘

(a)

(b)

(c)

그림 4.1 **F**로 표시된 화살표는 농구공, 수상스키어 그리고 스카이다이버에 작용하는 힘을 표시한다.

은 크기와 방향을 가지고 있는 벡터양이므로 화살표를 사용하여 표시하는 것이 적절하다. 화살표의 방향은 힘의 방향을 표시하고 화살표의 길이는 힘의 크기에 비례하여 주어진다.

질량(mass)이란 단어는 힘이란 단어만큼 친숙하다. 예를 들면, 무거운 초대형 유조선의 질량은 아주 크다. 다음 절에서 논의하겠지만, 무거운 물체를 움직이게 하거나 움직이는 무거운 물체를 정지시키는 것은 어렵다. 반면 1센트짜리 동전의 질량은 크지 않다. 여기서 중요한 것은 질량의 크기이지 방향의 개념은 질량과 무관하다. 그러므로 질량은 스칼라양이다.

17세기에 갈릴레오의 업적을 바탕으로 뉴턴은 힘과 질량을 다루는 세 개의 중요한 법칙들을 발견하였다. 이들 법칙을 뭉뚱그려 '뉴턴의 운동 법칙'이라 하는 데, 힘이 물체에 미치는 영향을 이해하는 데 필요한 기초 이론이다. 이들 법칙은 중요하므로 개개의 법칙들마다 절을 달리하여 논의하고자 한다.

4.2 뉴턴의 운동 제1법칙

제1법칙

뉴턴의 제1법칙에 대해 통찰하기 위해 그림 4.2의 아이스하키 게임을 살펴보자. 어떤 선수가 정지 상태의 원반에 타격을 가하지 않는다면 원반은 얼음 위에 정지된 상태로 있을 것이다. 그러나 원반에 타격을 가하면, 얼음을 가로질러 미끄러지다가 마찰에 의해 아주 조금씩 속력이 줄어들 것이다. 얼음은 매우 미끄러우므로, 원반의 움직임을 감소시키는 마찰력의 크기는 상대적으로 매우 적다. 사실, 모든 마찰과 바람에 의한 저항을 제거할 수 있고 아이스하키장이 무한히 크다면, 원반은 영원히 등속 직선 운동을 할 것이다. 그대로 둔다면, 원반은 타격이 가해진 시점에서 원반에 주어진 속도를 잃지 않을 것이다. 이것이 뉴턴의 제1법칙의 핵심이다.

그림 4.2 아이스하키 게임을 통해 뉴턴의 운동 법칙을 살펴볼 수 있다.

■ **뉴턴의 운동 제1법칙**

알짜 힘에 의해 상태가 강제로 변하지 않는다면, 물체는 계속해서 정지 상태에 있거나 등속 직선 운동을 한다.

제1법칙에서는 '알짜 힘'이란 용어가 중요하다. 종종 여러 종류의 힘이 동시에 물체에 작용하는 데 알짜 힘은 이들 힘 모두의 벡터 합으로 주어진다. 개개의 힘들은 전체 힘에 기여하는 정도 만큼만 관여한다. 예를 들면, 마찰이나 다른 반대 방향의 힘이 존재하지 않는다면, 자동차는

30 m/s의 속도에 도달한 후 어떤 연료의 소모도 없이 그 속도로 영구히 직선 주행을 할 것이다. 마찰과 같은 반대 방향으로 작용하는 힘들을 상쇄하는 데 필요한 힘들을 엔진이 내기 위해 연료가 필요하다. 이러한 힘의 상쇄는 자동차의 상태를 변하게 하는 알짜 힘이 없다는 것을 의미한다.

물체가 일정한 속력으로 직선을 따라 움직일 때, 그 물체의 속도도 일정하다. 뉴턴의 제1법칙으로부터 속도가 0인 정지 상태나 일정한 속도로 움직이는 상태는 원래 상태를 유지하기 위한 알짜 힘을 가할 필요가 없다는 점에서 동일하다는 것을 알 수 있다. 알짜 힘을 물체에 작용시키는 목적은 물체의 속도를 변화시키는 데 있다.

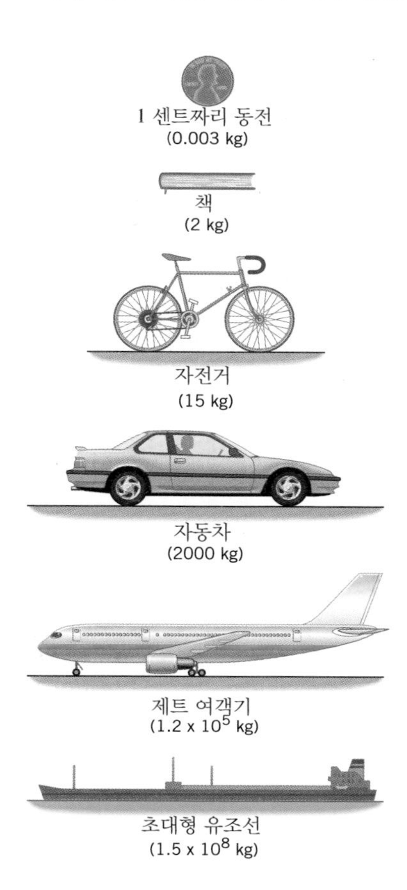

그림 4.3 여러 가지 물체들의 질량

관성과 질량

어떤 물체들의 속도를 변화시키기 위해서는 다른 물체들에 비해 보다 큰 알짜 힘이 필요하다. 예를 들면, 자전거의 속력을 증가시키기에 충분한 알짜 힘을 화물 기차에 가하더라도 기차의 운동 변화는 거의 인지할 수 없을 만큼 작다. 자전거와 비교해 볼 때, 기차는 정지 상태에 머물려는 경향이 상대적으로 훨씬 크다. 이런 경우에 기차는 자전거 보다 **관성**(inertia)이 크다고 말한다. 정량적인 면에서, 물체의 관성은 **질량**(mass)으로 측정된다. 관성과 질량에 대한 다음의 정의로부터 뉴턴의 제1법칙이 왜 관성의 법칙이라 불리는지를 알 수 있다.

■ **관성과 질량**

관성은 물체가 정지 혹은 일정한 속력의 직선 운동 상태를 유지하려는 자연적 경향이다. 물체의 질량은 관성의 정량적 척도이다.

관성과 질량의 SI 단위: 킬로그램(kg)

질량의 SI 단위는 킬로그램(kg)이고 CGS 단위계에서는 그램(g), 영국공학단위계(BE)에서는 슬러그(sl)이다. 이들 단위 사이의 바꿈인수들은 앞표지의 안쪽면에 주어져 있다. 그림 4.3은 1 센트짜리 동전에서부터 초대형 유조선 영역에 이르는 다양한 물체들의 질량을 비교하여 놓았다. 질량이 클수록 관성도 크다. 종종 '질량'과 '무게'라는 말이 같은 의미로 사용되기도 하는데 이는 정확하지 않다. 질량과 무게는 다른 개념으로 4.7절에서 이들 사이의 차이점에 대해 논의할 것이다.

그림 4.4는 관성의 유용한 응용을 보여준다. 자동차 좌석 벨트들은 부드럽게 당겨지면 쉽게 풀려 나와서 채워질 수 있다. 그러나 사고가 났을 때, 벨트들은 사람을 그 자리에 안전하게 붙들어 맨다. 좌석 벨트 장치는 미늘 톱니 바퀴, 잠금용 막대와 흔들이로 구성되어 있다. 벨트는 미늘 톱니 바퀴 위에 장착된 실패에 감겨져 있다. 자동차가 정지해 있거나 일정

좌석벨트의 물리

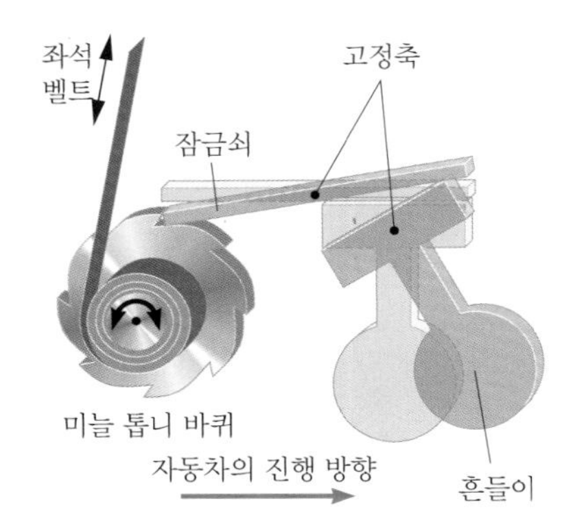

그림 4.4 관성은 좌석 벨트 장치에서 주된 역할을 한다. 자동차가 정지해 있거나 등속도로 움직일 때는 회색으로 그려진 상태에 있다. 자동차가 갑자기 감속될 때 어떤 일이 일어나는가는 색칠한 그림을 보면 알 수 있다.

한 속도로 움직이는 동안, 그림의 회색 부분과 같이 흔들이는 똑 바로 아래로 늘어져 있고 잠금용 막대는 수평을 유지하고 있다. 결과적으로 어떤 것도 미늘 톱니 바퀴가 회전하는 것을 방해하지 않아 좌석 벨트가 쉽게 당겨질 수 있다. 그러나 사고 시 자동차가 갑자기 감속될 때 상대적으로 무거운 흔들이의 아래 부분이 관성 때문에 앞으로 계속 움직이게 되면 흔들이가 채색된 위치로 회전축에 대해 회전을 하여 잠금용 막대가 미늘 톱니 바퀴의 회전을 방해하므로 좌석 벨트가 풀리지 않게 된다.

관성 기준틀

어떤 관찰자에게는 뉴턴의 제1법칙(또한 제2법칙)이 성립되지 않는다. 예를 들어, 어떤 사람이 친구의 자동차를 타고 있다고 가정하자. 자동차가 일정한 속도로 직선 운동을 하고 있는 동안에는 그는 그의 등을 받쳐 미는 의자의 힘을 별로 느끼지는 못할 것이다. 이것은 알짜 힘이 존재하지 않는 상태에서는 등속 운동을 하고 있다는 것을 의미한다. 이러한 경험은 제1법칙과 일치한다. 갑자기 운전자가 가속 페달을 밟았다. 자동차가 가속됨에 따라 그는 등을 받쳐 밀고 있는 의자를 곧 바로 느낄 것이다. 그러므로 그는 그에게 힘이 가해졌음을 느낄 것이다. 제1법칙에 의하면 그의 움직임이 변할 것이고, 실제로 바깥 지상에 대해 상대적으로 그의 움직임은 변한다. 그러나 그는 자동차에 대해서는 정지 상태에 남아 있으므로, 그의 움직임은 자동차에 대해 상대적으로 변하지 않는다는 것을 알 수 있다. 기준틀로 가속되고 있는 자동차를 사용하는 관찰자에게는, 명백히 뉴턴의 제1법칙이 성립되지 않는다. 결론적으로 이러한 기준틀은 비관성적이다. 모든 가속되고 있는 기준틀은 비관성적이다. 반면, 관성의 법칙이 성립하는 관찰자들은, 아래에 정의되어 있듯이, 관찰을 위해 **관성 기준틀** (inertial reference frame)을 사용하고 있다고 할 수 있다.

■ **관성 기준틀**

관성 기준틀은 뉴턴의 관성의 법칙이 성립하는 기준틀이다.

관성 기준틀의 가속도는 0이며 서로 등속도 운동을 한다. 모든 뉴턴의 운동 법칙들은 관성 기준틀에서는 성립하고, 이들 법칙을 적용할 때는 이러한 기준틀을 가정하고 있다. 특히 지구 자체는 근사적으로 좋은 관성 기준틀이다.

4.3 뉴턴의 운동 제2법칙

물체에 알짜 힘이 작용하지 않는다면 그 물체의 속도는 변하지 않는다는 것을 뉴턴의 제1법칙으로부터 알 수 있다. 제2법칙은 알짜 힘이 작용할 때 어떤 일이 일어나는가에 대해 다룬다. 아이스하키 원반을 한 번 더 살펴보자. 선수가 정지상태의 원반에 타격을 가하여 원반의 속도를 변하게 한다. 다시 말하면, 선수가 원반을 가속시킨 것이다. 가속의 원인은 하키 스틱으로 가한 힘이다. 이 힘이 작용하는 동안, 속도는 증가하고 원반은 가속된다. 이제 다른 선수가 원반을 때려 처음 선수가 가한 힘보다 2 배의 힘을 가한다고 가정하자. 보다 큰 힘은 보다 큰 가속도를 낳는다. 사실 원반과 빙판 사이의 마찰이 무시되고 바람에 의한 저항이 없다면, 원반의 가속도는 곧 바로 힘에 비례한다. 2 배의 힘은 2 배의 가속도를 일으킨다. 게다가, 힘과 마찬가지로 가속도도 벡터양이며 그 방향은 힘의 방향과 같다.

종종 여러 힘들이 물체에 동시에 작용한다. 예를 들면, 마찰과 바람에 의한 저항은 하키 원반에 어떤 영향을 미친다. 이러한 경우에 중요한 것은 알짜 힘 혹은 작용하는 모든 힘들의 벡터 합이다. 수학적으로 알짜 힘은 $\Sigma\mathbf{F}$로 표시된다. 여기서 그리스어 대문자 Σ(sigma)는 벡터 합을 나타낸다. 뉴턴의 제2법칙은 가속도는 물체에 작용하는 알짜 힘에 비례한다는 사실을 설명한다.

뉴턴의 제2법칙에서 알짜 힘은 가속도를 결정하는 두 가지 인자들 중 하나일 뿐이다. 다른 하나는 물체의 관성 혹은 질량이다. 결국 작은 질량의 하키 원반에 겨우 측정될 수 있는 정도의 가속도를 일으키는 알짜 힘은 큰 질량의 트레일러 트럭에는 거의 가속도를 일으키지 못 한다. 뉴턴의 제2법칙은 주어진 알짜 힘에 대해 가속도의 크기는 질량에 반비례한다는 사실을 설명한다. 같은 알짜 힘이 물체에 작용할 때, 질량이 2 배가 되면 가속도는 반으로 줄어든다. 그러므로 제2법칙은 식 4.1에 나타난 바와 같이 가속도가 알짜 힘과 질량에 어떻게 의존하는 가를 보여준다.

■ 뉴턴의 운동 제2법칙

알짜 외력 $\Sigma\mathbf{F}$가 질량 m인 물체에 작용할 때, 가속도 $\mathbf{a}$는 알짜 힘에 비례하고 크기는 질량에 반비례한다. 가속도의 방향은 알짜 힘의 방향과 같다.

$$\mathbf{a} = \frac{\Sigma\mathbf{F}}{m} \quad \text{즉} \quad \Sigma\mathbf{F} = m\mathbf{a} \tag{4.1}$$

힘의 SI 단위: 킬로그램(kg) · 미터(m)/제곱초(s^2) = 뉴턴(N)

표 4.1 질량, 가속도 그리고 힘의 단위

단위계	질량	가속도	힘
SI	킬로그램 (kg)	제곱초당 미터 (m/s^2)	뉴턴(N)
CGS	그램 (g)	제곱초당 센티미터 (cm/s^2)	다인 (dyne)
BE	슬러그 (sl)	제곱초당 푸트 (ft/s^2)	파운드 (lb)

식 4.1에서 알짜 힘이란 물체의 주변이 물체에 가하는 힘만을 포함한다는 것에 주목하라. 이러한 힘들을 **외력**(external force)이라 한다. 반면에 **내력**(internal force)은 물체의 한 부분이 물체의 다른 부분에 가하는 힘으로 식 4.1에 포함되지 않는다.

식 4.1에 의하면, 힘의 SI 단위는 질량의 단위(kg)에 가속도의 단위(m/s^2)를 곱한 단위이다. 즉

$$\text{힘의 SI 단위} = (\text{kg})\left(\frac{\text{m}}{\text{s}^2}\right) = \frac{\text{kg}\cdot\text{m}}{\text{s}^2}$$

이다. $kg \cdot m/s^2$을 뉴턴(N)이라하며 이는 SI 기본 단위가 아니라 유도 단위이다. 즉 1 뉴턴 = 1 N = $1\,kg \cdot m/s^2$이다.

CGS 단위계에서 힘의 단위를 확립하는 절차는 질량을 g로 가속도를 cm/s^2로 표시한다는 점을 제외하고는 SI 단위계에서와 같다. 유도되는 힘의 단위는 다인(dyne)이다. 즉 1 다인 = 1dyn = $1g \cdot cm/s^2$이다.

BE* 단위계에서 힘의 단위는 파운드(lb)**로, 가속도의 단위는 ft/s^2로 정의된다. 이러한 절차에 따라, 뉴턴의 제2법칙은 질량의 단위를 정의하는 데 사용될 수 있다. 즉

$$\text{힘의 BE 단위} = \text{lb} = (\text{질량의 단위})\left(\frac{\text{ft}}{\text{s}^2}\right)$$

$$\text{질량의 단위} = \frac{\text{lb}\cdot\text{s}^2}{\text{ft}}$$

이다. $lb \cdot s^2/ft$의 조합은 BE 단위계에서 질량의 단위로 슬러그(sl)라 한다. 즉 1 슬러그 = 1 sl = $1\,lb \cdot s^2/ft$이다.

표 4.1에는 질량, 가속도 그리고 힘에 대한 다양한 단위들이 요약되어 있다. 다른 단위계들에서 힘 단위들 사이의 바꿈인수들은 앞표지의 안쪽 면에 주어져 있다.

문제 풀이 도움말
자유물체도는 뉴턴의 제2법칙을 적용할 때 매우 유용하다. 항상 자유물체도를 그리고 문제 풀이를 시작하라.

제2법칙을 사용하여 가속도를 계산할 때, 물체에 작용하는 알짜 힘을 구할 필요가 있다. 알짜 힘을 구할 때 **자유물체도**(free-body diagram)를 사용하면 크게 도움이 된다. 자유물체도는 물체와 물체에 작용하는 힘들

* British Engineering, 영국공학단위(역자 주).

** 이것은 BE계에서 무게의 단위이다. 여기서 1 파운드의 힘은 중력 가속도가 32.174 ft/s^2인 곳에서 어떤 표준 물체에 대한 지구의 인력으로 정의된다.

을 표시한 도표이다. 물체에 작용하는 힘들만 자유물체도에 표시된다. 물체가 주위에 가하는 힘들은 포함되지 않는다. 다음의 예제 4.1을 잘 살펴보면 자유물체도를 사용하는 방법을 알 수 있다.

예제 4.1 | 엔진이 정지된 자동차 밀기

그림 4.5(a)에서와 같이 두 사람이 엔진이 정지된 자동차를 밀고 있다. 자동차의 질량은 1850 kg이다. 한 사람은 275 N의 힘을 자동차에 가하고 다른 사람은 395 N의 힘을 가하고 있다. 두 힘 모두 같은 방향으로 작용하고 있다. 560 N의 제3의 힘이 사람들이 밀고 있는 방향과 반대 방향으로 자동차에 또한 작용하고 있다. 이 힘은 마찰 때문이며 도로가 타이어의 움직임을 저지하는 정도에 따라 다르다. 자동차의 가속도를 구하라.

살펴보기 뉴턴의 제2법칙에 의하면, 가속도는 알짜 힘을 자동차의 질량으로 나눈 양이다. 알짜 힘을 구하기 위해, 그림 4.5(b)의 자유물체도를 이용한다. 이 도표에서 자동차는 점으로 표시되어 있고 x축을 따라 움직인다. 이 도표를 보면 모든 힘들은 한 방향으로 작용하고 있다. 그러므로 힘들을 동일선상의 벡터들로 합하여 알짜 힘을 구할 수 있다.

풀이 알짜 힘은

$$\Sigma F = +275\text{ N} + 395\text{ N} - 560\text{ N} = +110\text{ N}$$

이다. 이 결과로 가속도를 구하면

$$a = \frac{\Sigma F}{m} = \frac{+110\text{ N}}{1850\text{ kg}} = \boxed{+0.059\text{ m/s}^2} \qquad (4.1)$$

가 얻어진다. 양의 부호는 가속도가 알짜 힘과 같은 방향인 $+x$ 축 방향으로 향한다는 것을 의미한다.

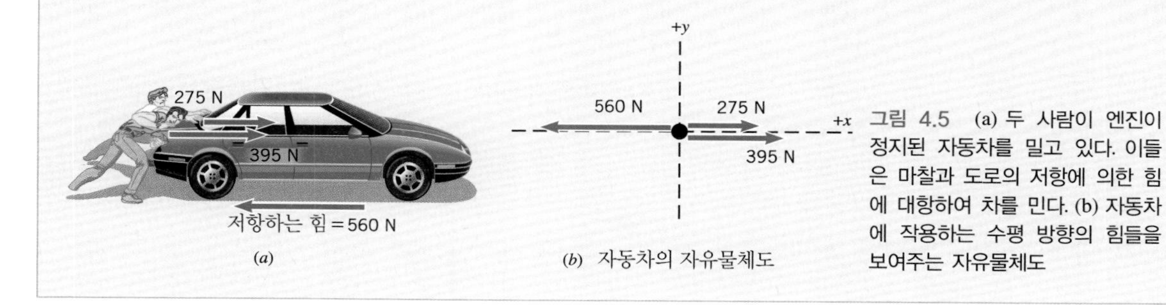

그림 4.5 (a) 두 사람이 엔진이 정지된 자동차를 밀고 있다. 이들은 마찰과 도로의 저항에 의한 힘에 대항하여 차를 민다. (b) 자동차에 작용하는 수평 방향의 힘들을 보여주는 자유물체도

4.4 뉴턴의 운동 제2법칙의 벡터 성질

> **문제 풀이 도움말**
> 가속도의 방향은 항상 알짜 힘의 방향과 동일하다.

미식 축구 선수가 패스를 할 때, 그가 공에 가한 힘의 방향은 중요하다. 모든 힘과 가속도와 마찬가지로 이 힘과 이 힘에 의해 생긴 볼의 가속도도 벡터양이다. 이들 벡터의 방향은 x 성분과 y 성분을 사용하여 이차원으로 나타낼 수 있다. 뉴턴의 제2법칙에서 알짜 힘 $\mathbf{\Sigma F}$는 ΣF_x 성분과 ΣF_y 성분을 가지는 반면 가속도 $\mathbf{a}$는 a_x 성분과 a_y 성분으로 나누어진다. 결과적으로 식 4.1로 표현된 뉴턴의 제2법칙은 같은 모양을 갖는 2 개의 식 즉 x 성분에 대한 식과 y 성분에 대한 식으로 표현될 수 있다.

$$\Sigma F_x = ma_x \qquad (4.2a)$$

$$\Sigma F_y = ma_y \qquad (4.2b)$$

> **문제 풀이 도움말**
> 뉴턴의 제2법칙을 적용할 때는 항상 알짜 외력이 수반된다. 알짜 외력은 물체에 작용하는 모든 외력들의 벡터 합이다. 모든 알짜 힘의 성분은 그 성분에 해당하는 가속도를 갖게 한다.

이러한 과정은 3장에서 이차원 운동학의 식들을 다루기 위해 사용한 과정과 유사하다(표 3.1 참조). 식 4.2a와 4.2b에서 성분들은 스칼라양이므로 그것들이 양 혹은 음의 x 혹은 y 축을 향하느냐에 따라, 양수이거나 음수가 될 수 있다. 다음 예제는 이들 식이 어떻게 사용되어지는 가를 보여 준다.

예제 4.2 | 성분들을 이용한 뉴턴의 제2법칙의 응용

그림 4.6(a)에서 나타난 바와 같이 사람이 뗏목 위에서 있다(사람과 뗏목의 질량 =1300 kg). 그는 노를 저어 정동쪽 방향($+x$ 방향)으로 17 N의 평균력 **P**를 뗏목에 가한다. 또한 뗏목은 바람에 의한 힘 **A**의 영향을 받고 있다. 풍력의 크기는 15 N이고 방향은 동북쪽 67° 방향을 향하고 있다. 물에 의한 저항을 무시할 때, 뗏목의 가속도의 x와 y 성분들을 구하라.

살펴보기 사람과 뗏목의 질량이 알려져 있으므로, 뉴턴의 제2법칙을 이용하여 주어진 힘들로부터 가속도의 성분들을 구할 수 있다. 식 4.2a와 4.2b로 주어진 제2법칙의 표현으로부터, 주어진 방향으로의 가속도는 주어진 방향의 알짜 힘의 성분을 질량으로 나눈 값이다. 알짜 힘의 각 성분 ΣF_x와 ΣF_y을 구할 때, 그림 4.6(b)에 주어진 자유물체도를 사용하면 도움이 된다.

이 도표에서 정동쪽 방향이 양의 x 방향이다.

풀이 그림 4.6(b)로부터 힘의 성분들은 다음과 같다.

힘	x 성분	y 성분
P	+17 N	0 N
A	+(15 N) cos 67° = +6 N	+(15 N) sin 67° = +14 N
	ΣF_x = +17 N + 6 N = +23 N	ΣF_y = +14 N

+ 부호는 ΣF_x는 $+x$ 방향으로 향하고, ΣF_y는 $+y$ 방향으로 향한다는 것을 의미한다. 가속도의 x와 y 성분들은 각각 ΣF_x와 ΣF_y 방향으로 향하고 다음과 같이 계산된다.

$$a_x = \frac{\Sigma F_x}{m} = \frac{+23\ \text{N}}{1300\ \text{kg}} = \boxed{+0.018\ \text{m/s}^2} \quad (4.2a)$$

$$a_y = \frac{\Sigma F_y}{m} = \frac{+14\ \text{N}}{1300\ \text{kg}} = \boxed{+0.011\ \text{m/s}^2} \quad (4.2b)$$

이들 가속도들의 성분들은 그림 4.6(c)에 나타나 있다.

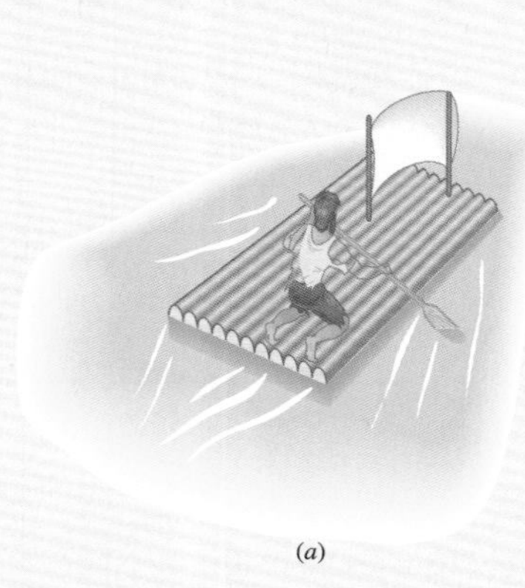
(a)

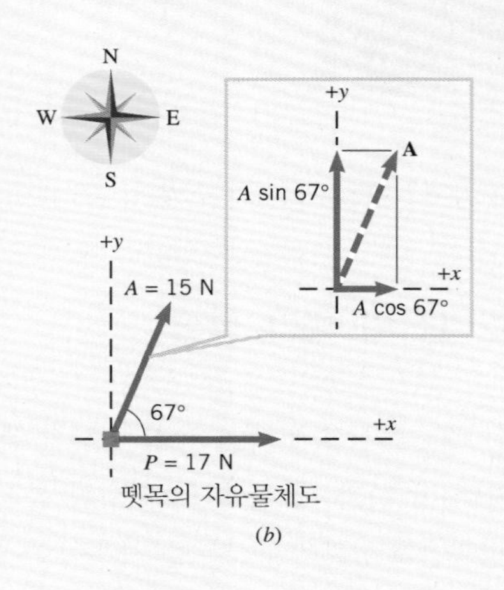

(b)

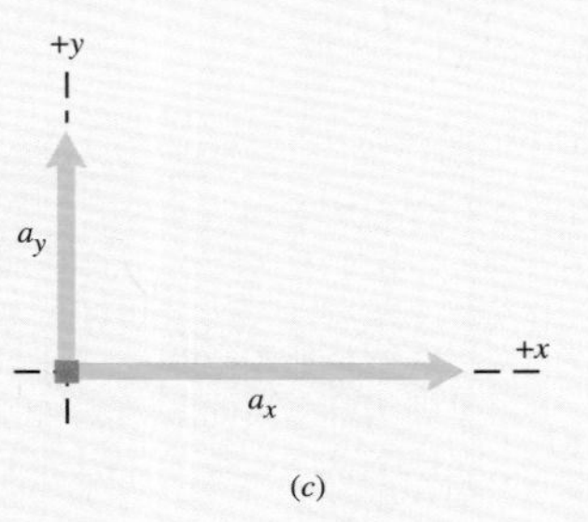

(c)

그림 4.6 (a) 예제 4.2에서와 같이 뗏목에서 노를 젓고 있다. (b) 뗏목에 작용하는 힘 **P**와 **A**가 자유물체도에 표시되어 있다. 수면에 직각 방향으로 뗏목에 작용하는 힘은 본 예에서 아무런 역할을 하지 못하므로 그림에 표시하지 않았다. (c) 뗏목의 가속도 성분들인 a_x와 a_y

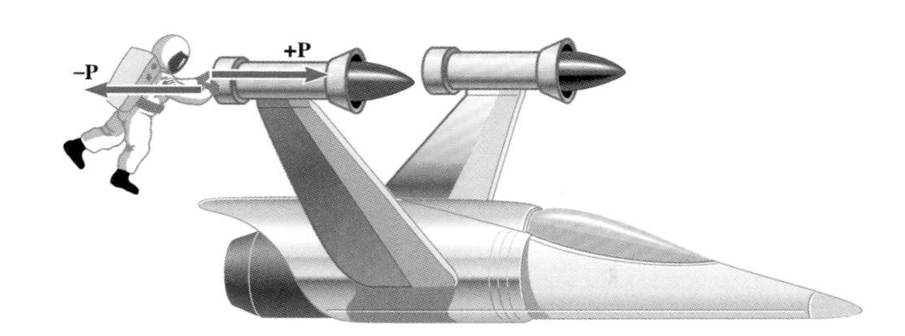

그림 4.7 우주 비행사가 +**P**의 힘으로 우주선을 밀고 있다. 뉴턴의 제3법칙에 의해, 우주선도 −**P**의 힘으로 우주 비행사를 동시에 되민다.

4.5 뉴턴의 운동 제3법칙

어떤 사람이 미식 축구 경기를 한다고 하자. 상대편 선수와 맞대어 진영을 갖추고 볼이 낚아 채여 지면 그 사람은 상대편 선수와 충돌한다. 의심할 여지도 없이 그는 힘을 느낄 것이다. 그런데 상대편 선수에 대해서 생각해 보라. 상대편 선수가 그 사람에게 힘을 가하는 동안 그 사람도 상대편 선수에게 힘을 가하므로 상대편 선수 역시 어떤 것을 느낄 것이다. 다시 말해, 충돌 선 상에 하나의 힘만 있는 것은 아니다. 즉, 한 쌍의 힘이 존재한다. 뉴턴은 모든 힘들은 쌍으로 발생하고 단독으로 존재하는 고립된 힘과 같은 것은 있을 수 없다는 것을 깨달은 최초의 인물이다. 그의 운동 제3법칙은 힘의 이러한 근본적인 특성을 다룬다.

■ **뉴턴의 운동 제3법칙**

한 물체가 두 번째 물체에 힘을 가할 때 마다, 두 번째 물체도 같은 크기이나 방향이 반대인 힘을 첫 번째 물체에 가한다.

제3법칙은 때때로 다음과 같이 인용되어 종종 '작용-반작용 법칙'이라 불린다. 즉, '모든 작용(힘)에 대해서 크기가 같고 방향이 반대인 반작용이 있다.'

그림 4.7은 제3법칙을 우주선 외부에서 유영을 하면서 힘 **P**로 우주선을 미는 우주 비행사에게 적용한 예를 보여주고 있다. 제3법칙에 의하면, 우주선도 크기는 같고 방향은 반대인 −**P**의 힘으로 우주 비행사를 되민다. 다음의 예제 4.3에서 이들 힘 각각에 의한 가속도들을 구해 보자.

예제 4.3 | 작용과 반작용 힘들에 의해 생긴 가속도들

그림 4.7에서 우주선의 질량이 $m_S = 11\,000$ kg이고 우주 비행사의 질량은 $m_A = 92$ kg이라고 가정하자. 또한 우주 비행사가 **P** = + 36 N의 힘을 우주선에 가한다고 가정하자. 우주선과 우주 비행사의 가속도를 구하라.

살펴보기 우주 비행사가 **P** = + 36 N의 힘을 우주선에 가할 때, 뉴턴의 제3법칙에 의해 우주선도 반작용 힘 −**P** = − 36 N을 우주 비행사에 가한다. 결과적으로 우주선과 우주 비행사는 반대 방향으로 가속된다. 작용과 반작용 힘들의 크기가 같더라도 우주선과 우주 비행사의 질량이 다르므로 같은 크기의 가속도가 생기지는 않는다. 뉴턴의 제2법칙에 의해, 우주 비행사의 질량이 훨씬 작으므로 우주 비행사는 훨씬 큰 가속도를 갖게 될 것이다. 제2법칙을 적용할 때, 우주선에 작용하는 알짜 힘은 $\Sigma\mathbf{F} = \mathbf{P}$ 인 반면 우주 비행사에 작용하는 알짜 힘은 $\Sigma\mathbf{F} = -\mathbf{P}$ 임을 주의해야 한다.

풀이 제2법칙을 사용하면 우주선의 가속도는 다음과 같이 주어짐을 알 수 있다.

$$\mathbf{a}_S = \frac{\mathbf{P}}{m_S} = \frac{+36\ \text{N}}{11\ 000\ \text{kg}} = \boxed{+0.0033\ \text{m/s}^2}$$

우주 비행사의 가속도는 다음과 같다.

$$\mathbf{a}_A = \frac{-\mathbf{P}}{m_A} = \frac{-36\ \text{N}}{92\ \text{kg}} = \boxed{-0.39\ \text{m/s}^2}$$

문제 풀이 도움말
작용과 반작용 힘들의 크기가 항상 같더라도, 각각의 힘이 질량이 다른 물체에 작용할 수 있으므로 필연적으로 같은 크기의 가속도를 발생시키는 것은 아니다.

자동으로 작동하는 트레일러 브레이크의 물리

뉴턴의 제3법칙을 소형 트레일러에 적용하면 흥미롭다. 그림 4.8에 나타난 바와 같이, 자동차의 후미 범퍼와 트레일러를 연결하는 견인기에는 트레일러 바퀴에 브레이크가 작동하게 할 수 있는 기계 장치가 있다. 이 장치는 자동차와 트레일러를 전기적으로 연결하지 않아도 작동한다. 운전자가 자동차의 브레이크를 밟으면, 자동차는 감속한다. 그런데, 관성으로 인해 트레일러는 계속해서 앞으로 굴러가므로 범퍼를 밀기 시작하며 그 힘의 반작용으로 범퍼는 견인기를 되민다. 이 반작용력은 견인기의 기계장치에 의해 트레일러가 브레이크를 작동하게 한다.

4.6 힘의 종류: 개요

자연계에는 기본적인 힘과 그렇지 않은 힘이라고 하는 두 가지의 일반적인 형태의 힘들이 존재한다. 기본적인 힘들은 모든 다른 힘들을 이들로 설명할 수 있다는 점에서 확실히 특별한 힘들이다. 지금까지 단지 다음 세 가지의 기본적인 힘들만이 발견되었다.

1. 중력
2. 강한 핵력
3. 전자기약력

중력은 다음 절에서 논의될 것이다. 강한 핵력은 원자핵의 안정에 주된

그림 4.8 어떤 소형 트레일러에는 자동적으로 브레이크를 작동시키는 장치가 있다.

역할을 한다. 전자기약력은 두 가지 형태로 나타나는 하나의 힘이다. 하나의 형태는 전기적으로 대전된 입자들 사이에 작용하는 전자기력이고, 다른 하나는 어떤 핵들의 방사선붕괴에 관계하는 소위 약한 핵력이다.

중력을 제외하고 이 장에서 논의되는 모든 힘들은 기본적인 힘들이 아니다. 왜냐하면 이 힘들은 전자기력과 관련이 있기 때문이다. 이 힘들은 원자와 분자들을 포함하는 전기적으로 대전된 입자들 사이의 상호작용에 의해 생긴다. 그런데, 어떤 힘들이 기본적인가에 대한 우리들의 이해는 계속 진전되고 있다. 예를 들면, 1860년대와 1870년대에 맥스웰은 전기력과 자기력이 단일 전자기력으로부터 나온다고 설명할 수 있음을 증명하였다. 1970년대에 글래쇼(1932-), 살람(1926-1996) 그리고 와인버그(1933-)는 전자기력과 약한 핵력이 어떻게 전자기약력과 관련되는가를 설명하는 이론을 제시하였다. 이들은 이 업적으로 1979년에 노벨상을 받았다. 오늘날도 기본적인 힘의 개수를 보다 줄이려는 노력이 계속되고 있다.

4.7 중력

뉴턴의 만유 인력 법칙

물체는 중력에 의해 아래로 떨어진다. 제2장과 제3장에서 중력에 의한 아래 방향의 가속도로 $g = 9.80\,\text{m/s}^2$의 값을 사용하여 운동에 미치는 중력의 영향을 어떻게 기술하는 가에 대해 논의하였다. 그러나 왜 g의 값이 $9.80\,\text{m/s}^2$인가에 대한 어떠한 설명도 하지 않았다. 곧 알게 되겠지만 그 이유는 흥미롭다.

뉴턴의 제2법칙에 의하면 알짜 힘에 의해서만 가속도가 생기는데, 이것은 중력 가속도의 경우에도 마찬가지이다. 뉴턴은 그의 유명한 세 가지 운동 법칙과 더불어 **중력**(gravitational force)에 대한 통일된 개념을 제시하였다. 그의 '만유 인력 법칙'은 다음과 같이 기술된다.

■ 뉴턴의 만유 인력 법칙

우주의 모든 입자들은 서로 간에 인력을 작용한다. 입자란 수학적인 점으로 간주될 수 있을 정도로 충분히 작은 하나의 물체이다. 질량이 m_1과 m_2이고 거리 r 만큼 떨어진 두 입자에 대해, 한 입자가 다른 입자에 작용하는 힘은 두 입자를 연결하는 직선 방향을 향하고(그림 4.9 참조) 그 크기는

$$F = G\frac{m_1 m_2}{r^2} \tag{4.3}$$

로 주어진다. 여기서 기호 G는

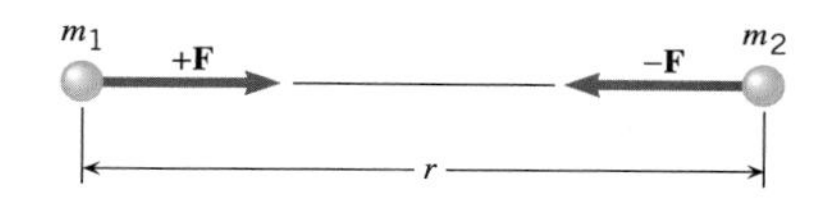

그림 4.9 질량이 m_1과 m_2인 두 입자가 중력 +**F**와 −**F**로 끌어당기고 있다.

$$G = 6.673 \times 10^{-11}\ \mathrm{N \cdot m^2/kg^2}$$

로 주어지는 값을 갖는 만유 인력 상수이다. 이 값은 실험에 의해 얻어졌다.

식 4.3에 나타난 상수 G는 우주 어디에서나 두 입자 사이의 거리에 관계없이 모든 입자 쌍들에 대해 동일한 값을 가지므로 **만유 인력 상수**(universal gravitational constant)라 한다. G의 값은 뉴턴이 만유 인력 법칙을 제안한 후 100년이 흐른 후에 영국의 과학자 캐번디시(1731-1810)에 의해 최초로 실험적으로 측정되었다.

뉴턴의 만유 인력 법칙의 주된 특징들을 알아보기 위해 그림 4.9의 두 입자들을 살펴보자. 두 입자의 질량은 각각 m_1과 m_2이고 거리 r만큼 떨어져 있다. 그림에서 오른쪽으로 향하는 힘을 양으로 가정하였다. 중력은 두 입자들을 연결하는 직선 방향으로 향하고 다음과 같다.

+F, 입자 2에 의해 입자 1에 작용하는 중력
−F, 입자 1에 의해 입자 2에 작용하는 중력

이들 두 힘의 크기는 같고 방향은 반대이며 상대 물체에 작용하여 상호간에 인력을 일으킨다. 사실 이들 두 힘은 뉴턴 제3법칙에 나타나는 작용-반작용 쌍이다. 예제 4.4에 나타난 바와 같이, 질량의 크기와 두 물체 사이의 거리가 일반적인 값이라면 중력의 크기는 극히 작다.

예제 4.4 | 중력 끌림

$m_1 = 12\ \mathrm{kg}$(자전거의 질량과 비슷함), $m_2 = 25\ \mathrm{kg}$이고 $r = 1.2\ \mathrm{m}$라 할 가정할 때 그림 4.9에 주어진 각각의 입자들에 작용하는 중력의 크기를 구하라.

살펴보기 및 풀이 중력의 크기는 식 4.3을 사용하여 구할 수 있다. 즉,

$$F = G\frac{m_1 m_2}{r^2}$$

$$= (6.67 \times 10^{-11}\ \mathrm{N \cdot m^2/kg^2})\frac{(12\ \mathrm{kg})(25\ \mathrm{kg})}{(1.2\ \mathrm{m})^2}$$

$$= \boxed{1.4 \times 10^{-8}\ \mathrm{N}}$$

이다. 초인종을 누를 때 약 1 N의 힘을 가한다는 사실과 비교하면, 이 경우의 중력은 대단히 작다. 이러한 결과는 상수 G 자체가 매우 작다는 사실에 기인한다. 그러나 물체들 중 하나가 지구의 질량(5.98×10^{24} kg)과 같이 매우 큰 질량을 가질 때는 중력이 클 수도 있다.

> 문제 풀이 도움말
> 뉴턴의 중력 법칙을 균일한 구형의 물체들에 적용할 때, 거리 r은 두 구들의 표면 사이의 거리가 아니라 중심 사이의 거리임을 명심하라.

식 4.3에 의해 표현된 바와 같이 뉴턴의 중력 법칙은 입자에만 적용된다. 그런데 대부부의 물체들은 너무 크므로 점 입자로 취급할 수 없다. 그럼에도 불구하고 미적분을 사용하여 만유 인력 법칙이 크기가 큰 물체에도 성립함을 증명할 수 있다. 물체의 질량이 중심에 대해 구대칭으로 분포되어 있다면, 중력 법칙을 사용하기 위한 목적으로 유한한 크기의 물체들도 점 입자로 취급할 수 있다는 것을 뉴턴이 증명하였다. 그러므로

물체의 질량이 물체의 전체 부피에 균등하게 분포되어 있는 구형일 때는 식 4.3을 적용할 수 있다. 지구와 달이 균일한 구형의 물체라고 가정한 그림 4.10은 이러한 적용의 예를 보여 주고 있다. 이 경우 r은 구 중심 사이의 거리이지 바깥 표면 사이의 거리가 아니다. 마치 개개의 구의 질량이 중심에 집중되어 있는 것처럼 하나의 구가 다른 구에 중력을 가한다. 물체들이 균일한 구가 아니더라도 물체의 크기가 간격 r에 비해 상대적으로 작다면, 식 4.3은 좋은 근사식으로 사용될 수 있다.

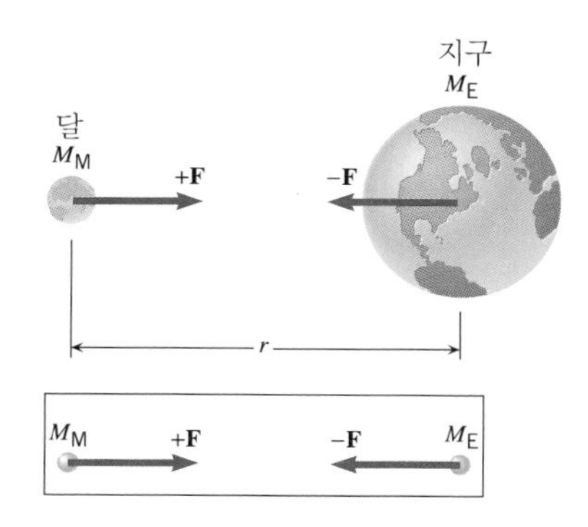

그림 4.10 균일한 구형의 물체가 다른 균일한 구형의 물체에 작용하는 중력은 구의 중심에 질량이 모두 모여 있는 점 입자들 사이에 작용하는 중력과 같다. 지구(질량 M_E)와 달(질량 M_M)은 이러한 균일한 구라고 할 수 있다.

무게

물체의 무게는 지구 중력이 물체를 끌어당기기 때문에 생긴다.

■ **무게**

지표 또는 그 위에서 물체의 무게는 지구가 물체에 가하는 중력이다. 무게는 항상 아래쪽 즉 지구 중심 방향으로 향한다. 다른 천체나 천체 위에서 무게는 그 천체가 물체에 가하는 중력이다.

무게의 SI 단위: 뉴턴(N)

무게의 크기*를 W, 물체의 질량을 m, 그리고 지구의 질량은 M_E로 사용하면 식 4.3으로부터 다음 식이 성립한다.

$$W = G\frac{M_E m}{r^2} \tag{4.4}$$

식 4.4와 그림 4.11로 부터, 중력은 거리 r이 지구의 반지름 R_E와 동일하지 않을 때에도 작용하므로 물체가 지구 표면에 정지해 있거나 그렇지 않거나에 관계없이 물체는 무게를 가지고 있다는 것을 알 수 있다. 그런데 거리 r은 식 4.4의 분모에 들어 있으므로 r이 증가할수록 중력은 점점 약해진다. 예를 들면, 그림 4.12에 나타난 바와 같이 지구 중심으로부터의 거리 r이 증가할수록 허블 우주 망원경의 무게는 작아진다. 다음의 예제 4.5에서 허블 우주 망원경이 지상에 있을 때와 궤도에 있을 때에 대해 무게를 계산해 보자.

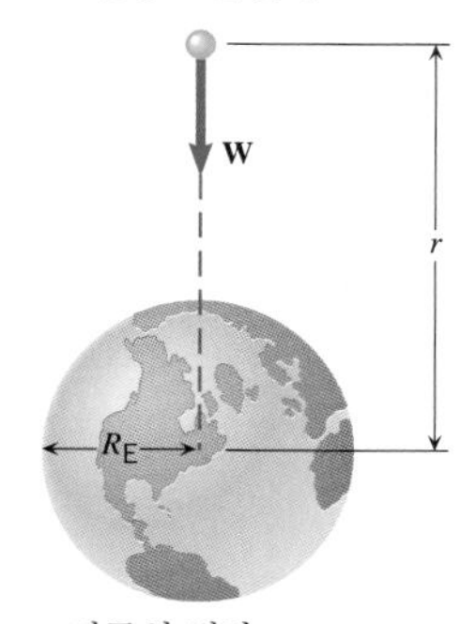

그림 4.11 지표나 지구 상공에서 물체의 무게 W는 지구가 그 물체에 가하는 중력이다.

예제 4.5 | 허블 우주 망원경

허블 우주 망원경의 질량은 11600 kg이다. (a) 지표에 정지해 있을 때와 (b) 지표로부터 598 km 상공의 궤도에 있을 때에 그 망원경의 무게를 구하라.

살펴보기 허블 우주 망원경의 무게는 지구가 망원경에 가하는 중력이다. 식 4.4에 의하면, 무게는 중심으로부터의 거리 r의 제곱에 반비례한다. 그러므로 지

* 무게가 벡터양임에도 불구하고 '무게' 라는 단어와 '무게의 크기' 라는 말이 구별없이 사용되기도 한다. 무게 벡터의 방향이 고려되어야 하는 경우는 문맥을 살펴보아 알 수 있다.

표(보다 작은 r)에서 망원경의 무게는 궤도(보다 큰 r)에서 무게보다 클 것으로 예상된다.

풀이 (a) 지표에서 $r = 6.38 \times 10^6$ m(지구 반지름)이므로 식 4.4로부터 무게는 다음과 같이 주어진다.

$$W = G\frac{M_E m}{r^2} = \frac{(6.67 \times 10^{-11}\ \mathrm{N \cdot m^2/kg^2})(5.98 \times 10^{24}\ \mathrm{kg})(11\,600\ \mathrm{kg})}{(6.38 \times 10^6\ \mathrm{m})^2}$$

$$\boxed{W = 1.14 \times 10^5\ \mathrm{N}}$$

(b) 망원경이 지표로부터 598 km 상공에 있을 때, 지구 중심으로부터의 거리는 다음과 같다.

$$r = 6.38 \times 10^6\ \mathrm{m} + 598 \times 10^3\ \mathrm{m} = 6.98 \times 10^6\ \mathrm{m}$$

이제 무게는 새로운 r의 값을 사용하여 (a)에서와 같은 방법으로 구할 수 있다. 즉, $W = 0.950 \times 10^5$ N 이다. 예측한 대로 궤도에 있을 때의 무게가 작다.

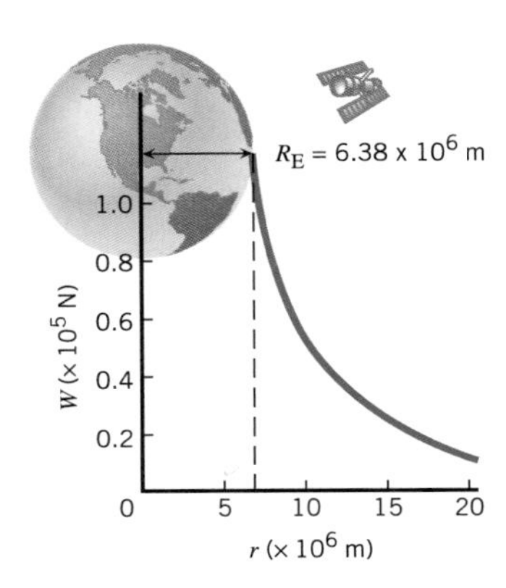

그림 4.12 지구로부터 멀어짐에 따라 허블 우주 망원경의 무게는 감소한다. 지구 중심에서 망원경까지 거리는 r이다.

우주시대가 됨에 따라 무게에 대한 인간의 이해의 폭도 넓어졌다. 예를 들면, 달에서 우주 비행사의 무게는 지구상에서 무게의 약 육분의 일에 지나지 않는다. 식 4.4로부터 달에서 비행사의 무게를 구하기 위해서는 M_E를 M_M(달의 질량)로 대체하고 $r = R_M$(달의 반지름)을 사용하는 것만으로 충분하다.

질량과 무게의 관계

지상에서 질량이 큰 물체의 무게가 무거울지라도 질량과 무게는 같은 물리량이 아니다. 4.2절에서 논의한 바와 같이, 질량은 관성의 정량적 척도이다. 그것만으로도 질량은 물체 고유의 성질이고 장소에 따라 변하지 않는다. 반면 무게는 물체에 작용하는 중력이므로 물체가 지표로부터 얼마나 멀리 떨어져 있는가 혹은 달과 같은 다른 천체 근처에 놓여 있는가에 따라 달라질 수 있다.

무게 W와 질량 m 사이의 관계는 다음 두 가지 방법 중 하나로 표현될 수 있다.

> 문제 풀이 도움말
> 질량과 무게는 다른 물리량이다. 문제를 풀 때 질량과 무게는 반드시 구별되어야 한다.

$$W = \boxed{G\frac{M_E}{r^2}}\, m \qquad (4.4)$$

$$W = m\boxed{g} \qquad (4.5)$$

식 4.4는 뉴턴의 만유 인력 법칙이고 식 4.5는 중력 가속도 g를 포함시킨 뉴턴의 제2법칙(알짜 힘은 질량과 가속도의 곱과 같다)이다. 이들 표현은 질량과 무게 사이의 구별을 명확하게 한다. 질량 m인 물체의 무게는 만유 인력 상수 G, 지구의 질량 M_E와 거리 r의 값에 의존한다. 중력 가속도 g도 이들 세 변수들에 의해 결정된다. $g = 9.80\ \mathrm{m/s^2}$인 특정한 값은 r이 지구의 반지름 R_E와 같을 때만 사용하여야 한다. 산의 정상에 있을 때와 같이 큰 r에 대해서는 g의 유효한 값도 $9.80\ \mathrm{m/s^2}$ 보다 작을 것이다. r

이 증가함에 따라 g가 감소한다는 것은 무게도 마찬가지로 감소한다는 것을 의미한다. 그러나 물체의 질량은 이들에 영향을 받지 않으므로 변하지 않는다. 개념 예제 4.6을 통하여 질량과 무게의 차이점을 좀 더 탐구해 보자.

개념 예제 4.6 | 질량 대 무게

달 표면을 조사하는 데 사용하기 위한 어떤 차량을 만들어 달에서 보다 대략 6배 무거워지는 지상에서 시험하고자 한다. 한 시험에서는 지면을 따라 그 차량의 가속도를 측정하였다. 같은 크기의 가속도를 달에서 얻기 위해서 그 차량에 작용해야 하는 알짜 힘이 지상에서와 비교하여 커야 하는가 작아야 하는가 혹은 같아야 하는가?

살펴보기 및 풀이 차량을 가속하기 위해 필요한 알짜 힘 $\Sigma\mathbf{F}$는 $\Sigma\mathbf{F} = m\mathbf{a}$로 주어진 뉴턴의 제2법칙에 의해 결정된다. 여기서 m은 차량의 질량이고 $\mathbf{a}$는 지면 방향으로의 가속도이다. 주어진 가속도에 대해 알짜 힘은 질량에만 의존한다. 그런데 질량은 차량의 고유의 성질이므로 지구에서나 달에서나 동일하다. 그러므로 지구에서와 같은 가속도를 달에서 얻기 위해서는 같은 알짜 힘이 필요할 것이다. 운송기구가 지구에서 보다 무겁다는 사실 때문에 판단을 그릇되게 하지 마라. 지구의 질량과 반지름이 달의 질량과 반지름과는 다르므로 지구에서 무게가 보다 더 무거울 것이다. 어떤 상황에서든 뉴턴의 제2법칙에서 알짜 힘은 차량의 질량에 비례하지 무게에 비례하지는 않는다.

4.8 수직항력

수직항력의 정의와 해석

물체가 표면에 접촉하고 있을 때는 접촉면이 물체에 힘을 미치곤 한다. 이 절에서는 면에서 물체에 수직으로 작용하는 힘에 대해 논의하고자 한다. 다음 절에서는 면에서 물체에 평행으로 작용하는 힘을 다룰 것이다. 면에서 물체에 수직으로 작용하는 힘을 **수직항력**(법선력; normal force)이라 한다.

■ **수직항력**

수직항력 $\mathbf{F_N}$은 물체가 접촉하고 있는 면이 물체에 작용하는 힘의 수직 성분을 말한다.

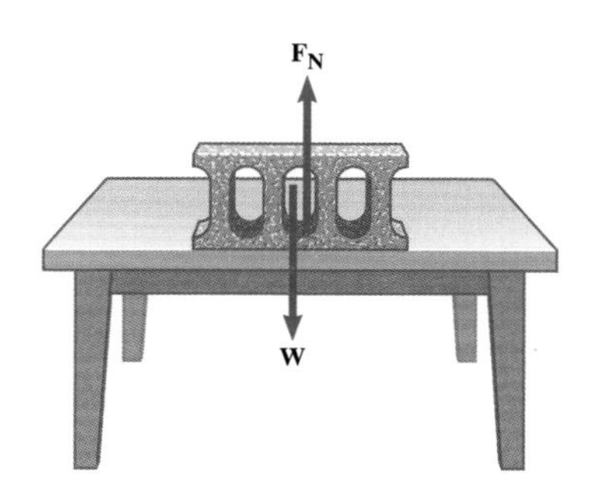

그림 4.13 벽돌에 작용하는 두 힘인 무게 $\mathbf{W}$와 탁자의 표면이 작용하는 수직항력 $\mathbf{F_N}$을 나타낸다.

그림 4.13은 탁자 위에 놓인 벽돌에 작용하는 두 힘인 무게 $\mathbf{W}$와 수직항력 $\mathbf{F_N}$을 보여주고 있다. 탁자 표면과 같은 무생물체가 어떻게 수직항력을 작용할 수 있는지 이해하기 위하여, 우리가 침대의 매트리스에 앉을 때 어떤 일이 일어나는지 생각해 보자. 우리의 몸무게에 의해 매트리스의 용수철은 수축이 된다. 그 결과, 수축된 용수철은 우리 몸을 위로 미는 힘

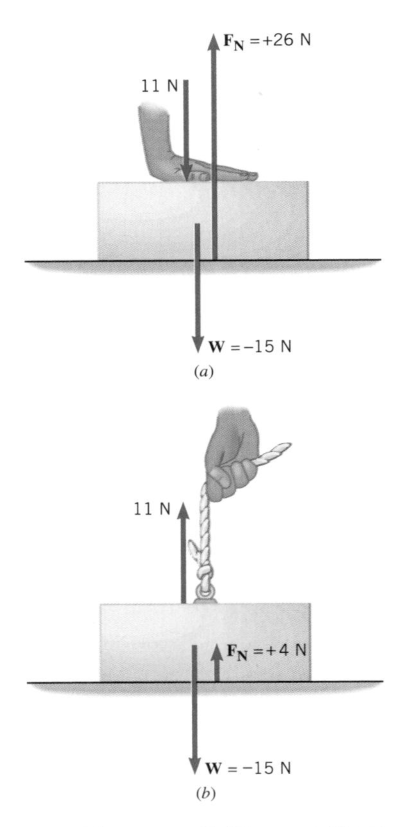

그림 4.14 (a) 상자를 11 N의 힘으로 누르고 있으므로 수직항력 $\mathbf{F}_N$의 크기가 무게보다 더 큰 값을 갖는다. (b) 밧줄에 의해 위로 작용하는 11 N의 힘이 상자의 무게를 일부 지탱해주므로 수직항력은 무게보다 작은 값을 가진다.

(수직항력)을 작용하게 된다. 이와 비슷하게, 벽돌의 무게로 인해 탁자 표면의 보이지 않는 '원자 용수철' 이 수축하게 되고, 이것이 벽돌에 작용하는 수직항력을 발생시키는 원인이 되는 것이다.

수직항력의 발생은 뉴턴의 제3법칙에 따른 것이다. 예를 들어, 그림 4.13에서 벽돌은 탁자면을 누르는 힘을 작용한다. 그러면 제3법칙에 의해, 탁자는 크기가 같고 방향이 반대인 반작용력을 벽돌에 작용하게 된다. 이 힘이 바로 수직항력인 것이다. 수직항력의 크기는 두 물체가 서로 얼마나 세게 압박하는 가에 따라 다르다.

만약 어떤 물체가 수평면 위에 놓여 있고, 무게와 수직항력 외에 수직 방향으로 작용하는 다른 힘이 없다면, 이 두 힘의 크기는 같다. 즉 $F_N = W$이다. 그림 4.13은 이 같은 경우를 나타낸다. 물체가 탁자 위에 정지해 있기 위해서는 무게와 수직항력의 크기가 같아야만 한다. 만약 그렇지 않다면, 벽돌에 작용하는 알짜 힘이 있을 것이고, 따라서 벽돌은 뉴턴의 제2법칙에 의해 위나 아래로 가속 운동을 해야 할 것이기 때문이다.

만약 **W**와 $\mathbf{F}_N$과 더불어 다른 힘이 수직 방향으로 작용하는 경우에는 무게와 수직항력의 크기가 같지 않을 수도 있다. 예를 들어, 그림 4.14(a)에서와 같이 무게가 15 N인 상자를 밑으로 누르고 있는 경우를 보자. 누르는 힘의 크기를 11 N이라 하자. 따라서 상자에 밑으로 작용하는 힘의 총 합은 26 N인데, 위로 작용하는 이와 똑같은 크기의 수직항력이 있어야만 상자는 정지해 있을 수 있다. 따라서 이 경우의 수직항력은 상자의 무게보다 더 큰 값인 26 N인 것이다.

그림 4.14(b)에는 반대의 경우를 나타내었다. 이번에는 상자에 밧줄을 묶어 위로 11 N의 힘을 가하고 있다. 상자의 무게와 밧줄이 작용하는 힘의 합은 방향이 아래이고 크기가 4 N인 힘이다. 이 힘과 균형을 이루기 위해서는 수직항력이 4 N이어야 한다. 만약 밧줄에 상자의 무게와 똑같은 크기의 힘인 15 N을 작용한다면 어떻게 될까? 이 경우 수직항력은 0이 될 것이다. 이때는 탁자를 치운다 하더라도 상자는 그대로 정지해 있을 것이다. 왜냐하면 밧줄이 그 무게를 지탱해 주고 있기 때문이다. 그림 4.14는 두 물체가 서로 압박하는 정도에 따라 수직항력의 크기가 결정된다는 점을 잘 보여준다. 상자와 탁자 사이에 압박하는 정도는 그림 (a)의 경우가 (b)의 경우 보다 더 크다는 것을 쉽게 알 수 있다.

그림 4.14에 있는 상자와 탁자의 경우처럼, 인체의 각 부분들도 서로 압박하고 있어서 수직항력을 발생시킨다. 예제 4.7에서 사람의 뼈가 얼마나 큰 값의 수직항력을 견딜 수 있는지 알아보도록 하자.

예제 4.7 | 머리 위에 물구나무서기

그림 4.15(a)에서처럼 남자 머리 위에 여자가 머리를 대고 물구나무를 서는 묘기를 서커스에서 보곤 한다. 여자의 몸무게는 490 N이고, 남자의 머리와 목의 무게를 합치면 50 N이라 하자. 어깨 위의 모든 무게는 척추의 제7경추부가 주로 지탱한다. 여자가 물구나무를 (a) 서기 전과 (b) 섰을 때의 경우에 대해 이 경추부가 남자의 목과 머리에 미치는 수직항력을 계산하라.

살펴보기 먼저 남자의 목과 머리에 대한 자유물체도를 그린다. 물구나무를 서기 전에는 남자의 목과 머리의 무게와 수직항력, 두 힘만이 작용한다. 물구나무를 섰을 때는 여자의 몸무게가 여기에 합해진다. 목과 머리가 정지해있기 위해서는 위와 아래로 작용하는 힘이 서로 균형을 이루어야 한다. 이러한 균형 조건으로부터 각각의 경우에 대한 수직항력을 구할 수 있다.

풀이 (a) 그림 4.15(b)는 물구나무를 서기 전의 남자 목과 머리에 대한 자유물체도이다. 작용하는 힘은 수직항력 $\mathbf{F_N}$과 무게 50 N 뿐이다. 목과 머리가 정지해있기 위해서, 이 두 힘은 균형을 이루어야 한다. 따라서 제7경추부가 작용하는 수직항력은 $\boxed{F_N = 50\ \text{N}}$이다.

(b) 그림 4.15(c)는 물구나무를 섰을 때의 자유물체도이다. 이제 남자의 머리와 목에 아래로 작용하는 힘의 총 합은 50 N + 490 N = 540 N이고, 이 힘이 위로 작용하는 수직항력과 균형을 이루어야 한다. 따라서 $\boxed{F_N = 540\ \text{N}}$ 이다.

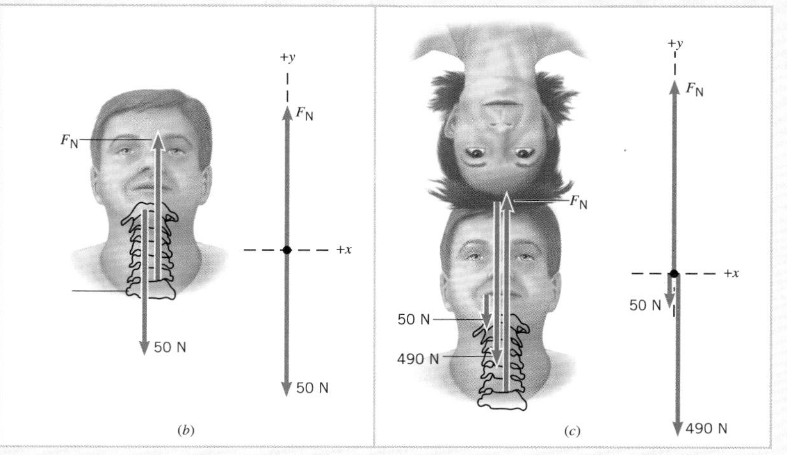

그림 4.15 (a) 머리 위에 물구나무서기 (b) 물구나무서기 전에 남자의 어깨에 대한 자유물체도 (c) 물구나무를 섰을 때의 자유물체도. 편의상 그림 (b)와 (c)에서 벡터 길이의 척도를 서로 다르게 나타냈다.

요약하면, 수직항력이 물체의 무게와 항상 일치하지는 않는다. 수직항력의 크기는 다른 종류의 힘이 존재하면 달라진다. 수직항력은 접촉하고 있는 물체가 가속되고 있을 때도 그 크기가 달라진다. 다음에 보듯이, 물체가 가속되는 어떤 경우에는 수직항력을 '겉보기 무게'라 일컫기도 한다.

⊙ 사람의 뼈에 작용하는 힘의 물리

겉보기 무게

물체의 무게는 일반적으로 저울을 이용하여 측정한다. 그러나 저울이 정

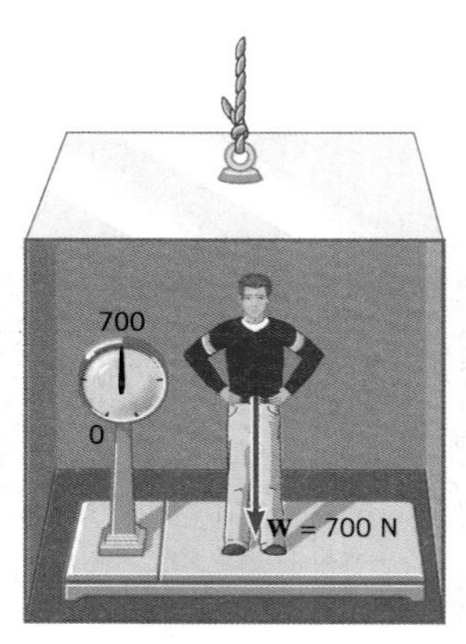

(a) 가속되지 않을 때(v = 일정)

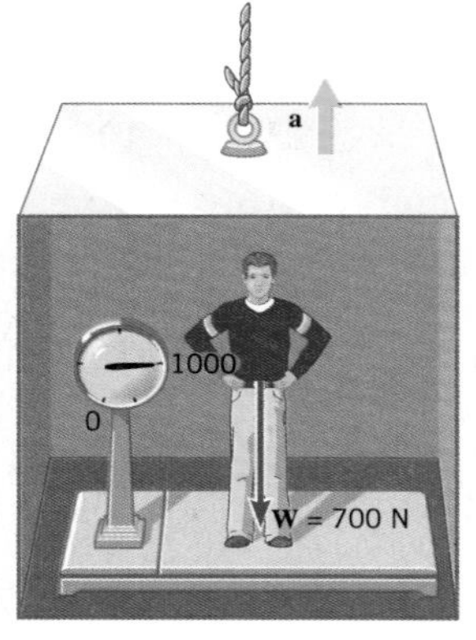

(b) 위로 가속될 때

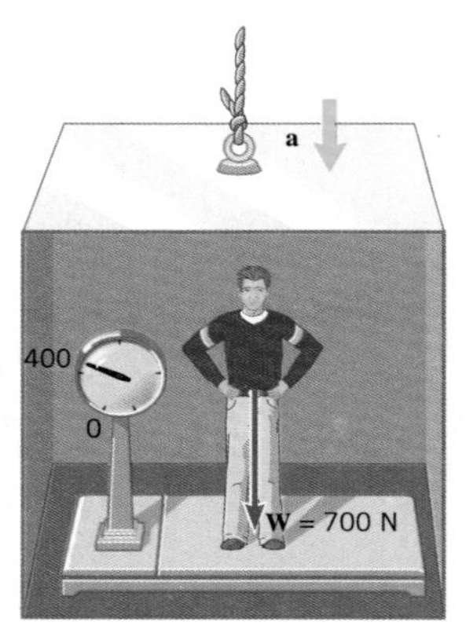

(c) 아래로 가속될 때

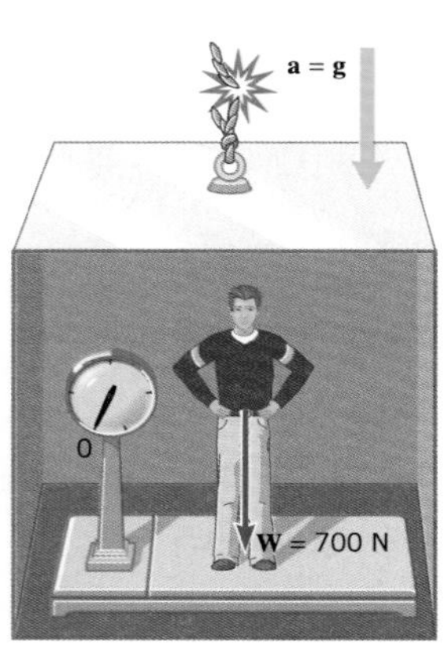

(d) 자유 낙하할 때

그림 4.16 (a) 승강기가 가속되지 않을 때 저울은 사람의 실제 무게(W = 700 N)를 가리킨다. (b) 승강기가 위로 가속될 때는 겉보기 무게(1000 N)가 실제 무게 보다 더 크다. (c) 승강기가 아래로 가속될 때는 겉보기 무게(400 N)가 실제 무게 보다 더 작다. (d) 승강기가 자유 낙하할 때, 즉 승강기의 가속도가 중력 가속도와 같을 때는 겉보기 무게가 0이다.

상적으로 작동하는 경우라도, 물체의 무게를 올바르게 나타내지 못하는 경우가 있을 수 있다. 그런 경우에 저울은 물체의 '실제' 무게 즉, 물체에 작용하는 중력의 크기를 나타내는 것이 아니라, 단지 '겉보기' 무게를 가리킨다고 할 수 있다. 겉보기 무게는 물체가 접촉하고 있는 저울에 미치는 힘을 말한다.

실제 무게와 겉보기 무게 사이의 차이를 알기 위해, 그림 4.16에서와 같이 승강기 바닥에 놓은 저울을 생각해 보면 이 둘의 차이를 금방 이해할 수 있을 것이다. 실제 몸무게가 700 N인 사람이 저울 위에 서 있다. 만약 승강기가 정지해 있거나 혹은 등속도로 움직인다면(방향과 상관없음), 저울은 그림 4.16(a)에서처럼 실제 무게를 가리킨다.

하지만 만약 승강기가 가속된다면, 겉보기 무게는 실제 무게와 다른 값을 갖는다. 승강기가 위로 가속될 때, 겉보기 무게는 그림 4.16(b)에서 보듯이 실제 무게 보다 더 큰 값을 갖는다. 반대로 아래로 가속될 때는 그림 (c)에서 보듯이 실제 무게 보다 더 작은 값을 갖는다. 특히, 만약 승강기가 자유 낙하하는 경우에는 그 가속도가 중력 가속도와 같으므로, 그림 (d)에서와 같이 겉보기 무게는 0이 된다. 이처럼 겉보기 무게가 0이 되는 경우, 이 사람은 무중력 상태에 있다고 한다. 따라서 저울과 그 위의 사람이 가속되고 있을 때는 겉보기 무게가 실제 무게와 다름을 알 수 있다.

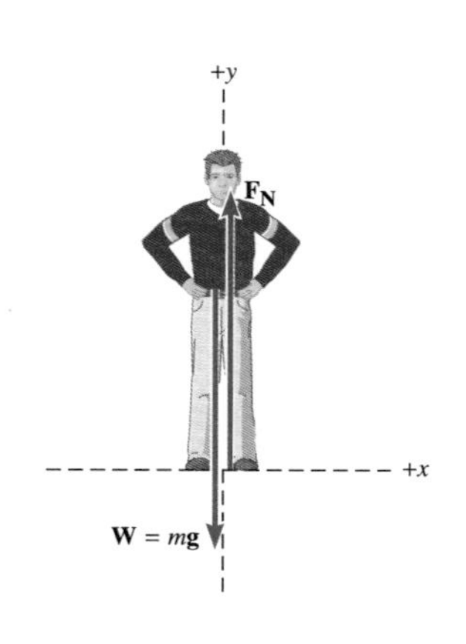

그림 4.17 그림 4.16에서처럼 승강기를 타고 있는 사람에 작용하는 힘을 나타내는 자유물체도. **W**는 실제 무게이고, $\mathbf{F_N}$은 저울 바닥이 사람에게 작용하는 수직항력이다.

겉보기 무게와 실제 무게의 개념상 차이는 뉴턴의 제2법칙을 적용해 보면 더욱 쉽게 이해할 수 있다. 그림 4.17에 승강기내 사람의 자유물체도를 나타내었다. 사람에게 작용하는 두 힘은 실제 무게 $\mathbf{W} = m\mathbf{g}$와 저울판이 미치는 수직항력 $\mathbf{F_N}$이다. 수직 방향에 대해 뉴턴의 제2법칙을 적용하면

$$\Sigma F_y = + F_N - mg = ma$$

이다. 여기서 a는 승강기와 사람의 가속도를 나타낸다. 이 식에서 g는 중

력 가속도를 나타내므로 음의 값을 가질 수는 없다. 하지만, 가속도 a는 승강기가 위로 (+) 혹은 아래로 (−) 가속되느냐에 따라 양이나 음의 값을 가진다. 식을 풀어 F_N을 구하면

$$\underbrace{F_N}_{\text{겉보기 무게}} = \underbrace{mg}_{\text{실제 무게}} + ma \tag{4.6}$$

이다. 식 4.6에서 F_N은 저울이 사람에게 미치는 수직항력의 크기이다. 또한 역으로, 뉴턴의 제3법칙에 의하면 F_N은 사람이 저울에 아랫방향으로 미치는 힘의 크기를 나타내기도 한다. 즉 겉보기 무게인 것이다.

식 4.6으로 그림 4.16의 여러 상황을 모두 설명할 수 있다. 만약 승강기가 가속되지 않는다면, $a = 0\ \mathrm{m/s^2}$ 이고, 겉보기 무게는 실제 무게와 같다. 만약 승강기가 위로 가속된다면, a는 양의 값이므로, 식으로부터 겉보기 무게가 실제 무게 보다 큰 값을 가짐을 알 수 있다. 만약 승강기가 아래로 가속된다면, a는 음의 값이므로, 식으로부터 겉보기 무게가 실제 무게 보다 작은 값을 가짐을 알 수 있다. 만약 승강기가 자유 낙하한다면, $a = -g$ 이고, 겉보기 무게는 0이 됨을 알 수 있다. 사람과 저울이 같이 자유 낙하할 때는 두 물체가 서로 압박을 할 수 없기 때문에 겉보기 무게가 0이 되는 것이다. 앞으로 이 책에서는 별다른 언급 없이 물체의 무게가 주어지는 경우에 그것이 실제 무게를 말하는 것이라 약속하자.

4.9 정지 마찰력과 운동 마찰력

물체가 어떤 면과 접촉하면 물체에는 힘이 작용한다. 앞 절에서는 이 힘 중 면에 대해 수직으로 작용하는 성분인 수직항력에 대해 알아보았다. 면을 따라 물체가 운동할 때나 혹은 운동을 시키고자 할 때는 면에 평행한 성분의 힘이 있게 된다. 이 평행한 성분의 힘을 **마찰력**(frictional force) 혹은 간단히 **마찰**(friction)이라 부른다.

많은 경우 마찰을 줄이기 위한 기술적 노력이 행해지고 있다. 예를 들어, 자동차 엔진의 실린더 벽과 피스톤의 마모를 가져오는 마찰을 줄이기 위해 엔진오일을 사용하는 경우가 이에 해당 된다. 하지만, 마찰이 절대적으로 필요한 경우도 있다. 마찰이 없다면, 자동차 타이어는 차를 움직이기 위해 필요한 견인력을 낼 수가 없을 것이다. 사실 타이어의 융기된 접촉면은 마찰을 크게 하기 위해 설계된 것이다. 젖은 도로 위에서 타이어 접촉면 주위의 홈(그림 4.18 참조)은 물이 모여 빠져나가게 하는 배수로 역할을 한다. 따라서 타이어와 도로의 접촉면에 물이 고이는 것을 이 홈이 방지해 주는 것이다. 만약 그렇게 하지 않으면, 마찰이 감소하여 타이어가

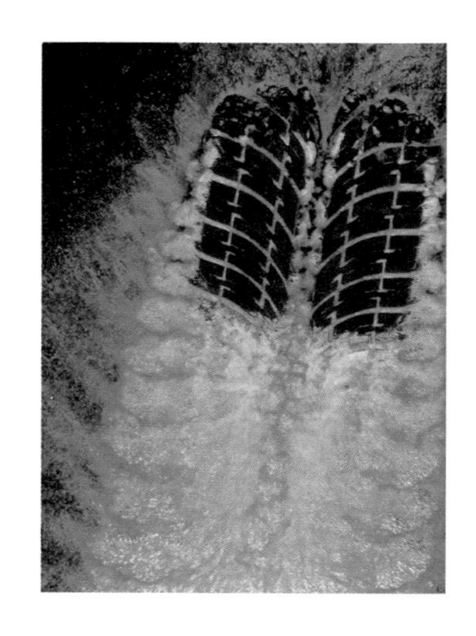

그림 4.18 이 사진은 타이어가 젖은 표면을 굴러갈 때의 모습을 보여주기 위해 투명한 판 아래에서 찍은 사진이다. 타이어에 패인 홈은 타이어의 접촉면에서 밀려나는 물을 모아서 바깥으로 배출하는 통로의 역할을 하여 마찰을 크게 한다.

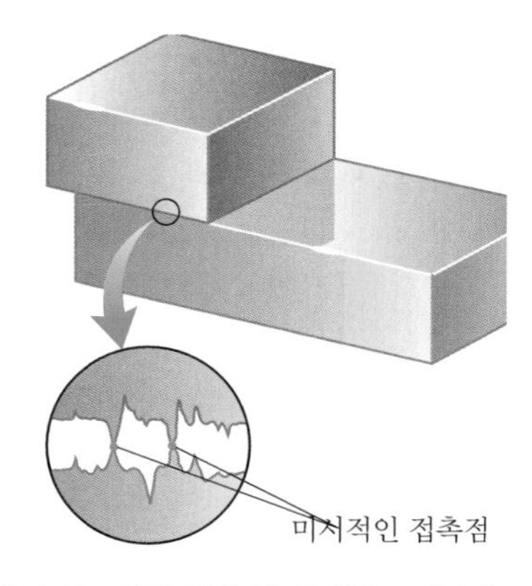

그림 4.19 비록 아주 잘 연마된 표면끼리 맞닿을 때도, 미시적으로는 아주 작은 부분만이 서로 접촉하고 있음을 알 수 있다.

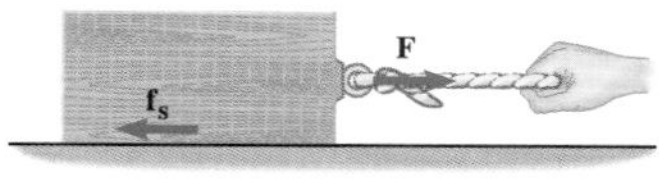
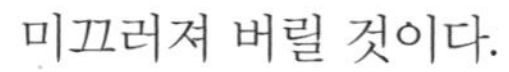

운동이 일어나지 않음
(*a*)

운동이 일어나지 않음
(*b*)

겨우 움직이기 시작
(*c*)

그림 4.20 (a)와 (b)에서처럼 아주 작은 힘 **F**를 작용할 때는 정지 마찰력 $\mathbf{f}_s$가 정확히 균형을 이루게 되어 운동이 일어나지 않는다. (c) 작용력이 최대 정지 마찰력 $\mathbf{f}_s^{최대}$보다 아주 약간 큰 순간에야 벽돌이 겨우 움직이기 시작한다.

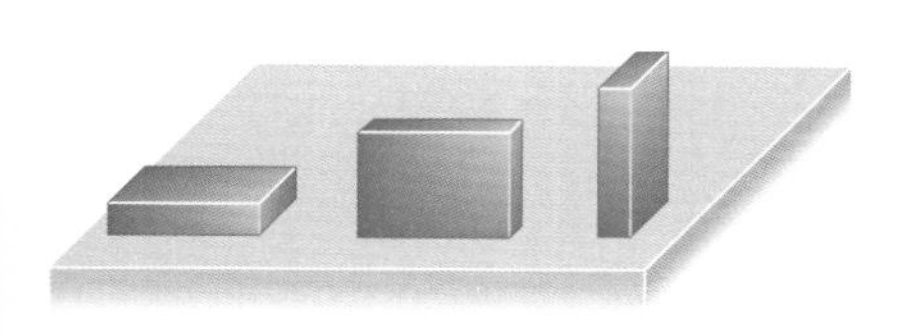

그림 4.21 탁자 위에 있는 벽돌의 어떤 면을 밑으로 하여 놓든지 간에 최대 정지 마찰력 $\mathbf{f}_s^{최대}$는 변함이 없다.

미끄러져 버릴 것이다.

아주 잘 연마된 표면도 현미경으로 들여다보면 실제로는 꽤나 울퉁불퉁하게 보인다. 그런 면들끼리 접촉하면, 그림 4.19에서 보듯이 서로 맞닿고 있는 넓이가 비교적 작음을 알 수 있다. 미시적인 관점에서 실제로 맞닿고 있는 넓이는 육안으로 봤을 때 맞닿는 넓이보다 수 천 배나 작을 수 있다. 이 같은 접촉점에서 양쪽 물체의 분자들은 아주 가깝게 위치하게 되어 서로 강한 분자 간 인력을 작용하는데, 이를 '냉용접'이라 일컫는다. 마찰력은 바로 이러한 용접점들과 밀접한 관련이 있으나, 이들로부터 어떻게 마찰력이 발생하는지에 대한 정확한 세부 사항은 아직 완전히 알려져 있지 않다. 하지만, 몇 가지 경험적인 관계식을 이용하면 물체의 운동에 가해지는 마찰 효과를 충분히 고려할 수 있다.

그림 4.20에 **정지 마찰**(static friction)이라 불리는 마찰의 종류에 대한 주요한 성질들을 나타내었다. 처음에는 탁자 위에 벽돌이 놓여있기만 하고 벽돌을 움직이기 위한 어떠한 힘도 가해지지 않는다. 이때는 정지 마찰력이 0이다. 다음에는 끈을 통하여 수평력 **F**를 벽돌에 작용한다. 만약 **F**가 충분히 작다면, 벽돌은 (a)에서처럼 여전히 움직이지 않음을 경험으로 알고 있다. 왜 그럴까? 왜냐하면, 정지 마찰력 $\mathbf{f}_s$가 작용한 힘을 정확히 상쇄하기 때문에 벽돌이 움직이지 않는 것이다. $\mathbf{f}_s$의 방향은 **F**와 반대 방향이고, $\mathbf{f}_s$의 크기는 작용력 **F**의 크기와 같다 즉, $f_s = F$ 이다. 그림 4.20에서 이제 작용력을 조금 더 증가시켰는데도 벽돌이 여전히 움직이지 않는다. 왜냐하면, 작용력이 증가한 만큼 정지 마찰력도 정확히 그만큼 증가하여 서로 상쇄되기 때문이다(그림 (b) 참조). 그러나 작용력을 계속 증가하면, 결국에는 벽돌이 '분리되어' 미끄러지기 시작하는 시점이 온다. 벽돌이 미끄러지기 직전의 작용력이 바로 탁자가 벽돌에 미치는 **최대 정지 마찰력**(maximum static frictional force) $\mathbf{f}_s^{최대}$의 크기를 나타낸다(그림 (c)

참조). $\mathbf{f}_s^{최대}$보다 더 큰 작용력에 대해서는 정지 마찰력이 그것을 완전히 상쇄할 수 없으므로, 결과적으로 알짜 힘이 존재하여 벽돌은 오른쪽으로 가속 운동을 하게 된다.

윤활제를 사용하지 않았을 때, 마른 두 면 사이의 최대 정지 마찰력은 두 가지 주요한 특성을 가짐을 실험의 근사 범위 내에서 알 수 있다. 우선 면들이 딱딱하여 변형이 일어나지 않는 경우라면, 그것은 물체들 사이에 접촉하는 면의 넓이와 무관하다. 예를 들어, 그림 4.21에서 탁자 표면이 벽돌에 미치는 최대 정지 마찰력은 벽돌이 어떻게 놓여있든 간에 동일하다는 것이다. $\mathbf{f}_s^{최대}$의 두 번째 특성은 그 크기가 수직항력 $\mathbf{F_N}$에 비례한다는 것이다. 4.8절에서 보았듯이, 수직항력의 크기는 두 면이 서로 얼마나 압박하는가를 나타낸다. 더 세게 압박할수록 $f_s^{최대}$도 증가하는데, 그 이유는 두 면 사이에 '냉용접' 되는 미세한 접촉점의 수가 증가하기 때문이다. 식 4.7은 $f_s^{최대}$와 F_N사이의 비례식이다. 비례 계수 μ_s는 **정지 마찰 계수**(coefficient of static friction)라 한다.

■ **정지 마찰력**

정지 마찰력의 크기 f_s는 작용력의 크기에 따라 0에서부터 최대값인 $f_s^{최대}$ 사이의 값을 가질 수 있다. 다른 표현으로는 $f_s \le f_s^{최대}$인데, 여기서 '≤' 는 '보다 작거나 혹은 같다' 라고 읽는다. 등호는 f_s가 최대값을 가질 때만 성립한다. 즉

$$f_s^{최대} = \mu_s F_N \tag{4.7}$$

이다. 식 4.7에서 μ_s는 정지 마찰 계수이고, F_N은 수직항력의 크기를 나타낸다.

식 4.7은 $\mathbf{f}_s^{최대}$와 $\mathbf{F_N}$사이의 '벡터 관계식이 아니라', 그들의 크기에 대한 관계식임을 명심하자. 이 식에는 두 벡터가 같은 방향으로 작용한다는 의미가 전혀 내포되어 있지 않다. 실제로 $\mathbf{f}_s^{최대}$는 표면에 수평인 방향이고, $\mathbf{F_N}$은 그것에 수직인 방향이다.

정지 마찰 계수는 두 힘의 비($\mu_s = f_s^{최대}/F_N$)로 정의되므로 단위가 없는 양이다. 그 값은 각 면의 재질(나무 위의 강철, 콘크리트 위의 고무 등등), 면의 상태(연마된 면, 거친 면 등), 그리고 온도와 같은 다른 변수들에 의해 결정된다. μ_s는 평활한 면의 경우 약 0.01 정도이고, 아주 거친 면의 경우에는 약 1.5 정도로, 대개는 이 사이의 값을 갖는다. 예제 4.8에서는 식 4.7을 이용하여 최대 정지 마찰력을 구하는 방법을 소개한다.

예제 4.8 썰매를 출발시키기 위해 필요한 힘

편평한 눈 위에 썰매가 놓여 있고, 그 썰매와 눈 사이의 정지 마찰 계수는 $\mu_s = 0.350$이다. 썰매와 그 위에 타고 있는 사람의 질량을 합하면 총 38.0 kg이다. 이 썰매가 막 움직일 때까지 가해야 할 최대 수평력은 얼마인가?

살펴보기 그림 4.20(c)에서 보듯이 최대 수평력은 최대 정지 마찰력과 그 크기가 같을 때에 생긴다. 식 4.7($f_s^{최대} = \mu_s F_N$)로부터 최대 정지 마찰력의 크기 $f_s^{최대}$와 수직항력의 크기 F_N 사이의 관계를 알 수 있다. 썰매가 수직 방향으로 가속되지 않는 점에 주목하면 F_N을 쉽게 결정할 수 있다. 즉, 썰매에 작용하는 수직 방향으로의 알짜 힘이 0임을 이용한다. 따라서 수직항력은 썰매와 그 위에 탄 사람의 무게와 그 크기가 같아야 한다. 즉 $F_N = mg$이다.

풀이 최대 수평력의 크기는 다음과 같이 계산된다.

$$\begin{aligned} f_s^{최대} &= \mu_s F_N = \mu_s mg \\ &= (0.350)(38.0\ \mathrm{kg})(9.80\ \mathrm{m/s^2}) \\ &= \boxed{130\ \mathrm{N}} \end{aligned}$$

암벽오르기의 물리

그림 4.22 미국 와이오밍 주에 있는 악마의 탑이라는 암벽을 오를 때, 암벽 등반가는 손과 발과 수직 암벽 사이의 정지 마찰력을 이용해 자신의 무게를 지탱한다.

정지 마찰은 매우 유용한 힘이다. 예를 들면 그림 4.22의 암벽 등반가는 충분히 큰 수직항력을 발생시키기 위해 손과 발로 암벽을 누름으로써 정지 마찰력이 그의 무게를 지탱할 수 있게 한다.

일단 물체가 표면을 따라 미끄러지게 되면, 정지 마찰은 더 이상 의미가 없다. 대신 **운동 마찰**(kinetic* friction)이라 불리는 마찰이 작용하기 시작한다. 운동 마찰력은 미끄러지는 운동을 방해하는 힘이다. 바닥에서 미끄러지고 있는 물체를 계속 밀고 갈 때 드는 힘이 그것이 막 밀리기 시작하는 순간 소요되는 힘보다 더 작다. 이것은 대개의 경우 운동 마찰력이 정지 마찰력보다 작기 때문이다.

실험적 사실에 비추어 볼 때 운동 마찰력 $\mathbf{f_k}$는 세 가지 주요한 특성을 갖는다. 그것은 물체가 접촉하는 면의 넓이(그림 4.21 참조)나 미끄러지는 물체의 속력과 무관하다. 그리고 운동 마찰력의 크기는 수직항력의 크기에 비례한다. 식 4.8은 이 비례 관계를 나타내는 식인데, 비례 상수 μ_k는 **운동 마찰 계수**(coefficient of kinetic friction)라 한다.

■ 운동 마찰력

운동 마찰력의 크기 f_k는 다음 식으로 주어진다.

$$f_k = \mu_k F_N \qquad (4.8)$$

이 식에서 μ_k는 운동 마찰 계수이고, F_N은 수직항력의 크기이다.

식 4.7에서와 같이 식 4.8 역시 마찰력과 수직항력의 크기들 사이에

* 'kinetic'은 그리스 단어인 kinetikos를 어원으로 하며, '운동의'라는 뜻이다.

만 존재하는 관계식이다. 이 두 힘의 방향은 서로 직각을 이룬다. 또한 정지 마찰 계수와 마찬가지로 운동 마찰 계수 역시 단위를 갖지 않으며 접촉하는 면의 종류와 상태에만 의존하는 양이다. 일반적으로 운동 마찰력이 정지 마찰력보다 작으므로, μ_k는 μ_s보다 작은 값을 가진다. 다음 예제는 운동 마찰의 효과를 보여주고 있다.

예제 4.9 | 썰매타기

그림 4.23(a)에서처럼 썰매가 수평 방향으로 4.00 m/s로 미끄러지다 결국엔 정지한다. 운동 마찰 계수 $\mu_k = 0.0500$이다. 썰매가 멈출 때까지 간 정지 거리는 얼마인가?

살펴보기 썰매에 작용하는 운동 마찰력은 운동 방향과 반대 방향이므로, 썰매는 속력이 줄다가 결국엔 멈추게 된다. 따라서 운동 마찰력을 결정한 후 뉴턴의 제2법칙을 이용하여 썰매의 가속도를 구한다. 가속도를 알면 3장에서 배운 운동학의 식을 이용하여 정지 거리를 계산할 수 있다.

풀이 $f_k = \mu_k F_N$이므로 수직항력의 크기 F_N을 알면 운동 마찰력의 크기 f_k를 구할 수 있다. 그림 4.23(b)에 자유물체도가 그려져 있다. 썰매가 수직 방향으로 가속되지는 않으므로 썰매에 작용하는 수직 방향의 알짜 힘은 없다. 따라서 수직항력과 무게 **W**는 서로 평형을 이루어야 하므로 수직항력의 크기 $F_N = mg$이다. 운동 마찰력의 크기는 다음과 같이 주어진다.

$$f_k = \mu_k F_N = \mu_k mg \tag{4.8}$$

썰매에 x 방향으로 작용하는 힘은 운동 마찰력 뿐이고, 그것이 알짜 힘이다. 따라서 뉴턴의 제2법칙에 의해 가속도는

$$a_x = \frac{-f_k}{m} = \frac{-\mu_k mg}{m} = -\mu_k g \tag{4.2a}$$

이다. f_k 앞의 음의 부호는 운동 마찰력이 그림 4.23(b)에서처럼 썰매의 운동과 반대 방향인 왼쪽 즉 $-x$ 방향으로 작용하는 힘임을 나타낸다. 따라서 가속도 역시 $-x$ 방향을 향한다. 질량이 약분됨으로써 가속도가 썰매나 그 위에 타고 있는 사람의 질량과는 무관함에 주목하라. 정지거리 x는 운동학의 식 3.6a ($v_x^2 = v_{0x}^2 + 2a_x x$) 로부터 구할 수 있다. 즉

$$x = \frac{v_x{}^2 - v_{0x}^2}{2a_x}$$

이다. 이 식에서 v_x와 v_{0x}는 각각 나중과 처음 속력을 나타낸다. 여기에 $a_x = -\mu_k g$ 임을 이용하면, 다음을 구할 수 있다.

$$x = \frac{v_x{}^2 - v_{0x}^2}{-2\,\mu_k g} = \frac{(0\text{ m/s})^2 - (4.00\text{ m/s})^2}{-2(0.0500)(9.80\text{ m/s}^2)}$$

$$= \boxed{16.3\text{ m}}$$

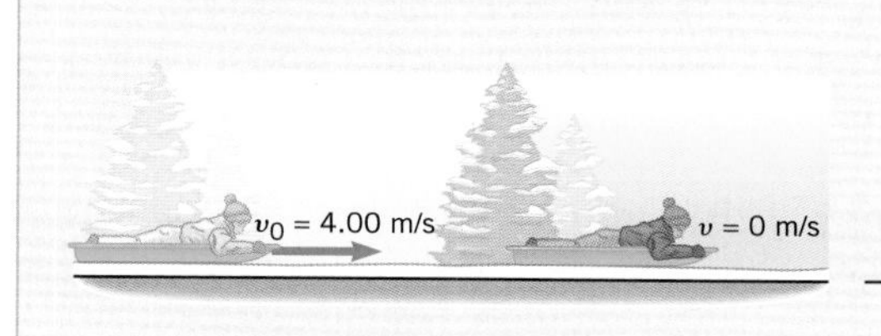

(a)

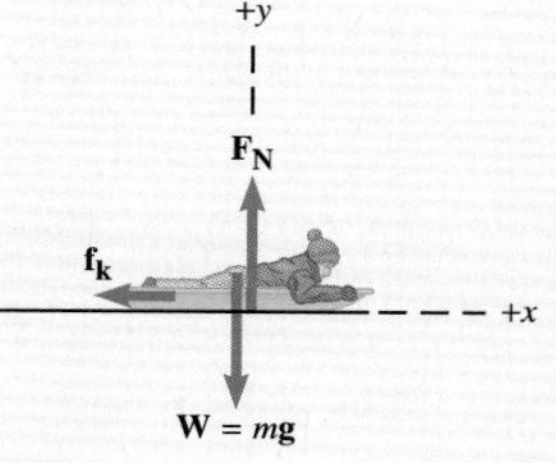

(b) 썰매와 사람에 대한 자유물체도

그림 4.23 (a) 운동 마찰력에 의해 운동하는 썰매가 감속된다. (b) 움직이는 썰매에 작용하는 세 힘, 즉 썰매와 그 위에 타고 있는 사람의 무게 **W**와 수직항력 $\mathbf{F_N}$ 그리고 운동 마찰력 $\mathbf{f_k}$를 나타내는 자유물체도

정지 마찰은 두 물체 사이에 곧 발생할지도 모를 상대 운동을 방해하고, 운동 마찰은 실제로 발생하는 상대 운동을 방해한다. 두 경우 모두 상대 운동을 방해하는 것이다. 그러나 상대 운동을 방해한다는 것이 모든 물체의 운동에 나쁘게만 작용한다는 의미는 아니다. 예를 들어, 사람이 걸을 때 발은 지면에 힘을 미치고 지면은 발에 반작용력을 미친다. 이 반작용력이 정지 마찰력이며, 발이 뒤로 미끌어지는 것을 방해하여 사람이 앞으로 걸어 나갈 수 있도록 해준다. 운동 마찰은 예제 4.9에서 보듯이 물체의 상대 운동을 항상 방해하지만, 이것이 물체의 운동을 유발할 수도 있다. 이 예제에서 운동 마찰이 썰매에 작용하여 썰매와 지구 사이의 상대 운동을 방해한다. 그러나 뉴턴의 제3법칙에 의하면 지구가 썰매에 운동 마찰력을 가할 때, 썰매도 지구에 반작용력을 가하게 된다. 이로 인해 지구도 가속도를 갖게 된다. 다만 지구의 질량이 워낙 커서 그에 따른 운동을 우리가 느끼지 못할 뿐인 것이다.

➲ 걷기의 물리

4.10 장력

물체를 끌 때는 흔히 끈이나 밧줄을 이용하여 물체에 힘을 작용하게 된다. 예를 들어 그림 4.24(a)는 상자에 연결된 밧줄의 오른쪽 끝에 힘 **T**가 작용하는 것을 보여 준다. 밧줄 내의 각 부분은 그 옆의 부분으로 이 힘을 차례로 미치게 되고, 결과적으로 그림 (b)에서 보듯이 힘이 상자에까지 작용하게 된다.

그림 4.24와 같은 경우에, '상자에 밧줄의 장력에 의한 힘 **T**가 작용한다' 라고 이야기 하는데, 이는 가해진 힘과 장력의 크기가 같기 때문이다. 그러나 또한 '장력' 이라는 단어는 밧줄을 서로 당겨 늘이는 힘이라는 의미로도 흔히 사용된다. '장력' 에 대한 이 두 가지 의미 사이의 연관성을 보기 위해, 상자에 힘 **T**를 작용하는 부분인 밧줄의 왼쪽 끝 부분을 고려해보자. 뉴턴의 제3법칙에 의하면, 상자도 밧줄에 반작용력을 가하게 된다. 이 반작용력의 크기는 **T**와 같지만 방향은 반대 방향이다. 다시 말하면 −**T**가 밧줄의 왼쪽 끝에 작용하게 된다. 따라서 그림 4.24(c)에서 보듯이 밧줄의 양 끝에 크기가 같고 방향이 반대인 힘이 작용하게 되어 장력이 밧줄을 당겨 늘이는 결과를 낳게 된다.

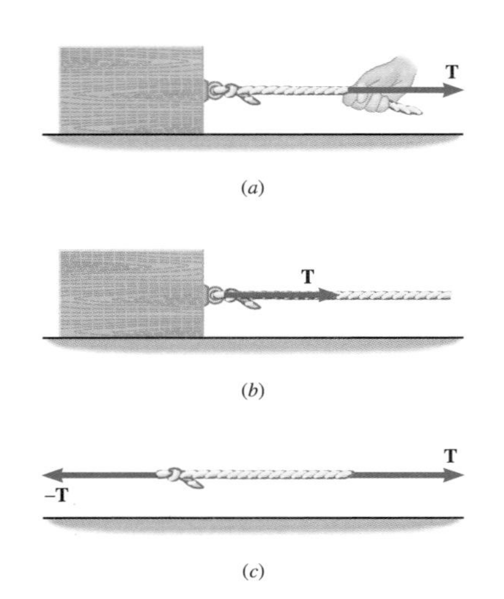

그림 4.24 (a) 힘 **T**가 밧줄의 오른쪽 끝에 작용한다. (b) 힘이 상자로 전달된다. (c) 밧줄의 양 끝에 힘이 작용한다. 이 힘들은 크기가 같고 방향이 서로 반대이다.

바로 앞의 논의에서 아무런 언급 없이 '질량이 없는' 밧줄($m = 0\,\mathrm{kg}$)이라는 개념을 은연 중에 도입하였다. 실제로 질량이 없는 밧줄은 존재하지 않지만, 뉴턴의 제2법칙을 적용할 때 문제를 간단히 만들기 위해서는 아주 유용한 개념이다. 제2법칙에 의하면, 질량을 가진 물체를 가속하기 위해서는 알짜 힘이 필요하다. 반면에 질량이 없는 밧줄을 가속하기 위해서는 힘이 필요하지 않다. 왜냐하면 $\Sigma \mathbf{F} = m\mathbf{a}$에서 $m = 0\,\text{kg}$이기 때문이다. 따라서 질량이 없는 밧줄의 한쪽 끝에 힘 **T**가 작용할 때 그 힘은 밧줄을 가속하는 데는 전혀 사용되지 않는다. 따라서 그림 4.24에 보인대로 힘 **T**가 감소됨이 없이 밧줄의 반대쪽에 묶인 물체에 그대로 작용하게 된다.* 그러나 만약 밧줄이 질량을 가진다면, 힘 **T**의 일부는 밧줄을 가속하는데 사용되어야 하므로 상자에는 **T**보다 작은 힘이 작용하게 되고 밧줄의 각 부분에 작용하는 장력 역시 위치에 따라 다른 값을 가지게 된다. 이 책에서는 다른 언급이 없는 한 물체와 물체를 연결하는 밧줄은 질량이 없는 것으로 가정하겠다. 질량이 없는 밧줄에서 힘이 감소하지 않고 한 끝에서 다른 끝으로 전달되는 성질은 그림 4.25에서처럼 밧줄이 도르래와 같은 물체 주위를 통과할 때도 변함이 없다(만약 도르래 그 자체의 질량이 없고 마찰도 없다면).

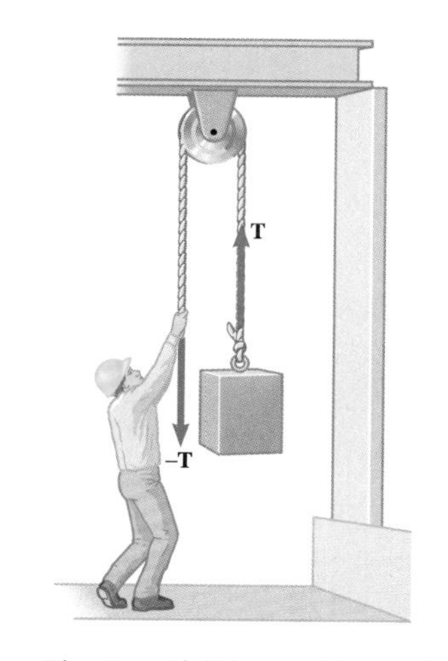

그림 4.25 질량이 없는 밧줄의 한쪽 끝에 가해진 힘 **T**는 도르래를 통과하는 줄이라도, 만약 그 도르래의 질량이 없고 마찰이 없는 경우라면, 다른 쪽 줄 끝까지 그 크기가 줄지 않고 그대로 전달된다.

4.11 평형계에 대한 뉴턴 운동 법칙의 적용

너무나 흥분하여 마음의 '평형'을 찾는데 며칠이나 걸린 경험이 있는가? 이때 '평형'의 의미는 마음이 급격히 변하지 않고 차분히 평정을 이룬 상태를 일컫는다. 물리학에서도 '평형'은 물체에 변화가 일어나지 않는 상태를 의미하는데, 운동의 경우에는 물체의 속도가 변하지 않는 상태를 뜻하는 것이다. 물체의 속도가 변하지 않는다는 것은 물체가 가속되고 있지 않음을 말한다. 따라서 평형의 정의는 다음과 같다.

■ **평형****

물체의 가속도가 0일 때 그 물체는 평형을 이루고 있다.

평형에 있는 물체의 가속도는 0이므로 가속도의 성분 역시 모두 0이다. 이차원에서는 $a_x = 0\,\text{m/s}^2$이고, $a_y = 0\,\text{m/s}^2$임을 의미한다. 이 값들을 제2법칙 ($\Sigma F_x = ma_x$, $\Sigma F_y = ma_y$)에 대입하면 알짜 힘의 x와 y 성분 역시 각각 0이어야 한다. 따라서 이차원에서의 평형 조건을 나타내는 두 식은

$$\Sigma F_x = 0 \quad (4.9\text{a})$$

$$\Sigma F_y = 0 \quad (4.9\text{b})$$

* 만약 밧줄이 가속되지 않는 경우라면, 제2법칙에서 **a**가 0이므로 밧줄의 질량에 상관없이 $\Sigma \mathbf{F} = m\mathbf{a} = 0$이다. 그럴 경우에는 질량에 관계없이 밧줄을 무시할 수 있다.

** 평형에 대해 이렇게 정의할 때는 물체의 회전을 무시할 때이다. 이에 대한 논의는 8장과 9장에서 할 것이다. 9.2절에서 물체의 회전과 토크에 대한 개념을 고려하여 강체의 평형에 대한 더욱 완전한 설명을 할 것이다.

이다. 다시 말하면, 평형 상태에 있는 물체에 작용하는 힘들은 균형을 이루어야 한다는 것이다.

다음의 예제 4.10은 트랙션 장치에서 세 힘이 평형을 이루고 있는 경우에 대한 것이다.

다친 발에 트랙션을 할 때의 물리

예제 4.10 | 발의 트랙션 장치

그림 4.26(a)는 발 부상 치료를 위한 트랙션 장치의 예이다. 2.2 kg인 추의 무게가 도르래들을 통과하는 밧줄에 장력을 제공한다. 그래서 장력 $\mathbf{T_1}$과 $\mathbf{T_2}$가 발에 부착된 도르래에 작용한다. 발에 부착된 도르래의 양쪽 밧줄 모두가 발에 힘을 미친다는 점이 생소할 것이다. 이와 비슷한 경우가 고무 밴드의 안쪽에 손가락을 대고 아래로 누를 때도 일어난다. 손가락을 감싼 고무 밴드의 양쪽 모두가 손가락을 위로 미는 힘을 느낄 수 있는데, 이것도 바로 같은 경우이다. 발에서 힘 $\mathbf{F}$를 가함으로써 거기에 부착된 도르래는 평형에 있다. 이 힘은 $\mathbf{T_1}$과 $\mathbf{T_2}$가 끄는 것에 대한 반작용(뉴턴의 제3법칙)으로 발생한다. 발의 무게를 무시했을 때 $\mathbf{F}$의 크기를 구하라.

살펴보기 힘 $\mathbf{T_1}$과 $\mathbf{T_2}$ 그리고 $\mathbf{F}$가 발에 부착된 도르래를 정지시키고 있다. 따라서 도르래는 가속도를 갖지 않음으로 평형을 이루고 있다. 결과적으로 이 세 힘의 x 성분과 y 성분의 합은 0이어야 한다. 발에 부착된 도르래에 대한 자유물체도를 그림 4.26(b)에 나타내었다. 힘 $\mathbf{F}$가 작용하는 선을 따라 x 축을 잡고, 각 힘의 성분을 그림에 표시하였다(벡터의 성분에 관한 복습은 1.7절 참조).

풀이 힘의 y 성분의 합은 0이어야 하므로

$$\Sigma F_y = +T_1 \sin 35° - T_2 \sin 35° = 0 \qquad (4.9b)$$

이다. 즉 $T_1 = T_2$이다. 다른 말로는 장력의 크기가 서로 동일하다는 것이다. 또한 힘의 x 성분의 합도 0이어야 한다. 즉,

$$\Sigma F_x = +T_1 \cos 35° + T_2 \cos 35° - F = 0 \qquad (4.9a)$$

이다. $T_1 = T_2 = T$ 라 두고 F에 대해 풀면, $F = 2T \cos 35°$이다. 밧줄의 장력 T는 2.2 kg인 추의 무게로 결정 된다. 즉 $T = mg$이다. 여기서 m은 추의 질량이고 g는 중력 가속도이다. 따라서 $\mathbf{F}$의 크기는 다음과 같다.

$$F = 2T \cos 35° = 2mg \cos 35° = 2(2.2\ \text{kg})(9.80\ \text{m/s}^2) \cos 35° = \boxed{35\ \text{N}}$$

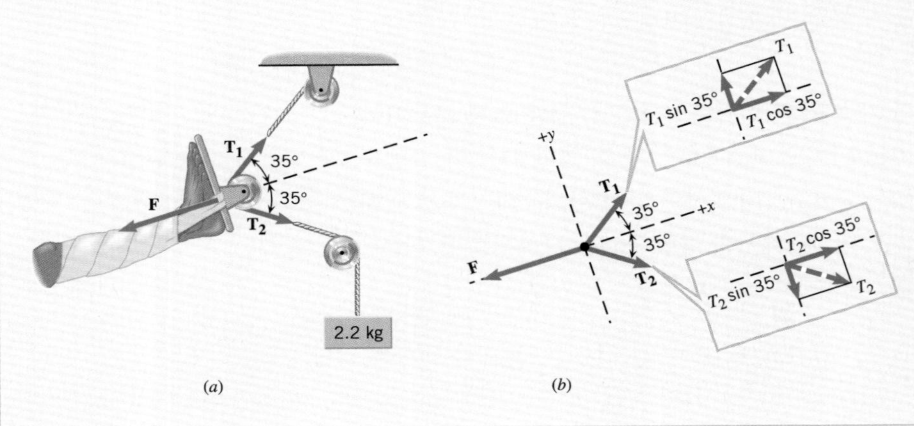

그림 4.26 (a) 발 부상 때 사용하는 트랙션 장치 (b) 발에 부착된 도르래에 대한 자유물체도

문제 풀이 도움말
x 축과 y 축의 방향을 편리하게 선택할 수 있다. 예제 4.10에서는 축들을 비스듬하게 잡아서 힘 $\mathbf{F}$가 x 축을 따라 놓여 있게 하였다. 그렇게 하면 $\mathbf{F}$는 y성분을 갖지 않으므로 문제의 해석이 쉬워진다.

다음의 예제 4.11에서 세 힘이 평형을 이루는 문제를 풀어 보자. 이 예제에서는 힘이 모두 다른 크기를 갖는 경우이다.

예제 4.11 | 엔진 교환하기

무게 $W = 3150\,\text{N}$인 엔진이 있다. 이 엔진이 그림 4.27(a)와 같이 매달려 있다. 엔진을 제자리에 잘 놓기 위해 밧줄을 사용한다. 각각의 밧줄에 작용하는 장력 $\mathbf{T_1}$과 $\mathbf{T_2}$의 크기를 각각 구하라.

살펴보기 $\mathbf{W}$, $\mathbf{T_1}$과 $\mathbf{T_2}$의 힘이 작용함에도 그림 4.27(a)의 고리는 정지하고 있으므로 평형에 있다. 결과적으로 이 세 힘의 x 성분과 y 성분의 합은 0이어야 한다. 즉, $\Sigma F_x = 0$, $\Sigma F_y = 0$이다. 이 관계식을 이용하여 T_1과 T_2를 구할 수 있다. 그림 4.27(b)에 고리에 대한 자유물체도와 각 힘의 x, y 성분을 나타내었다.

풀이 자유물체도에 세 힘에 대한 각 성분을 나타내었고 그 값은 다음의 표와 같다.

힘	x 성분	y 성분
$\mathbf{T_1}$	$-T_1 \sin 10.0°$	$+T_1 \cos 10.0°$
$\mathbf{T_2}$	$+T_2 \sin 80.0°$	$-T_2 \cos 80.0°$
$\mathbf{W}$	0	$-W$

표에서 +와 −의 부호는 각각 축의 양과 음의 방향으로의 성분임을 의미한다. x 성분과 y 성분의 합을 0으로 놓으면 다음의 두 식을 얻게 된다.

$$\Sigma F_x = -T_1 \sin 10.0° + T_2 \sin 80.0° = 0 \quad (4.9a)$$

$$\Sigma F_y = +T_1 \cos 10.0° - T_2 \cos 80.0° - W = 0 \quad (4.9b)$$

첫 식에서 T_1에 대해 풀면

$$T_1 = \left(\frac{\sin 80.0°}{\sin 10.0°}\right) T_2$$

이 T_1을 두 번째 식에 대입하면

$$\left(\frac{\sin 80.0°}{\sin 10.0°}\right) T_2 \cos 10.0° - T_2 \cos 80.0° - W = 0$$

$$T_2 = \frac{W}{\left(\frac{\sin 80.0°}{\sin 10.0°}\right)\cos 10.0° - \cos 80.0°}$$

$$\boxed{T_2 = 582\text{ N}}.$$

가 된다. 여기에 $W = 3150\,\text{N}$을 대입하면 $\boxed{T_2 = 582\,\text{N}}$이다. $T_1 = \left(\frac{\sin 80.0°}{\sin 10.0°}\right) T_2$이고 $T_2 = 582\,\text{N}$이므로 $\boxed{T_1 = 3.30 \times 10^3\,\text{N}}$이다.

문제 풀이 도움말
예제 4.11에서처럼 물체가 평형 상태에 있을 때 알짜 힘은 0이다. 즉, $\Sigma\mathbf{F} = 0$이다. 이것은 각각의 힘이 0이라는 뜻이 아니며 모든 힘의 벡터 합이 0이라는 뜻이다.

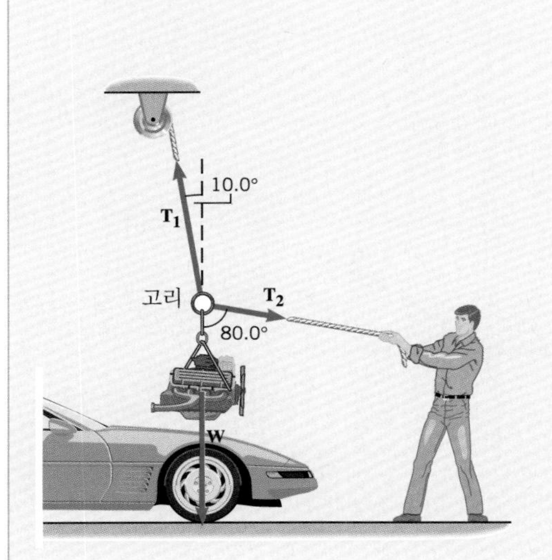

(a)

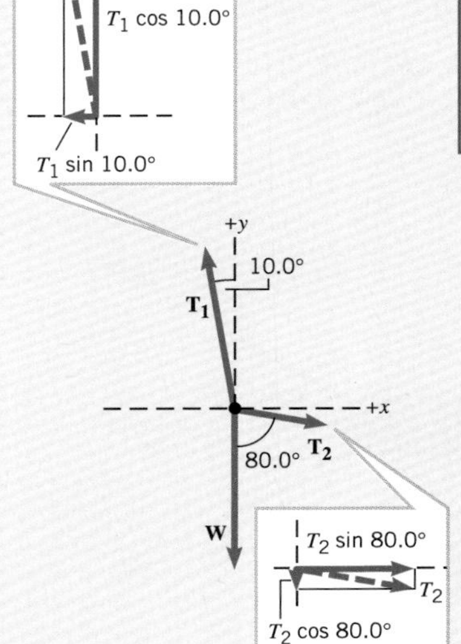

(b) 고리에 대한 자유물체도

그림 4.27 (a) 세 힘, $\mathbf{W}$(엔진의 무게), $\mathbf{T_1}$(매달린 밧줄에 의한 장력)과 $\mathbf{T_2}$(위치를 잡는 밧줄에 의한 장력)에 의해 고리가 평형에 있다. (b) 고리에 대한 자유물체도

4.12 비평형계에 대한 뉴턴 운동 법칙의 적용

물체가 가속되고 있으면 그것은 평형이 아니다. 힘들이 균형을 이루지 않으므로 뉴턴의 제2법칙에 의해 물체에 작용하는 알짜 힘도 0이 아니다. 물체가 가속되고 있으므로 식 4.9a와 4.9b 대신에 식 4.2a와 4.2b로 표시되는 뉴턴의 제2법칙을 적용해야 한다.

$$\Sigma F_x = ma_x \quad (4.2a), \qquad \Sigma F_y = ma_y \quad (4.2b)$$

작용하는 힘의 방향은 예제 4.10과 유사하지만 가속도가 있는 경우라서 이 식들을 이용해야 하는 문제를 예제 4.12에서 보자.

예제 4.12 | 유조선 예인

그림 4.28(a)에서와 같이 두 대의 예인선이 질량 $m = 1.50 \times 10^8$ kg인 유조선을 끌고 있다. 두 케이블이 작용하는 장력 $\mathbf{T_1}$과 $\mathbf{T_2}$는 유조선의 방향과 각각 30.0° 각을 이루고 있다. 유조선의 엔진에 의해 앞으로 작용하는 힘 **D**의 크기는 $D = 75.0 \times 10^3$ N이다. 물이 유조선의 진행을 방해하는 힘 **R**은 크기가 $R = 40.0 \times 10^3$ N이다. 유조선이 정면으로 진행할 때 그 가속도의 크기는 2.00×10^{-3} m/s²이다. 장력 $\mathbf{T_1}$과 $\mathbf{T_2}$의 크기를 구하라.

살펴보기 힘 $\mathbf{T_1}$과 $\mathbf{T_2}$의 합력은 유조선을 가속시키는 방향으로 작용한다. $\mathbf{T_1}$과 $\mathbf{T_2}$를 구하기 위해 각 힘을 성분으로 분해하여 알짜 힘을 계산한다. 각 힘의 성분은 그림 4.28(b)의 유조선에 대한 자유물체도에서 구할 수 있다. 여기서 유조선의 축을 x 축으로 잡았다. 힘의 각 성분에 대해 뉴턴의 제2법칙 ($\Sigma F_x = ma_x$, $\Sigma F_x = ma_y$)을 적용하여 $\mathbf{T_1}$과 $\mathbf{T_2}$의 크기를 구한다.

풀이 각 힘의 성분을 요약하면 다음과 같다.

힘	x 성분	y 성분
$\mathbf{T_1}$	$+T_1 \cos 30.0°$	$+T_1 \sin 30.0°$
$\mathbf{T_2}$	$+T_2 \cos 30.0°$	$-T_2 \sin 30.0°$
D	$+D$	0
R	$-R$	0

가속도의 방향이 x 방향이므로 가속도의 y 성분은 0이다($a_y = 0$ m/s²). 따라서 힘의 y 성분의 합도 0이어야 한다.

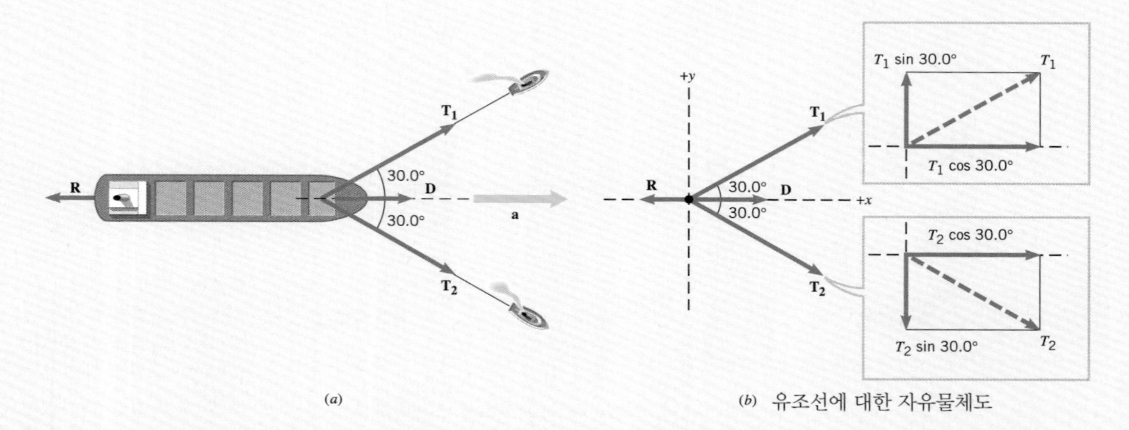

그림 4.28 (a) 네 힘이 유조선에 작용한다. $\mathbf{T_1}$과 $\mathbf{T_2}$는 케이블에 의해 작용하는 장력이고, **D**는 유조선의 엔진에 의해 앞으로 작용하는 힘이며, **R**은 물이 유조선의 운동을 방해하는 힘이다. (b) 유조선에 대한 자유물체도

$$\Sigma F_y = +T_1 \sin 30.0° - T_2 \sin 30.0° = 0$$

따라서 케이블에 의한 장력은 $T_1 = T_2$임을 알 수 있다. 유조선이 x 방향으로 가속되고 있으므로 힘의 x 성분의 합은 0이 아니다. 제2법칙에 의해

$$\Sigma F_x = T_1 \cos 30.0° + T_2 \cos 30.0° + D - R = ma_x$$

이다. $T_1 = T_2$이므로 이 둘을 각각 T라 두자. 따라서 T에 대해 풀면

$$T = \frac{ma_x + R - D}{2 \cos 30.0°}$$
$$= \frac{(1.50 \times 10^8 \text{ kg})(2.00 \times 10^{-3} \text{ m/s}^2)}{2 \cos 30.0°} + \frac{40.0 \times 10^3 \text{ N} - 75.0 \times 10^3 \text{ N}}{2 \cos 30.0°}$$
$$= \boxed{1.53 \times 10^5 \text{ N}}$$

가 얻어진다.

트럭이 트레일러를 끌 때 사용되는 연결봉 같은 것으로 두 물체가 연결되어 운동하는 경우도 흔히 있다. 이때 만약 연결봉의 장력을 묻지 않는다면, 두 물체를 하나의 물체라 생각하고 뉴턴의 제2법칙을 적용하면 된다. 하지만 장력을 구해야 되는 문제라면 각각의 물체에 대해 뉴턴 제2법칙을 적용하여야 한다.

앞의 4.11절에서 물체에 작용하는 알짜 힘이 0인 경우에 대해 다루었고, 이 절에서는 0이 아닌 경우들에 대해 살펴보았다. 다음의 개념 예제 4.13에서는 어느 시간 동안에는 알짜 힘이 0이었다가 다른 시간에는 0이 아닌 복합적인 경우에 대해 생각해 보자.

개념 예제 4.13 | 수상스키어의 운동

그림 4.29는 수상스키어가 경험하는 네 가지 다른 순간을 나타낸다.

(a) 스키어가 움직임 없이 물 위에 떠 있다.
(b) 스키어가 물 위로 끌어올려져 스키 위에 선다.
(c) 스키어가 일정한 속력으로 직선 방향으로 진행한다.
(d) 스키어가 줄을 놓은 후 천천히 속도가 줄고 있다.

각 순간에 스키어에 작용하는 알짜 힘이 0인지 아닌지 설명해 보라.

살펴보기 및 풀이 뉴턴의 제2법칙에 의하면 물체의 가속도가 0일 때는 작용하는 알짜 힘이 0이다. 그런 경우 물체는 평형에 있다고 말한다. 반면에 물체가 가속도를 가질 때는 작용하는 알짜 힘이 0이 아니다. 그런 경우 물체는 평형에 있지 않다고 말한다. 이 같은 기준을 사용하여 이 문제를 풀어 보자.

(a) 스키어가 움직임 없이 물 위에 떠서 움직이지 않고 있으므로 그녀의 속도와 가속도는 0이다. 따라서 그녀에게 작용하는 알짜 힘은 0이고, 그녀는 평형에 있다.

(b) 스키어가 물 위로 끌어올려지고 있으므로 그녀의 속도는 증가하고 있다. 따라서 그녀는 가속되고 있는

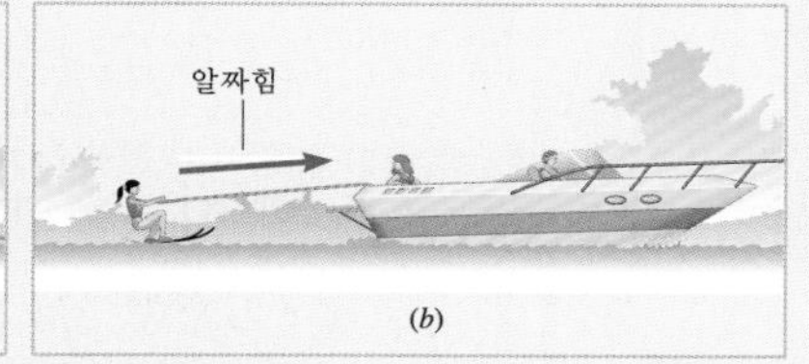

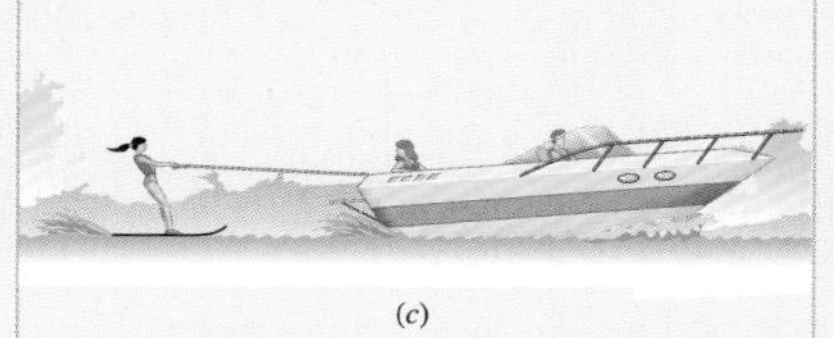

그림 4.29 수상스키어 (a) 물 위에 떠 있을 때, (b) 보트에 의해 끌어 올려질 때, (c) 일정한 속도로 달릴 때, 그리고 (d) 멈추는 중일 때

것이므로 그녀에게 작용하는 알짜 힘은 0이 아니다. 스키어는 평형에 있지 않다. 알짜 힘의 방향은 그림 4.29(b)에 나타나 있다.

(c) 스키어가 일정한 속력으로 직선 방향으로 진행하고 있으므로 그녀의 속도는 일정하다고 할 수 있다. 속도가 일정하므로 가속도는 0이다. 따라서 그녀에게 작용하는 알짜 힘 역시 0이고, 그녀는 비록 운동하고 있지만 평형에 있다고 할 수 있다.

(d) 스키어가 줄을 놓은 후 그녀의 속력은 줄어든다. 따라서 그녀는 감속되고 있는 것이다. 따라서 그녀에게 작용하는 알짜 힘은 0이 아니고, 그녀는 평형에 있지 않다. 이때 작용하는 알짜 힘의 방향이 그림 4.29(d)에 나타나있는데 그림 (a)에서의 방향과 반대임을 알 수 있다.

물체의 가속도를 결정하는 여러 힘 중에 중력이 포함되어 있는 경우를 흔히 볼 수 있다. 예제 4.14에서 이런 경우를 살펴보자.

예제 4.14 가속되는 블록

블록 1(질량 $m_1 = 8.00$ kg)은 경사각이 30.0° 인 경사면을 따라 운동한다. 이 블록은 질량과 마찰이 없는 도르래를 통하여 질량을 무시할 수 있는 끈으로 블록 2(질량 $m_2 = 22.0$ kg)에 연결되어 있다(그림 4.30(a) 참조). 각 블록의 가속도와 끈의 장력을 구하라.

살펴보기 두 블록 모두 가속되고 있으므로 각각에 작용하는 알짜 힘이 0이 아님을 알 수 있다. 이 문제를 푸는 주요한 열쇠는 뉴턴의 제2법칙을 각각의 블록에 대해 따로 따로 적용해야 하는데 있다. 두 블록이 하나의 물체처럼 움직이고 있으므로 가속도의 크기 a가 서로 같음을 이용하라. 우선 블록 1이 경사면을 따라 올라가는 경우라 가정하고 이 방향을 $+x$ 방향으로 잡는다. 만약 최종적으로 구한 가속도의 값이 음으로 나타난다면, 이는 블록 1이 실제로는 경사면을 따라 내려가는 운동이라는 뜻으로 해석하면 된다.

풀이 블록 1에 작용하는 세 힘은 각각, (1) $\mathbf{W}_1 [W_1 = m_1 g = (8.00\text{ kg}) \times (9.80\text{ m/s}^2) = 78.4\text{ N}]$은 무게이고, (2) $\mathbf{T}$는 끈이 미치는 장력이며, (3) $\mathbf{F_N}$은 경사면에 의한 수직항력이다. 그림 4.30(b)에 블록 1에 대한 자유물체도가 그려져 있다. 여기서 무게는 x나 y 축의 방향으로 향하지 않으므로 x와 y의 성분으로 각각 분해하여 나타내었다. 블록 1에 대해 뉴턴의 제2법칙 $(\Sigma F_x = m_1 a_x)$을 적용하면

$$\Sigma F_x = -W_1 \sin 30.0° + T = m_1 a$$

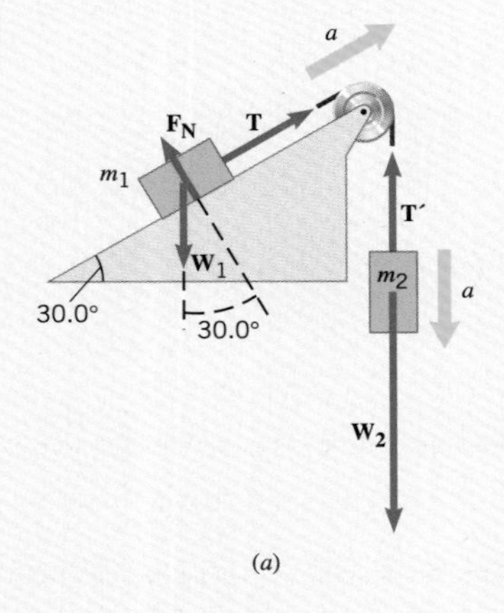

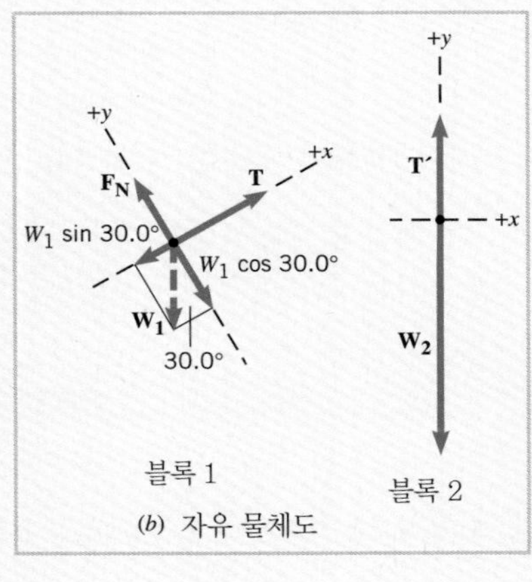

그림 4.30 (a) 블록 1에 작용하는 세 힘은 무게 $\mathbf{W}_1$, 수직항력 $\mathbf{F_N}$, 끈이 미치는 장력 $\mathbf{T}$이다. 블록 2에 작용하는 두 힘은 무게 $\mathbf{W}_2$, 장력 $\mathbf{T}'$이다. 가속도는 a라 표시했다. (b) 두 블록에 대한 자유물체도

인데, 여기서 $a_x = a$라 두었다. 이 식에는 두 개의 미지수 T와 a가 있으므로 바로 풀 수는 없다. 따라서 또 하나의 식을 얻기 위해 블록 2를 고려해 보자.

그림 4.30(b)의 자유물체도에서 보듯이 블록 2에 작용하는 두 힘은 각각, (1) $\mathbf{W}_2$[$W_2 = m_2 g = (22.0\text{ kg}) \times (9.80\text{ m/s}^2) = 216\text{ N}$]는 무게이고, (2) $\mathbf{T}'$는 블록 1이 끈을 뒤로 당기는 힘에 의한 장력이다. 끈과 도르래는 질량이 없으므로 $\mathbf{T}$와 $\mathbf{T}'$의 크기는 서로 같다. 즉, $T = T'$이다. 블록 2에 대해 뉴턴의 제2법칙($\Sigma F_y = m_2 a_y$)을 적용하면

$$\Sigma F_y = T - W_2 = m_2(-a)$$

인데, 자유물체도에서 보면 블록 2는 $-y$축을 따라 운동하므로 $a_y = -a$라 두었다. 이렇게 두면 블록 1이 경사면을 따라 올라가는 방향으로 운동한다는 처음의 가정과 일치하게 된다. 이제 두 개의 미지수에 대해 두 개의 식을 얻었으므로 연립 방정식을 풀면(부록 C 참조) 미지수 T와 a를 구할 수 있다. 즉,

$\boxed{T = 86.3\text{ N}}$이고, $\boxed{a = 5.89\text{ m/s}^2}$이다.

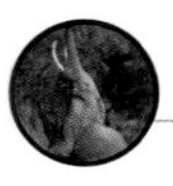

연습 문제

4.3 뉴턴의 운동 제2법칙

1(1) 질량이 3.1×10^4 kg인 비행기가 3.7×10^4 N의 일정한 알짜 힘의 영향 하에서 이륙한다. 질량 78 kg인 비행기 조종사에게 작용하는 알짜 힘은 얼마인가?

2(5) 질량이 58 g인 테니스볼이 서브될 때, 정지 상태에서 45 m/s의 속도까지 가속된다. 테니스 라켓의 충격에 의해 공은 44 cm의 거리까지 일정하게 가속된다. 공에 작용하는 알짜 힘의 크기는 얼마인가?

3(7) 태권도 검은 띠인 어떤 사람의 주먹의 질량은 0.70 kg이다. 정지 상태에서 주먹이 가속되어 0.15 s 후에 8.0 m/s의 속도가 되었다. 이런 동작에서 주먹에 가해진 평균 알짜 힘의 크기는 얼마인가?

4.4 뉴턴의 운동 제2법칙의 벡터 성질

4.5 뉴턴의 운동 제3법칙

4(13) 그림에서 나타난 바와 같이 단지 두 개의 힘이 물체(질량 = 3.00 kg)에 작용한다. 물체의 가속도의 크기와 방향(x축에 상대적인 방향)을 구하라.

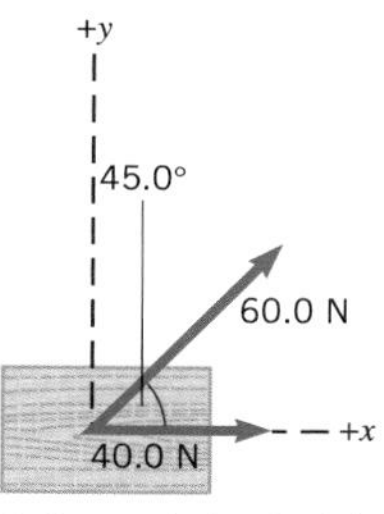

***5(15)** 어떤 오리의 질량이 2.5 kg이다. 오리가 헤엄을 칠 때, 0.10 N의 힘이 정동쪽 방향으로 작용한다. 또한, 물의 흐름에 의해 0.20 N의 힘이 동쪽을 기준으로 남쪽 52° 방향으로 작용한다. 이들 힘이 작용하기 시작할 때 오리의 속도는 정동쪽 방향으로 0.11 m/s이다. 이들 힘이 작용하는 동안 3.0 s 후 오리가 이동한 변위의 크기와 방향(정동쪽 방향에 대해 상대적인 방향)을 구하라.

4.7 중력

6(19) 지상에서 우주 탐사 로켓을 구성하는 두 부분의 무게는 각각 11000 N과 3400 N이다. 이들 두 부분에서 중심 사이의 거리는 12 m이고 그 모양은 균일한 구형으로 간주할 수 있다. 다른 물체로부터 아주 멀리 떨어진 우주에서 하나의 부분이 다른 부분에 가하는 중력의 크기를 구하라.

7(21) 이 문제를 풀기 위해 개념 예제 4.6을 다시 읽어 보라. 질량이 115kg인 우주여행자가 지구를 떠났다. 이 사람의 질량과 무게를 (a) 지상에서와 (b) 근처에 천체가 없는 우주 공간에서 구하라.

8(25) 로봇의 질량이 5450 kg이다. 이 로봇은 행성 B에서보다 행성 A에서 3620 N 더 무겁다. 두 행성의 반지름은 1.33×10^7 m로 같다. 이 두 행성의 질량 차 $M_A - M_B$는 얼마인가?

9(27) 화성의 질량은 6.46×10^{23} kg이고 반지름은

3.39×10^6 m 이다. (a) 화성에서 중력 가속도는 얼마인가? (b) 이 행성에서 질량이 65 kg인 사람의 무게는 얼마인가?

***10(31)** 행성의 표면으로부터 위로 H 만큼 떨어진 위치에서 원격 제어 탐사 로봇의 실제 무게는 표면에서의 실제 무게 보다 1 % 작다. 행성의 반지름은 R이다. H/R을 구하라.

4.8 수직항력

4.9 정지 마찰력과 운동 마찰력

11(37) 무게가 45.0 N인 벽돌이 편평한 탁자 위에 놓여 있다. 이 벽돌에 수평 방향으로의 힘 36.0 N이 가해진다. 정지 마찰 계수는 0.650이고 운동 마찰 계수는 0.420이다. 이 수평 방향의 힘에 의해 벽돌이 움직이겠는가? 만약 그렇다면, 그때 벽돌의 가속도는 얼마가 되겠는가? 그 이유를 설명하라.

***12(43)** 얼음 위에서 처음 속도 7.60 m/s로 가만히 미끄러지는 스케이터가 있다. 공기 저항은 무시하고 답하라. (a) 얼음과 스케이트 날 사이의 운동 마찰 계수가 0.100일 때, 운동 마찰에 의해 감속되는 스케이터의 가속도를 계산하라. (b) 스케이터가 멈출 때까지 진행한 거리는 얼마인가?

4.10 장력

4.11 평형계에 대한 뉴턴 운동 법칙의 적용

13(47) 유조선(질량 = 1.70×10^8 kg)이 일정한 속도로 항해하고 있다. 유조선의 엔진은 앞 방향으로 7.40×10^5 N의 힘을 발생한다. (a) 물이 유조선에 작용하는 저항력의 크기를 구하라. (b) 물이 유조선에 작용하는 부력의 크기를 계산하라.

***14(55)** 그림에서 보듯이 상자 1이 탁자 위에 놓여 있고, 그 위에는 상자 2가 놓여 있다. 거기에 상자 3이 질량과 마찰이 없는 도르래를 지나는 밧줄에 의해 상자 2와 연결되어 있다. 밧줄의 질량도 없다고 하자.

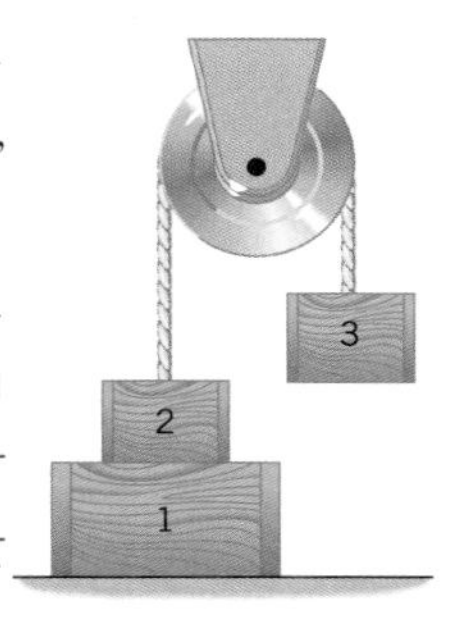

세 상자의 질량은 각각 $W_1 = 55$ N, $W_2 = 35$ N, $W_3 = 28$ N 이다. 탁자가 상자 1에 미치는 수직항력의 크기를 구하라.

***15(59)** 예인봉(tow bar)을 잡고 스키 위에 선 스키어가 눈 덮인 경사면을 따라 일정한 속도로 끌어 올려지고 있다. 경사각은 25.0°이다. 예인봉이 스키어에게 작용하는 힘의 방향은 경사면과 평행한 방향이다. 스키어의 질량이 55.0 kg이고, 스키와 눈 사이의 운동 마찰 계수는 0.120이라 하자. 예인봉이 스키어에게 작용하는 힘의 크기를 계산하라.

4.12 비평형계에 대한 뉴턴 운동 법칙의 적용

16(67) 그림에서처럼, 탁자 위에 있는 블록의 무게는 422 N이고, 매달린 블록의 무게는 185 N이다. 모든 마찰력은 무시하고, 도르래의 질량도 없다고 가정하자. (a) 각 블록의 가속도를 구하라. (b) 끈에 작용하는 장력을 구하라.

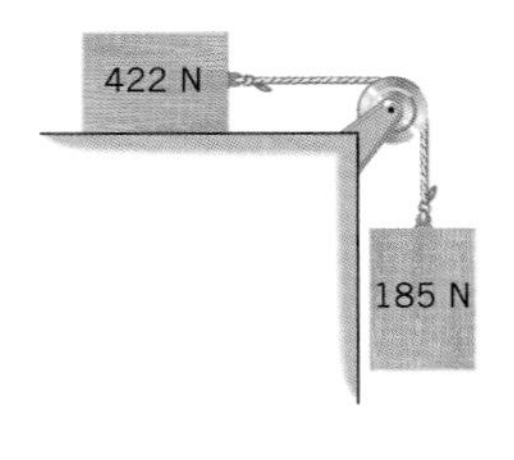

17(69) 어떤 학생이 길이가 6.0 m이고 경사각이 18°인 경사면의 꼭대기에서부터 스케이트보드를 타고 미끄러져 내려간다. 꼭대기에서 이 학생의 처음 속도는 2.6 m/s였다. 마찰을 무시하고, 이 학생이 경사면의 바닥에 닿았을 때의 속도를 구하라.

***18(75)** 질량이 72.0 kg인 사람이 나무에 올라가기 위해, 나일론 끈을 자신의 허리에 묶고 끈의 다른쪽을 나뭇가지에 던져서 걸친 후 늘어뜨렸다. 이 사람이 그 끈을 잡고 358 N의 힘을 작용하여 아래로 잡아당겼을 때, 위로 올라가는 그 사람의 가속도는 얼마인가? 끈과 나뭇가지 사이의 마찰은 무시한다.

***19(79)** 경사각이 15.0°인 경사면을 따라 상자가 미끄러져 올라가고 있다. 상자와 경사면 사이의 운동 마찰 계수는 0.180이다. 경사면 바닥에서 상자의 처음 속도는 1.50 m/s였다. 상자가 멈출 때까지 경사면을 따라 미끄러져 올라갈 수 있는 총 거리를 계산하라.

**20(85) 그림과 같은 장치에서 밧줄과 도르래에는 질량이 없다고 하자. 모든 마찰도 무시하라. (a) 밧줄에 작용하는 장력을 구하라. (b) 질량 10.0 kg인 블록의 가속도를 구하라. (힌트: 탁자 위에 놓인 블록이 매달린 블록 보다 2 배의 거리를 이동한다.)

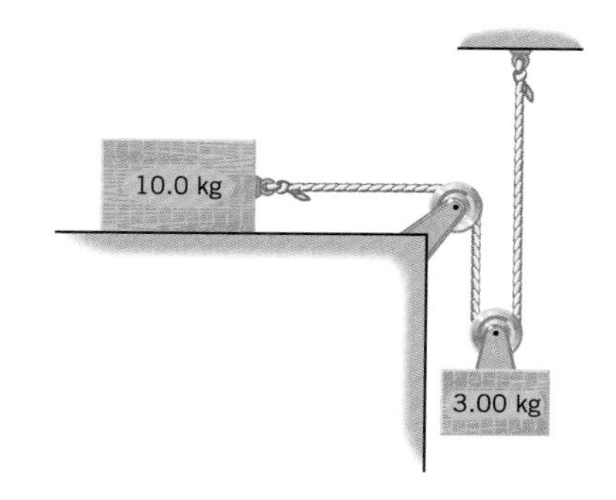

등속 원운동의 동역학

5.1 등속 원운동

곡선 경로를 운동하는 예는 매우 많으며, 그 중에서 다음과 같은 정의를 만족시키는 것들이 있다.

> ■ **등속 원운동**
> 등속 원운동은 원형 경로에서 속력이 일정한(변함없는) 물체의 운동이다.

등속 원운동의 예로써, 그림 5.1은 줄에 매달린 모형 비행기를 나타낸다. 비행기의 속력은 속도 벡터 **v**의 크기이며, 속력이 일정하므로 그림에서 벡터는 원의 모든 점에서 같은 크기를 갖는다.

등속 원운동은 속력보다 운동의 주기로 나타내는 것이 때로는 더 편리하다. **주기**(period) $\boldsymbol{T}$는 원을 한번 도는데 걸리는 시간–즉, 완전히 한 바퀴 도는 시간이다. 속력 v는 움직인 거리(원의 둘레 길이 $=2\pi r$)를 시간 T로 나눈 값이므로, 주기와 속력의 관계는 다음과 같다.

$$v = \frac{2\pi r}{T} \tag{5.1}$$

다음의 예제 5.1에서와 같이 반지름을 알면 주기로부터 속력이 계산되며, 그 역도 마찬가지이다.

예제 5.1 타이어 균형잡기

반지름이 $r = 0.29$ m 인 자동차 휠이 타이어 휠 균형 장치에서 1 분에 830 회(rpm) 회전하고 있다. 휠 바깥 테두리의 움직이는 속력(m/s)을 구하라.

살펴보기 속력 v는 $v = 2\pi r/T$ 로부터 바로 얻어지지만, 먼저 주기 T를 구해야 한다. 주기는 1 회전 동안의 시간이며, 문제에서 속력을 m/s로 요구하므로 초(s)로 나타내어야 한다.

풀이 타이어는 1 분에 830 회 회전하므로 1 회전에 걸리는 시간을 분(min)으로 나타내면

$$\frac{1}{830 \text{ 회전/분}} = 1.2 \times 10^{-3} \text{ 분/회전}$$

이다. 따라서, 주기는 $T = 1.2 \times 10^{-2}$ 분(min)이며, 0.072 초(s)에 해당한다. 이제 식 5.1을 속력을 구하는데 이용하여 다음을 얻을 수 있다.

$$v = \frac{2\pi r}{T} = \frac{2\pi(0.29 \text{ m})}{0.072 \text{ s}} = \boxed{25 \text{ m/s}}$$

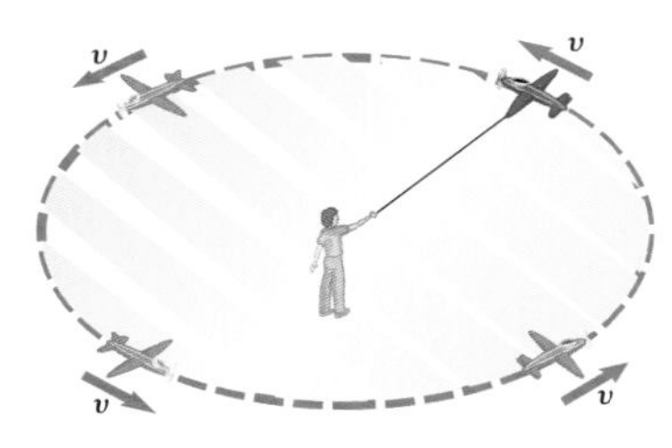

그림 5.1 수평 원주를 등속으로 나는 비행기의 운동은 등속 원운동의 한 예이다.

등속 원운동의 정의는 속력(속도 벡터의 크기)이 일정하다는 것과, 마찬가지로 벡터의 방향은 일정하지 않다는 것을 강조하고 있다. 예를 들면 그림 5.1에서, 비행기가 원둘레를 운동할 때 속도 벡터는 방향이 변한다. 비록 방향만 변하더라도, 속도 벡터의 어떤 변화는 가속도가 있다는 것을 의미한다. 이 특별한 가속도는 다음 절에서 설명하는 바와 같이 원의 중심 방향을 향하므로 '구심 가속도(centripetal acceleration)' 라 한다.

5.2 구심 가속도

이 절에서는 물체의 속력 v와 회전 경로의 반지름 r에 의존하는 구심 가속도의 크기 a_c를 구해보자. 그 결과는 $a_c = v^2/r$가 됨을 알게 될 것이다.

그림 5.2(a)에서 물체(기호 ●로 나타낸다)는 등속 원운동을 하고 있다. 시각 t_0에서 속도는 점 O에서 원에 접하고, 그 후 시각 t에서 속도는 점 P에 접한다. 물체가 O에서 P로 움직일 때 반지름은 각 θ만큼 돌게 되

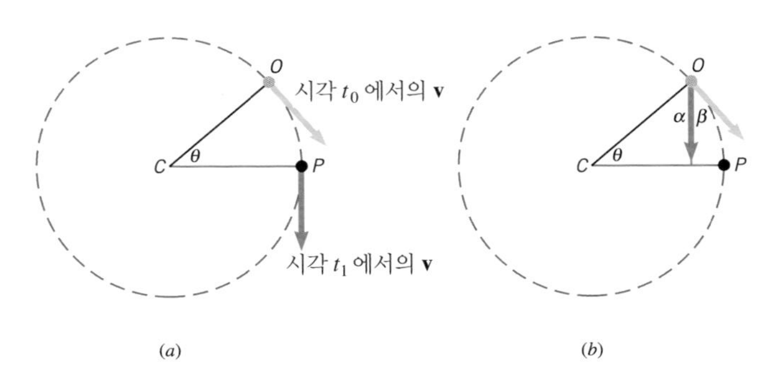

그림 5.2 (a) 등속 원운동하는 물체(●)의 속도 $\mathbf{v}$는 원주 상 다른 위치에서 각기 다른 방향을 갖는다. (b) 속도 벡터를 점 P에서 평행 이동하여, 꼬리를 점 O로 옮겨 그렸다.

며, 속도 벡터는 방향이 변한다. 방향이 바뀜을 자세히 보기 위해, 속도 벡터를 점 P에서 평행 이동하여, 꼬리를 점 O로 옮긴 그림이 그림 (b)에 나타나 있다. 두 벡터 사이의 각 β는 방향 변화를 나타낸다. 반지름 CO와 CP는 점 O와 P에서 접선에 각각 수직이므로, $\alpha+\beta=90°$ 이며 $\alpha+\theta=90°$ 이다. 따라서, 각 θ와 각 β는 같다.

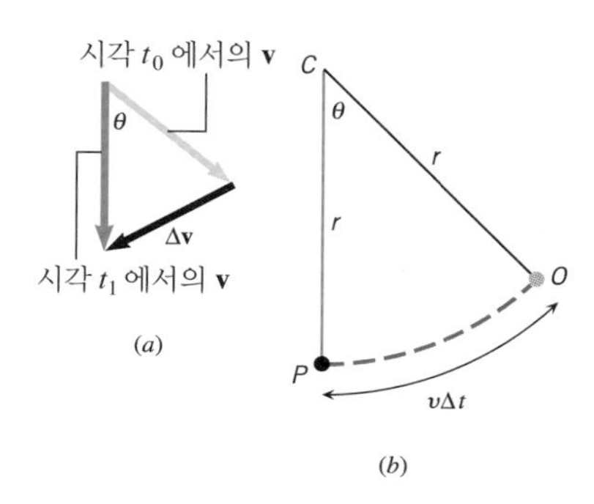

그림 5.3 (a) 시각 t와 t_0 에서 속도 벡터의 방향은 각 θ 만큼 차이가 난다. (b) 물체가 원을 따라 O에서 P로 움직일 때, 반지름 r은 같은 각 θ를 그린다. 부채꼴 COP는 그림 5.2에 나타난 방향에 대해 상대적으로 시계 방향으로 90° 회전되었다.

가속도는 속도의 변화 $\Delta \mathbf{v}$를 미소 경과 시간 Δt로 나눈 값 즉, $\mathbf{a}=\Delta \mathbf{v}/\Delta t$이다. 그림 5.3(a)는 한쪽 속도 벡터에 대해 각 θ를 향하는 두 속도 벡터를 나타내며, 속도 변화를 나타내는 벡터 $\Delta \mathbf{v}$를 함께 나타낸다. 변화 $\Delta \mathbf{v}$는 시각 t_0에서 속도에 더해지는 증가량이며, 그 결과 속도는 경과 시간 $\Delta t = t - t_0$ 후 새로운 방향을 가진다. 그림 5.3(b)는 부채꼴 COP을 나타낸다. Δt가 매우 작은 극한에서, 원호 OP는 근사적으로 직선이며, 그 길이는 물체의 이동 거리 $v\Delta t$이다. 이러한 극한에서 COP는 그림 (a)의 삼각형처럼 이등변 삼각형이다. 두 삼각형은 꼭지각 θ가 같으므로 서로 닮은 꼴이어서 다음과 같은 관계가 성립한다.

$$\frac{\Delta v}{v} = \frac{v\,\Delta t}{r}$$

이 식을 $\Delta v/\Delta t$에 대해 풀면, 구심 가속도 크기 a_c는 $a_c = v^2/r$이 된다.

구심 가속도는 벡터량이며 따라서 크기뿐만 아니라 방향도 가지며 그 방향은 원의 중심을 향한다.

그림 5.4에 그려져 있는 원운동하는 물체가 점 O에서 갑자기 떨어져 나가면 접선 방향으로 운동할 것이다. 원주 위의 점 P까지 움직일 시간 동안, 물체는 직선으로 점 A까지 운동할 것이다. 마치 물체가 원주에서 거리 AP 만큼 떨어진 것과 같으며, 각 θ가 무한히 작을 때 AP의 방향은 원의 중심을 향한다. 따라서 물체는 매 순간 원의 중심 방향으로 가속된다. '구심의(centripetal)' 은 '중심 지향(center-seeking)' 을 뜻하므로 이 가속도를 **구심 가속도**(centripetal acceleration)라 한다.

■ **구심 가속도**

크기: 반지름 r의 원 경로를 속력 v로 움직이는 물체의 구심 가속도는 다음과 같은 크기 a_c를 갖는다.

$$a_c = \frac{v^2}{r} \tag{5.2}$$

방향: 구심 가속도 벡터는 항상 원의 중심을 향하며, 물체의 운동에 따라 연속적으로 변한다.

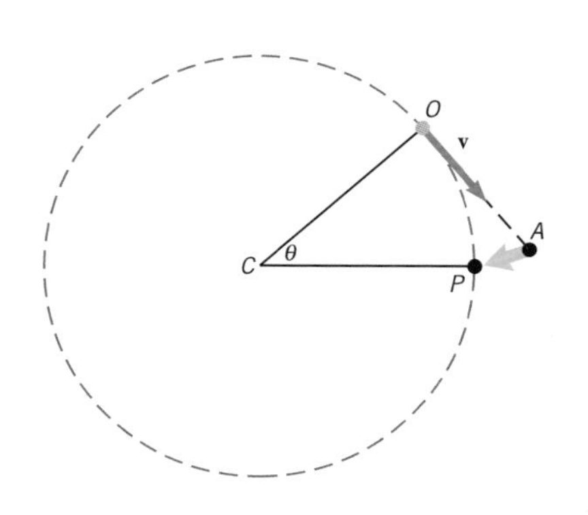

그림 5.4 원운동하는 물체(•)가 점 O에서 떨어져 나가면 선분 OA의 접선 방향을 따라 알짜 힘을 받지 않고 직선 운동할 것이다.

다음 예제에서는 구심 가속도에서 반지름 r의 효과가 잘 설명되어 있다.

예제 5.2 구심 가속도에서 반지름의 크기 효과

1994년 릴레함메르 올림픽(노르웨이)의 봅슬레이 선로(꼬불길; bobsled track)에는 그림 5.4와 같이 반지름 33 m 와 24 m 의 커브 길이 있다. 속력이 34 m/s 일 때 각 커브에서 구심 가속도를 구하라. 이 속력은 2인 종목 속력이다. 답을 $g = 9.8\ \text{m/s}^2$ 의 배수로 나타내어라.

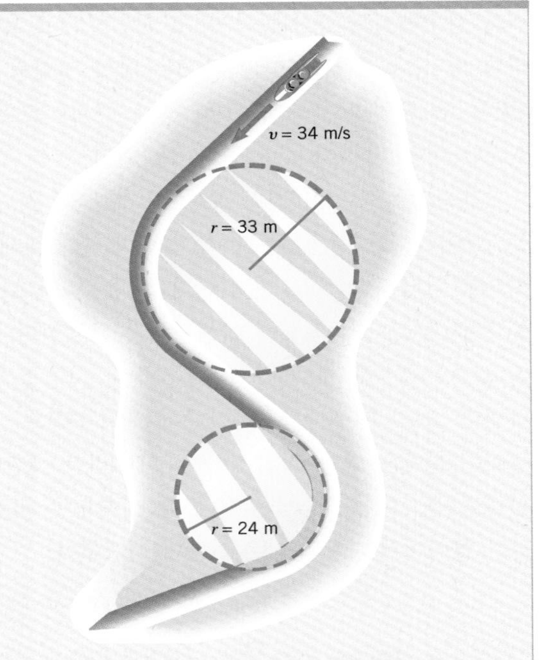

그림 5.5 이 봅슬레이는 같은 속도로 반지름이 다른 두 커브를 달린다. 더 큰 반지름의 회전에 대해 썰매는 더 작은 구심 가속도를 갖는다.

살펴보기 각각의 경우, 구심 가속도의 크기는 $a_c = v^2/r$ 로부터 구할 수 있다. 반지름 r 은 이 식 우변의 분모이므로 r 이 커지면 가속도는 더 작아질 것이다.

풀이 $a_c = v^2/r$ 식으로부터 다음을 얻을 수 있다.

반지름 = 33 m $\quad a_c = \dfrac{(34\ \text{m/s})^2}{33\ \text{m}} = 35\ \text{m/s}^2 = \boxed{3.6\ g}$

반지름 = 24 m $\quad a_c = \dfrac{(34\ \text{m/s})^2}{24\ \text{m}} = 48\ \text{m/s}^2 = \boxed{4.9\ g}$

구심 가속도는 반지름이 매우 클 때 확실히 매우 작다. 실제로, 가속도는 $a_c = v^2/r$ 의 우변 분모 r 로 인해 반지름이 매우 클 때 0에 근접한다. 무한히 큰 원주상의 일정한 원운동은 가속도가 0이 된다. 이것은 마치 직선상 등속 운동과 같다.

같은 속력으로도 급한(작은 r) 회전과 느슨한(큰 r) 회전은 가속도가 다르다. 대부분의 운전자는 그러한 다른 '느낌'을 안다. 이러한 느낌은 등속 원운동에 나타나는 힘과 관련된다. 이제 이에 관해 알아 보자.

5.3 구심력

뉴턴의 제2법칙은 물체가 가속될 때는 항상 가속을 일으키는 알짜 힘이 있어야 함을 의미하고 있다. 즉 등속 원운동에는 구심 가속도를 일으키는 알짜 힘이 반드시 있어야 한다. 제2법칙은 이 알짜 힘이 물체의 질량 m 과 가속도 v^2/r 의 곱임을 나타낸다. 구심 가속도의 원인이 되는 알짜 힘을 **구심력**(centripetal force) F_c 이라 하며, 그 힘은 가속도와 같은 방향으로 향한다. 즉 원의 중심을 향한다.

■ **구심력**

크기: 구심력은 질량 m인 물체가 반지름 r의 원형 경로를 속력 v로 운동하는데 필요한 알짜 힘을 의미하며 그 크기는 다음과 같다.

$$F_c = \frac{mv^2}{r} \tag{5.3}$$

방향: 구심력은 항상 원의 중심을 향하며, 물체의 운동에 따라 연속적으로 변한다.

'구심력' 이라는 문구는 자연 속에 생기는 다른 힘과 구별되는 새로운 힘을 나타내는 것은 아니다. 단지 알짜 힘이 원형 경로의 중심을 향한다는 뜻으로 붙여진 이름이며, 이 알짜 힘은 반지름 방향을 향하는 모든 힘 성분의 벡터 합이다.

어떤 경우에는, 줄에 매달린 모형 비행기가 수평하게 원형으로 날 때와 같이 구심력의 근원을 쉽게 알 수 있다. 비행기를 안쪽으로 당기는 유일한 힘은 줄의 장력이며 이 힘(혹은 이 힘의 성분)이 바로 구심력이다. 다음의 예제 5.3에서는 속력을 빠르게 하기 위해서는 큰 장력이 필요하다는 것을 설명해 주고 있다.

예제 5.3 | 구심력과 속력의 관계

그림 5.6의 모형 비행기는 질량이 0.90 kg이며, 지면과 평행한 원둘레 위를 등속 운동한다. 비행기 무게는 날개가 만드는 양력에 의해 균형을 이루므로, 비행기의 경로와 매달린 줄은 같은 수평면 상에 놓인다. 속력이 19 m/s와 38 m/s인 경우에 대해 줄(길이 = 17 m)의 장력 T를 구하라.

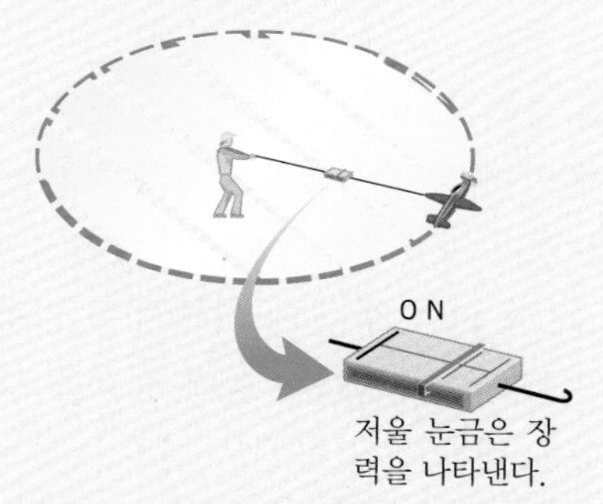

그림 5.6 저울 눈금은 매달린 줄의 장력을 나타낸다. 예제 5.3을 보라.

살펴보기 비행기는 원형 경로를 날기 때문에, 원의 중심 방향을 향하는 중심의 가속도를 받는다. 이 가속도는 뉴턴의 운동 제2법칙에 따라 비행기에 작용하는 알짜 힘에 의해 생기며, 이 알짜 힘을 구심력이라 한다. 구심력은 역시 원의 중심을 향한다. 줄의 장력 T는 비행기를 안쪽으로 당기는 유일한 힘이므로, 구심력은 이것뿐이다.

풀이 식 5.3에 따라 장력은 $F_c = T = mv^2/r$가 된다.

속력 = 19 m/s $\quad T = \dfrac{(0.90\ \text{kg})(19\ \text{m/s})^2}{17\ \text{m}} = \boxed{19\ \text{N}}$

속력 = 38 m/s $\quad T = \dfrac{(0.90\ \text{kg})(38\ \text{m/s})^2}{17\ \text{m}} = \boxed{76\ \text{N}}$

그림 5.7과 같이, 경사 없는 커브 길을 자동차가 일정 속력으로 움직일 때, 자동차가 길 밖으로 미끄러지지 않게 하는 구심력은 도로와 타이어 사이의 정지 마찰로부터 나온다. 타이어가 반지름 방향에 대해 미끌림이 없기 때문에, 이는 운동 마찰이 아니라 정지 마찰이다. 주어진 속력과 회전 반지름에 대해, 만일 정지 마찰력이 충분하지 않으면 자동차는 길에서 미끄러지고 말 것이다. 예제 5.4는 빙판 길에서의 안전 운행의 한계를 보여준다.

예제 5.4 | 구심력과 안전 운전

건조한 날씨(정지 마찰 계수 = 0.900)와 얼음이 어는 날씨(정지 마찰 계수 = 0.100)에, 경사 없는 커브 길(반지름 = 50.0 m)에서 안전하게 주행할 수 있는 최대 속력을 비교해 보자.

살펴보기 최대 속력에서 최대 구심력이 타이어에 작용하며, 구심력은 정지 마찰력에 의한다. 정지 마찰력의 최대 크기는 식 4.7 $f_s^{최대} = \mu_S F_N$ 로 나타난다. μ_s 는 정지 마찰 계수이며, F_N 는 수직항력의 크기이다. 여기서는 먼저 수직항력을 구하고, 그것을 정지 마찰력의 최대값을 구하기 위한 식에 대입한다. 그 결과값을 mv^2/r 과 같이 놓는다. 최대 속력은 빙판 길 보다 마른 길이 더 크다는 것을 경험으로 알 수 있다.

풀이. 자동차는 수직 방향으로 가속하지 않으므로 자동차의 무게 mg는 수직항력과 균형을 이룬다. 즉 $F_N = mg$ 이다. 식 4.7과 5.3으로부터 다음과 같이 된다.

$$F_c = \mu_s F_N = \mu_s mg = \frac{mv^2}{r}$$

결국 $\mu_s = v^2/r$ 이므로

$$v = \sqrt{\mu_s g r}$$

가 된다. 이 식에는 자동차의 질량 m 이 나타나지 않으므로 모든 자동차는 무겁거나 가볍거나 간에 커브 길에서 안전 운전을 위한 최대 속력은 같다. 즉,

마른 길($\mu_s = 0.900$)

$$v = \sqrt{(0.900)(9.80\ \text{m/s}^2)(50.0\ \text{m})} = \boxed{21.0\ \text{m/s}}$$

빙판 길($\mu_s = 0.100$)

$$v = \sqrt{(0.100)(9.80\ \text{m/s}^2)(50.0\ \text{m})} = \boxed{7.00\ \text{m/s}}$$

이다. 예측과 같이 마른 길에서 더 큰 최대 속력을 낼 수 있다.

> **문제 풀이 도움말**
> 수치 답을 얻기 위해 식을 이용할 때, 모르는 변수에 대해 알려진 변수의 항으로 대수적으로 푼다. 그리고 예제에서처럼 알려진 변수의 수치값을 대입한다.

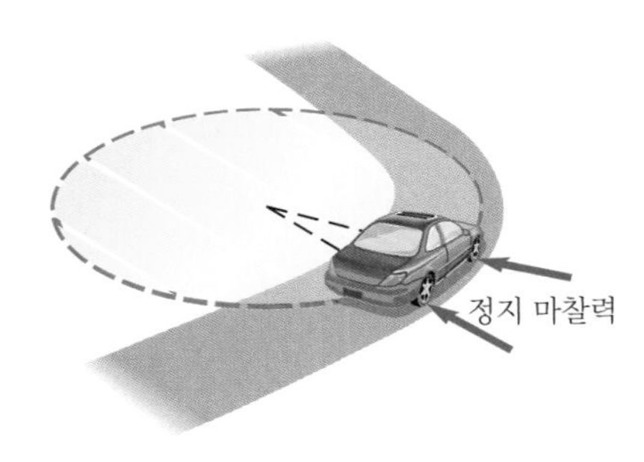

그림 5.7 자동차가 커브에서 미끄럼 없이 움직일 때 도로와 타이어 사이의 정지마찰은 자동차가 도로 위에 있게 하는 구심력을 제공한다.

그림 5.7에서 자동차 안의 승객은 역시 원형 경로상에 머물게 하는 구심력을 느껴야 하지만 자동차가 빠른 속력에서 갑자기 회전하면 차 안에 고정되어 있지 않은 물건은 정지 마찰력이 충분하지 않아서 미끄러질 수도 있다. 그러면 차 안에서 볼 때 그 승객은 이 커브 바깥 방향으로 던져진 것처럼 보인다. 실제는 자동차가 회전하는 동안 승객을 그 자리에 가만히 있게 하는 구심력이 있을 때까지 그 승객은 원의 바깥 방향으로 미끄러진다. 승객이 자동차 창문에 닿게 되면 더 이상 밖으로 미끄러지지 않게 되며 창문이 승객을 받치는 힘이 승객에게 작용하는 구심력이 된다.

어떤 경우에는 구심력의 근원이 애매한 경우도 있다. 예를 들면 비행사가 비행기의 방향을 바꿀 때 구심력을 일으키기 위해 비행기를 어떤 각

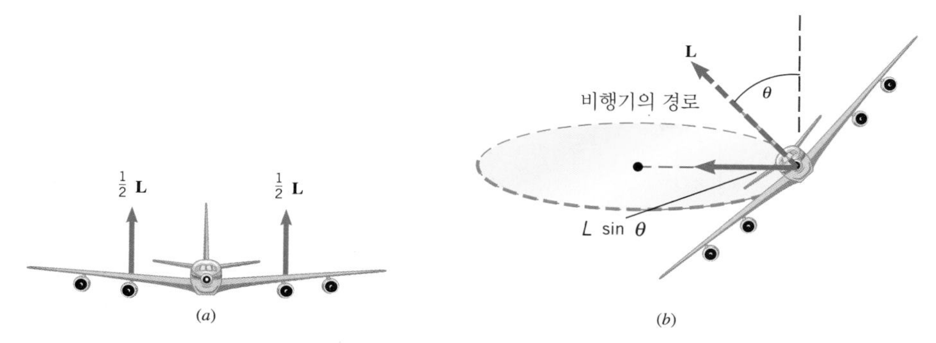

그림 5.8 (a) 공기는 각 날개에 1/2**L**의 양력을 위로 작용한다. (b) 비행기가 원형으로 비행할 때 비행기는 각 θ로 기울인다. 끌어 올리는 힘의 수평 성분 $L\sin\theta$은 원의 중심을 향하며 이것이 구심력을 제공한다.

으로 경사지게 하거나 날개를 기울인다. 그림 5.8(a)에서와 같이 비행기가 날 때, 공기는 날개 표면에 수직인 끌어 올리는 알짜 힘 **L**로 날개 표면을 밀어 올린다. 그림 (b)를 보면 비행기가 각 θ로 경사질 때 양력의 성분 $L\sin\theta$는 회전 중심 방향을 향함을 알 수 있다. 구심력을 만드는 것이 바로 이 성분이다. 더 큰 속력과 급격한 회전은 더 큰 구심력을 요하며, 이러한 상황에서는 비행사는 더 큰 각으로 비행기가 경사지게 해야 한다. 그러면 양력의 더 큰 성분이 회전 중심을 향한다. 커브 길이 경사지게 하는 기술은 고속 도로 건설에서는 매우 중요하며 실제로 이렇게 되도록 건설한다. 이것에 관한 구체적인 것을 다음절에서 논의해 보자.

동체를 기울여서 비행하는 비행기의 물리

5.4 경사진 커브 길

자동차가 경사 지지 않은 커브 길을 미끄러지지 않고 주행할 때 타이어와 도로 사이의 정지 마찰력이 구심력을 제공한다. 그러나 커브 길 바깥쪽이 안쪽에 비해 경사진 경우에는 주어진 속력에서 마찰의 기여는 완전히 없어진다. 비행기가 회전하는 동안 안쪽으로 기울여서 나는 것과 같은 방법이다.

그림 5.9(a)는 자동차가 마찰이 없는 경사진 커브 길을 따라 회전 하는 것을 보여준다. 커브 반지름 r은 경사면이 아니라 수평면에 평행하도록 잰 값이다. 그림 (b)에는 도로가 자동차에 작용하는 수직항력 $\mathbf{F_N}$이 그려져 있다. 수직항력은 도로면에 수직이다. 도로면은 수평면에 대해 θ의 각을 이루므로 수직항력은 원의 중심 C를 향하는 성분 $F_N\sin\theta$을 가지며 그것이 구심력이 된다. 즉

$$F_c = F_N \sin\theta = \frac{mv^2}{r}$$

그림 5.9 (a) 자동차가 반지름 r의 마찰 없는 원형 경사 길을 주행한다. 경사각이 θ이며, 원의 중심은 C에 있다. (b) 자동차에 작용하는 힘은 차 무게 $m\mathbf{g}$와 수직항력 $\mathbf{F_N}$이다. 수직항력의 수평 성분 $F_N \sin\theta$는 구심력을 제공한다.

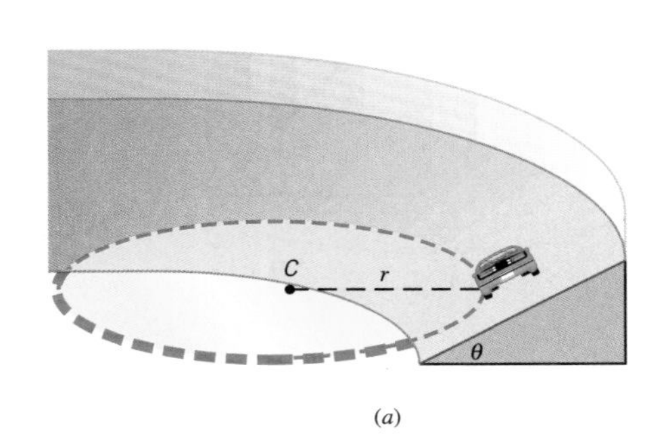

(a)

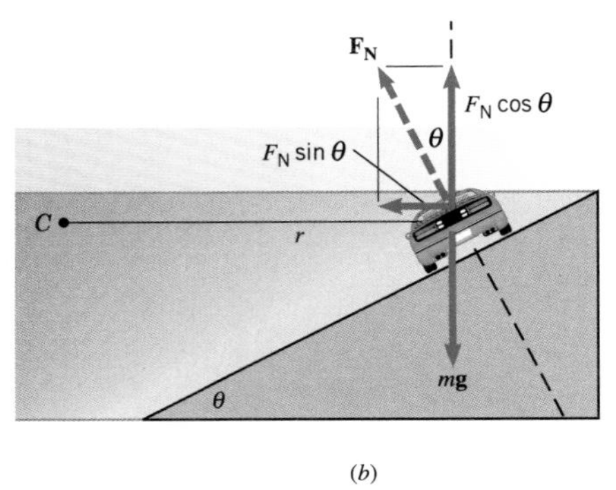

(b)

이다. 수직항력의 수직 성분은 $F_N \cos\theta$이며, 자동차는 수직 방향으로 가속하지 않으므로 이 성분은 자동차의 무게 mg와 균형을 이룬다. 그러므로 $F_N \cos\theta = mg$이다. 앞의 식을 이 식으로 나누면

$$\frac{F_N \sin\theta}{F_N \cos\theta} = \frac{mv^2/r}{mg}$$

$$\tan\theta = \frac{v^2}{rg} \tag{5.4}$$

가 된다. 식 5.4는 주어진 속력 v에 대해, 회전 반지름 r의 커브를 안전하게 돌기 위한 구심력은 경사각 θ에 의해 주어지는 수직항력으로부터 얻게 되며, 차의 질량과는 무관하다는 것을 나타낸다. 더 큰 속력과 더 작은 반지름은 보다 큰 경사, 즉 더 큰 θ의 커브를 필요로 한다. 주어진 θ에 대해 너무 작은 속력에서는 자동차가 마찰이 없는 경사 커브에서는 아래로 미끄러지며, 매우 큰 속력에서는 위쪽으로 미끄러진다. 아주 유명한 경사진 커브 길에 관한 예제가 다음에 주어져 있다.

예제 5.5 데이토나 500

데이토나 국제 자동차 경주장의 물리

데이토나 500은 NASCAR(National Association for Stock Car Auto Racing) 시즌의 메이저 이벤트이다. 데이토나 500 자동차 경주 대회는 미국 플로리다 주 데이토나 해변에서 열리는 500마일 주파의 자동차 경주 대회이다. 이 타원 트랙에서 회전할 때 최대 반지름(맨 꼭대기)이 $r = 316$ m 이며, 급격한 경사 $\theta = 31°$(그림 5.9 참조)로 되어 있다. 마찰이 없이 최대 반지름인 곳을 회전한다고 가정한다면 자동차는 이 주위를 안전하게 주행하기 위해 얼마의 속력을 가져야 하는가?

살펴보기 마찰이 없는 경우에 트랙이 차에 미치는 수직항력의 수평 성분이 구심력을 제공하며 거기에 해당하는 차의 속력은 식 5.4로 주어진다.

풀이 식 5.4로부터 다음과 같이 된다.

$$v = \sqrt{rg\tan\theta} = \sqrt{(316\text{ m})(9.80\text{ m/s}^2)\tan 31°}$$

$$= \boxed{43\text{ m/s }(150\text{ km/h})}$$

운전자들은 실제로 320 km/h까지의 속력을 내는데 그것은 마찰 없이 회전하기 위한 식 5.4로 주어지는 것보다 상당히 큰 구심력을 필요로 한다. 그러한 추가적인 구심력은 정지 마찰력이 제공한다.

5.5 원 궤도의 위성

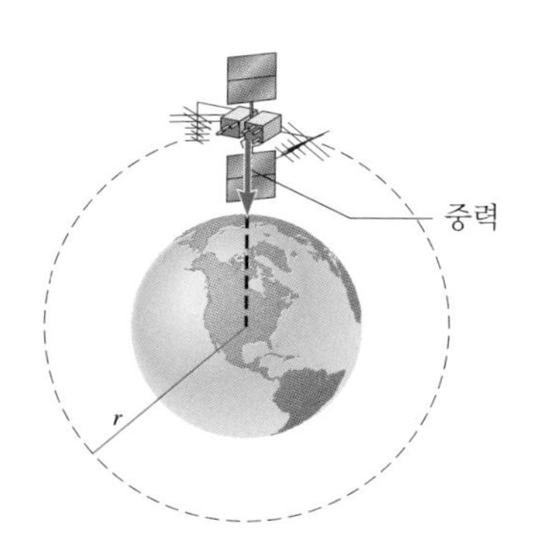

그림 5.10 지구 주위의 원 궤도에 있는 위성에 대하여 중력은 구심력이 된다.

오늘날 지구 궤도 주위에는 많은 위성이 있다. 원 궤도에 있는 위성들은 등속 원운동의 예들이다. 줄에 매달린 모형 비행기와 같이 각 위성들은 구심력에 의해서 그들의 원 궤도를 유지한다. 지구 중력의 인력은 구심력을 제공하며 위성에 보이지 않는 줄 역할을 한다.

위성이 고정된 반 지름으로 어떤 궤도에 있기 위해서 위성이 가질 수 있는 속력은 오직 한 가지뿐이다. 어떻게 이 기본적인 특성이 나타나는지 보기 위해서 그림 5.10에서 질량 m의 위성에 작용하는 중력을 생각하자. 중력은 반지름 방향으로 위성에 작용하는 유일한 힘이므로, 이것이 바로 구심력이 된다. 따라서 뉴턴의 중력 법칙(식 4.3)을 이용하여 다음을 얻는다.

$$F_c = G\frac{mM_E}{r^2} = \frac{mv^2}{r}$$

여기서 G는 만유 인력 상수, M_E 는 지구 질량, r 은 지구 중심에서 위성까지 거리이다. 위성의 속력 v에 대해 풀면 다음 식이 얻어진다.

$$v = \sqrt{\frac{GM_E}{r}} \quad (5.5)$$

위성이 반지름 r 의 궤도에 있으려면 반드시 이 값의 속력을 가져야 한다. 궤도의 반지름 r 이 식 5.5의 분모에 있음에 주목하라. 이 식은 지구에 더 가까운 위성 즉 r 의 값이 작을 때 더 큰 궤도 속력이 필요함을 의미한다.

위성의 질량 m은 소거되어 식 5.5에 나타나지 않는다. 결국 주어진 궤도에서 큰 질량을 갖는 위성은 작은 질량의 위성과 똑같은 궤도 속력을 갖는다. 그러나 큰 질량의 위성을 궤도에 진입시키는데는 더 큰 힘이 필요하다. 어떤 유명한 인공위성의 궤도 속력은 다음 예제와 같이 정해진다.

그림 5.11 허블 우주 망원경은 우주선 디스커버리호로부터 분리된 후 지구 주위를 궤도 운동한다.

예제 5.6 허블 우주 망원경의 궤도 속력

허블 우주 망원경의 물리

지구 표면에서 598 km의 높이에 있는 허블 우주 망원경(그림 5.11)의 속력을 구하라.

살펴보기 먼저 식 5.5를 적용하기 전에 지구 중심으로부터 궤도 반지름 r을 정해야 한다. 지구의 반지름이 약 6.38×10^6 m 이며, 지표면 위의 망원경 높이가 0.598×10^6 m 이므로 궤도 반지름은 $r = 6.98 \times 10^6$ m 이다.

풀이 궤도 속력은 다음과 같다.

$$v = \sqrt{\frac{GM_E}{r}}$$

$$= \sqrt{\frac{(6.67 \times 10^{-11}\ \text{N}\cdot\text{m}^2/\text{kg}^2)(5.98 \times 10^{24}\ \text{kg})}{6.98 \times 10^6\ \text{m}}}$$

$$v = \boxed{7.56 \times 10^3\ \text{m/s}\ (27\ 200\ \text{km/h})}$$

문제 풀이 도움말
식 $v = \sqrt{GM_E/r}$에 나타나 있는 궤도 반지름 r은 지구 중심에서 위성까지의 거리이다(지구 표면에서부터의 거리가 아님).

GPS의 물리

위성 기술의 많은 응용들은 우리의 생활에 도움을 준다. 한 가지가 위성 위치확인 시스템(GPS: Global Positioning System)이라 불리는 위성 24개로 이루어진 네트워크로, 물체의 위치를 15 m 이내로 측정하는데 이용된다. 그림 5.12에 어떻게 이런 시스템이 작동하는지를 나타내었다. 각 GPS 위성은 고정밀 원자 시계를 장착하고 있으며 시간을 무선으로 지상으로 송신한다. 지상의 자동차는 GPS 신호를 검출할 수 있는 컴퓨터 칩이 있는 수신기를 장착하고 있으며 그 수신기의 시계와 위성 시계는 서로 시간이 맞추어진다. 그러므로 수신기는 전파의 이동 시간 정보로부터 자동차와 위성 사이의 거리와 자동차의 이동 속력을 측정할 수 있다. 전파의 속력은 13장에서 알 수 있는 것과 같이, 빛의 속력이며 아주 정밀하게 알 수 있다. 한 개의 위성을 이용한 측정은 그림 5.12(a)와 같이 자동차가 원 내의 어딘가에 있음을 알아낸다. 반면 두 번째 위성을 이용한 측정은 또 다른 원 내의 자동차를 알아낸다. 그림 5.12(b)와 그 자동차의 위치는 두 원의 공통 부분으로 좁혀진다. 세 개의 위성으로부터 신호를 받으면, 그림 5.12(c)에서처럼 세 개의 신호가 만드는 세 원의 공통 부분 속으로 차의 위치가 정확해 진다. 지상에 기지를 둔 미분 GPS라 하는 무선 표지 시스템을 설치하여 기준 위치를 설정할 수 있으며 그렇게 하면 단순 위성 기반 시스템 보다 더욱 정밀하게 물체의 위치를 측정할 수 있다. 일반 대중이 GPS 시스템을 사용하는 두 가지 예로는 자동차를 위한 네비게이션 시스템과 도보 여행자나 자기가 어디에 있는지 모르는 시각 장애자에 알려주는 휴대용 시스템이 있다. GPS 응용은 너무나도 다양하여 현재는 수십 억 달러의 산업으로 발전되었다.

식 5.5는 지구 둘레를 도는 인공위성이나 달과 같은 자연위성에 적용

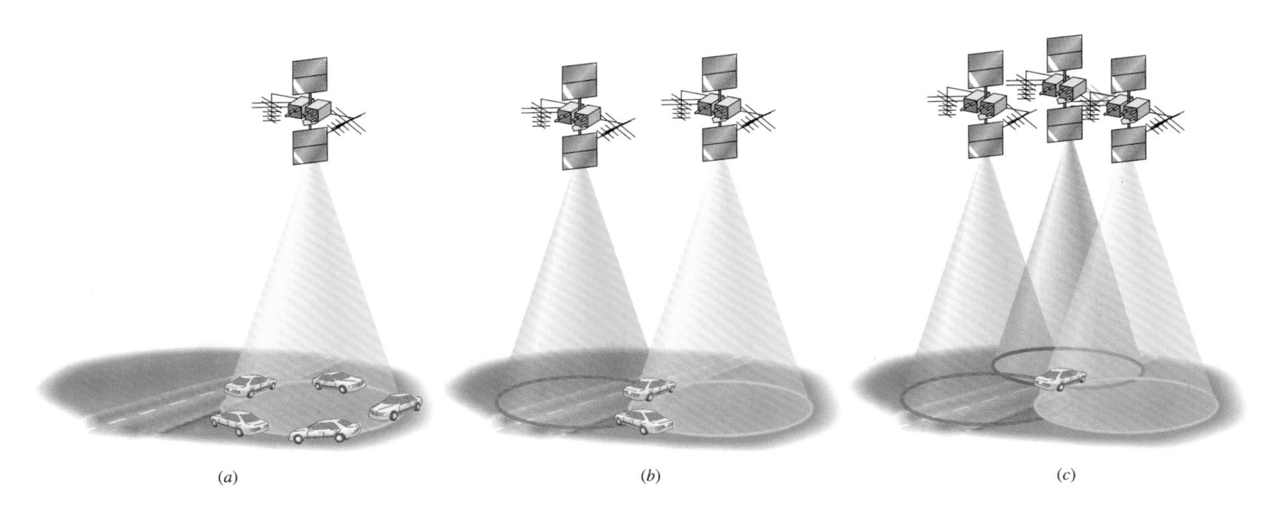

그림 5.12 내브스타(Navstar) 위성 위치확인 시스템은 GPS 수신기를 부착한 자동차의 위치를 측정할 수 있다. (a) 하나의 위성은 자동차가 원주상 어딘가에 있는 것을 찾아낸다. (b) 두 번째 위성은 또 다른 원주상의 가능한 정확한 2점을 알아 낸다. (c) 세 번째 위성은 자동차가 있는 곳을 결정하는 수단을 제공한다.

된다. 물론 천체 물체의 원 궤도에도 적용된다. 이때 M_E는 궤도 중심에 있는 물체의 질량으로 대치하면 된다. 예를 들어 예제 5.7을 보면 과학자들이 이 식을 이용하여 M87이라고 하는 은하계의 중심에 거대 질량 블랙홀이 있을 거라는 결론을 얻어냈음을 알 수 있다. 이 은하는 지구로부터 약 500만 광년 거리에 위치하고 있다(1광년은 빛이 1년 동안 진행하는 거리인 9.5×10^{15} m이다.)

예제 5.7 | 거대 질량의 블랙홀

블랙홀의 물리

허블 망원경은 그림 5.13와 같이, M87 은하의 다른 지역에서 방출되고 있는 빛을 검출하였다. 검은 원은 은하의 중심임을 나타낸다. 빛의 특성으로부터, 천문학자들이 계산한 중심으로부터 5.7×10^{17} m의 거리에 위치해 있는 물체의 궤도 속력은 7.5×10^5 m이다. 은하 중심에 있는 물체의 질량 M을 구하라.

그림 5.13 허블 우주 망원경으로 찍은 M87 은하의 심장부에 있는 이온화 가스(노란색)의 영상. 원은 블랙홀이 존재한다고 생각되는 은하의 중심을 나타낸다.

살펴보기와 풀이 식 5.5의 M_E를 M으로 놓으면 $v = \sqrt{GM/r}$이며, 계산은 다음과 같다.

$$M = \frac{v^2 r}{G} = \frac{(7.5 \times 10^5 \text{ m/s})^2 (5.7 \times 10^{17} \text{ m})}{6.67 \times 10^{-11} \text{ N}\cdot\text{m}^2/\text{kg}^2}$$

$$= \boxed{4.8 \times 10^{39} \text{ kg}}$$

이 믿기지 않는 거대한 질량은 태양의 질량의 $(4.8 \times 10^{38} \text{ kg})/(2.0 \times 10^{30} \text{ kg}) = 2.4 \times 10^9$배 이다. 이 태양 질량의 24억 배에 해당하는 물체는 은하 M87의 중심에 위치하고 있다. 이 물체가 위치하는 우주 공간에 상대적으로 관측 가능한 별이 적으므로, 관측자들은 이 데이터가 거대 질량 블랙홀의 존재에 대한 강력한 증거를 제공한다고 결론지었다. '블랙홀'이라는 말은 빛조차 탈출을 못하게 한다는 뜻이다. 그림 5.13의 이미지를 형성하는 빛은 블랙홀 자체에서 나오는 것이 아니고, 블랙홀 주변 물체에서 나오는 것이다.

위성의 주기 T는 궤도를 한 바퀴 도는데 걸리는 시간이다. 모든 등속 원운동에서 주기와 속력의 관계는 $v = 2\pi r/T$ 이다. 식 5.5의 v를 여기에 대입하면

$$\sqrt{\frac{GM_E}{r}} = \frac{2\pi r}{T}$$

가 얻어지고, 이것을 주기 T에 대해 풀면

$$T = \frac{2\pi r^{3/2}}{\sqrt{GM_E}} \tag{5.6}$$

이다. 비록 지구 궤도에 대해 유도 되었지만, M_E 대신 태양의 질량 M_S를 사용하면 식 5.6은 태양 주위의 유사 원 궤도에 있는 행성들의 주기를 계

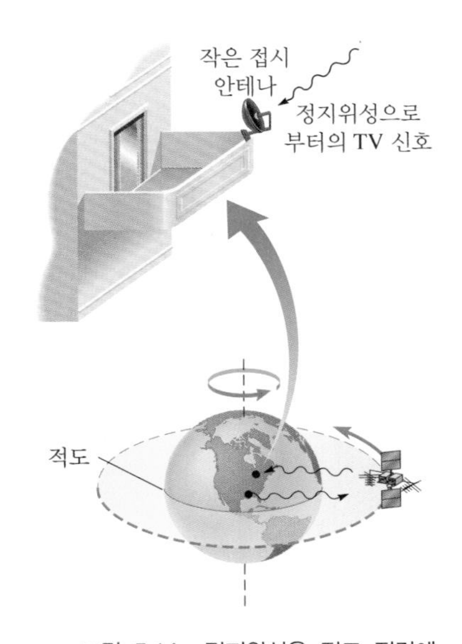

그림 5.14 정지위성은 적도 평면에 있는 원형 경로의 지구 궤도를 하루 한 번 궤도 운동한다. 디지털 위성 시스템 텔레비전은 그러한 위성을 지표에서 보내는 TV 신호를 가정의 작은 접시 안테나를 향해 중계하는 중계국으로 이용한다.

산하는데 이용될 수 있다. r 은 행성의 중심과 태양의 중심 사이의 거리이다. 주기는 궤도 반지름의 3/2승에 비례한다는 사실은 케플러의 제3법칙으로 알려져 있으며, 행성 운동에 관한 연구 중에 케플러(1571-1630)에 의해 발견된 법칙 중의 하나이다. 케플러의 제3법칙은 9장에서 논의 될 타원 궤도에 대해서도 역시 적용된다.

식 5.6의 중요한 응용은 통신 분야에 많이 나타나며, 그림 5.14와 같이 통신 장비가 실려 있는 '정지위성' 은 적도 평면의 원 궤도에 진입되어 있다. 궤도 주기는 1일 이며, 이것은 역시 지구가 축 주위를 1 회전 하는데 걸리는 시간이다. 그러므로 이 위성들은 지구의 회전과 동기화 되는 방법으로 그들 궤도 주위를 운동한다. 지상의 관측자에 대해, 정지위성들은 하늘의 고정 위치에 보이는 등 유용한 특성을 가지며, '정지' 중계국으로서 지표로부터 보내진 통신 신호를 중계하는 역할을 할 수 있다. 이것은 정확히 케이블 TV를 인기리에 대신하는 디지털 위성 시스템이 수행하는 것이다. 그림 5.14의 확대 그림이 보이는 것처럼 가정집의 작은 '접시' 안테나는 위성에 의해서 지상으로 중계되는 디지털 TV 신호를 수신한다. 이 신호는 해독되어 TV에 보내진다. 모든 정지위성들은 지구 표면 주위의 같은 높이의 궤도에 있다.

5.6 겉보기 무중력과 인공 중력

겉보기 무중력의 물리

궤도 운동을 하는 위성 내에서의 생활은 그림 5.15에서처럼 무중력 상태에서 둥둥 떠있는 모습으로 상상된다. 실제 이 상태는 '겉보기 무중력' 으로 불리며, 자유 낙하 중에 있는 엘리베이터 속에서 생기는 겉보기 무게가 0인 상태와 유사하기 때문이다.

그림 5.15 지구 궤도 운동 중에 우주 비행사 자넷 캐번디가 겉보기 무중력 상태로 우주선 속에서 떠 있다.

그림 5.16 회전 우주 정거장의 안쪽 표면은 그 표면에 닿은 물체를 누른다. 그것이 곧 물체의 원운동을 유지시키는 구심력을 제공한다.

오랫동안 무중력 상태에 있게 될 때 나타나는 생리적 효과는 오직 일부만 알려져 있다. 그런 효과를 최소화 하는 것은, 미래의 대형 우주 정거장에 인공 중력을 만들어 주는 것이다. 인공 중력에 관한 설명을 잘 하기 위해 그림 5.16에 축 주위를 회전하는 우주 정거장을 나타내었다. 회전 운동 때문에, 정거장 내부 표면 점 P에 위치하는 물체는 축을 향하는 구심력을 느끼게 된다. 우주 정거장의 표면이 우주 비행사의 발을 미는 힘이 이러한 구심력을 제공한다. 구심력은 예제 5.8과 5.9에서 알 수 있는 것처럼, 우주 정거장의 회전 속도를 적당하게 선택함으로써 지표에서의 우주 비행사의 체중과 같게 되도록 조절할 수 있다.

예제 5.8 | 인공 중력

인공 중력의 물리

그림 5.16에서, 점 P에 있는 우주 비행사가 지표에서의 체중과 같은 누르는 힘을 발에 느끼려면 우주 정거장($r = 1700$ m)의 표면은 얼마의 속력으로 회전해야 하는가?

살펴보기 회전 우주 정거장의 바닥은 우주 비행사의 발에 수직항력을 작용한다. 이것은 원경로에서 우주 비행사의 운동을 유지하는 구심력($F_c = mv^2/r$)이다. 수직항력의 크기는 우주 비행사의 실제 무게와 같으므로, 우주 정거장의 속력을 결정할 수 있다.

풀이 우주 비행사(질량 = m)의 실제 무게는 mg 이므로 이것을 식에 대입한다. 필요한 속력을 결정하기 위해 식 5.3 $F_c = mg = mv^2/r$ 을 이용한다. 이 식을 속력에 대해 풀면 다음과 같다.

$$v = \sqrt{rg} = \sqrt{(1700\text{ m})(9.80\text{ m/s}^2)} = \boxed{130\text{ m/s}}$$

예제 5.9 | 회전 우주 실험실

우주 실험실은 인공 중력을 만들기 위해 회전하고 있다(그림 5.17). 외부 링의 안쪽 표면에서($r_0 = 2150$ m)의 구심 가속도가 지구 중력에 해당하는 가속도($g = 9.80$ m/s^2)가 되도록 회전 주기가 정해진다. 화성의 표면 중력(3.72 m/s^2)에 해당하는 가속도가 되기 위해서는 내부 링의 반지름 r_I는 얼마가 되어야 하는가?

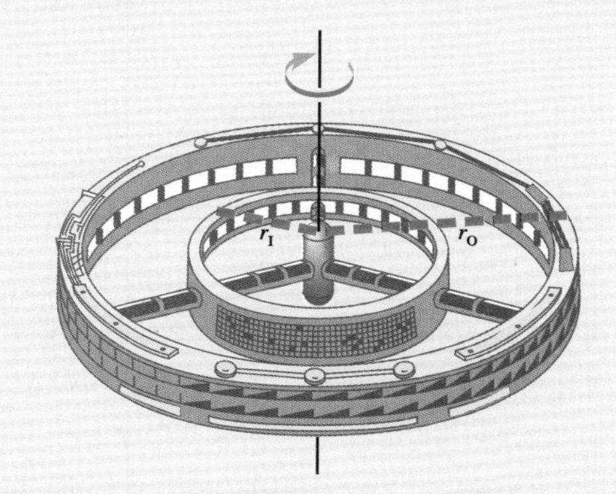

그림 5.17 회전 우주 실험실의 외부 링(반지름 = r_0)은 지표에서의 중력을 흉내내며, 내부 링(반지름 = r_I)은 화성에서의 중력을 흉내낸다.

살펴보기 각 주어진 가속도의 값은 해당 링에서의 구심 가속도 $a_c = v^2/r$ 이다. 또한, 속력 v와 반지름 r은 $v = 2\pi r/T$(식 5.1)의 관계가 있다. 여기서 T는 운동의 주기이다. 비록 T에 관해 주어진 값이 없지만 우리는 실험실을 강체로 간주한다. 강체상의 모든 점은 1회전하는데 걸리는 시간이 같으며 이러한 사실은 매우 중요한 점이다. 그러므로 두 링은 같은 주기를 가지고, 따라서 풀이는 쉽게 얻어진다.

풀이 구심 가속도에 식 5.1을 대입하면

$$a_c = \frac{v^2}{r} = \frac{\left(\frac{2\pi r}{T}\right)^2}{r} = \frac{4\pi^2 r}{T^2}$$

이다. 이 결과를 두 링에 적용하면

$$\underbrace{9.80\ \text{m/s}^2 = \frac{4\pi^2(2150\ \text{m})}{T^2}}_{\text{외부 링}}$$

및

$$\underbrace{3.72\ \text{m/s}^2 = \frac{4\pi^2 r_\text{I}}{T^2}}_{\text{내부 링}}$$

내부 링 표현항을 외부 링 표현항으로 나누고 $4\pi^2$과 T^2의 공통 대수항을 소거하면

$$\frac{3.72\ \text{m/s}^2}{9.80\ \text{m/s}^2} = \frac{r_\text{I}}{2150\ \text{m}} \quad \text{즉} \quad r_\text{I} = \boxed{816\ \text{m}}$$

가 구해진다.

문제 풀이 도움말
회전하는 강체의 모든 점의 회전 주기는 같다.

연습 문제

5.1 등속 원운동
5.2 구심 가속도

1(1) 110 m/s의 등속으로 움직이는 비행기가 반지름 2850 m의 원 한 바퀴를 비행하는데 걸리는 시간은?

2(5) 인디애나폴리스 500 자동차 경주에서 컴퓨터-제어 디스플레이 화면은 운전자에게 그들의 자동차가 어떻게 주행하고 있는지에 대해 많은 정보를 표시한다. 예를 들어, 자동차가 회전할 때, 속력 221 mi/h (98.8 m/s)와 구심력 3.00 *g*(중력 가속도의 3배)가 표시된다. 이때 차의 회전 반지름을 구하라(m 단위로).

3(7) 자전거 체인은 뒤쪽 사슬톱니($r = 0.039$ m)와 앞쪽 사슬톱니($r = 0.10$ m)에 감겨져 있다. 자전거가 일정한 속도로 움직일 동안, 체인은 사슬톱니 주위를 1.4 m/s의 속력으로 움직인다. (a) 뒤 사슬톱니에 물려 있을 때, (b) 어느 사슬톱니에도 물리지 않은 중간에 있을 때, (c) 앞 사슬톱니에 물려 있을 때, 체인 고리의 가속도의 크기를 구하라.

* **4(9)** 헬리콥터의 큰 날개가 수평 원으로 회전하고 있다. 날개 길이는 끝에서 원중심까지 6.7 m이다. 날개 끝과, 중심에서 3 m 되는 날개 점에 작용하는 구심 가속도의 비를 구하라.

5.3 구심력

5(11) 0.015 kg의 공이 핀볼 장치의 공이에 의해 발사된다. 발사된 공은 0.028 N의 구심력 때문에 반지름이 0.25 m의 원호 위를 따라간다. 그 공의 속력은 얼마인가?

5.4 경사진 커브 길

* **6(21)** 120 m 반지름의 커브 길이 18° 각으로 경사져 있다. 마찰을 무시할 수 있는 빙판 상태에서 얼마의 속력이 유지 되어야 하는가?

7(25) 123 m/s로 비행하는 제트기($m = 2.00 \times 10^5$ kg)가 수평면 상에서 원형 회전을 하기 위해 몸체를 기울인다. 회전 반지름이 3810 m가 되기 위한 양력을 구하라.

5.5 원 궤도의 위성
5.6 겉보기 무중력과 인공 중력

8(27) 어떤 위성이 미지의 행성 주위 원 궤도에 있다. 위성의 속력은 1.7×10^4 m/s이며 궤도 반지름은 5.25×10^6 m이다. 두 번째 위성도 역시 같은 행성 주위의 원 궤도에 있다. 두 번째 위성의 궤도 반지름은 8.60×10^6 m이다. 두 번째 위성의 궤도 속력은 얼마인가?

9(29) 위성이 목성 표면 위의 고도 6.00×10^5 m인 궤도에 있다. 목성의 질량은 1.90×10^{27} kg이며 반지름은 7.14×10^7 m이다. 그 위성의 궤도 속력을 구

하라.

*10(33) 5850 kg의 위성이 행성 표면 위 4.1×10^5 m 의 원 궤도에 있다. 궤도의 주기는 2 시간, 행성의 반지름은 4.15×10^6 m 이다. 위성이 행성의 표면에 정지해 있을 때의 진짜 무게는 얼마인가?

**11(35) 인공 중력을 만들기 위해, 그림과 같은 우주 정거장이 1.00 rpm으로 회전하고 있다. 두 원통의 반지름의 비는 $r_A/r_B = 4.00$이다. 통 A는 10.0 m/s^{2}의 중력 가속도를 낸다. 반지름 (a) r_A, (b) r_B를 구하고, 원통 B에 형성되는 중력 가속도를 구하라.

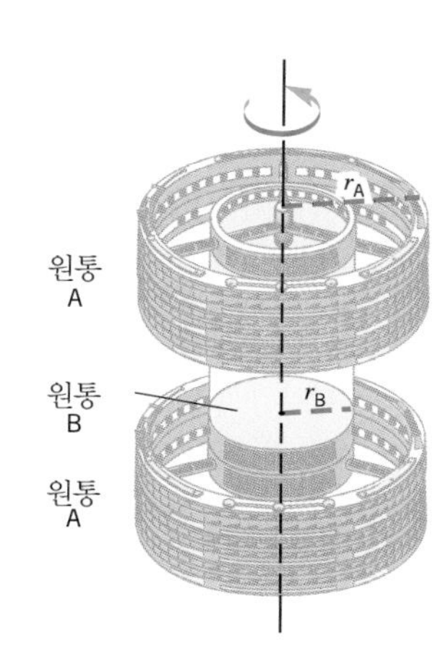

Chapter 06 일과 에너지

6.1 일정한 힘에 의한 일

일은 일상생활에서 우리들에게 익숙한 개념이다. 정지한 자동차를 미는 데 일이 필요하다. 사실상 미는 힘이 더 크거나 자동차의 변위가 더 크면 더 많은 일을 한다. 그림 6.1에 나타낸 것처럼 사실상 힘과 변위는 일의 가장 주요한 구성 요소이다. 이 그림에서 변위 **s***와 미는 균일한 힘 **F**는 동일한 방향이다. 이 경우에 힘의 크기 F와 변위의 크기 s의 곱을 일 W로 정의한다. 즉 $W = Fs$이다. 힘의 크기와 움직인 거리가 동일하다면 자동차를 북쪽에서 남쪽으로 밀든지 혹은 동쪽에서 서쪽으로 밀든지 관계없이 힘이 한 일은 동일하다. 즉 일은 방향에 관한 정보가 들어 있지 않다. 따라서 일은 스칼라양이다.

식 $W = Fs$는 일의 단위가 힘의 단위 곱하기 거리의 단위임을 나타낸다. 즉 SI 단위계에서 일의 단위는 뉴턴(N) · 미터(m)이다. 1 뉴턴 · 미터를 일, 에너지, 열의 상호 관계를 규명한 제임스 줄(1818-1889)의 연구 업적을 기념하여 1 줄(J)이라고 표기한다. 표 6.1은 몇몇 측정계에서 사용되는 일의 단위를 요약한 것이다.

일의 정의 $W = Fs$는 몇 가지 놀라운 성질을 담고 있다. 만일 s가 0이면 아무리 힘을 가하여도 일은 0이다. 예를 들어 벽돌담과 같이 움직이는 않는 것을 힘껏 밀면 여러분의 근육은 피로를 느낄지 모르지만 우리가 논의하는 종류의 물리적 개념의 일이 수행된 것은 아니다. 물리학에서 일의 개념은 움직임과 깊은 관련이 있다. 만일 물체가 움직이지 않는다면 그 힘이 물체에 한 일은 없다.

* 일에 관하여 논의할 때 변위에 관한 기호로 보통 **x**나 **y** 대신에 **s**를 사용한다.

그림 6.1 힘 **F**로 변위 **s**만큼 차를 밀 때 일이 행해진다.

힘과 변위의 방향이 같은 방향이 아닌 경우가 종종 일어난다. 예를 들어 그림 6.2(a)은 한 여행객이 바퀴달린 여행 가방을 끌고 가는 경우를 나타낸다. 여기서 힘은 손잡이의 방향으로 작용한다. 작용한 힘은 변위에 대하여 각도 θ 방향으로 작용한다. 이 경우에 변위 방향의 힘의 성분을 일을 정의하는데 사용한다. 그림 (b)에 나타낸 바와 같이 이 힘의 성분은 $F\cos\theta$ 이다. 일반적인 힘의 정의를 다음과 같이 나타낼 수 있다.

■ 일정한 힘*에 의한 일

일정한 힘 **F**가 물체에 하는 일은

$$W = (F\cos\theta)s \qquad (6.1)$$

이다. 여기서 F는 힘의 크기, s는 변위의 크기, 그리고 θ는 힘과 변위 사이의 각이다.

일의 SI 단위: 뉴턴(N) · 미터(m) = 줄 (J)

힘과 변위의 방향이 동일하면 $\theta = 0°$ 이고 따라서 식 6.1은 $W = Fs$ 로 간략하게 표현된다. 다음의 예는 일을 계산하는 데 식 6.1을 어떻게 이용하는지를 나타낸 것이다.

표 6.1 일의 측정 단위

단위계	힘	× 거리	= 일
SI	뉴턴 (N)	미터 (m)	줄 (J)
CGS	다인 (dyn)	센티미터 (cm)	에르그
BE	파운드 (lb)	푸트 (ft)	푸트(ft)·파운드(lb)

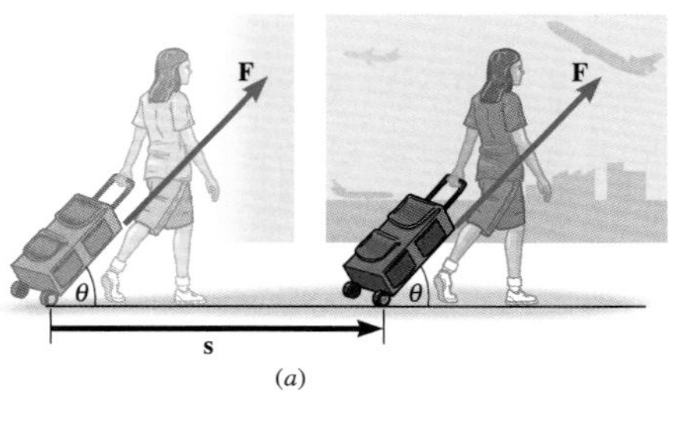

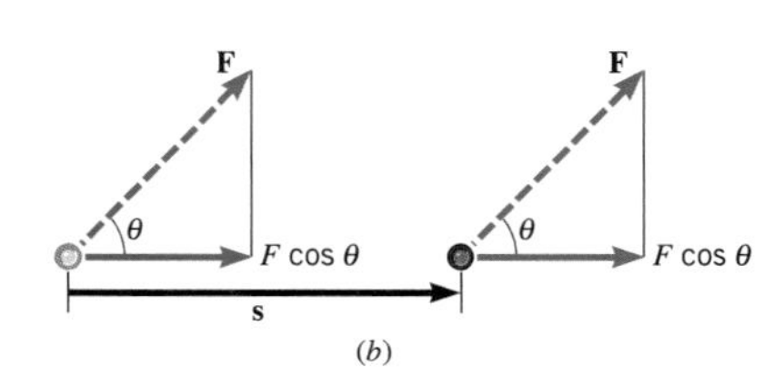

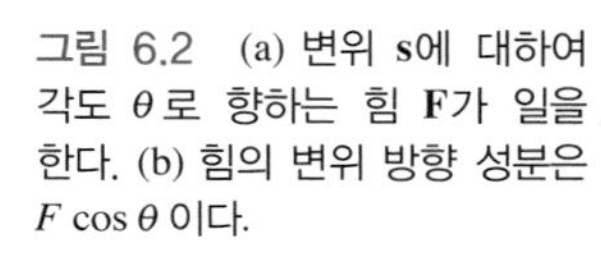
그림 6.2 (a) 변위 **s**에 대하여 각도 θ로 향하는 힘 **F**가 일을 한다. (b) 힘의 변위 방향 성분은 $F\cos\theta$ 이다.

* 크기가 변화하는 힘이 하는 일에 대해서는 6.9절에서 논의한다.

예제 6.1 바퀴달린 여행 가방을 끌기

그림 6.2(a)의 여행 가방을 45.0 N의 힘으로 거리 $s = 75.0$ m 만큼 끌 때 힘이 하는 일을 계산하라. 이때 각도는 $\theta = 50.0°$ 이다.

살펴보기 끄는 힘이 여행 가방을 75.0 m 움직이게 하였으므로 일을 한 것이다. 그러나 힘은 변위에 대하여 50.0° 각도를 가지므로 이 각이 포함된 식 6.1을 이용하여야 한다.

풀이 45.0 N의 힘이 하는 일은

$$W = (F\cos\theta)s = [(45.0\text{ N})\cos 50.0°](75.0\text{ m}) = \boxed{2170\text{ J}}$$

이다. 답은 뉴턴(N) · 미터(m) 혹은 줄(J)로 나타낸다.

식 6.1의 일의 정의는 변위의 방향으로 작용하는 힘의 성분만을 고려한 것이다. 변위 방향과 수직으로 작용하는 힘은 일을 하지 못한다. 일을 하기 위해서는 힘과 이에 따른 변위가 동시에 있어야 한다. 힘의 수직 성분에 의한 일은 그쪽 방향의 변위가 없으므로 0이다. 만일 알짜 힘이 변위의 방향과 수직이라면 식 6.1에서 각도 θ는 90° 이다. 따라서 이 힘은 전혀 일을 하지 못한다. 힘의 성분이 변위의 방향이냐 정반대 방향이냐에 따라서 양의 부호를 가지거나 음의 부호를 가질 수도 있다.

예제 6.2는 가속하고 있는 트럭의 짐칸에 실린 나무상자에 정지 마찰력이 작용하고 있을 때 이 정지 마찰력이 한 일에 관하여 논의하고 있다.

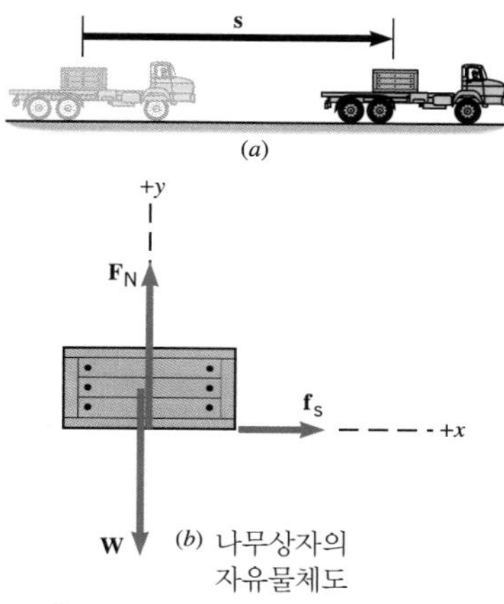

그림 6.3 (a) 트럭과 나무상자가 $s = 65$ m 거리를 오른쪽 방향으로 가속되고 있다. (b) 나무상자의 자유물체도

예제 6.2 가속되는 나무상자

그림 6.3(a)는 x 축의 양의 방향으로 $a = +1.5\text{ m/s}^2$ 으로 가속되고 있는 트럭의 짐칸에 실린 120 kg의 나무상자를 보여주고 있다. 트럭이 $s = 65$ m 의 변위를 일으켰고 나무상자는 전혀 미끄러지지 않았다. 나무상자에 작용하는 알짜 힘이 나무상자에 한 일은 얼마인가?

살펴보기 그림 6.3(b)의 자유물체도는 나무상자에 작용하는 힘을 나타낸다. (1) 나무상자의 무게 $\mathbf{W}$, (2) 트럭의 짐칸에 의하여 작용하는 수직항력 $\mathbf{F}_N$, (3) 나무 상자가 뒤로 밀리는 것을 막기 위해 앞의 방향으로 가해지는 정지 마찰력 $\mathbf{f}_s$가 있다. 무게와 수직항력은 변위 방향에 대하여 수직으로 작용하므로 일을 하지 않고 정지 마찰력이 변위 방향으로 작용하므로 정지 마찰력이 일을 하게 된다. 마찰력을 구하기 위해 나무상자가 미끄러지지 않는다는 점을 주목하면 나무상자의 가속도는 트럭의 가속도 $a = +1.5\text{ m/s}^2$와 같아야 한다. 이 가속도를 주는 힘이 정지 마찰력이다. 나무상자의 질량과 변위를 알고 있으므로 나무상자에 한 일을 계산할 수 있다.

풀이 뉴턴의 제2법칙으로부터, 정지 마찰력의 크기를 다음과 같이 구할 수 있다.

$$f_s = ma = (120\text{ kg})(1.5\text{ m/s}^2) = 180\text{ N}$$

이 정지 마찰력이 한 일은

$$W = (f_s\cos\theta)s = (180\text{ N})(\cos 0°)(65\text{ m}) = \boxed{1.2\times 10^4\text{ J}} \quad (6.1)$$

이다. 변위의 방향과 마찰력의 방향이 동일하므로 일은 양의 부호를 가진다.

6.2 일-에너지 정리와 운동 에너지

대부분의 사람들은 어떤 일을 하면 그 결과로 어떤 것을 얻을 것이라고 추측한다. 물리학에서는 물체에 알짜 힘이 작용하면 어떤 결과가 얻어진다. 이 결과는 그 물체의 운동 에너지의 변화이다. 일과 이로 인한 운동 에너지의 변화의 관계를 **일-에너지 정리**(work-energy theorem)라고 한다. 이 정리는 우리가 이미 배운 바 있는 세 개의 기본 개념을 서로 연결하여 얻어진다. 처음에 알짜 힘 ΣF와 가속도 a를 연결하는 뉴턴의 운동 제2법칙, $\Sigma F = ma$ 을 적용한다. 이어서 알짜 힘에 의하여 물체가 어떤 거리를 움직였을 때 한 일을 결정한다. 마지막으로 물체의 처음 속력, 나중 속력, 나중 속력까지 가속하기 위한 가속도 그리고 움직인 거리 등을 상호 연결하는 운동학의 식 중 하나인 식 2.9를 사용한다. 이런 방법으로 일과 에너지의 정리를 증명할 수 있다.

운동 에너지와 일-에너지 정리의 개념을 이해하기 위해 그림 6.4를 살펴보자. 이 그림에서 질량 m을 가진 비행기에 알짜 힘 $\Sigma\mathbf{F}$가 작용하고 있다. 이 알짜 힘은 이 비행기에 작용하고 있는 모든 외력의 벡터 합이다. 간략하게 하기 위해 변위 $\mathbf{s}$와 알짜 힘이 같은 방향을 향하고 있다고 하자. 뉴턴의 제2법칙에 의하여 알짜 힘은 $a = \Sigma F/m$으로 주어지는 가속도 a를 일으킨다. 따라서 비행기의 처음 속력 v_0는 나중 속력 v_f로 속력이 변한다.* $\Sigma F = ma$ 의 양변에 거리 s를 곱하면

$$\underbrace{(\Sigma F)s}_{\text{알짜 외력이 한 일}} = mas$$

가 되고 이때 좌변은 알짜 외력이 한 일이 된다. 우변의 항 as를 식 2.9 ($v_f^2 = v_0^2 + 2as$)를 이용하여 v_f와 v_0의 식으로 나타낼 수 있다. 이 식을 풀면 $as = \frac{1}{2}(v_f^2 - v_0^2)$가 되며 이것을 $(\Sigma F)s = mas$에 대입하면

$$\underbrace{(\Sigma F)s}_{\text{알짜 외력이 한 일}} = \underbrace{\tfrac{1}{2}mv_f^2}_{\text{나중 KE}} - \underbrace{\tfrac{1}{2}mv_0^2}_{\text{처음 KE}}$$

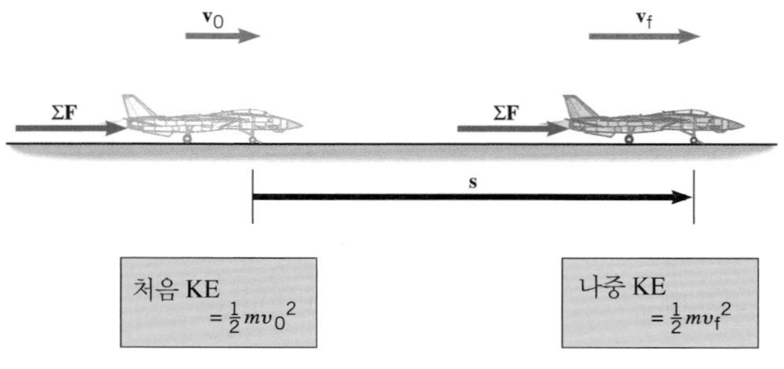

$\mathbf{v}_0$ $\mathbf{v}_f$ $\Sigma\mathbf{F}$ $\Sigma\mathbf{F}$ $\mathbf{s}$

처음 KE $= \frac{1}{2}mv_0^2$ 나중 KE $= \frac{1}{2}mv_f^2$

그림 6.4 변위 s에 걸쳐서 일정한 힘 ΣF가 작용하여 비행기에 일을 한다. 그 힘이 한 일의 결과로 비행기의 운동 에너지가 변화한다.

* 특별히 강조하기 위해, 이제부터 나중 속력을 v 대신에 v_f로 나타냄을 유의하라.

이 된다. 이 식이 일-에너지 정리이다. 좌변은 알짜 외력이 한 일이고 우변은 $\frac{1}{2}$(질량)(속력)^{2}의 형태의 두 항의 차이로 주어져 있다. 이 양 $\frac{1}{2}$(질량)(속력)^{2}을 운동 에너지(kinetic energy, KE)라고 부르며 이것은 물리학에서 아주 중요한 역할을 한다.

■ 운동 에너지

질량 m, 속력 v인 물체의 운동 에너지 KE는

$$KE = \frac{1}{2} mv^2 \tag{6.2}$$

로 주어진다.

운동 에너지의 SI 단위: 줄(J)

운동 에너지의 SI 단위는 일과 같이 줄(J)이다. 운동 에너지는 일처럼 스칼라양이다. 일과 운동 에너지가 서로 밀접한 관계가 있는 것은 놀라운 것이 아니다. 이것은 다음의 일-에너지 정리로부터 확실히 알 수 있다.

■ 일-에너지 정리

알짜 외력이 물체에 W의 일을 할 때 그 물체의 운동 에너지는 처음값 KE_0에서 나중값 KE_f로 변화하며 이 두 값의 차이는 알짜 힘이 한 일과 같다. 즉

$$W = KE_f - KE_0 = \frac{1}{2} mv_f^2 - \frac{1}{2} mv_0^2 \tag{6.3}$$

이다.

일-에너지 정리는 그림 6.4에 나타낸 특수한 상황 이외에 변위에 관하여 임의의 방향으로 가해진 힘에 대하여서도 일반적으로 유도할 수 있다. 사실상 직선이 아닌 곡선의 길을 따라서 변위가 일어나고 각 점마다 힘이 달라져도 이 정의는 유효하다. 일-에너지 정리에 따라 움직이는 물체는 운동 에너지를 가진다. 왜냐하면 물체를 정지 상태에서 어떤 속력 v_f가 되게 가속을 하기 위해서는 일이 필요하기 때문이다.* 역으로 운동 에너지를 가진 물체가 다른 물체를 끌거나 밀거나 하도록 할 수 있다면 이 물체의 운동 에너지는 일을 할 수 있다.

만일 몇 개의 외력이 물체에 작용을 하면 이 힘 벡터들을 더해서 알짜 힘을 구할 수 있다. 이 알짜 힘이 한 일은 일-에너지 정리에 따라 물체

* 명확하게 말하면 식 6.3으로 주어진 일-에너지 정리는 수학적인 점으로 나타낼 수 있는 단일 입자에만 적용된다. 그러나 거시적인 물체는 여러 입자들의 집합이어서 공간의 넓은 영역에 퍼져 있으므로 그런 거시적인 물체에 힘이 작용하면 그 힘의 작용점은 그 물체의 어느 곳일 수도 있다. 이런 점을 고려하여 일-에너지 정리를 논의하는 것은 이 책의 범위를 벗어난다. 좀 더 관심있는 독자는 "*The Physics Teacher*" 1989년 10월호 p.506에 있는 A.B. Arons의 문헌을 참고하기 바란다.

의 운동 에너지 변화와 같다. 다음의 예제는 이런 상황을 나타낸다.

예제 6.3 경사면 아래로 스키타기

$25°$ 경사면을 $58\,kg$의 스키 선수가 내려가고 있다. 운동 마찰력은 스키 선수의 운동 방향과 반대로 작용하고 그 크기는 $f_k = 70\,N$이다. 경사면의 꼭대기 근처에서 스키 선수의 처음 속도는 $v_0 = 3.6\,m/s$이다. 공기 저항을 무시할 때 경사면 아래 57 m 지점에서의 속도 v_f를 구하라.

살펴보기 나중 속력을 구하기 위해 일-에너지 정리를 이용한다. 일-에너지 정리에서 일이란 알짜 힘이 하는 일임을 주목하라. 그림 6.5(b)의 자유물체도에 나타낸 힘의 벡터 합이 알짜 힘이다. 이 도표로부터 경사면에 수직으로 작용하는 스키 선수의 무게 성분 ($mg\cos 25°$)은 수직항력 $\mathbf{F_N}$과 균형을 유지한다. 왜냐하면 수직 방향의 가속도 성분은 없기 때문이다. 따라서 알짜 힘의 방향은 x축 방향이다.

풀이 그림 6.5(b)에서 알짜 외력은 x축 방향이다. 따라서 그 크기는

$$\begin{aligned}\Sigma F &= mg\sin 25° - f_k \\ &= (58\text{ kg})(9.80\text{ m/s}^2)\sin 25° - 70\text{ N} \\ &= +170\text{ N}\end{aligned}$$

이고, 이 알짜 힘이 한 일은

$$\begin{aligned}W &= (\Sigma F\cos\theta)s = [(170\text{ N})\cos 0°](57\text{ m}) \quad (6.1)\\ &= 9700\text{ J}\end{aligned}$$

이다. 여기서 변위와 알짜 힘이 같은 방향이기 때문에 $\theta = 0°$ 이다. 일-에너지 정리($W = KE_f - KE_0$)로부터 다음과 같이 나중 운동 에너지를 구할 수 있다.

$$\begin{aligned}KE_f &= W + KE_0 \\ &= 9700\text{ J} + \tfrac{1}{2}(58\text{ kg})(3.6\text{ m/s})^2 = 10\,100\text{ J}\end{aligned}$$

나중 운동 에너지는 $KE_f = \frac{1}{2}mv_f^2$으로 주어지므로 스키선수의 나중 속력은 다음과 같이 결정된다.

$$v_f = \sqrt{\frac{2(KE_f)}{m}} = \sqrt{\frac{2(10\,100\text{ J})}{58\text{ kg}}} = \boxed{19\text{ m/s}}$$

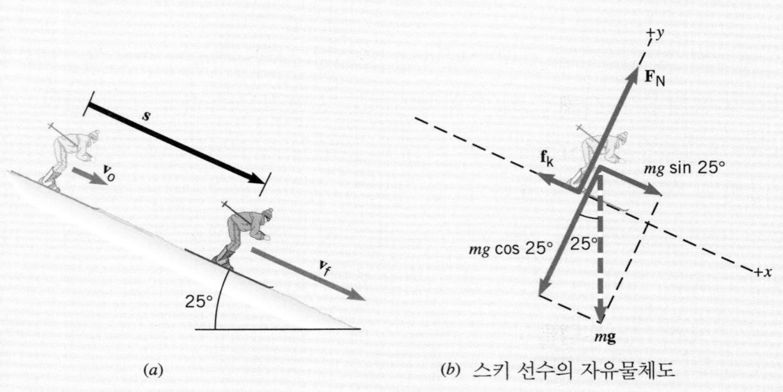

그림 6.5 (a) 경사면을 내려가는 스키 선수 (b) 스키 선수의 자유물체도

(a) (b) 스키 선수의 자유물체도

예제 6.3은 일-에너지 정리가 알짜 외력이 한 일을 다룬다는 사실을 강조하고 있다. 외력이 우연히 단 한 개만 존재하는 경우가 아니라면 일-에너지 정리는 각각의 힘에 개별적으로 적용되지 않는다. 예제 6.3의 경우와 같이 알짜 힘이 한 일이 양의 부호이면 운동 에너지는 증가한다. 반대로 일의 부호가 음이라면 운동 에너지는 감소한다. 만일 일이 0이라면 운동 에너지의 변화는 없다.

6.3 중력 위치 에너지

중력이 한 일

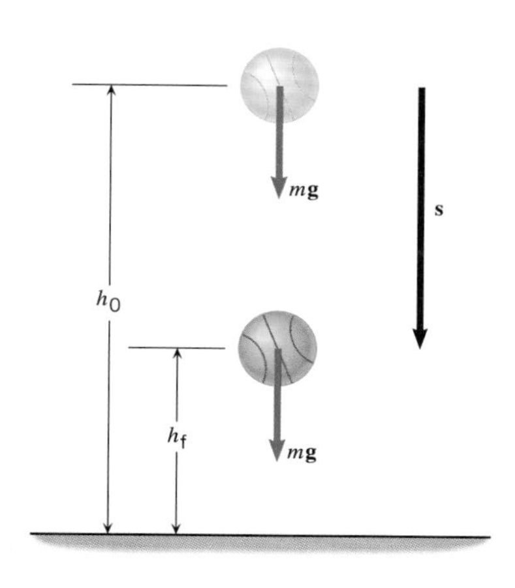

그림 6.6 중력이 농구공에 $\mathbf{mg}$ 의 힘을 작용한다. 농구공이 h_0 높이에서 h_f 높이로 떨어지면서 이 중력은 농구공에 일을 한다.

중력은 양의 일 혹은 음의 일을 할 수 있으며 그림 6.6을 보면 그 힘이 한 일이 어떻게 구해지는지를 알 수 있다. 연직 아래로 낙하하는 질량이 m인 농구공을 나타내는 이 그림에서 농구공에 작용하는 힘은 중력 $m\mathbf{g}$ 뿐이다. 지표로부터 잰 처음 공의 높이를 h_0라고 하고 나중 높이를 h_f라고 하자. 변위 $\mathbf{s}$는 아래로 향하고 있고 그 크기는 $s = h_0 - h_f$ 이다. 중력이 농구공에 한 일 $W_{중력}$를 계산하기 위하여 $W = (F\cos\theta)s$ 의 식을 이용한다. 여기서 $F = mg$ 이고 변위와 힘의 방향이 동일하므로 $\theta = 0°$ 이다. 따라서 일은 다음과 같이 계산된다.

$$W_{중력} = (mg\cos 0°)(h_0 - h_f) = mg(h_0 - h_f) \quad (6.4)$$

식 6.4는 공이 처음과 마지막 높이 사이의 어떤 경로를 통하여 움직이는지에 관계없이 성립하며 그림 6.6처럼 직선 경로를 따를 필요는 없다. 예를 들어, 그림 6.7에 나타낸 두 가지 경로에서 대해서도 식은 같다. 따라서 중력이 한 일을 계산할 때는 수직 거리의 차이 $(h_0 - h_f)$만 고려하면 된다. 이 그림에서 수직 거리의 차이는 두 경로 모두 같으므로 중력이 한 일도 같다. 여기서 높이의 차이는 지구의 반지름에 비하여 아주 작다고 가정하고 있고 그래서 중력 가속도의 크기도 각각의 높이에서 같다고 본다. 따라서 지표 근처에서는 $g = 9.8\,\text{m/s}^2$을 사용할 수 있다.

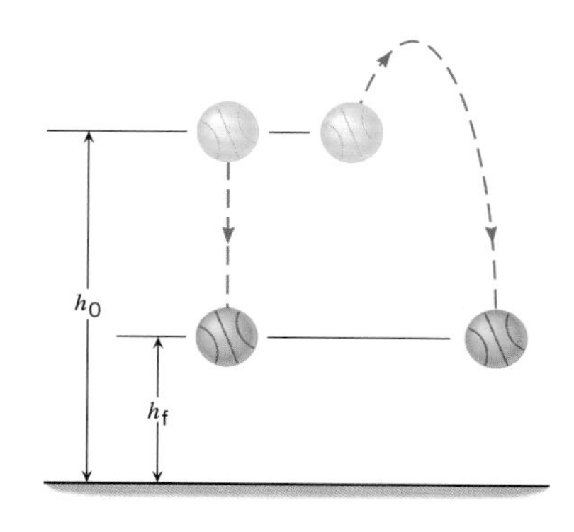

그림 6.7 처음 높이 h_0에서 나중 높이 h_f로 물체는 두 가지 다른 경로를 통하여 움직일 수 있다. 두 경우 모두 수직 거리의 변화 $(h_0 - h_f)$는 같기 때문에 각각의 경우에 중력이 한 일은 $W_{중력} = mg(h_0 - h_f)$로 동일하다.

식 6.4에서는 높이 h_0와 h_f 의 차이만이 나타나기 때문에 수직 거리 그 자체는 꼭 지표로부터 잴 필요가 없다. 예를 들어 지표로부터 1 m 위를 원점으로 하여 상대적으로 잴 수도 있다. 이 경우에도 $(h_0 - h_f)$는 동일하다. 예제 6.4은 중력이 한 일이 어떻게 일-에너지 정리와 연관이 되는지를 설명하고 있다.

예제 6.4 트램펄린 위의 체조 선수

그림 6.8(a)처럼 체조 선수가 트램펄린에서 위로 튕겨 올라가고 있다. 체조 선수는 높이 1.20 m의 트램펄린을 떠나서 최고 높이 4.80 m에 도달한 다음 다시 떨어진다. 모든 높이는 땅바닥으로부터 잰 것이다. 공기 저항을 무시하고 트램펄린을 떠나는 순간의 속도 v_0를 구하라.

살펴보기 알짜 외력에 의한 일을 계산할 수 있으면 우리는 일-에너지 정리를 이용하여 체조 선수(질량=m)의 처음 속력을 구할 수 있다. 공기 중에서 이 체조 선수에 작용하는 힘은 중력 밖에 없으므로 이 중력이 알짜 외력이다. $W_{중력} = mg(h_0 - h_f)$의 식을 이용하여 한 일을 구할 수 있다.

풀이 그림 6.8(b)는 위로 움직이고 있는 체조 선수를 나타낸다. 처음과 나중 높이는 각각 $h_0 = 1.20\ \text{m}$, $h_f = 4.80\ \text{m}$이다. 처음 속도는 v_0이고 최고 높이에서 체조 선수는 순간적으로 정지 상태에 있을 것이므로 나중 속도는 $v_f = 0\ \text{m/s}$이다. 나중 속도 $v_f = 0\ \text{m/s}$는 $\text{KE}_f = 0\ \text{J}$임을 의미하므로 일-에너지 정리로부터 $W = \text{KE}_f - \text{KE}_0 = -\text{KE}_0$이다. 따라서 중력에 의한 일은 일-에너지 정리로부터 $W_{중력} = mg(h_0 - h_f) = -\frac{1}{2}mv_0^2$이다. v_0에 관하여 풀면

$$\begin{aligned} v_0 &= \sqrt{-2g(h_0 - h_f)} \\ &= \sqrt{-2(9.80\ \text{m/s}^2)(1.20\ \text{m} - 4.80\ \text{m})} \\ &= \boxed{8.40\ \text{m/s}} \end{aligned}$$

가 된다.

(a) (b)

그림 6.8 (a) 체조 선수가 트램펄린 위에 튕겨져 올라가고 있다. (b) 이 체조선수는 처음 속력 v_0로 올라가서 최고 높이에서는 속력이 0이 된다.

중력 위치 에너지

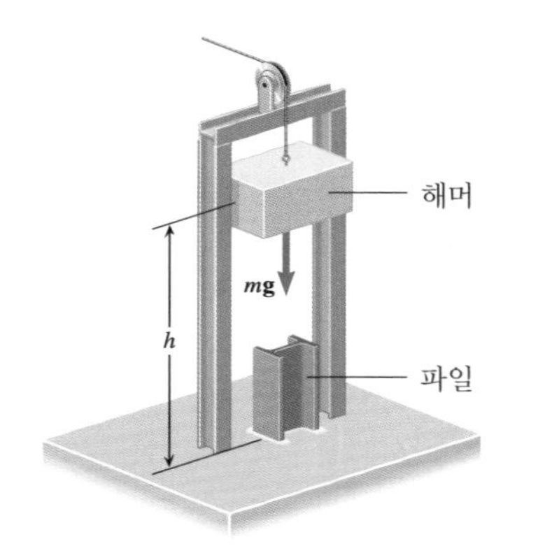

그림 6.9 파일 박는 기계. 지표로부터의 해머의 중력 위치 에너지는 PE = mgh이다.

움직이는 물체는 운동 에너지를 갖고 있다는 것을 배웠다. 그런데 이 운동 에너지 이외에도 다른 종류의 에너지가 있다. 예를 들면 물체는 지구로 부터의 상대적인 위치에 따라 다른 에너지를 가질 수 있다. 건설 현장에서 쓰고 있는 파일 박는 기계는 파일(구조물 지지용 빔)을 땅에 박는다. 파일 박는 기계는 높이 h로 무거운 해머를 올린 다음 이 해머를 떨어뜨려서 파일을 박는다(그림 6.9 참조). 결과적으로 해머는 파일을 땅에 박는 일을 할 수 있는 잠재력을 가지고 있는 셈이다. 해머의 높이가 높을수록 더 큰 일을 할 수 있다. 즉 더 큰 중력 위치 에너지를 가지고 있다고 표현할 수 있다.

이제 중력 위치 에너지의 식을 구하여 보자. 처음 높이 h_0에서 나중 높이 h_f로 물체가 움직일 때 중력이 한 일인 식 6.4를 이용하여 보자.

$$W_{중력} = \underbrace{mgh_0}_{\text{처음 중력 위치 에너지 PE}_0} - \underbrace{mgh_f}_{\text{나중 중력 위치 에너지 PE}_f} \tag{6.4}$$

이 식에서 중력이 한 일은 mgh의 처음값과 나중값의 차이이다. 높이가 높으면 mgh 값이 크고 높이가 낮으면 mgh 값이 작다. 따라서 mgh 값을

중력 위치 에너지(gravitational potential energy)라고 부를 수 있다. 위치 에너지의 개념은 앞으로 6.4절에서 논의할 보존력이라고 하는 힘하고만 관련이 있다.

■ **중력 위치 에너지**

중력 위치 에너지 PE는 질량 m인 물체의 지구 표면에 대한 상대적인 높이에 따라 물체가 가지고 있는 잠재적인 에너지이다. 이 에너지는 임의로 정한 원점에 대한 상대적인 높이 h에 의해 측정된다.

$$\mathrm{PE} = mgh \tag{6.5}$$

중력 위치 에너지의 SI 단위: 줄(J)

일이나 운동 에너지와 같이 중력 위치 에너지는 스칼라양이고 SI 단위는 줄(J)이다. 중력 위치 에너지의 차이는 식 6.4에서 알 수 있듯이 두 지점 사이에서 중력이 한 일이다. 따라서 높이가 0인 원점은 임의로 정할 수 있다. 단 높이 h_0와 h_f는 동일한 원점으로부터 측정한 값이어야 한다. 중력 위치 에너지는 물체와 지구(즉 질량과 중력 가속도) 그리고 높이에 따라서 변한다. 따라서 물체의 중력 위치 에너지 관하여 논의할 때 달리 표현을 하지 않더라도 이 중력 위치 에너지에 물체와 지구를 하나의 계로 다루는 개념이 함축되어 있음을 명심하여야 한다.

6.4 보존력과 비보존력

물체가 한 지점에서 다른 지점으로 움직일 때 중력은 재미있는 특성을 지니고 있다. 즉 중력이 한 일은 운동 경로의 선택과 무관하다. 예를 들어 그림 6.7에서 두 다른 경로로 처음 높이 h_0로부터 나중 높이 h_f로 물체가 움직이는 경우를 살펴보자. 6.3절에서 논의한 바와 같이 중력이 한 일은 처음과 나중 높이에만 관련이 있지 이 두 높이 사이의 경로와는 무관하다. 이런 이유로 중력을 다음의 정의 1번 형식에 따라 보존력이라 부른다.

■ **보존력**

1번 형식: 어떤 힘이 한 일이 처음과 나중 위치 사이의 경로와 무관할 때 그 힘은 보존력이다.

2번 형식: 처음 위치와 나중 위치가 같은 닫힌 경로를 따라 물체가 운동을 할 때 어떤 힘이 한 알짜 일이 0이면 그 힘은 보존력이다.

중력은 보존력의 첫 번째 예이다. 앞으로 용수철의 탄성력, 전하가

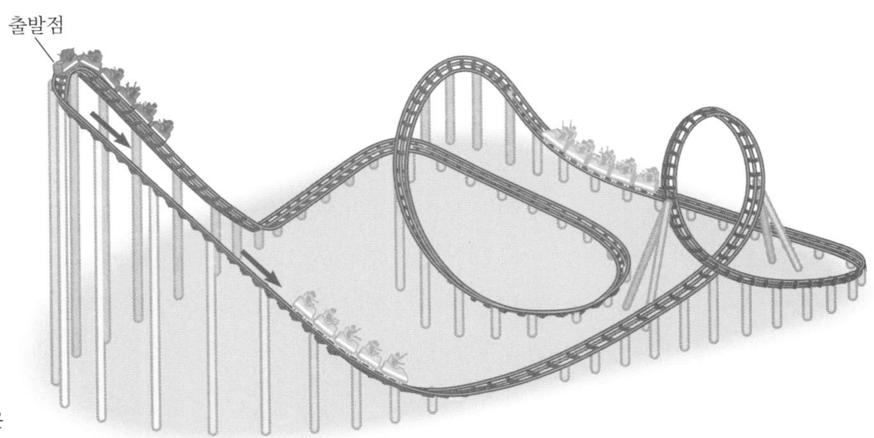

그림 6.10 롤러코스터의 트랙은 닫힌 경로의 한 예이다.

받는 전기력 등 다른 보존력에 대하여 공부를 할 것이다. 중력의 경우와 마찬가지로(식 6.5 참조) 각각 보존력에 대해서도 관련된 위치 에너지를 도입할 것이다. 그러나 다른 보존력과 연관된 위치 에너지는 그 수식의 형태가 일반적으로 식 6.5와 다르다.

그림 6.10은 보존력의 2번 형식의 정의를 이해하기 쉽게 하기 위한 것이다. 그림은 오르내리기 등의 복잡한 운동을 한 다음 원래의 위치로 돌아오는 롤러코스터를 나타내고 있다. 이렇게 출발점과 도착점이 동일한 경로를 닫힌 경로라고 부른다. 만일 마찰이나 공기 저항이 없다고 가정할 때 중력이 롤러코스터를 운동하게 하는데 작용을 하는 유일한 힘이다. 물론 트랙은 궤도차에 수직항력을 작용하지만 모든 지점에서 수직항력은 운동 방향에 수직이므로 일을 하지 않는다. 궤도차가 내려갈 때 중력은 양의 일을 하고 따라서 궤도차의 운동 에너지를 증가시킨다. 한편 궤도차가 올라 갈 때는 중력은 음의 일을 하고 궤도차의 운동 에너지가 감소된다. 궤도차가 처음의 위치로 돌아올 동안에 한 양의 일과 음의 일의 크기가 동일하기 때문에 알짜 일은 0이 된다. 따라서 궤도차는 출발점에서 가졌던 운동 에너지와 같은 운동 에너지로 도착점에 돌아온다. 따라서 보존력 정의 2번 형식에 따라 닫힌 경로에서 $W_{중력} = 0\,\mathrm{J}$이 된다.

모든 힘이 보존력인 것은 아니다. 두 지점 사이를 운동할 때 어떤 힘이 하는 일이 경로의 선택에 따라 달라지면 이 힘은 보존력이 아니다. 운동 마찰력은 비보존력의 한 예이다. 물체가 표면을 따라 미끄러질 때 마찰력은 운동 방향과 정반대로 작용하고 따라서 음의 일을 한다. 두 지점 사이의 경로가 길수록 더 많은 일을 하게 되므로 운동 마찰력이 하는 일은 경로의 선택에 좌우된다. 따라서 운동 마찰력은 비보존력이다. 공기 저항은 다른 비보존력이다. 이런 비보존력에 의해서는 위치 에너지가 정의되지 않는다.

닫힌 경로를 운동할 때 비보존력이 한 알짜 일은 보존력의 경우처럼 0이 되지 않는다. 예를 들어 그림 6.10에서 마찰력은 운동 방향에 항상 반대이고 궤도차의 속력을 감소시키는 작용을 한다. 중력과는 달리 마찰력은 아래로 내려가든지 또는 올라가든지 관계없이 모든 경로에서 항상 음의 일을 한다. 궤도차가 원래의 출발점으로 돌아 올 수 있다고 하면 처음의 운동 에너지보다 작은 운동 에너지로 돌아올 것이다. 표 6.2는 보존력과 비보존력의 예들을 나열한 것이다.

중력과 같은 보존력과 함께 마찰력, 공기 저항과 같은 비보존력 등이 물체에 동시에 작용하는 것이 보통이다. 따라서 알짜 외력에 의한 일 W은 다음과 같이 일반적으로 $W = W_c + W_{nc}$로 나타낼 수 있다 여기서 W_c는 보존력이 한 일, W_{nc}는 비보존력이 한 일을 나타낸다. 일-에너지의 정리에 의하여 외력이 한 일은 물체의 운동 에너지의 변화 즉 $W_c + W_{nc} = \frac{1}{2}mv_f^2 - \frac{1}{2}mv_0^2$로 표현할 수 있다. 만일 작용하는 보존력이 중력 밖에 없으면 $W_c = W_{중력} = mg(h_0 - h_f)$을 이용하여 일-에너지 정리는 다음과 같이 일반화 된다.

$$mg(h_0 - h_f) + W_{nc} = \tfrac{1}{2}mv_f^2 - \tfrac{1}{2}mv_0^2$$

중력이 한 일을 이 식의 오른쪽으로 옮기면

$$W_{nc} = (\tfrac{1}{2}mv_f^2 - \tfrac{1}{2}mv_0^2) + (mgh_f - mgh_0) \quad (6.6)$$

이 되고 이 식을 운동 에너지와 위치 에너지의 표현으로 바꾸면

$$\underbrace{W_{nc}}_{\text{비보존력이 한 알짜 일}} = \underbrace{(KE_f - KE_0)}_{\text{운동 에너지의 변화량}} + \underbrace{(PE_f - PE_0)}_{\text{중력 위치 에너지의 변화량}} \quad (6.7a)$$

이 된다. 식 6.7(a)는 외부의 비보존력이 한 알짜 일은 물체의 운동 에너지의 변화 더하기 위치 에너지의 변화임을 나타내고 있다. 전통적으로 이런 변화를 나타내기 위해 델타 기호 (Δ)를 사용한다. 따라서 $\Delta KE = (KE_f - KE_0)$와 $\Delta PE = (PE_f - PE_0)$로 나타낼 수 있고 이 델타 표현식을 쓰면 일-에너지 정리는 다음과 같이 간략하게 나타낼 수 있다.

$$W_{nc} = \Delta KE + \Delta PE \quad (6.7b)$$

다음의 두 절에서 식 6.7a와 6.7b로 나타낸 일-에너지 정리의 표현이 유용하게 쓰이는 경우를 공부할 것이다.

표 6.2 몇몇 보존력과 비보존력들

보존력
중력
용수철 탄성력
전기력
비보존력
정지 마찰력과 운동 마찰력
공기 저항
장력
수직항력
로켓의 추진력

문제 풀이 도움말
운동 에너지 및 위치 에너지의 변화는 항상 나중값 빼기 처음값이다. 즉 $\Delta KE = (KE_f - KE_0)$와 $\Delta PE = (PE_f - PE_0)$로 표시된다.

6.5 역학적 에너지 보존

일과 일-에너지 정리의 개념으로부터 우리는 물체가 두 종류의 에너지를 가지고 있음을 알았다. 즉 운동 에너지 KE와 중력 위치 에너지 PE이다.

이 두 에너지의 합을 **총 역학적 에너지**(total mechanical energy) E라고 부르고 $E = \text{KE} + \text{PE}$로 나타낸다. 총 역학적 에너지의 개념은 이 장에서의 물체의 운동을 기술하는데 아주 유용할뿐더러 다른 장에서 유용하게 이용된다.

식 6.7a의 우변을 정리하면 일-에너지 정리를 총 역학적 에너지에 관하여 표현할 수 있다.

$$W_{\text{nc}} = (\text{KE}_\text{f} - \text{KE}_0) + (\text{PE}_\text{f} - \text{PE}_0) \quad (6.7\text{a})$$
$$= \underbrace{(\text{KE}_\text{f} + \text{PE}_\text{f})}_{E_\text{f}} - \underbrace{(\text{KE}_0 + \text{PE}_0)}_{E_0}$$

즉 다음과 같이 간단하게 나타낼 수 있다.

$$W_{\text{nc}} = E_\text{f} - E_0 \quad (6.8)$$

식 6.8은 일-에너지 정리의 다른 표현임을 주의하기 바란다. 외부의 비보존력이 한 알짜 일 W_{nc}는 총 역학적 에너지를 처음에너지 E_0로부터 나중에너지 E_f로 변화시킨다.

$W_{\text{nc}} = E_\text{f} - E_0$ 형태의 일-에너지 정리의 표현은 물리학에서 가장 중요한 원리를 나타낸다. 이 원리는 역학적 에너지 보존의 원리이다. 만일 외부의 비보존력에 의한 알짜 일 W_{nc}가 0이라면 즉 $W_{\text{nc}} = 0\,\text{J}$이라면 식 6.8은 다음과 같이 간단하게 나타낼 수 있다.

$$E_\text{f} = E_0 \quad (6.9\text{a})$$

$$\underbrace{\tfrac{1}{2}mv_\text{f}^2 + mgh_\text{f}}_{E_\text{f}} = \underbrace{\tfrac{1}{2}mv_0^2 + mgh_0}_{E_0} \quad (6.9\text{b})$$

식 6.9a는 나중 역학적 에너지가 처음 역학적 에너지와 동일함을 나타낸다. 결과적으로 물체가 처음점에서 나중점으로 운동할 때 모든 운동 경로에서 총 역학적 에너지는 처음 역학적 에너지 E_0와 동일하고 결코 변화하지 않는다는 점을 나타낸다. 운동 중 변화하지 않는 물리량을 보존된다

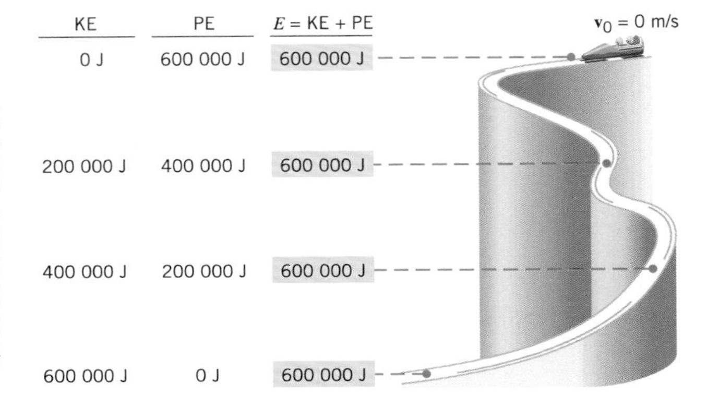

그림 6.11 이 그림은 마찰과 바람의 저항을 무시하면 봅슬레이가 질주할 때 운동 에너지와 위치 에너지가 어떻게 상호 변환되는 가를 나타낸다. 이때 총 역학적 에너지는 언제나 일정한 값을 가진다. 총 역학적 에너지는 600000 J이고 질주하기 전 맨 위에서는 모든 에너지가 위치 에너지이고 바닥에서는 모든 에너지가 운동 에너지로 변환된다.

고 표현하고 $W_{nc} = 0\,J$일 때 총 역학적 에너지가 보존되는 것을 역학적 에너지 보존 원리(역학적 에너지 보존 법칙)라고 부른다.

■ **역학적 에너지 보존 원리**

외부의 비보존력에 의한 알짜 일이 없으면 즉 $W_{nc} = 0\,J$이면 물체의 운동 중 총 역학적 에너지 ($W = KE + PE$)는 항상 일정한 값을 가진다.

역학적 에너지 보존 원리는 우리의 물리적인 우주가 어떻게 움직이고 있는지 알 수 있게 해 준다. 어느 점에서도 운동 에너지와 위치 에너지의 합은 보존되고 이 두 에너지는 상호 변환될 수 있다. 예를 들어 물체가 언덕 위를 올라갈 때 운동 에너지는 위치 에너지로 변환된다. 역으로 물체가 낙하하면 위치 에너지가 운동 에너지로 변환된다. 그림 6.11은 봅슬레이가 질주할 때 마찰력이나 바람의 저항같은 비보존력이 없다고 가정할 때 에너지 변환이 일어나는 과정을 나타내고 있다. 운동 경로에 수직인 수직항력은 일을 하지 않는다. 오직 중력만이 일을 한다. 그래서 총 역학적 에너지 E는 질주 중 어느 지점에서도 항상 똑같은 값을 가지고 있다. 보존 원리는 다음의 예에서 알 수 있듯이 여러 가지 상황에 쉽게 적용할 수 있다.

문제 풀이 도움말
예제 6.5의 질량처럼 공통 인수를 주의하라. 때때로 역학적 에너지 보존 문제를 풀 때에는 공통 인수를 소거할 수 있다.

예제 6.5 | 겁없는 오토바이 스턴트맨

겁없는 오토바이 스턴트맨이 그림 6.12에서와 같이 절벽을 수평 속력 38.0 m/s으로 달려서 계곡을 건너려고 한다. 공기 저항을 무시할 때 오토바이가 반대편 땅에 착지할 때의 속력을 구하라.

살펴보기 공기 저항을 무시한다면 오토바이가 일단 절벽 끝을 떠난 뒤 공중에서 중력 이외에 이 오토바이에 작용하는 다른 힘은 없다. 따라서 외부의 비보존력에 의한 일은 0이다. 따라서 역학적 에너지의 보존 원리를 적용할 수 있다. 오토바이의 처음과 나중의 총 역학적 에너지는 동일하다. 이 원리를 이용하여 오토바이의 착지 순간의 속력을 구할 수 있다.

풀이 역학적 에너지 보존 원리는 다음과 같이 쓸 수 있다.

$$\underbrace{\tfrac{1}{2}mv_f^2 + mgh_f}_{E_f} = \underbrace{\tfrac{1}{2}mv_0^2 + mgh_0}_{E_0} \qquad (6.9b)$$

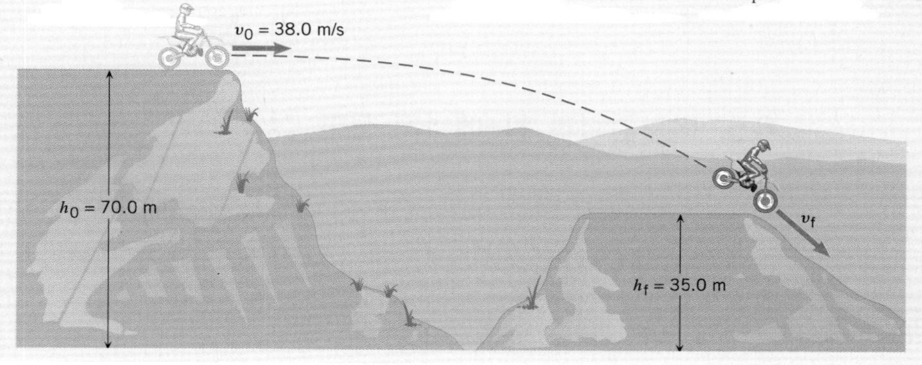

그림 6.12 계곡을 건너가는 겁없는 스턴트맨

이 식에서 모든 항에서 질량 m이 동일하게 나타나므로 스턴트맨과 오토바이의 질량은 소거할 수 있다.
v_f에 관하여 풀면

$$v_f = \sqrt{v_0^2 + 2g(h_0 - h_f)}$$

$$v_f = \sqrt{(38.0\ \text{m/s})^2 + 2(9.80\ \text{m/s}^2)(70.0\ \text{m} - 35.0\ \text{m})}$$

$$= \boxed{46.2\ \text{m/s}}$$

가 된다.

다음 예제는 역학적 에너지 보존 원리가 롤러코스터가 급경사 트랙에서 내려 올 때 어떻게 적용되는가를 보여준다.

예제 6.6 | 강철 용(Steel Dragon)

일본의 미에 지방에는 세계에서 가장 높고 가장 빠른 강철용이라고 하는 롤러코스터가 있다(그림 6.13). 이 롤러코스터의 수직 방향의 낙하 길이는 93.5m에 달한다. 이 낙하점의 맨 꼭대기에서 롤러코스터의 속력이 3.0 m/s라면 마찰을 무시할 때 바닥에서 롤러코스터 탑승객의 속력을 구하라.

그림 6.13 일본의 미에 지방에 있는 거대한 롤러코스터 강철 구조물. 이 롤러코스터에는 93.5 m의 수직 낙하 코스가 있다.

살펴보기 마찰을 무시하기 때문에 마찰력에 의한 일을 0이라고 할 수 있다. 탑승객의 좌석에 작용하는 수직항력은 운동 방향에 항상 수직이므로 이 수직항력은 일을 하지 못한다. 따라서 외부 비보존력에 의한 일은 0이고 역학적 에너지 보존 원리를 이용하여 바닥에서의 탑승객의 속력을 구할 수 있다.

풀이 역학적 에너지의 보존 원리는 다음과 같이 나타낼 수 있다.

$$\underbrace{\tfrac{1}{2}mv_f^2 + mgh_f}_{E_f} = \underbrace{\tfrac{1}{2}mv_0^2 + mgh_0}_{E_0} \qquad (6.9b)$$

이 식에서 모든 항에서 질량 m이 동일하게 나타나므로 질량은 소거할 수 있다. 따라서 나중 속력에 관하여 풀면

$$v_f = \sqrt{v_0^2 + 2g(h_0 - h_f)}$$

$$v_f = \sqrt{(3.0\ \text{m/s})^2 + 2(9.80\ \text{m/s})(93.5\ \text{m})}$$

$$= \boxed{42.9\ \text{m/s}}$$

이 된다. 여기서 수직 낙하 거리는 $h_0 - h_f = 93.5\ \text{m}$이다.

6.6 비보존력과 일-에너지 정리

대부분의 움직이는 물체는 마찰력, 공기 저항, 추진력 등 비보존력을 받는다. 따라서 외부 비보존력에 의한 일 W_{nc}가 0이 아닌 경우가 많다. 이런 상황에서 나중과 처음의 역학적 에너지의 차이는 W_{nc}와 같고 $W_{nc} = E_f - E_0$ (식 6.8)이다. 결과적으로 총 역학적 에너지는 보존이 되지 않는다. 다음

의 예는 비보존력이 있고 비보존력이 일을 할 때 식 6.8을 어떻게 이용할 수 있는가를 나타낸다.

예제 6.7 | 강철 용, 다시 보기

예제 6.6에서 마찰과 같은 비보존력을 무시하였다. 그러나 사실상 롤러코스터가 하강할 때 그런 힘은 존재한다. 바닥에서의 롤러코스터의 속력은 41.0 m/s로 예제 6.6에서 구한 값 보다 작다. 55.0 kg의 탑승객이 높이 h_0에서 h_f로 강하할 때 비보존력이 이 탑승객에게 한 일을 계산하라. 여기서 $h_0 - h_f = 93.5$ m이다.

살펴보기 맨 꼭대기에서 속력, 나중 속력, 수직 낙하 거리가 주어져 있기 때문에 탑승객의 처음과 나중의 역학적 에너지를 결정할 수 있다. 일-에너지 정리 $W_{nc} = E_f - E_0$로부터 비보존력이 한 일 W_{nc}을 계산할 수 있다.

풀이 일-에너지 정리는

$$W_{nc} = \underbrace{(\tfrac{1}{2}mv_f^2 + mgh_f)}_{E_f} - \underbrace{(\tfrac{1}{2}mv_0^2 + mgh_0)}_{E_0} \tag{6.8}$$

과 같이 주어지므로 이 식의 우변을 정리하면

$$W_{nc} = \tfrac{1}{2}m(v_f^2 - v_0^2) - mg(h_0 - h_f)$$

$$W_{nc} = \tfrac{1}{2}(55.0\,\text{kg})[(41.0\,\text{m/s})^2 - (3.0\,\text{m/s})^2] - (55.0\,\text{kg})(9.80\,\text{m/s}^2)(93.5\,\text{m}) = \boxed{-4400\,\text{J}}$$

이 얻어진다.

문제 풀이 도움말
이 문제와 예제 6.2에서 나타낸 바와 같이 마찰력과 같은 비보존력은 음의 일 혹은 양의 일을 할 수 있다. 이 힘의 성분이 변위 방향과 반대이면 음의 일을 하게 되고 물체의 속력을 감소시킨다. 반대로 이 힘의 성분이 변위 방향과 같으면 양의 일을 하게 되고 물체의 속력을 증가시킨다.

6.7 일률

많은 경우에 일을 하는 데 걸린 시간이 수행된 전체 일의 양보다 더 중요한 의미를 갖는 경우가 종종 있다. 모든 경우가 동일한(예를 들어 질량이 같은 경우) 두 자동차가 있고 그런데 한 차는 출력을 올린 엔진을 가지고 있다고 하자. 고출력 엔진을 가진 자동차는 0에서 27 m/s로 속력을 가속하는데 4 초가 걸린다고 하고 다른 차는 똑같은 속력으로 가속하는데 8 초가 걸린다면 각 차의 엔진은 자동차를 가속하는데 같은 일을 하지만 고출력 엔진을 가진 차가 더 빨리 일을 하는 셈이다. 차에 관한 한 더 높은 마력을 가진 엔진이 더 빨리 일을 한다. 더 큰 마력을 가졌다는 것은 짧은 시간에 더 큰 양의 일을 할 수 있음을 의미한다. 물리학에서 마력은 일을 하는 능력을 측정하는 한 방법이다. **일률**(power)의 개념은 일과 시간을 동시에 포함하는 개념이다. 즉 일률은 단위 시간당 한 일이다.

■ **평균 일률**

평균 일률 $\overline{P}$은 일 W가 행해지는 평균 시간 비율이므로 W를 걸린 시간 t로 나눈 값이다.

$$\overline{P} = \frac{\text{일}}{\text{시간}} = \frac{W}{t} \tag{6.10a}$$

일률의 SI 단위: 줄(J)/초(s) = 와트(W)

표 6.3 일률의 측정 단위

단위계	일 ÷	시간	= 일
SI	줄(J)	초(s)	와트 (W)
CGS	에르그	초(s)	초당 에르그(erg/s)
BE	푸트(ft) · 파운드(lb)	초(s)	초당 푸트 · 파운드 (ft · lb/s)

식 6.10a에 나타낸 평균 일률의 정의에서 일이란 알짜 힘이 하는 일이다. 그러나 일-에너지 정리에 의하면 이 일이 물체의 에너지를 변화시키므로(식 6.3 및 식 6.8 참조) 평균 일률은 에너지가 변화하는 시간당 비율 혹은 에너지 변화를 이 변화가 일어나는 동안 걸린 시간으로 나눈 값으로도 정의할 수 있다.

$$\overline{P} = \frac{\text{에너지 변화량}}{\text{시간}} \tag{6.10b}$$

일, 에너지 및 시간은 스칼라 양이므로 일률 역시 스칼라양이다. 일률의 단위는 일을 시간으로 나눈 양 즉 SI 단위계에서는 초당 줄이다. 초당 1줄의 양은 증기기관을 발명한 와트(1736-1819)를 기념하여 와트(W)라고 한다. 전기모터나 내연기관의 일률을 표현하는 데 종종 마력을 쓰기도 하며 영국공학 단위계에서 일률의 단위는 초당 푸트 · 파운드(ft · lb/s)이다.

1 마력 = 550 푸트 · 파운드/초 = 745.7 와트

표 6.3은 다양한 측정계에서 사용되는 일률의 단위를 요약하였다.

표 6.4 인간의 신진 대사율[a]

활동	일률(W)
달리기(15km/h)	1340W
스키타기	1050W
자전거타기	530W
걷기(5km/h)	280W
수면	77W

[a]70 kg 성인 남자 기준

식 6.10b는 인간의 신체 활동에 필요한 단위 시간당 에너지를 이해하는 기반을 제공한다. 식의 우변의 에너지의 변화는 우리가 매일 음식을 먹은 후 신진 대사 작용으로부터 얻는 에너지로 간주 할 수 있다. 표 6.4는 여러 가지 다양한 신체 활동을 유지하기 위해서 필요한 에너지 신진 대사율을 나타내었다. 예를 들어 15 km/h의 속력으로 달리기 위해 필요한 일률은 75 와트 전구 18 개를 켜기 위해 필요한 일률과 같고 수면시 사용되는 일률은 75 와트 전구 한 개를 켜는 데 필요한 일률과 거의 같다.

일률의 또 다른 표현은 식 6.1로부터 얻을 수 있다. 변위 방향과 동일한 방향으로 알짜 힘 F을 작용하여 일 W을 수행한 경우에 $W = (F \cos 0°) s = Fs$이므로 이 식의 양 변을 시간 t로 나누면

$$\frac{W}{t} = \frac{Fs}{t}$$

가 된다. 그리고 W/t는 평균 일률 $\overline{P}$이고 s/t는 평균 속력 $\overline{v}$이므로

$$\overline{P} = F\overline{v} \tag{6.11}$$

가 된다. 다음의 예제는 이 식 6.11을 사용하는 방법을 나타낸다.

예제 6.8 | 자동차를 가속하는 일률

정지 상태에 있던 1.10×10^3 kg의 자동차를 5.00 초 동안 가속한다. 이때 가속도는 $a = 4.60$ m/s^{2}이다. 이 자동차를 가속하는 알짜 힘에 의하여 생성되는 평균 일률을 계산하라.

살펴보기 자동차에 작용하는 알짜 힘 F와 평균 속력 $\overline{v}$를 얻으면 $\overline{P} = F\overline{v}$의 식을 이용하여 일률을 계산할 수 있다. 뉴턴의 제2법칙에 의하여 알짜 힘을 계산할 수 있고 평균 속력은 운동학 공식을 이용하여 계산할 수 있다.

풀이 뉴턴의 제2법칙에 의하여 알짜 힘을 계산하면

$$F = ma = (1.10 \times 10^3\ \text{kg})(4.60\ \text{m/s}^2) = 5060\ \text{N}$$

이고 자동차가 정지 상태($v_0 = 0$ m/s)에서 가속되므로 평균 속력 $\overline{v}$는 나중 속력 v_f의 절반이다.

$$\overline{v} = \tfrac{1}{2}(v_0 + v_f) = \tfrac{1}{2}v_f \qquad (2.6)$$

처음 속력이 0이므로 5.00 초 후의 나중 속력은 가속도와 시간의 곱이다.

$$v_f = v_0 + at = (0\ \text{m/s}) + (4.60\ \text{m/s}^2)(5.00\ \text{s}) = 23.0\ \text{m/s} \qquad (2.4)$$

따라서 평균 속력은 $\overline{v} = 11.5$ m/s이다. 이로부터 평균 일률을 구하면

$$\overline{P} = F\overline{v} = (5060\ \text{N})(11.5\ \text{m/s}) = \boxed{5.82 \times 10^4\ \text{W}\ (78.0\ \text{hp})}$$

가 된다.

6.8 다른 형태의 에너지와 에너지 보존

이제까지 우리는 두 가지 형태의 에너지 즉 운동 에너지와 중력 위치 에너지를 고찰하였다. 그러나 다른 많은 형태의 에너지가 자연계에 존재한다. 전기 에너지는 전기제품을 구동하는데 이용한다. 열 형태의 에너지는 음식을 조리하는데 이용한다. 운동 마찰력이 한 일은 종종 열의 형태로 나타나기 때문에 우리들의 손을 비비면 손이 따뜻해지는 것을 느낄 수 있다. 가솔린이 탈 때 저장된 화학 에너지가 방출되고 이 에너지는 자동차, 비행기, 배를 움직이는 데 이용한다. 음식에 저장된 화학 에너지는 신진대사를 유지하는데 필요한 에너지를 제공한다.

가장 쟁점이 될 수 있는 에너지는 핵에너지이다. 아인슈타인을 비롯한 여러 과학자의 연구를 통하여 질량은 그 자체가 에너지임이 밝혀졌다. 아인슈타인의 유명한 공식 $E_0 = mc^2$은 질량 m과 에너지 E_0가 어떻게 관련이 되는가를 나타낸다. 여기서 c는 진공 중의 빛의 속도이고 3.00×10^8 m/s의 값을 갖는다. 여기서 빛의 속도가 대단히 큰 값이기 때문에 이 공식은 아주 작은 질량이라도 막대한 에너지로 변환될 수 있다는 사실을 나타낸다.

지금까지 운동 에너지가 중력 위치 에너지로 변환되고 역으로 중력 위치 에너지가 운동 에너지로 변환될 수 있음을 공부하였다. 일반적으로 모든 형태의 에너지는 다른 형태의 에너지로 변환될 수 있다. 예를 들어 등산가가 산을 올라갈 때 음식에 저장된 화학 에너지가 중력 위치 에너지로 변환되는 셈이다. 만일 65 kg의 등산가가 열량 250 킬로칼로리(kcal 또

> 식품 속의 화학 에너지를 역학적 에너지로 변환하는 물리

는 Cal)*의 과자를 먹었다면 이 과자에는 약 1.0×10^{6} J의 화학 에너지가 저장되어 있다. 만일 이 화학 에너지가 모두 위치 에너지($mg(h_f-h_0)$)로 변환되었다면 높이의 변화는

$$h_f - h_0 = \frac{1.0\times10^{6}\ \text{J}}{(65\ \text{kg})(9.8\ \text{m/s}^2)} = 1600\ \text{m}$$

가 된다. 좀 더 실제 상황에 가깝게 변환 효율 50%을 가정하면 높이의 변화는 800 m이다. 유사하게 자동차를 움직이게 하기 위해 가솔린의 화학 에너지가 전기 에너지, 열, 그리고 운동 에너지로 변환된다.

에너지가 어떤 형태에서 다른 형태로 변환될 때 이 과정에서 어떠한 에너지가 조금도 생성되거나 소멸되지 않는다. 즉 과정 전의 총 에너지와 과정 후의 총 에너지가 같다. 이 사실로부터 다음의 중요한 원리를 알 수 있다.

■ **에너지 보존의 원리**
에너지는 생성되거나 소실되지 않는다. 다만 다른 형태의 에너지로 변환될 뿐이다.

에너지를 효율적으로 다른 형태의 에너지로 변환시킬 수 있는 방법이 현대 과학 기술의 중요한 목표 중의 하나이다.

6.9 변하는 힘이 하는 일

일정한 힘(크기와 방향이 모두 일정한 힘)이 하는 일은 식 6.1의 $W=(F\cos\theta)s$로 계산할 수 있다. 그러나 힘이 일정 하지 않고 변위에 따라 변하는 경우가 있다. 예를 들어 그림 6.14(a)는 궁사가 최첨단 복합 재료로 된 활을 쏘는 경우를 나타내고 있다. 이 종류의 복합 재료 활은 일련의 줄과 도르래로 이루어져 있어서 그림 6.14(b)에 나타낸 것과 같은 힘-변위 곡선 그래프를 보여준다. 이 복합 재료 활의 특징은 줄을 당기면 힘이 최대점까지 상승하였다가 다시 감소한다는 점이다. 줄을 최대로 당기면 힘은 최대값의 60% 정도까지 감소한다. $s=0.5$ m에서 감소하는 힘은 궁사가 활을 최대로 당긴 상태를 유지하는 것을 쉽게 하여 목표를 더 쉽게 조준하게 하여 준다.

그림 6.14(b)와 같이 변위에 따라 힘이 변할 때 $W=(F\cos\theta)s$ 공식을 이용하여 일을 계산할 수 없다. 이 공식은 힘이 일정할 때 유효한 공식이다. 그러나 우리는 도표 방법을 이용할 수 있다. 이 방법은 총 변위를 미소

(a)

복합 재료 활의 물리

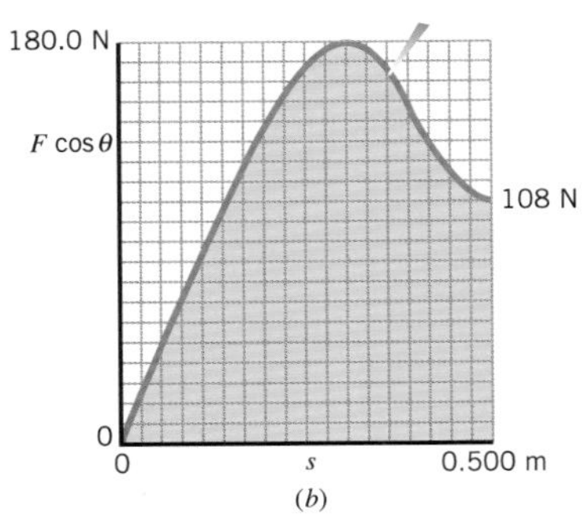

(b)

그림 6.14 (a) 복합 재료 활 (b) 활줄을 당김에 따라 변화하는 $(F\cos\theta)$ 대 변위 곡선

* 식품의 에너지는 칼로리 단위로 표시한다.

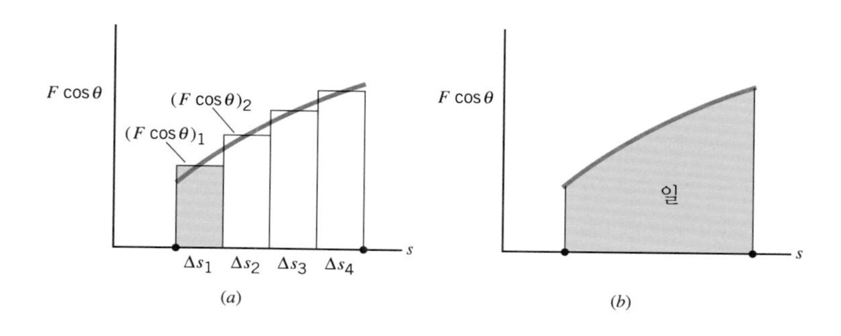

그림 6.15 (a) 미소 변위 Δs_1 동안 힘의 변위 방향 성분의 평균값 $(F\cos\theta)_1$이 한 일. 이 일은 색칠된 사각형의 넓이와 같다. (b) 변화하는 힘에 의하여 한 일은 $(F\cos\theta)$ 대 변위 곡선에서 색칠된 넓이와 같다.

변위 $\Delta s_1, \Delta s_2$ …로 잘게 나누는 방법이다(그림 6.15(a) 참조). 그리고 그림에서 작은 수평선으로 나타낸 바와 같이 각 조각에서 힘 성분의 평균값을 구한다. 예를 들어 그림 6.15(a)에서 미소 변위 조각 Δs_1의 짧은 수평 직선을 $(F\cos\theta)_1$으로 나타내었다. 이 값을 이용하여 처음 조각 동안에 한 일의 근사값 ΔW_1을 구할 수 있다. 즉 $\Delta W_1 = (F\cos\theta)_1\Delta s_1$을 구할 수 있다. 이 일은 그림에서 색깔을 칠한, 폭 Δs_1이고 높이가 $(F\cos\theta)_1$인 사각형의 넓이이다(하지만 이것은 실제 땅의 넓이처럼 제곱미터 단위의 넓이는 아니다). 이런 식으로 우리는 각각의 조각에서 수행한 일의 근사값을 구할 수 있고 이 모든 조각을 모으면 변화하는 힘이 한 일의 근사값을 구할 수 있다. 이 근사값은 다음과 같다.

$$W \approx (F\cos\theta)_1\Delta s_1 + (F\cos\theta)_2\Delta s_2 + \cdots$$

여기서 '≈' 기호는 근사값이라는 것을 의미한다. 이 식의 우변은 그림 6.15(a)의 모든 사각형의 넓이의 합이고 그림 6.15(b)의 그래프의 색칠된 부분의 넓이의 근사값이다. 만일 Δs를 감소시켜 즉 사각형을 더욱 잘게 쪼개면 궁극적으로 우변의 넓이는 그래프의 색칠된 부분의 넓이와 같아질 것이다. 따라서 변화하는 힘에 의한 일을 다음과 같이 정의할 수 있다. 움직이는 물체의 변화하는 힘에 의한 일은 $(F\cos\theta)$ 대 변위 곡선의 넓이와 같다. 예제 6.9는 그래프 방법을 이용하여 복합 재료 활을 당겼을 때 한 일의 근사값을 구하는 방법을 나타내었다.

예제 6.9 | 일과 복합 재료 활

그림 6.14에서 0에서 0.500 m로 활줄을 당겼을 때 궁사가 한 일을 계산하라.

살펴보기 한 일은 그림 6.14(b)의 곡선 아래의 색칠된 부분의 넓이와 같다. 편의를 위해서 이 넓이를 각 넓이가 $(9.00\ \text{N})(2.78\times10^{-2}\ \text{m}) = 0.250\ \text{J}$인 작은 사각형으로 나눈다. 다음 사각형의 개수를 세고 이 개수에 넓이를 곱한다.

풀이 이 그림에서 색칠된 부분은 242 개의 작은 사각형으로 이루어져 있다. 각각의 작은 사각형은 0.250 J의 일을 나타내므로 수행한 총 일은

$$W = (242\text{ 개의 사각형})\left(0.250\ \frac{\text{J}}{\text{사각형}}\right) = \boxed{60.5\ \text{J}}$$

이다. 화살을 발사하면 이 일의 일부가 화살의 운동 에너지로 변환된다.

연습 문제

6.1 일정한 힘에 의한 일

1(3) 한 사람이 눈 위에서 25.0° 만큼 위로 기울어진 로프로 토버건 썰매를 35.0 m 끌고 있다. 이때 로프의 장력은 94.0 N이다. (a) 장력이 토버건 썰매에 한 일은 얼마인가? (b) 만일 장력이 수평 방향이면 하는 일은 얼마인가?

2(7) 한 사람이 16.0 kg의 쇼핑 수레를 균일한 속력으로 22.0 m의 거리를 밀고 있다. 이 사람이 수평에서 29.0° 아랫방향으로 밀고 있고 쇼핑 수레의 진행 방향과 반대 방향으로 48.0 N의 마찰력이 작용한다. (a) 이 사람이 가하는 힘은 얼마인가? (b) 미는힘, (c) 마찰력, (d) 중력이 한 일을 계산하라.

****3(11)** 1200 kg의 자동차가 5.0° 경사진 언덕을 올라가고 있다. 마찰력은 이 자동차의 운동 방향과 반대 방향으로 작용하고 그 양은 $f = 524$ N이다. 도로가 주는 힘 **F**가 자동차에 작용하고 자동차를 앞으로 추진시킨다. 이 두 힘 이외에 다른 두 힘이 추가로 자동차에 작용한다. 그 두 힘은 자동차의 무게 **W**와 도로 표면에 수직으로 작용하는 수직항력 $\mathbf{F}_N$이다. 언덕 위까지 도로의 길이는 290 m이다. 자동차에 작용하는 알짜 힘이 한 일이 +150 kJ이 되기 위하여 힘 **F**의 크기는 얼마가 되어야 하는가?

6.2 일-에너지 정리와 운동 에너지

4(15) 0.045 kg의 골프공을 때려서 날아가고 있다. 이 골프공의 속력은 41 m/s이다. (a) 골프채가 이 공에 한 일은 얼마인가? (b) 골프채가 공의 운동 방향에 평행하게 힘을 가한다고 가정하고 골프채가 골프공과 0.010 m 거리동안 접촉하고 있다고 가정하면 공의 무게를 무시하였을 때 골프채가 공에 가한 평균힘을 계산하라.

***5(19)** 썰매를 수평의 눈밭에서 끌고 있다. 마찰은 무시할 만큼 작다. 끄는 힘은 썰매의 변위 방향과 같은 방향이고 $+x$축 방향이다. 이 결과 썰매의 운동 에너지가 38 % 증가하였다. 이 끄는 힘을 $+x$축 방향에서 62° 방향으로 변화시키면 몇 %의 운동 에너지가 증가하는가?

***6(23)** 스키어가 정지 상태로 부터 출발하여 수평으로부터 경사각이 25.0°인 산을 내려가고 있다. 스키어와 눈사이의 마찰 계수는 0.200이다. 절벽의 끝까지 10.4 m 거리를 내려간 다음 절벽을 뛰어 절벽 아래의 땅에 착지하였다. 절벽과 아래 땅과의 수직 거리는 3.50 m이다. 땅에 착지하기 직전의 스키어의 속력은 얼마인가?

6.3 중력 위치 에너지
6.4 보존력과 비보존력

7(27) 지표로부터 높이 443 m인 시어즈 타워의 꼭대기에 있는 55.0 kg인 사람의 지표를 기준점으로 하는 중력 위치 에너지는 얼마인가?

8(29) 75.0 kg의 스키어가 산꼭대기까지 길이 2830 m의 스키리프트를 타고 올라가고 있다. 이 스키리프트는 수평으로부터 14.6° 기울어져 있다. 이 스키어의 중력 위치 에너지의 변화는 얼마인가?

6.5 역학적 에너지의 보존

9(37) 자전거를 탄 한 사람이 완만한 언덕에 11 m/s의 속력으로 접근하고 있다. 언덕의 높이는 5.0 m이고 이 자전거 탄 사람이 추가로 페달을 밟지 않고 원래의 속력으로 이 언덕을 넘을 때 언덕 꼭대기에서의 속력을 구하라.

***10(41)** 그림과 같은 물미끄럼대가 있다. 이 물미끄럼대는 사람이 미끄럼대 위에 정지하고 있다가 미끄럼을 타고 마지막으로 물미끄럼대를 벗어날 때는 수평으로 운동을 하도록 설계가 되어 있다. 그림과 같이 한 사람이 미끄럼을 타고 미끄럼대를 벗어난 뒤에 0.500 초 후에 5.00 m 떨어진 물에 떨어졌다. 마찰

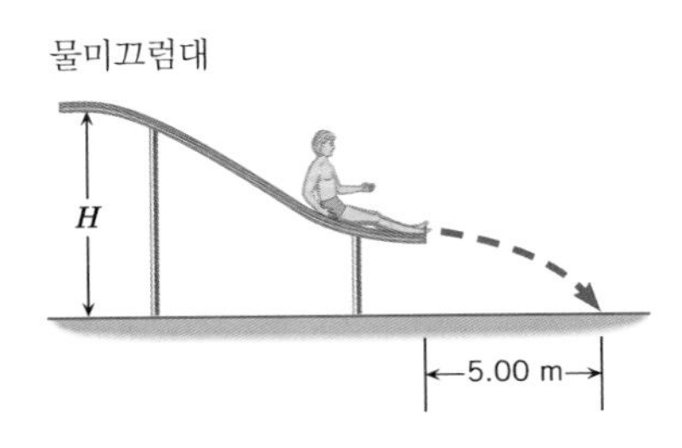

과 공기 저항을 무시할 때 이 물미끄럼대 높이 H을 구하여라.

**11(43) 견딜 수 있는 최대 장력이 8.00×10^2 N인 밧줄로 구성되어 있는 그네가 있다. 처음에 그네는 수직으로 걸려 있다가 수직으로부터 60.0° 각도로 뒤로 당겼다가 놓았다. 줄이 끊어지지 않고 이 그네를 탈 수 있는 사람의 최대 질량은 얼마인가?

6.6 비보존력과 일-에너지 정리

12(47) 5.00×10^2 kg의 열기구가 지표에서 정지 상태에 있다가 위로 올라가고 있다. 이 과정에서 비보존력인 바람이 $+9.70 \times 10^4$ J의 일을 하여 열기구를 위로 올린다. 이 열기구가 8.00 m/s 속력을 가질 때 지표로부터 높이는 얼마인가?

13(49) 산길 위로 1.50×10^3 kg인 자동차를 비보존력이 추진하여 4.70×10^2 J의 일을 한다. 해수면에서 자동차는 정지 상태에서 출발하였고 해수면으로부터 고도 2.00×10^2 m에서 속력은 27.0 m/s였다. 마찰과 공기 저항이 자동차에 한 일을 구하라. 마찰과 공기 저항은 둘 다 비보존력이다.

**14(53) 축제에서 9.00 kg의 해머로 타깃을 쳐서 종을 울리는 게임을 할 수 있다. 해머로 타깃을 치면 이에 따라 0.400 kg의 금속 조각이 5.00 m 위에 있는 종을 향하여 날아간다. 만일 해머의 운동 에너지의 25.0 %가 금속 조각을 위로 올리는 일을 하는데 사용된다면 얼마나 빨리 해머가 움직여야 금속 조각이 벨을 울릴 수 있을까?

6.7 일률

15(57) 1 킬로와트시(kWh)는 1 킬로와트의 일률이 한 시간동안 제공되는 에너지 단위이다. 이 단위는 전기 요금을 계산할 때 사용되는 단위이다. 1 킬로와트시를 줄(J) 단위로 환산하여 보라.

*16(59) 4 명의 스키어를 등속으로 140 m 높이로 2 분 내로 올릴 수 있는 스키리프트가 있다. 각 스키어의 평균 질량은 65 kg이다. 이 리프트를 끄는 케이블의 장력에 의한 평균 일률은 얼마인가?

**17(61) 제트스키보트의 모터는 보트가 12 m/s의 속력으로 움직이고 있을 때 7.50×10^4 W 일률을 제공한다. 이 보트가 같은 속력으로 수상 스키어를 끌기 위해서는 엔진은 8.30×10^4 W의 일률을 제공해야 한다면 이 수상 스키어를 끄는 줄의 장력은 얼마인가?

6.9 변하는 힘이 하는 일

18(63) 다음의 그래프는 변위의 양 s에 따른 알짜 외력의 변위 방향 성분 $F\cos\theta$의 변화를 나타낸다. 이 그래프를 65 kg의 스케이팅 선수에 적용을 해보자. (a) 0 부터 3.0 m 구간에서 한 일은 얼마인가? (b) 3.0 m에서 6.0 m 구간에서 한 일은 얼마인가? (c) $s = 0$ m일 때 스케이팅 선수의 처음 속력이 1.5 m/s라면 $s = 6.0$ m일 때 스케이트 선수의 속력은 얼마인가?

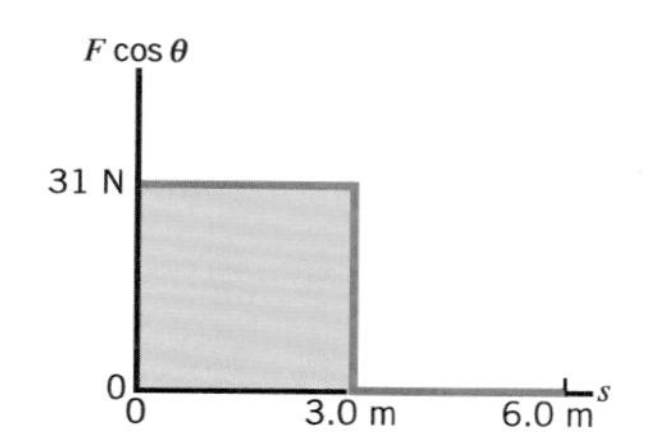

19(67) 처음에 정지하여 있던 6.00kg의 물체에 알짜 외력이 작용하고 있다. 그림과 같이 알짜 힘의 성분이 변위에 따라 변화하고 있다. (a) 알짜 힘이 한 일은 얼마인가? (b) $s = 20.0$ m에서 물체의 속력은 얼마인가?

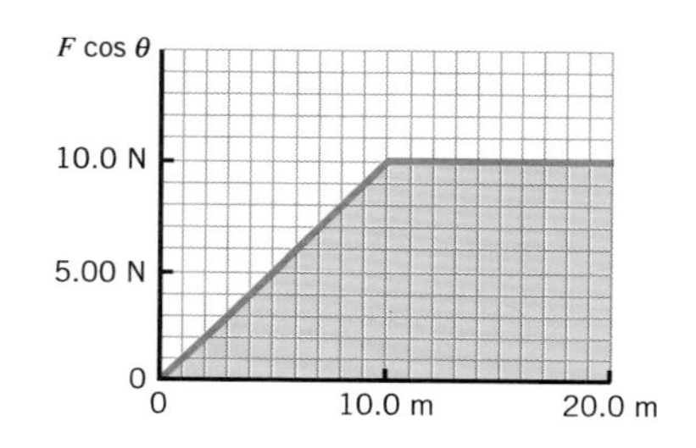

Chapter 07 충격량과 운동량

7.1 충격량–운동량 정리

어떤 물체에 작용하는 힘이 일정하지 않고 시간에 따라 변하는 경우가 많이 있다. 예를 들어 그림 7.1(a)처럼 야구 방망이로 공을 치는 경우를 생각하자. 이 과정에서 방망이가 공에 전달하는 힘의 크기의 변화가 그림 7.1(b)에 그려져 있다. 방망이가 공에 접촉하는 순간 t_0에서 힘의 크기는 0이지만, 공과 접촉하는 동안 이 힘은 어떤 최대값까지 증가된 후, 공이 방망이로부터 밀려나가기 시작한 뒤로는 급격히 감소되다가 공이 방망이로부터 이탈하는 순간인 t_f에서 다시 0이 됨을 알 수 있다. 실제로는 방망이와 공이 접촉하는 시간 $\Delta t = t_f - t_0$가 수 천분의 일 초 정도로 아주 짧은 반면에, 방망이가 공에 전달하는 힘은 순간적으로 매우 커서 수 천 뉴턴을 초과한다. 그림 7.1(b)에는 방망이로부터 공에 전달되는 이 힘의 알짜 평균력 $\bar{F}$를 그려 넣어서 원래의 힘과 비교할 수 있게 하였다. 시간에 따라 변하는 힘에 관한 또 다른 예들이 그림 7.2에 나타나 있다.

야구공이 방망이에 잘 맞은 경우라는 것은 공이 강하게 맞은 경우를 가리키며, 이 경우를 힘의 크기나 접촉 시간으로 설명하자면, 어떤 큰 평균력이 충분히 긴 시간 동안 작용한 경우라고 할 수 있다. 이런 현상을 기술하려면, 평균력과 접촉 시간을 동시에 고려해야 하므로, 여기서 이 두 물리량의 곱으로 정의되는 새로운 물리량을 도입하기로 한다. 이 물리량을 힘의 **충격량**(impluse)이라 하고, 다음과 같이 정의한다.

(a)

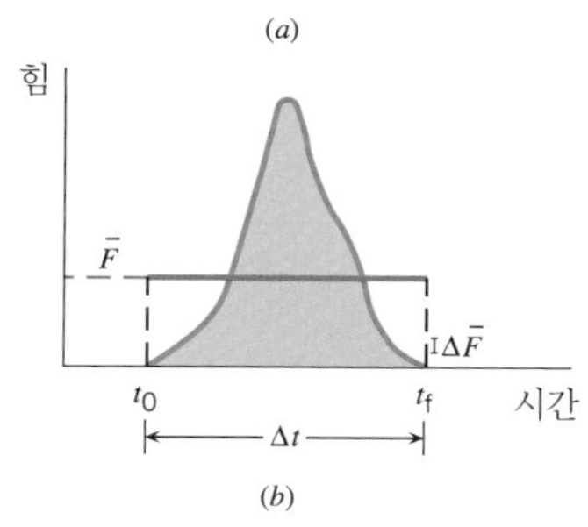

(b)

그림 7.1 (a) 방망이로 공을 치는 순간의 사진. 이때 충돌 시간은 10^{-3}초 이하로 매우 짧지만, 공에 전달되는 힘은 매우 클 수 있다. (b) 방망이가 공을 치는 동안 방망이가 공에 전달하는 알짜 힘의 시간 변화. 방망이가 공에 닿는 바로 그 순간에는 이 힘이 0이지만, 접촉된 후로는 어느 시점까지 알짜 힘은 어떤 최대값까지 상승한다. 알짜 힘이 최대값에 도달한 후로는 공이 방망이로부터 밀려나가기 시작하는 데, 이때부터 알짜 힘은 급격하게 감소되다가 공이 방망이로부터 이탈하는 순간에 다시 0이 된다. 힘이 작용한 시간 간격은 Δt이고 평균력의 크기는 $\bar{F}$이다.

■ **충격량**

어떤 힘의 충격량 $\mathbf{J}$는 평균력 $\bar{\mathbf{F}}$와 이 힘이 작용하는 시간 간격 Δt와의 곱

그림 7.2 각각의 상황에서 공에 가해진 힘은 시간에 따라 변한다. 접촉 시간은 짧지만, 힘의 최대값은 클 수 있다.

이다.

$$\mathbf{J} = \overline{\mathbf{F}}\,\Delta t \tag{7.1}$$

충격량은 벡터양이며 평균력과 같은 방향을 갖는다.

충격량의 SI 단위: 뉴턴(N) · 초(s)

공이 방망이에 맞을 때, 그 반응은 충격량의 크기로 나타난다. 큰 충격량은 큰 반응을 일으켜서 공은 매우 큰 속도로 방망이를 떠나게 되지만, 경험상 우리는 공의 질량이 클수록 그 속도는 더 작아짐을 알고 있다(이 사실의 역도 성립). 따라서 질량과 속도는 주어진 어떤 충격량에 대해 물체가 어떻게 반응하는가를 알고자할 때 중요하며, 각각의 효과는 다음에 정의되는 **운동량**(선운동량; linear momentum)의 개념 속에 포함되어 있다.*

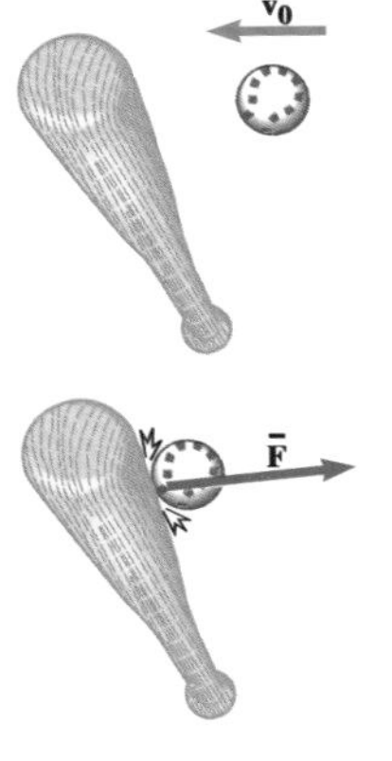

■ **운동량**

한 물체의 운동량 $\mathbf{p}$는 그 물체의 질량 m과 속도 $\mathbf{v}$와의 곱이다.

$$\mathbf{p} = m\mathbf{v} \tag{7.2}$$

운동량은 벡터양으로 그 방향은 속도의 방향과 같다.

운동량의 SI 단위: 킬로그램(kg) · 미터(m)/초(s)

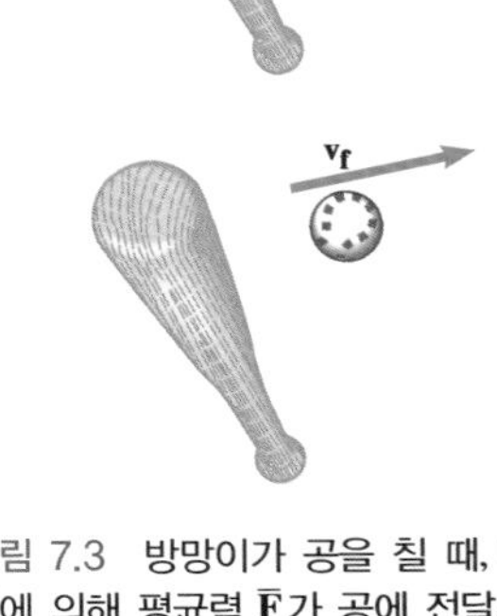

그림 7.3 방망이가 공을 칠 때, 방망이에 의해 평균력 $\overline{\mathbf{F}}$가 공에 전달되며, 그 결과로써 공의 속도는 처음 속도 $\mathbf{v}_0$(맨 윗그림)에서 나중 속도 $\mathbf{v}_f$(맨 아랫그림)로 변한다.

이제 충격량과 운동량 사이의 관계를 보이기 위해 그림 7.3의 경우에 뉴턴의 제2법칙을 사용할 것이다. 그림 7.3은 야구공이 휘두르는 방망이에 처음 속도 $\mathbf{v}_0$로 접근하다가 방망이에 부딪혀서 나중 속도 $\mathbf{v}_f$로 되튀기는 경우를 보여주고 있다. 시간 간격 Δt 동안 어떤 물체의 속도가 $\mathbf{v}_0$에서 $\mathbf{v}_f$로 변했다면, 그 평균 가속도 $\overline{\mathbf{a}}$는 식 2.4에 따라 다음과 같이 쓸 수 있다.

*운동량에는 선운동량과 각운동량(9.6절 참조)이 있지만 그냥 운동량이라 하면 선운동량을 의미한다(역자 주).

$$\bar{\mathbf{a}} = \frac{\mathbf{v_f} - \mathbf{v_0}}{\Delta t}$$

뉴턴의 제2법칙, $\Sigma\overline{\mathbf{F}} = m\bar{\mathbf{a}}$에 의하면, 이 물체의 평균 가속도는 알짜 평균력 $\Sigma\overline{\mathbf{F}}$에 의해 결정된다. 여기서 $\Sigma\overline{\mathbf{F}}$는 물체에 작용하는 모든 평균력의 벡터 합이다. 따라서

$$\Sigma\overline{\mathbf{F}} = m\left(\frac{\mathbf{v_f} - \mathbf{v_0}}{\Delta t}\right) = \frac{m\mathbf{v_f} - m\mathbf{v_0}}{\Delta t} \qquad (7.3)$$

이다. 이 결과에서 제일 오른쪽 항의 분자는 나중 운동량에서 처음 운동량을 뺀 것으로, 운동량의 변화량과 같다. 그래서 알짜 평균력은 단위 시간당 운동량의 변화량으로 주어진다.* 여기서 식 7.3의 양변에 Δt를 곱하면 식 7.4를 얻게 된다. 우리는 이것을 **충격량-운동량 정리**(impulse-momentum theorem)라 부른다.

■ 충격량-운동량 정리

어떤 알짜 힘이 한 물체에 가해지면, 이 힘의 충격량은 그 물체의 운동량 변화와 동일하다.

$$\underbrace{(\Sigma\overline{\mathbf{F}})\,\Delta t}_{\text{충격량}} = \underbrace{m\mathbf{v_f}}_{\text{나중 운동량}} - \underbrace{m\mathbf{v_0}}_{\text{처음 운동량}} \qquad (7.4)$$

충격량 = 운동량의 변화량

방망이가 공과 충돌하는 동안 작용하는 알짜 평균력 $\Sigma\overline{\mathbf{F}}$을 측정하는 것이 일반적으로 어려우므로, 충격량 $(\Sigma\overline{\mathbf{F}})\Delta t$를 결정하는 것은 쉽지 않다. 그 대신 그 물체의 질량과 속도를 직접 측정하여 물체의 충돌 후 운동량 $m\mathbf{v}_f$와 충돌 전 운동량 $m\mathbf{v}_0$를 알아낼 수 있다. 즉 충격량-운동량 정리에 따라 충격 때문에 생긴 운동량 변화를 측정함으로써, 충격량에 관한 정보를 간접적으로 얻을 수 있다. 만약 접촉 시간 Δt를 안다면, 우리는 알짜 평균력을 가늠해 볼 수 있다. 다음 예제는 이 정리를 어떻게 사용하는지를 보여 준다.

예제 7.1 | 폭풍우

태풍에 동반된 빗방울이 속도 $\mathbf{v}_0 = -15$ m/s로 주차되어 있는 자동차 지붕에 수직으로 내리고 있다(그림 7.4 참조). 단위 시간당 지붕에 내리는 빗방울들의 총 질량은 0.060 kg/s이다. 빗방울이 지붕에 충돌한 후 정지된다고 가정하고, 지붕에 가해지는 평균력을 구하라.

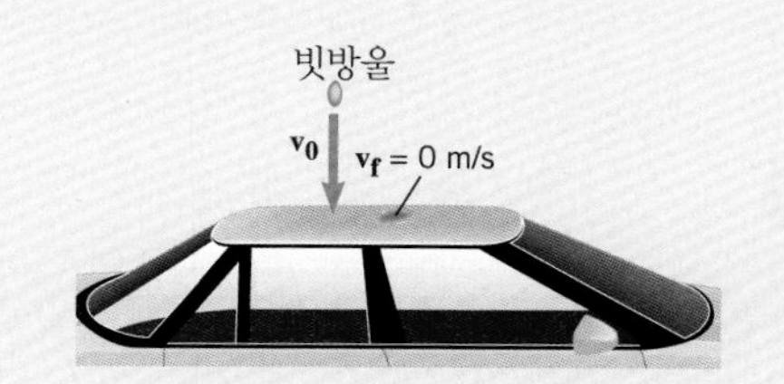

그림 7.4 자동차 지붕에 떨어지는 빗방울은 지붕에 닿기 바로 직전은 처음 속도 $\mathbf{v}_0 = -15$ m/s이고, 나중 속도는 빗방울이 지붕에서 정지되므로 $\mathbf{v}_f = 0$ m/s이다.

살펴보기 이 문제는 야구공의 경우처럼 공에 관한

* 알짜 힘과 단위 시간당 운동량의 변화량 사이의 등가 관계식은 뉴턴이 기술한 운동의 제2법칙의 원래 표현이다.

정보를 제시해 준 뒤 공에 가해지는 힘을 묻는 경우와는 달리, 빗방울에 관한 정보를 제시한 뒤, 지붕에 가해지는 힘을 구하는 문제다. 하지만 뉴턴의 제3법칙(작용-반작용 법칙)에 의하면, 빗방울이 지붕에 가하는 힘과 지붕이 빗방울에 가하는 힘이 크기는 같지만 방향이 반대이므로(4.5절 참조), 우리는 빗방울이 받는 힘을 먼저 구한 뒤, 지붕에 가해지는 힘을 구할 것이다. 빗방울이 지붕에 떨어지는 경우에 빗방울에는 두 개의 힘이 작용한다. 하나는 지붕이 빗방울들에 가하는 평균력이고 다른 하나는 지붕에 떨어진 빗방울의 전체 무게이다. 이 두 힘들의 합이 알짜 평균력이다. 하지만 두 힘을 비교해보면 평균력 $\overline{\mathbf{F}}$가 빗방울의 무게보다도 훨씬 더 크므로 무게를 무시할 수 있어서, 알짜 평균력은 $\overline{\mathbf{F}}$가 된다. 즉 $\Sigma\overline{\mathbf{F}} = \overline{\mathbf{F}}$이다. $\overline{\mathbf{F}}$의 값은 빗방울에 충격량-운동량 정리를 적용함으로써 구할 수 있다. 또한 빗방울이 수직 낙하하므로 문제는 사실상 일차원적이다.

풀이 빗방울의 낙하 방향을 수직선(가령, y축)으로 보면, 방울의 속도를 $\mathbf{v}_0 = -15\,\text{m/s}$에서 $\mathbf{v}_f = 0\,\text{m/s}$로 감속시키는 데 필요한 평균력 $\overline{\mathbf{F}}$는 식 7.4에서 구할 수 있다.

$$\overline{\mathbf{F}} = \frac{m\mathbf{v}_f - m\mathbf{v}_0}{\Delta t} = -\left(\frac{m}{\Delta t}\right)\mathbf{v}_0$$

$m/\Delta t$는 지붕을 때리는 비의 단위 시간당 질량이므로, $m/\Delta t = 0.060\,\text{kg/s}$이다. 따라서 지붕이 빗방울에 작용하는 평균력은

$$\overline{\mathbf{F}} = -(0.060\,\text{kg/s})(-15\,\text{m/s}) = +0.90\,\text{N}$$

이다. 이 힘은 양수이므로 위쪽을 가리킨다. 이 결과는 낙하하는 빗방울을 정지시키기 위해 지붕이 윗방향의 힘을 빗방울에 가해야 하므로 정당한 결과이다. 작용-반작용 법칙에 따르면, 빗방울이 지붕에 가하는 힘 또한 0.9 N의 크기를 가지지만 아랫방향을 가리킨다. 지붕에 가해지는 힘은 $\boxed{-0.90\,\text{N}}$이다.

7.2 운동량 보존 법칙

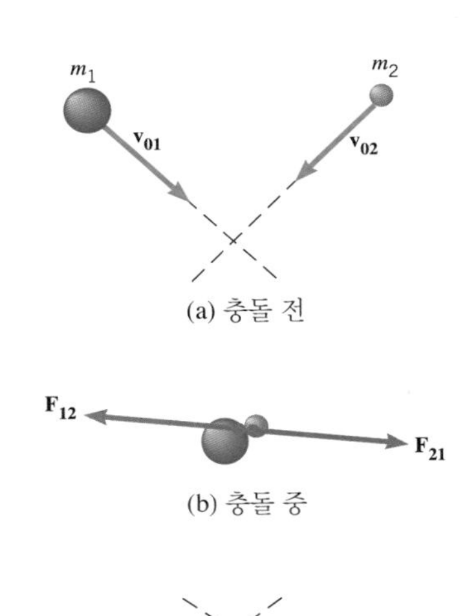

그림 7.5 (a) 충돌 전 두 물체의 속도들은 각각 $\mathbf{v}_{01}$과 $\mathbf{v}_{02}$이다. (b) 충돌하는 동안 각 물체는 서로에게 힘을 가한다. 이 힘들은 $\mathbf{F}_{12}$와 $\mathbf{F}_{21}$이다. (c) 충돌 후의 속도들은 $\mathbf{v}_{f1}$과 $\mathbf{v}_{f2}$이다.

충격량-운동량 정리를 6장에서 논의한 일-에너지 정리와 비교해보는 것도 유익하다. 충격량-운동량 정리는 어떤 알짜 힘에 의해 발생된 충격량이 그 물체의 운동량의 변화와 같다고 말하는 반면에, 일-에너지 정리는 어떤 알짜 힘에 의해 행해진 일은 그 물체의 운동 에너지의 변화와 같다고 말한다. 일-에너지 정리는 역학적 에너지 보존 법칙에 직접 관련되며, 곧 알게 되지만, 충격량-운동량 정리 또한 운동량 보존 법칙으로 알려진 것과 관련된다.

이제 충격량-운동량 정리를 두 물체 간의 어떤 공중 충돌 문제에 적용시켜 논의해 보자. 먼저 두 물체(질량 m_1과 m_2)가 그림 7.5(a)에서 보는 것처럼, 각각 처음 속도 $\mathbf{v}_{01}$과 $\mathbf{v}_{02}$로 서로 접근하고 있는 경우를 생각하자. 현재 관찰되고 있는 물체들의 집합을 우리는 '계(system)'라고 부른다. 지금의 경우는 계가 단지 두 개의 물체만을 포함하고 있다. 다음은 이 두 물체가 그림 (b)처럼 충돌한 (c)처럼 각각 나중 속도 $\mathbf{v}_{f1}$과 $\mathbf{v}_{f2}$로 멀어진다고 하자. 각 물체의 처음 속도와 나중 속도는 충돌 때문에 같지 않다. 충격량-운동량 정리를 문제에 적용해보기 위해 계에 작용하는 힘들을 먼저 생각해 보자.

현재의 이 계에서도, 다른 일반적인 계와 마찬가지로, 두 가지 종류의

힘들이 작용하고 있다.

1. **내력**(internal forces)–계 내부의 물체들 상호 간에 작용하는 힘들
2. **외력**(external forces)–계 외부에서 각 물체들에 작용하는 힘들

그림 7.5(b)의 충돌에서 $\mathbf{F}_{12}$는 물체 2가 물체 1에 가하는 힘이며, $\mathbf{F}_{21}$는 물체 1이 물체 2에게 가하는 힘이다. 이 힘들은 크기가 같고 방향이 반대인 작용-반작용력이므로, $\mathbf{F}_{12} = -\mathbf{F}_{21}$ 이다. 또한 이들은 계 내부의 두 물체 상호 간에 작용하는 힘들이므로 내력에 해당된다. 이 외에도 물체의 무게가 각각 $\mathbf{W}_1$, $\mathbf{W}_2$ 인 경우, 물체들에 대해 중력도 작용한다. 하지만 중력은 그 계 외부에 있는 지구에 의한 것이므로 외력이다. 여기서는 편의상 무시되었지만, 마찰과 공기 저항 역시 외력으로 취급할 수 있다.

이제 충격량-운동량 정리를 각 물체에 적용하면 다음과 같은 결과들을 얻을 수 있다.

물체 1
$$(\underbrace{\mathbf{W_1}}_{\text{외력}} + \underbrace{\overline{\mathbf{F}}_{\mathbf{12}}}_{\text{내력}})\,\Delta t = m_1\mathbf{v_{f1}} - m_1\mathbf{v_{01}}$$

물체 2
$$(\underbrace{\mathbf{W_2}}_{\text{외력}} + \underbrace{\overline{\mathbf{F}}_{\mathbf{21}}}_{\text{내력}})\,\Delta t = m_2\mathbf{v_{f2}} - m_2\mathbf{v_{02}}$$

두 식들이 하나의 계에 대한 것이므로, 두 식을 더하면

$$(\underbrace{\mathbf{W_1} + \mathbf{W_2}}_{\text{외력}} + \underbrace{\overline{\mathbf{F}}_{\mathbf{12}} + \overline{\mathbf{F}}_{\mathbf{21}}}_{\text{내력}})\,\Delta t = \underbrace{(m_1\mathbf{v_{f1}} + m_2\mathbf{v_{f2}})}_{\text{나중 운동량의 합 }\mathbf{P}_\mathrm{f}} - \underbrace{(m_1\mathbf{v_{01}} + m_2\mathbf{v_{02}})}_{\text{처음 운동량의 합 }\mathbf{P}_0}$$

이 식에서 $m_1\mathbf{v}_{f1} + m_2\mathbf{v}_{f2}$는 각 물체의 나중 운동량들의 벡터 합 또는 계의 나중 총 운동량 $\mathbf{P}_\mathrm{f}$이고, $m_1\mathbf{v}_{01} + m_2\mathbf{v}_{02}$는 처음 총 운동량 $\mathbf{P}_0$이다. 그러므로 위의 결과는 다음과 같이 다시 쓸 수 있다.

$$\left(\begin{array}{c}\text{평균 외력들의}\\ \text{합}\end{array} + \begin{array}{c}\text{평균 내력들의}\\ \text{합}\end{array}\right)\Delta t = \mathbf{P_f} - \mathbf{P_0} \tag{7.5}$$

물체에 작용하는 힘들을 내력과 외력으로 분류하는 것이 편리한 이유는, 뉴턴의 작용-반작용 법칙에 따라 내력들의 합은 항상 0이 되기 때문이다. 즉 $\overline{\mathbf{F}}_{12} = -\overline{\mathbf{F}}_{21}$에서 $\overline{\mathbf{F}}_{12} + \overline{\mathbf{F}}_{21} = 0$이다. 계의 내부에 얼마나 많은 수의 평균력들이 존재하는 지와는 무관하게 내력들의 합은 항상 0이 되므로, 우리는 보통 내력의 존재를 무시할 수 있다. 따라서 식 7.5을 다시 쓰면

$$(\text{평균 외력들의 합})\,\Delta t = \mathbf{P_f} - \mathbf{P_0} \tag{7.6}$$

가 된다. 지금까지는 중력만을 유일한 외력으로 가정하고 이 결과를 얻었다. 하지만 일반적으로 좌변에 있는 외력들의 합에는 모든 외력들을 포함시켜야 한다.

식 7.6의 도움으로 운동량 보존 법칙이 어떻게 유도될 수 있는지를 알아 볼 수 있다. 먼저 모든 외력들의 합이 0이라고 가정하자. 이 가정이 성립되는 계를 **고립계**(isolated system)라고 부른다. 고립계에 대해서 식 7.6은

$$0 = \mathbf{P_f} - \mathbf{P_0} \quad 즉 \quad \mathbf{P_f} = \mathbf{P_0} \tag{7.7a}$$

가 된다. 이 결과는 그림 7.5의 물체들이 충돌한 다음에 가지는 나중 총 운동량이 충돌하기 전에 가졌던 처음 총 운동량과 동일해짐을 의미한다.* 두 물체 간의 충돌에서 나중과 처음의 총 운동량을 구체적으로 쓴다면, 식 7.7a로부터

$$\underbrace{m_1\mathbf{v_{f1}} + m_2\mathbf{v_{f2}}}_{\mathbf{P_f}} = \underbrace{m_1\mathbf{v_{01}} + m_2\mathbf{v_{02}}}_{\mathbf{P_0}} \tag{7.7b}$$

가 얻어진다. 이 결과는 **운동량 보존 법칙**(principle of conservation of linear momentum)으로 알려진 일반적인 법칙의 한 예이다.

■ **운동량 보존 법칙**

고립된 계의 총 운동량은 일정하게 유지(보존)된다. 어떤 고립된 계란 그 계에 작용하는 평균 외력들의 벡터 합이 0인 계를 말한다.

이 법칙은 계가 고립되었다고 가정할 수 있는 한, 임의 개수의 물체들을 포함하는 계에 대해서도 항상 그 내력들과는 무관하게 적용할 수 있다. 계가 고립되었는지 아닌지의 여부는 외력들의 벡터 합이 0인지 아닌지에 달려 있다. 힘이 내력인지 아닌지를 판단하는 문제는 그 계에 포함된 물체들에 의존된다.

운동량 보존 법칙을 화물 열차들을 연결하는 문제에 적용시켜 본다.

예제 7.2 | 두 화차의 연결

그림 7.6과 같이 어떤 화차가 선로 변경하는 곳에서 같은 직선 선로 상에 있는 다른 화차와 결합하고 있다. 질량 $m_1 = 65 \times 10^3$ kg인 화차 1은 속도가 $v_{01} = +0.80$ m/s로 움직이고 있고, 질량 $m_2 = 92 \times 10^3$ kg인 다른 화차 2는 속도 $v_{02} = +1.3$ m/s로 움직이면서 화차 1에 접근해서 결합하려할 때, 마찰을 무시할 경우 화차들이 결합한 뒤에 가지게 되는 속도 v_f를 구하라.

살펴보기 두 화차는 하나의 계를 이루고 있다. 각 화차의 무게는 지면이 작용하는 수직항력과 균형을 이루고 있고 마찰은 무시되므로, 계에 작용하는 외력들의 합은 0이다. 따라서 계는 고립되어 있으므로, 운동량 보존 법칙을 적용할 수 있다. 각 화차들이 서로에게 가하는 힘들은 내력이므로, 운동량 보존 법칙을 적용하는 데 아무런 영향을 주지 않는다.

* 기술적으로 말하자면, 처음과 나중 운동량은 외력들의 합에 의한 충격량이 0일 때는 동일하다. 즉, 식 7.6의 좌변이 0인 경우이다. 하지만 때로는 외력들의 합이 0이 아닌 경우일지라도 처음과 나중 운동량이 거의 같아질 수 있다. 이 경우는 힘이 작용하는 시간이 너무 짧아 사실상 0으로 취급됨으로써 식 7.6의 좌변이 근사적으로 0이 되는 경우이다.

풀이 운동량 보존 법칙은

$$\underbrace{(m_1 + m_2)v_f}_{\text{충돌 후 총운동량}} = \underbrace{m_1v_{01} + m_2v_{02}}_{\text{충돌 전 총운동량}}$$

이 식을 v_f에 대해 풀면, 충돌 후 두 화차의 공통 속도를 알 수 있다. 즉

$$v_f = \frac{m_1v_{01} + m_2v_{02}}{m_1 + m_2}$$
$$= \frac{(65 \times 10^3\ \text{kg})(0.80\ \text{m/s}) + (92 \times 10^3\ \text{kg})(1.3\ \text{m/s})}{(65 \times 10^3\ \text{kg} + 92 \times 10^3\ \text{kg})}$$
$$= \boxed{+1.1\ \text{m/s}}$$

그림 7.6 (a) 왼쪽의 화차는 결국 다른 화차를 따라 잡아서 (b) 결합한다. 결합된 화차들은 어떤 속도로 같이 움직인다.

예제 7.2에서 충돌 후 화차 1의 속도가 증가하는 반면에 화차 2의 속도는 감소함을 알 수 있다. 가속과 감속은 각 화차가 서로에게 내력을 가하므로, 화차들이 결합되는 순간에 발생한다. 운동량 보존 법칙의 강력한 면모는 이 법칙이 내력들과는 전혀 무관하게 운동 물체의 속도 변화량을 계산할 수 있도록 하는 점이다.

> **문제 풀이 도움말**
> 운동량 보존은 계에 작용하는 알짜 외력이 0인 경우에만 적용된다. 그러므로 운동량 보존 법칙을 적용하는 첫 단계는 알짜 외력이 0인지를 확인하는 것이다.

예제 7.3 | 스케이트를 타는 두 남녀

마찰을 무시할 수 있는 얼음판 위에서 스케이트를 타고 있는 두 남녀가 처음에는 그림 7.7(a)처럼 정지 상태에서 서로를 밀어서 (b)처럼 동일한 직선 상에서 서로 멀어지고 있다. 여자의 질량이 $m_1 = 54$ kg, 남자의 질량이 $m_2 = 88$ kg일 때, 여자의 이탈 속도가 $\mathbf{v}_{f1} = +2.5$ m/s라면, 남자의 이탈 속도는 얼마인가?

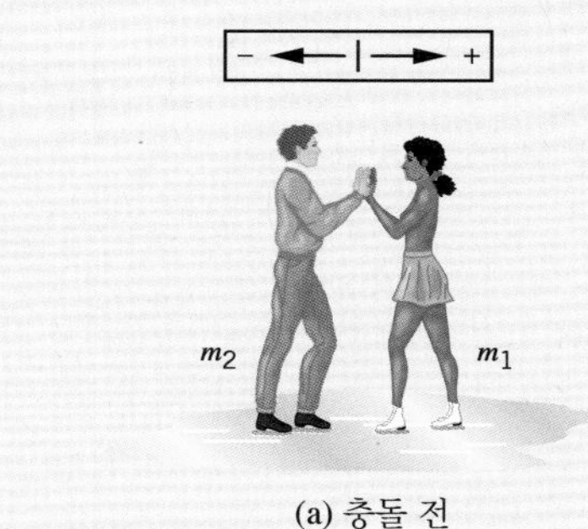

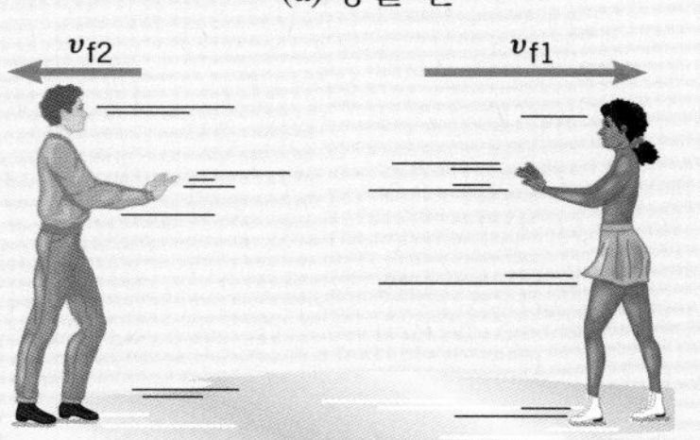

그림 7.7 (a) 마찰이 없을 경우, 서로 밀고 있는 두 남녀는 하나의 고립계를 이루고 있다. (b) 두 사람이 멀어지면서, 계의 총 운동량은 처음에 가졌던 값을 그대로 유지한다.

살펴보기 빙판 위의 두 남녀로 구성된 계에 대해 외력의 합은 0이다. 이 이유는 각자의 무게는 바닥이 각자에게 작용하는 수직항력과 균형을 이루고 있고, 스케이트와 바닥과의 마찰을 무시할 수 있기 때문이다. 따라서 두 남녀는 고립계를 구성하므로, 운동량 보존 법칙을 적용할 수 있다. 우리는 다음과 같은 이유 때문에 남자가 더 작은 반동 속도를 가지게 됨을 예상할 수 있다. 남자와 여자는 서로 미는 동안 뉴턴의 작용-반작용 법칙에 따라 크기는 같고, 방향이 반대인 힘을 상대방에게 가하게 된다. 하지만 뉴턴의 가속도 법칙 따라 무게가 더 무거운 남자는 더 작은 가속도를 얻게 되므로, 더 작은 반동 속도를 가지게 된다.

풀이 남녀가 서로 밀기 전의 총 운동량은 그들이 정

지 상태에 있으므로 0이다. 운동량 보존 법칙에 의하면 두 사람이 그림 7.7(b)처럼 분리된 후에도 총 운동량이 0이어야 하므로

$$\underbrace{m_1 v_{f1} + m_2 v_{f2}}_{\text{밀고난 뒤의 운동량}} = \underbrace{0}_{\text{밀기 전의 운동량}}$$

남자의 이탈 속도에 대해 풀면

$$v_{f2} = \frac{-m_1 v_{f1}}{m_2} = \frac{-(54\ \text{kg})(+2.5\ \text{m/s})}{88\ \text{kg}} = \boxed{-1.5\ \text{m/s}}$$

식에서 음의 부호는 남자가 그림에서 왼쪽으로 움직이고 있음을 나타낸다. 두 남녀가 분리된 후, 운동량은 벡터양이고 남자와 여자의 운동량이 크기는 같고 방향이 반대이므로, 계의 총 운동량은 0이 된다.

어떤 계에서 각 요소들의 운동 에너지들이 변하더라도 알짜 외력이 0일 경우, 계의 총 운동량은 보존될 수 있음을 아는 것이 중요하다. 한 예로써 예제 7.3에서 처음에는 두 남녀가 모두 정지 상태에 있기 때문에 처음 운동 에너지는 0이다. 하지만 그들이 서로 밀기 시작한 뒤로는 각자가 서로 밀 때 발생하는 내력에 의해 일을 하게 되어 움직이게 되므로, 두 사람 모두 0이 아닌 운동 에너지를 가지게 되므로 두 사람의 운동 에너지는 변하게 된다. 결론적으로 내력들에 의해 운동 에너지는 변화될 수 있을지라도, 이 고립계의 총 운동량은 보존되어야 하므로 내력들이 이 계의 총 운동량을 변화시킬 수는 없다.

7.3 일차원 충돌

앞 절에서 논의한 것처럼, 고립계를 이루고 있는 두 물체가 충돌할 때, 총 운동량은 보존된다. 만일 물체가 원자들이거나 또는 준 원자들이면, 한 입자의 운동 에너지가 다른 입자에 전달됨으로써 충돌 전에 가졌던 입자들의 총 운동 에너지는 충돌 후 입자들의 총 운동 에너지와 같아지므로, 그 계의 총 운동 에너지 역시 보존된다.

반면에 자동차와 같은 두 개의 거시적인 물체가 충돌하면, 충돌 후의 총 운동 에너지는 일반적으로 충돌 전의 운동 에너지보다도 적다. 이 경우 운동 에너지는 주로 두 가지 방식, (1) 마찰에 의해 열에너지로 전환되어 소비되거나, (2) 충돌에서 볼 수 있는 차체의 영구 변형이나 파손을 통해 소비된다. 쇠공과 대리석 바닥과 같은 매우 단단한 물체인 경우, 충돌에서 발생되는 영구 변형은 보다 더 약한 물체의 경우보다도 적으며, 운동 에너지의 손실도 더 적다.

충돌 현상들은 보통 충돌하는 동안 총 운동 에너지의 변화 여부에 따라 다음과 같이 분류된다.

1. **탄성 충돌**(elastic collision)−충돌 후 계의 총 운동 에너지는 충돌

전의 것과 같다.

2. **비탄성 충돌**(inelastic collision)−계의 총 운동 에너지는 충돌 전 후에 같지 않다. 만일 물체들이 충돌 과정에서 뭉쳐져서 한 덩어리가 된 경우라면, 이 충돌은 완전 비탄성이라고 부른다.

그림 7.6에서 결합된 두 화차들은 완전 비탄성 충돌의 한 예이다. 어떤 충돌이 완전 비탄성이면, 운동 에너지의 손실은 최대이다. 예제 7.4는 운동량이 보존되며, 운동 에너지의 손실이 없다는 사실을 이용해서 하나의 특별한 탄성 충돌을 어떻게 기술하는지 보여준다.

문제 풀이 도움말
알짜 외부 힘이 0인 한, 운동량 보존 법칙은 탄성 충돌 또는 비탄성 충돌과는 무관하게 모든 형태의 충돌에 적용할 수 있다.

예제 7.4 | 일차원 충돌

그림 7.8과 같이 질량 $m_1 = 0.250\,\text{kg}$인 공이 속도 $v_{01} = +5.00\,\text{m/s}$로 움직여서 정지 상태($v_{02} = 0\,\text{m/s}$)에 있던 질량 $m_2 = 0.800\,\text{kg}$인 공과 정면으로 탄성 충돌했다. 공에 어떤 외력도 작용하고 있지 않다면, 충돌 후 공들의 속도는 각각 얼마인가?

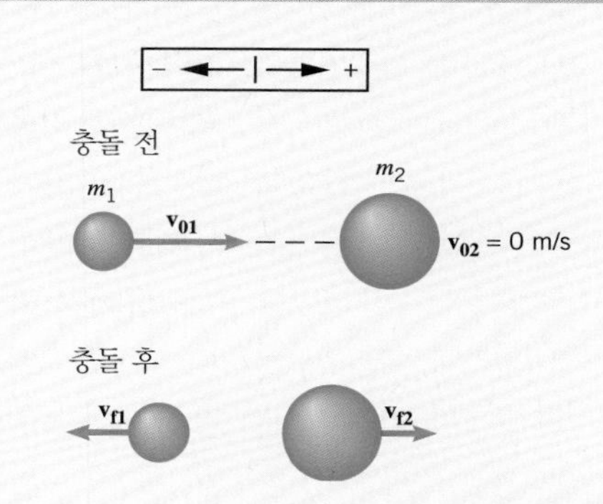

그림 7.8 처음 속도 $v_{01} = +5.00$ m/s로 움직이는, 질량 $m_1 = 0.250$ kg인 공이 처음에 정지하고 있던 질량 $m_2 = 0.800$ kg인 공과 충돌하고 있다.

살펴보기 계에 외력이 작용하고 있지 않으므로 문제는 일차원적이며, 계의 총 운동량은 보존된다. 운동량 보존은 충돌이 탄성인지 아닌지에 무관하게 적용할 수 있다.

$$\underbrace{m_1 v_{f1} + m_2 v_{f2}}_{\text{충돌 후 총 운동량}} = \underbrace{m_1 v_{01} + 0}_{\text{충돌 전 총 운동량}}$$

탄성 충돌인 경우에는 총 운동 에너지가 보존되므로

$$\underbrace{\tfrac{1}{2}m_1 v_{f1}^2 + \tfrac{1}{2}m_2 v_{f2}^2}_{\text{충돌 후 총 운동 에너지}} = \underbrace{\tfrac{1}{2}m_1 v_{01}^2 + 0}_{\text{충돌 전 총 운동 에너지}}$$

이며, 더 작은 질량을 가진 공 1이 더 무거운 공 2와 충돌한 후 더 크게 되튀고, 공 2는 충돌 후 오른쪽으로 움직일 것이다. 풀이 결과는 v_{f1}(그림 7.8에서 왼쪽 방향)이 음수이고, v_{f2}는 양수가 되어야 한다.

풀이 위의 식들은 두 개의 미지량 v_{f1}과 v_{f2}를 가진 연립 방정식이다. 문제를 풀기 위해, 운동량 보존에 관한 식을 다시 정리하면 $v_{f2} = m_1(v_{01} - v_{f1})/m_2$가 된다. 이 결과를 운동 에너지 보존 법칙의 식에 대입하면, v_{f1}에 관한 다음 식을 얻는다.

$$v_{f1} = \left(\frac{m_1 - m_2}{m_1 + m_2}\right) v_{01} \tag{7.8a}$$

식 7.8a로 구한 v_{f1}를 살펴보기에서 보인 두 식 중 첫 식에 대입하면 다음 결과를 얻는다.

$$v_{f2} = \left(\frac{2m_1}{m_1 + m_2}\right) v_{01} \tag{7.8b}$$

주어진 m_1, m_2와 v_{01}의 값을 식 7.8b에 대입하면, v_{f1}와 v_{f2}에 관한 다음 결과를 얻을 수 있다.

$$\boxed{v_{f1} = -2.62\,\text{m/s}}\,, \qquad \boxed{v_{f2} = +2.38\,\text{m/s}}$$

v_{f1}에서 음의 부호는 공 1이 그림 7.8의 충돌에서 충돌 후 왼쪽으로 되튐을 가리키며, v_{f2}의 양의 부호는 공 2가 예상한대로 오른쪽으로 움직임을 가리킨다.

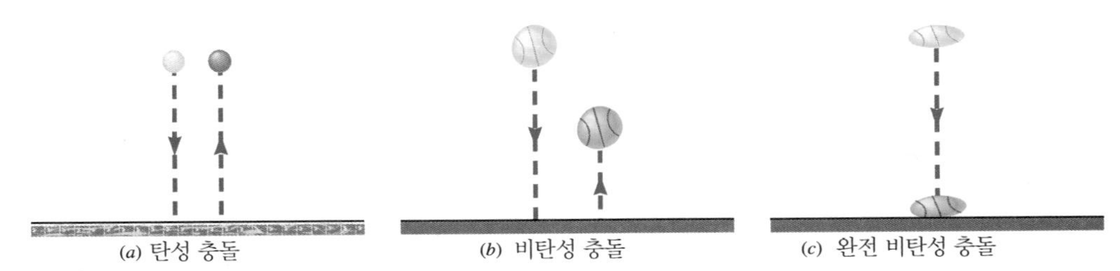

그림 7.9 (a) 쇠공이 딱딱한 대리석 바닥에 떨어져 바닥과 탄성 충돌한 후 다시 원래의 높이로 되튀고 있다. (b) 약간 바람이 빠진 농구공이 부드러운 아스팔트 표면에서 조금 되튀고 있다. (c) 완전히 바람이 빠진 농구공은 전혀 되튀지 않는다.

쇠공을 딱딱한 대리석 바닥에 떨어뜨려 보면 탄성 충돌의 특징들을 알 수 있다. 만일 충돌이 탄성적이면 공은 그림 7.9(a)처럼 원래의 높이까지 되튈 것이다. 하지만 약간 바람이 빠진 농구공은 7.9(b)처럼 상대적으로 부드러운 아스팔트 표면에서 조금만 되튈 것이다. 이 이유는 공의 운동 에너지가 비탄성 충돌 과정에서 상당히 많이 소비되었기 때문이다. 완전히 바람이 빠진 공은 7.9(c)처럼 전혀 되튀지 않는다. 이 경우에는 운동 에너지의 거의 대부분을 완전 비탄성 충돌 과정에서 잃게 된다.

다음 예제는 완전 비탄성 충돌을 설명할 때 자주 사용되는 탄동 진자에 관한 것이다. 이 장치는 탄환의 속도를 측정하는데 사용할 수 있다.

예제 7.5 | 탄동 진자

탄동 진자는 탄환의 속도를 측정하는 데 사용된다. 그림 7.10(a)의 탄동 진자는 질량을 무시할 수 있는 줄에 매달린 질량 $m_2 = 2.5$ kg의 나무토막이다.

이 나무토막을 향해 질량 $m_1 = 0.0100$ kg인 탄환이 속도 v_{01}로 발사되었다. 탄환이 나무토막과 충돌한 후 진자는 그림 7.10(b)처럼 원래 위치로부터 최대 높이 0.650 m까지 올라갔다. 공기 저항을 무시할 수 있다고 할 때, 탄환의 속도 v_{01}를 구하라.

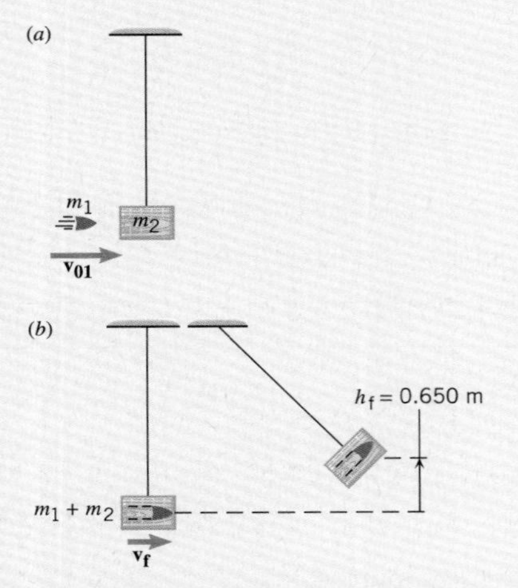

그림 7.10 (a) 탄환 한 개가 탄동 진자에 접근하고 있다. (b) 진자와 탄환이 충돌한 후 위쪽으로 같이 움직인다.

살펴보기 탄동 진자에 관한 물리 현상을 두 부분으로 나눌 수 있다. 첫 번째는 탄환과 나무토막 사이의 완전 비탄성 충돌이고, 두 번째는 탄환과 나무토막이 위쪽으로 함께 움직이는 것이다. 탄환과 나무토막으로 이루어진 계의 총 운동량은 충돌 과정에서 보존된다. 줄이 계의 무게를 지탱하고 있다는 것은 계에 작용하는 외력들의 합이 거의 0이라는 것을 의미한다. 즉 계가 위쪽으로 올라갈 때, 줄의 장력은 운동에 수직인 방향으로 작용하므로 일을 하지 않는다. 더구나 공기 저항도 무시할 수 있으므로, 우리는 저항력에 의한 일도 무시할 수 있다. 따라서 줄의 장력이나 공기 저항력과 같은 비보전력은 일을 하지 않으므로, 이 문제에 총 역학적 에너지 보존 법칙을 적용할 수 있다.

풀이 운동량 보존 법칙을 적용하면

$$\underbrace{(m_1 + m_2)v_f}_{\text{충돌 후 총 운동량}} = \underbrace{m_1 v_{01}}_{\text{충돌 전 총 운동량}}$$

이 되고 이 식으로부터 탄환의 처음 속도 v_{01}에 관해 풀면

$$v_{01} = \frac{m_1 + m_2}{m_1} v_f$$

가 된다. 이 식으로부터 v_{01}을 구하려면 나중 속도 v_f를 알아야 하는데, 문제에서 $|v_{01}| = v_{01}$, $|v_f| = v_f$인 관계가 성립되므로, 이는 진자가 도달하는 최대 높이를 알기만 하면 총 역학적 에너지 보존 법칙으로부터 구할 수 있다.

$$\underbrace{(m_1 + m_2)gh_f}_{\substack{\text{최고점의 총 역학적} \\ \text{에너지, 모두 위치 에너지}}} = \underbrace{\tfrac{1}{2}(m_1 + m_2)v_f^2}_{\substack{\text{최저점의 총 역학적} \\ \text{에너지, 모두 운동 에너지}}}$$

이 식을 v_f에 관해 풀면, $v_f = \sqrt{2gh_f}$이고, 이 결과를 v_{01}에 관한 식에 대입하면 $h_f = 0.65\ \text{m}$이므로,

$$v_{01} = \left(\frac{m_1 + m_2}{m_1}\right)\sqrt{2gh_f}$$

$$= \left(\frac{0.0100\ \text{kg} + 2.50\ \text{kg}}{0.0100\ \text{kg}}\right)\sqrt{2(9.80\ \text{m/s}^2)(0.650\ \text{m})}$$

$$= \boxed{+896\ \text{m/s}}$$

을 얻는다.

7.4 이차원 충돌

지금까지 논의된 충돌들은 그 물체들의 충돌 전 후의 속도들이 일직선 방향만 가리키는 것이었으므로, 정면 충돌 또는 일차원 충돌이었다. 하지만 충돌은 보통 이차원 또는 삼차원에서 일어난다. 그림 7.11은 두 공이 마찰이 없는 평면 위에서 충돌하는 이차원 충돌한 예를 보여 준다.

두 공으로 이루어진 계에서 외력은 공들의 무게와 바닥이 각 공들에게 작용하는 수직항력이다. 각 공의 무게는 수직항력과 대응되므로 외력들의 합은 0이 되며, 계의 총 운동량은 식 7.7b와 같이 보존된다. 그러나 운동량은 벡터양이므로, 이차원에서 총 운동량의 x 성분과 y 성분은 독립적으로 보존된다. 다시 말하자면, 식 7.7b는 다음 두 성분식으로 나누어 쓸 수 있다.

x 성분
$$\underbrace{m_1 v_{f1x} + m_2 v_{f2x}}_{P_{fx}} = \underbrace{m_1 v_{01x} + m_2 v_{02x}}_{P_{0x}} \tag{7.9a}$$

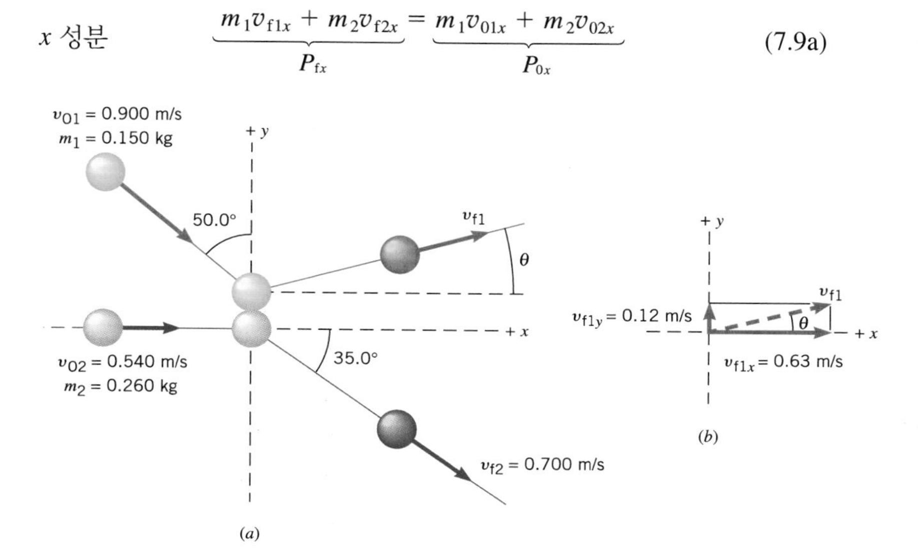

그림 7.11 (a) 마찰이 없는 평면 위에서 충돌하는 두 공을 위에서 본 모습 (b) 충돌 후 공 1의 속도 x 성분과 y 성분을 나타내고 있다.

$$y \text{ 성분} \qquad \underbrace{m_1 v_{f1y} + m_2 v_{f2y}}_{P_{fy}} = \underbrace{m_1 v_{01y} + m_2 v_{02y}}_{P_{0y}} \tag{7.9b}$$

이 식들은 두 물체로 구성된 한 계에 관한 것이다. 만일 계가 두 개 이상의 물체들로 구성되었다면, 추가된 각 물체마다 식 7.9a와 b의 양변에 질량-시간-속도 항이 추가되어야만 한다. 예제 7.6은 계의 총 운동량이 보존될 경우에 이차원 충돌을 어떻게 다룰 것인지를 보여 준다.

예제 7.6 | 이차원 충돌

그림 7.11에서 주어진 자료들과 운동량 보존 법칙을 사용해서 충돌 후에 공 1의 나중 속도의 크기와 방향을 구하라.

살펴보기 공 1의 나중 속도의 크기와 방향은 이 속도의 v_{f1x}와 v_{f1y} 성분만 알려지면 구할 수 있다. 운동량 보존 법칙을 사용해서 이 성분들을 구한다.

풀이 x 방향에 운동량 보존 법칙을 적용하면(식 7.9a) 다음과 같다.

x 성분

$$\underbrace{(0.150\ \text{kg})(v_{f1x})}_{\text{공 1, 충돌 후}} + \underbrace{(0.260\ \text{kg})(0.700\ \text{m/s})(\cos 35.0°)}_{\text{공 2, 충돌 후}}$$
$$= \underbrace{(0.150\ \text{kg})(0.900\ \text{m/s})(\sin 50.0°)}_{\text{공 1, 충돌 전}}$$
$$+ \underbrace{(0.260\ \text{kg})(0.540\ \text{m/s})}_{\text{공 2, 충돌 전}}$$

이 식을 풀면, $v_{f1x} = +0.63\ \text{m/s}$이다. 같은 방식으로 운동량 보존 법칙을 y 방향에 적용하면(식 7.9b) 다음과 같다.

y 성분

$$\underbrace{(0.150\ \text{kg})(v_{f1y})}_{\text{공 1, 충돌 후}} + \underbrace{(0.260\ \text{kg})[-(0.700\ \text{m/s})(\sin 35.0°)]}_{\text{공 2, 충돌 후}}$$
$$= \underbrace{(0.150\ \text{kg})[-(0.900\ \text{m/s})(\cos 50.0°)]}_{\text{공 1, 충돌 전}} + \underbrace{0}_{\text{공 2, 충돌 전}}$$

이 식의 해는 $v_{f1y} = +0.12\ \text{m/s}$이다.

그림 7.13(b)는 구해진 공 1의 나중 속도의 x 성분과 y 성분을 보여 주고 있다. 따라서 공 1의 나중 속도의 크기는

$$v_{f1} = \sqrt{(0.63\ \text{m/s})^2 + (0.12\ \text{m/s})^2} = \boxed{0.64\ \text{m/s}}$$

이고 속도의 방향을 각 θ로 나타내면 다음과 같다.

$$\theta = \tan^{-1}\left(\frac{0.12\ \text{m/s}}{0.63\ \text{m/s}}\right) = \boxed{11°}$$

문제 풀이 도움말
운동량은 벡터양이기 때문에 크기와 방향을 갖는다. 이 예제의 풀이와 같이 이차원 문제에서는 벡터 성분의 방향을 고려하고, 각각 성분에 양과 음의 부호를 매겨야 한다.

7.5 질량 중심

앞 절에서 스케이트를 타는 두 남녀 문제, 충돌하는 두 공, 대리석 바닥에 낙하하는 농구공, 탄동 진자 등 두 물체가 상호 작용하는 경우들을 다루었다. 이와 같은 경우들을 좀 더 상세히 다루어 본다면, 계의 질량은 여러 장소에 분포되어 있으며, 다양한 물체들이 상호 작용 전, 후 또는 그 과정 중에 서로에 대해 각각 운동하고 있다. 만일 여러 물체들의 운동을 지금까지 다루어온 방식대로 설명하려면, 그 계의 구성 입자나 물체들 각각의 운동을 독립적으로 다루어야한다. 하지만 계를 구성하고 있는 물체의 수

가 많은 경우라면, 이 설명은 사실상 무의미해진다. 그 대신 여러 물체들로 이루어진 계의 운동을 다루기 위해 우리는 **질량 중심**(center of mass, cm)이라고 하는 개념을 도입해서 계의 총 질량이 집중되어 있는 어떤 평균 위치를 나타내도록 한다. 이 개념을 사용하면, 계는 여러 장소에 분포된 질량들을 어떤 한 장소에 모아 놓은 것과 동등해지므로, 운동량 보존 법칙의 또 다른 면모를 깨달을 수 있다.

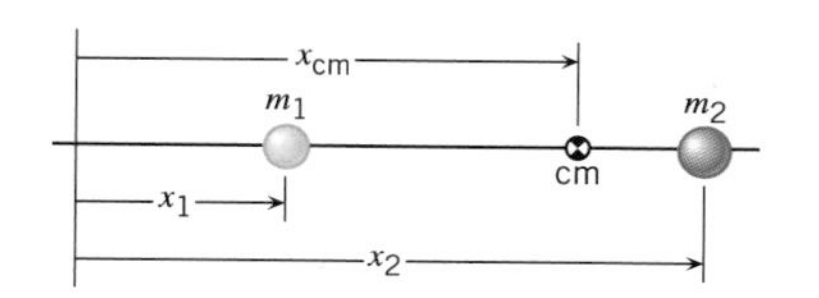

그림 7.12 두 입자의 질량 중심 cm은 그들을 연결하는 선상에 있으며, 질량이 더 무거운 쪽에 가까이 있다.

질량 중심은 계의 총 질량에 대해 평균된 어떤 위치를 나타낸다. 예를 들어, 그림 7.12를 보면, x 축 상의 두 장소, x_1과 x_2에 질점 m_1과 m_2가 각각 놓여 있다. 이 경우 계의 질량 중심은 원점에 대해 다음과 같이 정의된다.

질량 중심(일차원 x축)

$$x_{\text{cm}} = \frac{m_1x_1 + m_2x_2}{m_1 + m_2} \tag{7.10}$$

윗식의 우변에서 분자의 각 항들은 질점의 질량과 위치를 곱한 것이고, 분모는 계의 총 질량이다. 만일 두 질점의 질량이 동일하다면, 총 질량의 평균 위치는 두 질점 사이의 중앙이 될 것으로 예측된다. 이를 확인하기 위해서 식 7.10을 사용하면, $m_1 = m_2 = m$ 이므로, $x_{\text{cm}} = (mx_1 + mx_2)/(m+m) = (x_1 + x_2)/2$가 되어 예측과 정확히 일치됨을 알 수 있다. 만일 $m_1 = 5.0\,\text{kg}$, $x_1 = 2.0\,\text{m}$ 이고, $m_2 = 12\,\text{kg}$, $x_2 = 6.0\,\text{m}$ 라면, 우리는 질량 중심의 위치가 더 무거운 질점에 가까이 있을 것임을 예상할 수 있는 데, 이것 역시 식 7.10에 의하면

$$x_{\text{cm}} = \frac{(5.0\,\text{kg})(2.0\,\text{m}) + (12\,\text{kg})(6.0\,\text{m})}{5.0\,\text{kg} + 12\,\text{kg}} = 4.8\,\text{m}$$

가 되어 우리의 예측이 정당함을 입증해 준다.

만일 어떤 계가 두 개 이상의 질점들을 포함하고 있다면, 그 질량 중심은 식 7.10을 일반화시켜 사용할 수 있다. 예를 들어 세 개의 질점인 경우, 식 7.10의 분자에는 m_3x_3가 추가되며, 분모의 총 질량은 m_3가 추가되어 $m_1 + m_2 + m_3$이 된다.* 많은 수의 질점들을 포함하고 있는 거시적인

* 참고적으로 N개의 질점들을 포함하고 있는 삼차원 거시적인 물체인 경우에는 질량 중심의 좌표는 $(x_{\text{cm}}, y_{\text{cm}}, z_{\text{cm}})$으로, 각 성분은 다음과 같이 주어진다(역자 주).

$$x_{\text{cm}} = \frac{m_1x_1 + m_2x_2 + \cdots m_Nx_N}{m_1 + m_2 + \cdots m_N} = \frac{\sum_{i=1}^{N} m_ix_i}{\sum_{i=1}^{N} m_i} = \frac{1}{M}\sum_{i=1}^{N} m_ix_i$$

삼차원 물체의 질량 중심

$$y_{\text{cm}} = \frac{m_1y_1 + m_2y_2 + \cdots m_Ny_N}{m_1 + m_2 + \cdots m_N} = \frac{\sum_{i=1}^{N} m_iy_i}{\sum_{i=1}^{N} m_i} = \frac{1}{M}\sum_{i=1}^{N} m_iy_i$$

$$z_{\text{cm}} = \frac{m_1z_1 + m_2z_2 + \cdots m_Nz_N}{m_1 + m_2 + \cdots m_N} = \frac{\sum_{i=1}^{N} m_iz_i}{\sum_{i=1}^{N} m_i} = \frac{1}{M}\sum_{i=1}^{N} m_iz_i$$

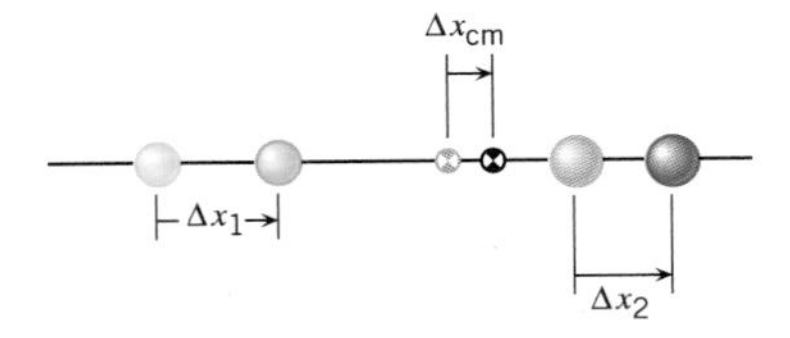

그림 7.13 시간 간격 Δt 동안, 질점들의 변위는 $+\Delta x_1$, $+\Delta x_2$ 인 반면에 질량 중심의 변위는 $+\Delta x_{cm}$ 이다.

물체인 경우, 만일 어떤 물체의 질량 분포가 그 물체의 중심에 대하여 대칭적으로 균일하게 분포되어 있다면, 질량 중심은 그 물체의 기하학적 중심에 있게 된다. 이 사실의 대표적인 한 예가 당구공이다. 골프채와 같은 물체에서는 질량이 대칭적으로 분포되어 있지 않으므로, 질량 중심은 골프채의 기하학적 중심에 있지 않다. 예를 들어, 처음 티에서 공을 치는 드라이버용 골프채는 손잡이보다도 공을 가격하는 부분이 더 무거워서 질량 중심은 이 부분에 더 가까이 있다.

질량 중심 개념이 운동량 보존과 어떻게 관련되는지를 알아보기 위해, 하나의 계에서 두 질점이 충돌하고 운동하는 경우를 생각하자. 이 계에 식 7.10을 적용하면, 우리는 질량 중심 점의 속력 v_{cm}를 계산할 수 있다. 시간 간격 Δt 동안, 질점들은 그림 7.13처럼 Δx_1, Δx_2 만큼 변위한다. 이 시간 동안 두 입자들의 속도가 다르므로 서로 다른 변위이다. 이제 식 7.10에 x_{cm} 대신 Δx_{cm}을 대입하고, x_1 대신 Δx_1, x_2 대신 Δx_2를 대입하면

$$\Delta x_{cm} = \frac{m_1 \Delta x_1 + m_2 \Delta x_2}{m_1 + m_2}$$

이다. 이제 이 식의 양변을 Δt로 나누고 Δt가 무한소일 때의 극한을 취하면, 질량 중심의 순간 속도 v_{cm}을 구할 수 있다. 마찬가지 방법으로 $\Delta x_1 / \Delta t$와 $\Delta x_2 / \Delta t$의 비를 구하면, 순간 속도 v_{1x}과 v_{2x}를 구할 수 있다. 계산 결과는 다음과 같다.

질량 중심의 속도 $$v_{cm,x} = \frac{m_1 v_{1x} + m_2 v_{2x}}{m_1 + m_2} \quad (7.11)$$

식 7.11에서 우변의 분자 $(m_1 v_{1x} + m_2 v_{2x})$는 질점 1의 운동량에 질점 2의 운동량을 더한 것으로 계의 총 운동량(의 x 성분)에 해당된다. 어떤 고립계에서 총 운동량은 충돌과 같은 상호 작용에서 변하지 않으므로, 식 7.11은 질량 중심의 속도 또한 변하지 않음을 가리킨다. 이 점을 강조하기 위해 예제 7.4의 충돌 문제를 생각하자. 예에서 제시된 자료들로부터 식 7.11에서 충돌 전과 후의 질량 중심의 속도는 다음과 같다.

충돌 전 $$v_{cm} = \frac{(0.250\text{ kg})(+5.00\text{ m/s}) + (0.800\text{ kg})(0\text{ m/s})}{0.250\text{ kg} + 0.800\text{ kg}} = +1.19\text{ m/s}$$

충돌 후 $$v_{cm} = \frac{(0.250\text{ kg})(-2.62\text{ m/s}) + (0.800\text{ kg})(+2.38\text{ m/s})}{0.250\text{ kg} + 0.800\text{ kg}} = +1.19\text{ m/s}$$

계산 결과에서 알 수 있듯이, 질량 중심의 속도는 충돌 과정 동안 상호 작

용하기 전이나 후에도 동일하므로 변화가 없다. 따라서 총 운동량은 보존된다.

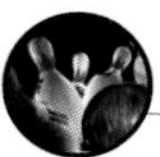

연습 문제

7.1 충격량–운동량 정리

1(1) 어떤 배구 선수가 +4.0 m/s로 날아온 질량이 0.35 kg인 배구공을 받아서 상대방 쪽을 향해 −21 m/s인 속도로 넘겼다. 이 선수가 배구공에 가한 충격량은 얼마인가? 일차원 운동이라고 가정하라.

2(3) 어떤 골퍼가 티에서 골프공을 +38 m/s로 쳐서 날렸다. 공의 질량이 0.045 kg이고 골프채와의 충돌 시간이 3.0×10^{-3}초이다. (a) 공의 운동량 변화는 얼마인가? (b) 골프채가 공에 가하는 평균력은 얼마인가?

3(5) 어떤 축구 선수가 평균 +1400 N의 힘으로 공을 찼다. 그 선수의 발이 공과 7.9×10^{-3}초 동안 접촉되었다면 이 힘에 의한 충격량은 얼마인가?

4(7) 질량이 46 kg인 어떤 스케이터가 벽 앞에 서 있다가 벽을 밀어서 뒤쪽으로 −1.2 m/s의 속도로 움직이도록 했다. 그 사람의 손이 벽과 0.80 초 동안 접촉되었다면 마찰과 바람의 저항을 무시할 때, 사람이 벽에 가하는 평균력의 크기와 방향을 구하라 (벽이 사람에게 가하는 힘과 크기는 같지만 방향은 반대이다).

***5(11)** 질량이 0.500 kg인 공을 바닥에서 1.20 m인 높이에서 떨어뜨리니 공은 다시 바닥으로부터 0.700 m까지 되튀어 올랐다. 바닥과 충돌하는 동안 공에 가해진 알짜 힘에 의한 충격량의 크기와 방향을 구하라.

7.2 운동량 보존 법칙

6(17) 어떤 공상 과학 소설의 두 주인공인 본조와 엔더가 우주 공간에서 서로 다투고 있다. 두 사람이 처음 정지 상태에서 서로 민 결과, 본조는 +1.5 m/s로 날아가고, 엔더도 동일한 선 상에서 −2.5 m/s로 날아 갔다면, (a) 누가 더 무거운지를 계산하지 않고 답하라. (b) 두 사람의 질량비를 구하라.

7(19) 불꽃놀이용 로켓이 발사된 후 45.0 m/s의 속력으로 날아가다 그림과 같이 질량이 같은 두 조각으로 분리되었다. 분리된 조각들 각각의 속도를 $\mathbf{v}_1$, $\mathbf{v}_2$라 할 때, (a) $\mathbf{v}_1$과 (b) $\mathbf{v}_2$의 크기를 구하라.

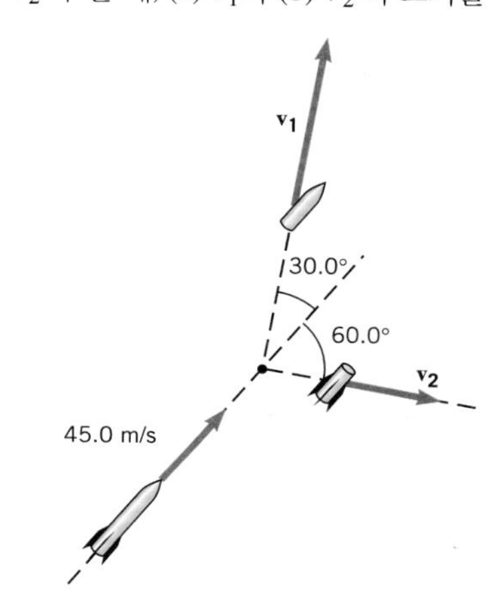

***8(21)** 사고로 큰 접시가 바닥에 떨어져서 세 조각으로 부서졌다. 부서진 조각들은 그림처럼 바닥과 평행하게 날아갔다. 접시가 떨어질 때 운동량은 오직 수직 성분뿐이었고, 떨어진 뒤로는 접시에 작용하는 알짜 외력은 바닥에 평행한 성분이 없으므로, 바닥에 평행한 총 운동량 성분은 0이어야만 한다. 그림에 제시된 자료들을 이용해서 접시 조각 1과 2의 질량들을 구하라.

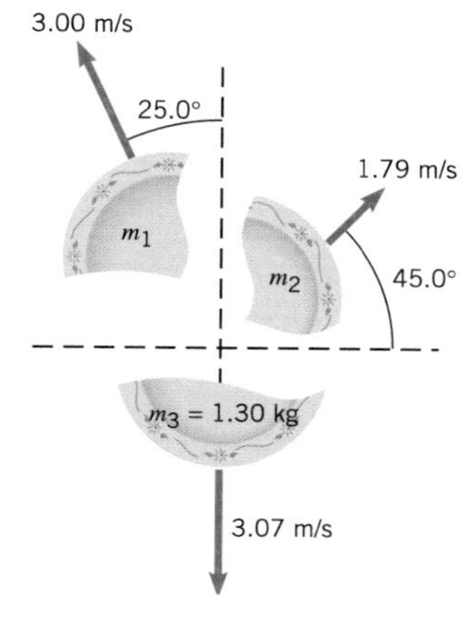

****9(23)** 질량이 5.80×10^3 kg인 대포가 포탄을 발사할 때

의 반동을 억제하기 위해 지면에 볼트 나사로 단단히 고정되어 있다. 만일 이 대포로 질량이 85.0 kg인 포탄을 처음 속도 +551 m/s로 지면에 나란하게 발사한다고 할 때, 대포가 지면에 고정되지 않고, 반동을 억제할 어떤 외력도 존재하지 않는다면, 발사된 포탄의 속도는 얼마인가? (힌트: 두 경우 모두에서 포탄의 장약이 연소되면서 포탄과 대포에 전달되는 운동 에너지는 동일하다.)

7.3 일차원 충돌

7.4 이차원 충돌

10(25) 축구 시합에서 한 선수가 공을 가지고 서 있다. 그가 움직이기 전에 상대방의 한 선수가 그 선수를 붙들어 두려고 +4.5 m/s의 속도로 달려와서 태클을 했다. 방금 태클을 건 상대방 선수가 이 선수를 계속 저지하려고 해서 결국 두 선수는 동일 선 상을 따라 같이 +2.6 m/s의 속도로 움직이게 되었다. 태클을 건 상대방 선수의 질량이 115 kg이라 하고, 운동량이 보존된다고 할 때, 이 선수의 질량은 얼마인가?

11(27) 골프공 하나가 철제 계단의 맨 위에서 굴러서 매 계단마다 되튀면서 아래로 떨어지고 있다. 공이 처음 계단에서 구를 때 수직 속도 성분이 0이고, 각 계단과의 충돌은 탄성적이며, 공기 저항을 무시할 수 있다면, 맨 아래 계단에서 공은 얼마의 높이까지 되튀겠는가? 계단의 수직 높이는 3 m이다.

12(29) 질량이 0.165 kg인 당구공 한 개가 마찰이 없는 당구대 위에 정지해 있다. 당구봉으로 이 공의 정중앙을 때려서 +1.50 N · s의 충격량을 공에게 가하였다. 공이 굴러가서 정지해 있던 질량이 같은 표적 당구공과 탄성 충돌했을 때, 충돌 직후의 표적 당구공의 속도는 얼마인가?

***13(35)** 질량이 50.0 kg인 어떤 사람이 빙판에서 스케이트를 타고 정동쪽으로 속력 3.00 m/s로 이동하고 있고, 질량이 70.0 kg인 또 다른 사람도 스케이트를 타고 정남쪽으로 속력 7.00 m/s로 이동하고 있다. 이 두 사람이 충돌한 후, 서로 맞잡은 상태에서 동남 방향으로 각 θ만큼 방향이 바뀐 채 속력 v_f로 움직이고 있을 때, 만일 빙판과의 마찰을 무시할 수 있다면, (a) 각 θ는 얼마인가? (b) 속력 v_f는 얼마인가?

***14(37)** 질량 60.0 kg인 사람이 수평으로 속도 +3.80 m/s로 달리면서 정지해 있던 질량 12 kg인 썰매 위에 올라타서, 사람과 썰매가 함께 움직이기 시작했다. 충돌하는 동안 마찰의 효과를 무시할 수 있다면, (a) 사람이 탄 썰매의 운동 속도를 구하라. 사람이 탄 이 썰매가 정지하기 전까지 편평한 눈 위를 30.0 m 정도를 이동했다면, (b) 썰매와 눈 사이의 운동 마찰 계수는 얼마인가?

***15(39)** 그림과 같이 질량이 1.50 kg인 공 하나를 질량이 4.60 kg인 정지해 있는 다른 공의 정지 위치로부터 0.300 m 높이로 들어 올린 후 처음 속력 5.00 m/s로 낙하시켜 정지해 있던 공과 충돌시켰다. 역학적 에너지 보존 법칙을 사용해서 (a) 질량이 1.50 kg인 공의 충돌 직전의 속력을 구하라. (b) 충돌이 탄성적일 경우, 충돌 직 후의 두 공의 속도(크기와 방향)를 구하라. (c) 공기 저항을 무시한다면, 각 공은 얼마나 높이 올라갈 것인가?

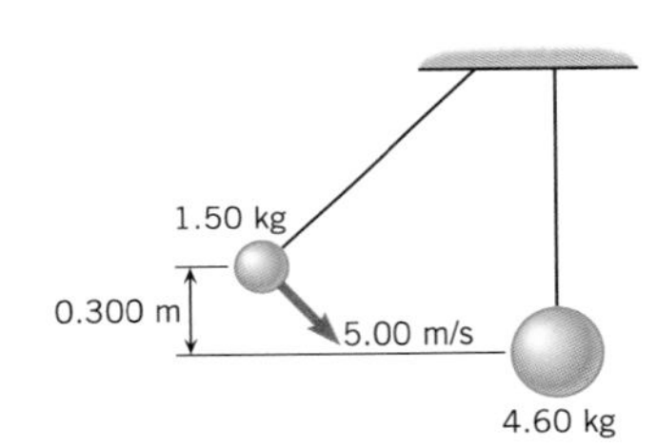

7.5 질량 중심

16(41) 지구와 달 사이의 거리는 3.85×10^8 m이고, 지구의 질량은 5.98×10^{24} kg, 달의 질량은 7.35×10^{22} kg이다. 지구와 달의 질량 중심은 지구 중심으로부터 얼마나 먼 곳에 있는가?

17(43) 일산화탄소 분자(CO)는 한 개의 탄소 원자와 한 개의 산소 원자로 구성되어 있다. 탄소 원자의 질량은 산소 원자의 질량의 0.750 배이다. 두 원자 사이의 거리가 1.13×10^{-10} m라면, 이 분자의 질량 중심은 탄소 원자로부터 얼마나 먼 곳에 있는가?

Chapter 08 회전 운동학

8.1 회전 운동과 각변위

가장 단순한 형태의 회전에서도 강체(rigid object) 내의 모든 점들은 원 궤도를 따라 운동한다. 그림 8.1은 제자리에서 회전하는 스케이터 위의 세 점 A, B, C가 그리는 원 궤도를 보여준다. 이러한 원 궤도들의 중심점들은 **회전축**(axis of rotation)이라 불리는 하나의 직선을 구성한다.

고정축을 중심으로 강체가 회전하는 각은 **각변위**(angular displacement)라고 한다. 그림 8.2는 회전하는 콤팩트디스크(CD)에서 각변위가 어떻게 측정되는지를 보여준다. 회전축은 디스크의 중심을 통과하며 디스크 면에 수직이다. 디스크의 표면에 표시된 반지름선(radial line)은 회전축과 수직으로 교차한다. CD가 회전함에 따라 반지름선이 고정된 기준선에 대해 움직이는 동안 이동한 각을 측정할 수 있다. 반지름선은 각 θ_0인 처음 방향에서 각 θ(그리스 문자 theta)인 방향으로 이동한다. 이 과정에서 반지름선은 각 $\theta - \theta_0$만큼 쓸고 지나간다. 앞에서 배웠던 차($\Delta x = x - x_0$, $\Delta v = v - v_0$, $\Delta t = t - t_0$)와 마찬가지로 나중각과 처음각 사이의 차를 기호 $\Delta\theta$(delta theta, 델타 세타로 읽는다)로 나타내는 것이 관례이다. 즉 $\Delta\theta = \theta - \theta_0$이며, 이를 각변위라고 부른다. 회전하는 물체는 반시계 방향이나 시계 방향으로 회전할 수 있는데, 반시계 방향의 각변위를 양(+)의 값으로 정하고, 시계 방향의 각변위를 음(−)의 값으로 정하는 것이 일반적이다.

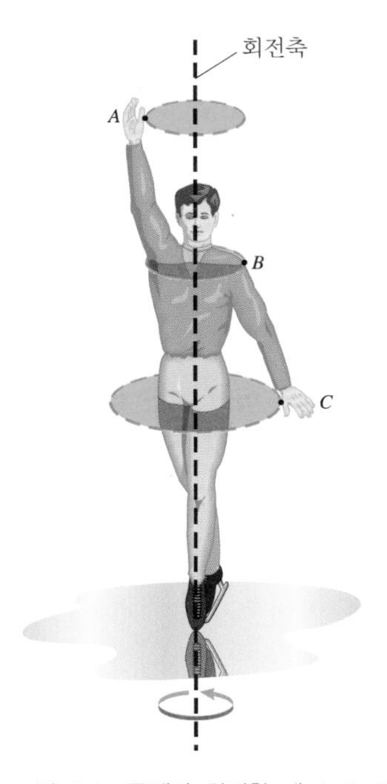

그림 8.1 물체가 회전할 때, A, B, C와 같은 물체 위의 점들은 원 궤도를 따라 운동한다. 원들의 중심점들은 회전축이라 불리는 하나의 직선을 형성한다.

■ **각변위**

강체가 고정축을 중심으로 회전할 때, 각변위는 물체의 임의의 한 점을 통

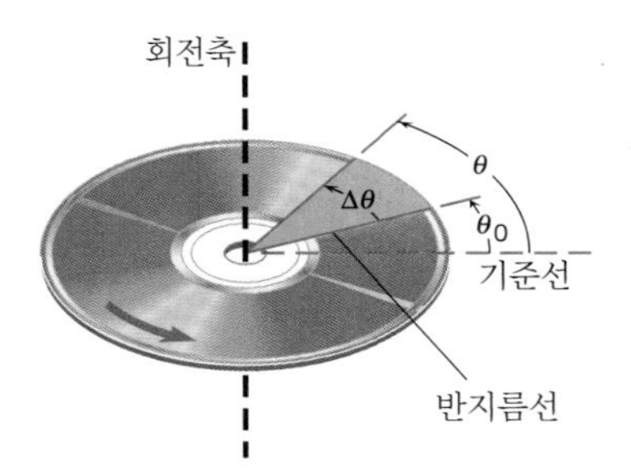

그림 8.2 CD의 각변위는 디스크가 회전축을 중심으로 회전할 때 반지름선이 쓸고 지나간 각 $\Delta\theta$이다.

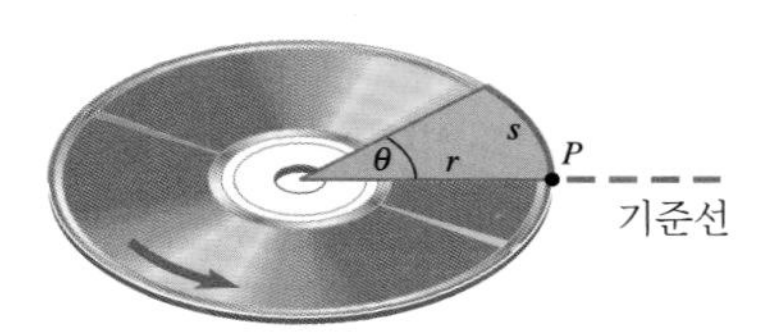

그림 8.3 각을 라디안으로 측정할 때, 각 θ는 호의 길이 s를 반지름 r로 나눈 값으로 정의된다.

과하고 회전축을 수직으로 가로지르는 직선이 쓸고 지나간 각 $\Delta\theta$로 정의된다. 편의상, 회전이 반시계 방향이면 각변위를 양(+)으로 정하고, 회전이 시계 방향이면 각변위를 음(−)으로 정한다.

각변위의 SI 단위: 라디안(rad)*

각변위는 보통 세 개의 단위 중 하나로 표현된다. 첫 번째 단위는 우리에게 친숙한 **도**(degree, °)인데, 원은 360°로 이루어진다. 두 번째 단위는 **회전**(revolution, rev)인데, 1 회전은 360°와 같다. 과학적 관점에서 가장 유용한 단위는 **라디안**(radian, rad)이라 부르는 SI 단위이다. 그림 8.3은 CD를 이용하여 라디안을 정의하는 방법을 나타내고 있다. 그림에서 디스크 위의 점 P가 고정된 기준선에서 출발하면 $\theta_0 = 0$ rad 이므로, 점 P의 각변위는 $\Delta\theta = \theta - \theta_0 = \theta$이다. 디스크가 회전하는 동안 점 P는 반지름이 r인 원호를 따라 길이 s만큼 움직인다. 라디안 단위를 사용한 각 θ는 다음과 같이 정의된다.

$$\theta \text{ (rad 단위)} = \frac{\text{호의 길이}}{\text{반지름}} = \frac{s}{r} \tag{8.1}$$

이 정의에 따라 라디안 단위로 측정된 각은 두 길이의 비이다. 따라서, 계산 과정에서 라디안은 단위가 없는 숫자로 취급하며, 라디안이 곱해지거나 나누어지더라도 다른 단위에 아무런 영향을 주지 않는다.

도(°)와 라디안 사이의 변환을 위해서는 반지름이 r인 원의 1 회전에 해당하는 호의 길이가 원주 $2\pi r$인 점을 기억하는 것으로 충분하다. 따라서, 식 8.1에 의해, 360° 또는 1 회전과 동일한 라디안 수는

$$\theta = \frac{2\pi r}{r} = 2\pi \text{ rad}$$

이다. 2π rad이 360°와 같으므로, 1 rad에 해당하는 도(°)의 수는

$$1 \text{ rad} = \frac{360°}{2\pi} = 57.3°$$

이다. 각 θ를 라디안으로 표현하는 것이 유용한 이유는 임의의 반지름 r에 해당하는 호의 길이 s를 쉽게 계산할 수 있기 때문이다. 즉, θ를 라디안으로 표현하는 경우, s는 r에 θ를 곱한 값과 같다. 예제 8.1은 이 점을 설명하는 동시에 도(°)와 라디안 사이의 변환 방법을 보여준다.

정지위성의 물리

예제 8.1 | 이웃한 두 정지위성

반지름이 $r = 4.23 \times 10^7$ m인 궤도 위에 두 개의 정지위성이 놓여 있다. 그림 8.4와 같이, 두 위성의 궤도는 적도 평면상에 있고, 두 위성 사이의 각은 $\theta = 2.00°$일 때, 두 위성 사이의 호의 길이 s를 구하라.

* rad는 기본 SI 단위도 아니고 유도 단위도 아니며, 보조 SI 단위로 간주된다.

그림 8.4 이웃한 두 정지위성이 $\theta = 2.00°$ 의 각만큼 벌어져 있다. 거리와 각은 편의상 과장하여 그렸다.

살펴보기 반지름 r과 각 θ를 알고 있으므로 $\theta = s/r$를 이용하여 호의 길이 s를 구할 수 있다. 이를 위해 먼저 각의 단위를 도(°)에서 라디안으로 변환하여야한다.

풀이 2.00°를 라디안으로 변환하기 위해 2π rad이 360°와 같다는 사실을 이용한다.

$$2.00° = (2.00\cancel{°})\left(\frac{2\pi \text{ rad}}{360\cancel{°}}\right) = 0.0349 \text{ rad}$$

식 8.1로부터, 두 위성 사이의 호의 길이 s는

$$s = r\theta = (4.23 \times 10^7 \text{ m})(0.0349 \text{ rad}) = \boxed{1.48 \times 10^6 \text{ m}}$$

이다. 단위가 없는 라디안은 최종 결과에서 생략되었고, 답에는 미터 단위만 남겨두었다.

8.2 각속도와 각가속도

각속도

2.2절에서는 속도를 도입하여 물체의 속력과 운동 방향을 기술하였다. 여기에서는 유사한 개념인 각속도를 도입하여 임의의 축에 대해 회전하는 강체의 운동을 기술하고자 한다.

식 2.2($\overline{\mathbf{v}} = \Delta\mathbf{x}/\Delta t$)에 의하면, 평균 속도는 물체의 직선 변위를 그 물체가 이동하는 데 걸리는 시간으로 나눈 값으로 정의한다. 고정축에 대한 회전 운동에 대해서도 이와 유사한 방식, 즉 회전하는 데 경과한 시간으로 나눈 각변위로 **평균 각속도**(average angular velocity) $\overline{\omega}$ (그리스 문자 omega)를 정의한다.

■ **평균 각속도**

$$\text{평균 각속도} = \frac{\text{각변위}}{\text{경과한 시간}}$$

$$\overline{\omega} = \frac{\theta - \theta_0}{t - t_0} = \frac{\Delta\theta}{\Delta t} \tag{8.2}$$

각속도의 SI 단위: 라디안(rad)/초(s)

각속도의 SI 단위는 라디안(rad)/초(s)이지만, 분당 회전수(rpm; rev/min)

와 같은 단위를 사용할 수도 있다. 각변위에 사용된 부호의 관례와 마찬가지로, 각속도는 물체가 반시계 방향으로 회전하면 양(+)의 값을 갖고, 시계 방향으로 회전하면 음(−)의 값을 갖는다. 예제 8.2는 체조 선수에 적용된 평균 각속도의 개념을 잘 설명해 주고 있다.

예제 8.2 | 철봉대 위의 체조 선수

그림 8.5와 같이, 철봉대 위의 체조 선수가 1.90 초 동안 2 회전을 한다. 체조 선수의 평균 각속도를 rad/s 단위로 구하라.

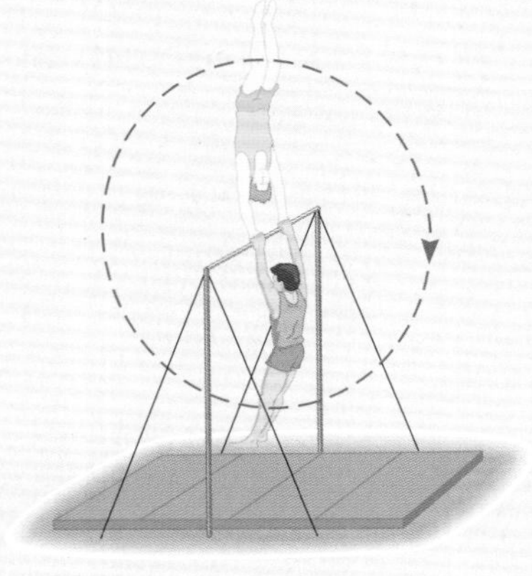

그림 8.5 철봉대에서의 회전

살펴보기 체조 선수의 평균 각속도는 각변위를 시간으로 나눈 것이다. 그러나 각변위가 2 회전으로 주어져 있으므로 이 값을 라디안으로 변경하여 풀면 된다.

풀이 라디안으로 표현한 체조 선수의 각변위는

$$\Delta\theta = -2.00 \text{ 회전} \left(\frac{2\pi \text{ rad}}{1 \text{ 회전}}\right) = -12.6 \text{ rad}$$

인데, 여기서 음(−)의 부호는 체조 선수가 시계 방향으로 회전하기 때문이다. 따라서, 체조 선수의 평균 각속도는

$$\overline{\omega} = \frac{\Delta\theta}{\Delta t} = \frac{-12.6 \text{ rad}}{1.90 \text{ s}} = \boxed{-6.63 \text{ rad/s}}$$

이다.

순간 각속도(instantaneous angular velocity) ω는 주어진 임의의 순간의 각속도이다. 이를 측정하기 위해, 순간 속도에 대한 2장의 과정과 동일한 과정을 사용한다. 이 과정에서, 미소 시간 간격 Δt 동안에 미소 각변위 $\Delta\theta$가 생긴다. 시간 간격이 매우 작아 0으로 가는 극한($\Delta t \to 0$)에서 측정된 평균 각속도인 $\overline{\omega} = \Delta\theta/\Delta t$는 순간 각속도 ω가 된다.

$$\omega = \lim_{\Delta t \to 0} \overline{\omega} = \lim_{\Delta t \to 0} \frac{\Delta\theta}{\Delta t} \tag{8.3}$$

순간 각속도의 크기를 **순간 각속력**(instantaneous angular speed)이라 부른다*. 회전하는 물체의 각속도가 일정할 때, 순간값과 평균값은 동일하다.

각가속도

직선 운동에서 속도가 변하는 것은 가속도가 있음을 의미하는데, 이는 회전 운동의 경우에도 그대로 적용된다. 즉, 각속도가 변하는 것은 **각가속도**(angular acceleration)가 있음을 의미한다. 각가속도에 대한 예는 다양하다. 예를 들어, CD가 작동할 때 디스크는 점차적으로 감소하는 각속도로

* 이 교재를 번역할 때 각속도와 각속력을 굳이 구별하지 않았다. 따라서 이후에 나오는 각속도란 용어는 각속도의 크기인 각속력을 의미할 때도 많이 있다(역자 주).

회전한다. 또한, 전기 믹서기의 누름 단추를 저속에서 고속으로 변환시킬 때에도 칼날의 각속도는 증가한다.

물체의 속도가 변하는 경우, 식 2.4 ($\bar{\mathbf{a}} = \Delta \mathbf{v}/\Delta t$)에 의해 평균 가속도는 단위 시간당 속도의 변화로 정의되었다. 시각 t_0에서 ω_0인 각속도로 회전하던 물체가 시간 t일 때 ω인 각속도로 회전하는 경우, 평균 각가속도 α (그리스 문자 alpha)도 이와 유사하게 정의 된다.

■ **평균 각가속도**

$$\text{평균 각가속도} = \frac{\text{각속도의 변화}}{\text{경과한 시간}}$$

$$\bar{\alpha} = \frac{\omega - \omega_0}{t - t_0} = \frac{\Delta\omega}{\Delta t} \tag{8.4}$$

평균 각가속도의 SI 단위: rad/s^2

평균 각가속도의 SI 단위는 각속도의 단위를 시간의 단위로 나눈 것, 즉 $(\text{rad/s})/\text{s} = \text{rad/s}^2$으로 주어진다. 예를 들어, $+5\,\text{rad/s}^2$의 각가속도는 회전하는 물체의 각속도가 매 초마다 $+5\,\text{rad/s}$씩 증가하는 것을 의미한다.

순간 각가속도(instantaneous angular acceleration) α는 주어진 임의의 순간의 각가속도이다. 직선 운동에서 등가속도 운동은 평균 가속도와 순간 가속도가 동일한 ($\bar{\mathbf{a}} = \mathbf{a}$) 운동이었듯이, 등각가속도 운동이란 순간 각가속도 α와 평균 각가속도 α가 같은 값을 갖는 ($\alpha = \bar{\alpha}$) 회전 운동이다.

8.3 회전 운동학의 방정식들

2장과 3장에서 변위, 속도, 그리고 가속도에 대한 개념이 도입되었다. 이들을 이용하여 등가속도에 대한 운동학의 방정식들로 불리는 일련의 식들을 얻었다(표 2.1과 3.1 참조). 이 식들은 일차원과 이차원에서 직선 운동에 관계된 문제 풀이에 큰 도움을 준다.

회전 운동에 대해서도 이와 유사한 방법으로 접근할 수 있다. 즉, 각변위, 각속도, 그리고 각가속도의 개념을 조합하여 등각가속도에 대한 운동학의 방정식들인 일련의 식들을 유도할 수 있는데, 이 식들은 2장과 3장에서 유도된 식들과 마찬가지로 회전 운동에 관계된 문제 풀이에 매우 유용함을 알게 될 것이다.

회전 운동에 대한 완전한 기술을 위해서는 각변위 $\Delta\theta$, 각가속도 $\bar{\alpha}$, 나중 각속도 ω, 처음 각속도 ω_0, 경과 시간 Δt에 대한 값이 필요하다. 계산의 편의를 위해 회전하는 물체의 처음 방향이 시각 $t_0 = 0$초에서 $\theta_0 = 0$

라디안으로 가정하면, 각변위는 $\Delta\theta = \theta - \theta_0 = \theta$가 되고, 시간 간격은 $\Delta t = t - t_0 = t$가 된다.

만약, $\omega_0 = -110\ \text{rad/s}$이고 $\omega = -330\ \text{rad/s}$이라면, 각가속도가 일정할 때, 평균 각속도는 처음값과 나중값의 평균으로 주어지므로

$$\overline{\omega} = \tfrac{1}{2}(\omega_0 + \omega) \tag{8.5}$$

가 된다. 식 8.2를 이용하면, 각변위는

$$\theta = \overline{\omega}t = \tfrac{1}{2}(\omega_0 + \omega)t \tag{8.6}$$

이다. 식 8.4와 8.6은 일정 각가속도 조건에서 회전 운동을 나타내는데 완전한 식이 된다. 표 8.1의 처음 두 줄은 회전 운동과 직선 운동의 유사한 결과를 비교한 것이다. 이러한 비교의 목적은 식 8.4와 2.4가 수학적으로 동일한 형태를 갖고, 식 8.6과 2.7 또한 동일한 수학적 형태라는 점을 강조하기 위해서이다. 물론, 표 8.2에 나타나듯, 회전 운동에서의 물리량과 직선 운동에서의 물리량 표기에 사용되는 기호는 서로 다르다.

2장에서 식 2.4와 2.7을 사용하여 운동학의 나머지 두 방정식인 식 2.8과 2.9를 얻었다. 이 두 방정식은 새로운 정보를 알려주지는 않지만, 문제를 풀 때 매우 요긴하게 사용된다. 이와 유사한 유도가 회전 운동에 대해서도 가능하며, 그 결과는 아래의 식 8.7과 8.8, 그리고 표 8.1에 나열해 놓았다. 이 방정식들은 표 8.2에 제시된 기호들을 대체함으로써 직선 운동에서의 식들로부터 직접 유추할 수도 있다.

$$\theta = \omega_0 t + \tfrac{1}{2}\alpha t^2 \tag{8.7}$$

$$\omega^2 = \omega_0^2 + 2\alpha\theta \tag{8.8}$$

표 8.1의 왼쪽 행의 네 개의 식들을 일정 가속도에 대한 **회전 운동학의 방정식들**(equations of rotational kinematics)이라 한다. 다음의 예제는 이 방정식들이 직선 운동학의 방정식들과 동일한 방식으로 사용됨을 보여주고 있다.

표 8.1 회전 운동과 직선 운동에 대한 운동학 방정식

회전 운동 (α = 일정)		직선 운동 (a = 일정)	
$\omega = \omega_0 + \alpha t$	(8.4)	$v = v_0 + at$	(2.4)
$\theta = \frac{1}{2}(\omega_0 + \omega)t$	(8.6)	$x = \frac{1}{2}(v_0 + v)t$	(2.7)
$\theta = \omega_0 t + \frac{1}{2}\alpha t^2$	(8.7)	$x = v_0 t + \frac{1}{2}at^2$	(2.8)
$\omega^2 = \omega_0^2 + 2\alpha\theta$	(8.8)	$v^2 = v_0^2 + 2ax$	(2.9)

표 8.2 회전 운동과 직선 운동에 사용된 기호들

회전 운동	물리량	직선 운동
θ	변위	x
ω_0	처음 속도	v_0
ω	나중 속도	v
α	가속도	a
t	시간	t

예제 8.3 | 믹서기에서의 혼합

그림 8.6와 같이, 저속 버튼이 눌린 전기 믹서기의 칼날이 +375 rad/s의 각속도로 회전하고 있다. 고속 버튼을 누르면, 믹서기의 칼날이 가속되어 +44.0 rad(7 회전)의 각변위만에 나중 각속도 ω에 도달한다. 각가속도가 +1740 rad/s^{2}으로 일정하다고 할 때, 칼날의 나중 각속도 ω를 구하라.

그림 8.6 전기 믹서기에서 칼날의 각속도는 다른 누름 버튼이 선택될 때마다 변한다.

살펴보기 세 개의 알려진 변수들과 우리가 구해야 하는 나중 각속도 ω의 값을 표시하는 물음표와 함께 아래의 표에 적어 놓았다.

θ	α	ω	ω_0	t
+44.0 rad	+1740 rad/s^2	?	+375 rad/s	

회전 변수 θ, α, ω, 그리고 ω_0 사이의 관계식인 식 8.8을 이용한다.

풀이 식 8.8 ($\omega^2 = \omega_0^2 + 2\alpha\theta$)로부터

$$\omega = +\sqrt{\omega_0^2 + 2\alpha\theta}$$
$$= \sqrt{(375\text{ rad/s})^2 + 2(1740\text{ rad/s}^2)(44.0\text{ rad})}$$
$$= \boxed{+542\text{ rad/s}}$$

이다. 칼날이 회전 방향을 바꾸지 않으므로 음(−)의 근은 버렸다.

문제 풀이 도움말
회전 운동학의 각 방정식들은 5개의 변수 θ, α, ω, ω_0, t 중 4 개를 포함하고 있으므로, 어떤 하나의 미지값을 알려면 4 개 중 3 개의 값을 알아야 한다.

회전 운동학의 방정식들은 θ, α, ω, ω_0, t에 대한 일관성 있는 단위의 조합을 사용한다. 예제 8.3에서 라디안을 사용한 이유는 자료가 라디안으로 주어졌기 때문이다. 만일 θ, α, ω_0에 대한 자료가 각각 rev, rev/s^2, rev/s로 주어졌다면, 식 8.8은 ω에 대한 답을 rev/s로 구하는 데 직접 사용될 수 있다.

8.4 각변수와 접선 변수

채찍치기의 물리

채찍치기(crack-the-whip)라고 알려진 빙상 스케이트 묘기에서, 스케이터들이 빙판 위의 한 지점에 고정된 기준 스케이터(pivot)의 주위를 돌 때, 이들은 직선 형태를 유지하기 위해 노력한다. 그림 8.7에 원호 위를 움직이는 스케이터들의 모습과 그림이 그려진 순간 각 스케이터의 속도 벡터를 나타내었다. 스케이터의 속도 벡터는 스케이터가 그리는 원의 접선 방향을 향하는데, 이를 **접선 속도**(tangential velocity) $\mathbf{v}_T$라 한다. **접선 속력**(tangential speed)이란 접선 속도의 크기를 말한다.

묘기에 참여한 스케이터들 중에서 기준 스케이터로부터 가장 멀리 떨어진 스케이터가 가장 힘이 든다. 그 이유는 직선을 유지하는 동안 이

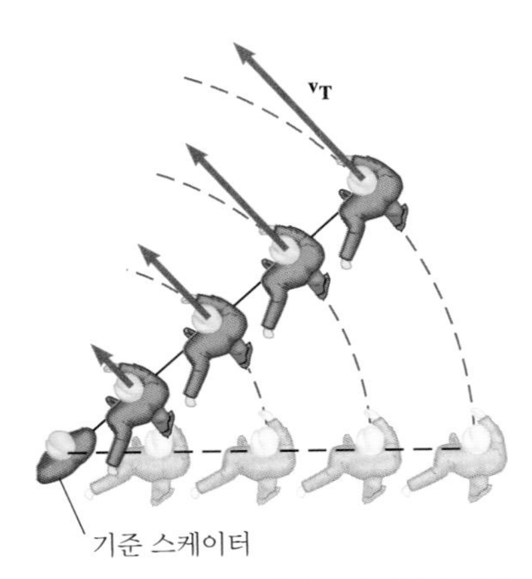

그림 8.7 채찍치기로 알려진 묘기를 부리는 동안 반지름선 위의 각각의 스케이터는 원호 위를 움직인다. 원호 위의 접선 방향의 화살표는 스케이터의 접선 속도 $\mathbf{v}_T$를 나타낸다.

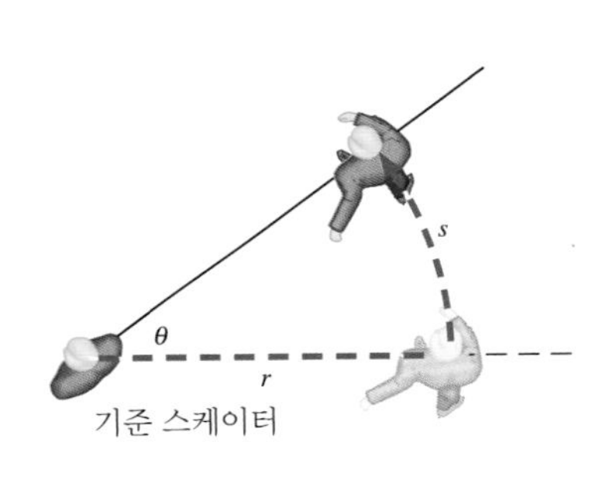

그림 8.8 스케이터들이 만드는 직선은 시간 t 동안 각 θ만큼 쓸고 지나간다. 기준 스케이터로부터 거리 r만큼 떨어진 위치의 스케이터는 원호 위에서 거리 s만큼 이동한다.

스케이터가 어느 누구보다 먼 거리를 움직이기 때문이다. 직선 유지를 위해 이 스케이터는 어느 누구보다 빠르게 스케이트를 타야 하므로 가장 큰 접선 속력을 가져야 한다. 모든 스케이터가 정확한 접선 속력으로 움직일 때만 직선이 유지된다. 따라서, 그림 8.7의 화살표 크기로부터 알 수 있듯이, 기준 스케이터에 가까이 있는 스케이터들은 자신보다 바깥쪽에 있는 스케이터들보다 작은 접선 속력으로 움직여야 한다.

그림 8.8은 스케이터들이 만드는 직선이 주어진 각속력으로 회전하는 경우, 스케이터의 접선 속력이 기준 스케이터로부터의 거리 r에 비례함을 보여준다. 시간 t 동안 회전한 직선은 각 θ만큼 쓸고 지나므로 스케이터가 원호를 따라 이동한 거리 s는 식 8.1($s = r\theta$)로부터 계산할 수 있다. 이 식의 양변을 t로 나누면 $s/t = r(\theta/t)$가 된다. 여기서, s/t는 스케이터의 접선 속력 v_T이고, θ/t는 반지름선의 각속도 ω이다. 즉

$$v_T = r\,\omega \quad (\omega\text{: rad/s 단위}) \tag{8.9}$$

이다. 윗식에서, v_T와 ω는 각각 접선 속도와 각속도의 크기이며, 대수 부호가 없는 숫자이다.

식 8.9에서 각속도 ω는 반드시 라디안 단위(예를 들면, rad/s)로 표현해야 하며, rev/s와 같은 다른 단위를 이용한 표현은 허용되지 않음에 유의해야 한다. 그 이유는 식 8.9가 라디안 단위의 정의인 $s = r\theta$로부터 유도되었기 때문이다.

채찍치기 묘기에서 스케이터들의 중요한 도전 과제는 각속도가 변할 때에도 반지름선을 직선으로 유지하는 것이다. 스케이터들이 만드는 반지름선의 각속도가 증가하기 위해서는 각각의 스케이터가 자신의 접선 속력을 증가시켜야만 한다. 각속도와 접선 속력 사이에 $v_T = r\omega$의 관계가 성립하기 때문이다. 스케이터가 점점 빠르게 스케이트를 타야 한다는 것은 스케이터가 가속해야 한다는 것을 의미하는데, 스케이터의 접선 가속도 a_T는 스케이터들이 만드는 반지름선의 각가속도 α와 연계된다. $t_0 = 0$초에 대해 시간을 측정하는 경우, 식 2.4에 주어진 가속도에 대한 정의는 $a_T = (v_T - v_{T0})/t$가 되는데, 여기서 v_T와 v_{T0}는 각각 나중 접선 속력과 처음 접선 속력이다. 이 식에 $v_T = r\,\omega$를 이용하면

$$a_T = \frac{v_T - v_{T0}}{t} = \frac{(r\omega) - (r\omega_0)}{t} = r\left(\frac{\omega - \omega_0}{t}\right)$$

가 된다. 식 8.4에 의해 $\alpha = (\omega - \omega_0)/t$이므로

$$a_T = r\alpha \qquad (\alpha\text{: rad/s}^2\text{ 단위}) \tag{8.10}$$

가 된다. 이 결과로부터, 주어진 각가속도 α에 대해, 접선 가속도 a_T는 반지름 r에 비례한다는 사실과 기준 스케이터로부터 가장 멀리 떨어진 스

케이터가 가장 큰 접선 가속도를 가져야 한다는 사실을 알 수 있다. 위의 표현에서 a_T와 α는 대수적 부호가 없는 숫자들이며, $v_T = r\,\omega$에서 ω의 경우처럼, 식 8.10에서 α는 라디안 단위만을 사용할 수 있다.

강체의 회전 운동을 기술할 때 각속도 ω와 각가속도 α를 사용하면 유용하다. 그 이유는 접선 속도 v_T와 접선 가속도 a_T가 물체의 한 지점의 운동만 기술하는 반면 각속도 ω와 각가속도 α는 물체의 모든 점의 운동을 기술하기 때문이다. 식 8.9와 8.10은 회전축으로부터 다른 거리에 있는 점들은 서로 다른 접선 속도와 접선 가속도를 갖는다는 사실을 나타낸다. 예제 8.4는 이와 같은 이점을 강조하고 있다.

> **문제 풀이 도움말**
> 접선 물리량과 각 물리량 사이의 관계식인 식 8.9와 8.10을 사용할 때, 각 물리량은 항상 라디안 단위를 사용하여 표현됨을 기억하라. 각의 단위로 도(°)나 회전(rev)을 사용하면 이 식들은 올바르지 않다.

예제 8.4 | 헬리콥터 날개

한 헬리콥터의 날개가 $\omega = 6.50$ rev/s 의 각속도와 $\alpha = 1.30$ rev/s^2 의 각가속도로 회전한다. 그림 8.9에 표시된 날개 위의 두 점 1과 2에 대해, (a) 접선 속력과 (b) 접선 가속도를 구하라.

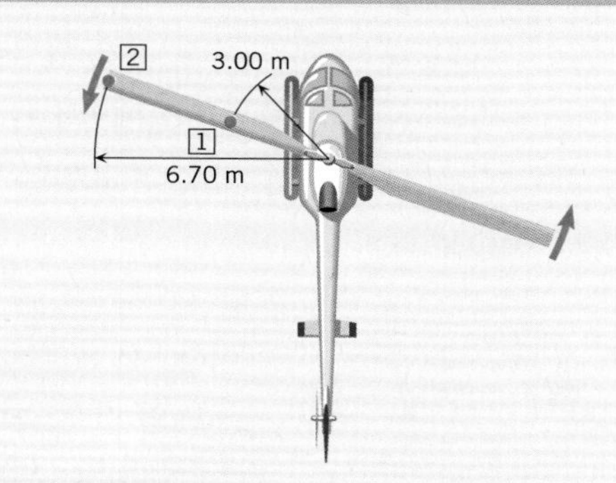

그림 8.9 헬리콥터에서 회전하는 날개 위의 두 점 1과 2는 동일한 각속도와 각가속도를 갖지만 서로 다른 접선 속력과 접선 가속도를 갖는다.

살펴보기 헬리콥터 날개의 각속도 ω와 두 점의 반지름 r을 알고 있으므로, $v_T = r\,\omega$를 이용하면 두 지점의 접선 속력 v_T를 구할 수 있다. 그러나 이 식은 라디안 단위를 사용해야 하므로 우선 각속도 ω를 rev/s에서 rad/s로 변환한다. 유사한 방식으로, 각가속도 α를 rev/s^2 대신 rad/s^2 단위로 표현하면, $a_T = r\,\alpha$를 이용하여 두 점 1과 2에 대한 접선 가속도 a_T를 구할 수 있다.

풀이 (a) 각속도 ω를 rev/s에서 rad/s로 변환하면

$$\omega = \left(6.50\,\frac{\text{rev}}{\text{s}}\right)\left(\frac{2\pi\text{ rad}}{1\text{ rev}}\right) = 40.8\,\frac{\text{rad}}{\text{s}}$$

이다. 따라서, 두 점의 접선 속력은

점 1 $\quad v_T = r\omega = (3.00\text{ m})(40.8\text{ rad/s}) = \boxed{122\text{ m/s}} \qquad (8.9)$

점 2 $\quad v_T = r\omega = (6.70\text{ m})(40.8\text{ rad/s}) = \boxed{273\text{ m/s}} \qquad (8.9)$

이다. 차원 없는 라디안 단위는 최종 결과에서 표시하지 않았다.

(b) 각가속도 α를 rev/s^{2}에서 rad/s^{2}로 변환하면

$$\alpha = \left(1.30\,\frac{\text{rev}}{\text{s}^2}\right)\left(\frac{2\pi\text{ rad}}{1\text{ rev}}\right) = 8.17\,\frac{\text{rad}}{\text{s}^2}$$

이다. 따라서 두 점의 접선 가속도는

점 1 $\quad a_T = r\alpha = (3.00\text{ m})(8.17\text{ rad/s}^2) = \boxed{24.5\text{ m/s}^2} \qquad (8.10)$

점 2 $\quad a_T = r\alpha = (6.70\text{ m})(8.17\text{ rad/s}^2) = \boxed{54.7\text{ m/s}^2} \qquad (8.10)$

이다.

8.5 구심 가속도와 접선 가속도

원운동을 하는 물체의 속력이 증가하면, 물체는 접선 가속도를 가질 뿐만 아니라, 5장에서 강조했듯이, 구심 가속도를 갖는다. 5장에서는 입자가 원 궤도를 따라 일정한 접선 속력으로 움직이는 **등속 원운동**(uniform circular motion)에 대해 다루었다. 접선 속력 v_T는 접선 속도 벡터의 크기이다. 접선 속도의 크기가 일정해도, 벡터의 방향이 끊임없이 변하기 때문에 가속도가 존재한다. 이때, 가속도는 원의 중심을 향하기 때문에 이를 구심 가속도라고 한다. 그림 8.10(a)는 줄에 매달려 등속 원운동을 하며 날아가는 모형 비행기의 구심 가속도 $\mathbf{a}_c$를 보여준다. $\mathbf{a}_c$의 크기는

$$a_c = \frac{v_T^2}{r} \tag{5.2}$$

이다. 첨자 'T'는 물체의 속력이 접선 속력임을 상기하기 위해 표시하였다.

식 8.9의 $v_T = r\omega$를 이용하면 구심 가속도를 각속력 ω의 함수로 다음과 같이 표현할 수 있다. 즉

$$a_c = \frac{v_T^2}{r} = \frac{(r\omega)^2}{r} = r\omega^2 \qquad (\omega : \text{rad/s 단위}) \tag{8.11}$$

이다. 식 $v_T = r\omega$은 라디안 단위를 사용했기 때문에 위의 결과에서 ω는 rad/s와 같은 라디안 단위만이 사용될 수 있다.

5장에서 등속 원운동을 고려할 때, 등속 원운동에 도달하기까지의 자세한 운동 상황은 생략하였다. 예를 들어, 그림 8.10(b)에서, 비행기의 엔진은 접선 방향으로 추진력을 주고, 이 추진력이 접선 가속도를 갖게 한다. 이에 따라 그림에서 보여지는 상황에 도달할 때까지 비행기의 접선 속력은 꾸준히 증가한다. 접선 속력이 변하는 동안 물체의 운동은 **부등속 원운동**(nonuniform circular motion)을 한다.

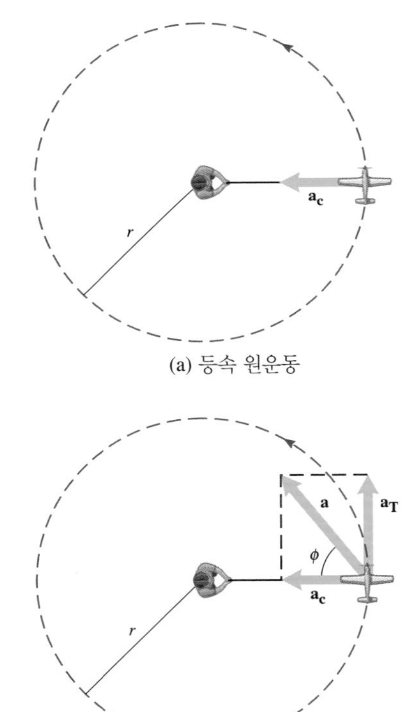

그림 8.10 (a) 줄에 매달려 날고 있는 모형 비행기가 일정한 접선 속력을 갖는다면, 운동은 등속 원운동이 되고, 비행기는 구심 가속도 $\mathbf{a}_c$만 받는다. (b) 접선 속력이 변하면 운동은 부등속 원운동이 된다. 이 경우 구심 가속도뿐만 아니라 접선 가속도 $\mathbf{a}_T$가 생긴다.

그림 8.10(b)는 부등속 원운동의 중요한 특징을 나타낸다. 접선 속도의 방향과 크기가 모두 변하기 때문에 비행기는 동시에 두 가지의 가속도 성분의 영향을 받는다. 방향 변화는 구심 가속도 $\mathbf{a}_c$의 존재를 의미한다. 임의의 순간에 $\mathbf{a}_c$의 크기는 순간 각속도와 반지름을 이용하여 구할 수 있다. 즉, $a_c = r\omega^2$이다. 접선 벡터의 크기가 변한다는 것은 접선 가속도 $\mathbf{a}_T$의 존재를 의미한다. 앞 절에서 설명했듯이, 관계식 $a_T = r\alpha$에 의해 각가속도 α로부터 $\mathbf{a}_T$의 크기를 구할 수 있다. 접선 방향의 알짜 힘의 크기 F_T와 질량 m을 알면, 뉴턴의 제2법칙 $F_T = ma_T$를 이용하여 a_T를 계산할 수도 있다. 그림 8.12(b)에 두 가속도 성분을 나타내었다. 총 가속도는 $\mathbf{a}_c$와 $\mathbf{a}_T$의 벡터 합으로 구할 수 있다. $\mathbf{a}_c$와 $\mathbf{a}_T$가 서로 수직이므로 총 가속도 $\mathbf{a}$의 크기는 피타고라스 정리에 의해 $a = \sqrt{a_c^2 + a_T^2}$으로 주어진다. 그림에서 각 ϕ는 $\tan\phi = a_T / a_c$에 의해 결정된다. 다음 예제는 이러한 개념들을 원

반던지기에 적용하고 있다.

예제 8.5 | 원반던지기 선수

원반던지기 선수들은 보통 두 발을 편평하게 지면 위에 서서 몸을 비틀며 원반을 던지는 준비 운동을 한다. 그림 8.11(a)는 준비 운동하는 모습을 위에서 보여준다. 한 선수가 정지 상태의 원반에 0.270 초 동안 +15.0 rad/s의 각속도로 가속시킨 직후 원반을 손에서 놓는다. 가속하는 동안 원반이 반지름 0.810 m의 원호 위를 움직일 때, (a) 원반이 손에서 떠나는 순간의 총 가속도 a와 (b) 이 순간 총 가속도와 반지름이 이루는 각 ϕ를 구하라.

살펴보기 원반의 접선 속력이 증가하므로 원반에 서로 수직인 방향으로 작용하는 접선 가속도 $\mathbf{a}_T$와 구심 가속도 $\mathbf{a}_c$가 작용한다. 따라서, 총 가속도의 크기는 $a=\sqrt{a_c^2+a_T^2}$이며, a_c와 a_T는 각각 구심 가속도와 접선 가속도의 크기를 나타낸다. 그림 8.11(b)에서 각 ϕ는 $\phi=\tan^{-1}(a_T/a_c)$로 주어진다. 구심 가속도의 크기는 $a_c=r\omega^2$으로부터 계산할 수 있으며, 접선 가속도의 크기는 $a_T=r\alpha$로 계산된다. 여기서 α는 식 8.4의 각가속도 정의로부터 구할 수 있다.

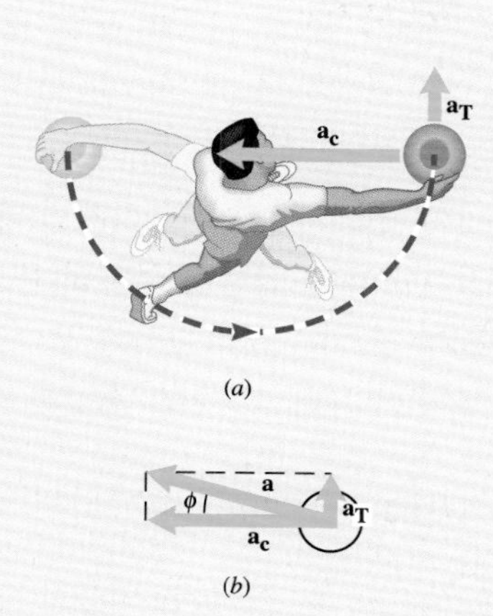

그림 8.11 (a) 원반던지기 선수와 원반에 작용하는 구심 가속도 $\mathbf{a}_c$와 접선 가속도 $\mathbf{a}_T$ (b) 원반이 손에서 떠나기 직전 원반의 총 가속도 $\mathbf{a}$는 $\mathbf{a}_c$와 $\mathbf{a}_T$의 벡터 합이다.

풀이 (a) 원반이 손에서 떠나는 순간, 원반의 총 가속도의 크기는 $a=\sqrt{a_c^2+a_T^2}$이다. 식 8.11에 의하면, 구심 가속도의 크기는 $a_c=r\omega^2$인데, 반지름과 각속도는 각각 $r=0.810$ m와 $\omega=+15.0$ rad/s이다. 식 8.10에 의하면, 접선 가속도의 크기는 $a_T=r\alpha$로 주어지는데, 각가속도 α는 주어지지 않았다. 그러나, 식 8.4의 각가속도에 대한 정의로부터 $\alpha=(\omega-\omega_0)/t$로 구할 수 있다. 이때, $t=0.270$ s이며 처음 각속도는 $\omega_0=0$ rad/s이다. 따라서, 총 가속도는

$$a=\sqrt{a_c^2+a_T^2}=\sqrt{(r\omega^2)^2+(r\alpha)^2}=r\sqrt{\omega^4+\alpha^2}$$

$$=r\sqrt{\omega^4+\frac{(\omega-\omega_0)^2}{t^2}}$$

$$=(0.810\text{ m})\sqrt{(15.0\text{ rad/s})^4+\left(\frac{15.0\text{ rad/s}-0\text{ rad/s}}{0.270\text{ s}}\right)^2}$$

$$=\boxed{188\text{ m/s}^2}$$

이다.

(b) 그림 8.11(b)에서 각 ϕ는

$$\phi=\tan^{-1}\left(\frac{a_T}{a_c}\right)=\tan^{-1}\left(\frac{r\alpha}{r\omega^2}\right)=\tan^{-1}\left(\frac{\alpha}{\omega^2}\right)$$

$$=\tan^{-1}\left[\frac{(\omega-\omega_0)/t}{\omega^2}\right]$$

$$=\tan^{-1}\left[\frac{(15.0\text{ rad/s}-0\text{ rad/s})/(0.270\text{ s})}{(15.0\text{ rad/s})^2}\right]$$

$$=\boxed{13.9°}$$

이다.

8.6 구름 운동

그림 8.12에서 자동차 타이어의 경우에 대해 설명하듯이, 구름(rolling) 운동은 회전을 포함하는 흔히 일어나는 운동이다. 구름 운동의 핵심은 타이

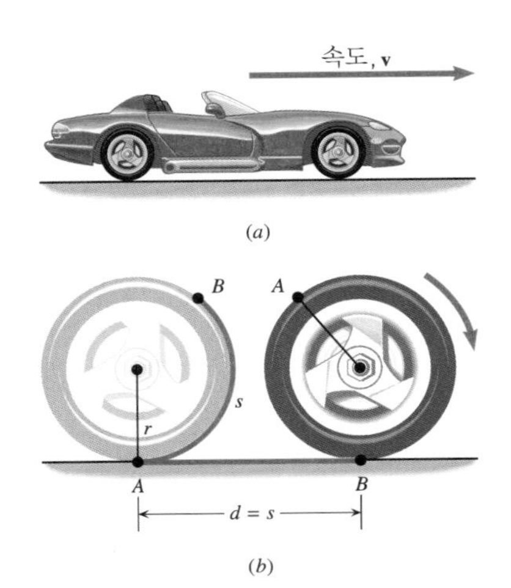

그림 8.12 (a) 자동차가 선속력 v로 움직이고 있다. (b) 타이어가 미끄러짐 없이 구르는 경우, 차 축이 이동하는 거리 d는 타이어의 바깥쪽 가장자리를 따른 원호의 길이 s와 같다.

어와 지면의 접촉점에서 미끄러짐(slipping)이 없다는 점이다. 실제로 정상적으로 움직이는 자동차는 미끄러짐 없이 구르는 것으로 근사해도 좋다. 반면에, 급가속하며 출발하는 자동차의 경우, 타이어가 지면에 대해 빠르게 회전하며 미끄러지는 동안에는 구르지 않는다.

그림 8.12에서 타이어가 구를 때, 타이어가 회전하는 각속력과 자동차가 앞으로 움직이는 선속력(일정하다고 가정한다) 사이에는 일정한 관계가 있다. 그림 8.12(b)에서 왼쪽 타이어 위의 두 점 A와 B를 살펴보자. 두 점 사이의 타이어 바닥에 빨간색 페인트칠을 하고, 점 B가 지면과 닿을 때까지 타이어를 오른쪽으로 굴린다. 타이어가 굴러감에 따라 타이어 바닥의 페인트가 지면에 빨간색 수평선을 만든다. 바퀴의 회전축은 직선 거리 d만큼 이동하는데, 이 거리는 지면에 그려진 빨간색 수평선의 길이와 같다. 타이어가 미끄러지지 않으므로 거리 d는 타이어의 바깥쪽 가장자리를 따라 측정한 원호의 길이 s와 같아야 한다. 즉 $d = s$이다. 이 식의 양변을 경과한 시간 t로 나누면 $d/t = s/t$가 된다. 여기서, d/t는 회전축이 지면에 평행하게 움직이는 속력, 즉 자동차의 선속력 v이다. 한편, s/t는 회전축에 대해 타이어의 바깥쪽 가장자리의 한 점이 움직이는 접선 속력 v_T이다. 그런데 v_T는 회전축에 대한 각속력 ω와 $v_T = r\omega$의 관계가 있으므로(식 8.9),

$$\underbrace{v}_{\text{직선 속력}} = \underbrace{r\omega}_{\text{접선 속력, } v_T} \qquad (\omega : \text{rad/s 단위}) \tag{8.12}$$

의 관계를 얻는다.

그림 8.12의 자동차가 지면에 평행한 가속도 $\mathbf{a}$를 가지면 타이어의 바깥쪽 가장자리 위의 한 점은 회전축에 대한 접선 가속도 $\mathbf{a}_T$를 갖는다. 위 단락에서와 동일한 논리를 사용하면 두 가속도는 크기가 서로 같고, 회전축에 대한 바퀴의 각가속도 α와 다음의 관계를 가짐을 유도할 수 있다.

$$\underbrace{a}_{\text{선가속도}} = \underbrace{r\alpha}_{\text{접선 가속도 } a_T} \qquad (\alpha : \text{rad/s}^2 \text{ 단위}) \tag{8.13}$$

구르는 동안 물체는 표면에 대해 미끄러지지 않으므로, 식 8.12와 8.13은 임의의 구름 운동에 적용할 수 있다. 아래의 예제 8.6은 구름 운동의 기본적 특징을 잘 설명한다.

예제 8.6 | 가속되는 자동차

그림 8.12와 같이, 정지해 있던 자동차가 출발하여 20.0초 동안 0.800 m/s²의 일정한 가속도로 오른쪽으로 운동한다. 이 동안 타이어는 미끄러지지 않는다. 여기서 타이어의 반지름은 0.330 m이다. 출발한 지 20.0초가 될 때 타이어 바퀴가 회전한 각은 얼마인가?

살펴보기 자동차가 가속하므로, 타이어는 갈수록 빨리 회전한다. 따라서 타이어는 각가속도를 갖는데, 각가속도는 바퀴의 각변위를 결정하기 위해서는 반드시 고려해야 하는 물리량이다. 타이어가 미끄러짐 없이 구르기 때문에 각가속도의 크기 α는 자동차의 가속도의 크기 a와 $a = r\alpha$의 관계가 있다(식 8.13). 따라서, 각가속도의 크기는

$$\alpha = \frac{a}{r} = \frac{0.800\ \text{m/s}^2}{0.330\ \text{m}} = 2.42\ \text{rad/s}^2$$

가 된다. 타이어가 시계 방향으로(또는 음의 방향으로) 점점 빨리 회전하므로, 자동차의 방향은 그림 8.12에서 오른쪽 방향이며, 각가속도는 음의 값을 갖는다. 따라서 각과 관련된 자료는 다음과 같다.

θ	α	ω	ω_0	t
?	$-2.42\ \text{rad/s}^2$		0 rad/s	20.0 s

각변위 θ는 식 8.7에 의해 α, ω_0, 그리고 t로 주어진다.

풀이 식 8.7로부터, θ는

$$\theta = \omega_0 t + \tfrac{1}{2}\alpha t^2$$
$$= (0\ \text{rad/s})(20.0\ \text{s}) + \tfrac{1}{2}(-2.42\ \text{rad/s}^2)(20.0\ \text{s})^2$$
$$= \boxed{-484\ \text{rad}}$$

이다. 바퀴가 시계 방향으로 회전하기 때문에 각변위 θ는 음의 값을 갖는다.

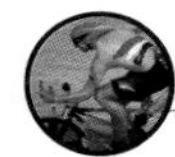

연습 문제

8.1 회전 운동과 각변위
8.2 각속도와 각가속도

1(1) 다이빙 선수가 3.5 회전의 공중제비를 도는데 1.7초가 걸렸다. 다이빙 선수의 평균 각속도를 rad/s 단위로 구하라.

2(3) 유럽에서 측량사들은 보통 각을 그래드 단위로 측량한다. 한 원의 4분의 1은 100 그래드에 해당한다. 1라디안(rad)은 몇 그래드(grad)인가?

3(5) CD의 연주 시간은 보통 74분이다. 음악이 시작될 때 CD는 480 rpm의 각속도로 회전하고, 음악이 끝날 때에는 210 rpm의 각속도로 회전한다. CD의 평균 각가속도의 크기를 rad/s² 단위로 구하라.*

4(7) 원형 전기톱이 정지 상태에서 나중 각속도에 도달하는데 1.5초의 시간이 걸리도록 고안되었다. 이 원형 전기톱의 각가속도가 328 rad/s²일 때, 이 톱의 나중 각속도를 구하라.

***5(9)** 우주 정거장은 그림에 표시된 반지름을 갖는 두 개의 도넛 모양의 생활 공간 A와 B로 구성된다. 정거장이 회전함에 따라 공간 A에 있는 우주 비행사가 원호를 따라 2.40×10^2 m를 이동하였다

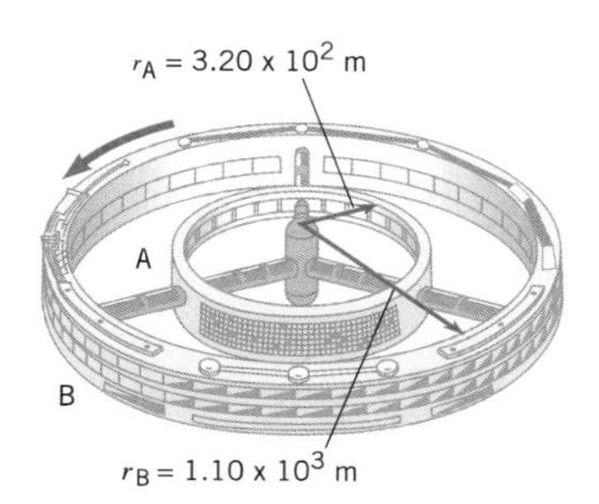

* 콤팩트디스크의 회전 모드는 두 가지가 있다. 하나는 CLV(constant linear velocity) 모드인데 이 경우 픽업의 위치에 따라 회전 속력이 달라진다. 즉 픽업이 디스크의 가장자리에 있을 때는 빠르게 회전하고 중심 부근에 있을 때는 느리게 회전하여 픽업이 있는 부분의 회전 속도가 일정하게 유지된다. 또 다른 하나의 모드는 CAV(constant angular velocity) 모드인데 이 경우 픽업의 위치에 무관하게 CD는 일정한 각속력으로 회전한다(역자 주).

면, 같은 시간 동안 공간 B에 있는 우주 비행사는 원호를 따라 얼마나 이동하겠는가?

*6(11) 그림은 총알의 속력을 측정하는 데 사용하는 장치를 나타낸다. 이 장치는 거리 $d = 0.850$ m만큼 떨어진 채 95.9 rad/s의 각속력으로 회전하는 두 개의 원반으로 구성되어 있다. 총알이 왼쪽 원반을 통과한 다음 오른쪽 원반을 통과할 때, 두 개의 총알 구멍 사이의 각변위가 $\theta = 0.240$ rad이라면, 총알의 속력은 얼마인가?

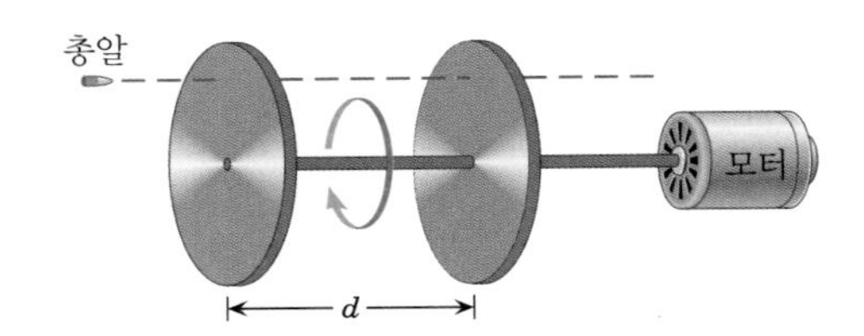

*7(13) 고적대 지휘자가 지휘봉을 수직 윗방향으로 던져 올렸다. 하늘로 올라갔다가 지휘자의 손에 되돌아 올 때까지 지휘봉이 4 회전을 했다. 공기 저항을 무시하고 지휘봉의 평균 각속도를 1.80 rev/s라고 할 때, 지휘봉 중심이 공중으로 올라간 최고 높이는 얼마인가?

**8(15) 미식축구에서 쿼터백이 공의 양끝을 관통하는 축에 대해 떨림 없이 부드럽게 회전하는 완벽한 나선형의 패스에 성공했다. 지면에 대해 55° 각으로 19 m/s의 속력으로 던져진 공이 7.7 rev/s로 회전한다고 가정하자. 쿼터백의 손에서 공이 떠날 때의 높이와 리시버가 공을 잡을 때의 높이가 같다고 할 때, 공중에 떠있는 동안 공은 몇 회전을 하겠는가?

8.3 회전 운동학의 방정식들

9(17) 고속 버튼이 눌린 상태에서 작동하던 선풍기의 저속 버튼을 눌렀더니, 선풍기 날개의 각속도가 1.75 초 동안 83.8 rad/s로 줄어들었다. 선풍기의 감각가속도가 42.0 rad/s^{2}이라면, 선풍기 날개의 처음 각속력은 얼마인가?

*10(21) 몸통에 감겨진 줄을 잡아당길 때, 줄이 풀어지면서 회전하도록 만든 장난감 팽이가 있다. 길이가 64 cm인 줄은 팽이의 중심축으로부터의 반지름이 2.0 cm인 지점에서 팽이의 몸통에 감겨 있다. 줄의 두께는 무시한다. 한 사람이 정지해 있던 팽이의 줄 끝을 잡아당겨 +12 rad/s^{2}의 각가속도로 팽이를 회전시키기 시작했다. 팽이에 감겨있던 줄이 다 풀렸을 때, 팽이의 나중 각속도는 얼마인가?

*11(23) 반시계 방향으로 회전하고 있는 불꽃놀이 바퀴의 각가속도는 −4.00 rad/s^{2}이다. 바퀴의 각속도가 처음값으로부터 나중값인 −25.0 rad/s로 바뀔 때 바퀴의 각변위가 0이었다면, 이 과정에 걸린 시간은 얼마인가?

8.4 각변수와 접선 변수

12(29) 치과병원에서 사용되는 고속 연마기에 부착된 원반은 반지름이 2.00 mm이고, 작동할 때 7.85×10^4 rad/s의 각속도로 회전한다. 이 원반이 작동할 때, 바깥 테두리의 한 점에서 접선 속력은 얼마인가?

13(33) 반지름이 6.38×10^6 m인 지구는 23.9 시간마다 회전축에 대해 1 회전한다. (a) 적도 위에 있는 나라인 에콰도르에 사는 사람의 접선 속력을 m/s 단위로 구하여라. (b) 에콰도르에 사는 사람의 접선 속력의 3분의 1인 접선 속력을 갖기 위한 위도(그림에서 각 θ)는 얼마인가?

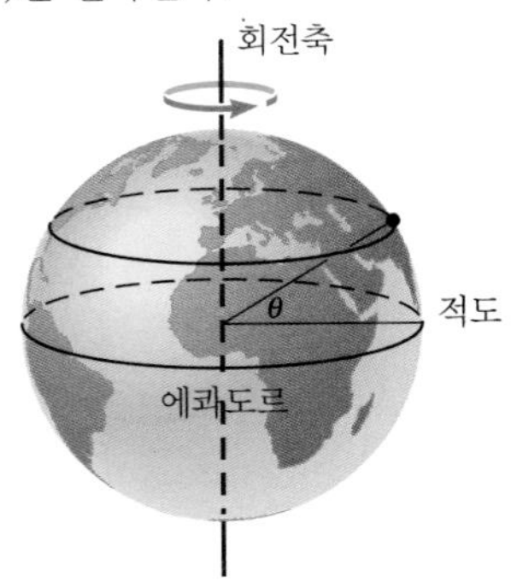

*14(35) CD는 나선형 트랙에 음악이 기록되어 있다. 트랙의 어느 지점에서나 일정한 접선 속력(CLV 모드)이 되게 회전하면서 CD에서 음악이 재생된다. 따라서, $v_T = r\omega$에 의해 디스크의 바깥쪽 영역에서는 CD가 작은 각속도로 회전하고, 안쪽 영역에서는 큰 각속도로 회전한다. 반지름이 $r = 0.0568$ m인 바깥쪽 영역에서 CD의 각속도는 3.50 rev/s이다. (a) 음이 재생되는 부분의 일정 접선 속력을 구하라. (b) 디스크의 중심으로부터 0.0249 m 만큼

떨어진 곳에서의 각속도를 rev/s 단위로 구하라.

8.5 구심 가속도와 접선 가속도

15(39) 경주용 자동차가 반지름이 625 m인 원궤도 위를 75.0 m/s의 일정한 접선 속력으로 달린다. (a) 자동차의 총 가속도의 크기를 구하라. (b) 지름 방향에 대한 총 가속도의 방향을 구하라.

16(41) 질량이 220 kg인 쾌속정이 수면 위에 떠 있는 부표를 중심으로 반지름이 32 m가 되게 선회를 한다. 선회하는 동안 엔진은 크기가 550 N인 알짜 힘을 쾌속정 진행 방향의 접선 방향으로 가한다. 선회를 시작할 때 쾌속정의 처음 접선 속력이 5.0 m/s이다. (a) 쾌속정의 접선 가속도를 구하라. (b) 선회를 시작한 지 2초 후에 쾌속정의 구심 가속도는 얼마인가?

* **17(43)** 직사각형 평판이 그림에 표시한 한 모서리를 수직으로 관통하는 축에 대해 일정한 각가속도를 가지고 회전한다. 모서리 *A*에서 측정되는 접선 가속도는 모서리 *B*에서 측정되는 값의 두 배이다. 직사각형의 두 측면의 길이 비인 L_1/L_2는 얼마인가?

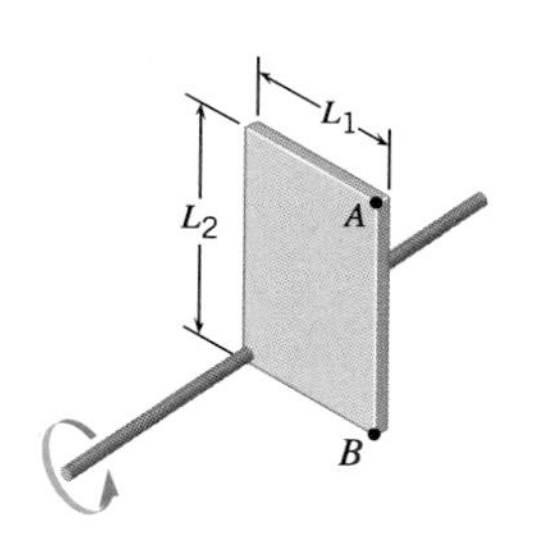

** **18(45)** 전기 연마기가 정지 상태로부터 일정한 각가속도로 회전하기 시작한다. 일정한 각을 회전한 연마기의 한 점에서 구심 가속도의 크기가 접선 가속도의 크기의 두 배가 된다. 이때 회전한 각은 얼마인가?

8.6 구름 운동

* **19(53)** 반지름이 0.200 m인 공이 3.60 m/s의 일정한 선속력으로 수평 탁자 위를 구르다가 바닥으로 떨어진다. 공이 바닥에 닿을 때까지 이동하는 수직 거리는 2.10 m이다. 공중에 떠 있는 동안 공이 회전한 각변위는 얼마인가?

** **20(55)** 그림과 같이 반지름이 9.00 m인 원형 언덕을 따라 자전거가 굴러 내려온다. 자전거의 각변위가 0.960 rad이고 바퀴의 반지름이 0.400 m일 때, 타이어가 회전한 각을 라디안으로 구하라.

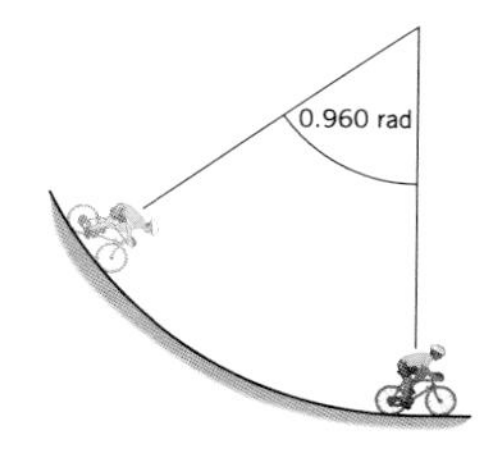

회전 동역학

9.1 강체에 작용하는 힘과 토크

프로펠러나 바퀴와 같은 대부분의 강체들의 질량은 하나의 점에 집중되어 있지 않고 퍼져 있다. 이러한 물체들은 다양한 방식으로 움직일 수 있다. 그림 9.1(a)는 이 중에 하나인 병진 운동에 대한 설명으로, 물체의 모든 점들은 평행한 경로상에서 움직이며 그 경로는 반드시 직선이 아니어도 된다. 순수한 병진 운동에서 물체 내부의 어떤 선에 대한 회전은 없다. 병진 운동은 곡선을 따라 일어날 수 있기 때문에 종종 곡선 운동 혹은 선운동이라 한다. 이와 다른 운동 방식은 회전 운동이고, 그림 9.1(b)에서 공중 제비 운동하는 운동 선수의 경우처럼 병진 운동과 함께 일어나기도 한다.

우리는 알짜 힘이 물체를 가속시킴으로서 어떻게 선운동에 영향을 주는 가에 대한 많은 예를 보아 왔다. 강체가 각가속도를 가질 수 있다는 것도 고려할 필요가 있다. 알짜 외력은 선운동을 변화시킨다. 하지만 회전 운동을 변화시키는 원인은 무엇인가? 예를 들면, 보트가 가속될 때 그 보트의 프로펠러의 회전 속도를 변화시키는 어떤 것이 있다. 이것이 단순히 알짜 힘일까? 그것은 알짜 외력이 아니라 회전 속도를 변화시키는 알짜 외부 토크이다. 외력이 크면 클수록 가속도는 더욱 커지게 되고 알짜 토크가 커질수록 회전 또는 각가속도가 더 커지게 된다.

그림 9.2는 토크의 개념을 설명하는데 도움이 된다. 그림 9.2(a)처럼 힘 **F**로 문을 당길 때 힘이 커질수록 문이 더 빨리 열린다. 다른 조건들이 같다면 힘이 커질수록 토크도 더 커지게 된다. 그러나 같은 힘이 (b)처럼 경첩에 가까운 점에 작용된다면 힘은 적은 토크를 만들어내기 때문에 문은 빨리 열리지 않는다. 더욱이 (c)처럼 문에 거의 평행한 방향으로 민다

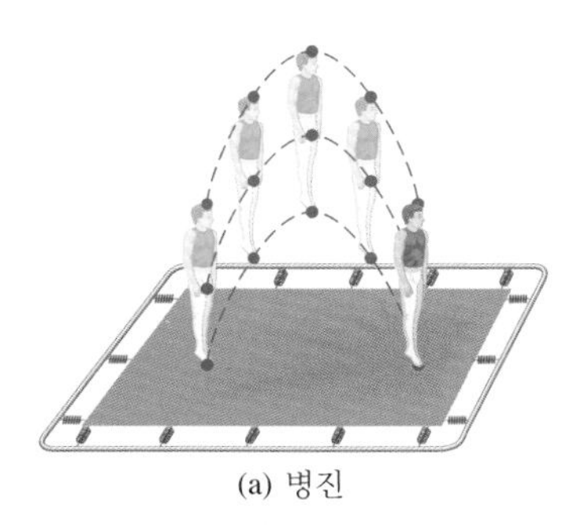
(a) 병진

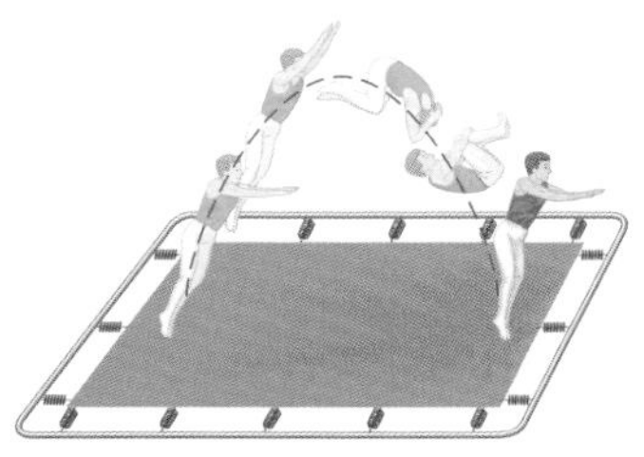
(b) 병진과 회전의 혼합

그림 9.1 (a) 병진 운동과 (b) 병진과 회전 운동이 혼합된 예

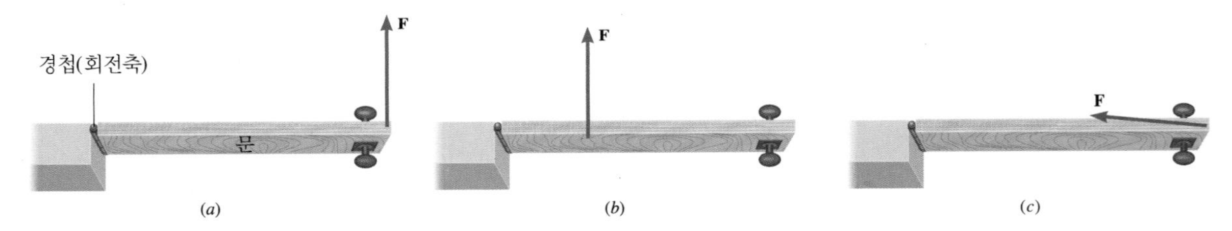

그림 9.2 회전축(경첩)에 가깝게 미는 (b)보다 문의 바깥 가장자리를 미는 (a) 경우가 주어진 같은 크기의 힘으로 문을 열기가 쉽다. (c) 문에 거의 평행한 방향으로 밀면 문을 열기는 매우 어렵다.

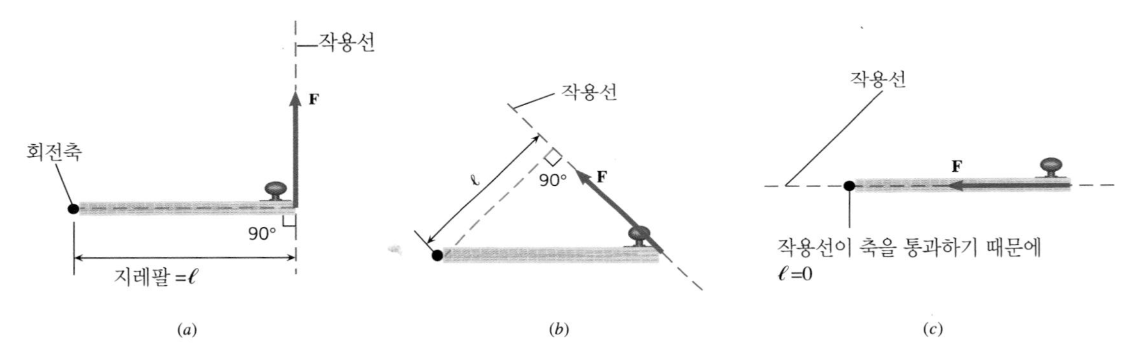

그림 9.3 위쪽에서 볼 때 문의 경첩은 검은 점(●)이고 그 점은 회전축을 나타낸다. 작용선과 지레팔 ℓ은 힘이 문에 (a) 수직으로 (b) 어떤 각으로 작용할 때 그려져 있다. (c) 작용선이 회전축을 통과할 때 지레팔은 0이다.

면 토크가 거의 0이기 때문에 문을 열기는 어렵게 된다. 요약하면 토크는 힘의 크기와 힘이 작용하는 곳의 회전축(그림 9.2에서 경첩)에 대한 상대위치와 힘의 방향에 의존한다.

간단히 하기 위해 힘이 회전축에 수직인 평면 위에 놓여있는 경우를 다루어 보자. 예를 들면 그림 9.3처럼 회전축이 책의 면에 수직이고 힘이 책의 평면에 놓인다. 그림에 작용선과 힘의 지레팔을 나타내었으며, 이 두 개념은 토크를 정의하는데 중요하다. **작용선**(line of action)은 힘의 연장선이다. **지레팔**(lever arm)은 작용선과 회전축 사이의 거리 ℓ이고, 이 둘다에 수직인 직선 거리로 측정된다. 토크는 기호 τ(그리스 문자 tau)로 나타내고 크기는 힘의 크기와 지레팔의 곱으로 정의한다.

■ **토크**

토크 = (힘의 크기) × (지레팔)

$$\tau = F\ell \qquad (9.1)$$

방향: 토크는 힘이 축에 대해 반시계 방향의 회전을 일으킬 때 양의 값이고 시계 방향의 회전을 일으킬 때는 음이다.

토크의 SI 단위: 뉴턴(N) · 미터(m)

식 9.1은 같은 크기의 힘들이 다른 토크를 만들 수 있다는 것을 나타낸다. 토크는 지레팔에 의존한다. 예제 9.1은 이러한 중요한 특성을 설명한다.

예제 9.1 지레팔에 따른 토크의 변화

그림 9.3에서 크기가 55 N의 힘이 문에 작용된다. 그러나 힘이 작용하는 위치와 방향에 따라 지레팔은 다르다. (a) $\ell = 0.80\ \mathrm{m}$, (b) $\ell = 0.60\ \mathrm{m}$, 그리고 (c) $\ell = 0\ \mathrm{m}$ 일 때 각 경우의 토크의 크기를 구하라.

살펴보기 각각의 경우에 지레팔은 회전축과 힘의 작용선 사이의 수직 거리이다. (a)에서 이 수직 거리는 문의 폭과 같다. 그러나 (b)와 (c)에서는 지레팔이 폭보다 작다. 지레팔이 각각의 경우 다르기 때문에 가한 힘의 크기가 같다하더라도 토크는 다르다.

풀이 식 9.1을 사용하면 다음과 같은 토크의 값을 얻을 수 있다.

(a) $\tau = F\ell = (55\ \mathrm{N})(0.80\ \mathrm{m}) = \boxed{44\ \mathrm{N \cdot m}}$

(b) $\tau = F\ell = (55\ \mathrm{N})(0.60\ \mathrm{m}) = \boxed{33\ \mathrm{N \cdot m}}$

(c) $\tau = F\ell = (55\ \mathrm{N})(0\ \mathrm{m}) = \boxed{0\ \mathrm{N \cdot m}}$

(c)에서 **F**의 작용선은 회전축(경첩)을 통과하므로 지레팔은 0이고 따라서 토크도 0이 된다.

9.2 평형 상태에 있는 강체

강체가 평형 상태에 있게 되면 선운동이나 회전 운동은 아무런 변화가 없게 된다. 아무런 변화가 없는 경우 강체가 평형 상태에 있기 위한 어떤 조건식이 필요하게 된다. 예를 들면 선운동이 변하지 않는 강체는 가속도 **a**가 없다. 그러므로 $\Sigma \mathbf{F} = m\mathbf{a}$ 이고 $\mathbf{a} = 0$이기 때문에 물체에 가해진 알짜 힘 $\Sigma \mathbf{F}$은 0이어야 한다. 이차원 운동의 경우 알짜 힘의 x와 y 성분은 각각 0이다. 즉 $\Sigma F_x = 0$, $\Sigma F_y = 0$(식 4.9a와 4.9b)이다. 알짜 힘을 계산하는데 있어서는 외부 작용자가 주는 힘, 즉 외력*만을 포함시킨다. 평형 상태는 선운동뿐만 아니라 회전 운동의 변화도 없어야 함을 고려해야 한다. 이것은 물체에 작용하는 알짜 외부 토크가 회전 운동을 변화시키는 원인이기 때문에 알짜 토크가 0임을 의미한다. 알짜 외부 토크(모든 양과 음의 토크의 합)를 나타내기 위해 기호 $\Sigma\tau$를 사용하면

$$\Sigma\tau = 0 \tag{9.2}$$

가 된다. 그러므로 강체의 평형은 다음과 같이 정의한다.

■ **강체의 평형**

강체의 병진 가속도가 0이고 각가속도도 0이면 그 강체는 평형 상태에 있다. 즉 평형에서는 외력의 합이 0이고 외부 토크의 합도 0이다.

* 물체의 한 부분이 다른 부분에 작용하는 내력은 무시한다. 왜냐하면 그 힘들은 크기가 같고 방향이 반대인 작용과 반작용 힘이기 때문이다. 전체 물체의 가속도가 관계되는 한 어떤 힘의 영향은 다른 힘의 영향에 의해 상쇄된다.

$$\Sigma F_x = 0\,,\quad \Sigma F_y = 0 \qquad (4.9\text{a와 } 4.9\text{b})$$

$$\Sigma\tau = 0 \qquad (9.2)$$

예제 9.2 | 다이빙 보드

몸무게가 530 N인 여자가 길이 3.90 m의 다이빙 보드 오른쪽 끝에 서 있다. 보드의 무게는 무시한다. 그림 9.4(a)처럼 이 보드의 왼쪽 아래는 볼트로 고정되어 있고 그곳으로부터 1.40 m 되는 곳에 지레받침이 놓여 있다. 볼트와 지레받침이 각각 보드에 작용하는 힘 $\mathbf{F}_1$과 $\mathbf{F}_2$를 구하라.

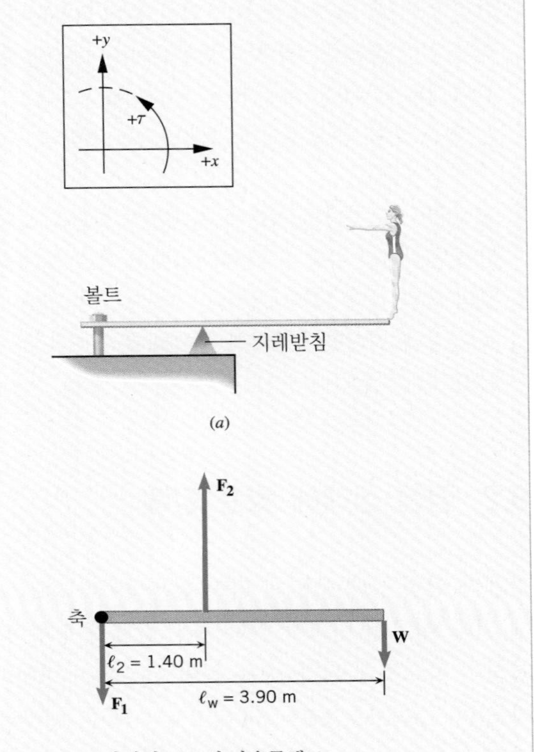

(b) 다이빙 보드의 자유물체도

그림 9.4 (a) 다이버가 다이빙 보드의 끝에 서 있다. (b) 다이빙 보드의 자유물체도. 왼쪽 위의 네모 속의 그림은 힘에 대한 양의 x와 y의 방향과 토크에 대한 양의 방향(반시계 방향)을 보여준다.

살펴보기 그림의 (b)는 다이빙 보드의 자유물체도를 나타낸다. $\mathbf{F}_1$과 $\mathbf{F}_2$ 그리고 다이버의 무게 $\mathbf{W}$의 세 힘이 보드에 작용한다. $\mathbf{F}_1$과 $\mathbf{F}_2$의 방향을 선택할 때 다음과 같은 점을 생각해야 한다. 보드가 지레받침에 대해 시계 방향으로 회전하는 것을 막기 위해서 볼트가 보드를 당겨야 하므로 $\mathbf{F}_1$은 아랫방향이다. 보드는 지레받침을 아래로 누르며 그 반작용으로 지레받침은 보드를 위로 받치므로 $\mathbf{F}_2$는 윗방향이다. 보드는 정지 상태이기 때문에 평형 상태에 있다.

풀이 보드가 평형 상태에 있기 때문에 수직력의 합은 0이다. 즉

$$\Sigma F_y = -F_1 + F_2 - W = 0 \qquad (4.9\text{b})$$

이다. 이와 마찬가지로 토크의 합은 0이다. 즉 $\Sigma\tau = 0$이다. 토크를 계산하기 위해 보드의 왼쪽 끝을 지나고 지면에 수직인 축을 정한다(이러한 선택은 임의적이다). $\mathbf{F}_1$은 축을 지나가고 지레팔이 0이기 때문에 토크가 발생하지 않는다. 반면 $\mathbf{F}_2$는 반시계 방향(양의 방향)으로 토크를 일으키고 $\mathbf{W}$는 시계 방향(음)의 토크를 일으킨다. 자유물체도에 각 토크에 대한 지레 팔의 길이가 주어져 있다.

$$\Sigma\tau = +F_2\ell_2 - W\ell_W = 0 \qquad (9.2)$$

이 식을 F_2에 대해 풀면

$$F_2 = \frac{W\ell_W}{\ell_2} = \frac{(530\text{ N})(3.90\text{ m})}{1.40\text{ m}} = \boxed{1480\text{ N}}$$

가 된다. F_2에 대한 이 값과 W=530 N를 식 4.9b에 대입하면 $\boxed{F_1 = 950\text{ N}}$이 됨을 알 수 있다.

예제 9.2에서 다이빙 보드의 왼쪽 끝을 지나는 축을 사용하여 외부 토크의 합이 계산되었다. 그러나 축의 선택은 임의로 할 수 있다. 왜냐하면 물체가 평형 상태에 있다면 어떤 임의의 축에 대해서도 평형 상태에 있기 때문이다. 그러므로 외부 토크의 합은 축을 어디에 두는가에 상관없

이 0이다. 그러나 보통은 하나 이상의 알려지지 않은 힘의 작용선이 축을 지나는 위치를 선택한다. 그러한 선택은 이러한 힘에 의해 만들어진 토크가 0이기 때문에 토크에 관한 식을 단순화시킨다. 예를 들면 예제 9.2에서 F_1에 의한 토크는 이 힘의 지레팔이 0이기 때문에 식 9.2에는 나타나지 않는다.

토크의 계산에서 힘의 지레팔은 회전축에 대해서 결정되어야 한다. 예제 9.2에서의 지레팔은 명확하지만 어떤 예제에서는 지레팔을 결정하기 위해 약간의 주의가 필요할 때도 있다.

어느 정도까지는 평형 상태에 있는 물체에 작용하는 힘의 방향을 직관적으로 유추해 낼 수 있다. 그러나 때때로 알려지지 않는 힘의 방향은 명확하지 않을 때가 있어서 부적절하게 자유물체도에 반대로 그려지기도 한다. 이런 종류의 실수는 그리 큰 문제가 되지 않는다. 자유물체도에서 모르는 힘의 방향을 실제와 반대로 선택하면, 계산 결과 그 힘의 값이 음수가 나오므로 방향을 바로 잡을 수 있다. 다음 예제는 이러한 사실을 설명한다.

보디빌딩의 물리

예제 9.3 | 보디빌딩

보디빌더가 그림 9.5(a)처럼 무게 $\mathbf{W}_d$의 아령을 들고 있다. 무게가 $W_a = 31.0$ N인 그의 팔은 수평으로 편 상태에 있다. 삼각근이 공급할 수 있는 최대 힘 **M**의 크기는 1840 N이다. 그림 9.5(b)에는 어깨관절로부터 여러 가지 힘들이 팔에 작용하는 점까지의 거리를 나타내었다. 팔이 지탱할 수 있는 가장 무거운 아령의 무게는 얼마인가? 그리고 수평과 수직 힘의 성분 $\mathbf{S}_x$와 $\mathbf{S}_y$는 얼마인가? 어깨관절은 팔의 왼쪽 끝에 위치한다.

살펴보기 그림 9.5(b)는 팔에 대한 자유물체도이다. 삼각근이 어깨관절 방향으로 팔을 당기고, 관절은 뉴턴의 제3법칙에 따라 팔을 되밀기 때문에 $\mathbf{S}_x$의 방향은 오른쪽이다. 그러나 힘 $\mathbf{S}_y$의 방향은 분명하지 않다. 자유물체도에서 선택한 방향이 반대일 가능성도 생각

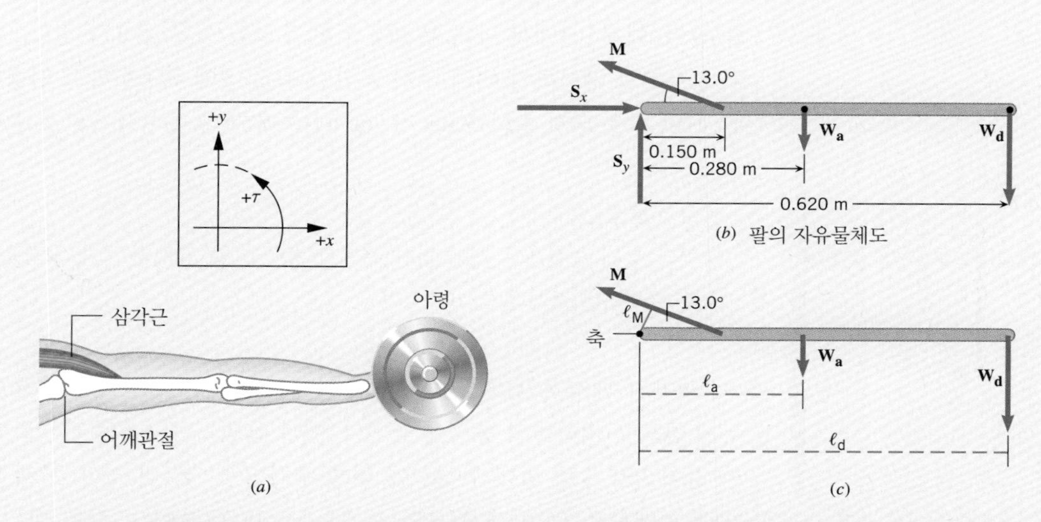

그림 9.5 (a) 완전하게 편 상태인 보디빌더의 수평 팔이 아령을 지탱한다. (b) 팔에 대한 자유물체도 (c) 팔과 지레팔에 작용하는 세 가지 힘. 팔의 왼쪽 끝에 있는 회전축이 지면과 수직이다. 이 그림에 나타난 힘 벡터의 크기는 정확하게 비례하지 않는다.

해야 한다. 그렇다면 $\mathbf{S}_y$에 대해 구한 값은 음이 될 것이다.

풀이 팔은 평형 상태에 있으므로 팔에 작용하는 알짜 힘은 0이다.

$$\Sigma F_x = S_x - M\cos 13.0° = 0 \qquad (4.9a)$$

즉

$$S_x = M\cos 13.0° = (1840\ \text{N})\cos 13.0° = \boxed{1790\ \text{N}}$$

$$\Sigma F_y = S_y + M\sin 13.0° - W_a - W_d = 0 \qquad (4.9b)$$

식 4.9b는 두 개의 미지수 S_y, W_d를 포함하기 때문에 이대로는 풀리지 않는다. 그러나 팔이 평형 상태에 있기 때문에 팔에 작용하는 알짜 토크가 0이 되므로, 또 다른 식이 얻어진다. 토크를 계산하기 위해서 종이면에 수직이고 팔의 왼쪽 끝(어깨 관절)을 지나는 축을 선택하자. 이 축에 대해 $\mathbf{S}_x$와 $\mathbf{S}_y$에 의한 토크는 각 힘의 작용선이 축을 지나고 각 힘의 지레팔이 0이기 때문에 0이다. 다음 표는 나머지 힘, 지레팔(그림 9.5(c)), 및 토크를 요약한 것이다.

힘	지레팔	토크
$W_a = 31.0\ \text{N}$	$\ell_a = 0.280\ \text{m}$	$-W_a\ell_a$
W_d	$\ell_d = 0.620\ \text{m}$	$-W_d\ell_d$
$M = 1840\ \text{N}$	$\ell_M = (0.150\ \text{m})\sin 13.0°$	$+M\ell_M$

알짜 토크가 0이 되게 하는 조건은

$$\Sigma\tau = -W_a\ell_a - W_d\ell_d + M\ell_M = 0 \qquad (9.2)$$

이다. W_d에 대해 이 식을 풀면

$$W_d = \frac{-W_a\ell_a + M\ell_M}{\ell_d} = \frac{-(31.0\ \text{N})(0.280\ \text{m}) + (1840\ \text{N})(0.150\ \text{m})\sin 13.0°}{0.620\ \text{m}} = \boxed{86.1\ \text{N}}$$

가 된다. W_d 값을 식 4.9b에 대입하고 S_y에 대해 풀면 $\boxed{S_y = -297\ \text{N}}$이다. 음의 부호는 자유물체도에서 S_y에 대한 방향의 선택이 잘못되었음을 나타낸다. 실제로 S_y는 297 N의 크기를 가지고 윗방향이 아니라 아랫방향을 향한다.

문제 풀이 도움말
이 예제에서 $S_y = -297$ N과 같이 힘이 음일 때 힘의 방향은 원래 선택한 방향의 반대이다.

9.3 무게 중심

크기가 큰 물체의 경우 자체 무게에 의한 토크를 알아 볼 필요가 있다. 예를 들어, 예제 9.3에서 팔의 무게에 의한 토크를 구할 필요가 있다. 그 경우에 토크를 계산하기 위해 무게가 어떤 특정 점에 작용한다고 가정하는데, 그런 점을 **무게 중심**(center of gravity)이라 한다(줄여서 'cg' 로 쓴다).

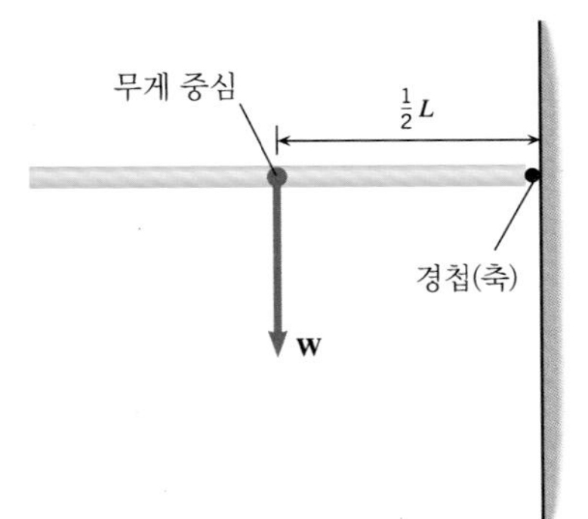

그림 9.6 가늘고, 균일한 길이 L의 수평 막대가 경첩에 의해 수직벽에 매달려 있다. 막대의 무게 중심은 기하학적 중심에 있다.

■ 무게 중심

강체의 무게 중심은 무게에 의한 토크가 계산될 때 강체의 무게가 작용한다고 간주되는 점이다.

물체가 대칭적인 모양을 가지고 물체의 무게가 일정하게 분포될 때 무게 중심은 기하학적 중심에 놓인다. 예를 들면 그림 9.6은 가늘고 균일한 길이 L의 수평 막대가 경첩에 의해 수직벽에 매달려 있다. 무게 $\mathbf{W}$에 대한 지레팔은 $L/2$이고 토크의 크기는 $\tau = W(L/2)$이다. 같은 방법으로 구, 판, 입방체와 원통 같이 어떤 대칭적인 모양이면서 균일한 물체의 무게 중심은 기하학적 중심에 위치한다. 그러나 무게 중심이 그 물체 내에

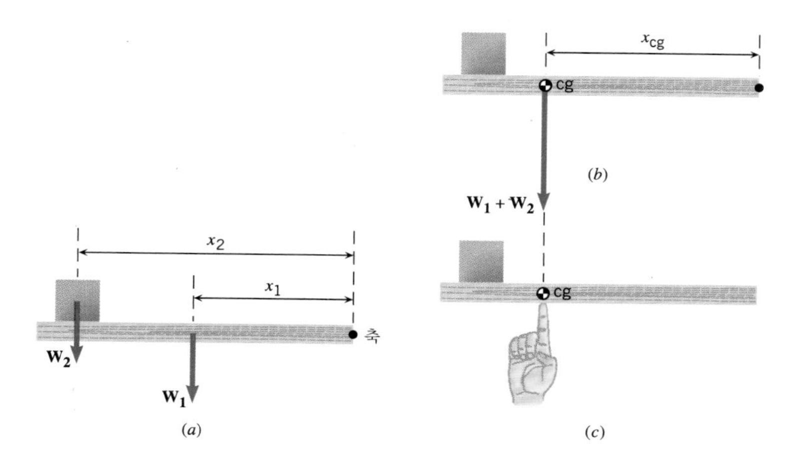

그림 9.7 (a) 상자가 수평 막대 위의 왼쪽 끝에 정지해 있다. (b) 총 무게 ($\mathbf{W}_1 + \mathbf{W}_2$)는 두 물체의 무게 중심에 작용한다. (c) 무게 중심에 다른 힘을 가하여(집게손가락으로 받침) 전체가 평형을 이룰 수 있다.

존재해야만 한다는 것을 의미하지는 않는다. 예를 들면 콤팩트디스크 음반의 무게 중심은 그 음반의 가운데 구멍의 중심에 있다. 따라서, 무게 중심은 외부에 존재한다.

무게와 무게 중심을 아는 여러 개의 물체들이 있을 때 그 물체들 전체의 무게 중심을 알 필요가 있을 수 있다. 예를 들면 그림 9.7(a)는 수평이고 균일한 판(무게 $\mathbf{W}_1$)과 판의 왼쪽 끝에 놓인 균일한 상자(무게 $\mathbf{W}_2$)의 두 부분으로 이루어진 어떤 물체들을 나타낸다. 무게 중심은 임의로 선택한 판의 오른쪽 끝점을 지나는 축에 대해 판과 상자에 의해 만들어지는 알짜 토크를 계산함으로써 구해진다. 그림 (a)는 무게 $\mathbf{W}_1$, $\mathbf{W}_2$ 및 그에 대응하는 지레팔 x_1과 x_2를 나타내고 있다. 알짜 토크는 $\Sigma\tau = W_1 x_1 + W_2 x_2$이다. 또한 전체 무게 $\mathbf{W}_1 + \mathbf{W}_2$가 마치 무게 중심에 위치하고 지레팔 x_{cg}를 가진 것처럼 취급함으로서 알짜 토크를 계산하는 것도 가능하다. 그림 (b)는 $\Sigma\tau = (W_1 + W_2)x_{cg}$ 임을 나타낸다. 알짜 토크에 대한 두 값은 같아야만 하므로

$$W_1x_1 + W_2x_2 = (W_1 + W_2)x_{cg}$$

이다. 이 표현을 축으로부터 무게 중심까지의 거리 x_{cg}에 대해 풀면

무게 중심
$$x_{cg} = \frac{W_1x_1 + W_2x_2 + \cdots}{W_1 + W_2 + \cdots} \tag{9.3}$$

가 된다. 표기 '+⋯'은 식 9.3이 수평선을 따라 분포한 많은 물체의 무게에 대해서도 적용할 수 있도록 확장할 수 있음을 의미한다. 그림 9.7(c)는 집게손가락에 의한 외력이 두 물체의 무게의 합, 즉 $\mathbf{W}_1 + \mathbf{W}_2$와 크기가 같고 방향이 반대이며, 힘의 작용선이 두 물체의 무게 중심을 지나는 경우에 두 물체가 집게손가락에 의한 하나의 외력에 의해 균형을 이룰 수 있음을 보여준다. 예제 9.4는 사람의 팔의 경우 무게 중심을 계산하는 방법을 보여준다.

예제 9.4 | 팔의 무게 중심

그림 9.8에서 수평인 팔은 상완(무게 $W_1 = 17\,\text{N}$), 하완($W_2 = 11\,\text{N}$) 및 손($W_3 = 4.2\,\text{N}$)의 세 부분으로 구성된다. 그림은 어깨관절에 대해 측정된 각 부분의 무게 중심을 나타내고 있다. 어깨관절에 대한 전체 팔의 무게 중심을 구하라.

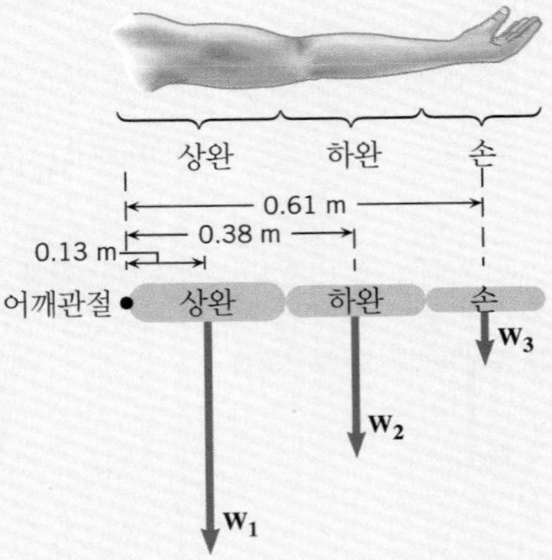

살펴보기와 풀이 무게 중심의 좌표 x_{cg}는

$$x_{cg} = \frac{W_1 x_1 + W_2 x_2 + W_3 x_3}{W_1 + W_2 + W_3}$$

$$= \frac{(17\,\text{N})(0.13\,\text{m}) + (11\,\text{N})(0.38\,\text{m}) + (4.2\,\text{N})(0.61\,\text{m})}{17\,\text{N} + 11\,\text{N} + 4.2\,\text{N}}$$

$$= \boxed{0.28\,\text{m}}$$

가 된다.

상완 하완 손
0.61 m
0.38 m
0.13 m
어깨관절 상완 하완 손
$\mathbf{W_3}$
$\mathbf{W_2}$
$\mathbf{W_1}$

그림 9.8 팔의 세 부분과 각각의 무게와 무게 중심

여러 물체들로 구성된 계 내의 무게 분포가 변할 때 그 여러 물체들이 평형 상태를 유지하는 가를 결정하는데 무게 중심이 중요한 역할을 한다. 무게 분포의 변화는 무게 중심의 변화를 일으키기 때문에, 그 변화가 너무 크면 물체는 평형 상태에 있지 않을 것이다. 다음의 개념 예제 9.5는 무게 중심의 이동에 대해 논의하는 문제인데 그 결과가 매우 놀랍다.

개념 예제 9.5 | 짐을 너무 많이 실은 화물 비행기

그림 9.9(a)는 앞쪽 착륙 기어가 지면으로부터 9 m 올라가 정지해 있는 화물 비행기의 모습이다. 이러한 일은 짐이 비행기 뒤쪽에 너무 많이 실었기 때문에 생긴다. 무게 중심의 이동이 어떻게 이런 일의 원인이 되었는가?

살펴보기와 풀이 그림 9.9(b)는 정상적인 화물 비행기의 그림이다. 이 경우 무게 중심이 앞과 뒤의 착륙 기어의 사이에 위치해 있다. 비행기와 짐의 무게 **W**는 무게 중심에서 아래로 작용한다. 그리고 수직력 $\mathbf{F}_{N1}$과 $\mathbf{F}_{N2}$는 앞과 뒤쪽 기어에서 각각 위로 작용한다. 뒤쪽 기어의 축에 관해 $\mathbf{F}_{N1}$에 의한 반시계 방향의 토크는 **W**에 의한 시계 방향 토크와 균형을 이루고 비행기는 평형 상태에 있게 된다. 그림 9.9(c)는 뒤쪽에 너무 많은 짐을 실은 비행기를 나타낸다. 비행기가 뒤로 기울어졌다. 과적 때문에 무게 중심이 뒤쪽 착륙 기어쪽으로 이동했기 때문이다. 이제 **W**에 의한 토크는 반시계 방향이고 그 토크는 다른 시계 방향의 토크와 균형을 이루지 못하게 된다. 균형을 이루지 못하는 반시계 방향의 토크 때문에 비행기는 꼬리가 지면에 닿을 때까지 뒤로 기울어지고 지면은 위쪽 방향의 힘을 꼬리에 작용한다. 위쪽 방향의 힘에 의한 시계 방향의 토크는 **W**에 의한 반시계 방향의 힘과 균형을 이루고 비행기는 다시 평형 상태를 이룬다. 이때 앞쪽 기어가 지면에서 9m 위로 올라간다.

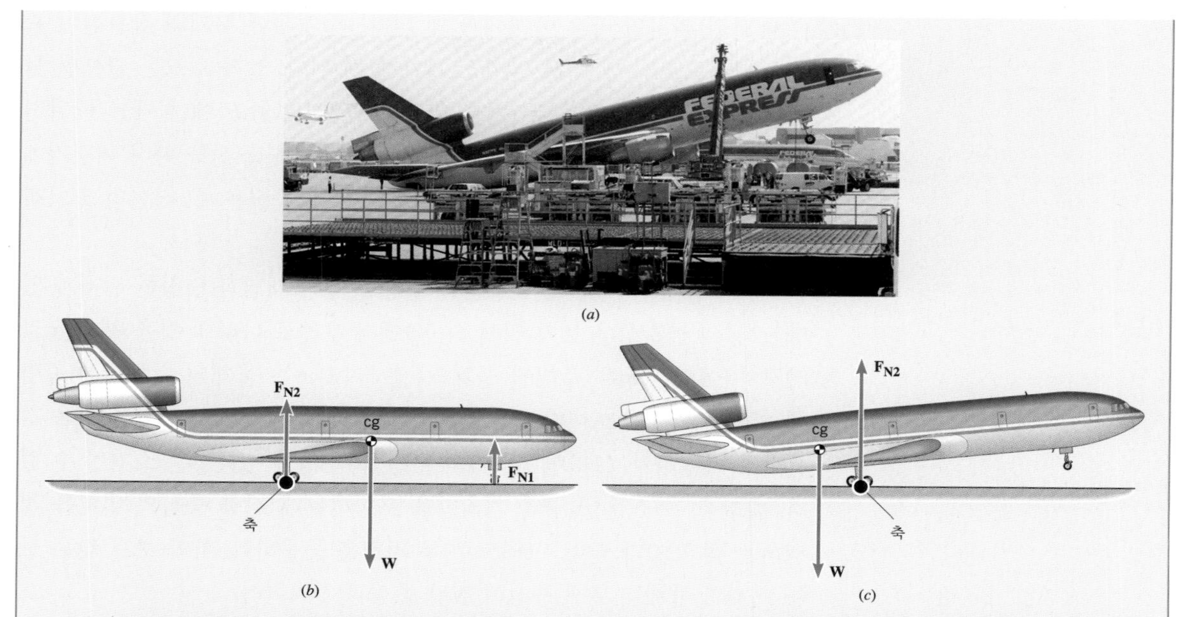

그림 9.9 (a) 정지해있는 화물 비행기의 뒤쪽에 너무 많은 짐을 실어 꼬리가 지면에 닿은 채 LA 공항에 서 있다. (b) 정상적인 화물 비행기에서 무게 중심은 앞쪽과 뒤쪽 착륙 기어 사이에 있다. (c) 비행기 뒤쪽에 짐을 많이 실었을 때 무게 중심은 뒤쪽 착륙 기어 뒤로 이동하고 사진 (a)와 같은 사고가 발생한다.

불규칙한 모양과 불균일한 무게 분포를 가진 물체의 무게 중심은 물체를 두 개의 다른 점 P_1과 P_2에 한번씩 매달아서 찾을 수 있다. 그림 9.10(a)는 무게 중심에 작용하는 무게 **W**가 그림에서 보여주는 축에 대해 지레팔이 0이 아닌, 놓이기 직전의 물체의 모습을 나타낸 것이다. 이 순간 무게는 축에 대해 토크를 일으킨다. 매달린 줄에 의해 물체에 작용하는 장력 **T**는 작용선이 축을 지나가기 때문에 토크를 만들지 못한다. 따라서 그림 (a)에서 물체에 작용하는 알짜 토크만 있고 물체는 회전하기 시작한다. 결국 그림 (b)처럼 마찰이 물체를 정지하게 만들고 무게 중심

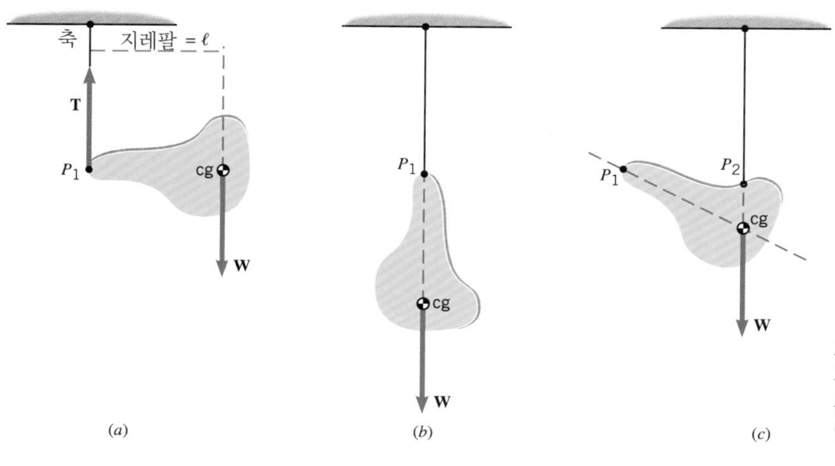

그림 9.10 물체의 무게 중심(cg)은 두 개의 다른 점 P_1, P_2으로부터 물체를 한번에 하나씩 매달아서 찾을 수 있다.

은 매달린 위치의 바로 아래에 있게 된다. 이 경우에 무게의 작용선이 축을 지나감으로서 더 이상 알짜 토크가 없게 된다. 알짜 토크는 없으면 물체는 정지 상태가 된다. 두 번째 위치(그림 9.10(c)) P_2에 물체를 매달면 물체를 지나는 두 번째 선이 만들어 질 수 있으며 그 선을 따라 어딘가에 무게 중심이 위치하게 된다. 그렇게 되면 무게 중심은 두 직선의 교차점에 놓여야 한다.

무게 중심은 7.5절에서 토론한 질량 중심의 개념과 밀접한 관계가 있다. 그들의 연관성을 보기 위해 식 9.3에서 무게로 나타낸 것을 $W = mg$로 바꾸자. 여기서 m은 주어진 물체의 질량이고 g는 물체의 위치에서 중력에 의한 중력 가속도이다. g가 물체가 위치한 모든 곳에서 동일한 값을 갖는다고 가정하자. 그러면 식 9.3의 우변의 각 항에 있는 g는 소거될 수 있다. 따라서 그 식은 질량과 거리만을 포함하는데 질량 중심의 위치를 정의하는 식 7.10과 같다. 그러므로 두 지점은 동등하다. 차와 보트 같은 보통 크기의 물체는 무게 중심이 질량 중심과 일치한다.

9.4 고정된 축 둘레로 회전 운동하는 물체에 대한 뉴턴의 제2법칙

이 절의 목적은 뉴턴의 제2법칙을 고정된 축에 대한 강체의 회전 운동을 설명하는데 적절한 다른 형태로 적용하는 것이다. 원형 경로를 따라 운동하는 입자의 경우를 살펴보자. 그림 9.11은 질량을 무시할 수 있는 줄에 매여 돌고 있는 작은 모형 비행기를 사용하여 이러한 상황을 잘 나타내고 있다. 비행기의 엔진은 비행기에 접선 가속도 a_T를 주는 알짜 외부 접선력 $\mathbf{F}_T$를 제공한다. 뉴턴의 제2법칙에 의하면 $F_T = ma_T$이다. 이 힘에 의해 생성된 토크 τ는 $\tau = F_T r$이 된다. 여기서 원형 경로의 반지름 r이 지레팔이다. 결과적으로 토크는 $\tau = ma_T r$이다. 접선 가속도와 각가속도는 $a_T = r\alpha$의 관계가 있다(식 8.10). 이때 α는 rad/s^{2}로 표현되어야 한다. 이것을 a_T에 대입하면 토크는

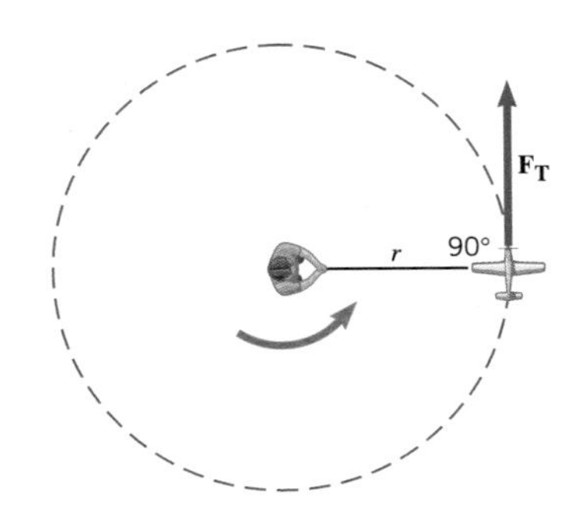

그림 9.11 질량이 m인 모형 비행기가 줄에 매여서 반지름 r인 원을 돌고 있다(위에서 본 모습). 이때 알짜 외부 접선력 $\mathbf{F}_T$가 비행기에 작용한다.

$$\tau = \underbrace{(mr^2)}_{\text{관성 모멘트}}\alpha \tag{9.4}$$

가 된다. 식 9.4는 뉴턴의 제2법칙의 형태이며 알짜 외부 토크가 각가속도 α에 비례함을 나타낸다. 여기서 비례 상수는 $I = mr^2$인데 이것을 입자의 **관성 모멘트**(moment of inertia)라 하며, 관성 모멘트의 SI 단위는 kg · m^{2}이다.

만약 모든 물체가 하나의 입자라면 $F_T = ma_T$ 형태의 뉴턴의 제2법칙을 $\tau = I\alpha$의 형태로 사용하면 편리하다. $\tau = I\alpha$을 사용하는 이점은 고정된

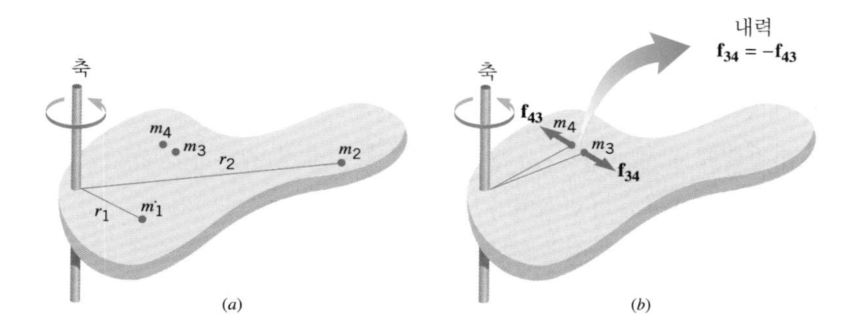

그림 9.12 (a) 강체는 수많은 입자들로 이루어져 있으나, 그림에서는 4개의 입자만 나타내었다. (b) 입자 3과 4가 서로 작용하는 내력은 작용과 반작용의 뉴턴의 제3법칙을 따른다.

축에 대해 회전하는 어떤 강체에도 적용할 수 있다는 것이다. 이러한 이점이 왜 생기는지를 설명하기 위하여 그림 9.12(a)에 종이에 수직인 축에 대해 회전하는 얇은 판을 나타내었다. 판은 질량이 각각 $m_1, m_2, \cdots, m_N$ 인 여러 입자들로 이루어져 있다. 여기서 N은 매우 많은 수이지만 간단히 네 입자만 나타내었다. 각 입자는 그림 9.11에서 모형 비행기와 같은 방식으로 행동하고 식 $\tau = (mr^2)\alpha$를 따른다. 즉

$$\tau_1 = (m_1 r_1^2)\alpha$$
$$\tau_2 = (m_2 r_2^2)\alpha$$
$$\vdots$$
$$\tau_N = (m_N r_N^2)\alpha$$

이다. 이 식에서 각 입자는 회전하는 물체를 강체라고 가정했기 때문에 같은 각가속도 α를 가진다. N개의 식을 모두 더하고 α에 대해 묶으면

$$\underbrace{\Sigma\tau}_{\text{알짜 외부 토크}} = \underbrace{(\Sigma mr^2)}_{\text{관성 모멘트}}\alpha \tag{9.5}$$

가 된다. 여기서 $\Sigma\tau = \tau_1 + \tau_2 + \cdots + \tau_N$ 은 외부 토크의 합이고 $\Sigma mr^2 = m_1 r_1^2 + m_2 r_2^2 + \cdots + m_N r_N^2$ 은 각각의 관성 모멘트의 합을 나타내며 이것이 물체의 관성 모멘트 I이다. 즉

물체의 관성 모멘트 $I = \Sigma mr^2$ (9.6)

이다. 이 식에서 r은 회전축으로부터 각 입자에 이르는 지름 방향의 수직거리이다. 식 9.6과 식 9.5를 조합하면 다음과 같은 결과가 된다.

■ **고정축에 대해 회전하는 강체에 관한 뉴턴의 제2법칙의 회전체 공식**

알짜 외부 토크 = 관성 모멘트 × 각가속도

$$\Sigma\tau = I\alpha \tag{9.7}$$

주의사항: α는 rad/s^{2}로 표현되어야 한다.

회전 운동에 대한 제2법칙의 형태 $\Sigma\tau = I\alpha$는 병진(선) 운동에 대한

$\Sigma \mathbf{F} = m\mathbf{a}$와 유사하고 관성 기준틀에서만 유효하다. 관성 모멘트 I는 질량 m이 병진 운동에 대해 하는 것처럼 회전 운동에 대해 같은 역할을 한다. 그러므로 I는 물체의 회전 운동에 대한 관성의 척도가 된다. 식 9.7을 사용하면 α는 관계식 $a_T = r\alpha$(라디안으로 측정할 것)가 유도 과정에 사용되기 때문에 rad/s^{2}로 표현되어야 한다.

식 9.7에서 토크의 합을 계산할 때 물체 외부의 요인에 의해 가해진 외부 토크만을 포함시킬 필요가 있다. 내력에 의해 만들어진 토크는 항상 0의 알짜 토크를 만들기 때문에 고려될 필요가 없다. 내력은 물체 내의 어떤 입자가 같은 물체 내의 다른 입자에 작용하는 힘들이다. 내력은 뉴턴의 제3법칙(그림 9.12(b)의 m_3와 m_4 참조)에 따라 항상 같은 크기로 서로 반대 방향을 향하는 한 쌍의 힘으로 나타난다. 그러한 쌍에서 힘은 같은 작용선을 가지므로 같은 지레팔을 가지고 같은 크기의 토크를 만들어낸다. 하나의 토크는 반시계 방향이고 다른 하나는 시계 방향이므로 그 쌍으로부터의 알짜 토크는 0이 된다.

관성 모멘트가 각 입자의 질량과 회전축으로부터의 거리에 의존한다는 것을 식 9.6으로부터 알 수 있다. 입자가 축으로부터 멀리 떨어질수록 관성 모멘트에 대한 기여도는 더 커진다. 그러므로 강체의 전체 질량값이 하나 뿐이지만 관성 모멘트는 위치와 물체를 구성하는 입자들에 관한 축의 방향에 따라 다르기 때문에 같은 물체에 대해 관성 모멘트값은 회전축에 따라 다르다.

예제 9.6 | 관성 모멘트는 회전축이 어디에 있는가에 따라 다르다

각각의 질량이 m인 두 입자가 질량을 무시할 수 있는 가느다란 강체 막대의 끝에 고정되어 있다. 막대의 길이는 L이다. 이 물체가 (a) 한쪽 끝에서 및 (b) 중심에서 막대에 수직인 축에 관해 회전할 때 관성 모멘트를 구하라(그림 9.13 참조).

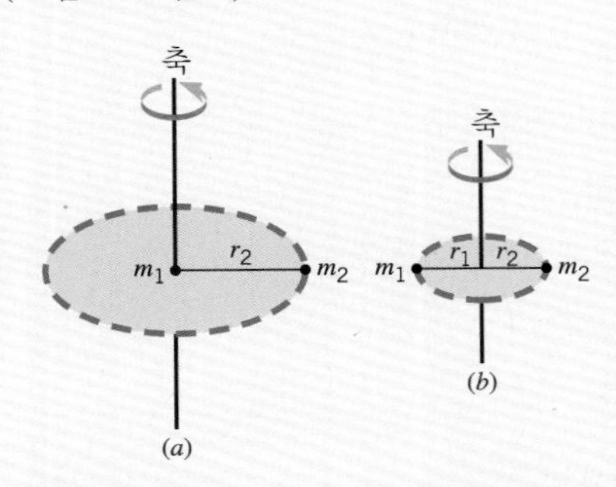

그림 9.13 질량이 m_1, m_2인 두 입자가 질량을 무시할만한 강체 막대의 끝에 붙어있다. 이 물체의 관성 모멘트는 다르고 (a) 막대의 끝을 지나는 축 혹은 (b) 막대의 중앙을 지나는 축에 대해 회전하느냐에 따라 다르다.

살펴보기 회전축이 변할 때 축과 각 입자 사이의 거리 r은 변한다. $I = \Sigma mr^2$을 사용하여 관성 모멘트를 계산하는데 있어서 각 축에 대해 거리를 적용할 때 주의해야 한다.

풀이 (a) 그림 (a)에서 보여주는 것처럼 입자 1은 축상에 놓여있다. 반지름이 0이다. 즉 $r_1 = 0$이다. 반면에 입자 2는 반지름 $r_2 = L$의 원 위를 운동한다. $m_1 = m_2 = m$임에 주의하라. 관성 모멘트는

$$I = \Sigma mr^2 = m_1 r_1^2 + m_2 r_2^2 = \boxed{mL^2} \qquad (9.6)$$

이다.

(b) 그림 (b)에서 입자 1이 더 이상 축에 놓여있지 않고 반지름 $r_1 = L/2$인 원 위에서 움직이고 입자 2는 같은 반지름 $r_2 = L/2$인 원위를 움직인다. 그러므로

$I = \Sigma mr^2 = m_1 r_1^2 + m_2 r_2^2 = m(L/2)^2 + m(L/2)^2$
$= \boxed{\frac{1}{2}mL^2}$

이다. 이 값은 회전축이 바뀌었기 때문에 (a)에서 값과는 다르다.

예제 9.6에서 설명된 과정은 연속적인 질량 분포를 가진 강체의 관성 모멘트를 측정하는데 적분 계산을 사용하여 확장할 수 있다. 표 9.1은 몇 가지의 전형적인 결과이다. 이 결과들은 강체의 전체 질량, 모양, 축의 위치와 방향에 따라 다르다.

힘이 강체에 작용할 때 강체는 두 가지 방식으로 운동을 하게 된다. 그 힘은 병진 가속도 a(성분 a_x와 a_y)를 만들 수 있으며, 또한 각가속도 α를 만들 수 있는 토크를 만들어낸다. 일반적으로 뉴턴의 제2법칙을 이용하여 위 두 가지가 혼합된 운동을 다룰 수 있다. 병진 운동에 대해 $\Sigma \mathbf{F} = m\mathbf{a}$ 형태의 법칙을 사용하고 회전 운동에 대해서는 $\Sigma\tau = I\alpha$ 형태의 법칙을 사용한다. a(두 성분)와 α가 0일 때 어떤 종류의 가속도도 없고 그 물체는 평형 상태가 되며, 이미 9.2절에서 다루었다. a 혹은 α의 어떤 성분이 0이 아니라면 가속 운동을 하게 되고 물체는 평형 상태에 있지 않게 된다. 예제 9.7에서 이런 경우를 다루어 보자.

휠체어를 가속하기 위하여 휠체어에 타고 있는 사람은 각 휠에 부착된 핸드레일에 힘을 가한다. 이 힘에 의해 만들어진 토크는 힘의 크기와 지레팔의 곱이다. 그림 9.14에서 보듯이 지레팔은 가능한 한 크게 디자인된 원형 궤도의 반지름이다. 그러므로 상대적으로 주어진 힘에 의해 큰 토크가 생성되고 타고 있는 사람이 빠르게 가속하도록 해준다.

회전 운동과 병진 운동은 때때로 함께 일어난다. 각가속도와 병진 가속도를 모두 고려해야만 되는 흥미있는 상황을 다음 예제에서 다루어 보자.

그림 9.14 휠체어에 탄 사람이 원형 핸드레일에 힘 $\mathbf{F}$를 준다. 이 힘에 의해 만들어진 토크는 힘의 크기와 회전축에 대한 지레팔 ℓ의 곱이다.

표 9.1 질량 M인 여러 가지 강체의 관성 모멘트

두께가 얇고 속이 빈 원통이나 고리 $I = MR^2$

속이 찬 원통이나 원판 $I = \frac{1}{2}MR^2$

가느다란 막대, 회전축이 막대의 중심을 지나고 막대에 수직인 경우 $I = \frac{1}{12}ML^2$

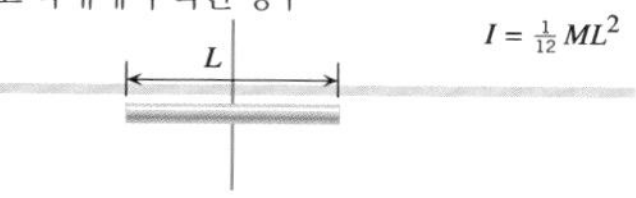

가느다란 막대, 회전축이 한쪽 끝을 지나고 막대에 수직인 경우 $I = \frac{1}{3}ML^2$

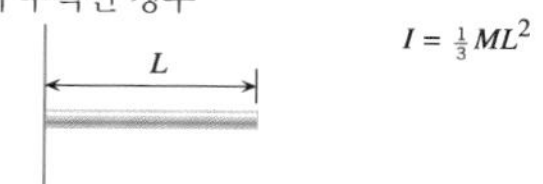

속이 찬 구, 회전축이 구의 중심을 지나는 경우 $I = \frac{2}{5}MR^2$

속이 찬 구, 회전축이 표면의 접선을 지나는 경우 $I = \frac{7}{5}MR^2$

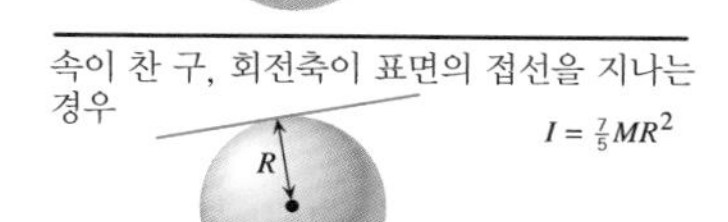

두께가 얇은 구 껍질, 회전축이 구껍질의 중심을 지나는 경우 $I = \frac{2}{3}MR^2$

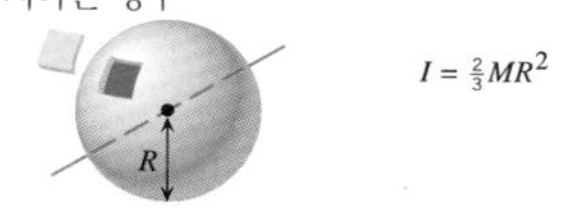

얇은 직사각형판, 회전축이 하나의 모서리에 평행하고 다른 모서리의 중심을 지나는 경우 $I = \frac{1}{12}ML^2$

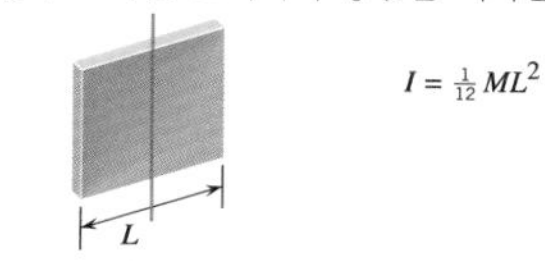

얇은 직사각형 판, 하나의 모서리를 따라 회전축이 지나는 경우 $I = \frac{1}{3}ML^2$

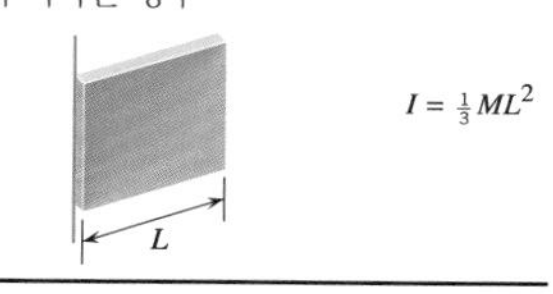

예제 9.7 | 나무상자 들어올리기

무게가 4420 N인 나무상자가 그림 9.15(a)처럼 기계 장치에 의해 들어 올려지고 있다. 두 개의 케이블이 반지름이 0.600 m와 0.200 m인 각각의 도르래 둘레를 감싸고 있다. 도르래는 이중 도르래를 형성하기 위하여 함께 묶여 있고 그 중심축에 대해 조합된 관성 모멘트 $I = 50.0\ \mathrm{kg\cdot m^2}$인 하나의 장치로 되어있다. 모터에 부착된 케이블의 장력은 $T_1 = 2150\ \mathrm{N}$이다. 이중 도르래의 각가속도와 나무상자와 연결된 케이블의 장력을 구하라.

살펴보기 이중 도르래의 각가속도와 나무상자를 매달고 있는 케이블의 장력을 구하기 위해 도르래와 나무상자의 각각에 뉴턴의 제2법칙을 적용하여 보자. 자유물체도(그림 9.15(b))에서 보듯이 세 가지의 외력이 이중 도르래에 작용한다. 이 힘들은 모터에 연결되어 있는 케이블 내의 (1) 장력 $\mathbf{T}_1$과 나무상자에 붙어있는 케이블 내의 (2) 장력 $\mathbf{T}_2$ 그리고 (3) 축에 의해 이중 도르래에 작용하는 반작용력 **P**이다. 힘 **P**는 두 개의 케이블이 도르래를 각각 축의 아랫방향과 왼쪽 방향으로 당기기 때문에 생긴다. 축이 밀리지만 축이 걸린 고정대에 의해 도르래는 그 자리를 유지한다. 이러한 힘들에 의한 알짜 토크는 회전 운동에 대한 뉴턴의 제2법칙을 만족한다(식 9.7). 두 개의 외력이 자유물체도(그림 9.15(c))에서 보듯이 나무상자에 작용한다. 이 힘은 (1) 케이블 장력 $\mathbf{T}'_2$와 (2) 나무상자의 무게 **W**이다. 이들 힘으로부터 만들어지는 알짜 힘은 병진 운동(식 4.2b)에 대한 뉴턴의 제2법칙을 만족한다.

풀이 그림 (b)에서 지레팔 ℓ_1과 ℓ_2를 사용함으로써 도르래의 회전 운동에 대해 제2법칙을 적용할 수 있다. 힘 **P**의 작용선이 축을 바로 지나가기 때문에 지레팔이 0이 됨에 유의하라. 따라서

$$\Sigma\tau = T_1\ell_1 - T_2\ell_2 = I\alpha \qquad (9.7)$$

$$(2150\ \mathrm{N})(0.600\ \mathrm{m}) - T_2(0.200\ \mathrm{m}) = (50.0\ \mathrm{kg\cdot m^2})\alpha$$

가 된다. 이 식은 두 개의 미지량을 포함하고 있다. 그러므로 또한 식이 더 필요하며 이 식은 나무상자의 위로 향하는 병진 운동에 뉴턴의 제2법칙을 적용함으로써 얻을 수 있다. 나무상자에 부착된 케이블의 장력의 크기가 $T'_2 = T_2$이고 나무상자의 질량이 $m = (4420\ \mathrm{N})/(9.80\ \mathrm{kg/s^2}) = 451\ \mathrm{kg}$임을 알게 된다. 즉

$$\Sigma F_y = ma_y \qquad (4.2b)$$

$$T_2 - (4420\ \mathrm{N}) = (451\ \mathrm{kg})\,a_y$$

이다. 나무 상자에 부착된 케이블이 미끄러짐없이 도

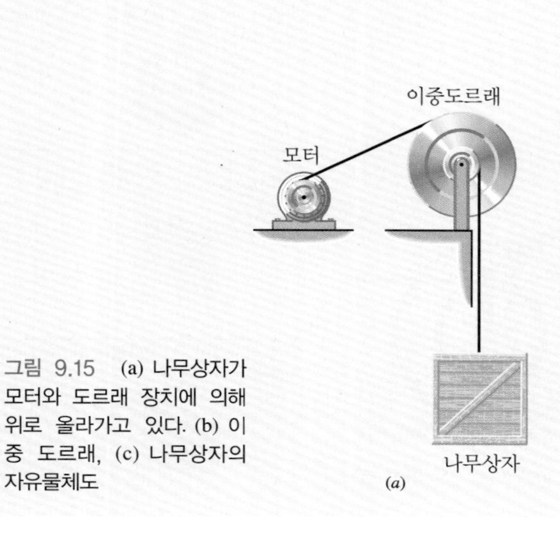

+y
+τ
+x
P
ℓ_1 = 0.600 m
ℓ_2 = 0.200 m
T_1
축
T_2
T'_2
a_y
W

(b) 도르래의 자유물체도 (c) 나무상자의 자유물체도

그림 9.15 (a) 나무상자가 모터와 도르래 장치에 의해 위로 올라가고 있다. (b) 이중 도르래, (c) 나무상자의 자유물체도

르래 위에서 움직이기 때문에 나무상자의 가속도 a_y는 식 8.13($a_y = r\alpha = (0.200\ \text{m})\alpha$)에 의해 도르래의 각 가속도 α와 관련된다. 이것을 a_y에 대입하면 식 4.2b는

$$T_2 - (4420\ \text{N}) = (451\ \text{kg})(0.200\ \text{m})\alpha$$

가 된다. 이 결과와 식 9.7에 의해

$$\boxed{T_2 = 4960\ \text{N}} \quad \text{및} \quad \boxed{\alpha = 6.0\ \text{rad/s}^2}$$

가 얻어진다.

회전 운동에 대한 뉴턴의 제2법칙 $\Sigma\tau = I\alpha$은 병진 운동에 대한 $\Sigma F = ma$와 같은 형태를 가진다. 그러므로 회전 운동의 변수가 병진 운동의 변수와 대응된다. 즉 토크 τ는 힘 F에 대응되고 관성 모멘트 I는 질량 m에, 각가속도 α는 가속도 a에 대응된다. 운동 에너지와 운동량과 같은 병진 운동을 공부하기 위해 도입된 다른 물리적인 개념도 또한 회전 운동과 대응 관계를 가진다. 표 9.2는 이러한 개념과 회전 운동의 대응 관계를 항목별로 나타내고 있다.

9.5 회전 운동에서의 일과 에너지

일과 에너지는 물리에서 가장 기본적이고 유용한 개념들이다. 6장에서는 이러한 개념들을 병진 운동에 적용하였다. 이러한 개념들은 각에 대한 변수(각 변수)들을 써서 식을 나타낸다면 회전 운동에 대해서도 똑같이 사용될 수 있다.

F와 s를 힘과 변위의 크기라고 할 때 변위와 같은 방향을 향하는 일정한 힘에 의한 일 W는 $W = Fs$(식 6.1)이다. 이 식이 어떻게 각 변수로 다시 쓸 수 있는지를 보기 위해 그림 9.16을 살펴보자. 여기서 밧줄은 바퀴 둘레에 감겨져 있고 일정한 장력 F를 가진다. 밧줄이 거리 s만큼 당겨진다면 바퀴는 각 $\theta = s/r$만큼 회전한다(식 8.1). 여기는 r은 바퀴의 반지름이고 θ는 라디안각이다. 그러므로 $s = r\theta$이고 바퀴를 회전시키는 장력이

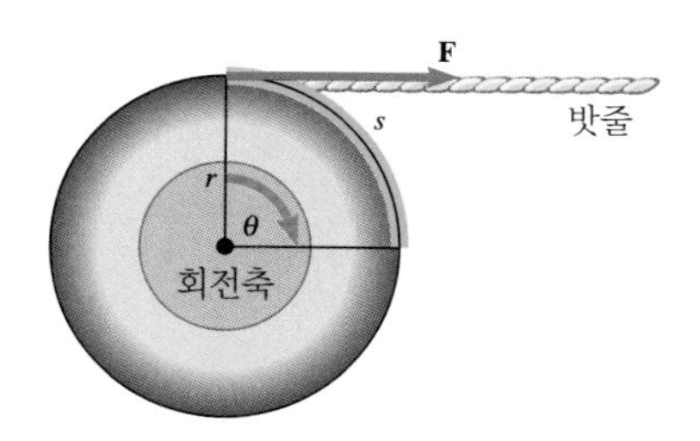

그림 9.16 힘 **F**는 휠을 각 θ 만큼 회전시키기 위한 일을 한다.

표 9.2 회전과 병진의 대응 관계

물리적 개념	회전	병진
변위	θ	s
속도	ω	v
가속도	α	a
가속도의 원인	토크 τ	힘 F
관성	관성 모멘트 I	질량 m
뉴턴의 제2법칙	$\Sigma\tau = I\alpha$	$\Sigma F = ma$
일	$\tau\theta$	Fs
운동 에너지	$\frac{1}{2}I\omega^2$	$\frac{1}{2}mv^2$
운동량	$L = I\omega$	$p = mv$

한 일은 $W = Fs = Fr\theta$이다. 그러나 Fr은 장력이 바퀴에 작용하는 토크 τ이다. 그러므로 회전에 의한 일은 다음과 같이 정의할 수 있다.

■ **회전에 의한 일**

일정한 토크 τ가 물체를 각 θ만큼 회전시키는데 한 일 W_R은

$$W_R = \tau\theta \tag{9.8}$$

이다.

주의사항: θ는 라디안으로 나타내어야 한다.

회전에 의한 일의 SI 단위: 줄(J)

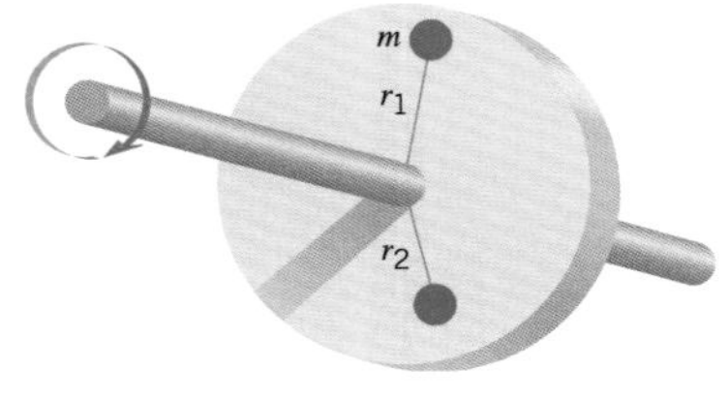

그림 9.17 회전하는 바퀴는 수 많은 입자들로 구성되어 있다. 그림에서는 두 개만 표시되었다.

6.2절에서는 일-에너지 정리 및 운동 에너지를 다루었고, 외력이 물체에 한 일은 그 물체의 병진 운동 에너지($\frac{1}{2}mv^2$)의 변화의 원인임을 배웠다. 비슷한 방법으로 회전 운동에서 알짜 외부 토크에 의해 행해진 일은 회전 운동을 변화시키게 된다. 회전하는 물체는 그 구성 입자들이 움직이기 때문에 운동 에너지를 가진다. 만약 물체가 각속력 ω를 가지고 회전한다면 축으로부터 거리 r만큼 떨어진 곳에서의 입자의 접선 속력 v_T는 $v_T = r\omega$(식 8.9)이다. 그림 9.17에서는 두 개의 이러한 입자를 나타내었다. 입자의 질량이 m이라면 운동 에너지는 $\frac{1}{2}mv_T^2 = \frac{1}{2}mr^2\omega^2$이다. 회전체의 운동 에너지는 회전체를 구성하는 입자들의 각각의 운동 에너지의 합이 된다. 즉

$$\text{회전 운동 에너지}\quad \text{KE} = \Sigma(\tfrac{1}{2}mr^2\omega^2) = \tfrac{1}{2}\underbrace{(\Sigma mr^2)}_{\text{관성 모멘트 } I}\omega^2$$

이다. 여기서 각속도 ω는 강체내의 모든 입자들에 대해 같으므로 합부호의 밖에다 쓸 수 있다. 식 9.6에 따라 괄호 안의 항은 관성 모멘트 $I = \Sigma mr^2$이므로 회전 운동 에너지는 다음과 같이 정의된다.

■ **회전 운동 에너지**

관성 모멘트 I를 가지고 고정된 축에 대해 각속도 ω로 회전하는 강체의 회전 운동 에너지 KE_R은

$$\text{KE}_R = \tfrac{1}{2}I\omega^2 \tag{9.9}$$

이다.

주의사항: ω는 rad/s으로 표현되어야 한다.

회전 운동 에너지의 SI 단위: 줄(J)

운동 에너지는 물체의 전체 역학적 에너지의 한 부분이다. 전체 역학

적 에너지는 운동 에너지와 위치 에너지의 합이고 역학적 에너지 보존 법칙을 만족한다(6.5절 참조). 병진 운동과 회전 운동이 동시에 일어날 수도 있다. 예를 들어 자전거가 언덕 아래로 내려올 때 타이어는 병진과 회전을 같이 한다. 굴러가는 자전거 타이어와 같은 물체는 병진과 회전 운동 에너지를 가지므로 전체 역학적 에너지는

$$\underbrace{E}_{\text{전체 역학적 에너지}} = \underbrace{\tfrac{1}{2}mv^2}_{\text{병진 운동 에너지}} + \underbrace{\tfrac{1}{2}I\omega^2}_{\text{회전 운동 에너지}} + \underbrace{mgh}_{\text{중력 위치 에너지}}$$

가 된다. 여기서 m은 물체의 질량, v는 질량 중심의 병진 속력, I는 질량 중심을 지나는 축에 대한 관성 모멘트, ω는 각속도, 그리고 h는 임의의 기준점에 대한 물체의 질량 중심의 높이이다. 만약 외부 비보존력과 토크에 의해 행해 일 W_{nc}가 0이라면 역학적 에너지는 보존된다. 물체가 움직일 때 전체 역학적 에너지가 보존된다면 나중 전체 역학적 에너지 E_{f}는 처음의 전체 역학적 에너지 E_0와 같다. 즉 $E_{\text{f}} = E_0$이다.

예제 9.8은 원통이 경사진 아래로 굴러내려 갈 때 전체 역학적 에너지가 어떻게 보존되는가의 관점에서 병진과 회전 운동이 혼합된 효과를 설명하고 있다.

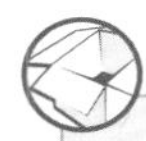

예제 9.8 구르는 원통

두께가 얇은 속이 빈 원통(질량 = m_h, 반지름 = r_h)과 속이 찬 원통(질량 = m_s, 반지름 = r_s)이 경사면 정상에서 정지 상태에서 출발한다(그림 9.18). 두 원통이 같은 수직 높이 h_0에서 출발한다. 모든 높이는 경사면의 바닥에 있을 때 원통의 질량 중심을 지나는 임의로 선택된 기준 높이 대해 측정된다(그림 참조). 저지력들에 의한 에너지 손실을 무시하고 원통이 바닥에 도달할 때의 최대의 병진 속력을 구하라.

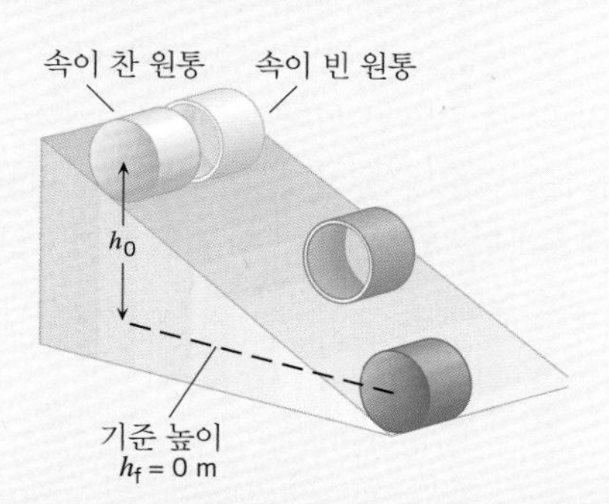

그림 9.18 속이 빈 원통과 속이 찬 원통이 정지 상태에서 출발하여 경사진 면 아래로 굴러 내려온다. 더 큰 병진 속력을 가진 속이 찬 원통이 먼저 지면에 도달한다는 것을 보이기 위해 역학적 에너지의 보존이 사용된다.

살펴보기 보존력인 중력만이 원통에 일을 한다. 그러므로 원통이 굴러내려 갈 때 전체 역학적 에너지는 보존된다. 기준 높이로부터 임의의 높이 h에서 전체 역학적 에너지 E는 병진 운동 에너지($\frac{1}{2}mv^2$), 회전 운동 에너지($\frac{1}{2}I\omega^2$), 그리고 중력 위치 에너지(mgh)의 합이다. 즉

$$E = \tfrac{1}{2}mv^2 + \tfrac{1}{2}I\omega^2 + mgh$$

이다. 원통이 아래로 굴러 내려올 때 위치 에너지가 운동 에너지로 전환된다. 그러나 운동 에너지는 병진 형태($\frac{1}{2}mv^2$)와 회전 형태($\frac{1}{2}I\omega^2$)로 나누어진다. 병진 형태로 더 많은 운동 에너지를 가진 물체가 경사의 바닥면에서 더 큰 병진 속력을 가질 것이다. 속이 찬 원통은 질량의 많은 부분이 회전축 가까이에 있으므로 회전 운동 에너지가 속이 빈 원통보다 작기 때문에 더 큰 병진 속력을 가지게 된다.

풀이 바닥에서($h_{\text{f}} = 0$ m) 전체 역학적 에너지 E_{f}는 정상($h = h_0$, $v_0 = 0$ m/s, $\omega_0 = 0$ rad/s)에서의 전체 역

학적 에너지 E_0와 같다. 즉

$$\tfrac{1}{2}mv_f^2 + \tfrac{1}{2}I\omega_f^2 + mgh_f = \tfrac{1}{2}mv_0^2 + \tfrac{1}{2}I\omega_0^2 + mgh_0$$

$$\tfrac{1}{2}mv_f^2 + \tfrac{1}{2}I\omega_f^2 = mgh_0$$

이다. 각 원통이 미끄럼 없이 구르기 때문에 질량 중심축에 대한 나중 회전 속력 ω_f와 나중 병진 속력 v_f는 식 8.12에 따라 $\omega_f = v_f/r$의 관계가 있다. 여기서 r은 원통의 반지름이다. ω_f에 대한 이 표현을 에너지 보존식에 대입하면

$$v_f = \sqrt{\frac{2mgh_0}{m + I/r^2}}$$

이 된다. 속이 빈 원통에 대해 $m = m_h$, $r = r_h$, $I = mr_h^2$로 두고 속이 찬 원통에 대해 $m = m_s$, $r = r_s$, $I = \frac{1}{2}mr_s^2$로 두면 두 원통은 경사의 바닥면에서 다음과 같은 병진 속력을 갖게 된다.

속이 빈 원통 $v_f = \sqrt{gh}$

속이 찬 원통 $v_f = \sqrt{\frac{4gh_0}{3}} = 1.15\sqrt{gh_0}$

더 큰 병진 속력을 가진 속이 찬 원통이 먼저 바닥에 도달한다.

9.6 각운동량

7장에서 물체의 선운동량이 질량 m과 속도 v의 곱, 즉 $p = mv$로 정의되었다. 회전 운동에 대해서 이와 유사한 개념이 **각운동량**(angular momentum) L이다. 각운동량의 수학적 형태는 질량 m과 속도 v를 각각 관성 모멘트 I와 각속도 ω로 대치하여 선운동량과 유사하게 나타낼 수 있다.

■ **각운동량**

고정축에 대해 회전하는 물체의 각운동량 L은 고정축에 대한 그 물체의 관성 모멘트 I와 각속도 ω의 곱이다.

$$L = I\omega \tag{9.10}$$

주의사항: ω는 rad/s로 표현되어야 한다.

각운동량의 SI 단위: 킬로그램(kg) · 제곱미터(m^2)/초(s)

운동량은 어떤 계의 총 운동량이 그 계에 작용하는 평균 외력의 합이 0일 때 보존되기 때문에 물리에서 중요한 개념이다. 그때 나중 총 운동량 P_f와 처음 총 운동량 P_0가 같다. 즉 $P_f = P_0$이다. 병진 운동에서의 변수가 그에 해당되는 회전 운동에서의 변수와 유사함을 상기하여 힘을 토크로, 선운동량을 각운동량으로 대치하면, 알짜 평균 외부 토크가 0일 때 나중과 처음 각운동량은 같다는 결론을 내릴 수 있다. 즉 $L_f = L_0$이 된다. 이것이 각운동량 보존 원리이다.

■ **각운동량 보존 원리**

어떤 계의 전체 각운동량은 그 계에 작용하는 알짜 평균 외부 토크가 0이라면 일정하게 유지된다(보존된다).

다음 예제는 인공위성에 관한 것으로 각운동량 보존 원리를 적용한 것이다.

지구를 중심으로하는 궤도상에 있는 위성의 물리

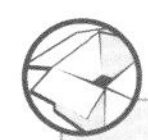

예제 9.9 | 타원 궤도에 있는 위성

인공위성이 지구에 대해 그림 9.19처럼 타원 궤도상에 있다. 원격 측정 데이터에 의하면 위성이 가장 가까이 접근한 위치(근지점)가 지구 중심으로부터 $r_P = 8.37 \times 10^6$ m이고 가장 멀리 떨어진 위치(원지점)가 지구 중심으로부터 $r_A = 25.1 \times 10^6$ m이다. 근지점에서 위성의 속력이 $v_P = 8450$ m이다. 원지점에서의 위성의 속력 v_A를 구하라.

살펴보기 위성에 작용하는 의미있는 유일한 힘은 지구의 중력이다. 그러나 어느 순간에도 이 힘은 지구의 중심을 향하는 방향이고 동시에 위성이 회전하는 축을 지난다. 그러므로 중력은 위성에 어떠한 토크도 작용하지 않는다(지레팔이 0이다). 결과적으로 위성의 각운동량은 어떤 순간에도 일정하게 유지된다.

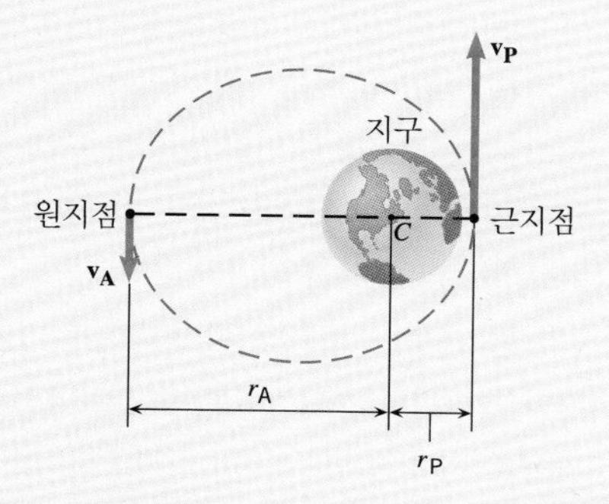

그림 9.19 위성이 지구에 대해 타원 궤도 상에서 움직인다. 중력은 위성에 어떠한 토크도 작용하지 않는다. 그러므로 위성의 각운동량은 보존된다.

풀이 각운동량은 원지점(A)과 근지점(P)에서 같기 때문에 $I_A \omega_A = I_P \omega_P$이다. 더욱이 궤도 위성은 질점으로 간주할 수 있으므로 위성의 관성 모멘트는 $I = mr^2$이다(식 9.4 참조). 또한 위성의 각속력 ω가 접선 속력 v_T와 $\omega = v_T / r$ (식 8.9)의 관계가 있다. 이 식이 원지점과 근지점에 적용된다면 각운동량 보존 원리는 다음과 같이 된다.

$$I_A \omega_A = I_P \omega_P \text{, 즉 } (mr_A{}^2)\left(\frac{v_A}{r_A}\right) = (mr_P{}^2)\left(\frac{v_P}{r_P}\right)$$

$$v_A = \frac{r_P v_P}{r_A} = \frac{(8.37 \times 10^6 \text{ m})(8450 \text{ m/s})}{25.1 \times 10^6 \text{ m}}$$

$$= \boxed{2820 \text{ m/s}}$$

이 결과는 위성의 질량과 무관하다.

예제 9.9의 결과는 위성이 타원 궤도에서 일정한 속력을 가지지 않음을 나타낸다. 속력은 근지점에서 최대이고 원지점에서는 최소로 변한다. 위성은 지구와 가까워질수록 더 빨리 움직인다. 타원 궤도로 태양 주위를 돌고 있는 행성은 이와 같은 형태로 운동한다. 요하네스 케플러(1571-1630)는 행성 운동의 이러한 특징을 관측해서 그의 유명한 두 번째 법칙을 공식화 했다. 케플러의 제2법칙은 그림 9.20에서 설명되듯이 행성이 타원 궤도상에 있는 한 주어진 시간 동안에 행성과 태양을 연결하는 선이 같은 양의 넓이를 쓸고 간다는 것을 설명한다. 각운동량의 보존 법칙은 이 법칙이 왜 유효한가를 예제 9.9와 유사한 계산 방법으로 증명할 수 있다.

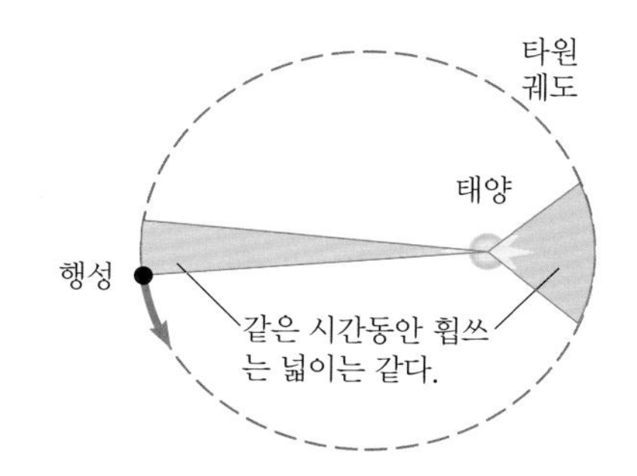

그림 9.20 행성 운동에 관한 케플러의 제2법칙에 의하면 행성과 태양을 연결하는 선은 같은 시간 동안 같은 넓이를 쓸고 지나간다.

연습 문제

9.1 강체에 작용하는 힘과 토크

1(5) 승용차의 핸들은 반지름이 0.19 m이고 트럭의 핸들은 0.25 m이다. 동일한 힘이 각각 같은 방향으로 작용된다면 이 힘에 의해 트럭의 핸들에 주어진 토크와 승용차의 핸들에 주어진 토크의 비는 얼마인가?

***2(7)** 크기가 같고, 방향이 반대이며 작용선이 다른 한 쌍의 힘을 짝힘이라 한다. 짝힘이 강체에 작용할 때 짝힘은 축의 위치와 무관한 토크를 일으킨다. 그림은 타이어 렌치에 작용하는 짝힘을 나타내고 있다. 각 힘은 렌치에 수직이다. 축이 타이어에 수직이고 (a) 점 *A*, (b) 점 *B*, (c) 점 *C*를 지나갈 때 짝힘에 의해 만들어지는 토크에 대한 식을 구하라. 답을 힘의 크기 *F*와 렌치의 길이 *L*로 표현하라.

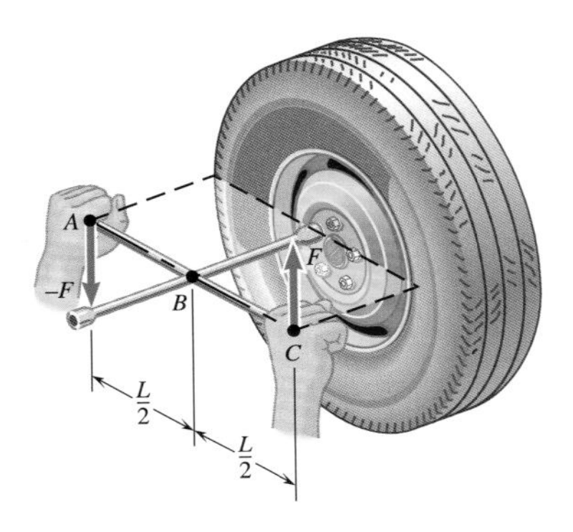

***3(9)** 미터자의 한쪽 끝이 테이블위에 핀으로 고정되어 있다. 그 미터자가 테이블 윗면과 평행한 평면에서 자유롭게 회전할 수 있다. 테이블 윗면에 평행한 두 힘이 알짜 토크가 0이 되게 미터자에 작용한다. 한 힘이 2.00 N의 크기이고 자유로운 끝의 미터자의 길이에 수직하게 작용한다. 다른 힘은 6.00 N의 크기이고 자 길이에 대해 30.0°의 각도로 작용한다. 막대를 따라 어느 곳에 6.00 N의 힘이 작용되어야 하는가? 핀으로 고정된 끝으로부터의 거리로 나타내 보라.

9.2 평형 상태에 있는 강체
9.3 무게 중심

4(11) 그림은 무게 W = 584 N인 사람이 팔굽혀펴기를 하는 것을 나타낸다. 사람이 그림에 나타난 위치를 유지한다고 가정하고 바닥이 손과 발에 작용하는 수직력을 각각 구하라.

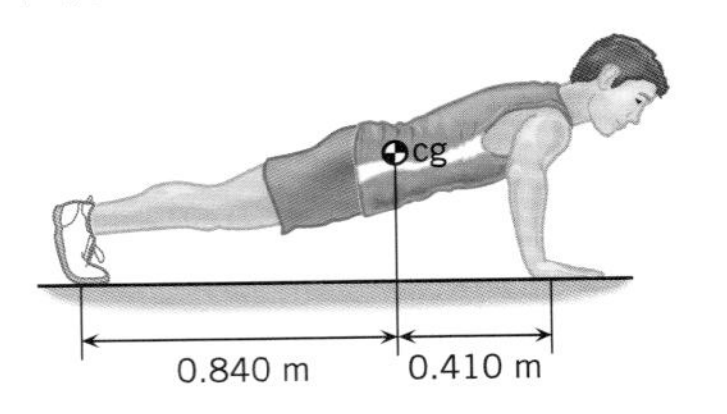

5(15) 두께가 일정한 문(폭이 0.80 m이고 높이가 2.1 m)이 무게가 140 N이고 문의 긴 왼쪽이 수직벽에 단단하게 고정된 두 개의 경첩에 의해 매달려 있다. 두 경첩 사이의 거리는 2.1 m이다. 낮은 쪽의 경첩이 문의 모든 무게를 지탱한다고 가정하자. (a) 위쪽경첩 및 (b) 아래쪽 경첩에 의해 문에 작용하는 힘의 수평 성분의 크기와 방향을 구하라. 문이 (c) 위쪽 경첩 및 (d) 아래쪽 경첩에 작용하는 힘의 크기와 방향을 구하라.

***6(21)** 균일한 판자가 매끄러운 수직벽에 기대져 있다. 판자가 수평한 지면과 이루는 각은 θ이다. 지면과 판자의 아래 끝 면 사이의 정지 마찰 계수는 0.650이다. 판자의 아래 끝이 지면을 따라 미끄러지지 않는 각의 최소값을 구하라.

***7(23)** 그림처럼 사람이 팔뚝을 수평으로 편 채 손에 178 N의 공을 잡고 있다. 그는 팔뚝에 수직하게 작용하는 굴근의 힘 **M** 때문에 공을 들고 있을 수 있다. 팔뚝의 무게는 22.0 N이고 무게 중심은 그림에 나타낸 것과 같다. (a) **M**의 크기와 (b) 팔꿈치 관절에서 팔꿈치 방향으로 상완뼈에 의해 작용되는 힘의 크기와 방향을 구하라.

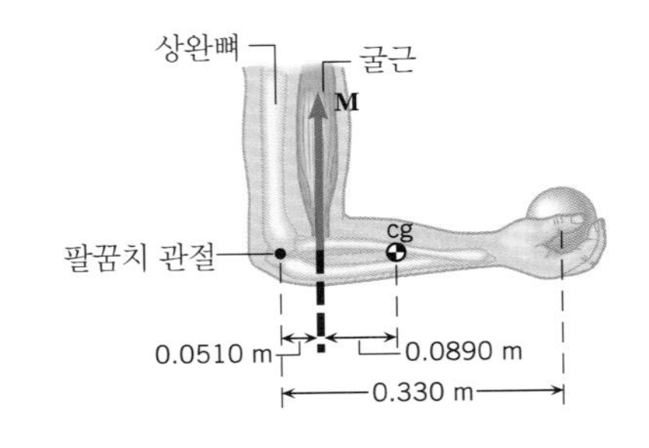

**8(25) 무게가 356 N인 균질한 판자로 뒤집힌 'V'자 모양이 만들어졌다. 그림처럼 각 면이 같은 길이를 가지고 수직과 30.0°를 이루고 있다. 뒤집힌 'V'의 각 다리의 아래 끝에 작용하는 정지 마찰력의 크기를 구하라.

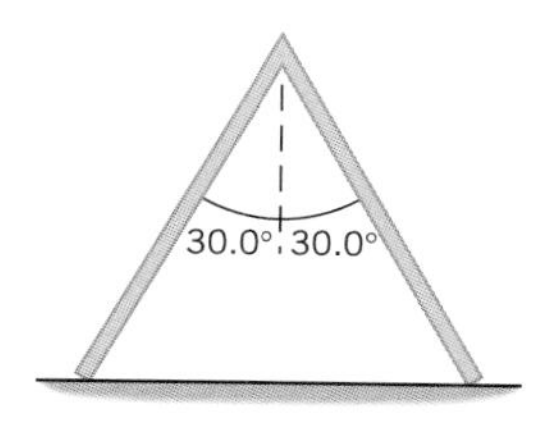

**9(27) 두개의 수직인 벽이 그림에서 보듯이 1.5 m 거리로 떨어져있다. 벽 1은 매끄러운 반면에 벽 2는 그렇지 않다. 균질한 판자가 두 벽 사이에 걸쳐져 있다. 판자와 벽 2 사이의 정지 마찰 계수는 0.98이다. 벽 사이에 걸쳐질 수 있는 가장 긴 판자의 길이는 얼마인가?

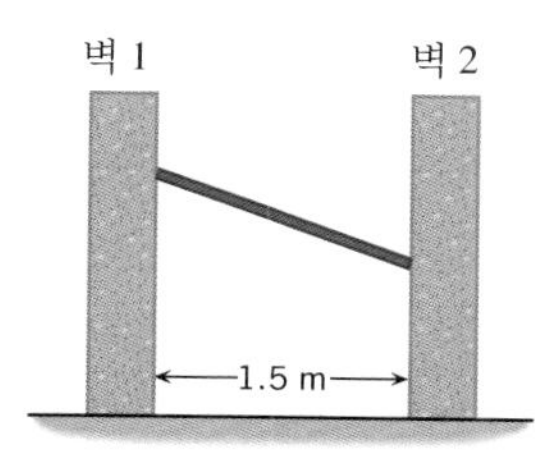

9.4 고정된 축 둘레로 회전 운동하는 물체에 대한 뉴턴의 제2법칙

10(29) 도예가의 물레 위에 찰흙 꽃병이 10.0 N · m의 알짜 토크에 의해 8.0 rad/s^{2}의 각가속도를 갖는다. 꽃병과 도예가의 물레의 전체 관성 모멘트를 구하라.

11(31) 질량이 24.3 kg이고 반지름이 0.314 m인 균질하고 속이 찬 원판이 마찰이 없는 축에 대해 자유롭게 회전하고 있다. 그림에서 보듯이 90.0 N과 125 N의 힘이 원판에 작용한다. 두 힘에 의해 만들어지는 (a) 알짜 토크와 (b) 원판의 각가속도는 얼마인가?

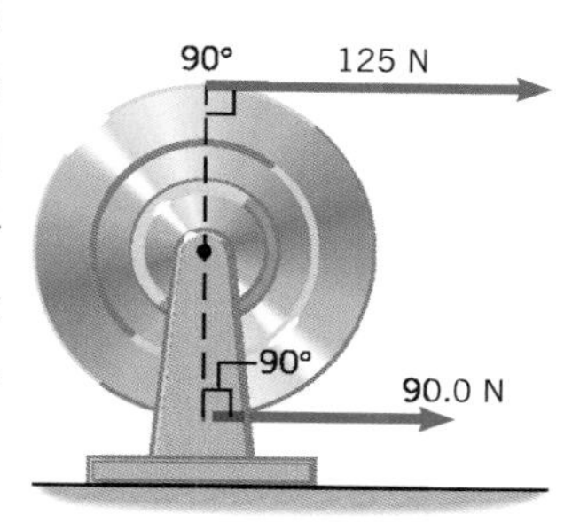

12(33) 자전거 바퀴의 반지름이 0.330 m이고 가장자리의 질량이 1.20 kg이다. 바퀴는 각각의 질량이 0.010 kg인 50개의 살을 가지고 있다. (a) 축에 대한 가장자리의 관성 모멘트를 계산하라. (b) 살이 한쪽 끝에 대해 회전할 수 있는 길고 가는 막대라고 가정한다면 임의의 한 개의 살의 관성 모멘트를 구하라. (c) 가장자리와 50 개의 살을 포함하여 바퀴의 전체 관성 모멘트를 구하라.

*13(37) 정지해 있는 자전거의 앞바퀴를 지면으로부터 들어 올린 다음 앞바퀴(m = 1.3 kg)를 13.1 rad/s(그림 참조)의 각속도로 회전시킨 다음 앞 브레이크를 3.0 s 동안 작용하면 바퀴의 각속도가 3.7 rad/s로 떨어진다. 각 브레이크 패드와 패드가 닿는 바퀴테 사이의 운동 마찰 계수가 μ_k = 0.85 이다. 각 브레이크 패드가 바퀴테에 작용하는 수직력의 크기는 얼마인가?

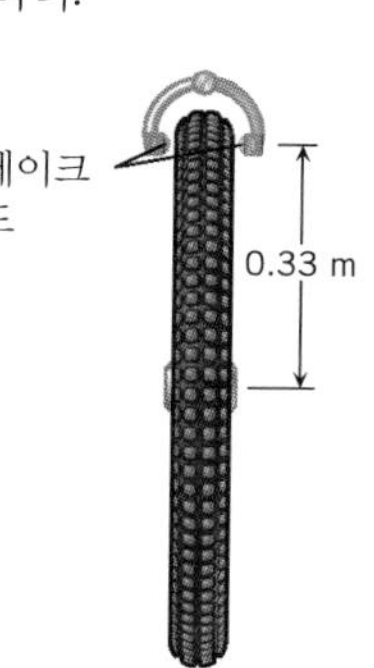

*14(39) 질량이 2.00 kg이고 길이가 2.00 m인 얇고 단단하며 균질한 막대가 있다. (a) 한쪽 끝에서 막대에 수직인 축에 대한 막대의 관성 모멘트를 구하라. (b) 막대의 모든 질량이 하나의 점에 위치한다고 가정하고 이 점입자의 관성 모멘트가 막대와 같을 때 (a)에서의 축으로부터 이 점까지의 수직 거리를 구하라. 이 거리를 막대의 **회전 반지름**(radius of gyration)이라 한다.

*15(41) 그림은 두 문의 평면도이다. 두 문은 균질하고 같은 모양의 문이다. 문 A는 왼쪽 끝을 지나는 축에 대해 회전하고 문 B는 중앙을 지나는 축에 대해 회전한다. 같은 힘 **F**가 오른쪽 끝에서 문의 넓은 면에 수직으로 작용한다. 그 힘은 문이 회전할 때

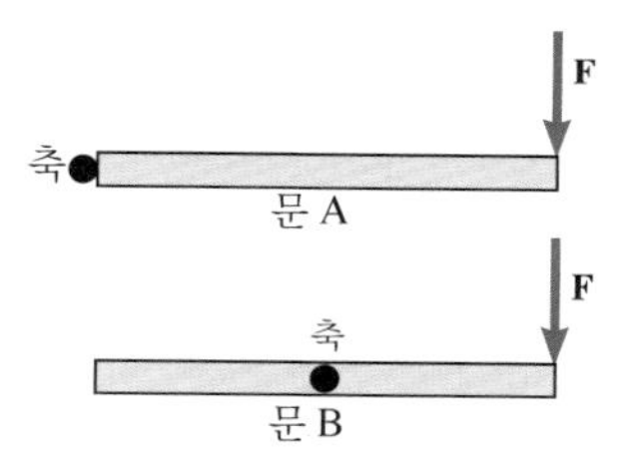

여전히 문의 넓은 면에 수직이다. 정지 상태에서 시작한 문 A는 3.00 초에 어떤 각으로 회전한다면 문 B가 같은 각으로 회전하는데 얼마의 시간이 걸리는가?

9.5 회전 운동에서의 일과 에너지

16(43) 세 가지 물체가 x, y 평면에 놓여 있다. 각각은 6.00 rad/s의 각속력으로 z 축에 대해 회전한다. 각 물체의 질량 m과 z축으로부터 수직 거리 r은 (1) $m_1 = 6.00$ kg 및 $r_1 = 2.00$ m, (2) $m_2 = 4.00$ kg 및 $r_2 = 1.50$ m, (3) $m_3 = 3.00$ kg 및 $r_3 = 3.00$ m이다. (a) 각 물체의 접선 속력을 구하라. (b) $\mathrm{KE} = \frac{1}{2}m_1 v_1^2 + \frac{1}{2}m_2 v_2^2 + \frac{1}{2}m_3 v_3^2$의 표현을 사용하여 이 계의 전체 운동 에너지를 구하라. (c) 이 계의 관성 모멘트를 구하라. (d) 풀이가 (b)의 것과 같음을 보이기 위해 $\frac{1}{2}I\omega^2$의 관계식을 사용하여 이 계의 회전 운동 에너지를 구하라.

17(45) 속이 찬 원판으로 되어 있는 어떤 플라이휠이 중심에 수직인 축에 대해 회전하고 있다. 회전하는 플라이휠은 회전 운동 에너지의 형태로 에너지를 저장하는 수단을 제공하고 전기 자동차에 있어 배터리 대안으로 고려되고 있다. 전형적인 중형 자동차로 300 마일을 여행하는 동안 연소되는 휘발유는 약 1.2×10^9 J의 에너지를 만들어 낸다. 0.3 m의 반지름을 가진 13 kg의 플라이휠은 이렇게 많은 에너지를 저장하기 위하여 얼마나 빨리 회전해야만 하는가? 풀이를 rev/min 단위로 나타내어라.

****18(51)** 테니스공이 그림에서처럼 정지 상태에서 출발하여 언덕 아래로 굴러내려 온다. 언덕 끝에서 공이 지면과 35°의 각으로 떠오르기 시작한다. 공을 두께가 얇은 구 껍질로 간주하여 지면 위로 떠 오른 공의 도달 거리 x를 구하라.

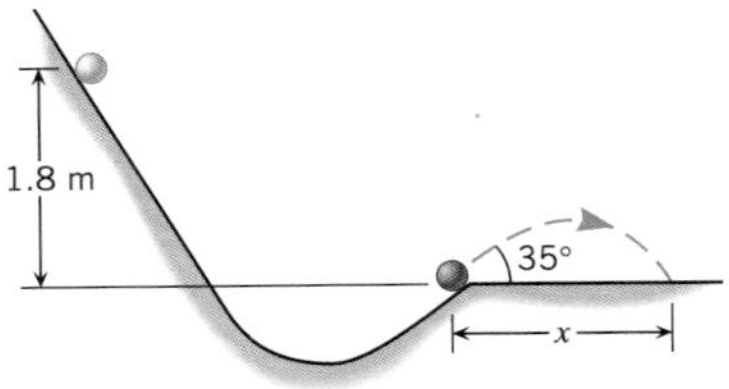

9.6 각운동량

19(53) 두 원판이 같은 축 상에서 회전하고 있다. 원판 A는 $3.4\ \mathrm{kg \cdot m^2}$의 관성 모멘트를 가지고 각속도가 +7.2 rad/s이다. 원판 B는 −9.8 rad/s의 각속도로 회전한다. 두 원판이 어떠한 외부 토크의 도움이 없이 하나의 세트로 연결되어서 각속도 −2.4 rad/s로 회전한다. 이 세트의 회전축은 각각의 원판의 것과 같다. 원판 B의 관성 모멘트는 얼마인가?

***20(57)** 원통형 모양의 우주 정거장이 인공 중력을 만드는 실린더 축에 대해 회전하고 있다. 거대한 원통의 반지름은 82.5 m이다. 사람이 없는 경우 그 우주 정거장의 관성 모멘트는 $3.00 \times 10^9\ \mathrm{kg \cdot m^2}$이다. 각각 70.0 kg의 평균 질량을 가진 500 명의 사람이 이 정거장에 산다고 가정하자. 그들이 실린더의 외부 표면으로부터 축을 향하여 반지름 방향으로 움직일 때 정거장의 각속도는 변한다. 사람들의 반지름 방향으로의 움직임으로 인한 정거장의 각속도의 가능한 최대 백분위 변화율은 얼마인가?

****21(59)** 회전 원판이 2.2 rad/s의 각속력으로 회전하고 있다. 블록이 회전 원판 위의 축으로부터 0.30 m인 곳에 놓여 있다. 블록과 회전 원판 사이의 정지 마찰 계수는 0.75이다. 이 계에 작용하는 어떠한 외부 토크도 없이 블록은 축 쪽으로 옮겨졌다. 회전 원판의 관성 모멘트를 무시하고 회전원판이 회전할 때 블록이 한 자리에 가만히 있을 수 있는, 축으로부터의 최소 거리를 구하라.

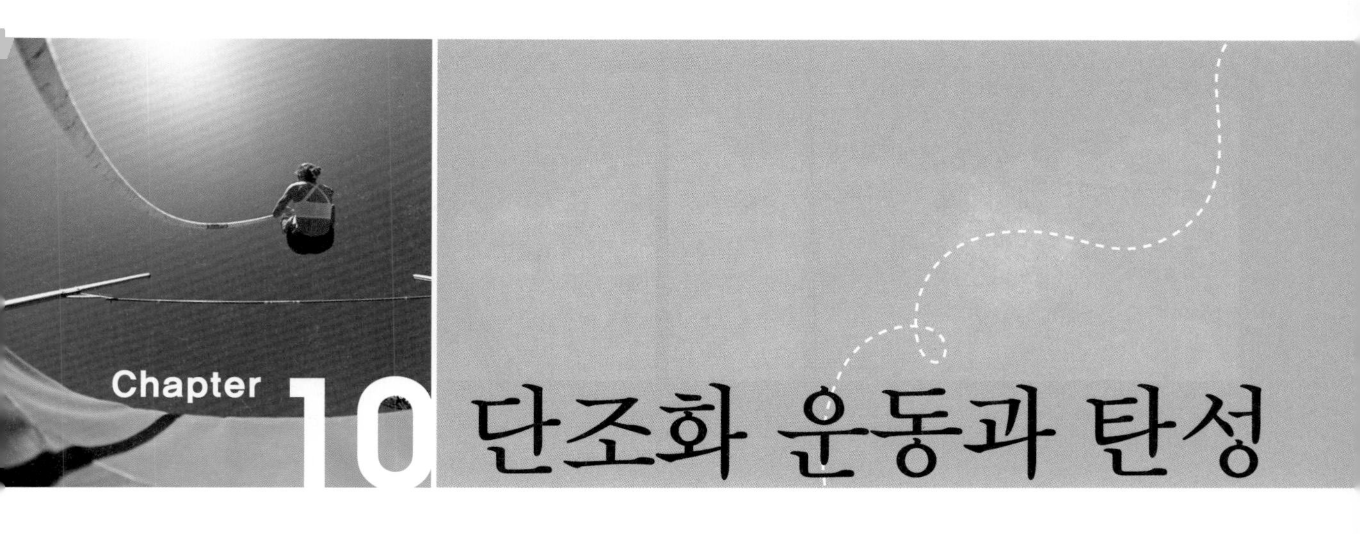

Chapter 10 단조화 운동과 탄성

10.1 이상적인 용수철과 단조화 운동

용수철은 전자 제품의 누름 스위치, 자동차의 버팀 장치, 침대 매트리스 등 많이 응용되는 흔한 물건이다. 용수철은 늘어나거나 수축되기 때문에 유용한 것이다. 예를 들면 그림 10.1에서 맨 윗그림은 용수철이 늘어나는 것을 보여준다. 여기서 손은 용수철에 당기는 외력 $F_{외부}$를 작용한다. 이로 인해 용수철은 변위 x만큼 원래 길이(변형 전 길이)로부터 늘어난다. 그림 10.1의 맨 아래에 그려져 있는 것은 용수철이 수축된 모양을 보여주고 있다. 이때 손은 미는 힘을 용수철에 작용하고 역시 변형 전의 위치로부터 변위하게 된다.

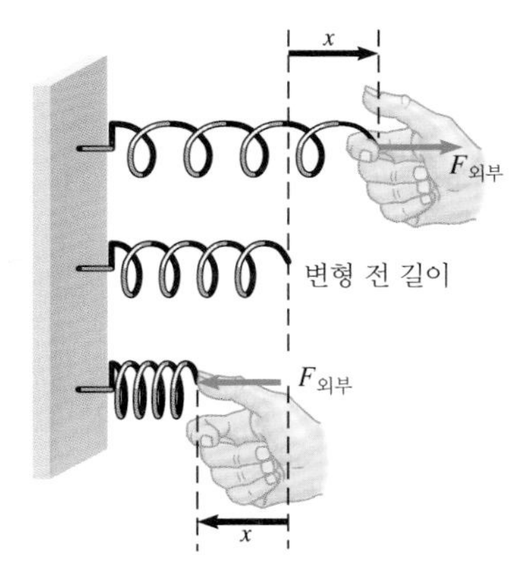

그림 10.1 이상적인 용수철은 식 $F_{외부} = kx$에 따른다. 여기서 $F_{외부}$는 용수철에 작용한 힘이고 x는 변형 전 길이로부터 늘어난 용수철의 변위이다. k는 용수철 상수이다.

실험에 의하면 변위가 비교적 작은 경우 용수철을 늘이거나 수축시키는 힘 $F_{외부}$는 변위 x에 비례한다고 알려져 있다. 즉 $F_{외부} \propto x$ 이다. 항상 그렇지만 이 비례 관계에 비례 상수 k를 도입하여 하나의 식을 만들 수 있다. 즉

$$F_{외부} = kx \tag{10.1}$$

이다. 상수 k를 **용수철 상수**(spring constant)라 한다. 식 10.1에 의하면 k는 단위 길이당 힘(N/m)의 차원을 가짐을 알 수 있다. $F_{외부} = kx$의 식을 잘 따르는 용수철을 **이상적인 용수철**(ideal spring)이라 한다. 예제 10.1에 이러한 이상적인 용수철의 응용을 잘 설명해 놓았다.

예제 10.1 타이어 압력 게이지

타이어 압력 게이지의 물리

타이어 압력 게이지를 타이어 밸브에 끼우면 그림 10.2처럼 게이지 내의 용수철에 부착된 고무컵은 타이어의 공기에 의해 밀린다. 용수철의 용수철 상수가 $k = 320\text{ N/m}$인 게이지를 타이어 밸브에 끼웠을 때 게이지의 눈금 막대가 2.0 cm 늘어난다고 가정하자. 타이어 내의 공기가 용수철에 얼마의 힘을 작용하겠는가?

살펴보기 용수철이 이상적인 용수철이라고 가정한다. 그러므로 $F_{외부} = kx$가 성립된다. 변위 x가 알려져 있는 것처럼 용수철 상수 k도 알려져 있다. 그러므로 용수철에 작용한 힘을 구할 수 있다.

풀이 용수철을 수축하는데 필요한 힘은 식 10.1에 주어졌다.

$$F_{외부} = kx = (320\text{ N/m})(0.020\text{ m}) = \boxed{6.4\text{ N}}$$

그러므로 밖으로 밀려 나온 눈금 막대의 길이는 타이어 내의 공기압력이 용수철에 작용하는 힘을 나타낸다. 다음 장에서 압력이 단위 넓이당 힘이라는 것을 배우게 된다. 그러므로 힘은 압력과 넓이의 곱이 된다. 고무컵의 넓이가 정해져 있기 때문에 막대에다 압력의 단위로 눈금을 표시할 수 있다.

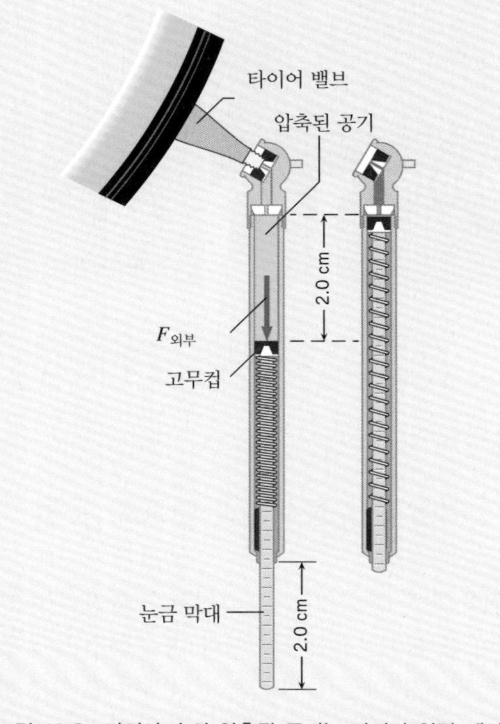

그림 10.2 타이어 속의 압축된 공기는 타이어 압력 게이지의 용수철을 압축하는 힘 $F_{외부}$를 작용한다.

때때로 용수철 상수 k는 그 값이 크면 용수철을 늘이거나 수축하는 데 큰 힘이 든다는 점에서 용수철이 딱딱하다는 것을 의미하기 때문에 용수철의 **경직도**(stiffness)라고도 한다.

용수철을 늘이거나 수축하기 위해서 외력이 용수철에 가해져야 한다. 뉴턴의 제3법칙에 따르기 위해서는 용수철에 힘을 작용하면 용수철은 같은 크기의 반대 방향의 힘을 작용한다. 이 반작용력은 용수철을 당기거나 미는 작용자에 용수철이 가하는 힘이다. 다시 말해서 반작용력은 용수철에 부착된 물체에 작용하는 힘이다. 곧 알게 되겠지만 반작용력을 '복원력'이라고도 한다. 이상적인 용수철의 복원력은 식 10.2에 나타낸 것처럼 식 10.1 $F_{외부} = kx$의 우변에다 뉴턴의 제3법칙에 따라 음의 부호를 넣어서 얻을 수 있다.

■ **후크의 법칙* 이상적인 용수철의 복원력**

이상적인 용수철의 복원력은

* 10.8절에서 배우게 되겠지만, 식 10.2는 로버트 후크(1635-1703)에 의해 최초로 발견된 식과 유사하다.

$$F = -kx \quad (10.2)$$

이다. 여기서 k는 용수철 상수이고 x는 변형 전 위치로부터의 용수철의 변위이다. 음의 부호는 복원력이 항상 용수철의 변위에 반대되는 방향을 가리킨다는 것을 나타낸다.

그림 10.3은 '복원력'이라는 말이 왜 사용되는지를 설명하는데 도움을 준다. 그림에서 질량 m인 물체가 마찰 없는 테이블 위의 용수철에 붙어있다. 그림 A에서 용수철이 오른쪽으로 늘어나면 왼쪽으로 향하는 힘 F가 작용한다. 물체가 놓여질 때 이 힘은 물체를 왼쪽으로 당기고 평형 위치를 향하여 물체를 복원시킨다. 그러나 뉴턴의 제1법칙에 따라 움직이는 물체는 관성을 가지고 평형 위치를 지나서 그림 B처럼 용수철을 수축시킨다. 이제 용수철이 작용한 힘은 오른쪽으로 향하여 물체를 순간적으로 정지시킨 다음 다시 평형 위치로 복원시키도록 작용한다. 다시 물체의 관성은 물체를 평형 위치를 지나가게 하여 용수철을 늘어나게 하고 그림 C에서 보여주듯이 복원력 F를 만들어낸다. 물체나 용수철에 마찰이 없다면 그림에 나타낸 왕복 운동은 영원히 계속된다.

복원력이 $F = -kx$ 형태의 식으로 주어질 때 그림 10.3에 설명된 마찰이 없는 운동의 형태를 단조화 운동이라 한다. 펜을 물체에 매어 놓고 종이를 일정한 속도로 지나가도록 움직이게 하면 시간이 지남에 따라 진동하는 물체의 위치를 기록할 수 있다. 그림 10.4는 단조화 운동의 그래프를 기록하는 모습을 보여 주고 있다. 평형으로부터 최대 변위는 운동의 **진폭**(amplitude) A이다. 이 그래프의 모양은 단조화 운동의 특징이고 삼각 함수 사인과 코사인으로 기술되기 때문에 '사인형'이라 말한다.

복원력은 또한 물체가 수직으로 용수철에 매달려 있을 때도 용수철이 수평으로 되어있을 때처럼 단조화 운동을 일으킨다. 그러나 용수철이 수직일 때는 그림 10.5가 나타내듯이 물체의 무게가 용수철을 늘어나게 하는 원인이 되고 운동은 늘어난 용수철에 매달린 물체의 평형 위치를 기

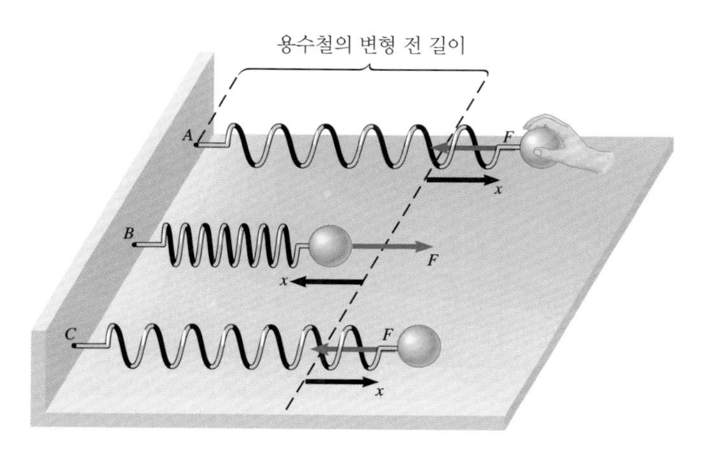

그림 10.3 이상적인 용수철에 의해 만들어진 복원력(파란색 화살표)은 항상 용수철의 변위(검은색 화살표)에 반대 방향으로 향하고 물체를 왕복 운동하게 한다.

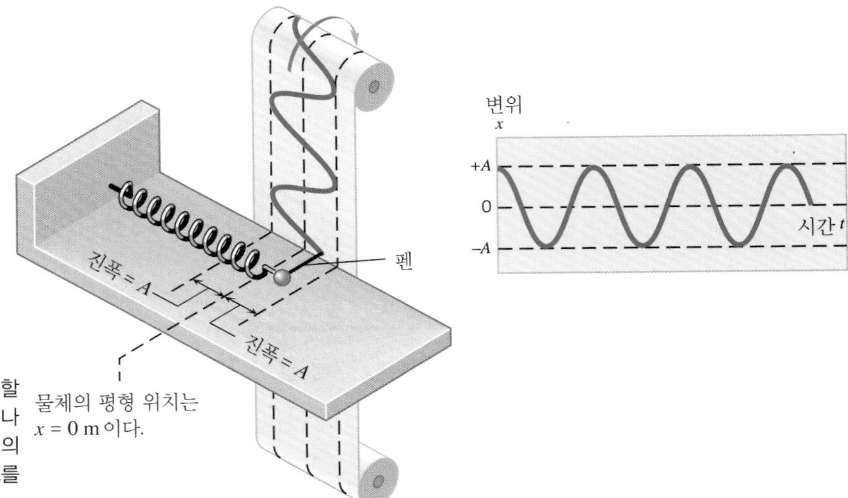

그림 10.4 물체가 단조화 운동을 할 때 물체의 위치를 시간의 함수로 나타낸 그림은 진폭 A를 가진 사인형의 모양이다. 물체에 달린 펜은 그래프를 기록한다.

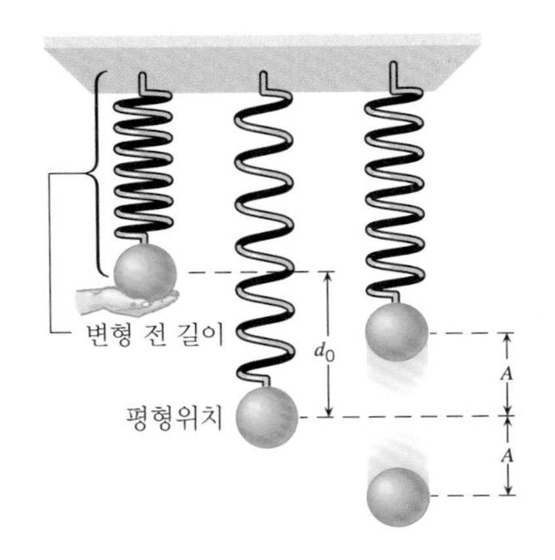

그림 10.5 수직 용수철에 달린 물체의 무게는 용수철을 d_0만큼 늘어나게 한다. 진폭 A의 단조화 운동은 늘어난 용수철의 평형 위치를 기준으로 일어난다.

준으로 일어난다. 매달린 물체의 무게에 의한 처음 늘어난 양 d_0는 물체를 지탱하는 복원력의 크기와 그 물체의 무게를 같게 놓으면 계산된다. 그러므로 $mg = kd_0$이고 $d_0 = mg/k$가 된다.

10.2 단조화 운동과 기준원

다른 운동처럼 단조화 운동도 변위, 속도, 가속도의 형태로 나타낼 수 있다. 그림 10.6의 모형은 이러한 특징을 설명하는데 도움을 준다. 그 모형은 회전하는 턴테이블과 그 위에 매달려있는 작은 공으로 구성되어 있다. 그 공은 **기준원**(reference circle)이라고 하는 경로를 따라서 등속 원운동

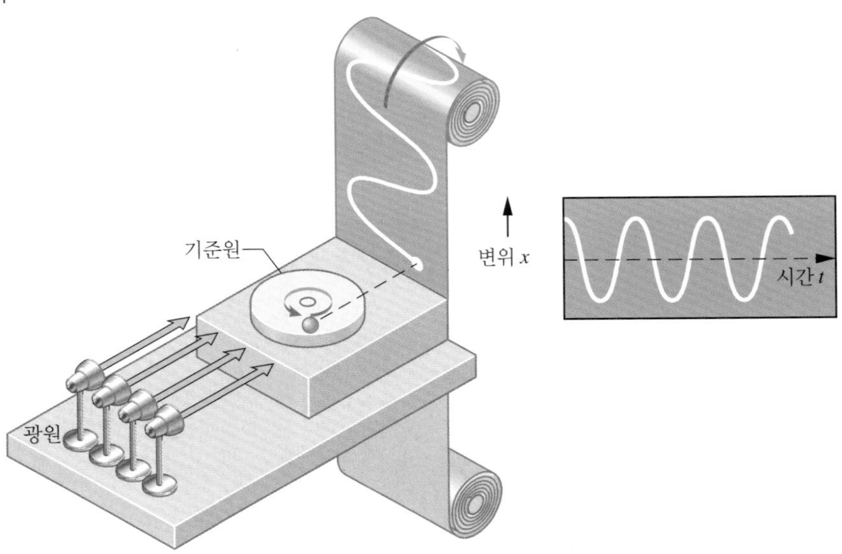

그림 10.6 턴테이블 위에 있는 공은 일정한 원운동을 한다. 그 공의 그림자는 움직이는 연속 기록지 위에 투사되고 단조화 운동을 나타낸다.

을 한다(5.1절). 공이 움직일 때 공의 그림자가 기록지 위에 생긴다. 기록지는 일정한 속력으로 위로 움직이고 그림자가 그 위에 기록을 남긴다. 그림 10.4에서의 종이와 이 기록지를 비교하면 같은 형태임을 알 수 있다. 공의 그림자는 단조화 운동의 좋은 모형임을 나타내고 있다.

변위

그림 10.7은 반지름 A의 기준원을 크게 확대시킨 것이고 기록지 위에 그림자의 변위를 결정하는 법을 나타내고 있다. 공은 $x = +A$에서 x 축을 따라서 출발하고 시간 t 동안에 각 θ만큼 움직인다. 원운동은 일정하기 때문에 공은 일정한 각속도 ω(rad/s)로 움직인다. 그러므로 각은 $\theta = \omega t$ (rad)의 값을 가진다. 그림자의 변위 x는 반지름 A를 x 축 위에 투영한 것이다. 즉

$$x = A\cos\theta = A\cos\omega t \tag{10.3}$$

이다. 그림 10.8은 이 식의 그래프이다. 공의 그림자는 $x = +A$와 $x = -A$ 값 사이에서 진동하며 이 값은 각각 각도의 코사인의 최대값과 최소값인 +1과 −1이다. 따라서 기준원의 반지름 A는 단조화 운동의 진폭이다.

공이 기준원에 대해 1 회전 혹은 순환할 때 공의 그림자는 왕복 운동을 한 번 하게 된다. 그림 10.8에서 보듯이 단조화 운동을 하는 어떤 물체가 하나의 순환 과정을 완전하게 하는데 걸리는 시간이 **주기**(period) T이다. T의 값은 각속도가 크면 클수록 한 순환 과정을 완전하게 하는데 걸

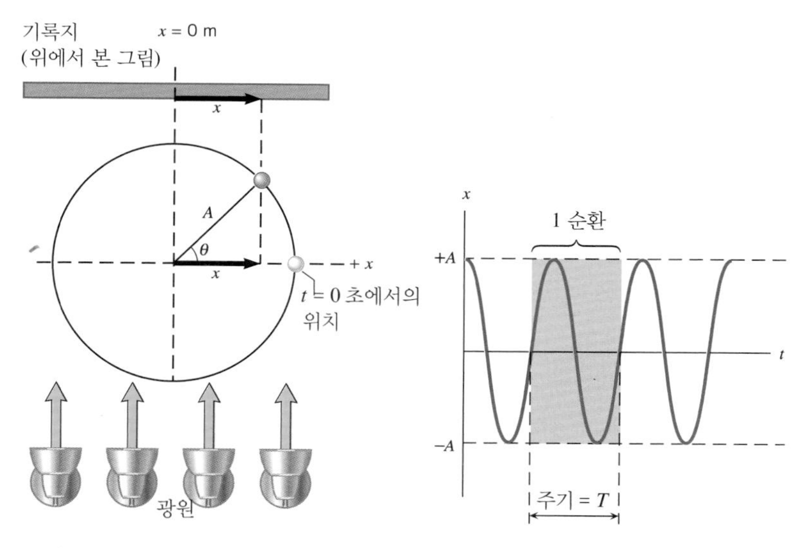

그림 10.7 턴테이블 위의 공을 위에서 본 그림. 기록지 위의 공의 그림자의 변위 x는 공이 기준원 위를 움직이는 각 θ에 따라 변한다.

그림 10.8 단조화 운동에 대한 시간 t에 따른 변위 x의 그래프. 주기 T는 완전히 한 바퀴 도는데 걸리는 시간이다.

리는 시간이 더 짧아지기 때문에 공의 각속도 ω에 의존한다. $\omega = \Delta\theta/\Delta t$ (식 8.2)에 의해 ω와 T 사이의 관계식을 구할 수 있다. 여기서 $\Delta\theta$는 공의 각변위이고 Δt는 시간이다. 한 순환에 대해 $\Delta\theta = 2\pi$ rad과 $\Delta t = T$이므로

$$\omega = \frac{2\pi}{T} \quad (\omega\text{: rad/s 단위}) \qquad (10.4)$$

이다. 종종 주기 대신에 운동의 **진동수**(frequency) f로 말하는 게 더욱 편리하다. 진동수는 초당 왕복 운동의 횟수이다. 예를 들면 만약 용수철에 달린 물체가 일초에 10번 왕복 운동을 완전하게 했다면 진동수 f = 10 cycle/s이다. 주기 T 혹은 1왕복당 시간은 $\frac{1}{10}$ s가 될 것이다. 그러므로 진동수와 주기는

$$f = \frac{1}{T} \qquad (10.5)$$

의 관계가 있다. 보통 초당 1번의 왕복을 1헤르츠(Hz)라 하며, 이것은 하인리히 헤르츠(1875-1894)의 이름을 딴 단위이다. 초당 1000번의 왕복을 1킬로헤르츠(1 kHz)라 한다. 그러므로 예를 들어 초당 5000번 왕복은 5 kHz가 된다.

$\omega = 2\pi/T$와 $f = 1/T$의 관계식을 이용하면 각속도 ω(rad/s)를 진동수 f(cycle/s 또는 Hz)와 관련지을 수 있다. 즉

$$\omega = \frac{2\pi}{T} = 2\pi f \quad (\omega\text{: rad/s 단위}) \qquad (10.6)$$

가 된다. ω는 진동수 f에 비례하기 때문에 종종 각진동수라 한다.

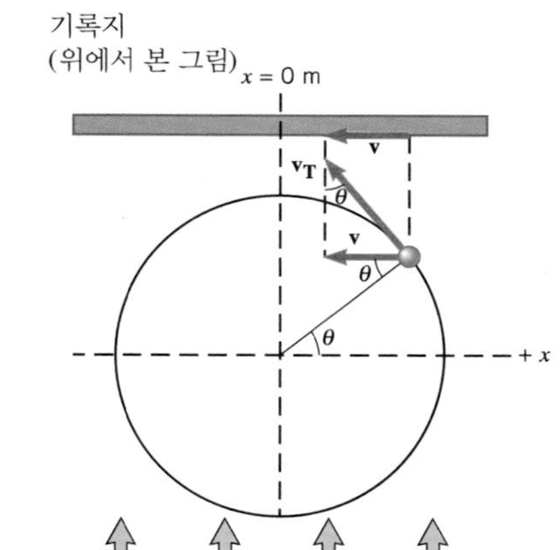

그림 10.9 공의 그림자의 속도 **v**는 기준원 상의 공의 접선속도 $\mathbf{v}_T$의 x 성분이다.

속도

기준원 모형은 단조화 운동에서 물체의 속도를 결정하는데 이용할 수 있다. 그림 10.9는 기준원 상의 공의 접선 속도 $\mathbf{v}_T$를 보여준다. 그림은 그림자의 속도 **v**가 벡터 $\mathbf{v}_T$의 x 성분 벡터임을 나타낸다. 즉 $v = -v_T \sin\theta$이고 여기서 $\theta = \omega t$이다. 음의 부호는 **v**가 음의 x 방향인 왼쪽을 가리키기 때문이다. 접선 속력 v_T와 각속도 ω는 $v_T = r\omega$(식 8.9)의 관계가 있고 $r = A$이기 때문에 $v_T = A\omega$가 된다. 그러므로 단조화 운동에서 속도는

$$v = -A\omega \sin\theta = -A\omega \sin \omega t \quad (\omega\text{: rad/s 단위}) \qquad (10.7)$$

로 주어진다. 이 속도는 일정하지 않고 시간이 지남에 따라 최대와 최소값 사이에서 변한다. 그림자가 진동 운동의 끝에서 방향이 바뀔 때 속도는 순간적으로 0이 된다. 그림자가 $x = 0$ m인 위치를 통과할 때 속도는

각도의 사인값이 +1과 −1 사이이기 때문에 $A\omega$의 최대값을 가진다. 즉

$$v_{최대} = A\omega \quad (\omega\text{: rad/s 단위}) \qquad (10.8)$$

이다. 최대 속도는 진폭 A와 각진동수 ω에 의해 결정된다. 다음의 예제 10.2를 보라.

예제 10.2 | 스피커 진동판의 최대 속력

스피커의 진동판이 그림 10.10에서처럼 소리를 만들기 위해 단조화 운동으로 앞뒤로 운동한다. 운동의 진동수가 $f = 1.0\,\text{kHz}$이고 진폭이 $A = 0.20\,\text{mm}$이라면 (a) 진동판의 최대 속력은 얼마인가? (b) 이 최대 속력은 어느 위치에서 일어나는가?

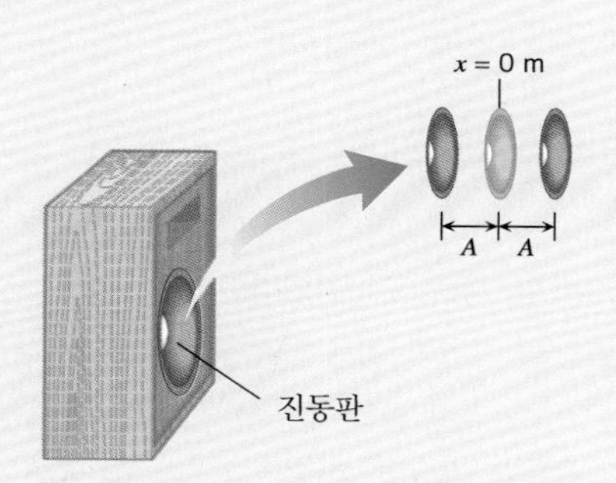

그림 10.10 스피커의 진동판은 단조화 운동으로 앞뒤로 움직이면서 소리를 만들어 낸다.

살펴보기 단조화 운동으로 진동하는 물체의 최대 속력 $v_{최대}$는 식 10.8에 따라 $v_{최대} = A\omega(\omega\text{: rad/s 단위})$이다. 각속도 ω는 진동수 f와 식 10.6에 따라 $\omega = 2\pi f$인 관계가 있다.

풀이 (a) 식 10.8과 10.6을 사용하면 진동판의 최대 속력이

$$\begin{aligned} v_{최대} &= A\omega = A(2\pi f) \\ &= (0.20 \times 10^{-3}\ \text{m})(2\pi)(1.0 \times 10^{3}\ \text{Hz}) \\ &= \boxed{1.3\ \text{m/s}} \end{aligned}$$

가 된다.

(b) 진동판의 속력은 진동판이 그 운동의 두 끝인 $x = +A$와 $x = -A$에서 순간적으로 정지할 때 0이 된다. 이 두 지점의 중간 지점인 $x = 0\,\text{m}$에서 진동판의 속력이 최대이다.

진동 운동의 모든 경우가 다 단조화 운동은 아니다. 단조화 운동은 매우 특수한 경우로써 속도가 식 10.7의 형태를 가져야만 한다.

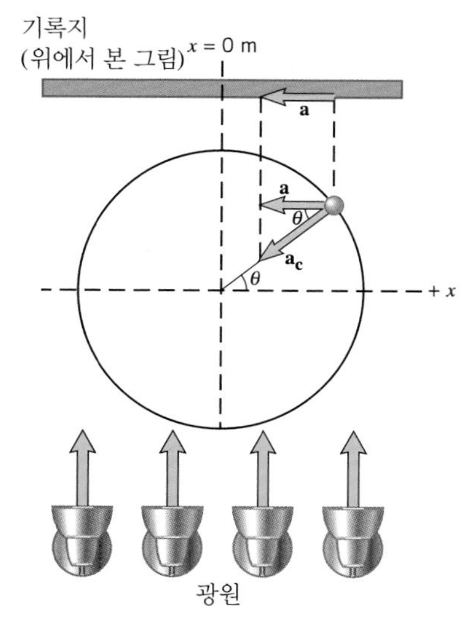

그림 10.11 공의 그림자의 가속도 **a**는 기준원 위의 공의 구심 가속도 $\mathbf{a}_c$의 x 성분 벡터이다.

가속도

단조화 운동에서 속도는 일정하지 않다. 결과적으로 가속도가 존재한다. 이 가속도 또한 기준원 모형을 써서 구할 수 있다. 그림 10.11에서 보듯이 기준원 상의 공은 일정한 원운동을 한다. 그러므로 원의 중심을 향하는 구심 가속도 $\mathbf{a}_c$를 가진다. 가속도 벡터 **a**는 구심 가속도의 x 성분이므로, 그림자의 가속도는 $a = -a_c \cos\theta$이다. 음의 기호는 그림자의 가속도가 왼쪽 방향을 향하기 때문에 필요하다. 구심 가속도가 각속도 ω와 $a_c = r\omega^2$(식 8.11)의 관계가 있음을 상기하고 $r = A$를 이용하면 $a_c = A\omega^2$ 임을 알 수 있다. 이것을 대입함으로써 단조화 운동에서 가속도는

$$a = -A\omega^2 \cos \theta = -A\omega^2 \cos \omega t \qquad (\omega\text{: rad/s 단위}) \qquad (10.9)$$

가 된다. 속도와 같이 가속도도 시간에 따라 일정하지 않으며 가속도의 최대 크기는

$$a_{\text{최대}} = A\omega^2 \qquad (\omega\text{: rad/s 단위}) \qquad (10.10)$$

이다. 진폭 A와 각진동수 ω가 함께 최대값을 결정하지만 진동수가 제곱으로 되어 있기 때문에 가속도는 진동수의 영향을 크게 받는다. 다음의 예제 10.3은 실제적인 상황에서 가속도가 현저하게 큰 경우를 보여준다.

예제 10.3 | 스피커 문제 다시 보기 – 최대 가속도

스피커 진동판의 물리

그림 10.10에서 스피커 진동판은 $f = 1.0$ kHz의 진동수로 진동하고 있다. 운동의 진폭이 $A = 0.20$ mm이라면 (a) 진동판의 최대 가속도는 얼마인가? (b) 가속도의 크기가 최대인 곳은 어느 위치인가?

살펴보기 단조화 운동으로 진동하는 물체의 최대 가속도 $a_{\text{최대}}$는 식 10.10에 따라 $a_{\text{최대}} = A\omega^2$($\omega$:rad/s 단위)이다. 식 10.6에 의하면 각진동수 ω는 진동수 f와 $\omega = 2\pi f$의 관계가 있다.

풀이 식 10.10과 10.6을 이용하면 진동판의 최대 가속도는

$$\begin{aligned} a_{\text{최대}} &= A\omega^2 = A(2\pi f)^2 \\ &= (0.20 \times 10^{-3}\ \text{m})[2\pi(1.0 \times 10^3\ \text{Hz})]^2 \\ &= \boxed{7.9 \times 10^3\ \text{m/s}^2} \end{aligned}$$

이다. 이것은 중력 가속도의 800배가 넘는 믿기 어려운 가속도이다. 스피커의 진동판은 이러한 크기의 가속도를 견디도록 만들어져있다.

(b) 가속도의 크기가 최대인 곳은 힘의 크기가 최대인 곳이며, 이 곳은 변위의 제곱이 가장 큰 곳이다. 그러므로 가속도의 크기가 최대인 곳은 $x = +A$와 $x = -A$이다.

문제 풀이 도움말
진동의 진동수 f와 각진동수 ω를 혼동하지 말라. f의 단위는 헤르츠(초당 사이클수)이고, ω의 단위는 초당 라디안이다. 이 둘의 관계는 $\omega = 2\pi f$이다.

진동의 진동수

뉴턴의 제2법칙 $\Sigma F = ma$에 의해 질량 m인 물체가 용수철에 매달려 진동하는 경우 진동수를 구할 수 있다. 용수철의 질량은 무시할만하고 수평 방향으로 물체에 작용하는 유일한 힘은 용수철에 의한 것이라 가정하자. 그 힘은 후크의 법칙의 복원력이다. 그러므로 알짜 힘은 $\Sigma F = -kx$이고 뉴턴의 제2법칙을 적용하면 $-kx = ma$가 된다. 여기서 a는 물체의 가속도이다. 진동하는 용수철의 변위와 가속도는 각각 $x = A\cos \omega t$(식 10.3)와 $a = -A\omega^2 \cos \omega t$(식 10.9)이다. x와 a에 대한 표현을 식 $-kx = ma$에 대입하면

$$-k(A \cos \omega t) = m(-A\omega^2 \cos \omega t)$$

가 되고

$$\omega = \sqrt{\frac{k}{m}} \quad (\omega\text{: rad/s 단위}) \tag{10.11}$$

이 된다. 이 식에서 각진동수 ω의 단위는 초당 라디안이어야 한다. 용수철 상수 k가 더 크고 질량 m이 더 작을수록 진동수는 더 커진다. 다음의 예제 10.4는 식 10.11을 응용한 것이다.

예제 10.4 | 몸의 질량을 측정하는 장치

우주 궤도에서 오랜 시간을 보내는 우주 비행사는 그들의 건강을 유지시키는 프로그램의 일부분으로 그들의 몸의 질량을 주기적으로 측정한다. 지구상에서 몸무게 W를 체중계로 측정하는 것은 간단하다. $W = mg$이기 때문에 중력 가속도를 이용하여 질량을 구할 수 있다. 그러나 이러한 절차는 체중계와 우주 비행사가 자유 낙하 상태이고 서로서로를 압축할 수 없기 때문에 궤도상에서는 할 수 없다. 하지만 우주 비행사는 그림 10.12처럼 몸의 질량 측정 장치를 사용한다. 이 장치는 우주 비행사가 앉을 수 있는 용수철이 장착된 의자로 되어 있다. 의자는 단조화 운동으로 진동하기 시작한다. 운동의 주기는 전기적으로 측정되고 의자의 질량이 고려된 후에 자동으로 우주 비행사의 질량의 값으로 변환시킨다. 이러한 장치에 사용된 용수철의 용수철 상수는 606 N/m이다. 의자의 질량이 12.0 kg이고 측정된 진동 주기가 2.41 s인 경우 우주 비행사의 질량을 구하라.

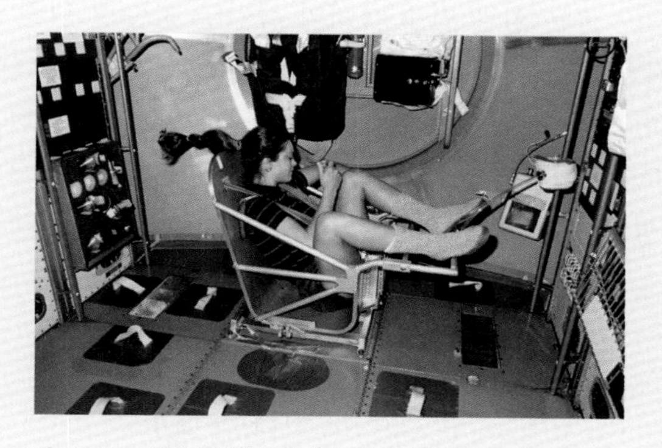

그림 10.12 우주 비행사 타마라 제니간은 우주 궤도상에서 그녀의 질량을 측정하기 위해 신체 질량 측정 장치를 사용한다.

살펴보기 식 $\omega = \sqrt{k/m}$ (식 10.11)은 용수철 상수 k와 각진동수 ω의 형태로 질량 m에 대해 풀 수 있다. 용수철 상수는 알고 있다. 각진동수를 모르지만 $\omega = 2\pi/T$(식 10.4)를 이용함으로써 $T = 2.41$ s로 주어진 진동 주기와 연관시킬 수 있다. 식 10.11을 사용하여 계산된 질량은 우주 비행사와 의자의 전체 질량이다. 그러므로 우주 비행사의 질량을 얻기 위해 의자의 질량을 빼야 한다.

풀이 식 10.11과 10.4를 이용하면

$$\omega = \frac{2\pi}{T} = \sqrt{\frac{k}{m}}$$

이 된다. 이것을 질량에 대해 풀면

$$m = \frac{kT^2}{4\pi^2} = \frac{(606\ \text{N/m})(2.41\ \text{s})^2}{4\pi^2} = 89.2\ \text{kg}$$

이 되고 의자의 질량 12.0 kg을 빼면 우주 비행사의 질량은

$$m_{\text{우주 비행사}} = 89.2\ \text{kg} - 12.0\ \text{kg} = 77.2\ \text{kg}$$

이다.

예제 10.4는 진동하는 물체의 질량은 단조화 운동의 진동수에 영향을 준다는 것을 나타낸다. 전자 센서는 작은 양의 화학 약품을 검출하고 측정하는데 이 효과의 이점을 이용하여 개발한 것들이다. 이러한 센서들은 전류가 흐를 때 진동하는 작은 수정 결정을 사용한다. 결정은 특별한 화학 제품을 흡수하는 물질로 코팅되어 있다. 화학 제품이 흡수될 때 질량

◐ 화학 약품의 작은 양을 검출하고 측정하는 물리

은 증가한다(식 10.6과 10.11). 따라서 식 $f=\frac{1}{2\pi}\sqrt{k/m}$ 에 따라 단조화 운동의 진동수는 감소한다. 진동수 변화는 전기적으로 검출되고 센서는 흡수된 화학 물질의 질량을 나타내도록 조정된다.

10.3 에너지와 단조화 운동

➲ 문 닫힘 장치의 물리

6장에서 지구의 표면 위에서 물체는 중력 위치 에너지를 가짐을 보았다. 그러므로 물체가 떨어지기 시작할 때 그림 6.9의 말뚝 박는 기계의 망치처럼 일을 할 수 있다. 또한 용수철은 용수철이 늘어나거나 수축될 때 **탄성 위치 에너지**(elastic potential energy)를 가진다. 탄성 위치 에너지 때문에 늘어나거나 수축된 용수철은 용수철에 매달린 물체에 일을 할 수 있다. 예를 들면 그림 10.13은 출입문에서 볼 수 있는 문 닫힘 장치를 보여주고 있다. 문이 열릴 때 그 장치 내의 용수철은 수축되고 탄성 위치 에너지를 가진다. 문이 놓여지면 수축된 용수철은 팽창되면서 문을 닫는 일을 한다.

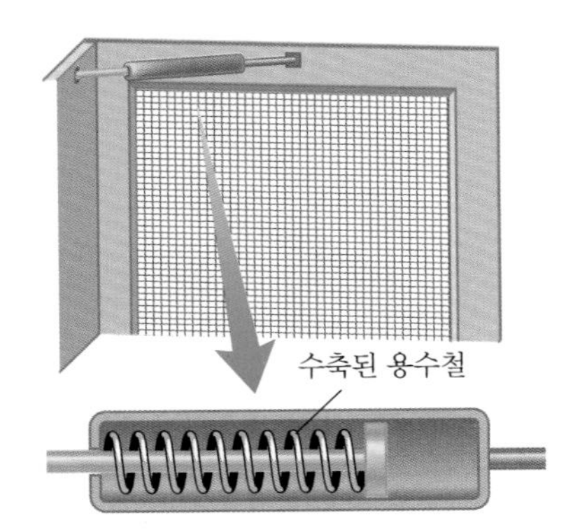

그림 10.13 문 닫힘 장치. 수축된 용수철에 저장된 탄성 위치 에너지는 문을 닫을 때 사용된다.

탄성 위치 에너지의 표현식을 구하기 위해 용수철의 힘이 물체에 한 일을 계산하면 될 것이다. 그림 10.14는 늘어난 용수철의 한쪽 끝에 매달린 물체를 보여준다. 물체가 놓여질 때 용수철은 수축하고 처음 위치 x_0로부터 나중 위치 x_f까지 물체를 당긴다. 일정한 힘이 한 일 W는 식 6.1에 의해 $W=(F\cos\theta)\,s$로 주어진다. 여기서 F는 힘의 크기이고 s는 변위의 크기 $(s=x_0-x_f)$이며 θ는 힘과 변위 사이의 각이다. 용수철 힘의 크기는 일정하지는 않지만 식 10.2는 용수철 힘이 $F=-kx$임을 나타낸다. 용수철이 수축할 때 이 힘의 크기는 kx_0에서 kx_f로 변한다. 일을 구하기 위해 식 6.1을 사용하면 일정한 힘 F 대신에 평균 크기 $\overline{F}$를 사용함으로써 변화하는 크기를 설명할 수 있다. x에 관계되는 용수철 힘의 의존성이 선형적이기 때문에 평균 힘의 크기는 처음과 나중값의 합의 반이다. 즉 $\overline{F}=\frac{1}{2}(kx_0+kx_f)$이다. 그러므로 평균 용수철 힘이 한 일 $W_{탄성}$은

$$W_{탄성}=(\overline{F}\cos\theta)s=\tfrac{1}{2}(kx_0+kx_f)\cos 0^\circ\,(x_0-x_f)$$

$$W_{탄성}=\underbrace{\tfrac{1}{2}kx_0^{2}}_{\text{처음 탄성 위치 에너지}}-\underbrace{\tfrac{1}{2}kx_f^{2}}_{\text{나중 탄성 위치 에너지}} \qquad (10.12)$$

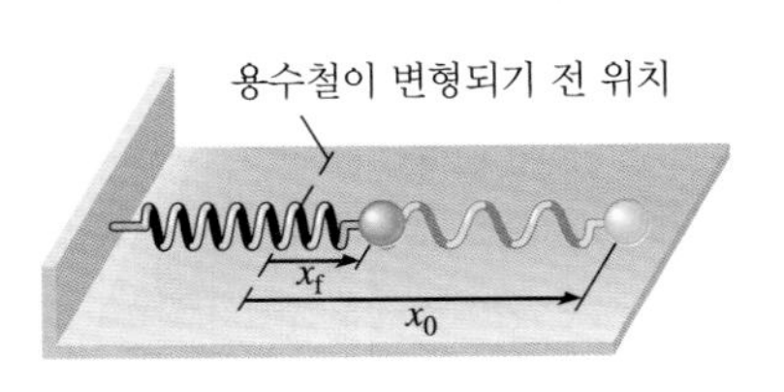

그림 10.14 물체가 놓여질 때 변위는 처음값 x_0로부터 나중값 x_f까지 변한다.

가 된다. 위의 계산에서는 그림 10.14처럼 용수철 힘이 변위와 같은 왼쪽 방향을 가리키기 때문에 θ는 0도이다. 식 10.12는 용수철 힘이 한 일이 $\frac{1}{2}kx^2$의 처음과 나중값의 차와 같다는 것을 나타낸다. $\frac{1}{2}kx^2$는 6.3절에서 중력 위치 에너지로 정의된 양 mgh와 유사하다. 여기서 $\frac{1}{2}kx^2$을 탄성 위

치 에너지라고 정의한다. 식 10.13은 탄성 위치 에너지가 완전하게 늘어나거나 수축될 때 최대값을 가지며 늘어나거나 줄어들지 않은 ($x = 0\,\text{m}$) 용수철에 대해서는 0임을 나타낸다.

■ **탄성 위치 에너지**

탄성 위치 에너지 $\text{PE}_{탄성} = \frac{1}{2}kx^2$은 용수철이 늘어나거나 수축함에 따라서 용수철이 갖게되는 에너지이다. 용수철 상수가 k이고 변형 전 길이에서 x만큼 늘어나거나 수축되는 이상적인 용수철에 대해 탄성 위치 에너지는

$$\text{PE}_{탄성} = \frac{1}{2}kx^2 \qquad (10.13)$$

이다.

탄성 위치 에너지의 SI 단위: 줄(J)

총 역학적 에너지 E는 병진 운동 에너지와 중력 위치 에너지의 합으로 정의된 잘 알고 있는 개념이다. 여기에 회전 운동 에너지를 포함시켜 보자.

이제 식 10.14에서 탄성 위치 에너지는 총 역학적 에너지의 일부분으로 포함된다.

$$\underbrace{E}_{\text{전체 역학적 에너지}} = \underbrace{\tfrac{1}{2}mv^2}_{\text{병진 운동 에너지}} + \underbrace{\tfrac{1}{2}I\omega^2}_{\text{회전 운동 에너지}} + \underbrace{mgh}_{\text{중력 위치 에너지}} + \underbrace{\tfrac{1}{2}kx^2}_{\text{탄성 위치 에너지}} \qquad (10.14)$$

6.5절에서 다루었듯이 총 역학적 에너지는 마찰력 같은 외부 비보존력이 알짜 일을 하지 않을 때 즉 $W_{nc} = 0\,\text{J}$일 경우 보존된다. 그러므로 E의 나중값과 처음값은 같다. 즉 $E_f = E_0$이다. 다음 예제에서 총 역학적 에너지의 보존 원리를 응용해 보자.

예제 10.5 | 수평 용수철에 매달린 물체

그림 10.15는 마찰이 없는 수평 테이블 위에서 진동하는 질량 $m = 0.200\,\text{kg}$의 물체를 보여준다. 용수철의 용수철 상수는 $k = 545\,\text{N/m}$이다. 처음에 $x_0 = 4.50\,\text{cm}$까지 늘어뜨리고 정지 상태에서 놓는다(그림 A). 용수철의 나중 변위가 (a) $x_f = 2.25\,\text{cm}$ (b) $x_f = 0\,\text{cm}$일 때 물체의 나중 병진 속력 v_f을 구하라.

살펴보기 역학적 에너지 보존에 의하면 마찰력(비보존력)이 없는 경우 나중과 처음의 총 역학적 에너지는 같다. 즉

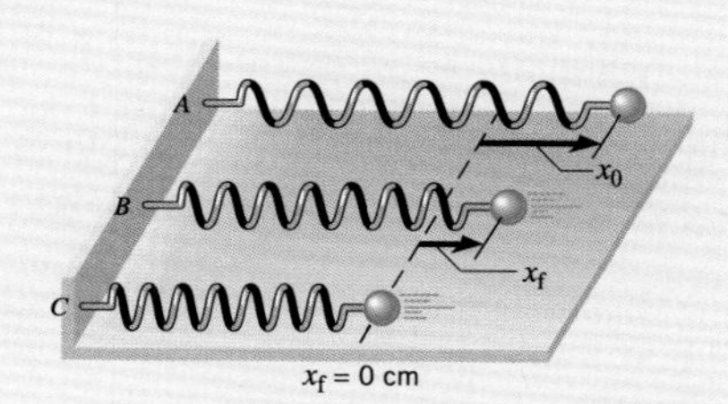

그림 10.15 이 계의 전체 역학적 에너지는 A에서는 전적으로 탄성 위치 에너지이고, B에서는 일부는 탄성 위치 에너지이고 나머지는 운동 에너지이며, C에서는 전체가 운동 에너지이다.

$$E_f = E_0$$

$$\tfrac{1}{2}mv_f^2 + \tfrac{1}{2}I\omega_f^2 + mgh_f + \tfrac{1}{2}kx_f^2$$
$$= \tfrac{1}{2}mv_0^2 + \tfrac{1}{2}I\omega_0^2 + mgh_0 + \tfrac{1}{2}kx_0^2$$

이다. 물체가 수평 테이블위에서 움직일 때 나중과 처음의 높이는 같다. 즉 $h_f = h_0$이다. 물체는 회전하지 않으므로 회전 속력은 0이다. 즉 $\omega_f = \omega_0 = 0$이다. 문제에서 설명하듯이 물체의 처음 병진 속력은 $v_0 = 0$ m/s 이므로 이것을 대입하면 에너지 보존의 식은

$$\tfrac{1}{2}mv_f^2 + \tfrac{1}{2}kx_f^2 = \tfrac{1}{2}kx_0^2$$

가 된다. 이 식으로부터 v_f을 계산하면

$$v_f = \sqrt{\frac{k}{m}(x_0^2 - x_f^2)}$$

를 얻을 수 있다.

풀이 (a) $x_0 = 0.0450$ m 이고 $x_f = 0.0225$ m이기 때문에 나중 병진 속력은

$$v_f = \sqrt{\frac{545\ \text{N/m}}{0.200\ \text{kg}}[(0.0450\ \text{m})^2 - (0.0225\ \text{m})^2]}$$
$$= \boxed{2.03\ \text{m/s}}$$

이다. 이 시점에서 총 역학적 에너지는 일부는 병진 운동 에너지 ($\tfrac{1}{2}mv_f^2 = 0.414$ J)이고 나머지는 탄성 위치 에너지 ($\tfrac{1}{2}kx_f^2 = 0.138$ J)이다. 총 역학적 에너지 E는 이 두 에너지의 합이다. 즉 $E = 0.414\text{ J} + 0.138\text{ J} = 0.552\text{ J}$이다. 총 역학적 에너지가 운동하는 동안 일정하게 유지되기 때문에 이 값은 물체가 정지 상태일 때 처음의 총 역학적 에너지와 같고 그 에너지는 전부 탄성 위치 에너지이다($E_0 = \tfrac{1}{2}kx_0^2 = 0.522$ J).

(b) $x_0 = 0.0450$ m 이고 $x_f = 0$ m 일 때

$$v_f = \sqrt{\frac{k}{m}(x_0^2 - x_f^2)}$$
$$= \sqrt{\frac{545\ \text{N/m}}{0.200\ \text{kg}}[(0.0450\ \text{m})^2 - (0\ \text{m})^2]}$$
$$= \boxed{2.35\ \text{m/s}}$$

이다. 이제 총 역학적 에너지는 탄성 위치 에너지가 0이기 때문에 전적으로 병진 운동 에너지 ($\tfrac{1}{2}mv_f^2 = 0.522$ J)에 의한 것이다. 총 역학적 에너지가 (a)에서와 같음을 유의하라. 마찰이 없는 경우에 용수철의 단조화 운동의 한 형태의 에너지는 다른 형태들의 에너지로 전환된다. 그러나 전체는 항상 동일하게 유지된다.

앞의 예제에서는 용수철이 수평으로 놓여 있었기 때문에 중력 위치 에너지가 포함될 필요는 없었다. 다음 예제에서는 용수철이 수직으로 놓여있기 때문에 중력 위치 에너지가 고려되어야한다.

예제 10.6 | 수직 용수철에 매달려 낙하하는 물체

질량이 0.20 kg인 공이 그림 10.16처럼 수직 용수철에 매달려있다. 용수철 상수는 28 N/m이다. 용수철이 늘어나지도 수축되지도 않은 상태에서 처음에 매달린 공이 정지 상태에서 놓여진다. 공기의 저항이 없는 경우 용수철에 의해 순간적으로 정지하기 전까지 공이 얼마나 내려가는가?

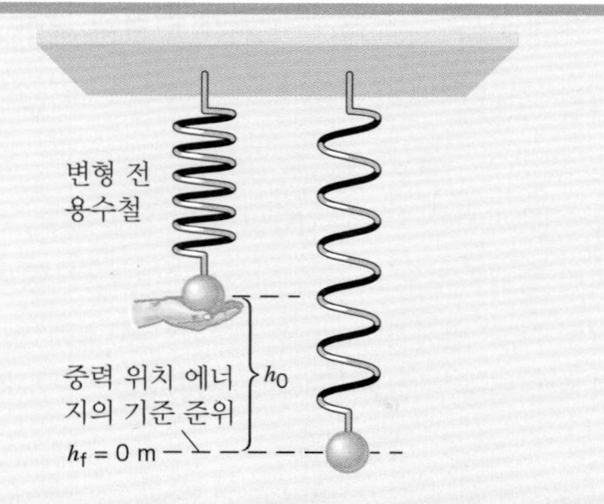

그림 10.16 처음에 용수철이 변형되지 않도록 하기 위해 공을 손으로 받치고 있다. 정지 상태에서 공을 놓은 후에 공은 용수철에 의해 순간적으로 정지되기 전까지의 거리 h_0만큼 떨어진다.

살펴보기 공기 저항이 없을 때 중력과 용수철의 보존력만이 공에 작용한다. 그러므로 역학적 에너지 보존의 원리를 적용하면

$$E_f = E_0$$
$$\tfrac{1}{2}mv_f^2 + \tfrac{1}{2}I\omega_f^2 + mgh_f + \tfrac{1}{2}kx_f^2$$
$$= \tfrac{1}{2}mv_0^2 + \tfrac{1}{2}I\omega_0^2 + mgh_0 + \tfrac{1}{2}kx_0^2$$

이다. 문제에서, 공의 나중과 처음의 병진 속력은 $v_f = v_0 = 0$ m/s이다. 그림 10.16에서 나타나듯이 공의 처음 위치는 h_0이고 나중 위치는 $h_f = 0$ m이다. 더욱이 용수철은 처음에 $x_0 = 0$ m이므로 처음에 탄성 위치 에너지는 없다. 이것을 대입하면 역학적 에너지 보존식은

$$\tfrac{1}{2}kx_f^2 = mgh_0$$

로 간단하게 된다. 이 결과는 처음 중력 위치 에너지(mgh_0)는 탄성 위치 에너지($\frac{1}{2}kx_f^2$)로 변한다는 것을 의미한다. 공이 가장 낮은 위치까지 떨어질 때 공의 변위는 $x_f = -h_0$이다. 여기서 음의 부호는 변위가 아랫방향임을 말한다. 이 결과를 위의 식에 대입하고 h_0에 대해 풀면 $h_0 = 2\,mg/k$가 된다.

풀이 공이 순간적으로 정지하기까지 떨어지는 거리는

$$h_0 = \frac{2mg}{k} = \frac{2(0.20\text{ kg})(9.8\text{ m/s}^2)}{28\text{ N/m}} = \boxed{0.14\text{ m}}$$

가 된다.

문제 풀이 도움말
전체 역학적 에너지 E를 계산할 때 항상 그 계에 작용하는 모든 보존력에 대한 위치 에너지 항을 포함해야 한다. 예제 10.6에서는 중력과 탄성에 관계되는 두 개의 항이 있다.

10.4 진자

그림 10.17이 보여주듯이 **단진자**(simple pendulum)는 길이가 L이고 질량을 무시할 수 있는 줄에 달려 있는 질량 m의 입자로 되어있다. 입자가 평형 위치로부터 각도 θ만큼 옆으로 당겨졌다가 놓아지면 그 입자는 좌우로 왕복 운동한다. 진동하는 입자의 바닥에 펜을 매달고 정지 상태에서 그 아래에 종이를 움직이면 시간이 경과함에 따라 입자의 위치를 기록할 수 있다. 그려진 기록은 단조화 운동에 대한 조화 형태와 유사한 형태를 나타낸다.

점 P의 축에 대한 왕복 운동은 중력 때문에 일어난다. 입자가 가장 낮은 점을 통과할 때 회전 속력은 빨라지고 진동의 상승 부분에서는 느려진다. 결국 각속도는 0으로 줄어들고 입자는 되돌아 진동한다. 9.4절에서 토론한 것처럼 알짜 토크는 각속도를 변화시키는데 필요하다. 중력 $m\mathbf{g}$는 이러한 토크를 만든다(케이블 내의 장력 $\mathbf{T}$의 방향은 회전축 P를 향하기 때문에 지레팔이 0이어서 토크를 주지 않는다). 식 9.1에 따라 토크 τ의 크기는 중력의 크기 mg와 지레팔 ℓ의 곱이다. 그러므로 $\tau = -(mg)\ell$이다. 음의 부호는 토크가 복원 토크이기 때문에 포함된다. 즉 각 θ을 줄이도록 작용한다[각 θ는 양(반시계 방향)인 반면 토크는 음(시계 방향)이다]. 지레팔 ℓ은 $m\mathbf{g}$의 작용선과 선회축 P와의 수직 거리이다. 그림 10.17로 부터 ℓ은 각 θ가 작을 때(약 10° 혹은 그 이내) 원형 경로의 호의 길이 s와 거의 같음을 알 수 있다. 더욱이 만약 θ가 라디안으로 표현된다면 호의 길이와 원형 경로의 반지름 L은 $s = L\theta$(식 8.1)의 관계가 있다. 이러한 조건 아래 $\ell \approx s = L\theta$이고 중력에 의해 만들어지는 토크는

$$\tau \approx -\underbrace{mgL}_{k'}\,\theta$$

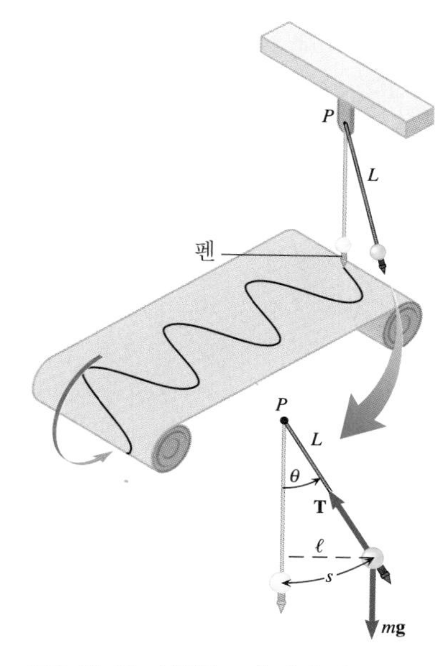

그림 10.17 선회축 P에 대해 앞뒤로 진동하는 단진자. 만약 각 θ가 작다면 진동은 거의 단조화 운동이다.

이다. 위의 식에서 mgL항은 θ에 무관한 상수 k'이다. 작은 각에 대해 진자를 수직 평형 위치까지 복원하는 토크는 각변위 θ에 비례한다. 식 $\tau = -k'\theta$는 이상적인 용수철에 대해 힘을 복원하는 후크의 법칙 $F = -kx$과 같은 형태이다. 그러므로 진자의 왕복 운동의 진동수가 식 10.11($\omega = 2\pi f = \sqrt{k/m}$)과 유사하게 주어질 것으로 예측할 수 있다. 이 식에서 용수철 상수 k 대신에 상수 $k' = mgL$가 들어가고 회전 운동이므로 질량 m 대신에 관성 모멘트 I가 들어가면

$$\omega = 2\pi f = \sqrt{\frac{mgL}{I}} \quad \text{(작은 각에서만)} \tag{10.15}$$

가 된다. 축에 대해 반지름 $r = L$로 회전하는 질량 m인 입자의 관성 모멘트는 $I = mL^2$(식 9.6)으로 주어진다. I에 대한 이 표현을 식 10.15에 대입하면 단진자에 대해

단진자
$$\omega = 2\pi f = \sqrt{\frac{g}{L}} \quad \text{(작은 각에서만)} \tag{10.16}$$

가 된다. 입자의 질량은 이 식에서는 소거되어 있다. 그래서 길이 L과 중력에 의한 가속도 g만이 단진자의 진동수를 결정한다. 만약 진동의 각이 커지면 진자는 단조화 운동을 나타내지 않고 식 10.16은 적용되지 않는다. 식 10.16은 예제 10.7이 설명하는 것처럼 진자를 이용하여 정확한 시간을 나타내는 근거를 제공한다.

예제 10.7 | 정확한 시간 간격

주기가 1.00 초인 단조화 운동을 하기 위한 단진자의 길이를 구하라.

살펴보기 단진자가 단조화 운동으로 진동할 때 진동수 f는 식 10.16 $f = \frac{1}{2\pi}\sqrt{g/L}$로 주어진다. 여기서 g는 중력 가속도이고 L은 진자의 길이이다. 식 10.5로부터 진동수가 주기 T의 역수임을 알고 있다. 즉 $f = 1/T$이다. 그러므로 위의 식은 $1/T = \frac{1}{2\pi}\sqrt{g/L}$이 된다. 이 식을 진자의 길이 L에 대해 풀면 된다.

풀이 진자의 길이는

$$L = \frac{T^2 g}{4\pi^2} = \frac{(1.00\ \text{s})^2(9.80\ \text{m/s}^2)}{4\pi^2} = \boxed{0.248\ \text{m}}$$

이다. 그림 10.18은 정확한 시간을 나타내기 위하여 진자를 사용하는 시계를 보여주고 있다.

그림 10.18 이 진자 시계는 진자가 좌우로 진동함에 따라 시간이 유지된다.

그림 10.17에서 물체가 반드시 점 입자일 필요는 없다. 큰 물체일 수도 있으며 그런 진자를 **물리 진자**(physical pendulum)라 한다. 이 경우 진폭이 작은 진동에 대해 식 10.15는 여전히 적용되지만 관성 모멘트 I는 더 이상 mL^2이 아니다. 강체에 대한 올바른 관성 모멘트 값이 사용되어야 한다(관성 모멘트에 대해 9.4절 참조). 게다가 물리 진자에 대한 길이 L은 P에 있는 축과 물체의 무게 중심과의 거리이다.

10.5 감쇠 조화 운동

단진자 운동에서 물체는 에너지 손실이 없기 때문에 일정한 진폭으로 진동한다. 그러나 실제로 마찰이나 어떤 다른 에너지 손실의 원인이 항상 존재한다. 에너지 손실이 있게 되면 진동의 진폭은 시간이 지남에 따라 감소하게 된다. 그러면 진동은 더 이상 단조화 운동이 아니다. 대신에 '감쇠' 라고 하는 진폭의 감소가 있는 진동을 **감쇠 조화 운동**(damped harmonic motion)이라 한다.

폭넓게 이용되는 감쇠 진동의 응용은 자동차의 현가(버팀) 장치이다. 그림 10.19(a)는 자동차의 주요한 버팀 용수철에 달린 충격 흡수 장치를 보여준다. 충격 흡수 장치는 감쇠력을 도입하여 설계되었고 울퉁불퉁한 길을 달릴 때 생기는 덜컹거림을 줄여준다. 그림 (b)와 같이 충격 흡수 장치는 오일이 가득 들어 있는 피스톤으로 되어있다. 피스톤이 울퉁불퉁한 길을 가면서 움직일 때 피스톤 헤드 부분의 구멍을 통해 오일이 지나가므로 피스톤이 움직일 수 있게 해준다. 움직이는 동안 발생하는 점성력이 감쇠의 원인이 된다.

충격 흡수 장치의 물리

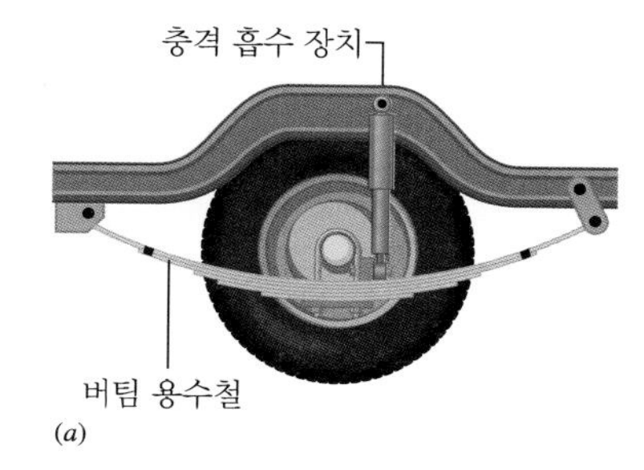

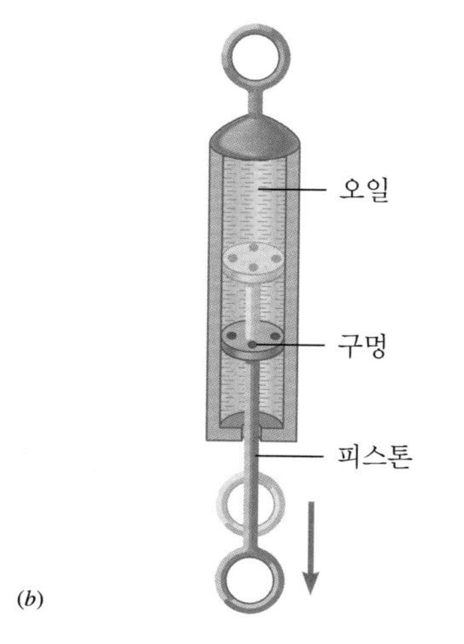

그림 10.19 (a) 충격 흡수 장치는 자동차의 버팀 장치 내에 설치된다. (b) 충격 흡수 장치의 내부 단면 모습

그림 10.20은 감쇠의 몇 가지 형태를 나타내고 있다. 자동차의 버팀 장치의 예에 적용된 것처럼 이 그래프들은 시간 $t_0 = 0\,\text{s}$에서 차체를 A_0만큼 위로 들어 올린 다음 놓았을 때 차체의 수직 위치의 변화를 보여주고 있다. 그림 (a)는 곡선 1(빨간색)부분의 비감쇠 즉 단조화 운동과 곡선 2(초록색)로 나타낸 약간의 감쇠 운동을 비교하고 있다. 감쇠 조화 운동에서 차체는 진폭이 감소되면서 진동하고 결국에는 정지하게 된다. 감쇠의 정도가 곡선 2에서 곡선 3(노란색)까지 증가함에 따라 자동차는 몇 번 진동하다가 정지한다. 그림 (b)는 감쇠의 정도가 더욱 더 증가함에 따라 자동차가 놓여진 후 전혀 진동하지 않고 오히려 곡선 4에서처럼(파란색) 바로 평형 위치로 다시 돌아가는 것을 나타내고 있다. 완전하게 진동을 제거하는 감쇠의 가장 작은 정도를 '임계 감쇠' 라 하며 그 운동이 임계적으로 감쇠되었다고 한다.

그림 10.20(b)의 곡선 5(자주색)에는 자동차가 평형 위치로 돌아가는

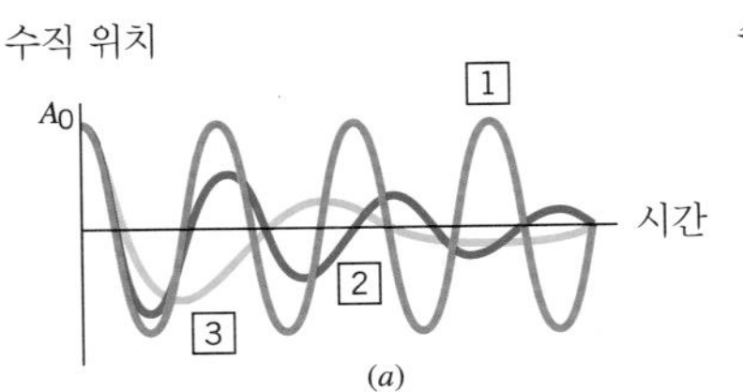

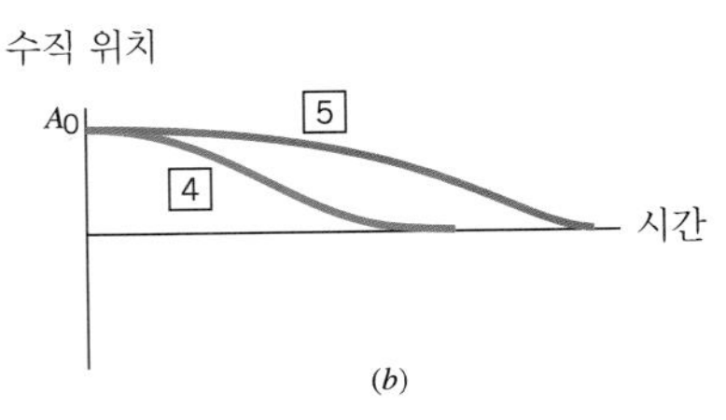

그림 10.20 감쇠 조화 진동. 감쇠의 정도는 곡선 1에서 5까지 증가한다. 곡선 1은 비감쇠 혹은 단조화 운동, 곡선 2와 3은 저감쇠 운동, 곡선 4는 임계 감쇠 조화 운동, 곡선 5는 과도 감쇠 운동을 나타낸다.

데 가장 오랜 시간이 걸림을 보여준다. 여기서 감쇠의 정도는 임계 감쇠에 대한 값 보다 크다. 감쇠가 임계값을 초과할 때 그 운동은 과도 감쇠라고 말한다. 그와 반면에 감쇠가 임계값보다 작을 때 그 운동은 저감쇠(곡선 2, 3)되었다고 말한다. 전형적인 자동차의 충격 흡수 장치는 곡선 3에서와 같이 어느 정도 저감쇠 운동을 하도록 설계되었다.

10.6 강제 조화 운동과 공명

감쇠 조화 운동에서 마찰과 같은 소모력은 진동계의 에너지를 소모하거나 감소시켜서 운동의 진폭이 시간이 지남에 따라 감소하게 한다. 이 절에서는 진동하는 계에 에너지가 계속 더해질 때 진폭이 계속 증가하는 효과를 다루고자 한다.

이상적인 용수철에 매달린 물체가 단조화 운동이 되도록 하기 위해 어떤 요인이 처음에 용수철을 늘이거나 줄이는 힘을 작용해야한다. 이 힘은 단순히 처음 순간만 아니라 항상 작용한다고 가정하자. 예를 들면 그 힘은 사람이 단순히 물체를 앞뒤로 밀거나 당기도록 하는 것이다. 그러한 운동은 부가적인 힘의 대부분이 물체의 행동을 강제하거나 조절할 수 있기 때문에 **강제 조화 운동**(driven harmonic motion)이라고 한다. 이러한 부가적인 힘을 **강제력**(driving force)이라 한다.

그림 10.21은 강제 조화 운동의 한 가지 중요한 예를 나타내고 있다. 여기에서 강제력은 용수철계와 같은 진동수를 갖고 있으며 항상 물체의 속도의 방향을 가리킨다. 용수철계의 진동수는 $f = (1/2\pi)\sqrt{k/m}$ 이고 용수철계는 자연스럽게 진동하기 때문에 고유 진동수라 한다. 강제력과 속도가 항상 같은 진동수를 가지기 때문에 항상 물체에 양의 일을 하고 그 계의 총 역학적 에너지는 증가한다. 결과적으로 진동의 진폭이 더 커지게 되고 만약 강제력에 의해 더해진 에너지를 줄이는 감쇠력이 없다면 끊임없이 증가할 것이다. 그림 10.21에 묘사된 그러한 상황을 **공명**(resonance)이라 한다.

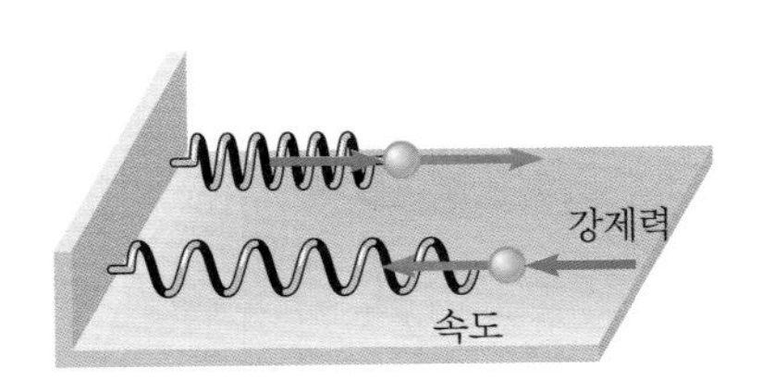

그림 10.21 공명은 강제력(파란색 화살)의 진동수가 물체의 고유 진동수와 일치할 때 발생한다. 빨간색 화살은 물체의 속도를 나타낸다.

(a)

(b)

그림 10.22 (a) 밀물과 (b) 썰물 때의 펀디만의 모습. 어떤 곳에서는 약 15 m까지 물의 수위가 변한다.

■ **공명**

공명은 시간에 따라 변하는 힘이 진동하는 물체에 많은 양의 에너지를 전달하여 큰 진폭의 운동을 일으키는 조건이다. 감쇠가 없는 경우 공명은 강제력의 진동수와 그 물체의 고유 진동수가 같을 때 일어난다.

강제력의 진동수의 역할은 매우 민감한 것으로 진동의 고유 진동수와 강제 진동수가 같아지면 아주 약한 힘조차도 진동 과정에서 미소한 진폭의 증가를 누적시키기 때문에 매우 큰 진폭의 진동을 일으킬 수 있게 한다.

공명은 진동 가능한 어떤 물체에서도 발생할 수 있고 용수철이 포함될 필요는 없다. 세계에서 가장 큰 밀물과 썰물은 캐나다 동부의 뉴 부룬스위크와 노바스코티아 사이에 있는 펀디만에서 발생한다. 밀물 때와 썰물 때의 수위의 엄청난 차이가 그림 10.22에 나타나 있듯이 어떤 곳에서는 약 15 m의 차이가 난다. 이런 현상은 부분적으로는 공명에 의한 것이다. 만으로부터 조수가 흘러들어 썰물이 되는데 걸리는 시간 혹은 주기는 만의 크기, 바닥의 지형과 해안선의 윤곽에 의존한다. 펀디만에서 썰물과 밀물은 달의 조수 주기인 12.42 시간과 거의 같은 12.5 시간이 걸린다. 그때 조수 현상은 만의 고유 진동수(12.5 시간당 한 번)와 거의 일치하는 진동수(12.42 시간당 한 번)로 물이 펀디만으로 들어왔다 나가게 한다. 그때 썰물이 그 만에서 가장 높을 때이다(욕조에서 물결을 만들어 놓고 그 물결과 같은 주기로 물을 앞뒤로 밀면 밀물과 썰물 비슷한 효과를 얻을 수 있다).

펀디만에서 밀물 때의 물리

10.7 탄성 변형

인장, 압축, 영률

용수철은 수축시키고 인장시키는 힘이 제거될 때 원래 형태로 돌아간다

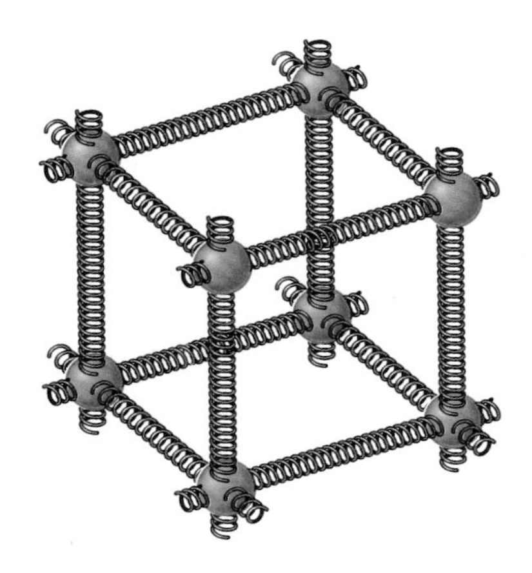

그림 10.23 원자들 사이의 힘들이 용수철처럼 행동한다. 원자는 빨간색 공으로 표시되었다. 잘 보이게 하기 위해 어떤 원자들 사이의 용수철은 생략되었다.

는 것을 알고 있다. 실제 모든 물질은 수축되거나 늘어날 때 어떤 방식으로든 변형된다. 고무와 같은 것들은 수축이나 인장의 원인이 제거될 때 원래 형태로 돌아간다. 그러한 물질을 '탄성'이 있다고 한다. 원자의 관점에서 본다면 탄성의 원인은 원자들이 서로에게 작용하는 힘 때문이다. 그림 10.23에서는 이러한 힘들을 용수철을 이용하여 상징적으로 나타내었다. 변형의 원인이 되는 힘이 제거 될 때 물질이 원래의 형태로 돌아가려고 하는 경향은 이러한 원자 크기의 '용수철' 때문이다.

고체의 원자들이 움직이지 못하게 붙들어 매는 원자 간 힘은 아주 강해서 고체를 늘이기 위해서는 매우 큰 힘이 작용되어야한다. 실험에 의하면 늘어난 길이가 물체의 원래의 길이에 비해 작다면 늘이는데 드는 힘의 크기는 다음과 같은 식으로 나타낼 수 있음이 확인되었다.

$$F = Y\left(\frac{\Delta L}{L_0}\right)A \qquad (10.17)$$

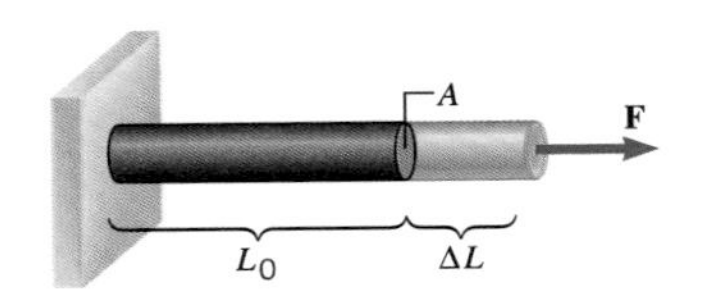

그림 10.24 이 그림에서 **F**는 잡아당기는 힘을, A는 단면적, L_0는 막대의 원래 길이, ΔL은 늘어난 양을 나타낸다.

그림 10.24에서 보듯이 F는 끝의 표면에 수직인 방향으로 작용하는 인장력의 크기를 나타내고 A는 막대의 단면적, ΔL은 늘어난 길이 그리고 L_0는 원래 길이이다. 기호 Y는 토마스 영(1773-1829)의 이름을 기려 **영률**(Young' s modulus)이라고 불리는 비례 상수이다. 식 10.17을 Y에 대해 풀면 영률은 단위 넓이당 힘(N/m^2)의 단위를 가진다. 식 10.17에서 힘의 크기는 절대 증가 ΔL보다 오히려 길이 증가율 $\Delta L/L_0$에 비례함을 유의해야 한다. 힘의 크기는 또한 단면적 A에도 비례한다. 단면은 원형뿐만 아니라, 임의의 어떤 형태(예를 들면 직사각형)를 가질 수 있다.

외과용 보철의 물리

표 10.1 고체의 영률

물질	영률 Y (N/m^2)
알루미늄	6.9×10^{10}
뼈	
압축	9.4×10^{9}
팽창	1.6×10^{10}
황동	9.0×10^{10}
벽돌	1.4×10^{10}
구리	1.1×10^{11}
모헤어	2.9×10^{9}
나일론	3.7×10^{9}
내열유리(파이렉스)	6.2×10^{10}
강철	2.0×10^{11}
테플론	3.7×10^{8}
티타늄	1.2×10^{11}
텅스텐	3.6×10^{11}

표 10.1은 영률의 값이 물질의 종류에 따라 다름을 나타낸다. 예를 들어, 금속의 영률은 뼈의 영률보다 훨씬 크다. 식 10.17은 주어진 힘에 대하여 Y의 값이 크면 클수록 길이가 잘 늘어나지 않음을 의미한다. 인공 엉덩이 관절 같은 외과에서 사용하는 보철 물질은 주로 스테인리스 강철이나 티타늄 합금 등으로 만드는데 영률의 차이에 의한 길이 변화의 차이가 인공 기관과 접촉하고 있는 뼈에 만성적인 악화를 일으킬 수 있다.

뼈 구조의 물리

그림 10.24에서와 같이 가해져서 늘어남의 원인이 되는 힘은 줄 내의 장력과 같이 물질 내의 장력을 만들 수 있기 때문에 '인장력'이라 한다. 식 10.17은 또한 힘이 길이 방향을 따라 물질을 압축시킬 때도 적용된다. 압축의 경우 힘은 그림 10.24에서 보여준 것과는 반대 방향에서 작용되며, ΔL은 원래 길이 L_0가 줄어든 양을 나타낸다. 예를 들면 표 10.1에 의하면 뼈의 경우 압축과 팽창에 대해 영률값이 다르다. 그러한 차이는 물질의 구조와 관련된다. 콜라겐 섬유 조직(단백질로 된 물질)으로 구성된 뼈의 고체 성분은 수산화인회석(미네랄 성분) 속에 분포되어 있다. 콜라겐은 콘크리트 내의 금속 막대처럼 행동하고 압축에 대한 Y값 보다 팽창에 대한 Y의 값을 증가시킨다.

대부분 고체는 아주 큰 영률을 가진다. 다음의 예제 10.8를 보면 고체의 길이를 아주 조금 늘이는 데도 매우 큰 힘이 필요함을 알 수 있다.

예제 10.8 | 뼈 압축

서커스에서 한 명의 단원이 많은 동료들을 합한 무게(1640 N)를 지탱한다(그림 10.25). 이 단원의 넓적다리 뼈(대퇴골)는 각각의 길이가 0.55 m이고 유효 단면적이 $7.7 \times 10^{-4}\ m^2$이다. 각 넓적다리 뼈가 다른 동료의 무게에 의해 압축되는 양을 구하라.

살펴보기 각 넓적다리 뼈에 의해 지탱되는 추가 무게는 $F = \frac{1}{2}(1640\ N) = 820\ N$이다. 표 10.1에 의하면 뼈 압축에 대한 영률은 $9.4 \times 10^9\ N/m^2$이다. 넓적다리 뼈의 길이와 단면적이 또한 알려져 있기 때문에 추가되는 무게가 넓적다리 뼈를 압축하는 양을 계산하기 위하여 식 10.17을 사용하면 된다.

풀이 각 넓적다리 뼈의 압축량 ΔL은

$$\Delta L = \frac{FL_0}{YA} = \frac{(820\ N)(0.55\ m)}{(9.4 \times 10^9\ N/m^2)(7.7 \times 10^{-4}\ m^2)}$$

$$= \boxed{6.2 \times 10^{-5}\ m}$$

이다. 이것은 매우 작은 변화이다. 감소율은 $\Delta L/L_0 = 0.00011$이다.

그림 10.25 균형을 유지한 단원 전체의 무게는 등을 대고 누워있는 한 단원의 다리에 의해 지탱된다.

층밀리기 변형과 층밀리기 탄성률

고체를 늘이거나 압축시키지 않고 다른 방법으로 변형시키는 것은 가능하다. 예를 들면 거친 책상 위에 책을 두고 윗면을 그림 10.26(a)처럼 밀어보라. 윗면과 그 아래의 면들이 정지 상태의 바닥면에 비해서 이동됨을 관찰할 수 있다. 그러한 변형을 **층밀리기 변형**(shear deformation)이라 하며 그것은 책의 윗면에 손에 의해 작용한 힘 **F**와 책의 바닥면에 책상에 의해 작용된 힘 **−F**의 조합된 효과 때문이다. 힘들의 방향은 책의 표지에 평행하다. 책의 표지는 그림의 (b)에서 보듯이 넓이가 A이다. 이 두 힘은 같은 크기를 갖지만 방향은 반대이므로 책은 평형 상태에 놓이게 된다.

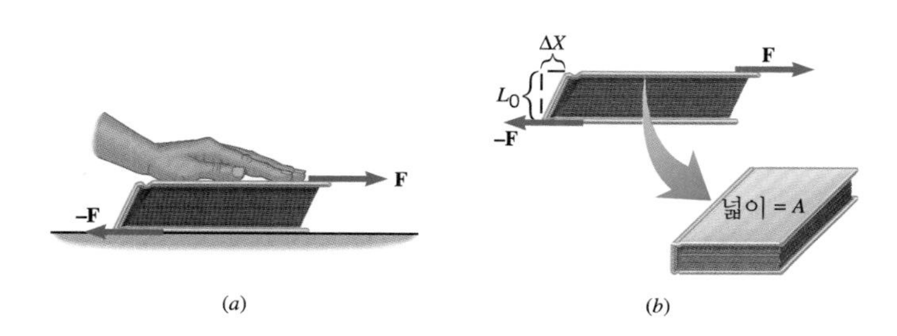

그림 10.26 (a) 층밀리기 변형의 예. 층밀리기힘 **F**와 **−F**가 책의 윗면과 바닥면에 평행하게 작용한다. 일반적으로 층밀리기힘은 고체 물체를 변형시키는 원인이 된다. (b) 층밀리기 변형은 ΔX이다. 각 표지의 넓이는 A이고, 책의 두께는 L_0이다.

표 10.2 고체 물질의 층밀리기 탄성률의 값

물질	층밀리기 탄성률 $S\,(N/m^2)$
알루미늄	2.4×10^{10}
뼈	1.2×10^{10}
황동	3.5×10^{10}
구리	4.2×10^{10}
납	5.4×10^{9}
니켈	7.3×10^{10}
강철	8.1×10^{10}
텅스텐	1.5×10^{11}

식 10.18은 두께 L_0인 물체에 대해 층밀리기 ΔX의 양을 만드는데 필요한 힘 F를 나타낸다. 즉

$$F = S\left(\frac{\Delta X}{L_0}\right)A \qquad (10.18)$$

이다. 이 식은 식 10.17과 매우 유사하다. 비례 상수 S를 **층밀리기 탄성률**(shear modulus)이라 한다. 영률과 같이 단위 넓이당 힘(N/m^2)의 단위를 가진다. S의 값은 물질의 종류에 따라 다르며 표 10.2에 대표적인 몇 개의 값들이 나열 되어 있다. 예제 10.9는 디저트로 많이 사용되는 젤오(젤리의 일종)의 층밀리기 탄성률을 구하는 방법을 설명하고 있다.

예제 10.9 | 젤오(JELL-O)

한 덩어리의 젤오가 접시 위에 놓여있다. 그림 10.27(a)에 젤오의 크기가 표시되어 있다. 저녁 식사를 위해 지루하게 애태우며 기다리다 젤오를 보자마자 손가락을 대었다. 그때 민 힘의 크기는 그림 (b)처럼 $F = 0.45\,N$이고 방향은 표면의 윗면을 따라 접선 방향이다. 윗면이 바닥면에 대해 $\Delta X = 6.0 \times 10^{-3}\,m$ 만큼 밀린다. 젤오의 층밀리기 탄성률을 측정하기 위하여 이러한 하찮은 손짓을 사용할 수 있다.

살펴보기 손가락은 젤오 덩어리의 윗면에 평행한 힘을 작용한다. 윗면이 바닥면에 비해 거리 ΔX만큼 이동하기 때문에 덩어리의 모양이 변한다. 모양에 있어 이러한 변화를 만드는데 요구되는 힘의 크기는 식 10.18에 의해 $F = S(\Delta X/L_0)A$로 주어진다. 이 식에서 S를 제외한 모든 변수들의 값을 알고 있으므로 S를 구할 수 있다.

풀이 층밀리기 탄성률을 구하기 위해 식 10.18을 풀면 $S = FL_0/(A\Delta X)$이다. 여기서 $A = (0.070\,m)(0.0700\,m)$는 윗면의 넓이, $L_0 = 0.030\,m$는 덩어리의 두께이다. 따라서

$$S = \frac{FL_0}{A\,\Delta X} = \frac{(0.45\,N)(0.030\,m)}{(0.070\,m)(0.070\,m)(6.0 \times 10^{-3}\,m)} = \boxed{460\,N/m^2}$$

이다. 젤오는 쉽게 변형되므로 층밀리기 탄성률은 강철과 같은 강체보다도 훨씬 작다.

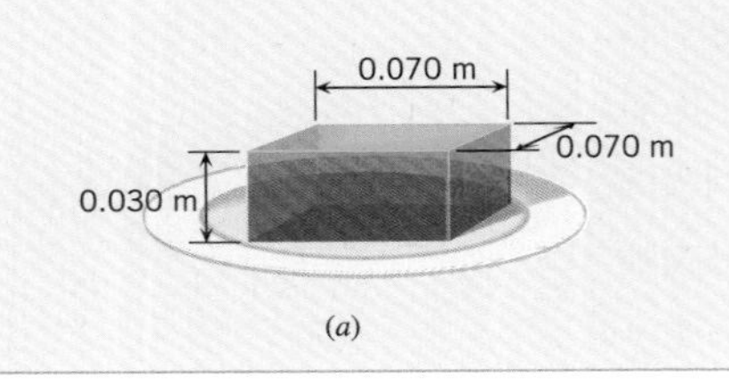

(a)

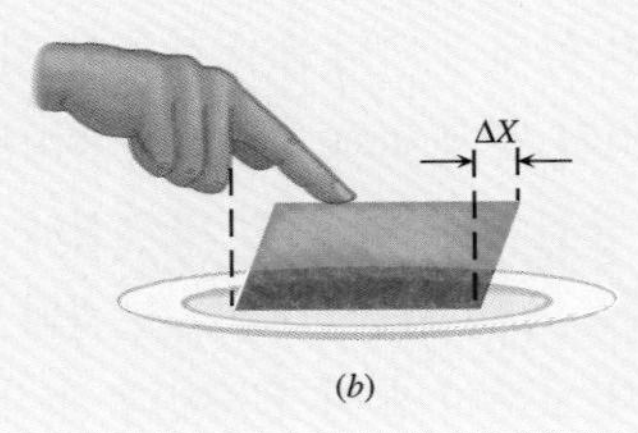

(b)

그림 10.27 (a) 젤오 덩어리 (b) 젤오에 작용하는 층밀리기힘

식 10.17과 10.18은 대수적으로 유사하지만 다른 종류의 변형으로 언급된다. 그림 10.24에서 인장력은 넓이 A의 표면에 수직하지만 그림 10.26에서 층밀리기힘은 표면에 평행하다. 더욱이 식 10.17에서 비율 $\Delta L/L_0$은 식 10.18에서의 비율 $\Delta X/L_0$와 다르다. 거리 ΔL과 L_0는 평행하지만 ΔX와 L_0은 서로 수직 방향이다. 영률은 인장력 혹은 압축력의 결과로써 고체물질의 일차원적인 길이 변화와 관련이 있다. 층밀리기 탄성률은 층밀리기힘의 결과로써 고체 물질의 모양 변화와 관련이 있다.

부피 변형과 부피 탄성률

압축력이 어떤 고체의 한 변을 따라 작용할 때 그 변의 길이는 감소한다. 또한 압축력을 가하면 모든 변(길이, 폭, 깊이)의 크기가 감소되어 그림 10.28처럼 부피의 감소가 생기게 할 수 있다. 이러한 종류의 전체적인 압축은, 예를 들어 물체가 액체 속으로 스며들어갈 때 발생하고 액체는 물체 내의 모든 곳을 누른다. 그러한 경우에 작용하는 힘은 모든 표면에 수직으로 작용한다. 그래서 일일이 어떤 한 힘의 양보다는 단위 넓이당 작용하는 수직 방향 힘에 대해 말하는 게 더 편리하다. 단위 넓이당 작용하는 수직 방향 힘의 크기를 **압력**(pressure) P라 한다.

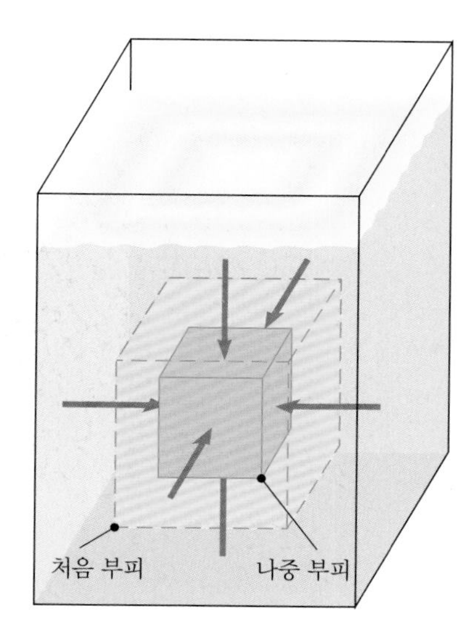

그림 10.28 화살표는 액체 속에 있는 물체의 표면에 수직하게 미는 힘을 나타낸다. 단위 넓이당 힘은 압력이다. 압력이 증가할 때 물체의 부피는 감소한다.

■ **압력**

압력 P는 표면에 수직으로 작용하는 힘의 크기 F를 힘이 작용하는 곳의 넓이 A로 나눈 것이다.

$$P = \frac{F}{A} \tag{10.19}$$

압력의 SI 단위: 뉴턴(N)/제곱미터(m^2) = 파스칼(Pa)

식 10.19에서 압력에 대한 SI 단위는 힘의 단위를 넓이의 단위로 나눈 것(N/m^2)임을 알 수 있다. 압력의 단위는 종종 프랑스 과학자 파스칼(1623-1662)의 이름을 붙여 파스칼(Pa)이라 한다.

물체에 작용하는 압력이 ΔP 만큼 변한다고 가정하자. 여기서 보통 델타 기호 붙은 ΔP는 나중 압력 P와 처음 압력 P_0의 차, 즉 $\Delta P = P - P_0$를 나타낸다. 압력의 변화 때문에 물체의 부피는 $\Delta V = V - V_0$ 만큼 변한다. 여기서 V와 V_0는 각각 나중과 처음 부피이다. 예를 들어 수영 선수가 물 속으로 깊게 잠수할 때 그러한 압력 변화가 생긴다. 실험에 의하면 ΔV만큼의 부피를 변화시키는데 필요한 압력 변화 ΔP는 부피 변화율 $\Delta V/V_0$에 비례하는 것으로 알려져 있다. 즉

$$\Delta P = -B\left(\frac{\Delta V}{V_0}\right) \tag{10.20}$$

이다. 이 식은 넓이는 A가 겉으로 나타나지 않는 것을 제외하면 식 10.17 및 식 10.18과 유사하다. 넓이는 이미 압력의 개념(단위 넓이당 힘)속에 포함되어 있다. 비례 상수 B를 **부피 탄성률**(bulk modulus)이라 한다. 음의 부호는 압력이 증가(ΔP가 양)하면 항상 부피가 감소(ΔV가 음)하기 때문에 붙여진 것이고 B는 양의 값으로 주어진다. 영률 및 층밀리기 탄성률과 같이 부피 탄성률은 단위 넓이당 힘(N/m^2)의 단위를 가지고 그 값은 물질의 종류에 따라 다르다. 표 10.3은 부피 탄성률의 대표적인 값들이다.

표 10.3 몇 가지 고체와 액체의 부피 탄성률

물질	부피 탄성률 B (N/m^2)
고체	
알루미늄	7.1×10^{10}
청동	6.7×10^{10}
구리	1.3×10^{11}
납	4.2×10^{10}
나일론	6.1×10^{9}
강화유리(파이렉스)	2.6×10^{10}
강철	1.4×10^{11}
액체	
에탄올	8.9×10^{8}
오일	1.7×10^{9}
물	2.2×10^{9}

10.8 변형력, 변형, 후크의 법칙

식 10.17, 10.18과 10.20은 탄성 변형을 일으키는데 필요한 힘의 크기를 설명한다. 이러한 식의 모양이 같은 모습을 강조하기 위해 표 10.4에 그 식들을 모아서 나타냈다. 각 식의 왼쪽 항은 탄성 변형을 일으키는데 필요한 단위 넓이당 힘의 크기이다. 일반적으로 힘의 크기와 받는 넓이의 비율을 변형력(응력)이라 한다. 각 식의 오른쪽 항은 변화된 양(ΔL, ΔX 혹은 ΔV)을 변화가 비교되는 것에 관한 양(L_0 혹은 V_0)으로 나눈 것을 나타낸다. 항 $\Delta L/L_0$, $\Delta X/L_0$와 $\Delta V/V_0$는 차원이 없는 비율이고 각각은 작용한 변형력으로부터 생긴 변형을 나타낸다. 인장과 압축의 경우 변형은 길이의 변화율이지만 부피 변형에 있어서는 부피의 변화율이다. 층밀리기 변형에서의 변형은 물체 모양의 변화를 나타낸다. 실험에 의하면 이들 세 식은 영률, 층밀리기 탄성률과 부피 탄성률을 상수로 놓을 때 거의 모든 물질에 적용가능한 식으로 알려져 있다. 그러므로 변형력과 변형은 서로 비례한다. 지금은 **후크의 법칙**(Hooke's law)이라고 하는 이러한 관계는 로버트 후크(1635-1703)에 의해 최초로 발견되었다.

> ■ **변형력과 변형에 대한 후크의 법칙**
> 변형력은 변형에 비례한다.
> **변형력의 SI 단위**: 제곱 미터당 뉴턴 = 파스칼(Pa)
> **변형의 SI 단위**: 변형은 차원이 없는 양이다.

실제로 물질은 그림 10.29에서 보듯이 어느 한계까지만 후크의 법칙을 따른다. 변형력이 변형에 비례하는 동안만 변형 대 변형력의 그림은 직선이다. 물질이 직선성으로부터 벗어나기 시작하는 그래프상의 점을 비례 한계라 한다. 비례 한계를 넘어서면 변형력과 변형은 더 이상 비례 관계가 아니다. 그러나 변형력이 만약 그 물질의 탄성 한계를 벗어나지 않는다면 변형력이 제거될 때 그 물체는 원래의 크기와 모양으로 돌아갈

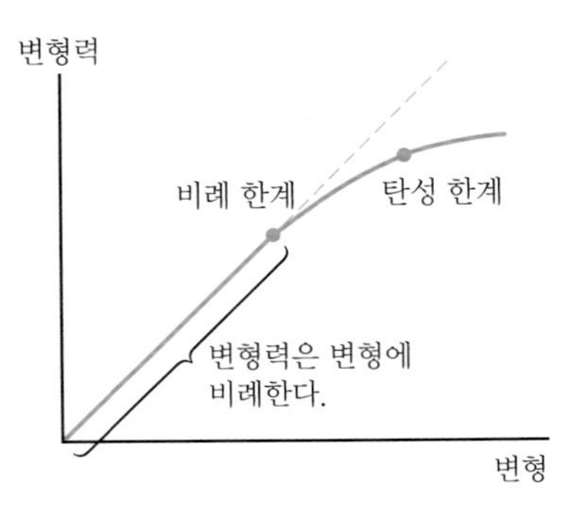

그림 10.29 후크의 법칙(변형력은 변형에 비례한다)은 물질의 비례 한계까지만 유효하다. 이 한계를 넘어서면 후크의 법칙은 더 이상 성립되지 않는다. 탄성 한계를 넘어서면 변형력이 제거 되었을 때 조차도 물질은 변형된 채로 남아있게 된다.

표 10.4 탄성에 대한 변형력과 변형의 관계

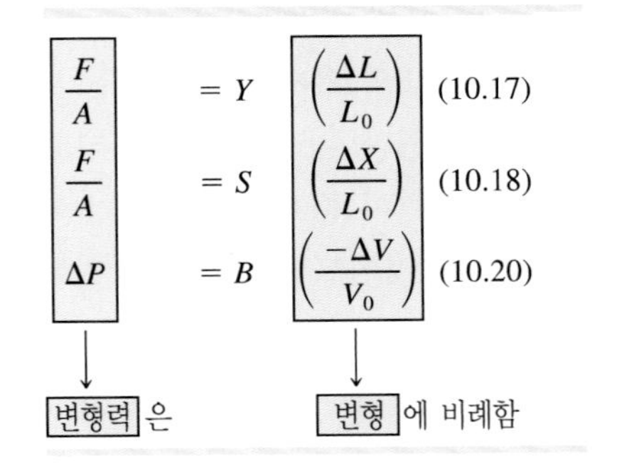

$$\frac{F}{A} = Y\left(\frac{\Delta L}{L_0}\right) \quad (10.17)$$

$$\frac{F}{A} = S\left(\frac{\Delta X}{L_0}\right) \quad (10.18)$$

$$\Delta P = B\left(\frac{-\Delta V}{V_0}\right) \quad (10.20)$$

변형력 은 ... 변형 에 비례함

것이다. 그 탄성 한계는 그 한계를 넘어서면 변형력이 제거 되었을 때 물체가 더 이상 원래의 크기와 모양대로 돌아가지 않는 점이다. 즉 그 물체는 영원히 변형된다.

연습 문제

다른 지시가 없을 경우 영률 Y, 층밀리기 탄성률 S, 부피 탄성률 B는 표 10.1, 10.2, 10.3의 값을 사용하라.

10.1 이상적인 용수철과 단조화 운동

1(3) 용수철 상수가 248 N/m인 용수철이 있다. (a) 변형 전 길이로부터 3.00×10^{-2} m로 용수철을 늘이는데 (b) 같은 길이 만큼 용수철을 압축하는데 필요한 힘을 구하라.

2(5) 자동차가 용수철에 연결된 92 kg의 트레일러를 끌고 있다. 용수철 상수는 2300 N/m이다. 자동차가 0.30 m/s^{2}의 가속도로 가속하면 용수철은 얼마만큼 늘어나겠는가?

* **3(11)** 0.750 초 동안 7.00kg인 블록이 마찰 없는 수평면 위에서 정지 상태로부터 4.00 m 당겨진다. 블록은, 붙어있는 수평 방향의 용수철에 의해 당겨지며 그 가속도는 일정하다. 용수철 상수는 415 N/m이다. 당겨지는 동안 용수철은 얼마만큼 늘어나는가?

** **4(13)** 15.0 kg의 블록이 수평 탁자 위에 놓여있고 질량을 무시할만한 수평 용수철의 한쪽 끝에 붙어있다. 용수철의 다른쪽 끝을 수평으로 당김으로써 블록을 일정하게 가속시켜 0.500 초 동안에 5.00 m/s의 속력에 도달한다. 그 과정에서 용수철이 0.200 m 늘어난다. 그런 다음 블록이 일정한 속력 5.00 m/s로 당겨진다. 그 시간 동안 용수철이 단지 0.0500 m 늘어난다. (a) 용수철의 용수철 상수와 (b) 블록과 탁자 사이의 운동 마찰 계수를 구하라.

10.2 단조화 운동과 기준원

5(15) 자동차의 버팀 장치 내의 충격 흡수 장치가 차축에 부착된 용수철의 작동에 어떠한 효과도 나타나지 않는 나쁜 상태에 있다. 앞 축에 부착된 같은 용수철의 각각은 320 kg을 지탱한다. 어떤 사람이 차의 앞쪽 끝 중간을 아래로 누르면 차가 3.0 초에 5 번 진동한다고 한다. 용수철 상수를 구하라.

* **6(19)** 질량이 같은 두 물체가 두 개의 다른 수직 용수철에 매달려 단조화 운동으로 위아래로 진동하고 있다. 용수철 1의 용수철 상수는 174 N/m이다. 용수철 1에 달린 물체의 운동은 용수철 2에 달린 물체의 운동에 비해 2 배의 진폭을 가진다. 최대 속도의 크기는 두 경우 모두 같다. 용수철 2의 용수철 상수를 구하라.

** **7(23)** 쟁반이 $f = 2.00$ Hz 진동수의 단조화 운동으로 수평하게 앞뒤로 움직인다. 이 쟁반 위에 빈 컵이 있다. 쟁반과 컵 사이에 정지 마찰 계수를 구하라. 컵은 운동의 진폭이 5.00×10^{-2} m일 때 미끄러지기 시작한다.

10.3 에너지와 단조화 운동

8(27) 천정에 달린 용수철 끝에 0.450 kg인 블록이 매여져 있다. 정지 상태에서 놓을 때 벽돌이 순간적으로 정지할 때까지 0.150 m 떨어졌다. (a) 용수철의 용수철 상수는 얼마인가? (b) 진동하는 벽돌의 각진동수를 구하라.

9(29) 1.00×10^{-2} kg 인 블록이 수평한 마찰이 없는 표면에 정지해 있고 용수철 상수 124 N/m인 수평용수철에 매달려 있다. 처음에 용수철이 변형되지 않은 상태에서 블록이 용수철을 8.00 m/s의 처음 속력으로 축에 평행하게 민다. 그 결과 나타나는 단조화 운동의 진폭은 얼마인가?

* **10(33)** 질량이 1.1 kg인 물체가 용수철 상수가 120 N/m인 수직 용수철에 매달려있다. (a) 용수철이 변형되기 전으로부터 늘어난 양은 얼마인가? (b) 물체가 0.20 m 만큼 아래로 당겨진 정지 상태로 부터 놓여질 때 물체가 위로 진행하면서 원래의 위치를 지날 때의 속력을 구하라.

** **11(37)** 질량이 70.0kg인 서커스 단원이 수평과 40.0°의

각을 이루는 대포로부터 발사된다. 대포의 구조는 새총이 돌멩이를 발사하는 것과 같은 방식으로 단원을 추진시킬 수 있는 강한 탄성 밴드를 사용한다. 이러한 묘기를 위해 밴드는 변형되기 전 길이로부터 3 m까지 늘어나는 것으로 장치한다. 단원이 밴드로부터 자유롭게 날아가는 위치에서 바닥으로부터 그의 높이는 그가 발사되어 안전망 속으로 들어가는 높이와 같다. 단원이 이 지점과 안전망 사이에서 26.8 m의 수평 거리를 가는 데는 2.14 초 걸린다. 마찰과 공기의 저항을 무시하고 발사 장치의 유효 용수철 상수를 구하라.

10.4 진자

12(39) 단진자의 주기가 2.0 초이면 진자의 길이는 얼마이어야 하는가?

* **13(43)** 진자 A는 길이가 d인 얇은 강체이고 균일한 막대로 만든 물리 진자이다. 이 막대의 한쪽 끝이 마찰이 없는 경첩에 의해 천정에 매달려 자유롭게 앞뒤로 진동 운동한다. 진자 B도 또한 길이가 d인 단진자이다. 작은 각의 진동에 대해 두 진자의 주기의 비율 T_A/T_B를 구하라.

** **14(45)** 속이 찬 구(반지름 = R)의 표면 위의 한 점이 천정의 선회축에 직접 매달려 있다. 구가 작은 진폭을 가지고 물리 진자처럼 앞뒤로 진동한다. 이러한 물리 진자와 같은 주기를 가지는 단진자의 길이는 얼마인가? 답을 R로 나타내 보라.

10.7 탄성 변형

10.8 변형력, 변형, 후크의 법칙

15(49) 그림에서처럼 두 개의 금속 대들보가 4 개의 리벳에 의해 함께 접합되어 있다. 각 리벳은 반지름이 5.0×10^{-3} m이고 최대 5.0×10^{8} Pa의 층밀리기 변형력을 받게 된다. 각 대들보에 작용되어질 수 있는 최대 장력 **T**는 얼마인가? 각 리벳이 전체 하중의 1/4을 유지한다고 가정하라.

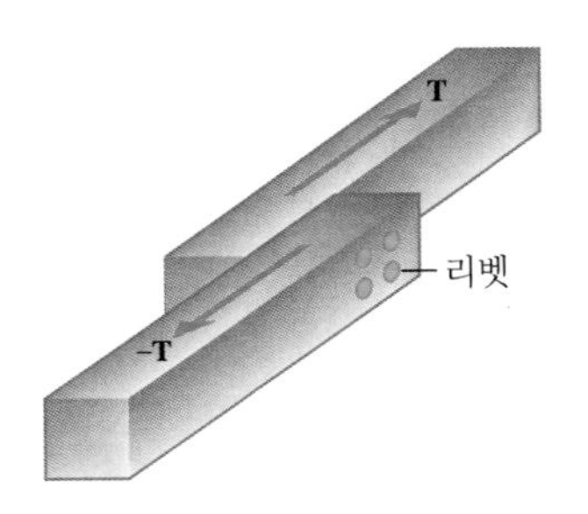

16(51) 바다의 표면으로부터 1 미터 깊이마다 압력이 1.0×10^{4} N/m^2 만큼 증가한다. 해수면에서 한 변의 길이가 1.0×10^{-2} m인 강화 유리 입방체의 부피가 1.0×10^{-10} m^{3}로 감소되려면 얼마의 깊이까지 내려가야 하는가?

17(53) 알루미늄 한 조각이 압력이 1.10×10^{5} Pa인 대기 중에 놓여 있다. 그 알루미늄을 진공실에 넣고 압력을 0으로 감소시킬 때 알루미늄의 부피 변화율 $\Delta V/V_0$을 구하라.

18(55) 굴착기의 삽은 압력 장치 속의 오일에 의해 움직이는 유압 실린더로 제어한다. 굴착기의 삽이 도랑을 팔 때 압력이 1.8×10^{5} Pa에서 6.5×10^{5} Pa로 증가한다면 오일에 의해 일어나는 부피 변형 $\Delta V/V_0$을 구하라(대수적인 부호도 포함하라). 오일의 부피 탄성률 값은 표 10.3을 참조하라.

* **19(57)** 그림에서 보듯이 3.0×10^{-3} m의 두께를 가진 금속 판 내에 반지름 1.00×10^{-2} m의 구멍을 내도록 형판이 설계되었다. 금속판에 구멍을 내기 위해서 형판은 3.5×10^{8} Pa의 층밀리기 변형력을 가해야한다. 얼마만한 힘 **F**가 형판에 작용되어야 하는가?

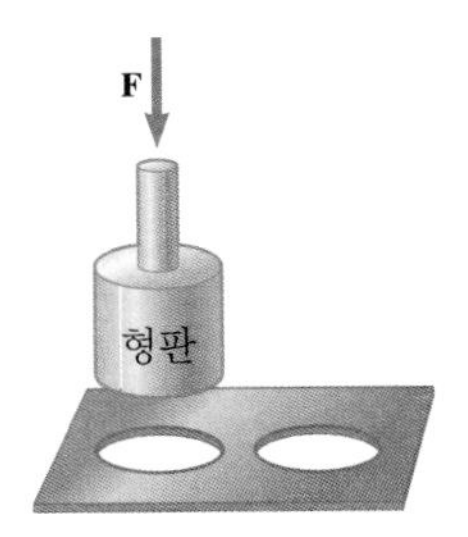

* **20(59)** 헬리콥터가 2100 kg의 지프를 들어 올린다. 강철로 된 지탱줄은 길이가 48 m이고 반지름이 5.0×10^{-3} m이다. (a) 줄이 공기 중에서 움직임이 없이 매달려 있을 때 늘어나는 양은 얼마인가? (b) 지프가 1.5 m/s^{2}의 가속도를 가지고 위로 상승할 때 줄은 얼마만큼 늘어나는가?

* **21(61)** 강철선 끝에 붙어있는 8.0 kg인 돌이 12 m/s의 일정한 접선 속력으로 원형으로 빙글빙글 돌고 있

다. 그 돌은 마찰이 없는 수평 탁자의 표면 위에서 움직이고 있다. 돌을 매고 있는 강철선의 반지름은 1.0×10^{-3} m이고 길이는 4.0 m이다. 그 강철선의 변형을 구하라.

* **22(63)** 질량이 1.0×10^{-3} kg인 거미가 영률이 4.5×10^{9} N/m^{2}이고 반지름이 13×10^{-6} m인 거미줄에 수직으로 매달려있다. 질량이 95 kg인 사람이 알루미늄선에 수직으로 매달려 있다고 가정하자. 거미의 거미줄에서와 같은 변형을 나타내는 알루미늄선의 반지름은 얼마인가? 이때 거미줄은 거미의 전체 무게에 의해 변형력이 가해진다.

** **23(65)** 속이 찬 황동구가 지구의 대기에 의해 1.0×10^{5} Pa의 압력을 받는다. 금성에서 대기에 의한 압력은 9.0×10^{6} Pa이다. 구가 금성의 대기에 노출되었을 때 얼마만한 비율 $\Delta r/r_0$로(대수적인 부호를 포함) 구의 반지름이 변하는가? 반지름의 변화가 처음 반지름에 비해 매우 작다고 가정하라.

Chapter 11 파동과 소리

11.1 파동의 성질

수면파는 모든 파동이 지니고 있는 두 가지 공통적인 특성을 가지고 있다.

1. 파동은 교란하면서 진행한다.
2. 파동은 한 곳에서 다른 곳으로 에너지를 전달한다.

그림 11.1에서는 모터보트가 진행하면서 생성된 파동이 호수를 가로질러 낚시꾼을 교란시킨다. 그러나 모터보트로부터 퍼져 나가는 물 전체의 흐름은 없다. 파동은 강물과 같은 물 전체의 흐름의 아니라, 호수의 표면 위를 진행하는 교란이다. 그림 11.1에서 파동 에너지의 일부분은 낚시꾼과 보트로 전달된다.

그림 11.1 모터보트가 진행하면서 생성된 파동이 호수를 가로질러 낚싯배를 교란시킨다.

파동의 두 가지 기본 형태인 횡파와 종파를 살펴보자. 길고 느슨한 코일 용수철 모양의 장난감인 슬링키(Slinky)를 사용하여 어떻게 종파가 발생하는지를 그림 11.2에서 설명하고 있다. 그림 11.2(a)처럼 슬링키의 한쪽 끝을 위와 아래로 움직이면, 위쪽 방향의 펄스가 오른쪽을 향해서 진행한다. 그림 11.2(b)처럼 끝이 아래와 위로 움직이면, 아래쪽으로 향하는 펄스가 생성되고, 역시 오른쪽으로 움직인다. 만일 끝이 단조화 운동처럼 계속해서 위와 아래로 움직이면 완전한 파동이 생성된다. 그림 11.2(c)와 같이, 파동은 위쪽과 아래쪽 부분을 교대로 반복하면서 오른쪽으로 진행하고, 이 과정에서 슬링키의 수직 위치를 교란시킨다. 교란을 주의 깊게 살펴보기 위하여, 빨간색 점을 11.2(c)의 슬링키 그림에 그려놓았다. 파동이 진행함에 따라서 점은 단조화 운동처럼 위와 아래로 움직인다. 점의

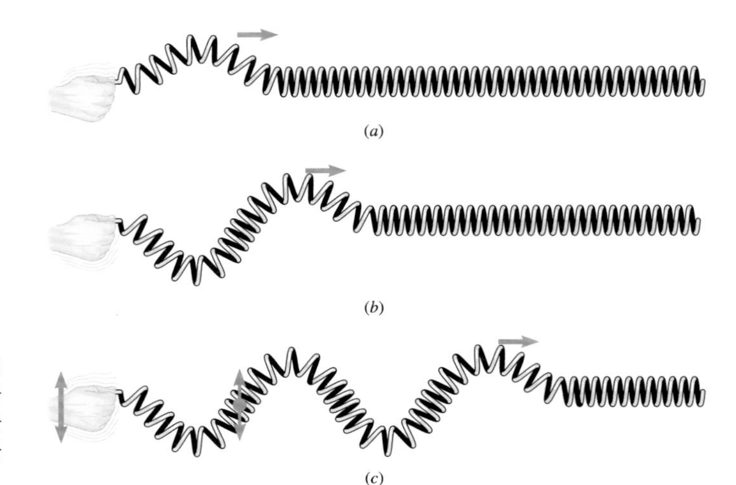

그림 11.2 (a) 오른쪽 방향으로 움직이는 위쪽 펄스, 뒤이어 생기는 (b) 아래쪽 펄스, (c) 슬링키의 끝이 위와 아래로 연속적으로 움직일 때 횡파가 발생한다.

운동은 파동의 진행 방향과 수직으로, 즉 횡적으로 일어난다. 그래서 횡파는 파동의 진행 방향에 수직인 방향으로 교란이 발생하는 파동이다. 라디오파, 빛, 마이크로파들이 횡파이다. 기타나 밴조같은 악기의 줄 위에서 진행하는 파동 역시 횡파이다.

종파도 역시 슬링키에서 생성될 수 있는데, 그림 11.3은 어떻게 종파가 발생하는지를 보여주고 있다. 슬링키의 한쪽 끝을 길이 방향으로(즉 종적으로) 밀고 원래 위치로 다시 당기면, 그림 11.3(a)처럼 용수철이 압축된 영역은 오른쪽으로 진행한다. 만일 끝을 뒤로 끌어당긴 다음 다시 앞으로 밀면, 그림 11.3(b)처럼 용수철이 늘어난 영역이 형성되고, 그 역시 오른쪽으로 움직인다. 만일 단조화 운동처럼 끝을 연속적으로 앞과 뒤로 움직이면 용수철 전체에 파동이 생성된다. 그림 11.3(c)에서 보듯이 파동은 교대로 진행되는 일련의 압축된 영역과 늘어난 영역으로 구성된다. 이 영역들은 오른쪽으로 진행하며, 두 영역 사이의 거리가 좁혀지고 넓어지고를 반복한다. 이러한 교란의 진동 특성을 잘 보이게 하기 위하여 빨간색 점을 슬링키에 표시하였다. 점은 파동이 움직이는 선을 따라서 단조

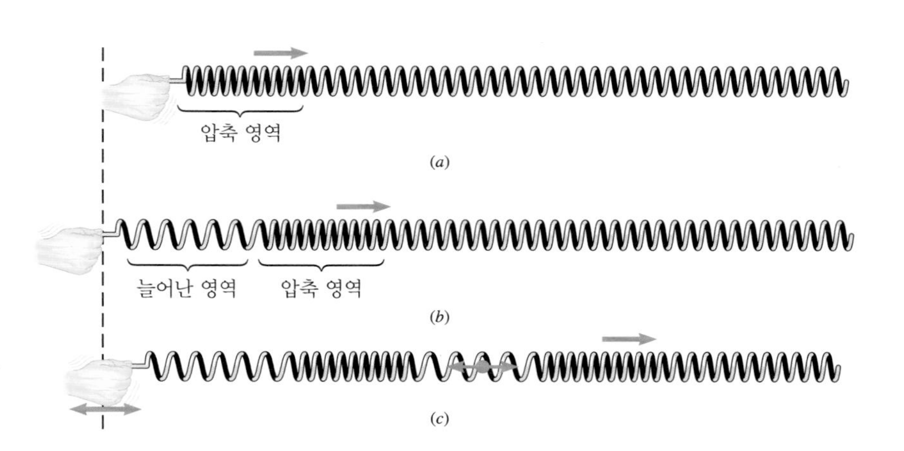

그림 11.3 (a) 오른쪽으로 움직이는 압축 영역, 뒤이어 생기는 (b) 늘어난 영역, (c) 슬링키의 끝이 연속적으로 앞과 뒤로 움직일 때, 종파가 발생한다.

화 운동처럼 앞과 뒤로 움직인다. 따라서 파동이 진행하는 방향과 평행하게 교란이 발생하는 파동이 종파이다.

횡파도 아니고 종파도 아닌 파동들이 있다. 예를 들면 수면파에서 물 입자의 운동은 엄밀히 파동이 진행하는 방향에 대해 수직도 아니고 수평도 아니다. 그 대신에 운동은 수직과 수평 성분들을 각각을 포함하고 있다. 왜냐하면 그림 11.4에 나타나 있듯이 표면에 있는 물 입자들은 거의 원형 궤도를 따라 움직이기 때문이다.

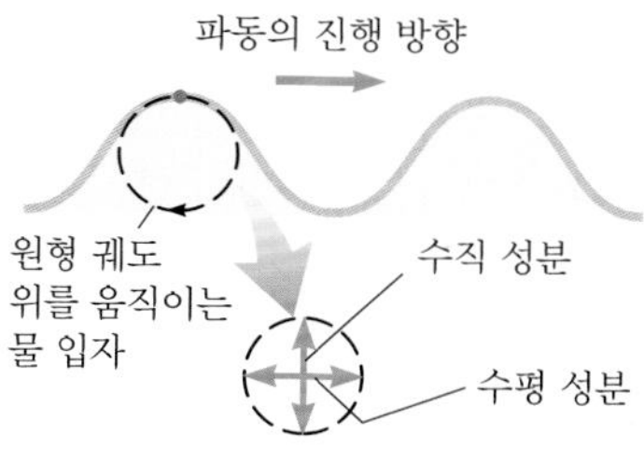

파동의 진행 방향

원형 궤도 위를 움직이는 물 입자

수직 성분

수평 성분

그림 11.4 표면에 있는 물 입자들은 파동이 왼쪽에서 오른쪽으로 움직일 때 거의 원형 궤도 위를 시계 방향으로 움직이기 때문에, 수면파는 횡파도 아니고 종파도 아니다.

11.2 주기적인 파동

우리가 논의한 횡파와 종파를 **주기적인 파동**(periodic waves)이라 부른다. 왜냐하면 파원에 의해 같은 모양이 반복해서 생기기 때문이다. 그림 11.2와 11.3에서 반복적인 패턴은 슬링키 왼쪽 끝의 단조화 운동의 결과로서 발생한다. 슬링키의 모든 부분은 단조화 운동처럼 진동한다. 10.1절과 10.2절에서 용수철에 매달린 물체의 단조화 운동을 논의했고, 사이클, 진폭, 주기 그리고 진동수를 도입했다. 이러한 용어들은 우리가 듣는 음파나 보는 광파와 같은 주기적인 파동을 기술하기 위하여 사용된다.

이러한 용어들을 잘 이해하기 위하여 그림 11.5에서 횡파를 그래프로 표현하였다. 그림 (a)와 (b)에서 색칠한 부분이 파동의 한 **사이클**(cycle)이다. 이러한 사이클이 이어져서 하나의 파동이 된다. 그림 11.5(a)에서 슬링키의 세로 위치는 세로축으로 그려져 있고, 슬링키의 길이에 해당하는 거리는 수평축으로 그려져 있다. 이러한 그래프는 파동을 어느 한 순간에 찍은 사진과 같고, 슬링키의 수평 길이 각 점에 있는 교란을 보여주고 있다. 이 그래프에서 보듯이 **진폭**(amplitude) A는 교란되지 않은 위치로부터 매질 입자의 최대 변위이다. 그러한 진폭은 파동의 모양에 있는 마루 혹은 가장 높은 점과 교란되지 않은 위치 사이의 거리이다. 또한 진폭은 파동의 모양에 있는 골 혹은 가장 낮은 점과 교란되지 않은 위치 사이의 거리이기도 하다. 그림 11.5(a)에 나타나 있듯이 **파장**(wavelength) λ는 파동의 한 사이클의 수평 거리이다. 파장은 역시 두 연속적인 마루들, 두 연

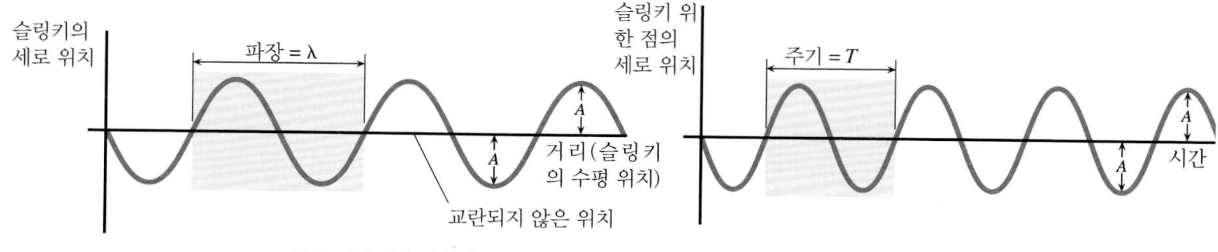

그림 11.5 파동의 한 사이클 부분을 색으로 표시하였다. 진폭은 A이다.

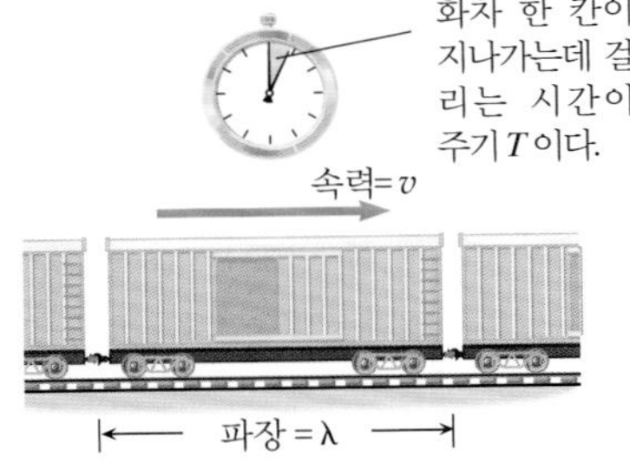

그림 11.6 일정한 속력 v로 움직이는 열차와 진행파는 비슷한 점이 있다.

속적인 골들 혹은 파동 위에 있는 두 연속적인 동등한 점들 사이의 거리이다.

그림 11.5(b)는 거리가 아니라 시간에 대한 그래프인데, 수평축이 시간을 나타낸다. 이 그래프는 슬링키 위의 한 점만을 관찰함으로써 얻어진다. 파동이 진행함에 따라 관측점은 단조화 운동처럼 위와 아래로 진동한다. 그래프에서 나타난 것처럼 **주기**(period) T는 용수철에 매달린 물체가 진동하는 것과 같이 완전하게 위와 아래로 한 사이클 동안 운동하는데 걸리는 시간이다. 이 주기는 파동이 한 파장의 거리를 움직이는데 걸리는 시간이기도 하다. 단조화 운동의 모든 경우에서와 같이, 주기 T는 **진동수**(frequency) f와 다음과 같은 관계가 있다.

$$f = \frac{1}{T} \tag{10.5}$$

주기는 보통 초로 측정되고, 진동수는 초당 사이클수(cycle/s) 혹은 헤르츠(Hz)로 측정된다. 예로써, 만일 파동의 한 사이클이 10분의 1 초로 관측된다면, 식 10.5가 나타내듯이 [$f = 1/(0.1\,\text{s}) = 10\,\text{cycles/s} = 10\,\text{Hz}$] 매 초당 10 사이클이 지나간다.

파동의 주기, 파장 그리고 속력 사이에 간단한 관계식이 존재하는데, 그림 11.6은 이 관계식을 이해하는데 도움이 된다. 화물 열차가 일정한 속력 v로 움직이는 동안, 철도 건널목에서 기다린다고 생각해 보자. 열차는 동일한 칸이 여러 개 연결되어 있으므로, 각각의 칸의 길이가 λ라 할 수 있고, 한 칸이 지나가는데 걸리는 시간이 T라면 기차의 속력은 $v = \lambda/T$가 된다. 이와 같은 식을 파동에 적용하면 파동의 속력은 파장 λ와 주기 T와 관련된다. 파동의 진동수는 $f = 1/T$이기 때문에, 속력에 대한 표현은

$$v = \frac{\lambda}{T} = f\lambda \tag{11.1}$$

이다. 방금 논의된 용어와 기본 관계식인 $f = 1/T$와 $v = f\lambda$는 횡파뿐만 아니라 종파에도 적용된다. 예제 11.1은 파원에 의해서 생성된 파동의 속력과 진동수로부터 파장이 어떻게 계산되는지를 설명하고 있다.

예제 11.1 라디오파의 파장

AM과 FM 라디오파는 전기와 자기의 교란으로 이루어지는 횡파이다. 이 파동은 3.00×10^8 m/s의 속력으로 진행한다. 방송국은 AM 라디오파의 진동수를 1230×10^3 Hz로, FM 라디오파의 진동수를 91.9×10^6 Hz로 방송한다. 각 파동의 인접한 마루 사이의 거리를 구하라.

살펴보기 인접한 마루 사이의 거리가 파장 λ이다. 각 파동의 속력은 $v = 3.00 \times 10^8$ m/s이고, 진동수는 알려져 있다. 파장을 계산하기 위하여 관계식 $v = f\lambda$을 사용하라.

풀이 AM $\lambda = \dfrac{v}{f} = \dfrac{3.00 \times 10^8\ \text{m/s}}{1230 \times 10^3\ \text{Hz}} = \boxed{244\ \text{m}}$

FM $\lambda = \dfrac{v}{f} = \dfrac{3.00 \times 10^8\ \text{m/s}}{91.9 \times 10^6\ \text{Hz}} = \boxed{3.26\ \text{m}}$

AM 라디오파의 파장은 미식축구 경기장의 길이 보다 2.5 배 더 긴 것에 주목하라.

문제 풀이 도움말
식 $v = f\lambda$는 모든 종류의 주기적인 파동에 적용된다.

11.3 줄 위의 파동의 속력

파동이 진행하는 물질(즉 매질)*의 특성은 파동의 속력을 결정한다. 예로써, 그림 11.7은 줄 위에 있는 횡파를 나타내고 있으며, 강조하기 위하여 줄 위의 입자를 4 개의 빨간색 점으로 표시하였다. 파가 오른쪽으로 움직임에 따라 각 입자들은 번갈아 교란되지 않은 위치로부터 변위한다. 이 그림에서 입자 1과 입자 2는 이미 위쪽으로 이동하였고, 반면에 입자 3과 입자 4는 아직 파동의 영향을 받지 않았다. 줄의 왼쪽 부분(입자 2)이 입자 3을 위쪽으로 끌어올리기 때문에 입자 3은 다음 차례에 움직일 것이다.

파동이 오른쪽으로 움직이는 속력은 인접한 이웃 입자들에 의해 가해지는 알짜 끄는 힘에 따라서 줄 위의 입자가 얼마나 빨리 위쪽으로 가속되느냐에 의존한다는 것을 그림 11.7로부터 알 수 있다. 뉴턴의 제2법칙에 따라, 알짜 힘이 강하면 강할수록 가속도가 커지고, 따라서 파동은 빨리 움직인다. 이웃 입자들을 끌어당기는 입자의 능력은 줄이 얼마나 팽팽하게 되어 있는가의 척도인 장력에 의존한다. 다른 요소들이 일정할 경우, 장력이 커질수록 입자 사이에 작용하는 끌어당김 힘이 커져서, 파동은 더 빨리 진행한다. 장력과 더불어 파의 속력에 영향을 주는 두 번째 요소가 있다. 뉴턴의 제2법칙에 따라, 그림 11.7에 있는 입자 3의 관성 혹은 질량은 입자 2를 위쪽으로 끌어당김에 얼마나 빨리 반응하느냐에 영향을 미친다. 주어진 끌어당기는 알짜 힘에 대해서, 작은 질량은 큰 질량에 비해 큰 가속도를 갖는다. 그러므로 다른 모든 요소들이 동일할 경우, 작은 입자 질량을 갖는 줄, 혹은 단위 길이당 작은 질량을 갖는 줄 위에서 파동은 더 빨리 진행한다. 단위 길이당 질량을 줄의 선밀도라고 부른다. 선밀도는 줄의 질량 m을 줄의 길이 L로 나눈 것으로서 m/L이다. 장력 F와 단위 길이당 질량의 효과는 줄에서 작은 진폭을 갖는 파동의 속력 v에 대한 식

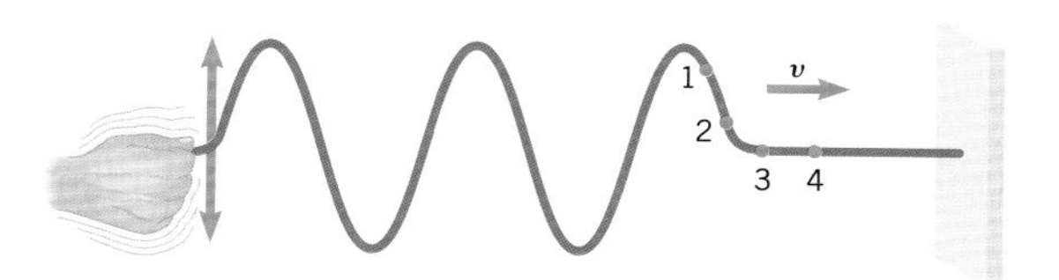

그림 11.7 횡파가 속력 v로 오른쪽으로 움직임에 따라, 각 줄 입자의 각 부분은 원래의 위치에 대해 위아래로 번갈아 이동한다.

* 전자기파(13장에 나옴)는 매질없이 진공 속에서도 전파될 수 있다.

$$v = \sqrt{\frac{F}{m/L}} \tag{11.2}$$

에 분명히 나타나 있다. 기타, 바이올린, 피아노 같은 악기를 연주하는데 줄에서의 횡파의 운동은 중요하다. 이들 악기는 횡파를 만들기 위하여 줄을 잡아당기거나 줄을 튕긴다. 다음의 예제 11.2에서는 기타 줄에서 파동의 속력에 대해 논의한다.

예제 11.2 기타 줄 위에서 진행하는 파

기타 줄에서 파동의 물리

전기 기타의 줄을 튕긴 후, 횡파가 줄에서 진행한다(그림 11.8 참조). 각각 고정된 줄의 끝 사이 길이는 0.628 m이고, 가장 높은 음을 내는 줄 E의 질량은 0.208 g, 가장 낮은 음을 내는 마(E) 줄 질량은 3.32 g이다. 각 줄의 장력은 226 N이다. 두 줄 위에서의 파동의 속력을 계산하라.

그림 11.8 기타 줄을 튕기면 횡파가 발생된다.

살펴보기 기타 줄에서의 파동의 속력은, 식 11.2에서 표현된 것처럼, 줄의 장력 F와 선밀도 m/L에 의존한다. 장력은 각각의 줄에서 같고, 선밀도가 작을수록 속력이 크기 때문에, 선밀도가 작은 줄에서 파동의 속력이 커질 것으로 예상된다.

풀이 파동의 속력은 식 11.2에 의해 다음과 같이 주어진다.

고음 E

$$v = \sqrt{\frac{F}{m/L}} = \sqrt{\frac{226\ \text{N}}{(0.208 \times 10^{-3}\ \text{kg})/(0.628\ \text{m})}} = \boxed{826\ \text{m/s}}$$

저음 E

$$v = \sqrt{\frac{F}{m/L}} = \sqrt{\frac{226\ \text{N}}{(3.32 \times 10^{-3}\ \text{kg})/(0.628\ \text{m})}} = \boxed{207\ \text{m/s}}$$

파동이 얼마나 빨리 움직이는지 주목하라. 속력은 각각 2970 km/h와 745 km/h에 해당한다.

11.4 파동의 수학적 표현

파동이 매질 속에서 진행할 때, 파동은 교란되지 않은 위치로부터 매질 입자를 이동시킨다. 입자가 좌표 원점으로부터 거리 x에 위치하고 있다고 하자. 파동이 진행함에 따라 어떤 시간 t에서 교란되지 않은 위치로부터 입자의 변위 y를 알고 싶다. 단조화 운동에 의한 주기적 파동에 대해, 변위에 대한 표현이 사인 함수나 코사인 함수를 포함하는데, 이것은 놀라운 사실이 아니다. 10장에서 단조화 운동을 사인 함수를 사용하여 기술하였다. 그림 11.5에서 파동에 대한 그래프는 마치 용수철에 있는 진동하는 물체에 대하여 변위를 시간의 함수로 그린 그래프처럼 보인다.

이제부터는 변위에 대한 식을 나타내고, 그것을 그래프로 그려서 정확하게 표현하고자 한다. 식 11.3은 진폭 A, 진동수 f, 파장이 λ인 $+x$ 방향(오른쪽)으로 진행하는 파동에 의한 입자의 변위를 나타낸다. 식 11.4는 $-x$ 방향(왼쪽)으로 움직이는 파동에 해당하는 것이다.

$+x$ 방향을 향하는 파동 $$y = A\sin\left(2\pi ft - \frac{2\pi x}{\lambda}\right) \tag{11.3}$$

$-x$ 방향을 향하는 파동 $$y = A\sin\left(2\pi ft + \frac{2\pi x}{\lambda}\right) \tag{11.4}$$

이 식들은 횡파와 종파 모두에 적용되며, $x = 0$ m와 $t = 0$ s일 때 $y = 0$ m라고 가정한 식이다.

줄을 따라서 $+x$ 방향으로 움직이는 횡파를 살펴보자. 식 11.3에 있는 항 $(2\pi ft - 2\pi x/\lambda)$을 파동의 위상이라 한다. 원점 ($x = 0$ m)에 있는 줄 입자는 $2\pi ft$의 위상을 갖는 단조화 운동을 나타낸다. 즉 시간의 함수에 대한 변위는 $y = A\sin(2\pi ft)$이다. 거리 x에 위치한 입자 역시 단조화 운동을 하는데, 위상은

$$2\pi ft - \frac{2\pi x}{\lambda} = 2\pi f\left(t - \frac{x}{f\lambda}\right) = 2\pi f\left(t - \frac{x}{v}\right)$$

이다. x/v는 파동이 거리 x를 진행하는데 필요한 시간이다. 달리 표현하면, 거리 x에서 발생하는 단조화 운동은 원점에서의 운동에 비해 x/v의 시간 간격 만큼 늦다.

그림 11.9는 1/4 주기의 시간 간격 ($t = 0$ s, $\frac{1}{4}T$, $\frac{2}{4}T$, $\frac{3}{4}T$, T)으로 줄을 따라서 위치 x의 함수로 변위 y를 그린 그래프를 나타내고 있다. 대응하는 t의 값들을 식 11.3에 대입하여 그래프를 그렸다. 식 11.3에서 $f = 1/T$을 대입하고, 연속적인 x의 값에 대해 y를 계산한다. 이 그래프는 파동이 오른쪽으로 움직임에 따라 일정한 시간 간격으로 찍은 사진들과 같다. 참고로 각 그래프에 있는 빨간색 사각형 점은 $t = 0$ s일 때, $x = 0$에 있는 파동의 위치를 표시한다. 시간이 지남에 따라 사각형 점은 파동을 따라 오른쪽으로 움직인다. 유사한 방법으로 식 11.4는 $-x$ 방향으로 움직이는 파동을 나타낸다는 것을 알 수 있다. 식 11.3에 있는 위상$(2\pi ft - 2\pi x/\lambda)$과 식 11.4에 있는 위상$(2\pi ft + 2\pi x/\lambda)$은 도(degree)가 아니라 라디안(radian)으로 측정됨을 명심하라. 계산기를 사용하여 $\sin(2\pi ft - 2\pi x/\lambda)$ 혹은 $\sin(2\pi ft + 2\pi x/\lambda)$를 계산할 때는 각을 라디안 모드로 설정하여야 한다.

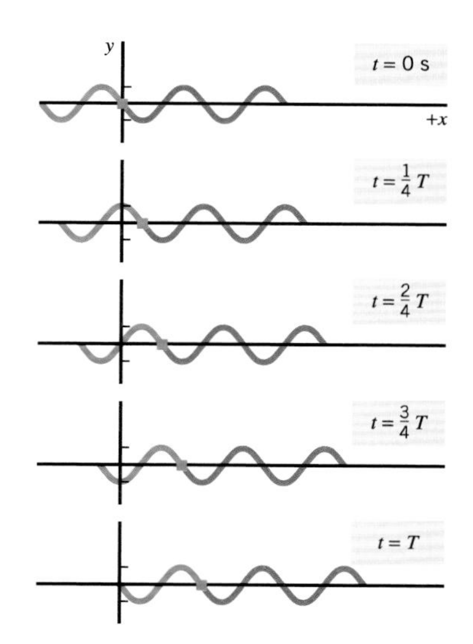

그림 11.9 식 11.3을 1/4 주기의 시간 간격으로 그려 놓았다. 각 그래프에 있는 사각형 점은 $t = 0$ s일 때 $x = 0$ m에 있는 파동의 위치를 나타낸다. 시간이 지남에 따라 파동은 오른쪽으로 움직인다.

11.5 소리의 성질

종파로서의 음파

소리는 기타줄, 사람의 성대, 혹은 확성기의 진동판 같은 진동하는 물체에 의해 생성되는 종파이다. 더구나 소리는 기체, 액체 혹은 고체 같은 매질 내에서만 생성되고 전달된다. 나중에 알 수 있겠지만, 파동의 교란이 한 곳에서 다른 곳으로 움직이기 위해서는 매질 입자들이 반드시 존재해야 한다. 진공에서는 소리가 존재할 수 없다.

음파가 어떻게 생성되고, 왜 종파인지를 알기 위하여, 진동하는 확성기의 진동판을 살펴보자. 그림 11.10(a)처럼, 진동판이 바깥쪽으로 움직일 때 진동판 앞에 있는 공기를 직접 압축한다. 이러한 압축은 공기압을 약간 높인다. 증가된 압력의 영역을 **밀한 영역**(condensation)이라 부르고, 소리의 속력으로 스피커로부터 멀어져 진행한다. 밀한 영역은 슬링키 위 종파에서의 압축된 영역과 유사하며, 비교를 위해 그림 11.10(a)에 함께 그려져 있다. 그림 11.10(b)에서 그려져 있는 것처럼, 밀한 영역을 만든 후에는 진동판은 운동의 방향을 반대로 하여, 안쪽으로 움직인다. 안쪽으로의 운동은 보통 상태의 공기 압력보다 약간 작은 **소한 영역**(rarefaction)을 만든다. 소한 영역은 슬링키 종파에서의 용수철의 늘어난 영역과 유사하다. 밀한 곳 바로 뒤를 따라서 소한 곳이 스피커로부터 소리의 속도로 진행한다. 그림 11.11은 음파와 슬링키 종파 사이의 유사성을 강조하고 있다. 파동이 지나감에 따라, 슬링키와 공기 분자에 붙어있는 빨간색 점들은 교란되지 않은 위치에 대해서 단조화 운동을 한다. 점의 양쪽에 있는 빨간색 화살표들은 단조화 운동이 파동이 진행하는 방향과 평행하게 행해진다는 것을 보여주고 있다. 이 그림에서 파장 λ는 역시 두 연속적인 밀한 영역 중심 사이의 거리 또는 두 연속적인 소한 영역 중심 사이의 거리라는 것을 나타내고 있다.

그림 11.12는 확성기에 의해 생성된 후에 공간으로 퍼져나가는 음파를 나타내고 있다. 밀한 곳과 소한 곳들이 귀에 도달하면 스피커 진동판

➲ 스피커 진동판의 물리

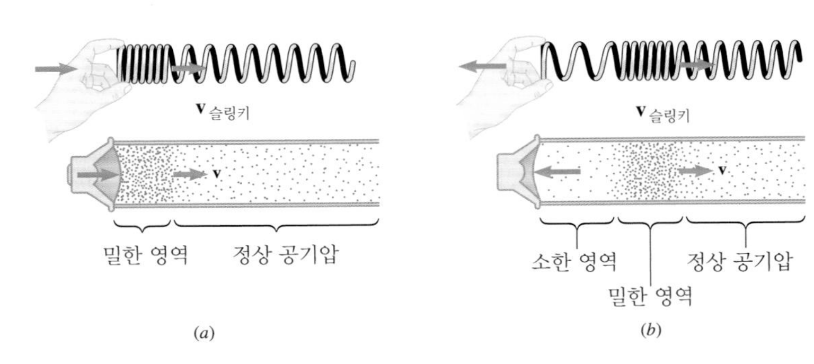

그림 11.10 (a) 스피커 진동판이 앞으로 움직일 때 밀한 영역을 만든다. (b) 진동판이 뒤로 움직일 때, 소한 영역을 만든다. 비교를 위해 슬링키에서의 압축된 영역과 늘어난 영역을 함께 그렸다. 실제로 슬링키에서의 파동의 속도 $\mathbf{v}_{슬링키}$는 공기 중에서의 소리 속도 $\mathbf{v}$보다 훨씬 작다. 간단히 하기 위해 여기서는 두 파동이 같은 속도를 갖는 것으로 그렸다.

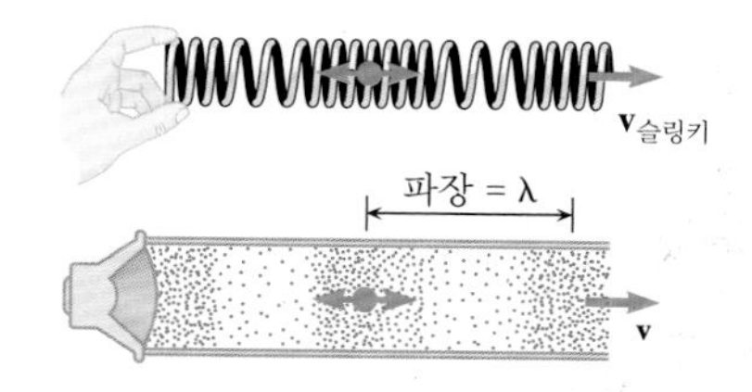

그림 11.11 슬링키의 파동과 음파 모두는 종파이다. 슬링키와 공기 분자에 붙어 있는 빨간색 점들은 파동의 진행 방향과 평행하게 앞과 뒤로 진동한다.

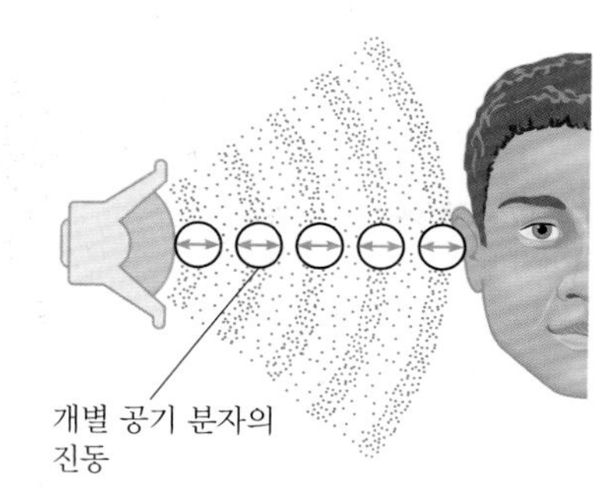

그림 11.12 밀한 곳과 소한 곳이 스피커로부터 수신자에게 전달된다. 그러나 개개의 공기 분자들은 파동과 함께 움직이지 않는다. 공기 분자는 고정 위치를 중심으로 앞과 뒤로 진동한다.

에서와 같은 진동수로 진동하도록 고막에 힘을 가한다. 뇌는 고막의 진동 운동을 소리로 해석한다. 소리는 바람처럼, 공기 분자 집단이 진행 방향으로 이동하는 것이 아님을 명심하라. 그림 11.12처럼 음파의 밀한 곳과 소한 곳이 진동판으로부터 퍼져나와 진행할 때, 개개의 공기 분자들은 파동과 같이 운반되지 않는다. 대신에 개개의 분자들은 고정 위치를 중심으로 단조화 운동을 한다. 그렇게 함으로써, 분자는 이웃 분자와 충돌하면서 밀한 곳과 소한 곳을 앞으로 보낸다. 그 다음에는 그 이웃 분자가 이 과정을 되풀이 한다.

음파의 진동수

음파의 각 사이클은 하나의 밀한 영역과 하나의 소한 영역을 포함하고 있고, **진동수**(frequency)는 단위 시간당 사이클수이다. 예를 들면 스피커의 진동판이 1000 Hz의 진동수로 앞과 뒤로 단조화 운동한다면, 소한 영역에 이어서 발생하는 밀한 영역이 매 초마다 1000개가 생성된다. 그래서 형성되는 음파의 진동수는 역시 1000 Hz이다. 단일 진동수를 갖는 소리를 **순음**(pure tone)이라 한다. 실험에 의하면 건강한 젊은 사람은 대략 20 Hz에서 20000 Hz (20 kHz) 사이의 모든 소리의 진동수를 듣는다. 높은 진동수를 듣는 능력은 나이가 많아질수록 감소하며, 보통 중년의 성인은 12-14 kHz까지의 진동수를 듣는다.

순음들은 그림 11.13에서 보는 바와 같이 버튼식 전화기에 사용된다. 이 전화기는 각 버튼을 누를 때 동시에 두 개의 순음을 생성한다. 이 음들은 중앙전화국으로 전달되고, 거기에서 전자 회로를 작동하게 하여, 전화를 걸게 한다. 예를 들면, 그림에서 '5' 번 버튼을 누르면 770 Hz와 1336 Hz의 순음을 동시에 생성하고, 반면에 '9' 번 버튼은 852 Hz와 1477 Hz의 음을 발생시킨다.

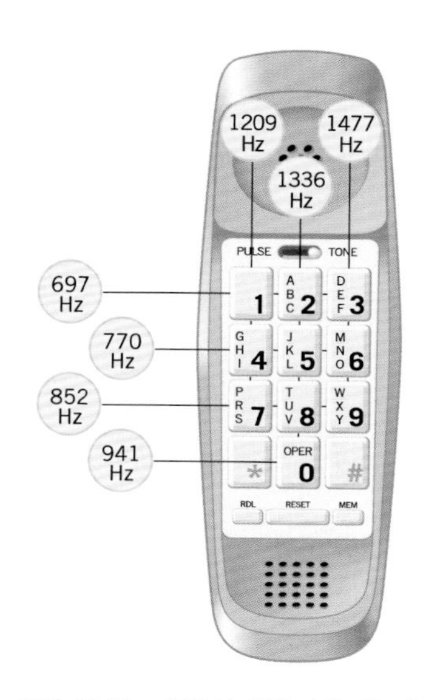

그림 11.13 버튼식 전화기와 각 버튼을 누를 때 두 순음이 생성되는 것을 보여주는 개념도

버튼식 전화기의 물리

그림 11.14 코뿔소는 초저주파음을 사용하여 다른 코뿔소를 부른다.

그림 11.15 박쥐는 먹을 것을 탐색하고 위치를 알기 위해서 초음파를 사용한다.

사람이 정상적으로 들을 수 없는 20 Hz보다 작거나 20 kHz보다 큰 진동수를 가진 소리가 생성될 수 있다. 20 Hz보다 작은 진동수를 가진 소리를 **초저주파음**(infrasonic)이라 하고, 20 kHz보다 큰 진동수를 가진 소리를 **초음파**(ultrasonic)라 한다. 코뿔소는 다른 코뿔소를 부르기 위해서 5 Hz의 초저주파음을 사용하고(그림 11.14), 반면에 박쥐는 먹을 것의 위치를 알고 탐색하기 위해서 100 kHz 이상의 초음파 진동수를 사용한다(그림 11.15).

진동수는 전자 진동수 측정기로 측정될 수 있기 때문에 소리의 객관적 특성이다. 그러나 진동수에 대한 듣는이의 청각은 주관적이다. 뇌는 귀로 감지된 진동수를 **소리 높이**(pitch)로 주관적으로 해석한다. 큰(높은) 진동수를 가진 순음은 높은 소리로 해석하고, 작은(낮은) 진동수는 낮은 소리로 해석한다. 피콜로(piccolo)는 높은 소리를, 튜바(tuba)는 낮은 소리를 낸다.

음파의 압력 진폭

그림 11.16은 관을 진행하는 순음 음파를 설명하고 있다. 관에 부착된 부

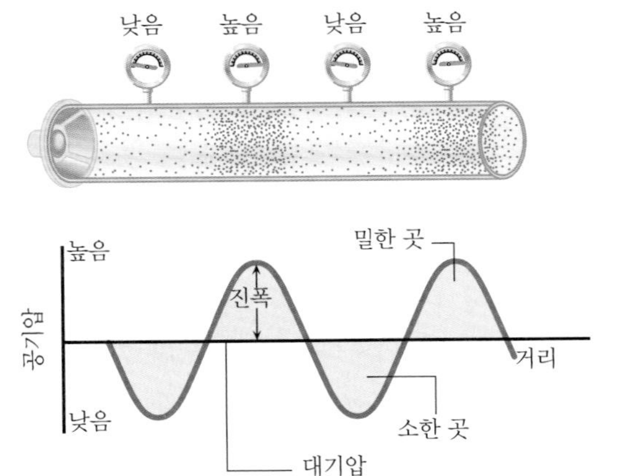

그림 11.16 음파는 밀한 곳과 소한 곳이 번갈아 일어나는 것이다. 이 그래프에서 밀한 곳은 정상 공기 압력보다 높은 영역이고, 소한 곳은 정상 공기 압력보다 낮은 영역이다.

착물들은 파동에서 압력 변위를 나타내는 계기들이다. 공기압은 관의 길이에 따라서 사인 함수적으로 변한다는 것을 그래프는 보여주고 있다. 이 그래프만 보면 횡파처럼 보이지만, 소리 자체는 종파임을 유의하라. 이 그래프는 음의 **압력 진폭**(pressure amplitude)을 역시 보여주고 있고, 이 진폭은 교란되지 않은 압력이나 즉 대기압에 대한 압력의 최대 변화의 크기이다. 음파에서 압력의 변동폭은 보통 매우 작다. 예를 들면, 보통 두 사람이 대화할 때 압력 진폭은 약 3×10^{-2} Pa인데, 이 값은 $1.01 \times 10^{+5}$ Pa의 대기압에 비해 매우 작은 값이다. 귀는 놀랍게도 이런 작은 변화를 감지할 수 있다.

음량(소리 크기; loudness)은 원래 파동의 진폭과 관계된 소리의 속성이다. 즉, 진폭이 커질수록 소리는 커진다. 압력 진폭은 측정될 수 있기 때문에 음파의 객관적인 특성이다. 반면에, 음량은 주관적인 것이다. 개개인은 얼마나 예민하게 듣느냐에 따라 같은 소리의 음량을 서로 다르게 느낀다.

11.6 소리의 속력

기체

표 11.1에 나타낸 것처럼, 소리는 기체, 액체, 고체에서 매우 다른 속력으로 진행한다. 실온 부근의 공기 중에서 소리의 속력은 343 m/s (767 mi/h)이고, 액체나 고체에서의 속력은 이에 비해 현저히 크다. 예를 들면, 소리는 공기에서의 속력에 비해 물에서는 4 배 빠르게, 강철에서는 17 배 빠른 속력으로 진행한다. 일반적으로 소리는 기체에서 느리고, 액체에서 빠르고, 고체에서는 더 빠르게 진행한다.

기타 줄에서 파동의 속력과 같이, 음속은 매질의 성질에 의존한다. 기체에서 분자들이 충돌할 때, 음파의 밀한 곳과 소한 곳이 한 곳에서 다른 곳으로 움직인다. 기체에서 음파의 속력은 충돌과 다음 충돌 사이의 분자의 평균 속력과 같은 정도의 크기를 가질 것이라고 예측할 수 있다. 이상 기체에서 이 평균 속력은 제곱 평균 제곱근(rms) 속력이다. 즉 $v_{rms} = \sqrt{3kT/m}$ 이고, 여기서 T는 켈빈 온도, m은 분자의 질량, k는 볼츠만 상수이다. v_{rms}에 대한 표현식은 실제 음속보다 큰 값이지만 이 식은 켈빈 온도와 입자의 질량에 대한 음속의 의존성을 잘 보여준다. 자세한 분석에 의하면 이상 기체에서 음속은

이상 기체에서의 음속
$$v = \sqrt{\frac{\gamma kT}{m}} \tag{11.5}$$

표 11.1 기체, 액체, 고체에서의 음속

매질	속력(m/s)
기체	
공기(0 °C)	331
공기(20 °C)	343
이산화탄소(0 °C)	259
산소(0 °C)	316
헬륨(0 °C)	965
액체	
클로로포름(20 °C)	1004
에틸알코올(20 °C)	1162
수은(20 °C)	1450
민물(20 °C)	1482
바닷물(20 °C)	1522
고체	
구리	5010
유리(파이렉스)	5640
납	1960
강철	5960

로 주어진다. 여기서 $\gamma = c_P / c_V$는 정적 비열에 대한 정압 비열의 비이다.

음파의 밀한 곳과 소한 곳은 기체의 단열 압축과 팽창에 의해 생성되기 때문에 이 개념이 식 11.5에 나타나 있다. 압축된 영역(밀한 영역)은 조금 따뜻해지고, 팽창된 영역(소한 영역)은 조금 차가워진다. 그러나 밀한 영역으로부터 인접한 소한 영역으로의 뚜렷한 열흐름은 없다. 왜냐하면 가청 음파의 경우에 두 영역 사이의 거리가 비교적 크고, 기체는 나쁜 열전도체이기 때문이다. 그래서 압축과 팽창 과정은 단열 과정이다. 다음의 예제 11.3은 식 11.5를 응용하는 문제이다.

예제 11.3 초음파 거리 측정기

초음파 거리 측정기의 물리

그림 11.17은 관측자 자신과 벽 같은 표적 사이의 거리를 측정하는 초음파 거리 측정기를 보여주고 있다. 측정을 하기 위해서 거리 측정기는 벽까지 진행하는 초음파 펄스를 발생시킨다. 이 펄스는 메아리처럼 벽으로부터 반사되어 되돌아온다. 되돌아온 펄스를 수신하여 왕복하는데 걸리는 시간을 측정한 다음 미리 입력된 음속을 사용하여 벽까지 거리를 계산하며, 그 결과를 디지털 값으로 나타낸다. 공기 온도가 섭씨 23 도인 날에, 왕복하는데 걸리는 시간이 20.0 ms라고 가정하자. 공기는 $\gamma = 1.40$ 인 이상 기체이고, 평균 공기 분자질량이 28.9 u라고 가정할 때, 벽까지의 거리 x를 구하라.

살펴보기 거리 측정기와 벽까지의 거리는 $x = vt$이고, 여기서 v는 음속이고, t는 음파 펄스가 벽까지 도달하는데 걸리는 시간이다. 시간 t는 왕복 시간의 절반이어서 $t = 10.0$ ms이다. 온도와 질량이 켈빈과 kg인 SI 단위로 표현된다면 공기 중에서 음속을 식 11.5로부터 바로 구할 수 있다.

풀이 기온을 섭씨 온도에서 켈빈 온도로 바꾸기 위하여 섭씨 온도 수치 23에 273.15를 더한다. 즉 $T = 23 + 273.15 = 296$ K이다. 분자의 질량(kg)은 원자 질량 단위와 kg 사이의 관계인 $1\,\text{u} = 1.6605 \times 10^{-27}$ kg을 이용하여 바꾸면

$$m = (28.9\,\text{u})\left(\frac{1.6605 \times 10^{-27}\,\text{kg}}{1\,\text{u}}\right) = 4.80 \times 10^{-26}\,\text{kg}$$

가 된다. 따라서 음속은

그림 11.17 초음파 거리 측정기는 벽까지의 거리 x를 측정하기 위하여 20 kHz 보다 큰 진동수를 갖는 음파를 사용한다. 파란색 호와 화살표는 밖으로 나가는 음파를 나타내고, 빨간색 호와 화살표는 벽으로부터 반사되어 오는 파동을 나타낸다.

$$v = \sqrt{\frac{\gamma kT}{m}} = \sqrt{\frac{(1.40)(1.38 \times 10^{-23}\ \text{J/K})(296\ \text{K})}{4.80 \times 10^{-26}\ \text{kg}}}$$
$$= 345\ \text{m/s} \qquad (11.5)$$

이고, 벽까지의 거리는

$$x = vt = (345\ \text{m/s})(10.0 \times 10^{-3}\ \text{s}) = \boxed{3.45\ \text{m}}$$

가 된다.

문제 풀이 도움말
이상 기체에서 음속을 계산하기 위하여 $v = \sqrt{\gamma kT/m}$ 식을 사용할 때, 온도 T는 섭씨나 화씨가 아닌 켈빈 온도로 표현되어야 한다.

소나의 물리

소나(Sonar; 수중 초음파 탐지기)는 해저의 깊이를 측정하고 암초, 해저 동식물, 물고기떼 같은 해저 물체의 위치를 찾아내는 기술이다. 소나의 핵심은 배 밑바닥에 설치된 초음파 송신기와 수신기이다. 송신기에서 초음파의 짧은 펄스를 방출하고, 조금 지나서 반사된 펄스가 되돌아오며, 이 펄스는 수신기에 의해 감지된다. 해저의 깊이는 측정된 펄스의 왕복 시간과 물에서의 음속으로부터 결정된다. 깊이는 미터로 자동적으로 기록된다. 그러한 깊이 측정은 예제 11.4의 초음파 거리 측정기에서 논의한 거리 측정 방법과 유사하다.

액체

액체에서 음속은 밀도 ρ와 단열 부피 탄성률(adiabatic bulk modulus) B_{ad}에 따라 다르다.

액체 속에서의 음속
$$v = \sqrt{\frac{B_{ad}}{\rho}} \qquad (11.6)$$

부피 탄성률은 10.7절에서 액체나 고체의 부피 변형을 논의할 때 소개되었다. 그때 물질의 부피가 변하여도 온도는 일정하다고 묵시적으로 가정되었다. 말하자면 압축 혹은 팽창은 등온적이다. 그러나 음파에서 밀한 영역과 소한 영역이 등온적이기 보다는 단열적 상황 하에서 일어난다. 그래서 액체에서 음속을 계산할 때 단열 부피 탄성률 B_{ad}가 사용되어야 한다. 이 책에서는 B_{ad} 값들이 필요할 때 제시될 것이다.

고체 막대

소리가 길고 가느다란 고체 막대를 따라 진행할 때 음속은 다음 식처럼 매질의 특성에 의존한다.

길고 가느다란 고체 막대 속에서의 음속
$$v = \sqrt{\frac{Y}{\rho}} \qquad (11.7)$$

여기서 Y는 영률이고 ρ는 밀도이다.

11.7 소리의 세기

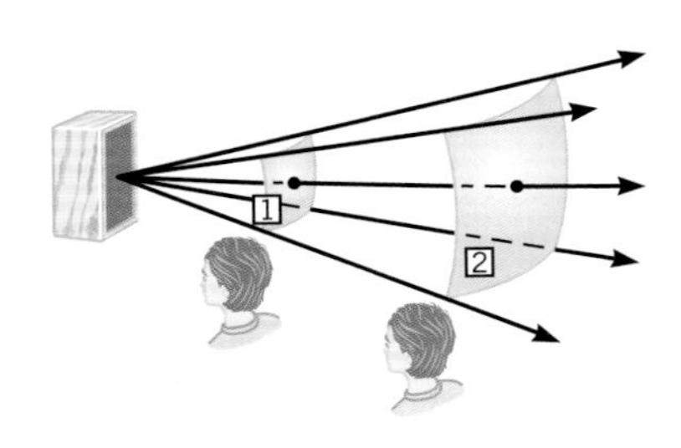

그림 11.18 음파에 의해 운반되는 에너지가 스피커와 같은 음원을 떠난 후 퍼져나간다. 에너지는 표면 1을 수직으로 지나가고, 그러고 나서 보다 넓은 표면 2를 통과한다.

고막이 진동하도록 힘을 가하는 것과 같이, 음파는 일을 할 수 있는 에너지를 운반한다. 충격파와 같은 극단적인 경우, 그러한 음파의 에너지는 유리창과 건물에 피해를 줄 만큼 큰 것일 수도 있다. 음파에 의해서 단위 시간당 운반되는 에너지의 양을 파동의 **일률**(power)이라 부르며, 그 단위는 SI 단위로 J/s 혹은 와트(W)이다.

음파가 그림 11.18처럼 확성기와 같은 음원에서 나올 때, 에너지는 퍼져 나가면서 넓이가 점점 증가하는 가상의 단면을 관통한다. 예를 들면, 그림에 1과 2로 표시된 단면을 통과하는 소리의 일률은 같다. 그러나 일률은 단면 1보다는 2에서 더 큰 넓이를 통과하기 때문에, 퍼져나가는 효과가 고려되어야 한다. 소리의 일률과 일률이 통과하는 넓이의 개념을 함께 고려하여 소리 세기의 개념을 공식화하여 보자. 파동 세기의 개념은 음파에만 국한되는 것은 아니다. 13장에서 다른 종류의 중요한 파동인 전자기파를 논의할 때, 이 개념을 다시 논의하게 될 것이다.

소리의 세기(sound intensity) I는 어떤 단면을 수직으로 통과하는 일률 P를 그 단면의 넓이 A로 나눈 값으로 정의된다. 즉

$$I = \frac{P}{A} \tag{11.8}$$

이며, 소리 세기의 단위는 단위 넓이당 일률, 혹은 W/m^2이다.

1000 Hz 음에 대해, 인간의 귀가 감지할 수 있는 가장 작은 소리의 세기는 약 $1 \times 10^{-12}\ W/m^2$이다. 이 세기를 **가청문턱**(threshold of hearing)이라 부른다. 다른 극단적인 경우로, $1\ W/m^2$ 보다 큰 세기의 소리를 계속 듣게 되면 고통스럽고 결국 청각에 영원한 손상을 줄 수도 있다. 인간의 귀는 아주 민감하여 넓은 범위의 소리의 세기를 들을 수 있다.

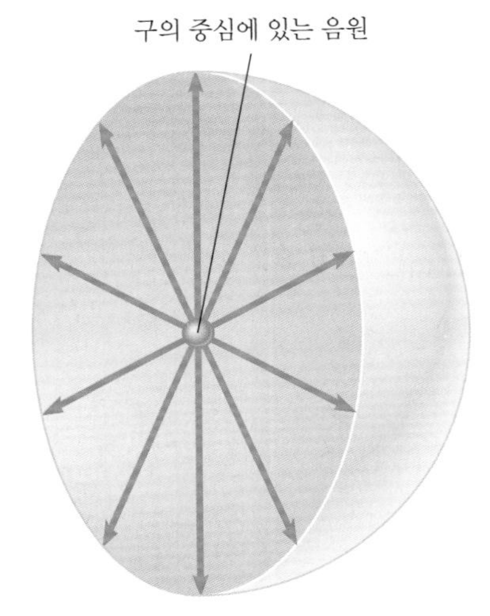

그림 11.19 구의 중심에 있는 음원은 모든 방향으로 균일하게 소리를 방출한다. 이해를 돕기 위해 반쪽만 그렸다.

> 문제 풀이 도움말
> 소리의 세기 I와 일률 P는 다른 개념이다. 그러나 세기는 단위 넓이당 일률이기 때문에 둘 사이에는 밀접한 관계가 있다.

만일 음원이 모든 방향으로 균일하게 소리를 방출한다면 세기는 단순히 거리에 의존한다. 그림 11.19는 가상의 구(여기서는 이해를 돕기 위해 반쪽 구만 그렸다)의 중심에 있는 음원을 보여주고 있다. 구의 반지름은 r이다. 퍼져 나가는 소리의 일률 P는 구의 겉넓이 $A = 4\pi r^2$을 통과하기 때문에, 거리 r에서 세기는

구 표면에 균일하게 퍼지는 소리의 세기 $$I = \frac{P}{4\pi r^2} \tag{11.9}$$

이다. 이 식으로부터 모든 방향으로 균일하게 소리를 내는 음원의 강도는 $1/r^2$에 따라 변한다는 것을 알 수 있다. 예를 들어 거리가 2배 증가하면, 소리의 세기는 $1/2^2 = 1/4$의 인자로 감소한다. 다음의 예제 11.4는 세기가 $1/r^2$에 따라 변하는 효과를 설명하고 있다.

예제 11.4 불꽃놀이

그림 11.20처럼, 불꽃놀이 대회 동안에 로켓이 공중의 높은 곳에서 폭발되었다. 소리는 모든 방향으로 균일하게 퍼져나갔고, 땅으로부터의 반사는 무시한다고 가정하자. 폭발 위치로부터 $r_2 = 640\,\text{m}$ 떨어진 수신자 2에 소리가 도달할 때, 소리의 세기가 $I_2 = 0.10\,\text{W/m}^2$이라면 폭발 위치로부터 $r_1 = 160\,\text{m}$ 떨어진 수신자 1에 의해 감지되는 소리의 세기는 얼마인가?

살펴보기 수신자 1은 수신자 2에 비해 폭발 위치에 4 배 가까이 있다. 그러므로 수신자 1에 의해 감지되는 소리 세기는 수신자 2에 의해 감지되는 세기에 비하여 $4^2 = 16$배 크다.

풀이 식 11.9를 사용하면 소리 세기의 비를 알 수 있다.

$$\frac{I_1}{I_2} = \frac{\dfrac{P}{4\pi r_1^2}}{\dfrac{P}{4\pi r_2^2}} = \frac{r_2^2}{r_1^2} = \frac{(640\text{ m})^2}{(160\text{ m})^2} = 16$$

결과적으로, $I_1 = (16)I_2 = (16)(0.10\,\text{W/m}^2) = \boxed{1.6\,\text{W/m}^2}$이다.

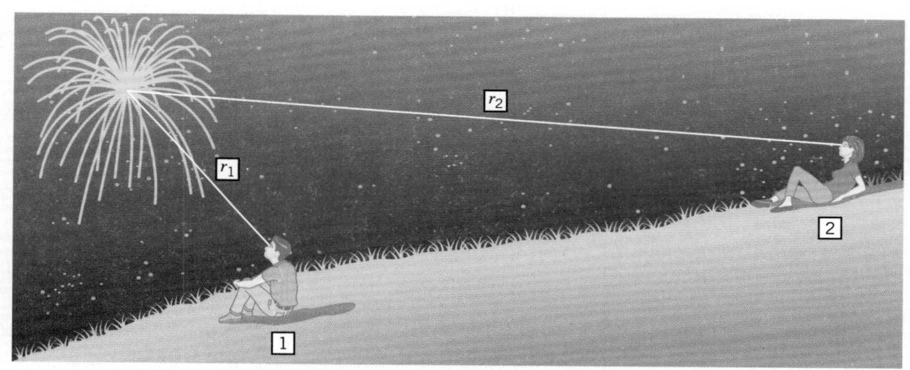

그림 11.20 불꽃놀이 대회에서 불꽃이 폭발하여 소리가 모든 방향으로 균일하게 퍼져나간다면, 거리 r에서 세기는 $I = P/(4\pi r^2)$이다. 여기서 P는 폭발음의 일률이다.

> **문제 풀이 도움말**
> 식 11.9는 소리가 모든 방향으로 균일하게 퍼져나가고, 음파가 퍼져나가는 과정에서 반사가 없을 때만 사용된다.

11.8 데시벨

데시벨(decibel, dB)은 두 소리의 세기를 비교할 때 사용되는 측정 단위이다. 비교하는 간단한 방법은 세기의 비를 계산하는 것이다. 예를 들면, $I = 8\times10^{-12}\,\text{W/m}^2$과 $I_0 = 1\times10^{-12}\,\text{W/m}^2$를 $I/I_0 = 8$로 계산함으로써 비교할 수 있고, 이 경우 I는 I_0에 비해 8배 크다고 말한다. 그러나 소리의 세기에 반응하는 인간의 청각 메커니즘의 방식 때문에, 두 값을 비교하기 위하여 로그 눈금을 사용하는 것이 적절하다. 이를 위해 **세기 준위**(intensity level) β(데시벨 단위로 나타낸다)는 다음과 같이 정의된다.

$$\beta = (10\text{ dB})\log\left(\frac{I}{I_0}\right) \tag{11.10}$$

여기서 'log'는 밑수가 10인 상용 로그를 나타낸다. I_0는 세기 I와 비교되는 기준 준위의 세기이며, 가청문턱인 $I_0 = 1.00 \times 10^{-12}$ W/m^{2}이다. 위에서 주어진 I와 I_0 값의 경우에 대해 음의 준위를 계산하면

$$\beta = (10\text{ dB})\log\left(\frac{8 \times 10^{-12}\text{ W/m}^2}{1 \times 10^{-12}\text{ W/m}^2}\right) = (10\text{ dB})\log 8 = (10\text{ dB})(0.9) = 9\text{ dB}$$

가 된다. 이 결과는 I는 I_0보다 9 데시벨 만큼 더 크다는 것을 나타낸다. β를 '세기 준위'라 부르지만, 이것은 세기도 아니고, 그리고 세기 단위인 W/m^{2}을 갖지도 않는다. 사실 데시벨은 라디안처럼 차원이 없다.

I와 I_0 모두가 가청문턱 값을 갖는다면, $I = I_0$이고 따라서 세기 준위는 식 11.10에 의해 0 데시벨이다.

$$\beta = (10\text{ dB})\log\left(\frac{I_0}{I_0}\right) = (10\text{ dB})\log 1 = 0$$

0 데시벨의 세기 준위는 소리의 세기 I가 0이라는 것이 아니고, $I = I_0$를 의미한다.

세기 준위는 그림 11.21과 같은 음준위계*를 사용하여 측정된다. 가청문턱을 0 dB라고 가정하여 세기의 준위 β에 대한 눈금이 표시되어 있다. 가청문턱을 기준 준위로 사용하여 몇 가지 소리들에 대한 세기 I와 이에 따른 세기 준위 β가 표 11.2에 나열되어 있다.

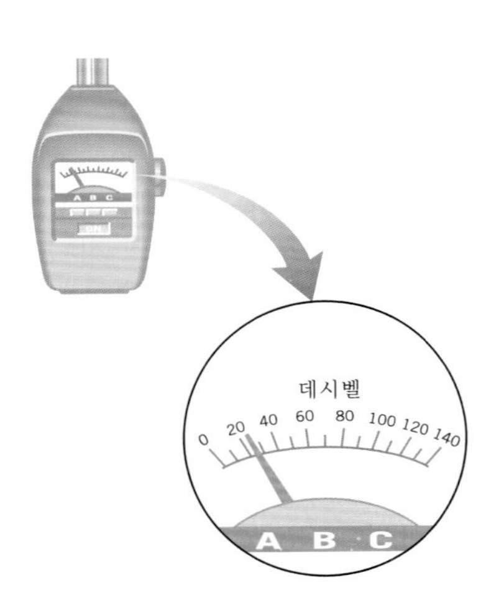

그림 11.21 음준위계와 확대해서 본 데시벨 눈금

음파가 수신자의 귀에 도달할 때, 뇌는 파동의 세기에 따라 이 소리가 고성인지 가냘픈 소리인지를 판단한다. 세기가 커지면 고성으로 들린다. 그러나 세기와 음량은 단순히 비례하지 않는다. 곧 알게 되겠지만 세기를 두 배로 하면 음량이 2배가 되는 것이 아니다.

만일 어떤 사람이 90 dB의 세기 준위를 발생시키는 오디오 장치 앞에 서 있다고 하자. 음량 조절 다이얼을 세기 준위가 91 dB이 되도록 조금 높이면, 그 사람은 음량의 변화를 거의 느끼지 못할 것이다. 청각 실험에 의하면 세기 준위에서 1 dB의 변화는 대략 정상적인 청각을 가진 수신자에게는 매우 작은 음량의 변화를 감지한다는 것이 알려져 있다. 1 dB은 음량

표 11.2 전형적인 소리의 세기와 가청문턱에 대한 세기 준위

	세기 I (W/m^2)	세기 준위 β (dB)
가청문턱	1.0×10^{-12}	0
나뭇잎의 살랑거림	1.0×10^{-11}	10
속삭임	1.0×10^{-10}	20
보통대화(1 m에서)	3.2×10^{-6}	65
도심 차속	1.0×10^{-4}	80
머플러 없는 자동차	1.0×10^{-2}	100
라이브 록 콘서트	1.0	120
고통의 시작	10	130

* 기술자들은 음압계 또는 소음계라고 한다(역자 주).

에서 분별할 수 있는 가장 작은 증가량이기 때문에, 3 dB의 변화 즉 90 dB에서 93 dB로의 변화 역시 음량의 변화가 작은 것이다. 다음의 예제 11.5에서는 그러한 변화가 일어나도록 하기 위해서는 소리세기를 어느 정도 증가시켜야 하는지에 대한 인자를 결정한다.

예제 11.5 | 소리 세기의 비교

오디오 시스템 1은 $\beta_1 = 90.0$ dB의 세기 준위를 발생시키고, 시스템 2는 $\beta_2 = 93.0$ dB의 세기 준위를 발생시킨다. 각각에 해당하는 세기(W/m^2)들은 I_1과 I_2이다. 세기의 비 I_2/I_1을 구하라.

살펴보기 세기 준위는 세기를 로그로 나타낸 것이며 (식 11.10 참조) 로그 함수는 $\log A - \log B = \log(A/B)$의 성질을 갖고 있다. 두 세기 준위를 빼고, 이러한 로그 함수의 공식을 사용하면,

$$\beta_2 - \beta_1 = (10\text{ dB})\log\left(\frac{I_2}{I_0}\right) - (10\text{ dB})\log\left(\frac{I_1}{I_0}\right)$$
$$= (10\text{ dB})\log\left(\frac{I_2/I_0}{I_1/I_0}\right)$$
$$= (10\text{ dB})\log\left(\frac{I_2}{I_1}\right)$$

가 얻어진다.

풀이 위에서 얻어진 결과를 사용하면

$$93.0\text{ dB} - 90.0\text{ dB} = (10\text{ dB})\log\left(\frac{I_2}{I_1}\right)$$

$$0.30 = \log\left(\frac{I_2}{I_1}\right) \quad 즉 \quad \frac{I_2}{I_1} = 10^{0.30} = \boxed{2.0}$$

가 된다. 즉, 세기를 2배로 변화시키면 음량의 변화는 2배가 아닌 매우 작은 양(3 dB)이 된다. 따라서 세기와 음량 사이에는 단순한 비례 관계가 성립하지 않는다.

소리의 음량을 2배로 하기 위해서는 세기를 2배 이상으로 증가시켜야 한다. 실험에 의하면 세기 준위를 10 dB로 증가시키면 새로운 소리는 원래 소리보다 대략 2배정도의 음량이 된다고 한다. 예를 들면 70 dB의 세기 준위는 60 dB 준위보다 음량이 2배인 소리이고, 80 dB의 세기 준위는 70 dB의 준위보다 음량이 2배인 소리이다. 음량을 2배로 증가시키는 소리 세기의 인자는 예제 11.5에서 사용된 방법에 의해 구할 수 있다. 즉

$$\beta_2 - \beta_1 = 10.0\text{ dB} = (10\text{ dB})\left[\log\left(\frac{I_2}{I_0}\right) - \log\left(\frac{I_1}{I_0}\right)\right]$$

이므로 이 식을 풀면 $I_2/I_1 = 10.0$이 된다. 그래서 소리 세기를 10배 증가시키면 음량이 2배가 된다. 결국, 그림 11.22에 있는 최대 볼륨까지 올린 두 오디오 시스템에서, 200와트 시스템은 값싼 20와트 시스템보다 단지 음량이 2배인 소리를 낼 수 있다.

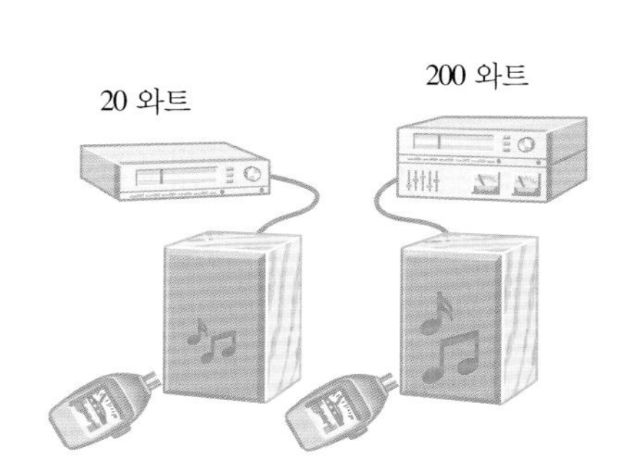

그림 11.22 두 오디오 시스템을 최대 볼륨까지 올렸을 때, 출력이 10배인 200와트 오디오는 20와트 오디오에 비해 단지 2배의 큰 소리를 발생시킬 수 있다.

11.9 도플러 효과

소방차가 사이렌을 내면서 접근하는 소리를 들은 후 그 차가 바로 앞을

지나갈 갈 때의 사이렌 소리가 아주 다르게 들린 경험이 있는가? 이 효과는 두 음절 '이(eee)' 와 '유(yow)' 가 합쳐져서 '이유(eee-yow)' 의 소리를 낼 때 들리는 것과 유사하다. 소방차가 접근하는 동안 사이렌 소리의 높이는 비교적 높고('eee'), 그 차가 지나가 멀리 가면 사이렌 소리의 높이는 갑자기 떨어진다('yow'). 관측자가 정지해 있는 음원으로 접근하거나 혹은 멀어질 때와 조금은 유사하고 덜 친숙한 어떤 현상이 일어난다. 그러한 현상은 1842년 오스트리아 물리학자 도플러에 의해 확인되었으며, 도플러 효과라고 부른다.

왜 도플러 효과가 일어나는지를 설명하기 위하여, 이전에 논의되었던 개념들인 물체의 속도, 음파의 파장과 진동수(11.5절)들을 모두 사용할 것이다. 음원 및 파장과 진동수를 갖는 음을 관측하는 관측자의 속도의 영향을 조합하여 보자. 그렇게 하면서, **도플러 효과**(Doppler effect)는 음원과 관측자의 속도가 소리가 전파되는 매질에 대해 다르기 때문에 관측자에 의해 감지되는 소리의 진동수 즉 소리 높이의 변화라는 것을 알게 될 것이다.

음원이 움직이는 경우

도플러 효과가 어떻게 일어나는지를 알기 위해서, 그림 11.23(a)처럼 정지해 있는 소방차 위에 있는 사이렌이 울린다고 하자. 소방차가 정지해 있고 공기도 지면에 대해 정지해 있다고 하자. 그림에서 각각의 파란색 동그라미의 위치는 음파의 밀한 곳의 위치를 나타낸다. 소리의 패턴이 대칭적이기 때문에, 소방차의 앞 혹은 뒤에 서 있는 수신자는 단위 시간당 동일한 횟수의 밀한 곳을 수신하므로 결과적으로 동일한 진동수의 소리를 듣는다. 그림 11.23(b)처럼 일단 소방차가 움직이기 시작하면 상황은 달라진다. 트럭 앞에서는 밀한 곳들이 서로 가까워지고, 따라서 소리의 파장이 짧아진다. 왜냐하면 다음 파동이 방출되기 이전에 움직이는 트럭이 이미 방출된 밀한 곳으로 접근하기 때문이다. 밀한 곳들이 서로 가까워지기 때문에, 트럭 앞에 서 있는 관측자는 트럭이 정지해 있을 때에 비하여 단위 시간당 더 많은 수의 밀한 곳을 수신하게 된다. 밀한 곳들이 도달하

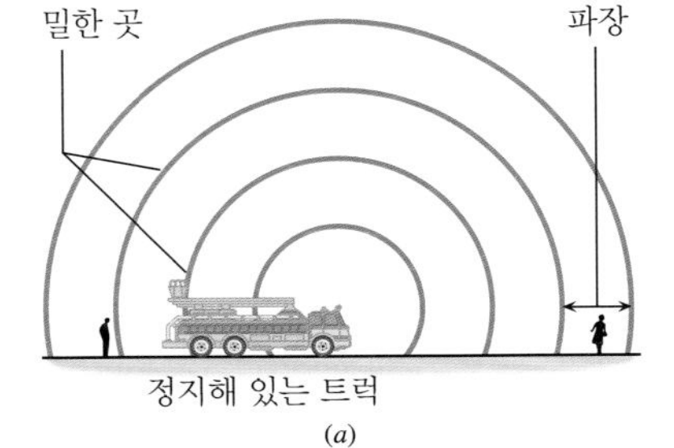

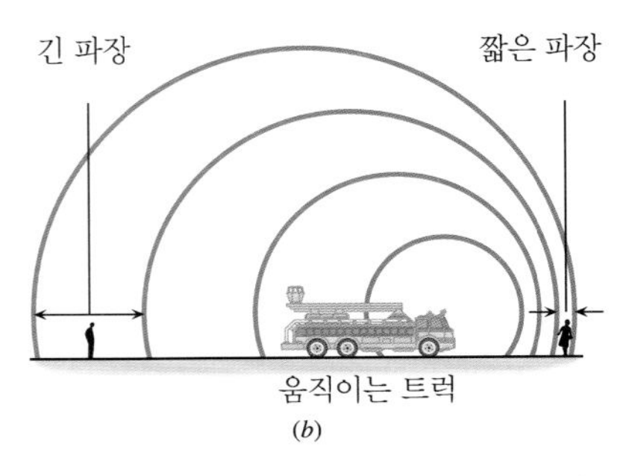

그림 11.23 (a) 트럭이 정지해 있을 때, 트럭의 앞과 뒤에서 소리의 파장은 같다. (b) 트럭이 움직일 때, 트럭 앞에서 파장은 짧아지는 반면 트럭 뒤에서는 파장이 길어진다.

는 비율의 증가는 진동수의 증가에 해당하고, 관측자에게는 더 높은 소리로 들리게 된다. 움직이는 트럭 뒤쪽에서는, 밀한 곳들이 트럭이 정지해 있는 경우보다 서로 멀어진다. 뒤쪽으로 방출되는 밀한 곳들로부터 트럭이 멀리 떨어지려 하기 때문에 이러한 파장이 길어지는 현상이 일어난다. 결과적으로 트럭 뒤쪽에 있는 관측자의 귀에는 단위 시간당 보다 작은 수의 밀한 곳들이 도달되며, 이는 낮은 진동수 또는 낮은 음으로 관측자에게 들린다.

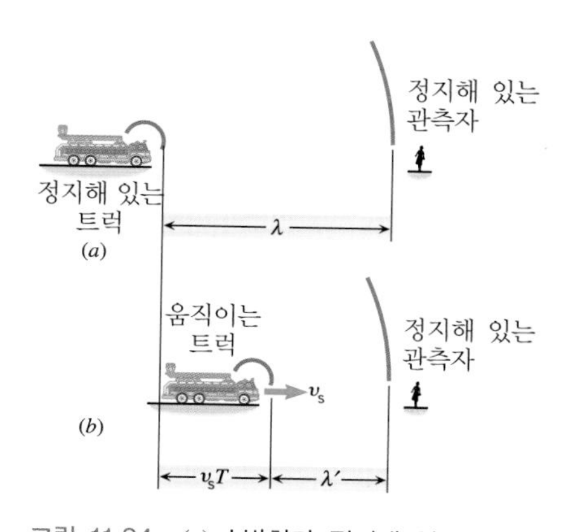

그림 11.24 (a) 소방차가 정지해 있을 때 두 연속하는 밀한 곳 사이의 거리가 한 파장 λ이다. (b) 트럭이 속도 v_s로 움직일 때, 트럭 앞에서 소리의 파장은 짧아진 파장 λ′ 이다.

만일 그림 11.23(a)에서처럼 정지해 있는 사이렌이 시간 $t = 0\,\text{s}$에서 밀한 곳을 만든다면, T를 사이렌음의 주기라고 할 때 이 사이렌은 시간 T 후에 다음 밀한 곳을 만들 것이다. 그림 11.24(a)에 나타난 것처럼, 이러한 두 밀한 곳 사이의 거리는 정지해 있는 음원에서 발생되는 소리의 파장 λ 이다. 트럭이 정지해 있는 관측자를 향해 속도 v_s(첨자 s는 음원을 나타냄)로 움직일 때, 사이렌은 역시 시간 $t = 0$과 T에서 밀한 곳을 만든다. 그러나 그림 11.24(b)에서 보는 바와 같이, 두 번째 밀한 곳을 만들기 전에 트럭은 거리 v_sT 만큼 관측자를 향해 움직여 접근한다. 결과적으로 두 연속되는 밀한 곳 사이의 거리는 정지해 있는 사이렌에 의해 생성된 파장 λ가 아니고, v_sT 만큼 짧아진 파장 λ′ 다. 즉

$$\lambda' = \lambda - v_sT$$

이다. 정지해 있는 관측자에 의해 감지된 진동수를 f_o로 나타내기로 하자. 여기서 첨자 'o'는 관측자(observer)를 나타낸다. 식 11.1에 따르면 f_o는 음속 v를 짧아진 파장 λ′ 으로 나눈 것과 같다. 즉

$$f_o = \frac{v}{\lambda'} = \frac{v}{\lambda - v_sT}$$

이다. 그러나 정지해 있는 사이렌의 경우, $\lambda = v/f_s$, $T = 1/f_s$ 이다. 이때 f_s는 음원에 의해 방출되는 소리의 진동수이다(관측자에 의해 수신되는 진동수 f_o가 아닌). 이것들을 λ와 T에 대입하면 f_o에 대한 식은 다음과 같이 된다. 즉

정지해 있는 관측자를 향해 움직이는 음원 $$f_o = f_s\left(\frac{1}{1 - \dfrac{v_s}{v}}\right) \quad (11.11)$$

이다. 식 11.11의 분모에 $1 - v_s/v$항이 존재하고 이 값은 1보다 작기 때문에, 관측자가 듣는 진동수 f_o는 음원이 방출하는 진동수 f_s보다 크다. 이러한 두 진동수 사이의 차 $f_o - f_s$를 **도플러 이동**(Doppler shift)이라 부르며, 이 크기는 음속 v에 대한 음원의 속력 v_s의 비에 의존한다.

사이렌이 관측자에게 접근하지 않고 관측자로부터 멀어질 때, 파장

λ' 은 다음과 같이 파장 λ보다 길어진다.

$$\lambda' = \lambda + v_s T$$

이 식에서는 이전 식에서 '−' 부호가 있는 곳에 '+' 부호가 있다는 것에 유의하라. 식 11.11을 유도하였을 때와 같은 논리가 관측자가 듣는 진동수 f_o에 대한 식을 얻는데 사용될 수 있다. 즉

정지해 있는 관측자로부터 멀어지는 음원 $$f_o = f_s\left(\frac{1}{1 + \dfrac{v_s}{v}}\right) \quad (11.12)$$

이다. 식 11.12의 분모 $1 + v_s/v$는 1 보다 커서, 관측자가 듣는 진동수 f_o는 음원이 방출하는 진동수 f_s보다 작다. 다음 예제는 쉽게 경험할 수 있는 상황에서 도플러 이동이 얼마나 큰 지를 설명하고 있다.

예제 11.6 지나가는 열차의 소리

고속 열차가 415 Hz의 경적을 울리면서 44.7 m/s(100 mi/h)의 속력으로 진행하고 있다. 소리의 속도는 343 m/s이다. (a) 열차가 접근할 때와 (b) 열차가 멀어져 갈 때, 건널목에 서 있는 사람이 듣는 소리의 진동수와 파장은 얼마인가?

살펴보기 열차가 접근할 때, 건널목에 있는 사람은 도플러 효과 때문에 415 Hz 보다 큰 진동수의 소리를 듣게 된다. 열차가 멀리 지나가면 415 Hz보다 작은 진동수의 소리를 듣는다. 진동수를 계산하기 위해 식 11.11과 식 11.12를 각각 사용할 수 있다. 어느 경우에나 관측되는 파장은 소리의 속력을 관측된 진동수로 나눈 식 11.1로부터 얻을 수 있다.

풀이 (a) 열차가 접근할 때, 관측되는 진동수는

$$f_o = f_s\left(\frac{1}{1 - \dfrac{v_s}{v}}\right) \quad (11.11)$$

$$= (415\ \text{Hz})\left(\frac{1}{1 - \dfrac{44.7\ \text{m/s}}{343\ \text{m/s}}}\right) = \boxed{477\ \text{Hz}}$$

이고, 관측되는 파장은

$$\lambda' = \frac{v}{f_o} = \frac{343\ \text{m/s}}{477\ \text{Hz}} = \boxed{0.719\ \text{m}} \quad (11.1)$$

이다.

(b) 열차가 건널목에서 멀어져 갈 때, 관측되는 진동수는

$$f_o = f_s\left(\frac{1}{1 + \dfrac{v_s}{v}}\right) = (415\ \text{Hz})\left(\frac{1}{1 + \dfrac{44.7\ \text{m/s}}{343\ \text{m/s}}}\right)$$

$$= \boxed{367\ \text{Hz}} \quad (11.12)$$

이며, 이 경우 관측되는 파장은

$$\lambda' = \frac{v}{f_o} = \frac{343\ \text{m/s}}{367\ \text{Hz}} = \boxed{0.935\ \text{m}}$$

가 된다.

관측자가 움직이는 경우

그림 11.25는 공기가 정지해 있다는 가정 하에, 음원이 정지해 있고 관측자가 움직일 때 도플러 효과가 어떻게 생기는지를 보여주고 있다. 관측자는 속도 v_o(첨자 'o'는 관측자를 나타냄)로 정지해 있는 음원을 향해 움

직이고, 시간 t동안 $v_o t$ 만큼의 거리를 움직인다. 이 시간 동안 움직이는 관측자는 정지해 있을 때의 밀한 곳의 수에다 추가되는 밀한 곳의 수를 더한 만큼을 수신한다. 수신하게 되는 추가된 밀한 곳의 수는 거리 $v_o t$를 두 연속적인 밀한 곳 사이의 거리 λ로 나눈 값인 $v_o t/\lambda$이다. 그래서 단위 시간당 수신하는 추가된 밀한 곳의 수는 v_o/λ이다. 정지해 있는 관측자는 음원에 의해 방출되는 진동수 f_s를 듣기 때문에, 움직이는 관측자는 다음과 같이 주어지는 높은 진동수 f_o를 듣는다.

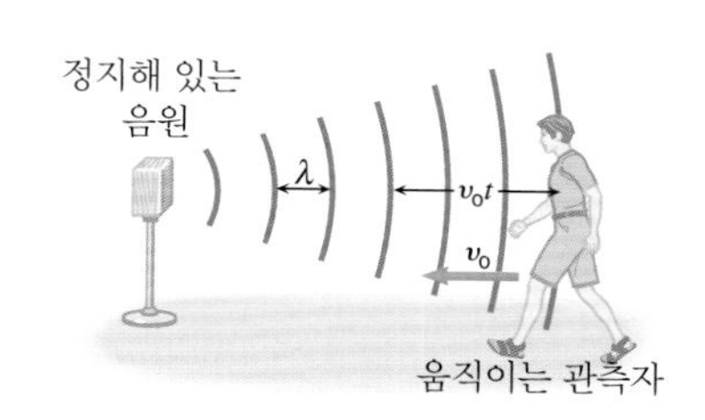

그림 11.25 정지해 있는 음원을 향해 속도 v_o로 움직이는 관측자는 정지해 있는 관측자에 비해 단위 시간당 더 많은 파동의 밀한 곳을 수신한다.

$$f_o = f_s + \frac{v_o}{\lambda} = f_s\left(1 + \frac{v_o}{f_s\lambda}\right)$$

$v = f_s\lambda$라는 사실을 이용하면

정지해 있는 음원을 향해 움직이는 관측자 $$f_o = f_s\left(1 + \frac{v_o}{v}\right) \qquad (11.13)$$

가 얻어진다.

정지해 있는 음원으로부터 멀어지게 움직이는 관측자는 음파와 같은 방향으로 움직이고, 결과적으로 정지해 있는 관측자가 수신하는 것보다 작은 단위 시간당 밀한 곳을 수신한다. 이 경우, 움직이는 관측자는 다음과 같이 주어지는 낮아진 진동수 f_o를 듣게 된다.

정지해 있는 음원으로부터 멀어지는 관측자 $$f_o = f_s\left(1 - \frac{v_o}{v}\right) \qquad (11.14)$$

움직이는 관측자의 경우에 도플러 효과를 발생시키는 물리적 메커니즘은 움직이는 음원의 경우와 다르다. 음원이 움직이고 관측자가 정지할 때, 그림 11.24(b)에 있는 파장 λ가 변하게 되어 관측자가 듣는 진동수는 f_o가 된다. 반면에 관측자가 움직이고 음원이 정지해 있을 때는 그림 11.25에 있는 파장 λ는 변하지 않는다. 대신에 움직이는 관측자는 정지해 있는 관측자와 다른 단위 시간당 밀한 곳의 수를 수신하게 된다. 그러므로 움직이는 관측자는 다른 진동수 f_o로 수신한다.

일반적인 경우

음원과 관측자가 소리의 전파 매질에 대하여 함께 움직이는 경우도 가능하다. 매질이 정지해 있다면, 관측 진동수 f_o는 식 11.11-11.14들을 결합하여 다음과 같이 표현할 수 있다.

음원과 관측자 둘 다 움직임 $$f_o = f_s\left(\frac{1 \pm \dfrac{v_o}{v}}{1 \mp \dfrac{v_s}{v}}\right) \qquad (11.15)$$

분자에 있는 '+' 부호는 관측자가 음원을 향해 움직일 때, '−' 부호는 관측자가 음원으로부터 멀어질 때 적용된다. 분모에 있는 '−' 부호는 음원이 관측자를 향해 움직일 때, 그리고 '+' 부호는 음원이 관측자로부터 멀어질 때 사용된다. 기호 v_o, v_s, v는 대수적 부호가 없는 속력들이다. 왜냐하면 이 식에 나타나 있는 '+', '−' 부호에 의해 파동의 진행 방향이 고려되기 때문이다.

NEXRAD

NEXRAD(차세대 기상 레이더)의 물리

NEXRAD는 차세대 기상 레이더(Next Generation Weather Radar)의 약자이다. NEXRAD는 그림 11.26에서의 토네이도와 같은 심각한 폭풍에 대한 정보를 조기에 알리기 위해 미국의 기상청에서 사용하는 전국적인 시스템이다. 이 시스템은 일종의 전자기파(13장 참조)인 레이더파에 기초를 두고 있고, 레이더파도 음파와 같이 도플러 효과를 나타낸다. 도플러 효과는 NEXRAD에서 핵심적인 역할을 한다. 그림에서 설명되었듯이 토네이도는 공기와 물방울의 소용돌이이다. 레이더 펄스는 축구공 같이 생긴 보호용 덮개 속에 있는 NEXRAD 장치에 의해 발사된다. 파동은 물방울에 의해 반사되어 장치로 되돌아가서 그 진동수가 측정되며, 이 값은 발사 진동수와 비교된다. 예를 들면, 그림에서 점 A에 있는 물방울이 장치를 향해 이동하고, 물방울로부터 반사된 레이더파는 도플러 이동으로 높은 진동수를 갖게 된다. 그러나, 점 B에서의 물방울은 장치로부터 멀어져 움직인다. 이러한 물방울로부터 반사된 파동의 진동수는 도플러 이동에 의해 진동수가 낮아진다. 진동수의 도플러 이동을 컴퓨터로 계산하여 모니터 스크린에는 진한 색깔로 표시한다. 이러한 색깔 표시는 풍속의 방향과 크기를 나타내게 되고, 140마일 위쪽까지 토네이도를 발생시킬 수 있는 공기 질량의 소용돌이를 식별할 수 있게 된다. 진동수의 도플러 이동

그림 11.26 (a) 토네이도는 자연에서 가장 위험한 폭풍의 하나이다. (b) 미국의 기상청은 NEXRAD 시스템을 사용한다. 이 시스템은 도플러 이동 레이더에 기초를 두어 토네이도를 발생시킬 것 같은 폭풍을 식별한다.

(a)

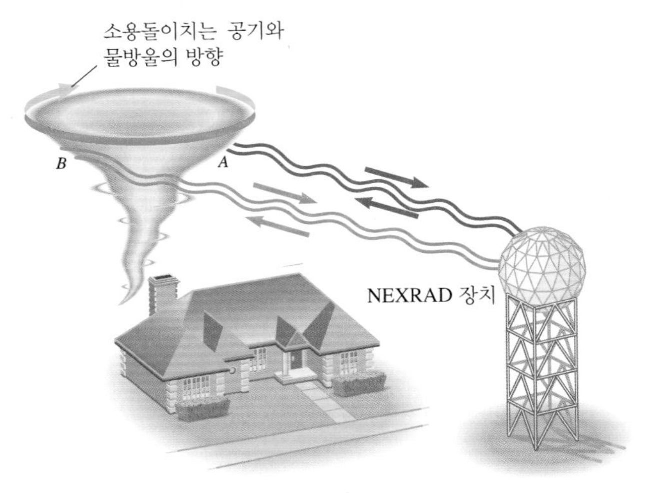

(b)

을 명확히 기술하는 식은 음파에 대한 식 11.11-11.15들과는 다르다. 레이더파는 음파와 다른 메커니즘으로 한 곳에서 다른 곳으로 전파되기 때문이다(13.5절 참조).

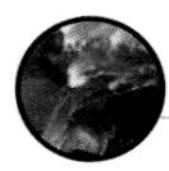

연습 문제

11.1 파동의 성질
11.2 주기적인 파동

1(3) 3.0 Hz의 진동수를 갖는 종파가 길이 2.5 m의 슬링키(그림 11.3 참조)를 진행하기 위해서는 1.7 s의 시간이 걸린다. 파동의 파장을 구하라.

2(7) 그림 11.2(c)에서 횡파의 진폭과 진동수가 각각 1.3 cm와 5.0 Hz이다. 빨간색 점이 3.0 s 동안 움직이는 총 수직 거리(cm 단위)를 구하라.

***3(9)** 줄 위의 횡파의 속력이 450 m/s이고, 파장이 0.18 m이다. 파동의 진폭은 2.0 mm이다. 줄 입자가 총 1.0 km의 거리를 움직이기 위해서는 얼마의 시간이 소요되는가?

11.3 줄 위의 파동의 속력

4(13) 바이올린 가(A) 줄의 선밀도는 7.8×10^{-4} kg/m이다. 줄 위에 있는 파동의 진동수와 파장은 각각 440 Hz 및 65 cm이다. 줄의 장력은 얼마인가?

5(15) 횡파가 수평 줄 위에서 300 m/s의 속력으로 진행하고 있다. 줄의 장력을 4배 증가시킨다면 파동의 속력은 얼마인가?

11.4 파동의 수학적 표현

6(23) 진폭이 0.37 m, 주기가 0.77 s, 속력이 12 m/s인 특성을 갖고 있는 파동이 있다. 파동은 $-x$ 방향으로 진행한다. 이 파동에 대한 수학적인(식 11.3 혹은 11.4와 유사한) 표현식은 무엇인가?

7(25) $y = (0.45)\sin(8.0\,\pi t + \pi x)$로 주어지는 파동이 있다. x와 y의 단위는 미터이고, t의 단위는 초이다. (a) 파동의 진폭, 진동수, 파장 그리고 속력을 구하라. (b) 이 파동은 '$+x$' 혹은 '$-x$' 중 어느 방향으로 진행하는가?

***8(27)** 횡파가 줄 위를 진행하고 있다. 평형 위치로부터 입자의 변위 y는 $y = (0.021\text{ m})\sin(25t - 2.0x)$로 주어진다. 위상 $25t - 2.0x$는 라디안 단위이고, t는 초 단위, x는 미터 단위이다. 줄의 선밀도는 1.6×10^{-2} kg/m이다. 이 줄의 장력은 얼마인가?

11.5 소리의 성질
11.6 소리의 속력

9(29) 온도가 201 K인 수소가 들어있는 용기 속에서 음속은 1220 m/s이다. 온도가 405 K로 올라간다면 음속은 얼마인가? 수소는 이상 기체 같이 행동한다고 가정하라.

10(31) 스피커와 수신자의 왼쪽 귀 사이의 거리가 2.70 m이다. (a) 공기 온도가 섭씨 20도라면 소리가 이 거리를 진행하는데 걸리는 시간은 얼마인가? (b) 소리의 진동수가 523 Hz라고 한다면 얼마나 많은 소리의 파장이 이 거리 속에 포함되어 있겠는가?

***11(39)** 길고 가느다란 막대가 알지 못하는 물질로 만들어졌다. 막대의 길이가 0.83 m, 단면적이 1.3×10^{-4} m^2, 질량이 2.1 kg이다. 음파가 막대의 한쪽 끝에서 다른쪽 끝까지 진행하는데 1.9×10^{-4} s가 걸린다. 막대가 어떤 물질로 만들어졌는지를 표 10.1에서 찾아라.

***12(43)** 부피가 2.5 m^{3}인 상자 속에 단원자 이상 기체($\gamma = 1.67$)가 들어있다. 기체의 압력은 3.5×10^5 Pa이고, 기체의 총 질량은 2.3 kg이다. 이 기체 속에서의 음속을 구하라.

****13(45)** 제트 비행기가 그림에서처럼 수평 방향으로 날아가고 있다. 비행기가 사람의 머리 바로 위에 있는 점 B에 있을 때, 지상에 서 있는 사람이 점 A로부터 나오는 소리를 듣는다. 공기의 평균 온도는 섭씨 20도이다. 점 A에서 비행기의 속력이 164 m/s라면, 점 B에서 속력은 얼마인가? 단, 비행기는 일

정한 가속도를 갖는다고 가정하라.

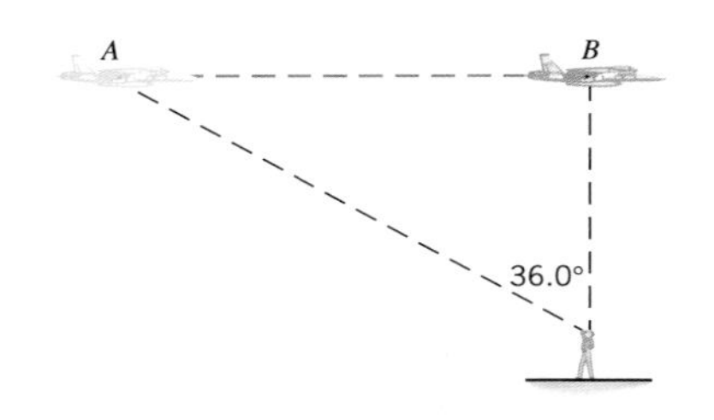

11.7 소리의 세기

14(51) 옥외 스피커에서 소리가 모든 방향으로 균일하게 방출된다고 가정하자. 음원에서 22 m 떨어진 위치에서 세기는 $3.0 \times 10^{-4}\ \mathrm{W/m^2}$이다. 78 m 떨어진 지점에서 세기는 얼마인가?

11.8 데시벨

15(61) 인간은 1.0 dB 만큼의 작은 소리의 세기 준위의 차이를 구별한다. 그러한 차이에 해당하는 소리 세기의 비는 얼마인가?

*__16(65)__ 토론회에서 A는 B에 비해 1.5 dB 만큼 큰 소리로 말하고, C는 A에 비해 2.7 dB 크게 말을 한다. B의 소리 세기에 대한 C의 소리 세기의 비는 얼마인가?

**__17(69)__ 어떤 소리 세기 준위(dB)가 3 배가 될 때 소리 세기($\mathrm{W/m^2}$)도 역시 3 배가 된다고 가정하자. 이런 경우의 소리 세기 준위를 구하라.

11.9 도플러 효과

18(71) 주차된 자동차의 보안 경보기가 울리면서 960 Hz의 진동수의 음을 방출한다. 소리의 속력은 343 m/s이다. 어떤 사람이 주차된 자동차를 향하여 운전하고, 이 차를 통과하여 멀리 운전함에 따라, 95 Hz 만큼의 진동수 변화를 관측한다면 그가 운전하는 자동차의 속력은 얼마인가?

*__19(75)__ 물에 대한 항공 모함의 속력이 13.0 m/s이다. 제트기가 갑판에서 급격히 움직여 물에 대해 67.0 m/s의 속력을 낸다. 제트 엔진은 1550 Hz의 소리를 발생시키며, 소리의 속력은 343 m/s이다. 배 위에 있는 승무원이 듣는 소리의 진동수는 얼마인가?

*__20(79)__ 모터사이클이 정지 상태에서 출발하여 일직선을 따라 $2.81\mathrm{m/s^2}$으로 가속된다. 소리의 속력은 343 m/s이다. 시작점에서 사이렌은 정지해 있다. 모터사이클이 정지해 있을 때의 사이렌 진동수의 90 %를 운전자가 들을 때, 모터사이클은 얼마나 멀리 갔겠는가?

Chapter 12 선형 중첩의 원리와 간섭 현상

12.1 선형 중첩의 원리

모임에서 여러 사람이 동시에 말을 하거나, 스테레오 스피커로부터 음악이 연주될 때에는 두 개 이상의 음파(소리 파동)가 같은 시간, 같은 장소에 존재한다. 여러 개의 파동이 동시에 같은 장소를 지날 때 어떠한 현상이 일어나는지를 설명하기 위해서, 같은 높이의 두 펄스 횡파가 반대 방향으로 진행하는 그림 12.1과 12.2를 보자. 파동들은 긴 슬링키 코일을 흔들어서 만든 것이다. 그림 12.1에서는 두 펄스가 모두 위쪽에 있는 반면 그림 12.2에서는 하나는 위쪽이고 다른 하나는 아래쪽이다. 두 그림에서 (a)는 두 펄스가 겹쳐지기 시작하는 것을 보이고 있다. 두 펄스가 만나니까 파동이 두 펄스를 더한 형태로 되고 있다. 그림 12.1(b)처럼 두 개의 위쪽 펄스가 완전히 겹쳐질 때 펄스의 높이는 각 펄스의 높이의 두 배이다. 마찬가지로 그림 12.2(b)처럼 위쪽 펄스와 아래쪽 펄스가 완전히 겹쳐지면, 순간적으로 펄스는 사라지고, 일직선의 형태가 된다. 두 경우 다, 겹쳐진 이후에는 다시 원래의 개별 펄스들로 분리되어 움직인다.

파동이 겹쳐지는 것을 파동의 중첩이라고 말한다. 두 개의 펄스가 같이 겹쳐져서 하나의 펄스가 되는 현상은 **선형 중첩의 원리**(principle of linear superposition)라는 일반적 개념의 예이다.

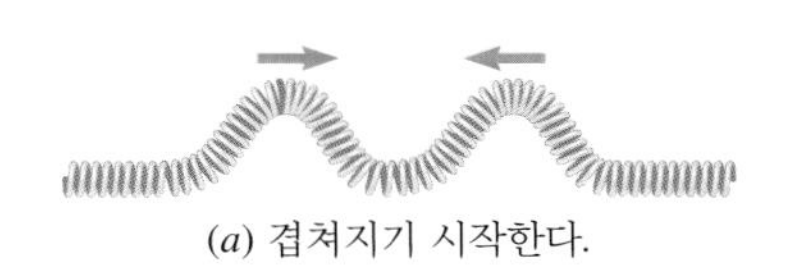

(*a*) 겹쳐지기 시작한다.

(*b*) 완전한 중첩; 각 펄스의 높이의 두 배가 된다.

(*c*) 멀어지는 두 펄스

그림 12.1 서로 반대 방향으로 진행하다가 만나는 '위'쪽 펄스 횡파 두 개

■ **선형 중첩의 원리**

두 개 이상의 파동이 같은 시간, 같은 장소에 존재할 때, 각 위치의 교란은 개별 파동에 의한 교란의 합이 된다. 달리 말하면 결과 파동의 형태는 각

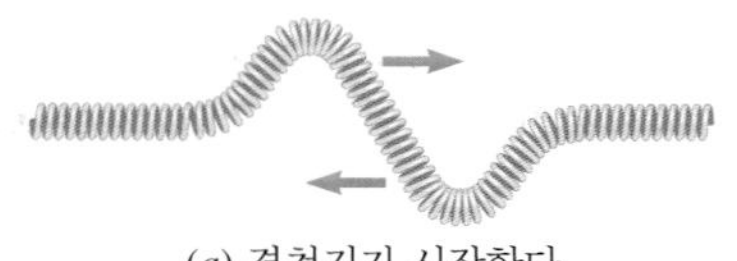

(*a*) 겹쳐지기 시작한다.

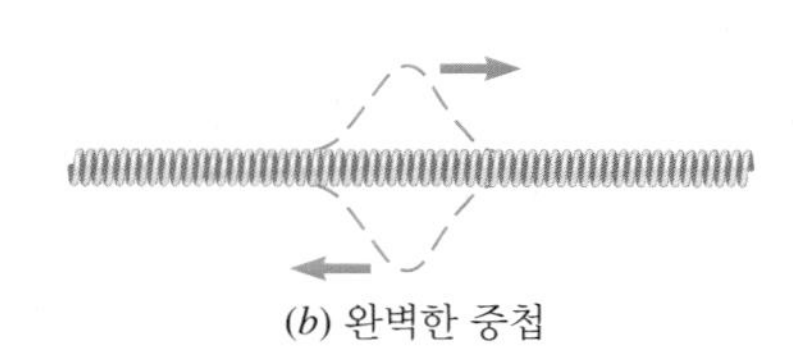

(*b*) 완벽한 중첩

(*c*) 멀어지는 두 펄스

그림 12.2 서로 반대 방향으로 진행하다가 만나는 '위'쪽 펄스 횡파와 '아래'쪽 펄스 횡파

파동의 형태의 합과 같다.

이 원리는 음파, 물결 파동, 그리고 빛과 같은 전자기파를 포함하는 모든 형태의 파동에 적용될 수 있다. 이 원리는 물리학의 매우 중요한 개념들 중의 하나이며, 이 장의 나머지 부분은 이 원리와 관련된 현상들을 다루게 된다.

12.2 음파의 보강 간섭과 상쇄 간섭

그림 12.3에서와 같이 듣는 쪽의 가운데 부분에서, 두 개의 스피커에서 나오는 음파들이 중첩되는 상황을 생각해 보자. 음파들의 진폭과 진동수는 측정점 근처에서 같다고 가정한다. 생각하기 편하도록 음파의 파장은 $\lambda = 1\,\text{m}$로 놓고, 또 스피커의 진동판은 같은 위상으로 진동한다고 가정하자. 듣는 곳에서 두 스피커까지의 거리가 같다고 하면(그림에서 3 m), 두 음파가 만날 때 파동의 밀한 곳(C)은 항상 밀한 곳과 만나며, 마찬가지로 소한 곳(R)은 항상 소한 곳과 만난다. 선형 중첩의 원리에 따라 겹쳐진 파동의 형태는 두 파동의 형태의 합으로 나타난다. 결과적으로 중첩점(듣는 곳)에서의 진동하는 공기 압력의 진폭은 개별 파동의 진폭 A의 두 배이며, 이곳에서 청취자는 스피커 하나에서 오는 소리를 들을 때 보다 더 큰 소리를 듣는다. 한 파동의 마루(음파의 경우 가장 밀한 곳)와 다른 파동의 마루, 골과 다른 파동의 골이 서로 일치하면 두 파동이 정확히 **같은 위상**(in phase)이며 **보강 간섭**(constructive interference)이 일어난다고 말한다.

스피커 하나가 움직인다면 어떤 현상이 일어나는지 생각해 보자. 매우 놀라운 결과가 나타난다. 그림 12.4에서 듣는 곳으로부터 왼쪽 스피커를 반 파장, 즉 0.5 m 더 멀리 두면, 왼쪽에서 오는 밀한 곳이 오른쪽에서

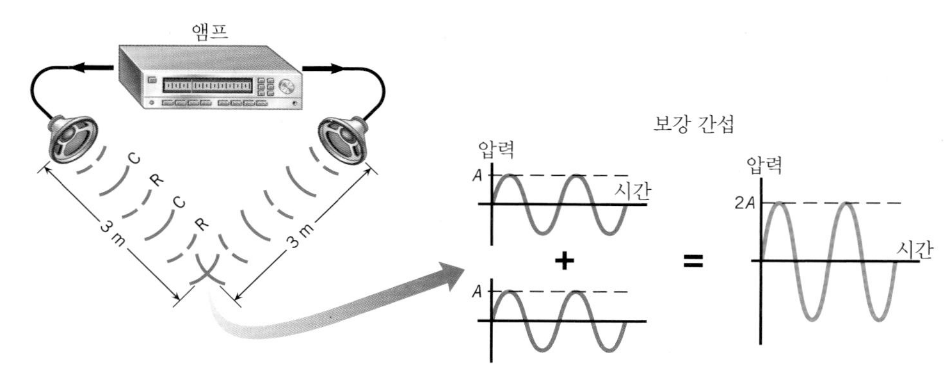

그림 12.3 진폭이 A인 두 음파의 보강 간섭에 의해, 같은 위상으로 진동하는 두 개의 스피커에서 같은 거리에 위치한 부분에서는 큰 소리(진폭 = $2A$)가 들린다. (C: 밀한 곳, R: 소한 곳)

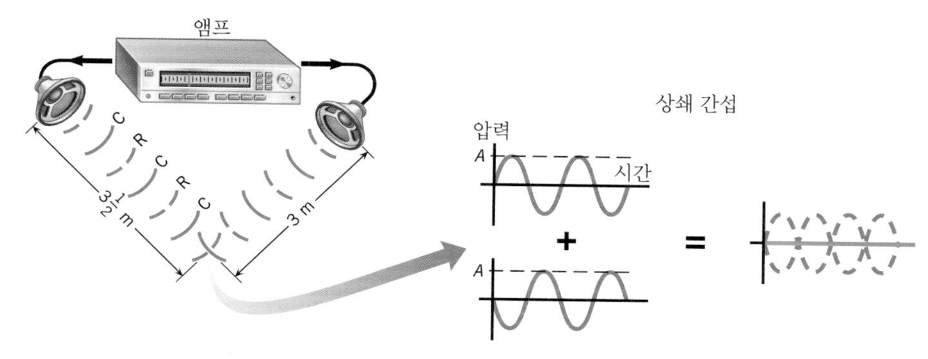

그림 12.4 스피커는 같은 위상으로 진동하지만 왼쪽 스피커는 오른쪽 스피커보다 듣는 곳으로부터 반 파장 더 멀리 있다. (C: 밀한 곳, R: 소한 곳)

오는 소한 곳과 만난다. 마찬가지로 반주기 후에는 왼쪽에서 오는 소한 곳이 오른쪽에서 오는 밀한 곳과 만난다*. 선형 중첩의 원리에 따르면, 알짜 효과는 두 파동의 상호 상쇄이다. 한쪽 파동의 밀한 곳이 다른 쪽 파동의 소한 곳을 상쇄시켜 공기 압력이 일정하게 되어 청취자는 소리를 감지하지 못한다. 한 파동의 마루(음파의 경우 가장 밀한 곳)와 다른 파동의 골이 서로 일치하면 두 파동이 정확히 **반대 위상**(out of phase)이며 **상쇄 간섭**(destructive interference)이 일어난다고 말한다.

두 파동이 만날 때, 이들이 정확히 항상 같은 위상으로 만난다면 보강 간섭이 일어나며, 항상 반대 위상으로 만난다면 상쇄 간섭이 일어난다. 이런 경우에는, 시간이 지날 때 한 파동의 형태가 다른 파동에 대해 상대적으로 움직이지 않는다. 이런 파동들을 만들어내는 파원들을 **가간섭성**(coherent) 파원들이라 부른다.

상쇄 간섭은 소음의 크기를 줄이는 유용한 기술의 바탕이다. 그림 12.5는 소음 제거용 헤드폰을 보여주고 있다. 작은 마이크로폰을 헤드폰의 안쪽에 부착시켜 비행기 조종사가 듣는 엔진 소리 등의 소음을 감지하

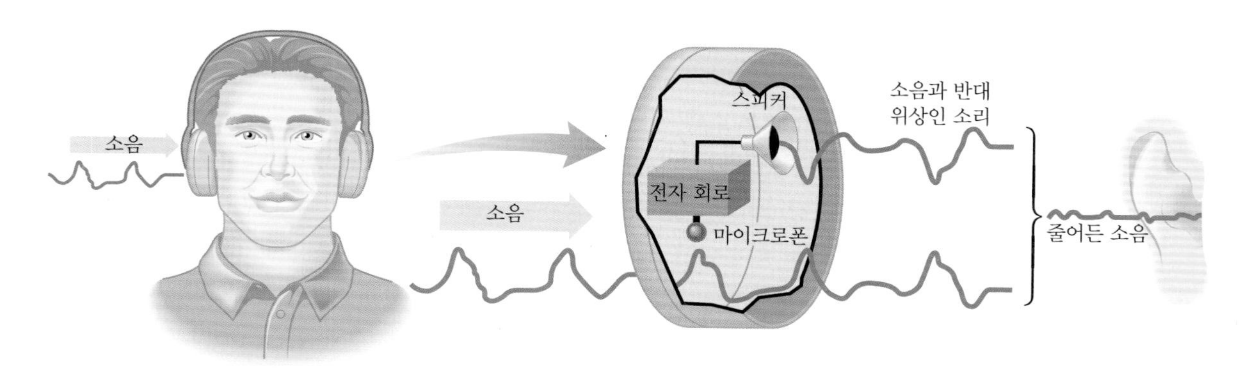

그림 12.5 소음 제거용 헤드폰은 상쇄 간섭을 이용한다.

* 왼쪽 스피커가 뒤로 가면 이 스피커에서 오는 소리는 작아진다. 여기서는 왼쪽 스피커 소리를 좀 세게 조정해서 양쪽 스피커에서 오는 소리의 세기가 듣는 곳에서 같다고 가정한다.

게 한다. 또한 헤드폰에는 마이크로폰의 소음 신호와 정확하게 반대 위상을 갖는 신호를 만들어 내는 전자 회로가 들어있다. 이 신호대로 헤드폰 스피커에서 음파를 내면, 원래의 파동과 겹쳐서 상쇄 간섭을 일으키기 때문에 조종사가 듣는 소음이 줄어든다.

그림 12.4에서 왼쪽 스피커를 관측점에서 다시 반 파장($3\frac{1}{2}$ m + $\frac{1}{2}$ m = 4 m)을 움직인다면, 두 파동은 다시 같은 위상이 되며, 보강 간섭을 일으킨다. 왼쪽 파원이 한 파장(λ = 1 m) 이동하므로 왼쪽에서 오는 파동이 오른쪽에서 오는 파동보다 한 파장 더 많이 움직여서 중첩점에서 만나게 된다. 그러므로 밀한 곳은 밀한 곳과, 소한 곳은 소한 곳이 만나기 때문에 청취자는 보다 큰 소리를 듣게 된다. 일반적으로, 중요한 것은 중첩점에 도달하는 각 파동이 이동한 거리의 차이이다.

> 같은 위상으로 진동하는 두 파원으로부터의 경로차가 0이거나 파장의 정수배(1, 2, 3, ...배)인 경우는 보강 간섭이 생기며, 경로차가 파장의 반정수배($\frac{1}{2}$, $1\frac{1}{2}$, $2\frac{1}{2}$, ... 배)면 상쇄 간섭이 생긴다.

간섭 효과는 두 스피커를 고정시키고 청취자가 움직여도 관측할 수 있다. 그림 12.6에서는 음파가 동심 호를 그리면서 각 스피커로부터 퍼져나가고 있다. 각 실선 호는 밀한 영역의 중심을 나타내며, 점선 호는 소한 영역의 중심을 나타낸다. 두 파동이 겹쳐지는 위치에 보강 간섭과 상쇄 간섭이 일어난다. 보강 간섭은 두 개의 실선(밀한 곳), 또는 두 개의 점선(소한 곳)이 교차하는 모든 점에서 일어나며, 그림에서는 색칠이 된 네 개의 점으로 보여주고 있다. 이들 중 어느 한 곳에 있는 청취자는 매우 큰 소리를 듣는다. 한편, 상쇄 간섭은 실선과 점선이 교차하는 모든 점에서 일어난다. 그림에서 두 개의 열린 점으로 표시했다. 상쇄 간섭이 있는 위치에 있는 청취자는 소리를 들을 수 없다. 보강 간섭 또는 상쇄 간섭이 없는 위치에서는, 스피커의 상대적 위치에 따라, 두 파동이 부분적으로 보강되거나 부분적으로 소멸된다. 즉 청취자가 두 음파가 중첩되는 지역을 걸어가면서 소리 세기의 변화를 들을 수 있다.

그림 12.6에서 각 스피커에서 나오는 음파는 에너지를 운반하며, 중첩점까지 운반된 에너지는 두 파동 에너지의 합이 된다. 간섭의 흥미로운 결과 중 하나는 에너지의 재분포가 일어나서, 소리가 크게 들리는 지역도 있고 소리가 전혀 들리지 않는 지역도 있게 된다는 사실이다. 다시 말하면, 간섭은 빼앗은 것으로 남에게 베푸는 것과 유사하지만 에너지는 이 과정에서 항상 보존된다. 예제 12.1은 청취자가 듣는 소리의 세기를 알아내는 방법을 보여주고 있다.

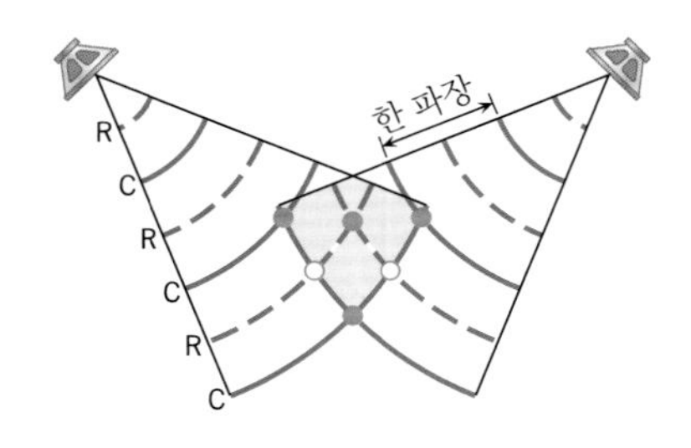

그림 12.6 두 음파가 겹치고 있는 곳을 보자(어두운 부분). 실선은 밀한 영역의 중앙을 표시한 것이고(C), 점선은 소한 영역의 중앙을 표시한 것이다(R). 색칠한 점(●)에서는 보강 간섭이, 열린 점(○)에서는 상쇄 간섭이 일어난다.

예제 12.1 소리를 들을 수 있을까?

그림 12.7에서 A와 B로 표시한 위상이 같은 2 개의 스피커가 3.20 m 떨어져 있다. 청취자는 B 스피커 앞 2.40 m 떨어진 점 C에 위치해 있다. 삼각형 ABC는 직각 삼각형이다. 두 스피커는 214 Hz의 음파를 내고 있으며, 소리의 속력은 343 m/s이다. 청취자는 큰 소리를 들을 수 있을까 아니면 소리를 듣지 못할까?

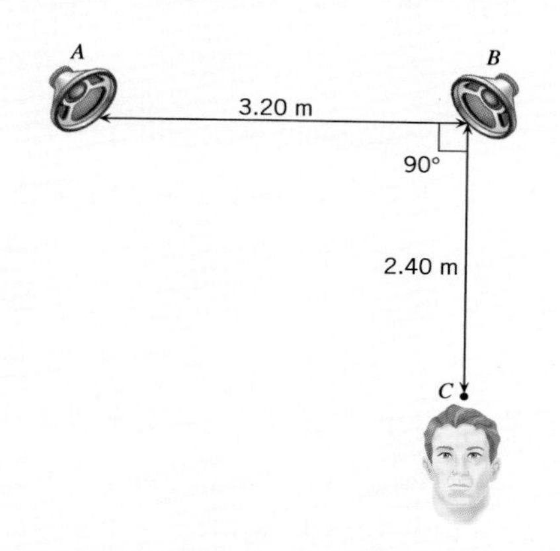

그림 12.7 예제 12.1은 진동수 214 Hz인 두 음파가 점 C에서 보강 간섭하는지 상쇄 간섭하는지를 논의한다.

살펴보기 청취자는 점 C에서 일어나는 간섭이 보강 간섭인지 상쇄 간섭인지에 따라 큰 소리를 듣거나 아니면 전혀 소리를 듣지 못하게 될 것이다. 이것을 판단하기 위해서는, 점 C에 도달하는 두 음파가 진행한 경로차를 구해야 되며, 경로차가 파장의 정수배인지 반정수배인지를 알아야한다. 어느 경우든, 파장은 $\lambda = v/f$ (식 11.1)의 관계를 사용해서 구할 수 있다.

풀이 삼각형 ABC는 직각 삼각형이므로, 길이 AC는 피타고라스 정리에 의해 $\sqrt{(3.20\text{ m})^2 + (2.40\text{ m})^2} = 4.00\text{ m}$이다. 길이 BC는 2.4 m로 주어져 있으므로 두 음파의 경로차는 $4.00\text{ m} - 2.40\text{ m} = 1.60\text{ m}$이다. 음파의 파장은

$$\lambda = \frac{v}{f} = \frac{343\text{ m/s}}{214\text{ Hz}} = 1.60\text{ m} \qquad (11.1)$$

이다. 경로차가 한 파장이므로 점 C에서는 보강 간섭이 일어나며, 청취자는 큰 소리를 듣는다.

보강 또는 상쇄 간섭 현상은 단지 음파뿐만 아니라, 모든 형태의 파동에서 나타난다. 빛의 간섭 현상은 16장에서 공부하게 될 것이다.

> **문제 풀이 도움말**
> 두 개의 음원에서 오는 소리가 어떤 곳에서 보강 간섭을 일으키는지 상쇄 간섭을 일으키는지 알아보려면 그곳과 두 음원과의 거리의 차를 소리의 파장과 비교한다.

12.3 회절

파동이 장애물이나 구멍을 지날 때, 파동은 장애물이나 구멍의 가장자리 주위로 휘어진다. 예를 들어, 스테레오 스피커에서 나오는 음파는 그림 12.8(a)에 보이는 것처럼, 열린 문의 가장자리를 따라 휘어진다. 만일 휘어지는 현상이 일어나지 않는다면, 그림 12.8(b)에서 나타낸 것처럼, 문의 출입구를 정면으로 쳐다보고 있는 위치에서만 소리를 들을 수 있다(여기서는 소리가 벽을 통해서는 전달되지 않는다고 가정하였다). 장애물이나 구멍의 가장자리 주위에서 파동이 휘는 현상을 **회절**(diffraction)이라 부른다. 모든 종류의 파동은 회절 현상을 보인다.

파동의 회절이 어떻게 일어나는지를 보여 주기 위해서, 그림 12.9는 그림 12.8(a)를 확대한 것이다. 소리가 출입구에 도달했을 때, 출입구에 있는 공기는 좌우로 진동을 일으킨다. 이 진동은 파동의 진행 방향과 같

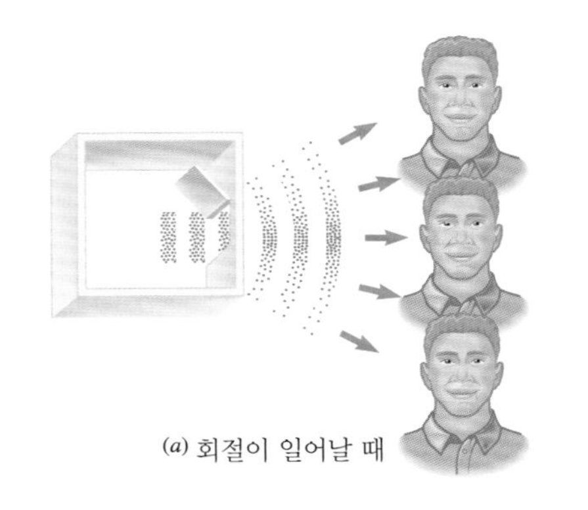

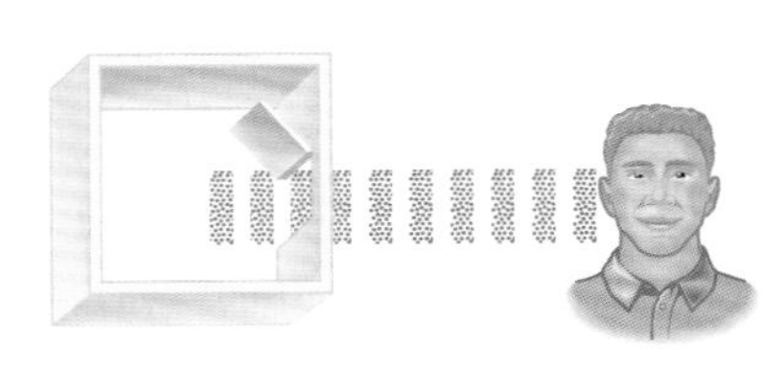

그림 12.8 (a) 출입구 가장자리 주변에서 음파가 휘는 현상은 회절의 예이다. 방안에 있는 음원은 그리지 않았다. (b) 회절이 일어나지 않는다면, 음파는 휘어지지 않고 출입구를 통해 직진한다.

은 방향이므로 종진동(세로 진동; longitudinal oscillation)이라고 부른다. 따라서 출입구에 있는 공기분자들은 새로운 음파의 파원이 되며, 그것을 보여주는 예로 그림 12.9는 분자 두 개가 삼차원으로 퍼지는 음파를 만드는 상황을 묘사한다. 이는 연못에 돌을 던졌을 때 물결파가 2차원적으로 만들어지는 것과 비슷하다. 출입구에 있는 모든 분자에 의해서 만들어진 음파들은, 선형 중첩의 원리에 따라, 방 밖의 모든 곳에서 합쳐져서 전체 음파가 된다. 그림에서 단지 두 개의 분자에 의해서 만들어진 파동만을 고려해도, 퍼져나가는 파동은 출입구 앞쪽뿐 아니라 양쪽으로도 진행하는 것이 분명하게 보인다. 이 회절에 대해 보다 더 깊이 이해하려면 호이겐스의 원리를 알아야 된다(이 원리에 대해서는 16.5절 참조).

출입구에서 모든 분자에 의해서 발생하는 음파들이 함께 더해졌을 때, 앞 절에서 논의했던 것과 비슷한 형태로, 소리의 세기가 최대가 되는 곳과 소리가 들리지 않는 곳이 있는 것을 발견하게 된다. 출입구에서 매우 멀리 떨어진 점에서 소리의 세기는 문의 중심을 바로 마주보고 있는 곳에서 최대가 된다. 이 중심 양쪽으로 거리가 멀어짐에 따라, 세기는 감소하다가 0에 도달하고, 다시 극대가 되었다가, 다시 0으로 떨어지고, 다시 극대가 되는 형태가 반복된다. 중심에서 최대 세기만이 매우 강하고 다른 극대치들은 약하며, 중심에서 멀어질수록 더 약해진다. 그림 12.9에서, 각 θ는 중심과 양쪽 첫 극소점 사이의 각도이다. 이 각도를 대개 회절각이라고 부른다. 식 12.1은 각 θ를 출입구의 폭 D와 파장 λ로 표현한 것이며, 출입구를 높이가 폭에 비해 매우 큰 슬릿이라고 가정한 것이다:

단일 슬릿 첫 극소 $$\sin\theta = \frac{\lambda}{D} \tag{12.1}$$

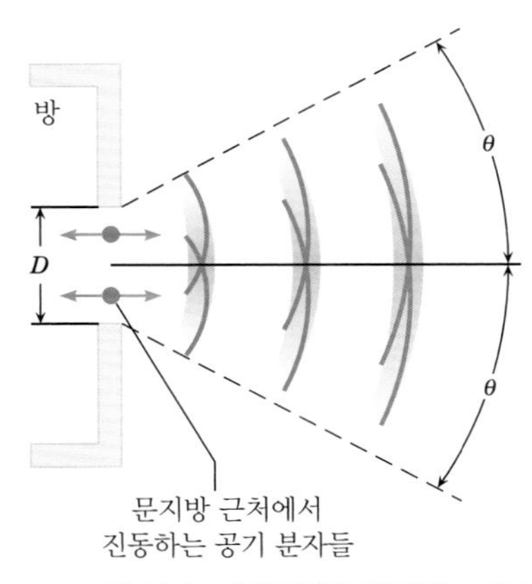

그림 12.9 출입구에서 진동하는 모든 공기 분자는 음파를 만들고, 이 파동들은 출입구 밖으로 퍼지고 휜다. 즉 회절이 일어난다. 간섭 효과에 의해서 파동 에너지의 대부분은 각도가 양쪽으로 각각 θ인 두 방향 사이에 있다.

파동은 구멍의 가장자리 주위에서도 휘어진다. 특히 중요한 것은, 큰 스피커의 경우처럼, 원형 구멍 주위에서 음파가 회절하는 경우이다. 이 경우, 첫 극소가 되는 각 θ는 구멍의 지름 D와 파장 λ와 관계있고 다음과 같이 주어진다.

원형 구멍 첫 극소 $$\sin\theta = 1.22\frac{\lambda}{D} \tag{12.2}$$

식 12.1과 12.2에서 기억해야할 중요한 점은 회절의 범위는 구멍의 크기와 파장의 비에 의해 결정된다는 것이다. λ/D 비가 작으면, 각 θ가 작아지며 회절이 별로 일어나지 않는다. 즉 회중 전등에서 빛이 나오는 것처럼, 파동은 열린 구멍을 지나서 주로 앞 방향으로 진행하게 된다. 이러한 음파를 좁은 분산(narrow dispersion)을 갖는다고 말한다. 높은 진동수의 소리는 파장이 짧기 때문에 좁은 분산을 갖는 경향이 있다. 한편, λ/D 비가 큰 값을 갖는 경우에는, 각 θ가 커진다. 파동은 더 넓은 지역으로 퍼지며 이것을 넓은 분산(wide dispersion)을 갖는다고 말한다. 낮은 진동수의 소리는 상대적으로 파장이 길기 때문에, 전형적인 넓은 분산을 갖는다.

스테레오 스피커는 넓은 분산을 갖는 것이 바람직하다. 예제 12.2에서는 스피커 설계에서 얻을 수 있는 분산의 한계를 설명하고 있다.

지금까지 본 것처럼, 회절은 간섭 효과의 한 유형이다. 이 과정에서도 에너지는 재분포되지만 그 총량은 보존된다.

문제 풀이 도움말
파동이 구멍을 지날 때 λ/D의 비가 크면 회절각이 커진다. 여기서 λ는 파장, D는 구멍의 지름 또는 폭이다.

예제 12.2 | 넓은 분산을 위한 스피커 설계

진동수가 1500 Hz와 8500 Hz인 소리가 지름 0.30 m인 원형 구멍의 스피커로부터 나오고 있다(그림 12.10 참조). 각 소리에 대한 회절각 θ를 구하라. 공기 중에서 소리의 속력은 343 m/s로 가정한다.

살펴보기 각 음파에 대한 회절각 θ는 $\theta = 1.22(\lambda/D)$로 주어진다. 먼저 식 11.1로부터 소리의 파장을 계산하는 것이 필요하다.

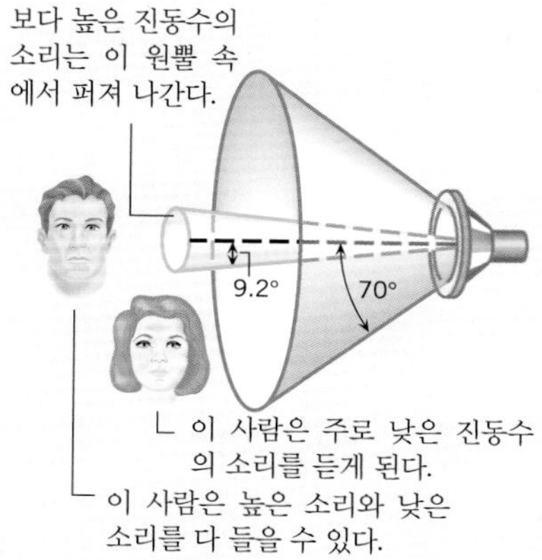

그림 12.10 높은 진동수의 소리가 낮은 진동수의 소리보다 좌우로 덜 퍼지기 때문에, 높은 음과 낮은 음을 똑같이 잘 듣기 위해서는 스피커 정면 바로 앞에 있어야 한다.

풀이 두 음파의 파장은

$$\lambda_{1500} = \frac{343\ \text{m/s}}{1500\ \text{Hz}} = 0.23\ \text{m}$$

그리고

$$\lambda_{8500} = \frac{343\ \text{m/s}}{8500\ \text{Hz}} = 0.040\ \text{m}$$

이다. 따라서 각 음파에 대한 회절각은 다음과 같이 구해진다.

1500 Hz의 경우

$$\sin\theta = 1.22\frac{\lambda_{1500}}{D} = 1.22\left(\frac{0.23\ \text{m}}{0.30\ \text{m}}\right) = 0.94 \quad (12.2)$$

$$\theta = \sin^{-1} 0.94 = \boxed{70^\circ}$$

8500 Hz의 경우

$$\sin\theta = 1.22\frac{\lambda_{8500}}{D} = 1.22\left(\frac{0.040\ \text{m}}{0.30\ \text{m}}\right) = 0.16 \quad (12.2)$$

$$\theta = \sin^{-1} 0.16 = \boxed{9.2^\circ}$$

그림 12.10은 이 결과를 보여주고 있다. 지름이 0.30 m

인 열린 구멍이 있는 스피커에서, 높은 진동수 8500 Hz 인 소리에 대한 분산은 9.2° 가 한계이다. 분산을 증가시키기 위해서는 보다 작은 구멍의 스피커가 필요하게 된다. 이와 같은 이유 때문에 스피커 제작자들은 높은 진동수의 소리를 발생시키기 위해서 트위터(tweeter)라고 부르는 작은 지름의 스피커를 사용한다. 그림 12.11은 이것을 보여주고 있다.

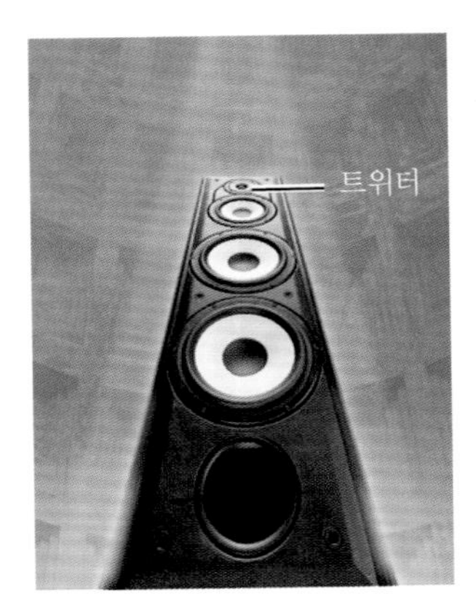

그림 12.11 트위터라 부르는 지름이 작은 스피커는 높은 진동수의 소리를 발생시키는데 사용된다. 지름이 작을수록 넓은 분산을 만든다. 즉 소리가 좌우로 잘 퍼지게 한다.

➲ 트위터가 있는 스피커의 물리

12.4 맥놀이

같은 진동수를 갖는 파동이 중첩되는 상황에서, 선형 중첩의 원리가 보강 간섭과 상쇄 간섭 그리고 회절을 어떻게 설명하는지를 보았다. 이 절에서는 진동수의 차이가 조금 있는 두 파동의 선형 중첩이 맥놀이(beat) 현상을 일으키는 것을 보게 될 것이다.

소리굽쇠는 단일 진동수의 음파를 낸다. 그림 12.12는 이웃한 두 개의 소리굽쇠로부터 나오는 음파를 보여주고 있다. 두 소리굽쇠는 동일한 것이며, 진동수 440 Hz인 소리를 내도록 만들어진 것이다. 작은 조각의 퍼티(페인트칠할 때 사용하는 접착제 일종)를 소리굽쇠 한 개에 붙이면, 질량이 증가했기 때문에 이 소리굽쇠의 진동수는 작아진다. 이 소리굽쇠의 진동수가 438 Hz로 되었다고 하자. 두 소리굽쇠가 동시에 소리를 낼 때, 결과적인 소리의 세기는 주기적으로 '커졌다 작아졌다'를 반복한다. 소리 세기가 주기적으로 변하는 진동을 맥놀이라고 부르며, 이는 진동수 차가 조금 있는 두 음파가 간섭해서 생긴 결과이다.

그림 12.12는 두 음파의 밀한 영역과 소한 영역을 따로 보여주고 있다. 그러나 실제로 파동은 퍼져나가면서 겹쳐진다. 우리 귀는 두 파동이 선형 중첩의 원리에 따라 겹쳐진 것을 감지하게 된다. 두 파동이 보강 간섭한 곳과 상쇄 간섭한 곳이 있다는 것을 주목하라. 보강 간섭한 곳이 귀에 도달했을 때는 큰 소리가 들린다. 반면에, 상쇄 간섭한 곳이 도달했을

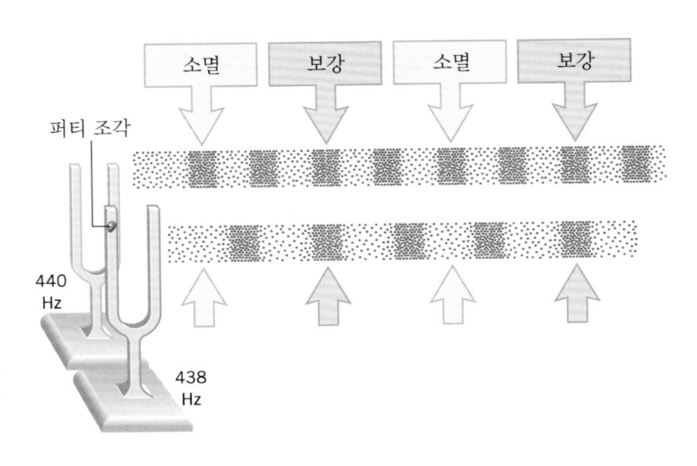

그림 12.12 약간의 진동수 차이가 있는 두 개의 소리굽쇠가 동시에 울릴 때 맥놀이 현상이 일어난다.

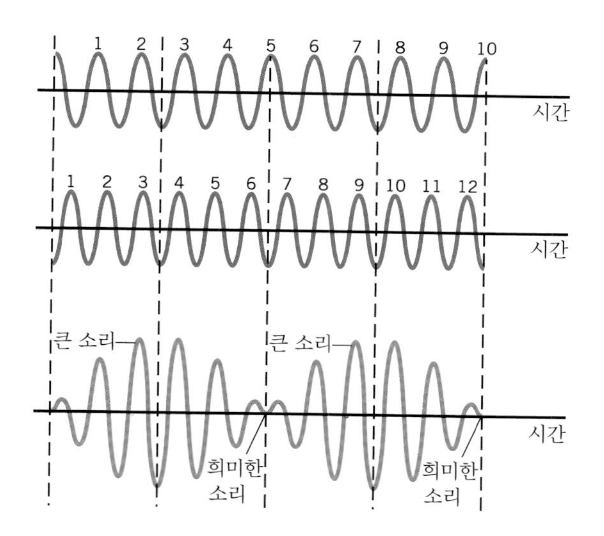

그림 12.13 10 Hz의 음파와 12 Hz의 음파를 더했을 때, 맥놀이 진동수가 2 Hz인 파동이 만들어 진다. 그림은, 각 개별 음파들의 압력의 진동(파란색)과 두 파동이 중첩될 때에 만들어진 압력의 진동(빨간색)을 보이고 있다. 1 초 동안의 상황을 보인 것이다.

때는 소리 세기가 0이 된다(각 파동은 같은 진폭을 갖는다고 가정함). 1 초당 소리의 세기가 커지고 작아지는 횟수가 **맥놀이 진동수**(beat frequency)이며, 두 음파의 진동수의 차와 같다. 그림 12.12에 보여준 상황에서, 관측자는 1초당 2회 비율로 소리의 높고 낮음을 듣는다(440 Hz − 438 Hz = 2 Hz).

그림 12.13은 두 진동수의 차가 맥놀이 진동수가 되는 이유를 설명해 준다. 그림은 10 Hz 파동과 12 Hz 파동, 그리고 두 파동이 겹쳤을 때의 시간에 따른 압력의 진동들을 그래프로 보여주고 있다. 이 진동수는 가청 영역 아래여서 실제로 우리가 들을 수 없으나, 간섭 현상은 우리가 들을 수 있는 음파의 경우와 정성적으로 똑같다. 그림에서 위의 두 파동들(파란색)은 각 파동이 1 초 동안 진동하는 것을 나타낸 것이다. 세 번째 그림(빨간색)은 선형 중첩의 원리에 따라 파란색 파동들이 함께 더해진 결과를 나타낸 것이다. 빨간색 그래프를 보면, 진폭이 최소에서 최대로 변하는 것이 반복됨을 알 수 있다. 이 진동의 변화가 가청 영역에서 일어나서 관측자가 듣는다면, 진폭이 최대가 되는 곳에서는 큰 소리를, 진폭이 최소가 되는 곳에서는 매우 희미한 소리를 듣게 된다. '큰 소리–희미한 소리' 의 순환이 1 초 동안에 두 번 일어나므로 맥놀이 진동수는 2 Hz이다. 이 맥놀이 진동수는 두 파동의 진동수들의 차이(12 Hz − 10 Hz = 2 Hz)이다.

종종 음악가들은 맥놀이 진동수를 들으면서 자신의 악기를 조율한다. 예를 들면, 기타 연주자는 진동수를 정확히 알고 있는 파원의 음높이에 맞추기 위해서 줄의 장력을 늘리거나 줄인다. 두 소리의 맥놀이가 없어질 때까지 줄의 장력을 조절하는 것이다.

➲ 악기 조율의 물리

12.5 횡정상파

정상파(standing wave)는 두 파동이 중첩될 때 일어 날 수 있는 다른 형태의 간섭 현상이다. 정상파는 기타 줄에서와 같은 횡파는 물론 관악기 속의 음파처럼 종파의 경우에도 일어날 수 있다. 선형 중첩의 원리는 정상파가 생기는 이유도 설명한다.

그림 12.14는 횡파인 정상파의 기본 방식 몇 개를 보여주고 있다. 이 그림에서 각 줄의 왼쪽 끝은 앞뒤로 진동하는 반면, 오른쪽 끝은 벽에 부착되어 있다. 사진에서 줄의 움직임이 매우 빠르기 때문에 흐리게 보이고 있다. 그림에 나타낸 모든 형태는 **횡정상파**(가로 정상파; transverse standing wave)라 부른다. 이 형태에는 마디와 배라고 부르는 곳들이 있다. **마디**(node)는 전혀 진동하지 않는 위치이며, **배**(antinode)는 최대 진동이 일어나는 위치이다. 사진 오른쪽은 정상파가 진동할 때 줄의 움직임을 쉽게 알 수 있도록 여러 개의 그림을 겹쳐 놓은 것이다. 각 그림들은 여러 시간의 파동 모양들이며 배에서 최대 진동이 일어나는 것을 강조하기 위

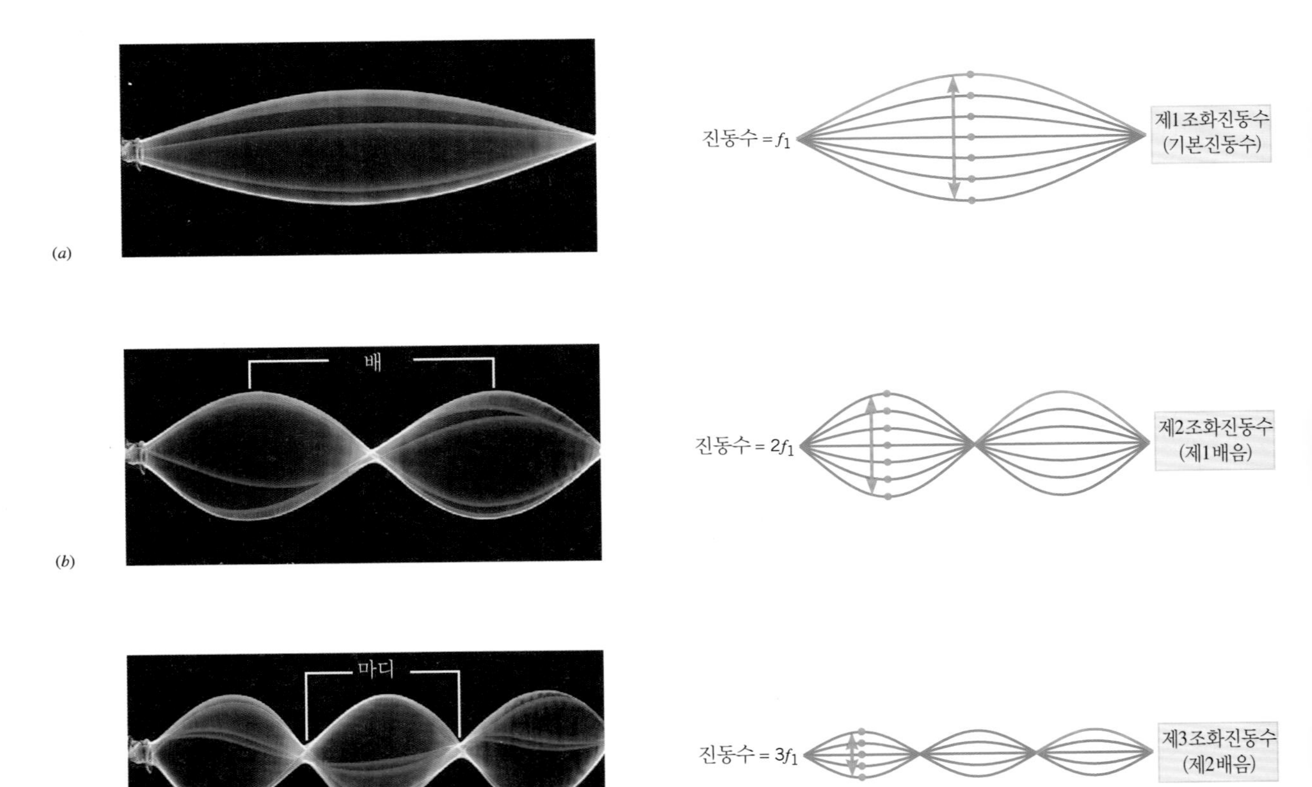

그림 12.14 왼쪽 3 개의 사진에서 보이는 것처럼, 일정한 진동수로 진동하는 줄은 횡정상파를 만든다. 오른쪽 각 그림은 여러 순간의 줄의 모양들을 보이고 있다. 줄 위의 빨간색 점은 배에서 최대 진동이 일어나는 것을 강조하기 위한 것이다. 각 그림에서 한 사이클의 절반을 빨간색으로 그렸다.

해서 줄에 빨간색 점으로 표시하였다.

각 정상파의 형태는 특정의 진동수로 흔들 때 만들어 진다. 이 진동수들은 한 계열을 형성하게 된다. 그림 12.14처럼 고리 한 개의 형태에 해당하는 최소 진동수는 f_1이며 보다 큰 진동수들은 f_1의 정수배로 주어진다. 따라서 f_1이 10 Hz이면, 고리 두 개의 형태를 만들기 위해 필요한 진동수는 $2f_1$, 즉 20 Hz이며, 고리 세 개의 형태를 만들기 위해 필요한 진동수는 $3f_1$, 30 Hz 등이다. 이렇게 계열을 이루는 진동수들을 **배조화진동수**(harmonics)라고 부른다. 가장 낮은 진동수 f_1을 제1조화 진동수(first harmonic) 또는 기본 진동수(fundamental frequency)라 부르며, 그 두 배는 제2조화진동수(second harmonic, $2f_1$), 그 세 배는 제3조화진동수($3f_1$)라고 한다. 여기서의 조화 번호는 정상파 형태에서 고리의 수에 해당한다. 음파의 경우는 이런 진동수를 가지는 정상파들이 내는 소리를 **배음**(overtones)이라고 부르고, 일반적으로는 이런 정상파들을 배진동이라고 부른다(그림 12.14).

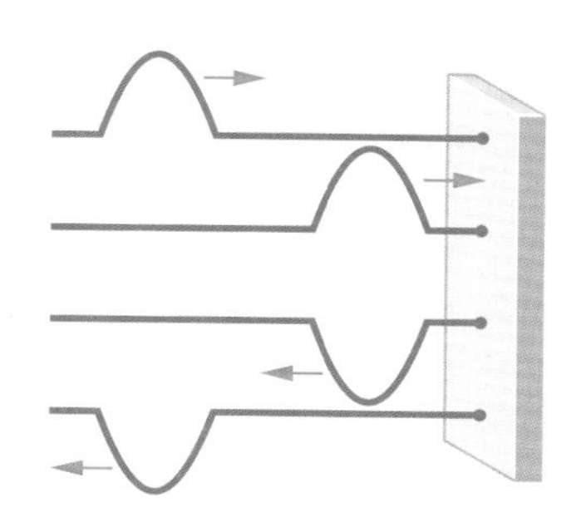

그림 12.15 앞쪽으로 진행하는 반 사이클의 펄스가 벽에서 반사되면, 파형이 거꾸로 되어 반대 방향으로 진행한다.

정상파는 파장이 같은 두 파동들이 줄 위를 서로 반대 방향으로 진행하면서 선형 중첩의 원리에 따라 겹쳐져서 생긴다. 정상파란 용어는 파동이 어느 방향으로도 진행하지 않음에서 나온 말이다. 그림 12.15는 줄 위에서 양쪽으로 진행하는 파동을 보여 주고 있다. 그림의 위쪽은 한 펄스 파동이 오른쪽에 있는 벽을 향해 움직이고 있다. 이 파동이 벽에 도착하면, 줄은 벽을 위쪽으로 밀게 된다. 뉴턴의 작용-반작용의 원리에 따라 벽은 줄을 아래 방향으로 밀게 되고, 반대 위상의 파동이 왼쪽으로 진행하게 된다. 벽에서 반사되어 원래 위치에 돌아온 파동은 줄을 잡은 손에서 다시 반사된다.

손이 계속해서 진동을 일으킬 때 연속적으로 한 파장 길이의 '사이클' 들이 만들어진다고 볼 수 있다. 벽에서 반사된 사이클은 손에 도달하면 다시 반사된다. 줄의 길이를 L, 줄에서의 파동 속력이 v, 그리고 왼쪽 끝에서 진동수 f_1로 진동한다고 가정하자. 새로운 한 사이클을 만드는데 소요되는 시간이 파동의 주기 T이며, 여기서 $T = 1/f_1$이다(식 10.5). 한편, 만들어진 한 사이클이 벽으로 갔다가 다시 돌아오는데 필요한 시간은 $2L/v$이다. 만약 주기가 이 시간과 같으면, 새로운 사이클과 손에서 다시 반사되어 출발하는 사이클이 겹쳐져서 진폭이 커지게 된다. 이때의 진동수는 $1/f_1 = 2L/v$로부터 알 수 있으며, $f_1 = v/(2L)$가 된다.

새롭게 만들어지는 사이클과 반사된 사이클이 이렇게 계속 겹쳐지면, 손 자체는 작은 진폭으로 진동을 한다 해도, 진폭이 큰 정상파를 만든다. 이 현상은 10.6절에서 논의한 공명의 일종이다. 공명을 일으키는 진동수를 줄의 **고유 진동수**(natural frequency)라 부르는데, 이 용어는 용수철에 달린 물체가 진동할 때와 동일하다.

하지만 줄에서의 공명과 용수철에서의 공명은 차이가 있다. 용수철에 달린 물체는 단 하나의 고유 진동수를 갖지만, 줄은 여러 개의 고유 진동수를 갖는다. 이것은 직전의 사이클이 반사되어 새로운 사이클과 겹쳐질 때만 공명이 일어나는 것은 아니기 때문이다. 예를 들어, 줄이 f_1의 두 배, 즉 $f_2 = 2f_1$로 진동한다면, 사이클들의 겹침은 하나 건넌 사이클들 사이에서 일어난다. 마찬가지로, 진동수가 $f_3 = 3f_1$이면, 한 사이클은 그 다음 세 번째 사이클과 겹쳐져서 공명을 일으킨다. 이러한 규칙은 모든 진동수 $f_n = nf_1$에 적용된다. 여기서 n은 정수이다. 결과적으로 양쪽이 고정된 줄에서 정상파를 만드는 여러 개의 진동수는 식 12.3으로 주어진다.

양쪽이 고정된 줄 $$f_n = n\left(\frac{v}{2L}\right) \qquad n = 1, 2, 3, 4, \ldots \qquad (12.3)$$

문제 풀이 도움말
정상파에서 이웃하는 두 마디 사이의 거리, 또는 이웃하는 두 배 사이의 거리는 파장의 절반이다.

식 12.3은 다른 방법으로도 얻을 수 있다. 정상파에서 각 고리가 반 파장에 해당된다는 것을 보이기 위해서 그림 12.14에서, 한 사이클의 반($\frac{1}{2}$)을 빨간색으로 그렸다. 고정된 줄의 양 끝은 마디이고, 줄의 길이 L은 반 파장의 정수배가 됨을 알 수 있다. 즉 $L = n(\frac{1}{2}\lambda_n)$ 또는 $\lambda_n = 2L/n$이다. 이 결과와 공식 $f_n\lambda_n = v$를 이용하면 $f_n(2L/n) = v$이 되며, 이 식을 정리하면 식 12.3과 일치한다.

현악기나 피아노 등의 악기들의 음높이를 이해할 때 줄의 정상파들을 알아야 된다. 예를 들어 기타 줄은 양쪽 지지에 부착되어 있으며 줄을 퉁기면, 식 12.3에 의해 주어지는 진동수로 진동하게 된다.

예제 12.3 | 기타 연주

전자 기타의 가장 무거운 줄의 선밀도는 $m/L = 5.28 \times 10^{-3}$ kg/m이며 줄의 장력은 $F = 226$ N이다. 이 줄은 마(E)의 음을 내며, 이때 줄에 따라 발생하는 정상파의 기본 진동수는 164.8 Hz이다. (a) 줄의 길이 L을 구하라(그림 12.16(a)). (b) 기타 연주자가 한 옥타브 높은 마(E) 음인 2×164.8 Hz = 329.6 Hz의 소리를 내려고 한다. 이를 연주하기 위해서 줄이 지판의 적절한 프렛(fret)에 닿게 손가락 끝으로 눌러야 한다(그림 12.16(b)). 그 프렛과 브리지 사이의 길이, 즉 진동하는 줄의 길이를 구하라.

살펴보기 기본 진동수 f_1은 식 12.3에서 $n = 1$일 때 $f_1 = v/(2L)$에 의해 결정된다. 문제 (a)와 (b) 모두에서 f_1이 주어졌기 때문에, 속력 v의 값을 안다면, 줄의 길

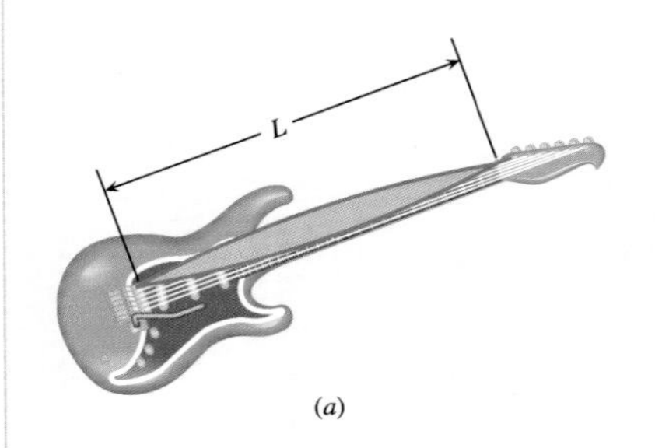

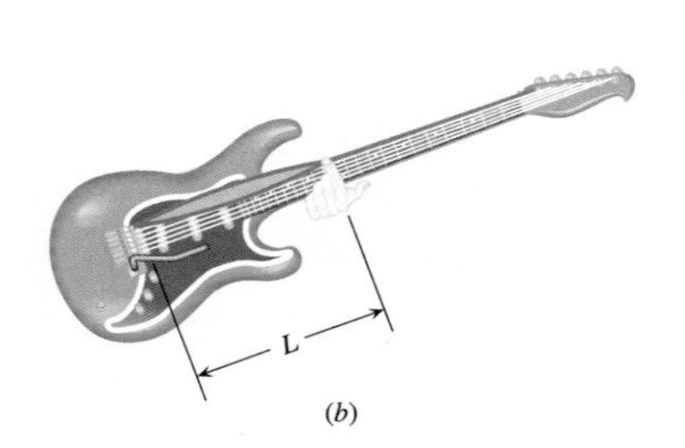

그림 12.16 이 그림은 두 가지 연주 조건에서 기타 줄에 두 가지 정상파(파란색)가 만들어지는 것을 보여준다.

이는 이 식으로 직접 계산할 수 있다. 속력은 11.2 식에 의해 장력 F와 선밀도 m/L의 관계에서 계산된다.

풀이 (a) 속력은

$$v = \sqrt{\frac{F}{m/L}} = \sqrt{\frac{226\ \text{N}}{5.28 \times 10^{-3}\ \text{kg/m}}} = 207\ \text{m/s} \quad (11.2)$$

이며, 따라서 $f_1 = v/(2L)$에 의해 줄의 길이는

$$L = \frac{v}{2f_1} = \frac{207\ \text{m/s}}{2(164.8\ \text{Hz})} = \boxed{0.628\ \text{m}}$$

이다.

(b) 브리지와 프렛 사이의 거리 L은 속력 $v = 207\ \text{m/s}$와 진동수 $f_1 = 329.6\ \text{Hz}$를 이용하면 $L = 0.314\ \text{m}$이다. 진동수 비가 2:1이기 때문에 이 길이는 (a)에서 계산한 값의 $\frac{1}{2}$이다.

12.6 종정상파

정상파는 종파의 경우에도 만들어 진다. 예를 들면, 소리가 벽에서 반사될 때, 앞뒤로 진행하는 파동이 정상파를 만든다. 그림 12.17은 슬링키 코일에서 **종정상파**(세로 정상파; longitudinal standing wave)의 진동을 보여주고 있다. 횡정상파에서 보았던 것처럼, 마디와 배가 있다. 슬링키 코일의 마디에서는 전혀 진동이 일어나지 않으므로 파동의 변위가 없다. 코일의 배에서는 최대 진폭으로 진동한다. 그림 12.17에서 빨간색 점은 마디에서 진동이 없는 것과 배에서 최대 진동이 있는 것을 보여 주고 있다. 진동은 각 파동이 진행하는 방향으로 일어난다. 소리의 정상파에서는, 매질의 분자나 원자들이 빨간색 점과 비슷하게 움직인다.

관악기들이 소리를 낼 때 종정상파가 생긴다. 관악기(트럼펫, 클라리넷, 파이프오르간 등)들의 내부 관의 형태, 즉 그 속의 공기 기둥의 형태는 다양하며, 관 속에서 형성된 정상파들을 알면, 관악기의 소리를 잘 설명할 수 있다. 그림 12.18은 양쪽 끝이 열린 두 개의 원통형 공기 기둥을 보여주고 있다. 관의 끝이 열려 있어도, 마치 물 깊이에 따라 물결 파동의 속력이 달라지듯이 관 속과 관 바깥에서 음파의 속력이 다르므로 음파의 반사가 일어난다. 소리굽쇠에서 발생한 음파는 각 관의 양쪽 끝에서 반사되어 위아래로 왕복한다. 소리굽쇠의 진동수 f가 공기 기둥의 고유 진동수와 일치된다면, 아랫방향과 윗방향으로 진행하는 파동은 정상파를 형성하여 공명이 일어나 소리는 커진다. 종정상파의 성질을 강조하기 위해서, 그림 12.18의 각 쌍의 그림에서 왼쪽은 슬링키의 정상파를 대비시키고 있고,

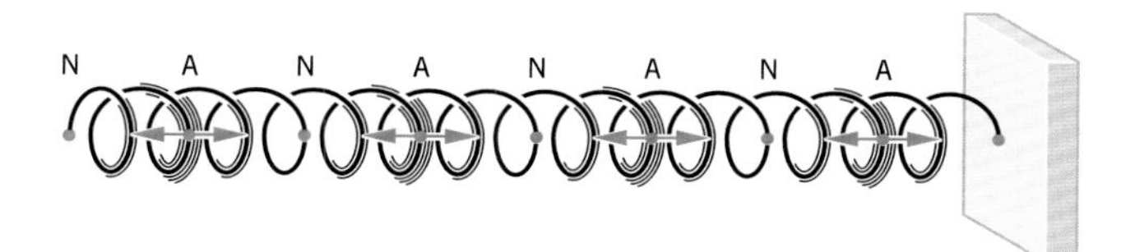

그림 12.17 슬링키 코일에 생긴 종정상파의 마디(N)와 배(A)

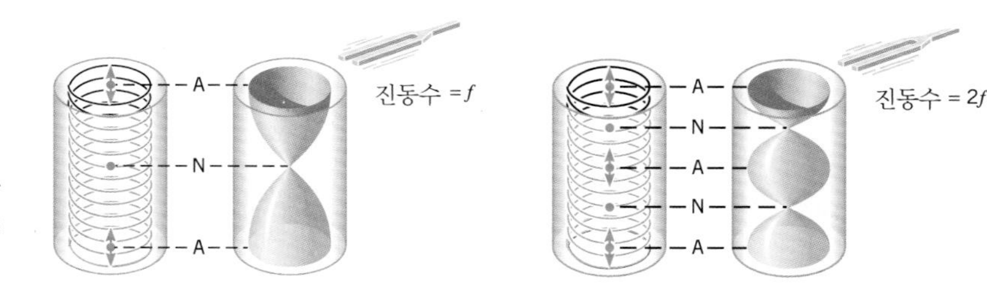

그림 12.18 양쪽 끝이 열린 공기 관과 슬링키 코일에서의 종정상파(A: 배, N: 마디)

배와 마디는 빨간색 점으로 표시하였다. 각 쌍의 그림에서 오른쪽은 각 관내의 정상파의 형태를 파란색으로 보이고 있다. 이 형태들은 여러 위치에서 진동하는 공기 분자들의 진폭을 형상화한 것이다. 형태의 폭이 가장 넓은 곳에서, 진동의 진폭이 최대가 되며(배), 형태의 폭이 최소인 곳에서는 진동이 없다(마디).

그림 12.18에서 공기 기둥의 고유 진동수를 알아보자. 우선, 공기 분자들은 열린 관의 양 끝에서 자유롭게 움직일 수 있기 때문에 관의 양 끝이 배가 됨에 유의하라.* 횡정상파에서와 마찬가지로, 두 개의 이웃한 배 사이의 거리는 반($\frac{1}{2}$)파장이며, 따라서 관의 길이는 반파장의 정수배가 되어야한다. 즉 $L = n(\frac{1}{2}\lambda_n)$ 또는 $\lambda_n = 2L/n$ 이다. 관계식 $f_n = v/\lambda_n$를 이용하면, 관의 고유 진동수는

$$\text{양쪽 끝이 열린 관} \qquad f_n = n\left(\frac{v}{2L}\right) \qquad n = 1, 2, 3, 4, \ldots \tag{12.4}$$

플루트의 물리

가 된다. 관 속에서는 이 진동수에서 공명이 일어나서 진폭이 큰 정상파가 만들어진다.

예제 12.4 | 플루트 연주

플루트의 모든 구멍을 막았을 때 내는 소리는 가장 낮은 음인 중간 다(C)이며, 이때 기본 진동수는 261.6 Hz이다. (a) 공기의 온도는 293 K이며, 소리의 속력은 343 m/s 이다. 플루트를 양쪽 끝이 열린 원형 관으로 가정하고 그림 12.19에서 길이 L, 즉 부는 구멍(mouthpiece)에서 관 끝까지의 길이를 구하라. (b) 플루트 연주자는 부는 구멍이 있는 헤드조인트를 악기 본체에 어느 정도 깊이 끼워 넣는지를 조절함으로써 길이를 변화시킬 수 있다. 공기의 온도가 305 K로 상승한다면, 중간 다 음을 연주하기 위해서 플루트의 길이를 얼마만큼 조절하여야 하는가?

살펴보기 기본 진동수 f_1은 식 12.4에 $n = 1$을 대입

그림 12.19 플루트에서 부는 구멍과 악기의 끝 사이의 길이(L)가 연주할 수 있는 가장 낮은 음의 진동수를 결정한다.

*실제로 관의 열린 끝에 정확하게 배가 생기지 않는다. 그러나 관의 지름이 관이 길이에 비해 작을 때는 그 끝은 배가 된다고 보아도 무방하다.

하여 얻을 수 있다. 즉 $f_1 = v/(2L)$이다. 따라서 길이를 구하는 식은 $L = v/(2f_1)$이다. 온도가 변하여, 음파의 속력 v가 변하면, 플루트의 길이를 반드시 변화시켜야 한다. 공기 중에서 온도에 따른 음속의 변화는 $v = \sqrt{\gamma kT/m}$(식 11.5)로 주어진다. 즉 음속은 켈빈 온도의 제곱근에 비례하며($v \propto \sqrt{T}$), 이를 이용해서 다른 온도에서의 음속을 구할 수 있다.

풀이 (a) 293 K에서, 음속은 $v = 343\ \text{m/s}$이다. 플루트의 길이는

$$L = \frac{v}{2f_1} = \frac{343\ \text{m/s}}{2(261.6\ \text{Hz})} = \boxed{0.656\ \text{m}}$$

이다. (b) $v \propto \sqrt{T}$이므로,

$$\frac{v_{305\ \text{K}}}{v_{293\ \text{K}}} = \frac{\sqrt{305\ \text{K}}}{\sqrt{293\ \text{K}}} = 1.02$$

이다. 그러므로 $v_{305\ \text{K}} = 1.02\,(v_{293\ \text{K}}) = 1.02\,(343\ \text{m/s}) = 3.50 \times 10^2\ \text{m/s}$ 이다. 조절된 길이 L은

$$L = \frac{v}{2f_1} = \frac{3.50 \times 10^2\ \text{m/s}}{2(261.6\ \text{Hz})} = \boxed{0.669\ \text{m}}$$

이다. 따라서 이 기온에서 293 K일 때와 같은 음을 연주하기 위해서, 플루트 연주자는 플루트의 길이를 0.013 m 길게 해야 된다.

정상파는 그림 12.20처럼 한쪽만 열린 관에서도 만들어진다. 이 형태와 그림 12.18의 형태의 차이를 주의 깊게 살펴보면, 열린 끝에서는 배가 되고 닫힌 끝에서는 공기 분자들이 자유롭지 못하기 때문에 마디가 된다. 마디와 이웃한 배 사이의 길이는 파장의 $\frac{1}{4}$이며, 관의 길이 L은 파장의 $\frac{1}{4}$의 홀수배가 되어야 한다. 그림 12.20에 보인 두 개의 정상파에 대해서는 $L = 1\left(\frac{1}{4}\lambda\right)$과 $L = 3\left(\frac{1}{4}\lambda\right)$이다. 일반적으로, $L = n\left(\frac{1}{4}\lambda_n\right)$이며, 여기서 n은 임의의 홀수($n = 1, 3, 5, \ldots$)이다. 이로부터 $\lambda_n = 4L/n$가 되며, 고유 진동수 f_n은 관계식 $f_n = v/\lambda_n$로부터 얻을 수 있다.

한쪽 끝만 열린 관 $$f_n = n\left(\frac{v}{4L}\right) \qquad n = 1, 3, 5, \ldots \qquad (12.5)$$

한쪽 끝만 열린 관은 조화 번호가 홀수, 즉 고유 진동수가 f_1, f_3, f_5 등인 정상파를 만든다. 반면에 양쪽 모두 열린 관은 모든 조화 번호, 즉 고유 진동수가 f_1, f_2, f_3 등의 정상파를 만들 수 있다. 한쪽 끝만 열린 관의 기본 진동수 f_1(식 12.5)은 양쪽 모두 열린 관의 기본 진동수(식 12.4)의 $\frac{1}{2}$이다. 다시 말해서, 한쪽 끝만 열린 관이 양쪽 모두 열린 관과 같은 진동수를 내기 위해서는 절반의 길이가 필요하다.

줄이나 공기 관에서 만들어지는 정상파의 에너지도 보존된다. 정상파

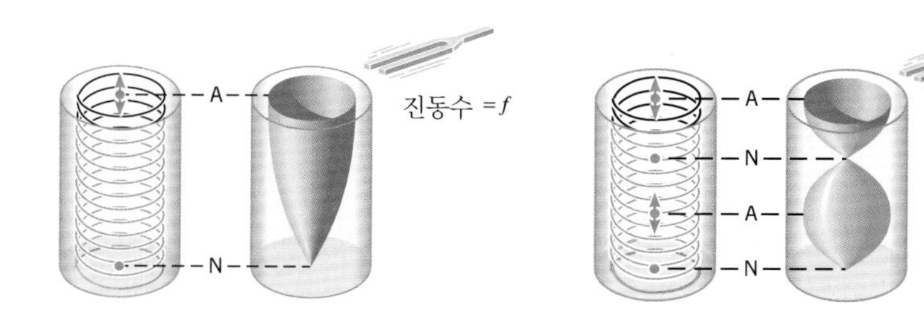

그림 12.20 한쪽 끝만 열린 공기 관과 슬링키 코일에서의 종정상파(A: 배, N: 마디)

의 에너지는 정상파를 만드는 개별 파동 에너지들의 합이다. 간섭 현상에 의해 개별 파동의 에너지들이 에너지가 가장 많이 있는 위치(배)와 에너지가 없는 위치(마디)로 재분포된다.

연습 문제

12.1 선형 중첩의 원리

12.2 음파의 보강 간섭과 상쇄 간섭

1(3) 그래프는 $t = 0$ s에서 일정한 속력 1 cm/s로 움직이는 두 개의 사각형 펄스를 나타낸 것이다. 선형 중첩의 원리를 이용하여 시간 $t = 1$ s, 2 s, 3 s, 그리고 4 s에서 중첩된 펄스의 모양을 그려보라.

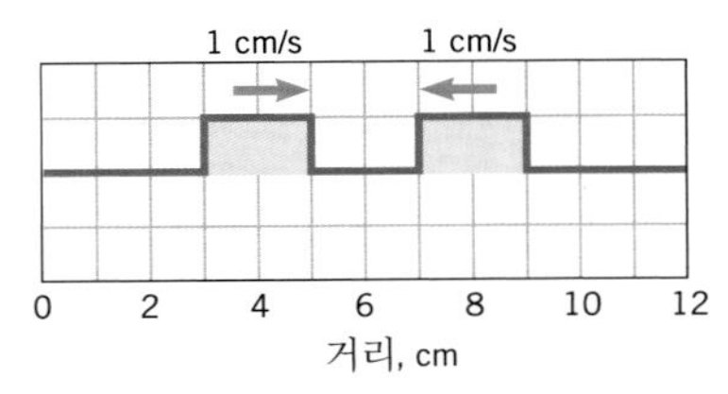

2(5) 두 개의 스피커가 같은 위상으로 진동하고 있다. 두 스피커는 그림 12.7처럼 놓여 있다. 점 C에서 상쇄 간섭이 일어났을 때 가장 작은 진동수는 얼마인가? 음속은 343 m/s이며, 두 스피커는 같은 진동수의 소리를 낸다.

3(7) 아래 그림에서 점 A는 스피커, 점 C는 청취자의 위치를 보이고 있다. 두 번째 스피커 B는 A의 오른쪽에 놓여 있다. 두 스피커는 같은 위상으로 진동하며 68.6 Hz의 진동수로 소리를 내고 있다. 청취자가 소리를 들을 수 없도록 스피커 A를 스피커 B에 접근시킬 수 있는 가장 짧은 거리는 얼마인가?

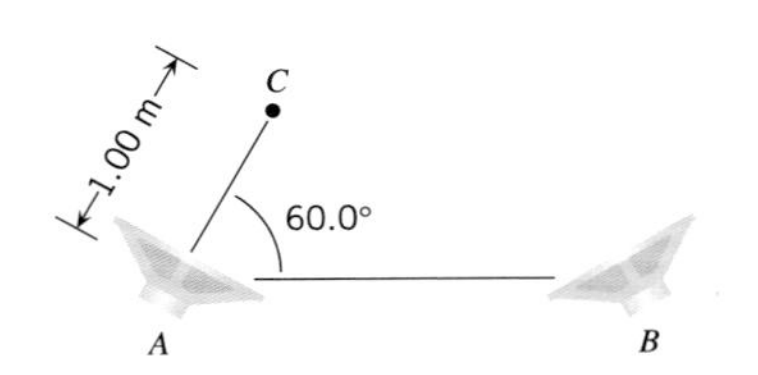

** **4(9)** 두 개의 스피커 A와 B가 같은 위상으로 진동한다. 두 스피커는 일직선상에서 7.8 m 떨어져 서로 마주보고 있으며, 진동수 73.0 Hz인 같은 소리를 내고 있다. 두 스피커 사이 선상에서 보강 간섭이 일어나는 곳이 세 군데 있다. 스피커 A에서 이 세 점까지의 거리는 각각 얼마인가? 소리의 속력은 343 m/s이다.

12.3 회절

5(11) 지름이 0.30 m인 스피커가 있다. (a) 소리의 속력은 343 m/s로 가정하고, 진동수 2.0 kHz인 음파에 대한 회절각(첫 번째 극소가 되는 각도)을 구하라. (b) 6.0 kHz인 음파를 낼 때, 2.0 kHz인 음파일 때와 같은 크기의 회절각을 얻으려면 스피커의 지름은 얼마로 해야 하는가?

* **6(15)** 진동수 3.00 kHz인 음파가 지름 0.175 m인 스피커에서 발생한다. 공기의 온도가 0C°에서 29C°로 변한다. 공기를 이상 기체로 가정하고, 회절각의 변화를 구하라.

12.4 맥놀이

7(17) 진동수가 다른 두 개의 음파가 겹쳐진다. 그림은 시간에 따른 두 음파의 (계기)압력 변화를 보여주고 있다. 맥놀이 진동수는 얼마인가?

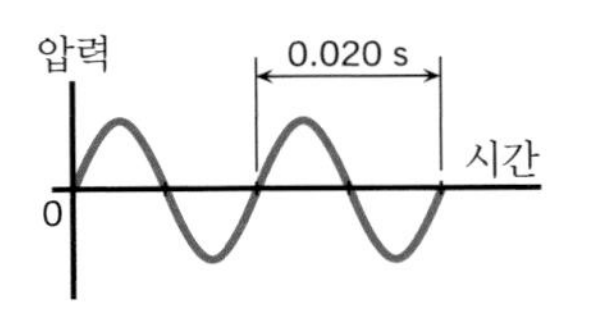

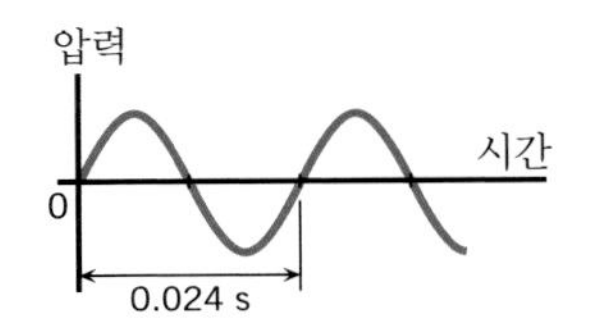

8(19) 두 개의 초음파를 합성해서 가청 영역내의 맥놀이 진동수를 만들었다. 한 초음파의 진동수가 70 kHz이다. 맥놀이를 들을 수 있기 위해서는 다른 초음파의 진동수가 어떤 범위에 있어야 되는가? (a) 가장 작은 값과 (b) 가장 큰 값을 구하라.

12.5 횡정상파

9(23) 콘트라베이스의 가(A) 줄은 기본 진동수가 55.0 Hz로 진동하도록 묶여있다. 줄의 장력이 네

배로 되면, 새로운 기본 진동수는 얼마가 되는가?

10(25) 기타의 사(G) 줄의 기본 진동수는 196 Hz이며 프렛과 브리지 사이의 길이는 0.62 m이다. 이 줄로 기본 진동수 262 Hz인 다(C) 음을 내기 위해서 지판을 눌러 한 프렛이 줄에 닿았다. 이 프렛과 브리지에 있는 줄의 끝 사이의 길이는 얼마인가?

11(27) 첼로에서, 가장 큰 선밀도(1.56×10^{-2} kg/m)를 갖는 줄은 다(C) 줄이다. 이 줄의 기본 진동수는 65.4 Hz이며 고정된 양 끝 사이 길이는 0.800 m이다. 줄의 장력을 구하라.

12(29) 어떤 줄의 선밀도는 8.5×10^{-3} kg/m이다. 양끝 사이의 길이는 1.8 m이며 280 N의 장력을 받고 있다. 이 줄이 그림과 같이 정상파 형태로 진동하고 있다. (a) 파동의 속력, (b) 파장, (c) 진동수를 구하라.

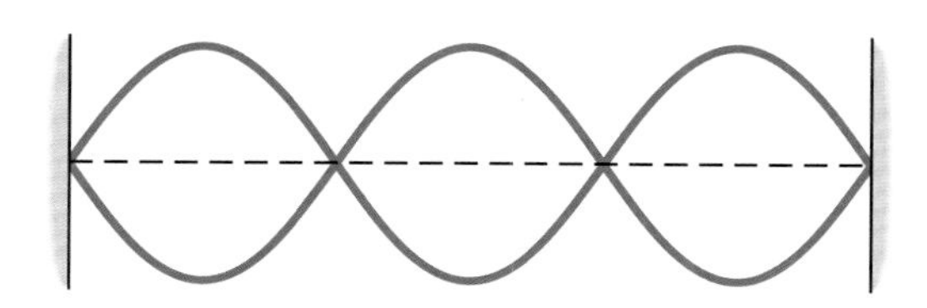

12.6 종정상파

13(35) 기본 진동수 400 Hz로 진동하는 계가 있다. 다음 각 경우에 발생할 수 있는 진동수를 작은 것부터 세 개씩 구하라. (a) 양 끝이 고정된 줄, (b) 양 끝이 열린 원통형 관, (c) 한 쪽 끝만 열린 원통형 관.

14(37) 공기 관이 한쪽만 열려 있으며 길이는 1.5 m이다. 이 관 속에서 제3조화진동수의 정상파가 유지되고 있다. 인접한 마디에서 배까지 거리는 얼마인가?

15(39) 네온(Ne)과 헬륨(He)은 단원자 기체이며 이상기체로 가정할 수 있다. 네온관의 기본 진동수는 268 Hz이다. 다른 조건은 같게 하고, 이 관을 헬륨으로 채운다면 기본 진동수는 얼마인가?

* **16(41)** 사람이 우물 꼭대기에서 소리를 내어 진동수가 42.0, 70.0, 그리고 98.0 Hz인 정상파들이 형성되는 것을 알았다. 42.0 Hz는 기본 진동수가 아니다. 음속이 343 m/s라면 우물의 깊이는 얼마인가?

전자기파

13.1 전자기파의 본질

전자기파는 가시 광선, 자외선 그리고 적외선 등을 포함하고 있다. 스코틀랜드의 물리학자 맥스웰(1831-1879)은 함께 요동하는 전기장과 자기장이 진행하는 **전자기파**(electromagnetic wave)를 만들 수 있음을 보여주었다. 이러한 중요한 형태의 파동을 이해하기 위해 전기장과 자기장에 대해 배운 지식을 이용할 것이다.

그림 13.1은 전자기파를 발생시키는 방법을 설명해 주고 있다. 두 개의 직선 금속선이 교류 전원에 연결되어 안테나의 역할을 한다. 전극 사이의 전위차는 시간 t에 따라 사인 함수 형태로 변하며 그 주기는 T이다. 그림 (a)는 시간 $t = 0$일 때 금속선에는 전하가 없음을 보인다. 따라서 안테나의 오른쪽에 있는 점 P에는 전기장이 없다. 시간이 지나면 위쪽 전선은 양으로 대전되고 아래쪽 전선은 음으로 대전된다. 주기의 $\frac{1}{4}$인 시간이 지난 후 ($t = \frac{1}{4}T$) 그림 (b)와 같이 전하량은 최대치를 갖는다. 점 P에서의 전기장 $\mathbf{E}$는 빨간색 화살표로 표시되어 있다. 이때, 아래쪽 방향으로 최대 세기를 갖는다*. 그림 (b)를 다시 보면 이보다 앞서 발생된 전기장(그림의 검은색 화살표)은 사라지지 않고 오른쪽으로 움직였음을 보여주고 있다. 중요한 사실은 안테나와 떨어져 있는 점에서는 안테나 부근의 전기장을 즉각적으로 검출할 수 없다는 점이다. 전기장은 도선 부근에서 먼저 생겨난 후, 연못에 조약돌을 떨어뜨릴 때의 경우처럼, 모든 방향으로 파동의 형태로 퍼져 나간다. 그림에는 명료하게 하기 위해 단지 오른쪽으로 움직

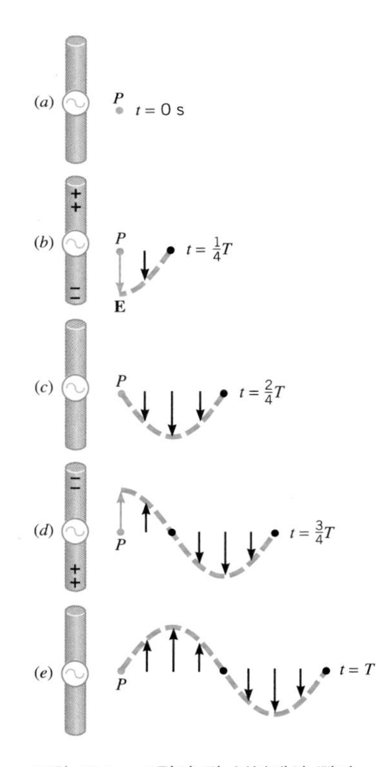

그림 13.1 그림의 각 부분에서 빨간색 화살표는 지정된 시간에 안테나에서 진동하는 전하에 의해 점 P에 생성된 전기장 $\mathbf{E}$를 나타낸다. 검은색 화살표는 좀 더 일찍 생성된 전기장을 나타낸다. 단순화하기 위하여 단지 오른쪽으로 진행하는 전기장만을 그린다.

* 전기장의 방향은 P에 양의 시험 전하가 있을 때 안테나선에 있는 전하들에 의해서 받는 힘의 방향과 같다.

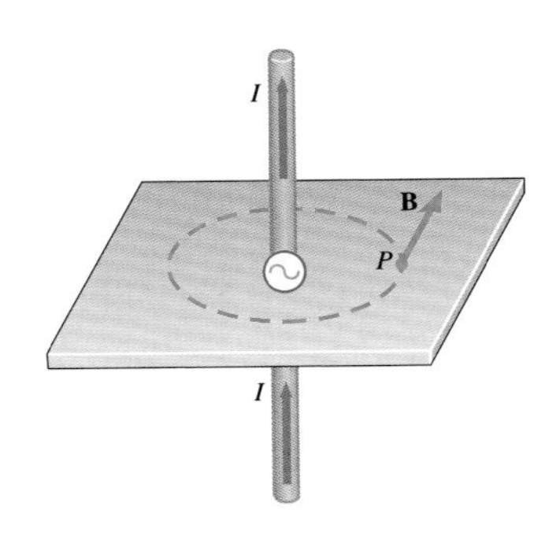

그림 13.2 안테나선에서 진동하는 전류 I는 전선을 중심으로 하는 원의 접선 방향으로 점 P에서 자기장 **B**를 형성한다. 자기장은 전류가 위쪽으로 흐를 때 지면 안쪽으로 들어가는 방향이고, 아래쪽으로 흐를 때 지면에서 나오는 방향이다.

이는 전기장만을 나타내었다.

그림 13.1의 (c)에서 (e)까지는 그 이후부터 한 주기가 끝날 때까지 점 P에서 형성된 전기장(빨간색 화살표)을 보여주고 있다. 일찍 발생된 장은 연속적으로(검은색 화살표) 오른쪽 방향으로 진행한다. 그림 (d)는 전원의 극성이 바뀌었을 때의 도선에 있는 전하를 보이고 있는데 위쪽 선에는 음, 아래쪽 선에는 양으로 대전되어 있다. 결과적으로 점 P에서의 전기장은 그 방향이 역전되어 위쪽을 향한다. 그림 (e)에서 전기장 벡터의 끝을 이을 때 완전한 사인 함수 형태가 이루어짐을 볼 수 있다.

그림 13.1에서 전기장 **E**와 함께 자기장 **B**가 발생된다. 이는 안테나에서 움직이는 전하가 전류를 형성하고, 이 전류가 자기장을 만들기 때문이다. 그림 13.2는 안테나에서의 전류가 위쪽을 향할 때 오른손 법칙-2에 의한 점 P에서의 자기장의 방향을 보여주고 있다. 전류가 진동하면서 변하기 때문에 자기장도 역시 변하게 된다. 먼저 생성된 자기장은 전기장이 그렇듯이 바깥쪽으로 전파한다.

그림 13.2에서 자기장 방향이 지면에 수직이다. 반면에 그림 13.1에서 전기장 방향은 지면 위에 있다. 따라서 안테나에서 생성되는 전기장과 자기장은 서로 수직인 형태를 유지하면서 바깥쪽으로 전파된다. 더욱이 이 두 장은 파동의 진행 방향에 수직이다. 서로 수직인 전기장과 자기장이 함께 움직이며 전자기파를 형성한다.

그림 13.1과 13.2에서의 전기장과 자기장은 안테나로부터의 거리가 멀어짐에 따라 빠르게 영으로 감소한다. 따라서 위와 같은 전자기파는 주로 안테나 근처에 존재하며, **근접장**(near field)이라고 한다. 전기장과 자기장은 안테나에서 먼 곳에서도 파동을 형성한다. 이러한 장들은 근접장을 형성하는 것과는 다른 효과로 발생되며, **복사장**(방사장; radiation field)이라 부른다. 패러데이의 유도 법칙이 복사장에 대한 기본 원리 중 하나이다. 이 법칙은 시간에 따라 변하는 자기장에 의해 생성되는 운동 기전력 또는 전위차를 기술한다. 그리고 전위차는 전기장과 관련이 있으므로 변하는 자기장은 전기장을 발생시킨다. 맥스웰은 그 역의 효과, 즉 변하는 전기장이 자기장을 발생시킨다는 것을 예언하였다. 진동하는 자기장이 동시에 진동하는 전기장을 발생시키며, 진동하는 전기장이 자기장을 발생시키기 때문에 복사장이 만들어진다.

그림 13.3은 안테나로부터 멀리 떨어져 있는 복사장의 전자기 파동을 보여주고 있다. 그림에서는 단지 $+x$ 축을 따라 진행하는 파동만을 보이고 있다. 다른 방향으로 진행하는 것은 명료하게 하기위해 생략하였다. 전기장과 자기장이 모두 파동의 진행 방향과 수직이기 때문에, 전자기파는 횡파이다. 또한 전자기파는 줄에서의 파동이나 음파와는 달리 진행하는데 매질이 필요하지 않다. 전자기파는 진공 속에서도 물질 속에서도 진행할

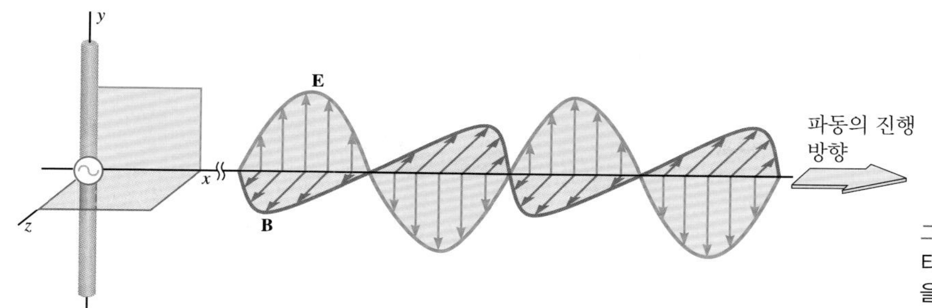

그림 13.3 이 그림은 안테나로부터 멀리 퍼져나가는 복사장의 파동을 보여주고 있다. **E**와 **B**가 서로 수직이고 둘 다 진행 방향에 수직이다.

수 있다. 왜냐하면 전기장과 자기장은 앞의 두 곳에 다 존재할 수 있기 때문이다.

전자기파는 전선 안테나가 없는 다른 상황에서도 생성될 수 있다. 일반적으로 전하가 전선 안에 있든 밖에 있든 관계없이 가속도 운동을 하는 전하는 전자기파를 발생시킨다. 교류가 걸린 안테나 속의 전자는 안테나의 길이 방향을 따라 단조화 진동하므로 가속 운동하는 전하의 한 예에 해당한다.

모든 전자기파는 같은 속력으로 진공을 통과하며 그 값을 기호 c로 표시한다. 이 속력을 진공에서의 **빛의 속도**(speed of light in a vacuum)이라고 하며 $c = 3.00 \times 10^8$ m/s이다. 공기 중에서 전자기파는 진공 속에서와 거의 같은 속력으로 진행한다. 그러나 일반적으로 유리와 같은 물질을 통과할 때는 c 보다 충분히 느린 속력으로 진행한다.

전자기파의 진동수(주파수)는 파동의 근원이 되는 전하의 진동수에 의해 결정된다. 그림 13.1-13.3에서 파동의 진동수는 교류 전원의 진동수와 같다. 예를 들어, 만일 안테나가 라디오파로 알려진 전자기파를 방송한다고 하자. AM 라디오파의 진동수는 라디오 다이얼에서 AM 방송 영역의 한계에 해당하는 545 kHz와 1605 kHz 사이에 있게 된다. FM 라디오파의 진동수는 88 MHz와 108 MHz 사이에 있다. 한편 텔레비전 채널 2-6번은 54 MHz와 88 MHz 사이의 진동수를 사용하며, 채널 7-13번은 174 MHz와 216 MHz 사이에 있는 진동수의 전자기파를 사용한다.

라디오와 텔레비전 방송을 수신하는 과정은 전자기파를 발생시키는 과정의 역과정이다. 방송파가 안테나에 수신되면 방송파는 안테나 전선에 있는 전하와 상호 작용한다. 파동의 전기장 또는 자기장 중 어느 것이나 상호 작용할 수 있다. 전기장이 효율적으로 작용하기 위해서는, 수신 안테나의 전선이 그림 13.4처럼 전기장과 평행이 되어야 한다. 전기장이 전선에 있는 전자에 작용하여 전선의 방향을 따라 전자들을 앞뒤로 진동시킨다. 결과적으로 안테나와 연결된 회로에 교류가 발생하게 된다. 회로에 있는 가변 축전기 C(⫲)와 인덕터 L에 의해 원하는 전자기파의 진동수가 선택된다. 가변 축전기의 전기 용량을 조절함으로써 회로의 공

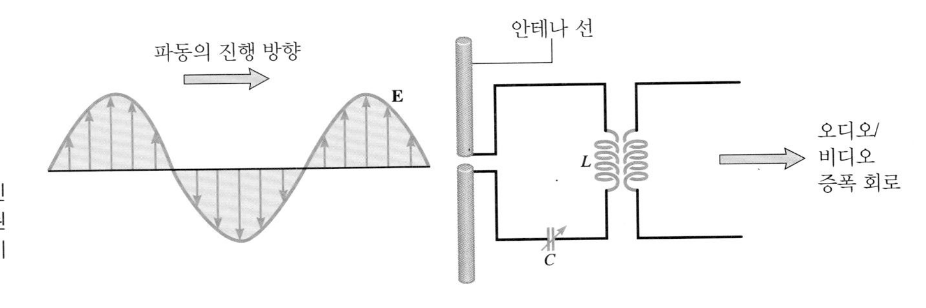

그림 13.4 파동의 전기장에 평행인 수신 안테나 선에 라디오파가 검출된다. 명료함을 위하여 라디오파의 자기장은 생략되었다.

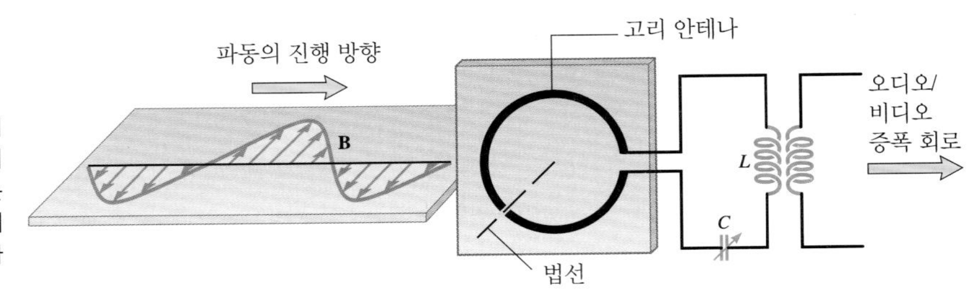

그림 13.5 고리 형태의 수신 안테나에는 방송 라디오파의 자기장이 검출된다. 수신이 잘 되기 위해서는 고리 면의 법선이 자기장에 평행해야 한다. 명료함을 위하여 라디오파의 전기장은 생략되었다.

라디오와 텔레비전 수신의 물리

진 주파수 $f_0[f_0 = 1/(2\pi\sqrt{LC})$, 식 23.10]를 파동의 진동수에 맞춘다. 공진 조건이 되면 인덕터에 최대 진동 전류가 흐르게 된다. 상호 인덕턴스에 의해 이차 코일에 최대 전압이 생성되고, 이 전압은 증폭된 후 연결된 라디오 또는 텔레비전 회로에 보내진다.

그림 13.5와 같은 고리 형태의 수신 안테나는 라디오파의 자기장을 검출한다. 수신이 잘되기 위해서는 전선 고리 면의 법선이 자기장에 평행이 되도록 조절해야 한다. 파동이 지나감에 따라 자기장이 고리를 관통하면서, 패러데이 법칙에 따라 고리를 통과하는 자기선속의 변화가 고리에 유도 전압을 일으켜 전류가 흐르도록 한다. 전기장 검출의 경우와 마찬가지로 축전기와 인덕터의 조합에 의한 공명 주파수가 원하는 전자기파의 진동수에 맞도록 조절한다. 그림 13.6은 배에 설치한 직선과 고리 안테나들을 보여주고 있다.

그림 13.6 이 유람선은 다른 배나 해변의 방송기지와 통신하기 위하여 직선과 고리 안테나를 모두 사용하고 있다.

난청자를 돕기 위한 달팽이관 전극 이식 시술은 라디오파의 송신과 수신을 이용한다. 이 이식을 통해 그림 13.7처럼 라디오파가 손상된 청각 부분을 우회하여 직접 청각 신경에 접근할 수 있도록 한다. 주로 귀 안쪽에 장착되는 외부 마이크로폰이 음파를 검출하여, 암호화된 전기 신호로 바꾸어 포켓 속에 운반할 수 있는 음향 처리기에 보낸다. 음향 처리기는 이 전기 신호를 라디오파로 바꾸어 유선으로 귀바깥에 부착된 외부 송신기 코일로 보낸다. 수술을 통해 피부 밑에 삽입된 매우 작은 수신기(그리고 수신 안테나)는 외부 송신기 코일 바로 옆에서 송신기가 보낸 라디오파를 받는다. 수신기는 라디오의 경우와 거의 비슷하게 라디오파를 검출하고, 암호화된 음성 정보로부터 음파를 만들 수 있는 전기 신호를 생성한다. 이 신호는 전선을 따라 내이의 달팽이관에 이식된 전극에 보내진다.

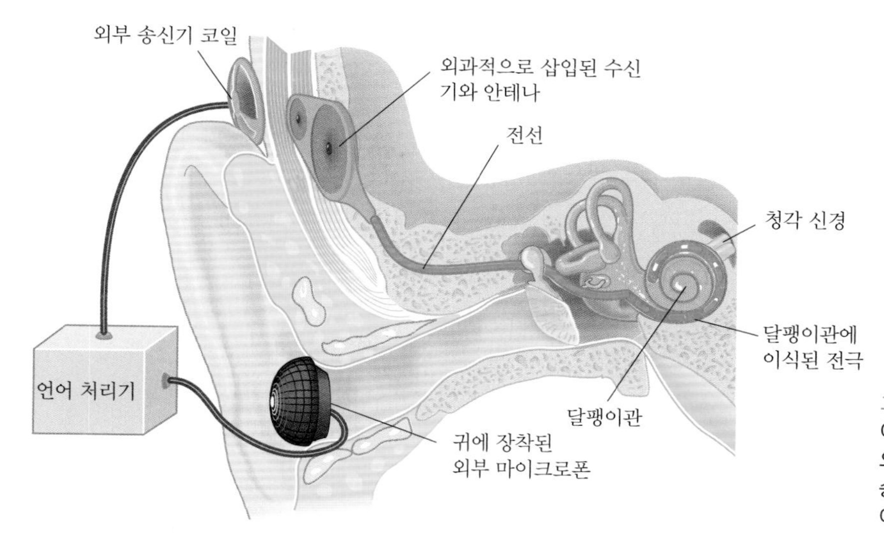

그림 13.7 난청인은 때때로 달팽이관 전극 이식으로 청각을 부분적으로 회복하기도 한다. 전자기파의 송신과 수신은 이러한 장치의 핵심이다.

신호에 따라 진동하는 전극은 달팽이관 안쪽 구조들과 두뇌 사이를 연결하는 청각 신경을 자극한다. 신경의 손상 정도가 심하지 않으면 소리를 들을 수 있게 된다.

달팽이관 전극 이식의 물리

라디오파의 송신과 수신은 내시경 검사에서도 이용된다. 의학 진단 기술에서 내시경은 신체 내부를 관찰하는데 사용된다. 기존의 내시경술은, 예컨대 결장의 내부에 암이 있는지 여부를 검사하기 위해 내시경과 연결선을 직장을 통해 삽입한다(15.3절 참조). 그림 13.8에 보인 캡슐형 내시경은 선이 없어서 신체에 손상을 줄 수 있는 과정이 필요 없다. 약 11×26 mm 정도의 크기인 이 캡슐을 삼키면 장기의 연동 운동에 의해서 소화기관의 경로를 따라 내려간다. 이 캡슐은 자체로 조절되고 외부로 전선이 나와 있지 않다. 대단히 소형화되어 있으면서도 이것은 라디오 송신기, 안테나, 전지, 조명을 위한 백색광 발광 다이오드 그리고 디지털 영상을 얻기 위한 광학 시스템 등을 모두 포함하고 있다. 캡슐이 내장을 따라 움직이면서 송신기가 보내는 영상을 환자의 몸에 부착된 작은 수신 안테나 배열이 수신한다. 이 수신 안테나는 캡슐의 위치를 파악하는데도 이용된다. 사용되는 라디오파는 극고주파수 영역으로 3×10^8에서 3×10^9 Hz 영역에 있다.

그림 13.8 삼킬 수 있는 무선 캡슐 내시경이 환자의 장을 통과하면서 장 내부의 화상을 전송한다.

무선 캡슐 내시경의 물리

라디오파는 전자기파의 광범위한 스펙트럼 영역의 일부분일 뿐이다. 다음 절에서는 전체 스펙트럼에 대해 알아본다.

13.2 전자기 스펙트럼

주기적인 파동처럼 전자기파는 진동수 f와 파장 λ를 갖는데 파동의 속력 v와의 관계는 $v = f\lambda$로 주어진다(식 16.1). 진공 속에서 전자기파의 속력은 $v = c$이다. 공기 중에서 진행하는 전자기파의 속력도 거의 동일하다. 이런 경우들에는 $c = f\lambda$가 성립한다.

그림 13.9에서 알 수 있듯이 전자기파는 10^4 Hz 이하에서 10^{24} Hz 이상까지 매우 넓은 영역에 걸친 진동수를 갖고 있다. 이들 파동은 모두 진공에서 $c = 3.00 \times 10^8$ m/s의 속력을 갖는다. 대응하는 파장을 알기 위해서는 식 16.1이 이용된다. 그림 13.9에서 보이는 전자기파의 진동수 또는 파장의 연속적인 계열을 **전자기 스펙트럼**(electromagnetic spectrum)이라 한다. 역사적으로 스펙트럼의 영역은 라디오파 또는 적외선 등의 이름들이 주어져 있다. 인접한 영역 사이의 경계가 그림에서는 뚜렷한 선으로 보이지만, 그 경계는 실제로 명확하지는 않고 영역들은 가끔 중복되기도 한다.

그림 13.9의 왼쪽 첫 부분 라디오파의 영역을 살펴보자. 낮은 진동수의 라디오파는 일반적으로 전기 진동자 회로에 의해서 생성되는 반면에 높은 진동수의 라디오파(마이크로파)는 보통 클라이스트론(klystron)이라고 불리는 전자관에 의해 생성된다. 열선이라고도 불리는 적외선은 물질의 내부에서 분자의 진동과 회전 운동에 의해 생성된다. 가시 광선은 태양, 불타는 장작, 또는 백열 전구의 필라멘트와 같은 뜨거운 물체에서, 원자 속에 있는 전자를 들뜨게 할 수 있을 만큼 온도가 충분히 높은 경우에 방출된다. 자외선은 전기적으로는 아크 방전할 때 생성된다. X선은 고속 전자가 급히 감속될 때 생성되며, 감마선은 핵이 붕괴될 때 방출된다.

모든 물체와 같이 인간의 몸도 적외선을 방출하며, 방출량은 몸의 온도에 의존한다. 적외선은 볼 수는 없으나 센서로 감지한다. 그림 13.10과

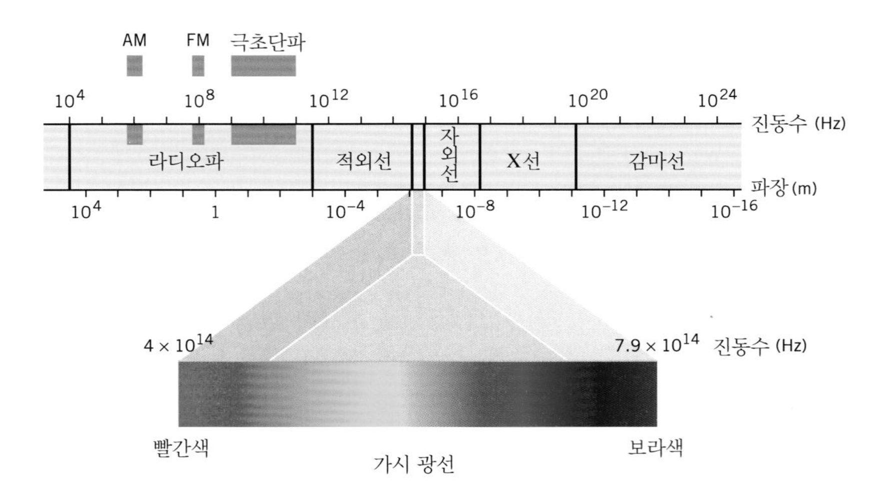

그림 13.9 전자기 스펙트럼

같은 귀 체온계는 고막과 주변 조직으로부터 방출하는 적외선의 양을 측정함으로써 체온을 잰다. 귀는 시상하부에 가깝고 몸 온도를 조절하는 뇌의 아래쪽의 영역에 있기 때문에 체온을 측정하기에 가장 좋은 곳이다. 귀는 식사, 음주 그리고 호흡 등에 의해 뜨거워지지도 않는다. 관 모양으로 된 온도계의 탐침(probe)을 귀 속에 삽입하면 조직에서 나온 적외선이 탐침을 통해서 센서를 자극하게 된다. 적외선을 흡수하면 센서가 따뜻해지고 그 결과 전기 전도도가 변한다. 전기 전도도의 변화가 전기 회로에 의해 측정된다. 회로로부터의 출력은 소형 처리기에 보내지며 체온이 계산되어 디지털로 결과를 알려준다.

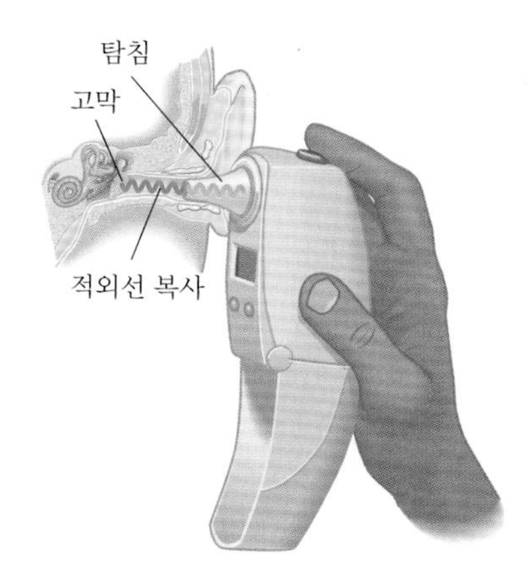

그림 13.10 열전기 귀 체온계(pyroelectric thermometer)는 고막과 주변 조직에 의해 방출되는 적외선 복사의 양을 탐지함으로써 신체의 온도를 측정한다.

열전기 귀 체온계의 물리

전자기 스펙트럼의 모든 진동수 영역 중에서 가장 익숙한 것은, 비록 가장 작은 범위이지만 가시 광선 영역이다(그림 13.9 참조). 약 4.0×10^{14} Hz와 7.9×10^{14} Hz 사이의 진동수를 갖는 파동인 가시 광선만이 인간의 눈에 인식된다. 가시 광선은 일반적으로 진동수 보다는 파장(진공에서의 파장)으로 더 많이 다룬다. 예제 13.1에서 알 수 있듯이 가시 광선의 파장은 매우 작아서 나노미터(nanometer, nm)로 표시한다. $1\,\text{nm} = 10^{-9}\,\text{m}$ 이다. SI 단위는 아니지만 파장의 단위로 옹스트롬(angstrom, Å)도 많이 사용하는데 $1\,\text{Å} = 10^{-10}\,\text{m}$ 이다.

예제 13.1 | 가시 광선의 파장

진동수 영역이 4.0×10^{14}(빨간색)과 7.9×10^{14}Hz(보라색) 사이에 있는 가시 광선에 대해 진공에서의 파장 범위를 구하라.

살펴보기 식 11.1에서 빛의 파장 λ는 진공에서 빛의 속도 c를 진동수 f로 나눈 것과 같다. 즉 $\lambda = c/f$ 이다.

풀이 진동수 (4.0×10^{14}Hz)에 대응하는 파장은

$$\lambda = \frac{c}{f} = \frac{3.00 \times 10^8 \text{ m/s}}{4.0 \times 10^{14} \text{ Hz}} = 7.5 \times 10^{-7} \text{ m}$$

이다. $1\,\text{nm} = 10^{-9}\,\text{m}$ 이므로

$$\lambda = (7.5 \times 10^{-7} \text{ m})\left(\frac{1 \text{ nm}}{10^{-9} \text{ m}}\right)$$

$$= \boxed{750 \text{ nm}}$$

이다. 같은 방법으로 진동수 7.9×10^{14}Hz에 해당하는 빛의 파장값은

$$\lambda = \frac{c}{f} = \frac{3.00 \times 10^8 \text{ m/s}}{7.9 \times 10^{14} \text{ Hz}} = 3.8 \times 10^{-7} \text{ m}$$

즉

$$\boxed{\lambda = 380 \text{ nm}}$$

이다.

사람의 눈은 다른 파장의 빛을 다른 색으로 감지한다. 대략적으로, 진공에서 750 nm의 파장은 빨간색의 빛 중 가장 긴 파장에 해당하며, 380 nm의 파장은 보라색의 빛 중 가장 짧은 파장에 해당한다. 그림 13.9에서 보듯이 이 두 파장 사이에 여러 가지 색이 존재한다. 전자기파 스펙트럼의 가시 영역에서 색과 파장 사이의 관계는 잘 알려져 있다. 파장은 스펙트럼의 모든 영역에서 전자기파의 특성과 이용을 좌우하는 중요한 역할을 한다.

파동으로서의 빛에 대한 특성은 16장에서 토론할 실험으로 설명된다. 그러나 빛이 마치 파동보다는 불연속적인 입자로 구성된 것처럼 행동할 수 있음을 보여주는 실험이 있다. 이 실험들은 17장에서 다루어질 것이다. 빛에 대한 파동 이론과 입자 이론은 수백 년 동안 다루어져 왔는데, 현재는 빛이 전자기파일 뿐 아니라 실험에 따라서는 입자와 같은 성질을 보여주는 이중성을 가지고 있음이 잘 알려져 있다.

13.3 빛의 속도

3.00×10^8 m/s의 속력으로 움직이는 빛은 지구로부터 달까지 1초 남짓만에 도달하며, 따라서 지구상의 두 장소 사이를 빛이 이동할 때 걸리는 시간은 매우 짧다. 그러므로 빛의 속도를 측정하고자 한 시도들이 극히 제한적으로 성공하였다. 처음으로 정확히 측정한 실험에서는 회전하는 거울을 사용하였다. 그림 13.11은 이 장치를 단순화하여 보여주고 있다. 이 장치는 프랑스의 과학자 푸코(1819-1868)에 의해 사용되었으며 나중에 미국의 물리학자 마이켈슨(1852-1931)에 의해 좀 더 개선되었다. 그림 13.11에서 회전하는 팔면 거울의 각속도가 정확히 조절되면, 거울 한쪽 면으로부터 반사된 빛은 고정된 거울로 진행하며, 이 빛은 고정된 거울에서 반사하여 정확한 시간에 회전하는 거울의 다른쪽 면에서 다시 반사한 후 측정된다. 빛이 거울 사이에서 1회 왕복하는데 걸리는 시간 동안에 거울 한쪽 면이 8분의 1 바퀴의 정수배 만큼 회전하도록 회전 각속도가 설정되어야 한다. 이 실험에서 마이켈슨은 거울을 35 km 떨어져 있도록 캘리포니아의 안토니오산과 윌슨산에 설치하였다. 1926년에 이 실험에서 측정한 최소 각속도로부터 $c = (2.99796 \pm 0.00004) \times 10^8$ m/s의 값을 얻었다.

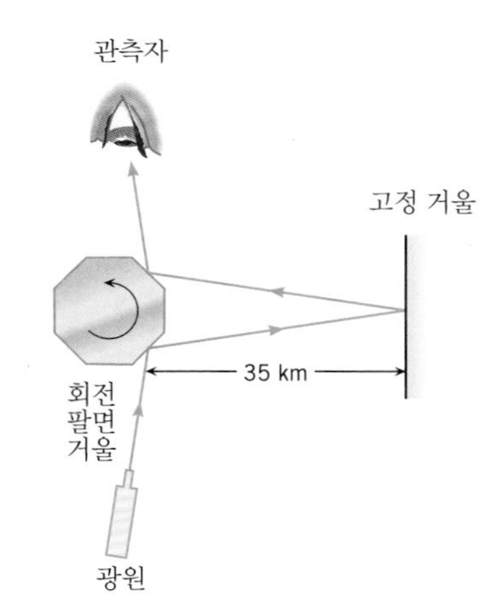

그림 13.11 1878년과 1931년 사이에 마이켈슨은 빛의 속도를 측정하기 위해 회전하는 팔면 거울을 사용하였다. 그가 사용했던 장치를 단순화하여 나타낸다.

오늘날 빛의 속도는 매우 정확히 측정되고 있으며 미터를 정의하는데 이용된다. 1.2절에서 다루었듯이 빛의 속도는 현재

진공에서 빛의 속도 $\quad c = 299\ 792\ 458$ m/s

으로 정의된다. 대부분의 계산에서는 3.00×10^8 m/s의 값이면 충분하다. 초는 세슘 시계를 사용하여 정의되고, 미터는 진공 속에서 빛이 1/299792458 초 동안에 이동한 거리로 정의된다. 진공에서 빛의 속도는 크지만 유한한 값이므로, 빛이 한 곳에서 다른 곳으로 이동하는데 걸리는 시간은 유한한 값을 갖는다. 개념 예제 13.2에서 논의하는 것처럼 천체들 사이에서 진행하는 빛의 진행 시간은 특히 길다.

개념 예제 13.2 | 과거를 보기

초신성(supernova)은 어떤 별이 죽을 때 일어나는 격렬한 폭발이다. 폭발 후 며칠 동안 방출되는 빛의 세기는 태양보다 십억 배 이상 더 크기도 한다. 그러나 수년이 지나면 그 세기는 0으로 된다. 하지만 이러한 초신성 현상은 우주에서 상당히 드물게 일어나며 우리 은하계에서는 과거 400년 동안에 단지 6회 관측되었다. 그 중 하나로써 1987년에 이러한 현상이 관측되었는데 약 1.66×10^{21} m 떨어진 이웃 은하에서 일어난 것이었다. 그림 13.12는 (a) 폭발 전과 (b) 폭발 후 수시간 후의 사진이다. 왜 천문학자들은 초신성과 같은 사건을 보는 것이 시간이 지난 과거를 보는 것과 같다고 말하는 것일까?

살펴보기와 풀이 초신성으로부터 지구로 오는 빛은 $c = 3.00 \times 10^8$ m/s의 속력을 갖는다. 이러한 속력으로 빛이 진행할 지라도 거리가 $d = 1.66 \times 10^{21}$ m 정도로 매우 멀기 때문에 빛이 여행하는 시간은 오래 걸리며, 시간 $t = d/c = (1.66 \times 10^{21}\ \text{m})/(3.00 \times 10^8\ \text{m/s}) = 5.53 \times 10^{12}$ s이다. 이는 약 175000년에 해당한다. 따라서 천문학자들이 1987년에 폭발을 보았을 때 그들은 실제로 175000년 이전에 초신성을 떠난 빛을 보았던 것이다. 즉 다른 말로 그들은 과거를 본 것이다. 사실, 우리가 별과 같은 어떤 천체를 볼 때 그 천체의 오랜 시간 전에 있었던 상황을 보고 있는 것이다. 물체가 지구로부터 멀수록 빛이 우리에게 도달하는 시간은 더 많이 걸리며 우리는 더 오래된 과거를 보고 있는 것이다.

(a)

(b)

그림 13.12 1987년 초신성 (a) 폭발 이전과 (b) 폭발 후 수 시간 이후의 하늘

1865년에 맥스웰은 이론적으로 전자기파가 진공에서

$$c = \frac{1}{\sqrt{\epsilon_0 \mu_0}} \tag{13.1}$$

의 속력을 갖는다고 하였다. 여기서 $\epsilon_0 = 8.85 \times 10^{-12}\ \text{C}^2/(\text{N}\cdot\text{m}^2)$는 자유 공간에서 (전기적) 유전율이고, $\mu_0 = 4\pi \times 10^{-7}\ \text{T}\cdot\text{m/A}$는 자유 공간에서 (자기적) 투자율이다. ϵ_0는 쿨롱의 법칙에서 비례 상수 k와 관련 $[k = 1/(4\pi\epsilon_0)]$이 있으며, 점전하에 의해 생성되는 전기장의 세기를 결정

하는데 기본적인 역할을 한다. μ_0의 역할은 자기장의 경우와 유사하다. 식 13.1에 ϵ_0와 μ_0의 값을 대입하면

$$c = \frac{1}{\sqrt{[8.85 \times 10^{-12}\ \mathrm{C^2/(N \cdot m^2)}][4\pi \times 10^{-7}\ \mathrm{T \cdot m/A}]}} = 3.00 \times 10^8\ \mathrm{m/s}$$

을 얻는다. c에 대한 실험과 이론적인 값은 일치한다. 맥스웰이 c를 성공적으로 예견함으로써 빛은 진동하는 전기장과 자기장으로 구성된 파동과 같이 거동한다는 추론이 가능하였다.

13.4 전자기파에 의해 전달되는 에너지

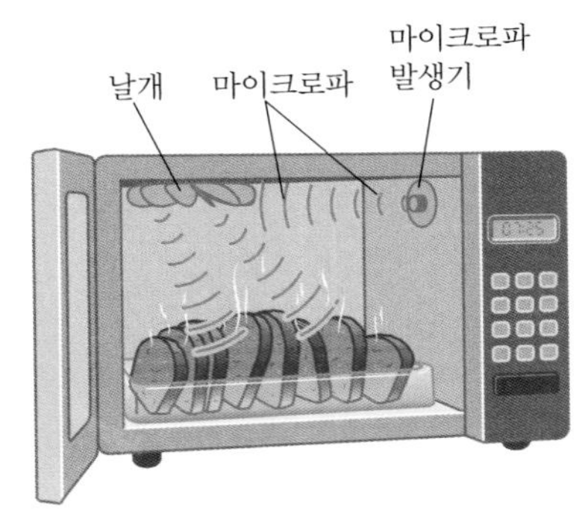

그림 13.13 전자레인지. 회전하는 날개가 그 속의 모든 부분으로 마이크로파를 반사한다.

물결파 또는 음파와 같이 전자기파는 에너지를 전달하는데, 에너지는 파동을 구성하는 전기장과 자기장에 의해 전달된다. 예를 들면 그림 13.13에서 전자레인지(microwave oven) 속의 마이크로파는 음식을 관통하면서 그 안으로 에너지를 전달한다. 마이크로파의 전기장은 에너지를 전달하는데 큰 역할을 하며 음식 속의 수분이 그것을 흡수한다. 흡수는 각각의 물분자들이 영구적인 쌍극자 모멘트를 가지기 때문에 일어난다. 즉 물분자의 한쪽 끝이 약하게 양전하를 가지고 있고 그 반대쪽이 같은 크기의 음전하를 가지고 있다. 따라서 서로 다른 분자들의 양전하와 음전하의 끝이 결합(bond)을 형성할 수 있다. 그러나 마이크로파의 전기장은 물분자의 양전하와 음전하로 대전된 끝에 작용하여 분자를 회전시킨다. 전기장이 초당 약 2.4×10^9 회로 빠르게 진동하고 있기 때문에 물분자들은 높은 속도로 회전을 지속하게 된다. 이 과정에서 마이크로파의 에너지는 이웃한 물분자들 사이의 결합을 깨는 데 이용되고 궁극적으로는 내부 에너지로 바뀐다. 내부 에너지가 증가하면 물의 온도가 증가하여 음식이 익게 된다.

➲ 전자레인지의 물리

태양의 적외선과 가시 광선 영역의 전자기파에 의해 전달되는 에너지는 지구 온난화의 주된 원인으로 알려진 온실 효과에 중요한 역할을 한다. 태양으로부터 온 적외선 대부분은 대기 중의 수분과 이산화탄소로 인해 지구 표면까지 도달하지 못하고 우주로 되돌아 간다. 가시 광선은 지구 표면까지 도달하게 되고 그들이 옮겨온 에너지가 지구를 데우게 된다. 이로 인한 열은 지구 내부로 부터 지표면으로 다시 흐른다. 이렇게 해서 데워진 표면은 계속해서 바깥쪽으로 적외선을 방출하게 된다. 이 적외선은 그들이 가진 에너지를 우주로 내보내지를 못한다. 왜냐하면 대기 중의 이산화탄소와 수분이, 태양으로부터 온 적외선을 우주로 되돌려 보낸 것과 똑같이, 이러한 적외선들을 지구로 되돌려 보내기 때문이다. 그러므로

➲ 온실 효과의 물리

이들 에너지는 갇히게 되고 지구는 온실 내 식물과 같이 더 데워진다. 실제 온실에서 에너지가 갇히게 되는 주된 이유는, 데워진 공기를 차가운 유리벽 너머로 내보낼 수 있는 대류 효과가 부족하기 때문이다.

마이크로파와 같은 전자기파의 전기장 **E** 속에 저장된 에너지의 척도는 전기 에너지 밀도이다. 이 밀도는 전기장이 존재하는 공간의 단위 부피에 존재하는 전기 에너지이다.

$$\text{전기 에너지 밀도} = \frac{\text{전기 에너지}}{\text{부피}} = \frac{1}{2}\kappa\epsilon_0 E^2 = \frac{1}{2}\epsilon_0 E^2$$

진공(또는 대기)에서의 전기장을 다루고 있기 때문에 이 식에서 유전 상수 κ는 1로 두었다. 자기 에너지 밀도는 다음과 같이 주어진다.

$$\text{자기 에너지 밀도} = \frac{\text{자기 에너지}}{\text{부피}} = \frac{1}{2\mu_0}B^2$$

진공 상태에서의 전자기파의 **총 에너지 밀도**(total energy density) u는 위 두 에너지 밀도의 합이다.

$$u = \frac{\text{총 에너지}}{\text{부피}} = \frac{1}{2}\epsilon_0 E^2 + \frac{1}{2\mu_0}B^2 \tag{13.2}$$

진공이나 공기 속을 진행하는 전자기파의 전기장과 자기장은 공간의 단위 부피 당 동일한 양의 에너지를 운반한다. $\frac{1}{2}\epsilon_0 E^2 = \frac{1}{2}(B^2/\mu_0)$이므로 식 13.2를 아래 식과 같이 표현 하는 것이 가능하다.

$$u = \frac{1}{2}\epsilon_0 E^2 + \frac{1}{2\mu_0}B^2 \tag{13.2a}$$

$$u = \epsilon_0 E^2 \tag{13.2b}$$

$$u = \frac{1}{\mu_0}B^2 \tag{13.2c}$$

두 에너지의 밀도가 같다는 사실은 전기장과 자기장이 서로 관련되어 있다는 것을 암시한다. 어떻게 관련되어 있는가를 보기 위해 우리는 전기 에너지 밀도와 자기 에너지 밀도를 서로 같다고 두면 다음과 같은 식을 얻는다.

$$\frac{1}{2}\epsilon_0 E^2 = \frac{1}{2\mu_0}B^2 \quad \text{즉} \quad E^2 = \frac{1}{\epsilon_0\mu_0}B^2$$

그러나 식 13.1에 따르면, $c = 1/\sqrt{\epsilon_0\mu_0}$ 이고 따라서 $E^2 = c^2 B^2$이다. 이 결과는 전자기파의 전기장과 자기장의 크기 사이의 관계가 다음과 같다는 것을 보여준다.

$$E = cB \tag{13.3}$$

전자기파에서 전기장과 자기장은 시간에 대해 사인 곡선 모양으로 진동한다. 따라서 식 13.2a-c는 어느 순간에서의 파동의 에너지 밀도를 나타낸다. 만약 총 에너지 밀도에 대한 평균값 $\bar{u}$를 얻으려면 E^2와 B^2의 평균값이 필요하다. 교류 전류와 전압을 다룰 때와 유사하게 제곱 평균 제곱근(root mean square)양을 다루자. 교류에서의 실효값과 같이, 전기장과 자기장의 제곱 평균 제곱근 값인 E_{rms}와 B_{rms}는 각각의 최대값인 E_0와 B_0를 $\sqrt{2}$로 나누면 된다.

$$E_{\text{rms}} = \frac{1}{\sqrt{2}} E_0 , \qquad B_{\text{rms}} = \frac{1}{\sqrt{2}} B_0$$

E와 B가 위에서 주어진 제곱 평균 제곱근을 의미하는 것으로 해석하면 식 13.2a-c는 평균 에너지 밀도 $\bar{u}$를 의미하는 것으로 해석할 수 있다. 다음 예제에서는 지구에 도달하는 태양광의 평균 에너지 밀도를 다룬다.

예제 13.3 | 태양광의 평균 에너지 밀도

제곱 평균 제곱근 값이 $E_{\text{rms}} = 720$ N/C인 전기장을 가진 태양광이 지구 대기의 윗부분으로 들어온다. (a) 전자기파의 평균 총 에너지 밀도와 (b) 태양광의 자기장의 제곱 평균 제곱근 값을 구하라.

살펴보기 전기장에 대한 제곱 평균 제곱근 값을 사용하면 태양광의 평균 총 에너지 밀도 $\bar{u}$는 식 13.2b로부터 얻는다. 자기장과 전기장의 크기가 식 13.3으로 관련되므로 자기장의 제곱 평균 제곱근 값은 $B_{\text{rms}} = E_{\text{rms}}/c$이다.

풀이 식 13.2b에 의해 평균 총 에너지 밀도는

$$\bar{u} = \epsilon_0 E_{\text{rms}}^2 = [8.85 \times 10^{-12}\ \text{C}^2/(\text{N}\cdot\text{m}^2)](720\ \text{N/C})^2 = \boxed{4.6 \times 10^{-6}\ \text{J/m}^3}$$

이다.

(b) 식 13.3을 이용하면 자기장의 제곱 평균 제곱근 값은

$$B_{\text{rms}} = \frac{E_{\text{rms}}}{c} = \frac{720\ \text{N/C}}{3.0 \times 10^8\ \text{m/s}} = \boxed{2.4 \times 10^{-6}\ \text{T}}$$

이다.

전자기파가 공간을 진행할 때 한 영역에서 다른 영역으로 에너지를 전달한다. 이 에너지 전달은 파동의 **세기**(intensity)에 의해 분석된다. 11.7절에는 음파와 관련하여 세기의 개념이 나온다. 파동의 세기는 파동의 일률과 파동이 지나가는 넓이에 관계한다. 소리의 세기는 표면을 수직으로 통과하는 소리의 일률을 음파가 통과하는 표면의 넓이로 나눈 것이다. 전자기파의 세기도 유사하게 정의한다. 전자기파의 세기는 전자기파의 일률을 전자기파가 통과하는 표면의 넓이로 나눈 것이다.

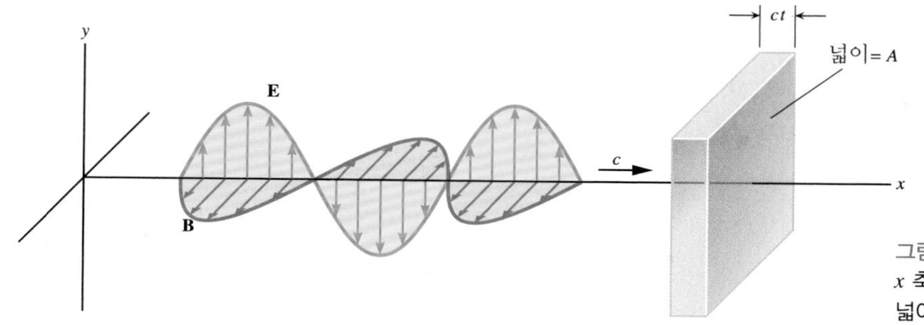

그림 13.14 시간 t 동안 전자기파가 x 축을 따라 ct의 거리를 이동하면서 넓이 A인 면을 통과한다.

세기의 정의를 이용하여 전자기파의 세기 S를 에너지 밀도 u와 관련지을 수 있다. 식 11.8에 의해 세기는 표면을 수직으로 통과하는 일률 P를 표면의 넓이로 나눈 값, 즉 $S = P/A$이다. 또한 일률은 표면을 통과하는 총 에너지를 경과 시간 t로 나눈 값으로 $P = (\text{총 에너지})/t$이다. 이 두 관계를 이용하여

$$S = \frac{P}{A} = \frac{\text{총 에너지}}{tA}$$

를 얻는다.

이제 그림 13.14처럼 x 축을 따라 진공에서 진행하는 전자기파를 생각하자. 시간 t 동안에 파동은 넓이 A인 표면을 통과하여 거리 ct를 진행한다. 결과적으로 파동이 통과하는 공간의 부피는 ctA이다. 이 부피 속의 총 에너지(전기와 자기)는

$$\text{총 에너지} = (\text{총 에너지 밀도}) \times \text{부피} = u(ctA)$$

이다. 이 결과를 사용하여 세기는

$$S = \frac{\text{총 에너지}}{tA} = \frac{uctA}{tA} = cu \tag{13.4}$$

을 얻는다. 따라서 세기는 에너지 밀도와 빛의 속도의 곱이다. 식 13.4에 식 13.2a-c를 대입하면 전자기파의 세기는 전기장과 자기장에 의존하는 아래 식으로 표현된다.

$$S = cu = \frac{1}{2}c\epsilon_0 E^2 + \frac{c}{2\mu_0}B^2 \tag{13.5a}$$

$$S = c\epsilon_0 E^2 \tag{13.5b}$$

$$S = \frac{c}{\mu_0}B^2 \tag{13.5c}$$

만일 전기장과 자기장의 제곱 평균 제곱근의 값을 식 13.5a-c에 적용하면 세기는 다음 예제 13.4에서처럼 평균 세기 $\overline{S}$가 된다.

예제 13.4 네오디뮴-유리 레이저

네오디뮴-유리 레이저는 높은 세기의 짧은 펄스 전자기파를 방출한다. 전기장의 제곱 평균 제곱근 값은 $E_{rms} = 2.0 \times 10^9$ N/C이다. 레이저 빔이 수직으로 1.6×10^{-5} m^{2}인 표면을 통과한다. 각 펄스의 평균 일률을 구하라.

살펴보기 파동의 세기는 표면을 수직으로 통과하는 단위 면적당 일률이기 때문에, 파동의 평균 일률 $\overline{P}$는 평균 세기 $\overline{S}$와 넓이 A의 곱이다.

풀이 평균 일률은 $\overline{P} = \overline{S}A$이다. 그리고 식 13.5b에서 $\overline{S} = c\epsilon_0 E_{rms}^2$이므로 평균 일률은 다음과 같이 계산할 수 있다.

$$\overline{P} = c\epsilon_0 E_{rms}^2 A$$

$$\overline{P} = (3.0 \times 10^8 \text{ m/s})[8.85 \times 10^{-12} \text{ C}^2/(\text{N}\cdot\text{m}^2)](2.0 \times 10^9 \text{ N/C})^2(1.6 \times 10^{-5} \text{ m}^2) = \boxed{1.7 \times 10^{11} \text{ W}}$$

문제 풀이 도움말
일률과 세기의 개념은 유사하지만 서로 다른 양이다. 세기는 표면을 수직으로 지나는 일률을 표면의 넓이로 나눈 것이다.

13.5 도플러 효과와 전자기파

음파의 매질(예, 공기)에 대하여 음원이나 관측자, 또는 둘 다 움직이는 경우의 도플러 효과를 11.9절에서 다루었다. 이 효과에 의해서, 관측되는 진동수는 음원에 의해 방출되는 진동수보다 더 크거나 더 작다. 음원이 움직일 경우에는 관측자가 움직일 경우와는 다른 방식으로 도플러 효과가 일어난다.

전자기파도 역시 도플러 효과가 일어난다. 그러나 두 가지 이유로 음파의 경우와 다르다. 첫째, 음파는 전파하기 위해서 공기와 같은 매질을 필요로 한다. 음파에 대한 도플러 효과에서 중요한 것은 매질에 대해 상대적인(음원, 관측자, 그리고 파동 그 자체의) 운동이다. 전자기파에 대한 도플러 효과에서는 매질에 대한 상대적 운동은 어떠한 역할도 없다. 왜냐하면 파동이 전파할 때 매질을 필요로 하지 않기 때문이다. 전자기파는 진공에서 진행할 수 있다. 둘째, 11.9절의 도플러 효과에 대한 식에서 소리의 속력이 중요한 역할을 하는데 소리의 속력은 측정이 이루어지는 기준계에 의존한다. 예로써 움직이는 공기에 대한 소리의 속력은 정지해 있는 공기에 대한 속력과 다르다. 전자기파는 정지해 있는 관측자나 일정한 속도로 움직이는 관측자에 대해 같은 속력을 갖는다. 이러한 두 가지 이유 때문에 파원이 움직이든지 관측자가 움직이든지 관계없이 전자기파에 대한 도플러 효과가 동일하게 일어난다. 단지 파원과 관측자의 서로에 대한 상대적 운동이 중요하다.

전자기파, 파원, 파동 관측자 모두 진공(또는 공기)에서 같은 선을 따라 움직일 때 도플러 효과를 나타내는 식은

$$f_o = f_s\left(1 \pm \frac{v_{rel}}{c}\right) \qquad v_{rel} \ll c \tag{13.6}$$

로 주어진다. 여기서 f_o는 관측된 진동수이고 f_s는 파원에서 방출된 진동수이다. 기호 v_{rel}은 파원과 관측자의 서로에 대한 상대 속력이고 c는 진공에서의 빛의 속도이다. 식 13.6은 v_{rel}이 c에 비해 매우 작을 때 즉 $v_{rel} \ll c$인 경우에 성립하는 식이다. 식 13.6에서 양의 부호는 광원과 관측자가 서로 가까워질 때, 음의 부호는 그들이 서로 멀어질 때에 적용된다.

v_{rel}이 광원과 관측자 사이의 **상대**(relative) 속력이라는 것이 중요하다. 따라서 만일 파원이 지표면에 대해 28 m/s의 속력으로 정동쪽으로 움직이고 관측자가 22 m/s의 속력으로 정동쪽으로 움직이면 v_{rel}의 값은 28 m/s − 22 m/s = 6 m/s가 된다. v_{rel}은 상대 **속력**(speed)이기 때문에 대수적인 부호가 없다. 상대적인 운동의 방향은 식 13.6에서 양 또는 음의 부호를 선택함으로써 고려된다. 광원과 관측자가 서로 가까워질 때 양의 부호가 사용되고 서로 멀어질 때 음의 부호가 사용된다. 예제 13.5는 전자기파에 대한 도플러 효과를 이용하는 한 예를 설명해주고 있다.

예제 13.5 스피드건

스피드건의 물리

경찰은 과속 차량을 단속하기 위해서 스피드건(레이더건)과 도플러 효과를 이용한다. 이 총은 그림 13.15에서 보듯이 $f_s = 8.0 \times 10^9$ Hz의 진동수를 가진 전자기파를 방출한다. 그림에서 한 대의 차가 길가의 옆에 정차되어 있는 경찰차에 접근하고 있다. 접근 방향은 서로 마주보는 형태이다. 스피드건에서 나온 파동은 달리는 차에서 반사되어 경찰차로 돌아온다. 이때 경찰차의 장비는 방출된 파동의 진동수인 2100 Hz보다 더 큰 진동수를 측정하게 된다. 도로에 대한 차의 속력을 구하라.

살펴보기 도플러 효과는 달리는 차와 경찰차 사이의 상대 속력 v_{rel}에 의존한다. 먼저 상대 속력을 구하고 경찰차가 정지해 있다는 사실을 이용하여 도로에 대해 움직이는 차의 속력을 구할 것이다. 이러한 상황에서는 두 가지 도플러 진동수 변화가 있다. 첫째로, 달리는 차의 운전자는 스피드건에서 방출된 진동수 f_s와는 다른 진동수 f_o를 갖는 파동을 관측한다. 식 13.6(두 차가 접근하므로 양의 부호)에 따라 $f_o - f_s = f_s(v_{rel}/c)$이다. 둘째, 그 후 파동은 반사되어 경찰차로 돌아오는데, 반사되는 순간의 진동수 f_o와는 다른 진동수 f_o'가 관측된다. 다시 식 13.6을 이용하면 $f_o' - f_o = f_o(v_{rel}/c)$이 된다. 앞의 두 식을 합하여 총 도플러 효과에서의 진동수 변화에 대해 다음 결과를 얻는다.

$$(f_o' - f_o) + (f_o - f_s) = f_o' - f_s = f_o\left(\frac{v_{rel}}{c}\right) + f_s\left(\frac{v_{rel}}{c}\right) \approx 2f_s\left(\frac{v_{rel}}{c}\right)$$

여기서 v_{rel}이 빛의 속도 c에 비해 작으므로 f_o와 f_s는 매우 작은 차이가 있다고 가정하였다. 상대 속력에 대해 풀면 v_{rel}은

그림 13.15 경찰이 사용하는 스피드건은 라디오파 영역의 전자기파를 방출한다. 움직이는 차로부터 반사된 파동에서 관측되는 도플러 효과로 자동차의 속력을 측정할 수 있다(예제 13.5 참조).

$$v_{\mathrm{rel}} \approx \left(\frac{f_o' - f_s}{2f_s}\right)c$$

이 된다.

풀이 경찰차에 대해 움직이는 차의 속력은

$$v_{\mathrm{rel}} \approx \left(\frac{f_o' - f_s}{2f_s}\right)c$$

$$= \left[\frac{2100\ \mathrm{Hz}}{2(8.0 \times 10^9\ \mathrm{Hz})}\right](3.0 \times 10^8\ \mathrm{m/s})$$

$$= 39\ \mathrm{m/s}$$

이다. 경찰차는 정지해 있기 때문에 속력은 $v_p = 0\,\mathrm{m/s}$이므로 도로에 대한 상대 속력은 $v_{\mathrm{rel}} = v - v_p = v = 39\,\mathrm{m/s}$이다.

문제 풀이 도움말
전자기파에 대한 도플러 효과는 관측자와 파원의 상대적인 속력 v_{rel}에 의존한다. 식 13.6에서 지면에 대한 관측자나 파원의 속력은 전혀 쓰이지 않는다.

전자기파의 도플러 효과는 천문학자에게도 매우 유용하게 이용된다. 예로써 5장의 예제 5.7은 천문학자가 허블 망원경을 사용하여 은하 M87의 중심에 있는 거대한 블랙홀을 어떻게 알아낼 수 있는가를 제시한다(그림 5.12 참조). 두 영역에서 방출되는 빛으로부터 도플러 효과를 이용하여 한쪽이 지구로부터 멀어져가고 다른쪽은 지구를 향하여 접근함을 알아낼 수 있었다. 즉, 은하가 회전하고 있다. 후퇴와 접근의 속력으로부터 천문학자들은 은하의 회전 속력을 계산할 수 있다. 5장의 예제 5.7에서 이 속력의 값이 어떻게 블랙홀을 알아내게 되는가를 보여주고 있다. 천문학자들은 일상적으로 우주의 먼 곳으로부터 지구에 도달하는 빛의 도플러 효과를 연구한다. 이러한 연구를 통해 그들은 멀리서 빛을 발산하는 물체들이 지구로부터 후퇴하고 있는 속력을 계산한다.

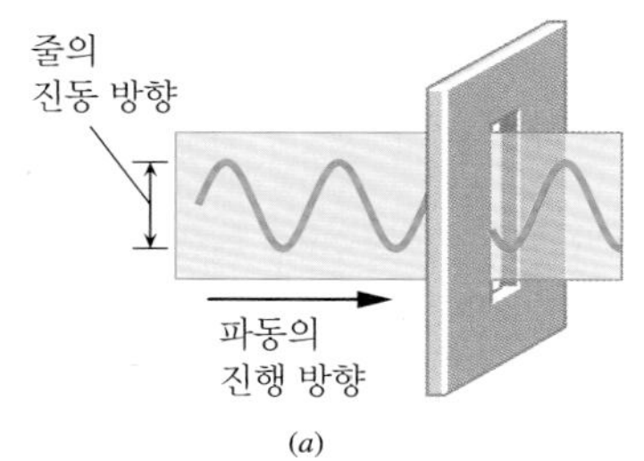

(a)

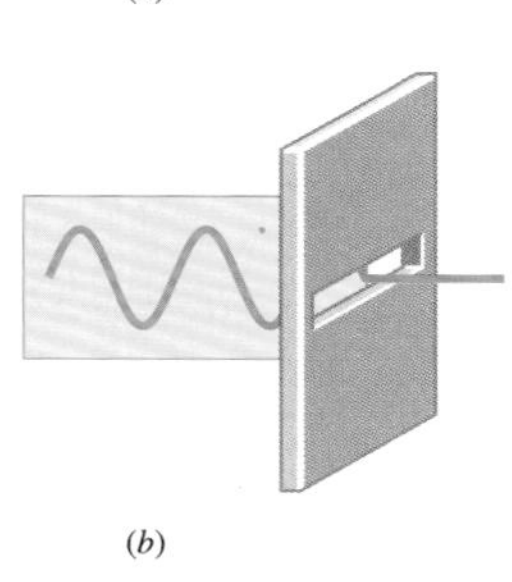

(b)

그림 13.16 횡파의 진동이 항상 한 방향으로 일어날 때 선평광되어 있다고 말한다. 줄에서 선평광된 파동은 (a) 줄이 진동하는 방향에 평행한 슬릿을 통과할 수 있다. 그러나 (b) 진동 방향에 수직인 슬릿은 통과할 수 없다.

13.6 편광

편광 전자기파

전자기파의 중요한 특징 중의 하나는 횡파라는 것인데 이러한 특징 때문에 전자기파는 편광될 수 있다. 그림 13.16은 줄 위에서 진행하는 횡파가 슬릿을 향해 움직일 때를 보여줌으로서 편광을 설명하고 있다. 이러한 파동을 **선편광**(linear polarization)되었다고 하며, 진동이 항상 한 방향으로 일어나고 있음을 의미한다. 이 방향을 편광의 방향이라고 한다. 그림의 (a)에서 편광의 방향은 수직이고 슬릿에 평행하다. 결과적으로 파동은 쉽게 통과한다. 그러나 (b)처럼 편광의 방향에 수직으로 슬릿이 놓이면 파동은 지나갈 수 없게 되는데 그 이유는 슬릿이 줄의 진동을 막기 때문이다. 음파와 같은 종파에서는 편광 개념은 의미가 없다. 종파에서 진동의 방향은 파동의 진행 방향과 같아서 슬릿의 방향은 파동에 어떠한 영향도 주지 않는다.

그림 13.3에서 전자기파의 전기장은 y 축 방향으로 진동하고 있으며

자기장은 z축 방향으로 진동하고 있다. 따라서 이 파동은 선편광되어 있고 편광의 방향은 전기장이 진동하는 방향으로 정해진다. 만일 파동이 일직선의 안테나로부터 발생되는 라디오파일 경우 편광의 방향은 안테나의 방향에 의해 결정된다. 반면에 백열 전구로부터 방출되는 가시 광선은 전혀 편광되지 않은 전자기파이다. 이 경우에 파동은 전구의 뜨거운 필라멘트에 있는 많은 수의 원자들로부터 방출된다. 한 개의 원자에서 전자가 진동할 때 그 원자는 약 10^{-8}초 정도의 짧은 시간동안 빛을 방출하는 소형 안테나로 행동한다. 그러나 이 원자 안테나들의 방향은 충돌 때문에 무질서하게 변한다. 이때 각 원자 자신의 고유한 편광 방향을 지닌 수많은 '원자 안테나들'에서 짧은 순간에 방출하는 수많은 개개의 파동들이 모여 편광되지 않은 빛을 만든다. 그림 13.17은 편광된 빛과 편광되지 않은 빛을 비교하고 있다. 편광되지 않은 경우에, 파동이 진행하는 방향 주변의 화살표는 개개 파동의 무질서한 편광 방향을 나타내고 있다.

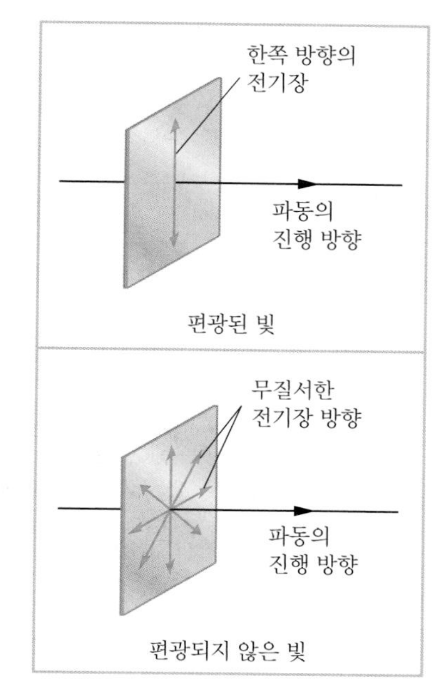

그림 13.17 편광된 빛에서는 전자기파의 전기장이 한쪽 방향을 따라 진동한다. 편광되지 않은 빛은 서로 다른 많은 원자들에 의해 방출된 짧은 파동열들로 이루어져 있다. 파동열들의 전기장 방향은 파의 진행 방향과 수직이고 무질서하게 분포한다.

선편광된 빛은 어떤 물질을 사용하여 편광되지 않은 빛으로부터 얻어질 수 있다. 상업적으로 통용되는 물질의 이름은 폴라로이드이다. 이러한 물질은 전기장의 한 방향의 성분만 통과시키고 이 방향에 수직인 전기장 성분은 흡수한다. 그림 13.18에서처럼 편광 물질이 투과를 허용하는 편광의 방향을 **편광축**(투과축; transmission axis)이라고 한다. 이 축의 방향에 관계없이 투과된 편광 빛의 세기는 입사한 편광되지 않은 빛의 세기의 절반이 된다. 그 이유는 편광되지 않은 빛은 모든 편광 방향의 빛을 똑같은 세기로 포함하고 있기 때문이다. 더욱이 각 방향에 대한 전기장은 편광축에 수직인 성분과 평행인 성분으로 나누어질 수 있으므로, 축에 수직인 평균 성분과 평행한 평균 성분은 같다.* 결과적으로 편광 물질은 투과하는 양 만큼과 같은 양의 전기(그리고 자기)장의 세기를 흡수한다.

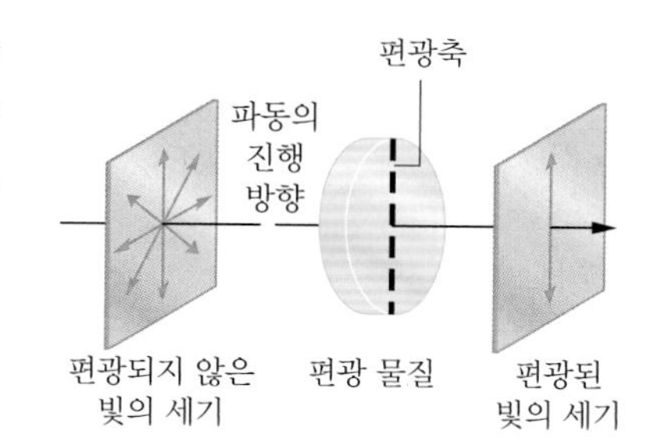

그림 13.18 편광 물질을 사용하여 편광되지 않은 빛으로부터 편광된 빛을 얻을 수 있다. 편광 물질의 편광축은 그 물질을 통과하는 빛의 편광 방향이다.

말루스의 법칙

편광 물질을 사용하여 편광된 빛을 만들 수 있으며, 편광된 빛은 두 번째 편광 물질을 사용하여 편광 방향과 동시에 빛의 세기를 조절할 수 있다. 그림 13.19는 그 방법을 보여준다. 그림에서 보듯이 첫 번째 편광 물질 조각을 **편광판**(polarizer), 두 번째 조각을 **검광판**(analyzer)이라 부른다. 검광판의 편광축은 편광판의 편광축에 대해 각 θ만큼 기울어져 있다. 만일 검광판에 입사하는 편광된 빛의 전기장의 세기가 E이면, 통과하는 전기장의 세기는 편광축에 평행한 성분으로 $E\cos\theta$이다. 식 13.5b에 따라 일률의 세기는 전기장 세기의 제곱에 비례한다. 결과적으로 검광판을 통과하는 편광된 빛의 평균 세기는 $\cos^2\theta$에 비례한다. 따라서 빛의 편광 방향

* 이 평균은 단순한 산술 평균이 아니라 제곱 평균 제곱근 값이다(역자 주).

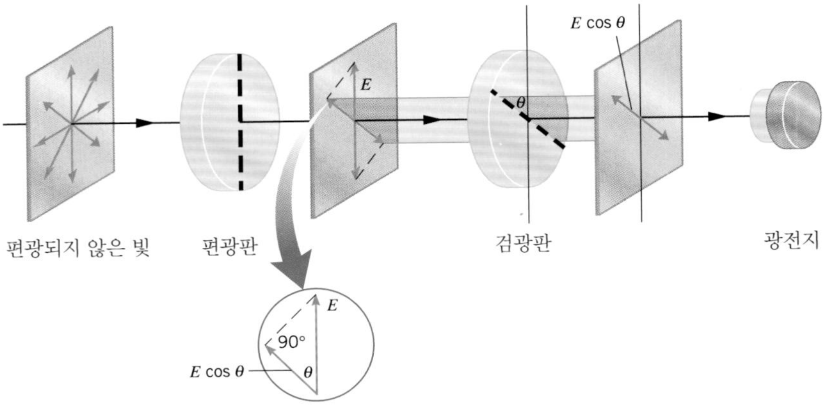

그림 13.19 편광판과 검광판이라고 부르는 두 장의 편광 물질을 사용하여 광전지에 도달하는 빛의 편광 방향과 세기를 조절할 수 있다. 이것은 편광판과 검광판의 편광축들 사이의 각 θ를 변화시킴으로써 가능하다.

과 세기는 편광판의 축에 대해 검광판의 편광축을 회전시킴으로써 조절할 수 있다. 검광판을 떠나는 빛의 평균 세기 $\overline{S}$는

말루스의 법칙 $$\overline{S} = \overline{S}_0 \cos^2\theta \tag{13.7}$$

이다. 여기서 $\overline{S}_0$는 검광판으로 들어가는 빛의 평균 세기이다. 식 13.7은 프랑스의 공학자 말루스(1775-1812)에 의해 발견되었기 때문에 보통 **말루스의 법칙**(Malus' law)으로 불린다. 예제 13.6은 말루스의 법칙을 이용하는 예이다.

예제 13.6 | 편광판과 검광판의 사용

광전지에 도달하는 편광된 빛의 평균 세기가 편광되지 않은 빛의 평균 세기의 10분의 1이 되려면 그림 13.19에서 각 θ의 값은 얼마인가?

살펴보기 편광판과 검광판은 모두 빛의 세기를 감소시킨다. 편광판은 빛의 세기를 반으로 감소시킨다. 따라서 만일 편광되지 않은 빛의 평균 세기가 $\overline{I}$이면 편광판을 떠나 검광판에 도달하는 편광된 빛의 평균 세기는 $\overline{S_0} = \overline{I}/2$이다. 각 θ는 검광판을 떠나는 빛의 평균 세기가 $S = \overline{I}/10$이 되도록 선택되어야 한다. 말루스의 법칙을 이용하여 해를 구한다.

풀이 말루스의 법칙에 $\overline{S}_0 = \overline{I}/2$과 $\overline{S} = \overline{I}/10$을 적용하면

$$\tfrac{1}{10}\overline{I} = \tfrac{1}{2}\overline{I}\cos^2\theta$$

$$\tfrac{1}{5} = \cos^2\theta \quad 즉 \quad \theta = \cos^{-1}\left(\frac{1}{\sqrt{5}}\right) = \boxed{63.4°}$$

을 얻는다.

문제 풀이 도움말
편광되지 않은 빛이 편광판에 부딪치면 입사된 빛의 반이 통과되고 나머지 반은 편광판에 흡수됨을 기억하라.

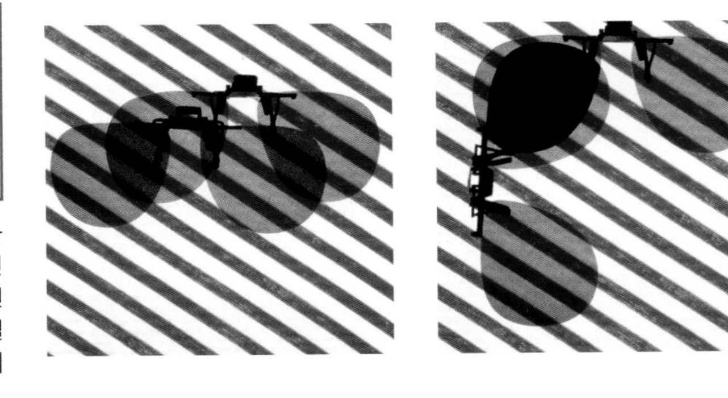

그림 13.20 폴라로이드 선글라스가 교차되지 않을 때(왼쪽 사진) 색을 띤 플라스틱의 두께 증가 때문에 통과된 빛은 좀 어둡게 보인다. 그러나 교차될 때(오른쪽 사진)는 편광의 효과 때문에 투과된 빛의 세기가 0으로 감소한다.

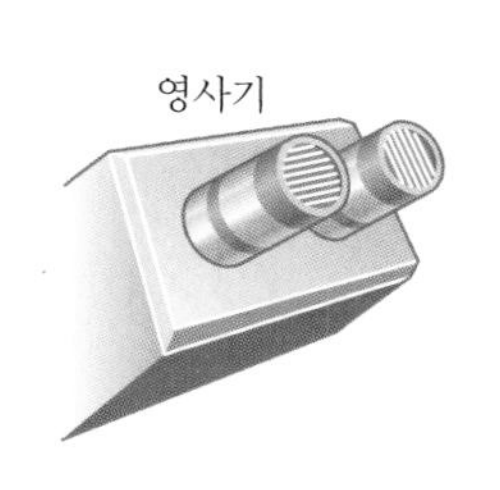

그림 13.21 삼차원 아이맥스 영화에서는 두 개의 분리된 필름이 편광판을 가진 두 렌즈가 있는 영사기를 사용하여 투사된다. 두 편광판은 교차되어 있다. 관객은 좌우에 교차된 편광판이 있는 안경을 사용하여 영화를 관람한다.

그림 13.19에서 $\theta = 90°$ 일 때 편광판과 검광판은 교차되었다(crossed)고 하는데, 이때는 빛이 전혀 통과되지 않는다. 이 효과를 설명하기 위해서 그림 13.20은 한 쌍의 폴라로이드 선글라스 안경이 교차되지 않은 모양과 교차된 모양을 보여주고 있다.

삼차원 아이맥스 영화의 물리

교차된 편광판의 응용 예로 삼차원 아이맥스 영화 감상에 적용한 경우를 살펴보자. 이런 영화는 두 개의 분리된 필름 롤에 기록되어 있다. 그리고 우리가 삼차원으로 볼 수 있도록, 우리의 두 눈에 각각 다르게 관측되는 것에 대응하는 두 영상을 동시에 찍는 카메라를 사용한다. 이 카메라는 대략적으로 우리의 눈 사이의 간격으로 위치하는 두 개의 열린 구멍을 가지고 있다. 두 필름 롤은 그림 13.21처럼 두 렌즈를 가진 영사기를 사용하여 투사된다. 각 렌즈들은 자체의 편광판을 가지고 있으며 두 개의 편광판은 서로 교차되어 있다. 영화관에서 관객은 그림에서 보듯이 왼쪽과 오른쪽 눈에 대응하는 편광판을 가진 안경을 사용하여 스크린의 영상을 본다. 교차된 편광판 때문에 왼쪽 눈은 영사기의 왼쪽 렌즈로부터 나오는 영상만을 보며, 오른쪽 눈은 단지 오른쪽 렌즈로부터 나오는 영상만을 보게 된다. 관객의 왼쪽과 오른쪽 눈이 보는 것은, 현실로 일어날 때 그 장면을 보는 두 눈의 영상과 거의 같기 때문에, 뇌는 실제적인 삼차원 효과가 있는 영상으로 조합하게 되는 것이다.

개념 예제 13.7은 한 조각의 편광 물질이 교차된 편광판과 검광판 사이에 넣어져 있을 때 생기는 흥미로운 내용을 다루고 있다.

개념 예제 13.7 | 교차된 편광판과 검광판이 어떻게 빛을 통과 시킬 수 있는가?

앞에서 설명했듯이 그림 13.19에서 편광판과 검광판이 교차되었을 때 어떠한 빛도 광전지에 도달하지 않는다. 그림 13.22(a)처럼 세 번째 조각의 편광 물질을 편광판과 검광판 사이에 넣는다고 가정하자. 이제 빛이 광전지에 도달하겠는가?

살펴보기와 풀이 편광판과 검광판이 교차되었음에도 불구하고 답은 '그렇다' 이다. 만일 어떤 빛이 검광판을 통과하려면 검광판의 편광축에 평행한 전기장 성분을 가져야만 한다. 세 번째 편광 물질을 삽입하지 않으면 검광판의 투과축에 평행한 성분이 없으나 삽입하게 되면 그림의 (b)와 (c)에서처럼 평행한 성분이 있게 된다. (b)는 편광판을 떠나는 빛의 전기장 E가 삽입된 편광 물질의 편광축과 θ의 각을 이루고 있음을 보여주고 있다. 삽입된 편광축에 평행한 전기장 성분은 $E\cos\theta$이고 이 성분이 삽입 물질을 통과한다. 그림의 (c)는 검광판에 입사하는 전기장($E\cos\theta$)이 검광판의 편광축에 평행한 성분으로 ($E\cos\theta$)sinθ를 가짐을 보여주고 있다. 이 성분이 검광판을 통과함으로써 빛이 광전지에 도달하게 되는 것이다.

각 θ가 0과 90° 사이에 있을 때는 빛이 광전지에 도달할 것이다. 그러나 만일 각이 0 또는 90°이면 빛은 광전지에 도달하지 않는다. 수식을 사용하지 않고 이러한 경우에 광전지에 빛이 도달하지 않는 이유를 설명할 수 있겠는가?

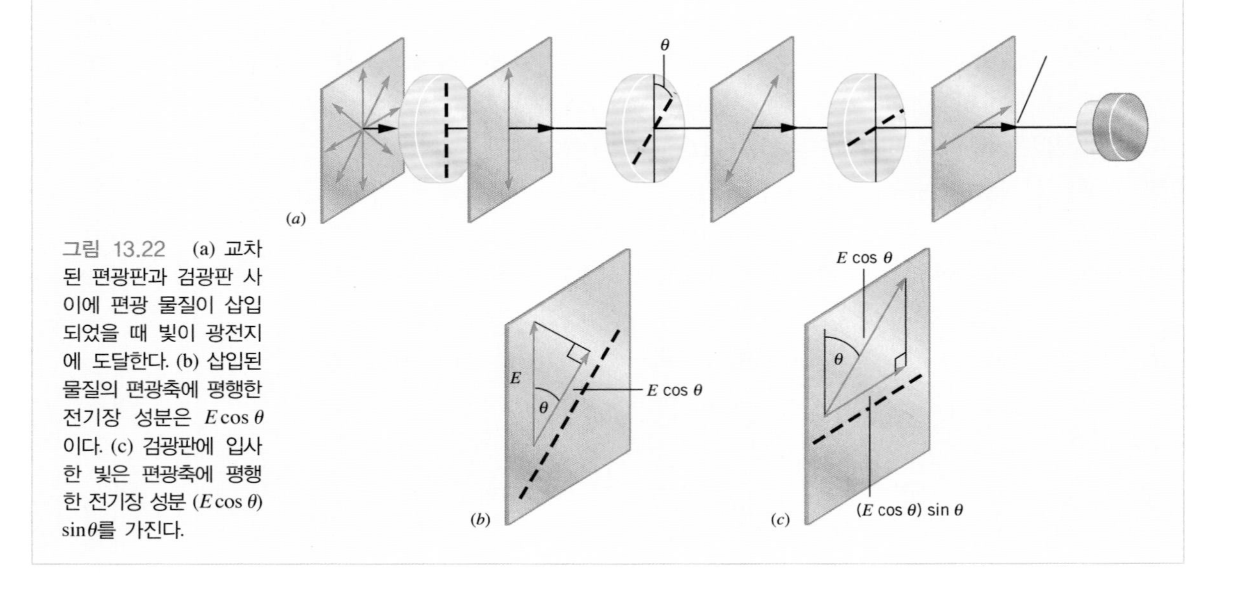

그림 13.22 (a) 교차된 편광판과 검광판 사이에 편광 물질이 삽입되었을 때 빛이 광전지에 도달한다. (b) 삽입된 물질의 편광축에 평행한 전기장 성분은 $E\cos\theta$이다. (c) 검광판에 입사한 빛은 편광축에 평행한 전기장 성분 ($E\cos\theta$) sinθ를 가진다.

LCD의 물리

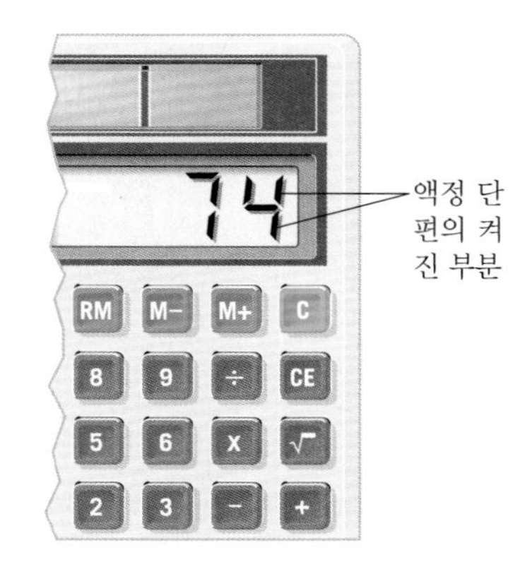

그림 13.23 액정 디스플레이(LCD)가 액정 단편들을 사용하여 숫자를 나타낸다.

교차된 편광판과 검광판 조합의 응용은 LCD(liquid crystal display)의 한 종류에서도 사용된다. LCD는 휴대용 계산기와 디지털시계에서도 광범위하게 사용된다. 디스플레이는 보통 엷은 회색 배경에 검은색 숫자와 글자가 나타나게 되어 있다. 그림 13.23처럼 각 글자나 수는 '켜짐' 상태일 때 검게 나타나는 액정 단편(segment)들의 조합으로 형성되어있다. LCD의 액정 부분은 그림 13.24에서처럼 두 개의 투명한 전극과 그 사이에 삽입된 액정 물질로 구성되어 있다. 전극 사이에 전압이 가해질 때 액정은 '켜짐' 상태가 된다. 그림의 (a)에서 선편광된 입사광이 '켜짐' 상태일 때 그것의 편광 방향에 영향을 받지 않고 액정 물질을 통과한다. (b)처럼 전압이 제거되면 액정은 '꺼짐' 상태가 되며 액정 물질은 빛의 편광 방향을 90° 회전시킨다. 그림 13.25에서 보듯이 완전한 LCD 단편은 항상 교차된 편광판과 검광판 조합을 포함한다. 편광판, 검광판, 전극, 그리고 액정 물질은 한 개의 장치로 장착되어있다. 편광판은 입사하는 편광되지 않은 빛을 편광된 빛으로 투과시킨다. 디스플레이 단편이 '켜짐' 상태일 때 그림 13.25처럼 편광된 빛은 단편을 그대로 통과한 후 검광판에 의해

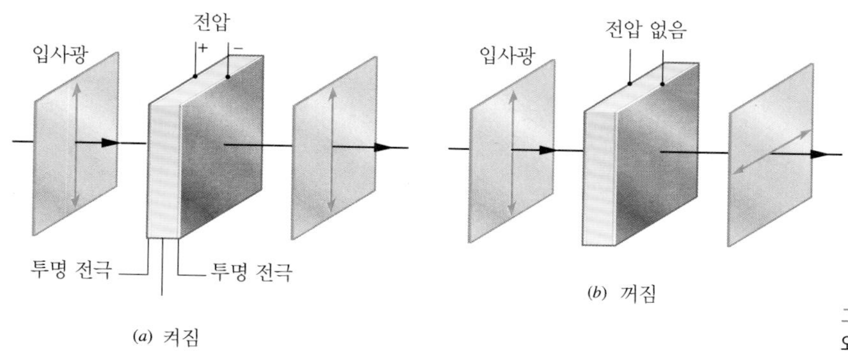

그림 13.24 액정의 (a) '켜짐' 상태와 (b) '꺼짐' 상태

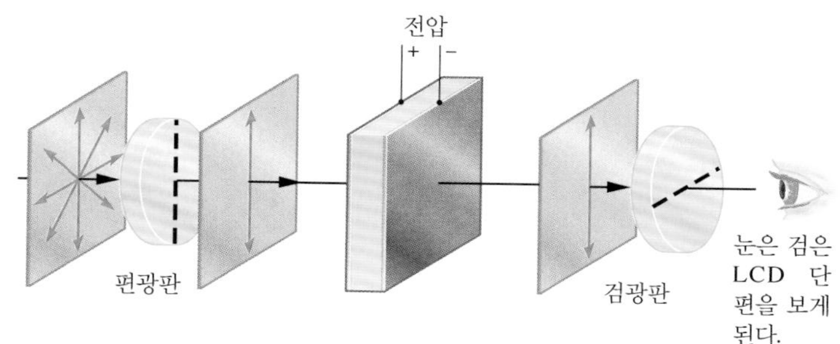

그림 13.25 LCD는 교차된 편광판과 검광판 조합을 이용한다. LCD 단편이 켜질 때(전압이 가해짐) 빛은 검광판을 통과하지 못하며 관측자는 검은 단편을 보게 된다.

모두 흡수된다. 그 이유는 편광 방향이 이 검광판의 편광축에 수직이기 때문이다. 따라서, 어떠한 빛도 검광판을 투과하지 않기 때문에 관측자는 그림 13.23에서처럼 엷은 회색 배경에 대해 검은 색만을 보게 된다. 한편 전압이 제거될 때 그 단편은 '꺼짐' 상태가 되는데, 그 경우에 액정에서 나온 빛의 편광 방향이 검광판의 축과 일치되도록 90° 만큼 회전된다. 빛은 이제 검광판을 통과하여 관측자의 눈으로 들어간다. 그러나 단편에서 나오는 빛이 디스플레이의 배경과 같은 색과 음영(밝은 회색)을 갖도록 고안되어 있기 때문에 단편은 배경과 분간할 수 없다.

컬러 LCD 디스플레이 스크린과 컴퓨터 모니터는 이전의 장치들 보다 작은 공간을 차지하며 무게가 작기 때문에 인기가 있다. 그림 13.26과 같은 LCD 디스플레이 스크린은 그래프 종이 위의 사각형처럼 정렬된 수천 개의 LCD 단편들을 사용한다. 컬러를 생성하기 위하여 세 개의 단편이 서로 모아져서 하나의 작은 화소(pixel)를 형성한다. 각 화소에 있는 세 개의 각 단편은 각각 빨간색, 초록색, 파란색의 빛을 생성하기 위해 각각의 컬러필터를 사용한다. 눈은 각 화소로부터 나온 색들을 복합된 색으로 혼합한다. 빨간색, 초록색, 파란색의 세기를 변화시킴으로서 화소는 전체 스펙트럼의 색을 만들어 낼 수 있다.

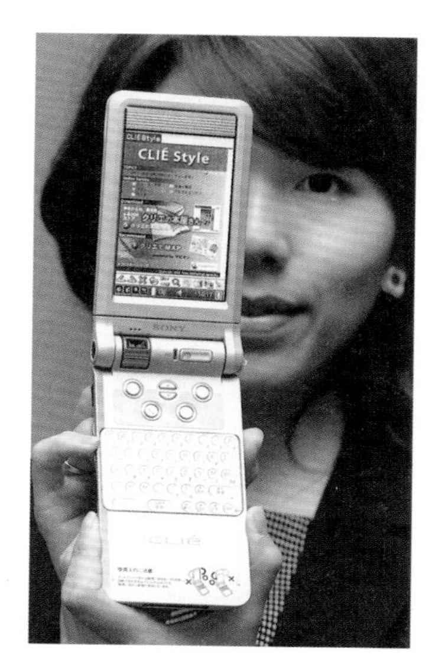

그림 13.26 휴대용 오락기는 가볍고 공간 효율성이 좋은 컬러 LCD 화면을 적용한다.

자연에서 생기는 편광된 빛

폴라로이드는 선글라스에 널리 사용되기 때문에 친숙한 물질이다. 이러

◐ 폴라로이드 선글라스의 물리

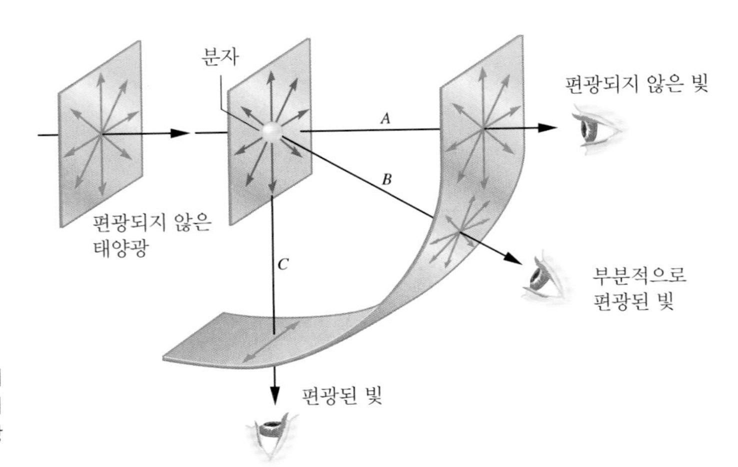

그림 13.27 태양으로부터 온 산란되지 않은 빛이 대기의 분자들로부터 산란되는 과정에서 부분적으로 편광된다.

한 선글라스는 일반적으로 폴라로이드의 편광축이 착용할 때 수직 방향이 되도록 고안되어 있다. 따라서 선글라스는 수평으로 편광된 빛이 눈에 도달하지 못하도록 한다. 태양으로부터 온 빛은 편광되어 있지 않지만, 태양광이 호수의 표면과 같은 수평 표면에서 반사될 때 빛의 상당 부분이 수평으로 편광된다. 15.4절에서 이러한 효과를 토의한다. 폴라로이드 선글라스는 수평으로 편광된 반사광이 눈에 도달하는 것을 방지하여 눈부심을 감소시킨다.

편광된 태양광은 대기의 분자에 의해 빛이 산란될 때도 생긴다. 그림 13.27은 한 개의 대기 분자에 의해 산란되는 빛을 보여준다. 편광되지 않은 태양광의 전기장이 분자에 있는 전자들을 빛의 진행 방향에 수직으로 진동시킨다. 그림에서 보듯이 전자들은 전자기파를 다른 방향으로 재 복사한다. 방향 A로 직진하는 복사된 빛은 처음 입사된 빛처럼 편광되어 있지 않다. 그러나 입사한 빛에 수직인 방향 C로 복사된 빛은 편광된다. 중간 정도의 방향 B로 복사된 빛은 부분적으로 편광된다. 어떤 새는 이동할 때 이러한 편광된 빛을 이용한다는 실험적 증거가 있다.

연습 문제

13.1 전자기파의 본질

1(3) 라디오 AM 방송국이 1400 kHz의 진동수로 방송을 하고 있다. 그림 13.4에서 전기 용량 값은 8.4×10^{-11} F이다. 라디오가 이 방송의 전파를 수신할 수 있는 인덕턴스 값은 얼마일까?

*** 2(5)** 식 11.3 $y = A\sin(2\pi ft - 2\pi x/\lambda)$은 y 축 방향으로 진동하고 양의 x 축 방향으로 진행하는 파동의 수학적인 표현이다. 이 식에서 y가 진공에서 진행하는 전자기파의 전기장과 같다고 하자. 전기장 크기의 최대값 $A = 156$ N/C이며 진동수 $f = 1.50\times10^{8}$ Hz이다. 위치 x에 대한 전기장 크기의 그래프를 (a) $t = 0$ s와 (b) 시간 t가 파동의 주기의 1/4인 경우에 대해 그려라. (단, x 좌표가 0, 0.5, 1.00, 1.50, 2.00 m인 곳만 그린다.)

13.2 전자기 스펙트럼

3(7) X선 기기에서 발생되는 X선의 파장이 2.1 nm 이다. 이 전자기파의 진동수는 얼마인가?

4(9) 인간의 눈은 진동수가 대략 5.5×10^{14} Hz인 빛을 가장 잘 볼 수 있다. 즉 전자기파 스펙트럼의 연두(yellow-green)색 영역의 빛에 제일 민감하다. 대략 2.0 cm 거리인 엄지손가락의 너비는 이 빛의 파장의 몇 배인가?

***5(13)** 12.5절에서 줄에서의 횡정상파를 다루었다. 전자기파의 정상파도 있다. 마이크로파의 정상파 형태에서 어떤 마디와 인접한 배 사이의 거리가 0.50 cm이다. 이 마이크로파의 진동수는 얼마인가?

13.3 빛의 속도

6(15) 우주선 내에서 두 명의 우주 비행사가 서로 1.5 m 떨어져 있다. 서로 대화를 하는데 이 대화는 전자기파의 형태로 지구에 전송된다. 음파가 343 m/s의 속도로 우주 비행사들 사이의 공기를 통과하는데 걸리는 시간과 전자기파가 지구로 이동하는데 걸리는 시간은 같다. 우주선과 지구 사이의 거리를 구하라.

7(17) 그림 13.11은 서로 35 km 떨어진 캘리포니아의 안토니오산과 윌슨산에 설치된 거울들을 사용하여 빛의 속도를 측정한 마이켈슨의 장치 배열을 설명하고 있다. 빛의 속도 3.00×10^{8} m/s를 이용하여 회전 거울의 각속도(rev/s)의 최소값을 구하라.

***8(19)** 거울이 어느 정도 거리를 두고 벼랑과 마주보고 있다. 벼랑 위에는 두 번째 거울이 있고 이 거울은 첫 번째 거울과 정확히 서로 마주보고 있다. 첫 번째 거울에 매우 근접한 곳에서 총을 쐈다. 음속은 343 m/s이다. 총소리의 메아리가 들리기 전까지 총을 쏘았을 때 나온 빛은 두 거울 사이의 거리를 몇 번이나 왕복하겠는가?

13.4 전자기파에 의해 전달되는 에너지

9(21) 레이저는 좁은 빔을 방사한다. 레이저 빔의 반지름이 1.0×10^{-3} m이고 일률은 1.2×10^{-3} W이다. 이 레이저 빔의 세기는 얼마인가?

10(23) 우주의 빅뱅 현상으로 발생한 마이크로파 복사는 평균 4×10^{-14} J/m^{3}의 에너지 밀도를 갖는다. 이 복사의 전기장의 제곱 평균 제곱근 값은 얼마인가?

11(25) 지구 궤도에 있을 미래 우주 정거장은 지구로부터 보내지는 전자기파 빔의 에너지로 작동될 것이다. 그 빔의 횡단면의 넓이는 135 m^{2}이고 평균 1.20×10^{4} W의 일률을 갖는다. 전기장과 자기장의 제곱 평균 제곱근 값은 얼마인가?

***12(29)** 지구와 태양 사이의 평균 거리는 1.50×10^{11} m이다. 지구 대기 상층으로 들어오는 태양 복사의 평균 세기는 1390 W/m^{2}이다. 태양이 모든 방향에서 동일하게 빛을 방출한다고 가정했을 때 태양에 의해 복사되는 총 에너지의 일률을 구하라.

13.5 도플러 효과와 전자기파

***13(33)** 멀리 있는 어느 은하가 회전하면서 동시에 지구로부터 멀어지고 있다. 그림에서와 같이 은하의 중심은 상대 속력 $u_G = 0.6 \times 10^{6}$ m/s으로 지구로부터 멀어지고 있다. 중심에서 같은 거리에 있는 A와 B 위치에서의 접선 속력은 $v_T = 0.4 \times 10^{6}$ m/s 이다. A와 B 위치에서 복사된 빛의 진동수를 지구에서 측정해 보면, 두 진동수는 서로 같지 않고 복사된 진동수 값인 6.200×10^{14} Hz와도 다르다. A와 B 위치에서 복사된 빛의, 지구상에서 측정한 진동수 값을 각각 구하라.

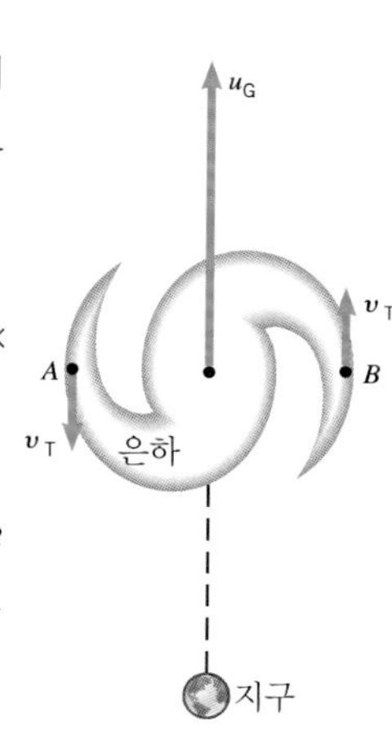

13.6 편광

14(35) 그림 13.19와 같은 편광판과 검광판의 조합에서 검광판에 부딪친 빛의 세기의 90.0 %가 흡수되었다. 편광판과 검광판의 편광축 사이의 각도를 구하라.

15(37) 이 문제를 풀기 위해 개념 예제 13.7을 참고하라. 그림 13.22(a)에서 편광되지 않은 세기 150 W/m^{2}인 빛이 θ 값 30.0°로 편광판에 부딪쳤다. 이때 광전지에 도달하는 빛의 세기는 얼마인가?

Chapter 14 빛의 반사: 거울

14.1 파면과 광선

우리는 거울과 가까이 지낸다. 예를 들어 화장할 때, 면도할 때, 차를 운전할 때 거울이 없다면 상당히 불편할 것이다. 우리는 빛이 거울에 부딪쳐 반사되어 우리 눈을 향하여 오는 빛에 의하여 거울 안에 비춰진 상을 본다. 반사를 이야기하기 위해서는, 빛의 파면과 광선에 대해 알아보는 것이 필요하다. 11장에서 다루었던 음파에 관한 유사한 내용이 많은 도움이 될 것이다. 소리와 빛은 모두 파동으로, 소리는 압력 파동인 반면 빛은 본질적으로 전자기적 현상이다. 그렇지만 파면과 광선의 개념은 양쪽 모두에 적용된다.

표면이 수축과 팽창을 단진동처럼 반복하는 작은 구형의 물체를 고려해보자. 일정한 속력을 가진 구형의 음파가 바깥쪽을 향하여 방출된다. 이 파동을 묘사하기 위하여 동일 위상을 갖는 모든 점들로 이루어지는 면을 그려보자. 이처럼 동일 위상을 갖는 면을 **파면**(wave front)이라 한다. 그림 14.1은 반구 모양의 파면을 보여주고 있다. 파면들은 진동하는 물체 주위에 동심구의 형태로 나타난다. 그림처럼 파동의 마루, 음파의 경우 가장 밀한 곳마다 파면을 그리면, 인접한 파면 사이의 거리는 파장 λ와 같다. 파원으로부터 바깥을 향하면서 파면에 수직이 되게 그린 방사형 선들을 **광선**(ray)이라 부른다. 광선 방향은 파동의 진행 방향을 나타낸다.

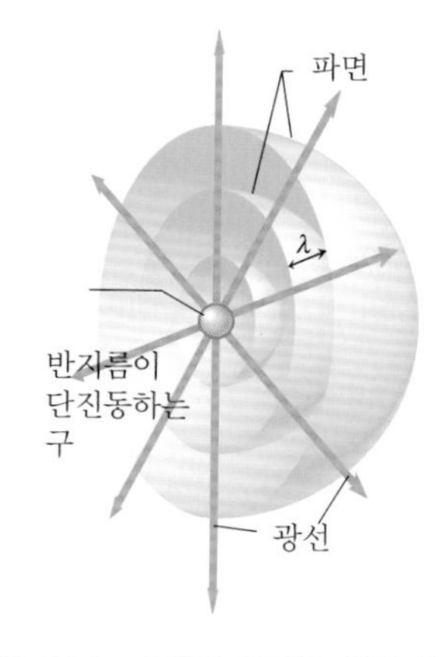

그림 14.1 수축과 팽창을 반복하는 구에 의해 방출되는 음파의 반구 모양의 파면. 파면은 파동의 마루 부분(최대 압력인 곳)들에 대해 그렸다. 두 개의 연속되는 파면 사이의 거리가 파장 λ이다. 광선은 파면에 대해 수직이고 파동의 진행 방향을 나타낸다.

그림 14.2(a)는 인접한 두 개의 파면의 작은 일부분을 보여주고 있다. 파원으로부터 멀리 떨어져 있다면, 파면의 곡률이 작아져서 (b)와 같이 거의 평면이 될 것이다. 파면이 평면인 파동을 **평면파**(plane wave)라 부르며, 이것은 거울과 렌즈의 특성을 이해하는데 중요하다. 광선이 파면에 수

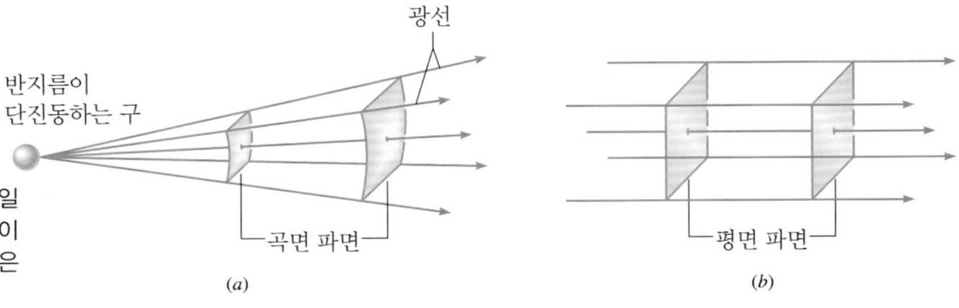

그림 14.2 (a) 두 개의 구면파면의 일부를 보여준다. 광선은 파면에 수직이고 발산한다. (b) 평면파의 경우, 파면은 평면이고 광선들은 서로 평행하다.

직이므로, 평면파에서는 광선들이 서로 평행하게 된다.

파면과 광선의 개념들은 광파를 설명하는데 유익하다. 광선 개념은 빛의 경로를 나타낼 때 특히 유용하다. 광선을 사용할 때는, 레이저에서 나오는 빛과 비슷하게 단면적이 아주 작은 광파 빔(beam)이라고 생각하면 된다.

14.2 빛의 반사

대부분의 물체들은 그들에게 비춰진 빛의 일부를 반사한다. 그림 14.3의 거울과 같이 평평하고 광택이 있는 곳에 광선이 입사한다고 가정하자. 그림처럼 입사각(angle of incidence) θ_i는 입사 지점의 경계면에 수직인 법선과 입사 광선이 이루는 각이다. **반사각**(angle of reflection) θ_r은 법선과 반사 광선이 이루는 각이다. **반사의 법칙**(law of reflection)은 입사 광선과 반사 광선의 관계를 나타낸다.

■ 반사의 법칙

입사 광선, 반사 광선, 그리고 법선은 모두 동일 평면상에 있으며, 반사각 θ_r은 입사각 θ_i와 같다.

$$\theta_r = \theta_i$$

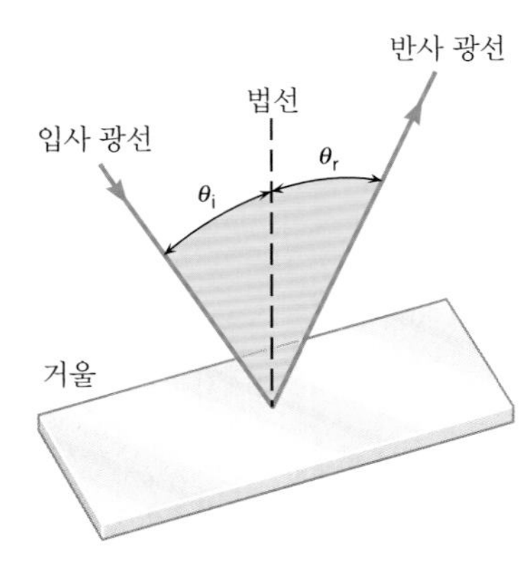

그림 14.3 반사각 θ_r은 입사각 θ_i와 같다. 이 각들은 입사지점에서 거울 표면에 수직 방향인 법선을 기준으로 측정된다.

평행 광선이 그림 14.4(a)와 같이 매끄럽고 평평한 표면에 입사하면, 반사 광선은 서로 평행하게 된다. 이러한 반사 유형은 정반사(또는 거울 반사)의 한 예인데, 그 완벽한 정도가 거울의 성능을 평가하는데 중요하다. 그렇지만, 대부분의 표면은 빛의 파장보다 크거나 비슷한 크기의 불규칙한 부분을 포함하고 있으므로 완벽하게 매끄럽지 못하다. 따라서 반사의 법칙은 각각의 광선에 대해 적용되나, 불규칙한 표면은 그림 (b)에서 보는 것처럼 광선을 여러 다른 방향으로 반사시킨다. 이러한 유형의 반사를 난반사(또는 확산 반사)라 한다. 난반사를 일으키는 표면으로는 대부분의 종이,

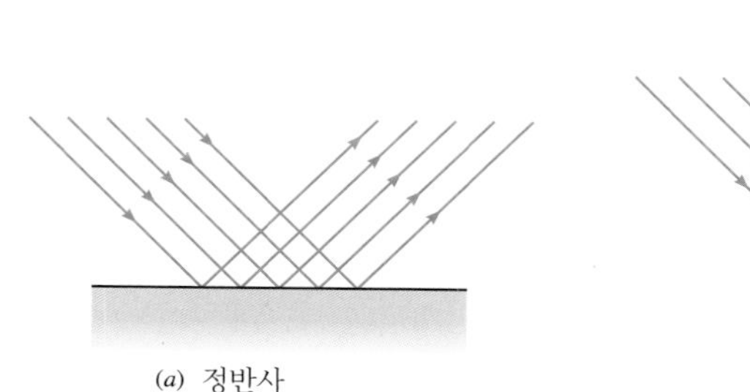

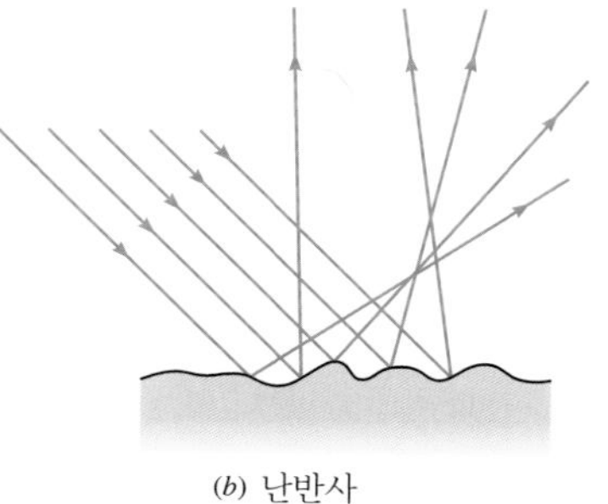

그림 14.4 (a) 이 그림은 거울과 같이 연마된 평면에서의 정반사를 보여준다. 반사된 광선들은 서로 평행하다. (b) 거친 표면은 광선을 모든 방향으로 반사시킨다. 이러한 유형의 반사를 난반사라 한다.

나무, 연마되지 않은 금속 그리고 무광 페인트로 칠해진 벽 등이 있다.

디지털 기법이 필름을 제작하는데 사용됨에 따라 영화 산업에서 디지털 기술의 혁명이 일어나고 있다. 최근까지, 영화는 본래 영상을 담고 있는 필름의 띠에 직접 빛을 비춰 통과시키는 영사기에 의해 상영되어 왔다. 그러나 오늘날의 디지털 영사기는 필름을 전혀 사용하지 않고 디지털 기법으로 제작된 영화를 디지털 신호(0과 1)를 사용하여 상영하고 있다. 이러한 영사기에서는 반사의 법칙과 사람 머리카락 지름의 4분의 1 정도 되는 크기의 마이크로거울(micromirror)이라 불리는 작은 거울이 중요한 역할을 한다. 각각의 마이크로거울은 스크린상의 개개의 영화 프레임(frame)의 작은 일부분을 만들어 내거나 TV 화면 또는 컴퓨터 모니터의 화상을 구성하는 밝은 점의 하나와 같은 화소의 역할을 한다. 이러한 화소의 기능은 마이크로거울이 프레임의 디지털 표현에서 '0'이나 '1'에 대한 반응으로 한 방향이나 다른 방향으로 선회함으로써 가능해진다. 그 방향들 중 하나는 강력한 크세논램프로부터 오는 빛의 일부를 스크린 위에 전달하며, 다른 것들은 그렇게 하지 않는다. 선회 작용은 초당 1000 회 만큼이나 빠르게 일어나며, 각 화소에 대해 일련의 광펄스를 만들어 내고, 눈과 대뇌가 이들을 결합하여 연속적으로 변화하는 영상으로 해석한다. 최신의 디지털 영사기는 컬러 영상을 구성하는 세 가지 기본색들(빨간색, 초록색, 그리고 파란색) 각각을 재생하기 위해 약 800000 개의 마이크로거울을 사용한다.

◐ 디지털 영사기와 마이크로거울의 물리

14.3 거울에 의한 상의 형성

평면 거울을 들여다 볼 때, 거울에 나타난 상은 다음의 세 가지 특성을 가진다.

1. 상이 정립이다.
2. 상의 크기가 물체의 크기와 같다.
3. 상은 물체와 거울이 떨어져 있는 거리 만큼 거울에서 거울 뒤에

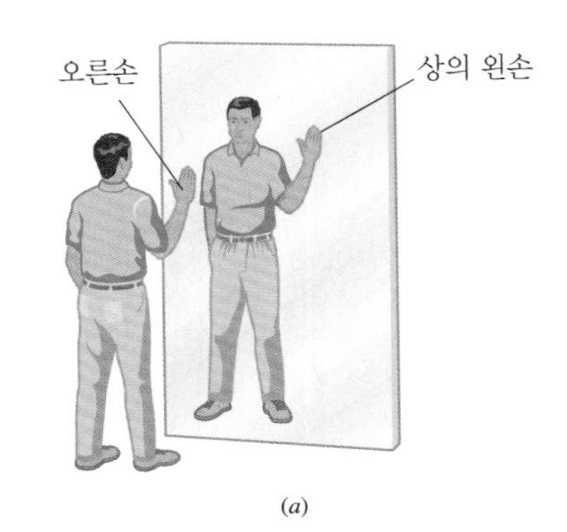

(a)

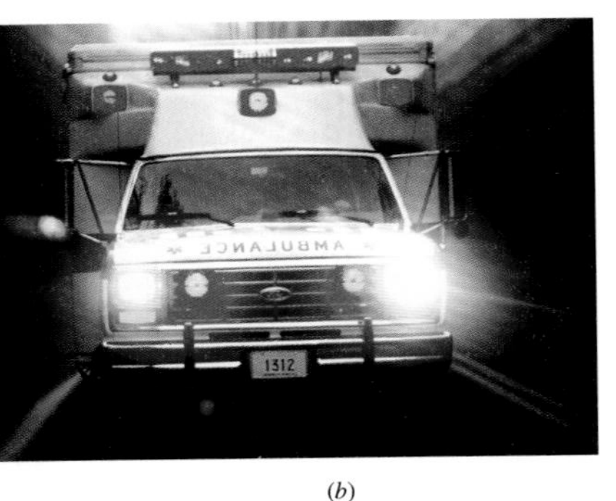

(b)

그림 14.5 (a) 사람의 오른손은 거울에 비춰질 때 '상의 왼손'이 된다. (b) 지역에 따라서는 응급차들에 대해서, 자동차의 백미러로 볼 때 정상적으로 보이게 하기 위하여 활자들의 좌우와 순서를 거꾸로 칠해 두는 수가 있다.

위치한다.

또한 그림 14.5(a)와 같이, 거울 속의 모습은 오른쪽이 왼쪽으로 그리고 왼쪽이 오른쪽으로 뒤바뀌어 있다. 오른손을 흔들면, '상의 왼손'이 화답해준다. 마찬가지로, 거울에 비춰진 활자나 단어들도 반대로 나타난다. 지역에 따라서는 앰뷸런스 등의 응급 차량에는, 그림 14.5(b)처럼 차의 백미러(rearview mirror)로 바라볼 때 올바르게 보이도록 글자들의 모양과 순서의 좌우를 바꾸어 쓰기도 한다.

왜 상이 평면 거울의 뒤편에서부터 시작되어 오는 것으로 보이는가를 설명해보자. 그림 14.6(a)는 물체의 윗부분에서부터 출발한 광선을 보여주고 있다. 이 광선은 거울에서 입사각과 동일한 반사각으로 반사되어 눈으로 들어온다. 눈에는, 광선이 거울 뒤 어느 곳에서 출발하여 점선을 따라서 온 것처럼 보인다. 실제로 광선은 물체의 각 지점에서부터 모든 방향으로 나아가며, 이러한 광선 중의 일부만이 우리 눈으로 들어온다. 그림 14.6(b)는 물체의 꼭대기 부분을 떠난 두 광선을 보여준다. 거울에 입사되는 각 θ가 얼마이든지 간에, 물체 표면의 한 점에서 출발한 모든 광선들은, 거울 뒤의 대응점에서 나와서 그림 (b)의 점선 경로를 따라 오는 것처럼 보인다. 물체의 각 지점마다 하나의 대응점이 있다. 이런 방법으로 평면 거울은 선명하고 찌그러지지 않은 상을 만든다.

광선이 상으로부터 나온 것처럼 보이지만, 그림 14.6(b)로부터 그것들이 상이 나타나는 평면 거울 뒤쪽에서부터 시작된 것이 아님을 분명히 알 수 있다. 어떠한 광선도 실제로 상에서부터 나오지 않기 때문에, 이 상을 **허상**(virtual image)이라 부른다. 이 책에서는 허상으로부터 나오는 것처럼 보이는 광선들을 점선으로 표시하고 있다. 이에 반하여, 곡면 거울은 실제로 광선이 나오는 상을 형성할 수 있다. 이러한 상을 **실상**(real image)이라 부르는데, 이에 대해서는 다음에 논의할 것이다.

반사의 법칙을 이용하면, 물체와 거울 사이의 거리 만큼 상이 평면 거울 뒤에 위치하는 것을 보여줄 수 있다. 그림 14.7에서 물체 거리는 d_o이고 상거리는 d_i이다. 광선이 물체의 밑 부분에서부터 진행하여 거울에 입사각 θ로 부딪친 다음 같은 크기의 반사각으로 반사된다. 우리 눈에는 이

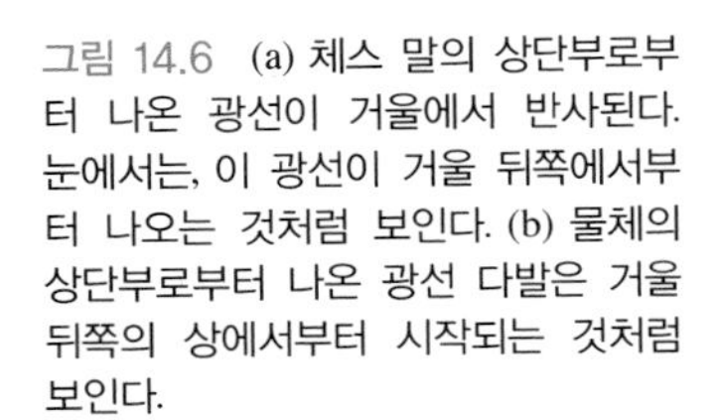

그림 14.6 (a) 체스 말의 상단부로부터 나온 광선이 거울에서 반사된다. 눈에서는, 이 광선이 거울 뒤쪽에서부터 나오는 것처럼 보인다. (b) 물체의 상단부로부터 나온 광선 다발은 거울 뒤쪽의 상에서부터 시작되는 것처럼 보인다.

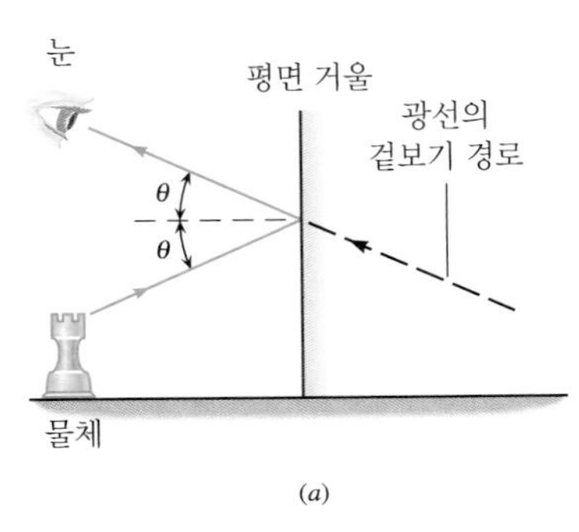

(a)

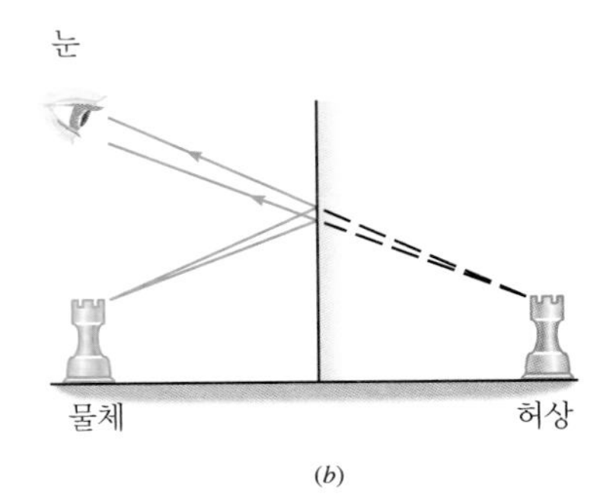

(b)

광선이 상의 밑 부분에서부터 온 것처럼 보인다. 그림에서 각 β_1과 β_2에 대하여 $\theta + \beta_1 = 90°$이고 $\alpha + \beta_2 = 90°$이다. 그러나 각 α는 가로지르는 선에 의해 만들어지는 맞꼭지각이므로 반사각 θ와 같다. 그러므로 $\beta_1 = \beta_2$이다. 이 결과로 삼각형 ABC와 DBC는 변 BC가 공통이고, 맨 위의 각이 같고($\beta_1 = \beta_2$), 한 밑각이 같으므로(90°) 합동이다. 따라서 물체 거리 d_o는 상거리 d_i와 같게 된다.

물체의 밑부분이 아닌 윗부분에서 나오는 광선을 사용하여, 위와 같은 방법으로 물체의 크기와 상의 크기가 같음을 보여줄 수 있다.

개념 예제 14.1에서 평면거울의 흥미로운 특징들에 대해 논의해보자.

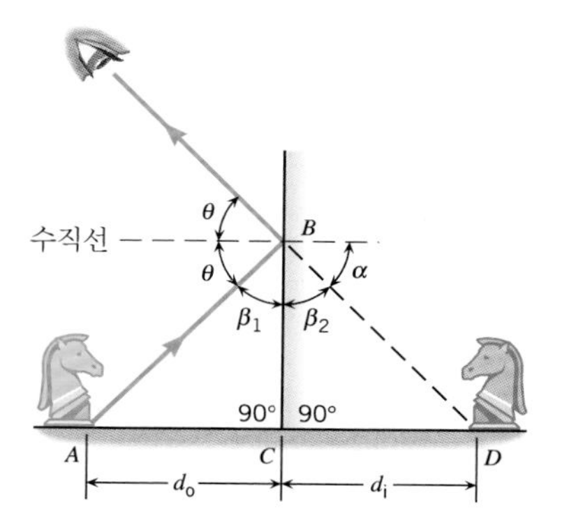

그림 14.7 이 그림은 평면 거울에서 상거리 d_i가 물체 거리 d_o와 같다는 것을 보여주기 위한 기하학적인 도해이다.

개념 예제 14.1 | 전체 길이 대 절반 길이 거울

그림 14.8에서 한 여자가 평면 거울 앞에 서 있다. 그녀가 자신의 전신을 보기 위한 최소한의 거울 길이는 얼마인가?

살펴보기와 풀이 그림에서 거울은 $ABCD$로 표시되어 있고 여자의 키와 같은 크기이다. 그녀의 몸에서부터 방출된 빛은 거울에 의해 반사되어 그 일부가 그녀의 눈 E로 들어간다. 그녀의 발 F에서부터 시작된 광선을 고려해 보자. 이 광선은 B에서 반사되어 그녀의 눈 E로 들어간다. 반사의 법칙에 따르면, 입사각과 반사각은 모두 θ이다. 발에서부터 출발하여 B 아래의 거울에서 반사된 빛은 눈보다 낮은 신체 부위를 향하게 된다. B보다 낮은 지점에서 반사된 빛은 눈으로 들어오지 못하므로 B와 A 사이의 거울 부분은 제거해도 된다. 상을 만드는 거울의 BC부분은 F와 E 사이 거리의 절반이다. 이러한 이유는 직각 삼각형 FBM과 EBM이 합동이기 때문이다. 이것들은 BM이 공통이고 두 각 θ와 90°를 공통으로 가지므로 서로 합동이다.

그림 14.8의 CE 위의 그림을 사용해서 여자의 머리인 H로부터 시작된 광선에 대해 동일하게 논의할 수 있다. 이 광선은 거울의 P에서 반사되어 눈으로 들어온다. 거울의 상단 부분 PD는 이러한 반사에 영향을 미치지 못하므로 제거할 수 있다. 필요한 부분 CP는 여자의 머리 H와 눈 E 사이의 길이의 절반이 된다. 따라서 단지 BC부분과 CP부분만이 여자가 자신의 전체 모습을 보는데 필요하게 된다. BC부분과 CP부분을 더한 높이는 정확하게 여자의 키의 절반이 된다. 그러므로 거울로 자신의 전체 모습을 보기위해서는, 키의 절반 길이의 거울이 필요하게 된다. 이러한 결론은 사람이 거울로부터 서 있는 거리에 관계없다.

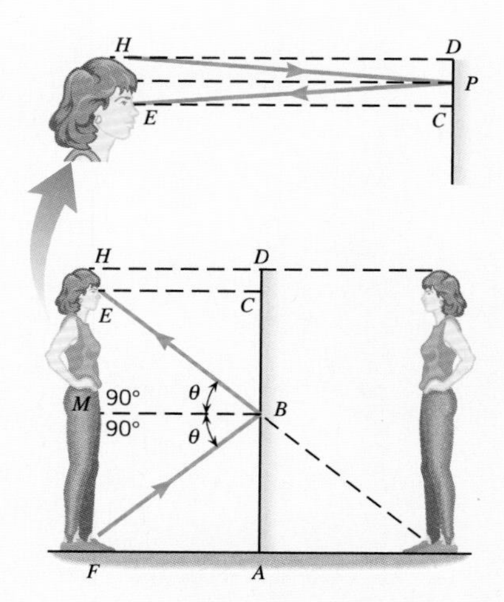

그림 14.8 전신의 상을 보기 위해서는 키의 절반 크기의 거울이 필요하다.

14.4 구면 거울

곡면 거울의 가장 보편적인 유형은 구면 거울이다. 그림 14.9처럼, 구면 거울의 모양은 구 표면의 일부분이다. 구면 거울에는 구면의 안쪽 표면이 연마된 **오목 거울**(concave mirror)과 바깥 표면이 연마된 **볼록 거울**(convex mirror)이 있다. 그림은 연마된 표면으로부터 반사되는 빛과 함께 두 가지 유형의 거울을 보여준다. 평면 거울에서와 마찬가지로 반사의 법칙이 적용된다. 구면 거울의 두 가지 유형 모두에 대해 법선은 입사되는 지점에서 거울 면에 수직인 선이다. 각각의 유형에 대해, 곡률 중심은 점 C에 위치하고, 곡률 반지름은 R이다. 거울의 **주축**(principal axis)은 거울의 정점(거울면의 중심)과 곡률 중심을 통과하도록 그려진 직선이다.

그림 14.10은 구면 거울 앞에 있는 나무를 보여주고 있다. 나무의 한 지점이 거울의 주축 위에서, 곡률 중심 C보다 멀리 위치하고 있다. 이곳에서 광선이 방출되어 반사의 법칙에 따라 거울에서 반사된다. 광선이 주축 가까이에 있으면, 그들은 반사 후 동일지점에서 주축을 가로지르게 된다. 이 점을 상점(image point)이라 한다. 상점에 물체가 있는 것처럼 상점으로부터 광선이 나와서 계속 진행한다. 광선이 실제로 상점으로부터 나오므로, 이 상은 실상이다.

그림 14.10에서 나무가 거울로부터 무한히 멀리 있다면, 광선들은 서로 평행하게, 그리고 광축에 대해 평행하게 거울에 도달한다. 그림 14.11은 주축에 가까이 있는 평행한 광선이 거울에서 반사되어 상점을 통과하는 것을 보여준다. 이러한 특별한 경우의 상점을 거울의 **초점**(focal point) F라 한다. 그러므로 주축 위에 무한히 멀리 있는 물체는 거울의 초점에

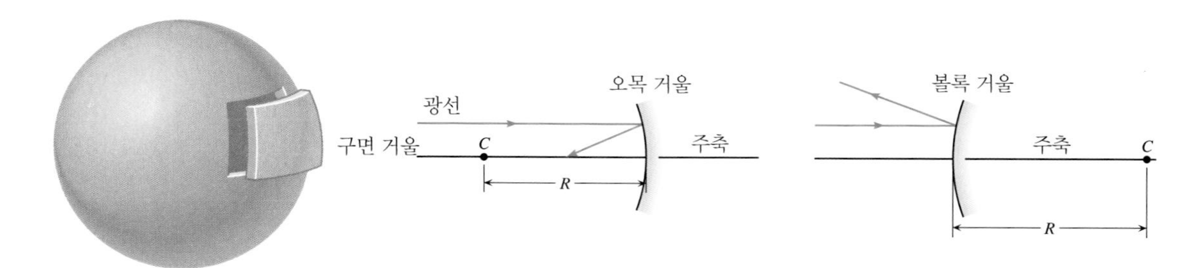

그림 14.9 구면 거울의 모양은 구 표면의 일부와 같다. 곡률 중심은 점 C이고 반지름은 R이다. 오목 거울의 경우 반사면이 안쪽에 있는 면이고 볼록 거울의 경우는 바깥쪽에 있는 면이다.

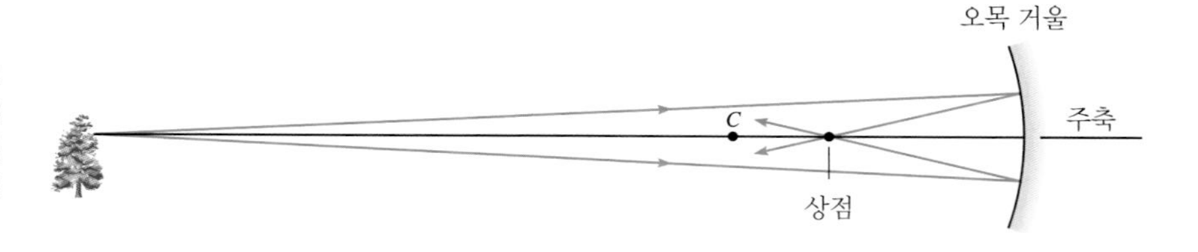

그림 14.10 나무의 한 점이 오목 거울의 주축 위에 있다. 이 점으로부터 나온 주축에 가까이 있는 광선은 거울에 반사되어 상점에서 주축을 가로지른다.

상을 형성한다. 초점과 거울의 정점 사이의 거리를 거울의 **초점 거리**(focal length) f라 한다.

이제 초점 F가 곡률 중심 C와 오목 거울 정점 사이의 중점에 위치하는 것을 보이자. 그림 14.12에서 주축에 평행한 광선이 점 A에서 거울과 부딪친다. 선 CA는 거울의 반지름이고, 따라서 입사지점의 구면에 수직이다. 광선은 입사각과 같은 반사각 θ로 거울로부터 반사된다. 그리고 각 ACF는 반지름선 CA가 두 개의 평행선을 가로지르므로 역시 θ이다. 두 각이 같으므로 칠해져 있는 삼각형 CAF는 이등변 삼각형이다. 따라서 변 CF와 FA는 같다. 입사 광선이 주축에 가까이 있으면, 입사각 θ는 작고, 거리 FA는 FB와 거의 차이가 나지 않는다. 그러므로 θ가 작은 경우에는, $CF = FA = FB$이고, 따라서 초점 F는 곡률 중심과 거울 사이의 중간에 위치한다. 즉 초점 거리 f는 반지름 R의 절반이 된다.

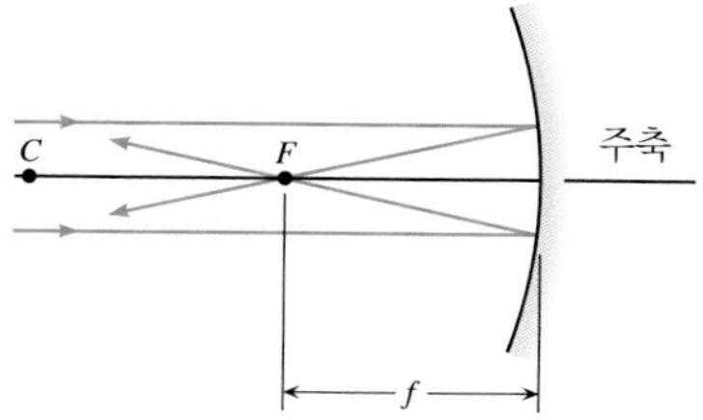

그림 14.11 주축에 가까이 있는 평행한 광선들은 오목 거울에 반사되어 초점 F에 모인다. 초점 거리 f는 초점 F와 거울 사이의 거리이다.

오목 거울의 초점 거리 $$f = \tfrac{1}{2}R \qquad (14.1)$$

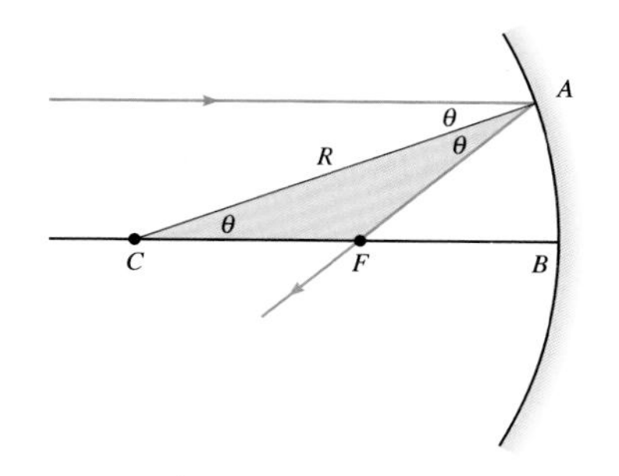

그림 14.12 오목 거울의 초점 F는 곡률 중심 C와 거울의 점 B 사이의 중점이다.

주축에 가까운 광선을 **근축 광선***(paraxial ray)이라 부르며, 식 14.1은 이러한 광선에 대해서만 유효하다. 주축에서 멀리 떨어져 있는 광선들은 그림 14.13과 같이 거울에 반사된 후 단일점으로 수렴되지 않는다. 이 결과로 상이 흐려진다. 구면 거울이 주축에 평행한 모든 광선들을 단일 상점으로 가져오지 못하는 것을 **구면 수차**(spherical aberration)라 한다. 구면 수차는 곡률 반지름에 비해 크기가 작은 거울을 사용하여 최소화할 수 있다.

거울이 구면이 아닌 포물면 모양이라면, 커다란 거울을 사용하여 선명한 상점을 얻을 수 있다. 포물면 모양의 거울은, 축에서 떨어진 거리에 관계없이, 주축에 평행한 모든 광선을 단일 상점으로 반사시킨다. 그렇지만 포물면 거울은 제작 비용이 많이 들어서 연구용 망원경과 같이 대단히 선명한 상이 요구되는 경우에 사용된다. 포물면 거울은 또한 상업적 목적으로 태양열 에너지를 집속하는 하나의 방법으로 사용된다. 그림 14.14는 태양 광선들을 초점으로 반사시키는 오목한 포물면 거울의 긴 배열을 보여준다. 기름이 가득 찬 파이프가 초점에 위치하여 배열의 길이 만큼 이어져 있다. 초점에 모여진 태양 광선은 기름을 가열시킨다. 태양열 발전소에서는 많은 이러한 배열로부터 얻어진 열을 증기를 발생시키는 데 사용한다. 이때 발생된 증기는 발전기에 연결된 터빈을 구동한다. 포물면 거울의 다른 응용 예로는 자동차 전조등이 있다. 그렇지만, 여기서는 태양열 집속 기능과는 상황이 반대이다. 전조등에서는, 고강도 전구가 거울의 초점에 위치하여 빛을 주축에 평행하게 방출한다.

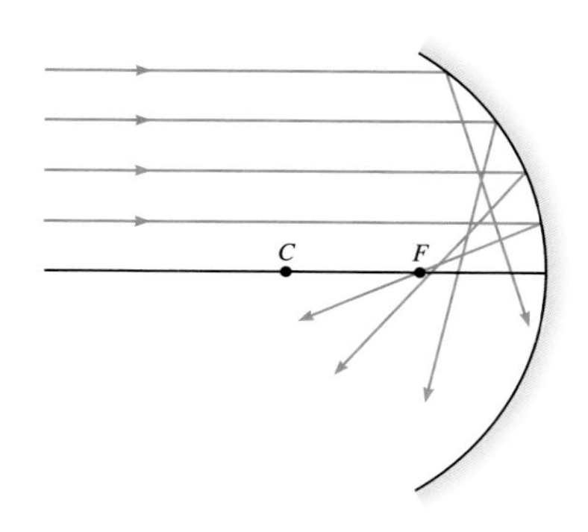

그림 14.13 주축으로부터 멀리 떨어져 있는 광선들은 입사각이 크고, 거울에서 반사된 후에 초점 F를 지나가지 않는다.

태양열 집속 장치와 자동차 전조등의 물리

볼록 거울 역시 초점이 있으며, 그림 14.15가 그것의 의미를 보여준

* 근축 광선들은 주축에 가까운 광선으로 주축에 꼭 평행일 필요는 없다.

그림 14.14 포물면 거울의 긴 행렬이 각 거울의 초점에 위치한 기름이 차있는 파이프를 가열하기 위하여 태양광선을 초점에 모으고 있다. 이것은 모자브사막에 있는 태양열 발전소에서 사용되고 있는 것들 중의 하나이다.

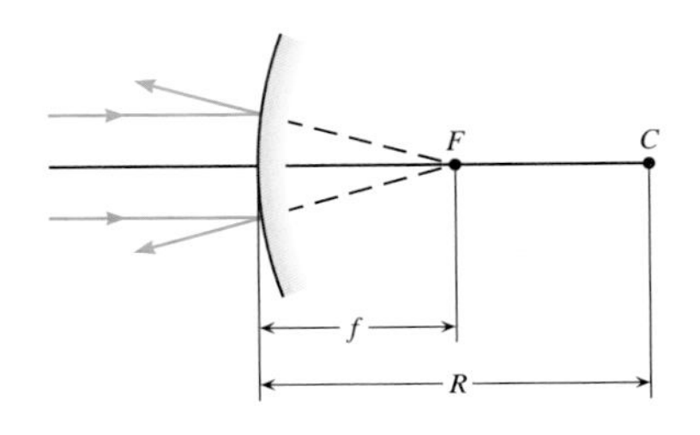

그림 14.15 주축에 평행한 평행 광선이 볼록 거울에 부딪칠 때, 반사된 광선은 초점 F에서 나오는 것처럼 보인다. 곡률 반지름은 R이고 초점 거리는 f이다.

다. 이 그림에서, 평행 광선이 볼록 거울에 입사된다. 명백히, 광선은 반사 후에 발산된다. 입사 평행 광선이 근축 광선이라면, 반사된 광선은 거울 뒤의 한 점 F에서부터 나오는 것처럼 보인다. 이 점이 볼록 거울의 초점이고, 거울의 정점에서부터 초점까지의 거리가 초점 거리 f이다. 또한 볼록 거울의 초점 거리도 곡률 반지름의 절반이고, 이는 오목 거울의 경우와 똑같다. 그렇지만, 나중에 편리하게 사용할 때가 있으므로 볼록 거울의 초점 거리는 음수로 표시하기로 한다.

볼록 거울의 초점 거리 $$f = -\tfrac{1}{2}R \tag{14.2}$$

14.5 구면 거울에 의한 상의 형성

우리가 알아본 바와 같이, 거울 앞에 있는 물체로부터 방출된 광선의 일부는 거울에서 반사되어 상을 형성한다. 우리는 **광선 추적**(ray tracing)이라 부르는 작도법을 이용하여 오목 거울이나 볼록 거울에 의해 만들어지는 상을 분석할 수 있다. 이 방법은 반사의 법칙과 구면 거울이 곡률 중심 C와 초점 F를 갖는다는 개념에 기초를 둔다. 물체 위의 한 점에서 근축 광선들이 나오고 반사 후에 상 위의 대응점에서 교차한다는 사실을 활용하는 광선 추적에 의해서, 상의 크기는 물론 상의 위치도 알아낼 수 있다.

오목 거울

세 가지 특정한 근축 광선이 특히 사용하기 편리하다. 그림 14.16에서 오목 거울 앞에 놓인 물체와 물체의 상단의 한 점에서 나온 세 가지 광선을 보여준다. 이 광선들은 1, 2 그리고 3으로 표시되고, 그들의 경로를 추적할 때 다음 관례들을 사용한다.

오목 거울에서의 광선 추적

광선 1. 이 광선은 처음에 주축과 평행하며, 거울에서 반사된 후 초점 F를 통과하여 진행한다.

광선 2. 이 광선은 처음에 초점을 통과하여 진행하며, 주축에 평행하게 반사된다. 광선 2는 입사 광선이 아니라 반사된 광선이 주축에 평행하다는 것을 제외하고는 광선 1과 유사하다.

광선 3. 이 광선은 곡률 중심 C를 통과하는 직선을 따라 진행하고 구면 거울의 반지름을 따라간다. 그 결과, 광선은 거울 면에 수직으로 입사한 후 입사 경로를 따라 되돌아간다.

만약 광선 1, 2 그리고 3을 정확하게 그리면, 그림 14.17(a)와 같이 그들은 상의 한 점에 모인다.* 여기에서는 상을 만들기 위해 세 광선을 사용하였지만, 실제로는 두 광선만으로도 충분하다. 세 번째 광선은 일반적으로 확인하는데 사용된다. 같은 방법으로, 물체의 모든 지점으로부터 나오는 광선들은 상 위에 각각의 대응점을 형성하고, 따라서 거울은 물체의 전체 상을 만든다. 만약 당신의 눈의 위치가 그림에서와 같다면, 당신은 물체에 비해 상대적으로 크고 도립된(inverted) 상을 보게 될 것이다. 이 상은 광선이 실제로 상을 통과하므로 실상이다.

만약 그림 14.17(a)에서 물체와 상의 위치가 바뀐다면, (b)에 그려진 것

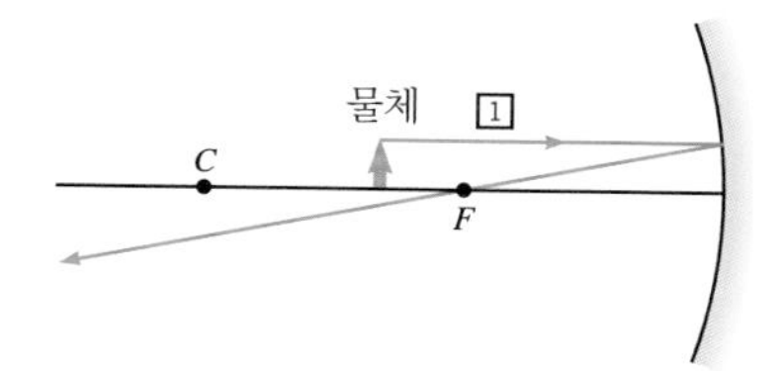

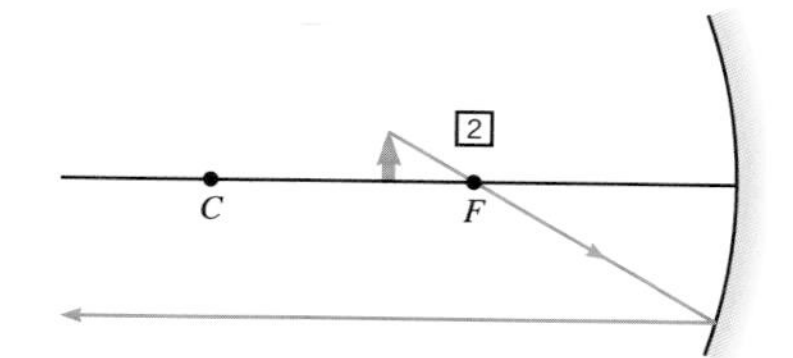

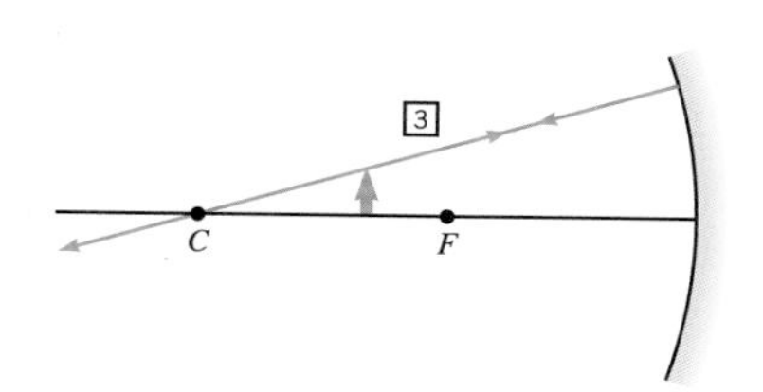

그림 14.16 1, 2, 그리고 3으로 표기된 광선들은 오목 거울 앞에 위치한 물체의 상의 위치를 정하는데 유용하다. 물체는 수직 화살표로 표현되어 있다.

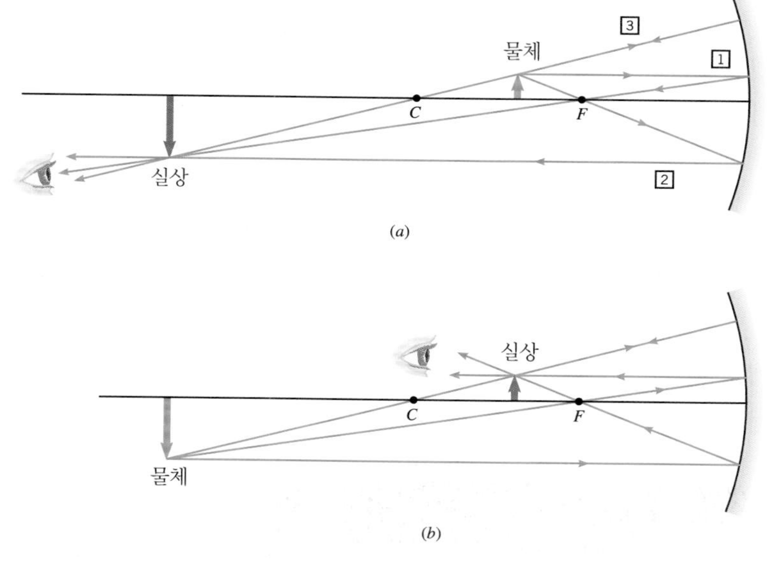

그림 14.17 (a) 물체가 오목 거울의 초점 F와 곡률 중심 C 사이에 놓여있을 때, 실상이 만들어진다. 상은 물체에 비해 확대된 도립상이다. (b) 물체가 곡률 중심 뒤쪽에 놓여있을 때, 물체에 비해 축소된 도립 실상이 만들어진다.

* 이후 광선 작도에서, 그림을 명확하게 하기 위해서 광선들이 주축에서 다소 떨어지게 그리더라도, 근축 광선이라고 가정한다.

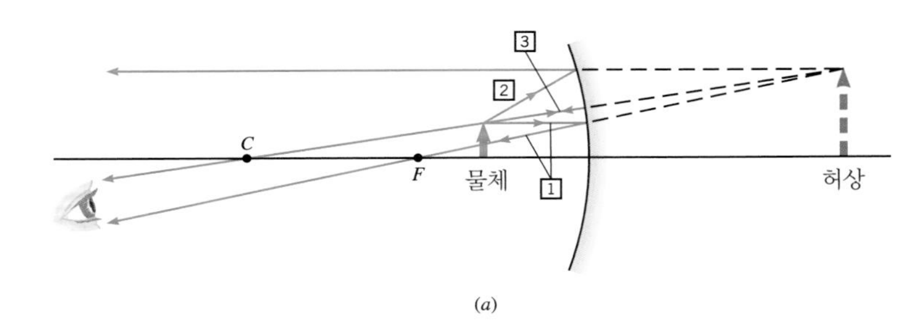

(a)

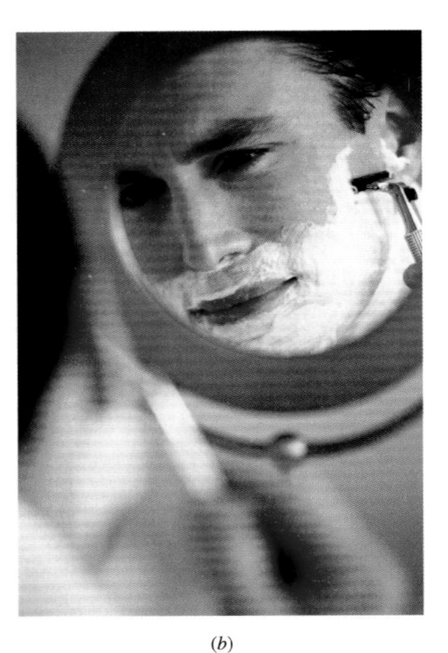

(b)

그림 14.18 (a) 물체가 오목 거울과 그것의 초점 F 사이에 있을 때, 확대된 정립 허상이 만들어진다. (b) 면도 거울(또는 화장 거울)은 오목 거울이며 사진에서 보이는 것처럼 확대된 허상을 만든다.

과 같이 될 것이다. (b)의 세 광선은 방향이 반대라는 것을 제외하고는 (a)의 것들과 동일하다. 이 두 그림은 **가역성의 원리**(principle of reversibility)의 한 예인데, 이 원리는 광선의 방향이 반대가 되면, 빛은 원래의 경로를 거꾸로 진행한다는 것을 나타낸다. 이 원리는 아주 보편적이며 거울로부터의 반사에만 한정된 것이 아니다. (b)에서의 상은 실상이고, 물체에 비해 크기가 더 작고 도립이다.

그림 14.18(a)와 같이, 물체가 초점 F와 오목 거울 사이에 위치할 때도, 다시 세 광선으로 상을 구하려고 해 보자. 그러나 지금은 광선 2의 경우 물체가 초점 안쪽에 있으므로 거울을 향한 경로에서 초점을 지나가지 못한다. 그렇지만, 뒤쪽으로 연장해보면, 광선 2는 초점에서부터 나오는 것처럼 보인다. 그러므로 반사 후에, 광선 2는 주축에 평행한 방향이 된다. 이 경우에 세 개의 반사 광선은 서로 발산하게 되며, 한 개의 공통점으로 모아지지 않는다. 그렇지만 반사 광선들을 거울 뒤쪽으로 연장하면 세 광선이 한 개의 공통점에서부터 나오는 것처럼 보인다. 이것은 허상이며, 물체보다 크고 정립(upright)이다. 화장이나 면도용 거울들은 오목 거울이다. 당신이 얼굴을 거울과 그것의 초점 거리 사이에 두면, 그림 (b)와 같이 당신의 확대된 허상을 보게 된다.

➲ 화장 거울(면도 거울)의 물리

➲ 헤드업 디스플레이의 물리

오목 거울은 또한 자동차의 속력을 나타내는 한 방식에도 사용된다. 이 방식은 그림 14.19(a)와 같이 운전자가 자동차 앞 유리로부터 속력의 수치를 직접 볼 수 있게 해준다. 헤드업 디스플레이(HUD)라고 하는 이 방식의 이점은 운전자가 속도계를 보기 위하여 도로에서 시선을 뗄 필요가 없다는 것이다. 그림 14.19(b)는 헤드업 디스플레이의 작동 방식을 보여준다. 속력을 숫자로 나타내는 장치가 앞 유리 밑에 있는 오목 거울의

(a)

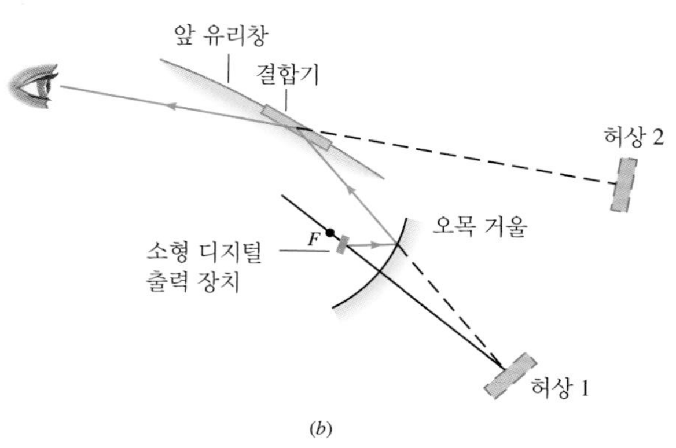

(b)

그림 14.19 (a) 헤드업 디스플레이(HUD)는 운전자가 자동차의 앞 유리 쪽에서 속력의 수치를 볼 수 있게 해준다. (b) 오목 거울을 사용한 HUD의 구조

초점 안쪽에 있다. 이러한 배열은 그림 14.18(a)와 유사하며, 그림 14.19(b)에서 보듯이 속력 수치의 확대된 정립 허상 1을 형성한다. 이 허상으로부터 나오는 것으로 보이는 광선들은 앞 유리에 붙어있는 결합기(combiner)로 간다. 이 결합기는 광선이 비스듬히 입사할 때 한 가지 색깔만 반사하고 모두 통과시키도록 되어 있다. 그 한 가지 색깔이 바로 속력 수치의 색이다. 이 색에 대해 결합기는 거울처럼 작용하고 상 1에서부터 시작된 것으로 보이는 광선을 반사한다. 따라서 결합기는 운전자가 보는 허상 2를 만들어 낸다. 상 2의 위치는 자동차 앞 범퍼 부근이다. 운전자는 도로를 보는 것과 똑같은 상태의 눈으로 속력 수치를 읽을 수 있게 된다.

볼록 거울

볼록 거울에서 상의 위치와 크기를 결정하는 과정은 오목 거울의 경우와 유사하다. 동일한 세 광선이 사용된다. 그렇지만, 볼록 거울의 초점과 곡률 중심은 거울 앞이 아니라 거울 뒤쪽에 위치한다. 그림 14.20(a)에서는 이 광선들을 보여주고 있다. 광선들의 경로를 추적할 때, 초점과 곡률 중심의 다른 위치들을 고려한 다음의 규약에 따른다.

볼록 거울에서의 광선 추적

광선 1. 이 광선은 처음에 주축과 평행하며, 따라서 거울에서 반사한 후 초점 F에서부터 나오는 것처럼 진행한다.

광선 2. 이 광선은 처음에 초점 F를 향하며, 반사 후에 주축에 평행하게 진행한다. 광선 2는 입사 광선이 아닌 반사된 광선이 주축에 평행하다는 것을 제외하고는 광선 1과 유사하다.

광선 3. 이 광선은 곡률 중심 C를 향하여 진행한다. 그 결과, 광선은 거울 면에 수직으로 입사한 후 원래 경로를 따라 되돌아간다.

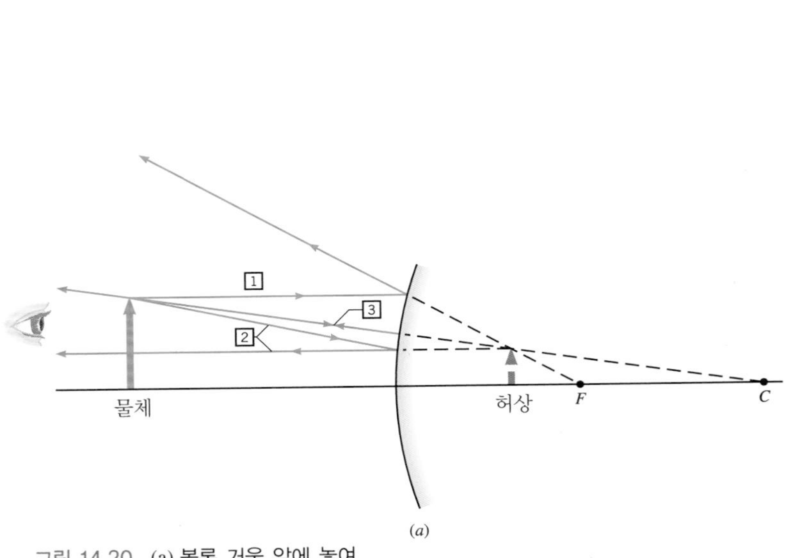

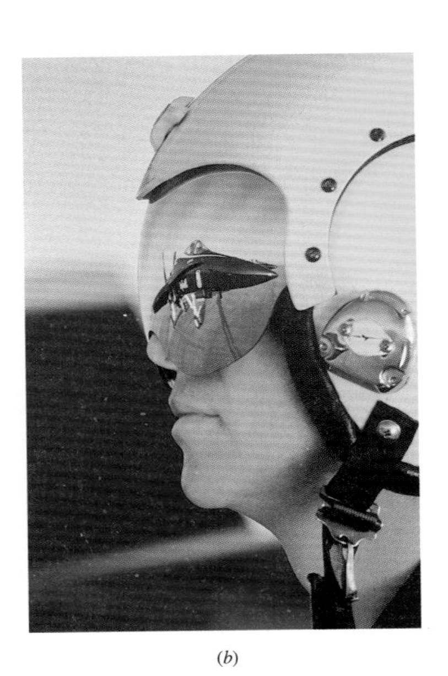

그림 14.20 (a) 볼록 거울 앞에 놓여 있는 물체의 허상은 거울 뒤쪽에 있으며 허상은 크기가 작고 정립이다. (b) 비행기 조종사의 헬멧에 있는 일광 차단막은 볼록 거울로 작용하고 비행기의 상을 반사시킨다.

자동차 조수석 사이드미러의 물리

그림 14.20(a)에서 이 세 광선은 거울 뒤쪽의 허상의 한 점에서부터 나오는 것처럼 보인다. 이 허상은 물체에 비해 상대적으로 줄어든 크기이고 정립이다. 볼록 거울은 항상 물체의 위치가 거울 앞 어디인지에 관계없이 물체의 허상을 형성한다. 그림 14.20(b)는 이러한 상의 한 예를 보여준다.

볼록 거울은 다른 종류의 거울들보다 더 넓은 시야를 제공한다. 그러므로 도난 방지의 목적으로 상점에서 종종 볼록 거울을 사용한다. 또 운전자들에게 넓은 후방 시야를 제공하기 위해서도 사용된다. 승용차 조수석의 외부 사이드미러로는 볼록 거울이 종종 사용된다. 이 거울에는 대개 '물체가 거울에 보이는 것보다 가까이 있음' 이라 적혀 있다. 이러한 경고를 붙이는 이유는 그림 14.20(a)와 같이 허상의 크기가 더 작게 보임에 따라, 물체가 실제보다 멀리 있는 것처럼 보이기 때문이다.

14.6 거울 방정식과 배율 방정식

광선 작도는 거울에 의해 형성되는 상의 위치와 크기를 알아내는데 유용하다. 보다 정확한 위치와 크기를 구하려면 해석적 방법이 필요하다. 우리는 이제 거울 방정식(mirror equation)과 배율 방정식(magnification equation)이라는 두 방정식을 유도해 낼 것이며, 이것들은 상을 완전히 묘사할 수 있게 해준다. 이 방정식들은 반사의 법칙에 기초를 두고 있는데 다음 변수들로 이루어져 있다.

f = 거울의 초점 거리

d_o = 물체 거리, 거울과 물체 사이의 거리
d_i = 상거리, 거울과 상 사이의 거리
m = 거울의 배율, 물체 높이와 상높이의 비

오목 거울

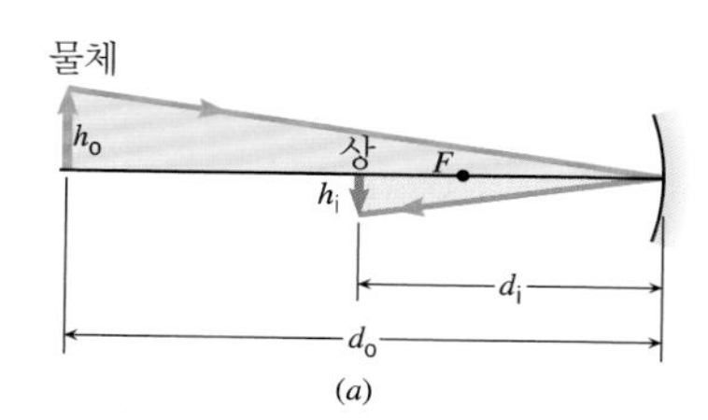

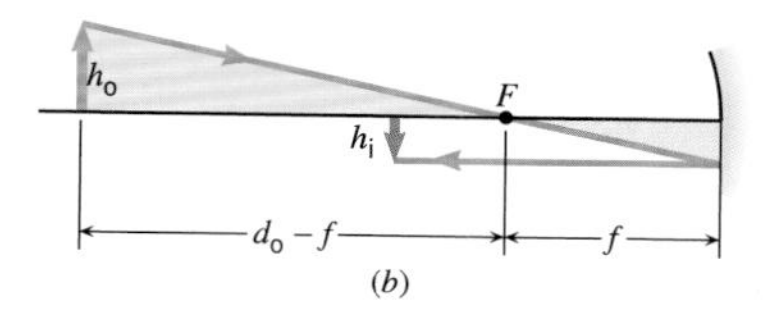

그림 14.21 이 그림들은 거울 방정식과 배율 방정식을 유도하는 데 사용된다. (a) 두 개의 색칠된 삼각형은 닮은꼴이다. (b) 만약 광선이 주축에 가깝게 있다면, 두 개의 색칠된 부분은 거의 닮은꼴 삼각형들이다.

물체의 상단을 떠나 오목 거울의 정중앙에서 반사되는 광선을 보여주고 있는 그림 14.21(a)를 참조하여 거울 방정식의 유도를 시작해보자. 주축은 거울에 수직이므로, 이것은 또한 입사지점에서 법선이 된다. 그러므로 이 광선은 같은 각으로 반사하고 상을 통과해 지나간다. 색칠이 되어 있는 두 직각 삼각형은 같은 각을 가지므로 닮은꼴이다. 따라서

$$\frac{h_o}{-h_i} = \frac{d_o}{d_i}$$

이다. 여기서 h_o는 물체 높이고 h_i는 상높이다. 그림 14.21(a)에서 상이 도립이므로 이 방정식의 좌변에서 상높이에 음의 부호를 붙인다. (b)에서는 또 다른 광선이 물체의 상단을 떠나, 초점 F를 통과해 거울에 입사하여, 주축에 평행하게 반사되어 상을 통과해 지나간다. 광선이 주축에 가깝게 있다고 가정하면, 두 개의 색칠이 되어 있는 면적은 닮은꼴 삼각형이라 볼 수 있으며, 그 결과 다음과 같다.

$$\frac{h_o}{-h_i} = \frac{d_o - f}{f}$$

위의 두 식이 서로 같다고 놓으면 $d_o/d_i = (d_o - f)/f$이다. 이 결과를 정리하면 다음과 같은 **거울 방정식**(mirror equation)을 얻는다.

거울 방정식 $$\frac{1}{d_o} + \frac{1}{d_i} = \frac{1}{f} \tag{14.3}$$

우리는 오목 거울 앞에 만들어지는 실상에 대해 이 방정식을 유도하였다. 이 경우, 상거리는 물체 거리나 초점 거리와 같이 양의 값이다. 그렇지만 앞 절에서 보았듯이, 만약 물체가 초점과 거울 사이에 위치하면, 오목 거울은 허상을 만들게 된다. 허상과 같이 거울 뒤에 있는 상에 대해서는 d_i가 음수라는 규약을 채택한다면, 식 14.3은 이러한 경우에도 적용된다.

배율 방정식의 유도에서는, **거울의 배율**(magnification) m이 물체 높이와 상높이의 비라는 것을 기억해야 한다. 즉 $m = h_i/h_o$이다. 상의 크기가 물체의 크기보다 작다면, $|m|$ 값은 1보다 작다. 이와 반대로, 상이 물체보다 크다면, $|m|$ 값은 1보다 크다. 우리는 이미 $h_o/(-h_i) = d_o/d_i$임을 보였으니, 다음과 같은 **배율 방정식**(magnification eqution)을 얻게 된다.

배율 방정식 $$m = \frac{\text{상 높이}, h_i}{\text{물체 높이}, h_o} = -\frac{d_i}{d_o} \tag{14.4}$$

다음 예제 14.2에서 보듯이, m 값은 상이 도립이면 음수이고, 상이 정립이면 양수이다.

예제 14.2 오목 거울에 의해 만들어지는 실상

2.0 cm 높이의 물체가 곡률 반지름이 10.20 cm인 오목 거울로부터 7.10 cm 되는 곳에 있다. (a) 상의 위치와 (b) 상높이를 구하라.

살펴보기 $f=\frac{1}{2}R=\frac{1}{2}(10.20\text{ cm})=5.10\text{ cm}$이므로, 물체는 그림 14.17(a)처럼 거울의 곡률 중심 C와 초점 F 사이에 놓여 있다. 그림에 의하면, 상은 실상일 것이고, 물체와 비교하면 상은 거울에서 더 멀리 떨어져 있고, 확대된 도립상일 것이다.

풀이 (a) $d_o = 7.10\text{ cm}$이고 $f = 5.10\text{ cm}$이므로, 거울 방정식(식 14.3)을 이용하여 상거리를 구하면

$$\frac{1}{d_i}=\frac{1}{f}-\frac{1}{d_o}=\frac{1}{5.10\text{ cm}}-\frac{1}{7.10\text{ cm}}$$
$$=0.055\text{ cm}^{-1}$$

즉

$$\boxed{d_i = 18\text{ cm}}$$

이다. 이 계산에서, f와 d_o는 양수이고, 이는 초점과 물체가 거울 앞에 있다는 것을 나타낸다. d_i가 양수인 결과는 상 또한 거울 앞에 있다는 것을 의미하고, 그림 14.17(a)처럼 반사 광선이 실제로 상을 통과해 지나간다. 즉 d_i가 양의 값이라는 것은 상이 실상임을 나타낸다.

(b) 상높이는 거울의 배율 m이 알려지면 바로 구할 수 있다. m을 구하기 위해 배율 방정식(식 14.4)을 이용하면 다음과 같다.

$$m=-\frac{d_i}{d_o}=-\frac{18\text{ cm}}{7.10\text{ cm}}=-2.5$$

상높이는 $h_i = mh_o = (-2.5)(2.0\text{ cm}) = \boxed{-5.0\text{ cm}}$이다. 상은 물체보다 2.5배 더 크며, m과 h_i가 음수라는 것은 상이 그림 14.17(a)처럼 물체에 대해 도립이라는 것을 나타낸다.

문제 풀이 도움말
거울 방정식에 의하면 상거리 d_i의 역수는 $d_i^{-1}=f^{-1}-d_o^{-1}$이다. 상거리의 역수를 구한 후에는, 다시 그 역수를 취하는 것을 잊지 않아야 올바르게 d_i를 구할 수 있다.

볼록 거울

거울 방정식과 배율 방정식은, 이미 식 14.2에서 언급했던 것처럼 초점 거리 f를 음수로 놓으면, 볼록 거울에서도 사용할 수 있다. 볼록 거울의 초점은 거울 뒤쪽에 있다는 것을 상기하기만 하면 된다. 예제 14.3은 볼록 거울에 대해 다루고 있다.

예제 14.3 볼록 거울에 의해 만들어지는 허상

볼록 거울이 거울 앞 66 cm인 곳에 위치한 물체로부터 나온 빛을 반사시키는데 사용되고 있다. 초점 거리는 $f=-46\text{ cm}$(음의 부호를 주의하라)이다. (a) 상의 위치와 (b) 배율을 구하라.

살펴보기 그림 14.20(a)처럼 볼록 거울은 항상 허상을 만들며, 그 상은 정립이고 물체보다 작다. 이러한 특성은 또한 이 예제의 해석 결과에 의해서도 나타나게 된다.

풀이 (a) $d_o = 66\text{ cm}$이고 $f=-46\text{ cm}$이므로, 거울 방정식에서

$$\frac{1}{d_i}=\frac{1}{f}-\frac{1}{d_o}=\frac{1}{-46\text{ cm}}-\frac{1}{66\text{ cm}}$$
$$=-0.037\text{ cm}^{-1}$$

즉

$$d_i = -27 \text{ cm}$$

이다. d_i의 부호가 음인 것은 상이 거울 뒤에 있고, 따라서 허상임을 나타낸다.

(b) 배율 방정식에 따르면, 배율은

$$m = -\frac{d_i}{d_o} = -\frac{(-27 \text{ cm})}{66 \text{ cm}} = \boxed{0.41}$$

이다. m이 1보다 작으므로 상은 물체에 비해 작고, 양이므로 정립상이다.

평면 거울처럼 볼록 거울은 항상 거울 뒤쪽에 허상을 만든다. 그렇지만 볼록 거울의 허상은 평면 거울인 경우 보다 거울에 더 가까이 있게 된다.

다음은 거울 방정식과 배율 방정식에서 사용되어지는 부호 규약의 요약이다. 이러한 규약은 오목 거울과 볼록 거울 모두에 적용된다.

> **문제 풀이 도움말**
> 거울 방정식을 사용할 때는 항상 광선 작도를 해서 계산 결과를 검증해 보는 것이 좋다.

구면 거울에서의 부호 규약 요약

초점 거리

오목 거울에 대해 f는 +

볼록 거울에 대해 f는 −

물체 거리

물체가 거울 앞에 있다면(실물체) d_o는 +

물체가 거울 뒤에 있다면(허물체)* d_o는 −

상거리

상이 거울 앞에 있다면(실상) d_i는 +

상이 거울 뒤에 있다면(허상) d_i는 −

배율

상이 물체에 대해 정립이면 m은 +

상이 물체에 대해 도립이면 m은 −

연습 문제

14.2 빛의 반사

14.3 거울에 의한 상의 형성

1(1) 두 개의 평면 거울이 120° 벌어져 있다. 광선이 입사각 65°로 거울 M_1에 부딪친다면, 거울 M_2를 떠날 때의 각 θ는 얼마인가?

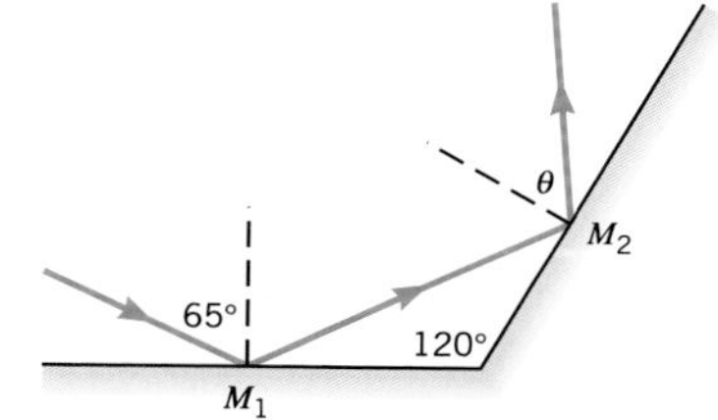

* 광학계에서는 많은 경우에 2개 이상의 거울을 사용한다. 첫 번째 거울에 의해 만들어진 상이 두 번째 거울의 물체가 된다. 경우에 따라, 첫 번째 거울에 의해 형성된 상이 두 번째 거울면의 뒤에 있게 된다. 이런 경우 두 번째 거울의 입장에서 보면 물체 거리가 음이 되는데, 이런 물체를 허물체라 한다.

2(3) 한 사람이 바닥에서 천장까지 평면 거울로 된 벽 앞 3.6 m에 서 있다. 그의 눈의 높이는 바닥에서 1.8 m이다. 회중 전등을 양발 사이에 잡고 그것이 거울을 향하도록 조정한다. 빛이 거울에 부딪친 후 그의 눈에 들어오기 위한 입사각은 얼마인가?

3(5) 동일한 점에서 나와서 발산하는 두 개의 광선이 서로 10°의 각을 이루고 있다. 이 광선들이 평면 거울에 의해 반사된 후에는 그들 사이의 각은 얼마가 되는가? 해답을 확인하기 위해 이에 따른 광선 작도를 하라.

14.4 구면 거울

14.5 구면 거울에 의한 상의 형성

4(11) 2.0 cm 높이의 물체가 초점 거리가 20.0 cm인 오목 거울 앞 12.0 cm되는 곳에 있다. 정확한 광선 작도를 이용하여 (a) 상의 위치와 (b) 상높이를 구하여라. 거울의 위치도 정확하게 그려야 한다.

5(13) 4번 문제와 같이, 곡률 반지름이 1.00×10^2 cm이고 물체 거리가 25 cm, 그리고 물체의 크기가 10.0 cm인 볼록 거울의 경우에 대해서 풀어라.

*6(15) 평면 거울과 오목 거울($f = 8.0$ cm)이 서로 마주 보고 있으며, 거리가 20.0 cm 떨어져 있다. 물체가 평면 거울 앞 10.0 cm에 놓여 있다. 물체에서 나온 빛이 처음에 평면 거울에서 반사되고 그 다음에 오목 거울에서 반사된다고 가정하자. 정확한 광선 작도를 이용하여 오목 거울에 의해 만들어지는 상의 위치를 구하여라. 오목 거울로부터의 거리로 나타내어라.

14.6 거울 방정식과 배율 방정식

7(17) 오목 거울의 초점 거리가 42 cm이다. 이 거울에 의한 상이 거울 앞 97 cm에 만들어졌다. 물체 거리는 얼마인가?

8(19) 투명한 슬라이드를 벽 위에 투영하기 위해 오목 거울($R = 56.0$ cm)을 사용한다. 슬라이드가 거울로부터 거리가 31.0 cm되는 곳에 위치하고 작은 램프로 슬라이드를 통해 거울 위에 빛을 비춘다. 이러한 구성은 그림 14.17(a)와 유사하다. (a) 거울의 위치는 벽으로부터 얼마나 멀리 떨어져 있어야 하는가? (b) 슬라이드에서 물체 높이 0.95 cm이다. 상높이는 얼마인가? (c) 벽에 비춰진 그림이 정상적이기 위해서는 슬라이드가 얼마나 회전해야 하는가?

9(21) 오목 거울에 의해 만들어진 상이 거울 앞 26 cm인 곳에 있다. 거울의 초점 거리는 12 cm이다. 물체의 위치는 거울 앞에서 얼마나 떨어져 있는가?

10(23) 구면 거울로 볼 때, 지는 태양의 상이 허상이다. 상은 거울 뒤 12.0 cm인 곳에 놓여 있다. (a) 이 거울은 오목 거울인가 아니면 볼록 거울인가? 그 이유는? (b) 거울의 곡률 반지름은 얼마인가?

*11(25) 한 물체가 볼록 거울 앞에 있고, 상높이는 물체의 $\frac{1}{4}$이다. 거울의 초점 거리에 대한 물체 거리의 비 d_o/f는 얼마인가?

*12(27) 한 물체가 볼록 거울 앞 14.0 cm인 곳에 있고, 상은 거울 뒤 7.00 cm에 있다. 처음 것보다 두 배나 크지만, 위치가 다른 두 번째 물체가 거울 앞에 있다. 두 번째 물체의 상이 처음 상과 똑같은 높이를 갖는다. 두 번째 물체의 위치는 거울 앞에서 얼마나 떨어져 있는가?

**13(29) 거울 방정식과 배율 방정식을 이용하여, 볼록 거울에 대해 상은 항상 (a) 허상(즉 d_i가 항상 음수)이고 (b) 물체에 대하여 정립이고, 더 작음(즉 m이 양수이고 1 보다 작음)을 보여라.

Chapter 15 빛의 굴절: 렌즈와 광학기기

15.1 굴절률

앞서 13.3절에서 논의한 바와 같이, 빛은 진공 속을 $c = 3.00 \times 10^8\ \mathrm{m/s}$의 속도로 진행하며 공기, 물, 그리고 유리 등과 같은 많은 종류의 물질들을 통과해 진행할 수 있다. 그렇지만 물질 속의 원자들은 빛을 흡수하고, 재방출하고, 산란시킨다.* 그러므로 빛은 물질 속에서는 c보다 작은 속도로 통과해 지나가고, 이 속도는 물질의 성질에 의해 결정된다. 일반적으로, 한 물질에서 다른 물질로 광선이 진행할 때 처음 입사 방향과는 달라지며 이로부터 광선의 속도 변화를 알 수 있게 된다. 이러한 방향의 변화를 **굴절**(refraction)이라 하며, 다음 절에서 논의하게 될 스넬의 굴절 법칙을 따른다.

물질 속에서 빛의 속도가 진공에서와 다른 정도를 표시하기 위해서, 우리는 **굴절률**(index of refraction)이라 부르는 용어를 사용한다. 굴절률은 진공 속에서의 빛의 속도 c와 물질에서의 빛의 속도 v와 관련된다. 굴절률은 이 장에서 논의되는 모든 현상의 기초가 되는 스넬의 굴절 법칙에 나타나 있으므로 중요한 매개 변수이다.

■ **굴절률**

물질의 굴절률 n은 물질에서의 빛의 속도 v에 대한 진공에서의 빛의 속도 c의 비율이다.

$$n = \frac{\text{진공에서의 빛의 속도}}{\text{물질에서의 빛의 속도}} = \frac{c}{v} \tag{15.1}$$

표 15.1 여러 가지 물질의 굴절률 (파장이 589 nm인 빛으로 측정하였을 때)

물질	굴절률 n
20 °C의 고체	
다이아몬드	2.419
크라운 유리	1.523
얼음(0 °C)	1.309
암염	1.544
석영	
석영 결정	1.544
용융 석영	1.458
20 °C의 액체	
벤젠	1.501
이황화탄소	1.632
사염화탄소	1.461
에탄올	1.362
물	1.333
0 °C, 1 기압의 기체	
공기	1.000 293
이산화탄소	1.000 45
산소 O_2	1.000 271
수소 H_2	1.000 139

*이 장에서 빛의 진행과 관련해서 사용하는 용어 '속도'는 엄밀하게 말하면 '속력'으로 써야 되지만 빛의 속도(광속, 빛속도)란 용어가 있으므로 편의상 속도로 변역하였다(역자 주).

표 15.1은 여러 일상적인 물질의 굴절률을 열거하고 있다. n 값이 1 보다 큰 것은 물질 매질 안에서의 빛의 속도가 진공에서 보다 작기 때문이다. 예를 들어, 다이아몬드의 굴절률 $n = 2.419$이므로 다이아몬드에서의 빛의 속도는 $v = c/n = (3.00 \times 10^8 \text{ m/s})/2.419 = 1.24 \times 10^8 \text{ m/s}$이다. 이와는 대조적으로, 공기(그리고 또한 다른 기체들에 대해서도)의 굴절률은 대부분의 경우에 $n_{공기} = 1$에 가깝다. 굴절률은 빛의 파장에 따라 약간 달라지며, 표 15.1에서의 값들은 진공에서 파장 $\lambda = 589 \text{ nm}$ 인 빛에 대한 값들이다.

15.2 스넬의 법칙과 빛의 굴절

스넬의 법칙

빛이 두 개의 투명한 물질들, 예를 들어 공기와 물 사이의 경계면에 부딪칠 때, 그림 15.1(a)에 나타난 바와 같이 빛은 일반적으로 두 부분으로 나누어진다. 빛의 한 부분은 입사각과 같은 반사각으로 반사된다. 나머지 부분은 경계면을 지나 투과해 간다. 만약 입사 광선이 경계면에 수직으로 입사하지 않는다면, 투과 광선은 입사 광선과는 다른 방향을 갖게 된다. 이를 두 번째 물질로 들어간 광선이 굴절되었다고 말한다.

그림 15.1(a)에서 빛은 굴절률이 더 작은 매질(공기)로부터 더 큰 매질(물)로 진행하고, 굴절 광선은 법선 방향으로 꺾인다. 이 경우 빛의 진행이 가역적이기 때문에 그림 (b)에서는 꺾이는 방향이 반대로 된다. 즉 빛이 상대적으로 더 큰 굴절률(물)로부터 더 작은 굴절률(공기)인 곳으로 진행할 때는 굴절 광선은 법선 방향에서 멀어지는 방향으로 꺾인다. 이때 반사 광선은 물속에 있게 된다. 그림의 두 부분 모두에서 입사, 굴절 그리고 반사각들은 법선을 기준으로 잰다. 공기의 굴절률이 (a)는 n_1으로 표기되고, 반면 (b)는 n_2로 표기됨을 주목하라. 여기서는 입사(그리고 반사)광선에 관계되는 모든 변수를 첨자 1로 표기하고 굴절 광선에 관계되는 모든 변수를 첨자 2로 표기한다.

굴절각 θ_2는 입사각 θ_1과 두 매질의 굴절률들인 n_1과 n_2에 의해 결정된다. 이러한 값들의 관계는, 이것을 실험적으로 발견한 네덜란드 수학자 스넬(1591-1626)의 이름을 따서, 굴절에 관한 **스넬의 법칙**(Snell's law of refraction)이라 알려져 있다. 이 절의 끝 부분에서 스넬의 법칙의 증명에 대해 다루게 된다.

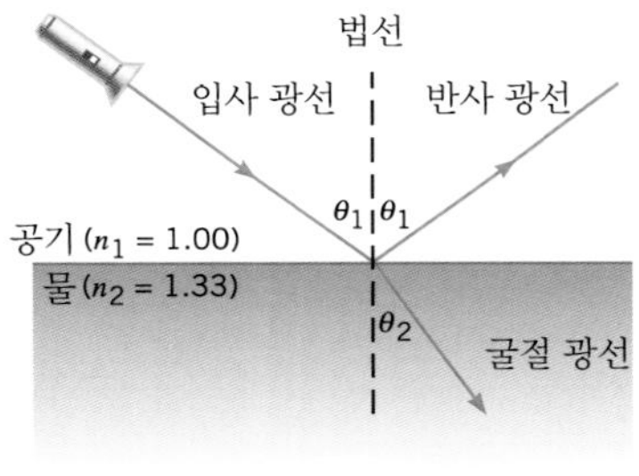

법선
입사 광선
반사 광선
θ_1 θ_1
공기 ($n_1 = 1.00$)
물 ($n_2 = 1.33$)
θ_2
굴절 광선

(a)

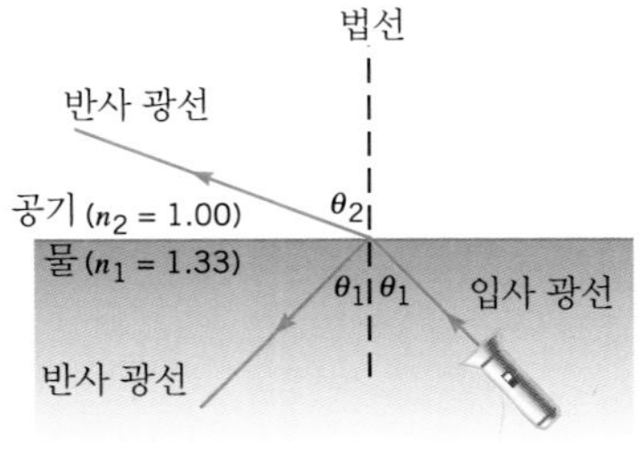

법선
반사 광선
공기 ($n_2 = 1.00$)
θ_2
물 ($n_1 = 1.33$)
θ_1 θ_1
입사 광선
반사 광선

(b)

그림 15.1 (a) 광선이 공기에서 물을 향해 진행할 때, 빛의 일부는 경계면에서 반사되고, 나머지가 물속으로 굴절되며 굴절 광선은 법선을 향하여 꺾인다($\theta_2 < \theta_1$). (b) 광선이 물에서 공기를 향해 위로 진행할 때, 굴절 광선은 법선에서 멀어지게 꺾인다($\theta_2 > \theta_1$).

■ **굴절에 관한 스넬의 법칙**

빛이 굴절률이 n_1인 물질로부터 굴절률이 n_2인 물질로 진행할 때, 굴절 광선, 입사 광선, 그리고 법선(물질들 사이의 경계에 대한 수직선)은 모두 동일 평면에 놓여있다. 입사각 θ_1와 굴절각 θ_2는 다음 관계를 갖는다.

$$n_1 \sin \theta_1 = n_2 \sin \theta_2 \qquad (15.2)$$

예제 15.1에서 스넬의 법칙의 사용에 대해 설명한다.

예제 15.1 | 굴절각의 계산

광선이 공기/물 경계면에, 법선에 대하여 46°의 각으로 부딪친다. 물의 굴절률은 1.33이다. 광선이 (a) 공기에서부터 물로, (b) 물에서부터 공기로 향할 때의 굴절각을 구하라.

살펴보기 스넬의 법칙은 (a)와 (b)에서 모두 적용된다. 그렇지만 (a)에서는 입사 광선이 공기 중에 있고 반면에 (b)에서는 물속에 있다. 항상 입사(그리고 반사)광선에 관계되는 모든 변수를 첨자 1로 표기하고 굴절 광선에 관계되는 모든 변수를 첨자 2로 표기하면서 그 차이점에 대해서 알아보자.

풀이 (a) 입사 광선이 공기 중에 있으므로, $\theta_1 = 46°$이고 $n_1 = 1.00$이다. 굴절 광선은 물속에 있으므로 $n_2 = 1.33$이다. 굴절각 θ_2를 구하기 위해 스넬의 법칙을 이용한다.

$$\sin \theta_2 = \frac{n_1 \sin \theta_1}{n_2} = \frac{(1.00) \sin 46°}{1.33} = 0.54 \qquad (15.2)$$

$$\theta_2 = \sin^{-1}(0.54) = \boxed{33°}$$

θ_2가 θ_1보다 작으므로, 굴절 광선은 그림 15.1(a)와 같이 법선을 향하여 꺾인다.

(b) 입사 광선이 물속에 있으므로, 다음과 같이 구해진다.

$$\sin \theta_2 = \frac{n_1 \sin \theta_1}{n_2} = \frac{(1.33) \sin 46°}{1.00} = 0.96$$

$$\theta_2 = \sin^{-1}(0.96) = \boxed{74°}$$

θ_2가 θ_1보다 크므로, 굴절 광선은 그림 15.1(b)와 같이 법선에서 멀어지게 꺾인다.

우리는 광파의 반사와 굴절이 두 개의 투명한 물질들 사이의 경계면에서 동시에 나타나는 것을 알 수 있었다. 광파는 에너지를 전달하는 전기장과 자기장으로 구성되어 있다는 것을 염두에 두는 것이 중요하다. 에너지 보존 법칙에 따라서 반사된 에너지와 굴절된 에너지의 합은 물질에 의해 흡수된 에너지가 없다면, 입사광에 의해 전달되는 에너지와 같다. 입사에너지의 몇 퍼센트가 반사광과 굴절광으로 나타나는지는 입사각 및 경계면 양쪽 면에서의 물질들의 굴절률에 관계된다. 한 예로, 빛이 공기에서 물을 향하여 수직으로 진행될 때, 대부분의 빛에너지는 굴절되어지고 반사되는 것은 거의 없다. 그러나 입사각이 90° 가까이 되고, 빛이 물 표면을 겨우 스치고 지나가면, 빛에너지의 대부분은 반사되고 약간의 양만이 물속으로 굴절된다. 비 내리는 밤에, 당신은 아마 젖은 도로를 지나가면서 마주 오는 차의 전조등 빛 때문에 눈이 부셔 귀찮았던 경험이 있을 것이다. 이러한 조건에서는 빛에너지의 대부분이 반사되어 당신의 눈으로 들어오게 된다.

> **문제 풀이 도움말**
> 스넬의 법칙에서 나타나는 입사각 θ_1과 굴절각 θ_2는 면 자체에 대한 각들이 아니라 면에 수직인 법선에 대한 각들이다.

동시에 일어나는 빛의 반사와 굴절은 많은 장치에 사용되고 있다. 예

주-야 조절이 가능한 실내 백미러의 물리

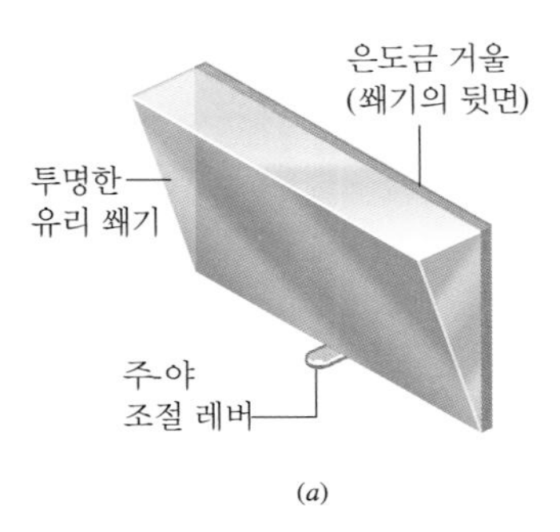

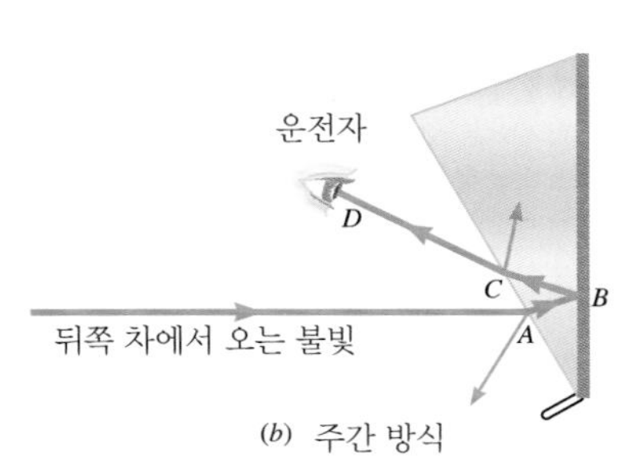

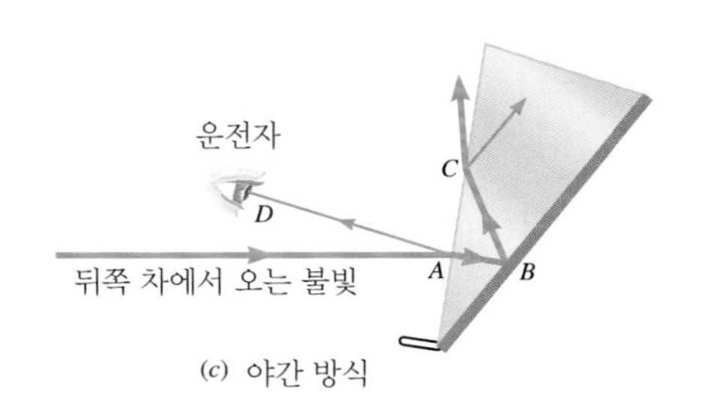

그림 15.2 주-야 조절레버가 달린 실내 백미러

를 들어, 자동차의 실내 백미러에는 대개 조절 레버가 있다. 레버의 한 위치가 낮에 주행할 때 필요한 것이라면 다른 것은 야간 주행 때 필요한 것이며, 뒤쪽에 있는 자동차의 전조등 불빛에 의한 눈부심을 줄여준다. 그림 15.2(a)와 같이, 이런 종류의 거울들은 뒷면이 은도금되어 있는 쐐기 모양의 유리로 높은 반사율을 가진다. 그림의 (b)는 주간에 조절된 모습을 보여준다. 뒤쪽 차로부터 오는 불빛은 경로 *ABCD*를 따라 운전자의 눈으로 들어온다. 빛이 공기-유리 경계면에 부딪치는 점 *A*와 *C*에서는 반사광과 굴절광이 모두 존재한다. 반사광은 가는 선으로 그려져 있으며, 가는 선은 낮 동안에는 빛의 작은 부분(약 10 %)만이 *A*와 *C*에서 반사된다는 것을 표시한다. *A*와 *C*에서 반사된 약한 반사광은 운전자의 눈으로 들어오지 못한다. 이와 반대로, 빛의 거의 대부분은 은도금된 뒷면에 도달하여 *B*에서 운전자를 향하여 반사된다. 빛의 대부분이 경로 *ABCD*를 따르므로, 운전자는 뒤쪽 차의 밝은 상을 보게 된다. 야간에는, 조절 레버를 이용하여 거울의 상단 부분을 회전시켜 운전자로부터 멀어지게 할 수 있다(그림 (c) 참조). 이제, 뒤쪽 전조등으로부터 오는 빛의 대부분은 경로 *ABC*를 따르게 되고, 운전자에게 오지 못한다. 단지 경로 *AD*를 따라 앞쪽 표면으로부터 약하게 반사된 빛만이 보이고, 그 결과 눈부심이 현저하게 줄어든다.

예제 15.2 물속에 잠긴 상자 찾기

요트 위의 서치라이트가 그림 15.3과 같이 밤에 물속에 잠긴 상자를 비추기 위해 사용되고 있다. 상자에 빛을 비추기 위한 입사각 θ_1은 얼마인가?

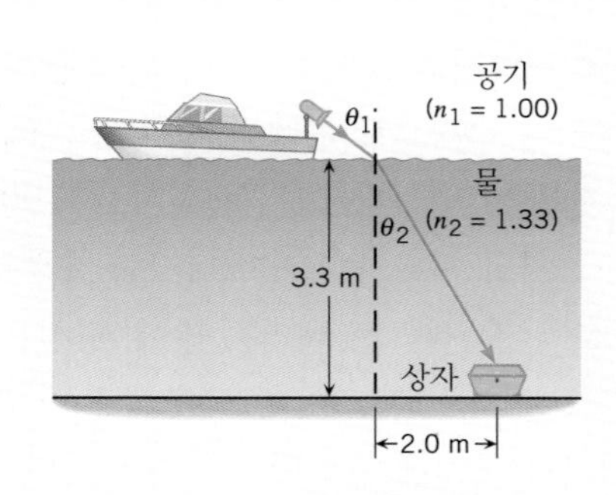

그림 15.3 서치라이트에서 나온 빛이 물속으로 들어갈 때 굴절된다.

살펴보기 입사각 θ_1은 굴절된 후 빛이 상자에 부딪치게 되어야 한다. 입사각은 굴절각 θ_2가 결정되면 바로 스넬의 법칙으로 구할 수 있다. 이러한 각도는 그림 15.3의 자료와 삼각법을 이용하여 얻을 수 있다. 빛은 굴절률이 더 낮은 영역에서 더 높은 영역으로 진행한다. 따라서 빛은 법선 방향으로 굽고 θ_1이 θ_2보다 더

클 것으로 예상된다.

풀이 그림에서의 자료로부터 $\tan\theta_2 = (2.0\,\text{m})/(3.3\,\text{m})$이고, 따라서 $\theta_2 = 31°$임을 알 수 있다. 공기의 굴절률 $n_1 = 1.00$이고 물의 굴절률 $n_2 = 1.33$이므로 스넬의 법칙에 따라 다음과 같이 된다.

$$\sin\theta_1 = \frac{n_2 \sin\theta_2}{n_1} = \frac{(1.33)\sin 31°}{1.00} = 0.69$$

$$\theta_1 = \sin^{-1}(0.69) = \boxed{44°}$$

예상했던 대로, θ_1이 θ_2보다 더 크다.

겉보기 깊이

굴절의 흥미로운 결과 중의 하나는 물 밑에 놓인 물체가 실제 위치보다 표면에 더 가까이 보인다는 것이다. 예제 15.2에는 이러한 물체에 빛을 비추기 위한 방법을 보여줌으로써 그 이유를 설명하기 위한 상황이 설정되어있다.

예제 15.2의 물속에 잠긴 상자가 보트에서 보일 때(그림 15.4(a)), 상자에서부터 나온 빛은 물을 통과해 위쪽으로 와서, 공기로 들어올 때 법선에서 멀어지게 굴절되며, 관측자를 향해 진행한다. 이 모양은 광선의 방향이 반대인 것과 서치라이트가 관측자로 바뀐 것을 제외하고는 그림 15.3과 유사하다. 공기로 들어오는 광선을 물 안쪽을 향해 거꾸로 연장하면(점선 참고), 관측자가 실제 깊이보다 얕은 겉보기 깊이로 상자의 상을 봄을 알 수 있다. 이 상은 광선이 실제로 그것을 통과해 지나가지 않으므로 허상이다. 그림 15.4(a)에서 보여준 상황에서는 겉보기 깊이를 계산하기가 어렵다. 관측자가 물 에 잠긴 물체 바로 위에 있는 간단한 경우를 그림 (b)에서 보여주고 있으며, 실제 깊이 d에 대한 겉보기 깊이 d'는

겉보기 깊이, 관측자가 물체 바로 위에 있을 때 $$d' = d\left(\frac{n_2}{n_1}\right) \quad (15.3)$$

여기서, n_1은 입사 광선쪽 매질(물체쪽 매질)의 굴절률이고, n_2는 굴절 광

문제 풀이 도움말
이 책에서는 입사 광선이 진행하는 매질의 굴절률을 n_1으로 표시하고 굴절 광선이 진행하는 매질의 굴절률을 n_2로 표시한다.

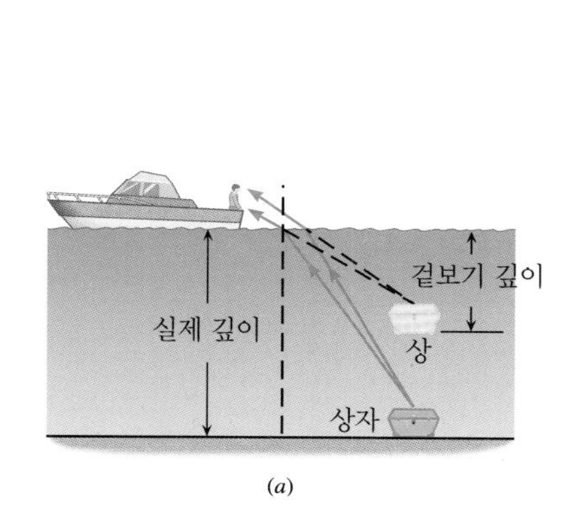

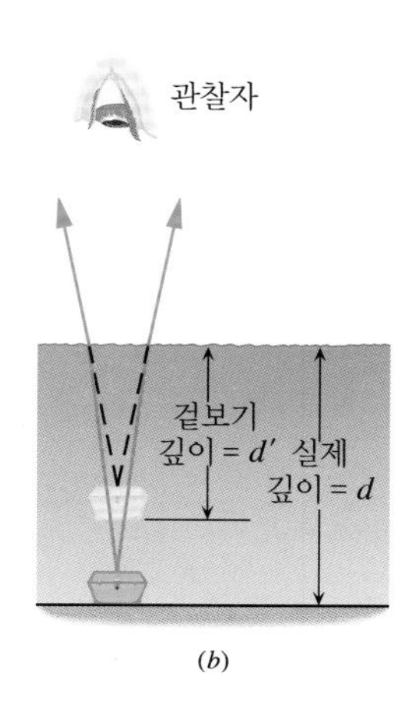

그림 15.4 (a) 상자로부터 나오는 빛은 공기로 나올 때 법선으로부터 멀어지게 꺾이므로, 상의 겉보기 깊이는 실제 깊이보다 얕다. (b) 관찰자가 물에 잠긴 물체를 바로 위에서 보고 있다.

선쪽 매질(관측자쪽 매질)의 것이다. 예제 15.3은 겉보기 깊이의 영향이 물에서는 더욱 두드러진다는 것을 설명하고 있다.

예제 15.3 수영장의 겉보기 깊이

한 여자 수영 선수가 3.00 m 깊이의 수영장의 수면 위에서(머리는 물 위에 두고) 수영을 하고 있다. 그녀가 바로 아래 바닥에 있는 동전을 보고 있다. 동전이 얼마나 깊은 곳에 있는 것으로 보이는가?

살펴보기 광선이 동전에서부터 수영 선수에게로 진행한다는 것을 기억하면 식 15.3은 겉보기 깊이를 구하는 데 사용될 수 있다. 따라서 입사 광선은 물($n_1 = 1.33$) 밑의 동전으로부터 나오고, 반면에 굴절 광선은 공기($n_2 = 1.00$) 중에 있다.

풀이 동전의 겉보기 깊이 d'은 다음과 같다.

$$d' = d\left(\frac{n_2}{n_1}\right) = (3.00\ \text{m})\left(\frac{1.00}{1.33}\right) = \boxed{2.26\ \text{m}} \tag{15.3}$$

동전은 실제 깊이보다 얕은 곳에 있는 것으로 보인다.

투명한 판에 의한 빛의 변위

투명한 물체 판의 한 예로 유리창의 유리판을 생각해 보자. 이것은 서로 평행한 표면들이 있는 판유리이다. 빛이 유리를 통과해 지나갈 때, 유리를 빠져나온 광선은 그림 15.5에서 알 수 있듯이 입사된 광선과 평행하지만 변위되어 있다. 이 사실은 두 개의 유리 표면 각각에서 스넬의 법칙을 적용함으로써 확인될 수 있다. 곧 $n_1 \sin\theta_1 = n_2 \sin\theta_2 = n_3 \sin\theta_3$이다. 공기가 유리를 둘러싸고 있으므로 $n_1 = n_3$이고, 따라서 $\sin\theta_1 = \sin\theta_3$이다. 그러므로 $\theta_1 = \theta_3$이고, 유리를 빠져나온 광선과 입사 광선은 평행하다. 그렇지만, 그림에서 알 수 있듯이, 유리를 빠져나온 광선은 입사 광선에 대하여 옆으로 변위된다. 변위의 크기는 입사각, 판의 두께, 그리고 굴절률에 의존된다.

스넬의 법칙의 유도

스넬의 법칙은 빛이 한 물질로부터 다른 물질로 진행할 때 파면이 어떻게

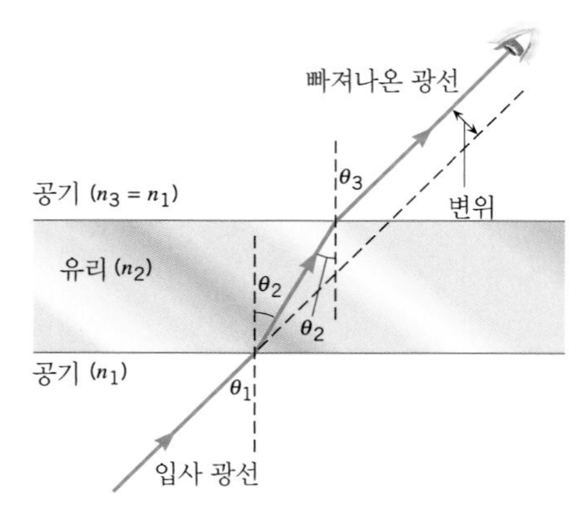

그림 15.5 평행한 면을 가지며 공기로 둘러싸인 유리판을 광선이 통과해 지나갈 때, 유리를 빠져나온 광선은 입사 광선과 평행하지만($\theta_3 = \theta_1$), 옆으로 이동한다.

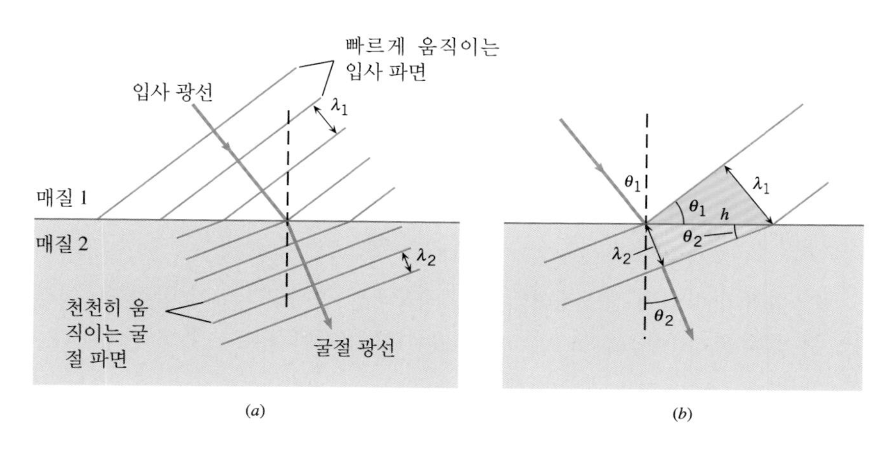

그림 15.6 (a) 빛이 매질 1로부터 매질 2로 지나갈 때 파면이 꺾인다. (b) 경계면에서 입사파와 굴절파의 확대된 모습

되는가를 고려하면 유도될 수 있다. 그림 15.6(a)는 빛의 속도가 큰 매질 1에서부터, 빛의 속도가 작은 매질 2로 빛이 진행하는 것을 보여주고 있다. 그러므로 n_1이 n_2보다 작다. 이 그림에서 평면 파면은 입사 광선과 굴절 광선에 수직 방향으로 표시되어 있다. 파면 중 매질 2로 들어간 부분은 느리게 움직이므로, 매질 2 속의 파면은 매질 1 속의 파면들 보다 상대적으로 시계 방향으로 회전된다. 이에 따라서 그림과 같이 매질 2에서의 굴절 광선들은 법선 방향으로 꺾인다.

입사파와 굴절파가 서로 다른 속도를 갖지만, 그들의 진동수 f는 동일하다. 진동수가 변하지 않는다는 사실은 굴절파와 관련된 원자 속의 역학에 의해서 설명될 수 있다. 전자기파가 표면에 부딪칠 때, 진동하는 전기장은 매질 2의 분자들 속의 전자들을 파동과 동일한 진동수로 진동하게 한다. 가속된 전자들은 안테나 속의 전자들처럼 새로운 전자기파를 복사하고 이 전자기파는 처음의 파동과 결합된다. 매질 2에서의 알짜 전자기파는 처음 파동과 새로 생긴 파동이 겹친 것이고, 이러한 중첩이 굴절파를 형성한다. 물질 속에서 새로 생긴 파동이 입사파와 진동수가 같으므로, 굴절파 역시 입사파와 같은 진동수를 갖는다.

그림 15.6(a)에서 연속적인 파면 사이의 간격은 파장 λ로 표시되어 있다. 양쪽 매질에서 진동수는 동일하나 속도가 다르므로, 식 11.1로부터 파장이 다르다는 것을 알 수 있다. 즉 $\lambda_1 = v_1/f$이고 $\lambda_2 = v_2/f$이다. v_1이 v_2보다 크다고 가정하였으므로, λ_1이 λ_2보다 크고 매질 1에서의 파면 사이의 간격이 더 멀다.

그림 15.6(b)는 표면에서의 입사파와 굴절파면의 확대된 모습이다. 색칠된 직각 삼각형 안의 각 θ_1과 θ_2는 각각 입사각과 굴절각이다. 또한, 삼각형들이 동일한 빗변을 가지므로,

$$\sin\theta_1 = \frac{\lambda_1}{h} = \frac{v_1/f}{h} = \frac{v_1}{hf}$$

이고

$$\sin\theta_2 = \frac{\lambda_2}{h} = \frac{v_2/f}{h} = \frac{v_2}{hf}$$

이다. 이 두 방정식에서 공통 인자 hf를 소거하여 결합하면 다음과 같다.

$$\frac{\sin\theta_1}{v_1} = \frac{\sin\theta_2}{v_2}$$

이 결과의 양변에 진공에서의 빛의 속도 c를 곱하고, c/v가 굴절률 n이라는 것을 고려하면, $n_1 \sin\theta_1 = n_2 \sin\theta_2$이고 이것이 바로 스넬의 법칙이다.

15.3 내부 전반사

굴절률이 보다 큰 매질에서 굴절률이 더 작은 매질로 예를 들어 물에서 공기로 빛이 진행할 때 굴절 광선은 그림 15.7(a)처럼 법선으로부터 멀어지게 꺾인다. 입사각이 증가하면, 굴절각 역시 증가한다. 입사각이 어떤 값에 도달하면 굴절각이 90°가 된다. 즉, 굴절 광선은 표면을 따라 진행하게 된다. 이때의 입사각을 **임계각**(critical angle) θ_c라 부른다. 그림 (b)는 입사각이 임계각일 때의 모습을 보여준다. 그림 (c)처럼, 입사각이 임계각보다 크면 굴절광은 없어진다. 모든 입사광은 그것이 진행되어 왔던 매질 안으로 반사되어 되돌아간다. 이 현상을 **내부 전반사**(total internal reflection)라고 부른다. 내부 전반사는 빛이 보다 높은 굴절률의 매질로부터 보다 낮은 굴절률의 매질로 진행될 때만 나타난다. 반대 방향으로–예를 들어, 공기에서 물로–빛이 진행할 때는 나타나지 않는다.

임계각 θ_c에 대한 표현은 $\theta_1 = \theta_c$ 그리고 $\theta_2 = 90°$로 놓으면 스넬의 법칙으로 구할 수 있다(그림 15.7(b) 참조).

$$\sin\theta_c = \frac{n_2 \sin 90°}{n_1}$$

임계각 $$\sin\theta_c = \frac{n_2}{n_1} \qquad (n_1 > n_2) \qquad (15.4)$$

예를 들어, 물($n_1 = 1.33$)로부터 공기($n_2 = 1.00$)로 진행하는 경우에 임계각은 $\theta_c = \sin^{-1}(1.00/1.33) = 48.8°$이다. 하나의 예로 입사각이 48.8°보다

그림 15.7 (a) 높은 굴절률의 매질(물)에서 낮은 굴절률의 매질(공기)로 빛이 진행할 때, 굴절 광선은 법선으로부터 멀어지게 꺾인다. (b) 입사각이 임계각 θ_c와 같을 때, 굴절각은 90°이다. (c) 만약 θ_1이 θ_c보다 크면, 굴절광이 없어지고 내부 전반사가 일어난다.

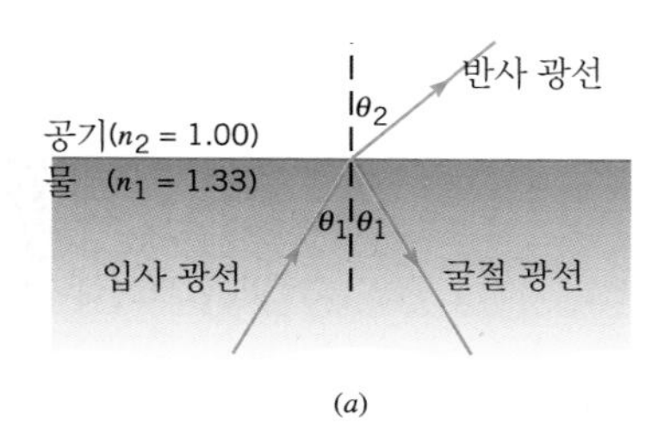

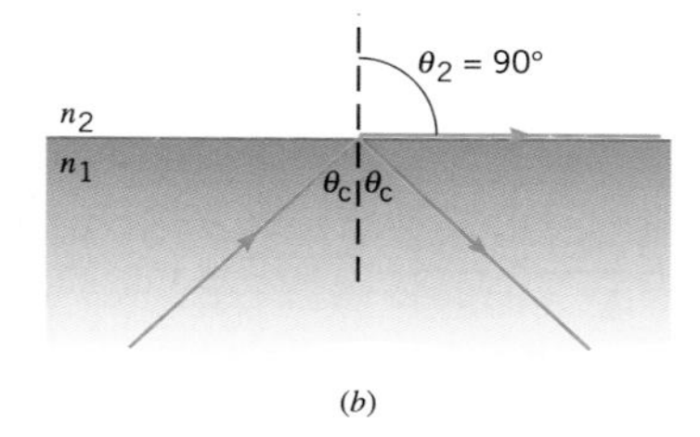

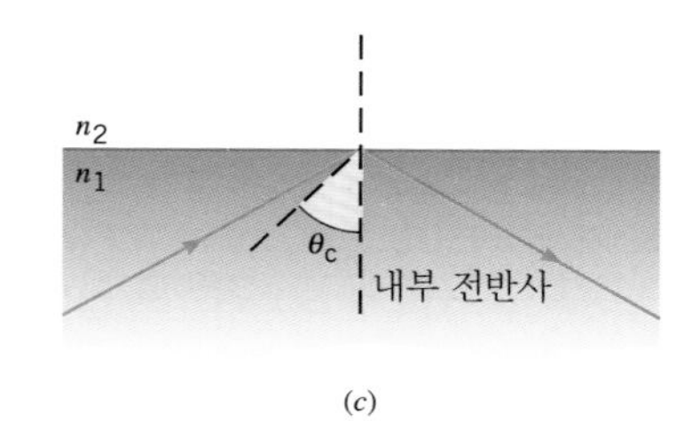

크면, 스넬의 법칙에서 $\sin\theta_2$가 1보다 크게 되는데, 이것은 불가능하다. 따라서 입사각이 48.8°를 초과할 때 굴절광은 없으며, 그림 15.7(c)와 같이 빛은 모두 반사되어 돌아온다.

다음 예제는 굴절률이 변화될 때 임계각이 어떻게 변화되는가를 설명해 주고 있다.

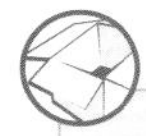

예제 15.4 | 내부 전반사

빛이 다이아몬드($n_1 = 2.42$)를 통하여 전파되고 있으며 28°의 입사각으로 다이아몬드-공기 경계면에 부딪친다. (a) 경계면에서 빛의 일부가 공기($n_2 = 1.00$)로 들어 갈 것인가 아니면 전반사될 것인가? (b) 다이아몬드가 물($n_2 = 1.33$)속에 있다고 가정하고 (a)를 다시 풀어라.

살펴보기 내부 전반사는 광선 빔의 입사각이 임계각 θ_c보다 클 때만 일어난다. 임계각이 입사 매질(n_1)과 굴절 매질(n_2)의 굴절률의 비 n_2/n_1에 의존하므로, (a)와 (b)에서 임계각은 서로 다르다.

풀이 (a) 다이아몬드에서 임계각 θ_c는 식 15.4에 의해 다음과 같다.

$$\theta_c = \sin^{-1}\left(\frac{n_2}{n_1}\right) = \sin^{-1}\left(\frac{1.00}{2.42}\right) = 24.4°$$

28°의 입사각은 임계각보다 크므로, 빛은 모두 반사되어 다이아몬드로 되돌아온다.

(b) 다이아몬드가 물에 둘러싸여 있다면, 임계각은 다음과 같이 더 커진다.

$$\theta_c = \sin^{-1}\left(\frac{n_2}{n_1}\right) = \sin^{-1}\left(\frac{1.33}{2.42}\right) = 33.3°$$

이 임계각보다 작은 28°의 입사각을 갖는 광선은 물로 굴절된다.

쌍안경, 잠망경 그리고 망원경 등과 같은 많은 광학기기들은 빛의 진로를 90° 또는 180° 바꾸기 위해, 유리 프리즘 속에서의 내부 전반사를 이용한다. 그림 15.8(a)에서는 45° − 45° − 90° 유리 프리즘($n_1 = 1.5$)에 들어와서 $\theta_1 = 45°$의 입사각으로 프리즘의 빗면에 부딪치는 광선을 보여준다. 유리-공기 경계면에서 임계각은 $\theta_c = \sin^{-1}(n_2/n_1) = \sin^{-1}(1.0/1.5) = 42°$이다. 입사각이 임계각보다 크므로, 빛은 빗면에서 전부 반사되고 그림처럼 수직인 윗방향을 향하여 90° 방향이 변하게 된다. 그림의 (b)는 같은

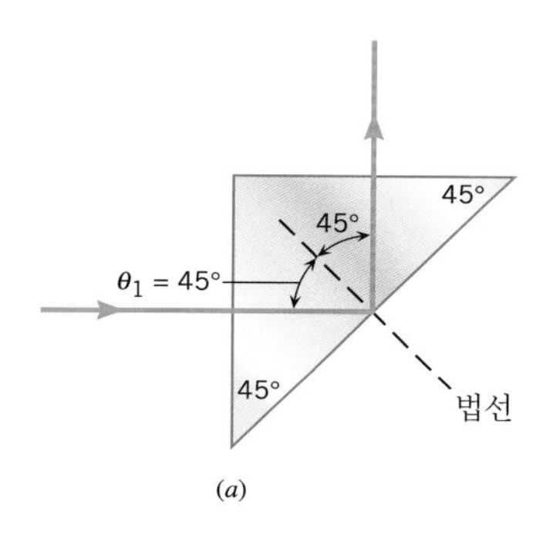

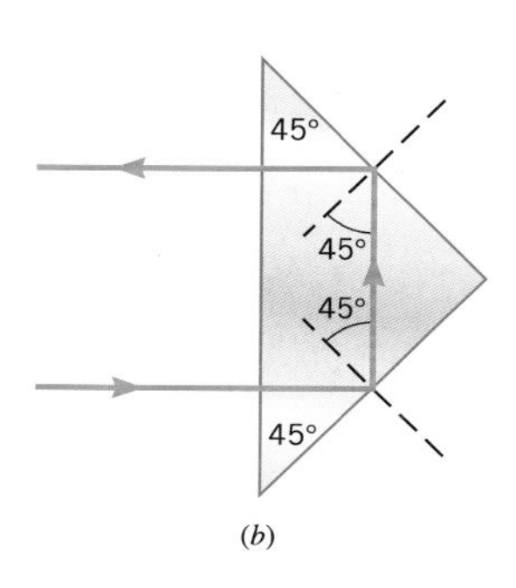

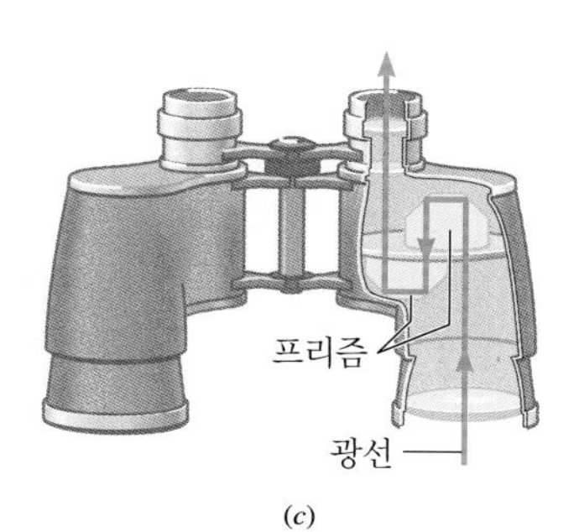

그림 15.8 유리-공기 경계면에서의 내부 전반사는 광선의 방향을 (a) 90° 또는 (b) 180° 바꾸는데 사용될 수 있다. (c) 어떤 쌍안경에서는 두 개의 프리즘이 각각 내부 전반사에 의해 두 번씩 빛을 반사시켜서 광선이 옆으로 이동하게 한다.

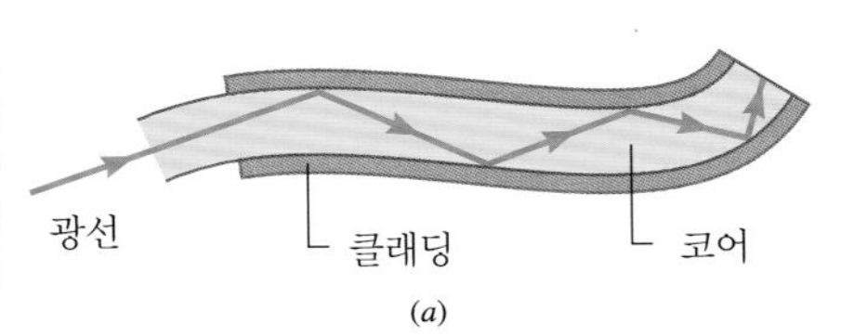

(a)

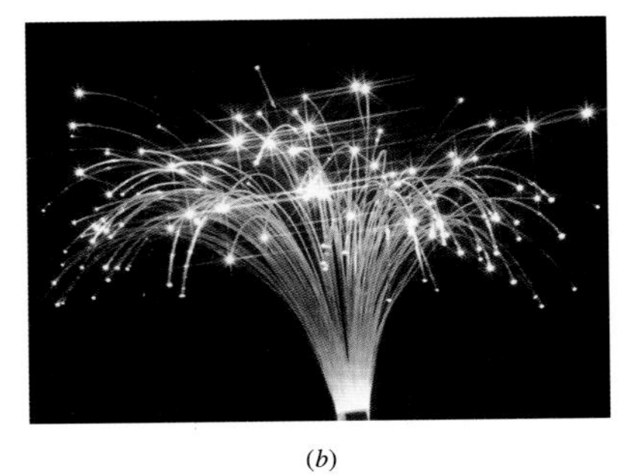
(b)

그림 15.9 (a) 빛이 코어-클래딩 경계면에 부딪칠 때마다 전체적으로 반사되고 코어 자체에 의한 빛의 흡수가 작으므로 휘어진 광섬유 속에서 손실이 거의 없이 진행할 수 있다. (b) 빛은 광섬유 다발에 의해 전달된다.

프리즘에서 내부 전반사가 두 번 일어날 때 광선의 방향이 180° 변하는 것을 보여준다. 프리즘은 또한 광선을 처음의 방향과 같은 방향으로 옆으로 이동시키기만 하는데 사용될 수도 있다. 그림 15.8(c)는 쌍안경에서의 이러한 응용을 보여준다.

광섬유의 물리

내부 전반사의 중요한 응용의 하나가 광섬유이다. 이것은 머리카락 두께의 유리나 플라스틱으로 된 관으로 한 곳에서 다른 곳으로 빛을 전달할 수 있다. 그림 15.9(a)는 빛을 전달하는 원통형 내부 코어와 외부의 동심의 클래딩(cladding)으로 구성되어 있는 광섬유를 보여준다. 코어는 투명한 유리나 플라스틱으로 만들어지고 상대적으로 높은 굴절률을 갖는다. 클래딩은 역시 유리로 만들어지나, 상대적으로 낮은 굴절률을 갖는 유리로 만들어진다. 코어의 한쪽 끝으로 들어간 빛은 임계각보다 큰 입사각으로 코어와 클래딩의 경계면에 부딪쳐서 전반사된다. 그러므로 빛은 광섬유 속에서 지그재그 모양으로 진행한다. 잘 설계된 광섬유에서는, 극히 적은 양의 빛만이 코어에서 흡수되어 손실되므로, 빛은 수십 킬로미터 정도는 세기가 거의 줄지 않은 채로 진행할 수 있다. 광섬유는 종종 케이블로 제작되기 위해 함께 묶여있다. 광섬유 자체가 아주 가늘기 때문에 케이블이 상대적으로 작고 유연하므로, 더 큰 금속 케이블을 사용할 수 없는 장소에도 쓸 수 있다.

전기 신호가 구리 도선을 통하여 정보를 전달하는 것처럼 광섬유를 통하여 빛이 정보를 전달할 수 있는데, 외부의 전기적 간섭이 없으므로 광섬유 케이블은 고품질의 전자 통신 매개체이다. 빛의 정보 전달 용량은 전기 신호일 때보다 수천 배나 된다. 광섬유 한 개를 통해 지나가는 레이저 빔으로도 수만 통의 전화 통화와 여러 TV 프로그램을 동시에 전달할 수 있다.

내시경의 물리

의학 분야에서도 광섬유 케이블이 쓰인다. 한 예로, 내시경은 인체 내부를 들여다보는데 사용되는 장치이다. 그림 15.10은 내시경의 일종인 기관지 내시경을 사용하는 모습을 보여준다. 두 개의 광섬유 케이블이 코나 입을 통하여, 기관지의 관으로 내려가서, 폐의 안쪽으로 들어간다. 하나는 신체 내부를 비추기 위한 불빛을 전달하고, 다른 하나는 관찰된 상을 전

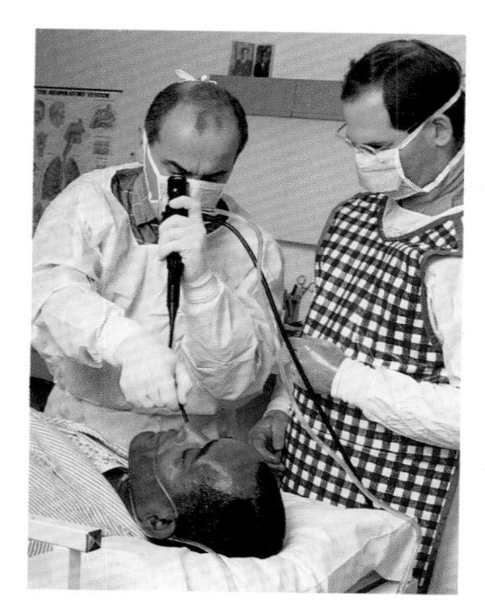

그림 15.10 폐질환의 징후를 관찰하기 위해 기관지 내시경을 사용한다.

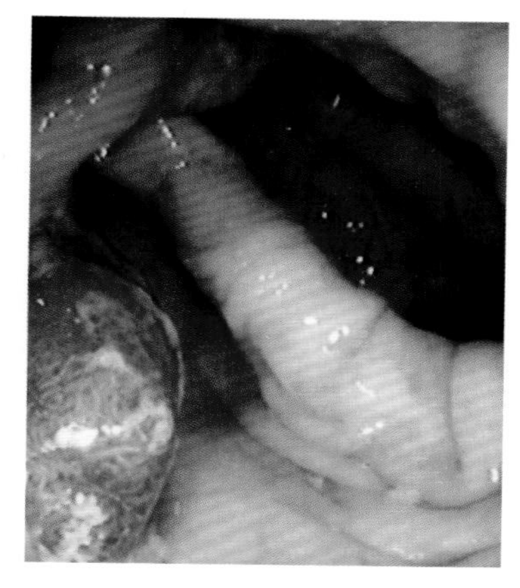

그림 15.11 결장 내시경이 결장의 벽에 붙어있는 폴립(빨간색)을 보여주고 있다. 암으로 발전하거나 대장을 막을 만큼 크게 자란 폴립들은 수술로 제거해야 된다.

송한다. 기관지 내시경으로 폐질환을 쉽게 진단할 수 있다. 어떤 기관지 내시경들은 조직시료들을 채집하기까지도 할 수 있다. 결장 내시경은 내시경의 또 다른 종류인데, 기관지 내시경과 유사하다. 이것은 직장을 통해 삽입하고 결장의 내부를 조사하는데 사용된다(그림 15.11 참조). 결장 내시경은 초기 결장암을 진단하여 치료하는데 큰 기여를 한다.

외과 수술 분야도 광섬유를 사용함으로써 큰 변화가 일어나고 있다. 관절 내시경 수술은 광섬유 케이블의 끝에 지름이 수 밀리미터인 작은 수술 도구를 부착한 기기를 사용한다. 의사는 피부 조직을 아주 조금 절개하여 그 도구와 케이블을, 무릎과 같은 곳의 관절 속으로 집어넣을 수 있다(그림 15.12 참조). 따라서 수술 후의 회복이 전통적인 외과 수술 방법에 비해 상대적으로 빨라진다.

관절 내시경 수술의 물리

15.4 편광과 빛의 반사와 굴절

편광이 되지 않은 빛이 물과 같은 비금속성 표면에 비스듬하게 입사하여 반사될 때는 부분적으로 편광이 된다. 이 사실을 증명하기 위해서, 호수로부터 반사된 햇빛을 향해 편광(폴라로이드) 선글라스를 돌려보자. 당신은 안경을 통해 전달된 빛의 세기가 안경을 정상적으로 착용했을 때 최소가 되는 것을 알 수 있을 것이다. 안경의 투과축이 수직으로 정렬되어 있으므로, 호수로부터 반사된 빛은 수평 방향으로 부분적으로 편광이 되어있음을 알 수 있다.

어떤 특정한 입사각일 때는 반사광이 표면에 평행인 방향으로 완전히 편광이 되며, 굴절광은 부분적으로 편광이 된다. 이 각을 **브루스터각**

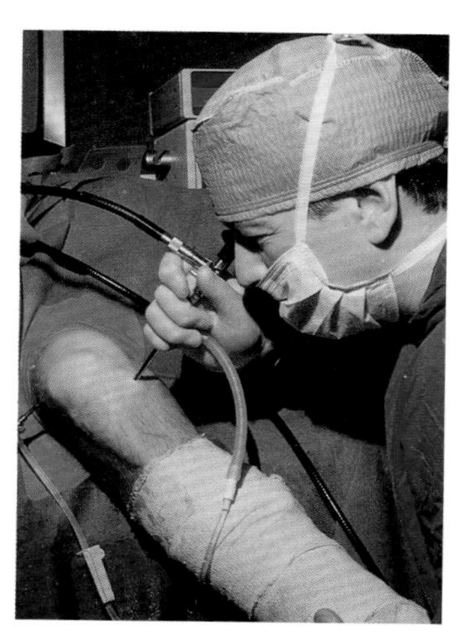

그림 15.12 사진에서 손상된 무릎을 치료하는 것처럼 관절 내시경에 의한 수술도 광섬유를 이용한다.

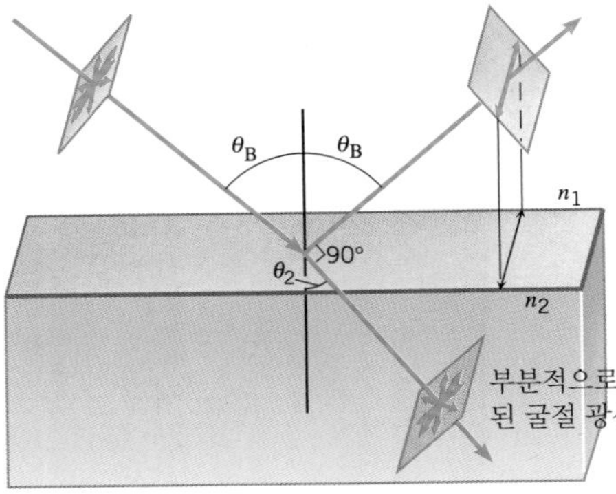

그림 15.13 편광이 되지 않은 빛이 비금속 표면에 브루스터각 θ_B로 입사할 때, 반사된 빛은 표면에 평행한 방향으로 100% 편광이 된다. 반사 광선과 굴절 광선 사이의 각은 90°이다.

(Brewster angle) θ_B라 부른다. 그림 15.13은 편광되지 않은 빛이 브루스터각으로 비금속성 표면에 부딪칠 때 어떻게 되는가를 설명하고 있다. θ_B의 값은, n_1과 n_2가 각각 입사광과 굴절광이 전파되는 매질들의 굴절률인 경우 다음과 같이 주어지며, 이 관계식을 **브루스터의 법칙**(Brewster's law)이라고 부른다.

브루스터의 법칙 $$\tan \theta_B = \frac{n_2}{n_1} \tag{15.5}$$

이것은 식 15.5를 발견한 브루스터(1781-1868)의 이름을 따서 명명한 것이다. 또 그림 15.13과 같이 입사각이 브루스터각일 때는 반사 광선과 굴절 광선이 서로 수직이다.

15.5 빛의 분산: 프리즘과 무지개

그림 15.14(a)는 공기에 둘러싸인 유리 프리즘을 통과하는 단색광을 보여주고 있다. 빛이 프리즘의 왼쪽 면에서 입사할 때, 유리의 굴절률이 공기보다 크기 때문에 굴절광은 법선 방향쪽으로 꺾인다. 빛이 프리즘의 오른쪽으로 나갈 때, 법선으로부터 멀어지게 굴절된다. 따라서 프리즘의 전체적인 효과는 빛이 프리즘으로 들어가면서 아랫방향으로 굽고, 다시 나가면서 아랫방향으로 꺾이므로, 빛의 방향을 바꾸게 된다. 유리의 굴절률은 파장에 따라 변하므로(표 15.2 참조), 서로 다른 색의 광선은 프리즘에 의해 꺾이는 정도가 달라져서 서로 다른 방향으로 진행하게 된다. 그 색에 대한 굴절률이 클수록 더 많이 꺾인다. 그림 (b)에서는 가시 광선 스펙트럼의 양쪽 끝에 있는 빨간색과 보라색 빛의 굴절을 보여주고 있다. 모든 색을 포함하고 있는 태양 광선을 프리즘에 통과시키면, 그림 (c)와 같이 여러 색의 스펙트럼으로 분리된다. 이와 같이 색 성분에 따라 빛이 갈라져 퍼지는 것을 **분산**(dispersion)이라 한다.

표 15.2 여러 가지 파장에서의 크라운 유리의 굴절률 n

색	진공 속의 파장(nm)	굴절률 n
빨강	660	1.520
주황	610	1.522
노랑	580	1.523
초록	550	1.526
파랑	470	1.531
보라	410	1.538

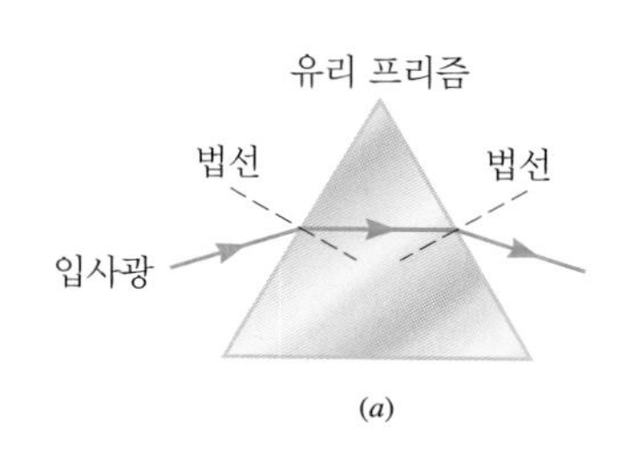

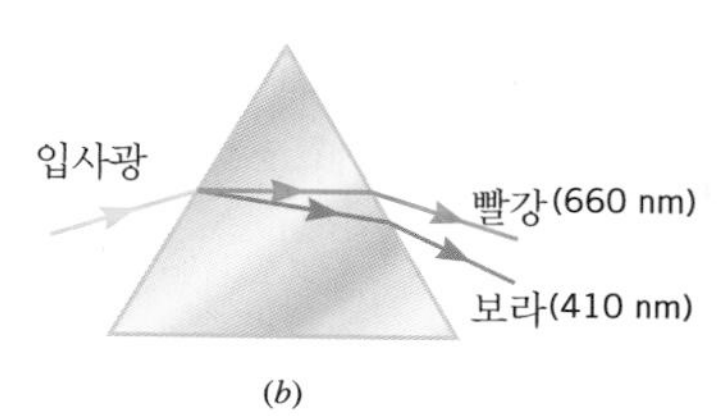

그림 15.14 (a) 광선이 프리즘을 통과할 때 굴절된다. 이 프리즘은 공기 속에 있다. (b) 다른 두 색들이 다른 각으로 굴절된다. 명확히 하기위해 굴절되는 정도를 과장하여 그렸다. (c) 햇빛은 프리즘에 의하여 색깔별로 분산된다.

분산의 또 다른 예인 무지개는 물방울에서 빛이 굴절되어 여러 색들이 나타나는 것이다. 소나기가 그친 직후 태양을 등진 상태에서 먼 하늘을 바라보면 종종 무지개를 볼 수 있다. 그림 15.15처럼 태양으로부터 나온 빛이 물방울 속으로 들어가면, 빛의 파장에 따라 굴절률이 다르므로 색깔마다 다른 각도로 꺾인다. 물방울의 뒷면에서 반사된 후, 여러 색들은 공기로 나올 때 다시 굴절된다. 각각의 물방울마다 전체 스펙트럼의 색깔들로 분산시키지만, 관측자는 그림 15.16(a)처럼 물방울 한 개에서 오는 빛 중에서는 단지 한 색만을 보게 되는데, 이는 관측자의 눈에 들어오는 방향으로는 단지 한 가지 색만이 도달되기 때문이다. 그렇지만, 높이가 다른 물방울들로부터 오는 빛들이 다 다르기 때문에 결국 모든 색들을 보게 된다(그림 15.16(b) 참조).

무지개의 물리

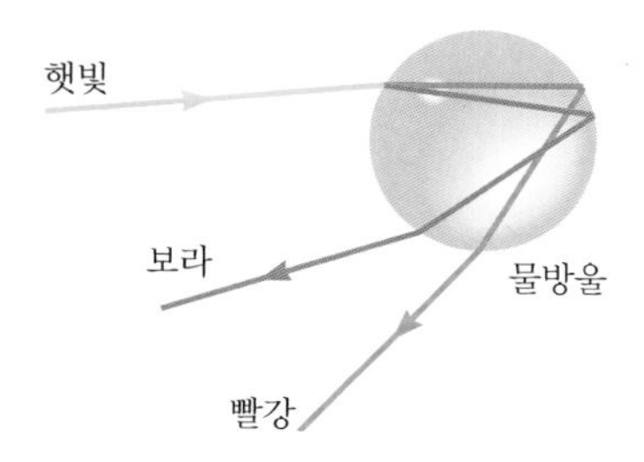

그림 15.15 햇빛이 물방울로부터 빠져나올 때, 백색광은 각각의 색들로 분산되는데 여기서는 그 중 두 색만 보여주고 있다.

15.6 렌즈

안경, 카메라 그리고 망원경과 같은 광학기기에서 사용되는 렌즈는 빛을 굴절시키는 투명한 물질로 만들어진다. 그들은 빛을 굴절시켜 광원의 상을 형성하게 한다. 그림 15.17(a)는 두 개의 유리 프리즘으로 만들어진 엉성한 렌즈를 보여주고 있다. 중심을 주축(principal axis)에 두고 있는 물체가 렌즈로부터 아주 멀리 떨어져있어 물체에서 나온 광선이 주축에 평행하다고 가정해보자. 프리즘을 통과해 지나갈 때, 이 광선들은 굴절에 의해 축 방향으로 꺾인다. 불행하게도, 이 광선들은 모두 같은 지점에서 주축과 만나지 않으므로 이 렌즈에 의해서 맺혀진 상은 흐릿하게 된다.

그림 (b)와 같이 적절한 곡면을 가진 투명한 물체로 더 나은 렌즈를 만들 수 있다. 이러한 향상된 렌즈에서, 주축 가까이 있으며 주축에 평행한 근축 광선들은 렌즈를 지난 후 축 상의 한 점에 모인다. 이 점을 **렌즈의 초점**(forcal focus) ***F*** 라 부른다. 따라서 렌즈로부터 무한히 멀리 떨어진 주축 위에 있는 물체의 상은 초점에 만들어진다. 초점과 렌즈 사이의 거

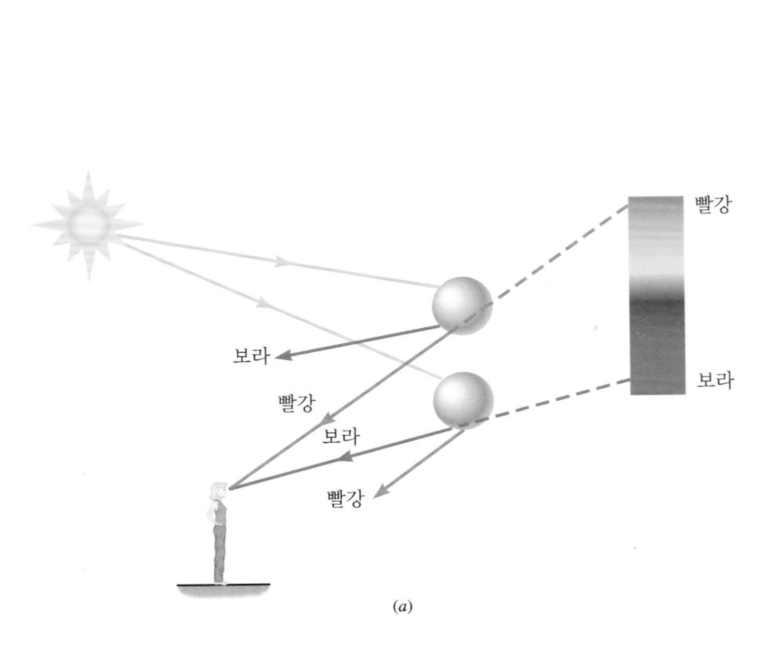

그림 15.16 무지개에서는 서로 다른 고도의 물방울에서 오는 여러 가지 색들이 보인다.

리를 **초점 거리**(focal length) f 라고 한다. 지금부터 다루는 내용에서는, 렌즈의 두께가 f 와 비교하여 매우 얇아서, 초점과 렌즈 중심 사이의 거리를 재든 초점과 렌즈 한 표면 사이의 거리를 재든 f 값의 차이가 없다고 가정하자. 그림 15.17(b)와 같은 렌즈는 입사된 평행 광선을 초점에 모이게 하며, **볼록 렌즈**(convex lens) 또는 수렴 렌즈(converging lens)라고 부른다.

광학기기에서 볼 수 있는 다른 유형의 렌즈는 입사된 평행 광선이 렌

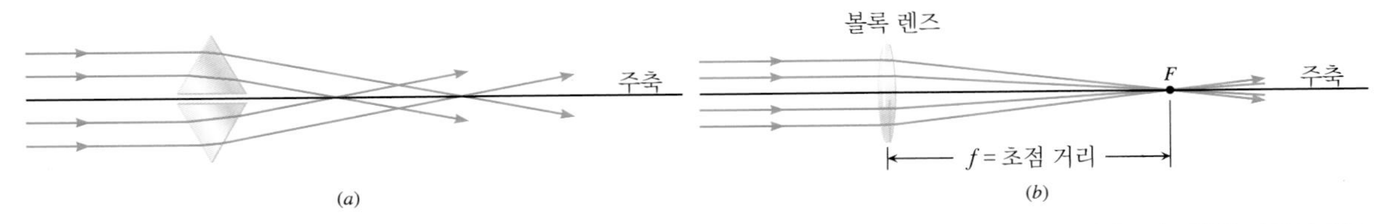

그림 15.17 (a) 두 개의 프리즘을 이렇게 두면 주축에 평행한 광선들의 방향을 바꾸어 서로 다른 지점에서 축과 만나게 한다. (b) 볼록 렌즈에서는, 주축에 평행한 광선들이 렌즈를 통과해 지나간 후 초점 F에 모인다.

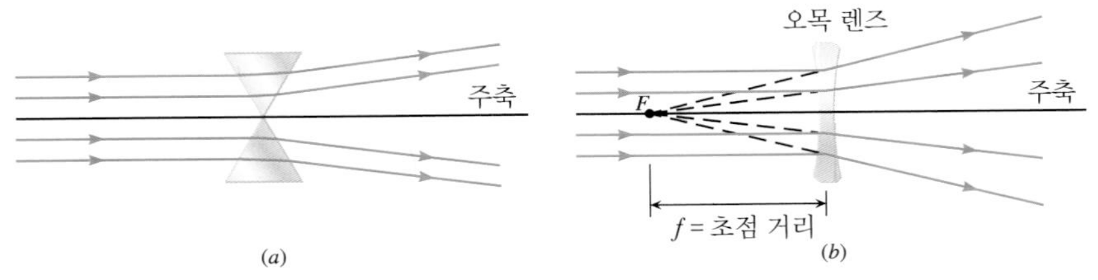

그림 15.18 (a) 두 개의 프리즘을 이렇게 두면 평행 광선을 발산하게 한다. (b) 오목 렌즈에서, 주축에 평행한 광선들은 렌즈를 통과해 지나간 후 초점 F로부터 나오는 것처럼 진행한다.

즈를 지난 후에 퍼지게 하는 **오목 렌즈**(concave lens) 또는 발산 렌즈(diverging lens)이다. 그림 15.18(a)처럼 역시 두 개의 프리즘이 엉성한 오목 렌즈의 역할을 하기 위해 사용될 수 있다. 그림의 (b)와 같이 적절히 설계된 오목 렌즈에서는 주축에 평행한 근축 광선들이 렌즈를 지난 후, 마치 한 점에서부터 나온 것처럼 진행한다. 이 점이 오목 렌즈의 초점 F이고, 렌즈로부터의 거리 f가 초점 거리이다. 볼록 렌즈와 마찬가지로 렌즈 두께가 초점 거리에 비해서 얇다고 가정한다.

볼록 렌즈와 오목 렌즈의 모양은 그림 15.19와 같이 여러 가지다. 볼록 렌즈는 가장자리보다 중심쪽이 더 두껍지만 오목 렌즈는 중심쪽이 더 얇다.

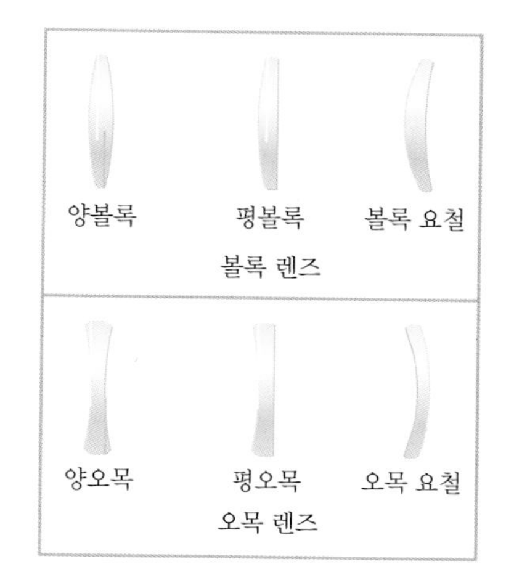

그림 15.19 볼록 렌즈와 오목 렌즈의 다양한 모양들

15.7 렌즈에 의한 상의 형성

광선 작도

물체의 각 점은 모든 방향으로 빛을 방출한다. 이 광선 중의 일부가 렌즈를 통과하면, 그것들이 상을 형성한다. 거울에서와 같이, 광선 작도를 이용하여 상의 위치와 크기를 결정할 수 있도록 그릴 수 있다. 그렇지만 렌즈는 빛이 왼쪽에서 오른쪽으로 또는 오른쪽에서 왼쪽으로 통과해 지나간다는 점에서 거울과는 다르다. 그러므로 광선 작도를 할 때, 렌즈의 양면에 초점 F를 위치시킨다. 두 초점은 주축 상에 렌즈로부터 같은 거리 f인 곳에 있다. 렌즈가 얇아서 그 두께가 초점 거리, 렌즈에서부터 물체까지의 거리, 렌즈에서 상까지의 거리와 비교해서 매우 작다고 가정하자. 물체가 렌즈의 왼쪽에 위치하고 주축과 수직인 방향으로 놓여있다고 하자. 물체의 상단에서 출발한 세 개의 광선이 광선 작도를 하는데 특히 도움이 된다. 이들은 그림 15.20에서 1, 2, 그리고 3의 번호가 매겨져 있다. 그들의 경로를 추적할 때, 다음 규약들을 따른다.

볼록 렌즈와 오목 렌즈에 대한 광선 추적

볼록 렌즈	오목 렌즈
광선 1	
이 광선은 처음에 주축에 평행하게 진행하다가 볼록 렌즈를 통과하면서, 그림 15.20(a)와 같이 축 방향으로 굴절되고 렌즈의 오른쪽에 있는 초점을 통과해 지나간다.	이 광선은 처음에 주축에 평행하게 진행하다가 오목 렌즈를 통과하면서, 주축으로부터 멀어지는 쪽으로 굴절되어 마치 렌즈 왼쪽의 초점에서부터 시작된 것처럼 진행한다. 그림 15.20(d)의 점선은 광선의 겉보기 경로를 나타내고 있다.

광선 2

이 광선은 처음에 왼쪽에 있는 초점을 통과해 진행하고 렌즈에 의해 굴절되어 그림 15.20(b)와 같이 축에 평행하게 진행해간다.

이 광선은 물체를 떠나 렌즈의 오른쪽 초점을 향하는 방향으로 렌즈에 입사하여 굴절된 후 축에 평행하게 진행한다. 그림 15.20(e)에서 점선은 렌즈가 없을 때의 광선의 경로를 표시하고 있다.

광선 3*

이 광선은 그림 15.20(c)와 같이 꺾임 없이 얇은 렌즈의 중심을 통과해 지나간다. 약간의 변위가 있으나 무시한다.

이 광선은 그림 15.20(f)와 같이 꺾임 없이 얇은 렌즈의 중심을 통과해 지나간다.

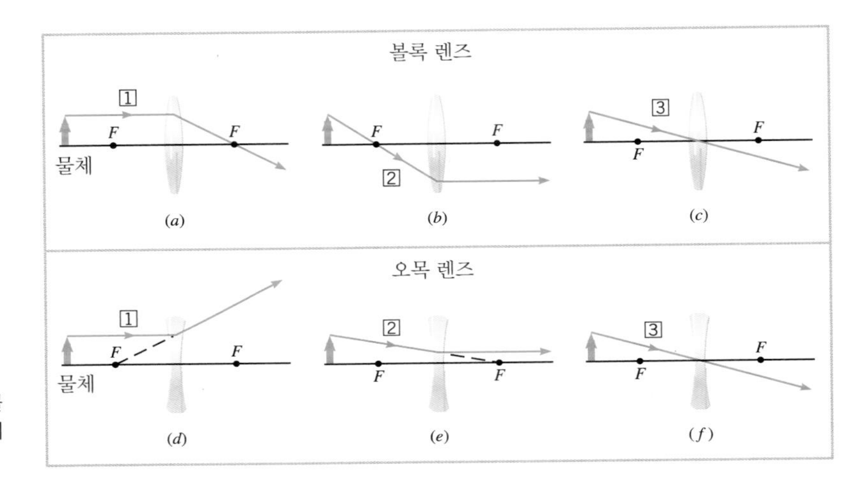

그림 15.20 이 그림의 광선들은 볼록 렌즈와 오목 렌즈에 의해 만들어지는 상의 성질을 판단하는데 유용하다.

볼록 렌즈에 의한 상의 형성

그림 15.21(a)는 볼록 렌즈에 의한 실상의 형성을 설명하고 있다. 여기서 물체는 렌즈로부터 초점 거리의 두 배 이상 먼 거리(2*F*로 표시된 지점 너머에)에 놓여 있다. 그림에서는 세 개의 광선이 그려져 있지만, 상의 위치를 구하기 위해서는 물체 상단에서 나오는 세 개의 광선들 중 두 개의 광선만 있으면 된다. 렌즈의 오른쪽에 있는 이 광선들이 교차하는 지점이 물체 상단부의 상이 생긴 곳이다. 이 광선 작도에서는 상이 실상이고, 도립(거꾸로 섬)이며, 물체보다 작다는 것을 알 수 있다. 이러한 광학적 배열의 한 예가 그림의 (b)처럼 카메라에서 필름에 상이 맺히는 경우다.

➲ 카메라의 물리

* 두 형태의 렌즈 양면이 거의 평행하므로 광선 3은 렌즈를 통과할 때 꺾이지 않는다. 이들 경우에 렌즈는 투명판의 역할을 한다. 그리고 15.5와 같이 광선이 투명판을 통과할 때 수평 방향의 변위가 발생하지만, 렌즈가 충분히 얇으면 그 변위는 무시할 수 있을 정도로 작다.

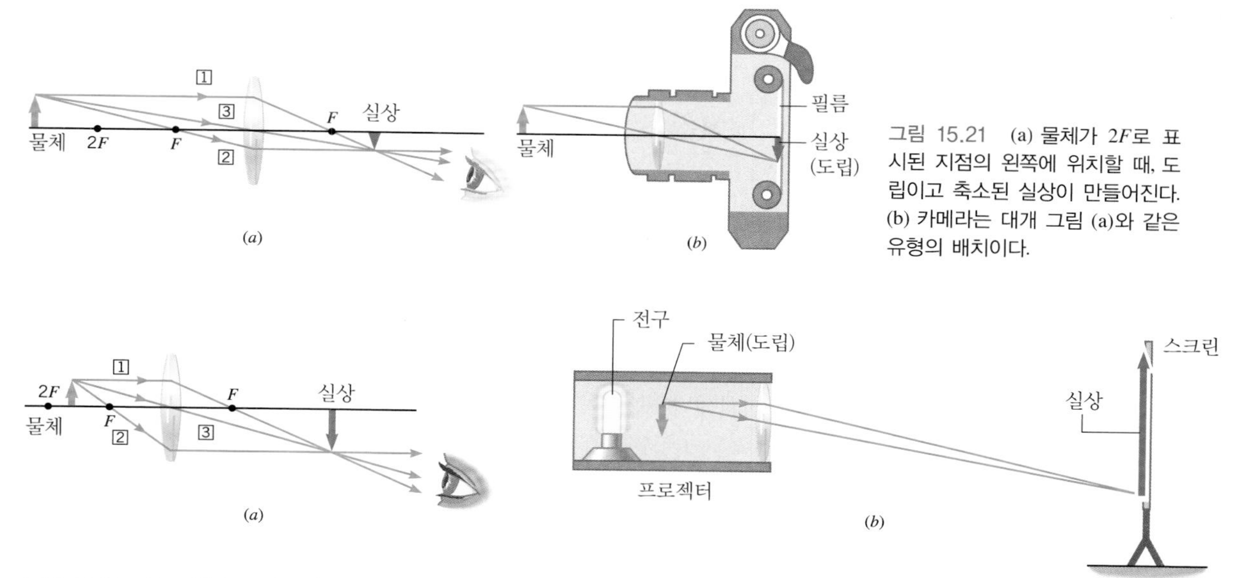

그림 15.21 (a) 물체가 $2F$로 표시된 지점의 왼쪽에 위치할 때, 도립이고 축소된 실상이 만들어진다. (b) 카메라는 대개 그림 (a)와 같은 유형의 배치이다.

그림 15.22 (a) 물체가 $2F$와 F사이에 있을 때, 상은 물체에 대해 도립이고 확대된 실상이다. (b) 이러한 배치는 환등기, 프로젝터에서 볼 수 있다.

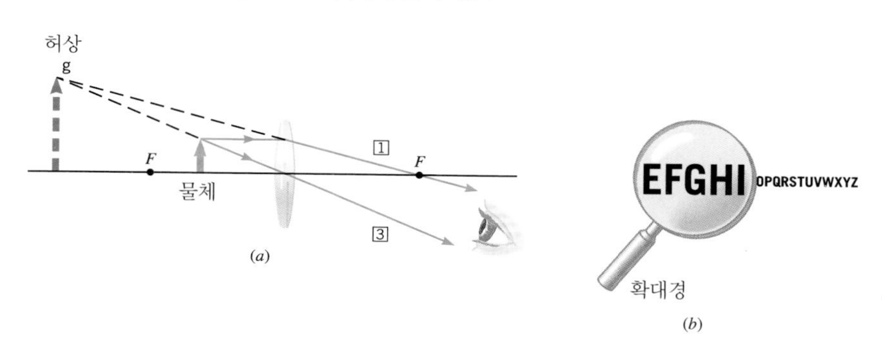

그림 15.23 (a) 물체가 볼록 렌즈의 초점 F의 안쪽에 위치할 때, 정립이며 확대된 허상이 만들어진다. (b) 확대경을 통해 물체를 볼 때도 이런 상이 나타난다.

그림 15.22(a)처럼 물체가 $2F$와 F사이에 있을 때는, 상은 여전히 실상이고 도립이지만 상의 크기가 물체보다 크다. 이러한 광학 배열의 예는 작은 필름이 물체이고 확대된 상이 스크린에 비춰지는 프로젝터나 영사기를 들 수 있다. 이때 바로 서있는 상을 얻기 위해서는 필름이 영사기에 거꾸로 놓여있어야 한다.

프로젝터의 물리

그림 15.23과 같이, 물체가 초점과 렌즈 사이에 놓여있을 때는, 광선은 렌즈를 지난 후 발산된다. 발산되는 광선을 보는 사람에게는, 광선이 렌즈 뒤쪽(그림에서 왼쪽)에 있는 상으로부터 나오는 것처럼 보인다. 실제로 상에서부터 나오는 광선은 없으므로, 이것은 허상이다. 광선 작도는 그 허상이 바로 서 있고 확대된다는 것을 보여준다. 그림의 (b)와 같이 확대경은 이러한 배열의 예다.

오목 렌즈에 의한 상의 형성

광선은 그림 15.24와 같이 오목 렌즈를 지나면서 발산되고, 광선 작도는 렌

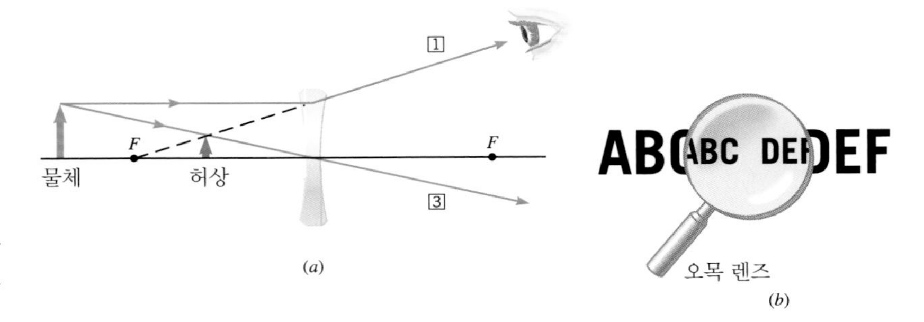

그림 15.24 (a) 오목 렌즈만을 통해서는 항상 물체의 허상을 본다. 그 상은 정립이며 물체보다 더 작다. (b) 오목 렌즈를 통해서 본 상의 예

즈의 왼쪽에 허상이 형성된다는 것을 보여준다. 오목 렌즈만 있을 경우는 물체의 위치에 관계없이 항상 정립이고 물체에 비해 더 작은 허상을 보게 된다.

15.8 얇은 렌즈 방정식과 배율 방정식

물체가 구면 거울 앞에 놓여있을 때, 우리는 광선 추적 방법, 혹은 거울 방정식과 배율 방정식을 이용하여 상의 위치, 크기, 그리고 성질을 알 수 있다. 두 방법 다 반사의 법칙에 기초를 두고 있다. 거울 방정식과 배율 방정식은 거울로부터의 물체와 상의 거리 d_o와 d_i를 초점 거리 f와 배율 m에 관련시키고 있다. 렌즈 앞에 놓여진 물체에 대해서도, 스넬의 법칙을 사용하여 광선 추적 방법이나, 거울의 방정식과 배율 방정식을 유도할 때와 비슷한 방법을 적용할 수 있다. 그 결과 다음과 같은 **얇은 렌즈 방정식**과 **배율 방정식**을 얻게 된다.

얇은 렌즈 방정식 $$\frac{1}{d_o}+\frac{1}{d_i}=\frac{1}{f} \quad (15.6)$$

배율 방정식 $$m=\frac{\text{상높이}}{\text{물체 높이}}=\frac{h_i}{h_o}=-\frac{d_i}{d_o} \quad (15.7)$$

그림 15.25는 얇은 볼록 렌즈를 이용하여 이 식들에 사용된 기호들을 정의하고 있으며, 이 정의들은 얇은 오목 렌즈에서도 적용된다. 이들 방정식들의 유도는 이 장의 끝 부분에서 다루고 있다.

얇은 렌즈 방정식과 배율 방정식을 사용하려면 부호 규약들을 확실히 알아야 된다. 이 규약들은 14.6절의 거울에 사용하였던 것과 유사하다. 그렇지만 실상 대 허상의 문제는 렌즈에서 조금 다르다. 거울의 경우, 실상은 물체에 대해 거울의 같은쪽에 형성되고(그림 14.17 참조), 이 경우에 상거리 d_i는 양수이다. 렌즈에서도 d_i가 양수라는 것은 그 상이 실상이라는 것을 의미하지만, 이 상은 물체에 대해 렌즈의 반대쪽에 형성된다(그림 15.25 참조). 부호 규약은 광선이 렌즈 왼쪽에서 오른쪽으로 진행할 때 다음과 같다.

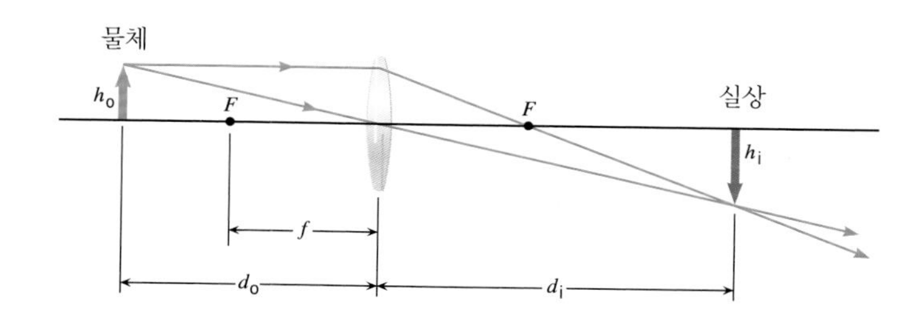

그림 15.25 이 그림은 볼록 렌즈에 대한 초점 거리 f, 물체 거리 d_o, 상거리 d_i를 보여준다. 물체 높이와 상높이는 각각 h_o와 h_i이다.

렌즈의 부호 규약 요약

초점 거리

볼록 렌즈에 대해 f는 +

오목 렌즈에 대해 f는 −

물체 거리

물체가 렌즈의 왼쪽에 있다면(실물체) d_o는 +

물체가 렌즈의 오른쪽에 있다면(허물체*) d_o는 −

상거리

실제 물체에 의하여 렌즈의 오른쪽에 만들어진 상(실상)에 대하여 d_i는 +

실제 물체에 의하여 렌즈의 왼쪽에 만들어진 상(허상)에 대하여 d_i는 −

배율

물체에 대해 정립인 상에 대하여 m은 +

물체에 대해 도립인 상에 대하여 m은 −

> **문제 풀이 도움말**
> 얇은 렌즈 방정식에서, 상거리 d_i의 역수는 $d_i^{-1} = f^{-1} - d_o^{-1}$로 주어진다. 여기서 f는 초점 거리이고, d_o는 물체 거리이다. 역수 f^{-1}와 d_o^{-1}를 더한 후, d_i를 구하기 위해서는 그 결과의 역수를 취해야하는 것을 잊지 말아야 한다.

예제 15.5 카메라 렌즈에 의해 만들어지는 실상

키가 1.70 m인 사람이 카메라 앞에서 2.50 m 떨어진 곳에 서있다. 카메라는 초점 거리가 0.0500 m인 볼록 렌즈를 사용하고 있다. (a) 상거리(렌즈와 필름 사이의 거리)를 구하고 그 상이 실상인지 허상인지를 판명하여라. (b) 배율과 필름에 맺힌 상높이를 구하라.

살펴보기 이 광학 배열은 물체 거리가 렌즈의 초점 거리보다 두 배 이상 큰 경우인 그림 15.21(a)와 유사하다. 그러므로 상은 실상이고, 도립이며 물체보다 작을 것이다.

풀이 (a) 상거리 d_i를 구하기 위하여, $d_o = 2.50\text{ m}$와 $f = 0.0500\text{ m}$를 얇은 렌즈 방정식에 대입하면

$$\frac{1}{d_i} = \frac{1}{f} - \frac{1}{d_o} = \frac{1}{0.0500\text{ m}} - \frac{1}{2.50\text{ m}}$$

$$= 19.6\text{ m}^{-1} \quad \text{즉} \quad \boxed{d_i = 0.0510\text{ m}}$$

* 이 상황은 두 개 이상의 렌즈를 사용할 때, 첫 렌즈에 의한 상이 두 번째 렌즈의 물체가 되는 경우에 일어난다. 이 경우 두 번째 렌즈의 물체가 그 렌즈의 오른쪽에 있을 수 있으며, 이때 d_0의 부호를 음으로 하고 그 물체를 허물체라고 부른다.

이다. 이로부터 $d_i = 0.0510\,\text{m}$ 이고, 상거리가 양수이므로 필름에는 실상 이 만들어진다.

(b) 배율은 배율 방정식을 사용하여 계산한다.

$$m = -\frac{d_i}{d_o} = -\frac{0.0510\ \text{m}}{2.50\ \text{m}} = \boxed{-0.0204}$$

상은 물체 크기의 0.0204 배로 물체보다 작으며, m 이 음수이므로 도립이다. 물체의 높이가 1.70 m이므로, 상높이는

$$h_i = mh_o = (-0.0204)(1.70\ \text{m}) = \boxed{-0.0347\ \text{m}}$$

이다.

얇은 렌즈 방정식과 배율 방정식은 그림 15.26(a)에서 광선 1과 3을 사용해서 유도될 수 있다. 광선 1은 그림의 (b)에 따로 표시되어 있으며, 색칠된 두 삼각형에서 각 θ는 같다. 따라서 두 삼각형에서 $\tan\theta$는 다음과 같다.

$$\tan\theta = \frac{h_o}{f} = \frac{-h_i}{d_i - f}$$

맨 오른쪽 항의 분자에 음의 부호가 있는 까닭은, 상이 물체에 대하여 도립이어서 상높이 h_i가 음수이므로 음의 부호가 있어야만 $-h_i/(d_i-f)$항의 부호가 양이 되기 때문이다.

광선 3은 그림의 (c)에 따로 표시되어 있으며, 색칠된 두 삼각형에서 각 θ'이 같다. 따라서 다음 식이 성립한다.

$$\tan\theta' = \frac{h_o}{d_o} = \frac{-h_i}{d_i}$$

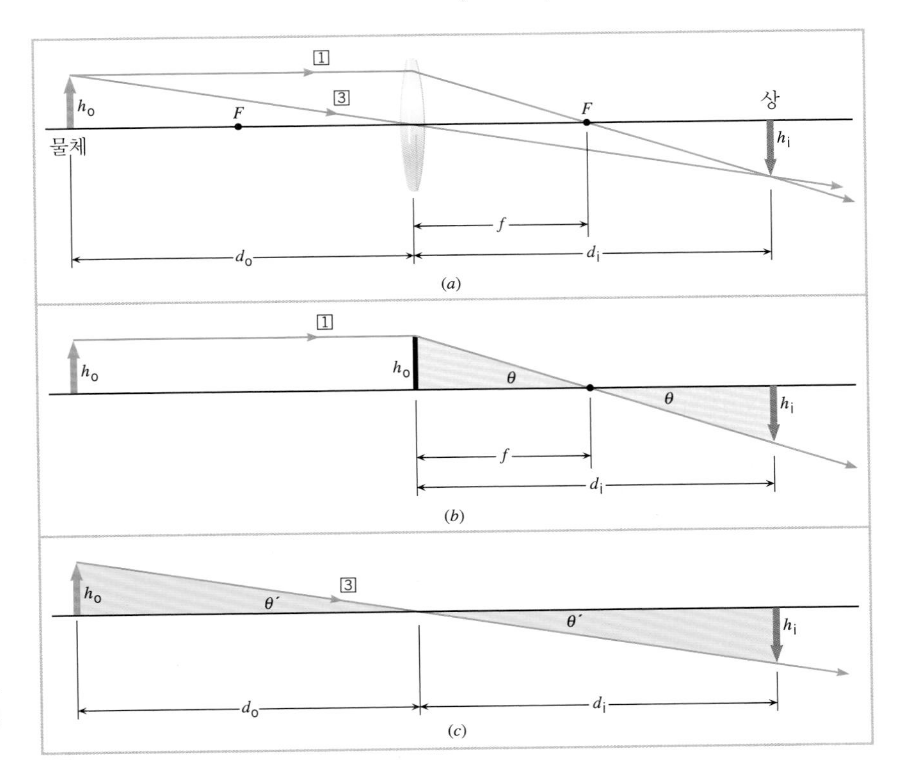

그림 15.26 이들 광선 작도는 얇은 렌즈 방정식과 배율 방정식을 유도하는 데 사용된다.

음의 부호가 있는 까닭은 앞서와 같다. 첫 번째 방정식으로부터 $h_i/h_o = -(d_i - f)/f$이 되고, 두 번째 방정식으로부터 $h_i/h_o = -d_i/d_o$이 된다. 이 h_i/h_o에 대한 표현을 같다고 두고 그 결과를 정리하면 얇은 렌즈 방정식 $1/d_o + 1/d_i = 1/f$이 된다. h_i/h_o이 렌즈의 배율 m이므로 배율 방정식은 $h_i/h_o = -d_i/d_o$로부터 얻는다.

15.9 렌즈의 조합

현미경과 망원경 등과 같은 많은 광학기기들은 상을 맺기 위하여 여러 개의 렌즈들을 함께 사용한다. 그 중에서, 복합 렌즈계는 단일 렌즈에 의한 것보다 더 확대된 상을 만들 수 있다. 이를테면, 그림 15.27(a)는 현미경에서 사용되는 두 개의 렌즈계를 보여주고 있다. 물체에 가장 가까이 있는 렌즈인 첫 번째 렌즈는 대물 렌즈라 부른다. 두 번째 렌즈는 대안(접안)렌즈라 한다. 물체는 대물 렌즈의 초점 F_o 바로 바깥에 놓여진다. 대물 렌즈에 의해 만들어진 상–그림에서 '첫 번째 상'이라 적혀 있는 것–은 실상이고, 도립이며 물체에 비해 확대된 상이다. 이 첫 번째 상은 대안 렌즈에 대해 물체의 역할을 한다. 첫 번째 상이 대물 렌즈와 그 초점 F_e 사이에 놓이므로, 관측자는 대물 렌즈에 의해 확대된 허상을 보게 된다.

복합 렌즈계에서 최종 상의 위치는 얇은 렌즈 방정식을 각각의 렌즈에 대해 적용함으로써 계산할 수 있다. 이러한 상황에서 기억해야 할 중요한 점은 다음 예제에서 설명하고 있듯이 한 렌즈에 의해 만들어진 상은 다음 렌즈에서는 물체 역할을 한다는 것이다.

예제 15.6 현미경–두 렌즈의 조합

그림 15.27에서 복합 현미경의 대물 렌즈와 대안 렌즈는 모두 볼록 렌즈이고 초점 거리가 각각 $f_o = 15.0\ \text{mm}$와 $f_e = 25.5\ \text{mm}$이다. 두 렌즈 사이의의 거리는 61.0 mm이다. 이 현미경으로 대물 렌즈 앞 $d_{o1} = 24.1\ \text{mm}$인 위치에 놓인 물체를 관찰할 때 최종 상거리를 구하라.

살펴보기 대안 렌즈에 의해 만들어지는 최종 상의 위치를 구하는데 얇은 렌즈 방정식을 사용할 수 있다. 빛이 처음 통과하는 렌즈(대물 렌즈)에 의해 생긴 상이 다음 렌즈(대안 렌즈)에서 물체 역할을 한다. 대물 렌즈의 초점 거리와 물체 거리가 주어져 있으므로, 얇은 렌즈 방정식을 써서 대물 렌즈에 의한 상의 위치를 구할 수 있다. 이것으로 대안 렌즈에 대한 물체 거리를 알 수 있고 대안 렌즈의 초점 거리도 주어져 있으므로 얇은 렌즈 방정식으로부터 최종 상거리를 계산할 수 있다.

풀이 대안 렌즈에 관계된 최종 상의 위치는 d_{i2}이며 이것은 얇은 렌즈 방정식을 사용하여 구할 수 있다.

$$\frac{1}{d_{i2}} = \frac{1}{f_e} - \frac{1}{d_{o2}}$$

대안 렌즈의 초점 거리 f_e는 알려져 있으나, 물체 거리 d_{o2}의 값을 구하기 위해 대물 렌즈에 의해 만들어지는 첫 번째 상의 위치를 구해야한다. 첫 번째 상의 위치 d_{i1}는 $d_{o1} = 24.1\ \text{mm}$와 $f_o = 15.0\ \text{mm}$를 얇은 렌즈 방

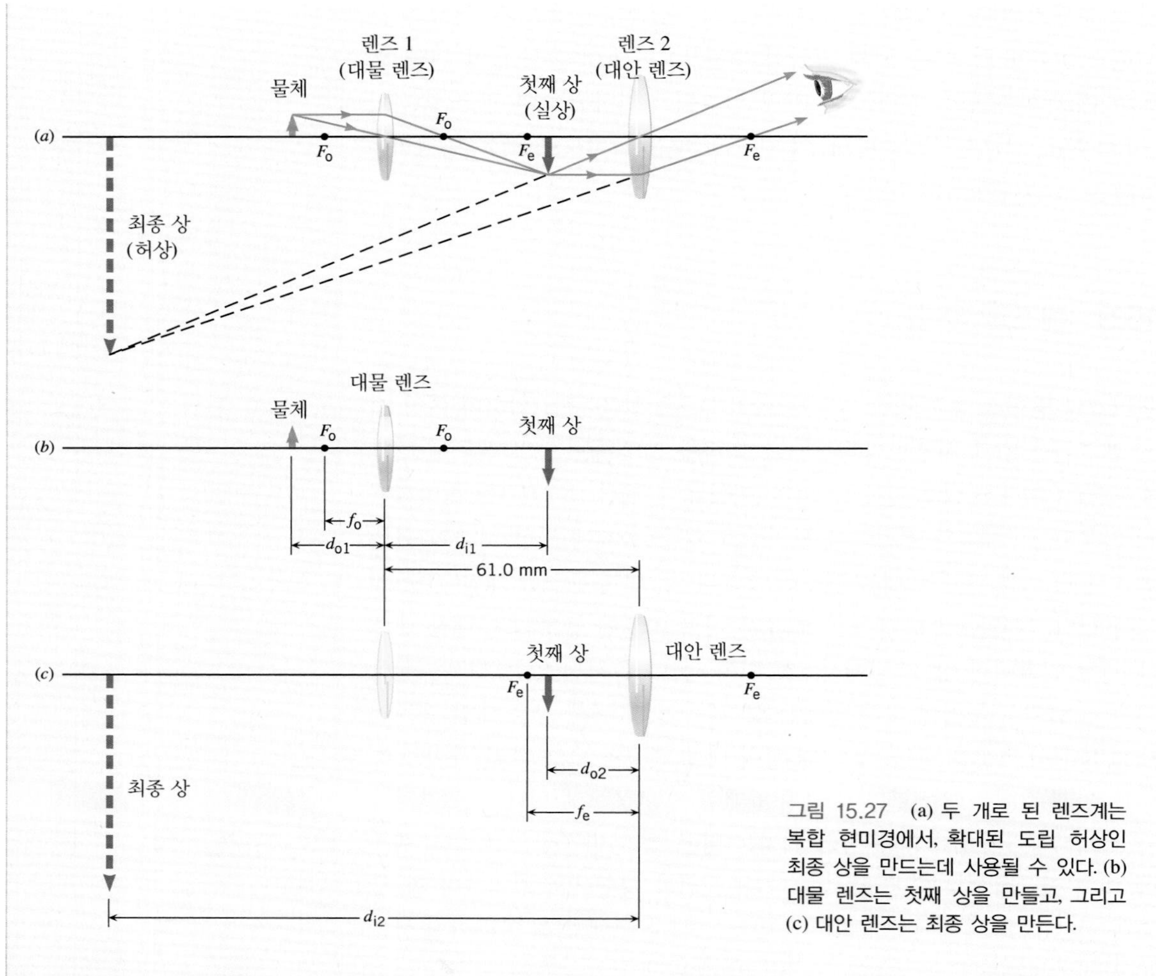

그림 15.27 (a) 두 개로 된 렌즈계는 복합 현미경에서, 확대된 도립 허상인 최종 상을 만드는데 사용될 수 있다. (b) 대물 렌즈는 첫째 상을 만들고, 그리고 (c) 대안 렌즈는 최종 상을 만든다.

정식에 대입하여 구할 수 있다(그림 15.27(b) 참조).

$$\frac{1}{d_{i1}} = \frac{1}{f_o} - \frac{1}{d_{o1}}$$
$$= \frac{1}{15.0\ \text{mm}} - \frac{1}{24.1\ \text{mm}}$$
$$= 0.0252\ \text{mm}^{-1} \quad \text{즉} \quad d_{i1} = 39.7\ \text{mm}$$

그러므로 $d_{i1} = 39.7$ mm이다. 이제 첫 번째 상은 대안 렌즈에 대해서는 물체가 된다(그림 (c) 참조). 렌즈 사이의 거리가 61.0 mm이므로, 대안 렌즈에 대한 물체 거리는 $d_{o2} = 61.0\ \text{mm} - d_{i1} = 61.0\ \text{mm} - 39.7\ \text{mm} = 21.3\ \text{mm}$이다. 대안 렌즈의 초점 거리가 $f_e = 25.5$ mm로 주어져 있으므로, 얇은 렌즈 방정식으로 최종 상의 위치를 계산할 수 있다.

$$\frac{1}{d_{i2}} = \frac{1}{f_e} - \frac{1}{d_{o2}}$$
$$= \frac{1}{25.5\ \text{mm}} - \frac{1}{21.3\ \text{mm}}$$
$$= -0.0077\ \text{mm}^{-1} \quad \text{즉} \quad \boxed{d_{i2} = -130\ \text{mm}}$$

이다. d_{i2}가 음수라는 사실은 최종 상이 허상임을 뜻한다. 이것은 그림과 같이 대안 렌즈의 왼쪽에 있다.

15.10 사람의 눈

해부학적 구조

사람의 눈은 모든 광학 장치들 중에서 가장 주목할 만하다. 그림 15.28은 눈의 해부학적 구조를 보여주고 있다. 안구는 지름이 약 25 mm 정도이고 거의 구형이다. 빛은 투명한 막(각막; cornea)을 통해 눈으로 들어온다. 이러한 막은 깨끗한 액체 영역(수양액; aqueous humor)을 감싸고 있고, 이 뒤에 조리개(홍채; iris), 수정체(lens), 젤리 모양의 물질로 채워진 영역(유리체; vitreous humor), 그리고 끝으로 망막(retina)이 있다. 망막은 눈의 감광부분이고, 간상체(rods)와 추상체(cones)라 부르는 수백만 개의 조직들로 구성되어 있다. 빛이 비춰지면, 이 조직들은 전기적 자극 신호를 만들고 이 신호를 시신경을 통하여 대뇌로 보내어 망막의 상을 해석하게 한다.

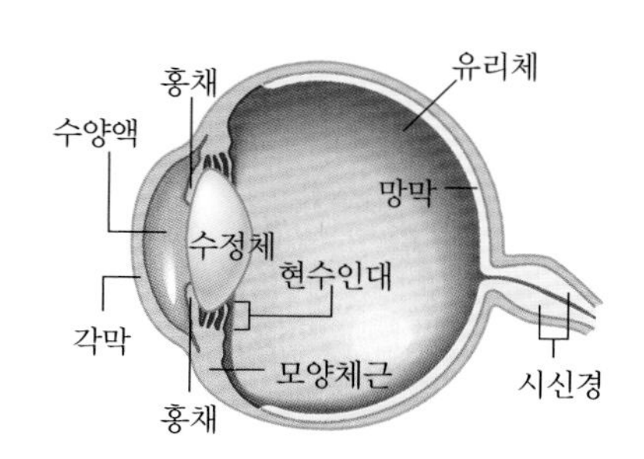

그림 15.28 사람 눈의 단면도

홍채는 눈의 색을 띠고 있는 부분이고 망막에 도달하는 빛의 양을 조절한다. 홍채는 근육질의 조리개로, 빛이 통과하는 가운데 열린 곳의 넓이를 변화시키는 역할을 한다. 이 개구부를 동공(pupil)이라 한다. 동공의 지름은 약 2 mm에서부터 7 mm까지 변화하고, 밝은 빛이 들어올 때는 좁아지고 약한 빛이 들어올 때는 넓어진다.

눈의 기능 중에서 특히 중요한 점은 수정체가 탄력적이어서, 그 모양이 모양체근의 작용에 의해 변화될 수 있다는 사실이다. 수정체는 그림과 같이 현수인대에 의해 모양체근에 연결되어 있다. 우리는 수정체의 변형 기능이 눈의 초점 조절 능력에 어떻게 영향을 미치는지를 간단히 살펴볼 것이다.

눈의 광학

사람 눈의 물리

눈과 카메라는 광학적으로 유사하다. 둘 다 렌즈계와 개구부 넓이를 조절할 수 있는 조리개를 갖고 있다. 또한, 눈의 망막과 카메라의 필름은 유사한 기능을 하여, 렌즈계에 의해 형성된 상을 기록한다. 카메라와 마찬가지로 눈의 망막에 형성된 상은 실상이고, 도립이며 물체보다 작다. 망막의 상은 도립이지만, 대뇌에 의해 똑바로 된 것으로 인식된다.

선명한 상을 얻기 위해, 눈은 입사된 광선을 적절하게 굴절시켜서 망막에 상을 형성한다. 빛이 망막에 도달하는 동안, 서로 다른 굴절률 n을 가진 다섯 가지 매질을 통과한다. 그것들은 순서대로 공기($n = 1.00$), 각막($n = 1.38$), 수양액($n = 1.33$), 수정체($n = 1.40$, 평균), 그리고 유리체($n = 1.34$)이다. 한 매질에서 다른 매질로 빛이 지나갈 때마다, 경계면에서 굴절된다. 공기와 각막의 경계에서 굴절이 가장 많이 일어나, 약 70 % 정도 꺾인다. 공기의 굴절률($n = 1.00$)이 각막의 굴절률($n = 1.38$)과 차이가 크므로 스넬의 법칙에 따르면 굴절률 차가 큰 경계면에서 굴절이 많이 일어나기 때문이다. 다른 모든 경계면에서는 양쪽 굴절률들이 거의 같으므로 굴절정도가 상대적으로 작다. 수정체를 둘러싸고 있는 수양액과 유리액이 수정체와 거의 같은 굴절률들을 가지므로 수정체에서의 굴절은 전체 굴절의 약 20-25 % 정도만 기여한다.

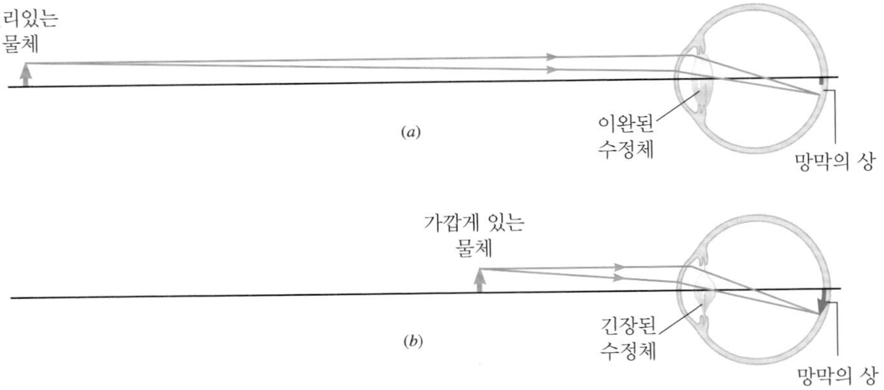

그림 15.29 (a) 완전히 이완되었을 때, 눈의 수정체는 최대 초점 거리를 가지며, 아주 멀리 있는 물체의 상이 망막에 형성된다. (b) 모양체근이 긴장되었을 때, 수정체는 가장 짧은 초점 거리를 갖는다. 결과적으로, 더 가깝게 있는 물체의 상이 망막에 형성된다.

수정체가 전체 굴절의 4분의 일 정도만을 기여한다고 하지만, 그 기능은 중요하다. 눈은 수정체와 망막 사이의 거리가 일정하므로 고정된 상거리를 갖는다. 그러므로 서로 다른 거리에 있는 물체가 망막에 상을 맺기 위한 유일한 방법은 수정체의 초점 거리를 조절하는 것이다. 그리고 초점 거리를 조절하는 것이 모양체근이다. 눈이 아주 멀리 있는 물체를 바라볼 때 모양체근은 이완되어 있다. 이때 수정체는 최소의 곡률을 가지므로 초점 거리가 가장 길다. 이러한 조건에서 눈은 그림 15.29(a)와 같이 망막에 선명한 상을 형성한다. 물체가 눈에 더 가까이 다가서면, 모양체근이 자동으로 긴장되어 수정체의 곡률을 증가시켜서 초점 거리가 짧아지게 하므로 그림 15.29(b)처럼 다시 망막에 선명한 상이 맺히도록 한다. 다른 거리에 있는 물체에 초점을 맞추기 위해 눈의 초점 거리를 변화시키는 과정을 **원근 조절**(accommodation)이라 한다.

너무 가까이에서 책을 들여다보면, 글씨가 흐려지는데 이는 수정체가 책에 초점을 맞추도록 충분히 조절할 수 없기 때문이다. 물체가 눈에 가까이 다가갈 때, 망막에 선명한 상이 만들어지는, 눈에서 가장 가까운 곳을 눈의 **근점**(near point)이라 한다. 물체가 근점에 놓여 있을 때 모양체근은 완전히 긴장되어진다. 20대 초반의 정상시력인 사람은, 근점이 눈으로부터 약 25 cm인 곳에 위치한다. 40대에는 약 50 cm로 증가하고, 60대에는 거의 500 cm가 된다. 대부분의 읽을거리들은 눈으로부터 25-45 cm인 거리에 있으므로, 나이든 성인은 대개 원근 조절 능력의 결핍을 극복하기 위하여 안경을 착용해야한다. 눈의 **원점**(far point)은 완전히 이완된 눈이 초점을 맞출 수 있는 가장 멀리 떨어진 물체의 위치이다. 정상 시력인 사람은 행성이나 별과 같이 아주 멀리 있는 물체도 볼 수 있으므로 원점이 거의 무한대에 있다.

근시

근시의 물리

근시(myopia)인 사람은 가까이 있는 물체에는 초점을 맞출 수 있으나, 멀

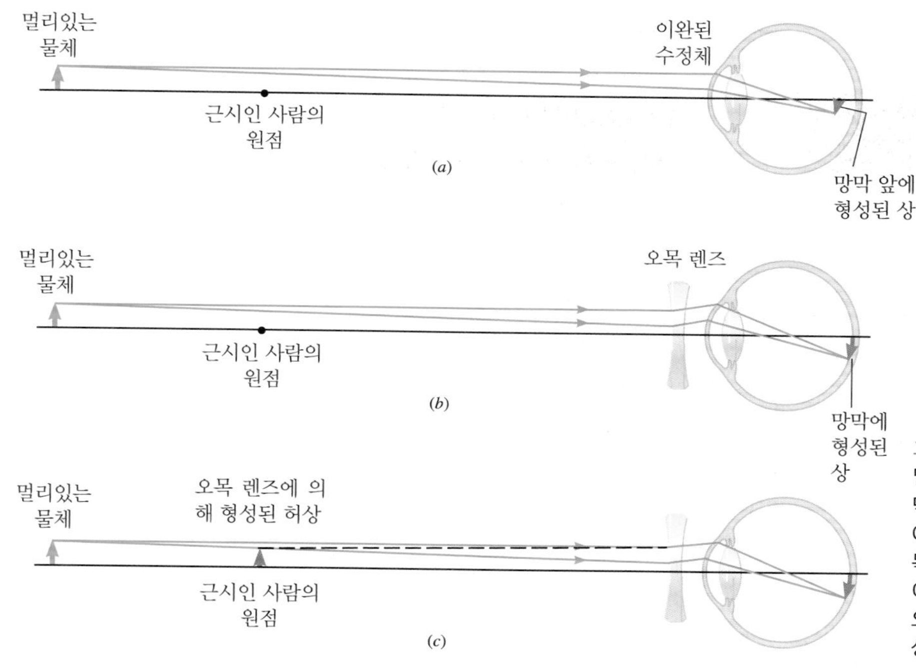

그림 15.30 (a) 근시인 사람이 멀리 있는 물체를 볼 때, 상은 망막 앞에 형성된다. 그 결과로 시야가 흐려진다. (b) 눈 앞쪽의 오목 렌즈에 의해, 상이 망막으로 이동되고 시야가 선명해진다. (c) 오목 렌즈는 근시안의 원점에 허상이 형성되도록 설계된다.

리 있는 물체는 깨끗하게 볼 수 없다. 이러한 사람의 경우에, 눈의 원점은 무한대가 아니며 3 또는 4 미터 정도로 가까울 수도 있다. 근시안이 조금 떨어져 있는 물체를 보고자 할 때, 눈은 정상인 눈과 같이 풀려지게 된다. 그렇지만, 근시안은 마땅히 가져야할 초점 거리 보다 짧은 초점 거리를 갖게 되므로 그림 15.30(a)처럼 떨어져 있는 물체에서 나온 광선은 망막 앞에 선명한 상을 형성하며, 결과적으로 시야가 흐려지게 된다.

근시안은 그림 15.30(b)에 나타난 것과 같이 오목 렌즈를 사용하는 안경이나 콘택트 렌즈로 교정할 수 있다. 물체로부터 나온 광선들은 안경 렌즈를 지난 후 발산된다. 그러므로 그 후에 광선들이 눈에 의해 주축 방향으로 굴절될 때는, 선명한 상이 더 뒤쪽으로 물러나서 망막에 맺힌다. 풀어진(그러나 근시인) 눈은 눈의 원점에 있는 물체에 초점을 맞출 수 있기 때문에 오목 렌즈는 아주 멀리 있는 물체를 원점에 놓인 상으로 변환시키도록 설계된다. 그림의 (c)는 이러한 변환을 보여주며, 다음 예제에서 이렇게 되는 오목 렌즈의 초점 거리를 계산하는 방법을 설명하고 있다.

예제 15.7 근시인 사람을 위한 안경

근시인 사람의 원점이 눈으로부터 521 cm인 곳에 위치하고 있다. 이 사람이 멀리 있는 물체를 잘 보기 위해 오목 렌즈로 된 안경을 쓴다. 안경을 눈 앞 2 cm인 곳에 착용한다고 가정할 때 필요한 오목 렌즈의 초점 거리를 구하라.

살펴보기 그림 15.30(c)에서 원점이 눈으로부터 521 cm 떨어져 있다. 안경을 눈으로부터 2 cm 되는 곳에 착용하므로, 원점은 오목 렌즈의 왼쪽 519cm 되는 곳에 있게 된다. 그러면 상거리는 −519cm이고, 음의 부호는 상이 렌즈의 왼쪽에 형성되는 허상임을 의미한다. 물체는 오목 렌즈로부터 무한히 먼 곳에 있다고 가정한다. 얇은 렌즈 방정식을 안경 렌즈의 초점 거리를 구하는데 사용할 수 있다. 렌즈가 오목 렌즈이므로, 초점 거리가 음수인 것을 예상할 수 있다.

풀이 $d_i = -519$ cm이고 $d_o = \infty$이므로, 초점 거리는 다음과 같이 구할 수 있다.

$$\frac{1}{f} = \frac{1}{d_o} + \frac{1}{d_i} = \frac{1}{\infty} + \frac{1}{-519\text{ cm}} \tag{15.6}$$

즉 $\boxed{f = -519\text{ cm}}$ 이다.

예상한 바와 같이 오목 렌즈의 f 값이 음이다.

문제 풀이 도움말
안경은 눈으로부터 약 2cm되는 곳에 착용한다. 얇은 렌즈 방정식에서 물체 거리와 상거리(d_o와 d_i)를 계산할 때 이 2cm를 꼭 고려해야 된다.

원시

원시의 물리

원시(hypermetropia)인 사람은 멀리 있는 물체는 선명하게 보지만, 가까이 있는 것에는 초점을 맞출 수가 없다. 젊고 정상인 눈의 근점은 눈으로부터 약 25cm인 반면, 원시안의 근점은 그것보다 상당히 더 멀어서 수백 센티미터 이상이 될 수도 있다. 원시안이 근점보다 더 가깝게 있는 책을 보려고 할 때 원근 조절을 하여 가능한 한 초점 거리를 짧게 한다. 그렇지만 아무리 최대한으로 짧게 하여도, 선명한 상을 볼 수 없다. 이때 책으로부터 나온 광선은 그림 15.31(a)처럼 망막 뒤쪽에 선명한 상을 맺으려 하지만, 실제로 빛이 망막을 통과하지 않으므로 망막에 흐린 상이 만들어진다.

그림 15.31(b)는 눈앞에 볼록 렌즈를 놓음으로써 원시가 교정될 수 있음을 보여준다. 광선이 눈으로 들어가기 전에 렌즈에 의해 주축 방향으로 더 굴절된다. 따라서 광선들이 눈에 의해 더 굴절되어, 망막에 상이 형성되도록 모아진다. 그림 (c)는 눈이 볼록 렌즈를 통해 바라볼 때 눈에 보

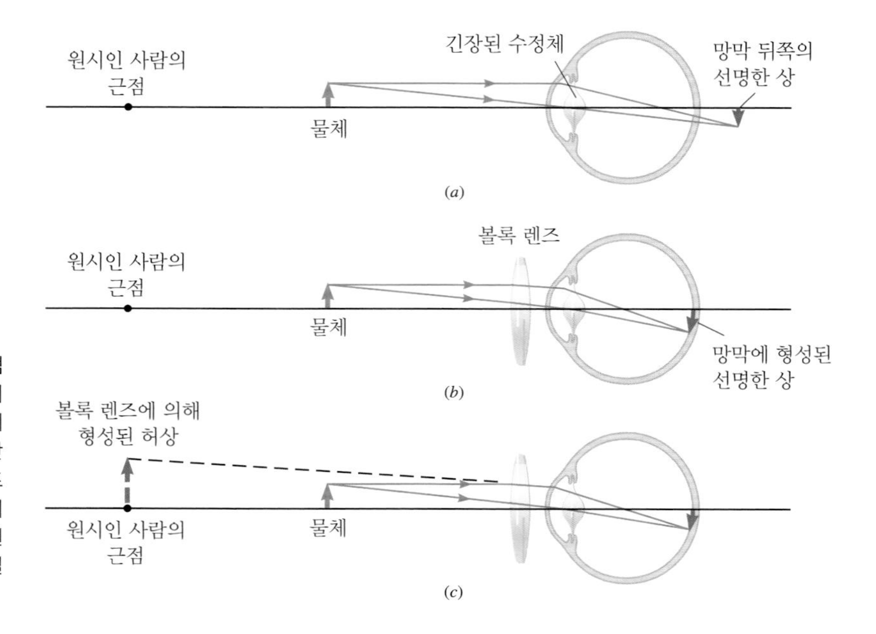

그림 15.31 (a) 원시인 사람이 근점 안쪽에 있는 물체를 볼 때, 만약 빛이 투과될 수 있다면, 상은 망막 뒤쪽에 형성되게 된다. 망막에는 흐릿한 상만이 형성된다. (b) 눈 앞쪽의 볼록 렌즈에 의해, 상이 망막으로 이동되고 시야가 선명해진다. (c) 볼록 렌즈는 원시안의 근점에 허상이 형성되도록 설계된다.

이는 것을 나타내고 있다. 렌즈는 눈이 근점에 있는 허상으로부터 빛이 오는 것처럼 감지하도록 설계된다. 예제 15.8은 원시를 교정하는 볼록 렌즈의 초점 거리를 결정하는 방법을 설명하고 있다.

예제 15.8 | 원시인 사람을 위한 콘택트 렌즈

근점이 눈으로부터 210 cm인 원시안인 사람이 있다. 눈으로부터 25.0 cm 앞에 놓인 책을 읽기위해 사용하는 볼록 렌즈인 콘택트 렌즈의 초점 거리를 구하라.

살펴보기 콘택트 렌즈는 눈에 직접 닿아있다. 그러므로 책에서부터 렌즈까지의 거리인 물체 거리는 25.0 cm이다. 렌즈는 책의 상을 눈의 근점에 형성하므로, 상거리는 −210 cm이다. 음의 부호는 그림 15.31(c) 처럼 상이 렌즈의 왼쪽에 만들어지는 허상임을 나타낸다. 초점 거리는 얇은 렌즈 방정식으로부터 구해진다.

풀이 $d_o = 25.0\text{ cm}$이고 $d_i = -210\text{ cm}$이므로, 초점 거리는 얇은 렌즈 방정식으로부터 다음과 같이 구할 수 있다.

$$\frac{1}{f} = \frac{1}{d_o} + \frac{1}{d_i} = \frac{1}{25.0\text{ cm}} + \frac{1}{-210\text{ cm}} = 0.0352\text{ cm}^{-1}$$

즉

$$\boxed{f = 28.4\text{ cm}}$$

이다.

렌즈의 굴절능–디옵터

렌즈에 의해 광선이 굴절되는 정도는 렌즈의 초점 거리에 의해 결정된다. 그렇지만, 교정 렌즈를 처방하는 안과 의사나 안경을 만드는 안경사들은 초점 거리가 아니라 렌즈가 광선을 굴절시키는 정도를 표시하는 **굴절능**(refractive power)의 개념을 사용한다.

$$\text{렌즈의 굴절능(디옵터)} = \frac{1}{f\text{(미터 단위)}} \qquad (15.8)$$

굴절능은 디옵터 단위로 측정된다. 1 디옵터는 1 m^{-1}이다.

식 15.8에 의하면 평행 광선이 렌즈를 지나 1 m 뒤의 초점에 모일 때의 굴절능이 1 디옵터이다. 만약 렌즈가 평행 광선을 더 많이 굴절시켜서 렌즈 뒤 0.25 m 떨어진 초점에 수렴시킨다면, 렌즈의 굴절능은 4 배가 되어서 4디옵터이다. 볼록 렌즈가 양의 초점 거리를 갖고 오목 렌즈가 음의 초점 거리를 가지므로, 볼록 렌즈의 굴절능은 양수인 반면에 오목 렌즈의 굴절능은 음수이다. 한 예로, 예제 15.7에서의 안경은 다음과 같이 처방한다. 굴절능 = 1/(− 5.19 m) = − 0.193 디옵터이다. 예제 15.8의 콘택트 렌즈의 경우는 굴절능 = 1/(0.284 m) = 3.52 디옵터이다.

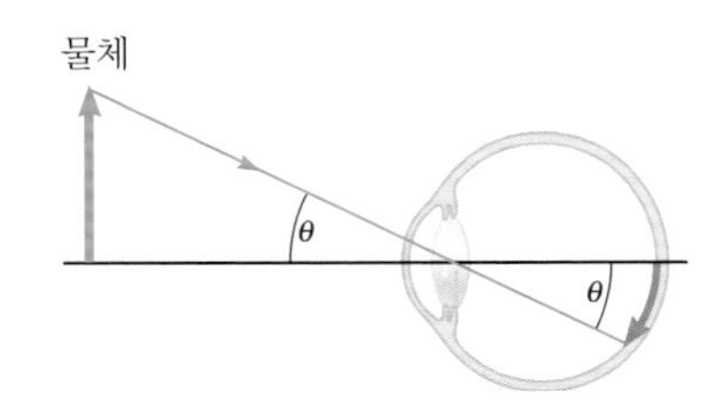

그림 15.32 각 θ는 상과 물체의 각 크기이다.

15.11 각배율과 확대경

만약 당신이 동전을 눈 가까이 두고 보면, 동전은 달보다도 더 크게 보일 것이다. 그 이유는 가까이 있는 동전은 멀리 있는 달에 의한 것보다 망막에 더 큰 상을 만들기 때문이다. 망막에 맺히는 상의 크기는 보이는 물체가 얼마나 큰가를 판단하는 첫째 요소이다. 그러나 망막에 맺히는 상의 크기는 측정하기 어려우므로, 다른 방법으로 그림 15.32의 각 θ로 그 크기를 판단할 수도 있다. 이 각은 물체와 상을 잇는 선분과 렌즈의 주축 사이의 각이다. 각 θ를 상과 물체의 **각크기**(angular size)라고 한다. 각크기가 크면, 망막의 상이 크게 되며 물체가 더 크게 보이게 된다.

식 8.1에 따르면, 라디안 단위의 각 θ는 그림 15.33(a)에 표시된 바와 같이 각에 의해 정해지는 원호의 길이를 호의 반지름으로 나눈 것이다. (b) 그림은 높이 h_o의 물체가 눈으로부터의 거리 d_o에 있는 상황을 나타내고 있다. θ가 작으면, h_o는 근사적으로 호의 길이와 같게 되고 d_o는 반지름과 거의 같게 된다. 그러므로

$$\theta(\text{라디안}) = \text{각크기} \approx \frac{h_o}{d_o}$$

이러한 근사는 각이 9° 이하일 때 1 퍼센트 이내로 잘 맞는다. 다음 예제는 동전의 각크기를 달의 경우와 비교하고 있다.

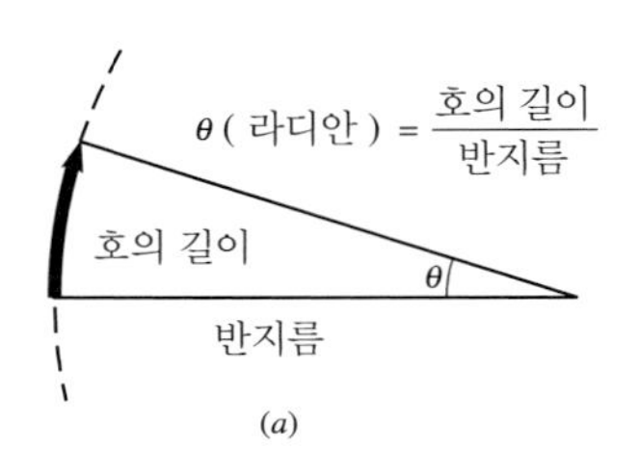

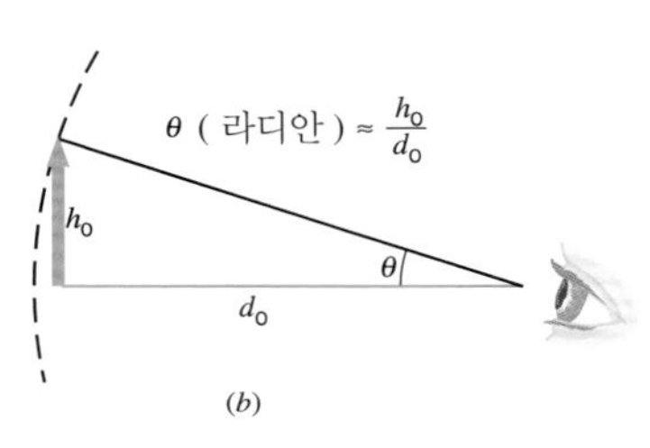

그림 15.33 (a) 라디안으로 측정된 각 θ는 호의 길이를 반지름으로 나눈 값이다. (b) 작은 각(9° 미만)에 대해, θ는 근사적으로 h_o/d_o와 같으며, 여기서 h_o와 d_o는 물체 높이와 거리이다.

예제 15.9 동전과 달

가까운 곳(d_o = 71 cm)에 동전(지름 = h_o = 1.9 cm)이 있을 때의 각크기를 달(지름 = h_o = 3.5×10^6 m, 그리고 d_o = 3.9×10^8 m)을 볼 때의 각크기와 비교하라.

살펴보기 물체의 각크기 θ는 근사적으로 그것의 높이 h_o를 눈으로부터의 거리 d_o로 나눈 값이다, 즉, $\theta \approx h_o/d_o$ 이다. 이것은 관련된 각이 대략 9° 보다 작을 때 적용되며, 여기서 이 근사를 적용할 수 있다. 동전과 달의 지름은 물체의 높이에 해당된다.

풀이 동전과 달의 각크기는 다음과 같다.

동전 $\theta \approx \dfrac{h_o}{d_o} = \dfrac{1.9\text{ cm}}{71\text{ cm}} = \boxed{0.027\text{ rad }(1.5°)}$

달 $\theta \approx \dfrac{h_o}{d_o} = \dfrac{3.5 \times 10^6\text{ m}}{3.9 \times 10^8\text{ m}} = \boxed{0.0090\text{ rad }(0.52°)}$

따라서 동전은 달에 비해 약 세 배정도 크게 보이게 된다.

확대경의 물리

확대경과 같은 광학기기는 사용하지 않을 때보다 망막에 더 큰 상을 만들기 때문에 작거나 멀리 있는 물체들을 볼 수 있게 해준다. 다시 말하면 광

학기기는 물체의 각크기를 확대한다. **각배율**(또는 확대능; angular magnification or magnifying power) M은 광학기기에 의해 만들어지는 최종 상의 각크기 θ'를 광학기기를 사용하지 않고 보았을 때의 각크기 θ로 나눈 값이다. 광학기기를 사용하지 않을 때의 각크기를 기준 각크기라 한다.

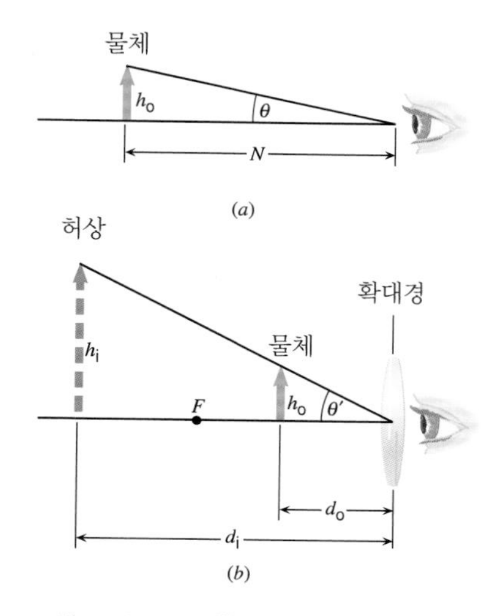

그림 15.34 (a) 확대경이 없을 때는, 물체가 눈으로부터 거리 N인 근점에 있을 때 각 크기 θ가 최대이다. (b) 확대경은 렌즈의 초점 F 안쪽에 있는 물체의 확대된 허상을 만든다. 상과 물체 둘다 각 크기는 θ'이다.

각배율
$$M = \frac{\text{광학기기에 의해 형성되는 최종 상의 각크기}}{\text{광학기기 없이 물체를 볼 때의 기준 각크기}} = \frac{\theta'}{\theta} \tag{15.9}$$

확대경은 각크기를 증가시키는 가장 간단한 장치이다. 이 경우, 기준 각크기 θ는 물체를 눈의 근점에 두고 맨눈으로 볼 때의 각크기이다. 물체를 근점보다 더 가까이 가져오면 망막에 선명한 상이 만들어지지 않으므로, θ는 맨눈으로 얻을 수 있는 최대 각크기가 된다. 그림 15.34(a)는 기준 각크기가 $\theta \approx h_o/N$ 인 것을 보여주고 있으며, 여기서 N은 눈에서부터 근점까지의 거리이다. 15.7절과 그림 15.23을 참고하면서 θ'을 계산하자. 확대경이 한 개의 볼록 렌즈로 되어 있다고 한다. 물체가 초점 안쪽에 있으면 그림 15.34(b)는 렌즈가 물체에 대해 정립이고 확대된 허상을 만든다는 것을 나타내고 있다. 눈이 확대경 다음에 있다면, 눈에 보이는 각크기 θ'은 $\theta' \approx h_o/d_o$ 이고, 여기서 d_o는 물체 거리이다. 각배율은 다음과 같이 표현된다.

$$M = \frac{\theta'}{\theta} \approx \frac{h_o/d_o}{h_o/N} = \frac{N}{d_o}$$

얇은 렌즈 방정식에 따르면, d_o는, 상거리 d_i와 렌즈의 초점 거리 f에 다음과 같이 관계된다.

$$\frac{1}{d_o} = \frac{1}{f} - \frac{1}{d_i}$$

이 식을 앞의 M의 식에 대입하면 다음과 같은 결과가 얻어진다.

확대경의 각배율
$$M = \frac{\theta'}{\theta} \approx \left(\frac{1}{f} - \frac{1}{d_i}\right)N \tag{15.10}$$

상이 눈에 가능한 한 가까이 위치하는 경우와 아주 멀리 위치하는 두 가지 특별한 경우를 생각해보자. 상이 또렷하면서도 눈에 가장 가까이 있는 경우는 상이 근점에 있어야 하고, 이때 $d_i = -N$이다. 여기서 음의 부호는 상이 렌즈의 왼쪽에 위치하며 허상이라는 것을 나타낸다. 이 경우에, 식 15.10은 $M \approx (N/f) + 1$이 된다. 상거리가 무한대($d_i = -\infty$)인 경우는 물체가 렌즈의 초점에 위치할 때이다. 이때, 식 15.10은 간단히 $M \approx N/f$가 된다. 명백히, 각배율은 상이 무한대에 있을 때 보다 눈의 근점에 있을 때 더 커진다. 어떤 경우든 초점 거리가 짧을수록 확대경의 각배율은 커진다. 예제 15.10은 이 두 가지 경우 확대경의 각배율을 계산해 본다.

예제 15.10 확대경으로 다이아몬드를 관찰하기

한 보석 세공인이 작은 확대경(루페)을 이용하여 다이아몬드를 관찰하고 있다. 이 사람의 근점은 40.0 cm이고 원점이 무한대이다. 확대경 렌즈는 초점 거리가 5.00 cm이고 보석의 상은 렌즈로부터 −185 cm인 곳에 위치한다. 상이 허상이며 렌즈에 대해 물체와 같은쪽에 만들어지기 때문에 상거리는 음수이다. (a) 확대경의 각배율을 구하라. (b) 보석 세공인 눈에서 모양체근의 긴장이 최소인 경우에 상은 어디에 위치하게 되는가? 이 조건하에서는 각배율이 얼마인가?

살펴보기 확대경의 각배율은 식 15.10으로부터 구할 수 있다. (a)에서는 상거리가 −185 cm이다. (b)에서는 보석세공인 눈의 모양체근이 완전히 이완되어져서 상은 15.10절에서 논의되었던 것처럼 눈으로부터 무한히 먼 원점에 위치하게 된다.

풀이 (a) $f = 5.00\text{ cm}$, $d_i = -185\text{ cm}$ 그리고 $N = 40.0\text{ cm}$이므로, 각배율은 다음과 같다.

$$M = \left(\frac{1}{f} - \frac{1}{d_i}\right)N = \left(\frac{1}{5.00\text{ cm}} - \frac{1}{-185\text{ cm}}\right)(40.0\text{ cm}) = \boxed{8.22}$$

(b) $f = 5.00\text{ cm}$, $d_i = -\infty\text{ cm}$ 그리고 $N = 40.0\text{ cm}$이므로, 각배율은 다음과 같다.

$$M = \left(\frac{1}{f} - \frac{1}{d_i}\right)N = \left(\frac{1}{5.00\text{ cm}} - \frac{1}{-\infty}\right)(40.0\text{ cm}) = \boxed{8.00}$$

보석 세공인은 보석을 들여다볼 때 각배율이 다소 감소하더라도 눈의 피로를 줄이고자 한다.

15.12 복합 현미경

확대경으로 확대 가능한 것 이상으로 각배율을 증가시키기 위해서는, 확대경 앞 단계에 볼록 렌즈를 한 개 추가하여 미리 확대한 후 확대경으로 보면 된다. 그 결과가 그림 15.35에 보인 **복합 현미경**(compound microscope)이라 부르는 광학기기이다. 확대경은 대안 렌즈라 부르고, 추가된 렌즈는 대물 렌즈라 부른다.

복합 현미경의 각배율은 $M = \theta'/\theta$(식 15.9)인데 여기서 θ'는 최종 상의 각크기이고 θ는 기준 각크기이다. 그림 15.34의 확대경에서 기준 각크기는, 물체가 맨눈의 근점에 있을 때의 물체의 높이 h_o를 써서 구할 수 있다. 즉, N이 눈과 근점 사이의 거리일 때 $\theta \approx h_o/N$ 이다. 그림 15.27(a)처럼, 물체가 대물 렌즈의 초점 거리 F_o의 바로 바깥에 놓여있고 최종 상이 대안 렌즈로부터 아주 멀리 (즉 그림 15.27(c)처럼 무한대에) 있다고 가정하면, 최종 각배율은 다음 식으로 표현된다.

복합 현미경의 각배율 $$M \approx -\frac{(L - f_e)N}{f_o f_e} \qquad (L > f_o + f_e) \qquad (15.11)$$

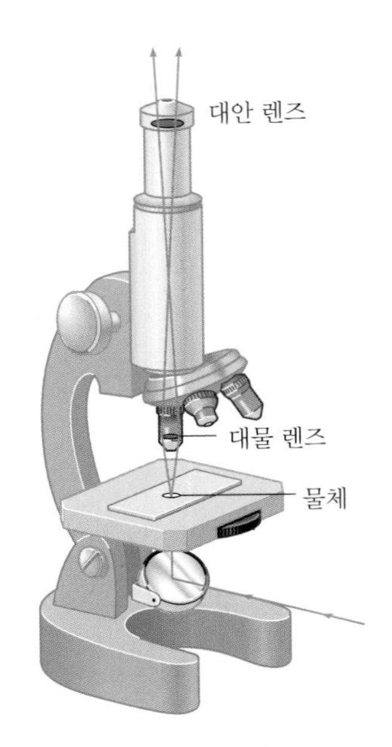

그림 15.35 복합 현미경

식 15.11에서, f_o와 f_e는 각각 대물 렌즈와 대안 렌즈의 초점 거리이고 L은 두 렌즈 사이의 거리이다. f_o와 f_e가 가능한 한 작고 (이 값들이 식 15.11에서 분모에 있으므로) 렌즈들 사이의 거리가 가능한 한 클 때 각배율이 최대가 된다. 또한, 이 식이 성립하려면 L은 f_o와 f_e의 합 보다 커야만 한다. 예제 15.11은 복합 현미경의 각배율을 다루고 있다.

복합 현미경의 물리

예제 15.11 복합 현미경의 각배율

복합 현미경의 대물 렌즈 초점 거리가 $f_o = 0.40\ \text{cm}$이고, 대안 렌즈 초점 거리가 $f_e = 3.0\ \text{cm}$이다. 두 렌즈 사이의 간격은 $L = 20.0\ \text{cm}$이다. 근점 거리가 $N = 25\ \text{cm}$인 어떤 사람이 현미경을 사용하고 있다면 (a) 현미경의 각배율은 얼마인가? (b) 대안 렌즈만을 확대경으로 사용하였을 때 얻을 수 있는 최대 각배율과 (a)의 결과를 비교하여라.

살펴보기 복합 현미경의 각배율은 모든 변수가 알려져 있으므로 식 15.11로부터 직접 구해진다. 그림 15.34(b)처럼 대안 렌즈만을 확대경으로 사용할 때는, 최대 각배율은 대안 렌즈를 통하여 보이는 상이 눈의 근점에 있을 때 얻는다. 식 15.10에 따르면, 이때의 각배율은 $M \approx (N/f_e) + 1$이다.

풀이 (a) 복합 현미경의 각배율은 다음과 같다.

$$M \approx -\frac{(L - f_e)N}{f_o f_e}$$

$$= -\frac{(20.0\ \text{cm} - 3.0\ \text{cm})(25\ \text{cm})}{(0.40\ \text{cm})(3.0\ \text{cm})}$$

$$= \boxed{-350}$$

음의 부호는 최종 상이 처음의 물체에 대하여 도립인 것을 의미한다.

(b) 대안 렌즈 자체의 최대 각배율은

$$M \approx \frac{N}{f_e} + 1 = \frac{25\ \text{cm}}{3.0\ \text{cm}} + 1 = \boxed{9.3}$$

이다. 대물 렌즈의 영향으로 확대경과 비교하여 복합 현미경의 각배율은 350/9.3 = 38배가 된다.

15.13 망원경

망원경은 별이나 행성과 같은 멀리 있는 물체들을 확대하여 보기 위한 기기이다. 현미경과 마찬가지로, 망원경은 대물 렌즈와 대안 렌즈로 구성된다. 물체가 항상 멀리 있으므로 광선이 망원경의 축에 거의 평행으로 입사하고, 대물 렌즈에 의한 실상('첫째 상'이라고 부르자)은 그림 15.36(a)와 같이 대물 렌즈의 초점 F_o 바로 뒤에 만들어지며 도립이다. 그렇지만 복합 현미경과는 달리, 이 상은 물체보다 더 작다. 그림 (b)처럼, 만약 첫째 상이 대안 렌즈의 초점 F_e 바로 안쪽에 놓이게 망원경이 설계된다면, 대안 렌즈는 확대경과 같은 역할을 한다. 완전히 이완된 눈으로 확대된 허상을 보면 최종 상은 거의 무한대에 가까이 위치한다.

망원경의 물리

망원경의 각배율 M은, 확대경이나 현미경과 같이, 망원경의 최종 상에 의해 정해지는 각크기 θ'을 물체의 기준 각크기 θ로 나눈 값이다. 행성과 같은 천체에 대해서는, 맨눈으로 하늘에서 보이는 물체의 각크기를

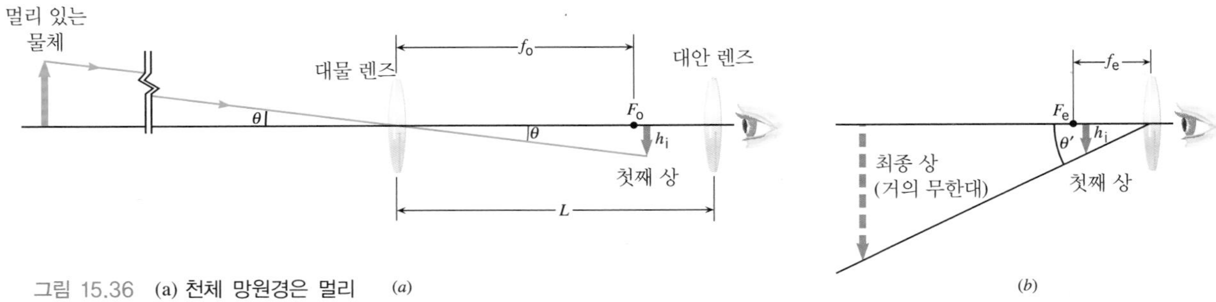

그림 15.36 (a) 천체 망원경은 멀리 있는 물체를 보는 데 사용된다. (대물 렌즈와 물체 사이 주축 위의 끊어진 곳을 주목하라.) 대물 렌즈는 실상이며, 도립인 첫째 상을 만든다. (b) 대안 렌즈는 거의 무한대인 위치에 최종 상을 만들기 위해 첫째 상을 확대한다.

기준으로 사용하는 것이 편리하다. 물체가 멀리 떨어져 있으므로, 맨눈에 의해 보이는 각크기는 그림 15.36 (a)에서 망원경의 대물 렌즈에 의해 정해지는 각 θ와 거의 같다. 이 θ는 또한 첫째 상에 의해서도 구해지는 각으로 $\theta \approx -h_i/f_o$ 이며 여기서 h_i는 첫째 상높이이고 f_o는 대물 렌즈의 초점 거리이다. 첫째 상은 물체에 대하여 도립이고 상높이 h_i는 음수이므로 이 근사식의 우변에 음의 부호를 첨가하여야 한다. 음의 부호의 첨가는 $-h_i/f_o$항, 즉 θ가 양의 값임을 확실하게 해준다. 이어서 θ'를 구해 보자. 그림 15.36(b)처럼 첫째 상은 초점 거리가 f_e인 대안 렌즈의 초점 F_e에 아주 가까이 위치한다. 그러므로 $\theta' \approx h_i/f_e$ 이다. 따라서 망원경의 각배율은 근사적으로

천체망원경의 각배율 $$M = \frac{\theta'}{\theta} \approx \frac{h_i/f_e}{-h_i/f_o} \approx -\frac{f_o}{f_e} \quad (15.12)$$

이다. 각배율은 대안 렌즈의 초점 거리에 대한 대물 렌즈의 초점 거리의 비에 의해 결정된다. 각배율을 크게 하려면, 대물 렌즈의 초점 거리가 길어야하고 대안 렌즈의 초점 거리는 짧아야 한다. 망원경의 설계에 대한 몇 가지 사항이 다음 예제의 주제이다.

예제 15.12 천체 망원경의 각배율

그림 15.37에 보이는 천체 망원경에서 $f_o = 985$ mm이고 $f_e = 5.00$ mm이다. 이들 자료로부터 (a) 망원경의 각배율과 (b) 망원경의 대략적인 길이를 구하라.

그림 15.37 천체 망원경. 뷰파인더는 분리된 낮은 배율의 작은 망원경으로 물체의 위치를 잡는데 도움을 준다. 일단 물체가 발견되면, 관찰자는 대안 렌즈를 통하여 망원경의 전체 배율로 관찰한다.

살펴보기 망원경의 각배율은 대물 렌즈와 대안 렌즈의 초점 거리가 알려져 있으므로 식 15.12로부터 바로 알 수 있다. 망원경의 길이는 그것이 대물 렌즈와 대안 렌즈 사이의 거리 L과 근사적으로 같다는 점을 고려하면 구할 수 있다. 그림 15.36은 첫째 상이 대물 렌즈의 초점 F_o의 바로 뒤와 대안 렌즈의 초점 F_e 바로 안쪽에

위치한다는 것을 보여준다. 그러므로 이들 두 초점은 서로 매우 가깝게 있고, 따라서 길이 L은 근사적으로 두 초점 거리의 합이 된다. 즉 $L \approx f_o + f_e$이다.

풀이 (a) 각배율은 근사적으로

$$M \approx -\frac{f_o}{f_e} = -\frac{985\ \text{mm}}{5.00\ \text{mm}} = \boxed{-197} \qquad (15.12)$$

이며, (b) 망원경의 대략적인 길이는

$$L \approx f_o + f_e = 985\ \text{mm} + 5.00\ \text{mm} = \boxed{990\ \text{mm}}$$

이다.

15.14 렌즈의 수차

대개 단일 렌즈는 선명한 상을 만들 수 없으며 초점이 약간 흐려진 상을 형성한다. 이러한 선명도의 결함은 물체의 한 점에서부터 시작된 광선들이 상에서 한 점으로 모이지 않기 때문에 발생된다. 결과적으로, 상의 각 점들은 약간 흐려지게 된다. 물체와 상사이의 점대 점 대응의 결함을 수차(aberration)라 부른다.

수차의 흔한 형태 중의 하나가 **구면 수차**(spherical aberration)이며, 이것은 구면으로 이루어진 볼록 렌즈와 오목 렌즈에서 발생한다. 그림 15.38(a)는 볼록 렌즈에서 어떻게 구면수차가 나타나는가를 보여준다. 주축에 평행하게 진행하는 모든 광선들은 렌즈를 통과해 지나간 후 굴절되어 이상적으로는 동일지점에서 축을 가로지르게 된다. 그렇지만, 주축에서 멀리 떨어진 광선들은 가까이 있는 광선들 보다 렌즈에 의해 더 많이 굴절된다. 그 결과로, 바깥쪽 광선들은 안쪽 광선들에서보다 렌즈에 더 가까운 곳에서 축을 가로지르게 되고, 따라서 구면 수차가 있는 렌즈는 단일 초점을 형성하지 못한다. 그 대신에, 단면이 원형인 빛이 주축과 평행으로 입사하여 굴절된 후 최소의 단면적을 갖게 되는 지점이 있다. 이 단면은 원형이며 **최소 착란원**(circle of least confusion)이라 부른다. 최소 착란원은 렌즈가 만들 수 있는 가장 만족할 만한 상이 형성되는 곳이다.

구면 수차는 주축에 가까운 광선들만 렌즈를 통과해 지나갈 수 있게 허용하는 가변 구경 조리개를 이용함으로써 감소시킬 수 있다. 그림 15.38(b)는, 이제 렌즈를 통과하는 빛의 양은 줄지만, 이 방법으로 상당히 선명한 초점을 만들어 낼 수 있음을 보여준다. 또한 포물면 렌즈가 구면 수차를 없애기 위해 사용되기도 하는데, 이것은 제작이 어렵고 비용도 많이 든다.

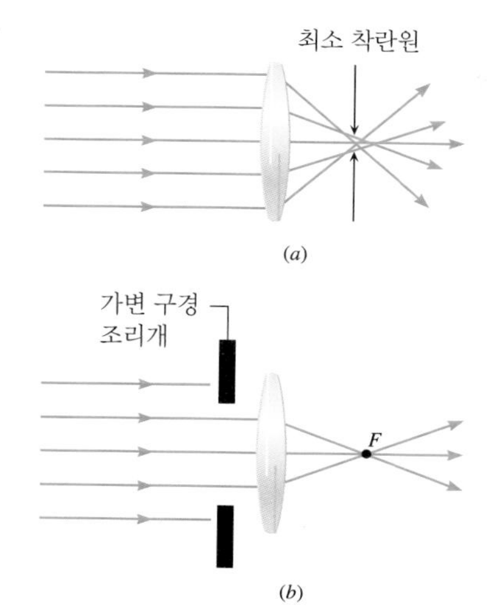

그림 15.38 (a) 볼록 렌즈에서, 구면 수차는 주축에 평행한 광선이 일치된 점으로 모아지는 것을 방해한다. (b) 주축에 가까이 있는 광선들만이 렌즈를 통과해 지나가도록 함으로써 구면 수차를 감소시킬 수 있다. 이제 굴절된 광선들은 단일 초점 F로 보다 가까이 수렴된다.

색수차(chromatic aberration) 또한 상을 흐리게 하는 원인이 된다. 이것은 렌즈로 만든 물질의 굴절률이 파장에 따라 변하기 때문에 발생된다. 15.5절에서 우리는 다른 색들이 다른 각으로 굴절되는 분산 현상을 다루었다. 그림 15.39(a)는 볼록 렌즈에 입사되어 분산에 의하여 색스펙트럼을 형성하는 태양빛을 보여준다. 이 그림에서는 단지 가시 광선 스펙트럼

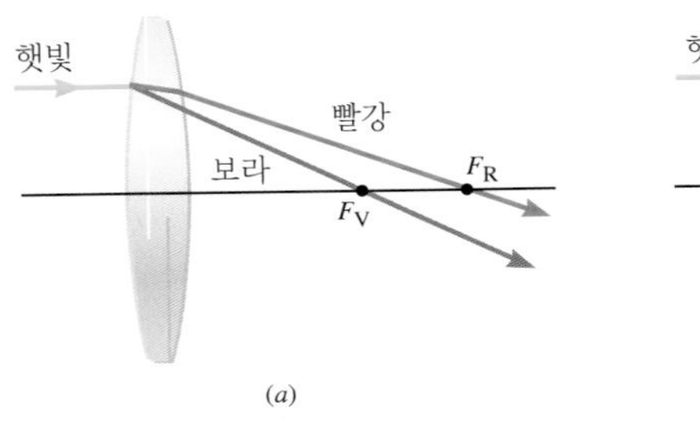

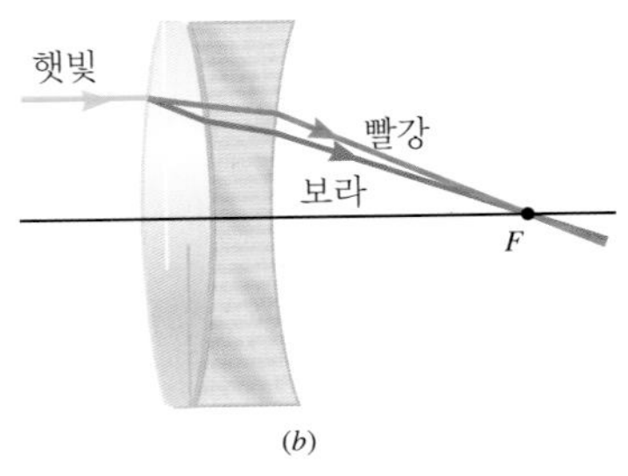

그림 15.39 (a) 색수차는 여러 가지 색들이 주축 위의 서로 다른 지점에 초점이 모아질 때 생긴다. F_V = 보라색 빛의 초점, F_R = 빨간색 빛의 초점 (b) 볼록 렌즈와 오목 렌즈를 그림처럼 배치하여, 서로 다른 색들이 거의 같은 초점 F 에 모이게 설계할 수 있다.

의 양쪽 끝에 있는 빨간색과 보라색 광선만을 보여준다. 보라색은 빨간색보다 더 많이 굴절되고, 따라서 보라색 광선은 빨간색 광선보다 렌즈에 더 가까운 곳에서 주축과 만난다. 그러므로 렌즈의 초점 거리는 빛이 빨간색일 때보다 보라색일 때 더 짧고, 그 사이에 있는 색들은 두 빛이 주축과 만나는 두 점 사이에서 주축과 만나게 되므로 원하지 않는 색 무늬들이 상을 둘러싸게 된다.

색수차는 그림 15.39(b)에 보인 볼록 렌즈와 오목 렌즈의 조합과 같은 복합 렌즈를 사용하여 현저히 감소시킬 수 있다. 각 렌즈는 서로 다른 종류의 유리로 만들어진다. 이러한 렌즈 조합으로 빨간색과 보라색 광선은 거의 같은 초점을 갖게 되므로 색수차가 감소된다. 색수차를 감소시키기 위해 제작된 렌즈 조합을 색지움 렌즈(achromatic lens)라 한다. 대부분의 고급카메라는 색지움 렌즈를 사용한다.

연습 문제

특별한 언급이 없으면, 표 15.1에 주어진 굴절률 값을 사용하라.

15.1 굴절률

* **1(7)** 어떤 시간 동안 진공 중에서 빛은 6.20 km를 진행한다. 같은 시간 동안에 한 액체 속에서는 단지 3.40 km만을 진행한다. 그 액체의 굴절률은 얼마인가?

15.2 스넬의 법칙과 빛의 굴절

2(9) 공기 중에서 광선이 입사각 43°로 물 표면에 입사한다. (a) 반사각과 (b)굴절각을 구하라.

3(13) 그림과 같이 알 수 없는 액체로 채워진 비커의 바닥에 동전이 놓여 있다. 동전으로부터 나온 빛이 액체의 표면을 향해 진행하여 공기 중으로 들어가면서 굴절된다. 한 사람이 광선을 볼 때 액체 표면 바로 위로 스쳐 지나가는 것으로 보인다. 빛은 액체 속에서 얼마나 빠르게 진행 하는가?

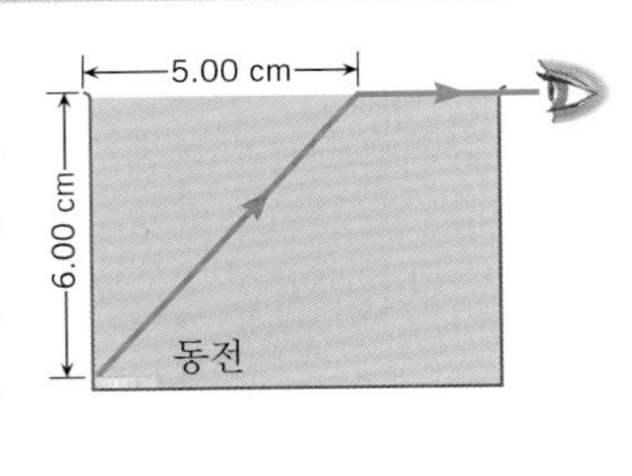

* **4(17)** 그림 15.5에서 입사각 $\theta_1 = 30°$, 유리판의 두께가 6.00 mm 그리고 유리의 굴절률이 $n_2 = 1.52$라 가정하자. 입사 광선에 대하여 유리판을 빠져나온 광선의 옆으로의 변위의 크기는 얼마인가? (mm 단위로 계산하라.)

15.3 내부 전반사

5(23) 투명한 고체의 굴절률을 측정하는 방법 중의 하나가 고체가 공기 중에 있을 때 전반사 임계각을 측정하는 것이다. θ_c가 40.5°로 구해졌다면, 고체의

굴절률은 얼마인가?

* **6(29)** 다음 그림은 코어가 플린트 유리($n_{플린트} = 1.667$)로 되어 있고 클래딩이 크라운 유리($n_{크라운} = 1.523$)로 되어 있는 광섬유를 보여준다. 광선이 공기로부터 광섬유를 향해 법선에 대하여 각 θ_1로 입사된다. 빛이 코어와 클래딩의 경계면을 임계각 θ_c로 부딪친다면, θ_1은 얼마인가?

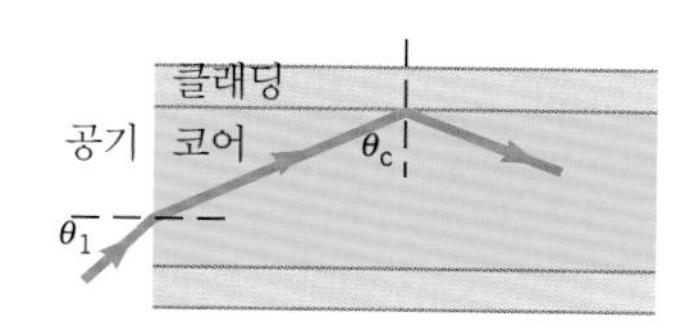

15.4 편광과 빛의 반사와 굴절

7(31) 빛이 두 물질의 경계면을 위에서부터 부딪칠 때, 브루스터 각이 65.0°라면, 빛이 아래로부터 동일 표면에 부딪칠 때 브루스터각은 얼마인가?

8(35) 빛이 유리로 된 커피 테이블로부터 반사된다. 입사각이 56.7° 일 때, 반사 광선은 유리 표면에 평행한 방향으로 완전 편광이 된다. 유리의 굴절률은 얼마인가?

15.5 빛의 분산: 프리즘과 무지개

9(39) 태양 광선이 입사각 45.00°로 크라운 유리판에 부딪친다. 표 15.2를 사용하여, 유리 속에서 보라색 광선과 빨간색 광선 사이의 각을 구하라.

10(41) 그림과 같이 빨간색 빛(진공에서 $\lambda = 660$ nm)과 보라색 빛(진공에서 $\lambda = 410$ nm)의 수평 광선이 플린트 유리 프리즘에 입사된다. 빨간색과 보라색 빛에 대한 굴절률은 각각 1.662와 1.698이다. 빛이 프리즘을 벗어날 때 각 광선의 굴절각은 얼마인가?

25.0°
빨간색과 보라색 빛
90°
90.0°

15.6 렌즈

15.7 렌즈에 의한 상의 형성

15.8 얇은 렌즈 방정식과 배율 방정식

11(45) 한 물체가 볼록 렌즈($f = 6.0$ cm) 앞 9.0 cm 인 곳에 놓여있다. 광선 작도를 정확하게 해서, 상의 위치를 구하여라.

12(51) 초점 거리가 35.0 mm와 150.0 mm인 두 개의 렌즈를 갈아 끼울 수 있는 카메라가 있다. 키가 1.60 m인 한 여자가 카메라 앞 9.0 m 지점에 서 있다. (a) 35.0 mm 렌즈와 (b) 150.0 mm 렌즈에 의해 필름에 만들어지는 상의 크기는 각각 얼마인가?

* **13(55)** 초점 거리가 −12 cm인 오목 렌즈 앞 18 cm 되는 곳에 물체가 있다. 상의 크기를 0.5 배가 되게 하려면 물체를 렌즈 앞에서 얼마나 멀리 두어야하는가?

15.9 렌즈의 조합

14(63) 볼록 렌즈($f_1 = 24.0$ cm)가 오목 렌즈($f_2 = -28.0$ cm)의 왼쪽 56.0 cm 되는 곳에 위치하고 있다. 물체는 볼록 렌즈의 왼쪽에 놓여 있고, 두 개의 렌즈 조합에 의해 만들어지는 최종 상은 오목 렌즈의 왼쪽 20.7 cm 되는 곳에 만들어진다. 물체는 볼록 렌즈로부터 얼마나 멀리 떨어져있는가?

15.10 사람의 눈

15(69) 한 근시인 사람의 원점이 그의 눈으로부터 220 cm인 곳에 있다. 그가 멀리 있는 물체를 깨끗이 볼 수 있기 위한 콘택트 렌즈의 초점 거리를 구하여라.

** **16(75)** 근시인 여자의 원점이 그녀의 눈으로부터 6.0 m인 곳이고, 멀리 있는 물체를 깨끗이 볼 수 있기 위해 콘택트 렌즈를 착용한다. 나무 한 그루가 18.0 m 떨어져 있고 높이는 2.0 m이다. (a) 콘택트 렌즈를 통해 나무를 볼 때, 상거리는 얼마인가? (b) 콘택트 렌즈에 의해 만들어지는 상은 얼마나 큰가?

15.11 각배율과 확대경

17(79) 확대경이 잡지 위에 놓여있고 눈을 가까이 대고 본다. 확대경에 의해 만들어지는 상은 눈의 근점에 위치한다. 근점은 눈으로부터 0.30 m 떨어져 있고, 각배율은 3.4이다. 확대경의 초점 거리를 구하라.

15.12 복합 현미경

* **18(87)** 근점이 눈으로부터 25.0 cm인 어떤 사람이 사용할 때 확대경의 최대 각배율이 12.0이다. 동일한 사람이 이 확대경을 현미경의 대안렌즈로써 사용할 때, −525의 각배율을 갖는다는 것을 알게 되었다. 현미경의 대안 렌즈와 대물 렌즈 사이의 간격은 23.0 cm이다. 대물 렌즈의 초점 거리를 구하라.

15.13 망원경

19(91) 화성은 맨눈으로 볼 때 8.0×10^{-5} rad의 각을 이루고 있다. 대안 렌즈의 초점 거리가 0.032 m인 천체 망원경을 사용하여 화성을 관측할 때, 화성은 2.8×10^{-3} rad의 각을 이룬다. 망원경 대물 렌즈의 초점 거리를 구하라.

Chapter 16 간섭과 빛의 파동성

16.1 선형 중첩의 원리

12장에서 우리는 같은 장소, 같은 시각에 여러 음파가 존재할 때 그 결과가 어떻게 되는가를 알아보았다. 전체 음파의 변위는 선형 중첩의 원리에 따라 각 음파의 변위를 합한 것과 같다. 빛 또한 전자기파이므로, 선형 중첩의 원리를 따른다. 이 원리는 영의 이중 슬릿 실험, 얇은 막(박막)에서의 간섭, 그리고 마이켈슨 간섭계에서 나타나는 간섭 효과를 포함하여, 빛과 관련된 모든 간섭 현상을 설명할 수 있다. 두 개 이상의 광파가 한 점을 통과할 때, 선형 중첩의 원리에 따라 전체 전기장은 각 전기장을 합한 것과 같다. 식 13.5b에 따르면, 빛의 세기(빛의 밝기)는 전기장의 제곱에 비례한다. 그러므로 간섭은, 소리의 세기에 영향을 미치는 것과 마찬가지로 빛의 밝기를 변화시킬 수 있다.

그림 16.1은 두 개의 동일한 파동(파장 λ와 진폭이 같은 파동)이 같은

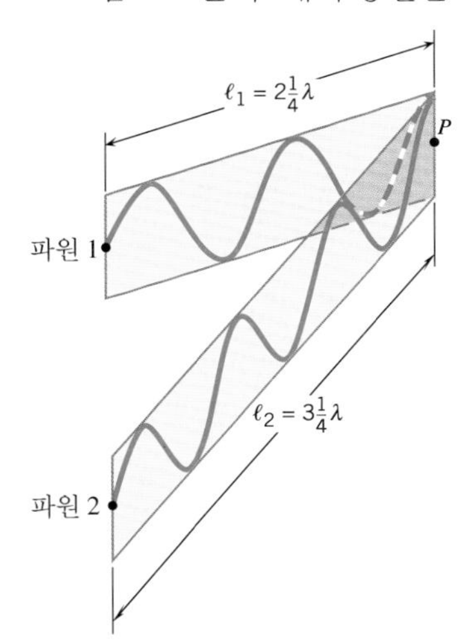

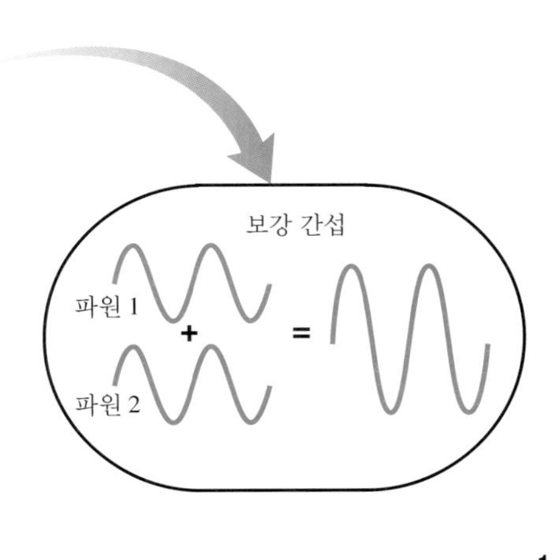

그림 16.1 파원 1과 2에서 같은 위상으로 출발한 파동이 점 P에 같은 위상으로 도착하며 보강 간섭이 일어난다.

위상으로, 다시 말해서 마루와 마루, 골과 골이 만나면서 점 P에 도착할 때 어떤 일이 나타나는지를 보여주고 있다. 선형 중첩의 원리에 따르면, 파동은 서로 보강되므로 **보강 간섭**(constructive interference)이 나타난다. 점 P에서의 결과 파동은 각 파동의 진폭의 두 배가 되는 진폭을 가지며, 광파의 경우에는, 점 P의 밝기가 각 파동에 의한 밝기를 합한 것보다 더 밝아진다. 파동들이 같은 위상에서 출발하였고 점 P와 파원들 사이의 거리 ℓ_1과 ℓ_2가 한 파장 만큼 차이가 나므로 점 P에서 같은 위상이 된다. 그림 16.1에서 이들 거리는 $\ell_1 = 2\frac{1}{4}$ 파장과 $\ell_2 = 3\frac{1}{4}$ 파장이다. 일반적으로, 파동이 같은 위상으로 출발할 때, 그 거리들이 같거나 파장의 정수 배 만큼 차이가 나면, 다시 말해서 보다 긴 쪽을 ℓ_2라 할 때 $\ell_2 - \ell_1 = m\lambda$이면 $(m = 0, 1, 2, 3, \ldots)$ 점 P에서 보강 간섭이 일어난다.

그림 16.2는 동일한 두 파동이 반대 위상으로 또는 마루와 골이 만나면서 점 P에 도착할 때 어떻게 되는가를 보여주고 있다. 이 경우에는 **상쇄 간섭**(destructive interference)이 일어나서 어두워진다. 파동들이 같은 위상으로 출발하였으나 점 P까지 진행하는 거리가 반파장 차이가 나므로 (그림에서 $\ell_1 = 2\frac{3}{4}\lambda$와 $\ell_2 = 3\frac{1}{4}\lambda$) 점 P에서 서로 반대 위상이 된다. 일반적으로, 파동이 같은 위상으로 출발할 때 그 거리들이 반파장의 홀수 배 만큼 차이가 나면, 다시 말해서 보다 긴 쪽을 ℓ_2라 할 때 $\ell_2 - \ell_1 = \frac{1}{2}\lambda, \frac{3}{2}\lambda, \frac{5}{2}\lambda, \ldots$이면 상쇄 간섭이 일어난다. 이것을 $\ell_2 - \ell_1 = (m + \frac{1}{2})\lambda$로 쓸 수 있다. 여기서 $m = 0, 1, 2, 3, \ldots$ 이다.

만약 보강 간섭 또는 상쇄 간섭이 한 점에서 지속되면, 파원들은 **가간섭성 광원**(coherent sources)임에 틀림없다. 파동들이 방출될 때 위상차가 일정하게 지속된다면, 두 파원은 가간섭성을 지닌다고 말할 수 있다. 그러나 그림 16.2에서 파원 1의 파형이 임의의 시각에 임의의 양 만큼 앞뒤로 무질서하게 움직인다면, 점 P에서 두 개의 파형들 사이의 위상차가 일정

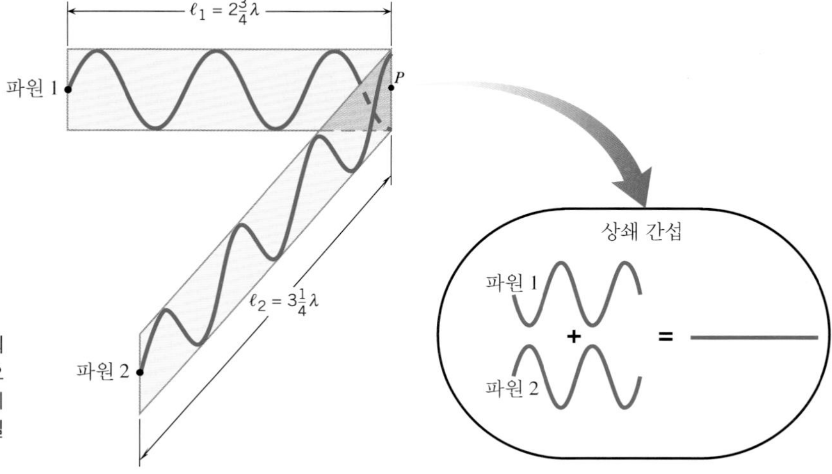

그림 16.2 두 개의 파원으로부터의 파동이 출발할 때는 같은 위상이었으나, 점 P에 도착할 때는 반대 위상이 된다. 그 결과 점 P에 상쇄 간섭이 일어난다.

하지 않으므로 보강 간섭이나 상쇄 간섭 어느 것도 관찰되지 않는다. 레이저는 가간섭성 광원이고, 백열전구와 형광등은 가간섭성이 없는 광원이다.

16.2 영의 이중 슬릿 실험

1801년 영국의 과학자 토마스 영(1773-1829)은 두 개의 광파가 간섭을 일으키는 것을 보여주는 역사적인 실험을 수행하였다. 그는 이 실험을 통하여 빛의 파동성을 증명했으며 또한 최초로 빛의 파장을 측정하는 개가를 올렸다. 그림 16.3은 영의 실험 장치인데, 단일 파장의 빛(단색광)이 좁은 단일 슬릿을 지나 두 개의 나란한 좁은 슬릿 S_1과 S_2로 들어간다. 이들 두 개의 슬릿은 스크린 상에 보강 또는 상쇄 간섭을 일으켜 밝고 어두운 줄무늬를 만드는 가간섭성 광원이 된다. 단일 슬릿의 용도는 한 방향에서 온 빛만이 이중 슬릿으로 가도록 하기 위한 것이다. 이것이 없다면, 광원의 서로 다른 지점에서부터 나온 빛이 서로 다른 방향으로 이중 슬릿에 도달하게 되고 스크린 상의 무늬는 사라지게 된다. 두 슬릿으로부터 나오는 빛은 같은 파원인 단일 슬릿으로부터 나왔으므로 슬릿 S_1과 S_2는 가간섭성 광원으로 작용한다.

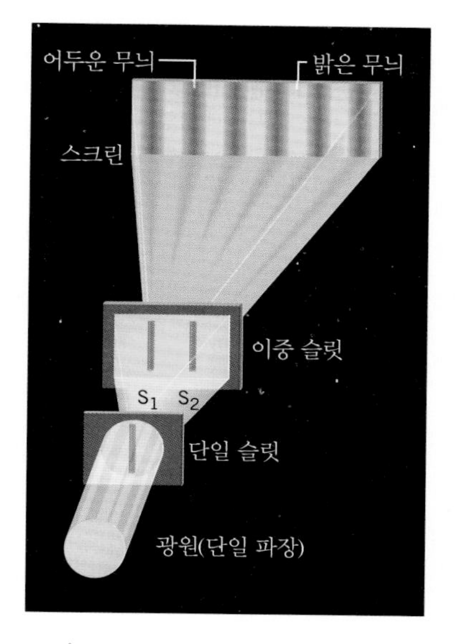

그림 16.3 영의 이중 슬릿 실험에서, 두 개의 슬릿 S_1과 S_2는 가간섭성 광원으로 작용한다. 두 슬릿으로부터 출발한 광파는 스크린에서 보강 또는 상쇄 간섭을 일으켜 밝고 어두운 무늬를 만든다. 그림에서 슬릿 폭과 슬릿 사이의 거리는 이해를 돕기 위해 실제보다 크게 그려져 있다.

그림 16.4의 세 그림은 밝고 어두운 줄무늬가 생기는 원인을 설명하기 위한 슬릿과 스크린의 평면도이다. 그림 (a)에서는 두 슬릿의 가운데를 마주보는 스크린의 지점에 어떻게 밝은 무늬가 나타나는지를 보여준다. 이 위치에서는, 슬릿까지의 거리 ℓ_1과 ℓ_2가 같으므로 보강 간섭이 일어나 밝은 무늬가 만들어진다. 그림 (b)는 보강 간섭에 의해 생기는 스크린의 위쪽의 또 다른 밝은 무늬를 보여주는데 이곳은 거리 ℓ_2가 ℓ_1보다 꼭 한 파장만큼 더 긴 곳이다. 스크린 아래쪽에도 이와 대칭인 위치에 밝은 무늬가 생기지만 그림에 표시하지는 않았다. 일반적으로 거리 ℓ_1과 ℓ_2사이의 차이가 파장의 정수배(λ, 2λ, 3λ 등)가 되는 곳에는 보강 간섭이 일어난다. 그림의 (c)는 첫 번째 어두운 무늬가 나타나는 곳을 보여준다. 여기서 거리 ℓ_2는 ℓ_1보다 꼭 반파장 만큼 더 길고, 따라서 파동들은 상쇄 간섭

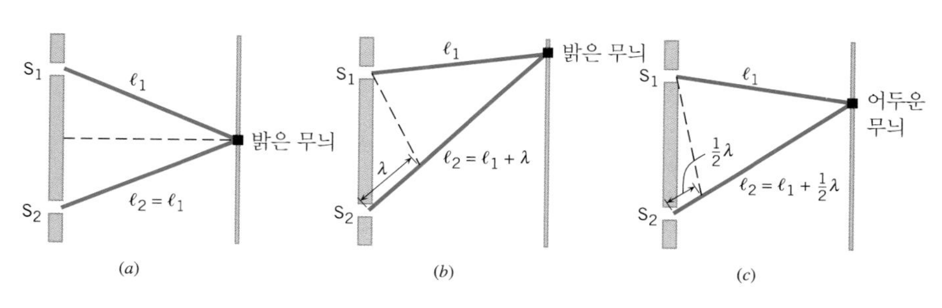

그림 16.4 슬릿 S_1과 S_2으로부터 나온 파동들은 슬릿에서 스크린에 이르는 경로의 차에 따라서 스크린에서 보강 간섭((a)와 (b)) 또는 상쇄 간섭((c))을 한다. 그림에서 슬릿 폭과 슬릿 사이의 거리는 실제보다 과장되어있다.

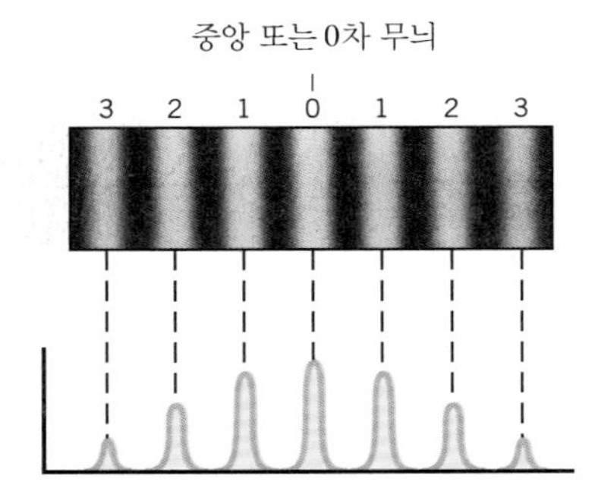

그림 16.5 영의 이중 슬릿 실험 결과로 스크린에 나타난 밝고 어두운 간섭 무늬의 사진과 빛의 세기를 그린 그래프이다. 중앙 또는 0차 무늬가 가장 밝은 것을 알 수 있다.

을 하며, 어두운 무늬를 만들게 된다. 상쇄 간섭은 거리 ℓ_1과 ℓ_2사이의 차이가 반파장의 홀수배($1(\frac{\lambda}{2})$, $3(\frac{\lambda}{2})$, $5(\frac{\lambda}{2})$, 등)가 되는 곳에서 일어나며 중앙의 밝은 곳을 중심으로 양쪽에 대칭적으로 나타난다.

영의 실험에서 무늬들의 밝기는 그림 16.5에 보는 바와 같이 동일하지 않다. 사진 아래에 있는 것은 밝기가 어떻게 변하는가를 보여주는 그래프이다. 중앙의 무늬는 0으로 표기되어 있으며 가장 밝다. 다른 밝은 무늬들은 중앙에서 양쪽으로 차례대로 번호가 매겨졌다. 중앙에서 양쪽으로 멀어질수록 무늬의 밝기가 줄어들며 그 줄어드는 정도는 빛의 파장에 대해서 슬릿 폭이 얼마나 작은 가에 따라 달라진다.

영의 실험에서 스크린에 나타나는 무늬의 위치는 그림 16.6을 이용하면 계산할 수 있다. 스크린이 슬릿의 간격 d에 비해 대단히 멀리 떨어져 있다면, 그림 (a)에서 ℓ_1과 ℓ_2로 표시된 선들은 거의 평행하다고 볼 수 있다. 따라서 이 선들은 수평선에 대하여 근사적으로 같은 각 θ를 이룬다. 거리 ℓ_1과 ℓ_2은 그림 (b)의 색칠된 삼각형의 짧은 변의 길이 $\Delta\ell$만큼 차이가 난다. 삼각형이 직각 삼각형이므로 $\Delta\ell = d\sin\theta$ 이다. 보강 간섭은 경로차 $\Delta\ell$이 파장 λ의 정수배일 때, 즉 $\Delta\ell = d\sin\theta = m\lambda$일 때 일어난다. 그러므로 밝은 무늬 즉 극대가 생기는 각 θ는 다음과 같은 표현될 수 있다.

이중 슬릿의 밝은 무늬 $$\sin\theta = m\frac{\lambda}{d} \qquad m = 0, 1, 2, 3, \ldots \qquad (16.1)$$

m 값은 무늬의 차수를 표시한다. 그러므로 $m = 2$는 2차의 밝은 무늬임을 나타낸다. 그림 (c)는 식 16.1에서 슬릿의 가운데로부터 양쪽으로 같은 각 θ에서 밝은 무늬가 나타나는 것을 보여주고 있다. 식 16.1과 같은 방법으로, 밝은 무늬 사이에 있는 어두운 무늬들은 다음의 조건을 만족하는 곳에서 생기는 것을 알 수 있다.

이중 슬릿의 어두운 무늬 $$\sin\theta = (m + \tfrac{1}{2})\frac{\lambda}{d} \quad m = 0, 1, 2, 3, \ldots \quad (16.2)$$

예제 16.1은 식 16.1을 이용하여 어떻게 중앙의 밝은 무늬로부터 높은 차수의 밝은 무늬까지의 거리를 구하는가를 보여주고 있다.

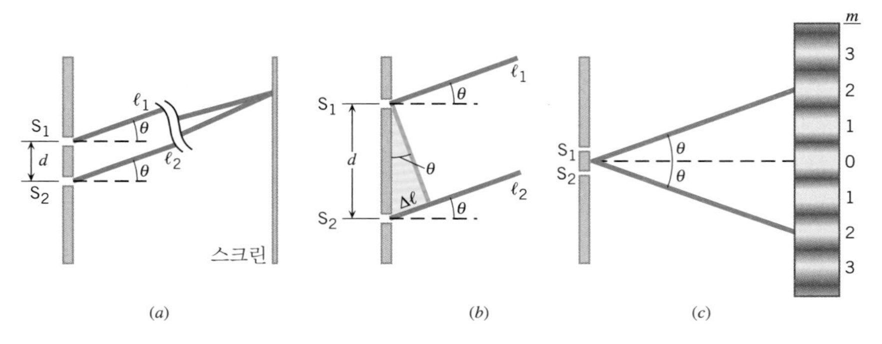

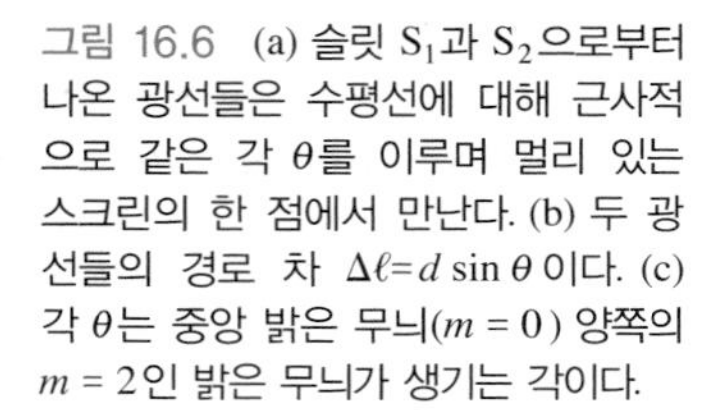
그림 16.6 (a) 슬릿 S_1과 S_2으로부터 나온 광선들은 수평선에 대해 근사적으로 같은 각 θ를 이루며 멀리 있는 스크린의 한 점에서 만난다. (b) 두 광선들의 경로 차 $\Delta\ell = d\sin\theta$ 이다. (c) 각 θ는 중앙 밝은 무늬($m = 0$) 양쪽의 $m = 2$인 밝은 무늬가 생기는 각이다.

예제 16.1 영의 이중 슬릿 실험

빨간색 빛(진공에서 $\lambda = 664\ \text{nm}$)이 슬릿 사이의 간격이 $d = 1.20 \times 10^{-4}\ \text{m}$인 영의 실험에 사용된다. 그림 16.7에서 슬릿으로부터 $L = 2.75\ \text{m}$인 거리에 스크린이 설치되어 있다면 스크린에서 중앙의 밝은 무늬와 3차의 밝은 무늬 사이의 거리 y를 구하라.

살펴보기 식 16.1을 사용하여 3차($m = 3$)의 밝은 무늬의 각도 θ를 구할 수 있다. 그 다음에 거리 y를 구하기 위해 삼각법을 사용하면 된다.

풀이 식 16.1로부터 구하는 각도는

$$\theta = \sin^{-1}\left(\frac{m\lambda}{d}\right) = \sin^{-1}\left[\frac{3(664 \times 10^{-9}\ \text{m})}{1.20 \times 10^{-4}\ \text{m}}\right] = 0.951°$$

그림 16.7에서 알 수 있듯이 거리 y는 $\tan\theta = y/L$로부터 계산할 수 있다.

$$y = L\tan\theta = (2.75\ \text{m})\tan 0.951° = \boxed{0.0456\ \text{m}}$$

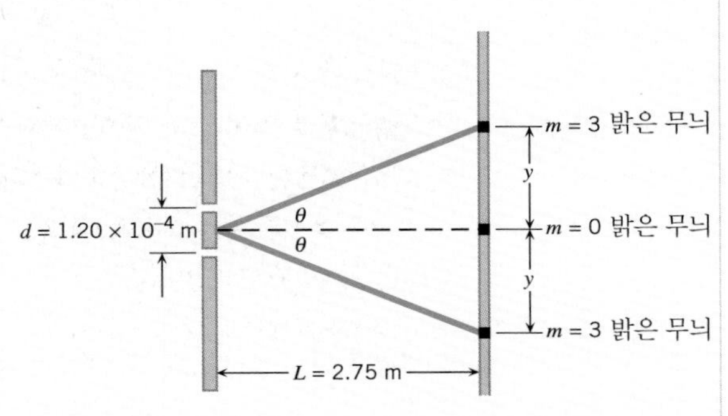

그림 16.7 3차 밝은 무늬($m = 3$)는, 스크린에서 중앙 밝은 무늬($m = 0$)로부터 거리 y인 곳에 생긴다.

영의 실험 당시의 사람들은 빛이 단지 '작은 입자들'의 흐름처럼 행동한다고 생각했다. 그게 사실이라면 스크린 위에는 두 슬릿을 마주보는 두 곳에만 밝은 무늬가 나타날 것이다.* 하지만, 영의 실험은 파동의 간섭에 의해 두 개의 슬릿에서 많은 수의 밝은 무늬로 빛 에너지가 재분배되는 것을 보여준다.

16.3 얇은 막에서의 간섭

영의 이중 슬릿 실험은 광파들 사이의 간섭의 한 예지만 그 외에도 빛의 간섭을 볼 수 있는 경우는 많다. 그림 16.8은 물 위에 떠 있는 얇은 기름 막에서 간섭이 일어나는 예이다. 우선, 이 막의 두께가 균일하다고 가정하고 단색광(단일 파장)이 거의 수직으로 그 막에 입사하는 경우를 생각해 보자. 막의 위쪽 표면에서 광선 1로 표시된 일부 광파가 반사되고 나머지는 막 안으로 굴절되어 들어간다. 이중 일부는 막의 아랫면으로부터 반사되고 공기 중으로 다시 굴절하여 나오게 된다. 이것이 광선 2로 표시된 두 번째 광파로 막 속에서 위아래를 왕복하므로 광선 1보다 더 긴 경로를 진행하게 된다. 이 경로차로 인하여, 두 파동 사이에는 간섭이 일어날 수 있다. 보강 간섭이 나타난다면 관측자는 밝은 막을 보게 될 것이고, 상쇄 간섭이 나타난다면 관측자는 균일하게 어두운 막을 보게 될 것이다. 두 파

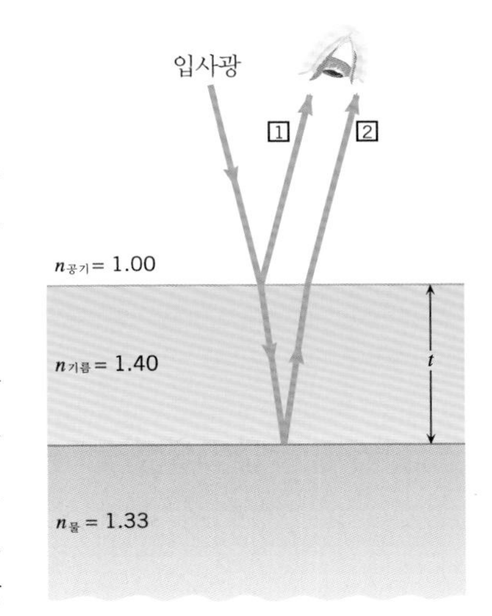

그림 16.8 물 위에 떠 있는 얇은 기름 막에 빛이 비춰질 때, 반사와 굴절에 의해서 광선 1과 2로 표기된 두 광파가 눈으로 들어 올 수 있다.

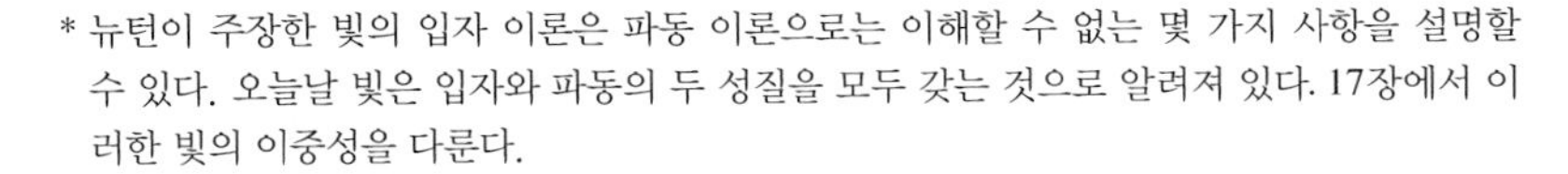
* 뉴턴이 주장한 빛의 입자 이론은 파동 이론으로는 이해할 수 없는 몇 가지 사항을 설명할 수 있다. 오늘날 빛은 입자와 파동의 두 성질을 모두 갖는 것으로 알려져 있다. 17장에서 이러한 빛의 이중성을 다룬다.

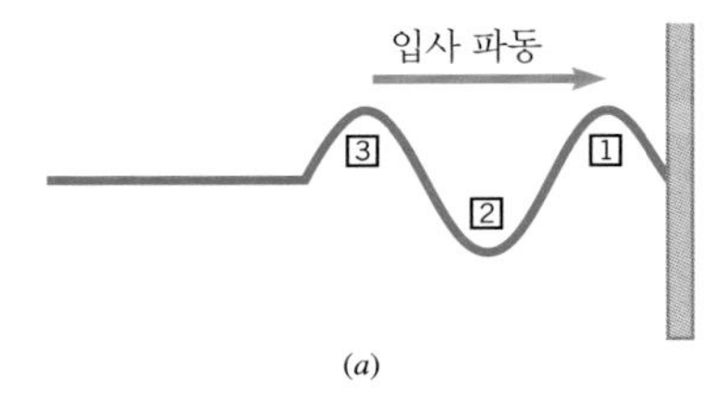

(a)

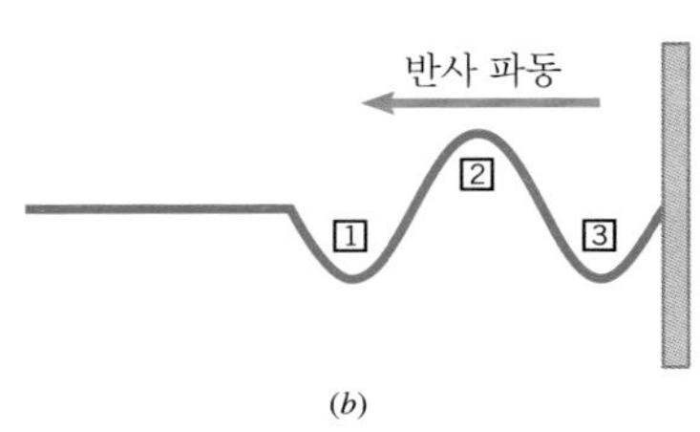

(b)

그림 16.9 줄을 따라 진행하는 파동이 벽에서 반사될 때, 파동의 위상이 변하게 된다. 그림에서 표기된 번호들이 보여주듯이, 위쪽을 향하고 있던 파동의 반 사이클은 반사된 후에 아래쪽을 향하는 것이 되며, 아래쪽을 향하고 있던 것은 반사된 후 위쪽을 향하게 된다.

동의 경로차가 파장의 몇 배가 되는지가 보강 간섭 또는 상쇄 간섭을 결정하는 요인이 된다.

그림 16.8에서 파동 1과 2 사이의 경로차는 막 속에서 발생한다. 그러므로 얇은 막 간섭에서의 중요한 파장은 막 속에서의 파장이며, 진공 중의 파장이 아니다. 막 속에서의 파장은 막의 굴절률 n을 알면 진공 중의 파장으로부터 계산할 수 있다. 식 15.1과 11.1에 따르면, $n = c/v = (c/f)/(v/f) = \lambda_{진공}/\lambda_{막}$이 된다. 다시 말하면,

$$\lambda_{막} = \frac{\lambda_{진공}}{n} \tag{16.3}$$

이다.

그림 16.8의 간섭을 설명하는데 있어서 고려해야 될 사항이 하나 더 있다. 그것은 파동이 매질의 경계에서 반사될 때 위상이 변할 수 있다는 점이다. 예를 들어, 그림 16.9는 줄의 파동이 벽에 묶여 있는 끝에서 반사될 때, 뒤집어지는 것을 보여준다(그림 12.15 참조). 이러한 역전은 파동 한 사이클의 절반에 해당하여, 마치 반파장의 경로를 추가로 진행한 것과 같다. 이와 반대로, 자유롭게 매달려 있는 끝으로부터 파동이 반사될 때는 위상 변화가 나타나지 않는다. 광파들이 경계면에서 반사될 때, 위상 변화는 다음과 같다.

1. 빛이 작은 굴절률의 물질에서 더 큰 굴절률의 물질에 입사할 때(예를 들어, 공기에서 기름으로), 경계에서의 반사는 파장의 절반에 해당되는 위상 변화가 있다. 경로차가 막 속에서 생길 때는 막 속의 파장의 절반 만큼 더 경로차가 생긴다고 보아도 무방하다.
2. 빛이 더 큰 굴절률에서 더 작은 굴절률의 물질로 입사할 때, 경계에서의 반사에 따른 위상변화는 없다.

다음 예제는 얇은 막에서의 간섭을 다룰 때, 경계면에서의 반사에 따른 위상변화를 어떻게 고려하는지를 보여주고 있다.

예제 16.2 색깔을 띤 얇은 기름막

얇은 기름막이 물웅덩이에 떠 있다. 햇빛이 막에 거의 수직으로 비춰져 반사되어 눈으로 들어온다. 햇빛은 모든 색들을 포함하므로 백색이지만, 상쇄 간섭에 의해 반사된 빛에서 파란색($\lambda_{진공}$= 469 nm)이 제거되므로 막은 노란색 빛깔을 띤다. 기름과 물에서의 파란색 빛에 대한 굴절률은 각각 1.40과 1.33이다. 막의 (0이 아닌) 최소 두께 t를 구하라.

살펴보기 이 문제를 풀기 위하여 상쇄 간섭 조건을 필름의 두께 t와 기름 막에서의 파장 $\lambda_{막}$으로 표현해야 된다. 또한 반사에서 생기는 위상 변화도 고려해야 한다.

풀이 n = 1.40이므로, 식 16.3으로부터 막 속에서 파란색 빛의 파장은 $\lambda_{막}$ = (469 nm)/ 1.40 = 335 nm 로 주어진다. 그림 16.8에서 파동 1의 위상 변화는 빛이

더 작은 굴절률($n_{공기}$= 1.00)의 물질에서 더 큰 굴절률($n_{기름}$ = 1.40)의 물질로 진행하다 반사되므로 파장의 절반에 해당되는 만큼 나타난다. 이와 반대로, 파동 2가 막의 바닥표면에서 반사될 때는 더 큰 굴절률($n_{기름}$ = 1.40)의 물질에서 더 작은 굴절률($n_{물}$= 1.33)의 물질로 빛이 진행하므로 위상 변화가 나타나지 않는다. 따라서 반사에 의한 파동 1과 2사이의 총 위상 변화는 반파장에 해당되며, 막 속에서의 파장의 절반인 $\frac{1}{2}\lambda_{막}$ 만큼 파동 2의 경로가 늘어난다고 보아도 무방하다. 상쇄 간섭이 일어나려면 이것을 합한 전체 경로차가 반파장의 홀수배가 되어야 한다. 파동 2가 막을 왕복하고 빛이 막에 거의 수직으로 입사하므로, 더 움직이는 경로는 막 두께의 두 배인 $2t$ 이다. 그러므로 상쇄 간섭 조건은

$$\underbrace{2t}_{\text{파동 2의 매질 속 경로}} + \underbrace{\tfrac{1}{2}\lambda_{막}}_{\text{반사에 의한 위상 변화}} = \underbrace{\tfrac{1}{2}\lambda_{막}, \tfrac{3}{2}\lambda_{막}, \tfrac{5}{2}\lambda_{막}, \ldots}_{\text{상쇄 간섭 조건}}$$

이 식의 좌변과 우변의 각 항에서 $\frac{1}{2}\lambda_{막}$ 항을 뺀 후 막의 두께 t에 대해 풀면 상쇄 간섭이 나타나는 경우는

$$t = \frac{m\lambda_{막}}{2} \qquad m = 0, 1, 2, 3, \ldots$$

이다.

위의 식에서 파란색 빛이 반사되지 않는 막 두께는 $m = 1$일 때 최소가 되고 아래와 같다.

$$t = \tfrac{1}{2}\lambda_{막} = \tfrac{1}{2}(335\ \text{nm}) = \boxed{168\ \text{nm}}$$

얇은 막으로부터 햇빛이 반사될 때 나타나는 색깔은 보는 각도에 따라 달라진다. 빛이 막의 표면에 비스듬하게 입사하는 경우에는, 그림 16.8의 광선 2에 해당되는 빛은 거의 수직으로 입사될 때 보다 막 안에서 더 긴 거리를 진행하게 된다. 그러므로 보다 긴 파장의 빛에 대해 상쇄 간섭을 일으킨다.

문제 풀이 도움말
얇은 막에서의 간섭 효과를 분석할 때, 진공에서의 파장($\lambda_{진공}$)이 아니라 얇은 막 속에서의 파장($\lambda_{막}$)을 사용해야 된다.

얇은 막 간섭은 광학기기에서 활용된다. 예를 들어, 고가의 카메라는 6 개 이상의 렌즈를 사용하는 경우가 허다하다. 이 경우 각 렌즈 표면에서의 반사로 인해 필름에 직접 도달하는 빛의 양을 현저하게 감소시킬 수 있다. 더구나, 이 렌즈들 경계면에서 다중 반사된 빛이 종종 필름에 도달하여 상의 질을 떨어뜨린다. 이와 같은 원하지 않는 반사를 최소화하기 위해서, 고품질의 렌즈는 불화마그네슘(MgF_2, n = 1.38)과 같은 물질로 된 무반사 박막이 코팅되어 있다. 이러한 박막의 두께는 가시 광선 스펙트럼의 중간에 있는 초록색 빛의 반사가 일어나지 않도록 조정된다. 여기서 반사광이 없다고 해도 무반사 박막에 의해 빛이 소멸되는 것이 아니라 박막과 렌즈 안으로 투과된다.

무반사 코팅 렌즈의 물리

얇은 막 간섭의 또 다른 흥미로운 예는 공기쐐기(air wedge)이다. 그림 16.10(a)에 보는 바와 같이, 공기쐐기는 두 개의 유리판에서 얇은 종이 같은 것을 끼워 두 판 사이가 한 모서리에서 벌어질 때 만들어진다. 유리판 사이의 공기 막 두께는 두 판이 닿아있을 때인 0에서 종이 두께까지 변한다. 단색광이 입사되어 반사될 때는, 그림과 예제 16.3에서 논의되는 것처럼, 보강과 상쇄 간섭에 의해 밝고 어두운 무늬가 번갈아 나타난다.

예제 16.3 공기쐐기

(a) 그림 16.10에서 초록색 빛($\lambda_{진공}$= 552 nm)이 유리판에 거의 수직으로 입사한다고 가정할 때, 판이 닿아 있는 곳에서부터 종이(두께=4.10×10^{-5} m)의 모서리까지의 공간 사이에 만들어지는 밝은 무늬의 개수를 구하라. (b) 두 판이 닿는 곳에 어두운 무늬가 만들어지는 이유를 설명하라.

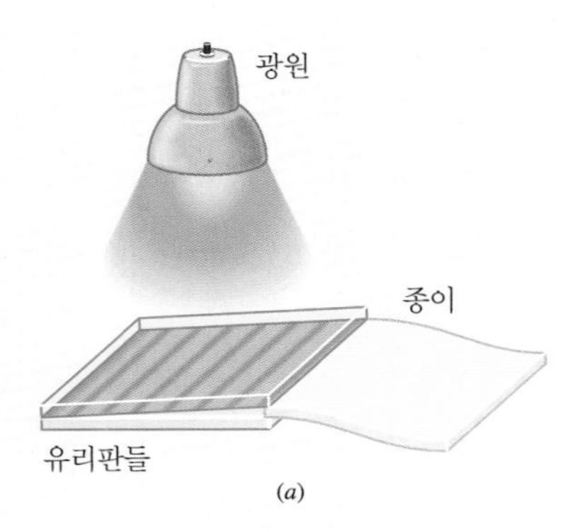

(a)

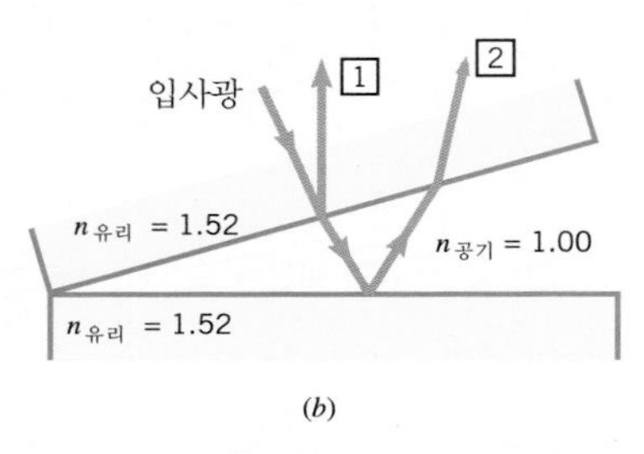

(b)

그림 16.10 (a) 두 장의 평면 유리판들 사이의 공기쐐기에 의해 반사된 빛에서 어둡고 밝은 무늬가 번갈아 나타나는 간섭 무늬가 만들어 진다. (b) 유리판들과 공기쐐기의 측면도

살펴보기 밝은 무늬는 반사에 따른 위상 변화와 공기쐐기에서의 경로차에 의해 보강 간섭이 일어날 때만 나타난다. 우선 파동 1과 2에 생기는 반사에 의한 위상 변화를 조사해보자. (맨 위의 공기/유리 경계에서 반사되는 것은 간섭과 무관하다.) 파동 1의 경우 빛이 굴절률이 더 큰 곳(유리)에서부터 더 작은 곳(공기)으로 가다가 반사되므로 반사에 따른 위상 변화가 없다. 파동 2의 경우는 아래쪽 공기/유리 경계에서 보다 굴절률이 큰 유리쪽으로 가려다가 반사될 때 반파장에 해당하는 위상 변화가 나타난다. 그러므로 반사에 의해서는, 두 파동 사이에 공기 막에서의 파장의 절반에 해당하는 위상차가 생긴다. 이제 광선 2에 의한 왕복 진행 경로를 고려하면 밝은 무늬를 만드는 보강 간섭 조건을 구할 수 있다. 앞서 구한 반파장과 파동 2의 왕복 진행 경로를 더한 것이 파장의 정수배가 될 때 밝아진다. 빛이 입사하는 경로가 유리면에 거의 수직일 때, 파동 2가 추가로 진행하는 경로는 대략 그곳의 공기막의 두께 t의 두 배가 되므로, 보강 간섭의 조건은

$$\underbrace{2t}_{\substack{\text{파동 2의} \\ \text{공기 속 경로}}} + \underbrace{\tfrac{1}{2}\lambda_{막}}_{\substack{\text{반사에 의한} \\ \text{위상 변화에 해당}}} = \underbrace{\lambda_{막}, 2\lambda_{막}, 3\lambda_{막}, \ldots}_{\text{보강 간섭 조건}}$$

이고, 이 식의 좌변과 우변의 각 항에서 $\frac{1}{2}\lambda_{막}$항을 소거하면

$$2t = \underbrace{\tfrac{1}{2}\lambda_{막}, \tfrac{3}{2}\lambda_{막}, \tfrac{5}{2}\lambda_{막}, \ldots}_{(m+\frac{1}{2})\lambda_{막} \quad m = 0, 1, 2, 3, \ldots}$$

이다. 그러므로,

$$t = \frac{(m+\frac{1}{2})\lambda_{막}}{2} \qquad m = 0, 1, 2, 3, \ldots$$

이다. 여기서, 막은 공기의 막임을 주목하라. 공기의 굴절률이 거의 1이므로, $\lambda_{막}$은 사실상 진공에서와 같고 따라서 $\lambda_{막}$= 552 nm 이다.

풀이

(a) t가 종이의 두께와 같을 때, m은 위의 식으로부터 구할 수 있다.

$$m = \frac{2t}{\lambda_{막}} - \frac{1}{2} = \frac{2(4.10 \times 10^{-5}\ \text{m})}{552 \times 10^{-9}\ \text{m}} - \frac{1}{2} = 148$$

첫 번째 밝은 무늬는 $m = 0$일 때 나타나므로, 밝은 무늬의 개수는 $m + 1 = \boxed{149}$이다.

(b) 두 유리판들이 닿아있는 곳에서는, 공기막의 두께가 영이고 광선들 사이의 차이는 단지 아래쪽 판으로부터의 반사에 의한 반파장의 위상 변화 뿐이므로 상쇄 간섭이 나타난다.

> **문제 풀이 도움말**
> 빛이 작은 굴절률의 물질에서 큰 굴절률의 물질로 향해 진행할 때에만 반사된 빛에서 위상 변화가 일어난다. 얇은 막에서의 간섭을 다룰 때에는 이러한 위상 변화를 반드시 고려해야 된다.

공기쐐기의 또 다른 유형은 렌즈나 거울의 표면이 구형인 경우 곡률 반지름을 결정하는데 사용될 수 있다. 그림 16.11(a)처럼 구면이 광학적 평판과 닿아 있으면, 그림 (b)와 같은 원형 간섭 무늬가 관측될 수 있다. 이 원형 무늬를 뉴턴의 고리(Newton's ring)라 부른다. 이것들은 그림 16.10(a)에서 만들어지는 직선 무늬의 경우와 같은 방법으로 만들어진다.

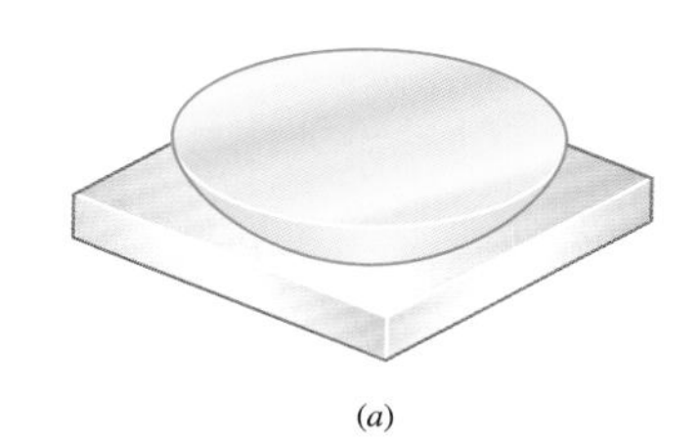

(a)

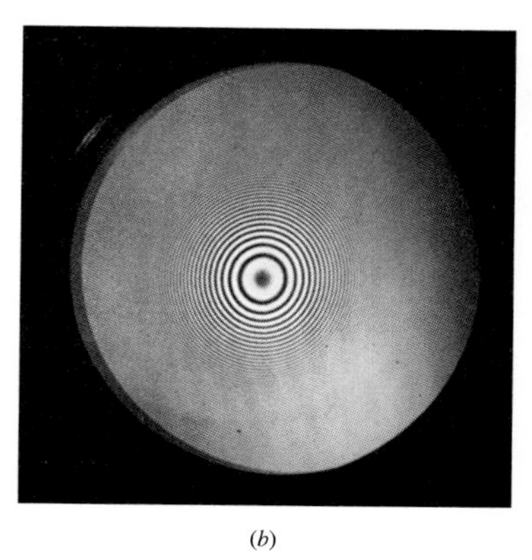

(b)

그림 16.11 (a) 볼록한 구면인 유리 표면과 광학적으로 편평한 판 사이의 공기쐐기에 의해 (b) 뉴턴의 고리라고 알려진 원형 간섭 무늬들이 생긴다.

16.4 마이켈슨 간섭계

간섭계는 두 광파사이의 간섭을 이용하여 빛의 파장을 측정하는데 사용되는 장치이다. 특히 유명한 간섭계 중의 하나가 마이켈슨(1852-1931)이 고안한 마이켈슨 간섭계이다. 이 간섭계는 반사를 이용하여 두 광파를 중첩시켜 간섭하게 하는 것으로써 그림 16.12는 이 장치의 구조를 보여준다. 단색 광원에서 나온 파동은 광선 분할기(beam splitter)－이것은 광파 빔을 두 부분으로 분할시키기 때문에 이렇게 부른다－에 입사한다. 광선 분할기는 뒷편이 은으로 얇게 도금되어 있어 그림에서 보는 바와 같이 빛의 일부를 파동 A처럼 위쪽으로 반사시키는 유리판이다. 그렇지만 도금이 매우 얇아서 빛의 나머지 부분이 파동 F처럼 곧바로 통과하도록 되어 있다. 파동 A는 조정 거울로 가서 반사되어 되돌아온다. 이것은 다시 광선 분할기를 통과하여 관찰 망원경으로 들어간다. 파동 F는 고정 거울로 가서 반사되어 되돌아와 광선 분할기에 의해 또다시 부분적으로 반사되어 관찰 망원경으로 들어간다. 여기서 파동 A는 관찰 망원경에 도달하기까지 광선 분할기의 유리판을 세 번 통과해 지나가는 반면에 파동 F는 단 한 번만 지나가는 것을 주목할 필요가 있다. 파동 F의 경로에 놓여있는 보정판은 광선 분할기 판과 같은 두께를 가지는 유리로, 파동 F 역시 관찰 망원경까지 가는 경로에서 동일한 두께의 유리를 세 번 통과해 지나가도록 하기 위한 것이다. 그러므로 망원경을 통해 파동 A와 F의 중첩을 관찰하는 관측자는 두 파동들이 왕복하는 경로의 길이 D_A와 D_F의 차이에 의해서 나타나는 보강 또는 상쇄 간섭을 보게 된다.

마이켈슨 간섭계의 물리

이제 두 거울이 서로 수직이고, 광선 분할기는 거울들에 대해 45° 각도를 이루고 있다고 가정하자. 거리 D_A와 D_F가 같을 때는 파동 A와 F는 같은 거리를 진행하여 경로차가 없으므로 망원경을 통해 보는 시야는 밝다. 그렇지만 조정 거울이 망원경으로부터 $\frac{1}{4}\lambda$의 거리 만큼 멀어진다면, 파동 A는 그 두 배의 거리 즉, $\frac{1}{2}\lambda$의 거리를 더 진행하게 된다. 이 경우는 두 파동이 관찰 망원경에 도달할 때 반대 위상이 되어, 상쇄 간섭이 일어나고 시야가 어두워진다. 만약 조정 거울이 더 멀리 움직여서 다시 두 파동들이 같은 위상이 되면 밝아진다. 즉 파동 A가 파동 F에 대하여 총 λ

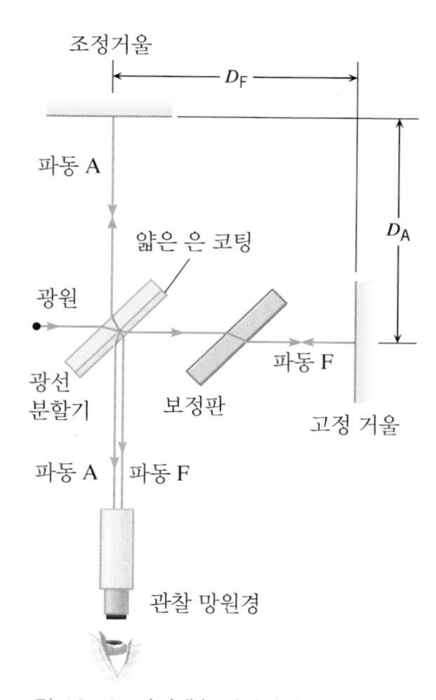

그림 16.12 마이켈슨 간섭계의 개략도

만큼의 거리를 더 진행할 때도 같은 위상이 된다. 그러므로 거울이 계속 해서 움직일 때는, 관찰자가 보는 시야가 밝았다가 어두워지고, 다시 밝아지는 등 밝기가 반복적으로 변하게 된다. D_A가 반파장 만큼 이동하는 동안 (빛이 왕복하는 거리의 변화가 λ) 밝은 시야가 어두워졌다가 다시 밝아지므로 D_A의 이동 거리로부터 빛의 파장을 구할 수 있다. 이러한 방법으로 많은 수의 파장을 세면, D_A의 이동 거리로부터 매우 정확한 파장을 측정할 수 있다.

16.5 회절

앞 절에서 우리는 선형 중첩의 원리를 사용하여 광파와 관련되는 간섭 현상을 분석하였다. 이제 선형 중첩의 원리를 사용하여 간섭 현상과 관련된 회절, 분해능, 그리고 회절 격자를 살펴보자.

우리가 12.3절에서 다루었던 것처럼, **회절**(diffraction)은 파동이 장애물이나 열린 곳의 가장자리 주위로 휘어져 퍼져나가는 것이다. 그림 16.13에서는 그림 12.9와 마찬가지로, 음파가 실내에서 출입구를 통하여 밖으로 진행하고 있는 것을 보여주고 있다. 음파가 출입구의 가장자리에서 휘어져 진행하므로(즉 회절하므로) 방 밖에 있는 사람이 출입구를 정면으로 바라보는 곳에 있지 않더라도 소리를 들을 수 있다.

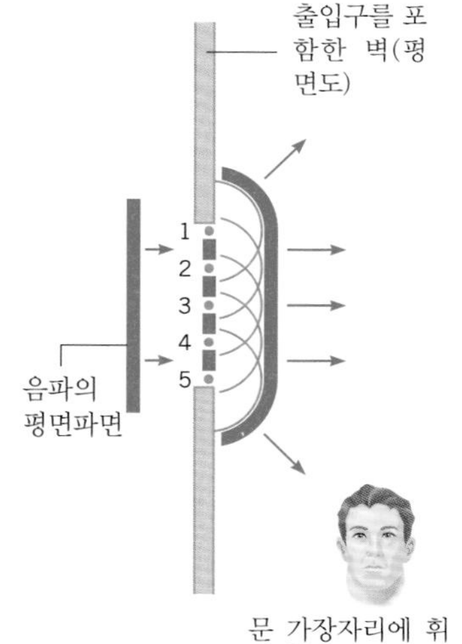

그림 16.13 음파는 출입구 가장자리에서 휘어져 진행한다. 따라서 열린 출입구 바로 앞에 있지 않은 사람도 소리를 들을 수 있다. 출입구에 있는 다섯 개의 빨간색 점은 빨간색으로 보이는 다섯 개의 호이겐스 잔 파동을 방출하는 파원으로 작용한다.

회절은 일종의 간섭 효과인데, 네덜란드 과학자 호이겐스(1629-1695)는 회절이 일어나는 이유를 잘 설명할 수 있는 원리를 제안했다. **호이겐스의 원리**(Huygen's principle)는 어느 순간의 파면이 나중의 파면을 어떻게 발생시키는가를 설명한다. 이 원리는 다음과 같다.

> 현재 파면상의 모든 점들은 새로운 잔 파동(wavelet)을 만든다. 이 잔 파동들은 구면 파동으로써 원래 파동과 같은 속력으로 진행하며 이후의 파면은 잔 파동들에 접하면서 에워싸는 표면이다.

호이겐스의 원리를 이용하여 그림 16.13에서의 음파의 회절을 설명해보자. 이 그림은 출입구에 접근하는 소리의 평면 파면을 위에서 바라본 평면도이다. 밖으로 빠져나가고 있는 파면 위의 5개의 점은, 호이겐스의 원리에 따라서 각각 빨간색 원호로 표시되는 잔 파동의 파원으로 작용한다. 점 2, 3과 4로부터의 잔 파동들의 접선을 그려보면, 출입구 앞쪽에서 파면이 평면이고 곧장 앞쪽으로 진행하는 것을 알 수 있다. 그러나 가장자리에 있는 점 1과 5에서 출발하는 잔 파동은, 파동이 직진한다면 도달될 수 없는 방향으로 새로운 파면을 만든다. 그러므로 음파는 출입구 가장자리에서 휘어져 진행한다(즉 회절된다).

호이겐스의 원리는 음파뿐만 아니라 모든 종류의 파동에도 적용된다. 예를 들어, 빛 또한 파동이므로 회절이 일어난다. 그러므로 다음과 같은 의문을 가질 수 있다. '음파가 출입구 가장자리에서 휘어져서 들을 수 있는 곳인데, 왜 빛은 그만큼 많이 휘지 않을까?' 광파도 출입구 가장자리에서 휘어져 퍼져나가지만 휘어지는 정도가 대단히 작아서 문 구석 옆에서 오는 빛이 휘어져 와서 그곳을 볼 수 있을 정도는 되지 않는다.

12장에서도 배웠지만, 파동이 열린 곳의 가장자리에서 휘어져 진행하는 정도는 λ/W 의 비에 따라 결정된다. 여기서 λ는 파동의 파장이고 W는 열린 곳의 폭이다. 그림 16.14의 사진은 수면파의 회절에서의 그 영향을 설명해주고 있다. 파동이 회절되는 정도는 각 사진에서 두 개의 빨간색 화살표로 표시되어 있다. 그림 (a)에서는 파장(밝은 두 파면 사이의 거리)이 열린 곳의 폭에 비해 작기 때문에 λ/W 비는 작아서 파동은 거의 휘지 않고 진행한다. 그림 (b)에서는, 파장이 더 길고 열린 곳의 폭은 더 작다. 그 결과, λ/W 비는 더 커지게 되고, 열린 곳의 가장자리에서 휘어지는 정도가 보다 두드러지게 된다.

그림 16.14의 사진을 기초로, 파장 λ의 광파가 폭 W가 대단히 작은, 즉 λ/W 비가 큰 곳을 통과해 지나갈 때 상당히 뚜렷하게 휘어지리라고 예측할 수 있다. 그림 16.15를 살펴보자. 이 그림에서, 평행 광선(평면 파면을 가진 광선)이 매우 얇은 슬릿을 통해 멀리 떨어져 있는 스크린을 비춘다고 가정하자. 그림 (a)는 만약 빛이 회절되지 않는다면 어떻게 되는가를 보여 준다. 빛은 직진하여 스크린에 슬릿의 모양이 그대로 나타난다. 그림 (b)는 회절이 일어나는 실제 상황을 보여준다. 빛은 슬릿의 가장자리에서 휘어지며, 스크린에서 슬릿과 직접 마주보고 있지 않는 영역들 중에서도 밝은 곳이 있다. 스크린의 회절 무늬는 슬릿과 평행인 중앙 밝은 띠와 중앙에서 멀어질수록 희미해지는 일련의 좁은 띠들로 이루어진다.

그림 16.16은 슬릿에 도착한 평면 파면과 잔 파동의 파원 5개를 위에

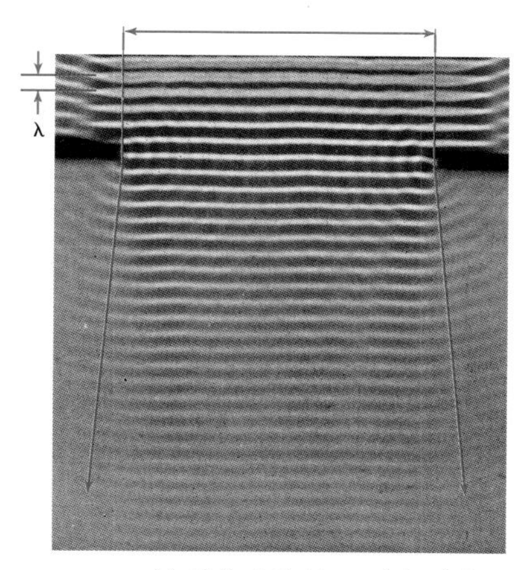

(a) 작은 값의 λ/W, 작은 회절

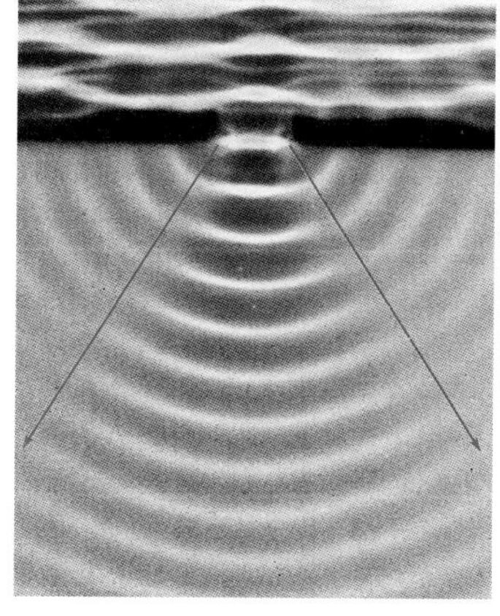

(b) 큰 값의 λ/W, 큰 회절

그림 16.14 이 사진들은 열린 곳으로 접근하는 수면파(수평선들)를 보여주며, 폭 W는 (b)에서보다 (a)에서 더 넓다. 파동의 파장 λ는 (b)에서보다 (a)에서 더 작아서 λ/W 비는 (a)에서보다 (b)에서 크며, 빨간 화살표로 표시된 바와 같이 (b)에서 회절이 커진다.

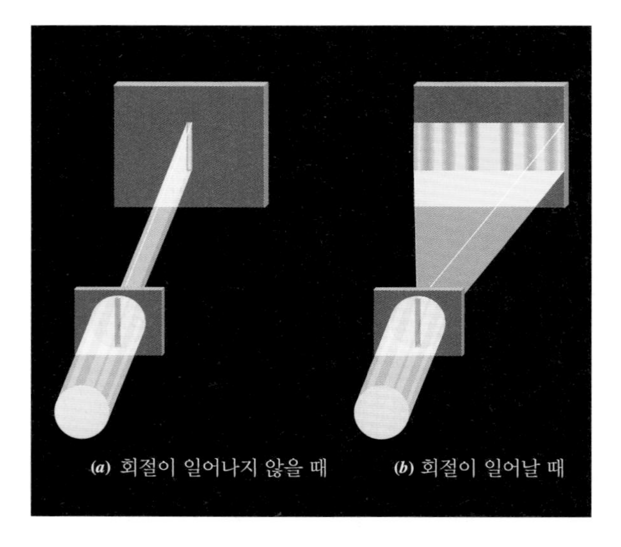

그림 16.15 (a) 빛이 매우 좁은 슬릿을 통과해 지나갈 때 회절이 일어나지 않는다면, 스크린에는 슬릿을 바로 마주보는 부분에만 빛이 비춰질 것이다. (b) 회절에 의해 빛은 슬릿의 가장자리 주위에서 휘어져 직진할 경우에는 닿을 수 없는 영역으로 진행하여 밝고 어두운 줄이 번갈아 나타나는 무늬를 형성한다. 그림에서는 이해를 돕기 위해 슬릿 폭이 실제보다 크게 그려져 있다.

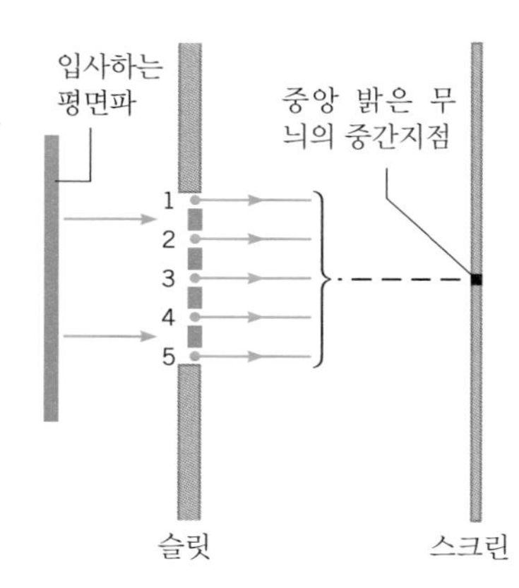

그림 16.16 평면 파면이 단일 슬릿으로 입사된다. 이 슬릿의 평면도는 호이겐스 잔 파동을 일으키는 다섯 개의 광원을 보여준다. 잔 파동들은 빨간 광선들이 보여주는 것처럼 스크린 상의 중앙 밝은 무늬의 중간지점을 향하여 진행한다. 스크린은 슬릿으로부터 아주 멀리 떨어져 있다.

서 바라본 것으로 회절 무늬 모양이 만들어지는 이유를 설명하고 있다. 어떻게 이들 5개의 파원에서 나온 빛이 스크린의 중앙에 도달하는가를 생각해보자. 스크린이 슬릿으로부터 아주 멀리 있어서 각 호이겐스 파원으로부터 나오는 광선들이 거의 평행하다고 가정하면*, 모든 잔 파동들은 중앙 점까지 거의 같은 거리를 진행하며, 같은 위상으로 그곳에 도달하게 된다. 결과적으로, 보강 간섭에 의해 슬릿과 바로 마주보고 있는 스크린 위에 중앙 밝은 무늬가 만들어지게 된다.

슬릿에 있는 호이겐스 파원으로부터 출발한 잔 파동들은 그림 16.17과 같이 스크린 위에서 상쇄 간섭을 일으킬 수도 있다. 그림 (a)는 각 파원으로부터 출발한 광선들이 첫 번째 어두운 무늬를 향하고 있는 것을 보여준다. 각 θ는 슬릿의 한가운데와 중앙 무늬의 중심을 잇는 선과 어두운 무늬가 생기는 방향 사이의 각도이다. 스크린이 슬릿으로부터 아주 멀리

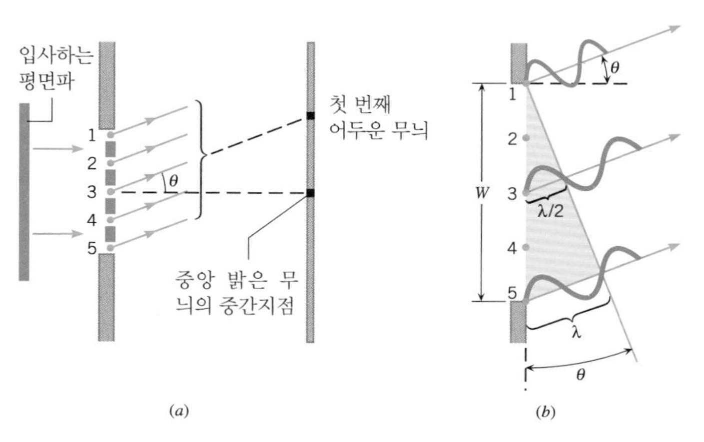

그림 16.17 이 그림들은 단일 슬릿 회절에서, 중앙 밝은 무늬의 양쪽에 상쇄 간섭에 의해 첫 번째 어두운 무늬를 만드는 것을 보여준다. 두 개의 어두운 무늬들 중 단지 하나만을 보여주고 있다. 스크린은 슬릿으로부터 아주 멀리 떨어져 있다.

* 광선이 평행할 때의 회절은 독일 광학자 조제프 폰 프라운호퍼(1787-1826)를 기려 프라운호퍼 회절이라 하고, 평행하지 않을 때의 회절은 프랑스 물리학자 오귀스탱 장 프레넬(1788-1827)의 이름을 따서 프레넬 회절이라 한다.

있으므로, 그림 (a)와 같이 각각의 호이겐스 파원으로부터 나온 광선들은 거의 평행이고 같은 각 θ의 방향으로 진행한다. 파원 1로부터 나오는 잔파동은 스크린까지 가장 짧은 거리를 진행하고, 반면에 파원 5에서 출발한 것은 가장 멀리 진행한다. 파원 5로부터 나오는 잔 파동이 진행한 거리가 파원 1에서 나온 파동의 거리 보다 그림의 색칠된 직각 삼각형에서 나타나는 것처럼 정확하게 한 파장 길 때 상쇄 간섭이 되어 첫 번째 어두운 무늬를 만들게 된다. 이 경우, 슬릿의 중심에 있는 파원 3으로부터 나오는 잔 파동의 진행 거리는 파원 1에서 출발할 때보다 파장의 절반만큼 더 길다.

그러므로, 그림 16.17(b)에서 파원 1과 3으로부터 나오는 잔 파동들은 스크린에 도달할 때 정확하게 반대 위상이 되고 상쇄 간섭을 하게 된다. 이와 마찬가지로, 파원 1의 약간 아래에서 시작된 잔 파동은 파원 3 아래로 같은 거리인 곳에서 시작되는 잔 파동을 상쇄시킨다. 그러므로 슬릿의 위쪽 절반에서부터 나오는 잔 파동은 아래쪽 절반에서부터 나오는 대응되는 잔 파동을 상쇄시키게 되고, 스크린에 도달하는 빛이 없어지게 된다. 색칠된 직각 삼각형에서 알 수 있듯이, 첫 번째 어두운 무늬가 위치하는 각 θ는 슬릿의 폭을 W라 할 때 $\sin\theta = \lambda/W$ 에 의해 구할 수 있다.

그림 16.18은 중앙 무늬의 양쪽으로 두 번째 어두운 무늬가 생기는 상쇄 간섭 조건을 보여준다. 스크린에 도착할 때, 파원 5로부터 나오는 빛은 파원 1로부터 나오는 빛보다 두 파장 길이만큼 더 멀리 진행한다. 이러한 조건에서는, 파원 5로부터 나오는 잔 파동은 파원 3으로부터의 잔 파동보다 한 파장 더 긴 경로를 진행하고, 파원 3으로부터 나오는 잔 파동은 파원 1로부터의 잔 파동보다 한 파장 더 긴 경로를 진행한다. 그러므로 슬릿의 각 절반을 앞서의 전체 슬릿과 같이 취급할 수 있다. 그래서 위쪽 절반에서부터 나오는 모든 잔 파동들은 결국 상쇄 간섭을 하게 되고, 아래쪽 절반에서부터 나오는 모든 잔 파동들도 상쇄 간섭을 하므로 어두운 무늬가 나타난다. 그림에서 색칠된 직각 삼각형은 $\sin\theta = 2\lambda/W$ 일 때 이러한 두 번째 어두운 무늬가 나타나는 것을 보여준다. 이러한 논의가 세 번째 그리고 높은 차수의 어두운 무늬에 대해서도 그대로 적용되므로, 일반적인 결과는 다음과 같다.

단일 슬릿 회절에 의한 어두운 무늬

$$\sin\theta = m\frac{\lambda}{W} \qquad m = 1, 2, 3, \ldots \tag{16.4}$$

각각의 어두운 무늬들 사이에는 보강 간섭에 의한 밝은 무늬가 있게 된다. 무늬의 밝기는, 음량이 소리의 세기에 관계되는 것과 마찬가지로, 빛의 세기에 관계된다. 스크린의 어떤 지점에서의 빛의 세기는 스크린의

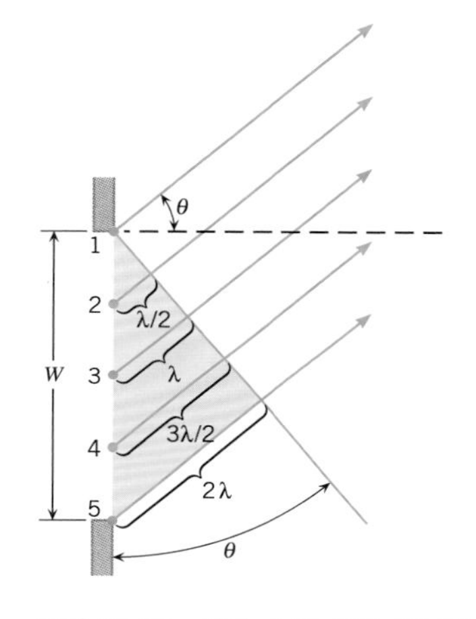

그림 16.18 단일 슬릿 회절 무늬에서, 다수의 어두운 무늬가 중앙 밝은 무늬의 양쪽에 나타난다. 이 그림은 아주 멀리 있는 스크린에 상쇄 간섭에 의해서 두 번째 어두운 무늬가 나타나는 것을 보여준다.

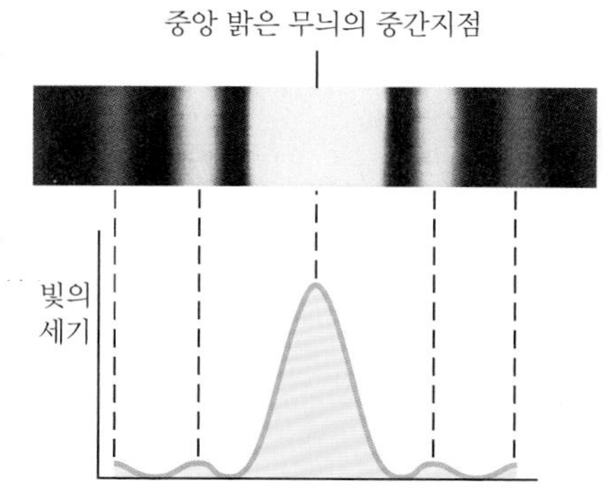

그림 16.19 이 사진은 중앙에 밝고 넓은 무늬가 있는 단일 슬릿의 회절 무늬를 보여준다. 보다 높은 차수의 밝은 무늬는 그래프에 나타나듯이 중앙 무늬보다 훨씬 세기가 약하다.

그 지점에 도달하는 단위 시간당 단위 넓이당 빛에너지다. 그림 16.19는 단일 슬릿 회절 무늬 사진과 함께 각도에 따른 빛의 세기의 그래프를 보여준다. 중앙의 밝은 무늬는 다른 밝은 무늬보다 두 배 정도 넓으며 그 세기가 월등히 크다.

중앙 무늬의 폭은 예제 16.4에서 설명되는 것처럼 회절의 정도를 표시하는 척도가 된다.

예제 16.4 | 단일 슬릿 회절

빛이 슬릿을 통과하여 $L = 0.40$ m 떨어진 거리에 있는 평면 스크린을 비춘다(그림 16.20 참조). 슬릿의 폭은 $W = 4.0 \times 10^{-6}$ m이다. 중앙 무늬의 가운데와 첫 번째 어두운 무늬 사이의 거리는 y이다. 진공에서의 빛의 파장이 (a) $\lambda = 690$ nm (빨간색)와 (b) $\lambda = 410$ nm (보라색)일 때 중앙 밝은 무늬의 폭 $2y$를 구하라.

살펴보기 중앙 무늬의 폭은 두 가지 요소에 의해 결정된다. 하나는 중앙의 양쪽으로 첫 번째 어두운 무늬가 위치하는 각 θ이다. 다른 것은 스크린과 슬릿 사이의 거리 L이다. θ와 L의 값이 커지면 중앙 무늬는 더 넓어지게 된다. θ의 값이 더 크다는 것은 회절이 더 많이 된다는 것을 의미하고 이것은 λ/W 비가 더 커질 때 나타난다. 그러므로 λ가 커질 때 중앙 무늬의 폭이 더 커지게 되는 것을 알 수 있다.

풀이 (a) 구하는 각 θ는 식 16.4에서 $m = 1$인 첫 번째 어두운 무늬의 각도이다. 즉 $\sin\theta = (1)\lambda/W$ 이다. 그러므로,

$$\theta = \sin^{-1}\left(\frac{\lambda}{W}\right) = \sin^{-1}\left(\frac{690 \times 10^{-9}\ \text{m}}{4.0 \times 10^{-6}\ \text{m}}\right) = 9.9°$$

그림 16.20에서, $\tan\theta = y/L$ 이므로

$$y = L\tan\theta = (0.40\ \text{m})\tan 9.9° = 0.070\ \text{m}$$

그러므로 중앙 무늬의 폭은 $\boxed{2y = 0.14\ \text{m}}$이다.

(b) 위의 계산을 $\lambda = 410$ nm 일 때 다시 하면 $\theta = 5.9°$ 이고 $\boxed{2y = 0.083\ \text{m}}$가 된다. 예측한 대로, 파장 λ가 더 큰 (a)에서 폭 $2y$가 더 큰 것을 알 수 있다.

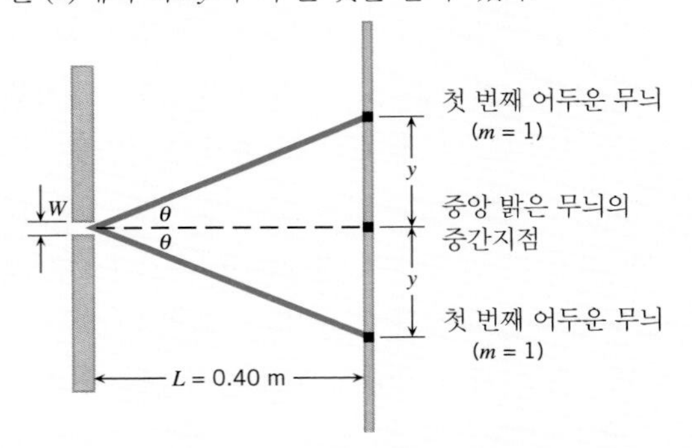

그림 16.20 거리 $2y$는 중앙 밝은 무늬의 폭이다.

컴퓨터 칩의 제작에서는 회절의 영향을 최소화시키는 것이 중요하다. 칩들은 많은 수의 미세한 전자 부품을 포함하고 있으며 소형화하기 위해 그 패턴을 만드는데 사진 평판술(photolithography)을 사용한다. 먼저 사진 슬라이드와 유사한 마스크(mask)위에 칩의 패턴을 만든다. 그 다음에 마스크를 통하여 감광 물질이 코팅된 실리콘 웨이퍼에 빛을 비춘다. 코팅에서 감광된 부분은 화학적으로 제거되어 칩의 패턴에 해당하는 아주 미

세한 선들만 최종적으로 남는다. 마스크 위의 패턴들은 좁은 슬릿과 같은 작용을 해서 빛이 통과할 때, 회절에 의해 빛이 퍼지게 된다. 빛이 많이 퍼지면 실리콘 웨이퍼에 코팅된 감광 물질 위에 선명한 패턴이 만들어지지 않는다. 패턴의 초소형화를 위해서는 회절의 최소화가 바람직하므로, 현재는 가시 광선보다 파장이 더 짧은 자외선을 이용하고 있다. 예제 16.4에서 설명된 바와 같이 파장 λ가 짧아지면, λ/W의 비가 작아서, 회절이 덜 일어난다. 최근에는 자외선 보다 훨씬 짧은 파장을 지닌 X선을 이용하는, X선 평판술이 집중적으로 연구되고 있다. 이것이 성공한다면 회절을 더 많이 감소시킬 수 있어서 컴퓨터 칩을 더욱 소형화시킬 수 있다.

회절의 또 다른 예는 점광원에서 나온 빛이 동전과 같은 불투명한 원판에 비춰질 때 볼 수 있다(그림 16.21). 회절이 없다면 동전의 그림자가 생기겠지만 회절에 의하여 몇 가지가 달라진다. 우선 원판의 가장자리 근처에서 휘어지는 광파는 그림자의 중심에서 보강 간섭을 하여 작은 밝은 점을 형성한다. 또한 그림자 영역에 밝은 무늬가 동심원으로 나타난다. 원형 그림자와 밝게 비춰진 스크린 사이의 경계가 선명하지 않고 밝고 어두운 동심원의 무늬로 이루어져 있다. 이러한 여러 가지의 무늬들은 단일 슬릿의 경우와 비슷하게, 원판의 가장자리 부근의 서로 다른 점으로부터 시작되는 호이겐스 잔 파동들 사이의 간섭에 의해 만들어진다.

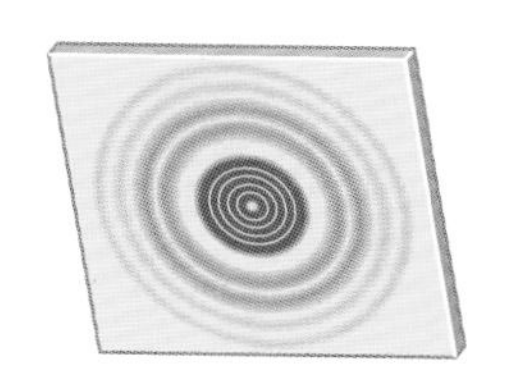

그림 16.21 불투명한 원판에 의해 만들어지는 회절 무늬는 어두운 그림자의 중심에 있는 작은 밝은 점, 그림자 속의 밝은 원형 무늬, 그리고 그림자를 둘러싸고 있는 동심원의 밝고 어두운 무늬로 이루어진다.

컴퓨터 칩 생산을 위해 사용되는 사진 평판술의 물리

16.6 분해능

그림 16.22는 카메라로부터 점점 멀어지는 자동차의 전조등을 찍은 세 장의 사진이다. 그림 (a)와 (b)에서는, 두 개의 전조등이 분리되어 있는 것을 명확히 볼 수 있다. 그렇지만 그림 (c)에서는 차가 너무 멀리 있어서 두 개의 전조등이 거의 하나의 불빛처럼 보인다. 카메라와 같은 광학기기가 인접한 두 물체를 구별할 수 있는 능력을 분해능(resolving power)이라 한

그림 16.22 자동차 전조등을 카메라로부터의 거리를 변화시키며 촬영한 것이다. (a)가 가장 가깝고 (c)가 가장 멀다. (c)에서는 너무 멀어서 두 개의 전조등이 한 개처럼 보인다.

(a)

(b)

(c)

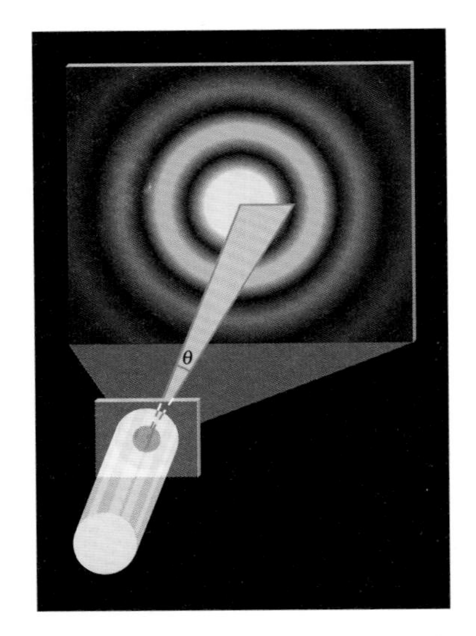

그림 16.23 빛이 작은 원형 구멍을 통과할 때, 스크린에 원형 회절 무늬가 만들어진다. 중앙의 밝은 영역의 중심에 대한 첫 번째 어두운 무늬의 각이 θ이다. 밝은 무늬의 세기와 구멍의 지름은 실제보다 과장되어 있다.

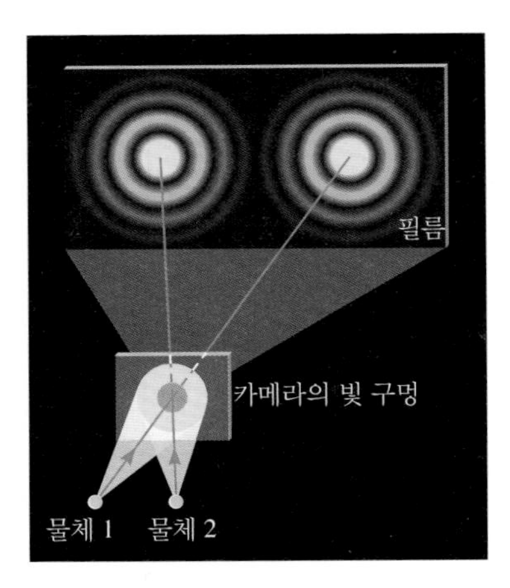

그림 16.24 두 개의 점으로부터 나온 빛이 카메라의 원형 구멍을 통해 지나갈 때, 필름의 상과 같이 두 개의 원형 회절 무늬가 만들어진다. 여기서 그 상들은 두 점의 사이가 멀리 떨어져 있으므로 완전하게 분리되어 있다.

다. 높은 분해능의 카메라로 이들 사진을 찍는다면, 그림 (c)의 사진도 전조등 두 개가 뚜렷하게 분리되어 보일 것이다. 망원경이나 현미경에 대해서도 마찬가지 원리가 적용된다. 카메라, 망원경, 현미경, 그리고 사람의 눈 등 원형, 또는 거의 원형에 가까운 형태의 구멍을 빛이 통과할 때 나타나게 되는 회절에 대해 알아보자. 결과적으로 이들 기기의 분해능을 결정하는 것은 바로 회절 무늬이다.

그림 16.23은 스크린이 작은 원형 구멍으로부터 멀리 떨어져 있을 때 그 구멍에 의해 만들어지는 회절 무늬를 보여준다. 회절 무늬는 중앙의 밝은 무늬와 주위의 밝은 동심원으로 구성되어 있다. 각각의 밝은 무늬 사이에는 어두운 무늬가 있다. 이들 무늬는 단일 슬릿이 만들어내는 줄무늬와 유사하다. 그림에서의 θ는 원형 구멍의 중심에서 잴 때, 중앙의 밝은 영역의 한가운데와 첫 번째 어두운 무늬까지의 각도이며 다음과 같이 주어진다.

$$\sin\theta = 1.22\frac{\lambda}{D} \tag{16.5}$$

여기서 λ는 빛의 파장이고 D는 구멍의 지름이다. 이러한 표현은 슬릿에 대한 식 16.4 ($m = 1$일 때 $\sin\theta = \lambda/W$)와 비슷하며, 스크린까지의 거리가 지름 D에 비해 아주 클 때 적용된다.

광학기기가 두 물체를 분해할 수 있다는 것은 분리된 두 상을 만들 수 있다는 것을 뜻한다. 떨어져 있는 두 개의 점 물체로부터 나온 빛이 카메라의 원형 구멍을 통과하여 필름에 상이 맺히는 경우를 생각해보자. 그림 16.24와 같이, 각 상은 원형의 회절 무늬이다. 그러나 그 두 개의 무늬는 완전히 분리되어 있다. 이에 반해서, 만약 두 물체가 보다 가깝다면, 그림 16.25(a)처럼 회절 무늬가 겹쳐지게 될 것이다. 보다 더 가까우면 무늬들을 개별적으로 구별하는 것이 불가능하게 된다. 그림 16.25(b)에서는 회절 무늬가 겹쳐있지만, 물체가 두 개라는 것을 알아보지 못할 정도는 아니다. 그러므로 인접한 물체들의 분리된 상을 만들 수 있는 성능은 회절이 결정하게 된다.

두 개의 가까이 있는 물체들의 상이 광학기기에서 분리될 것인지 여부를 판단하기 위한 기준을 정해두는 것이 편리하다. 그림 16.25(a)는 레일리 경(1842-1919)이 처음 제안했던 분해능에 대한 레일리 기준을 보여준다.

> 인접한 두 점에 의한 회절 무늬에서, 한 점에 의한 첫 번째 어두운 회절 무늬가 다른 점에 의한 회절 무늬의 중심과 일치할 때를 두 점이 분해되는 기준으로 한다.

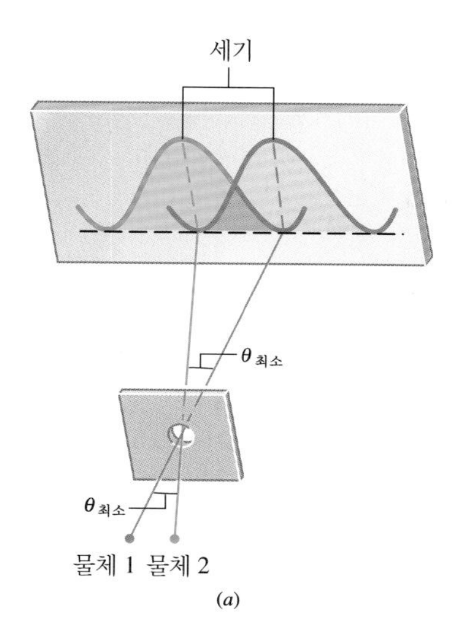

(a)

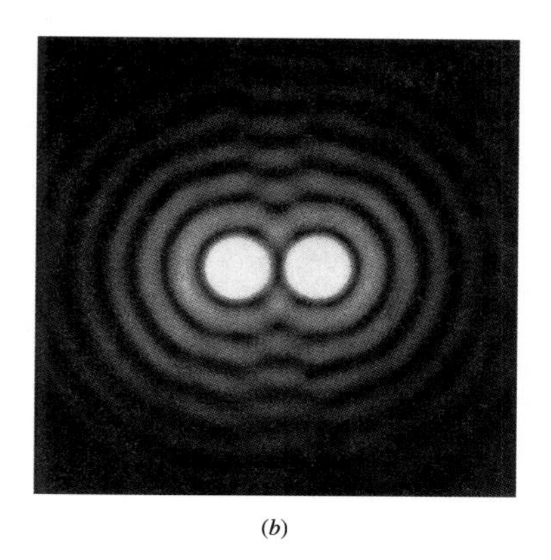

(b)

그림 16.25 (a) 레일리 기준에 따르면, 두 개의 점들은 그 상들 중 하나의 첫 번째 어두운 무늬(세기가 0)가 다른 상의 밝은 무늬(세기가 최대)의 중심에 바로 겹쳐질 때 가까스로 분해된다. (b) 이 사진에서 두 개의 회절무늬가 겹쳐있지만 분해할 수 있다.

그림에서 두 물체 사이의 최소각 $\theta_{최소}$는 식 16.5에 의해 주어진다. 만약 $\theta_{최소}$가 라디안 각이고 1 보다 충분히 작으면, $\sin\theta_{최소} \approx \theta_{최소}$이다. 그러면 식 16.5는 다음과 같이 고쳐 쓸 수 있다

$$\theta_{최소} \approx 1.22\frac{\lambda}{D} \quad (\theta_{최소}\text{: 라디안 각}) \tag{16.6}$$

주어진 파장 λ와 지름 D에 대하여, 이 식은 두 작은 물체가 분해될 수 있는 최소 각을 의미한다. 식 16.6에 따르면, 가까이 있는 두 물체를 분해하기 위해서는 광학기기의 지름을 크게 해야 하고 파장은 짧게 해서 $\theta_{최소}$가 작은 값이 되어야 한다. 예를 들어, 2.4 m 지름의 거울을 가진 허블 천체 망원경으로 짧은 파장의 자외선을 사용하면 약 $\theta_{최소} = 1 \times 10^{-7}$ rad의 각거리가 있는 두 개의 인접한 별을 분해할 수 있다. 이러한 각거리는 망원경으로부터 100 km(약 62 mile) 떨어진 거리에서 1 cm 간격의 나란한 두 개의 물체들을 분해하는 것에 해당한다. 예제 16.5는 사람의 눈과 독수리 눈의 분해능을 다루고 있다.

사람의 눈과 독수리의 눈을 비교하는 물리

예제 16.5 사람의 눈과 독수리의 눈

(a) 행글라이더가 고도 $H = 120$ m에서 날고 있다. 초록색 빛(진공에서의 파장 = 555 nm)이 $D = 2.5$ mm의 지름을 가진 조종사의 동공으로 들어간다. 조종사가 지상에 있는 두 개의 점 물체를 구별하기를 원한다면 두 물체의 간격은 얼마가 되어야 하는가? (그림 16.26 참조) (b) 독수리 눈 동공은 지름이 $D = 6.2$ mm이다. 글라이더와 같은 높이로 날고 있는 독수리에 대하여 (a)를 다시 풀어라.

살펴보기 레일리 기준에 따라, 두 물체는 조종사의 동공에 대해 각 $\theta_{최소} \approx 1.22\lambda/D$에 해당하는 거리 s 이상 떨어져 있어야 한다.* 라디안 각을 사용하는 것을

* 레일리의 기준을 적용할 때, 공기 중의 파장과 거의 같은 진공의 파장을 사용한다. 회절은 굴절율 n=1.36인 눈 속에서 일어나므로 식 16.3에 따라 $\lambda_{눈} = \lambda_{진공}/n$이지만 진공의 파장을 쓴다. 그 이유는 눈 속으로 빛이 들어갈 때 스넬의 법칙에 따라 굴절이 되며, 스넬의 법칙에 굴절률이 들어 있어서 입사각이 작은 경우 두 효과가 상쇄되기 때문이다.

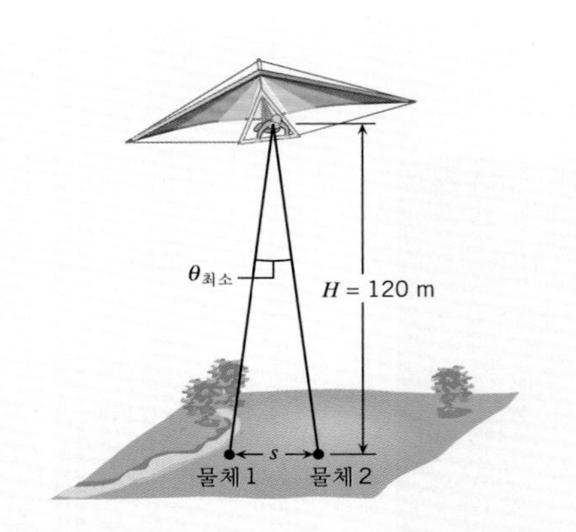

그림 16.26 만약 행글라이더를 타고 있는 사람이 지상에 있는 한 물체를 다른 물체와 구별하여 보기 원한다면, 레일리 기준은 지상의 인접한 두 물체를 분리해 낼 수 있는 최소 거리 s를 추정하는데 사용할 수 있다.

기억하면, $\theta_{최소}$를 고도 H와 원하는 거리 s에 관련시킬 수 있다.

풀이 (a) 레일리 기준을 사용하면

$$\theta_{최소} \approx 1.22\frac{\lambda}{D} = 1.22\left(\frac{555 \times 10^{-9}\text{ m}}{2.5 \times 10^{-3}\text{ m}}\right) \qquad (16.6)$$
$$= 2.7 \times 10^{-4}\text{ rad}$$

식 8.1에 따라서, $\theta_{최소} \approx s/H$이므로,

$$s \approx \theta_{최소} H = (2.7 \times 10^{-4}\text{ rad})(120\text{ m}) = \boxed{0.032\text{ m}}$$

(b) 독수리눈의 동공은 사람 눈의 동공보다 크므로, 보다 더 가깝게 있는 두 물체를 분리해 볼 수 있다. D = 6.2 mm 일 때 (a)와 동일한 계산을 하면 $\boxed{s = 0.013\text{ m}}$가 된다.

문제 풀이 도움말
식 16.6($\theta_{최소} \approx 1.22\lambda/d$)에서 분해가 가능한 두 물체 사이의 최소 각$\theta_{최소}$는 라디안 단위의 각도이지 도(degree) 단위의 각도가 아니다.

16.7 회절 격자

회절 격자의 물리

단색광이 단일 또는 이중 슬릿을 지나갈 때 밝고 어두운 회절 무늬가 나타남을 보았다. 이러한 무늬는 빛이 세 개 이상의 슬릿을 통과할 때도 나타나게 되며, 수많은 평행 슬릿들로 이루어진 **회절 격자**(diffraction grating)는 여러 분야에서 사용되는 중요한 광학기기이다. 어떤 회절 격자는 센티미터 당 40000 개 이상의 슬릿을 갖는 것도 있다. 회절 격자를 만드는 방법의 하나는 다이아몬드 절단기로 유리판 위에 조밀한 평행선들을 새겨 넣는 것인데 평행선들 사이의 부분이 슬릿으로 작용한다. 회절 격자의 슬릿 수는 보통 센티미터당 평행선의 수로 나타난다.

그림 16.27은 5개의 슬릿으로 된 회절 격자로부터 멀리 떨어져 있는 스크린에 빛이 진행하여 중앙의 밝은 무늬와 양쪽의 1차의 밝은 무늬를 어떻게 만드는지를 보여준다. 3차 이상의 밝은 무늬는 그림에서 나타내지

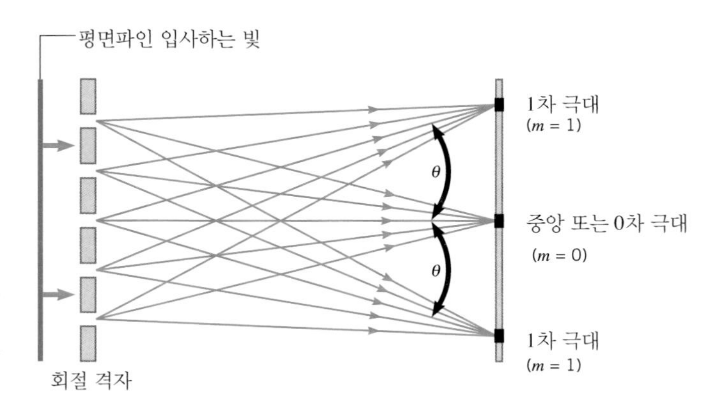

그림 16.27 빛이 회절 격자를 통과할 때, 중앙 밝은 무늬(m = 0)와 보다 큰 차수의 밝은 무늬(m = 1, 2,...) 가 멀리 떨어진 스크린에 만들어진다.

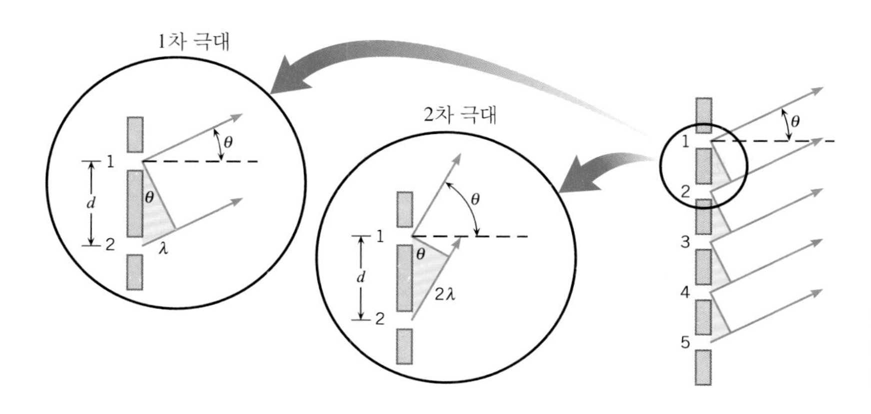

그림 16.28 회절 격자에서 1차 극대와 2차 극대가 되는 조건들을 보이고 있다.

않았다. 각각의 밝은 무늬는 회절 격자에서 볼 때 중앙 무늬의 중심에서부터의 각 θ로 그 위치를 나타낸다. 이러한 밝은 무늬들을 주요무늬 또는 주극대라 부른다. '주요'라는 말은 훨씬 밝기가 어두운 부차적인 무늬 또는 부극대와 구별하기 위한 것이다.

주요 무늬들은 각 슬릿에서 나온 빛들의 보강 간섭에 의한 것이다. 그림 16.28에서 어떻게 보강 간섭이 일어나는지 살펴보자. 스크린이 회절 격자로부터 멀리 떨어져 있는 경우, 스크린을 향하는 광선들은 평행하다고 볼 수 있다. 1차 극대의 위치에 도달하기까지, 슬릿 2에서 나온 빛은 슬릿 1에서 나온 빛보다 한 파장 더 진행한다. 그림의 오른쪽에서 네 개의 색칠된 직각 삼각형에서 보는 바와 같이 슬릿 3으로부터 나온 빛은 슬릿 2로부터 나온 빛보다 한 파장의 거리를 더 진행한다. 나머지도 마찬가지이다. 이들 직각 삼각형이 확대된 왼쪽 그림을 보면, 1차 극대의 보강 간섭이 일어나는 조건은 슬릿 사이의 간격을 d라 하면 $\sin\theta = \lambda/d$를 만족하는 경우이다. 2차 극대는 인접한 슬릿으로부터 나온 빛들의 경로차가 파장의 두 배일 때, 따라서 $\sin\theta = 2\lambda/d$일 때 나타난다. 일반적으로 아래와 같이 쓸 수 있다.

회절 격자의 주극대 $$\sin\theta = m\frac{\lambda}{d} \qquad m = 0, 1, 2, 3, \ldots \qquad (16.7)$$

슬릿들 사이의 간격 d는 회절 격자의 센티미터당 슬릿 수로부터 계산할 수 있다. 한 예로, 센티미터당 2500 개의 슬릿이 있는 격자의 슬릿 간격은 $d = (1/2500)\,\text{cm} = 4.0\times10^{-4}\,\text{cm}$이다. 식 16.7은 이중 슬릿에 대한 식 16.1과 같다. 그렇지만, 빛의 세기를 나타낸 그래프인 그림 16.29에서 볼 수 있듯이, 회절 격자는 이중 슬릿보다 훨씬 좁고 선명한 밝은 무늬를 만든다. 또한 이 그림에서 회절 격자의 주극대 사이에는 훨씬 작은 세기의 부극대가 있다는 것도 주목할 필요가 있다.

다음 예제는 여러 색깔이 혼합되어 있을 때, 회절 격자가 각 성분들을 어떻게 분리해 낼 수 있는 지를 설명하고 있다.

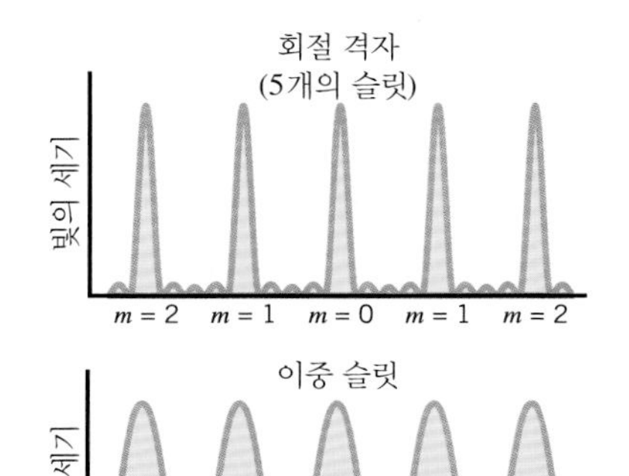

그림 16.29 회절 격자에 의해 만들어지는 밝은 무늬들은 이중 슬릿에 의해 만들어지는 것보다 훨씬 폭이 좁다. 주극대 사이에 3개의 부차적인 밝은 무늬를 주목하라. 슬릿의 수가 많으면, 이들 부극대의 세기는 약해진다.

예제 16.6 회절 격자에 의한 색 분리

보라색 빛(진공에서 $\lambda = 410\text{ nm}$)과 빨간색 빛(진공에서 $\lambda = 660\text{ nm}$)의 혼합 광이 1.0×10^4선/cm의 회절 격자에 의해 분리되는지를 알기 위해 두 빛에 대해 1차 극대가 생기는 각 θ들을 구하라.

살펴보기 여기서 식 16.7을 사용하기 위해서는, 슬릿들 사이의 간격 d가 필요하다. $d = 1/(1.0 \times 10^4$ 선/cm$) = 1.0 \times 10^{-4}\text{ cm}$ 또는 $1.0 \times 10^{-6}\text{ m}$이다. 보라색 빛에 대하여 1차 극대($m = 1$)의 각 $\theta_{보라색}$은 $\sin\theta_{보라색} = m\lambda_{보라색}/d$에 의해 주어지고, 빨간색 빛에 대해서도 같은 방법을 적용한다.

풀이 보라색 빛에 대해, 1차 극대의 각은

$$\theta_{보라색} = \sin^{-1}\frac{\lambda_{보라색}}{d} = \sin^{-1}\left(\frac{410 \times 10^{-9}\text{ m}}{1.0 \times 10^{-6}\text{ m}}\right) = \boxed{24°}$$

이다. 빨간색 빛에 대해, $\lambda_{빨간색} = 660 \times 10^{-9}\text{ m}$를 대입하면 $\boxed{\theta_{빨간색} = 41°}$가 나온다. $\theta_{보라색}$과 $\theta_{빨간색}$이 다르므로 보라색과 빨간색의 1차 밝은 무늬가 스크린에서 분리되는 것을 알 수 있다.

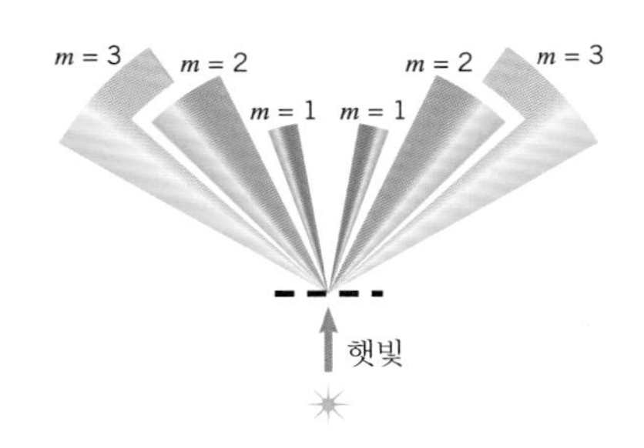

그림 16.30 햇빛이 회절 격자에 입사할 때, 각 주극대($m = 1, 2, \ldots$)에서 무지개와 같은 색들이 생긴다. 그러나 중앙의 극대($m = 0$)는 흰색이다.

예제 16.6의 빛이 태양 광선이라면, 보라색과 빨간색 사이의 모든 색들(파장들)을 포함하고 있으므로 1차 극대의 각들은 24°에서 41° 사이의 모든 값들을 가질 수 있다. 그 결과, 그림 16.30과 같이 스크린의 중앙 무늬 양쪽에 무지개 색깔들이 나타난다. 이 그림은 $m = 2$인 2차의 색 스펙트럼이 $m = 1$인 1차의 것으로부터 완전히 분리되는 것을 보여준다. 그렇지만, 더 높은 차수에서는, 인접한 차수로부터의 스펙트럼들이 겹쳐지게 될 수도 있다(연습 문제 19 참조). 중앙 극대($m = 0$)는 모든 색들이 겹쳐지므로 흰색이 된다.

회절 격자 분광기의 물리 ●

회절 격자에 의해 생기는 주극대의 각을 측정하는 장치를 회절 격자 분광기라고 부른다. 각을 측정하면 예제 16.6과 같은 계산을 통하여 빛의 파장을 구할 수 있다. 18장에서 논의하겠지만, 기체 원자들은 불연속적인 파장의 빛을 방출하며, 이들 파장값을 구하여 원자 종류를 확인할 수 있다. 이것은 미지의 물질을 분석하는 중요한 기술이 되고 있다. 그림 16.31은 회절 격자 분광기의 원리를 보여준다. 광원(예를 들어 뜨거운 기체)으로부터 나온 빛이 좁은 슬릿으로 입사하며, 슬릿은 조준 렌즈의 초점에 놓여 있어서, 렌즈를 통과한 나온 광선들은 평행하게 회절 격자에 입사한다. 밝은 무늬를 정밀하게 관측하기 위하여 망원경이 사용되며 각 θ를 구할 수 있게 된다.

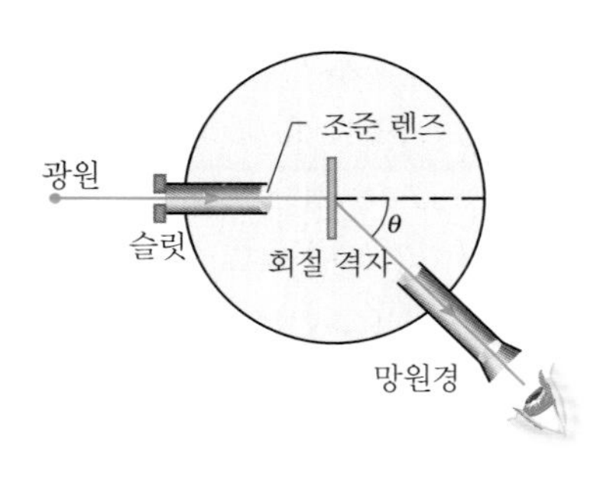

그림 16.31 회절 격자 분광기

16.8 X선 회절

사람이 만드는 회절 격자뿐 아니라 자연에도 회절 격자가 존재한다. 사람이 만드는 회절 격자는 평행선으로 되어 있지만, 천연의 회절 격자는 그

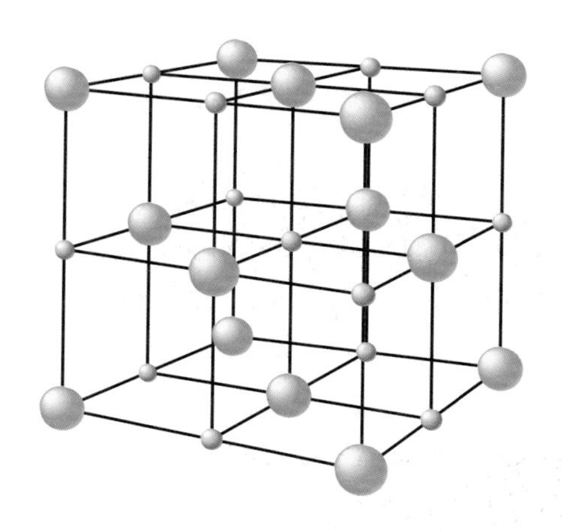

그림 16.32 염화나트륨의 결정 구조 그림에서 빨간색 작은 구는 나트륨 양이온을 나타내고, 파란색 큰 구는 염소 음이온을 나타낸다.

림 16.32의 소금(NaCl) 결정의 구조에서 보는 바와 같이 원자들이 규칙적으로 배열된 결정들이다. 고체 결정의 원자들은 약 1.0×10^{-10} m의 간격으로 떨어져 있어서 원자들의 결정 배열은 슬릿 간격이 같은 회절 격자처럼 작용한다. 식 16.7에서 $\sin\theta = 0.5$, $m = 1$이라고 가정하면, $0.5 = \lambda / d$이다. 이 식에서 $d = 1.0 \times 10^{-10}$ m의 값은 $\lambda = 0.5 \times 10^{-10}$ m의 파장을 가져야 한다는 것을 의미한다. 이러한 파장은 가시 광선의 것보다 훨씬 짧은 X선 영역에 해당된다(그림 13.9 참조).

예를 들어 X선을 NaCl 결정에 비추면 그림 16.33(a)와 같은 회절 무늬가 나타나게 된다. 일반적으로 결정들의 구조는 복잡한 3차원 구조이므로 회절 무늬는 점들의 복잡한 배열이다. 이것으로부터 원자들 사이의 간격과 결정 구조의 특성을 알아낼 수 있다. X선 회절은 또한 단백질, 핵산과 같은 생물학적으로 중요한 분자들의 구조를 이해하는데 큰 기여를 하였다. 가장 유명한 결과 중의 하나가 1953년 왓슨과 크릭이 발견한 이중 나선형의 핵산 DNA의 구조이다. 그림 16.33(b)과 같은 X선 회절 무늬가 그들의 발견에 결정적인 역할을 하였다.

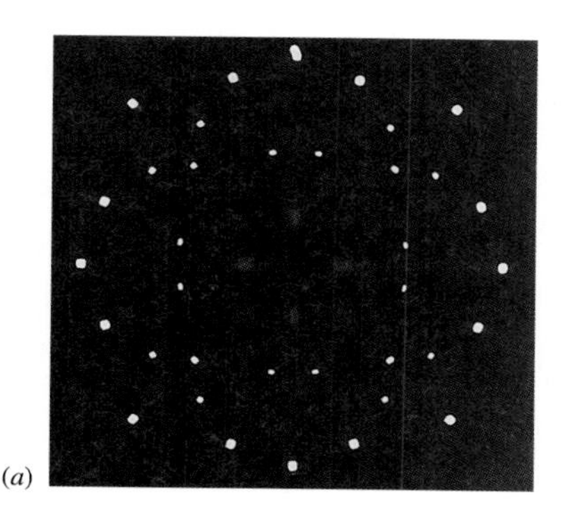

(a)

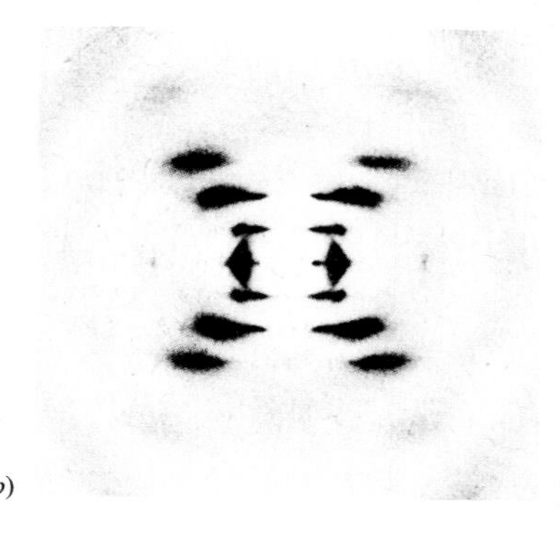

(b)

그림 16.33 (a) NaCl 결정과 (b) DNA 결정으로부터 얻은 X선 회절 무늬. 이 DNA의 회절 무늬는 1953년 로잘린드 프랭클린이 실험을 해서 얻은 것이며, 그해 왓슨과 크릭에 의해 DNA의 구조가 발견되었다.

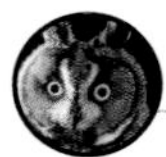

연습 문제

16.1 선형 중첩의 원리

16.2 영의 이중 슬릿 실험

1(1) 평면 스크린이 한 쌍의 슬릿으로부터 4.5 m 되는 지점에 놓여 있다. 스크린에서 중앙 밝은 무늬와 1차 밝은 무늬 사이의 간격이 0.037 m이다. 슬릿을 비추는 빛의 파장은 490 nm라 한다. 슬릿 사이의 간격을 구하라.

2(5) 영의 이중 슬릿 실험에서 2차 밝은 무늬가 위치하는 각이 2.0°이다. 슬릿 사이의 간격이 3.8×10^{-5} m이라 할 때 빛의 파장은 얼마인가?

***3(7)** 영의 이중 슬릿 실험에서 빛의 파장이 425 nm이고 평면 스크린 위에서 2차 밝은 무늬와 중앙 밝은 무늬 사이의 간격 y가 0.0180 m이다. 스크린 위의 무늬가 위치하는 각은 $\sin\theta \approx \tan\theta$라고 볼 수 있을 만큼 대단히 작다고 가정한다면, 빛의 파장이 585 nm일 때 간격 y를 구하라.

****4(9)** 플라스틱판($n = 1.60$)이 이중 슬릿 중 한 개의 슬릿을 덮고 있다(그림 참조). 단색광($\lambda_{진공} = 586$ nm)이 이중 슬릿을 비출 때, 스크린의 중앙에는 밝은 무늬가 아니라 어두운 무늬가 만들어진다. 플라스틱의 최소 두께는 얼마인가?

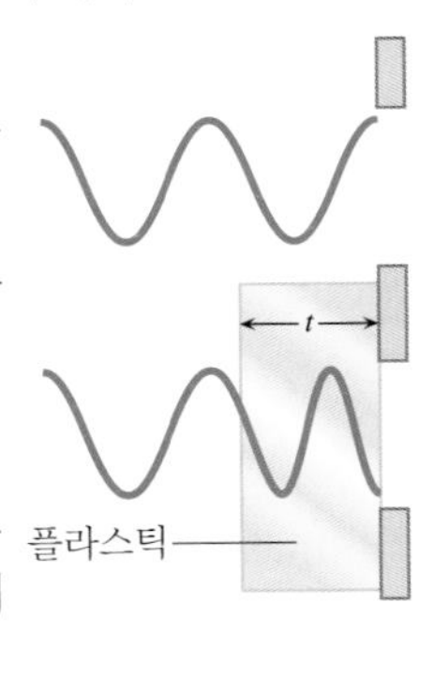

16.3 얇은 막에서의 간섭

5(11) 카메라 렌즈에는 불화마그네슘(MgF_2, $n = 1.38$)의 무반사막(반사 방지막)이 유리($n = 1.52$)에 코팅되어 있다. 이 박막에서의 간섭으로 연녹색 빛(진공에서의 파장 = 565 nm)의 반사가 일어나지 않게 된다면, 막의 최소 두께는 얼마인가?

6(13) 빨간색 빛($\lambda_{진공} = 661$ nm)과 초록색 빛($\lambda_{진공} = 551$ nm)의 혼합 광이 양쪽이 공기로 된 비눗물 막($n = 1.33$)에 수직으로 입사한다. 초록색 빛의 상쇄 간섭으로 반사된 빛이 빨간색으로 보일 때, 막의 최소 두께는 얼마인가?

***7(15)** 주황색 빛($\lambda_{진공} = 611$ nm)이 공기 속의 비눗물 막($n = 1.33$)에 수직으로 입사한다. 반사된 빛에서 보강 간섭이 발생하여 밝게 보일 때, 막의 최소 두께는 얼마인가?

***8(17)** 얇은 기름막이 젖은 포장 도로 위에 퍼져 있다. 기름의 굴절률은 물의 것보다 크고, 막의 두께는 빨간색 빛(진공에서의 파장 = 640.0 nm)으로 볼 때 상쇄 간섭에 의해 어둡게 보이는 최소의 값이다. 가시 광선의 스펙트럼이 380에서부터 750 nm까지 라고 가정하면, 보강 간섭에 의해 그 막이 밝게 보이는 가시 광선의 (진공에서의) 파장(들)은 어떤 것인가?

16.5 회절

9(19) 파장이 675 nm인 빛이 단일 슬릿을 지나갈 때 회절 무늬가 나타난다. 슬릿의 폭이 (a) 1.8×10^{-4} m와 (b) 1.8×10^{-6} m 일 때 첫 번째 어두운 무늬가 생기는 각을 구하라.

10(21) 폭이 2.1×10^{-6} m인 단일 슬릿이 회절 무늬를 만드는데 사용된다. 빛의 파장이 (a) 430 nm와 (b) 660 nm일 때 두 번째 어두운 무늬가 생기는 각을 구하라.

11(23) 폭이 5.6×10^{-4} m인 단일 슬릿을 통하여 빛이 비춰져, 4.0 m 떨어진 곳에 위치한 평면 스크린에 회절 무늬가 만들어진다. 중앙 밝은 무늬의 중심과 첫 번째 어두운 무늬 사이의 간격이 3.5 mm이라면 빛의 파장은 얼마인가?

***12(25)** 어느 단일 슬릿에 의한 회절 무늬에서 중앙의 밝은 무늬는 스크린과 슬릿 사이의 거리와 같은 크기의 폭을 갖는다. 슬릿의 폭에 대한 빛의 파장의 비 λ/W를 구하라.

****13(27)** 단일 슬릿 회절 무늬에서, 중앙의 무늬의 폭이 슬릿의 폭의 450 배이고, 스크린과 슬릿 사이의 거리는 슬릿의 폭의 18000 배이다. 슬릿을 비추는 빛의 파장이 λ이고 슬릿의 폭을 W라 할 때 λ/W 비는 얼마인가? 스크린 위에서 어두운 무늬가 있는 각이 매우 작아서 $\sin\theta \approx \tan\theta$라고 가정한다.

16.6 분해능

14(31) 한밤 중에 고속도로에서 자동차 한 대가 달려와 어떤 사람 옆을 지나 멀리 사라졌다. 이 자동차의 두 미등은 간격이 약 1.2 m이고, 빨간색 빛(진공에서의 파장 = 660 nm)을 내고 있다고 한다. 눈 동공의 지름이 약 7.0 mm라고 가정하면, 회절 효과에 의해 두 개의 미등이 하나의 점으로 겹쳐져 보일 때 그 자동차는 이 사람으로부터 최소한 얼마나 멀리 떨어져 있는가?

15(33) 천문학자들이 지구로부터 4.2×10^{17} m의 거리에 있는 안드로메다자리 입실론(Upsilon Andromedae) 별 주위를 돌고 있는 행성계를 발견하였다. 한 행성은 그 별로부터 1.2×10^{11} m의 거리에 위치한다고 믿어지고 있다. 진공에서의 파장이 550 nm인 가시 광선을 이용할 때, 그 행성과 별을 분해할 수 있는 망원경의 최소 구경은 얼마인가?

***16(35)** 현미경을 사용하여 혈액 시료를 검사하고 있다. 15.12절에서 다루었지만 시료는 현미경의 대물 렌즈의 초점 바로 바깥에 위치하여야 한다. (a) 대물 렌즈의 지름이 그 초점 거리와 같고 그 표본을 파장 λ의 빛으로 비춘다면, 분해할 수 있는 두 혈액세 포들 간의 최소 간격을 구하라. 해답은 λ가 포함된 식으로 표시하라. (b) (a)의 해답보다 더 가까이 있는 두 혈액 세포들을 분해하려면, 파장이 더 긴 빛을 사용하여야 하나 아니면 더 짧은 빛을 사용하여야 하는가?

16.7 회절 격자

17(39) 파장 420 nm인 빛이 입사하면 26°의 각에서 밝은 무늬가 생기는 회절 격자가 있다. 이 회절 격자에 어떤 파장 빛이 입사하면 41°의 각에서 밝은 무늬가 형성된다고 한다. 이 두 가지 경우에 밝은 무늬의 차수 m은 동일하다. 그 파장은 얼마인가?

18(41) 콤팩트디스크 플레이어에서 사용되는 레이저 빔의 파장은 780 nm이다. 이 레이저는 플레이어 내부의 회절격자로부터 3.0 mm 떨어진 거리에 간격이 1.2 mm인 2개의 1차 극대인 트래킹용 빔을 만들어 낼 수 있다고 한다. 이 회절 격자의 슬릿들 사이의 간격을 추정해 보라.

19(43) 두 개의 다른 파장, λ_A와 λ_B인 빛의 대해 동일한 회절 격자를 사용한다. 빛 A의 4차 주극대가 정확히 빛 B의 3차 주극대와 겹친다면, λ_A/λ_B 비는 얼마이겠는가?

****20(45)** 회절 격자에 센티미터당 5620개의 선들이 있다. 파장이 471 nm인 빛을 비추면서, 회절 격자로부터 0.75 m인 곳에 평면 스크린을 두고 중앙 극대 양쪽의 모든 주극대들의 중심들을 다 보려고 한다. 스크린의 폭은 최소 얼마가 되어야 하는가?

Chapter 17 입자와 파동

17.1 파동-입자 이중성

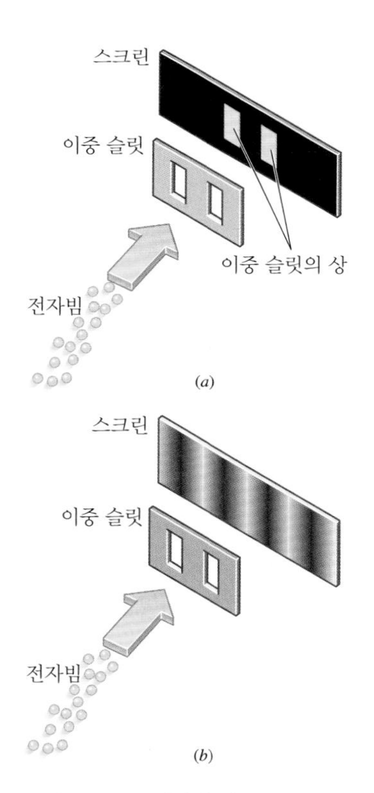

그림 17.1 (a) 전자가 파동성 없이 개별 입자들처럼 행동한다면, 둘 중 하나의 슬릿으로 통과하고 스크린에 부딪쳐서 슬릿 모양과 꼭같은 형태의 상을 만든다. (b) 실제로는 스크린에 밝고 어두운 줄무늬가 나타나는데, 빛을 비출 때 각 슬릿에서 나오는 광파가 만드는 간섭 무늬와 비슷하다.

파동의 가장 중요한 특징은 간섭 효과를 나타낼 수 있다는 사실이다. 예를 들면, 우리는 16.2절에서 빛이 매우 간격이 좁은 슬릿을 통과해서, 스크린에 밝고 어두운 줄무늬를 만드는 영의 실험에 대해 공부하였다. 그런 줄무늬는 각각의 슬릿을 통과한 광파들 사이에 간섭이 일어난다는 직접적 증거이다.

입자도 파동처럼 행동하며, 간섭 효과를 보인다는 사실은 20세기 물리학에서 가장 놀라운 발견 중 하나이다. 예로, 그림 17.1은 전자빔을 이중 슬릿에 보내는 전자에 대한 영의 실험이다. 이 실험에서, 스크린은 TV 스크린 같아서 전자가 부딪치는 지점마다 빛을 낸다. 그림 (a)는 각 전자가 정확히 입자로 행동하여, 두 슬릿 중 하나를 지나 스크린을 때릴 때 볼 수 있는 형태를 나타낸다. 이 모양은 각 슬릿의 상인 셈이다. 그림에서 밝고 어두운 줄들로 이루어진 (b)는 실제로 볼 수 있는 무늬로, 빛이 이중 슬릿을 통과할 때 얻어졌던 무늬를 떠올리게 한다. 그 줄무늬는 전자들도 파동들이 일으키는 간섭 효과를 보여준다는 것을 알게 한다.

그런데, 전자들이 어떻게 그림 17.1(b)의 실험에서 파동처럼 행동할 수 있는가? 도대체 어떤 파동이란 말인가? 이 심오한 질문에 대한 답은 이 장 뒷부분에서 논의될 것이다. 일단 여기서는, 전자가 아주 작은 불연속 물질로 된 입자라는 개념으로는 전자가 이 실험과 같은 상황들에서 파동처럼 행동할 수 있다는 사실을 설명할 수 없다는 점을 강조하려 한다. 다시 말하면, 전자는 입자 같은 성질, 파동 같은 성질 모두를 가지는 이중성을 드러낸다.

흥미로운 질문을 여기서 하나 더 해볼 수 있다. 만일 입자가 파동의 성질을 보일 수 있다면, 파동이 입자와 같은 성질을 보일 수 있을까? 다음 세 절에서 나오는 대로, 답은 '그렇다'이다. 실제로 20세기 초에, 파동의 입자성을 입증하게 된 실험이 전자의 파동성을 입증하려는 실험에 앞서 실행되었다. 이제 과학자들은 **파동–입자 이중성**(wave-particle duality)을 자연의 기본 성질로 믿는다.

> 파동은 입자의 성질을 가질 수 있고, 입자는 파동의 성질을 가질 수 있다.

17.2절은 흑체에서 나오는 전자기파에서 나타나는 파동-입자 이중성에 대해서 논의한다. 흑체 복사에 대해 설명한 것이 역사상 파동-입자 이중성과 관련된 최초의 사실이었다.

17.2 흑체 복사와 플랑크 상수

모든 물체는 그 온도와 상관없이, 지속적으로 전자기파를 방출하고 있다. 예를 들면, 아주 뜨거운 물체가 빛을 내는 것은 그 물체가 가시 광선 영역의 스펙트럼을 가진 전자기파를 방출하기 때문이다. 표면 온도가 약 6000 K인 우리 태양은 노란색을 띠고, 그보다 낮은 2900 K인 베텔기우스(오리온자리 알파별)는 붉은 오렌지색을 띤다. 그러나 보다 덜 뜨거운 물체는 매우 약하게만 가시 광선을 방출하여, 거의 빛을 내는 것 같지 않다. 체온이 겨우 310 K인 인간의 몸은 확실히 가시 광선을 방출하지 않아서 어둠 속에서 맨 눈으로 볼 수 없으나, 인체는 적외선 영역의 전자기파를 방출하여 적외선 안경을 쓰면 보인다.

주어진 온도에서, 물체가 방출하는 전자기파의 세기는 파장에 따라 달라진다. 그림 17.2에서 완전한 흑체가 복사할 때, 복사파의 파장에 따라 단위 파장당 복사파의 세기가 어떻게 달라지는지 표현하였다. 온도가 일정한 완전한 흑체는 자신에게 들어온 전자기파를 흡수하고 다시 방출한다. 그림의 두 곡선을 비교해 보면, 온도가 더 높을 때 단위 파장당 복사파 세기의 최대값이 더 크고, 그 최대 세기인 파장이 더 짧아져 가시 광선 영역 쪽으로 이동한다. 이런 곡선들을 설명하면서, 독일 물리학자 막스 플랑크(1858-1947)는 현재 우리가 파동-입자 이중성을 이해하는 데 첫 걸음을 내딛었다.

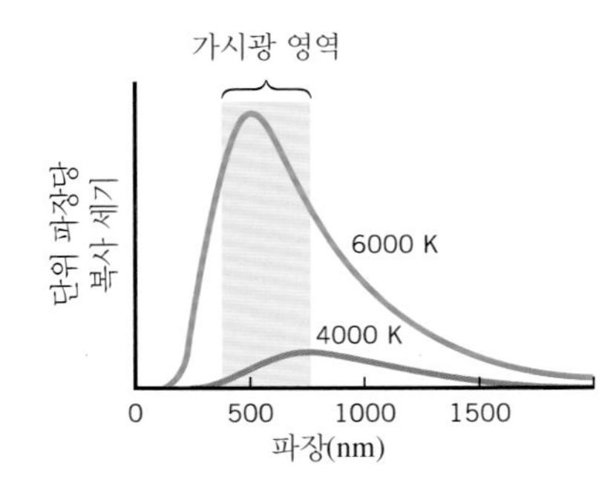

그림 17.2 완벽한 흑체가 방출하는 전자기 복사는 그림의 곡선이 나타내는 대로 단위 파장당 복사 세기가 파장에 따라 달라진다. 높은 온도일수록 단위 파장당 세기는 더 커지고, 곡선의 최고점이 짧은 파장쪽에서 일어난다.

1900년에 플랑크가 흑체 복사 곡선을 설명할 때, 흑체란 여러 개의 원자 진동자로 이루어져 있고, 개개의 진동자가 전자기파를 방출하고 흡수한다는 모형을 썼다. 플랑크는 이론과 실험을 부합하도록 하기 위하여,

한 개의 원자 진동자가 가질 수 있는 에너지는 오직 불연속적인 $E = 0, hf, 2hf, 3hf$, 등등의 값만 가질 수 있다고 가정하였다. 즉 그의 가정은

$$E = nhf \qquad n = 0, 1, 2, 3, \ldots \tag{17.1}$$

으로 표현되는데, 여기서 n은 0 또는 양의 정수이고, f는 진동자의 진동수(Hz)이고, h는 **플랑크 상수**(Planck' s constant)라고 부르며 그 크기는 다음과 같다.

$$h = 6.626\,068\,76 \times 10^{-34}\ \mathrm{J \cdot s}$$

플랑크가 세운 가정의 근본적 특징은 원자 진동자의 에너지는 불연속적인 값들(hf, $2hf$, $3hf$ 등)만 가능하고, 이 값들 사이의 임의적인 값은 허용되지 않는다는 점이다. 어떤 물리적 계의 에너지가 특정의 값만 허용되고, 그 사이 값이 없다면, 에너지가 양자화되었다고 말한다. 이러한 에너지의 양자화는 그 시대의 고전적 물리학에서는 예상하지 못했으나, 에너지 양자화가 폭넓은 물리적 의미를 함축하고 있다는 것을 바로 깨닫게 되었다.

에너지 보존 조건을 만족시키려면, 복사된 전자기파가 가지고 있는 에너지 값은 플랑크 모형에서 원자 진동자들이 손실한 에너지와 같아야 한다. 예를 들어 에너지가 $3hf$인 한 개의 진동자가 전자기파를 방출한다고 가정해 보자. 식 17.1에 따르면, 그 진동자에게 허용되는 다음으로 작은 값은 $2hf$이다. 이런 경우, 전자기파가 가지는 에너지 값은 진동자가 잃은 에너지 hf와 같다. 이와 같이, 플랑크의 흑체 복사 모형은 전자기파의 에너지가 에너지 묶음의 모임으로써 불연속적 크기를 가진다는 아이디어를 제시했다. 아인슈타인은 빛이 이런 에너지 묶음으로 되어있다고 제안했다.

17.3 광자와 광전 효과

총 에너지 E와 선운동량 $\mathbf{p}$는 물리학의 기본 개념들이다. 6장과 7장에서 이미 전자나 양성자와 같은 움직이는 입자들에게 어떻게 그 개념들을 적용하는지 보았다. 어떤 (비상대론적) 입자의 총 에너지는 운동 에너지(KE)와 위치 에너지(PE)의 합이다. 즉 $E = \mathrm{KE} + \mathrm{PE}$이다. 입자의 운동량의 크기 p는 질량 m과 속력 v의 곱이다. 즉 $p = mv$이다. 이제 우리는 전자기파가 **광자**(photon)라고 부르는 입자 같은 존재로 이루어져있다는 사실과 에너지와 운동량의 개념을 광자에도 적용한다는 점을 논의할 것이

* 조화 진동자의 에너지는 $E = (n + \frac{1}{2})hf$로 알려져 있으나 $\frac{1}{2}$의 추가항은 현재 논의에서 중요하지 않다.

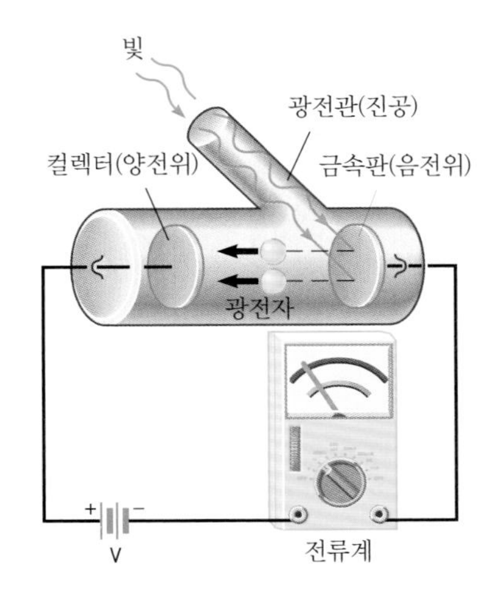

그림 17.3 광전 효과에서 충분히 높은 진동수를 가진 빛이 금속 표면에서 전자를 방출시킨다. 이 광전자들은 양전위의 컬렉터로 끌려와서 전류를 발생시킨다.

다. 그러나, 광자의 에너지와 운동량을 표현하는 식들($E = hf$, $p = h/\lambda$)은, 기존 입자에 대한 표현과는 다르다.

빛이 광자로 구성되어 있다는 실험적 증거는 빛이 금속 표면을 비출 때 전자가 방출되는 **광전 효과**(photoelectric effect)라는 현상이다. 그림 17.3은 그 효과를 설명한다. 사용되는 빛이 충분히 높은 진동수를 가질 때 전자들이 방출된다. 튀어나온 전자들은 컬렉터라고 부르는 양극판을 향해 이동하여 전류를 일으키고 전류계에 표시가 된다. 전자들이 빛의 도움으로 방출되었기 때문에 **광전자**(photoelectron)라고 부른다. 곧 논의하지만, 광전 효과의 몇 가지 특징은 고전물리학의 개념만으로는 설명할 수 없다.

1905년에 아인슈타인은 흑체 복사에 관한 플랑크의 업적을 이용하여 광전 효과에 대한 설명을 내놓았다. 1921년에 그가 노벨물리학상을 받게 된 것이 바로 이 광전 효과에 대한 이론 때문이었다. 아인슈타인은 자신의 이론에서 빛이란 에너지의 묶음들이 모인 것이어서 그 에너지가 불연속적이며, 진동수가 f인 빛의 경우 각 묶음은 다음과 같은 에너지 값을 가지고 있다고 제안하였다.

광자 한 개의 에너지
$$E = hf \tag{17.2}$$

위 식에서 h는 플랑크 상수이다. 예를 들면, 백열등 전구에서 나오는 빛의 에너지는 광자들이 전달하는 것이다. 전구가 밝을수록, 초당 방출되는 광자의 수는 더 많다. 예제 17.1에서는 어느 전구가 초당 방출하는 광자의 수를 계산한다.

예제 17.1 전구에서 나오는 광자의 수

전기 에너지를 빛에너지로 전환할 때, 60 W 백열등 전구의 효율은 약 2.1 %이다. 그 빛이 녹색의 단색광(진공에서 파장 = 555 nm)일 때, 전구가 1 초에 방출하는 광자수를 계산하라.

살펴보기 1 초에 방출되는 광자수는 1 초당 방출되는 에너지를 광자 하나의 에너지로 나누어서 구할 수 있다. 단일 광자의 에너지는 $E = hf$(식 17.2)이고, 그 광자의 진동수는 파장 λ와 $f = c/\lambda$(식 11.1)의 관계를 가지고 있다.

풀이 효율이 2.1 %일 때, 60 W 전구가 1 초에 방출하는 빛에너지는 (0.021)(60.0 J/s) = 1.3 J/s이다. 광자 한 개의 에너지는

$$E = hf = \frac{hc}{\lambda} = \frac{(6.63 \times 10^{-34}\ \mathrm{J \cdot s})(3.00 \times 10^{8}\ \mathrm{m/s})}{555 \times 10^{-9}\ \mathrm{m}}$$
$$= 3.58 \times 10^{-19}\ \mathrm{J}$$

이다. 그러므로

$$\text{1초에 방출되는 광자 수} = \frac{1.3\ \mathrm{J/s}}{3.58 \times 10^{-19}\ \text{광자}} = \boxed{3.6 \times 10^{18}\ \text{광자/초}}$$

이다.

아인슈타인에 따르면, 빛이 금속 표면을 비출 때, 광자 하나가 금속에 있는 전자 하나에게 에너지를 제공한다. 광자가 금속에서 전자를 분리해 낼 수 있도록 충분한 에너지를 가지고 있다면, 전자는 금속으로부터 방출된다. 가장 느슨하게 속박되어 있던 전자를 방출시키는데 필요한 최소에너지 W_0를 **일함수**(work function)라고 부른다. 만일 광자가 전자를 제거하는데 필요한 값보다 더 많은 에너지를 가진다면, 그 여분의 값은 방출된 전자의 운동 에너지로 나타난다. 따라서 가장 약하게 붙잡혀 있던 전자가 가장 큰 운동 에너지($KE_{최대}$)를 가지고 방출될 것이다. 아인슈타인은 에너지 보존 원리를 적용하여 광전 효과를 설명하기 위해 다음 관계식을 제시하였다.

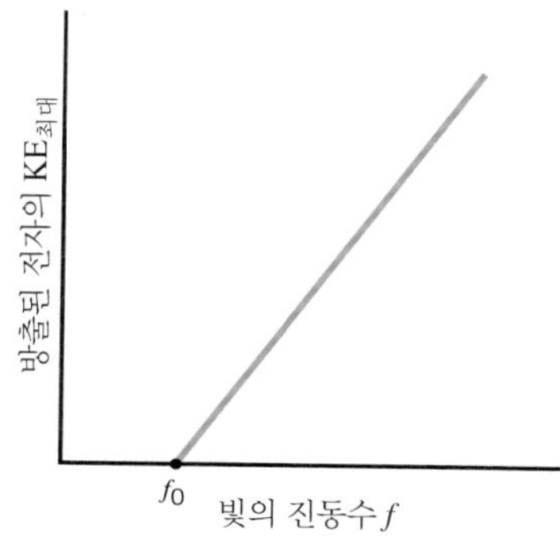

그림 17.4 빛의 진동수가 최소값 f_0보다 클 때 광자들이 금속으로부터 전자를 방출시킬 수 있다. 이 값보다 큰 진동수에서 방출된 전자들의 최대 운동 에너지 $KE_{최대}$는 진동수의 일차 함수이다.

$$\underbrace{hf}_{\text{광자 에너지}} = \underbrace{KE_{최대}}_{\text{방출된 전자의 최대 운동 에너지}} + \underbrace{W_0}_{\text{전자를 방출하는데 필요한 최소의 일}} \tag{17.3}$$

이 식에 따라 y축에 $KE_{최대}$를 x축을 따라 f를 나타내는 $KE_{최대} = hf - W_0$의 그래프를 그림 17.4에 그렸다. 그래프의 직선이 x축과 만나는 진동수 $f = f_0$에서 전자는 운동 에너지 없이($KE_{최대} = 0\,J$) 방출된다. 식 17.3에 따라, $KE_{최대} = 0\,J$일 때, 입사 광자의 에너지 hf_0는 금속의 일함수 W_0와 같다. 즉 $hf_0 = W_0$이다.

광전 효과 실험에서 광자라는 개념이 없이 설명하기 어려운 몇 가지 현상이 있다. 예로써, 특정 최소값 f_0를 넘는 진동수를 갖는 빛만 전자를 방출시킬 수 있다. 빛의 진동수가 이 한계 진동수보다 낮으면 빛의 세기가 아무리 커도 전자는 방출되지 않는다. 다음 예제는 은(Ag) 표면에서 전자를 방출시킬 수 있는 최소 진동수를 계산해 본다.

문제 풀이 도움말
금속의 일함수는 금속에서 전자를 방출하기 위해 필요한 최소 에너지이다. 이 최소 에너지를 얻은 전자는 금속 밖으로 나가고 나면 운동 에너지가 없다.

예제 17.2 은 표면에서 보는 광전 효과

은 표면의 일함수는 $W_0 = 4.73\,eV$이다. 전자를 은에서 방출시킬 수 있는 빛의 한계 진동수를 구하라.

살펴보기 한계 진동수 f_0는 광자에너지가 금속의 일함수와 같을 때의 진동수이어서, 방출된 전자는 운동 에너지가 없다. $1\,eV = 1.60 \times 10^{-19}\,J$이므로 일함수를 J 단위로 구하면, $W_0 = (4.73\,eV)[(1.60 \times 10^{-19}\,J)/(1\,eV)] = 7.57 \times 10^{-19}\,J$이다. 식 17.3을 이용하면, 우리는 다음 식을 얻는다.

$$hf_0 = \underbrace{KE_{최대}}_{=0\,J} + W_0 \quad 즉 \quad f_0 = \frac{W_0}{h}$$

풀이 한계 진동수 f_0는

$$f_0 = \frac{W_0}{h} = \frac{7.57 \times 10^{-19}\,J}{6.63 \times 10^{-34}\,J \cdot s} = \boxed{1.14 \times 10^{15}\,Hz}$$

이다. f_0보다 작은 진동수를 가진 광자는 은 표면에서 전자를 방출할 수 없다. 이 빛의 파장은 263 nm이며 자외선 영역에 있다.

광전 효과의 다른 특징은 방출된 전자가 가지는 최대 운동 에너지가, 빛의 세기가 증가해도 진동수가 달라지지 않으면 커지지 않는다. 빛의 세기가 증가해서 1 초에 금속을 때리는 광자수가 많아지면, 그 결과 방출되는 전자수가 많아지기는 하나, 광자 하나의 진동수가 같기 때문에 광자의 에너지도 같으므로 이 경우 방출된 전자의 최대 운동 에너지는 늘 같다.

빛의 광자 모형은 광전 효과를 잘 설명하지만, 전자기파 모형은 설명할 수 없다. 전자기파 모형에서는 전자기파의 전기장이 금속에 있는 전자들을 진동시키고, 그 진동의 진폭이 충분히 커져서 전자의 에너지가 충분히 크면 전자가 방출된다고 그려볼 수 있다. 그러나 빛의 세기가 커질수록 진폭이 커져서, 더 큰 운동 에너지를 갖는 전자들을 방출해야 하는데, 실험 결과는 그렇지 않다. 더욱이 전자기파 모형에서는, 세기가 약한 빛으로 전자들이 밖으로 나가기에 충분히 큰 진폭을 얻으려면 상대적으로 긴 시간이 필요한데, 실험에서는 한계 진동수 f_0보다 진동수가 크면 아무리 세기가 약한 빛이라도, 전자를 거의 순간적으로 방출한다. 전자기파 모형이 광전 효과를 설명하지 못했다 해서 파동 모형을 버려야 되는 것은 아니다. 그러나 파동 모형이 빛의 성질을 모두 설명하지 못한다는 사실과, 광자 모형도 빛과 물질이 상호 작용하는 방식을 이해하는데 중요한 기여를 한다는 사실을 받아들여야 한다.

(*a*)

(*b*)

그림 17.5 (a) 디지털 카메라는 상을 기록하기 위해 필름 대신에 CCD 배열을 사용한다. (b) 디지털 카메라가 찍은 상은 컴퓨터에 간단히 옮기거나 친구에게 인터넷을 통해 보낼 수 있다.

광자는 에너지를 가지고 있기 때문에, 금속 표면에서 전자와 상호 작용하여 방출시킬 수 있다. 그러나 광자는 일반 입자와 다르다. 일반 입자는 질량이 있고, 빛의 속도까지 가속할 수 있으나, 빛의 속도로 운동하지는 않는다. 반면, 광자는 진공에서 빛의 속도로 이동하고, 정지한 물체로는 존재할 수 없다. 자연에서 광자의 에너지는 온전히 운동 에너지뿐이고, 정지에너지나 정지질량이 없다. 광자가 질량이 없다는 것은 총 에너지에 대한 식을 다음과 같이 써서 알 수 있다.

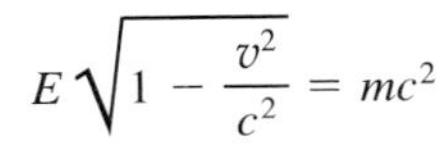

$$E\sqrt{1-\frac{v^2}{c^2}} = mc^2$$

광자가 빛의 속도 c로 운동한다면 $\sqrt{1-(v^2/c^2)}$은 0이 되고, 광자에너지는 유한한 값이므로 윗식의 왼쪽 변은 0이 된다. 따라서 오른쪽 변에 있는 질량은 0이어서, 광자는 질량을 가질 수 없다.

빛에 의해 생성되는 전자를 이용하는 좋은 예 하나는 전하 결합 소자(charge-coupled device, CCD)이다. 디지털 카메라에서는 필름대신 이 소자들이 배열되어서 빛을 받을 때 생기는 전자들에 의한 전류로 영상을 만든다(그림 17.5). CCD 배열은 디지털 캠코더와 전자 스캐너에도 사용되고, 천문학자들이 행성이나 별들의 장관을 찍을 때도 사용할 수 있다. 가시 광선을 사용할 때의 CCD배열은 실리콘 반도체, 산화 실리콘 절연체, 여러 개의 전극들이 그림 17.6와 같이 샌드위치처럼 구성되어 있다. 배열은 작은 부분들 즉 화소(pixel)들로 구성되는데, 그림에는 16 개가 그려져 있다. 각 화소는 사진의 아주 작은 한 부분을 잡는다. 전문가용이 아닌 일반적인 디지털 카메라는 가격에 따라 500 만에서 1000 만 화소로 되어 있다. 화소 수가 많을수록 화질이 좋아진다. 그림 17.6에서 제일 위의 그림은 화소 하나를 확대한 것이다. 입사하는 가시 광선 광자는 실리콘을 때리고 광전 효과로 전자들을 만들어 낸다. 가시 광선 에너지 영역의 광자 하나는 실리콘 원자와 상호 작용해서 전자 하나를 방출할 수 있다. 절연층 아래 전극들에 양전위가 걸려 있어서 전자는 화소 속에 붙잡히게 된다. 이렇게 잡힌 전자들은 화소를 때린 광자의 수와 같다. 이런 방식으로 CCD에 있는 각 화소는 사진 상에 있는 점에 정확한 빛의 세기로 표현한다. 색에 대한 정보는 빨강, 초록색, 파랑 필터나 색을 분리해내는 프리즘을 사용하여 얻는다. 천문학자들은 가시 영역 외의 다른 전자기파 영역에서도 CCD배열을 사용한다.

◐ 전하 결합 소자(CCD)와 디지털 카메라의 물리

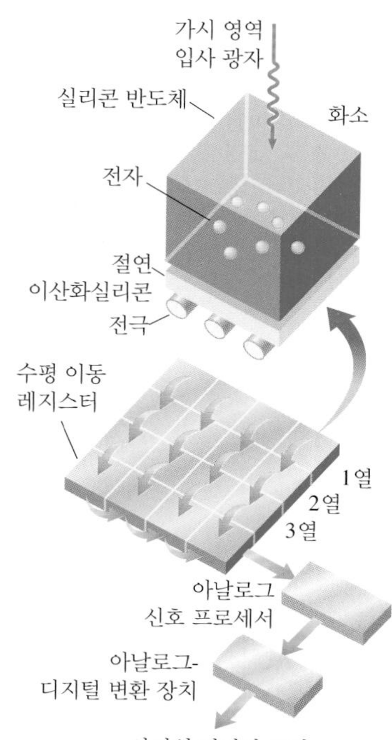

그림 17.6 전하 결합 소자(CCD) 배열을 사용하여 사진 이미지를 얻을 수 있다.

광전자를 붙잡는 것 말고도 화소 아래 전극은 전자들로 표현된 정보를 읽는 데도 사용된다. 전극에 걸린 양전위를 변화시켜 한줄의 화소에 잡힌 전자들이 모두 다음 줄로 옮겨지도록 할 수 있다. 예를 들면, 그림 17.6에 1번 줄은 2번 줄로, 2번은 3번으로, 3번은 특정 목적을 실행하는 마지막 줄로 옮겨진다. 수평 이동 레지스터인 마지막 줄의 기능은 그 줄의 각 화소에 담긴 내용을 한번에 한칸씩 오른쪽으로 옮길 수 있도록 하여, 아날로그 신호 프로세서가 읽게 한다. 이 프로세서가 감지하는 신호의 근원은 수평 이동 레지스터 줄에서 오는 화소들의 전자 수에 대한 정보인데, 실제로 오는 신호는 화소들의 전자 수에 따라 변하는 변위를 보이는 일종의 아날로그 파동이다. 배열에서 다음 줄로 정보의 이동이 일어날 때마다, 신호 프로세서가 한줄의 정보를 읽고 이 과정이 계속된다. 아날로그 신호 프로세서가 읽은 결과는 아날로그-디지털 변환 장치(AD converter)로 보내져 컴퓨터가 인식할 수 있는 0과 1로 표현되는 상의 디지털 표현을 만들어 낸다.

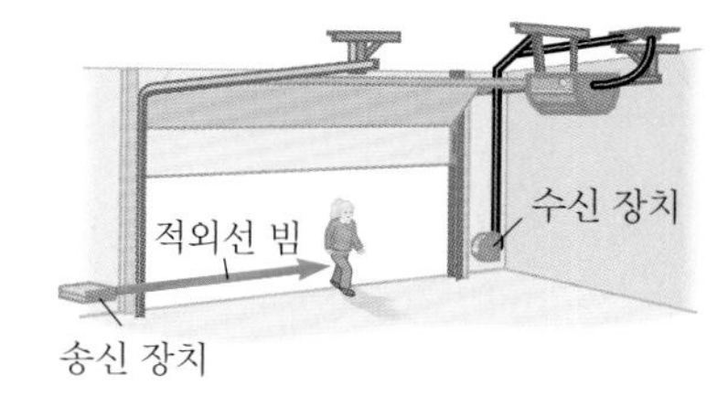

그림 17.7 장애물 때문에 적외선이 수신기에 도달하는 것이 차단되면, 수신기의 전류가 떨어진다. 전자 회로가 전류의 감소를 감지하여 문이 내려오는 것을 막거나 다시 올라가게 한다.

빛에 의해 생성되는 전자를 이용하는 다른 응용에는 그림 17.3에서 생성된 광전자들이 전류를 만든다는 사실에 근거한다. 이 전류는 빛의 세기에 따라 변한다. 자동 주차문은 모두 장애물(사람이나 차와 같은)이 있을 때, 닫히지 않도록 하는 안전 기능이 있다. 그림 17.7에 그려진 대로, 열려진 문 옆 한쪽에 있는 송신 장치가 적외선을 다른쪽으로 보내면, 광다이오드를 가진 수신 장치가 감지한다. 광다이오드는 일종의 p-n 접합 다이오드이다. 적외선 광자가 광다이오드를 때릴 때, 원자에 속박되어 있던 전자들이 광자를 흡수해서 자유로워진다. 이렇게 자유로워져서 움직

◐ 차고문 안전 장치의 물리

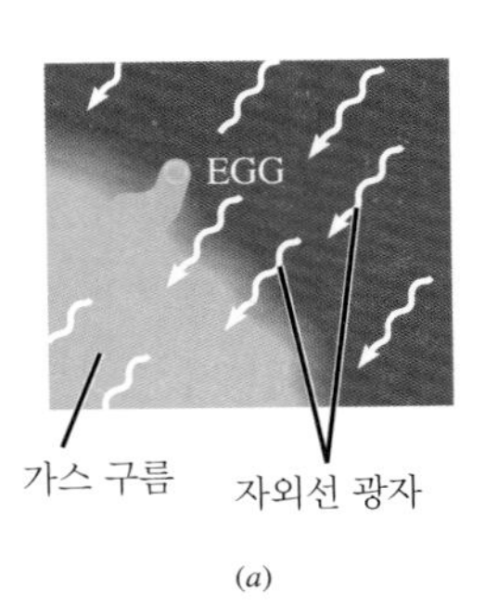

(a)

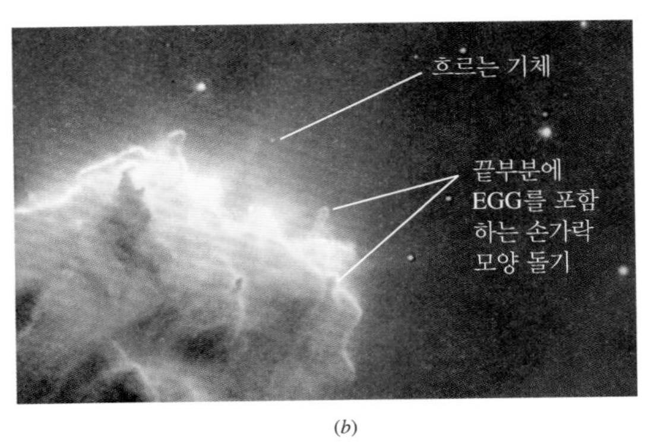

(b)

그림 17.8 (a) 이 그림은 (b) 사진에서 일어나는 광증발을 설명한다. (b) 허블 우주 망원경이 찍은 독수리 성운의 일부 사진이다. 광증발은 독수리 성운의 가스 구름 표면에 손가락 모양의 돌기를 만든다. 돌기의 끝은 높은 밀도의 EGG(증발하는 기체 같은 방울)이다.

이는 전자들은 광다이오드 안에 전류를 증가시킨다. 사람이 자외선 빔을 통과해 지나가면 수신 장치가 받던 빛이 순간적으로 차단되어서 광다이오드 안에 전류가 감소하게 된다. 전류의 변화는 전자 회로에 감지되어 즉시 문이 내려오던 동작을 멈추고 다시 올라가게 한다.

그림 17.8(b)는 지구에서 약 7000 광년 떨어진 독수리 성운의 중심 부분으로 별이 생기고 있는 거대한 영역이다. 허블 우주 망원경이 찍은 이 사진은 기체 분자와 먼지로 이루어진 거친 구름 형태를 보여준다. 광자가 에너지를 전달한다는 극적인 증거가 그 안에 있다. 이 성운은 바닥에서 끝자락까지가 1 광년 이상이 되고 별들이 탄생하는 곳이다. 별은 중력이 충분한 기체를 응집시켜 고밀도의 '공'을 만들 때 생성된다. 기체로 된 공의 밀도가 충분히 높다면, 열핵융합이 별의 핵 속에서 일어나, 별이 빛을 내기 시작한다. 새로 태어난 별들은 성운 속에 묻혀 지구에서는 볼 수 없다. 그러나 광증발 과정이 일어나면 별들이 형성되고 있는 여러 고밀도 영역을 천문학자들이 볼 수 있게 된다. 광증발은 성운 밖 뜨거운 별에서 온 고에너지 자외선(UV) 광자들이 기체들을 데우는 과정으로, 전자레인지에서 마이크로파 광자가 음식을 데우는 것과 매우 비슷하다. 그림 17.8(b)에서 성운에서 광증발하는 기체의 흐름이 별들에 비추어서 보인다. 광증발이 일어나면, 주변보다 밀도가 높은 EGG(evaporating gaseous globules; 증발하는 기체 같은 방울)라고 불리는 기체 덩어리들이 드러난다. 이것들 때문에 그림자가 생기는 곳은 증발되지 않고 남게 된다. 이것들이 손가락처럼 돌출된 곳들이다. EGG는 우리 태양계보다 약간 크며 때때로 그 속에서 새로 태어난 별이 보일 수 있다.

17.4 광자의 운동량과 콤프턴 효과

1905년 아인슈타인이 광자 모형을 제시하였으나, 그 개념은 1923년이 되어서야 비로소 널리 수용되었다. 미국 물리학자 콤프턴(1892-1962)이 흑연

속의 전자가 X선을 산란시킨다는 연구 내용을 광자를 써서 설명한 것이 바로 그때의 일이다. X선은 큰 진동수의 전자기파이고, 빛처럼 광자로 이루어진다.

그림 17.9는 X선 광자가 흑연 조각에서 전자를 때릴 때 일어나는 현상을 설명한다. 당구대에서 충돌하는 두 개의 당구공처럼 충돌 후에 광자는 한방향으로, 전자는 다른 한방향으로 튕겨 나간다. 콤프턴은 산란 후 광자의 진동수가 입사하던 광자의 진동수보다 작다는 것을 관찰하여, 광자가 충돌 과정에서 에너지를 잃었다는 것을 알게 되었다. 더욱이 두 진동수의 차는 광자의 산란각과 관계가 있다는 것도 발견하였다. 광자가 전자와 충돌해서 산란하고, 산란 후 광자는 입사한 광자보다 작은 진동수를 갖는 현상을 **콤프턴 효과**(Compton effect)라고 한다.

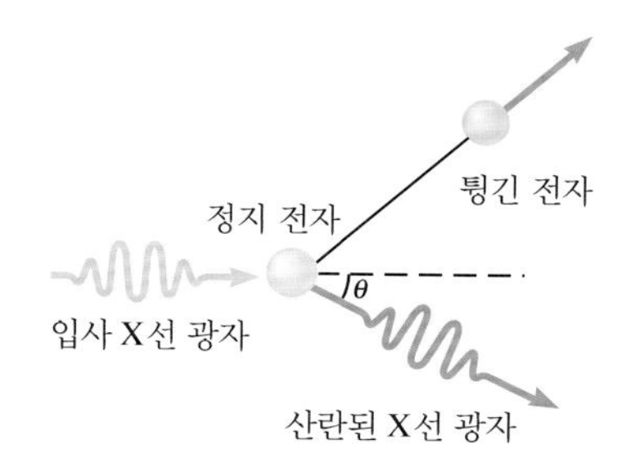

그림 17.9 콤프턴이 행한 실험에서 X선 광자는 처음 속도를 무시할 수 있는 전자와 충돌한다. 산란된 광자와 튕겨진 전자는 다른 방향으로 멀어진다.

7.3절에서 두 물체의 탄성 충돌을 공부할 때, 충돌 전에 두 물체가 갖는 총 운동 에너지와 총 운동량이 충돌 후에도 보존된다는 사실을 이용하였다. 비슷한 분석을 광자와 전자의 충돌에서도 적용할 수 있다. 전자가 원자에 속박되지 않은 자유전자이며 충돌 전에 정지해있다고 가정한다. 에너지 보존 법칙에 따라

$$\underbrace{hf}_{\text{입사 광자의 에너지}} = \underbrace{hf'}_{\text{산란된 광자의 에너지}} + \underbrace{\text{KE}}_{\text{튕긴 전자의 운동 에너지}} \tag{17.4}$$

이다. 윗식에서 광자 에너지가 $E = hf$ 임을 사용했다. 따라서 $hf' = hf - \text{KE}$ 이므로, 산란된 광자의 에너지와 진동수는 콤프턴이 관찰한대로 입사 광자보다 작다는 것을 알 수 있다. $\lambda' = c/f'$ (식 16.1)이므로, 산란된 X선의 파장은 입사한 X선의 파장보다 크다.

충돌 전에 전자는 정지해 있으므로, 총 운동량 보존 법칙에 따라

$$\text{입사광자 운동량} = \text{산란된 광자 운동량} + \text{튕긴 전자의 운동량} \tag{17.5}$$

이다. 광자 운동량의 크기는 상대론적 운동량의 크기에 대한 식 $p = mv/\sqrt{1-(v^2/c^2)}$와 물체의 총 에너지에 대한 식 $E = mc^2/\sqrt{1-(v^2/c^2)}$을 사용하여 구한다. 두 식에 따라, 임의 입자의 운동량은 $p = mv\sqrt{1-(v^2/c^2)}$이고, 총 에너지는 $E = mc^2/\sqrt{1-(v^2/c^2)}$이다. 두 식의 비를 구하면, $p/E = v/c^2$ 이다. 광자의 속력은 $v = c$이므로 $p/E = 1/c$가 된다. 따라서 광자의 운동량은 $p = E/c$이다. 광자의 에너지는 $E = hf$, 파장은 $\lambda = c/f$ 이다. 그러므로 운동량의 크기는

$$p = \frac{hf}{c} = \frac{h}{\lambda} \tag{17.6}$$

이다. 콤프턴은 식 17.4-17.6을 써서, 산란 후 광자의 파장 λ'과 입자 광자

의 파장 λ의 차이가 산란각 θ와 다음과 같은 관계에 있다는 것을 보였다.

$$\lambda' - \lambda = \frac{h}{mc}(1 - \cos\theta) \tag{17.7}$$

이 식에서 m은 전자의 질량이다. $h/(mc)$를 **전자의 콤프턴 파장**(Compton wavelength of the electron)이라고 하고 $h/(mc) = 2.43 \times 10^{-12}$ m인 값이다. cos θ는 −1과 +1 사이에서 변하므로, 파장의 변화 λ′ −λ는 콤프턴이 관찰한 양인 θ 값에 따라 0과 $2h/(mc)$ 사이에서 달라진다.

광전 효과와 콤프턴 효과는 빛이 광자라고 부르는 에너지 묶음으로 이루어져서 입자의 특징을 보일 수 있다는 설득력 있는 증거이다. 그렇다면 16장에서 설명한 간섭 현상은 어떠한가? 영의 이중 슬릿 실험이나 단일 슬릿 회절 실험은 빛이 파동으로 행동한다는 점을 입증한다. 빛은 '이중 인격' 을 가질 수 있는가? 어떤 실험에서는 입자의 흐름으로 행동하고, 다른 어떤 실험에서는 파동처럼 행동할 수 있는가? 대답은 '그렇다' 이다. 이제 물리학자들은 파동-입자 이중성이 빛 고유의 성질이라고 믿는다. 빛이란 단지 입자의 흐름만도 아니고, 단지 전자기파인 것만도 아닌, 더 흥미롭고 복잡한 현상이다. 콤프턴 효과에서, 전자는 광자의 운동량 일부를 얻었기 때문에 튕겨 나간다. 원칙으로 광자가 가진 운동량을 다른 물체를 움직이도록 이용할 수 있다.

17.5 드브로이 파장과 물질의 파동성

1923년에 대학원생이었던 드브로이(1892-1987)는 광파가 입자성을 보이므로, 물질을 구성하는 입자들이 파동성을 보인다는 깜짝 놀랄 제안을 하였다. 그는 움직이는 모든 물질은 파동처럼 그에 합당한 파장을 가지고 있다고 제안하였다. 에너지, 운동량, 파장은 파동이나 입자나 모두 적용할 수 있는 개념이 되었다.

그의 구체적인 아이디어는 입자의 파장 λ가 광자의 파장과 같은 관계식(식 17.6)으로 구해진다는 것이다.

드브로이 파장
$$\lambda = \frac{h}{p} \tag{17.8}$$

여기서 h는 플랑크 상수이고, p는 입자의 상대론적 운동량의 크기다. 이 λ를 **입자의 드브로이 파장**(de Broglie wavelength)이라고 부른다.

드브로이의 생각은 1927년 미국 물리학자 데이비슨(1881-1958)과 거머(1896-1971)의 실험과 그와는 독립적으로 진행된 영국 물리학자 톰슨(1892-1975)의 실험으로 입증되었다. 데이비슨과 거머는 실험에서 전자빔을 니켈 결정에 쏘아서 전자들이 회절하는 것을 관찰하였는데, 이는

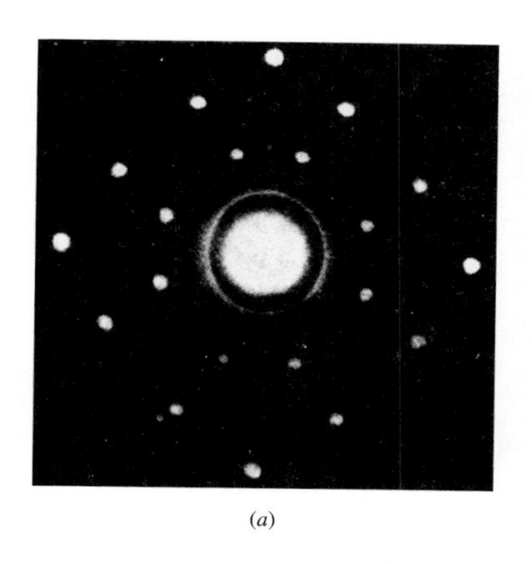
(a)

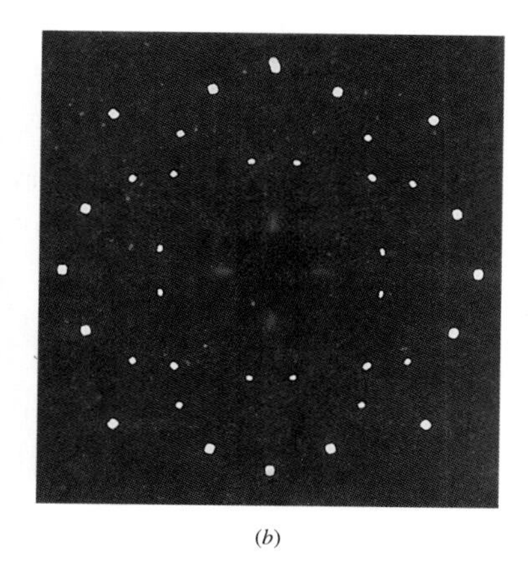
(b)

그림 17.10 (a) 염화나트륨(NaCl) 결정의 중성자 회절 무늬 (b) 같은 결정의 X선 회절 무늬

X선이 결정 구조에서 회절하는 것과 비슷하다(X선 회절에 대해 16.8절 참고). 회절 무늬에서 드러난 전자의 파장은 드브로이의 가설이 예측한 $\lambda = h/p$와 부합하였다. 그 이후에 전자를 가지고 하는 영의 실험에서 그림 17.1에서 설명한 파동의 간섭 효과가 나왔다.

전자가 아닌 입자들도 파동성을 보일 수 있다. 예를 들면, 중성자들이 결정 구조의 회절을 연구할 때 이용되기도 한다. 그림 17.10은 염화나트륨(NaCl) 결정이 일으키는 중성자 회절 무늬와 X선 회절 무늬를 비교한 것이다.

움직이는 모든 입자들이 드브로이 파장을 가지더라도, 이 파장의 효과는 질량이 전자나 중성자 정도로 아주 작은 입자들에서만 관측될 수 있는 것이다. 예제 17.3에서 이유를 설명한다.

예제 17.3 | 전자와 야구공의 드브로이 파장

다음 경우에서 드브로이 파장을 구하라.

(a) 속력 6.0×10^6 m/s로 움직이는 전자($m = 9.1 \times 10^{-31}$ kg)

(b) 속력 13 m/s로 움직이는 야구공($m = 0.15$ kg)

살펴보기 각 경우에서 드브로이 파장은 식 17.8에서 보듯이 플랑크 상수를 운동량의 크기로 나눈 것이다. 속력이 빛의 속도에 비해 작기 때문에, 상대론적 효과를 무시하고 운동량의 크기를 질량과 속력의 곱으로 표현할 수 있다.

풀이 (a) 운동량 크기 p는 입자의 질량 m과 속력 v의 곱($p = mv$)이므로, 드브로이 파장을 나타내는 식 17.8을 써서 다음의 값을 얻는다.

$$\lambda = \frac{h}{p} = \frac{h}{mv} = \frac{6.63 \times 10^{-34}\ \mathrm{J \cdot s}}{(9.1 \times 10^{-31}\ \mathrm{kg})(6.0 \times 10^{6}\ \mathrm{m/s})} = \boxed{1.2 \times 10^{-10}\ \mathrm{m}}$$

1.2×10^{-10} m인 드브로이 파장은 데이비슨과 거머가 사용한 니켈 결정과 같은 고체에서 원자사이 간격 정도에 해당하는 크기이다. 따라서 회절 효과를 관찰할 수 있다.

(b) (a)와 비슷한 계산으로, 야구공의 파장은 $\boxed{\lambda = 3.3 \times 10^{-34}\ \mathrm{m}}$이다. 이 파장은 원자의 크기 10^{-10} m나 핵의 크기 10^{-14} m에 비교해서, 상상하기 어렵게 작은 크기이다. 따라서 파장과 일반적인 창문의 크기의 비 λ/W가 너무 작아서, 야구공이 창문을 통과할 때 회절 무늬가 나타나지 않는다.

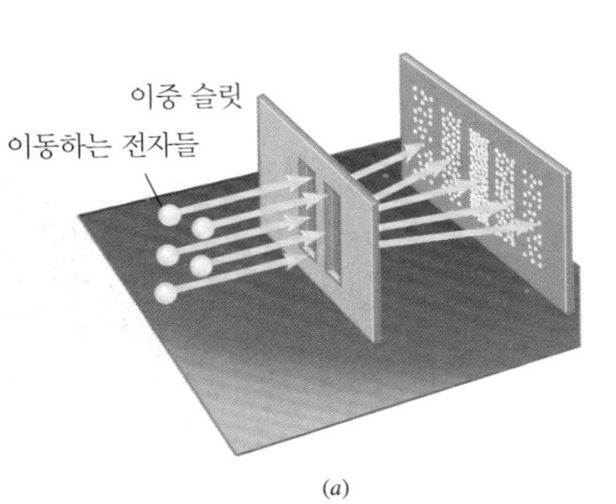

(a)

(b) 전자 100 개 가 통과한 후

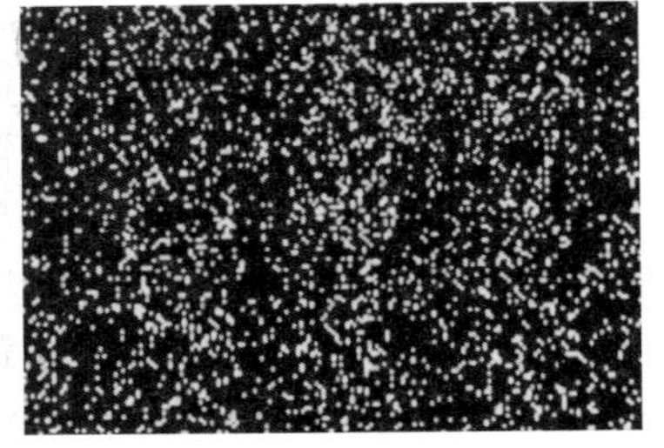

(c) 전자 3000 개가 통과한 후

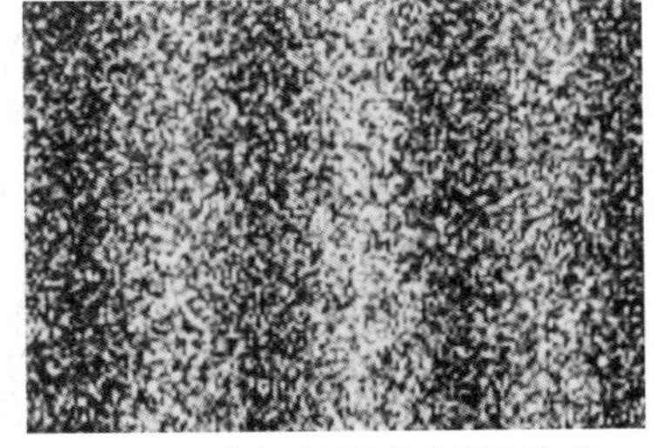

(d) 전자 70000 개가 통과한 후

그림 17.11 빛 대신 전자들을 사용해서 영의 실험과 동등한 실험을 할 때, 특징적 줄무늬는 충분히 많은 전자가 스크린에 부딪친 후에야 볼 수 있다.

입자의 파장에 대한 드브로이 식은 물질의 입자와 관련된 파동이 도대체 어떤 파동인지에 대해 아무런 힌트를 주지 않는다. 이 파동의 본질을 엿보기 위해서 그림 17.11을 보자. (a)는 이중 슬릿 실험에서 빛 대신 전자들이 사용될 때, 스크린에 나타난 줄무늬이다. 밝은 줄은 각 슬릿에서 온 파동이 보강 간섭을 일으키는 부분에서, 어두운 줄은 파동이 상쇄 간섭을 일으키는 부분에서 나타난다.

전자가 이중 슬릿 배열을 통과해서 스크린의 한 점을 때릴 때, 스크린의 그 지점은 빛을 낸다. 그림 17.11의 (b), (c), (d)는 시간이 지나 반짝거린 점들이 어떻게 축적되는지 보여준다. 더 많은 전자들이 스크린을 때릴 때, 빛을 내는 점들이 줄무늬를 만든다는 것을 (d)에서 볼 수 있다. 밝은 줄무늬는 전자가 스크린을 때릴 확률이 높은 곳에서 나타나고, 어두운 줄무늬는 확률이 낮은 곳에서 나타난다. 여기에 물질파라 부르는 입자의 파동을 이해하는 열쇠가 있다. 물질파란 확률의 파동이다. 즉 공간의 한 점에서 파동의 크기란 그 점에서 입자를 발견할 확률을 가리킨다. 물질파가 전달한 확률 정보로 인해 스크린에서 줄무늬가 나타난다. 그림 (b)에서 줄무늬가 안 보인다고 해도 파동성이 나타나지 않았기 때문은 아니다. 단지, 스크린을 때린 전자가 너무 적어 무늬를 아직 인식할 수 없을 뿐이다.

그림 17.11에서 줄무늬를 만드는 확률 패턴은 광파를 가지고 했던 영의 원래 실험에서 빛의 세기의 패턴과 유사하다(그림 16.3 참조). 13.4절에서 빛의 세기가 전기장의 제곱이나 자기장의 제곱에 비례하다고 논의했다. 물질파의 경우에도 비슷한 방식으로 확률은 파동 Ψ의 크기 제곱에 비례한다. Ψ는 입자의 **파동 함수**(wave function)이다.

1925년에 오스트리아 물리학자 슈뢰딩거(1887-1961)와 독일 물리학자 하이젠베르크(1901-1976)는 **파동 함수**를 구하는 이론적 방법을 독립적으로 제안했다. 이로써 **양자역학**(quantum mechanics)이라고 부르는 새로운 물리학이 생겼다. '양자'라는 말은 물질의 파동성을 고려해야 되는 원자세계에서 경우에 따라 입자의 에너지가 양자화되어 특정 에너지 값만 허용된다는 사실과도 관계가 있다. 원자의 구조와 그와 관련된 현상을 이해하려면 양자역학이 꼭 필요하며, 파동 함수를 구하기 위한 슈뢰딩거 방정식은 이제 널리 쓰인다. 다음 장에서는, 양자역학의 개념에 근거한 원자의 구조를 탐색할 것이다.

17.6 하이젠베르크의 불확정성 원리

앞 절에서 말한 대로 그림 17.12의 밝은 줄은 전자가 스크린을 때릴 확률이 높은 곳을 가리킨다. 밝은 무늬가 여럿이므로, 각 전자가 부딪칠 확률을 얼마간 갖는 위치는 하나가 아니다. 결과적으로, 개개의 전자가 스크린의 어느 곳에 부딪칠지 정확하게 미리 기술하는 것은 불가능하다. 우리가 할 수 있는 것은 오로지 전자가 여러 다른 위치에 도달할 확률에 대해 말할 뿐이다. 뉴턴의 운동 법칙이 제시할 수 있었던 대로, 전자 한 개가 이중 슬릿에서 발사된 후 바로 직선으로 이동하여 스크린에 부딪친다고는 더 이상 말할 수 없다. 이 간단한 모형은 전자처럼 작은 입자가 가깝게 배치된 좁은 두 슬릿을 통과할 때는 적용될 수 없다. 입자의 파동성은 이런 상황에서 중요하므로, 우리는 100 % 정확하게 입자의 경로를 예측할 수는 없다. 대신 많은 입자의 평균적 행동만이 예측가능하고, 개별적 입자의 행동은 불확실하다.

불확정성을 더 명확하게 이해하기 위해, 그림 17.12처럼 단일 슬릿을 통과하는 전자들을 고려해 보자. 충분한 수의 전자가 스크린에 부딪치고 나면 회절 무늬가 나타난다. 전자의 회절 무늬는 밝음과 어두움이 교차하는 줄무늬로 되어 있고 그림 16.19에서 본 빛의 회절 무늬와 비슷하다. 그림 17.12는 슬릿을 보여주고, 가운데 밝은 줄의 양쪽에 나타나는 첫 번째 어두운 줄의 위치를 보여준다. 가운데 줄은 전자들이 양쪽의 어두운 줄 사이의 영역에 걸쳐 스크린에 부딪쳐서 만든 것이다. 만일 가운데 밝은 부분 밖에 부딪치는 전자들이 무시된다면, 전자가 회절하는 영역은 그림에서 각 θ로 주어진다. 전자들이 슬릿에 들어갈 때는 x 방향으로 운동하며, y 성분의 운동량을 가지고 있지 않다. 그런데 가운데 밝은 부분 중에서도 중심이 아닌 위치에 도달하려면, 그런 전자들은 반드시 y 방향의 운동량을 얻어야 한다. 그림에서 운동량의 y 성분은 Δp_y의 크기를 가진다. Δp_y는 전자가 슬릿을 통과한 후 가질 수 있는 운동량의 y 성분의 최대값과 통과 전의 값 0과의 차이를 나타낸다. Δp_y는 운동량의 y 성분이 0과 Δp_y 사이의 어느 값이라도 될 수 있다는 불확정도(uncertainty)를 표현한다.

Δp_y를 슬릿의 폭 W와 관련시킬 수 있다. 이를 위해, 광파에 적용하는 식 16.4가 드브로이 파장 λ의 물질파에도 적용시킬 수 있다고 가정하

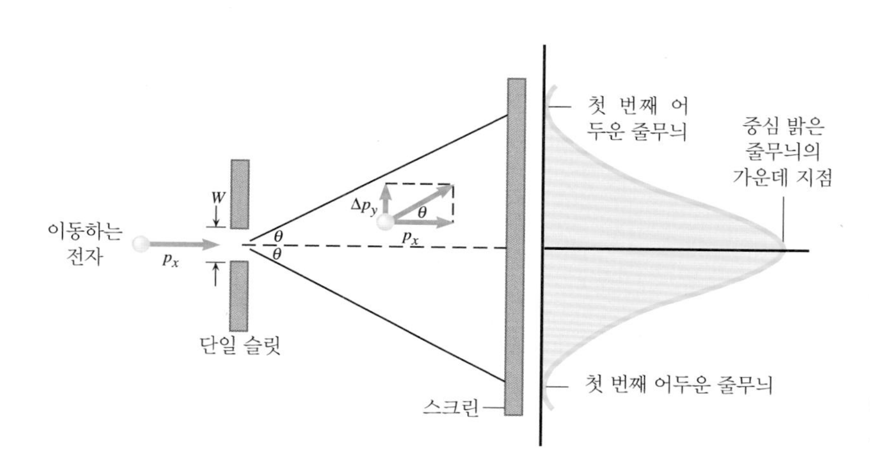

그림 17.12 충분히 많은 전자가 단일 슬릿을 통과해서 스크린에 부딪치면, 밝고 어두운 줄들인 회절 무늬가 나타난다(중심의 밝은 부분만 나타냈다). 이 무늬는 전자의 파동성 때문이고, 광파가 만드는 줄무늬와 유사하다.

자. 이 식 $\theta = \lambda / W$은 첫 어두운 줄무늬의 각도 θ를 정한다. θ가 작으면 $\sin\theta \approx \tan\theta$이다. 그림 17.12는 $\theta = \Delta p_y / p_x$ 을 나타내는데, 여기서 p_x는 전자 운동량의 x 성분이다. 그러므로 $\Delta p_y / p_x \approx \lambda / W$이다. 그러나 드브로이 식에 따르면 $p_x = h/\lambda$이므로

$$\frac{\Delta p_y}{p_x} = \frac{\Delta p_y}{h/\lambda} \approx \frac{\lambda}{W}$$

그 결과,

$$\Delta p_y \approx \frac{h}{W} \tag{17.9}$$

이다. 이 식에 의하면, 슬릿 폭이 작으면 전자 운동량의 y 성분의 불확정도가 크다.

운동량의 y 성분의 불확정도 Δp_y가 전자가 슬릿을 통과할 때 전자의 위치 y 값의 불확정도와 관계가 있다는 것을 처음 제안한 사람은 하이젠베르크다. 전자는 폭 W인 슬릿 속의 어느 곳도 지나갈 수 있으므로, 전자 위치의 불확정도 $\Delta y = W$이다. 식 17.9의 W 대신 Δy를 대입하면, $\Delta p_y \approx h / \Delta p_y$ 또는 $(\Delta p_y)(\Delta y) \approx h$이 된다. 하이젠베르크가 더 완벽하게 해석한 결과가 다음의 식 17.10이며 이 식은 **하이젠베르크의 불확정성 원리**(Heisenberg uncertainty principle)라고 알려져 있다. 비교적 알기 쉬운 단일 슬릿 회절의 경우로 이 원리를 설명했지만 불확정성 원리는 아주 일반적이어서 폭넓게 응용된다.

■ **하이젠베르크의 불확정성 원리**

운동량과 위치

$$(\Delta p_y)(\Delta y) \geq \frac{h}{4\pi} \tag{17.10}$$

Δy = 입자 위치의 y 좌표의 불확정도

Δp_y = 입자 운동량의 y 성분의 불확정도

에너지와 시간

$$(\Delta E)(\Delta t) \geq \frac{h}{4\pi} \tag{17.11}$$

ΔE = 입자가 한 상태에 있을 때 그 에너지의 불확정도

Δt = 입자가 그 상태에 머무는 시간 간격

하이젠베르크의 불확정성 원리는 입자의 운동량과 위치를 동시에 측정할 때의 정확성에 한계를 준다. 이 한계는 단지 측정기술의 정밀도가 충분하지 않아서 생기는 것 만은 아니다. 이 불확정성은 우리가 자연을 탐구할 때 제약받는 근본적인 한계이고, 피해갈 수 있는 길은 없다. 식

17.10은 Δp_y와 Δy가 동시에 임의의 값으로 작아질 수 없다는 것을 말한다. 하나가 작으면 다른 하나는 반드시 커야 하고 그래서 둘의 곱은 플랑크 상수를 4π로 나눈 값보다 크거나 같다. 예로서 입자의 위치를 완전히 알게 되어 Δy가 0이라면, Δp_y는 무한히 커져 입자의 운동량은 완전히 불확실해진다. 역으로 Δp_y가 0이라면, Δy는 무한히 큰 값이 되고 입자의 위치는 완전히 불확실해진다. 다시 말해서, 불확정성 원리는 입자의 운동량과 위치를 동시에 완벽히 정확하게 측정하는 것은 불가능하다는 말이다.

식 17.11에서 표현한 것처럼, 에너지와 시간에 대한 불확정성 원리도 있다. 입자의 에너지 불확정도 ΔE와 그 입자가 주어진 에너지 상태에 머무는 시간 Δt의 곱은 플랑크 상수를 4π로 나눈 값보다 크거나 같다. 그래서 입자가 어떤 상태에 머무는 시간이 짧을수록 그 상태의 에너지 불확정도가 커진다.

다음 예제 17.4에서 불확정성 원리가 전자 같이 미세한 입자의 운동을 이해하는 데는 중요한 의미가 있지만, 거시적 물체의 운동은 이 원리의 영향을 거의 받지 않음을 볼 것이다. 탁구공 정도의 질량을 가진 것으로는 그 효과를 볼 수 없다.

문제 풀이 도움말
하이젠베르크의 불확정성 원리에서 Δp_y와 Δy의 곱은 $h/4\pi$보다 크거나 같다. 최소 불확정도는 이 곱이 $h/4\pi$일 때의 값이다.

예제 17.4 | 하이젠베르크의 불확정성 원리

어떤 물체의 위치가 정확히 알려져 위치 불확정도가 겨우 $\Delta y = 1.5 \times 10^{-11}$ m 라고 가정하자. (a) 물체의 운동량의 최소 불확정도를 구하라. (b) 그 물체가 전자(질량 $= 9.1 \times 10^{-31}$ kg)라면, 그에 해당하는 속력의 불확정도를 구하라. (c) 탁구공(질량 $= 2.2 \times 10^{-3}$ kg)일 때 속력의 불확정도를 구하라.

살펴보기 운동량의 Δp_y 성분의 최소 불확정도는 하이젠베르크의 불확정성 원리에서 $\Delta p_y = h/(4\pi\Delta y)$가 된다. 여기서 Δy는 물체의 y좌표의 불확정도다. 전자와 탁구공 모두 같은 위치 불확정도를 가졌으므로, 같은 운동량 불확정도를 갖는다. 그러나 그들의 질량이 크게 다르므로, 속력의 불확정도가 크게 다르다는 것을 알 것이다.

풀이 (a) 운동량의 y성분의 최소 불확정도는 다음과 같이 계산할 수 있다.

$$\Delta p_y = \frac{h}{4\pi\Delta y} = \frac{6.63 \times 10^{-34}\ \mathrm{J\cdot s}}{4\pi(1.5 \times 10^{-11}\ \mathrm{m})}$$

$$= \boxed{3.5 \times 10^{-24}\ \mathrm{kg\cdot m/s}} \qquad (17.10)$$

(b) $\Delta p_y = m\Delta v_y$이므로, 이때 전자 속력의 불확정도는 다음과 같다.

$$\Delta v_y = \frac{\Delta p_y}{m} = \frac{3.5 \times 10^{-24}\ \mathrm{kg\cdot m/s}}{9.1 \times 10^{-31}\ \mathrm{kg}}$$

$$= \boxed{3.8 \times 10^{6}\ \mathrm{m/s}}$$

이와 같이, 전자의 y좌표가 작은 불확정도를 가지면, 전자 속력의 불확정도는 커지게 된다.

(c) (a)일 때 탁구공 속력의 불확정도는 다음과 같다.

$$\Delta v_y = \frac{\Delta p_y}{m} = \frac{3.5 \times 10^{-24}\ \mathrm{kg\cdot m/s}}{2.2 \times 10^{-3}\ \mathrm{kg}}$$

$$= \boxed{1.6 \times 10^{-21}\ \mathrm{m/s}}$$

탁구공의 질량은 비교적 크기 때문에 위치의 불확정도가 작을 때 전자의 경우보다 속력의 불확정도가 아주 작다. 따라서 전자와는 달리, 공이 어디 있는지와 얼마나 빨리 움직이는지를 상당히 높은 정확도로 동시에 알 수 있다.

예제 17.4에서 전자(작은 질량)와 탁구공(큰 질량)의 속력의 불확정도에 불확정성 원리가 주는 효과가 크게 다름을 알았다. 비교적 큰 질량을 가진 공 같은 물체에서, 위치와 속력의 불확정도는 너무 작아서 이런 물체가 어디 있는지 얼마나 빨리 움직이는지를 동시에 측정할 수 있다. 그러나 예제 17.4에서 계산한 불확정도는 단지 질량에만 의존하는 것이 아니라 매우 작은 수인 플랑크 상수에도 의존함을 주목해 두자.

연습 문제

주의: 다음 문제들을 푸는 데 있어 상대론적인 효과는 무시한다.

17.3 광자와 광전 효과

1(1) 자외선은 피부를 검게 그을리게 한다. 에너지가 6.4×10^{-19} J인 자외선 광자의 파장을 nm 단위로 구하라.

2(3) 한 FM 라디오 방송이 98.1 MHz의 진동수로 송출된다. 안테나가 방사하는 일률이 5.0×10^4 W라면, 이 안테나는 1초에 얼마나 많은 광자를 방출하는가?

3(5) 진동수가 3.00×10^{15} Hz인 자외선이 금속 표면에 부딪쳐서 최대 운동 에너지 6.1 eV인 전자들을 내보낸다. 이 금속의 일함수는 몇 eV인가?

4(7) 마그네슘 표면의 일함수는 3.68 eV이다. 파장이 215 nm인 전자기파가 표면에 부딪쳐 전자를 내보낸다. 방출된 전자의 최대 운동 에너지를 eV 단위로 구하라.

17.4 광자의 운동량과 콤프턴 효과

5(13) 전자레인지에서 사용하는 마이크로파는 파장이 약 0.13 m이다. 이 마이크로파 광자의 운동량은 얼마인가?

6(15) 흑연에 입사하는 X선의 파장이 0.3120 nm이고, 흑연 속의 자유전자들에 의해서 산란된다. 그림 17.9에서 산란각이 $\theta = 135.0°$라면, (a) 입사 광자와 (b) 산란된 광자의 운동량의 크기를 구하라. ($h = 6.626 \times 10^{-34}$ J · s, $c = 2.998 \times 10^8$ m/s를 사용한다.)

17.5 드브로이 파장과 물질의 파동성

7(21) 꿀벌(질량 = 1.3×10^{-4} kg) 한 마리가 0.020 m/s의 속력으로 기어가고 있다. 이 꿀벌의 드브로이 파장은 얼마인가?

8(23) 입자 가속기에서 양성자의 드브로이 파장은 1.30×10^{-14} m이다. 양성자의 운동 에너지를 J 단위로 계산하라.

9(25) 단원자 이상 기체의 원자 하나당 평균 운동 에너지는 $\overline{\text{KE}} = \frac{3}{2}kT$다. 여기서 $k = 1.38 \times 10^{-23}$ J/K이고 T는 기체의 켈빈 온도이다. 상온(293 K)에서 이런 평균 운동 에너지를 갖는 헬륨 원자의 드브로이 파장을 계산하라.

***10(27)** 스크린에 생긴 회절 무늬에서 중심의 밝은 부분의 폭이 단일 슬릿을 통과한 것이 전자이든, 빨간색 빛(진공에서 파장 = 661 nm)이든 상관없이 같다. 스크린과 슬릿 사이의 거리가 두 경우 다 같고 슬릿 폭에 비해 충분히 크다. 슬릿에 입사하는 전자들의 속력을 구하라.

17.6 하이젠베르크의 불확정성 원리

11(33) 2.5 m 길이의 선이 있다. 이 선을 따라 어딘가에 움직이는 물체가 있지만, 그 위치는 모른다. (a) 그 물체의 운동량의 최소 불확정도를 구하라. (b) 물체가 골프공(질량 = 0.045 kg)일 때와 (c) 전자일 때에 속력의 최소 불확정도를 구하라.

원자의 성질

18.1 러더퍼드 산란과 핵원자

원자는 그림 18.1처럼 양전하를 띤 작은 핵(반지름≈ 10^{-15} m) 주위를, 여러 개의 전자들이 상대적으로 큰 거리를 두고 둘러싸고 있다(원자 반지름≈ 10^{-10} m). 자연 상태에서, 핵에 들어 있는 양성자(전하 $+e$) 수는 전자(전하 $-e$)들의 수와 같기 때문에 원자는 전기적으로 중성이다. 이제 보편적으로 받아들여지는 이런 원자 모형을 **핵원자**(nuclear atom)라고 부른다.

핵원자는 비교적 최근 모형이다. 20세기 초에 영국 물리학자 톰슨(1856-1940)이 제안했던 '건포도 푸딩' 모형은 원자를 매우 다르게 표현하였다. 톰슨은 원자 중심에 핵이 없는 대신 양전하가 원자 전체(푸딩에 해당)에 고루 퍼져 있고 음전하인 전자(건포도에 해당)가 박혀 있는 형태로 가정했다.

1911년 뉴질랜드 물리학자 러더퍼드(1871-1937)가 이 모형으로 설명할 수 없는 실험 결과를 발표하자 톰슨의 모형은 틀린 것으로 판명되었다. 그림 18.2에서 보듯이 러더퍼드와 동료들은 알파 입자 빔을 금박을 향해 쏘았다. 양전하인 알파 입자(당시에는 알려지지 않았으나, 헬륨 원자의 핵)들은 일부 방사성 원소에서 방출된다. 만일 건포도 푸딩 모형이 맞다면, 알파 입자는 박막을 거의 직선으로 통과한다. 전자들은 비교적 작은 질량을 가지고 있고, 양전하는 푸딩처럼 희석되어 있는 그 모형에서는 아무것도 무거운 알파 입자를 크게 편향시킬 수 없기 때문이다. 러더퍼드와 그의 동료들은 알파 입자가 때릴 때 반짝거리는 황화아연 스크린을 사용하면서 알파 입자의 방향을 추적한 결과, 모든 알파 입자가 직선으로 박막을 통과하는 것은 아니라는 것을 발견하였다. 일부 입자는 큰 각도로, 심지어는 뒤

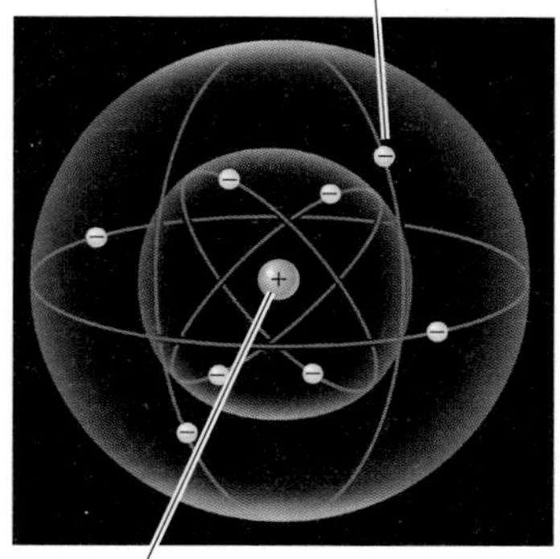

그림 18.1 핵원자에서 작은 양전하의 핵 주위를 비교적 먼 거리에 있는 여러 개의 전자들이 둘러싸고 있다.

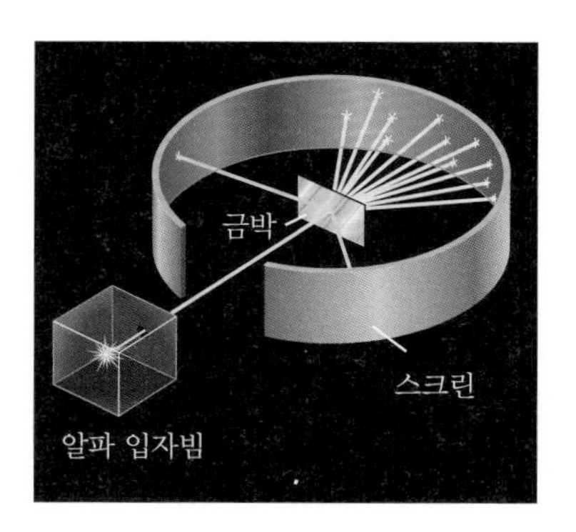

그림 18.2 알파 입자가 얇은 금박에서 산란되는 러더퍼드 산란 실험. 전체 장치가 진공 상자 속에 있다.

쪽으로 편향한다. 러더퍼드는 '만일 당신이 15 인치 포탄을 휴지 조각에 쏘았을 때, 총알이 당신을 향해 되돌아온다는 것처럼 거의 믿을 수 없는 일' 이라고 말했다. 러더퍼드는 양전하가 원자 전체에 엷게 균일하게 분포하는 것이 아니라 핵이라고 부르는 작은 영역에 있다고 결론을 내렸다.

그런데, 어떻게 전자들은 핵원자 안에서 양전하를 띤 핵과 거리를 두고 있을 수 있는가? 만일 전자들이 정지해 있었다면, 전기력 때문에 핵으로 끌려올 것이다. 그러므로 전자들은 태양 주변을 도는 행성들처럼 어떠한 방식으로 움직이고 있어야 한다. 실제로, 원자의 핵 모형은 '행성 모형' 이라고 부르기도 한다. 하지만, 원자의 크기에는 태양계가 가진 것보다 빈 공간 비율이 더 크다.

개념 예제 18.1 | 원자는 거의 비어 있다

원자의 행성 모형에서, 핵은 태양과 비유될 수 있다. 지구가 태양 주변을 공전하듯이, 전자들이 핵 주변을 공전한다. 만일 태양계의 크기가 원자 같은 비율로 구성되어 있다면, 태양에서 지구까지의 거리는 실제보다 가깝겠는가? 멀겠는가?

살펴보기와 해답 전자 궤도 반지름은 핵의 반지름보다 십만 배 더 크다. 지구의 궤도 반지름이 태양 반지름보다 십만 배 크다면, 궤도 반지름이 7×10^{13} m가 되어야 한다. 이 거리는 실제 지구 궤도 반지름 1.5×10^{11} m보다 사백 배 이상 큰 값이다. 즉 지구로부터 더 멀어져야 할 것이다. 사실, 그 거리는 명왕성의 위치보다 10 배 이상 태양에서 먼 값이다. 명왕성은 태양계에서 해왕성보다 더 멀리 있는 소행성으로 궤도 반지름이 약 6×10^{12} m이다. 원자는 태양계보다 빈 공간의 비율이 훨씬 크다.

원자의 행성 모형은 머리로 그려보기는 쉬우나, 문제점을 내포하고 있다. 예를 들면, 곡선 경로에서 움직이는 전자는, 5.2절에서 말한 대로, 구심 가속도를 가지고 있다. 전자가 가속할 때, 13.1절에서 말한 대로 전자기파를 방출하고, 이런 파동은 에너지를 내보낸다. 에너지가 지속적으로 고갈되면, 전자들은 안쪽을 향해서 나선을 그리면서 돌다가 핵으로 붕괴되어 버린다. 그런데 물질이 안정적으로 존재한다는 자체가 이런 붕괴가 일어나지 않음을 의미한다. 따라서 행성 모형도 역시 불완전하다.

18.2 선스펙트럼

17.2절에서 모든 물체가 전자기파를 방출한다는 것을 다루었고, 18.3절에서는 어떻게 이런 방사가 일어나는지 볼 것이다. 전구 안에 있는 뜨거운 필라멘트처럼 고체인 경우, 연속적인 파장 영역에 대해 이 전자기파가 방출된다. 그 중 일부는 가시 광선 영역에 들어 있다. 이 연속적인 파장 영역

은 고체를 구성하는 원자들 전체 집단의 특징이 된다. 반면, 고체 내부처럼 강한 힘을 받지 않는 자유로운 개별적인 원자들은 연속 영역이 아닌 특정 파장만의 빛을 방출한다. 이런 파장들은 그 원자의 특성이고, 원자 구조를 파악하도록 돕는 중요한 단서가 된다. 개별적인 원자들의 행동을 연구하려면, 원자들의 간격이 비교적 낮은 압력의 기체를 사용한다.

밀봉된 관 속에 저압의 기체를 두고, 관에 있는 전극 사이에 큰 전위차를 걸면 기체 원자가 전자기파를 방출할 수 있다. 그림 16.31처럼 격자 분광기를 사용하면, 기체가 방출하는 각각의 파장은 분리되어 일련의 밝은 줄무늬를 나타낸다. 이들을 **선스펙트럼**(line spectrum)이라고 부른다. 이들은 회절 격자 분광기에서 조밀하고 평행하게 배열된 여러 슬릿으로부터 나온 스펙트럼이다. 그림 18.3은 네온과 수은의 가시 광선 영역 선스펙트럼이다. 네온과 수은에서 방출하는 특정 가시 광선 파장은 네온사인과 거리의 수은등에서 특유한 색깔을 준다.

◐ 네온사인과 수은등의 물리

가장 간단한 선스펙트럼은 수소 원자 스펙트럼인데, 발견된 직후 그 파장들의 패턴을 이해하기 위해 많은 노력을 했다. 그림 18.4는 수소 원자 스펙트럼의 몇 가지 계열을 나타냈다. 가시 광선 영역 선스펙트럼은 스위스 교사 발머(1825-1898)의 이름을 따서 **발머 계열**(Balmer series)이라고 부른다. 그는 관찰된 파장의 값을 계산해낼 수 있는 방정식을 찾았다. 이 식은 짧은 파장에서 **라이먼 계열**(Lyman series)과 긴 파장에서 **파셴 계열**(Paschen series)에 적용할 수 있는 유사한 식들과 함께 아래에 나와 있다.

라이먼 계열 $$\frac{1}{\lambda} = R\left(\frac{1}{1^2} - \frac{1}{n^2}\right) \qquad n = 2, 3, 4, \ldots \tag{18.1}$$

발머 계열 $$\frac{1}{\lambda} = R\left(\frac{1}{2^2} - \frac{1}{n^2}\right) \qquad n = 3, 4, 5, \ldots \tag{18.2}$$

그림 18.3 네온과 수은의 선스펙트럼과 태양의 연속 스펙트럼이다. 태양 스펙트럼에서 검은 선들을 프라운호퍼선이라고 부르는데, 그 중 셋을 화살표로 표시해 두었다.

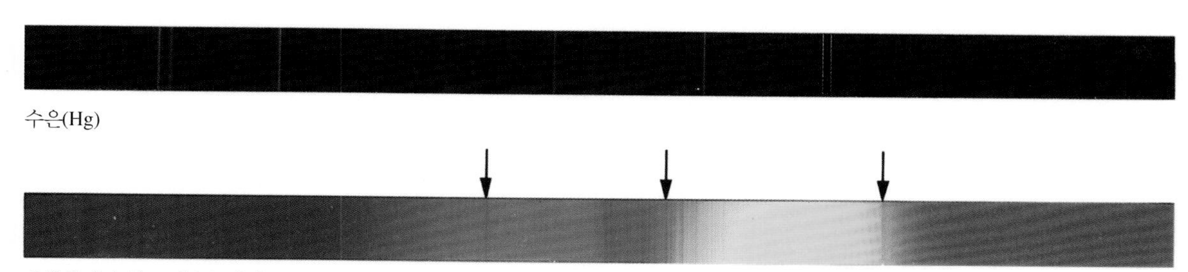

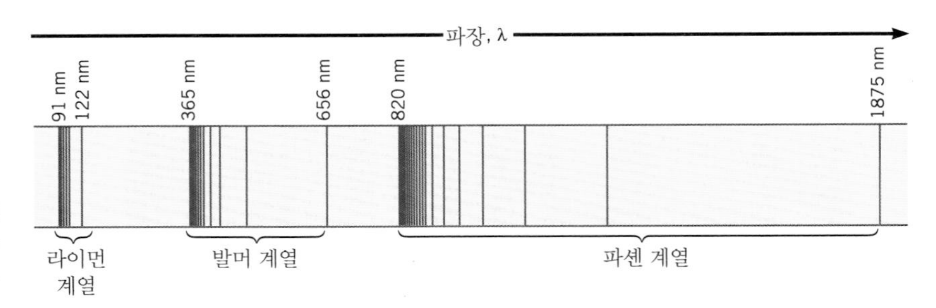

그림 18.4 수소 원자의 선스펙트럼. 발머 계열만이 전자기 스펙트럼의 가시 광선 영역에 있다.

파셴 계열 $$\frac{1}{\lambda} = R\left(\frac{1}{3^2} - \frac{1}{n^2}\right) \qquad n = 4, 5, 6, \ldots \qquad (18.3)$$

상수 R 값은 $R = 1.097 \times 10^7\ \text{m}^{-1}$이고, 리드베리 상수(Rydberg constant)라고 부른다. 이 계열들의 중요한 특징은 짧은 파장과 긴 파장에 한계가 있고, 짧은 파장 한계로 접근하면 선들이 많아지고 조밀해진다. 그림 18.4는 각 계열의 이런 파장 한계를 표현한다.

예제 18.2 발머 계열

발머 계열의 (a) 가장 긴 파장과 (b) 가장 짧은 파장을 구하라.

살펴보기 발머 계열의 각 파장은 식 18.2에서 정수 n에 값을 하나씩 대입한 것에 해당한다. n 값이 작으면 파장이 길어진다. 가장 긴 파장은 $n = 3$일 때이다. n이 큰 값이면 가장 작은 파장을 얻을 수 있는데, 결국 $1/n^2$이 0일 때이다.

풀이 (a) 식 18.2에서 $n = 3$이면 가장 긴 파장이 된다.

$$\frac{1}{\lambda} = R\left(\frac{1}{2^2} - \frac{1}{n^2}\right)$$
$$= (1.097 \times 10^7\ \text{m}^{-1})\left(\frac{1}{2^2} - \frac{1}{3^2}\right)$$
$$= 1.524 \times 10^6\ \text{m}^{-1}$$

즉 $\boxed{\lambda = 656\ \text{nm}}$이다.

(b) 식 18.2에서 $1/n^2 = 0$이면, 가장 짧은 파장이 된다.

$$\frac{1}{\lambda} = (1.097 \times 10^7\ \text{m}^{-1})\left(\frac{1}{2^2} - 0\right)$$
$$= 2.743 \times 10^6\ \text{m}^{-1}$$

즉 $\boxed{\lambda = 365\ \text{nm}}$이다.

식 18.1-18.3은 수소 원자가 방출하는 빛의 파장을 계산할 수 있으므로 유용하기는 하나, 실험적으로 얻은 식이어서 왜 어떤 파장은 방출되지만, 어떤 파장은 나오지 않는지 설명하지 못한다. 수소 원자가 방출하는 불연속인 파장 값들을 예측하는 원자 모형을 처음으로 제시한 사람이 덴마크의 물리학자 보어(1885-1962)이다. 보어 모형은 어떻게 원자 구조가 빛의 파장을 특정한 값만 갖게 하는지 설명하기 시작하였다. 1922년 보어는 이 업적으로 노벨 물리학상을 받았다.

18.3 수소 원자의 보어 모형

1913년 보어는 수소 원자가 방출하는 파장에 대한 발머의 것과 같은 수식을 유도하는 모형을 제시하였다. 보어의 이론은 핵 주변에서 전자가 원 궤도를 도는 러더퍼드 원자 모형에서 시작한다. 보어는 자신의 이론에서 몇 가지 가정을 더하고 플랑크와 아인슈타인의 양자 개념을 입자가 등속 원운동할 때의 고전적 기술과 결합시켰다.

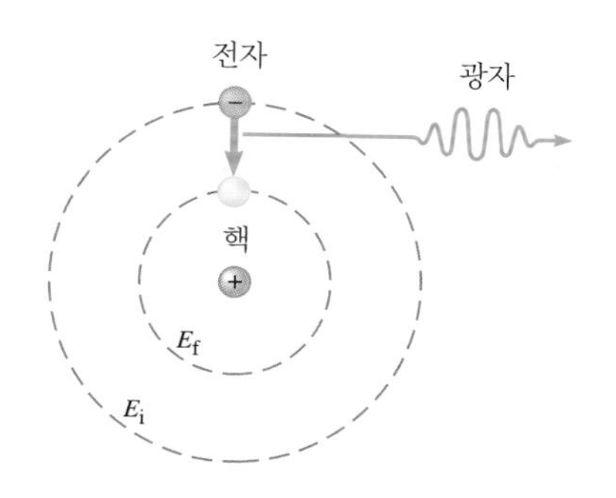

그림 18.5 보어 모형에서는, 전자가 크고 높은 에너지 궤도(에너지 = E_i)에서 작고 낮은 에너지 궤도(에너지 = E_f)로 떨어질 때 광자가 방출된다.

플랑크의 양자화된 에너지 준위 개념을 채택하여(17.2절 참조) 보어는 수소 원자에서 총 에너지(운동 에너지+위치 에너지)가 특정 값만이 될 수 있다는 가설을 세웠다. 이 허용되는 에너지 준위 각각은 핵 주위를 도는 전자들의 서로 다른 궤도에 해당한다. 큰 궤도일수록 총 에너지가 큰 값에 해당한다. 그림 18.5는 두 개의 궤도를 보였다. 더불어 보어는 이들 중 한 궤도에 있는 전자는 전자기파를 방출하지 않는다고 보았다. 그래서 이 궤도들을 **정상 궤도**(stationary orbit) 또는 **정상 상태**(stationary state)라고 부른다. 고전적인 전자기학에 의하면 전자가 원운동하면서 가속될 때 전자기파를 방출하고, 그에 따른 에너지의 손실은 궤도의 붕괴를 초래한다.

그래서 보어는 다음과 같은 궤도에 대한 가정이 필요하다고 생각했다. 아인슈타인의 광자 개념(17.3절)을 이용하여, 그림 18.5가 나타내는 것처럼 전자가 높은 에너지를 가진 큰 궤도에서 낮은 에너지를 가진 작은 궤도로 옮겨갈 때만 광자가 방출된다고 가정하였다. 그런데 전자는 어떻게 처음부터 높은 에너지 궤도에 있을 수 있을까? 주로 원자들이 충돌할 때 에너지를 얻어서 높은 준위에 이른다. 원자 충돌은 기체가 데워졌거나 고전압이 걸릴 때 에너지를 얻어 더 잘 일어난다.

처음 궤도에서 높은 에너지 E_i를 가진 전자가 적은 에너지 E_f를 가진 나중 궤도로 바뀔 때 방출하는 광자의 에너지는 $E_i - E_f$로 에너지 보존 법칙에 부합한다. 그런데 광자의 에너지는 진동수 f와 플랑크 상수 h로 표시하면 hf이므로 다음과 같이 쓸 수 있다.

$$E_i - E_f = hf \tag{18.4}$$

전자기파의 진동수는 파장과 $f = c/\lambda$ 관계를 가지므로, 보어는 식 18.4를 써서 수소 원자가 방출하는 빛의 파장을 구할 수 있었다. 그러나 먼저 에너지 E_i와 E_f에 대한 수식을 먼저 구해야 했다.

보어 궤도의 에너지와 반지름

양자화 에너지 준위에 대한 식을 유도하기 위하여, 보어는 오래된 고전 물리와 20세기 초에 처음 대두된 현대 물리학의 개념들을 함께 끌어들였다.

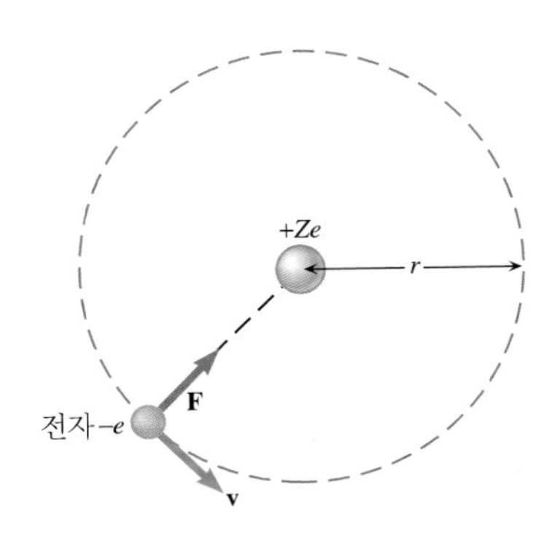

그림 18.6 보어 모형에서, 전자는 핵 주변에서 등속 원운동을 한다. 핵의 양전하가 전자에 작용하는 정전기 인력이 구심력 F가 된다.

반지름 r인 궤도에서 질량 m과 속력 v인 전자의 총 에너지는 전자의 운동 에너지($\mathrm{KE} = \frac{1}{2}mv^2$)와 전기 위치 에너지의 합이다. 위치 에너지는 전자의 전하($-e$)와 양전하의 핵이 생성시킨 전위의 곱이다. 핵이 Z개의 양성자를 가지고 있다면, 핵의 총 전하량은 $+Ze$으로 가정한다.* $+Ze$인 점전하로부터 r만큼 떨어진 곳에서 전위는 $+kZe/r$이다. 상수 $k = 8.988 \times 10^9\ \mathrm{N \cdot m^2/C^2}$를 이용하면 전기 위치 에너지는 $\mathrm{EPE} = (-e)(+kZe/r)$이다. 결론적으로 원자의 총 에너지 E는 다음 식과 같다.

$$\begin{aligned} E &= \mathrm{KE} + \mathrm{EPE} \\ &= \tfrac{1}{2}mv^2 - \frac{kZe^2}{r} \end{aligned} \tag{18.5}$$

원운동하는 입자가 받는 구심력의 표현은 mv^2/r(식 5.3)이다. 그림 18.6이 나타내는 것처럼, 구심력은 핵에 있는 양성자가 전자에 정전기 인력 $\mathbf{F}$를 작용하여 생기는 것이다. 쿨롱의 법칙에 따라 정전기력의 크기는 $F = kZe^2/r^2$이고 이것이 구심력이 되어 운동 방정식은 다음과 같이 된다.

$$mv^2 = \frac{kZe^2}{r} \tag{18.6}$$

이 식을 써서 식 18.5의 mv^2를 소거하면 다음 결과를 얻는다.

$$\begin{aligned} E &= \frac{1}{2}\left(\frac{kZe^2}{r}\right) - \frac{kZe^2}{r} \\ &= -\frac{kZe^2}{2r} \end{aligned} \tag{18.7}$$

음의 값인 전기 위치 에너지가 양의 값인 운동 에너지보다 크므로 원자의 총 에너지는 음의 값이다.

식 18.7이 유용하게 이용되려면, 반지름 r값이 필요하다. 보어는 r값을 결정하기 위해 전자의 궤도 각운동량에 대한 가정을 세웠다. 각운동량 L은 식 9.10에 의해 $L = I\omega$로 주어진다. 이때, $I = mr^2$는 원궤도를 도는 전자의 관성 모멘트이고 $\omega = v/r$ (rad/s 단위)은 전자의 각속도이다. 따라서, 각운동량은 $L = (mr^2)(v/r) = mvr$이다. 보어는 각운동량이 불연속적인 어떤 특정의 값만 가질 수 있다고, 즉 L이 양자화 되었다고 추측했다. 그는 그 허용되는 값이 플랑크 상수를 2π로 나누고 정수를 곱한 값이라고 가정하였다.

$$L_n = mv_nr_n = n\frac{h}{2\pi} \qquad n = 1, 2, 3, \ldots \tag{18.8}$$

* 수소의 경우 $Z = 1$이지만, 우리는 Z가 1보다 큰 경우도 다룬다.

이 식을 v_n에 대해 풀고 식 18.6에 대입하면 n 번째 보어 궤도 반지름 r_n에 대한 다음 식을 얻을 수 있다.

$$r_n = \left(\frac{h^2}{4\pi^2 mke^2}\right)\frac{n^2}{Z} \qquad n = 1, 2, 3, \ldots \qquad (18.9)$$

$h = 6.626 \times 10^{-34}\ \mathrm{J \cdot s}$, $m = 9.109 \times 10^{-31}\ \mathrm{kg}$, $k = 8.988 \times 10^9\ \mathrm{N \cdot m^2/C^2}$, $e = 1.602 \times 10^{-19}\ \mathrm{C}$을 대입하면 윗식은 다음과 같이 된다.

보어 궤도의 반지름 (m 단위)

$$r_n = (5.29 \times 10^{-11}\ \mathrm{m})\frac{n^2}{Z} \qquad n = 1, 2, 3, \ldots \qquad (18.10)$$

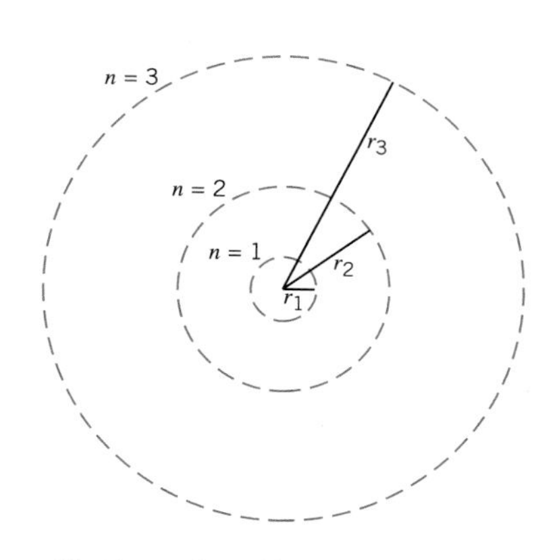

그림 18.7 수소 원자에서 첫 번째 보어 궤도는 반지름이 $r_1 = 5.29 \times 10^{-11}$ m이다. 두 번째와 세 번째는 각각 $r_2 = 4r_1$와 $r_3 = 9r_1$의 반지름을 가지고 있다.

그러므로 수소 원자($Z = 1$)에서 가장 작은 보어 궤도($n = 1$)는 반지름 $r_1 = 5.29 \times 10^{-11}$ m이다. 이 특별한 값을 **보어 반지름**(Bohr radius)이라고 부른다. 그림 18.7은 수소 원자에서 처음 세 개의 보어 반지름을 그린 것이다.

보어 궤도의 반지름을 식 18.7에 대입하면 n 번째 궤도에 해당하는 총 에너지는 다음과 같다.

$$E_n = -\left(\frac{2\pi^2 mk^2e^4}{h^2}\right)\frac{Z^2}{n^2} \qquad n = 1, 2, 3, \ldots \qquad (18.11)$$

h, m, k, e의 수치값을 이 식에 대입하면 다음과 같다.

보어 에너지 준위(J 단위)

$$E_n = -(2.18 \times 10^{-18}\ \mathrm{J})\frac{Z^2}{n^2} \qquad n = 1, 2, 3, \ldots \qquad (18.12)$$

원자와 관련된 에너지는 J 보다는 eV를 단위로 쓰기도 한다. $1.60 \times 10^{-19}\ \mathrm{J} = 1\ \mathrm{eV}$ 이므로, 식 18.12는 다음과 같이 바뀐다.

보어 에너지 준위(eV 단위)

$$E_n = -(13.6\ \mathrm{eV})\frac{Z^2}{n^2} \qquad n = 1, 2, 3, \ldots \qquad (18.13)$$

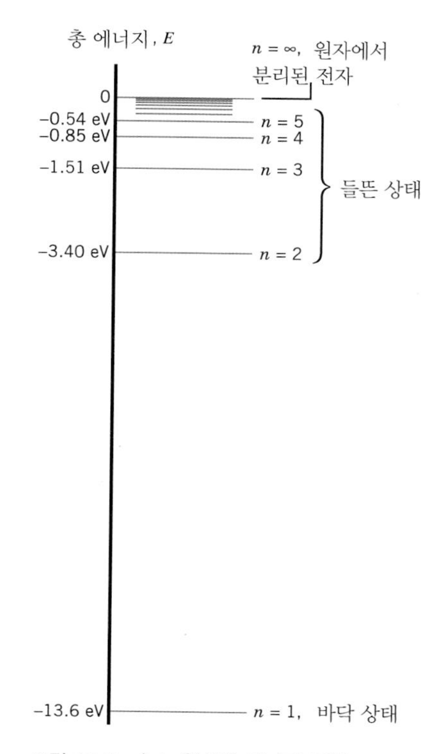

그림 18.8 수소 원자의 에너지 준위

에너지 준위 도표

식 18.13의 에너지 값을 그림 18.8과 같은 에너지 준위 도표에 나타내면 유용하다. $Z = 1$인 수소 원자에 대한 이 그림에서 가장 높은 에너지 준위는 식 18.13에서 $n = \infty$ 해당하고 0 eV의 값을 갖는다. 이 값은 전자가 핵에서 완전히 벗어나($r = \infty$) 정지하는 원자의 에너지이다. 반면 가장 낮은 에너지는 $n = 1$에 해당하고 −13.6 eV에 해당한다. 가장 낮은 에너지 준위를 **바닥 상태**(ground state)라 하여 **들뜬 상태**(excited state)라고 부르는 높은 에너지 준위들과 구별한다. n이 증가할 때 들뜬 상태의 에너지 값들이 점점 가까워진다.

상온에서 수소 원자의 전자는 바닥 상태에서 대부분의 시간을 보낸다. 전자를 바닥 상태($n = 1$)에서 가장 높은 들뜬 상태($n = \infty$)로 올리는데, 13.6 eV가 필요하다. 이만큼의 에너지를 공급하여 전자를 제거하면 양이온 H^+가 만들어진다. 전자를 제거하는데 필요한 에너지를 이온화 에너지라고 한다. 따라서 보어 모형은 수소 원자의 **이온화 에너지**(ionization energy)를 실험값과 일치하는 13.6 eV로 예측한다. 예제 18.3에서 보어 모형을 리튬 원자가 2가로 이온화되는 경우에 적용한다.

예제 18.3 | 리튬 Li^{2+}의 이온화 에너지

핵 주변을 도는 전자가 하나보다 많을 때는 보어 모형을 적용할 수 없다. 왜냐하면 이 모형은 전자들끼리 서로 작용하는 정전기력을 고려할 수 없기 때문이다. 그래서 전기적으로 중성인 리튬 원자는 양성자 세 개가 있는 핵 주변을 전자 세 개가 돌고 있어 보어의 해법을 적용할 수 없다. 중성 리튬 원자로부터 전자 두 개를 제거하면 핵 주변 궤도에 전자 하나만 남는 +2가인 리튬 이온이 되는데 이 이온에는 보어 모형을 적용할 수 있다. 리튬 이온 Li^{2+}로부터 남은 전자 하나를 제거하는데, 필요한 이온화 에너지를 구하라.

살펴보기 리튬 이온 Li^{2+}는 수소 원자보다 세 배의 양전하를 핵에 가지고 있다. 그러므로 리튬에 있는 전자는 수소 원자에 있는 것보다 핵으로부터 더 큰 인력을 받는다. 결과로서, Li^{2+}를 이온화시키는 에너지는 수소 원자의 13.6 eV보다 클 것이다.

풀이 Li^{2+}의 보어 에너지 준위는 식 18.13에서 $Z = 3$인 경우이다. 그래서 에너지 준위는 $E_n = -(13.6\text{ eV})(3^2/n^2)$ 그러므로 바닥 상태($n = 1$) 에너지는

$$E_1 = -(13.6\text{ eV})\frac{3^2}{1^2} = -122\text{ eV}$$

이다. 그러므로 Li^{2+}에서 전자를 제거하려면, 122 eV의 에너지가 공급되어야한다. 즉 $\boxed{\text{이온화 에너지} = 122\text{ eV}}$이다. 이 이온화 에너지 값은 실험값 122.4 eV와 잘 부합하고, 예상대로 수소 원자의 이온화 에너지 13.6 eV보다 크다.

수소 원자의 선스펙트럼

수소 원자의 선스펙트럼에서 파장 값들을 설명하기 위해 보어는 자신의 원자 모형(전자 궤도는 정상 궤도이고 전자의 각운동량은 양자화됨)과 아인슈타인의 광자 모형을 결합시켰다.

보어가 제안한 식 18.4, $E_i - E_f = hf$ 는 수소 원자에서 나오는 광자의 진동수 f가 두 에너지 준위의 차이에 비례한다는 것으로 광자 개념이 직접적으로 적용된 것이다. 식 18.4의 총 에너지 E_i와 E_f에 식 18.11을 대입하고 식 11.1 $f = c/\lambda$를 적용하면, 다음 결과를 얻는다.

$$\frac{1}{\lambda} = \frac{2\pi^2 mk^2e^4}{h^3c}(Z^2)\left(\frac{1}{n_f^2} - \frac{1}{n_i^2}\right) \tag{18.14}$$

여기서, $n_i, n_f = 1, 2, 3, \ldots$ 이고 $n_i > n_f$ 이다.

물리 상수 h, m, k, e, c들의 값들을 대입하면 $2\pi^2 mk^2 e^4/(h^3 c) = 1.097\times 10^7\,\mathrm{m}^{-1}$이 된다. 이 값은 식 18.1-18.3에 나타난 리드베리 상수 R과 일치한다. 리드베리 상수의 실험값과 일치하는 이론적인 결과를 얻어낸 것이 보어 이론의 주 업적이다.

$Z = 1$, $n_f = 1$이면, 식 18.14는 라이먼 계열에 대한 식 18.1이 된다. 따라서 보어는 라이먼 계열의 스펙트럼이 전자가 $n_i = 2, 3, 4, \cdots$인 높은 에너지 준위에서 $n_f = 1$인 첫 번째 준위로 전이할 때 생긴다는 것을 예측했다. 그림 18.9는 이런 전이를 보여준다. 전자가 $n_i = 2$에서 $n_f = 1$로 내려갈 때, 라이먼 계열에서 얻을 수 있는 에너지 변화 중에서 가장 작은 값이기 때문에 가장 긴 파장의 광자가 방출되고, $n_i = \infty$인 가장 높은 준위로부터 전이가 일어나면 에너지 변화 중에서 가장 큰 값이기 때문에 가장 짧은 파장의 광자가 방출된다. 에너지 준위들은 높아질수록 점점 가까워져서 그림 18.4에서 보는 것처럼 모든 계열의 스펙트럼선들이 짧은 파장 한계 쪽으로 갈수록 점점 조밀해진다. 그림 18.9는 $n_i = 3, 4, 5, \cdots$와 $n_f = 2$인 발머 계열에 대한 에너지 준위 전이를 보여준다. 파셴 계열은 $n_i = 4, 5, 6, \cdots$이고 $n_f = 3$이다. 다음 예제는 수소 원자의 선스펙트럼을 좀더 다룬다.

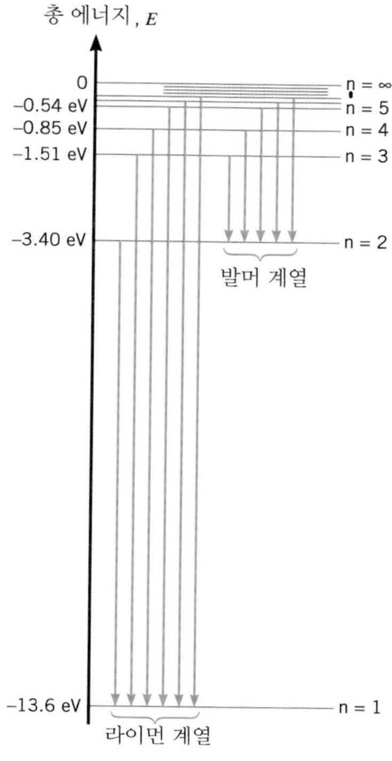

그림 18.9 수소 원자의 선스펙트럼에서 라이먼과 발머 계열은 높고 낮은 에너지 준위 사이에서 전자가 만드는 전이에 해당한다.

예제 18.4 | 수소 원자의 브래킷 계열

수소 원자 선스펙트럼에는 브래킷 계열이라고 부르는 선스펙트럼 계열이 있다. 이 선들은 높은 에너지 준위로 들뜬 전자들이 $n = 4$인 준위로 전이할 때 나온다. (a) 이 계열에서 가장 긴 파장과 (b) $n_i = 6$과 $n_f = 4$에 해당하는 파장을 구하라. (c) 그림 13.9를 보고 이 선스펙트럼을 발견할 수 있는 스펙트럼 영역을 찾아라.

살펴보기 그림 18.8을 보면, 가장 긴 파장은 에너지 변화가 가장 작은 $n_i = 5$와 $n_f = 4$ 사이의 전이에 해당한다. 이 전이에 해당하는 파장과 $n_i = 6$과 $n_f = 4$인 전이에 해당하는 파장은 식 18.14로 구한다.

풀이 (a) $Z = 1$, $n_i = 5$, $n_f = 4$를 식 18.14에 대입하면 다음과 같다.

$$\frac{1}{\lambda} = (1.097\times 10^7\,\mathrm{m}^{-1})(1^2)\left(\frac{1}{4^2} - \frac{1}{5^2}\right) = 2.468\times 10^5\,\mathrm{m}^{-1}$$

즉 $\boxed{\lambda = 4051\ \mathrm{nm}}$ 이다.

(b) (a)와 같은 방법으로 계산할 수 있다.

$$\frac{1}{\lambda} = (1.097\times 10^7\,\mathrm{m}^{-1})(1^2)\left(\frac{1}{4^2} - \frac{1}{6^2}\right) = 3.809\times 10^5\,\mathrm{m}^{-1}$$

즉 $\boxed{\lambda = 2625\ \mathrm{nm}}$ 이다.

(c) 그림 13.9에 따르면, 이 선스펙트럼들은 적외선 영역에 있다.

여러 가지 수소 원자 선스펙트럼은 전자가 높은 에너지 준위에서 낮은 준위로 옮기면서 광자를 방출할 때 만들어진다. 이런 선스펙트럼들은 **방출선**(emission line)이라고 부른다. 전자들은 광자 에너지를 흡수하는

문제 풀이 도움말
수소 원자의 선스펙트럼에서 한 계열(예컨대 라이먼 계열)의 모든 선들은 모두 양자수 n_f인 같은 준위로 떨어진다. 그러나 전자가 출발하는 에너지 준위의 양자수 n_i는 각 선마다 다르다.

과정을 통해서, 낮은 준위에서 높은 준위로 옮겨갈 수 있다. 이런 경우, 원자는 전이를 일으키기 위해 정확히 필요한 에너지를 가진 광자를 흡수한다. 따라서 연속적인 영역의 파장들로 된 광자들이 어떤 기체를 통과한 후 분광기로 분석하면 연속 스펙트럼에 어두운 흡수 스펙트럼선들의 계열이 나타난다. 어두운 선들은 흡수 과정에서 제거된 파장들을 나타낸다. 이런 **흡수선**(absorption line)들은 그림 18.3의 태양의 스펙트럼에서 볼 수 있다. 발견한 사람의 이름을 따서 프라운호퍼선(Fraunhofer lines)이라고 부르는 이 흡수선들은, 태양 바깥쪽 비교적 온도가 낮은 층에 있는 원자들이 태양으로부터 나오는 빛을 흡수하기 때문에 생긴다. 태양의 안쪽 부분은 원자들이 자신의 구조를 유지할 수 없을 만큼 뜨거워서, 전 파장의 연속 스펙트럼을 방출한다.

태양 스펙트럼의 흡수선에 대한 물리

보어 모형은 원자구조를 깊이 이해하게 해주었다. 그러나 그 모형은 지나치게 간단한 것으로, 양자역학과 슈뢰딩거 방정식이 제공하는 더 구체적인 모형으로 대체되었다(18.5절 참조).

18.4 각운동량에 대한 보어의 가정과 드브로이의 물질파

보어가 그의 수소 원자 모형에서 세운 가정 중에서 전자의 각운동량에 대한 것[$L_n = mv_n r_n = nh/(2\pi)$; $n = 1, 2, 3, \cdots$]은 처음 접한 사람들을 퍽 혼란스럽게 만들 수 있다. 왜 각운동량은 플랑크 상수를 2π로 나눈 값을 정수배한 것만 가능한가? 1923년 드브로이는 움직이는 입자의 파장에 대한 자신의 이론이 이 문제의 답이 될 수 있다고 하였다.

드브로이는 원형 보어 궤도의 전자의 움직임을 물질파 개념으로 이해했다. 줄에서 움직이는 파동처럼, 물질파도 공명 조건에 있는 정상파가 될 수 있다. 12.5절은 줄에 대한 이 조건들을 다루었다. 정상파는 줄을 따라 갔다가 제자리로 돌아온 파동이 이동한 거리(줄의 길이의 두 배)가 파장의 정수배가 될 때 생긴다. 반지름이 r인 보어 궤도는 $2\pi r$인 원주이고 이것이 파동이 한 바퀴 도는 거리이므로 보여 궤도 전자에 대한 정상파 조건은

$$2\pi r = n\lambda \qquad n = 1, 2, 3, \ . \ . \ .$$

이다. 여기서 n은 원주에 들어맞는 파장의 개수이다. 그런데 식 17.8에 의하면 전자의 드보로이 파장은 $\lambda = h/p$이고, 속력이 크지 않은 경우 전자의 운동량 $p = mv$이므로 정상파 조건은 $2\pi r = nh/(mv)$가 된다. 이 식을 재배열하면 다음과 같이 보어의 각운동량에 대한 가정과 동일한 식이 된다.

$$mvr = n\frac{h}{2\pi} \qquad n = 1, 2, 3, \ . \ . \ .$$

예로써 그림 18.10은 $2\pi r = 4\lambda$에 대한 보어 궤도 정상 물질파를 그려놓은 것이다.

각운동량에 대한 보어 가설을 드브로이가 설명한 것은 다음과 같은 중요한 사실을 강조하고 있다. 물질파는 원자의 구조를 이해하는데 중심적인 역할을 한다. 게다가 양자역학의 이론적 틀은 물질파를 나타내는 파동함수 Ψ(그리스 글자 psi)를 구하는 방법을 포함한다. 다음 절은 보어 모형을 대체하여 양자역학으로 이해하고 있는 수소 원자 구조에 대해서 다룬다. 양자역학을 적용해도, 전자 한 개가 핵을 돌 때 여전히 보어의 에너지 준위(식 18.11)와 같은 결과가 나온다. 나아가 임의 개수의 전자를 가진 원자들에 대해서도 원리적으로는, 양자역학을 적용할 수 있다.

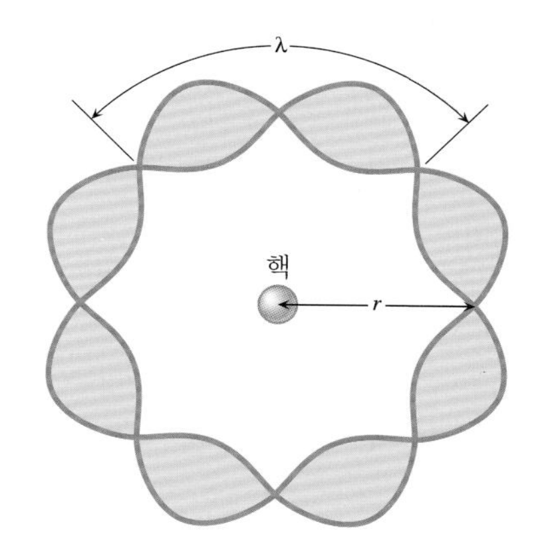

그림 18.10 드브로이는 보어의 각운동량 가설을 설명하기 위해 정상 물질파를 제안하였다. 이 그림에는 네 개의 드브로이 파장이 원주에 들어맞는 보어 궤도에 정상 물질파를 그려 넣었다.

18.5 수소 원자의 양자역학

양자역학과 슈뢰딩거 방정식이 제시하는 수소 원자의 모습은 몇 가지 측면에서 보어 모형과 다르다. 보어 모형에서 한 가지 정수 n을 가지고 여러 전자 궤도와 에너지를 표현했다. 이 숫자 n은 불연속인 값만 가질 수 있어서 **양자수**(quantum number)라고 부른다. 반면, 양자역학에서는 수소 원자의 각 상태를 표현하는데 4가지 다른 양자수가 필요하다. 이 4가지는 아래와 같다.

1. **주양자수** n: 보어 모형에서처럼, 이 양자수는 원자의 총 에너지를 결정하고 양의 정수이다. 즉 $n = 1, 2, 3, \cdots$이다. 사실, 슈뢰딩거 방정식은 수소 원자 에너지가 보어 모형으로 얻은 값 $E_n = -(13.6\,\text{eV})\,Z^2/n^2$과 동일한 결과를 계산해낸다.*
2. **궤도 양자수** ℓ: 이 수는 궤도 운동하는 전자의 각운동량을 결정한다. ℓ이 가질 수 있는 값은 n값에 따라 결정된다. 다음과 같은 정수들만 허용된다.

$$\ell = 0, 1, 2, \ . \ . \ . \ , (n - 1)$$

예를 들면 $n = 1$일 때, 궤도 양자수는 $\ell = 0$만 되고, $n = 4$이면 $\ell = 0$, 1, 2, 3이 가능하다. 전자 각운동량의 크기는

$$L = \sqrt{\ell(\ell + 1)}\,\frac{h}{2\pi} \tag{18.15}$$

3. **자기 양자수** m_ℓ: 자기(magnetic)라는 용어는 외부에서 자기장이

* 이 계산에서는 원자 내에서의 상대론적인 작은 영향이나 기타 소소한 상호 작용은 무시하며, 수소 원자는 외부 자기장이 없는 곳에 있다고 가정한다.

걸리면 원자의 에너지에 영향을 미치기 때문에 사용되었다. 이 효과는 네덜란드 물리학자 제만(1865-1943)이 발견하여, 제만 효과라고 부른다. 외부 자기장이 없으면 m_ℓ은 에너지 준위와 무관하다. 어느 경우라도, 자기 양자수는 각운동량의 특정 방향, 편의상 z 방향이라고 부르는 성분을 결정한다. m_ℓ이 가질 수 있는 값은 ℓ값에 따라 다른데, 다음 양의 정수와 음의 정수만 허용된다.

$$m_\ell = -\ell, \ . \ . \ . \ , -2, -1, 0, +1, +2, \ . \ . \ . \ , +\ell$$

예를 들면 궤도 양자수가 $\ell = 2$ 이면, 자기 양자수는 $m_\ell = -2, -1, 0, +1, +2$ 값들을 가질 수 있다. 각운동량의 z 방향 성분은 다음과 같다.

$$L_z = m_\ell \frac{h}{2\pi} \tag{18.16}$$

4. **스핀 양자수 m_s:** 이 양자수는 전자가 스핀 각운동량이라고 하는 고유한 성질을 갖고 있기 때문에 필요하다. 비유해서 말하면, 지구가 태양 주변을 공전하면서 자전하는 것처럼, 전자는 핵 주변을 공전하면서 자전한다고 상상할 수는 있다. 그러나 문자 그대로 자전하는 것은 아니고, 스핀 각운동량의 본질은 모른다. 전자의 스핀 양자수는 두 가지 값이 가능하다.

$$m_s = +\tfrac{1}{2} \quad \text{또는} \quad m_s = -\tfrac{1}{2}$$

때로 m_s 값에 해당하는 스핀 각운동량의 방향을 나타내는데 '스핀 업(up)' 과 '스핀 다운(down)' 이라는 표현을 사용하기도 한다.

표 18.1은 수소 원자의 각 상태를 기술할 때 필요한 4가지 양자수를 정리하였다. 주양자수 n이 증가하면, 4가지 양자수의 가능한 조합도 급격히 증가한다.

표 18.1 수소 원자의 양자수들

이름	기호	허용된 값들
주양자수	n	$1, 2, 3, \ . \ . \ .$
궤도 양자수	ℓ	$0, 1, 2, \ . \ . \ . \ , (n-1)$
자기 양자수	m_ℓ	$-\ell, \ . \ . \ . \ , -2, -1, 0, +1, +2, \ . \ . \ . \ , +\ell$
스핀 양자수	m_s	$-\frac{1}{2}, +\frac{1}{2}$

예제 18.5 | 수소 원자 상태의 양자역학

주양자수가 (a) $n = 1$, (b) $n = 2$ 일 때, 수소 원자가 가질 수 있는 상태 수를 구하라.

살펴보기 표 18.1에 정리한 4가지 양자수의 각각 다른 조합이 다른 상태에 해당한다. n 값을 가지고 허용되는 ℓ 을 구하고 각 ℓ 에 대하여 m_ℓ 의 가능한 값들을 찾는다. 최종적으로 n, ℓ, m_ℓ 의 각 조합에 대해 $m_s = +\frac{1}{2}$이거나 $-\frac{1}{2}$가 될 것이다.

풀이 (a) 아래 그림은 $n = 1$일 때, 가능한 ℓ, m_ℓ, m_s 값들을 보여준다.

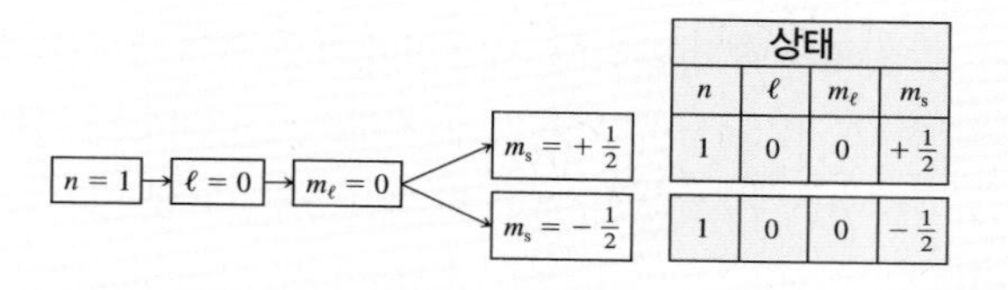

n	ℓ	m_ℓ	m_s
1	0	0	$+\frac{1}{2}$
1	0	0	$-\frac{1}{2}$

따라서 수소 원자에는 두 개의 다른 상태가 있다. 이 두 상태는 외부 자기장이 없으면, n 값이 같으므로 같은 에너지를 갖는다.

(b) $n = 2$ 일 때, 8가지 가능한 n, ℓ, m_ℓ, m_s 의 조합이 있다.

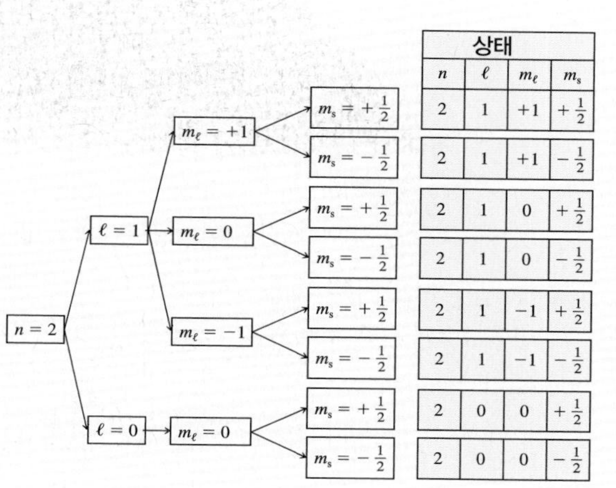

n	ℓ	m_ℓ	m_s
2	1	+1	$+\frac{1}{2}$
2	1	+1	$-\frac{1}{2}$
2	1	0	$+\frac{1}{2}$
2	1	0	$-\frac{1}{2}$
2	1	−1	$+\frac{1}{2}$
2	1	−1	$-\frac{1}{2}$
2	0	0	$+\frac{1}{2}$
2	0	0	$-\frac{1}{2}$

같은 $n = 2$ 값이면, 외부 자기장이 없을 때 8가지 상태가 모두 같은 에너지를 갖는다.

양자역학은 보어 모형보다 원자구조에 대해 더 정확하게 이해할 수 있게 해 준다. 원자 구조에 대한 이 두 가지 묘사는 실제로 차이가 많다.

개념 예제 18.6 | 보어 모형과 양자역학

두 개의 수소 원자가 있다. 외부 자기장은 없고, 각 원자에 있는 전자는 같은 에너지를 갖는다. 보어 모형이나 양자역학에 따르면 이 원자 속 전자들에 대해 (a) 궤도 각운동량이 0이 될 수 있는가? (b) 다른 각운동량 값을 가질 수 있는가?

살펴보기와 풀이 (a) 보어 모형과 양자 역학에서 에너지는 주양자수가 n일 때 $1/n^2$에 비례한다(식 18.13). 더욱이 n 값은 $n = 1, 2, 3, \cdots$으로 영은 없다. 보어 모형에서 n이 0이 될 수 없다는 사실은 n에 비례하는 궤도 각운동량이 영이 될 수 없다는 것을 의미한다(식 18.8). 양자역학적 기술에서 각운동량의 크기는 $\sqrt{\ell(\ell+1)}$에 비례하고(식 18.15), ℓ 값은 $0, 1, 2, \cdots (n-1)$을 가질 수 있다. 여기서 ℓ은 n 값과 무관하게 0이 될 수 있다. 결론적으로, 양자역학에서 궤도 각운동량은 보어 모형의 경우와 달리 0이 될 수 있다.

(b) 전자들이 같은 에너지를 갖는다면, 그들의 주양자수는 같다. 보어 모형에서 $L_n = nh/(2\pi)$이므로 이는 전자들이 다른 각운동량을 가질 수 없다는 것을 의미한다(식 18.8). 양자역학에서는 외부 자기장이 없을 때 에너지는 n으로 결정되고 각운동량은 ℓ 로 결정된다. $\ell = 0, 1, 2, \cdots, (n-1)$이므로, 같은 n 값을 가지면서도 ℓ 값이 다를 수 있다. 예를 들면, 두 전자가 모두 $n = 2$이라면, 그 중 하나는 $\ell = 0$, 다른 하나는 $\ell = 1$일 수 있다. 양자역학에 따르면, 두 전자의 에너지가 같더라도 다른 궤도 각운동량을 가질 수 있다.

다음 표는 (a)와 (b)에서 논의한 것을 정리한 것이다.

	보어 모형	양자역학
(a) 주어진 n에 대해, 각운동량이 영이 될 수 있는가?	아니다	그렇다
(b) 주어진 n에 대해, 각운동량이 다른 값들을 가질 수 있는가?	아니다	그렇다

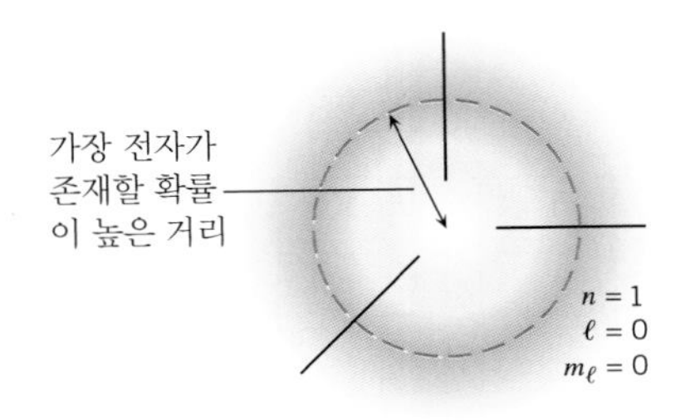

그림 18.11 수소 원자의 바닥 상태 ($n = 1, \ell = 0, m_\ell = 0$)에 대한 전자 확률 구름

보어 모형에 따르면, n 번째 궤도는 반지름 r_n인 원이고 이 궤도에서 전자의 위치를 측정할 때마다 전자는 핵으로부터 정확히 이 거리에서 발견된다. 이런 간단한 그림은 더 이상 맞지 않고 양자역학적 그림으로 대체되었다. 전자가 $n = 1$인 양자 상태에 있다고 가정하고, 핵에 대한 전자의 상대적 위치를 여러 번 측정한다고 상상해 볼 수 있다. 전자가 핵에 매우 가까울 수도 있고 매우 멀 수도 있으며 임의의 위치에도 있을 확률이 존재한다는 의미에서 그 위치는 부정확하다. 17.5절에서 논의한대로 파동함수 Ψ가 확률을 결정한다. 전자를 발견할 각 위치에 수많은 점을 찍어서 삼차원 그림을 그릴 수 있다. 전자를 발견할 확률이 높은 곳에 많은 점이 찍히면, 충분한 횟수의 측정을 하고 난 후 양자역학의 상태를 나타내는 그림이 나타난다. 그림 18.11은 $n = 1$, $\ell = 0$, $m_\ell = 0$ 상태에 있는 전자 위치의 공간적인 분포를 나타낸다. 매우 많은 측정으로 인해서 많은 점들이 모여서, 밀도가 점진적으로 변하는 '구름' 같은 모양이 된 것이다. 밀도가 높게 그려진 부분은 전자를 발견할 확률이 높다는 것을 의미하고, 밀도가 낮게 그려진 부분은 확률이 낮은 것을 의미한다. 양자역학이 말하는 $n = 1$ 상태에서 전자를 발견할 확률이 가장 높은 반지름 거리를 그림 18.11에 표시했다. 이 반지름은 첫 번째 보어 반지름이라고 구한 5.29×10^{-11} m와 정확히 일치한다.

주양자수 $n = 2$일 때 확률 구름은 $n = 1$일 때와 다르다. $n = 2$일 때 궤도 양자수는 $\ell = 0$ 또는 $\ell = 1$이 될 수 있으므로, 구름 모양은 한 가지가 아니다. 값이 수소 원자 에너지에 영향을 미치는 것은 아니나 확률 구름 모양을 결정하는 데는 중요한 효과가 있다. 그림 18.12(a)는 $n = 2$, $\ell = 0$, $m_\ell = 0$인 구름이다. (b)의 그림을 보면, $n = 2$, $\ell = 1$, $m_\ell = 0$일 때 확률 구름은 두 잎사귀 사이에 핵이 있는 모양을 하고 있다. n 값이 클 때, 확률 구름은 점점 복잡해지고 공간에 더 넓게 퍼진다.

수소 원자에서 전자를 확률 구름으로 이해한 것은 보어 모형에서 잘 정의된 궤도로 그린 것과 매우 다르다. 이 차이점의 근본 원인은 양자역학에서 채택한 하이젠베르크의 불확정성 원리에 있다.

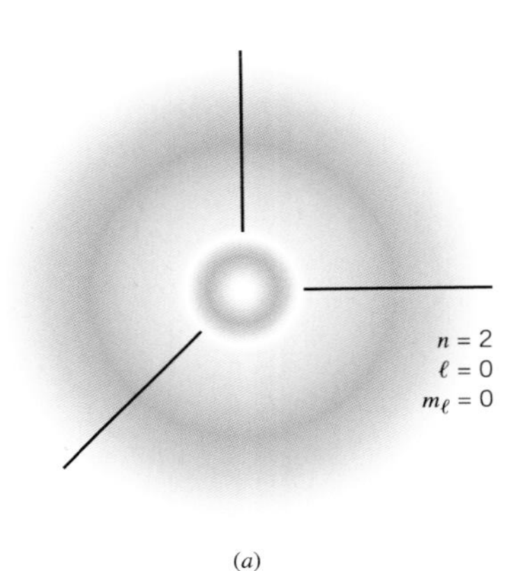

(a)

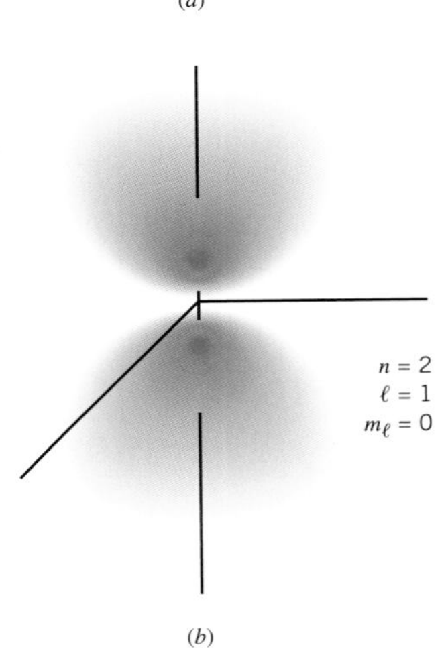

(b)

그림 18.12 (a) $n = 2, \ell = 0, m_\ell = 0$ (b) $n = 2, \ell = 1, m_\ell = 0$일 때 수소 원자에 대한 전자 확률 구름

18.6 파울리 배타 원리와 원소 주기율표

수소를 제외하면, 전기적으로 중성인 원자는 원자 번호 Z와 같은 숫자의 전자를 갖는다. 핵이 끌어당기는 힘 말고도, 전자들이 서로 척력을 작용하고 있다. 이 척력은 다전자 원자의 총 에너지에 기여를 한다. 결론적으로, 수소의 에너지 준위 $E_n = -(13.6\,\text{eV})\,Z^2/n^2$는 다른 중성 원자에 적용할 수 없다. 그러나 다전자 원자를 다루는 가장 간단한 방식은 여전히 네 개

의 양자수를 사용한다.

자세한 양자역학적인 계산에 의하면 다전자 원자의 에너지 준위는 주양자수 n과 궤도 양자수 ℓ에 관계가 있다는 것을 보여준다. 그림 18.13을 보면 대체로 n이 증가할수록 에너지가 증가하나 예외일 때도 있다. 또한 주어진 n에 대해서는 ℓ이 증가하면 에너지가 증가한다.

다전자 원자에서 n이 같은 전자들은 모두 같은 **껍질**(각; shell)에 있다고 한다. $n = 1$인 전자들은 하나의 껍질(K각)에 모두 들어 있고, $n = 2$인 전자들은 다른 껍질(L각)에, $n = 3$인 전자들은 또 다른 세 번째 껍질(M각)에 있다고 말한다. n과 ℓ 모두 같은 값을 갖는 전자들은 같은 **버금 껍질**(부분각; subshell)에 있다고도 한다. $n = 1$인 껍질은 $\ell = 0$인 버금 껍질이고, $n = 2$인 껍질에는 $\ell = 0$인 것과 $\ell = 1$인 두 개의 버금 껍질이 있다. 마찬가지로 $n = 3$인 껍질에는 $\ell = 0$, $\ell = 1$, $\ell = 2$인 세 개의 버금 껍질이 있다.

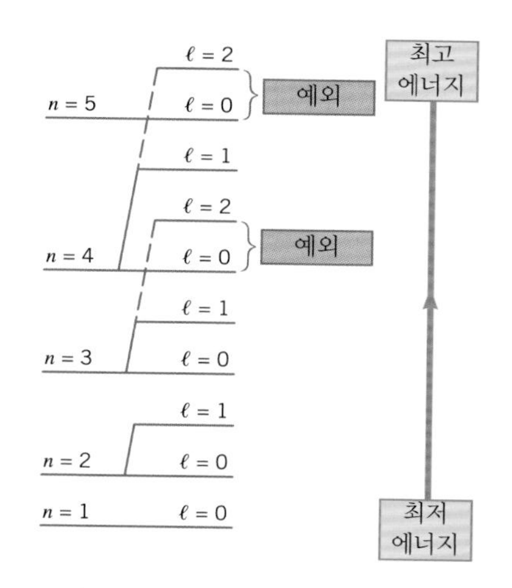

그림 18.13 원자에 전자가 하나보다 많을 때, 주어진 상태의 총 에너지는 주양자수 n과 궤도 양자수 ℓ에 의존한다. 그러나 여기서 보는 대로 예외가 있다. $n = 6$ 이상의 더 높은 준위는 나와 있지 않다.

상온의 수소 원자에서, 전자는 가장 낮은 에너지 준위, 즉 바닥 상태($n = 1$인 껍질)에서 대부분 머물고 있다. 마찬가지로, 전자가 여러 개인 원자가 상온에 있다면, 전자들은 가능한 가장 낮은 에너지 준위에서 주로 머문다. 원자의 가장 낮은 에너지 상태를 **바닥 상태**(ground state)라고 한다. 그러나 다전자 원자가 바닥 상태에 있다고 해서 모든 전자들이 $n = 1$인 껍질에 있는 것은 아니다. 전자들은 오스트리아 물리학자 파울리(1900-1958)가 발견한 다음과 같은 원리를 따르고 있기 때문이다.

■ **파울리 배타 원리**

원자 내 어떤 두 개의 전자들도, 네 가지 양자수 n, ℓ, m_ℓ, m_s가 다 서로 같을 수는 없다.

하나의 원자 속에 두 개의 전자가 동일한 $n = 3$, $m_\ell = 1$, $m_s = -\frac{1}{2}$의 세 가지 양자수를 갖는다고 하자. 배타 원리에 따르면, 네 가지 양자수가 다 서로 같을 수는 없으므로 이를테면 $\ell = 2$인 같은 궤도 양자수를 가질 수 없다. 각 전자는 다른 ℓ값을 갖고 (예, $\ell = 1$과 $\ell = 2$) 다른 버금 껍질에 있어야 한다. 파울리 배타 원리 덕에, 바닥 상태에 있는 원자 속 전자들이 어떤 에너지 준위를 점유하는지 알 수 있다.

예제 18.7 | 원자의 바닥 상태

그림 18.13에서 어느 에너지 준위들이 다음 원자들의 바닥 상태에 있는 전자들로 채워지는지 설명하라. 수소(전자 1개), 헬륨(전자 2개), 리튬(전자 3개), 베릴륨(전자 4개), 붕소(전자 5개).

살펴보기 원자의 바닥 상태에서 전자들은 허용되는 것 중 가장 낮은 에너지 준위에 있다. 파울리 배타 원리에 따라, 전자들은 가장 낮은 에너지에서 가장 높은 에너지로 에너지 준위를 채워간다.

풀이 그림 18.14가 나타내는 대로, 수소 원자의 전자는 가능한 가장 낮은 에너지를 갖는 $n = 1, \ell = 0$인 버금 껍질에 있다. 헬륨 원자에는 두 번째 전자가 존재하고 두 전자 모두 $n = 1, \ell = 0, m_\ell = 0$의 양자수를 가진다. 두 전자가 다른 스핀 양자수, $m_s = +\frac{1}{2}$과 $m_s = -\frac{1}{2}$를 각각 가지면, 그림에서 두 전자 모두 가장 낮은 에너지 준위에 있을 수 있다.

리튬 원자에 존재하는 세 번째 전자가 또 $n = 1, \ell = 0$인 버금 껍질에 있다면, m_s값에 상관없이 배타 원리를 위배할 것이다. 따라서, $n = 1, \ell = 0$인 버금 껍질은 두 전자가 자리를 잡을 때 이미 채워졌다. 이 준위가 채워지면, $n = 2, \ell = 0$인 버금 껍질이 다음으로 허용되는 에너지 준위이고, 리튬의 세 번째 전자가 있다(그림 18.14 참조). 베릴륨 원자에서 네 번째 전자는 세 번째와 함께 $n = 2, \ell = 0$인 버금 껍질에 있다. 세 번째와 네 번째가 각각 다른 m_s값을 가질 수 있으므로 이 배열이 가능하다.

처음 네 개의 전자가 바로 논의한 대로 자리를 잡고 나면, 보론 원자의 다섯 번째 전자는 $n = 1, \ell = 0$이나 $n = 2, \ell = 0$ 버금 껍질에는 배타 원리를 위배하지 않고는 들어갈 수 없다. 그러므로 다섯 번째 전자는 그림에서 나타내는 대로, 다음으로 허용된 가장 낮은 에너지인 $n = 2, \ell = 1$에 있다. 이 전자에 대해서 m_ℓ는 -1, 0, $+1$ 중에 하나이고, m_s는 $+\frac{1}{2}$이거나 $-\frac{1}{2}$이다. 외부에서 걸린 자기장이 없을 때, 이 6가지 가능한 상태는 모두 같은 에너지에 해당한다.

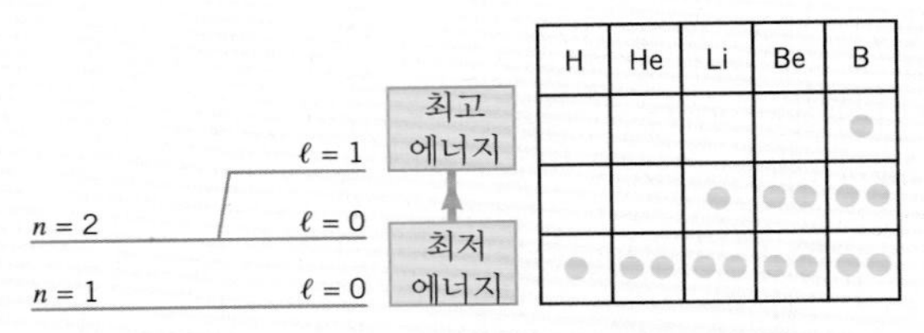

그림 18.14 파울리 배타 원리에 따라, 원자의 바닥 상태에 있는 전자들(●)은 에너지 준위들을 낮은 곳부터 위로 채워 나간다.

파울리 배타 원리 때문에 한 껍질이나 버금 껍질에 들어갈 수 있는 전자의 개수에 최대값이 존재한다. 예제 18.7에서 $n = 1, \ell = 0$인 버금 껍질에는 최대 두 개의 전자가 들어갈 수 있고, $n = 2, \ell = 1$인 버금 껍질은 m_ℓ에 대해 3가지 가능성($-1, 0, +1$)이 있고, 이들 각각에 대하여 m_s값이 $+\frac{1}{2}$이나 $-\frac{1}{2}$이 될 수 있으므로 6개의 전자를 보유할 수 있다. 일반적으로, m_ℓ은 $0, \pm1, \pm2, \cdots, \pm\ell$의 $(2\ell+1)$ 가지의 가능성이 있다. 다시 이들 각 값과 결합할 수 있는 두 가지 m_s값이 가능하므로, m_ℓ과 m_s의 다른 결합 방법의 총 숫자는 $2(2\ell+1)$이다. 그림 18.15에 정리한 대로 이 값이 궤도 양자수인 버금 껍질이 보유할 수 있는 전자의 최대 개수이다.

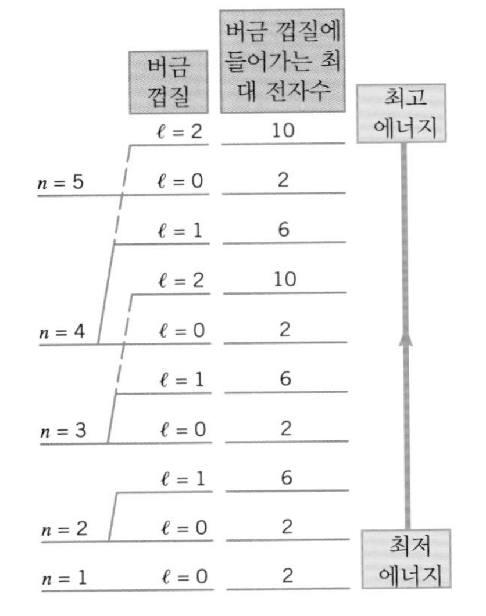

그림 18.15 ℓ 번째 버금 껍질이 가질 수 있는 최대 전자수는 $2(2\ell+1)$이다.

역사적인 이유로, 원자의 각 버금 껍질을 궤도 양자수 값이 아니라, 알파벳 글자로 나타내는 방식이 널리 쓰인다. 예를 들면, $\ell = 0$인 것을 s 버금 껍질, $\ell = 1$, 2인 것은 p와 d 버금 껍질이라 부른다. 표 18.2처럼 $\ell = 3, 4, \cdots$인 것은 f, g,$\cdots$ 등으로 알파벳 순서에 따라 버금 껍질을 표시한다.

이렇게 글자로 표시하는 방법은, 주양자수 n, 궤도 양자수 ℓ, 그 버금 껍질에 있는 전자수를 한꺼번에 약식 기호로 나타낼 수 있다. 이 기호를 쓰는 예는 다음과 같다.

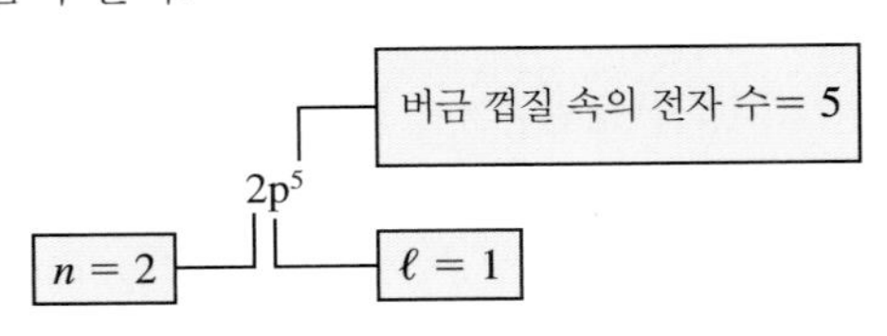

표 18.2 궤도 양자수를 나타내는 기호

궤도 양자수	기호
0	s
1	p
2	d
3	f
4	g
5	h

표 18.3 원자들의 바닥 상태 전자 배열

원소	전자 개수	전자 배열
수소(H)	1	$1s^1$
헬륨(He)	2	$1s^2$
리튬(Li)	3	$1s^2\,2s^1$
베릴륨(Be)	4	$1s^2\,2s^2$
붕소(B)	5	$1s^2\,2s^2\,2p^1$
탄소(C)	6	$1s^2\,2s^2\,2p^2$
질소(N)	7	$1s^2\,2s^2\,2p^3$
산소(O)	8	$1s^2\,2s^2\,2p^4$
불소(F)	9	$1s^2\,2s^2\,2p^5$
네온(Ne)	10	$1s^2\,2s^2\,2p^6$
나트륨(Na)	11	$1s^2\,2s^2\,2p^6\,3s^1$
마그네슘(Mg)	12	$1s^2\,2s^2\,2p^6\,3s^2$
알루미늄(Al)	13	$1s^2\,2s^2\,2p^6\,3s^2\,3p^1$

이 기호를 쓰면, 원자에서 전자들의 배열을 효과적으로 명시할 수 있다. 예제 18.7에서 예를 보면, 보론의 전자 배열은 $n = 1$, $\ell = 0$ 버금 껍질에 전자 2 개, $n = 2$, $\ell = 0$에 2 개, $n = 2$, $\ell = 1$에 1 개의 전자를 가지고 있으며 이 배열은 $1s^2\,2s^2\,2p^1$ 라고 표시한다. 표 18.3에 13 개까지 전자를 가진 원소들의 바닥 상태 전자 배열을 약식 기호로 표기하였다. 처음 다섯 원소는 예제 18.7에서 이미 다루었다.

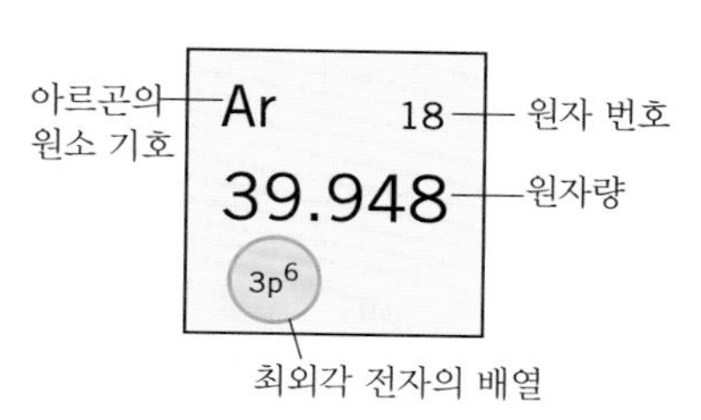

그림 18.16 원소 주기율표 중에는 최외각 전자의 바닥 상태 배열을 표기한 것도 있다.

원소 주기율표 중에는 그림 18.16에 아르곤(Ar)에 대해 표현한 것처럼 바닥 상태 배열을 써 놓은 것도 있다. 공간을 아끼기 위해, 가장 바깥 전자들과 채워지지 않은 버금 껍질의 배열만 약식 기호로 표시하기도 한다. 주기율표는 러시아 화학자 멘델레예프(1834-1907)가 원소의 특정 족(그룹)이 비슷한 화학적 성질을 나타낸다는 사실에 착안하여 발표하였다. 그 족은 8 가지가 있고, 이에 더하여, 표 중간에 란탄 계열과 악티늄 계열을 포함하는 전이 원소가 있다. 한 족 내에 있는 원소들의 화학적 성질이 비슷한 것은 원소들의 바깥쪽 전자들의 배열에 근거하여 설명할 수 있다. 즉 양자역학과 파울리 배타 원리로 원자들의 화학적 성질을 설명할 수 있다. 이 책의 뒷표지 안쪽에 주기율표가 있다.

18.7 X선

X선을 발견한 사람은, 독일에서 주로 활동한 네덜란드의 물리학자 뢴트겐(1845-1923)이다. X선은 전자가 큰 전위차에 의해 가속되어, 몰리브덴이나 백금 등으로 만든 금속 표적과 충돌할 때 만들어진다. 그림 18.17에서 보는 대로, 표적은 진공인 유리관 속에 들어 있다. 단위 파장당 X선 세기를 파장에 대해 그리면 대개 그림 18.18처럼 보이는데, 넓고 연속적인

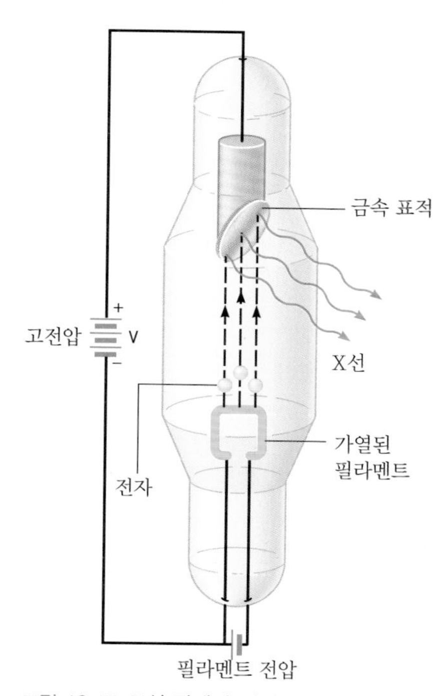

그림 18.17 X선 관에서, 가열된 필라멘트가 전자들을 방출하면 큰 전위차 V에 의해 전자들이 가속되어 금속 표적에 부딪친다. 전자들이 표적과 상호 작용해서 X선이 발생한다.

X선의 물리

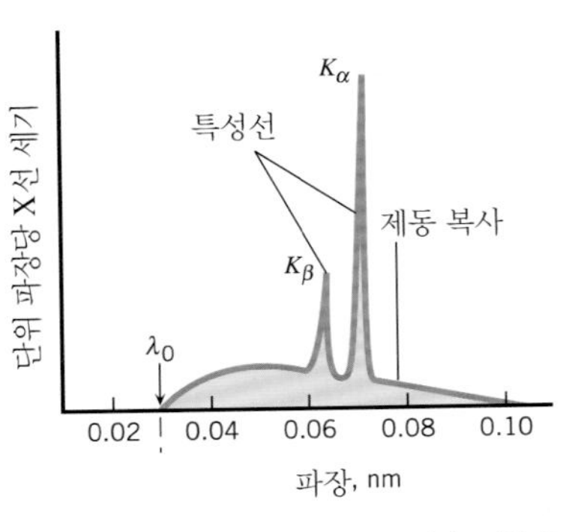

그림 18.18 몰리브덴 표적에 전위차 45000 V로 가속된 전자들이 부딪칠 때, 이런 X선 스펙트럼이 발생한다. 세로축의 눈금은 정확하지 않다.

스펙트럼에 뾰족한 선스펙트럼이 중첩되어 있다. 뾰족한 선은 표적 물질의 특성이 되기 때문에 특성선 또는 **특성 X선**(characteristic X-ray)이라고 부른다. 반면에 넓고 연속적인 스펙트럼은 **제동 복사**(Bremsstrahlung)라고 하고 전자가 감속할 때나 표적을 때리면서 정지할 때 나온다.

그림 18.18에서, 특성선은 $n=1$ 즉 금속 원자의 K각과 관계가 있어서 K_α와 K_β라고 표시한다. 충분한 에너지를 가진 전자가 표적을 때리면, K각에 있는 전자 하나가 떨어져 나간다. 그러면 바깥쪽에 있던 전자 하나가 K각으로 떨어질 수 있게 되는데, 이 과정에서 X선 광자가 방출된다. 예제 18.8에서, 금속에 부딪치는 전자가 특성 X선을 발생시킬 만큼 충분한 에너지를 갖도록 하려면 X선관을 작동시킬 때 큰 전위차가 필요하다는 것을 알아볼 것이다.

예제 18.8 X선관의 동작

엄밀히 보어 모형은 다전자 원자에 적용할 수 없지만 추산을 하기 위해서는 사용할 수 있다. 보어 모형을 써서, X선관에서 백금($Z=78$) 표적에 입사하는 전자가 K각에 있는 전자 하나를 완전히 백금 원자 밖으로 떨어져 나가게 할 수 있는 최소 에너지를 추산하라.

살펴보기 보어 모형에 따르면, K각에 있는 전자의 에너지는 식 18.13, $E_n = -(13.6\,\text{eV})\,Z^2/n^2$에서 $n=1$을 대입하면 된다. 입사 전자가 백금 표적을 때릴 때, K각에 있던 전자를 핵으로부터 완전히 분리하려면 0 eV로 에너지 준위를 올려야 되고, 이에 필요한 충분한 에너지를 가져야 한다.

풀이 보어 모형에서 $n=1$인 준위의 에너지는

$$E_1 = -(13.6\,\text{eV})\frac{Z^2}{n^2} = -(13.6\,\text{eV})\frac{77^2}{1^2}$$
$$= -8.1\times10^4\,\text{eV}$$

이 계산에서 원자 번호 Z로 78이 아닌 77을 썼다. 그렇게 해서, K각에 있는 두 개의 전자가 서로 척력을 작용한다는 사실을 대충 고려한다. 이 척력은 핵에 있는 양성자 하나의 인력과 균형을 이루려는 경향이 있다. 실제로 K각의 전자 한 개는 양성자의 인력으로부터 다른 전자를 차폐한다. 위 계산 결과에 의하면, K각 전자가 0 eV 준위로 올라가기 위해서 입사 전자는 최소한 $\boxed{8.1\times10^4\,\text{eV}}$의 에너지를 가져야 한다. 1 eV는 정지해 있던 전자 하나가 1 V의 전위차에 의해서 가속될 때 얻는 운동 에너지이므로, X선관에 81000 V의 전위차가 필요하다.

문제 풀이 도움말
보어 에너지 준위를 나타내는 식 18.13[$E_n = -(13.6\,\text{eV})\,Z^2/n^2$]을 쓰면, K_α X선과 관계되는 에너지 준위를 대충 계산할 수 있다. 그러나 이 식에서, 원자 번호 Z는 1만큼 줄여서 K각의 다른 전자 1개가 핵 전하를 차폐하는 것을 고려한다.

그림 18.18의 K_α선은 충돌한 전자가 $n=1$인 준위에 만들어 놓은 빈자리에 $n=2$인 준위에 있던 전자가 떨어질 때 생긴다. 마찬가지로, K_β 선은 $n=3$인 준위 전자가 $n=1$인 준위로 떨어질 때 발생한다. 예제 18.9는 백금의 K_α 선의 파장을 계산한다.

예제 18.9 백금의 K_α 특성 X선

보어 모형을 이용하여 백금($Z = 78$)의 K_α 특성 X선의 파장을 계산하라.

살펴보기 수소 원자의 선스펙트럼을 다룬 예제 18.4와 비슷한 문제다. 그 예제에서처럼 식 18.14를 이용하는데, 이번에는 처음값 n이 $n_i = 2$, 나중값 n이 $n_f = 1$이다. 예제 18.8에서처럼 핵의 인력을 상쇄시키는 K각 전자 하나의 차폐 효과를 고려해 Z 값으로 78 대신 77을 쓴다.

풀이 식 18.14를 사용하면 다음과 같이 계산할 수 있다.

$$\frac{1}{\lambda} = (1.097 \times 10^7\ \text{m}^{-1})(77^2)\left(\frac{1}{1^2} - \frac{1}{2^2}\right)$$
$$= 4.9 \times 10^{10}\ \text{m}^{-1}$$

따라서 구하는 파장은

$$\boxed{\lambda = 2.0 \times 10^{-11}\ \text{m}}$$

이다. 이 답은 실험값 1.9×10^{-11} m와 가깝다.

X선 스펙트럼의 흥미로운 또 다른 특징 하나는 제동 복사의 단파장 쪽에 있는 파장 λ_0에서 스펙트럼이 날카롭게 끊긴다는 점이다. 이 파장은 표적 물질과는 무관하나, 입사 전자의 에너지에 의존한다. 입사 전자는 X선관에 있는 금속 표적에 의해 감속될 때, 잃을 수 있는 최대 에너지는 자신의 처음 운동 에너지이다. 그래서 방출된 X선 광자는 최대한 전자의 운동 에너지와 같은 값을 가질 수 있고 진동수는 식 17.2에서와 같이 $f = (\text{KE})/h$이다. 앞서 논의한 바와 같이 정지 상태의 전자를 전위차 V에 의해 가속시켜 얻을 수 있는 운동 에너지는 eV이다. 따라서 광자의 최대 진동수는 $f_0 = (eV)/h$이고, $f_0 = c/\lambda_0$이므로 최대 진동수에 해당하는 최소 파장은 다음과 같이 표현된다.

$$\lambda_0 = \frac{hc}{eV} \tag{18.17}$$

이 최소 파장을 차단 파장(cutoff wavelength)이라고 부른다. 예로 그림 18.18에서 전위차는 45000 V이고, 이에 해당하는 차단 파장은

$$\lambda_0 = \frac{(6.63 \times 10^{-34}\ \text{J} \cdot \text{s})(3.00 \times 10^8\ \text{m/s})}{(1.60 \times 10^{-19}\ \text{C})(45\,000\ \text{V})} = 2.8 \times 10^{-11}\ \text{m}$$

이다. X선이 발견되자마자 의료계에서 진료 목적으로 사용하기 시작했다. 보통 쓰이는 X선 촬영을 할 때, 환자는 사진 필름 앞에 위치하고, X선이 환자를 통과해서 필름으로 간다. 뼈의 단단한 구조는 부드러운 조직보다 훨씬 많은 X선을 흡수하여, 그림자 같은 그림을 필름에 기록한다. 이런 그림은 유용하지만, 피할 수 없는 한계도 있다. 필름의 상은 방사선이 신체 물질을 한 층을 통과한 후 또 다른 여러 층을 통과하므로 모든 그림자가 중첩된 것이다. 그러므로 보통 X선의 어떤 부분이 신체의 어느 층에 해당하는지 해석하기 매우 어렵다.

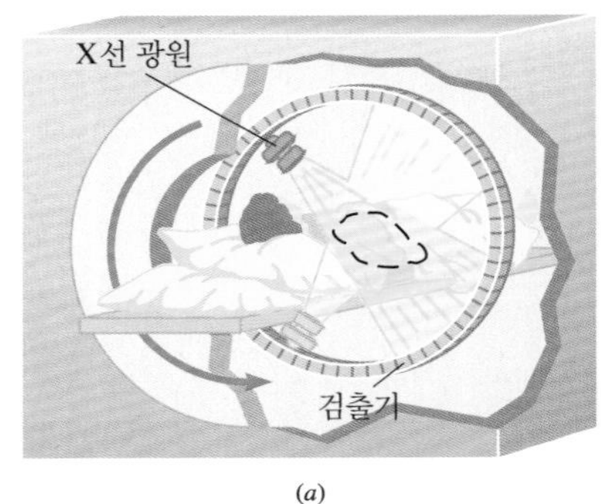

(a)

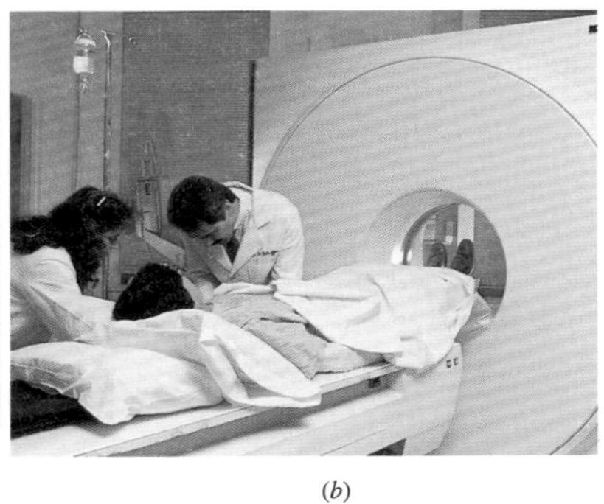
(b)

그림 18.19 (a) CT 검사를 할 때, X선 광원의 위치가 달라지면서 부채살 모양으로 배열된 빔들이 여러 방향으로부터 환자를 향해 비춘다. (b) 환자가 CT 검사기에 누워 있다.

CT 검사의 물리

CT 검사라고 알려진 기술은 신체 내 특정 위치에서 나온 상을 얻을 수 있도록 하기 위하여 X선 영상의 기능을 확장한 것이다. 약자 CT는 컴퓨터 단층 촬영(computer-assisted tomography)을 나타낸다. 그림 18.19에 표시된 대로 CT는 일련의 X선 영상들을 얻는다. 많은 X선 빔들이 부채살처럼 동시에 환자의 신체를 통과한다. 각 빔은 다른쪽의 검출기에서 검출되어 빔의 세기가 기록된다. 광선이 통과한 신체의 물질의 성질에 따라 곳곳마다 세기가 다르다. CT 검사의 특징은 X선 광원을 다른 방향으로 향하게 할 수 있어서, 부채살 모양으로 배열된 빔들이 여러 방향으로부터 환자를 향해 비춘다. 그림 18.19(a)는 설명을 위해 두 방향을 선택했다. 실제로는 다른 여러 방향이 이용되고, 각각의 방향들마다 투과한 모든 빔의 세기가 기록된다. 빔의 세기가 방향에 따라 어떻게 달라지는지가 컴퓨터에 입력된다. 그러면 컴퓨터는 부채꼴의 빔들이 통과한 신체의 단층을 높은 해상도의 그림으로 만든다. 실제, CT 검사 기술은 신체의 장축에 수직인 단면의 영상을 얻는다. 그림 18.20(a)는 지금 논의한 종류의 이차원 CT 그림이고, (b)는 이차원 자료를 재구성한 삼차원적인 그림이다.

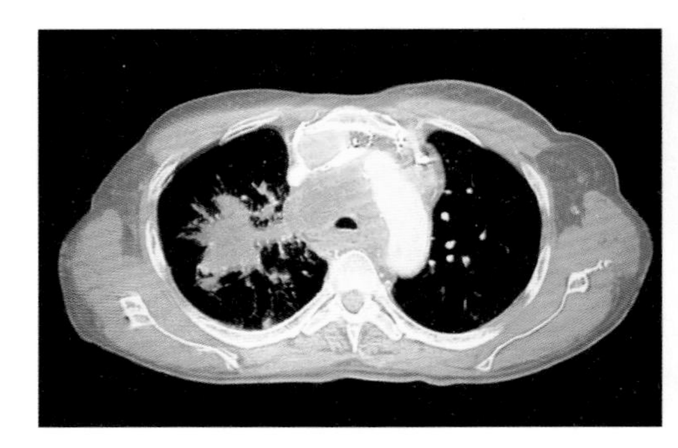

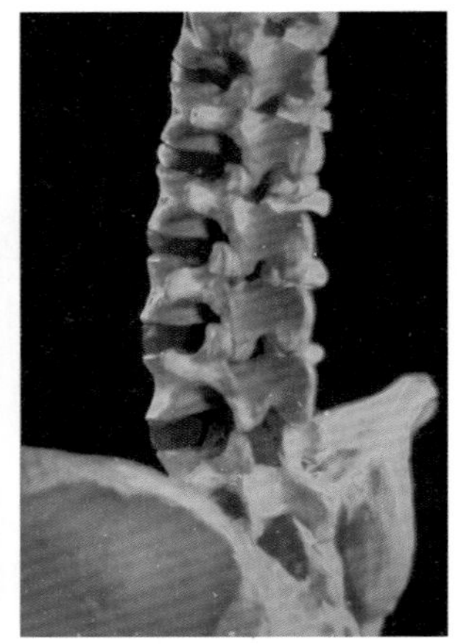

그림 18.20 (a) 색으로 보완한 흉부 이차원 CT 영상은 척추에 수직인 단면을 보여준다. 그림의 중심에 심장이 있고, 노란 영역 내의 어두운 부분이 폐이다. 상의 왼쪽 폐에서 분홍색의 불규칙한 모양은 암이 성장한 것이다. (b) 색을 보완한 삼차원 CT 영상은 골반과 추간 연골을 포함한 척추 부분을 보여주고 있다.

18.8 레이저

레이저는 20세기 가장 유용한 발명 중 하나이다. 오늘날 여러 종류의 레이저가 있는데, 이들은 원자의 양자역학적 구조에 직접적으로 관련된 방법으로 작동한다.

◎ 레이저의 물리

전자가 높은 에너지 상태에서 낮은 에너지 상태로 전이할 때, 광자가 방출한다. 이 방출 과정은 유도된 것과 자발적인 것 두 가지 중 하나이다. 그림 18.21(a)에 보인 **자발 방출**(spontaneous emission) 과정에서는, 원자는 외부의 자극 없이 아무 방향으로나 광자를 방출한다. 그림 18.21(b)의 **유도 방출**(stimulated emission) 과정에서는, 입사하는 광자가 전자를 자극(유도)하여 에너지 준위를 바꾸도록 한다. 그러나 유도 방출을 발생시키려면, 입사 광자는 정확히 두 준위 사이 에너지 차와 같은 에너지 $E_i - E_f$를 가져야 한다. 유도 방출은 공명 과정과 비슷하다. 특별히 민감한 진동수의 입사 광자가 전자를 '요동' 치게 하고, 에너지 준위 사이에서 변화를 발생시킨다. 이 진동수는 식 18.4에 의해 $f = (E_i - E_f)/h$가 된다. 레이저의 작동은 유도 방출에 의존한다.

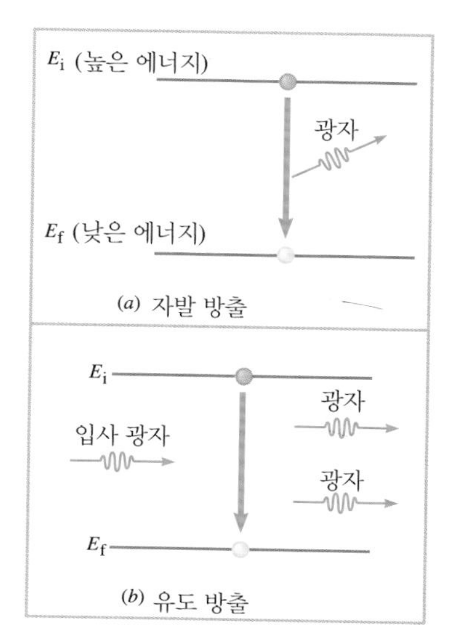

그림 18.21 (a) 전자(●)가 높은 준위에서 낮은 준위로 외부의 자극 없이 전이할 때 광자의 자발적 방출이 일어나고 광자는 아무 방향으로나 진행한다. (b) 꼭 맞는 에너지를 가진 입사 광자가 전자의 에너지 준위 변화를 유도할 때, 광자의 유도 방출이 일어나고, 방출되는 광자는 입사 광자와 같은 방향으로 나간다.

유도 방출은 세 가지 중요한 특징이 있다. 먼저, 그림 18.21(b)에 보인 것처럼 광자 하나가 들어가서 두 개의 광자가 나온다. 이 과정은 광자수를 증폭시킨다. 실제로 'laser'는 **l**ight **a**mplification by the **s**timulated **e**mission of **r**adiation의 약자이다. 둘째, 방출된 광자는 입사 광자와 같은 방향으로 이동한다. 셋째, 방출된 광자는 입사 광자와 정확히 같은 위상을 갖는다. 달리 말하자면, 두 광자가 나타내는 두 전자기파는 가간섭성이 있다. 반면, 백열등 필라멘트에서 방출하는 두 광자는 서로 무관하게 방출된다. 광자 하나가 다른 광자의 방출을 자극하지 않으므로 가간섭성이 없다.

유도 방출이 레이저에서 중추적 역할을 하나, 다른 요인들 역시 중요하다. 예를 들면, 외부의 에너지원이 에너지를 계속 공급해야만 전자들을 더 높은 에너지 준위로 올릴 수 있다. 에너지는 여러 방법으로 제공되는데, 빛의 섬광이나 고전압 방전 등이 그 예이다. 만일 충분한 에너지가 원자에 전달되면, 더 많은 전자가 낮은 준위에 남아 있기 보다는 높은 에너지 준위로 올라가게 되는데 이것을 **밀도 반전**(population inversion) 상태라고 부른다. 그림 18.22는 두 에너지 준위에서의 정상적인 분포와 밀도 반전 상태를 비교한 것이다. 레이저에서 사용되는 밀도 반전을 일으키려면 반드시 상대적으로 에너지 준위가 높은 **준안정**(metastable) 상태가 있어야 된다. 준안정 상태에는, 일반적인 들뜬 상태에 전자들이 머무는 시간(10^{-8}초 정도)보다 훨씬 긴 시간(10^{-3}초 정도)동안 전자들이 머물 수 있다.

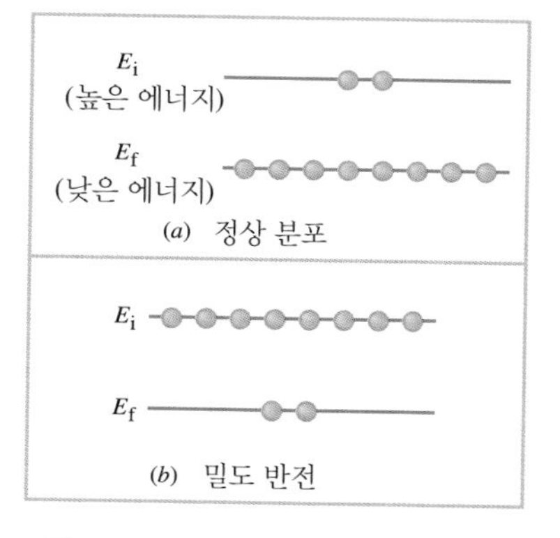

그림 18.22 (a) 상온의 정상적인 환경에서, 원자 내 대부분의 전자들은 낮은 에너지 준위, 즉 바닥 상태에서 발견된다. (b) 외부 에너지원에 의해 전자들이 높은 에너지 준위로 올라가면 더 많은 전자들이 낮은 에너지보다는 높은 에너지 준위에 있는 밀도 반전이 일어난다.

그림 18.23은 널리 사용하는 헬륨-네온 레이저이다. 저진공의 유리관 내에 헬륨 15%와 네온 85%의 혼합물을 넣은 후 고전압을 걸어서 방전시

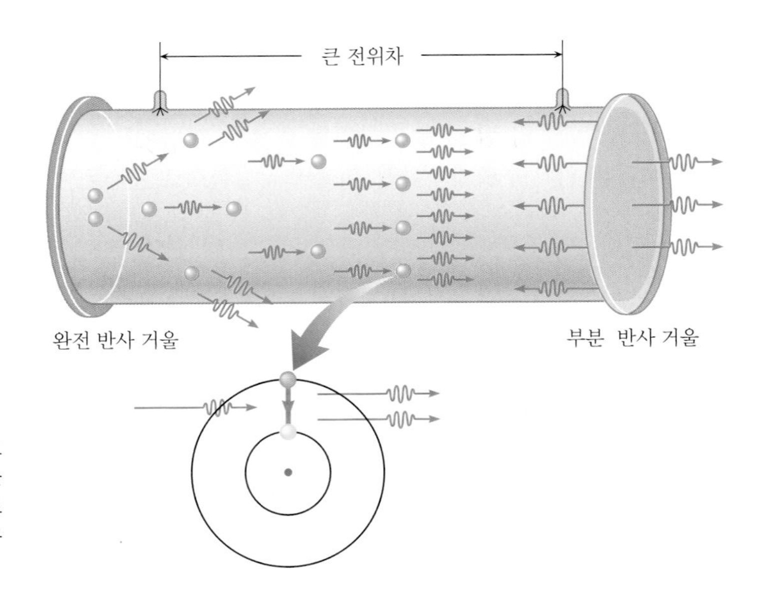

그림 18.23 헬륨-네온 레이저의 그림. 확대된 그림은 네온 원자에서 높은 준위에 있던 전자가 낮은 준위로 이동하도록 유도됐을 때 일어나는 유도 방출을 보인다.

키면 밀도 반전을 얻을 수 있다. 원자가 자발적인 방출을 거쳐서 방전관의 축과 평행하게 광자를 방출할 때 레이저의 발진 과정이 시작된다. 이때 광자는 유도 방출을 거쳐서 다른 원자가 방전관 축에 평행하게 두 개의 광자를 방출하도록 한다. 또 다시 이 두 광자는 두 원자를 자극하여 네 개의 광자를 만든다. 또 네 개는 여덟 개를 만들어서 폭발적으로 계속적인 유도 방출을 하게 된다. 보다 효율적인 레이저 동작을 위해서 방전관 한 끝은 금이나 은 등으로 도금하여 광자를 헬륨-네온 혼합물에서 앞뒤로 계속 반사시킬 수 있는 거울을 만든다. 그러나 한 끝은 광자가 일부 투과할 수 있는 부분 반사 거울로 만들어서 광자들이 일부 방전관을 탈출하여 레이저 빔을 형성하도록 한다. 유도 방출이 오로지 두 에너지 준위만 포함한다면, 레이저 빔은 단일 진동수, 단일 파장을 갖는 단색광이 된다.

레이저 빔은 예외적으로 가늘기도 하다. 두께는 빔이 통과해 나가는 출구의 크기로 결정되고 출구 가장자리에서 일어나는 회절 때문에 퍼지는 것 말고는 거의 퍼지지 않는다. 레이저 빔이 많이 퍼지지 않는 이유는 방전관의 축에 대해 각도를 가지고 방출된 광자는 은도금된 끝에서 관의 벽 쪽으로 반사되기 때문이다(그림 18.23 참조). 끝단의 거울면들은 방전관의 축에 정확하게 수직이어야 된다. 레이저 빔에서 모든 출력은 좁은 영역에 집중될 수 있으므로, 빔의 세기, 즉 단위 면적당 일률은 상당히 커진다.

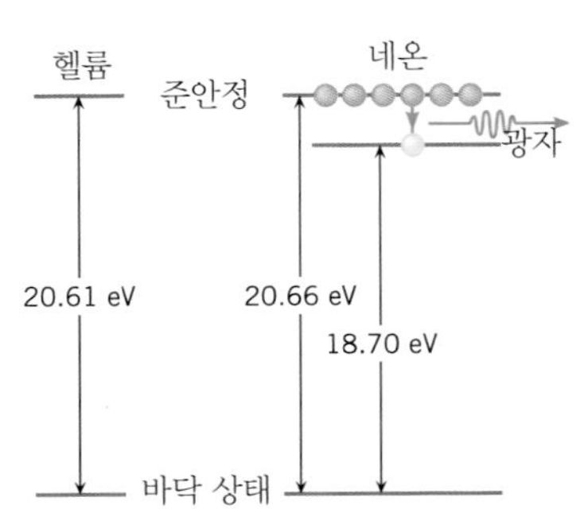

그림 18.24 헬륨-네온 레이저의 동작과 관련된 에너지 준위들

그림 18.24는 헬륨-네온 레이저의 동작에 관련된 에너지 준위들을 보인다. 우연하게, 헬륨과 네온은 거의 동일한 준안정 에너지 상태를 가진다. 각각 바닥 상태로부터 20.61 eV와 20.66 eV 위에 위치한다. 기체 혼합물에서 고전압 방전은 헬륨 원자에 있는 전자들을 20.61 eV 준위로 들뜨게 하고, 들뜬 헬륨 원자가 네온 원자와 비탄성 충돌해서 이 20.61 eV의 에너지와 원자의 운동 에너지로부터 0.05 eV를 네온 원자에 있는 전자에

게 준다. 그 결과 네온에 있는 전자는 20.66 eV 상태로 올라간다. 이런 방식으로 네온에서 바닥 상태 보다 18.70 eV 높은 에너지 준위에 상대적으로 밀도 반전이 지속된다. 레이저빔을 낼 때, 유도 방출을 하면서 네온의 전자들은 20.66 eV 준위에서 18.70 eV 준위로 떨어진다. 이 두 에너지의 차 1.96 eV 를 가지는 광자는 파장이 633 nm로 가시 광선 빨간색 영역에 해당한다.

헬륨-네온 레이저 외에도 여러 종류의 레이저가 있는데, 루비 레이저, 아르곤-이온 레이저, 이산화탄소 레이저, 비소화갈륨 반도체 레이저, 화학 염료 레이저 등이다. 이 종류와 레이저의 작동이 연속적인지 펄스형인지에 따라 빔의 출력이 밀리와트에서 메가와트로 달라진다. 레이저는 밝고, 좁은 빔에 집중된 조화 단색광 전자기파를 제공하므로, 다양한 상황에서 유용하다. 오늘날, 레이저는 CD 플레이어에서 음악을 재생하는데, 자동차 틀의 부분들을 서로 용접하는데, 측량할 때 정확한 거리를 재는데, 전화나 다른 형태의 장거리 통신에, 분자의 구조를 연구하는 데에도 쓰인다.

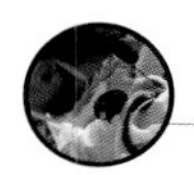

연습 문제

주의: 다음 문제들을 푸는데 있어 상대적인 효과는 무시한다.

18.1 러더퍼드 산란과 핵원자

1(1) 수소 원자의 핵은 1×10^{-15} m 정도의 반지름을 갖는다. 전자는 핵으로부터 보통 5.3×10^{-11} m의 거리에 있다. 수소 원자가 반지름 5.3×10^{-11} m인 구라면, (a) 원자의 부피, (b) 핵의 부피, (c) 원자 속에서 핵이 차지한 부피의 백분율을 구하라.

2(3) 수소 원자의 핵은 양성자 한 개로 약 1×10^{-15} m의 반지름을 가지고 있다. 수소 원자 내 단일 전자는 5.3×10^{-11} m의 거리에서 핵 주변을 궤도 운동한다. 전체 수소 원자의 밀도에 대한 수소 핵의 밀도의 비를 구하여라.

***3(5)** 구리 원자의 핵에는 29 개의 양성자가 있고 핵의 반지름은 4.8×10^{-15} m이다. 양성자 하나를 정지 상태에 있던 무한히 먼 곳에서 구리 핵의 표면으로 가져올 때, 전기력이 한 일은 얼마인가?

18.2 선스펙트럼

18.3 수소 원자의 보어 모형

4(7) 전자기 복사를 이용해서 원자들을 이온화시킬 수 있다. 그러려면, 원자들은 복사를 흡수하고, 그 복사의 광자들은 원자에서 전자를 제거하기에 충분한 에너지를 가져야만 한다. 바닥 상태 수소 원자를 이온화시킬 수 있는 복사의 파장 중에서 가장 긴 파장은 얼마인가?

5(9) 수소 원자의 선스펙트럼에는 푼트 계열이라고 부르는 선들이 있다. 전자들이 높은 에너지 준위로 들뜰 때 만들어 지는 것들로써, 이 선들은 전자가 $n = 5$ 준위로 전이할 때 볼 수 있다. 이 계열에서 (a) 가장 긴 파장, (b) 가장 짧은 파장을 구하라. (c) 그림 13.9를 참고하고 이 선들을 어느 전자기 스펙트럼 영역에서 볼 수 있는지 밝혀라.

6(11) 2가로 이온화된 리튬 원자 Li^{2+}($Z = 3$)에 대해 전자가 수소 원자 바닥 상태의 전자와 같은 총 에너지를 가질 수 있는 상태의 주양자수는 무엇인가?

7(13) 보어의 에너지 식(식 18.13)을 1가로 이온화된 헬륨 He^{+}($Z = 2$)과 2가로 이온화된 리튬 Li^{2+}($Z = 3$)에 적용하여 고려해 보자. 이 식에 의하면 이 두

이온의 전자 에너지가 어떤 주양자수 n 값들에서 서로 같아질 수 있다는 것을 말한다. 주양자수가 9 이하인 경우만 고려할 때, 헬륨 에너지 준위 중에서 리튬 에너지 준위 중 하나와 같아지는 에너지 값 (eV 단위) 중 가장 낮은 것부터 세 개를 구하라.

***8(15)** 고전압의 방전관 안에 있는 수소 원자가 410.2 nm의 파장의 복사를 방출한다. 이 파장을 만들 수 있는 에너지 전이에서 처음과 나중에 해당하는 준위의 n 값들은 얼마인가?

***9(17)** 보어 모형을 헬륨 이온 $He^+(Z=2)$에 적용시킬 수 있다. 이 모형을 이용해서 전자가 높은 에너지 준위에서 $n_f=4$인 준위로 전이할 때 생기는 선스펙트럼들을 고려해 보자. 이 계열에서 몇 개의 선은 가시 광선 영역(380-750 nm)에 있다. 전자가 이 선스펙트럼에 해당하는 전이를 한다면 처음 에너지 준위의 n 값들은 얼마인가?

***10(19)** 회절 격자는 수소 원자의 발머 계열의 파장들을 분리시키는데 처음 사용되었다(16.7절에서 회절 격자에 대해 논의했다). 격자와 관측 스크린(그림 16.27 참조)이 81.0 cm 거리를 두고 있다. θ가 작아서 $\sin\theta \approx \theta$를 θ라고 근사할 수 있다고 가정한다. 이 계열에서 가장 긴 파장과 그 다음 파장이 스크린에서 3 cm 만큼 벌어지려면, 격자는 센티미터당 몇 개의 선이 있어야 하는가?

18.5 수소 원자의 양자역학

11(21) 원자 내 전자의 주양자수가 $n=6$이고 자기 양자수가 $m_\ell=2$이다. 궤도 양자수 ℓ로 가능한 값들은 어떤 것들인가?

12(23) 수소 원자에서 전자의 궤도 양자수가 $\ell=5$이다. 이 전자의 총 에너지로 가능한 값 중 가장 작은 값은 eV 단위로 얼마인가?

***13(25)** 수소 원자에서 전자의 총 궤도 각운동량의 크기가 $L=3.66\times10^{-34}$ J · s이다. 원자의 양자역학적 관점에서 어떤 값들이 각운동량 성분 L_z가 될 수 있는가?

18.6 파울리 배타 원리와 원소 주기율표

14(29) 표 18.3에 나타낸 방식으로 망간 Mn($Z=25$)의 바닥 상태 전자 배치를 적어라. 버금 껍질이 채워지는 순서를 위해 그림 18.15를 참고하라.

15(31) 전자가 원자의 에너지 준위들 사이에서 전이를 할 때, 주양자수 n의 처음값과 나중값에는 제한이 없다. 그러나 양자역학에 따르면, 궤도 양자수 ℓ의 처음값과 나중값을 제한하는 규칙이 있다. 이를 선택 규칙(selection rule)이라고 하고, $\Delta\ell=\pm1$로 나타낸다. 다시 말해서 전자가 에너지 준위들 사이에서 전이를 할 때, ℓ 값은 오직 하나씩 늘거나 준다. ℓ 값이 변하지 않거나 1 보다 크게 늘거나 줄지는 않는다. 이 규칙에 따라 허용되는 에너지 전이는 다음 중 어느 것인가?

(a) 2s → 1s (b) 2p → 1s (c) 4p → 2p
(d) 4s → 2p (e) 3d → 3s

18.7 X선

16(33) 몰리브덴의 원자 번호는 $Z=42$ 이다. 보어 모형을 써서 K_α X선의 파장을 계산하라.

***17(37)** X선관에 은($Z=47$)표적이 들어 있다. X선관에 걸린 고전압은 0에서부터 증가된 것이다. 보어 모형을 써서 K_α X선이 X선 스펙트럼에 가까스로 나타나게 되는 전압을 구하라.

18.8 레이저

18(39) 레이저가 일련의 짧은 펄스로 빛을 방출할 때 이 펄스의 지속 시간은 25.0 ms이다. 각 펄스의 평균 출력은 5.00 mW, 빛의 파장은 633 nm이다. (a) 각 펄스의 에너지와 (b) 각 펄스에 포함된 광자수를 구하라.

***19(43)** 태양이 에너지를 생산하는 과정은 핵융합이다. 제어되는 융합을 만드는 실험 기술은 1060 nm의 파장을 방출하는 고체 레이저를 이용하여 펄스 지속 기간 1.1×10^{-11} s 동안 1.0×10^{14} W의 출력을 낼 수 있다. 그런데 가게의 계산대 바코드 읽기에 사용하는 헬륨-네온 레이저는 633 nm의 파장인 빛으로 약 1.0×10^{-3} W의 출력을 낸다. 고체 레이저가 1.1×10^{-11} s 동안 방출하는 광자 개수를 헬륨-네온 레이저로 얻으려면 얼마나 오래 작동시켜야 하는가?

Appendix

10의 제곱수와 과학적 표기법

과학이나 공학에서는 매우 큰 수나 매우 작은 소수점 수를 나타내는데 통상적으로 10의 제곱수로 표현하는 방법을 사용한다. 예를 들면 다음과 같은 것들이 있다.

$$10^3 = 10 \times 10 \times 10 = 1000 \qquad 10^{-3} = \frac{1}{10 \times 10 \times 10} = 0.001$$

$$10^2 = 10 \times 10 = 100 \qquad 10^{-2} = \frac{1}{10 \times 10} = 0.01$$

$$10^1 = 10 \qquad 10^{-1} = \frac{1}{10} = 0.1$$

$$10^0 = 1$$

10의 제곱수를 사용하면 지구의 반지름을

$$\text{지구의 반지름} = 6\,380\,000 \text{ m} = 6.38 \times 10^6 \text{ m}$$

과 같은 방법으로 나타낼 수 있다. 10의 6제곱이라는 인수는 10을 여섯 번 곱한다는 뜻으로 백만을 의미한다. 따라서 지구의 반지름은 6.38백만 미터이다. 다른 말로 하면 10의 6제곱이라는 인수는 6.38에서 소수점을 6자리 오른쪽으로 이동하여 나타내면 지구의 반지름을 10의 제곱수가 아닌 수로 나타낼 수 있음을 의미 한다.

1 보다 작은 수의 경우는 10의 음의 제곱수가 사용된다. 예를 들어 수소 원자의 보어 반지름은

$$\text{보어 반지름} = 0.000\,000\,000\,0529 \text{ m} = 5.29 \times 10^{-11} \text{ m}$$

이다. 여기서 10의 음의 11제곱수는 5.29에서 소수점을 왼쪽으로 11 자리 이동하여 나타내면 10의 제곱수가 아닌 수로 나타낼 수 있음을 의미한다. 어떤 수치를 10의 제곱수를 써서 표현하는 방법을 **과학적 표기법**(scientific notation)이라고 한다.

10의 제곱수를 포함하는 수의 곱하기나 나누기의 계산은 다음 예와 같은 방법으로 한다.

$$(2.0 \times 10^6)(3.5 \times 10^3) = (2.0 \times 3.5) \times 10^{6+3} = 7.0 \times 10^9$$

$$\frac{9.0 \times 10^7}{2.0 \times 10^4} = \left(\frac{9.0}{2.0}\right) \times 10^7 \times 10^{-4}$$

$$= \left(\frac{9.0}{2.0}\right) \times 10^{7-4} = 4.5 \times 10^3$$

그러한 계산에서의 보편적인 공식은 다음과 같다.

$$\frac{1}{10^n} = 10^{-n} \tag{A-1}$$

$$10^n \times 10^m = 10^{n+m} \text{ (제곱수가 더해짐)} \tag{A-2}$$

$$\frac{10^n}{10^m} = 10^{n-m} \text{ (제곱수가 빼짐)} \tag{A-3}$$

여기서 n 과 m 은 양수일 수도 있고 음수일 수도 있다.

과학적 표기법은 계산 과정이 쉽기 때문에 편리하다. 더구나 과학적 표기법은 다음의 부록 B에서 다루어질 유효 숫자를 나타내는데 편리한 방법을 제공한다.

Appendix B 유효 숫자

어떤 수치에서 **유효 숫자**(significant figure)의 자릿수는 어떤 값이 확실하다고 인정되는 자릿수의 개수이다. 예를 들어 어떤 사람의 키가 소수점 이하 세 자리부터 오차가 있는 1.78 m로 측정되었다. 이렇게 표시된 1.78 m의 세 자리 모두는 정확한 값이므로 이 값의 유효 숫자는 세 자리이다. 만일 소수점 오른쪽 마지막 자리에 0이 하나 더 붙으면 그 0은 유효한 것으로 전제된다. 따라서 수 1.780 m는 유효 숫자의 자릿수가 4 개이다. 다른 예로 어떤 거리가 1500 m로 측정되었다고 하자. 이 수의 유효 숫자는 1과 5의 단지 2 자리이다. 표시하지 않은 소수점 바로 왼쪽에 있는 0들은 유효 숫자에 포함되지 않는 반면 유효 숫자 중간에 포함된 0들은 유효 숫자이다. 따라서 거리가 1502 m로 측정되었다면 유효 숫자는 4 자리이다.

유효 숫자를 나타내는데 과학적 표기법은 특별히 편리하다. 예를 들어 어떤 거리가 유효 숫자 4 자리로 1500 m로 측정되었다고 하자. 그것을

1500 m로 기록하는 것은 유효 숫자의 자릿수가 단지 2 자리 뿐임을 나타내므로 문제가 된다. 반면에 과학적 표기법으로 그 값을 1.500×10^3 m로 나타내면 그것은 유효 숫자의 자릿수가 4자리임을 나타내는 이점이 있다.

둘 혹은 그 이상의 수가 계산 과정에 포함될 때는 계산 결과의 유효 숫자의 자릿수는 계산 전의 각 값들의 유효 숫자의 최소 자릿수로 제한된다. 예를 들어 각 변의 길이가 9.8 m와 17.1 m인 정원의 넓이는 (9.8 m)(17.1 m)이다. 이런 곱셈을 계산기로 하면 그 결과는 167.58 m^2이 나온다. 그러나 두 길이 중 하나는 유효 숫자의 자릿수가 2 이므로 계산 결과의 유효 숫자의 자릿수도 2 자리가 되어야 한다. 따라서 그 결과는 반올림되어 170 m^2로 나타내어야 한다. 일반적으로 여러 수들이 곱해지거나 나누어질 때 최종 결과의 유효 숫자의 자릿수는 계산 전 값들 중 가장 작은 유효 숫자의 자릿수와 같아야 한다.

덧셈이나 뺄셈의 결과의 유효 숫자의 자릿수도 마찬가지로 계산값들의 유효 숫자의 최소 자릿수로 제한된다. 어떤 사람이 자전거를 타고 세 마을을 지나간 거리가 다음과 같다고 하자.

	2.5 km
	11 km
	5.26 km
전체 거리	18.76 km

11 km는 소수점 오른쪽에는 유효 숫자가 없으므로 세 거리를 그냥 더하여 전체 거리를 18.76 km로 나타내면 안 된다. 대신에 그 답은 19 km로 반올림되어야 한다. **일반적으로 여러 수들을 덧셈하거나 뺄셈을 할 때 그 답의 마지막 유효 숫자는 모두가 유효한 자리로 되어 있는 세로줄을 포함하는 마지막 세로줄(왼쪽에서부터 오른쪽으로 세어서)까지이다**. 계산 결과인 18.76 km에서 2 + 1 + 5의 합은 8인데 각 자리는 모두 유효한 자리이다. 하지만 5 + 0 + 2의 결과는 7이지만 그 중 소수점 오른쪽에 유효 숫자를 포함하지 않는 11 km에 있는 0은 유효한 값이 아니다.

Appendix C 대수학

C.1 비례 관계와 수식

물리학이란 물리 변수와 그 변수들 간의 관계를 다룬다. 전형적으로 변수들이란 영어나 그리스어의 알파벳 문자로 나타내지만 때로는 변수들 간의 관계는 비례 또는 반비례로 나타나기도 한다. 그러나 어떤 경우에는 대수 법칙을 따르는 식으로 나타내는 것이 더 편리하거나 좋을 때도 있다.

만일 두 변수가 **정비례**(directly proportional)하는 경우, 그 중 하나가 두 배가 되면 다른 변수도 두 배가 된다. 마찬가지로 한 변수가 반이 되면 다른 변수도 원래 값의 반이 된다. 일반적으로, x가 y에 비례할 때 어떤 변수가 주어진 비율 만큼 증가하거나 감소하면 다른 변수도 같은 비율로 증가하거나 감소한다. 이런 관계는 $x \propto y$의 형태로 나타낸다. 여기서 기호 $\propto$는 '왼쪽의 것이 오른쪽의 것에 비례 한다' 는 의미이다.

비례 관계에 있는 변수 x와 y는 항상 같은 비율로 증가하거나 감소하므로 x와 y의 비는 상수값이어야 한다. 즉 $x/y = k$ 이어야 한다. 결론적으로 $x \propto y$형태의 비례 관계는 $x = ky$ 모양의 식으로 나타낼 수 있다. 그때 상수 k를 **비례 상수**(proportionality constant)라 한다.

두 변수가 **반비례**(inversely proportional) 관계를 가지는 경우, 한 변수가 어떤 비율로 증가하면 다른 변수는 같은 비율로 감소한다. 이러한 반비례 관계는 $x \propto 1/y$의 형태로 나타낼 수 있으며 $xy = k$의 형태의 식으로 나타내는 것과 같다. 이때 k는 비례 상수로서 x와 y에 무관하다.

C.2 수식의 풀이

수식 속에 있는 어떤 변수들은 그 값이 알려져 있으나 알려져 있지 않은 변수들도 있다. 이럴 때 수식을 정리하여 미지의 변수들을 알고 있는 변수들의 항으로 표현할 필요가 있게 된다. 수식을 푸는 과정에서, 등호 한쪽의 부호가 바뀌면 다른쪽의 부호도 같이 바뀐다는 전제하에 수식을 임의로 조작할 수 있다. 예를 들어 수식 $v = v_0 + at$를 살펴보자. v, v_0 및 a의 값들은 주어지고 t의 값을 모른다고 하자. 그 식을 t에 대해 풀기 위해

양변에서 v_0를 빼면

$$\begin{array}{rcl} v & = & v_0 + at \\ \underline{-v_0} & = & \underline{-v_0} \\ v - v_0 & = & at \end{array}$$

가 된다. 그 다음에 식 $v - v_0 = at$의 양변을 a로 나누어 주면 다음과 같이 된다.

$$\frac{v - v_0}{a} = \frac{at}{a} = (1)t$$

우변에서 분자에 있는 a는 분모에 있는 a로 나뉘어져서 1이 된다. 따라서 t는 다음과 같이 된다.

$$t = \frac{v - v_0}{a}$$

수식을 푸는 과정에서 대수적인 조작이 틀리지 않았는지를 검사하는 방법으로는 답을 원래의 식에 대입하여 확인해 보면 된다. 앞의 예에서 t에 대한 답을 원래의 식인 $v = v_0 + at$에 대입하면

$$v = v_0 + a\left(\frac{v - v_0}{a}\right) = v_0 + (v - v_0) = v$$

가 된다. 이 결과는 $v = v$가 되므로 대수적인 조작 과정에 잘못이 없음을 의미한다.

어떤 수식을 푸는 데는 더하기, 빼기, 곱하기, 나누기 외의 다른 대수적인 조작도 가능하다. 그런 경우에도 앞에서와 같은 기본적인 원칙이 적용된다. 식의 좌변에 주어진 어떤 연산도 식의 우변에 똑같이 주어져야 한다. 또 다른 예로 수식 $v^2 = v_0^2 + 2ax$에서 v_0를 v, a, x로 나타 낼 필요가 있다고 하자. 양변에서 $2ax$를 빼면 우변에 v_0^2만 남게된다. 즉

$$\begin{array}{rcl} v^2 & = & {v_0}^2 + 2ax \\ \underline{-2ax} & = & \underline{-2ax} \\ v^2 - 2ax & = & {v_0}^2 \end{array}$$

이다.

이것을 v_0에 대해 풀면 다음과 같이 된다.

$$v_0 = \pm\sqrt{v^2 - 2ax}$$

C.3 연립 방정식

한 개의 식에 미지수가 여러 개이면 모든 미지수에 대해 답을 얻기 위해서는 식이 더 필요하게 된다. 따라서 식 $3x + 2y = 7$은 그 식 하나만으로 x와 y에 대한 유일한 해를 얻을 수가 없다. 그러나 만일 x와 y가 또한(동

시에) 식 $x - 3y = 6$을 만족한다면 두 미지수에 대한 해가 얻어질 수 있다.

그러한 연립 방정식을 푸는 방법은 여러 가지가 있다. 한 가지는 두 식 중 하나에서 x를 y에 대해 풀고 그것을 다른 식에 대입하여 한 개의 미지수 y만의 식으로 나타내는 방법이다. 예를 들어 식 $x - 3y = 6$을 x에 대해 풀면 $x = 6 + 3y$가 된다. 이것을 식 $3x + 2y = 7$에 대입하면 다음과 같이 y만의 식이 얻어 진다. 즉

$$\begin{aligned} 3x + 2y &= 7 \\ 3(6 + 3y) + 2y &= 7 \\ 18 + 9y + 2y &= 7 \end{aligned}$$

이다. 여기서 얻어진 $18 + 11y = 7$을 y에 대해 풀면

$$\begin{array}{rcr} 18 + 11y & = & 7 \\ -18 \quad & & -18 \\ \hline 11y & = & -11 \end{array}$$

가 된다. 이 식의 양변을 11로 나누면 $y = -1$이 된다. $y = -1$이라는 값을 원래의 식에 대입하면 x에 대한 값을 구할 수 있다. 즉

$$\begin{array}{rcr} x - 3y & = & 6 \\ x - 3(-1) & = & 6 \\ x + 3 & = & 6 \\ -3 & & -3 \\ \hline x & = & 3 \end{array}$$

이다.

C.4 근의 공식

물리학에 나타나는 식 중에는 어떤 변수의 제곱이 포함되는 경우가 있다. 그러한 식을 이차 방정식이라고 하며 통상적으로 다음과 같은 형태로 나타낼 수 있다. 즉

$$ax^2 + bx + c = 0 \tag{C-1}$$

이다. 여기서 a, b 및 c는 x와 무관한 상수이다. 이 식을 x에 대해 풀면 **근의 공식**(quadratic formula)이 얻어지는데, 그 식은

$$x = \frac{-b \pm \sqrt{b^2 - 4ac}}{2a} \tag{C-2}$$

이다. 이 식 속에 있는 ± 부호는 해가 두 가지가 있음을 의미한다. 예를 들어 $2x^2 - 5x + 3 = 0$에서는 $a = 2$, $b = -5$, $c = 3$이다. 이것을 근의 공식에 대입하여 계산하는 과정은 다음과 같다.

풀이 1: +부호 때의 해
$$x = \frac{-b + \sqrt{b^2 - 4ac}}{2a} = \frac{-(-5) + \sqrt{(-5)^2 - 4(2)(3)}}{2(2)} = \frac{+5 + \sqrt{1}}{4} = \frac{3}{2}$$

풀이 2: −부호 때의 해
$$x = \frac{-b - \sqrt{b^2 - 4ac}}{2a} = \frac{-(-5) - \sqrt{(-5)^2 - 4(2)(3)}}{2(2)} = \frac{+5 - \sqrt{1}}{4} = 1$$

Appendix

지수와 로그

부록 A에서는 10^3과 같은 10의 제곱수에 대해서 논의 했다. 10^3이란 $10 \times 10 \times 10$과 같이 10을 세 번 곱한다는 뜻이다. 여기서 3을 **지수**(exponent)라 한다. 지수의 사용에는 10의 제곱수에만 한정되지 않는다. 일반적으로 y^n은 y를 n번 곱한다는 뜻이다. 예를 들어, 많이 쓰이는 y^2, 즉 y 제곱은 $y \times y$를 의미한다. 따라서 y^5은 $y \times y \times y \times y \times y$를 의미한다.

지수의 대수적인 조작 공식은 부록 A(식 A-1, A-2 및 A-3 참조)에 주어진 10의 제곱수에 대한 것과 같다. 즉

$$\frac{1}{y^n} = y^{-n} \qquad \text{(D-1)}$$

$$y^n y^m = y^{n+m} \quad \text{(지수들이 더해짐)} \qquad \text{(D-2)}$$

$$\frac{y^n}{y^m} = y^{n-m} \quad \text{(지수들이 빼짐)} \qquad \text{(D-3)}$$

이다. 위의 세 가지 공식 외에 유용한 두 가지가 더 추가된다. 그 중 하나는

$$y^n z^n = (yz)^n \qquad \text{(D-4)}$$

이다. 다음의 예를 살펴보면 이 공식이 뜻하는 의미를 쉽게 이해할 수 있

다. 즉

$$3^2 5^2 = (3 \times 3)(5 \times 5) = (3 \times 5)(3 \times 5) = (3 \times 5)^2$$

이다. 또 다른 하나의 공식은

$$(y^n)^m = y^{nm} \quad (\text{지수들이 곱해짐}) \tag{D-5}$$

이다. 이 공식이 어떻게 적용되는지를 다음의 예를 통해 살펴보라.

$$(5^2)^3 = (5^2)(5^2)(5^2) = 5^{2+2+2} = 5^{2\times 3}$$

제곱근이나 세제곱근과 같은 근은 분수 지수로서 나타낼 수 있다. 예를 들면 다음과 같다.

$$\sqrt{y} = y^{1/2} \quad \text{및} \quad \sqrt[3]{y} = y^{1/3}$$

일반적으로 y의 n 제곱근은

$$\sqrt[n]{y} = y^{1/n} \tag{D-6}$$

로 주어진다. 식 D-6에 대한 근거는 $(y^n)^m = y^{nm}$이라는 사실로써 설명될 수 있다. 예를 들어, y의 5제곱근은 그 값을 다섯 번 곱해 주었을 때 원래의 값 y로 되돌아오게 하는 값이다. 아래에 쓴 것처럼 $y^{1/5}$는 이러한 정의를 만족한다. 즉

$$(y^{1/5})(y^{1/5})(y^{1/5})(y^{1/5})(y^{1/5}) = (y^{1/5})^5 = y^{(1/5)\times 5} = y$$

이다.

로그는 지수와 밀접한 관계를 갖고 있다. 로그와 지수 간의 관계를 알아보기 위해 임의의 수 y와 다른 어떤 수 B의 x 제곱을 같다고 놓자. 즉

$$y = B^x \tag{D-7}$$

라 두면 지수 x를 y의 **로그**(logarithm)라 한다. 이때 B를 **밑수**(base number)라고 한다. 흔히 사용하는 밑수로는 두 가지가 있는데 그 중 하나는 10이다. $B = 10$으로 하는 로그를 **상용 로그**(common logarithm)라 하며 기호로 'log'를 사용한다. 즉

상용 로그 $$y = 10^x \quad \text{또는} \quad x = \log y \tag{D-8}$$

이번에는 $B = e = 2.718...$라 두면 그런 로그를 자연 로그(natural logarithm)라 하며 기호로 'ln'을 사용한다. 즉

자연 로그 $$y = e^z \quad \text{또는} \quad z = \ln y \tag{D-9}$$

이다. 이 두 종류의 로그 간의 관계는

$$\ln y = 2.3026 \log y \qquad \text{(D-10)}$$

가 된다. 이러한 두 가지 로그의 계산은 대부분의 공학용 계산기에서 가능하다.

두 수 A와 C의 로그의 곱셈이나 나눗셈은 다음의 공식에 따라 각 수의 로그로부터 구해진다. 여기에 주어지는 이들 공식들은 자연 로그에 대해 나타내었지만 어떠한 밑수의 로그에 대해서도 그 공식의 형태는 같다.

$$\ln (AC) = \ln A + \ln C \qquad \text{(D-11)}$$

$$\ln\left(\frac{A}{C}\right) = \ln A - \ln C \qquad \text{(D-12)}$$

그러므로, 두 수의 곱의 로그는 각각의 로그의 합이고 두 수의 나누기의 로그는 각각의 로그의 차가 된다. 또 다른 유용한 공식의 하나는 A의 n 제곱수의 로그와 관련된 공식으로 다음과 같이 주어진다.

$$\ln A^n = n \ln A \qquad \text{(D-13)}$$

공식 D-11, D-12 및 D-13은 로그의 정의와 지수에 관한 공식으로부터 유도될 수 있다.

Appendix 

기하학과 삼각 함수

E.1 기하학

각

다음과 같은 경우 두 각은 같다.

1. 두 직선의 교차점에서 마주 보는 각(그림 E1)
2. 각각의 변이 서로 평행한 경우의 각(그림 E2)

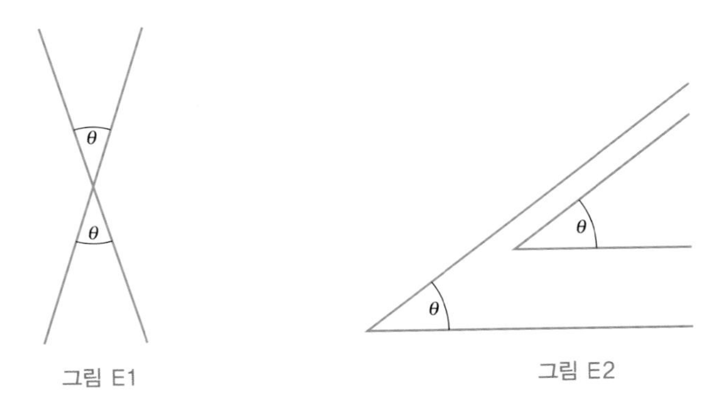

그림 E1 그림 E2

3. 각각의 변이 서로 직각인 경우의 각(그림 E3)

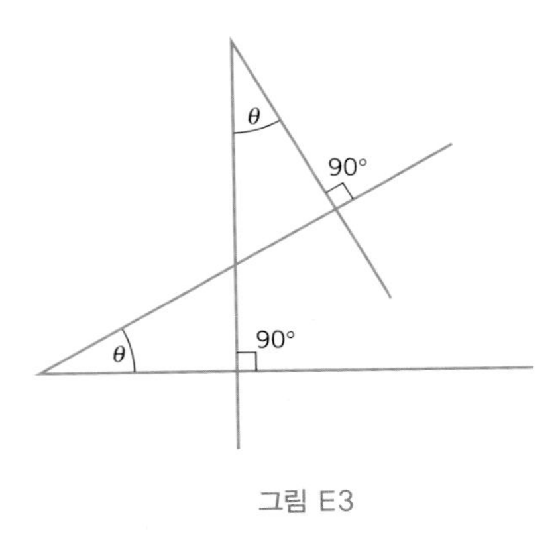

그림 E3

삼각형

1. 모든 삼각형의 내각의 합은 180°이다(그림 E4).

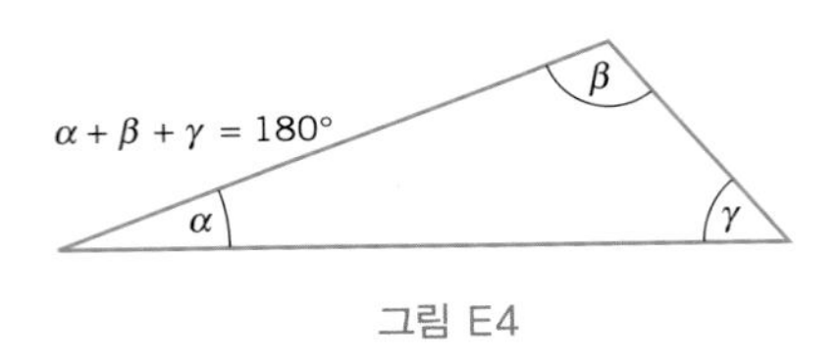

그림 E4

2. **직각 삼각형**(right triangle)이란 세 각 중 하나가 90°인 삼각형이다.
3. **이등변 삼각형**(isosceles triangle)이란 두 변의 길이가 같은 삼각형이다.
4. **정삼각형**(equilateral triangle)이란 세 변의 길이가 같은 삼각형이다. 정삼각형의 각각의 각은 60°이다.
5. 두 삼각형의 두 가지 각이 각각 서로 같으면 그 두 삼각형은 **닮은 삼각형**(simila triangle)이라고 한다(그림 E5). 닮은 삼각형의 대응하는 변들의 길이의 비는 같다. 즉

$$\frac{a_1}{a_2} = \frac{b_1}{b_2} = \frac{c_1}{c_2}$$

이다.

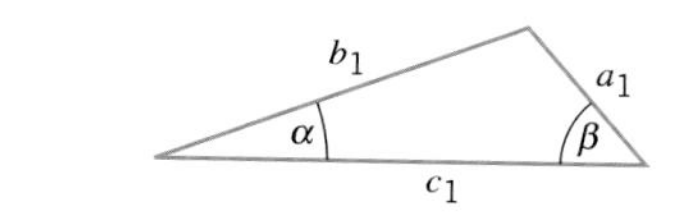

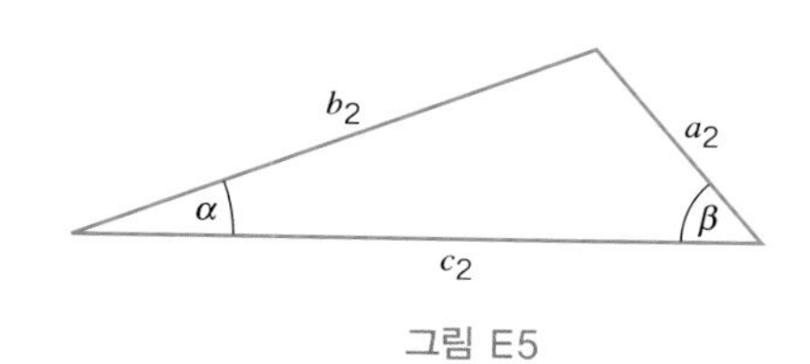

그림 E5

6. 두 닮은 삼각형을 겹쳐서 딱 들어맞으면 두 닮은 삼각형은 **합동**(congruent)이라고 한다.

원둘레, 넓이, 입체의 부피

1. 아랫변이 b 이고 높이가 h 인 삼각형(그림 E6)

$$넓이 = \frac{1}{2} bh$$

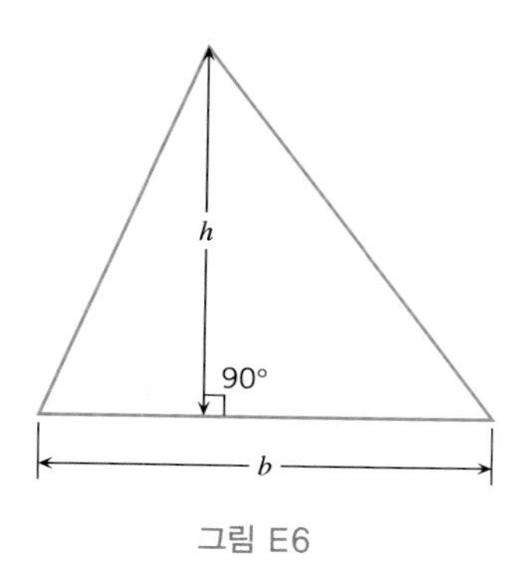

그림 E6

2. 반지름 r 의 원

$$둘레 = 2\pi r$$

$$넓이 = \pi r^2$$

3. 반지름 r의 구

$$겉넓이 = 4\pi r^2$$

$$부피 = \frac{4}{3}\pi r^2$$

4. 반지름이 r 이고 높이가 h 인 밑면이 정원인 원통(그림 E7)

$$겉넓이 = 2\pi r^2 + 2\pi r^2 h$$
$$부피 = \pi r^2 h$$

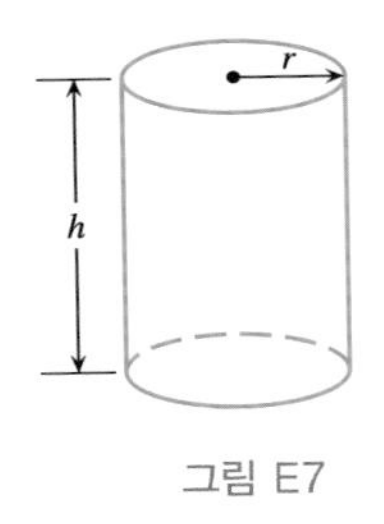

그림 E7

E.2 삼각 함수

기본적인 삼각 함수

1. 직각 삼각형에서 각 θ의 sine, cosine, tangent는 다음과 같이 정의한다 (E8).

$$\sin\theta = \frac{\text{각 } \theta\text{의 대변}}{\text{빗변}} = \frac{h_o}{h}$$
$$\cos\theta = \frac{\text{각 } \theta\text{의 아랫변}}{\text{빗변}} = \frac{h_a}{h}$$
$$\tan\theta = \frac{\text{각 } \theta\text{의 대변}}{\text{아랫변}} = \frac{h_o}{h_a}$$

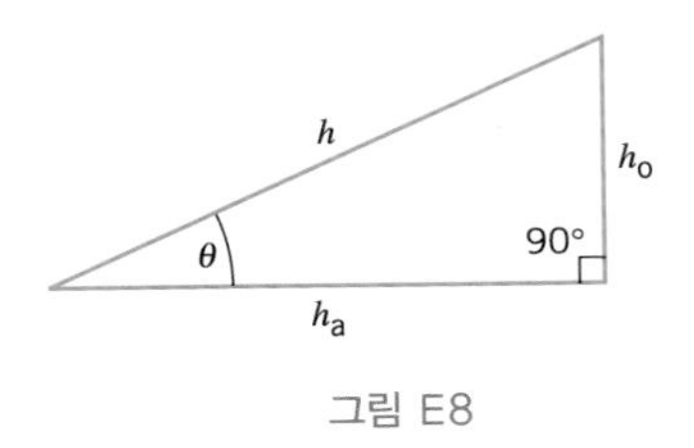

그림 E8

2. 각 θ의 secant ($\sec\theta$), cosecant ($\csc\theta$) 및 cotangent ($\cot\theta$)는 다음과 같이 정의된다.

$$\sec\theta = \frac{1}{\cos\theta} \qquad \csc\theta = \frac{1}{\sin\theta} \qquad \cot\theta = \frac{1}{\tan\theta}$$

삼각형과 삼각 함수

1. 피타고라스의 정리(Pythagorean theorem)
   직각 삼각형의 빗변의 제곱은 다른 두 변의 제곱의 합과 같다(그림 E8). 즉

$$h^2 = h_o^{\,2} + h_a^{\,2}$$

   이다.
2. 코사인 법칙(law of cosines)과 사인 법칙(law of sines)은 직각 삼각형뿐만 아니라 임의의 모든 삼각형에 적용되며 각과 변의 길이와의 관계를 나타내는 법칙이다(그림 E9).

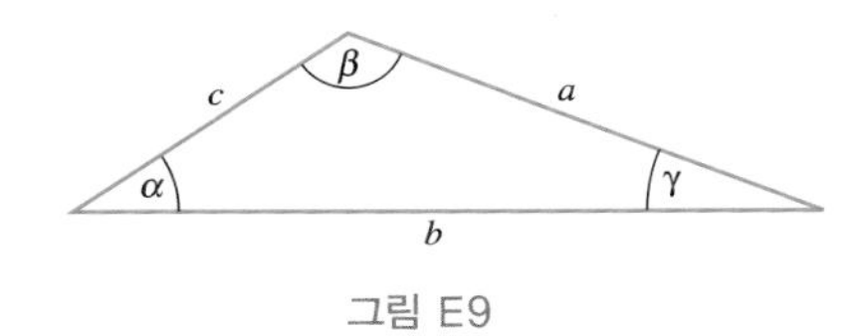

그림 E9

코사인 법칙 $c^2 = a^2 + b^2 - 2ab\cos\gamma$

사인 법칙 $\dfrac{a}{\sin\alpha} = \dfrac{b}{\sin\beta} = \dfrac{c}{\sin\gamma}$

기타 삼각 공식

1. $\sin(-\theta) = -\sin\theta$
2. $\cos(-\theta) = \cos\theta$
3. $\tan(-\theta) = -\tan\theta$
4. $(\sin\theta)/(\cos\theta) = \tan\theta$
5. $\sin^2\theta + \cos^2\theta = 1$
6. $\sin(\alpha \pm \beta) = \sin\alpha\cos\beta \pm \cos\alpha\sin\beta$

$\alpha = 90°$이면, $\sin(90° \pm \beta) = \cos\beta$

$\alpha = \beta$이면, $\sin 2\beta = 2\sin\beta\cos\beta$

7. $\cos(\alpha \pm \beta) = \cos\alpha\cos\beta \mp \sin\alpha\sin\beta$

$\alpha = 90°$이면, $\cos(90° \pm \beta) = \mp\sin\beta$

$\alpha = \beta$이면, $\cos 2\beta = \cos^2\beta - \sin^2\beta = 1 - 2\sin^2\beta$

연습 문제 해답

Chapter 1

1(1) (a) 5×10^{-3} g
(b) 5 mg
(c) 5×10^{3} μg
2(3) (a) 5700 s
(b) 86400 s
3(5) 1.37 lb
4(7) (a) 올바름
(b) 틀림
(c) 틀림
(d) 올바름
(e) 올바름
5(9) 3.13×10^{8} m^{3}
6(13) 80.1 km, 서남쪽 25.9° 방향
7(15) 35.3°
8(19) 190 cm 변의 대각은 99°, 95 cm 변의 대각은 30°, 150 cm 변의 대각은 51°
9(21) 동쪽으로 200 N 또는 서쪽으로 600 N
10(23) 0.90 km, 서북쪽 56° 방향
11(29) (a) 8.6 단위
(b) 서북쪽 34.9° 방향
(c) 8.6 단위
(d) 서남쪽 34.9° 방향
12(31) (a) 15.8 m/s
(b) 6.37 m/s
13(33) (a) 147 km
(b) 47.9 km
14(35) (a) 5.70×10^{2} N
(b) 서남쪽 33.6° 방향
15(37) (a) 25.0°
(b) 34.8 N
16(41) 7.1 m, 동북쪽 9.9° 방향
17(43) 3.00 m, $-x$ 축 위 42.8°
18(45) (a) 2.7 km
(b) 동북쪽 60° 방향
19(47) (a) 10.4 단위
(b) 12.0 단위
20(49) (a) 178 단위
(b) 164 단위

Chapter 2

1(3) (a) 12.4 km
(b) 8.8 km, 동쪽으로
2(5) (a) 464 m/s
(b) 1040 mi/h
3(7) 52 m
4(13) (a) 4.0 s
(b) 4.0 s
5(15) 3.44 m/s, 서쪽으로
6(19) 4.5 m
7(25) -3.1 m/s^{2}
8(33) 1.2
9(35) (a) 13 m/s
(b) 0.93 m/s^{2}
10(37) 91.5 m/s
11(41) 1.1 s
12(43) 6.12 s
13(45) 1.7 s
14(51) 2.0×10^{1} m
15(57) 답은 그래프 형태임.
16(61) -8.3 km/h^{2}

Chapter 3

1(1) 8.8×10^{2} m
2(3) 8600 m
3(5) 242 m/s
4(7) 5.4 m/s
5(9) 27.0°
6(13) 2.40 m
7(15) (a) 1.78 s
(b) 20.8 m/s
8(17) 14.1 m/s
9(21) 30.0 m
10(25) (a) 1.1 s
(b) 1.3 s
11(27) 24 대
12(39) 21.9 m/s, 40.0°
13(31) 48 m

Chapter 4

1(1) 93 N
2(5) 130 N
3(7) 37 N
4(13) 30.9 m/s^{2} $+x$축 위로 27.2°
5(15) 0.78 m, 동남쪽 21° 방향
6(19) 1.8×10^{-7} N
7(21) (a) $W = 1.13 \times 10^{3}$ N, $m = 115$ kg
(b) $W = 0$ N, $m = 115$ kg
8(25) 1.76×10^{24} kg
9(27) (a) 3.75 m/s^{2}
(b) 2.4×10^{2} N
10(31) 0.0050
11(37) 상자는 움직일 수 있다. a = 3.72 m/s^{2}
12(43) (a) 0.980 m/s^{2} 가속도의 방향은 운동 방향과 반대임.
(b) 29.5 m
13(47) (a) 7.40×10^{5} N
(b) 1.67×10^{9} N
14(55) 62 N
15(59) 286 N
16(67) (a) 2.99 m/s^{2}
(b) 129 N
17(69) 6.6 m/s
18(75) 0.14 m/s^{2}
19(79) 0.265 m
20(85) (a) 13.7 N
(b) 1.37 m/s^{2}

Chapter 5

1(1) 160 s
2(5) 332 m
3(7) (a) 5.0×10^{1} m/s^{2}
(b) 0
(c) 2.0×10^{1} m/s^{2}
4(9) 2.2
5(11) 0.68 m/s
6(21) 2.0×10^{1} m/s
7(25) 2.12×10^{6} N
8(27) 1.33×10^{4} m/s
9(29) 4.20×10^{4} m/s
10(33) 2.45×10^{4} N
11(35) (a) 912 m
(b) 228 m
(c) 2.50 m/s^{2}

Chapter 6

1(3) (a) 2980 J
(b) 3290 J
2(7) (a) 54.9 N
(b) 1060 J
(c) −1060 J
(d) 0 J
3(11) 2.07×10^3 N
4(15) (a) 38 J
(b) 3.8×10^3 N
5(19) 18 %
6(23) 10.9 m/s
7(27) 2.39×10^5 J
8(29) 5.24×10^5 J
9(37) 4.8 m/s
10(41) 6.33 m
11(43) 40.8 kg
12(47) 16.5 m
13(49) -1.21×10^6 J
14(53) 4.17 m/s
15(57) 3.6×10^6 J
16(59) 3.0×10^3 W
17(61) 6.7×10^2 N
18(63) (a) 93 J
(b) 0 J
(c) 2.3 m/s
19(67) (a) 1.50×10^2 J
(b) 7.07 m/s

Chapter 7

1(1) −8.7 kg · m/s
2(3) (a) +1.7 kg · m/s
(b) +570 N
3(5) 11 N · s 평균 힘의 방향과 같은 방향
4(7) +69 N
5(11) 4.28 N · s, 위로
6(17) (a) 본조, 그의 되튐 속도가 작기 때문
(b) 1.7
7(19) (a) 77.9 m/s
(b) 45.0 m/s
8(21) $m_1 = 1.00$ kg, $m_2 = 1.00$ kg
9(23) +547 m/s
10(25) 84 kg
11(27) 3.00 m
12(29) +9.09 m/s
13(35) (a) 73.0°
(b) 4.28 m/s
14(37) (a) +3.17 m/s
(b) 0.0171
15(39) (a) 5.56 m/s
(b) −2.83 m/s (1.50 kg 공), +2.73 m/s (4.60 kg 공).
(c) 0.409 m/s (1.50 kg 공), 0.380 m/s (4.60 kg 공).
16(41) 4.67×10^6 m
17(43) 6.46×10^{-11} m

Chapter 8

1(1) 13 rad/s
2(3) 63.7 grad
3(5) 6.4×10^{-3} rad/s^2
4(7) 492 rad/s
5(9) 825 m
6(11) 336 m/s
7(13) 6.05 m
8(15) 25 rev
9(17) 157.3 rad/s
10(21) 28 rad/s
11(23) 12.5 s
12(29) 157 m/s
13(33) (a) 4.66×10^2 m/s
(b) 70.6°
14(35) (a) 1.25 m/s
(b) 7.98 rev/s
15(39) (a) 9.00 m/s^2
(b) 지름 방향으로 안쪽을 향함.
16(41) (a) 2.5 m/s^2
(b) 3.1 m/s^2
17(43) $1/\sqrt{3}$
18(45) 1.00 rad
19(53) 11.8 rad
20(55) 20.6 rad

Chapter 9

1(5) 1.3
2(7) (a) $\tau = FL$
(b) $\tau = FL$
(c) $\tau = FL$
3(9) 0.667 m
4(11) 196 N (각 손에 작용하는 힘)
96 N (각 발에 작용하는 힘)
5(15) (a) 27 N, 왼쪽으로
(b) 27 N, 오른쪽으로
(c) 27 N, 오른쪽으로
(d) 143 N, 왼쪽(수평)에서 아래쪽으로 79° 방향)
6(21) 37.6°
7(23) (a) 1.21×10^3 N
(b) 1.01×10^3 N, 아래로
8(25) 51.4 N
9(27) 1.7 m
10(29) 1.25 kg · m^2
11(31) (a) −11 N · m
(b) −9.2 rad/s^2
12(33) (a) 0.131 kg · m^2
(b) 3.6×10^{-4} kg · m^2
(c) 0.149 kg · m^2
13(37) 0.78 N
14(39) (a) 2.67 kg · m^2
(b) 1.16 m
15(41) 2.12 s
16(43) (a) $v_{T1} = 12.0$ m/s, $v_{T2} = 9.00$ m/s, $v_{T3} = 18.0$ m/s
(b) 1.08×10^3 J
(c) 60.0 kg · m^2
(d) 1.08×10^3 J
17(45) 6.1×10^5 rev/min
18(51) 2.0 m
19(53) 4.4 kg · m^2
20(57) 8 % 증가함
21(59) 0.17 m

Chapter 10

1(3) (a) 7.44 N
(b) 7.44 N
2(5) 0.012 m
3(11) 0.240 m
4(13) (a) 1.00×10^3 N/m
(b) 0.340
5(15) 3.5×10^4 N/m
6(19) 696 N/m
7(23) 0.806
8(27) (a) 58.8 N/m
(b) 11.4 rad/s
9(29) 7.18×10^{-2} m
10(33) (a) 9.0×10^{-2} m
(b) 2.1 m/s
11(37) 2.37×10^3 N/m
12(39) 0.99 m
13(43) 0.816
14(45) $7R/5$
15(49) 1.6×10^5 N
16(51) 260 m
17(53) 1.4×10^{-6}
18(55) -2.8×10^{-4}
19(57) 6.6×10^4 N
20(59) (a) 6.3×10^{-2} m
(b) 7.3×10^{-2} m

21(61) 4.6×10^{-4}
22(63) 1.0×10^{-3} m
23(65) -4.4×10^{-5}

Chapter 11

1(3) 0.49 m
2(7) 78 cm
3(9) 5.0×10^{1} s
4(13) 64 N
5(15) 600 m/s
6(23) $y = (0.37 \text{ m}) \sin (2.6\pi t + 0.22\pi x)$ 여기서 x와 y는 미터 단위이고 t는 초 단위임.
7(25) (a) $A = 0.45$ m, $f = 4.0$ Hz, $\lambda = 2.0$ m, $v = 8.0$ m/s
(b) $-x$ 축 방향
8(27) 2.5 N
9(29) 1730 m/s
10(31) (a) 7.87×10^{-3} s
(b) 4.12
11(39) 텅스텐
12(43) 8.0×10^{2} m/s
13(45) 239 m/s
14(51) 2.4×10^{-5} W/m^2
15(61) 1.3
16(65) 2.6
17(69) 2.39 dB
18(71) 17 m/s
19(75) 1350 Hz
20(79) 209 m

Chapter 12

1(3) 해답은 몇 개의 그림들임.
2(5) 107 Hz
3(7) 3.89 m
4(9) 3.90 m, 1.55 m, 6.25 m
5(11) (a) 44°
(b) 0.10 m
6(15) 3.7°
7(17) 8 Hz
8(19) (a) 50 kHz
(b) 90 kHz
9(23) 1.10×10^{2} Hz
10(25) 0.46 m
11(27) 171 N
12(29) (a) 180 m/s
(b) 1.2 m
(c) 150 Hz
13(35) (a) $f_2 = 800$ Hz, $f_3 = 1200$ Hz, $f_4 = 1600$ Hz
(b) $f_2 = 800$ Hz, $f_3 = 1200$ Hz, $f_4 = 1600$ Hz
(c) $f_2 = 1200$ Hz, $f_5 = 2000$ Hz, $f_7 = 2800$ Hz
14(37) 0.50 m
15(39) 602 Hz
16(41) 6.1 m

Chapter 13

1(3) 1.5×10^{-4} H
2(5) 답은 그래프로 그려야 함.
3(7) 1.4×10^{17} Hz
4(9) 3.7×10^{4}
5(13) 1.5×10^{10} Hz
6(15) 1.3×10^{6} m
7(17) 540 rev/s
8(19) 8.75×10^{5}
9(21) 3.8×10^{2} W/m^2
10(23) 0.07 N/C
11(25) (a) 183 N/C
(b) 6.10×10^{-7} T
12(29) 3.93×10^{26} W
13(33) (a) 6.175×10^{14} Hz
(b) 6.159×10^{14} Hz
14(35) 71.6°
15(37) 14 W/m^2

Chapter 14

1(1) 55°
2(3) 14°
3(5) 10°
4(11) (a) 상 거리는 거울 뒤 3.0×10^{1} cm
(b) 상의 크기는 5 cm
5(13) (a) 상 거리는 거울 뒤 16.7 cm
(b) 상의 크기는 6.67 cm
6(15) 10.9 cm
7(17) +74 cm
8(19) (a) 290 cm
(b) −8.9 cm
(c) 거꾸로 선 상(도립상)
9(21) +22 cm
10(23) (a) 볼록
(b) 24.0 cm
11(25) −3
12(27) +42.0 cm
13(29) (a) 답은 증명하는 것임.
(b) 답은 증명하는 것임.

Chapter 15

1(7) 1.82
2(9) (a) 43°
(b) 31°
3(13) 1.92×10^{8} m/s
4(17) 1.19 mm
5(23) 1.54
6(29) 42.67°
7(31) 25.0°
8(35) 1.52
9(39) 0.35°
10(41) (빨간색 광선) 44.6°; (보라색 광선) 45.9°
(빨간색 광선) 52.7°; (보라색 광선) 56.2°
11(45) $d_i = 18$ cm
12(51) (a) −0.00625 m
(b) −0.0271 m
13(55) 48 cm
14(63) 11.8 cm
15(69) −220 cm
16(75) (a) −4.5 m
(b) 0.50 m
17(79) 0.13 m
18(87) 0.435 m
19(91) 1.1 m

Chapter 16

1(1) 6.0×10^{-5} m
2(5) 660 nm
3(7) 0.0248 m
4(9) 487 nm
5(11) 102 nm
6(13) 207 nm
7(15) 115 nm
8(17) 427 nm
9(19) (a) 0.21°
(b) 22°
10(21) (a) 24°
(b) 39°
11(23) 490 nm
12(25) 0.447
13(27) 0.013
14(31) 1.0×10^{4} m
15(33) 2.3 m
16(35) (a) 1.22 λ
(b) 짧음
17(39) 630 nm
18(41) 4.0×10^{-6} m
19(43) 3/4

20(45) 1.95 m

Chapter 17

1(1) 310 nm
2(3) 7.7×10^{29} 광자/초
3(5) 6.3 eV
4(7) 2.10 eV
5(13) 5.1×10^{-33} kg · m/s
6(15) (a) 2.124×10^{-24} kg · m/s
(b) 2.096×10^{-24} kg · m/s
7(21) 2.6×10^{-28} m
8(23) 7.77×10^{-13} J
9(25) 7.38×10^{-11} m
10(27) 1.10×10^{3} m/s
11(33) (a) 2.1×10^{-35} kg · m/s
(b) 4.7×10^{-34} m/s
(c) 2.3×10^{-5} m/s

Chapter 18

1(1) (a) 6.2×10^{-31} m^3
(b) 4×10^{-45} m^3
(c) 7×10^{-13} %
2(3) 1.5×10^{14}
3(5) -8.7×10^{6} eV
4(7) 91.2 nm
5(9) (a) 7458 nm
(b) 2279 nm
(c) 적외선
6(11) 3
7(13) −13.6 eV, −3.40 eV, −1.51 eV
8(15) $n_i = 6$ 및 $n_f = 2$
9(17) $6 \le n_i \le 19$
10(19) 2180 lines/cm
11(21) 2, 3, 4 및 5
12(23) −0.378 eV
13(25) $\pm 3.16 \times 10^{-34}$ J · s,
$\pm 2.11 \times 10^{-34}$ J · s,
$\pm 1.05 \times 10^{-34}$ J · s, 0 J · s
14(29) $1s^2\ 2s^2\ 2p^6\ 3s^2\ 3p^6\ 4s^2\ 3d^5$
15(31) (a) 허용되지 않음
(b) 허용됨
(c) 허용되지 않음
(d) 허용됨
(e) 허용되지 않음
16(33) 7.230×10^{-11} m
17(37) 21600V
18(39) (a) 1.25×10^{-4} J
(b) 3.98×10^{14} J
19(43) 21 일

찾아보기

기타

보건계열을 위한 기초물리학 편역자 (가나다순)

강성수 · 김기홍 · 김인수 · 박경주 · 박상안 · 박승온
박종혁 · 손정식 · 심문식 · 이상덕 · 이승원 · 이욱진
임현선 · 장윤석 · 최병진

보건계열을 위한 기초물리학

2014년 3월 1일 인쇄
2014년 3월 10일 발행
원저자 CUTNELL & JOHNSON
편 역 기초물리학교재편찬위원회
발행자 조 승 식
발행처 (주) 도서출판 북스힐
서울시 강북구 한천로 153길 17
등 록 제22-457호

(02) 994-0071(代)
(02) 994-0073
bookswin@unitel.co.kr

잘못된 책은 교환해 드립니다.
값 21,000원
ISBN 978-89-5526-785-3

6. SI 단위

물리량	단위의 명칭	기호	다른 SI 단위로 나타낸 식	물리량	단위의 명칭	기호	다른 SI 단위로 나타낸 식
길이	미터	m	기본 단위	압력, 응력	파스칼	Pa	$N \cdot m^2$
질량	킬로그램	kg	기본 단위	점성도	—	—	$Pa \cdot s$
시간	초	s	기본 단위	전기량	쿨롬	C	$A \cdot s$
전류	암페어	A	기본 단위	전기장	—	—	N/C
온도	켈빈	K	기본 단위	전위	볼트	V	J/C
물질의 양	몰	mol	기본 단위	저항	옴	Ω	V/A
속도	—	—	m/s	전기 용량	패럿	F	C/V
가속도	—	—	m/s^2	전기 유도	헨리	H	$V \cdot s/A$
힘	뉴턴	N	$kg \cdot m/s^2$	자기장	테슬라	T	$N \cdot s/(C \cdot m)$
일, 에너지	줄	J	$N \cdot m$	자속 밀도	웨버	Wb	$T \cdot m^2$
일률	와트	W	J/s	비열	—	—	$J/(kg \cdot K)$ 또는 $J/(kg \cdot C°)$
충격량, 운동량	—	—	$kg \cdot m/s$				
평면각	라디안	rad	m/m	열전도도	—	—	$J/(s \cdot m \cdot K)$ 또는 $J/(s \cdot m \cdot C°)$
각속도	—	—	rad/s				
각가속도	—	—	rad/s^2	엔트로피	—	—	J/K
토크	—	—	$N \cdot m$	방사능	베크렐	Bq	s^{-1}
진동수	헤르츠	Hz	s^{-1}	방사능의 흡수 선량	그레이	Gy	J/kg
밀도	—	—	kg/m^3	방사능의 노출량	—	—	C/kg

7. 그리스 문자

알파	A	α	이오타	I	ι	로	P	ρ
베타	B	β	카파	K	κ	시그마	Σ	σ
감마	Γ	γ	람다	Λ	λ	타우	T	τ
델타	Δ	δ	뮤	M	μ	입실론	Υ	υ
엡실론	E	ϵ	뉴	N	ν	피	Φ	ϕ
제타	Z	ζ	크시	Ξ	ξ	키	X	χ
에타	H	η	오미크론	O	o	프시	Ψ	ψ
세타	Θ	θ	파이	Π	π	오메가	Ω	ω

8. 원소의 주기율표

원소 기호 — Cl 17 — 원자 번호
원자량* — 35.453
$3p^5$ — 전자 배열

I 족	II 족	전이 원소										III 족	IV 족	V 족	VI 족	VII족	0 족
H 1 1.00794 $1s^1$																	**He** 2 4.00260 $1s^2$
Li 3 6.941 $2s^1$	**Be** 4 9.01218 $2s^2$											**B** 5 10.81 $2p^1$	**C** 6 12.011 $2p^2$	**N** 7 14.0067 $2p^3$	**O** 8 15.9994 $2p^4$	**F** 9 18.9984 $2p^5$	**Ne** 10 20.180 $2p^6$
Na 11 22.9898 $3s^1$	**Mg** 12 24.305 $3s^2$											**Al** 13 26.9815 $3p^1$	**Si** 14 28.0855 $3p^2$	**P** 15 30.9738 $3p^3$	**S** 16 32.07 $3p^4$	**Cl** 17 35.453 $3p^5$	**Ar** 18 39.948 $3p^6$
K 19 39.0983 $4s^1$	**Ca** 20 40.08 $4s^2$	**Sc** 21 44.9559 $3d^14s^2$	**Ti** 22 47.87 $3d^24s^2$	**V** 23 50.9415 $3d^34s^2$	**Cr** 24 51.996 $3d^54s^1$	**Mn** 25 54.9380 $3d^54s^2$	**Fe** 26 55.845 $3d^64s^2$	**Co** 27 58.9332 $3d^74s^2$	**Ni** 28 58.69 $3d^84s^2$	**Cu** 29 63.546 $3d^{10}4s^1$	**Zn** 30 65.41 $3d^{10}4s^2$	**Ga** 31 69.72 $4p^1$	**Ge** 32 72.64 $4p^2$	**As** 33 74.9216 $4p^3$	**Se** 34 78.96 $4p^4$	**Br** 35 79.904 $4p^5$	**Kr** 36 83.80 $4p^6$
Rb 37 85.4678 $5s^1$	**Sr** 38 87.62 $5s^2$	**Y** 39 88.9059 $4d^15s^2$	**Zr** 40 91.224 $4d^25s^2$	**Nb** 41 92.9064 $4d^45s^1$	**Mo** 42 95.94 $4d^55s^1$	**Tc** 43 (98) $4d^55s^2$	**Ru** 44 101.07 $4d^75s^1$	**Rh** 45 102.906 $4d^85s^1$	**Pd** 46 106.42 $4d^{10}5s^0$	**Ag** 47 107.868 $4d^{10}5s^1$	**Cd** 48 112.41 $4d^{10}5s^2$	**In** 49 114.82 $5p^1$	**Sn** 50 118.71 $5p^2$	**Sb** 51 121.76 $5p^3$	**Te** 52 127.60 $5p^4$	**I** 53 126.904 $5p^5$	**Xe** 54 131.29 $5p^6$
Cs 55 132.905 $6s^1$	**Ba** 56 137.33 $6s^2$	57–71	**Hf** 72 178.49 $5d^26s^2$	**Ta** 73 180.948 $5d^36s^2$	**W** 74 183.84 $5d^46s^2$	**Re** 75 186.207 $5d^56s^2$	**Os** 76 190.2 $5d^66s^2$	**Ir** 77 192.22 $5d^76s^2$	**Pt** 78 195.08 $5d^86s^2$	**Au** 79 196.967 $5d^{10}6s^1$	**Hg** 80 200.59 $5d^{10}6s^2$	**Tl** 81 204.383 $6p^1$	**Pb** 82 207.2 $6p^2$	**Bi** 83 208.980 $6p^3$	**Po** 84 (209) $6p^4$	**At** 85 (210) $6p^5$	**Rn** 86 (222) $6p^6$
Fr 87 (223) $7s^1$	**Ra** 88 (226) $7s^2$	89–103	**Rf** 104 (261) $6d^27s^2$	**Db** 105 (262) $6d^37s^2$	**Sg** 106 (266) $6d^47s^2$	**Bh** 107 (264) $6d^57s^2$	**Hs** 108 (277) $6d^67s^2$	**Mt** 109 (268) $6d^77s^2$	110 (281)	111 (272)	112 (285)		114 (289)				

란타니드 계열	**La** 57 138.906 $5d^16s^2$	**Ce** 58 140.12 $4f^26s^2$	**Pr** 59 140.908 $4f^36s^2$	**Nd** 60 144.24 $4f^46s^2$	**Pm** 61 (145) $4f^56s^2$	**Sm** 62 150.36 $4f^66s^2$	**Eu** 63 151.96 $4f^76s^2$	**Gd** 64 157.25 $5d^14f^76s^2$	**Tb** 65 158.925 $4f^96s^2$	**Dy** 66 162.50 $4f^{10}6s^2$	**Ho** 67 164.930 $4f^{11}6s^2$	**Er** 68 167.26 $4f^{12}6s^2$	**Tm** 69 168.934 $4f^{13}6s^2$	**Yb** 70 173.04 $4f^{14}6s^2$	**Lu** 71 174.967 $5d^14f^{14}6s^2$
액티니드 계열	**Ac** 89 (227) $6d^17s^2$	**Th** 90 232.038 $6d^27s^2$	**Pa** 91 231.036 $5f^26d^17s^2$	**U** 92 238.029 $5f^36d^17s^2$	**Np** 93 (237) $5f^46d^17s^2$	**Pu** 94 (244) $5f^66d^07s^2$	**Am** 95 (243) $5f^76d^07s^2$	**Cm** 96 (247) $5f^76d^17s^2$	**Bk** 97 (247) $5f^96d^07s^2$	**Cf** 98 (251) $5f^{10}6d^07s^2$	**Es** 99 (252) $5f^{11}6d^07s^2$	**Fm** 100 (257) $5f^{12}6d^07s^2$	**Md** 101 (258) $5f^{13}6d^07s^2$	**No** 102 (259) $6d^07s^2$	**Lr** 103 (262) $6d^17s^2$

* 원자 질량값은 지표에 존재하는 동위 원소들의 자연 존재비에 따라 평균한 것이다. 불안정한 동위 원소의 경우 그 중 가장 안정되고 잘 알려진 동위 원소의 질량수를 괄호 안에 표시해 놓았다. 자료: IUPAC 원자량 및 동위 원소 존재비에 관한 위원회, 2001.